Fachwerk und Rahmenwerk

Ein systematischer Grundriß der Statik des ebenen Tragwerkes

von

Dr. Ing. **Walter Fries**

Mit 365 Bildern

Springer-Verlag
Berlin / Göttingen / Heidelberg
1953

ISBN-13: 978-3-642-92594-8 e-ISBN-13: 978-3-642-92593-1
DOI: 10.1007/978-3-642-92593-1

Softcover reprint of the hardcover 1st edition 1953

Inhaltsverzeichnis.

Seite

Einleitung ... 1

Aufgabe und Umfang der Statik ... 3

I. Grundlagen.

A. Das Tragwerk und seine Teile. Standfestigkeit.

1. Das Tragwerk und seine Stäbe ... 5
2. Fachwerke und Rahmenwerke ... 6
3. Auflager ... 6
4. Standfestigkeit ... 6
5. Koordinatensystem, Richtung, Grundannahme ... 7
6. Verschiebungen. Parallelogramm der Wege und Geschwindigkeiten ... 7
7. Verschiebungs- und Formänderungsgrößen ... 8
8. Beziehungen zwischen Verschiebungs- und Formänderungsgrößen. Grundannahme ... 9
9. Kennzeichen der Standfestigkeit ... 10
10. Sonderfall: Das Rahmenwerk ... 12
11. Der Ausnahmefall ... 13

B. Kraftwirkungen.

12. Kraft. Ihre Arten ... 15
13. Grundgesetz von Wirkung und Gegenwirkung ... 15
14. Kräfte am Tragwerk ... 15
15. Stabkräfte, Momente und ihre Vorzeichen ... 16
16. Verzerrungen und Spannungen ... 17
17. Das HOOKEsche Gesetz ... 18
18. Eigenspannungen ... 19
19. Wärmegrad und Formänderung ... 20
20. Das Überlagerungsgesetz ... 20
21. Mögliche Verschiebungen ... 21
22. Gleichgewicht ... 21
23. Mögliche Spannungen und mögliche Belastungen ... 22
24. Gleichwertigkeit möglicher und wirklicher Größen ... 22

C. Die Hauptgleichung.

25. Arbeit und Energie ... 23
26. Mögliche Arbeit ... 24
27. Die Hauptgleichung der Mechanik ... 24
28. Festes und loses Gleichgewicht ... 25

D. Hauptsätze der Mechanik.

29. Gleichgewicht an einem Massenelement ... 26
30. Parallelogramm der Kräfte ... 26
31. Verschiebbarkeit einer Kraft ... 26
32. Gleichgewicht am verformbaren und starren Körper ... 27
33. Gleichgewichtsbedingungen. Beispiel: Die starre Scheibe ... 27

Seite

34. NEWTONS Kraftgesetz ... 29
35. Spannungen an einem Elementarquader ... 29
36. Gleichungen des Gleichgewichts ... 30
37. Eindeutigkeit der Lösung ... 31
38. Die Gleichungen von CASTIGLIANO ... 32
39. Reziproke Eigenschaften ... 33
40. Die Formänderungsarbeit:
    a) Das elastische Potential ... 33
    b) Satz von CLAPEYRON ... 34
    c) Der Kleinstwert der Formänderungsarbeit ... 34

E. Krafteck und Seileck.

a) Zusammensetzung und *Zerlegung von Kräften.*

41. Das Parallelogramm der Kräfte ... 35
42. Krafteck und Seileck ... 35
43. Die Lage des Seilecks, des Poles und der Kräfte ... 36
44. Die CULMANNsche Gerade ... 37
45. Weitere Eigenschaften des Seilecks ... 37
46. Seileck durch drei gegebene Punkte ... 37
47. Gleichgewichtsbedingung ... 38
48. Das Kräftepaar ... 38
49. Zerlegung von Kräften. ... 39

b) Statisches Moment und Seileck.

50. Das Moment einer Kräftegruppe und ihrer Summenkraft ... 40
51. Bestimmung des Moments einer Kräftegruppe ... 40
52. Parallele Kräfte ... 41
53. Die Seilkurve ... 41

F. Spannungen und Formänderungen des Stabes.

a) Der gerade Stab.

54. Der gerade Stab. Koordinatensystem ... 42
55. Annahmen ... 42
56. Gleichgewichtsbedingungen ... 43
57. Die Normalspannungen ... 44
58. Die Schubspannungen ... 46
59. Der Schubmittelpunkt ... 48
60. Verzerrungen und Verschiebungen. Vorzeichen ... 49
61. Der Schubquerschnitt ... 51
62. Die Formänderung ... 52
63. Wärmegradeinflüsse ... 52
64. Die Formänderungsarbeit ... 53

b) Der krumme Stab.

65. Der krumme Stab ... 53
66. Gleichgewichtsbedingungen ... 54
67. Die Normalspannungen ... 54
68. Die Schubspannungen ... 56
69. Formänderung und Formänderungsarbeit ... 56

G. Die Hauptgleichung der Statik des ebenen Tragwerkes.

70. Zwei Formen der Hauptgleichung ... 57
71. Die Hauptgleichung in der ersten Form (Kraftverfahren) ... 57
72. Der mögliche Verschiebungszustand und seine Kraftwirkungen ... 58
73. Die Hauptgleichung in der zweiten Form (Formänderungsverfahren) ... 60
74. Eigenspannungszustände ... 60
75. Die Hauptgleichung für Eigenspannungszustände ... 61
76. Sonderfälle der Hauptgleichung ... 61
77. Die Hauptgleichung für krumme Stäbe ... 62

H. Die Aufgabe der Statik. Lösungsverfahren. Seite

78. Die Aufgabe. Die gegebenen und die unbekannten Werte 63
79. Beziehungen zwischen Stab- und Eckmomenten 63
80. Abzählung der Unbekannten und Gleichungen. Eindeutigkeit der Lösung 64
81. Einfach und mehrfach standfeste Tragwerke 64
82. Kraft- und Formänderungsverfahren 66

II. Das einfach standfeste Tragwerk.

A. Allgemeines.

83. Die Aufgabe 66
84. Die Teile des Tragwerkes 66
85. Tragwerkssysteme 67
86. Bildungsgesetze einfacher Fachwerke 68

B. Allgemeine Berechnung mit der Hauptgleichung.

87. Das einfach standfeste Fachwerk 69
88. Das einfach standfeste Rahmenwerk 70

C. Allgemeine Berechnung mit den Gleichgewichtsbedingungen der Knoten.

89. Das einfach standfeste Fachwerk 71
90. Das einfach standfeste Rahmenwerk 72

D. Die Stützkräfte.

91. Das innerlich standfeste Tragwerk 74
92. Das Tragwerk ohne innere Standfestigkeit 75
93. Der Scheibenzug 75
94. Der mehrfache Scheibenzug 78

E. Die inneren Kräfte des Tragwerks.

95. Momente, Normalkräfte, Querkräfte 80
96. Die Spannungen 82

F. Stabvertauschungsverfahren.

97. Die Stabzahl in einem Knoten (Stäbigkeit) 82
98. Das Stabvertauschungsverfahren von MÜLLER-BRESLAU 83
99. Knotenpunkte mit zwei unbekannten Stabkräften 84
100. Das Ersatzstabverfahren von HENNEBERG 86
101. Vergleich zwischen dem Stabvertauschungs- und dem Ersatzstabverfahren 88

G. Der einfache Träger.

102. Der einfache Träger 88
103. Stetige Vollbelastung 89
104. Stetige Teilbelastung 90
105. Einzellast. Unmittelbare Belastung 91
106. Einzellast. Mittelbare Belastung 91
107. Kraglast 92
108. Moment. Endmomente 93
109. Mehrere Einzellasten 93
110. Der Kragarm 95
111. Der Gelenkträger unter senkrechter Belastung 95

H. Einflußlinien.

112. Die Einflußlinie 97
113. Gleichmäßige Belastung und Gruppen von Einzellasten 98
114. Der einfache Träger 99
115. Der Gelenkträger 101
116. Der einfache Träger unter Belastung durch Endmomente 102

Seite

J. Der einfache Träger unter einem verschiebbaren System von Einzellasten.

117. Die Aufgabe ... 104
118. Auflagerdrücke und Querkräfte ... 104
119. Momente ... 106

K. Das Dreieckfachwerk.

120. Das Dreieckfachwerk ... 109
121. Lasten zwischen den Knoten ... 109
122. Die Stabkräfte des Dreieckfachwerks ... 109
123. Das CULMANNsche Verfahren ... 113
124. Kräftepläne ... 113
125. Das Verfahren von ZIMMERMANN ... 115
126. Lastscheiden ... 116
127. Einflußlinien ... 117
128. Zusammengesetzte Dreieckfachwerke ... 119

L. Mehrfache und mehrteilige Fachwerke.

129. Fachwerke mit Gegenstreben ... 122
130. Mehrfache Fachwerke ... 125
131. Mehrteilige Fachwerke ... 125

III. Kinematische Untersuchung des einfach standfesten Tragwerkes.

1. Zwangläufige Ketten.

A. Die zwangsläufige Kette.

132. Die zwangläufige Kette ... 127
133. Die Größe der Verschiebung ... 128
134. Die Kette mit zwei Bewegungsfreiheiten ... 128

B. Der Polplan.

135. Die einzelne Scheibe. Der Pol ... 129
136. Der Nebenpol ... 129
137. Die Relativbewegung zweier Scheiben gegeneinander ... 130
138. Der Nebenpol als Gelenk ... 131
139. Drei Scheiben ... 131
140. Vier Scheiben ... 131
141. Zwangläufige Ketten ... 131
142. Ketten mit zwei Bewegungsfreiheiten ... 132
143. Der Polplan ... 134
144. Beispiele ... 134

C. Der Geschwindigkeits- und Verschiebungsplan.

145. Der Geschwindigkeitsplan ... 137
146. Geschwindigkeitsplan einer zwangsläufigen Kette: Verwendung des Polplans .. 138
147. Geschwindigkeitsplan ohne Verwendung des Polplans ... 139
148. Kette mit zwei Bewegungsfreiheiten ... 140
149. Verschiebungspläne elastischer Ketten ... 141
150. Ermittlung der Verschiebung in zwei Stufen ... 142
151. Beispiele ... 142

2. Anwendungen.

D. Berechnung der Stabkräfte aus dem Geschwindigkeitsplan.

152. Die Grundgleichung ... 145
153. Die möglichen Verschiebungen im Geschwindigkeitsplan ... 145
154. Die statischen Werte ... 146
155. Beispiele ... 146

E. Kinematische Ermittlung der Einflußlinien. Seite

156. Grundlagen ... 149
157. Einflußlinie und Polplan ... 149
158. Die Größe der Ordinaten ... 150
159. Die Einflußlinie als Seileck. Vorzeichen ... 153
160. Berechnung der Verschiebungen aus der Einflußlinie. Schräge Lasten ... 155
161. Beispiele ... 155
161a. Weitere Beispiele: Mehrteilige Fachwerke (im Nachtrag S. 364)

F. Das kinematische Kennzeichen der Standfestigkeit.

162. Kinematisches Kennzeichen des Ausnahmefalles ... 162
163. Beispiele ... 163
163a. Weiteres Beispiel: Das Sechseck (im Nachtrag S. 367)

IV. Die Formänderung des Tragwerkes.

1. *Allgemeine Berechnung der Formänderung.*

164. Die Aufgabe ... 164
165. Allgemeine Lösung ... 165
166. Belastungseinheiten ... 165
167. Die Größe der Verschiebung ... 166
168. Die Gegenseitigkeit der Formänderungen ... 166
169. Der Anteil der statischen Werte an der Verschiebung ... 167
170. Beispiele ... 167

2. *Besondere Verfahren.*

A. Fachwerkstabzüge.

171. Der Stabzug. Die Aufgabe ... 170
172. Die Biegungslinie ... 171
173. Beispiele ... 172
174. Berechnung der Verschiebungen ... 173
175. Die Längenänderung der Stabzugsehne ... 173
176. Die Änderungen der Dreieckswinkel ... 174

B. Die Biegungslinie als Momentenlinie (Seileck).

177. Die Aufgabe ... 174
178. Die Biegungslinie als Seileck ... 174
179. Der stellvertretende Stabzug ... 175
180. Die Größe der g-Gewichte ... 176
181. Die Biegungslinie als Momentenlinie ... 177
182. Besonders stellvertretende Stabzüge ... 178
183. Die Längenänderung der Stabzugsehne ... 179
184. Die vollständigen Verschiebungen ... 179
185. Einflußlinien ... 180
186. Einflußzahlen ... 181
187. Beispiele ... 181
188. Dehnungs- und Drehungsgewichte ... 183

C. Die Formänderung des geraden Stabes.

189. Die Grundgleichungen ... 184
190. Die Biegungslinie bei stetiger Belastung ... 184
191. Die Biegungslinie bei Einzellasten ... 185
192. Der Einfluß der Querkräfte ... 187
193. Der Einfluß der Wärmegradänderungen ... 187
194. Die Drehwinkel ... 188
195. Der Einfluß der Querkräfte und Wärmegradunterschiede ... 189
196. Der gerade Stab mit Endmomenten ... 190
197. Beispiele ... 190

Seite

D. Rahmenstabzüge.

198. Der Stabzug ... 192
199. Der Verschiebungsplan ... 192
200. Die Biegungslinie ... 193
201. Der krumme Stab. Zwischengelenke ... 194
202. Berücksichtigung des Einflusses der Stabkrümmung ... 195
203. Schräge Lasten ... 196
204. Schrittweise Berechnung ... 196
205. Beispiele ... 197

V. Das mehrfach standfeste Tragwerk. Kraftverfahren.

A. Das Kraftverfahren.

Die Aufgabe ... 198
206. Das Hauptnetz und seine Belastung ... 198
207. Die Hauptgleichung und ihre Beiwerte ... 200
208. Verschiedene Hauptnetze ... 201
209. Innere Glieder als Überzählige ... 202
210. Überzählige Auflagerwirkungen ... 203
211. Von den überzähligen abhängige Abmessungen und Auflagerwirkungen ... 203
212. Allgemeinere Auffassung des Lösungsverfahrens ... 204
213. Der Rechnungsgang. Die Formänderungsaufgabe ... 204
214. Einflußlinien ... 205
215. Rechengenauigkeit ... 206

B. Lastengruppen.

216. Die Lastengruppen ... 207
217. Die Hauptgleichung und ihre Beiwerte ... 208
218. Beziehungen zwischen den Beiwerten Δ, ϑ, δ ... 209
219. Elastizitätsgleichung mit je einer Unbekannten ... 210
220. Mehrfach standfeste Hauptnetze ... 210
221. Der Rechnungsgang ... 210

C. Das Festpunktverfahren.

222. Berechnung mit Festpunkten ... 213

a) Unverschiebliche Knotenpunkte.

223. Die Festpunkte ... 213
224. Die Größe der Drehwinkel ... 215
225. Stabdrehwinkel und Verteilungsmaße ... 215
226. Drittelslinien und verschränkte Drittelslinien ... 216
227. Bestimmung der Festpunkte ... 217
228. Das Verteilungsmaß ... 219
229. Kreuzlinien und Kreuzlinienabschnitte ... 220

b) Verschiebliche Knotenpunkte.

230. Verschiebliche Knotenpunkte ... 221

D. Beispiele.

231. Der durchlaufende Träger: a) Die Dreimomentengleichung, b) Stützensenkungen, c) Der durchlaufende Träger, zweite Berechnungsweise, d) Fachwerkbalken, e) Zahlenbeispiel: der Dreifelderbalken ... 225
232. Weitere Beispiele: a) Gleichmäßige Wärmegradänderungen, b) Zweigelenkrahmen, c) Zweigelenkrahmen als Rahmenstabzug ... 232
233. Träger über drei Felder mit eingespannten Pfosten ... 238
234. Der eingespannte Stabzug ... 243
235. Die Berechnung von Flächenmomenten ... 245
236. Fachwerkbogen ... 245

E. Der eingespannte Stab. Seite

237. Der beidseitig eingespannte Stab (gleichbleibender Querschnitt) ... 248
238. Stützenverschiebungen und Wärmegradänderungen ... 250
239. Beliebige Belastung ... 251
240. Veränderlicher Querschnitt ... 251
241. Der einseitig eingespannte Stab ... 251
242. Lastengruppen ... 251

F. Der eingespannte Bogen.

243. Der symmetrische, beidseitig eingespannte Bogen ... 252
244. Einflußlinien für den symmetrischen Bogen ... 255
245. Der unsymmetrische, starr eingespannte Bogen ... 259

VI. Das mehrfach standfeste Tragwerk. Formänderungsverfahren.

A. Die Grundwerte und die Hauptsätze.

Die Aufgabe ... 261
246. Die Grundwerte ... 261
247. Bestimmung der Grundwerte ... 262
248. Die Hauptnetze ... 263
249. Die Anzahl der Grundwerte ... 263
250. Die Formänderungen der Hauptnetze ... 265
251. Die Formänderungszustände $\xi = 1$ ... 267
252. Berechnung der Drehwinkel χ_{rs} ... 268
253. Berechnung der Dehnungen Δl_{rt} ... 268
254. Berechnung der Drehwinkel θ_{rt} ... 268
255. Berechnung der Momente M_{ik}, M_{ri} ... 268
256. Krumme Stäbe ... 270
257. Die Grundwerte zweiter Art ... 270
258. Näherungswerte für die Längenänderungen λ und Δl ... 273

B. Die Hauptgleichung.

259. Die Hauptgleichung ... 274
260. Die Wirkungen ϱ_{eh} ... 274
261. Die Beiwerte der Knotengleichungen ... 275
262. Die Beiwerte der Kettengleichungen ... 275
263. Die Beiwerte der Fachwerkgleichungen ... 276
264. Endgültige Form der Hauptgleichung ... 276
265. Die Belastungsglieder ... 277
266. Wärmegradänderungen und Stützpunktverschiebungen ... 279
267. Der Rechnungsgang ... 279
268. Vergleich zwischen Kraft- und Formänderungsverfahren ... 280
269. Die Hauptgleichung mit den Grundwerten zweiter Art. Krumme Stäbe ... 280

C. Stockwerkrahmen.

270. Der Stockwerkrahmen ... 282
271. Die Hauptgleichungen ... 282
272. Gleichbleibende Stabquerschnitte ... 283

D. Formänderungsgruppen.

273. Formänderungsgruppen ... 284
274. Die Formänderungsgruppen und ihre Knotenrückwirkungen ... 284
275. Die Hauptgleichungen ... 285
276. Die Beiwerte η_{eh} ... 286
Die Gleichungssysteme ... 287
Reziproke Beziehungen ... 287
Die Unbekannten η_{nn} und η_{en} ... 287
Die Unbekannten η_{eh} ... 289

Seite

E. Näherungsverfahren.

277. Allgemeines ... 289

a) Unverschiebliche Knotenpunkte.

278. Entwicklung in Kettenbrüche ... 290
279. Das Iterationsverfahren ... 291
280. Nebenspannungen ... 292

α) Das Momentenausgleichverfahren.

281. Das Momentenausgleichverfahren ... 293
282. Verteilungs- und Übertragungszahl ... 293
283. Der über mehrere Felder durchlaufende Träger. Allgemeine Belastung ... 294
284. Einflußzahlen ... 296
285. Konvergenz des Verfahrens ... 297
286. Andere Tragwerksformen ... 298
287. Stützensenkungen und Wärmegradänderungen ... 298

β) Das Drehwinkelausgleichverfahren.

288. Das Drehwinkelausgleichverfahren ... 298
289. Verteilungs- und Übertragungszahl ... 298
290. Der durchlaufende Träger ... 300
291. Einflußzahlen und Konvergenz ... 301
292. Zahlenbeispiel ... 302

b) Verschiebliche Knotenpunkte.

293. Das erweiterte Iterationsverfahren ... 302
294. Der Rahmenträger ... 305
295. Hilfsstützpunkte. Verfahren der unbestimmten Beiwerte. Zahlenbeispiel ... 306

F. Beispiele.

296. Rahmen mit geraden Stäben ... 316
Der Rechteckrahmen: a) Festwerte und Grundgleichungen, b) Gleichmäßige Belastung des Riegels, c) Zweigelenkrahmen, d) Waagerechte Last, e) Momentenlinien ... 316
Stützenverschiebungen ... 319
Wärmegradänderungen ... 322
Der einhüftige Rahmen ... 323
297. Rahmen mit Bogenstäben ... 324
Rahmenform 1 ... 324
Rahmenform 2 ... 327
Dreischiffiger Rahmen mit Bogenstab ... 327
298. Rahmenträger auf zwei Pfosten (Rahmenbrücke) ... 331
299. Eingespannter Bogen ... 343
300. Bogenreihe ... 348
301. Stockwerkrahmen ... 354

Nachtrag.

161a. Weitere Beispiele: Mehrteilige Fachwerke ... 364
163a. Weiteres Beispiel: Das Sechseck ... 367

Einleitung.

Vor nunmehr rund 70 Jahren erhielt die Statik der Ingenieurtragwerke ihre heute noch gültige Form. CULMANN, RITTER, MOHR, MÜLLER-BRESLAU um nur einige der bedeutendsten Namen zu nennen, waren die Schöpfer dieser Leistung, nachdem das achtzehnte Jahrhundert und im neunzehnten Jahrhundert Mathematiker wie POISSON, CAUCHY, CLEBSCH, MAXWELL, ST-VENANT die theoretischen Grundlagen geschaffen hatten. In den achtziger Jahren gab MÜLLER-BRESLAU der Statik der mehrfach standfesten Tragwerke ihre klassische Form in Darstellung und Bezeichnungsweise. Es war jene Theorie, welche im vorliegenden Werk als das „Kraftverfahren" bezeichnet wird und welche die Berechnung der Tragwerke in rein analytische Form brachte.

Doch befriedigte diese analytische Form keineswegs. Das abstrakte Denken sagt vielen nicht zu, weshalb man „anschauliche" Berechnungsweisen suchte. MOHR vor allem setzte die Bemühungen fort, ein auf die Formänderungen gegründetes Verfahren zu finden, aber erst seinem Schüler GEHLER gelang 1913 der entscheidende Schritt vorwärts. Nach ihm baute MANN 1927 die Methode, welche hier das „Formänderungsverfahren" genannt wird, entscheidend aus. Aber damit war auch dieses Verfahren zu einem rein analytischen geworden, nicht minder abstrakt als das 50 Jahre früher entwickelte Kraftverfahren.

LAGRANGE sagt in seiner Mécanique analytique 1788:

« On ne trouvera point de figures dans cet ouvrage. Les méthodes que j'y expose ne demandent ni constructions ni raisonnements géometriques ou méchaniques, mais seulement des opérations algebriques assujetties à une marche réguliere et uniforme. »

Er hat hier für die Mechanik dasselbe geleistet wie für die Variationsrechnung, als er die geometrische Methode EULERs in eine analytische verwandelte. Hierüber urteilt STÄCKEL (OSTWALDs Klassiker 46)

„Seine (EULERs) Methode ist nämlich eine wesentlich geometrische. Dies hat den Vorteil, daß die Behandlung der einfacheren Probleme überaus klar und durchsichtig wird .... Sobald aber das BERNOULLIsche Prinzip seine Gültigkeit verliert, werden die Rechnungen überaus lang und verwickelt und bei aller Bewunderung für die Geschicklichkeit, mit welcher EULER die Hindernisse überwindet und schließlich einfache und elegante Resultate erhält, kann man seine Herleitungen doch nicht befriedigend finden."

Dies könnte auch von vielen Sonderverfahren der Statik gesagt sein.

Doch man muß auch die Geometer hören. POINSOT warnt:

« Gardons-nous de croire, qu'une science soit faite quand on l'a réduite à des formules analytiques ».

Dieser völlig berechtigte und beachtenswerte Ausspruch ist aber kein Gegensatz, sondern die Ergänzung zu LAGRANGEs Äußerung. Die Analyse ist das Werkzeug, nicht aber der Zweck der Statik. Physikalische Voraussetzungen und Grenzen der Gültigkeit ihrer Ergebnisse sind gerade so wichtig wie die mathematischen Teile der Statik und die übersichtliche graphische Darstellung der Ergebnisse, ja auch von Zwischenergebnissen, unterlassen, hieße sich eines überaus wertvollen Hilfsmittels, zur Berechnung und zu deren Kontrolle berauben.

Aber trotz allen Bemühungen, sogenannte „anschauliche" Methoden zu finden, bleibt der Wert der „marche réguliere et uniforme" überragend. Trägerroste, Stockwerkrahmen, räumliche Fachwerke sind so verwickelte Gebilde, daß sie sich letztens doch am einfachsten dem abstrakten Berechnungsgang fügen. Es wurde daher hier der Versuch unternommen, den allgemeinen Weg der Statik aus der gemeinsamen Wurzel der Mechanik, dem Satz von den möglichen Arbeiten, herzuleiten und in seiner doppelten Verzweigung, dem Kraft- und dem Formänderungsverfahren, allgemein darzustellen.

Zugrunde gelegt wurde dabei die Darstellung, welche GRÜNING 1925 der Statik des ebenen Tragwerkes gegeben hatte und in welche das Formänderungsverfahren, so wie es MANN 1927 dargestellt hatte, organisch einzufügen war, wobei gewisse Ergänzungen notwendig wurden. Zunächst wurde der Versuch unternommen, die beiden Verfahren dual einander gegenüberzustellen, was aber an grundsätzlichen Unterschieden, welche ziemlich sicher auch die Ursache der viel späteren Entwicklung des Formänderungsverfahrens sind, scheiterte. Einen Dualismus, wie z. B. die projektive Geometrie zwischen Punkt, Gerade, Vieleck und Vielseit ihn kennt, gibt es zwischen den beiden Verfahren der Statik nicht, es besteht nur eine allgemeine Analogie, bedingt durch die gemeinsame Wurzel, die Hauptgleichung, welche in zweierlei Form angeschrieben werden kann, je nachdem man von den Stabkräften oder von den Formänderungen ausgeht. Nach der Darstellung der Grundlagen der Statik und der Herleitung der Hauptgleichung wird eine aus Raumgründen nur sehr kurze Übersicht über die Berechnung des einfach standfesten Tragwerkes gegeben, wobei Wert darauf gelegt wurde, das Grundsätzliche deutlich herauszuarbeiten. Hierauf wurde die kinematische Untersuchung des einfach standfesten Tragwerkes ziemlich eingehend behandelt, woran sich die Untersuchung der Formänderung anschließt. Nach diesen Vorbereitungen wird das Kraft- und das Formänderungsverfahren dargestellt, womit die systematische Darstellung abschließt. Bemerkenswert ist die Leichtigkeit, mit welcher Tragwerkssysteme, welche mit dem Kraftverfahren ziemlich schwierig zu behandeln sind, sich mit dem Formänderungsverfahren berechnen lassen, wofür als Beispiel auf die Bogenreihe verwiesen wird.

Statik der Fachwerke und Statik der Rahmenwerke, im wesentlichen gegeben durch Kraft- und Formänderungsverfahren, haben leider die Tendenz auseinander zu fallen, sie werden an manchen Hochschulen sogar auf getrennten Lehrstühlen vorgetragen. Demgegenüber kam es darauf an, zu zeigen, daß sie eine Einheit bilden, derselben Wurzel entspringen und zweckmäßig nicht voneinander getrennt werden. Ja sogar die Hauptschwierigkeit der Berechnung ist in beiden dieselbe, nämlich die Auflösung des linearen Gleichungssystems zur Berechnung der Überzähligen bzw. der Grundwerte. Sämtliche Sonder- und Näherungsverfahren haben den Zweck, diese langwierige und ermüdende Aufgabe zu erleichtern.

Das Werk wurde von mir 1930 begonnen, um mir Rechenschaft von den damals letzten Fortschritten der Statik zu geben. 1932 waren die Hauptteile (I, V und VI) abgeschlossen, dann blieb die Arbeit liegen, bis in der erzwungenen Muße von 1945 die restlichen Teile begonnen wurden. Ihre Fertigstellung verzögerte sich dann allerdings durch Überhäufung mit beruflichen Arbeiten, weshalb auch eine Darstellung der Sonderverfahren unterblieb.

Allgemein möchte ich bemerken, daß die Beweise nicht immer in aller Weitschweifigkeit ausgeführt sind, insbesondere fehlen Existenzbeweise für einige Sätze. Hierüber geben die Werke, welche sich mit der theoretischen Mechanik befassen, nähere Auskunft.

Als Hauptwerke zur weiteren Unterrichtung nenne ich hier:

Enzyklopädie der mathematischen Wissenschaften,
IV. Bd.: Mechanik. Leipzig. Darin die Artikel:
4. JUNG: Geometrie der Massen. 1903

5. HENNEBERG: Graphische Statik der starren Körper. 1903
29a. GRÜNING: Theorie der Baukonstruktionen. I. Allgemeine Theorie des Fachwerks und der vollwandigen Systeme. 1912
29b. WIEGHARDT: Theorie der Baukonstruktionen. II. Speziellere Ausführungen. 1913 Dazu die weiteren Artikel des 4. Teilbandes.
MÜLLER-BRESLAU: Die graphische Statik der Baukonstruktionen. Bd. I, 2. Aufl. 1887, 6. Aufl. 1927. – Bd. II, 1: 2. Aufl. 1902, – 5. Aufl. 1922. Bd. II, 2: 2. Aufl. 1924, Leipzig
MÜLLER-BRESLAU: Die neueren Methoden der Festigkeitslehre und der Statik der Baukonstruktionen. 1. Aufl. 1886, 5. Aufl. 1924. Leipzig
MOHR, Abhandlungen aus dem Gebiete der technischen Mechanik. 2. Aufl. Berlin 1914
GEHLER: Der Rahmen. 1. Aufl. 1913, 2. Aufl. 1919. Berlin
GRÜNING: Statik des ebenen Tragwerkes. Berlin 1925
MANN: Theorie der Rahmenwerke auf neuer Grundlage. Berlin 1927
GIRTLER: Einführung in die Statik fester elastischer Körper und das zugehörige Versuchswesen. Wien 1931
Schließlich wurde noch nachgesehen: HERZKA: Statik der Formänderungen von Vollwandtragwerken. Wien 1948, welchem als Ergänzung der Theorie der biegungssteifen Stabzüge die Wirkung stetig verteilter Lasten (Gl. 206) entnommen wurde.
Eine Zusammenstellung von Verfahren der Rahmenstatik gibt neuerdings: LUETKENS: Rahmenstatik. Berlin 1949, welches Buch aber nicht mehr eingesehen und benutzt wurde.
Für die Dynamik von Tragwerken sei auf: HOHENEMSER und PRAGER: Dynamik der Stabwerke. Berlin 1933, verwiesen.

Weitere Hinweise auf das außerordentlich umfangreiche Schrifttum über Statik müssen hier aus Raumgründen unterbleiben, ebenso wie auch eine Zusammenstellung der Bezeichnungen wegfiel.

Unterblieben ist auch die Benennung von Gleichungen nach den Urhebern, da gerade die in der Statik üblichen Benennungen meist nicht die primären Urheber angeben, nach gerechtem Maßstab also unberechtigt sind.

Bestochen durch die mathematische Form und die Schwierigkeit der Entwicklungen hält man die Statik oft für den wichtigsten Teil der Ingenieurwissenschaft. Sie ist aber, selbst im konstruktiven Ingenieurbau, nur ein Werkzeug des Ingenieurs unter vielen anderen, gleich wichtigen, wie der folgende Abschnitt näher zeigt.

Aufgabe und Umfang der Statik.

Tragwerke sind das tragende Gerüst von Bauwerken. Sie dienen der Überspannung von Räumen und sollen Lasten, welche sich über diesen Räumen befinden, abfangen und seitwärts in die Widerlager leiten.

Es muß daher verlangt werden, daß das Bauwerk unter den Lasten seine geometrische Form nur unwesentlich ändert, wenn es seinen Zweck erfüllen soll, es muß (geometrisch) standfest sein.

Die Lasten erzeugen im Tragwerk Formänderungen, welche beobachtet werden können. Diesen Formänderungen ordnen wir Spannungen zu, auf Grund von Gesetzen, welche durch Versuche festgestellt werden. Die Spannungen sind der Widerstand gegen die Formänderungen, er wächst von Null so lange an, bis er so groß geworden ist, daß die Verschiebung aufhört, also Gleichgewicht zwischen den Lasten und den Spannungen herrscht. Bei diesem Vorgang braucht sich die geometrische Form des Tragwerkes nur ganz unwesentlich zu ändern, die Formänderungen bleiben noch innerhalb der Grenzen, welche durch die geometrische Standfestigkeit gezogen sind. Überschreiten die Formänderungen und damit die Spannungen eine gewisse Größe, dann ist die Sicherheit des Bauwerkes gefährdet, bei weiterer Steigerung der Lasten geht es schließlich zu Bruch. Neben der Standfestigkeit muß also auch Bruchsicherheit für das Tragwerk verlangt werden. Die Untersuchung beider Eigenschaften ist Aufgabe der statischen Berechnung.

Nach Bestimmung der durch den Zweck bestimmten Form des Bauwerkes sind für das Tragwerk folgende Aufgaben zu lösen:

1. Ermittelung der günstigsten Form. Hierbei ist zu achten auf:
a) Aussehen, b) günstige statische Gestaltung, c) sparsamen Baustoffverbrauch. (Die durch den Zweck bestimmten Bedingungen sind von vornherein gegeben.)
2. Untersuchung der Standsicherheit und Bruchfestigkeit.
3. Konstruktion der Einzelteile, wie Stäbe, Stöße, Knoten, Auflager.
4. Ausführung des Bauwerkes, technisch und wirtschaftlich.

Von diesen gleich wichtigen Aufgaben gehören ins Gebiet der Statik die unter 1b, 2 und 3 genannten Teilaufgaben, zum Teil auch die unter 1c genannte Untersuchung.

Die Statik kann danach in einen theoretischen und einen praktischen Teil gegliedert werden. Letzterer befaßt sich mit der baulichen Durchbildung, wie Querschnittsbemessung, Knotenpunktausbildung, Knick-, Beul- und Kippsicherheit des Tragwerkes und seiner Einzelteile usw., alles Aufgaben, welche mehr der Festigkeitslehre als der Statik angehören, aber das eine gemeinsam haben, daß ihnen die wirkliche Ausführungsform des Tragwerkes zu Grunde liegt. Die theoretische Statik sieht dagegen von dieser Form ab, sie betrachtet das Tragwerk als geometrisches Gebilde, die Querschnittsformen spielen in ihr nur eine Rolle als Koeffizienten. Durch diese Vereinfachung ist es möglich, auch bei sehr schwierigen Tragwerksformen mit genügender Genauigkeit die Kräfte und Formänderungen des Tragwerkes rechnerisch zu erfassen.

Aber auch in dieser vereinfachten Form ist das Tragwerk stets ein räumliches Gebilde, die räumliche Kräftewirkung darf nie außer acht gelassen und die räumliche Standfestigkeit muß stets untersucht werden. In den allermeisten Belastungsfällen überwiegt aber eine Kräftewirkung die anderen weit. Das Tragwerk kann dann zerlegt werden in eine Reihe ebener Gebilde, die Belastung in solche Teilbelastungen, welche in die Ebene jener Gebilde, der ebenen Tragwerke, fallen.

Auf diese Weise gelangt man zur Abstraktion des ebenen Tragwerkes mit Belastungen ausschließlich in seiner Ebene. Seine statische Berechnung systematisch zu entwickeln ist der Zweck der folgenden Untersuchungen.

I. Grundlagen.

A. Das Tragwerk und seine Teile. Standfestigkeit.

1. Das Tragwerk und seine Stäbe. Der Zweck des ebenen Tragwerkes ist, bestimmte Punkte der Ebene gegen feste Punkte in ihr so weit unverschieblich festzulegen, als es die Elastizität des Baustoffes gestattet.

Die festzulegenden Punkte heißen die *Knotenpunkte* des Tragwerkes, die die Knotenpunkte gegeneinander festlegenden Elemente *Stäbe*, die Verbindungsgeraden der Knotenpunkte *Stabsehnen*. Die *Stabachse* ist eine stetige Kurve in der Ebene des Tragwerkes, die *Stabquerschnitte* liegen derart in der Normalebene dieser Kurve, daß die Kurvenpunkte ihre Schwerpunkte sind. Die Stäbe zerfallen in zwei Klassen: *einfache Stäbe*, welche nur solche Kräfte aufzunehmen vermögen, deren Richtungslinien mit der Stabachse zusammenfallen, und *biegungsfeste Stäbe*, welche Kräfte beliebiger Richtung und Lage aufnehmen können. Einfache Stäbe haben stets eine gerade Stabachse ($\equiv$ Stabsehne), die Stabachse biegungsfester Stäbe kann gerade, gekrümmt oder ein mehrfach gebrochener Streckenzug sein; geometrisch ist sie eine stetige Kurve, welche aber unter Umständen eine endliche Anzahl Unstetigkeitsstellen (Ecken, Sprünge) besitzen kann. Stäbe, welche nur einseitig an das Tragwerk angeschlossen sind, deren eines Ende also frei ist (Kragstäbe), zählen ebenfalls zum Tragwerk, ihr freier Endpunkt ist ein einstäbiger Knoten. Jedoch können sie auch ohne Einschränkung der Allgemeinheit der Ableitungen samt diesem einstäbigen Knoten *nicht* zum Tragwerk gerechnet werden, sie dienen dann lediglich zur Einführung von Belastungen in das Tragwerk.

Zwei Stäbe können in einem Knotenpunkt in einem Gelenk oder einer steifen Ecke verbunden sein. Die *steife Ecke* verbindet zwei Stäbe derart miteinander, daß deren in dem Knotenpunkte vereinigten Querschnitte sich gegeneinander weder verschieben noch verdrehen können. Das *Gelenk* gestattet die beliebige Verdrehung der in dem Knotenpunkte vereinigten Querschnitte der beiden Stäbe gegeneinander, dagegen keine gegenseitige Verschiebung der Schwerpunkte ihrer Querschnitte. Die Verdrehung im Gelenk kann von einer Einwirkung der beiden Querschnitte aufeinander begleitet sein (Reibung im Gelenk, teilweise Einspannung); wenn nichts anderes bemerkt, wird jedoch stets angenommen, daß keine Kraftwirkung stattfindet.

Sind r Stäbe in einem Knotenpunkt A_0 durch $(r-1)$ steife Ecken miteinander verbunden, so sind die r anderen Endpunkte $(A_1 \ldots . A_r)$ der Stäbe gegeneinander unverschieblich festgelegt, von den elastischen Formänderungen der Stäbe abgesehen. Dagegen kann das Gebilde noch um den Punkt A_0 gedreht werden; um es in der Tragwerksebene festzulegen, muß diese Drehungsmöglichkeit beseitigt werden. Um eine Vorstellung hiervon zu gewinnen, denke man sich im Knotenpunkt einen zylindrischen Bolzen mit zur Tragwerksebene normaler Achse welcher mit dieser Ebene undrehbar verbunden ist. Zur Festlegung der Punkte $(A_1 \ldots A_r)$ müssen die r Stäbe durch $(r-1)$ steife Ecken miteinander verbunden, außerdem aber ein Stab undrehbar am Bolzen befestigt werden. Wird der Bolzen nun um seine Achse gegen die Tragwerksebene drehbar gemacht, so heißt diese

Bewegungsfreiheit *Knotendrehbarkeit*, der Winkel, um welchen sich der Knoten dreht, heißt *Knotendrehwinkel*. Von den in einem Knoten zusammenstoßenden Stäben ist stets einer undrehbar mit dem Bolzen verbunden, diese Verbindung gilt nicht als steife Ecke. Es ist auch gleichgültig, welcher der Stäbe derart mit dem Knoten verbunden ist.

2. Fachwerke und Rahmenwerke. Entsprechend den zwei Klassen Stäben zerfallen die Tragwerke ebenfalls in zwei Klassen: Fachwerke und Rahmenwerke. *Fachwerke* bestehen nur aus einfachen Stäben, welche in den Knoten durch reibungslose Gelenke miteinander verbunden sind. *Rahmenwerke* bestehen aus biegungsfesten Stäben, welche in den Knotenpunkten durch steife Ecken oder Gelenke aneinander angeschlossen sind. Die Anzahl der steifen Ecken bestimmt sich nach der oben gemachten Bemerkung: r steife Ecken schließen $(r + 1)$ Stäbe unverschieblich aneinander an. Außerdem können im Rahmenwerk einfache Stäbe vorkommen, welche aber nur durch reibungslose Gelenke in den Knotenpunkten mit den übrigen Stäben verbunden sind. Am Fachwerk können Lasten nur in den Knotenpunkten angreifen, da der einfache Stab keine Kräfte aufnehmen kann, deren Richtung gegen die Stabachse geneigt ist; an den biegungsfesten Stäben des Rahmenwerkes dagegen können die Lasten in beliebigen Punkten angreifen.

3. Auflager. Durch die Stäbe sind die Knotenpunkte nur gegeneinander festgelegt, noch nicht gegen die Tragwerksebene. Die Elemente, welche die Knotenpunkte gegen feste Punkte der Tragwerksebene festlegen, sind die *Auflager* des Tragwerkes. Die *Stütze* ist ein Auflager, welches dem gestützten Knotenpunkt (*Stütz- oder Auflagerpunkt, fester Knoten*) eine Verschiebung bestimmter Größe und Richtung vorschreibt, in der dazu normalen Richtung aber jede Verschiebung gestattet. Die vorgeschriebene Verschiebung kann Null sein, muß es aber nicht. Ein Stützpunkt kann zweifach gestützt sein, dann ist ihm eine und nur eine Verschiebung bestimmter Größe und Richtung vorgeschrieben. Ist die Verschiebung hierbei Null, so ist der Stützpunkt unverschieblich festgehalten (*Auflagergelenk*). Jede Stütze kann durch einen Stab ersetzt werden, welcher in der Tragwerksebene sowie im Stützpunkt durch Gelenke angeschlossen ist. Die vorgeschriebene Verschiebung ist mit der Stabachse gleichgerichtet und gleich der Formänderung des Ersatzstabes, die beliebige Verschiebung normal zu ihr. Jedes Auflagergelenk kann durch zwei solche, nicht gleichgerichtete Stäbe ersetzt werden. Die *Einspannung* ist ein Auflager, welches der Achse eines der im Auflagerpunkt angeschlossenen Stäbe eine Drehung bestimmter Größe und Richtung vorschreibt. Ist der Drehwinkel Null, so heißt der Stab *fest eingespannt*. Eine Einspannung ist immer mit einer Stütze, meist mit zwei Stützen in einem Knotenpunkt vereinigt. Knotenpunkte, welche keine Stützpunkte sind, heißen *freie Knoten*.

Stäbe und steife Ecken sind die *inneren Glieder*, Stützen und Einspannungen die *äußeren Glieder* des Tragwerkes.

4. Standfestigkeit. *Innere Standfestigkeit* besitzt ein Tragwerk, wenn seine Knotenpunkte ihre gegenseitige Lage nur bei gleichzeitiger Formänderung einzelner oder aller inneren Glieder verändern können. *Äußere oder vollkommene Standfestigkeit* besitzt ein Tragwerk dann, wenn seine Knotenpunkte ihre Lage gegen feste Punkte seiner Ebene nur bei gleichzeitiger Formänderung einzelner oder aller inneren Glieder und bei beliebiger Verschiebung oder Drehung der Auflager (im Gegensatz zur vorgeschriebenen) verändern können.

Ein Tragwerk, welches gerade die zur vollkommenen Standfestigkeit erforderliche Anzahl von Gliedern besitzt, heißt *einfach standfest*, seine sämtlichen Glieder sind zur Standfestigkeit notwendig. Ein Tragwerk heißt $(n + 1)$*fach standfest* oder n-*fach überbestimmt*, wenn n Glieder entfernt werden können, ohne daß es seine Standfestigkeit verliert. Es gibt entsprechend innere und äußere Überbestimmtheit. Die hierdurch festgelegte Standfestigkeit bzw. Bestimmtheit ist eine geometrische, da sie nur von dem geometrischen Aufbau des Tragwerkes abhängt.

5. Koordinatensystem, Richtung. Grundannahme. Um das Tragwerk geometrisch festzulegen, werde es auf ein geradlinig-rechtwinkliges Koordinatensystem (x, y) bezogen. Das Koordinatensystem ist so beschaffen, daß man eine Drehung im *Gegensinne* des Uhrzeigers machen muß, wenn man die $+x$-Achse auf kürzestem Wege in die Lage der $+y$-Achse überführen will. *Drehungen und Winkel* werden *stets* positiv im Gegensinne des Uhrzeigers gezählt. Die positive Richtung der x-Achse verläuft von links nach rechts, wenn man auf der $-y$-Achse steht und gegen den Koordinatenursprung sieht. (Es versteht sich von selbst, daß man immer auf derselben Seite der Tragwerksebene bleiben muß.)

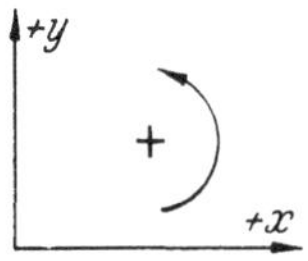

Bild 1.

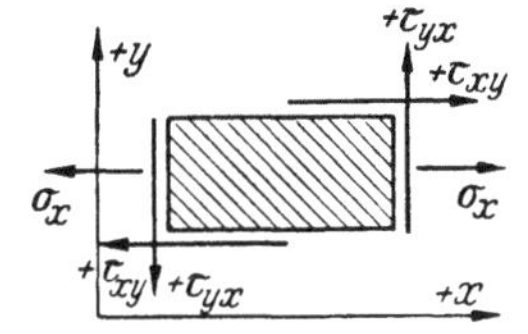

Bild 2.

Die Normalspannung auf das Oberflächenelement dF_0 eines Körpers wird stets positiv in Richtung der positiven Flächennormalen von dF_0 gezählt. Die positive Flächennormale zeigt vom Körper weg nach außen.

Ein Elementarquader werde durch Schnitte normal zu den Achsen aus dem Körper herausgeschnitten (s. Bild 2, Grundriß in der xy-Ebene). Auf der Fläche nun, auf welcher die positive Flächennormale mit der positiven Koordinatenrichtung übereinstimmt, wird jene Richtung der Schubspannung als positiv bezeichnet, welche der positiven Richtung der entsprechenden Koordinatenachse gleichläuft. Die Richtungen der Flächennormale, der Achsen und der Schubspannungen gehören also in folgender Weise zusammen:

positive Flächennormale in	Schubspannung positiv in	Schubspannung negativ in
positiver Achsenrichtung	positiver Achsenrichtung	negativer Achsenrichtung
negativer Achsenrichtung	negativer Achsenrichtung	positiver Achsenrichtung

Die Drehungen um die Achsen bei räumlichen Koordinatensystemen werden positiv im Gegensinne des Uhrzeigers gerechnet, wobei in die negative Richtung der Drehachse gesehen wird, sodaß durch die Drehung $+x$ in $+y$, $+y$ in $+z$, $+z$ in $+x$ übergeführt wird (zyklische Vertauschung).

Bild 2 legt auch die Bezeichnung der Spannungen fest. Über den Begriff der Spannung s. Nr. 12.

Als grundlegende Voraussetzung gelte:

I. Sämtliche physikalischen Größen (Verschiebungen und Kräfte) werden als stetige, differenzierbare Funktionen des Ortes und der Zeit angenommen. Diese Funktionen können aber unstetige und singuläre Stellen in endlicher Anzahl enthalten.

(z. B. Einzelkraft entspricht geometrisch einer singulären Stelle).

6. Verschiebungen. Parallelogramm der Wege und der Geschwindigkeiten. Bei einer Verschiebung wird ein Massenelement dm ($\lim dm \to 0$) von einem Punkt A_0 nach einem anderen Punkt A_1 gebracht. Der Weg, auf welchem dies geschieht, ist gleichgültig, solange man lediglich die räumlichen Lagen A_0 und A_1 miteinander vergleicht. Man nennt daher alle Verschiebungen eines Massenelementes einander gleichwertig, bei denen dessen Anfangs- und Endlage dieselbe ist. Hieraus ergibt sich der Satz vom *Parallelogramm der Wege*: Die geradlinige Verschiebung dr (lim $dr \to 0$) kann stets nach zwei gegebenen Richtungen in

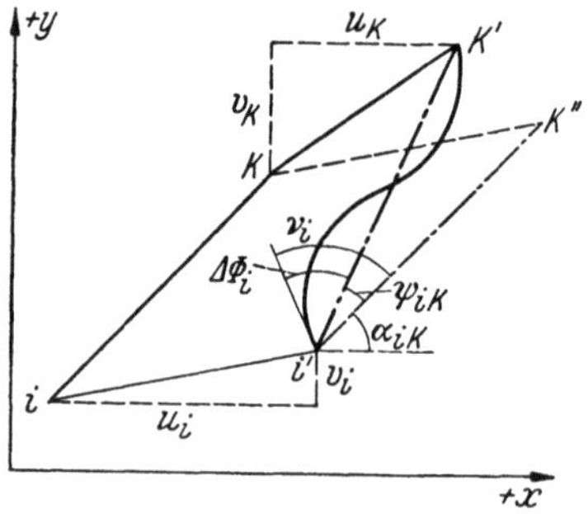

Bild 3.

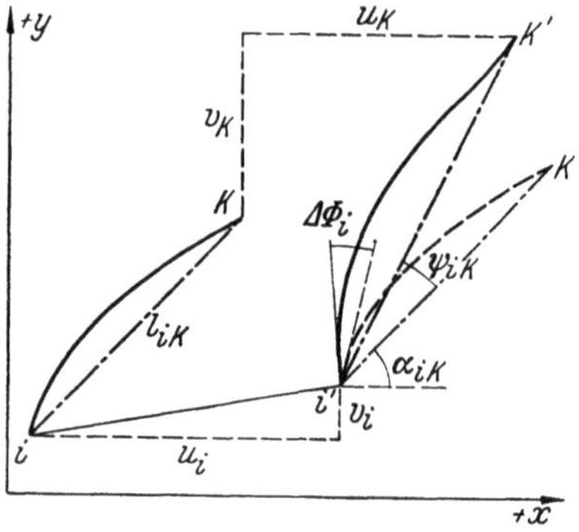

Bild 4.

zwei Teilverschiebungen zerlegt werden, z. B. parallel den Koordinatenachsen. Der Zerlegung in Teilwege entspricht die Zusammensetzung zweier aufeinanderfolgender Verschiebungen zu einem Gesamtweg.

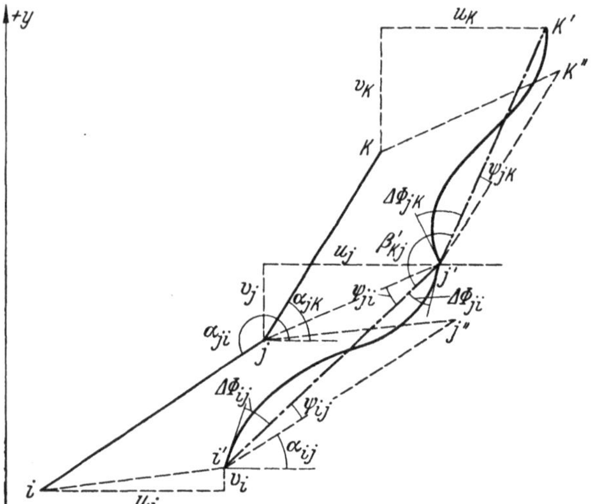

Bild 5.

Die Verschiebungsgeschwindigkeit $\frac{dr}{dt} = \dot{r}$ ist ebenfalls eine Verschiebung, welche von dem Massenelement dm lediglich in der Zeiteinheit zurückgelegt wird. Die Geschwindigkeit kann daher entsprechend in Teilgeschwindigkeiten zerlegt, und Teilgeschwindigkeiten zu einer Gesamtgeschwindigkeit zusammengesetzt werden. Für die Beschleunigung $\frac{d\dot{r}}{dt} = \frac{d^2 r}{dt^2} = \ddot{r}$ gilt entsprechend dasselbe. (*Satz vom Parallelogramm der Geschwindigkeiten und Beschleunigungen*).

Es ist zu beachten, daß der Satz vom Parallelogramm der Wege hier als Erfahrungssatz eingeführt und nicht aus irgendwelchen abstrakten Voraussetzungen bewiesen wird.

7. Verschiebungs- und Formänderungsgrößen. Zwei bestimmte Knoten des Tragwerkes, welche durch einen Stab r verbunden sind, heißen i und k. Der Zeiger i oder k bezeichne eine dem Knoten i bzw. k zugeordnete Größe, der Zeiger r bezeichne eine solche, welche dem bestimmten Stabe r zugeordnet ist.

Die Verschiebung eines Knotenpunktes i ist eindeutig beschrieben durch Angabe der Änderung seiner Koordinaten, der *Verschiebungsgrößen* $\Delta x_i = u_i$,

$\Delta y_i = v_i$. Die Formänderung des Tragwerkes ist gegeben durch die *Formänderungsgrößen* seiner Glieder:

die *Längenänderung* $\Delta l_{ik} = \Delta l_r$ der Stabsehne ik nach der Verschiebung der Punkte i, k in ihre neue Lage i', k';

der *Stabdrehwinkel* $\psi_{ik} = \psi_r$, die Änderung der Richtung ik bei der Verschiebung;

der Stabdrehwinkel χ_{ik} bei Vernachlässigung des Einflusses der Stabdehnung;

der Stabdrehwinkel θ_{ik} infolge der Stabdehnung allein;

der *Tangentendrehwinkel* $\Delta \Phi_{ik}$, die Änderung der Richtung der Tangente an die Stabachse bei der Verschiebung infolge der Wirkung der Momente und der Querkräfte;

der Tangentendrehwinkel $\Delta \varphi_{ik}$ infolge der Wirkung der Momente allein;

der *Knotendrehwinkel* $\nu_i = \Delta \Phi_{ik} + \psi_{ik}$, der gesamte Winkel, um welchen sich die Stabtangente bei der Formänderung gegen die in der Tragwerksebene feste Richtung ik dreht. Dieser Winkel ist der gleiche für alle Stäbe eines Knotens, welche durch steife Ecken aneinander angeschlossen sind;

die *Verschiebung* c_i einer Stütze, bzw. der *Drehwinkel* c_i einer Einspannung, welcher als der Knotendrehwinkel des festen Knotens, welcher eingespannt ist, anzusehen ist.

8. Beziehungen zwischen Verschiebungs- und Formänderungsgrößen. Grundannahme. Zwischen den Formänderungs- und den Verschiebungsgrößen bestehen Beziehungen, zu deren Herleitung folgende Voraussetzung gemacht wird:

II. Die Verschiebungs- und Formänderungsgrößen sind so klein gegenüber den Abmessungen des Tragwerkes, daß ihre Produkte miteinander sowie ihre Quadrate und ihre Potenzen höherer Ordnung in allen Gleichungen gegenüber den in ihnen linearen Gliedern vernachlässigt werden können.

Bezeichnet α_{ik} den Stellungswinkel der Strecke ik gegen die $+x$-Achse, α_{ki} denjenigen der Strecke ki, so ist, wenn l_{ik} die Länge der Stabsehne ik bezeichnet:

$$\alpha_{ki} = \alpha_{ik} + \pi \qquad \cos\alpha_{ki} = -\cos\alpha_{ik} \qquad \sin\alpha_{ki} = -\sin\alpha_{ik}$$

$$\frac{x_k - x_i}{l_{ik}} = \cos\alpha_{ik} \qquad \frac{y_k - y_i}{l_{ik}} = \sin\alpha_{ik}.$$

Für den Winkel zwischen zwei Stäben und seine Änderung gilt:

$$\beta_{kj} = \alpha_{ji} - \alpha_{jk} \qquad \beta'_{kj} = \alpha'_{ji} - \alpha'_{jk}, \quad \text{folglich} \quad \Delta\beta = \Delta\alpha_{ji} - \Delta\alpha_{jk} = \psi_{ji} - \psi_{jk} = \Delta\psi_j.$$

Für steife Ecken ist: $\nu_{jk} = \nu_{ji}$, $\Delta\psi_j = \Delta\Phi_{jk} - \Delta\Phi_{ji}$.

Es ist:

$$l_{ik}^2 = (x_k - x_i)^2 + (y_k - y_i)^2$$

$$(l_{ik} + \Delta l_{ik})^2 = [(x_k + u_k) - (x_i + u_i)]^2 + [(y_k + v_k) - (y_i + v_i)]^2.$$

Zieht man die erste von der zweiten Gleichung ab und streicht nach der gemachten Voraussetzung Quadrate und Produkte höherer Ordnung der Δl, u, v, so folgt:

$$\Delta l_{ik} = (u_k - u_i)\cos\alpha_{ik} + (v_k - v_i)\sin\alpha_{ik}. \tag{1}$$

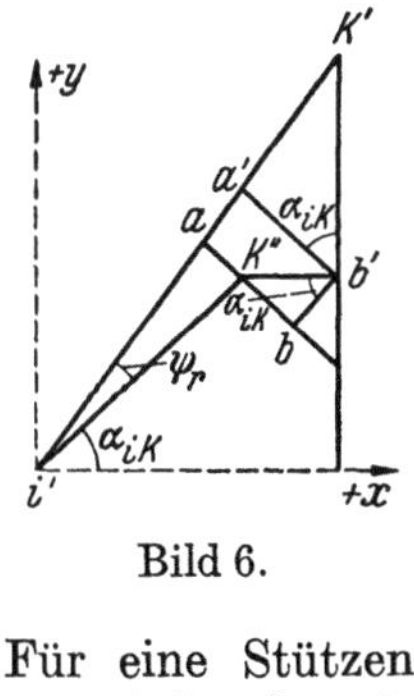

Bild 6.

Da der Winkel ψ_r nach Annahme II sehr klein ist, so ist angenähert:

$$\psi_r = \frac{k''a}{i'k''} = \frac{k''a}{l_{ik}} \qquad \sphericalangle\, i'k''a = \sphericalangle\, i'ak'' = \frac{\pi}{2}$$

$$k''a = ab - k''b = a'b' - k''b = b'k'\cos\alpha_{ik} - k''b'\sin\alpha_{ik}$$
$$= (v_k - v_i)\cos\alpha_{ik} - (u_k - u_i)\sin\alpha_{ik}$$

somit:

$$\psi_{ik} = -\frac{(u_k - u_i)\sin\alpha_{ik} - (v_k - v_i)\cos\alpha_{ik}}{l_{ik}}. \tag{2}$$

Für eine Stützenverschiebung c_i, welche den Stellungswinkel γ gegen die $+x$-Achse hat, ist:

$$c_i = u_i\cos\gamma + v_i\sin\gamma. \tag{3}$$

Ist einem Stab ik durch eine Einspannung in i eine bestimmte Drehung c_{ir} vorgeschrieben, so gilt:

$$c_{ir} - \Delta \Phi_{ik} = \psi_{ik}, \tag{4}$$

worin ψ_{ik} aus (2) einzusetzen ist. Für die Winkeländerung $\Delta \psi$ zwischen zwei Stabsehnen ij und jk, welche durch eine steife Ecke im Knoten verbunden sind, gilt:

$$\Delta \psi_j = \frac{(u_k - u_j) \sin \alpha_{jk} - (v_k - v_j) \cos \alpha_{jk}}{l_{jk}} - \frac{(u_i - u_j) \sin \alpha_{ji} - (v_i - v_j) \cos \alpha_{ji}}{l_{ji}} \tag{5}$$

Durch die Gl. (1 bis 5) sind die Formänderungsgrößen mit den Verschiebungsgrößen durch lineare Beziehungen verknüpft.

9. Kennzeichen der Standfestigkeit. Anzahl der Glieder im Tragwerk:

k freie und feste Knotenpunkte
k_f freie Knotenpunkte
k_s feste Knotenpunkte (Stützpunkte)
k_e Knotenpunkte mit steifen Ecken
k_g Knotenpunkte mit Gelenken
r einfache und biegungsfeste Stäbe
r_e einfache Stäbe
r_b biegungsfeste Stäbe

e steife Ecken
a Auflager
a_s Stützen
a_e Einspannungen

Ferner:
n Grad der Überbestimmtheit
n_i Grad der inneren Überbestimmtheit

Jedem Knotenpunkt gehören zwei Verschiebungsgrößen zu, deren Anzahl bei einem Tragwerk somit $2k$ ist. Die Anzahl der Formänderungsgrößen ist gleich der Anzahl der Glieder des Tragwerkes: $r + e + a$, da die Formänderung des Tragwerkes vollständig beschrieben ist durch die Angabe der Längenänderungen der Stabsehnen, die Drehungen der steifen Ecken und die Auflagerbedingungen. Jede Formänderungsgröße gibt eine lineare Gleichung zur Bestimmung der Verschiebungsgrößen, es bestehen also $r + e + a$ lineare Gleichungen zwischen den beiden. Ist nun die Anzahl der Formänderungsgrößen kleiner als die Anzahl der Verschiebungsgrößen, so bleiben nach der Formänderung eine Anzahl Verschiebungsgrößen noch willkürlich, da die Anzahl ihrer Bestimmungsgleichungen kleiner ist als ihre Anzahl selbst, das Tragwerk ist daher nicht vollkommen standfest. Ist die Anzahl der Formänderungsgrößen gleich der Zahl der Verschiebungsgrößen, so ist das Tragwerk einfach standfest, ist sie größer, so ist es mehrfach standfest. Als Bedingung der vollkommenen Standfestigkeit folgt also: *Ein Tragwerk ist dann vollkommen standfest, wenn die Anzahl seiner Glieder mindestens gleich der doppelten Anzahl seiner Knotenpunkte ist.*

Ein inneres Glied des Tragwerkes kann stets durch ein äußeres ersetzt werden, da es gleichgültig ist, ob der Knotenpunkt unmittelbar oder mittelbar (durch das Tragwerk) gegen die Tragwerksebene festgelegt wird. Dies äußert sich darin, daß die Bedingung der vollkommenen Standfestigkeit keinen Unterschied zwischen inneren und äußeren Gliedern macht.

Zur Aufstellung einer Bedingung über die innere Standfestigkeit genügt es zu untersuchen, wieviele Auflager mindestens vorhanden sein müssen. Denn kennt man die Mindestzahl der Auflager, so kennt man ohne weiteres auch die Mindestzahl der inneren Glieder, da beide zusammen mindestens gleich der doppelten Anzahl der Knotenpunkte sein müssen. Hat das Tragwerk die zur vollkommenen Standfestigkeit erforderliche Mindestzahl der Auflager nicht, so nützt die Hinzufügung innerer Glieder allein nichts, da diese die Knotenpunkte nur gegeneinander, nicht aber gegen die Tragwerksebene festlegen.

Das Tragwerk mit innerer Standfestigkeit verhält sich, abgesehen von den im Verhältnis zu seinen Abmessungen kleinen elastischen Formänderungen seiner Glieder, wie eine starre Scheibe. Diese besitzt in ihrer Ebene drei Bewegungsfreiheiten, zu ihrer Festlegung bedarf es daher mindestens dreier Glieder. Sind es weniger, so ist eine wenn auch zwangsläufige Bewegung möglich. Es gilt also: *Ein Tragwerk mit einfacher oder mehrfacher innerer Standfestigkeit benötigt zur vollkommenen Standfestigkeit mindestens drei äußere Glieder.* Dasselbe Ergebnis erhält man auch durch die Abzählung der vorhandenen Gleichungen. Betrachtet man beim Tragwerk nur die gegenseitige Lage der Knotenpunkte, unabhängig von ihrer Lage in der Ebene, so benützt man am besten ein Koordinatensystem, welches mit dem Tragwerk fest verbunden und mit ihm gegen die Tragwerksebene verschiebbar ist. Das Koordinatensystem ist gegeben durch seinen Ursprung und die positive Richtung einer Achse. Dies kann man festlegen dadurch, daß man den Ursprung in einen beliebigen Knotenpunkt a hineinlegt und die $+\,x$-Achse durch einen zweiten Knotenpunkt b hindurchgehen läßt. Das Koordinatensystem bewegt sich dann mit den Punkten a und b, wobei sich b noch auf der x-Achse bewegen kann. Die Verschiebungsgrößen des Punktes a in diesem System sind demgemäß immer u_a, $v_a = 0$, die des Punktes b: $u_b =$ beliebig, $v_b = 0$. Insgesamt wird die Zahl der Verschiebungsgrößen um drei kleiner. Soll das Tragwerk also innere Standfestigkeit besitzen, so muß die Zahl der inneren Glieder mindestens gleich der doppelten Anzahl der Knotenpunkte vermindert um drei sein. Besitzt das Tragwerk n_i innere Glieder mehr über diese Mindestzahl hinaus, so daß es n_i-fach innerlich überbestimmt ist, so sind infolge der $(2k - 3 + n_i)$ Formänderungsgrößen wohl $(2k - 3 + n_i)$ Gleichungen für die $(2k - 3)$ Verschiebungsgrößen vorhanden. Von diesen Gleichungen sind aber n_i durch lineare Ersetzungen und Ausmerzungen aus den übrigen ableitbar, d. h. n_i Formänderungsgrößen sind nicht mehr willkürlich, sondern bereits durch die übrigen bestimmt. Diese n_i Glieder tragen zur äußeren Standfestigkeit daher nichts bei, die Zahl der äußeren Glieder muß also mindestens gleich drei sein, damit das innerlich standfeste Tragwerk auch äußere Standfestigkeit erlangt.

Es hat sich also ergeben:

Bedingung der vollkommenen Standfestigkeit:

$$r + e + a \geqq 2k \qquad a \geqq 3 \tag{6}$$

Bedingung der inneren Standfestigkeit:

$$r + e \geqq 2k - 3 \tag{7}$$

Grad der Überbestimmtheit des Tragwerkes:

$$n = r + e + a - 2k \qquad a \geqq 3 \tag{8}$$

Grad der inneren Überbestimmtheit des Tragwerkes:

$$n_i = r + e + 3 - 2k \tag{9}$$

Das n-fach überbestimmte Tragwerk hat $r + e + a = 2k + n$ Glieder und $2k$ Verschiebungsgrößen u, v. Aus den $2k + n$ Gl. (1 bis 5) lassen sich $2k$ Verschiebungsgrößen u, v ausmerzen. Außer den $2k$ Bestimmungsgleichungen dieser u, v bleiben dann noch n Gleichungen zwischen den Formänderungsgrößen übrig. Daher ist die Formänderung von n Gliedern des Tragwerkes nicht willkürlich, sondern muß bestimmte Bedingungen erfüllen, damit der geometrische Zusammenhang des Tragwerkes bei der Formänderung gewahrt bleibt. Die Gleichungen zwischen den Formänderungsgrößen können Verträglichkeitsbedingungen genannt werden, ähnlich denen in Nr. 16. Da die Gl. (1 bis 5) linear in den Formänderungsgrößen sind, so ergibt sich aus ihnen ein und nur ein System von Verträglichkeitsbedingungen, unabhängig davon, welche Formänderungsgrößen als die überbestimmten angenommen werden. Die Überbestimmtheit des Tragwerkes ist daher eine geometrische, da sie lediglich von dessen geometrischem Aufbau abhängt.

Die durch die Gl. (6 bis 9) gegebenen Bedingungen sind *notwendig, aber nicht hinreichend.* Es gibt also Tragwerke, welche diese Bedingungen erfüllen, aber trotzdem nicht standfest sind. Zur Feststellung der Standfestigkeit muß daher jeweils noch eine kinematische Untersuchung des Tragwerkes hinzutreten. Doch ist diese bei den gebräuchlichen Tragwerksarten sehr einfach durchzuführen, meistens ist sie überflüssig.

10. Sonderfall: Das Rahmenwerk. Für Rahmenwerke läßt sich der Grad der Überbestimmtheit noch auf eine zweite Art ausdrücken.

Vorausgesetzt werde ein Rahmenwerk mit nur steifen Stabanschlüssen. Jeder Auflagerknoten habe zwei Stützen und eine Einspannung, so daß gilt: $a_s = 2a_e$, $a = 3a_e = 3k_s$. In jedem Knoten ist dann die Anzahl der steifen Ecken gleich der Anzahl der in ihm zusammenstoßenden Stäbe weniger einem oder: die Anzahl der in jedem Knotenpunkt zusammenstoßenden Stäbe ist gleich der Anzahl der steifen Ecken in diesem Knoten, vermehrt um dessen Drehbarkeit. Bildet man deren Summe über alle Knotenpunkte, so erhält man $e + k$. Anderseits muß diese Summe gleich der doppelten Anzahl der Stäbe sein, da jeder Stab in zwei Knotenpunkten angeschlossen ist, also zwei steifen Ecken entspricht (statt einer steifen Ecke u. U. einer Knotendrehbarkeit). Es gilt somit $e + k = 2r$. Setzt man diesen Wert in Gl. (6) $r + e + a = 2k + n$ ein, so folgt: $3(r - k) + a = n$ und wegen $a = 3k_s$, $k_f = k - k_s$ schließlich: $3(r - k_f) = n$.

Bei einem *Rahmenwerk mit nur steifen Stabanschlüssen und Auflagerknoten mit je zwei Stützen und einer Einspannung* gilt also:

$$e + k = 2r \tag{10}$$

und der Grad der Überbestimmtheit ist

$$n = 3(r - k_f). \tag{11}$$

Werden g steife Ecken durch Gelenke ersetzt und a_0 Auflager beseitigt, so gilt:

$$n = 3(r - k_f) - g - a_0 \qquad 3k_s - a_0 = 3. \tag{12}$$

Um den Grad der inneren Überbestimmtheit zu erhalten, ist in die Bedingung der inneren Standfestigkeit $n_i = r + e - 2k + 3$ einzusetzen, woraus sich ergibt:

$$n_i = 3(r + 1 - k) - g = 3(r - k_f) + 3 - a - g, \tag{13}$$

wenn g steife Ecken durch Gelenke ersetzt sind.

Diese Gleichungen gelten auch für Fachwerke, doch sind sie hier sehr unbequem anzuwenden, weil hier e und g ziemlich große Zahlen sind. Auch für die Gl. (10 bis 13) gilt, daß es notwendige, aber nicht hinreichende Bedingungen für die Standfestigkeit sind.

Beispiele. Einige Beispiele sollen die Anwendung der Gl. (6 bis 13) erläutern. (Kreis bedeutet Gelenk, schwarzer Winkel steife Ecke.)

1. *Eingespannter Rahmen.*

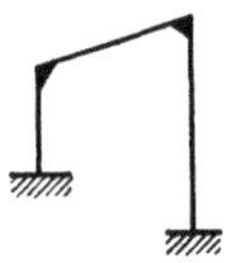

Bild 7.

$k = 4$, $2k = 8$

$r = 3$, $e = 2$, $a_s = 4$, $a_e = 2$; Summe: 11

$n = 11 - 8 = 3$

$k_f = 2$, $r - k_f = 1$, $n = 3 \cdot 1 = 3$

2. *Fachwerk.* Zweigelenkbogen

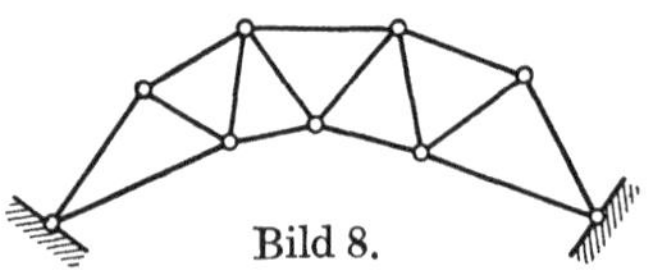

Bild 8.

$k = 10$, $2k = 20$

$r = 17$, $e = 0$, $a_s = 4$; Summe: 21

$n = 21 - 20 = 1$

$k_f = 8$, $g = 26$, $r - k_f = 9$

$e = 24$, $a_e = 2$

$n = 3 \cdot 9 - 26 = 1$

3. *Rahmenwerk.*

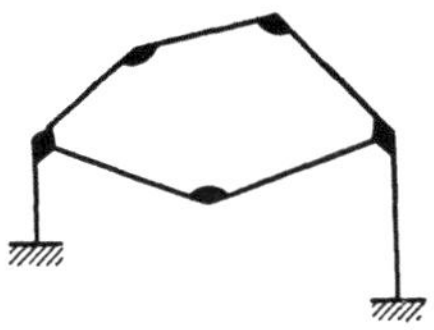

Bild 9.

$k = 7 \qquad r = 7 \qquad k_f = 5$

$2k = 14 \qquad e = 7 \qquad r - k_f = 2$

$a = 6 \qquad n = 3 \cdot 2 = 6$

$n = 20 - 14 = 6 \qquad 20$

4. *Stockwerkrahmen.*

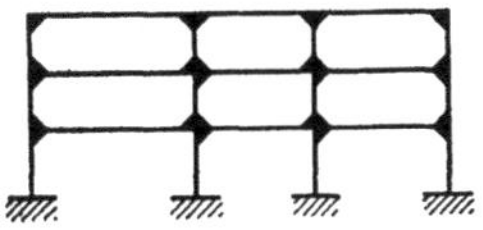

Bild 10.

$k = 16 \qquad r = 21 \qquad k_f = 12$

$2k = 32 \qquad e = 26 \qquad r - k_f = 9$

$a = 12 \qquad n = 3 \cdot 9 = 27$

$n = 59 - 32 = 27 \qquad 59$

5. *Fachwerk,* erfüllt die Bedingung $2k = r + e + a$, ohne standfest zu sein.

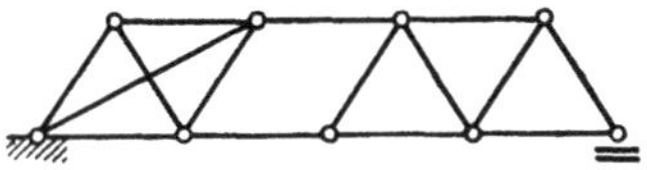

Bild 11.

$r = 15 \qquad k = 9$

$e = 0 \qquad 2k = 18$

$a = 3$

18

11. Der Ausnahmefall. Ist das Tragwerk so beschaffen, daß trotz genügend kleiner Formänderungsgrößen die Verschiebungsgrößen von der Größenordnung der Abmessungen des Tragwerkes werden, dann gilt die grundlegende Voraussetzung II nicht mehr, ebenso gelten nicht mehr die daraus folgenden Gleichungen. Tragwerke dieser Art sind i. a. nicht brauchbar und müssen daher vermieden werden, da trotz ausreichender Anzahl der Glieder keine Standfestigkeit vorhanden ist.

Das mathematische Kennzeichen dieses Falles ist das Verschwinden der Determinante D aus den Beiwerten der Verschiebungsgrößen (bzw. praktisch schon der Fall, wenn der Wert von D sehr klein ist). Dies besagt, daß die Gleichungen nicht unabhängig voneinander sind.

Das mechanische Kennzeichen des Ausnahmefalles ist das Vorhandensein einer kleinen Verschieblichkeit ohne Eintreten einer Formänderung. Hierauf wird auch ein Verfahren gegründet, um feststellen zu können, ob der Ausnahmefall vorliegt, ohne die Determinante D berechnen zu müssen, was gewöhnlich unbequem ist.

Beispiele zur Aufstellung der Determinante.

1. Für das Fachwerk, wie es die Skizze zeigt, soll die Determinante D aufgestellt werden. Knotenpunkte 1, 2, 3, 4, 5, 6. Die Schnittpunkte der Streben sind keine Knotenpunkte. Fünf der Sechseckseiten gehören zu einem regelmäßigen Sechseck, ihre Länge sei 1; die sechste Seite habe die Länge $l_{45} = x$. Es ist:

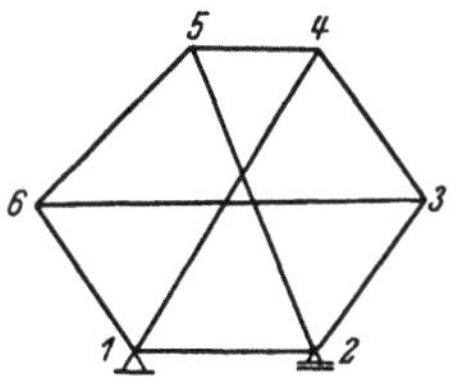

Bild 12.

$k = 6 \qquad r = 9 \qquad 2k = r + a = 12$

$2k = 12 \qquad e = 0$

$a = 3$

12

Es sind 12 Gleichungen vorhanden, 9 für die Δs, 3 für die c.

Die Stellungswinkel bestimmen sich aus

Seite	$\overline{12}$	$\overline{23}$	$\overline{34}$	$\overline{45}$	$\overline{56}$	$\overline{61}$	$\overline{14}$	$\overline{25}$	$\overline{36}$
$\cos\alpha$	1	$\frac{1}{2}$	$-\frac{1}{2}$	-1	a_1	$\frac{1}{2}$	$\frac{1}{2}$	b_1	-1
$\sin\alpha$	0	$\frac{1}{2}\sqrt{3}$	$\frac{1}{2}\sqrt{3}$	0	a_2	$-\frac{1}{2}\sqrt{3}$	$\frac{1}{2}\sqrt{3}$	b_2	0

Hierbei ist:

$$a_1 = \frac{-(3-2x)}{\sqrt{(3-2x)^2+3}} \qquad b_1 = \frac{-x}{\sqrt{3+x^2}}$$

$$a_2 = \frac{-\sqrt{3}}{\sqrt{(3-2x)^2+3}} \qquad b_2 = \frac{\sqrt{3}}{\sqrt{3+x^2}}$$

Für $x = 1$ (regelmäßiges Sechseck) ist: $a_1 = -\frac{1}{2}$ $\quad a_2 = -\frac{1}{2}\sqrt{3}$ $\quad b_1 = -\frac{1}{2}$ $\quad b_2 = \frac{1}{2}\sqrt{3}$
Die Determinante D wird (im leeren Feld ist 0 zu ergänzen):

Δs	u_1	u_2	u_3	u_4	u_5	u_6	v_1	v_2	v_3	v_4	v_5	v_6
$\overline{12}$	-1	$+1$										
$\overline{23}$		$-\frac{1}{2}$	$+\frac{1}{2}$					$-\frac{\sqrt{3}}{2}$	$+\frac{\sqrt{3}}{2}$			
$\overline{34}$			$+\frac{1}{2}$	$-\frac{1}{2}$					$-\frac{\sqrt{3}}{2}$	$+\frac{\sqrt{3}}{2}$		
$\overline{45}$				$+1$	-1							
$\overline{56}$					$-a_1$	a_1					$-a_2$	a_2
$\overline{61}$	$+\frac{1}{2}$					$-\frac{1}{2}$	$-\frac{\sqrt{3}}{2}$					$+\frac{\sqrt{3}}{2}$
$\overline{14}$	$-\frac{1}{2}$			$+\frac{1}{2}$			$-\frac{\sqrt{3}}{2}$			$\frac{\sqrt{3}}{2}$		
$\overline{25}$		$-b_1$			b_1			$-b_2$			b_2	
$\overline{36}$			$+1$			-1						
c_1	1											
c_2							1					
c_3								1				

$$D = \frac{3\sqrt{3}}{8}\begin{vmatrix} a_1 & a_2 \\ b_1 & b_2 \end{vmatrix} - \frac{3b_2}{4}\begin{vmatrix} a_1 & a_2 \\ -\frac{1}{2} & \frac{\sqrt{3}}{2} \end{vmatrix}$$

Im Sonderfall $x = 1$ wird $D = 0$, das bekannte Ergebnis.

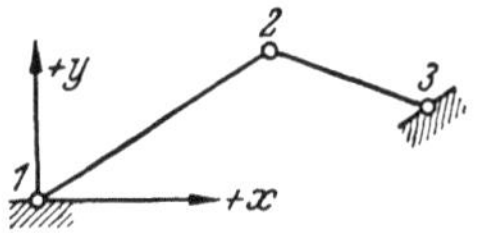

Bild 13a.

2. Bock aus 2 Stäben, einfach standfest.

Es ist: $k = 3$, $2k = 6$, $r = 2$, $a = 4$,
$2k = r + a = 6$.

cos und sin des Stellungswinkels bestimmen sich aus

	cos	sin
$\overline{12}$	c_1	s_1
$\overline{23}$	c_3	s_3

Die Determinante D wird:

	u_1	u_2	u_3	v_1	v_2	v_3
$\overline{12}$	$-c_1$	c_1	0	$-s_1$	s_1	0
$\overline{23}$	0	$-c_3$	c_3	0	$-s_3$	s_3
c_1'	1	0	0	0	0	0
c_1''	0	0	0	1	0	0
c_3'	0	0	1	0	0	0
c_3''	0	0	0	0	0	1

$$D = \begin{vmatrix} c_1 & s_1 \\ -c_3 & -s_3 \end{vmatrix} = -c_1 s_3 + c_3 s_1$$

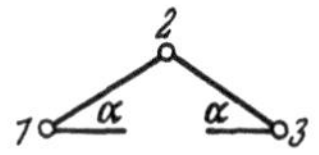

Bild 13b

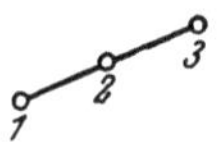

Bild 13c

Sonderfall b): $\quad c = c_1 = -c_3$, $\; s = s_1 = +s_3$ $\qquad D = -2cs$

Sonderfall c): $\quad c = c_1 = c_3$, $\; s = s_1 = s_3$ $\qquad D = 0$

Man ersieht aus diesen Beispielen, daß die Prüfung der Standfestigkeit des Tragwerkes durch Aufstellung der Determinante sehr umständlich ist.

B. Kraftwirkungen.

12. Kraft. Ihre Arten. Eine Kraft besitzt Größe, Richtung und Richtungssinn. Die Gerade, welche die Richtung der Kraft angibt, heißt Richtungs- oder Wirkungslinie der Kraft. Der Schnittpunkt der Wirkungslinie mit der Oberfläche des Körpers, an welchem die Kraft wirkt, ist der Angriffspunkt der Kraft. Als *Moment einer Kraft* bezüglich einer Geraden wird das Produkt aus der Größe der Kraft und dem kürzesten Abstand der Richtungslinie der Kraft von der Geraden bezeichnet, das Moment hat Größe und Drehungssinn, welcher durch den Richtungssinn der Kraft bestimmt ist. Die Gerade heißt die Achse des Momentes, der kürzeste Abstand zwischen Richtungslinie und Achse Hebelarm der Kraft. In der Statik des ebenen Tragwerkes steht die Achse jedes Momentes normal auf der Ebene des Tragwerkes. Statt ihrer nimmt man gewöhnlich ihren Durchstoßpunkt durch diese Ebene und spricht dann von dem Moment der Kraft bezüglich dieses Punktes, des Drehpunktes. Der Hebelarm ist hierbei der Abstand des Drehpunktes von der Richtungslinie der Kraft. In bildlicher Darstellung wird die Größe der Kraft als gerichtete Strecke auf ihrer Richtungslinie angetragen, entsprechend die Größe des Momentes auf seiner Achse.

Man unterscheidet drei Arten Kräfte:

1. *Flächenkräfte* (flächenhaft verteilte Kräfte), die Kräfte, welche in der Berührungsfläche zweier Körper oder in dem Schnitte, durch welchen zwei Raumelemente voneinander getrennt werden können, wirken. Bezeichnet P die Größe der am Flächenelement dF wirkenden Kraft, so heißt der Grenzwert des Quotienten P/dF für $\lim dF \to 0$ die auf dem Flächenelement dF wirkende *Spannung* $\bar{p}$.

2. *Raumkräfte* (räumlich verteilte Kräfte), wie die Schwerkraft, Molekularkräfte (Adhäsion, Kohäsion), elektrische und magnetische Kräfte.

3. *Trägheitskräfte* (Ersatzkräfte, Effektivkräfte, Massenbeschleunigungen), die Kräfte, welche bei Änderungen des Bewegungszustandes eines Körpers wirken. Ist r die Verschiebung eines Elementarquaders dV ($\lim dV \to 0$), so ist die Beschleunigung gegeben durch $\ddot{r} = \frac{d^2 r}{d t^2}$. Ist dm die Masse des Elementarquaders $d\,V$, so wird die Größe der Trägheitskraft nach NEWTON gemessen durch das Produkt $\ddot{r} \cdot dm$. Die Masse ist ein Skalar, der Grenzwert des Quotienten $\frac{dm}{dV}$ für $\lim dV \to 0$ heißt die *Dichte (spez. Masse)* des Körpers an der Stelle dV. Werden mehrere Körper zu einem vereinigt, so ist die Masse des resultierenden Körpers gleich der Summe der einzelnen Massen.

13. Grundgesetz von Wirkung und Gegenwirkung. Für die Wirkung der Kräfte bzw. Spannungen gilt das Grundgesetz (von NEWTON):

III. Die gegenseitigen Wirkungen zweier Körper aufeinander sind immer gleich groß und entgegengesetzt gerichtet.

Die Oberflächenspannungen auf einem Körper sind daher gleich groß aber entgegengesetzt gerichtet den Belastungen durch Flächenkräfte, ebenso sind die Spannungen in den Ufern eines Schnittes einander gleich, aber entgegengesetzt gerichtet.

14. Kräfte am Tragwerk. In der Statik des Tragwerkes wird nur die Wirkung von Flächenkräften betrachtet. Das Eigengewicht der Teile des Tragwerkes wird als auf der Oberfläche dieser Teile verteilt wirkende Belastung angenommen und sein Einfluß entsprechend berechnet. Wie die Erfahrung und weiter entwickelte rechnerische Untersuchungen zeigen, ist diese Annahme zulässig, das durch sie erzielte Ergebnis weicht von demjenigen der genauen Theorie nur unwesentlich ab. Jedoch wird durch diese Annahme erreicht, daß die Berechnung für alle Kräfte auf derselben Grundlage durchgeführt wird, was den Rechnungsgang sehr vereinfacht.

Im allgemeinen wirken an Tragwerken keine Trägheitskräfte. Jedoch wird deren Einfluß in den allgemeinen Ansätzen berücksichtigt, da er für gewisse Tragwerkstypen (bewegliche Brücken u. dgl.) und bei Schwingungen von Bedeutung ist.

Die am Tragwerk wirkenden Kräfte zerfallen in zwei Gruppen:

a) *die eingeprägten Kräfte* (Lasten, äußere Kräfte). Hierzu gehören die Nutzlasten, Eigengewicht, Wind- und Bremskräfte, Seitenstöße der Fahrzeuge u. dgl.

b) *die inneren Kräfte* (Reaktionskräfte), welche durch den geometrischen Aufbau des Tragwerkes und seine Formänderungen bedingt sind. Hierzu gehören die Kräfte und Momente in den Stäben, die Auflagerkräfte, Reibung in den Gelenken und den Lagern, Eigenspannungen. Als *Auflagerkräfte* werden die Kräfte bezeichnet, welche von der festen Tragwerksebene auf die festen Knoten ausgeübt werden.

Die Unterscheidung zwischen eingeprägten und inneren Kräften stammt aus der Stereomechanik, sie betrifft aber hier nicht die Wirkungsart der Kräfte, sondern lediglich ihr Verhältnis zum Tragwerk. So sind die Auflagerkräfte, ebenso die von ihnen abhängigen Lagerreibungen von Tragwerken, welche einfache äußere Standfestigkeit besitzen, infolge Annahme II unabhängig vom Aufbau des Tragwerkes, könnten daher auch als eingeprägte Kräfte bezeichnet werden.

15. Stabkräfte, Momente und ihre Vorzeichen. Aus einem Stabe werde ein so kleines Stück herausgeschnitten, daß seine Achse als Gerade angesehen werden kann. Die Wirkung der abgeschnittenen Teile werde durch äußere Kräfte bzw. Momente an dem Stück ersetzt, was nach Annahme III zulässig ist. Außerdem wirken neben diesen Rückwirkungen der abgeschnittenen Stabteile noch weitere äußere Kräfte an dem Stabteil ik. Sämtliche Kräfte wirken in einer Ebene, auf welcher die Achsen der Momente senkrecht stehen; man sagt daher auch, das Moment wirke in dieser Ebene, der Momentenebene.

Nun werde in einem Punkt s ein Schnitt normal zur Achse durch das Element ik gelegt. Dieser Schnitt teilt die äußeren Kräfte in zwei Gruppen, je nachdem deren Angriffspunkte auf seiner einen oder seiner anderen Seite liegen. Die Summenkräfte der beiden Kräftegruppen seien R_l und R_r, der Angriffspunkt von R_l auf der Stabachse sei m. Die Summenkraft R_l werde in zwei Teilkräfte zerlegt, eine in der Ebene des Stabquerschnittes s, die andere normal zu ihr. Die erste, welche quer zur Stabachse gerichtet ist, heißt *Querkraft*, die andere *Längs-* (*oder Normal-*) *kraft* des zum Stabteil is gehörigen Schnittufers. Das Moment der Summenkraft beider um den Schwerpunkt des Querschnittes heißt dessen *Moment*. Moment, Querkraft und Längskraft des zum Stabteil is gehörigen Schnittufers sind auch die Wirkungen, welche der Stabteil sk auf den Stabteil is im Schnitte s ausübt.

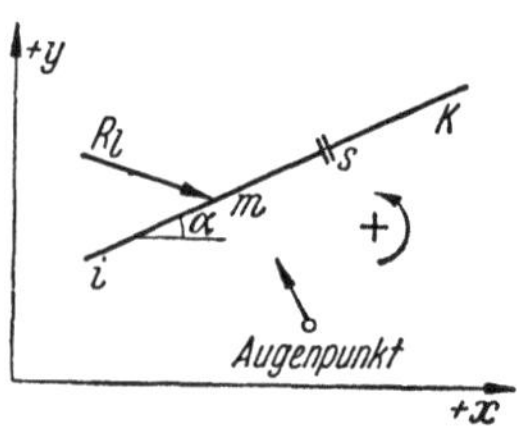

Bild 14.

Um die *Richtung* dieser Wirkungen eindeutig festzulegen, werde ein Augenpunkt gewählt, von welchem aus gegen das Stabelement gesehen wird. Dadurch erhält man einen Stabteil is links und einen solchen sk rechts des Schnittes, ebenso ein linkes und ein rechtes Schnittufer. Die Richtung der Stabachse wird von links nach rechts positiv gezählt. Momente sind stets positiv, wenn sie im Gegensinne des Uhrzeigers drehen. Die Querkraft am linken Schnittufer ist positiv, wenn ihre Richtung mit der Blickrichtung gleichläuft. Die Längskraft ist positiv, wenn die durch sie verursachte Längenänderung eine Dehnung (eine Verlängerung), die Kraft also eine Zugkraft ist; negativ, wenn die Dehnung negativ (eine Verkürzung), die Kraft also eine Druckkraft ist. (Über die Vorzeichen der Winkel und Koordinaten s. Nr. 5.) Im allgemeinen werden Moment,

Querkraft und Längskraft für das linke Schnittufer eines Schnittes angegeben und kurz als statische Werte dieses Schnittes bezeichnet.

Die Koordinaten des Punktes s seien (x_s, y_s), die des Punktes m: (x_m, y_m), die Strecke ms sei Δs. Der Stellungswinkel der Strecke ist gegeben durch:

$$\sin\alpha = \frac{y_s - y_m}{\Delta s} = \frac{\Delta y}{\Delta s} \qquad \cos\alpha = \frac{x_s - x_m}{\Delta s} = \frac{\Delta x}{\Delta s}.$$

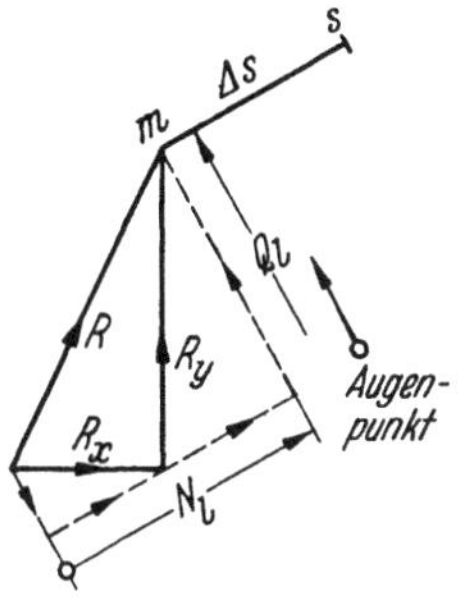

Bild 15.

Die Teilkräfte von R_l parallel den Koordinatenachsen seien entsprechend R_{lx}, R_{ly}, es bezeichne M_l das Moment, Q_l die Querkraft, N_l die Längskraft des linken Schnittufers von s. Dann gilt (Bild 14 u. 15):

$$M_l = -R_{lx}\cdot\Delta y + R_{ly}\cdot\Delta x \tag{14}$$

$$Q_l = -R_{lx}\cdot\frac{\Delta y}{\Delta s} + R_{ly}\cdot\frac{\Delta x}{\Delta s} \tag{15}$$

$$N_l = +R_{lx}\cdot\frac{\Delta x}{\Delta s} + R_{ly}\cdot\frac{\Delta y}{\Delta s}. \tag{16}$$

Die Richtungen von R_x, R_y sind dabei positiv in der positiven Richtung der Koordinatenachsen gewählt, hierdurch ergeben sich die positiven Werte von Q und N.

Aus Gl. (14 u. 15) folgt: $Q_l = M_l/\Delta s$. Nun ist M_l die Änderung des Momentes auf der Strecke Δs, denn im Punkte m ist $M = 0$. Somit kann auch geschrieben werden: $Q = \Delta M/\Delta s$. Dieses gilt auch wenn stetige Belastung q vorhanden ist. Zum Beweis ist die Belastung eines Stabelementes ds zu einer Gesamtkraft $q\,ds$ zusammenzufassen und diese wie eine Einzellast zu behandeln, der Beweis wird dann geführt wie der Existenzbeweis für die Ableitung einer Funktion. Dieser weitläufige Beweis kann hier übergangen werden. Es gilt daher für stetige Belastung bzw. für Einzellasten:

$$Q = \frac{dM}{ds} \qquad Q = \frac{\Delta M}{\Delta s}. \tag{17}$$

Dieser Satz ist eine Folge der Festsetzung des Begriffes Querkraft. Er gilt auch noch, wenn die stetige Belastung in einem Punkte sich sprunghaft ändert, die Querkraftslinie hat dann in diesem Punkte einen Knick.

16. Verzerrungen und Spannungen. Die Ableitungen der Verschiebungen u, v, w nach den Koordinatenrichtungen sind die auf die Längeneinheit bezogenen Verschiebungen oder kurz Verzerrungen, für welche die Gleichungen gelten:

$$\begin{aligned}
\varepsilon_x &= \frac{\partial u}{\partial x} & \gamma_{yz} &= \frac{\partial w}{\partial y} + \frac{\partial v}{\partial z} & 2\,\bar\omega_x &= \frac{\partial w}{\partial y} - \frac{\partial v}{\partial z} \\
\varepsilon_y &= \frac{\partial v}{\partial y} & \gamma_{zx} &= \frac{\partial u}{\partial z} + \frac{\partial w}{\partial x} & 2\,\bar\omega_y &= \frac{\partial u}{\partial z} - \frac{\partial w}{\partial x} \\
\varepsilon_z &= \frac{\partial w}{\partial z} & \gamma_{xy} &= \frac{\partial v}{\partial x} + \frac{\partial u}{\partial y} & 2\,\bar\omega_z &= \frac{\partial v}{\partial x} - \frac{\partial u}{\partial y}.
\end{aligned} \tag{18}$$

Die ε sind die Dehnungen, die γ die Schübe, die $\bar\omega$ die Drehungen, Namen, die sich aus der geometrischen Analyse des Verschiebungszustandes ergeben. Nach den Regeln der analytischen Geometrie ergeben sich zahlreiche Eigenschaften des Verzerrungszustandes, von welchen hier einige nur kurz ohne Nachweis erwähnt werden sollen, da diese Untersuchung zur Theorie der Elastizität gehört und in der eigentlichen Statik des Tragwerkes nicht gebraucht wird.

Da die sechs Verzerrungen ε, γ Funktionen der drei Verschiebungsgrößen u, v, w sind, so bestehen zwischen ihnen sechs Beziehungen, welche man erhält, wenn man die u, v, w und ihre Ableitungen aus den Gl. (18) durch Differenzieren entfernt. Die Gleichungen heißen die Verträglichkeitsbedingungen, da der durch die Verzerrungen ε, γ beschriebene Zustand nur dann einer eindeutig beschriebenen Verschiebung u, v, w entspricht, die Formänderung des Raumelements also mit der Formänderung des zusammenhängenden Körpers verträglich ist, wenn sie erfüllt sind. Sie lauten:

$$\begin{aligned}
&\frac{\partial^2 \varepsilon_y}{\partial z^2} + \frac{\partial^2 \varepsilon_z}{\partial y^2} = \frac{\partial^2 \gamma_{yz}}{\partial y \, \partial z} \qquad && 2\frac{\partial^2 \varepsilon_x}{\partial y \, \partial z} = \frac{\partial}{\partial x}\left(-\frac{\partial \gamma_{yz}}{\partial x} + \frac{\partial \gamma_{zx}}{\partial y} + \frac{\partial \gamma_{xy}}{\partial z}\right)\\
&\frac{\partial^2 \varepsilon_z}{\partial x^2} + \frac{\partial^2 \varepsilon_x}{\partial z^2} = \frac{\partial^2 \gamma_{zx}}{\partial z \, \partial x} && 2\frac{\partial^2 \varepsilon_y}{\partial z \, \partial x} = \frac{\partial}{\partial y}\left(-\frac{\partial \gamma_{zx}}{\partial y} + \frac{\partial \gamma_{xy}}{\partial z} + \frac{\partial \gamma_{yz}}{\partial x}\right) \qquad (19)\\
&\frac{\partial^2 \varepsilon_x}{\partial y^2} + \frac{\partial^2 \varepsilon_y}{\partial x^2} = \frac{\partial^2 \gamma_{xy}}{\partial x \, \partial y} && 2\frac{\partial^2 \varepsilon_z}{\partial x \, \partial y} = \frac{\partial}{\partial y}\left(-\frac{\partial \gamma_{xy}}{\partial z} + \frac{\partial \gamma_{yz}}{\partial x} + \frac{\partial \gamma_{zx}}{\partial y}\right).
\end{aligned}$$

Die $\bar{\omega}$ entsprechen den Drehungswinkeln des Körperelementes um die Koordinatenachsen, wobei es als starrer Körper gedreht wird, der Schub γ_{xy} entspricht dem Drehwinkel, welche eine zur x-Achse parallele Strecke des Elementarquaders erleidet, die Dehnung ε_x der Längenänderung (auf Längeneinheit) dieser Strecke.

Die Dehnungen ε und die Schübe γ bilden zusammen die reine Verzerrung. Es gibt Richtungen im Körper, in welcher nur Dehnungen, aber keine Schübe vorhanden sind, die Hauptdehnungsrichtungen, entsprechend Hauptschubrichtungen, in welchen nur Schübe vorkommen.

Die Verschiebungen werden nach Annahme II als lineare Funktionen der Verzerrungen angesetzt, woraus sich ergibt, daß zwei aufeinander folgende Verzerrungen durch Addition der Teilverzerrungen zusammengesetzt werden können.

Ferner ergibt sich die symmetrische Beziehung der Schübe:

$$\gamma_{xy} = \gamma_{yx} \qquad \gamma_{yz} = \gamma_{zy} \qquad \gamma_{zx} = \gamma_{xz}\,. \qquad (19\text{a})$$

17. Das Hookesche Gesetz. Die Gesetze, welche den Zusammenhang zwischen den Kräften bzw. Spannungen und den Formänderungen wiedergeben, müssen durch Erfahrung gewonnen werden. Aus der Beobachtung ergibt sich nun, daß für eine Anzahl Baustoffe die Verzerrungen, welche allein meßbar sind, im gleichen Verhältnis zu- bzw. abnehmen, in welchem die an dem Körper wirkenden Lasten zu- bzw. abnehmen. Für andere Baustoffe ist diese Beobachtung nur in erster Annäherung richtig. Als einfachstes Gesetz für den Zusammenhang zwischen Spannung und Verzerrung gilt daher:

IV. Die Spannung in jedem Punkte eines Körpers ist eine lineare Funktion der Verzerrung in diesem Punkte.

Nach Robert Hooke, welcher dieses Gesetz in seiner einfachsten Gestalt zuerst ausgesprochen hat, wird es Hookesches Gesetz genannt. Über die Beschaffenheit des Baustoffes wird folgende Annahme gemacht:

V. Der Baustoff der Tragwerke, deren Statik entwickelt werden soll, sei isotrop, d. h. die elastischen Eigenschaften in einem und demselben Körperpunkt sind nach allen Richtungen in diesem Punkte dieselben.

Als elastische Eigenschaften werden dabei alle Eigenschaften der Formänderung infolge Belastung des Körpers bezeichnet. Wie das Verhalten kristallischer Stoffe, für welche das Hookesche Gesetz sehr genau zutrifft, zeigt, sind Satz IV und V voneinander unabhängig (vgl. auch das Verhalten von Holz quer und längs der Faser), beide Sätze gründen sich selbständig auf die Beobachtung. Jedoch ist Satz V keineswegs mit der Annahme zu verwechseln, daß die elastischen Eigenschaften in allen Körperpunkten dieselben seien. Diese Voraussetzung wird zwar im allgemeinen gemacht werden können, ist aber für die Gültigkeit der folgenden Entwicklungen nicht notwendig.

Wirken an einem Elementarquader mit den Seitenlängen dx, dy, dz die Spannungen $\sigma_x, \sigma_y, \sigma_z, \tau_{yz}, \tau_{zx}, \tau_{xy}$ (Bezeichnungen s. Nr. 5, Bild 2), dann lautet der mathematische Ausdruck des HOOKEschen Gesetzes für einen Körper aus isotropem Material:

$$
\begin{aligned}
E\,\varepsilon_x &= \sigma_x - \frac{\sigma_y+\sigma_z}{m} & \sigma_x &= 2G\left(\frac{\varepsilon_x+\varepsilon_y+\varepsilon_z}{m-2}+\varepsilon_x\right) & \tau_{yz} &= G\gamma_{yz} \\
E\,\varepsilon_y &= \sigma_y - \frac{\sigma_z+\sigma_x}{m} & \sigma_y &= 2G\left(\frac{\varepsilon_x+\varepsilon_y+\varepsilon_z}{m-2}+\varepsilon_y\right) & \tau_{zx} &= G\gamma_{zx} \qquad (20) \\
E\,\varepsilon_z &= \sigma_z - \frac{\sigma_x+\sigma_y}{m} & \sigma_z &= 2G\left(\frac{\varepsilon_x+\varepsilon_y+\varepsilon_z}{m-2}+\varepsilon_z\right) & \tau_{xy} &= G\gamma_{xy}\,.
\end{aligned}
$$

Die Konstante E heißt die Dehnungszahl, G die Gleitzahl, m ist die Querdehnungszahl. Zwischen E, G und m besteht die Beziehung:

$$E/G = 2(m+1)/m\,. \qquad (21)$$

Der Wert m beträgt nach Messungen etwa $\frac{10}{3} \sim 4$, kann aber oft mit großer Annäherung ∞ gesetzt werden.

Das HOOKEsche Gesetz sagt nichts aus über den Zustand, in welchem sich der Körper befindet, wenn die Belastung ganz entfernt wird. Jeder Körper befindet sich im Schwerkraftfelde der Erde (von den elektrischen und magnetischen Kraftfeldern der Erde, sowie dem Einflusse der Himmelskörper kann in der Statik der Tragwerke immer abgesehen werden). Die Wirkung der Lasten überlagert die Wirkung des Schwerkraftfeldes und gemessen wird nur der Unterschied dieser Wirkungen (auch die Wirkung der Schwerkraft selbst, das Gewicht der Körper, wird nicht unmittelbar gemessen). Der Nullpunkt jeder Verzerrungs- und Spannungsmessung ist daher durch denjenigen Zustand des Körpers gegeben, in welchem außer dem Eigengewicht keine zusätzlichen Lasten wirken; ähnlich wie bei den Wärmegradmessungen nach Celsius ist der Nullpunkt der Messung nicht ungebunden, sondern nur ein bezogener Nullpunkt. Das Eigengewicht der Teile des Tragwerkes wird nun, wie in Nr. 14 angegeben, als Flächenkraft betrachtet und damit der Rechnung ziemlich einfach zugänglich gemacht. Dadurch gewinnt man wenigstens angenähert einen ungebundenen Nullpunkt für Spannungsmessungen.

Die Kräfte, welche man den Formänderungen zuordnet, wirken also ganz entsprechend diesen. Die Kraft P auf ein beliebiges Flächenelement dF bildet i. a. einen bestimmten Winkel mit dessen Flächennormale und kann daher in eine Teilkraft P_n in Richtung dieser Normale und eine Teilkraft P_t in der Ebene des Elements zerlegt werden (Bild 21). Betrachtet man beispielsweise ein Element der Ebene $x = \text{const}$, dann liegt $P_n = P_x$ in Richtung der x-Achse, P_t hat zwei Teilkräfte P_{ty}, P_{tz} in Richtung der x- bzw. y-Achse (Bild 2). Die auf die Flächeneinheit bezogene Größe der Kräfte bezeichnet man als Spannung, und zwar nennt man die Teilkraft $\sigma_x = \frac{P_x}{dF}$ die Normalspannung, die Teilkräfte $\tau_{xy} = \frac{P_{ty}}{dF}$ und $\tau_{xz} = \frac{P_{tz}}{dF}$ die Schubspannungen.

Da Verzerrungen und Spannungen linear zusammenhängen, ist es möglich, die Theorie der Verzerrung, wie sie in Nr. 16 angedeutet wurde, auf die Spannungen auszudehnen. Von einer Wiedergabe wird hier abgesehen, da die Theorie hier nicht weiter gebraucht wird, hierzu sei auf die Lehrbücher der Festigkeitslehre verwiesen. Es soll nur erwähnt werden, daß es ebenfalls drei bevorzugte, wechselseitig normale Richtungen gibt, in welchen nur Normal- aber keine Schubspannungen wirken. Diese Normalspannungen heißen die Hauptspannungen des Körperpunktes. Entsprechend gibt es drei Hauptschubspannungen, in deren Richtungen keine Normalspannungen wirken.

18. Eigenspannungen. Aber auch ohne daß Lasten auf einen Körper wirken kann dieser sich in einem Spannungszustand befinden. Ein solcher Spannungszustand entzieht sich der unmittelbaren Beobachtung und Messung. Er kann festgestellt werden, wenn am Körper geeignete Einschnitte gemacht werden, durch welche ohne Einwirkung von eingeprägten Kräften Verschiebungen der Schnittufer gegeneinander auftreten. Spannungen dieser Art werden als *Eigenspannungen* bezeichnet, da sie ohne Einwirkung von äußeren Lasten bestehen. Dieser Art sind Gußspannungen, sowie Zwängungsspannungen bei Formgebung durch Pressen, Drücken, Walzen; Wachstumsspannungen im Holz, Schwindspannungen im Beton usw.

Die Eigenspannungen zerfallen in zwei Gruppen:

a) solche, deren Anwesenheit die Gültigkeit des Hookeschen Gesetzes sowie der Annahme V nicht einschränkt. Ihre Wirkung ist ähnlich wie diejenige der Schwerkraft, sie ist zwar von Einfluß auf die Lage des Nullpunktes aller Messungen am Körper, alle Entwicklungen auf Grund der Sätze IV und V bleiben jedoch gültig. Zu beachten ist nur, daß die Anwesenheit solcher Eigenspannungen von Einfluß auf die Größe der zulässigen Spannungen ist. Diese werden festgestellt ohne Rücksicht auf Eigenspannungen, bei Anwesenheit solcher ist ihr Wert daher entsprechend zu ändern.

b) solche, bei deren Anwesenheit das Hookesche Gesetz nicht gilt. Ihre Wirkungsweise ist noch sehr wenig erforscht, sie können für den Bestand eines Bauwerkes (Tragwerk oder Maschine) von ausschlaggebender Bedeutung sein. Bei Herstellung von Baumaterial muß also Vorsorge getroffen werden, daß keine solchen unprüfbaren Eigenspannungen entstehen.

Über die Eigenspannungen werde folgende Annahme gemacht:

VI. Für Spannungszustände, welche ohne Anwesenheit von eingeprägten Kräften im Tragwerk bestehen (Eigenspannungszustände), sollen die Sätze IV und V zutreffen. Es wird angenommen, daß Eigenspannungszustände, welche mit diesen Annahmen unverträglich sind, nicht vorkommen.

Die Größe etwa vorkommender Eigenspannungen ist aus Erfahrungswerten zu bestimmen.

19. Wärmegrad und Formänderung. Wärmegradänderungen in Körpern rufen Formänderungen in ihnen hervor. Diese Formänderungen können Spannungen erzeugen, welche als Eigenspannungen zu bezeichnen sind, da sie ohne Einwirkung von eingeprägten Kräften entstehen. Jedoch braucht nicht jede Wärmegradänderung Spannungen zu erzeugen.

Über die Größe der durch Wärmegradänderungen hervorgebrachten Formänderungen müssen Beobachtungen Aufschluß geben. Für Baustoffe gilt in sehr großer Annäherung das Gesetz:

VII. Die Verzerrung in jedem Punkte eines Körpers ist eine lineare Funktion der Wärmegradänderung in diesem Punkte. Bei Wärmegradänderungen verhält sich der Baustoff isotrop.

Es gilt also das Gesetz:

$$\varepsilon_t = \Theta t. \tag{22}$$

worin ε die Dehnung infolge einer Wärmegradänderung t^0 bezeichnet, Θ ist die lineare Wärmedehnungszahl.

20. Das Überlagerungsgesetz. Nach Satz III sind die Oberflächenspannungen eines Körpers von gleicher Größe wie die Belastungen, nach Satz IV sind die Spannungen linear abhängig von den Verzerrungen, nach Satz II sind die Verzerrungen linear abhängig von den Verschiebungen, nach Satz VII sind Formänderungen infolge Wärmegradänderungen mit diesen linear veränderlich und nach Satz VI sind andere Formänderungen bzw. Spannungen ausgeschlossen. Bezeichnet man als *statische Werte* eines Tragwerkes alle Längs- und Querkräfte,

Momente, Auflagerkräfte, sowie die Formänderungs- und Verschiebungsgrößen seiner Glieder, so lassen sich jene Eigenschaften in dem Satze zusammenfassen:

VIII. Am Tragwerk ist jeder statische Wert eine lineare Funktion der gegebenen Belastungen, Wärmegradänderungen und Auflagerverschiebungen, er ist daher eindeutig bestimmt.

Daraus folgt ohne weiteres: Der Einfluß jeder einzelnen Last, Wärmegradänderung, Auflagerverschiebung läßt sich unabhängig von anderen Lasten, Wärmegradänderungen, Auflagerverschiebungen ermitteln. Der Einfluß einer Gruppe von Wirkungen ergibt sich als Summe der Einflüsse der einzelnen Wirkungen der Gruppe. Jeder Belastungszustand läßt sich daher durch Überlagerung geeigneter anderer Zustände gewinnen. Satz VIII, welcher diese Eigenschaft ausspricht, heißt danach *Überlagerungsgesetz*. Es ist zu beachten, daß es nur eine Zusammenfassung der Sätze II bis VII darstellt, seine Gültigkeit also von derjenigen dieser Sätze abhängt (ausgenommen Satz V). Dagegen sind jene Sätze nicht ohne weiteres aus dem Überlagerungsgesetz ableitbar, dieses kann sie also nicht vollständig vertreten.

21. Mögliche Verschiebungen. Die geometrische Gestalt des Tragwerkes im unbelasteten Zustand ist bekannt. Durch die Elastizität seiner Glieder hat das Tragwerk eine gewisse, sehr kleine Beweglichkeit, wenn Belastungen zu wirken beginnen oder wenn Auflagerverschiebungen eintreten; es sind sowohl fortschreitende wie auch drehende Verschiebungen der Knotenpunkte möglich. Jedes System von Verschiebungen, welches mit dem geometrischen Aufbau des Tragwerkes verträglich ist, bei welchem also dessen Zusammenhang gewahrt bleibt, welches aber im übrigen völlig willkürlich ist, heißt ein *mögliches Verschiebungssystem*, die einzelne Verschiebung heißt eine mögliche. Die möglichen Verschiebungen können die Annahme II erfüllen, d. h. sehr klein sein. Erfüllt ein Verschiebungszustand die Gl. (1 bis 5), worin die Verschiebungs- und Formänderungsgrößen als mögliche Größen aufzufassen sind und für die geometrischen Größen (Stablängen und Stellungswinkel) die wirklichen Größen einzusetzen sind, dann gibt er stets ein mögliches Verschiebungssystem an. Bei einem zusammenhängenden Körper müssen die möglichen Verschiebungen stetige differenzierbare Funktionen der Koordinaten sein, die möglichen Verzerrungen müssen die Gl. (18 u. 19) erfüllen.

Bei den Verschiebungen müßte entsprechend wie bei den Kräften eigentlich zwischen eingeprägten und inneren Verschiebungen unterschieden werden. Die Auflagerverschiebungen, soweit sie unabhängig von den Lasten und damit auch von den Auflagerkräften des Tragwerkes sind, zählen nicht zu den statischen Werten des Tragwerkes (s. Nr. 20), sie wären als eingeprägte Verschiebungen anzusehen. Da jedoch für sie ebenfalls die Annahme II gilt, so unterscheiden sie sich in den hier gegebenen Entwicklungen nicht von den inneren und den möglichen Verschiebungen, bei Tragwerken mit veränderlicher Gliederung besteht jedoch der Unterschied und kann auch von Bedeutung sein. Um hier die Entwicklungen für alle Verschiebungen gültig und keinen Unterschied zwischen freien und festen Knoten zu erhalten, werde festgesetzt, daß die Auflagerverschiebungen als statische Werte des Tragwerkes behandelt werden sollen. Die gleichartige Behandlung der festen und freien Knoten kommt der Einführung von Ersatz-Auflagerstäben gleich, deren eines Ende an dem Auflagerknoten des Tragwerkes, das andere Ende an feste Punkte der Tragwerksebene angeschlossen ist und deren Formänderungen den vorgeschriebenen Stützpunktverschiebungen gleich sind (wie in Nr. 3 erwähnt).

22. Gleichgewicht. Der Zustand, in welchem sämtliche Glieder eines Tragwerkes spannungsfrei sind, heißt der spannungslose Anfangszustand. Werden nun Belastungen aufgebracht und das Tragwerk sich selbst überlassen, so erleiden die Knotenpunkte des Tragwerkes Verschiebungen, es entsteht ein Formänderungszustand. Die Glieder des Tragwerkes leisten der Verformung Widerstand, sie erhalten Spannungen. Nach den Gesetzen II bis VII ist jedem bestimmten Belastungszustand ein eindeutig bestimmter Spannungs- und Formänderungszustand zugeordnet, nach beendeter Formänderung ist das Tragwerk wieder in Ruhe. Ein solcher Zustand des Tragwerkes heißt ein *Gleichgewichtszustand*, das im Gleichgewichtszustand vorhandene System der Belastungen, Spannungen und Auflagerwirkungen ein Gleichgewichtssystem von Kräften. Die zu einem solchen gehörigen Verschiebungen sind die *wirklichen Verschiebungen* des Systems. Diese selbst gehören ebenfalls zu den möglichen Verschiebungen, was keineswegs notwendig, sondern eine Folge der gemachten Annahmen ist. Rechnet man nämlich die gegebenen Auflagerverschiebungen nicht unter die statischen Werte, also nicht unter die Verschiebungen, welche das Tragwerk infolge der gegebenen Belastungen erleidet, dann sind die wirklichen Verschiebungen keine möglichen. Denn die Auflagerverschiebungen gehören jetzt nicht mehr unter die möglichen, da sie unabhängig vom geometrischen Aufbau des Tragwerkes festgesetzt werden können. Jede wirkliche Verschiebung entsteht aber durch Übereinanderlagerung einer möglichen Verschiebung mit den Auflagerverschiebungen.

23. Mögliche Spannungen und mögliche Belastungen. Nach Satz VIII entspricht einem möglichen Verschiebungszustand eindeutig ein ganz bestimmter Verzerrungs- und Spannungszustand, ferner ein bestimmter *Belastungszustand* (daß auch dieser eindeutig bestimmt ist, wird in Nr. 80 durch Abzählung der Unbekannten und der Gleichungen nachgewiesen). Diese Spannungen und Belastungen bilden ein Gleichgewichtssystem, dessen wirkliche Verschiebungen die gegebenen möglichen sind, sie werden daher *mögliche Spannungen* und *mögliche Belastungen* genannt, der Gleichgewichtszustand heißt ebenfalls ein möglicher. Zu jedem möglichen Verschiebungszustand gehört also *sein* eindeutig bestimmter wirklicher Belastungs- und Spannungszustand, zu jedem möglichen Gleichgewichtszustand *sein* eindeutig bestimmter wirklicher Verschiebungszustand.

Wie jeder Körper kann auch das ebene Tragwerk Spannungen besitzen, ohne daß Lasten wirken; diese Spannungen heißen ebenfalls Eigenspannungen. Ein Gleichgewichtszustand, bei welchem lediglich Eigenspannungen auftreten, also keine Lasten wirken, heißt *Eigenspannungszustand* des Tragwerkes. Je nach dem Aufbau des Tragwerkes sind kein, ein oder mehrere Eigenspannungszustände in ihm möglich. Die Eigenspannungszustände können wirkliche oder mögliche Gleichgewichtszustände sein (weiteres s. Nr. 74).

24. Gleichwertigkeit möglicher und wirklicher Größen. Es bezeichnet dr eine wirkliche Verschiebung, das Differential eines Vektors r, welcher eine Funktion des Ortes und der Zeit ist, ferner die Variation δr eine mögliche Verschiebung. Die Variation wird bekanntlich genau so durchgeführt wie die Differentiation, jedoch besteht zwischen den Differentialen der abhängigen und der unabhängigen Veränderlichen keine Abhängigkeit, wie sie durch die Form der Funktion $r = f(x, y, z, t)$ bei der Differentiation gegeben ist. Die Gleichwertigkeit möglicher und wirklicher Größen drückt sich mathematisch darin aus, daß die Reihenfolge von Differentiation und Variation vertauscht werden kann. Diese Annahme werde nicht nur für Verschiebungen gemacht, sondern für jede Funktion f des Ortes und der Zeit:

$$\delta dr = d\delta r \qquad \delta df = d\delta f. \tag{23}$$

Diese Beziehung ist, wie oben bemerkt, nicht notwendig, schränkt aber die Allgemeinheit der Entwicklungen nicht ein. Tritt die Zeit t in die Gleichungen ein, so soll stets gelten:

$$\delta dt = d\delta t = 0\,, \tag{24}$$

d. h. als Änderung der Zeit wird stets die wirkliche, nie eine andere mögliche Änderung angenommen.

C. Die Hauptgleichung.

25. Arbeit und Energie. Erleidet der Angriffspunkt einer Kraft eine Verschiebung, so kann die letztere in zwei Teilverschiebungen zerlegt werden, eine normal, die andere parallel zur Kraftrichtung. *Arbeitsweg* einer Kraft bei einer bestimmten Verschiebung heißt deren der Kraftrichtung gleichlaufende Teilverschiebung. Als *Arbeit der Kraft* bei dieser Verschiebung wird das Produkt aus der Größe der Kraft und dem Arbeitsweg bezeichnet. Die Arbeit besitzt nur Größe, keine Richtung, sie ist ein Skalar. Ist dP die Kraft, dr der Arbeitsweg, so ist die Arbeit gegeben durch:

$$dA = dP \cdot dr\,. \tag{25}$$

Wenn dP eine Flächenkraft ist, $dP = p\,dF$, so wird: $dA = p\,dF\,dr$.

Wird p in seine Teilspannungen p_x, p_y, p_z, parallel den Koordinatenachsen zerlegt, dr in die entsprechenden Teilverschiebungen u, v, w, dann ist:

$$dA = p\,dF\,dr = (p_x u + p_y v + p_z w)\,dF\,. \tag{26}$$

Um die gesamte Arbeit in einem System zu erhalten, ist über sämtliche Teilkräfte zu summieren, was nach Annahme I möglich ist. Die Arbeit in der Zeiteinheit heißt *Leistung.*

Die Arbeit der Spannungen bei einer Formänderung heißt Formänderungsarbeit. An einem Elementarquader von den Seitenlängen dx, dy, dz wirken die Spannungen $\sigma_x \ldots$, $\tau_{yz} \ldots$, die Verzerrungen seien $\varepsilon_x \ldots$, $\gamma_{yz} \ldots$. Auf die Fläche $x =$ konstant, deren Größe $dF = dy\,dz$ ist, wirkt die Normalkraft $\sigma_x\,dy\,dz$, deren Arbeitsweg dx ist, die Arbeit von $\sigma_x\,dy\,dz$ ist somit $\sigma_x\,dx\,dy\,dz = \sigma_x dV$. Entsprechend bestimmt sich die Arbeit der übrigen Kräfte, die Formänderungsarbeit, bezogen auf die Volumeinheit ist also:

$$\frac{dA}{dV} = \sigma_x\,\varepsilon_x + \sigma_y\,\varepsilon_y + \sigma_z\,\varepsilon_z + \tau_{yz}\,\gamma_{yz} + \tau_{zx}\,\gamma_{zx} + \tau_{xy}\,\gamma_{xy}\,. \tag{27}$$

Die Arbeit einer Trägheitskraft $dm\ddot{r}$ auf dem Arbeitsweg dr ist:

$$dA = dm\ddot{r}\,dr\,. \tag{28}$$

Dieser Wert soll das NEWTON-D'ALEMBERTsche Arbeitsmaß der Trägheitskräfte heißen. [Arbeit eines Momentes s. Nr. 138 Gl. (149).]

Impuls dJ eines Massenelementes dm bei einer Verschiebung r wird das Produkt $dJ = dm\dot{r}$ (Masse · Geschwindigkeit) genannt. Der Arbeitsweg des Impulses wird bestimmt wie derjenige einer Kraft. Das Produkt Impuls · Arbeitsweg heißt Arbeit dW des Impulses:

$$dW = dm\dot{r} \cdot dr\,. \tag{29}$$

Dieses Maß ist von LEIBNITZ und MAUPERTUIS in die Physik eingeführt, es heißt auch Aktion. Als kinetische Energie dE eines Massenelementes dm bei einer Verschiebung wird festgesetzt:

$$dE = \frac{1}{2}\,\dot{r}\,dJ = \frac{1}{2}\,dm\,\dot{r}^2\,. \tag{30}$$

Dieses Maß ist ebenfalls von LEIBNITZ in die Physik eingeführt worden.

Die durch eine Wärmegradänderung geleistete Arbeit, bezogen auf die Raumeinheit ist gegeben durch die Wärmemenge $dA = c\mathfrak{A}'\,\Gamma\mu\,dV \cdot t$:

$$\frac{dA}{dV} = \mathfrak{A}\,c\,\mu\,t\,. \tag{31}$$

Dabei bezeichnet c die spezifische Wärme des Materials, $\mathfrak{A}$ den mechanischen Wärmegleichwert, t die Größe des Wärmegradunterschiedes, μ die Dichte.

Bei der Aufstellung der Gleichungen ist nicht angenommen, daß die Kräfte längs der Achsen Teilkräfte einer einzigen Kraft sind, die σ, τ usw. können vielmehr ganz unabhängig voneinander sein. Die hier gegebenen Arbeitsmaße haben als Voraussetzung nur den Satz vom Parallelogramm der Wege, nicht aber den vom Parallelogramm der Kräfte.

26. Mögliche Arbeit. Kräfte, welche an Körpern angreifen, erzeugen Verschiebungen, Spannungen, Verzerrungen. Es ist nun zu beachten, daß in den Gl. (25 bis 29) die Verschiebungen von den Kräften ganz unabhängig sein können, sie also keineswegs durch die Kräfte erzeugt sein brauchen. So können die Kräfte einem möglichen Gleichgewichtssystem angehören, die Verschiebungen irgendwie erzeugt werden oder umgekehrt, die Kräfte wirklich vorhanden sein und die Verschiebungen beliebige mögliche sein. Die Arbeit heißt in beiden Fällen *mögliche Arbeit.* Die Verschiebungen können auch durch Wärmegradänderungen erzeugt werden, die Arbeit wirklicher oder möglicher Kräfte bei diesen Verschiebungen ist dann ebenfalls durch die vorstehenden Gleichungen gegeben.

Bezeichnet δr eine mögliche Verschiebung in Richtung der Kraft dP, so ist deren mögliche Arbeit dabei gegeben durch:

$$\delta A = dP \cdot \delta r \,. \tag{32}$$

Umgekehrt: gehört δP einem möglichen Gleichgewichtssystem von Kräften an, so ist *die mögliche Arbeit* von δP bei einer wirklichen Verschiebung dr in ihrer Richtung:

$$\delta A = \delta P \cdot dr \,. \tag{33}$$

Entsprechend kann man in den Gl. (27 bis 29) einerseits die Verschiebungen als mögliche auffassen und die Kräfte als wirkliche oder umgekehrt die Kräfte als mögliche und die Verschiebungen als wirkliche. Die mögliche kinetische Energie ist

$$\delta dE' = dm\dot{r} \cdot \delta \dot{r} \,. \tag{34}$$

Die Berechtigung zur Aufstellung dieser Arbeitsmaße liegt nur darin, daß die aus ihnen gezogenen Folgerungen mit der Erfahrung übereinstimmend gefunden werden.

27. Die Hauptgleichung der Mechanik. Als allgemein gültiges Kennzeichen des Gleichgewichtes eines Systems von Körpern, an welchen Kräfte wirken, gilt das *Gesetz der möglichen Arbeiten*:

IX. Befindet sich ein System von Körpern im Gleichgewicht, so ist die bei möglichen Verschiebungen geleistete Summe der Arbeiten der wirkenden Kräfte stets Null.

Das Gesetz wurde in dieser Form 1717 von Johann Bernoulli brieflich Varignon mitgeteilt und in dessen „Nouvelle mécanique ou statique" (2. Bd. Sect. IX) 1725 veröffentlicht. Es lautet dort:

»*En tout équilibre de forces quelconques, en quelque manière qu'elles soient appliquées et suivant quelques directions qu'elles agissent les unes sur les autres, ou médiatement ou immédiatement, la somme des Energies affirmatives sera égale à la somme des Energies negatives prises affirmativement.*«

Von Lagrange wurde das Gesetz, mit dem Newton-D'Alembertschen Arbeitsmaß für Trägheitskräfte vereinigt, zur Grundlage seiner „Mécanique analytique" (1788) gemacht. Durch Newton, D'Alembert und Lagrange wurden so sämtliche Probleme der gesamten Mechanik auf solche der Statik zurückgeführt. Das Gesetz gilt ganz allgemein, die Erfahrung hat seine Anwendung immer wieder bestätigt.

An Stelle des möglichen Verschiebungszustandes in Satz IX kann auch ein wirklicher treten, an die Stelle des wirklichen Kräftesystems ein mögliches. Es bezeichne A_e die Arbeit der eingeprägten Kräfte, A_σ die Arbeit der inneren Kräfte,

A_T die Arbeit der Trägheitskräfte, A_Θ die Arbeit infolge Wärmegradänderungen, dann lautet das Gesetz der möglichen Arbeiten:

$$\delta A_e + \delta A_\sigma + \delta A_\Theta + \delta A_T = 0\,. \tag{35}$$

Führt man in Gl. (35) die Werte der Gl. (25 bis 29) ein, wobei über das System zu summieren ist, so ergibt sich für mögliche Verschiebungen:

$$\sum dP\delta r + \sum p_0 dF_0 \delta r_0 - \sum p dF \delta r - \delta A_\Theta - \sum dm\ddot{r}\delta r = 0\,, \tag{36}$$

für mögliche Kräfte:

$$\sum \delta P\,dr + \sum \bar{p}_0 dF_0 dr_0 - \sum \bar{p} dF\,dr - \delta A_\Theta - \sum \overline{dm\ddot{r}}\,dr = 0\,. \tag{37}$$

Die Flächenkräfte p sind hierbei getrennt in Oberflächenspannungen p_0 auf die Elemente dF_0 der Oberflächen des Systems und in innere Spannungen p auf innere Flächenelemente dF.

Die Summierung erstreckt sich über sämtliche Massenelemente des Systems bzw. deren Oberflächen. Die Vorzeichen der inneren und der Trägheitskräfte werden hierbei entgegengesetzt gewählt wie diejenigen der eingeprägten Kräfte, da diese beiden Kräftegruppen einander entgegen wirken.

Wirken nun Oberflächenspannungen und innere Spannungen an einem zusammenhängenden Körper, so wird Gl. (36) unter Berücksichtigung der Gl. (26 u. 27):

$$\begin{aligned}&\int_{F_0} (p_{x0}\bar{u}_0 + p_{y0}\bar{v}_0 + p_{z0}\bar{w}_0)\,dF_0 \\ &- \int_V (\sigma_x\bar{\varepsilon}_x + \sigma_y\bar{\varepsilon}_y + \sigma_z\bar{\varepsilon}_z + \tau_{yz}\bar{\gamma}_{yz} + \tau_{zx}\bar{\gamma}_{zx} + \tau_{xy}\bar{\gamma}_{xy})\cdot dV = 0\,.\end{aligned} \tag{36a}$$

Das erste Integral ist über die ganze Oberfläche, das zweite über den gesamten Inhalt des Körpers zu erstrecken. Entsprechend könnten die Spannungen mögliche, die Verschiebungen wirkliche sein.

Die Gl. (35) läßt sich noch auf eine andere Form bringen. Es ist

$dm\ddot{r}\,\delta r = \frac{d}{dt}\,dm\dot{r}\,\delta r - dm\dot{r}\,\frac{d\delta r}{dt}$ und wegen Gl. (23, 24 u. 34): $\frac{d\delta r}{dt} = \delta\frac{dr}{dt} = \delta\dot{r}$,

daher: $dm\ddot{r}\,\delta r = \frac{d}{dt}\,dm\dot{r}\,\delta r - dm\dot{r}\,\delta\dot{r}$ und wegen Gl. (29 u. 30):

$$\frac{d\delta W}{dt} = \delta(A_e + A_\sigma + A_\Theta + E) = \delta F\,. \tag{38}$$

X. Die mögliche Impulsleistung eines im Gleichgewicht befindlichen Systems ist bei jeder möglichen Verschiebung gleich der möglichen Arbeit der wirkenden Kräfte vermehrt um die mögliche kinetische Energie.

Derselbe Satz gilt für mögliche Kräfte und wirkliche Verschiebungen. In der Form X heißt das Gesetz die *Hauptgleichung* der Mechanik, sie findet sich bereits bei LAGRANGE, die Funktion F wird LAGRANGEsche Funktion genannt.

Wie bemerkt ist das Gesetz der möglichen Arbeiten in der Statik identisch mit der Hauptgleichung. Daher werde dieses Grundgesetz der Statik hier stets Hauptgleichung genannt, was seine Stellung in der analytischen Statik auch gut bezeichnet.

28. Festes und loses Gleichgewicht. In der Statik sind W, E, $A_T = 0$, die Gl. (35 u. 38) verschmelzen daher zu einer einzigen:

$$\delta(A_e + A_\sigma + A_\Theta) = \delta F_0 = 0 \tag{39}$$

(der Zeiger $_0$ soll den Sonderfall anzeigen). Dies ist aber die Bedingung dafür, daß die LAGRANGEsche Funktion F_0 des Systems im Gleichgewichtszustand ein äußerster Wert ist. Um festzustellen, ob ein Größt- oder ein Kleinstwert vorliegt, wird der Fall beginnender Bewegung betrachtet. Aus Gl. (35) folgt durch Integration: $F_0 - F_{00} + A_T - A_{T0} = 0$, wobei F_{00} den Wert von $F_0 = A_e + A_\sigma + A_\Theta$ im Ruhezustand bezeichnet, ferner $A_{T0} = 0$ nach Voraussetzung und A_T beliebig klein ist. Ist nun F_{00} ein Größtwert, so ist $F_0 - F_{00}$ negativ, dem System muß Arbeit zugeführt werden, um es in Bewegung zu setzen, der *Gleichgewichtszustand heißt fest.* Umgekehrt, ist F_{00} ein Minimum, so ist $F_0 - F_{00}$ positiv, aus dem System wird Arbeit frei, kann also abgegeben werden, der *Gleichgewichtszustand ist ein loser.* Auf eine genauere Darstellung kann hier verzichtet werden, da in den folgenden Ausführungen kein Gebrauch von diesem Satz gemacht wird, das Ergebnis ist:

Wird ein System von Körpern aus dem kräftefreien Anfangszustand in einen Gleichgewichtszustand gebracht, wobei eingeprägte und innere Kräfte, sowie Eigenspannungen wirken, so ist die hierbei geleistete Arbeit dieser Kräfte ein äußerster Wert. Das Gleichgewicht heißt fest, wenn diese Arbeit ein Größtwert und lose, wenn sie ein Kleinstwert ist.

Dieser Satz darf nicht mit einem anderen verwechselt werden, dem sogenannten Satz vom Kleinstwert der Formänderungsarbeit (gewöhnlich nach CASTIGLIANO genannt), welcher in Nr. 40c behandelt wird.

D. Hauptsätze der Mechanik.

Um die zentrale Stellung der Hauptgleichung zu zeigen, sollen hier die Hauptsätze der Mechanik, soweit sie gebraucht werden, aus ihr abgeleitet werden. Für eine ausführlichere Darstellung sei auf die Lehrbücher der Mechanik verwiesen.

Bemerkung. Zu beachten ist jedoch, daß der Satz vom Parallelogramm der Wege als Voraussetzung benutzt wurde, daher nicht aus der Hauptgleichung abgeleitet werden darf.

29. Gleichgewicht an einem Massenelement. An einem ruhenden Massenelement $dm = \mu dV$ (lim $dV \to 0$) wirken eine Anzahl Kräfte P_i, welche ein Gleichgewichtssystem bilden sollen. Wird nun dem Element dm eine mögliche Verschiebung δr erteilt und ist der Winkel von δr mit der Richtung von P_i gleich α_i, so ist die Arbeit der einzelnen Kraft P_i bei dieser Verschiebung $P_i \delta r \cos \alpha_i$ und wegen $\ddot{r} = 0$ wird: $\sum P_i \cos \alpha_i = 0$ oder wenn $P_i \cos \alpha_i = P_r$ gesetzt wird: $\sum P_r = 0$. Legt man die Richtung von r nacheinander in die Richtungen der Achsen x, y, z, so folgen die Gleichungen: $\sum P_x = 0$, $\sum P_y = 0$, $\sum P_z = 0$.

Wirken zwei Kräfte, welche gleich groß aber entgegengesetzt gerichtet sind, an dem Massenelement, so ist die Summe ihrer Arbeiten bei einer möglichen Verschiebung stets Null, zwei derartige Kräfte sind also im Gleichgewicht.

30. Parallelogramm der Kräfte. Wirken drei Kräfte $P_1\ P_2\ P_3$ an dem ruhenden Massenelement, so muß für die dritte Kraft, wenn Gleichgewicht herrschen soll, stets gelten:

$$P_{1x} + P_{2x} = -P_{3x} \qquad P_{1y} + P_{2y} = -P_{3y} \qquad P_{1z} + P_{2z} = -P_{3z}.$$

Die Kraft $-P_3$, deren Teilkräfte in den Koordinatenachsen $+P_{3x}$, $+P_{3y}$, $+P_{3z}$ sind, ist mit der Kraft $+P_3$ im Gleichgewicht. Daher ist das Kräftesystem $(P_1\ P_2)$ gleichwertig mit der einzigen Kraft P_3. Die Kraft P_3 folgt durch geometrische Addition aus den beiden Kräften $(P_1\ P_2)$. Dies ist der Satz vom *Parallelogramm der Kräfte*, welcher hier als Folge der Hauptgleichung erscheint.

31. Verschiebbarkeit einer Kraft. Gegeben seien zwei gleich große, aber entgegengesetzt gerichtete Kräfte. Als mögliche Verschiebung dieses Systems werde eine Verschiebung der Richtungslinie in sich selbst um eine Strecke δr gewählt. Die Summe der Arbeiten der Kräfte ist dabei Null, beide Kräfte sind also im

Gleichgewicht. Hieraus folgt, daß *eine Kraft beliebig in ihrer Richtungslinie verschoben werden darf, ohne daß sich der Gleichgewichtszustand ändert.*

Man kann die Richtungslinie einer Kraft gewissermaßen als starre Stange betrachten, auf welcher der Angriffspunkt der Kraft beliebig verschoben werden kann.

32. Gleichgewicht am verformbaren und starren Körper. Wählt man die möglichen Verschiebungen am Körper selbst zu Null, so ist: $\delta(A_e + A_T) = 0$.

Ein Körper, dessen Teile keine Verschiebungen gegeneinander erleiden, wird als *starrer Körper* bezeichnet. Es gilt daher:

Kräftesysteme, welche an einem verformbaren Körper im Gleichgewicht sind, müssen auch die Gleichgewichtsbedingungen am starren Körper erfüllen.

33. Gleichgewichtsbedingungen. Beispiel: Die starre Scheibe. a) Jede Kraft ist bestimmt durch ihre Größe und Richtung, welche gegeben ist durch die Stellungswinkel der Wirkungslinie gegen zwei der drei Koordinatenachsen; jede Kraft ist also durch Angabe dreier Größen eindeutig bestimmt. Zur Bestimmung der Kraft P können auch die drei Teilkräfte $P_x\ P_y\ P_z$ parallel den Koordinatenachsen gewählt werden. Für ein Gleichgewichtssystem von Kräften an einem Massenelement gelten nach Nr. 29 die drei Bedingungen:

$$\sum P_x = 0 \qquad \sum P_y = 0 \qquad \sum P_z = 0\,. \tag{40}$$

Die an einem Massenelement dm ($\lim dm \to 0$) wirkenden Kräfte sind im Gleichgewicht, wenn die Summen der Teilkräfte längs den Koordinatenachsen jeweils verschwinden.

Da nach drei willkürlichen, nicht gleichlaufenden Richtungen zerlegt werden kann, so gilt dieser Satz ganz allgemein. Führt man den aus der Vektorrechnung bekannten Begriff der geometrischen Summe ein, so lautet er:

Die an einem Massenelement dm ($\lim dm \to 0$) wirkenden Kräfte sind im Gleichgewicht, wenn ihre geometrische Summe verschwindet.

b) Es werde die ebene Verschiebung eines starren Körpers in der Ebene betrachtet. Die Verzerrungen ε, γ der Gl. (18) müssen hierfür verschwinden, als Lösung dieser Gleichungen ergibt sich dann für einen beliebigen Körperpunkt:

$$\Delta x = u = u_0 + a y \qquad \Delta y = v = v_0 - a x \qquad \Delta z = w = 0\,.$$

Hierbei sind u_0, v_0, a drei willkürliche Festwerte, es sind daher 3 Bewegungsfreiheiten und 3 voneinander unabhängige mögliche Verschiebungen vorhanden. ($u_0\ v_0$) sind die Teile einer für alle Punkte des Körpers gleichgroßen Parallelverschiebung; a gibt die Größe der Drehungen um die Koordinatenachsen an, es muß so klein sein, daß es der Annahme II genügt. Als mögliche Verschiebung werde die Drehung des Körpers um einen Punkt k angenommen. Dann bestimmen sich die Festwerte u_0, v_0, aus $u_k = 0$, $v_k = 0$ zu $u_0 = -a y_k$, $v_0 = a x_k$, und die Verschiebung eines Punktes i ist gegeben durch $u_i = a(y_i - y_k)$, $v_i = -a(x_i - x_k)$ wobei der Festwert a die Größe der möglichen Verschiebungen angibt. Der Punkt i liege auf der Richtungslinie einer Kraft P_i. Die Arbeit dieser Kraft bei der möglichen Drehung ist: $a\,[P_{ix}(y_i - y_k) - P_{iy}(x_i - x_k)]$, wenn P_{ix}, P_{iy} die Teilkräfte von P_i längs den Koordinatenachsen sind. Nun ist aber der Faktor von a das Moment M_k der Kraft P_i um den Punkt k. Für ein an dem Körper wirkendes Gleichgewichtssystem von Kräften muß nach der Hauptgleichung sein: $A_e = \sum M_k a = 0$ oder $\sum M_k = 0$. Da drei Bewegungsfreiheiten vorhanden sind, so müssen drei derartige Bedingungsgleichungen bestehen, welche man erhält, wenn man die Summe der Momente um drei Punkte bildet, welche aber nicht in einer Geraden liegen dürfen. Bildet man nämlich für die 3 Punkte $k_1\ k_2\ k_3$ die Teildrehungen (u_{i1}, v_{i1}) (u_{i2}, v_{i2}) (u_{i3}, v_{i3}) und die Differenz der Drehungen um k_1 und k_2, so erhält man eine Verschiebung des ganzen Körpers normal zur Geraden $k_1\,k_2$, da die Teilverschiebung $u_{i1} - u_{i2}$ unabhängig von y_i ist usw. Ebenso werden die Differenzen der Drehungen um $k_2\,k_3$ und $k_3\,k_1$ gebildet. Liegen nun die 3 Punkte $k_1\,k_2\,k_3$ auf einer Geraden, so sind die drei Verschiebungen einander parallel und die Arbeiten der Kräfte dabei einander einfach proportional, es ergibt sich also in Wirklichkeit nur eine Bedingungsgleichung. Daher gilt der Satz:

Kräfte, deren Richtungslinien in einer Ebene liegen, bilden nur dann ein Gleichgewichtssystem, wenn die Summen ihrer Momente um drei nicht auf einer Geraden liegende Punkte verschwinden.

Wählt man k_1 im Koordinatennullpunkt, k_2 und k_3 auf der x- bzw. y-Axe, so kann man als Bedingungsgleichungen diejenigen wählen, welche durch die eben beschriebenen Verschiebungen $(k_1\,k_2)$ $(k_1\,k_3)$ und die Drehung um k_1 erhalten werden. Sind die Größen der beiden Verschiebungen v bzw. u, so sind die Arbeiten der Kräfte: $v \sum P_y$ und $u \sum P_x$ und als Bedingungen erhält man: $\sum P_x = 0$, $\sum P_y = 0$ $\sum M = 0$. Diese Gleichungen sind für jedes Koordinatensystem gültig (auch für ein schiefwinkliges), so daß allgemein auch gilt:

Kräfte, deren Richtungslinie in einer Ebene liegen, bilden nur dann ein Gleichgewichtssystem, wenn die Summen ihrer Teilkräfte nach zwei Richtungen und die Summe ihrer Momente um einen Punkt verschwinden.

c) *Beispiel. Die starre Scheibe.* Durch die vorhergehenden Entwicklungen kann das Gleichgewicht an einer starren Scheibe völlig bestimmt werden.

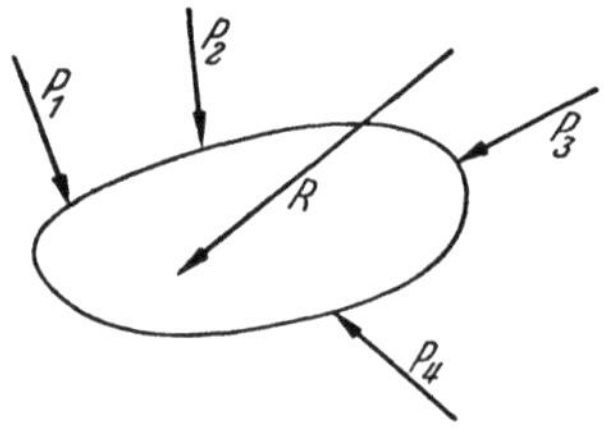

Bild 16.

Als starre Scheibe wird ein Körper bezeichnet, welcher nur in einer Ebene, der (xy)-Ebene, Verschiebungen erleiden kann. Ebenso liegen sämtliche angreifenden Kräfte in dieser Ebene.

An einer starren Scheibe greifen eine Anzahl Lasten P an. Diese Kräfte kann man nach Nr. 29 u. 30 zu einer Gesamtkraft R zusammenfassen, deren Wirkung auf die starre Scheibe der Wirkung der Teilkräfte gleichwertig ist. Um nun die Scheibe in der Ebene festzulegen, sind nach Nr. 9 drei Auflager notwendig.

Dies können sein:

a) drei Stützen in drei verschiedenen Punkten,

b) eine Stütze und ein Auflagergelenk in zwei verschiedenen Punkten,

c) zwei Stützen und einem Punkte und eine Einspannung in demselben Punkte.

Weitere Formen der Auflagerung, etwa zwei Stützen in zwei verschiedenen Punkten und eine Einspannung in einem Punkte, werden praktisch kaum verwendet und sollen hier nicht betrachtet werden.

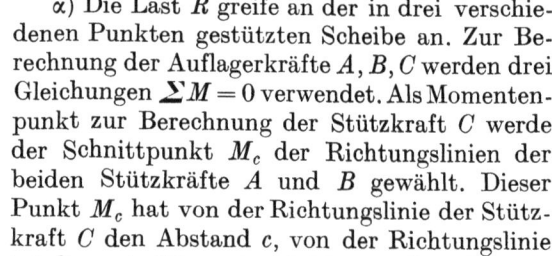

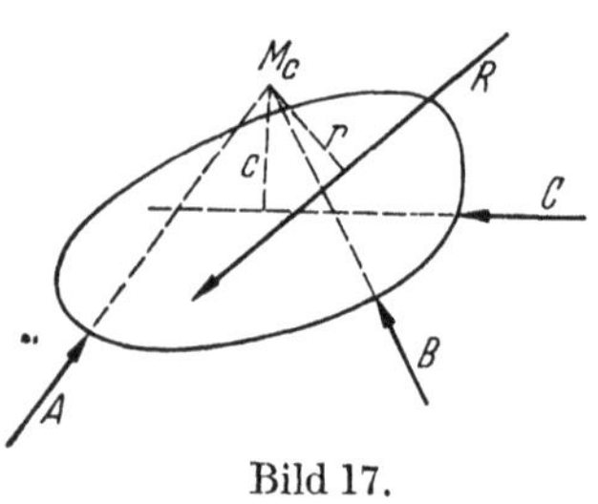

Bild 17.

α) Die Last R greife an der in drei verschiedenen Punkten gestützten Scheibe an. Zur Berechnung der Auflagerkräfte A, B, C werden drei Gleichungen $\sum M = 0$ verwendet. Als Momentenpunkt zur Berechnung der Stützkraft C werde der Schnittpunkt M_c der Richtungslinien der beiden Stützkräfte A und B gewählt. Dieser Punkt M_c hat von der Richtungslinie der Stützkraft C den Abstand c, von der Richtungslinie von R den Abstand r. Dann lautet die erste Momentengleichung: $Cc + Rr = 0$, womit C bekannt ist. Entsprechende Momentengleichungen können für A und B aufgestellt werden.

Faßt man die Kräfte P nicht zur Gesamtkraft R zusammen, und bedeutet r den Hebelarm jeder einzelnen Kraft P, so ergibt sich C aus der Gleichung: $Cc + \sum Pr = 0$.

Schneiden sich die drei Auflagerkräfte in einem Punkte, so ist ihr Moment um diesen Punkt Null, das Moment von R um diesen Punkt muß ebenfalls Null sein, d. h. R muß ebenfalls durch diesen Punkt gehen. Eine Berechnung der Stützkräfte mit den Gleichgewichtsbedingungen für den starren Körper ist nicht mehr möglich, da sich nicht genügend Bedingungsgleichungen aufstellen lassen, die Aufgabe wird stereostatisch unbestimmt.

β) Das Auflagergelenk ist im Punkte g, die Stütze im Punkte a. Die Kraft im Auflagergelenk wird in zwei aufeinander normale Teilkräfte A und B zerlegt. Die Richtungslinie der Teilkraft B wird dabei so gelegt, daß sie durch den Punkt a geht, die Strecke ag habe die Länge l. Die Kraft A bilde mit der Geraden ga den Winkel α. Die Momentengleichung um den Punkt g ergibt: $A l \sin\alpha - R r_g = 0$. Die Momentengleichung um den Punkt a ergibt: $-Cl + R r_a = 0$. Die Auflagerkraft B ergibt sich am bequemsten aus der Gleichgewichtsbedingung: Summe der Teilkräfte in Richtung ga muß verschwinden. Dies ergibt: $B - R\cos\beta - A\cos\alpha = 0$.

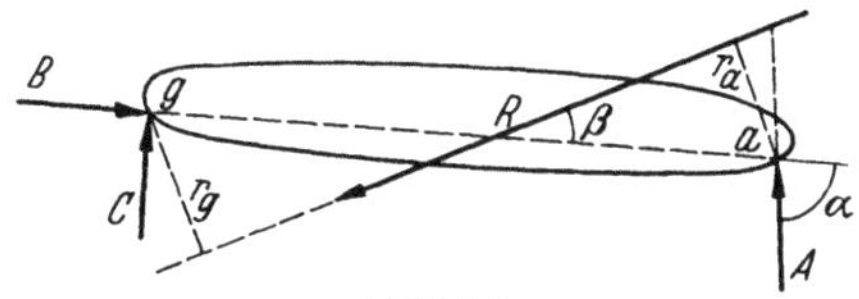

Bild 18.

An Stelle von R kann man wieder die Einzelkräfte P einführen.

γ) Im Auflagerpunkt a wirke die Auflagerkraft, deren Teilkräfte in zwei aufeinander normalen Richtungen A und B sind, außerdem das Moment M. Die Momentengleichung um den Punkt a ergibt: $M + Rr = 0$. Zwei weitere Gleichgewichtsbedingungen ergeben: $A - R\cos\beta = 0$, $B - R\sin\beta = 0$, womit die Auflagerwirkungen völlig bekannt sind.

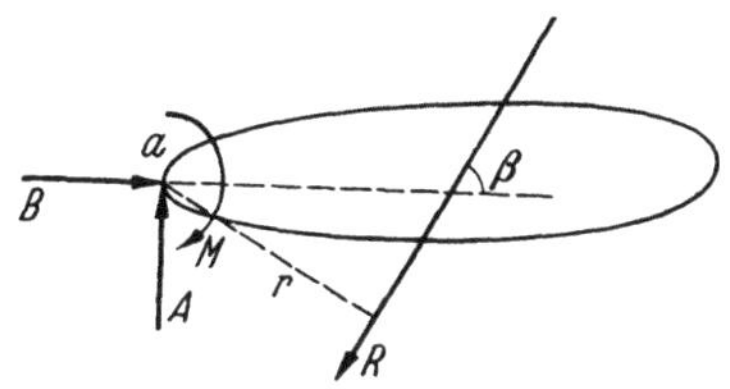

Bild 19.

34. NEWTONS Kraftgesetz. Da die möglichen Verschiebungen voneinander unabhängig sind, so folgt aus Gl. (36) für ein Massenelement:

$$dm\ddot{r} - dP - dP_0 = 0 \tag{41}$$

dP sind die Massenkräfte, dP_0 die Flächenkräfte, gemessen sind die Teilkräfte in derselben Richtung, die Wärmegradänderungen sind gleich Null gesetzt. Gl. (41) gibt das NEWTONsche Grundgesetz, welches Trägheits-, Raum- und Flächenkräfte miteinander verknüpft und die Ersetzung der einzelnen Kräfte durch solche der anderen Art gestattet. Die Teilkraft dP_0 wird festgelegt durch die Gleichung:

$$dP_0 = \frac{\Sigma\, p\, dF}{dV} \qquad \lim dV \to 0 \tag{42}$$

wobei p die Teilspannung in Richtung dP_0 auf die Fläche dF ist und die Summe sich über die gesamte Oberfläche von dV erstreckt.

Die Raumkräfte im Schwerkraftfelde der Erde sind gegeben durch:

$$dP = \Gamma \mu dV\,, \tag{43}$$

wobei Γ die Beschleunigung infolge der Schwerkraft ist. Die Messung der Schwerkraft geschieht also schon durch Vermittlung der Gl. (41).

35. Spannungen an einem Elementarquader. a) Auf einen Elementarquader mit den Seiten dx, dy, dz (Seitenflächen parallel den Koordinatenebenen) greifen Oberflächenspannungen an, welche in Normalspannungen σ und Schubspannungen τ zerlegt werden. Auf die Fläche x = konstant wirke die Normalspannung σ_{-x}, (deren + Richtung in die $-x$ Richtung fällt, daher der Zeiger), und die Schubspannungen τ_{-zx}, τ_{-yx}. Auf die Fläche $x+dx=$ konstant wirken entsprechend die Spannungen:

$$\left(\sigma_x+\frac{\partial\sigma_x}{\partial x}\,dx\right),\qquad \left(\tau_{zx}+\frac{\partial\tau_{zx}}{\partial x}\right),\qquad \left(\tau_{yx}+\frac{\partial\tau_{yx}}{\partial x}\,dx\right).$$

Auf die anderen Flächen wirken entsprechende Spannungen. Dann ergibt sich aus Gl. (42):

$$\begin{aligned} dP_x=&\left[\left(\sigma_{-x}+\sigma_x+\frac{\partial\sigma_x}{\partial x}\,dx\right)dy\,dz+\left(\tau_{-xy}+\tau_{xy}+\frac{\partial\tau_{xy}}{\partial y}\,dy\right)dz\,dx\right.\\ &\left.+\left(\tau_{-xz}+\tau_{xz}+\frac{\partial\tau_{xz}}{\partial y}\,dz\right)dx\,dy\right]\frac{1}{dx\,dy\,dz}\\ =&\,\frac{\partial\sigma_x}{\partial x}+\frac{\partial\tau_{xy}}{\partial y}+\frac{\partial\tau_{xz}}{\partial z}+\frac{\sigma_{-x}+\sigma_x}{dx}+\frac{\tau_{-xy}+\tau_{xy}}{dy}\\ &+\frac{\tau_{-xz}+\tau_{xz}}{dz}. \end{aligned}$$

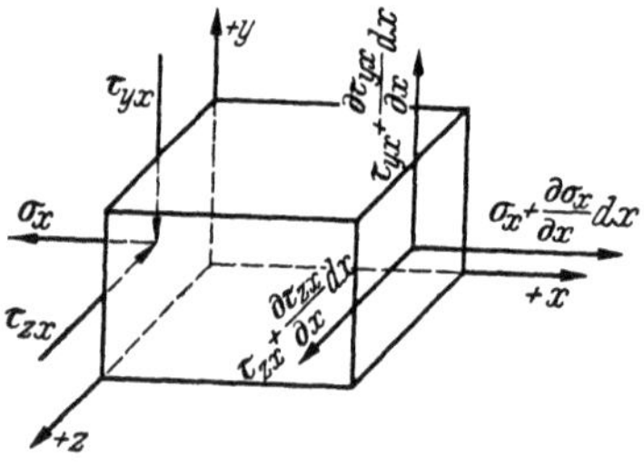

Bild 20.

Hierin sind nun dx, dy, dz unabhängig voneinander und es ist zu setzen $\lim dx\to 0$, $\lim dy\to 0$, $\lim dz\to 0$. Damit keine unendlich großen Werte auftreten, ist zu setzen: $\sigma_{-x}+\sigma_x=0$, $\tau_{-yx}+\tau_{xy}=0$, $\tau_{-xz}+\tau_{zx}=0$, und zwar für jeden Wert, den dx, bzw. dy, dz, während des Grenzprozesses annehmen kann. Damit ist ein Sonderfall des Gesetzes III aus der Hauptgleichung abgeleitet, außerdem sind die Werte dP_x, dP_y, dP_z ermittelt:

$$\begin{aligned} dP_x&=\frac{\partial\sigma_x}{\partial x}+\frac{\partial\tau_{xy}}{\partial y}+\frac{\partial\tau_{xz}}{\partial z}\\ dP_y&=\frac{\partial\tau_{yx}}{\partial x}+\frac{\partial\sigma_y}{\partial y}+\frac{\partial\tau_{yz}}{\partial z}\\ dP_z&=\frac{\partial\tau_{zx}}{\partial x}+\frac{\partial\tau_{zy}}{\partial y}+\frac{\partial\sigma_z}{\partial z}. \end{aligned}\tag{44}$$

b) Sind die Spannungen an dem soeben beschriebenen Elementarquader im Gleichgewicht miteinander, so müssen drei Gleichungen $\Sigma M=0$ erfüllt sein. Wählt man als erste Momentenachse die z-Achse (wobei diese selbst eine Kante des Quaders ist), so folgt:

$$\begin{aligned} \Sigma M_z=&\left(\tau_{xy}+\frac{\partial\tau_{xy}}{\partial y}\,dy\right)dx\,dz\cdot dy-\left(\tau_{yx}+\frac{\partial\tau_{yx}}{\partial x}\,dx\right)dy\,dz\cdot dx+\frac{\partial\sigma_x}{\partial x}\,dx\,dy\,dz\cdot\frac{dy}{2}\\ =&\left(\tau_{xy}-\tau_{yx}\right)dV+\left(\frac{\partial\tau_{xy}}{\partial y}\,dy-\frac{\partial\tau_{yx}}{\partial x}\,dx+\frac{1}{2}\frac{\partial\sigma_x}{\partial x}\,dx\right)dV. \end{aligned}$$

Geht man nun zum Grenzwert $\lim dx, dy, dz\to 0$ über, so wird der zweite Klammerausdruck unendlich klein gegen den ersten, mithin ergibt sich die Bedingung $\Sigma M_z=(\tau_{xy}-\tau_{yx})dV=0$ und $\tau_{xy}=\tau_{yx}$. Es gilt also:

$$\tau_{xy}=\tau_{yx}\qquad \tau_{yz}=\tau_{zy}\qquad \tau_{zx}=\tau_{xz}.\tag{45}$$

36. Gleichungen des Gleichgewichts. An einem Massenelement wirken Spannungen, Trägheitskräfte und Volumkräfte bei gleichbleibendem Wärmegrad (isothermer = wärmebeständiger Vorgang). Sind die Kräfte im Gleichgewicht, so gelten die Gl. (40), in welche die Werte der Gl. (41 bis 45) eingesetzt werden können. Als Gleichungen des Gleichgewichtes ergibt sich damit die Gleichungsgruppe:

$$\begin{aligned} \frac{\partial\sigma_x}{\partial x}+\frac{\partial\tau_{xy}}{\partial y}+\frac{\partial\tau_{xz}}{\partial z}&=\mu\,(\ddot u-\Gamma_x)\\ \frac{\partial\tau_{xy}}{\partial x}+\frac{\partial\sigma_y}{\partial y}+\frac{\partial\tau_{yz}}{\partial z}&=\mu\,(\ddot v-\Gamma_y)\\ \frac{\partial\tau_{xz}}{\partial x}+\frac{\partial\tau_{yz}}{\partial y}+\frac{\partial\sigma_z}{\partial z}&=\mu\,(\ddot w-\Gamma_z), \end{aligned}\tag{46}$$

wobei Γ_x, Γ_y, Γ_z die Teile von Γ längs den Koordinatenachsen sind. Die Gl. (46) gelten ganz allgemein, unabhängig vom HOOKEschen Gesetz, es sind drei Gleichungen für die sechs Unbekannten (σ, τ). Weitere drei Gleichungen sind durch die Verträglichkeitsbedingungen gegeben, falls das HOOKEsche Gesetz gilt Wenn dieses nicht gilt, müssen drei physikalische oder geometrische Annahmen gemacht werden, welche die Beziehungen zwischen Verzerrungen und Spannungen angeben. Wirken keine Raum- und Trägheitskräfte, dann verschwinden die rechten Seiten der Gl. (46).

Setzt man aus dem HOOKEschen Gesetz die Verzerrungen ein, so erhält man die Gleichgewichtsbedingungen ausgedrückt durch die Verschiebungen:

$$\nabla^2 u + \frac{m}{m-2}\frac{\partial \Delta}{\partial x} = \frac{\mu}{G}(\ddot{u} - \Gamma_x)$$

$$\nabla^2 v + \frac{m}{m-2}\frac{\partial \Delta}{\partial y} = \frac{\mu}{G}(\ddot{v} - \Gamma_y)$$

$$\nabla^2 w + \frac{m}{m-2}\frac{\partial \Delta}{\partial z} = \frac{\mu}{G}(\ddot{w} - \Gamma_z) \qquad (47)$$

$$\nabla^2 = \frac{\partial^2}{\partial x^2} + \frac{\partial^2}{\partial y^2} + \frac{\partial^2}{\partial z^2}$$

$$\Delta = \varepsilon_x + \varepsilon_y + \varepsilon_z = \frac{m-2}{m E}(\sigma_x + \sigma_y + \sigma_z)\,.$$

Die Gl. (46 u. 47) unterscheiden sich also darin, daß bei letzteren das HOOKEsche Gesetz Voraussetzung ist, bei ersteren nicht.

Auf der Oberfläche müssen die Spannungen p_0 auf einem Flächenelement dF_0 gleich der Gesamtkraft der inneren Spannungen sein.

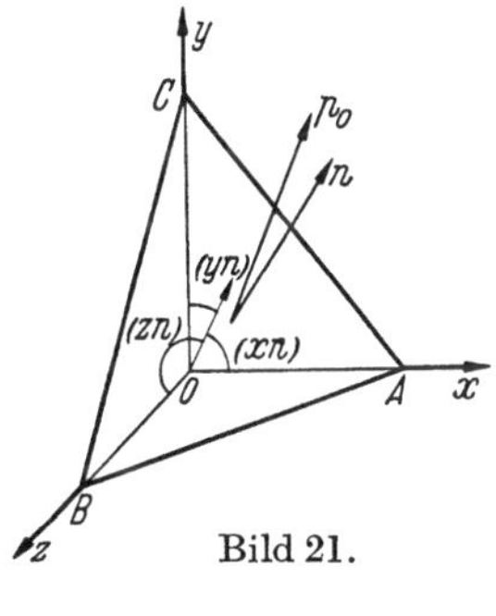

Bild 21.

Es ist

$\triangle\, ABC = dF_0$, ferner bekanntlich

$\triangle\, OBC = dF_0 \cdot \cos(xn) \qquad \triangle\, OCA = dF_0 \cdot \cos(yn)$

$\triangle\, OAB = dF_0 \cdot \cos(zn)$, wobei (xn), (yn), (zn) die Winkel der positiven Flächennormale von dF_0 mit den positiven Achsenrichtungen sind. In Richtung der x-Achse wirken die Teilkräfte:

$$\sigma_x \cdot \triangle\, OBC = \sigma_x \cdot dF_0 \cos(xn)$$
$$\tau_{xy} \cdot \triangle\, OAB = \tau_{xy} \cdot dF_0 \cos(yn)$$
$$\tau_{xz} \cdot \triangle\, OCA = \tau_{xz} \cdot dF_0 \cos(zn) \text{ und } p_{0x} \cdot dF_0\,.$$

Da $\sum P_x = 0$ sein muß, gilt nach Division mit dF_0

$$p_{0x} = \sigma_x \cos(xn) + \tau_{xy} \cos(yn) + \tau_{xz} \cos(zn)\,.$$

Entsprechend folgen die Gleichungen für p_{0y} und p_{0z}, es gilt also:

$$p_{0x} = \sigma_x \cos(xn) + \tau_{xy} \cos(yn) + \tau_{xz} \cos(zn)$$
$$p_{0y} = \tau_{xy} \cos(xn) + \sigma_y \cos(yn) + \tau_{yz} \cos(zn) \qquad (48)$$
$$p_{0z} = \tau_{xz} \cos(xn) + \tau_{yz} \cos(yn) + \sigma_z \cos(zn)\,.$$

Die auf die Fläche dF_0 wirkende eingeprägte Spannung ist dann $(-p_{0x}, -p_{0y}, -p_{0z})$.

37. Eindeutigkeit der Lösung. Es seien (u, v, w) und (u', v', w') zwei Verschiebungszustände, deren Spannungen die Gleichgewichtsbedingungen 46 und die gegebenen Oberflächenbedingungen erfüllen. Beide Zustände seien unter den Einwirkungen derselben eingeprägten Kräfte entstanden, so daß gilt: $p_{0x} = p'_{0x}$, $p_{0y} = p'_{0y}$, $p_{0z} = p'_{0z}$, $\Gamma_x = \Gamma'_x$, $\Gamma_y = \Gamma'_y$, $\Gamma_z = \Gamma'_z$ [Gl. (46 u. 48)].

Ein drittes Verschiebungssystem wird erhalten durch Überlagerung beider Zustände, so daß: $u'' = u - u'$, $v'' = v - v'$, $w'' = w - w'$, ferner: $p''_{0x} = p_{0x} - p'_{0x} = 0$, $\Gamma''_x = \Gamma_x - \Gamma'_x = 0$, entsprechend für die y- und die z-Richtung. Damit ist im dritten System auch die Arbeit der eingeprägten Kräfte Null, in den Gl. (46) verschwinden für diesen Zustand die rechten Seiten.

Man multipliziert nun die Gl. (46) bzw. mit u'', v'', w'', addiert und formt durch partielle Integration um. Schreibt man der Kürze halber für cos $(xn) = (xn)$ usw., so gilt für ein Oberflächenelement: $dx \cdot dy = (zn)dF_0$, $dy \cdot dz = (xn)dF_0$, $dz \cdot dx = (yn)dF_0$ und es wird:

$$\begin{aligned}
&\int u'' \frac{\partial \sigma_x}{\partial x} dV + \int u'' \frac{\partial \tau_{xy}}{\partial y} dV + \int u'' \frac{\partial \tau_{xz}}{\partial z} dV \\
&= \iint u'' \sigma_x \, dy\, dz + \iint u'' \tau_{xy} \, dx\, dz + \iint u'' \tau_{xz} \, dy\, dx \\
&\quad - \int \frac{\partial u''}{\partial x} \sigma_x \, dV - \int \frac{\partial u''}{\partial y} \tau_{xy} \, dV - \int \frac{\partial u''}{\partial z} \tau_{xz} \, dV \\
&= \int u''_0 \{\sigma_x (xn) + \tau_{xy} (yn) + \tau_{xz} (zn)\} dF_0 - \int \left(\varepsilon_x \sigma_x + \frac{\partial u''}{\partial y} \tau_{xy} + \frac{\partial u''}{\partial z} \tau_{xz} \right) dV
\end{aligned}$$

Die Spannungen sind dabei jene des Zustandes (u'', v'', w''). Aus den beiden andern Gleichungen ergeben sich entsprechende Ausdrücke, welche addiert mit Rücksicht auf Gl. (46) ergeben:

$$\begin{aligned}
&\int \{u''_0 p''_{0x} + v''_0 p''_{0y} + w''_0 p''_{0z}\} dF_0 \\
&\quad - \int (\varepsilon_x \sigma_x + \varepsilon_y \sigma_y + \varepsilon_z \sigma_z + \gamma_{xy} \tau_{xy} + \gamma_{yz} \tau_{yz} + \gamma_{zx} \tau_{zx}) \, dV = A''_{\sigma 0} - A''_0 = A''_e = 0 .
\end{aligned}$$

Sind die Oberflächenverschiebungen gegeben, so ist u''_0, v''_0, $w''_0 = 0$, sind die Oberflächenspannungen gegeben, so ist $p''_{0x}, p''_{0y}, p''_{0z} = 0$, in beiden Fällen ist $A''_{\sigma 0} = 0$ und daher $A''_\sigma = 0$. Wenn das Hookesche Gesetz gilt, ist A_σ eine homogene quadratische Funktion der Verzerrungen, welche nur verschwindet, wenn alle Verzerrungen einzeln verschwinden, die Verschiebungen nach Gl. (18) also von den Koordinaten unabhängig sind. Daher verhält sich der Körper bei der Verschiebung (u'', v'', w'') wie ein starrer Körper, ohne Verzerrungen zu erleiden.

Sind die Verschiebungen auf der Oberfläche gegeben, so ist $(u''_0, v''_0, w''_0) = 0$ und damit überhaupt $(u'', v'', w'') = 0$, also $u \equiv u'$, $v \equiv v'$, $w \equiv w'$. Sind die Oberflächenspannungen gegeben, dann ist $u - u' = c_x$, $v - v' = c_y$, $w - w' = c_z$, wobei c_x, c_y, c_z für alle Körperpunkte gleiche Festwerte sind. Dagegen sind der Verzerrungs- und der Spannungszustand beider Zustände einander gleich. Es gilt also:

Sind die Verschiebungen bzw. die Spannungen an der Oberfläche eines Körpers gegeben und gilt das Hookesche Gesetz, dann ist der Verzerrungs- und Spannungszustand des Gleichgewichtes im Körper eindeutig bestimmt.

Der Verschiebungszustand im Körper ist nur eindeutig bestimmt, wenn die Oberflächenverschiebungen gegeben sind. Sind dagegen die Oberflächenspannungen gegeben, dann ist die Verschiebung nur bestimmt bis auf eine solche, bei welcher sich der Körper als starrer Körper bewegt. Zur eindeutigen Bestimmung der Verschiebungen müssen in diesem Fall die Verschiebungen dreier verschiedener Körperpunkte gegeben sein.

38. Die Gleichungen von Castigliano. Die Arbeit stellt sich stets als Produkt zweier Größen dar: Kraft · Arbeitsweg. Die Spannungen können nach dem vorhergehenden eindeutig durch die eingeprägten Kräfte ersetzt werden, welche mit P, die zugehörigen Arbeitswege mit v bezeichnet werden. Die Gleichgewichtsbedingung lautet: $\delta A = \delta A_e + \delta A_\sigma = 0$, wobei in A_e die Arbeit der Trägheitskräfte einbegriffen ist. Nun ist $\delta A_e = \sum (v_m \delta P_m + P_m \delta v_m)$. Wird ein mögliches Kräftesystem betrachtet, so ist $\delta v = 0$ und $\delta A = -\sum v_m \delta P_m + \sum \frac{\partial A_\sigma}{\partial P_m} \delta P_m = 0$, also $v_m = \frac{\partial A_\sigma}{\partial P_m}$. Wird umgekehrt ein mögliches Verschiebungssystem betrachtet, so sind in A_σ die P_m durch die v_m zu ersetzen und es ergibt sich ganz entsprechend mit $\partial P_m = 0$: $P_m = \frac{\partial A_\sigma}{\partial v_m}$. v_m und P_m sind dabei die zueinander gehörigen wirklich vorhandenen Werte. Für wärmebeständige Vorgänge gilt also:

$$\frac{\partial A_\sigma}{\partial P_m} = v_m \qquad \frac{\partial A_\sigma}{\partial v_m} = P_m . \tag{49}$$

Diese Gleichungen wurden von CASTIGLIANO in die Statik der Tragwerke eingeführt und sind nach ihm benannt. Es sind Sonderfälle der als HAMILTONsche Gleichungen bekannten Gesetze der allgemeinen Mechanik.

39. Reziproke Eigenschaften. Aus den Gl. (46) ergibt sich für die Arbeit in einem elastischen System bei einer möglichen Verschiebung (u', v', w') nach einer Umformung wie in Nr. 37:

$$-\int (u_0' p_{0x} + v_0' p_{0y} + w_0' p_{0z})\, dF + \int \mu \{(\ddot{u} - \Gamma_x) u' + (v - \Gamma_y) v' + (\ddot{w} - \Gamma_z) w'\}\, dV$$
$$= + \int (\varepsilon_x' \sigma_x + \varepsilon_y' \sigma_y + \varepsilon_z' \sigma_z + \gamma_{xy}' \tau_{xy} + \gamma_{yz}' \tau_{yz} + \gamma_{zx}' \tau_{zx})\, dV .$$

Hierin sind die ε', γ' die zum Verschiebungszustand (u', v', w') gehörigen Verzerrungen, σ, τ die zum Belastungszustand P gehörigen Spannungen. Der mögliche Verschiebungszustand (u', v', w') wird durch die Belastungen P' erzeugt, zum Belastungszustand P gehört die Verschiebung (u, v, w) und die Verzerrungen ε, γ. Ersetzt man in der rechten Seite der obigen Gleichung ε', γ' nach dem HOOKEschen Gesetz durch den zugehörigen Spannungszustand σ', τ'; σ, τ durch den zugehörigen Verzerrungszustand ε, γ, dann wird:

$$-\int (u_0' p_{0x} + v_0' p_{0y} + w_0' p_{0z})\, dF + \int \mu \{(\ddot{u} - \Gamma_x) u' + (\ddot{v} - \Gamma_y) v' + (\ddot{w} - \Gamma_z) w'\}\, dV$$
$$= + \int (\varepsilon_x \sigma_x' + \varepsilon_y \sigma_y' + \varepsilon_z \sigma_z + \gamma_{xy} \tau_{xy}' + \gamma_{yz} \tau_{yz}' + \gamma_{zx} \tau_{zx}')\, dV .$$

Die Arbeit der Teilkräfte und Teilspannungen ist gleich der Arbeit der Gesamtkräfte und Gesamtspannungen auf den entsprechenden Arbeitswegen, so daß der Satz gilt:

An einem Körper bewirke ein System von eingeprägten Kräften P_m Verschiebungen v_m, ein zweites System P_n Verschiebungen v_n, wobei die v_m in den Richtungslinien der P_n, die v_n in den Richtungslinien der P_m liegen. Dann ist die gesamte Arbeit der Kräfte P_m auf den Arbeitswegen v_n gleich der gesamten Arbeit der Kräfte P_n auf den Arbeitswegen v_m:

$$\sum P_m v_n = \sum P_n v_m . \tag{50}$$

Wählt man $P_m = 1$, alle übrigen $P = 0$ und bezeichnet den durch diese Belastung erzeugten Arbeitsweg von P_n mit δ_{nm}, wählt man ferner $P_n = 1$, alle übrigen $P = 0$ und bezeichnet den hierdurch erzeugten Arbeitsweg von P_m mit δ_{mn}, so folgt:

$$\delta_{mn} = \delta_{nm} . \tag{51}$$

Der Arbeitsweg δ_{mn} der Belastungseinheit m, welcher durch die Belastungseinheit n erzeugt wird, ist gleich dem Arbeitsweg δ_{nm} der Belastungseinheit n, welcher durch die Belastungseinheit m erzeugt wird.

Satz 50 wurde von BETTI 1872, Satz 51 von MAXWELL 1864 veröffentlicht.

40. Die Formänderungsarbeit. a) *Das elastische Potential.* Setzt man aus Gl. (20) die Werte der Spannungen bzw. der Verzerrungen in Gl. (27) ein, so erhält man das elastische Potential $U = \frac{\partial A_\sigma}{\partial V}$

$$U = \frac{1}{2G}\left[-\frac{(\sigma_x + \sigma_y + \sigma_z)^2}{m+1} + \sigma_x^2 + \sigma_y^2 + \sigma_z^2 + 2(\tau_{yz}^2 + \tau_{zx}^2 + \tau_{xy}^2)\right] \tag{52}$$

$$U = 2G\left[\frac{(\varepsilon_x + \varepsilon_y + \varepsilon_z)^2}{m-2} + \varepsilon_x^2 + \varepsilon_y^2 + \varepsilon_z^2 + \frac{1}{2}(\gamma_{yz}^2 + \gamma_{zx}^2 + \gamma_{xy}^2)\right] . \tag{53}$$

Die letztere Form läßt sich zerlegen in

$$
\begin{aligned}
U &= U_d + U_g \\
U_d &= \frac{m E}{3(m-2)} \Delta^2 = \frac{m E}{3(m-2)} (\varepsilon_x + \varepsilon_y + \varepsilon_z)^2 \\
U_g &= 2G\left[\frac{1}{3}\left\{(\varepsilon_x - \varepsilon_y)^2 + (\varepsilon_y - \varepsilon_z)^2 + (\varepsilon_z - \varepsilon_x)^2\right\} + \frac{1}{2}(\gamma_{yz}^2 + \gamma_{zx}^2 + \gamma_{xy}^2)\right].
\end{aligned} \tag{54}
$$

Δ ist die kubische Dehnung, U_d ist der Anteil des elastischen Potentials, welcher ganz zur Inhaltsänderung ohne Gestaltsänderung, U_g der Anteil, welcher ganz zur Gestaltsänderung ohne Inhaltsänderung verbraucht wird. Durch die Gl. (52 bis 54) ist das elastische Potential als homogene quadratische Funktion der Verzerrungen dargestellt.

b) *Satz von* CLAPEYRON. Die Arbeit der eingeprägten Kräfte $(-p_{0x}, -p_{0y}, -p_{0z})$ und $(\Gamma_x, \Gamma_y, \Gamma_z)$ eines Systems ist nach Nr. 39:

$$
\begin{aligned}
A_e &= -\int [\varepsilon_x \sigma_x + \varepsilon_y \sigma_y + \varepsilon_z \sigma_z + \gamma_{yz}\tau_{yz} + \gamma_{zx}\tau_{zx} + \gamma_{xy}\tau_{xy}]\, dV \\
&= -\int\left[\varepsilon_x \frac{\partial U}{\partial \varepsilon_x} + \varepsilon_y \frac{\partial U}{\partial \varepsilon_y} + \varepsilon_z \frac{\partial U}{\partial \varepsilon_z} + \gamma_{yz}\frac{\partial U}{\partial \gamma_{yz}} + \gamma_{zx}\frac{\partial U}{\partial \gamma_{zx}} + \gamma_{xy}\frac{\partial U}{\partial \gamma_{xy}}\right] dV.
\end{aligned}
$$

Nach EULERS Satz über homogene Funktionen ergibt sich hieraus:

$$A_e = -2\int U\, dV = -2 A_\sigma. \tag{55}$$

Wachsen bei einem wärmebeständigen Vorgang die eingeprägten Kräfte von Null bis zu ihrem Endwert im Gleichgewichtszustand an, dann ist die hierbei geleistete Formänderungsarbeit gleich der halben, von den eingeprägten Kräften geleisteten Arbeit und unabhängig von dem Gesetz, nach welchem die eingeprägten Kräfte sich ändern.

Ändern sich die Kräfte gleichmäßig von Null bis zu ihrem Endwert, so erscheint der Satz leicht verständlich, die Formänderungsarbeit ist dann der Mittelwert aus Null und der Arbeit, welche geleistet würde, wenn die Spannungen in ihrer vollen Größe die Verzerrung bewirkten.

c) *Der Kleinstwert der Formänderungsarbeit.* Ersetzt man in Gl. (39) bei wärmebeständigen Vorgängen $(A_\Theta = 0)$ A_e durch A_σ gemäß Gl. (55), so folgt:

$$\delta A_\sigma = 0. \tag{56}$$

Die Formänderungsarbeit ist daher ein äußerster Wert. Um festzustellen, ob ein Größt- oder Kleinstwert vorliegt, werden zwei Verschiebungszustände betrachtet, welche beide die Oberflächenbedingungen erfüllen, aber nur einer die Gleichgewichtsbedingungen befriedigt. Letzterer sei gegeben durch (u, v, w), die zugehörigen Verzerrungen seien (ε, γ), die Formänderungsarbeit A_σ. Der erste sei $(u + u')$, $(v + v')$, $(w + w')$, die Verzerrungen $(\varepsilon + \varepsilon', \gamma + \gamma', \ldots)$, die Formänderungsarbeit $A_{\sigma 1}$.

Für die Differenz $A_{\sigma 1} - A_\sigma$ ergibt sich: $A_{\sigma 1} - A_\sigma = \int [U(\varepsilon + \varepsilon') - U(\varepsilon)]\, dV$. Setzt man hierin die Werte ein und vereinfacht, so folgt: $A_{\sigma 1} - A_\sigma$

$$
\begin{aligned}
&= \int\left[\frac{2\Delta\Delta'}{m-2} + 2\varepsilon_x\varepsilon_x' + 2\varepsilon_y\varepsilon_y' + 2\varepsilon_z\varepsilon_z' + \gamma_{yz}\gamma_{yz}' + \gamma_{zx}\gamma_{zx}' + \gamma_{xy}\gamma_{xy}' + U(\varepsilon')\right] dV \\
&= \int\left[\varepsilon_x'\left(\frac{2\Delta}{m-2} + 2\varepsilon_x\right) + \cdots + \gamma_{yz}\gamma_{yz}' + \cdots + U(\varepsilon')\right] dV = \int\left[\varepsilon_x' \frac{\partial U}{\partial \varepsilon_x} + \cdots \gamma_{yz}' \frac{\partial U}{\partial \gamma_{yz}} + \cdots + U(\varepsilon')\right] dV
\end{aligned}
$$

in anderer Reihenfolge geschrieben:

$$A_{\sigma 1} - A_\sigma = \int U(\varepsilon')\, dV + \int\left[\frac{\partial u'}{\partial x}\frac{\partial U}{\partial \varepsilon_x} + \frac{\partial u'}{\partial y}\frac{\partial U}{\partial \gamma_{xy}} + \frac{\partial u'}{\partial z}\frac{\partial U}{\partial \gamma_{xz}} + \cdots\right] dV.$$

Das zweite Integral dieses Ausdruckes wird durch teilweise Integration:

$$\iint\left[u_0'\frac{\partial U}{\partial\varepsilon_x}dy\,dz+u_0'\frac{\partial U}{\partial\gamma_{xy}}dx\,dz+u_0'\frac{\partial U}{\partial\gamma_{xz}}dx\,dy+\cdots\right]dF_0$$

$$-\iiint\left\{u'\left[\frac{\partial}{\partial x}\frac{\partial U}{\partial\varepsilon_x}+\frac{\partial}{\partial y}\frac{\partial U}{\partial\gamma_{xy}}+\frac{\partial}{\partial z}\frac{\partial U}{\partial\gamma_{xz}}\right]+v'[\cdots]+w'[\cdots]\right\}dV.$$

Da die Verschiebungen $(u+u', v+v', w+w')$, sowie (u, v, w) die Oberflächenbedingungen erfüllen, so gilt für ihre Differenz $(u_0', v_0', w_0') = 0$. Das Oberflächenintegral verschwindet somit, und wenn keine Raum- und Trägheitskräfte wirken, wird auch das Raumintegral zu Null, da dann identisch

$$\frac{\partial}{\partial x}\frac{\partial U}{\partial\varepsilon_x}+\frac{\partial}{\partial y}\frac{\partial U}{\partial\gamma_{xy}}+\frac{\partial}{\partial z}\frac{\partial U}{\partial\gamma_{zx}}\equiv\frac{\partial\sigma_x}{\partial x}+\frac{\partial\tau_{xy}}{\partial y}+\frac{\partial\tau_{xz}}{\partial z}=0$$

nach den Gl. (27 u. 46). Daher ist: $A_{\sigma 1} - A_\sigma = \int U(\varepsilon')dV$ und da U eine positive quadratische Funktion ist, so ist stets $A_{\sigma 1} - A_\sigma > 0$ und $A_\sigma < A_{\sigma 1}$. Die Bedingung (56) ergibt also einen Kleinstwert.

Bei Abwesenheit von Trägheits- und Raumkräften sowie von Wärmegradänderungen ist für den Verschiebungs- und Spannungszustand, welcher die Gleichgewichts- und Oberflächenbedingungen erfüllt, die Formänderungsarbeit ein kleinerer Wert als für jeden anderen Verschiebungs- und Spannungszustand, welcher die Oberflächenbedingungen befriedigt.

Dies ist der Satz vom Kleinstwert der Formänderungsarbeit, welcher ebenfalls von CASTIGLIANO in die Statik der Tragwerke eingeführt wurde.

E. Krafteck und Seileck.

Vorbemerkung. Die geometrische Darstellung einer Kraft als gerichtete Strecke, welche auf ihrer Richtungsgeraden beliebig verschiebbar ist, erlaubt eine geometrische Darstellung der Eigenschaften von Kräftegruppen, welche sich im Gleichgewicht befinden. Im folgenden sollen die Grundlagen dieser Darstellung kurz skizziert werden. Betrachtet werden nur *ebene Kräftegruppen.*

a) Zusammensetzung und Zerlegung von Kräften.

41. Das Parallelogramm der Kräfte. Gegeben sind zwei Kräfte P_1 und P_2, welche an einer starren Scheibe in einer Ebene, welche selbst auch die starre Scheibe sein kann, angreifen. Mit Rücksicht auf die freie Verschieblichkeit der Kräfte in ihrer Wirkungslinie erhält man leicht die Konstruktion der Summenkraft R aus dem Parallelogramm $SABT$, wozu man auch je eines der Dreiecke SAT oder SBT (Kräftedreieck) verwenden kann. Ebenso kann man die Kraft R nach den zwei Richtungen SA und SB in die Teilkräfte P_1, P_2 zerlegen.

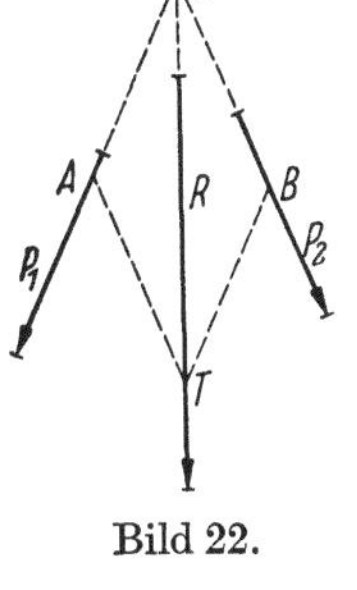

Bild 22.

42. Krafteck und Seileck. Zu einem System von mehreren Kräften P, welche sich nicht in einem Punkte schneiden, aber teilweise oder alle parallel sein können, soll die Summenkraft R gefunden werden.

Diese Aufgabe wird gelöst durch wiederholte Zeichnung von Kräftedreiecken, wobei ein weiteres Kräftesystem zu Hilfe genommen wird. Man fügt zu der Kraft P_1 zwei Kräfte AO und OB hinzu, derart, daß P_1 die Summenkraft aus AO und OB ist. OAB ist dann ein Kräftedreieck, die Richtungslinien oa, ba von AO und OB müssen sich im Punkte a auf der Richtungslinie von P_1 schneiden.

Nun wird im Punkte B die Kraft P_2 angefügt, sowie zwei Kräfte BO und OC angenommen, derart, daß P_2 deren Summenkraft ist. Die Kräfte BO und OB

sind entgegengesetzt gleich, sind also im Gleichgewicht miteinander. Die Summenkraft AC von P_1, P_2 ist daher auch die Summenkraft von AO und OC. Ebenso werden die Kräfte P_3 und P_4 angefügt, mit den Hilfskräften $CO - OD$ und $DO - OE$ Es ergibt sich dann, daß die Summenkraft R des Systems P_1, P_2, P_3, P_4 auch die Summenkraft der Kräfte AO und OE ist.

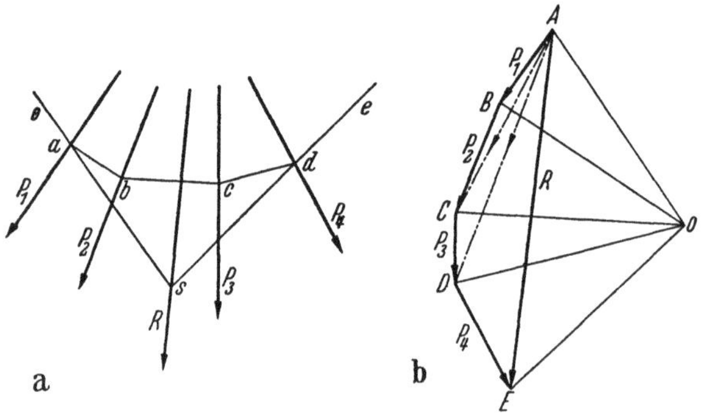

Bild 23.

Die Richtungslinien ab, cb von BO und OC müssen sich im Punkte b auf der Richtungslinie von P_2 schneiden. Die Richtungslinie der Summenkraft AC von P_1, P_2 muß durch den Schnittpunkt von cb und oa gehen. Entsprechend muß die Richtungslinie der Summenkraft $R = AE$ durch den Schnittpunkt s der Geraden oa und ed gehen.

Dem Strahlenbündel OA, OB, OC, OD, OE (den *Polstrahlen*) der Hilfskräfte ist also der fortlaufende Geradenzug $oabcde$ der *Seilstrahlen* zugeordnet, welcher die Lage der Richtungslinien der Mittelkräfte des gegebenen Kräftesystems angibt. Die Größe dieser Mittelkräfte ergibt sich aus dem zu einem Vieleck aneinander gereihten Kräftezug P_1, P_2, P_3, P_4. Dieser Kräftezug heißt das *Krafteck*, der Geradenzug $oabcdes$ mit den Richtungslinien heißt das *Seileck* des Systems, der Punkt O der *Pol des Seilecks*, der Abstand des Poles von der Summenkraft heißt die *Polweite*. Das Seileck gibt die Lage, das Krafteck die Größe der gegebenen Kräfte und ihrer Summenkraft an.

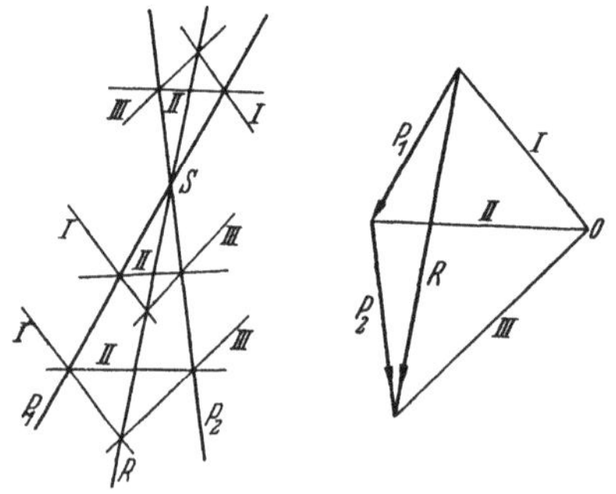
Bild 24.

43. Die Lage des Seilecks, des Poles und der Kräfte. Im vorhergehenden wurde der Pol und das Seileck ziemlich willkürlich gewählt. Aus den Bildern folgen durch geometrische Überlegungen, welche hier der Kürze halber übergangen werden, die Sätze:

a) Die Lage des Poles O ist ohne Einfluß auf die Größe und Lage der Summenkraft (Bild 24).

b) Die Lage des Anfangspunktes a des Seilecks ist ohne Einfluß auf die Lage der einzelnen Summenkräfte und der Gesamtsummenkraft (Bild 25).

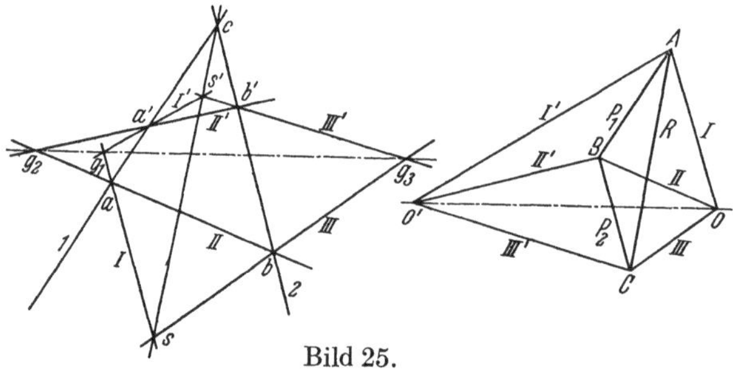
Bild 25.

c) Die Reihenfolge der Kräfte im Krafteck ist ohne Einfluß auf Größe und Lage der Summenkraft, nur müssen die Seileckseiten entsprechend den Krafteckseiten geordnet sein (Bild 26).

44. Die CULMANNsche Gerade. Bild 25 zeigt: In den Vierecken $AOBO'$ und $g_2 a g_1 a'$ sind die Seiten I, II, II', I' und 1 parallel, folglich ist auch $g_1 g_2$ parallel OO'. Aus den Vierecken $BOCO'$ und $g_2 b g_3 b'$ folgt ebenso: $g_2 g_3$ parallel OO', so daß die Punkte g_1, g_2, g_3 auf einer Parallelen zu OO' liegen. Die Gerade $g_1 g_2 g_3$ heißt CULMANNsche Gerade.

Es gilt also: Nimmt man zu einem Krafteck zwei verschiedene Pole O und O' an, dann liegen die Schnittpunkte entsprechender Seilstrahlen der zugehörigen Seilecke auf einer Geraden, der CULMANNschen Geraden.

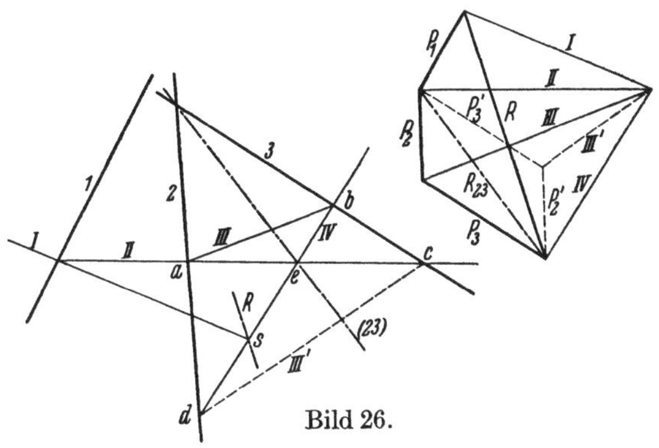

Bild 26.

Zu je zwei Polen gehören unendlich viele, untereinander parallele CULMANNsche Geraden, entsprechend der beliebigen Lage des Seilecks im Lageplan der Kräfte.

45. Weitere Eigenschaften des Seilecks. a) Aus einem Krafteck von n Kräften P und dem Pol O kann man einen Teil von k aufeinander folgenden Kräften P_k aussondern und als selbständiges Krafteck auffassen. Die beiden äußeren Polstrahlen dieses Teilkraftteckes bestimmen im zugehörigen Seileck die Lage der Summenkraft der k Kräfte P_k.

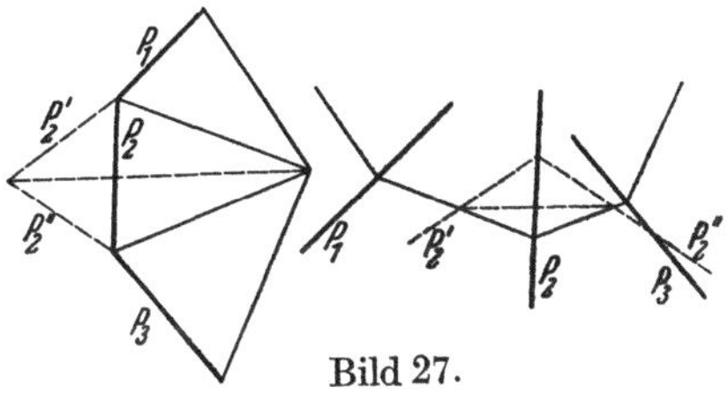
Bild 27.

b) Umgekehrt kann jede Kraft P des Kraftecks in zwei beliebige Teilkräfte P', P'' zerlegt werden, deren Lage sich im Seileck durch einen zum Polstrahl parallelen Seilstrahl bestimmt. Die Lage der Teilkräfte ist allerdings nicht eindeutig bestimmt, da unendlich viele parallele Seilstrahlen zu dem einen Polstrahl gezogen werden können, welche ihrerseits unendlich viele untereinander parallele Lagen der Teilkraft P' bzw. P'' bestimmen.

Die Teilkräfte P' P'' können auch parallel ihrer Gesamtkraft P sein.

c) Für eine bestimmte Lage zweier Teilkräfte und zwei verschiedene Pole gilt ebenfalls der Satz von der CULMANNschen Geraden.

46. Seileck durch drei gegebene Punkte. Zu einem gegebenen Kräftesystem soll das Seileck durch drei verschiedene, gegebene Punkte gezeichnet werden.

Die drei Punkte bestimmen drei Stücke des gesuchten Seilecks: die Richtungen der äußeren Polstrahlen und die Lage des ersten Seilstrahles. Damit ist die Lage des Seileckes eindeutig bestimmt. Zur Lösung der Aufgabe werden die in der vorigen Nummer wiedergegebenen Eigenschaften des Seileckes benutzt.

Es sollen beispielsweise der dritte, der siebente und der zwölfte Seilstrahl durch die Punkte A, B, C gehen. In dem Krafteck werden nun die Kräfte P_3 bis P_6 zu einer Teilsummenkraft R_1, die Kräfte P_7 bis P_{11} zu einer zweiten Teilsummenkraft R_2 zusammengefaßt. Dann liegt der Punkt A vor R_1, der Punkt B zwischen R_1 und R_2, der Punkt C nach R_2. Zu den Kräften R_1 und R_2 muß dann das Seileck gefunden werden, welches durch die drei Punkte A, B, C geht (Bild 28).

Man zeichnet zu den beiden Kräften R_1, R_2 ein beliebiges Seileck $A'a'b'C'$. Ferner zerlegt man R_1 in zwei gleichgerichtete Teilkräfte, welche durch A und B gehen und welche auf den zugehörigen Seilstrahlen die Punkte A' und B' bestimmen. Dann gibt die Seileckseite $A'B'$ die Richtung des Polstrahles, welcher

R_1 in die zwei angenommenen Teilkräfte zerlegt. Ebenso kann die Gerade AB als ebensolche Seileckseite zu einem zweiten Pol aufgefaßt werden. Der Schnittpunkt G_1 der Geraden AB und $A'B'$ bestimmt einen Punkt der CULMANNschen Geraden beider Pole.

Ebenso zerlegt man R_2 in zwei gleichgerichtete Teilkräfte durch B und C, welche auf den Seilstrahlen $a'b'$ und $b'C'$ die Punkte B'' und C' bestimmen. Die Geraden BC und $B''C'$ bestimmen einen zweiten Punkt G_2 derselben CULMANNschen Geraden, welche daher bestimmt ist.

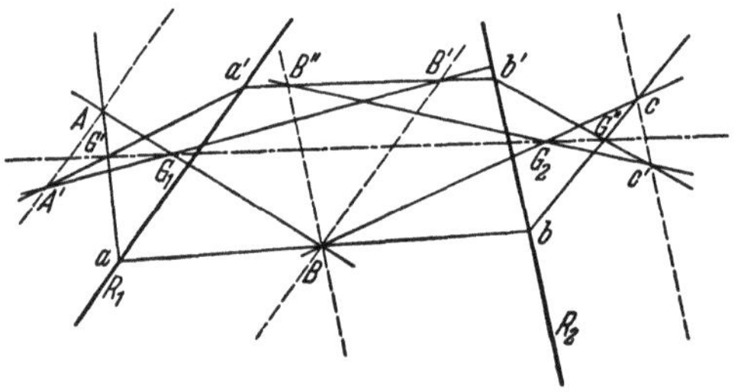

Bild 28.

Nun müssen sich entsprechende Seilstrahlen des angenommenen Seileckes $A'a'b'C'$ und des gesuchten Seileckes ABC auf der CULMANNschen Geraden schneiden. Die Geraden AG' und CG'' bestimmen daher das gesuchte Seileck durch die Punkte ABC.

Hierauf löst man die Summenkräfte wieder in die Einzelkräfte auf und erhält so zu dem gegebenen Kräftesystem das Seileck durch die drei Punkte ABC.

Zur Lösung der Aufgabe wird das Krafteck mit den beiden Polen nicht benötigt, ebenso braucht die Größe der Kräfte nicht bekannt zu sein.

47. Gleichgewichtsbedingung. Die Summenkraft R ist gleichwertig dem zugehörigen Kräftesystem $P_1 \dots P_n$. Sie ist im Gleichgewicht mit der entgegengesetzt gerichteten, gleich großen Kraft $-R$ auf derselben Richtungslinie, welche daher mit dem Kräftesystem $P_1 \dots P_n$ ebenfalls im Gleichgewicht ist. Mit der Kraft $-R$ kann man nun das Krafteck der Kräfte $P_1 \dots P_n$, $-R$ so anordnen, daß man in demselben Umfahrungssinn wieder zum Anfangspunkt zurückkommt; das Krafteck heißt dann geschlossen.

Diese Bedingung ist notwendig, aber nicht hinreichend. Auch jedes Seileck, welches man zu dem Kräftesystem zeichnen kann, muß ein geschlossenes Vieleck bilden. Denn erst dann liegt die Kraft $-R$ in der Richtungslinie der Summenkraft R. Zählt man die Kraft $-R$ zum Kräftesystem, so gilt:

Ein Kräftesystem ist im Gleichgewicht, wenn es ein geschlossenes Krafteck und ein geschlossenes Seileck besitzt.

48. Das Kräftepaar. Gegeben sei ein Kräftesystem $P_1 \dots P_4$ mit geschlossenem Krafteck $abcd$, welchem aber kein geschlossenes Seileck $ABCD$ entspreche. Die Seileckseite I durch den Punkt A und jene durch den Punkt D sind Parallele mit dem Abstand h_I. Die beiden Kräfte I sind also nicht im Gleichgewicht, sondern bilden ein Moment $M = I \cdot h_I$.

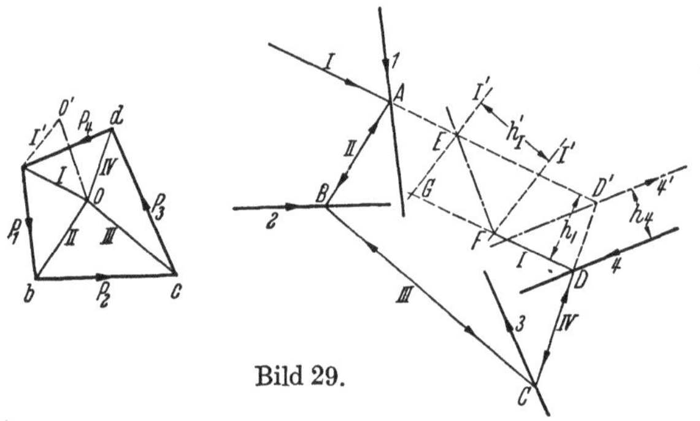

Bild 29.

Die Größe dieses Momentes ist von der Wahl des Poles unabhängig. Ein zweiter Pol sei O' mit zugehörigem Seileck. Die Gerade EF ist eine CULMANNsche Gerade und parallel OO' und Dreieck EFG ähnlich dem Dreieck $O'Oa$. Bezeichnet d' den Abstand des Poles O von I', d den Abstand des Poles O' von I, so gilt im Dreieck $O'Oa$: $d : d' = I' : I$, da $dI = d'I'$. Ferner ist $h_I : h'_I =$

$= d : d'$, folglich $I' h'_I = I h_I = M$, d. h. das Moment ist unabhängig von der Lage des Poles.

Ist D' der Schnittpunkt der beiden Seilstrahlen I und IV, so geht durch D' die Summenkraft $-P_4$ der drei Kräfte $P_1 P_2 P_3$ hindurch. Ihre Richtungslinie habe von der Richtungslinie 4 der gegebenen Kraft P_4 den Abstand h_4, das Moment der beiden Kräfte ist $M = P_4 h_4$. Dieses Moment ist ebenfalls gleich dem Moment $I h_I$, was einfach daraus folgt, daß der Punkt d als Pol angenommen wird.

Das Kräftesystem $P_1 \ldots P_4$ ist daher gleichwertig dem System $+P_4$, $-P_4$, zwei Kräften, welche gleich groß, aber entgegengesetzt gerichtet im Abstand h_4 voneinander wirken. Ein solches Kräftesystem heißt *Kräftepaar*, es hat die Summenkraft Null, aber ein bestimmtes endliches Moment. Dabei ist es gleichgültig, welche Kraft im System als Trägerin des Kräftepaares ausgewählt wird, das Moment ist immer dasselbe.

Da der Schnittpunkt der beiden Schlußlinien 4 und 4′ der unendlich ferne Punkt ist, kann man auch sagen, daß das Kräftepaar gleichwertig ist einer unendlich kleinen Kraft auf der unendlich fernen Geraden.

49. Zerlegung von Kräften. Eine Kraft kann eindeutig nur in zwei oder drei Teilkräfte zerlegt werden, welche mit ihr im Gleichgewicht sind, bei Zerlegung in mehr Teilkräfte hat die Aufgabe i. a. unendlich viele Lösungen.

Bei Zerlegung in zwei Teilkräfte ergeben sich je nach den gegebenen Stücken sieben verschiedene Aufgaben, welche zwei, eine oder keine Lösungen haben können.

Wichtig sind die beiden Aufgaben:

a) Zerlege R in die zwei Teilkräfte P_1, P_2, von welchen gegeben sind: P_1, ein Punkt a der Richtungslinie p_1 und die Richtung p_2. Geometrisch ist dies die Aufgabe eine Parallele zu einer gegebenen Richtung durch den unzugänglichen Schnittpunkt zweier Geraden zu legen.

b) Zerlege R in zwei Teilkräfte P_1, P_2, von welchen je ein Punkt a, c der Richtungslinien p_1, p_2 und eine dieser Richtungen gegeben sind. Geometrisch ist dies die Aufgabe, einen gegebenen Punkt mit dem unzugänglichen Schnittpunkt zweier Geraden zu verbinden.

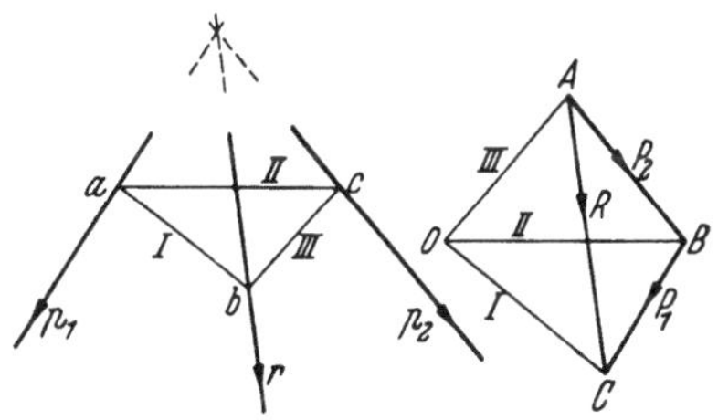

Bild 30.

Die Lösung beider Aufgaben ist in Bild 30 dargestellt.

Bei Zerlegung einer Kraft in drei Teilkräfte ist die Aufgabe wichtig:

Eine gegebene Kraft R in drei Teilkräfte zu zerlegen, deren Richtungslinien p_1, p_2, p_3 gegeben sind (Bild 31).

Sind die Schnittpunkte S_1 von $p_1 p_2$ und S_2 von $p_3 r$ gegeben, so gibt $S_1 S_2$ die Richtungslinie r' der Summenkraft von $P_1 P_2$ bzw. $P_3 R$ und das Krafteck läßt sich zeichnen.

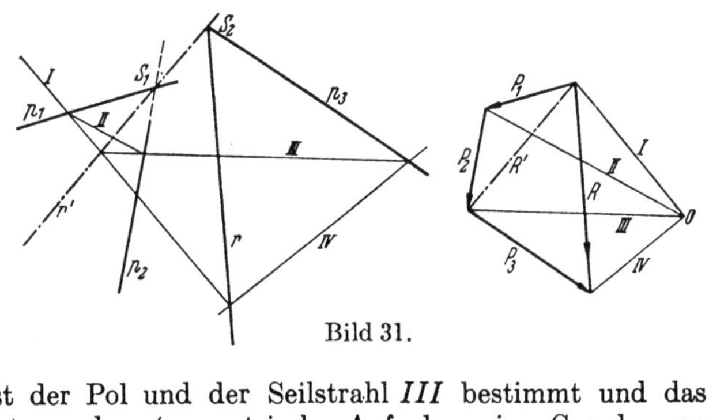

Bild 31.

Sind S_1 und S_2 unzugänglich, dann wähle die Seilstrahlen I, IV und II willkürlich. Hierdurch ist der Pol und der Seilstrahl III bestimmt und das Krafteck kann gezeichnet werden (geometrische Aufgabe, eine Gerade von bestimmter Richtung durch die unzugänglichen Schnittpunkte zweier Geradenpaare zu legen).

Schneiden sich die Richtungslinien $p_1 p_2 p_3$ in einem Punkt, dann sind unendlich viele verschiedene Zerlegungen möglich.

b) Statisches Moment und Seileck.

50. Das Moment einer Kräftegruppe und ihrer Summenkraft. Das Moment einer Kraft P um den Momentenpunkt O ist $M = Ph$. Zerlegt man P in einem beliebigen Punkt A ihrer Wirkungslinie in zwei Teilkräfte P', P'', von denen P'' in Richtung AO liegt und P' normal zu P'' ist, so ist das Moment von P' um O:
$M' = P'c = Pc \cdot \cos\alpha = M$.

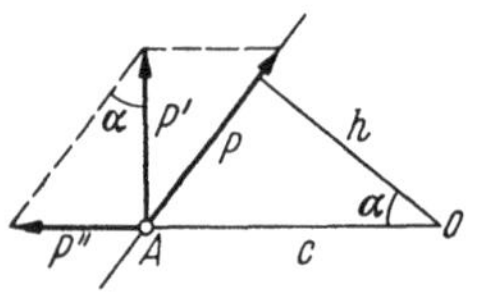

Bild 32.

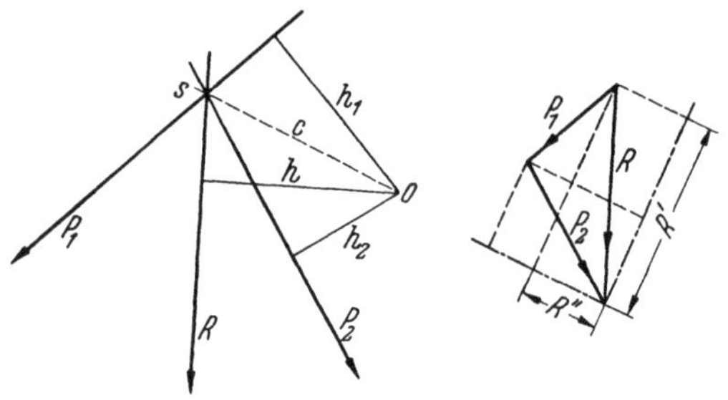

Bild 33.

Ist nun eine Kräftegruppe $P_1 P_2$ gegeben, deren Summenkraft R ist, so zerlegen wir im Schnittpunkt S der Kräfte R, P_1, P_2 diese in Teilkräfte R', P_1', P_2' normal zur Richtung OS (O = Momentenpunkt) und in Teilkräfte R'', P_1'', P_2'' in dieser Richtung. Das Moment der letzteren um O ist Null. Das Moment der ersteren um O ist: $R'c$, $P_1'c$, $P_2''c$. Nun ist: $P_1' + P_2' = R'$ (als Projektion eines geschlossenen Streckenzuges), daher ist $M' = R'c = (P_1' + P_2')c$. Das Moment $R'c$ ist aber gleich dem Moment Rh, also $M' = M$.

Dieser Beweis läßt sich leicht auf beliebig viele Kräfte ausdehnen, es gilt also:
Die Summe der Momente einer Anzahl von Kräften um einen Momentenpunkt ist gleich dem Moment der Summenkraft dieser Kräfte um denselben Punkt.

51. Bestimmung des Momentes einer Kräftegruppe. Nach den vorhergehenden Ausführungen wird das Moment einer Kräftegruppe als Moment ihrer Summenkraft bestimmt. Die Summenkraft selbst wird durch ein Krafteck und ein Seileck bestimmt. Ist C der Momentenpunkt, h sein Abstand von R, dann ist $M = Rh$. Ferner wird eine Gerade parallel zu R durch C gezogen, auf welcher die Schnittpunkte a, b mit den äußersten Seileckseiten die Strecke y bestimmen. Nun ist das Dreieck Sab dem Dreieck OAB ähnlich. Ist die Strecke $ab = y$, so ist: $R : y = H : h$ oder $Rh = Hy = M$. Die Strecke H ist die Polweite. Es gilt daher:

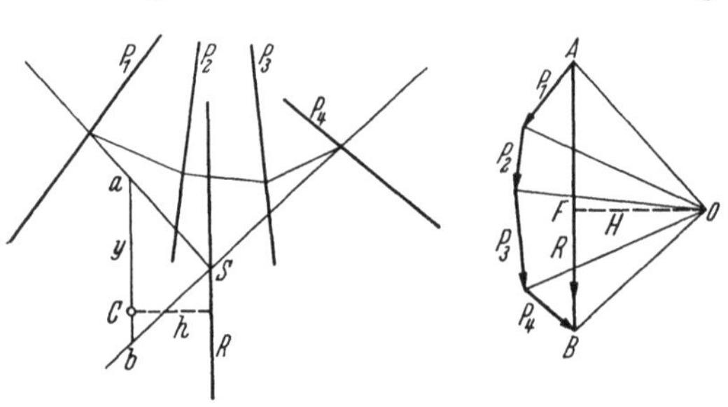

Bild 34.

Das statische Moment einer Kräftegruppe ist gleich dem Produkt aus der Polweite und aus der Strecke, welche von den äußersten Seilstrahlen auf einer durch den Momentenpunkt zur Summenkraft gezogenen Parallelen abgeschnitten wird.

Der Pol und die Lage des Seileckes sind dabei beliebig. Der Maßstab des Kraftecks kann so gewählt werden, daß $H = 1$ wird. Dann wird $M = y$, das Moment also unmittelbar durch eine Strecke gegeben.

Da H eine Strecke im Krafteck ist, wird es als Kraft aufgefaßt, was aber nicht unbedingt erforderlich ist.

52. Parallele Kräfte. Besonders einfach wird die Bestimmung des Momentes einer Gruppe von parallelen Kräften.

a) Gegeben eine Gruppe von parallelen Kräften $P_1 P_2 P_3$. Man zeichnet das Krafteck mit der Polweite H und das Seileck. Die beiden äußersten Seilstrahlen sind in diesen Fall III und s (wobei s zweckmäßig normal zur Kraftrichtung gewählt wurde). Das Moment der Kräftegruppe $M = Hy$ bestimmt sich dann einfach als Ordinate y der Geraden III durch den Momentenpunkt, bezogen auf die Schlußlinie als Achse, wobei $H = 1$ angenommen ist (Bild 35).

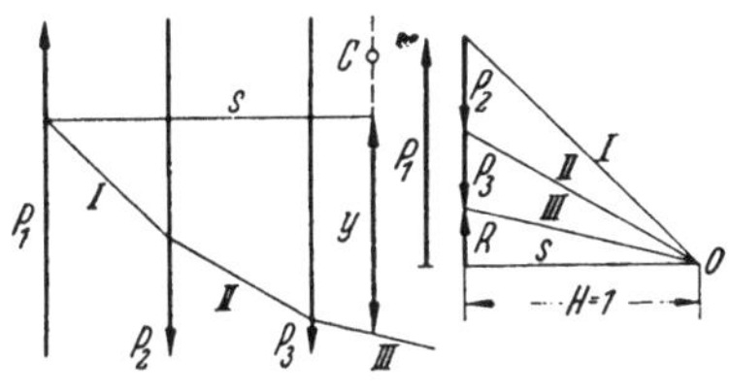

Bild 35.

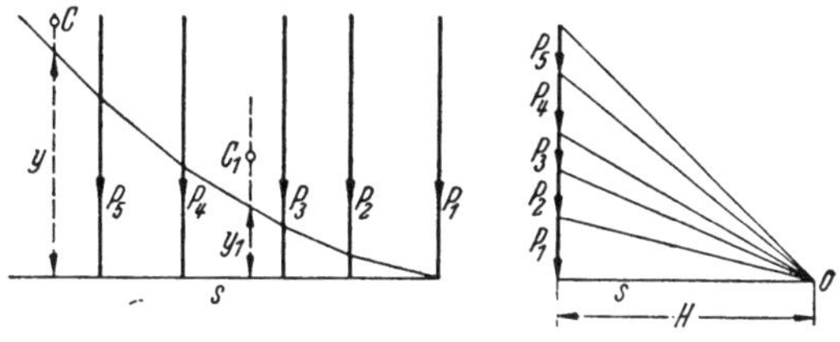

Bild 36.

b) Gegeben sei eine Gruppe paralleler Kräfte. Gesucht ist das Moment derjenigen Kräfte, welche auf einer Seite des Momentenpunktes C liegen.

Man zeichnet das Seileck, wobei man den ersten Seilstrahl s normal zur Kraftrichtung legt. Dann ist das Moment aller Kräfte rechts von C (s. Bild 36) um C die Ordinate y des Seilecks, welche durch den Punkt C geht, das Moment aller Kräfte rechts von C_1 um C_1 die Ordinate y_1 (wenn $H = 1$ gewählt wird). Will man das Moment der Kräfte links von C_1, dann legt man O auf die linke Seite des Kraftecks.

53. Die Seilkurve. Die gleichmäßig verteilte Belastung eines Trägers betrage je Längeneinheit q. Auf die Länge Δl des Trägers wirkt dann die Kraft $P = q\,\Delta l$; die Teilkräfte P seien alle parallel gerichtet. Die stetige Belastung q kann nun durch die Gruppe der Einzelkräfte P ersetzt werden, zu welchen das Krafteck und das Seileck gezeichnet werden kann.

Geht man zur Grenze $dl = \lim \Delta l \to O$ über, so erhält man eine stetige Belastung von unendlich kleinen Kräften $q\,dl$, deren Seileck in eine stetige Kurve, die Seilkurve, übergeht.

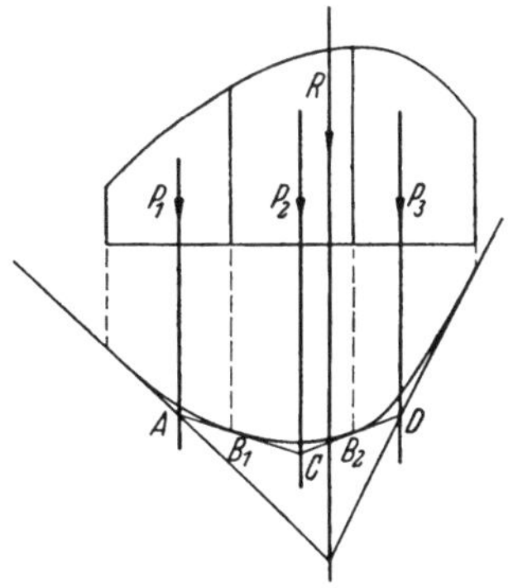

Bild 37.

Diese Seilkurve läßt sich aus den Seileckseiten der Kräfte P leicht zeichnen. Man ziehe durch die Endpunkte einer Strecke Δl die Begrenzungsgeraden parallel zur Kraftrichtung. Diese Begrenzungsgeraden schneiden die Seilkurve in den Punkten B_1 und B_2. Die Tangenten AC und DC der Seilkurve in diesen Punkten B_1 und B_2 sind für den Abschnitt Δl aber äußerste Seileckseiten, der Schnittpunkt C beider liegt daher auf der Richtungslinie der Summenkraft $q\,\Delta l$.

Zeichnet man daher das Seileck zu den Kräften $q\,\Delta l$, dann sind die Seileckseiten Tangenten der Seilkurve und die Schnittpunkte der Seileckseiten mit den Begrenzungsgeraden der Flächenstreifen Δl die Berührungspunkte.

Die Seilkurve ist daher als Einhüllende ihrer Tangenten sehr genau gegeben. Der Fehler, welcher durch Aufteilung der gleichmäßigen Belastung q in Einzellasten $q\Delta l$ gemacht wird, läßt sich aus der Fläche zwischen Seileck und Seilkurve leicht abschätzen.

Für die Seilkurve gelten im übrigen die für das Seileck nachgewiesenen Eigenschaften.

F. Spannungen und Formänderungen des Stabes.

Die Untersuchung der Spannungen und Formänderungen des Stabes unter gegebenen Belastungen gehört zur Theorie der Elastizität und Festigkeit und wird hier nur soweit wiedergegeben, als sie in der Statik gebraucht wird.

a) Der gerade Stab.

54. Der gerade Stab. Koordinatensystem. Als gerader Stab werde ein Körper bezeichnet, welcher sich vorzugsweise nach einer bestimmten Richtung hin erstreckt. Wie bereits in Nr. 1 erwähnt, wird eine bestimmte Gerade im Körper als Stabachse bezeichnet, die ebenen Schnitte normal zu dieser Geraden als Querschnitte. Die Querschnitte liegen derartig, daß ihre Schwerpunkte auf der Stabachse liegen, die Querschnittsform wird als stetige Funktion der Stablänge s angenommen. Unstetige Änderungen sollen zunächst ausgeschlossen sein, für sie ist die Spannungsverteilung gesondert zu untersuchen.

Als x-Achse wird die Stabachse s gewählt, als y- und z-Achse zwei später näher zu bestimmende Achsen, die Trägheitshauptachsen im Querschnitt. Es wird dabei festgelegt, daß die $+x$-Achse durch eine positive Drehung in die $+y$-Achse, diese durch eine positive Drehung in die $+z$-Achse und diese wieder durch eine positive Drehung in die $+x$-Achse übergeht. Der Drehungssinn wird dabei so bestimmt, daß man bei der Drehung vom Punkte $z = +1$ auf die xy-Ebene blickt, entsprechend von $x = +1$ auf die yz-Ebene und von $y = +1$ auf die zx-Ebene.

Ist der Querschnitt symmetrisch zur Stab- und Tragwerksebene, dann ist die übliche Lage der Achsen die folgende: $+x$-Achse von links nach rechts $(+x = +s)$, $+y$-Achse nach vorn gegen den Betrachter, $+z$-Achse nach unten.

55. Annahmen. Durch die Gleichgewichtsbedingungen 46 oder 47 ist bei einer gegebenen Belastung der Spannungs- und Verzerrungszustand eindeutig bestimmt. Jedoch ist die Lösung besonderer Probleme häufig sehr schwierig, man begnügt sich daher mit einer Näherung, welche man für alle Querschnittsformen gültig annimmt. Einen zylindrischen Stab, dessen sämtliche Querschnitte kongruente Figuren sind, denkt man sich aus Längsfasern bestehend, welche nur Schubkräfte, aber keine Normalkräfte aufeinander ausüben. Diese Annahme überträgt man auch auf annähernd zylindrische Stabformen, sie lautet ausführlich:

XI. In einem geraden Stab, dessen Stabachse parallel der x-Achse gerichtet ist, wirken nur Spannungen $\sigma_x, \tau_{xy}, \tau_{xz}$, *die übrigen Spannungen* $\sigma_y, \sigma_z, \tau_{yz}$ *verschwinden in allen Punkten des Stabes*: $\sigma_y,\ \sigma_z,\ \tau_{yz} = 0$.

Wirken nun auf die Oberfläche des Stabes Flächenkräfte, so ist diese Annahme streng genommen falsch. Jedoch ist innerhalb gewisser Grenzen der Einfluß dieser Lasten nur in der nächsten Umgebung der Einwirkungsstelle von Bedeutung und nimmt sehr rasch ab. In der Nachbarschaft der Knotenpunkte (Auflager) allerdings ist der Einfluß der Spannungen $\sigma_y \sigma_z \tau_{yz}$ mitunter so groß, daß er von maßgebender Bedeutung sein kann. Jedoch nimmt auch hier dieser Einfluß mit der Entfernung vom Knoten sehr rasch ab, wenn die Stablänge sehr groß ist gegenüber den Querschnittsabmessungen. Man macht daher die Annahme:

XII. Wirken Lasten (Flächenkräfte) an einem Körper, so ist die Art, wie sie sich über die Wirkungsfläche verteilen, nur in deren nächster Umgebung von Einfluß. Vorausgesetzt ist, daß die Gesamtkraft und das Gesamtmoment der Oberflächen-

spannungen auf einem Oberflächenelement dF_0 so klein ist, daß die örtlich bewirkten Verschiebungen klein sind gegen die größten elastischen Verschiebungen am gesamten Körper.

Die Erfahrung hat die Anwendung der Annahmen XI und XII in den praktisch erforderlichen Grenzen als berechtigt erwiesen. Wo dies nicht der Fall ist, wie z. B. bei der Berechnung von Knotenblechen, ist die hierdurch bedingte Abweichung der Stabkräfte und Gesamtverformung des Tragwerkes von keiner praktischen Bedeutung.

Führt man die Annahme XI in die Gleichgewichtsbedingungen und die Verträglichkeitsbedingungen ein, so folgt nach einigen einfachen Umformungen:

$$\sigma_x = E\,\varepsilon_x = (a_0 + a_1 y + a_2 z) + x(b_0 + b_1 y + b_2 z)\,. \tag{57}$$

Als unmittelbare Folge der Annahme XI ergibt sich also:

Beim geraden Stab ist die Normalspannung im Querschnitt eine lineare Funktion der Querschnittsabmessungen.

Satz XI und XII wurden von St. Vénant zuerst benützt, um Biegungs- und Torsionsprobleme zu lösen. Der Satz von der linearen Verteilung der Normalspannungen bzw. vom Ebenbleiben der Querschnitte nach Gl. (57) wurde bereits von Jakob Bernoulli in die Festigkeitslehre eingeführt.

56. Gleichgewichtsbedingungen. Da hier nur die Statik des ebenen Tragwerkes behandelt wird, so wird angenommen, daß die Stabachse und die Richtungslinien sämtlicher Kräfte in einer Ebene liegen. In dieser Ebene liegen auch sämtliche Verschiebungen. Nach Nr. 32 müssen nun für jedes Teilstück eines Stabes die Gleichgewichtsbedingungen am starren Körper erfüllt sein.

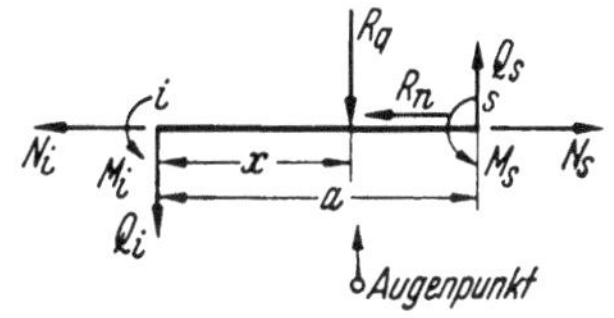

Bild 38.

Ein gerader Stab ik werde durch einen Schnitt in zwei Teile is und sk zerlegt. An dem Stabteil is wirken folgende Kräfte:

im Punkte i: die Längskraft N_i in der Stabachse, die Querkraft Q_i (negativ, da am rechten Schnittufer wirkend), das Moment M_i,

im Punkte s: die Längskraft N_s, die Querkraft Q_s, das Moment M_s,

am Stabteil is: Lasten, welche in eine Teilkraft R_n längs und eine Teilkraft R_q quer zur Stabachse zerlegt werden. Es gilt dann:

Moment um i: $\quad M_i + M_s + Q_s \cdot a - \sum R_q \cdot x = 0$

Moment um s: $\quad M_i + M_s + Q_i \cdot a + \sum R_q \cdot (a - x) = 0$

$\sum P$: $\quad N_i - N_s + \sum R_n = 0$

Hieraus folgt:

$$\begin{aligned} M_s &= -\left[M_i + Q_i a + \sum R_q (a - x)\right] \\ Q_s &= Q_i + \sum R_q \\ N_s &= N_i + \sum R_n\,, \end{aligned} \tag{58}$$

wobei die Summen über den Stabteil is zu erstrecken sind. Hierdurch sind die Gesamtkräfte M_s, Q_s, N_s eines beliebigen Stabquerschnittes durch die Gesamtkräfte im Knoten und die äußeren Lasten dargestellt. Der Punkt s kann auch der Knoten k sein, wobei a zur Stablänge s wird.

An Stelle der Querkraft Q_i kann das Knotenmoment M_k am Knoten k des Stabes ik in die Gl. (58) eingeführt werden. Aus der ersten Gl. (58) folgt mit $a = s$:

$$Q_i = -\frac{M_i + M_k}{s} - \sum R_q \frac{s - x}{s} \quad \text{(Summe über den Stab)},$$

womit wird:

$$M_s = \frac{a}{s}(M_i + M_k) - M_i + \frac{s-a}{s}\sum_0^a R_q \cdot x + \frac{a}{s}\sum_a^s R_q (s - x)$$

$$Q_s = -\frac{M_i + M_k}{s} + \frac{1}{s}\sum_0^s R_q \cdot x - \sum_a^s R_q \qquad (59)$$

$$N_s = N_i + \sum_0^s R_n \,.$$

Damit sind Gesamtkräfte durch die beiden Endmomente M_i, M_k, die Längskraft N_i und die Lasten dargestellt.

Sind sämtliche $R_q = 0$, so wird $Q_i = -\frac{M_i + M_k}{s}$ [Gl. (17)]. M_i hat hier das negative Zeichen, da es das am Stab angreifende Moment (rechtes Schnittufer) ist, während in Gl. (17) die inneren Momente (beide am linken Schnittufer) auftreten (vgl. hierzu Nr. 103).

An einfachen Stäben wird die Längskraft N mit S bezeichnet; M, Q sind für einfache Stäbe Null.

57. Die Normalspannungen. In einem Querschnitt s eines Stabes seien die Wirkungen M_s, Q_s, N_s gegeben, wobei N_s in der Stabachse liegt. Nach Nr. 35 und Satz III müssen dies die Gesamtwirkungen der in dem Querschnitt wirkenden Spannungen sein. Man legt nun ein rechtwinkliges Koordinatensystem yz derart in den Querschnitt, daß die $+y$-Achse mit der Momentenebene, in welcher auch die Quer- und Längskräfte wirken, den Winkel β bildet und stellt die Gleichgewichtsbedingungen in bezug auf dieses Koordinatensystem auf. Es ergibt sich:

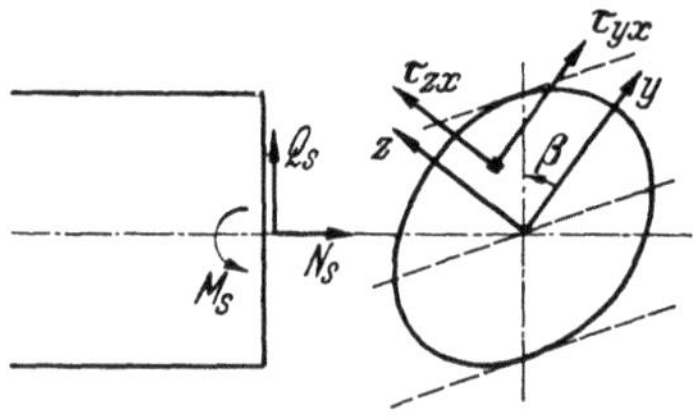

Bild 39.

$$N_s = \int \sigma_x \, dF \qquad (a)$$

$$Q_s = \int (\tau_{xz} \sin\beta + \tau_{xy} \cos\beta)\, dF \qquad (b)$$

$$M_s = \int \sigma_x (y \cos\beta + z \sin\beta)\, dF. \qquad (c)$$

Als Bedingungen des ebenen Spannungszustandes müssen die Teilkräfte und -momente normal zur Kraftebene verschwinden.

$$\int \sigma_x (y \sin\beta - z \cos\beta)\, dF = 0 \qquad (d)$$

$$\int (\tau_{xz} \cos\beta - \tau_{yx} \sin\beta)\, dF = 0 \qquad (e)$$

$$\sigma_x = (a_0 + a_1 y + a_2 z) + x(b_0 + b_1 y + b_2 z)\,. \qquad (f)$$

Zu Koordinatenachsen werden die Trägheitshauptachsen des Schwerpunktes des Querschnittes gewählt, für welche gilt:

$$\int y dF = 0 \qquad \int z dF = 0 \qquad J_{yz} = \int yz\, dF = 0\,. \qquad (60)$$

Durch diese Bedingungen ist die Lage des Koordinatensystems im Querschnitt eindeutig bestimmt. Zur Abkürzung werde gesetzt:

$$F = \int dF \quad J_z = i_z^2 F = \int y^2 dF \quad J_y = i_y^2 F = \int z^2 dF \quad J_{yz} = \int yz dF\,. \quad (61)$$

Die Integrale in Gl. (60 u. 61) sind über den ganzen Querschnitt zu erstrecken, F ist die Größe der Querschnittsfläche, J_z, J_y sind die Trägheitsmomente, J_{yz} das Zentrifugalmoment. Gl. (f) in Gl. (a, c, d) eingesetzt ergibt: $N_s = (a_0 + b_0 x)\, F$. Da N_s nur von den gesamten Kräften am linken Stabteil abhängt, muß es unabhängig von x sein, also $b_0 = 0$. Ebenso folgt b_1, $b_2 = 0$, daher $\sigma_x = (a_0 + a_1 y + a_2 z)$

und $N_s = a_0 F$, $M_s = +(J_z a_1 \cos\beta + J_y a_2 \sin\beta)$, $0 = J_z a_1 \sin\beta - J_y a_2 \cos\beta$. Hieraus folgt für die Größe der Normalspannungen der Wert:

$$\sigma_x = \frac{N_s}{F} + M_s\left(\frac{\cos\beta}{J_z}\,y + \frac{\sin\beta}{J_y}\,z\right). \tag{62}$$

Die Kurve konstanter Normalspannungen σ_{x1} im Querschnitt ist gegeben durch $\frac{\cos\beta}{J_z}\,y + \frac{\sin\beta}{J_y}\,z = \left(\sigma_{x1} - \frac{N_s}{F}\right)\frac{1}{M_s}$, die Gleichung einer geraden Linie. Für eine Gerade durch den Nullpunkt (= Schwerpunkt) verschwindet das Absolutglied, durch den Schwerpunkt des Querschnittes geht also die Gerade: $0 = \frac{\cos\beta}{J_z}\,y + \frac{\sin\beta}{J_y}\,z$ oder:

$$y = -\left(\frac{i_z}{i_y}\right)^2 \operatorname{tg}\beta \cdot z. \tag{63}$$

Die Normalspannung in den Punkten dieser Geraden ist $\sigma_{x0} = +\frac{N_s}{F}$.

Die neutrale Achse (*Nullinie*) des Querschnittes ist die Linie, auf welcher die Normalspannungen verschwinden, sie ist gegeben durch $\sigma_{x1} = 0$, ihre Gleichung ist also $\frac{\cos\beta}{J_z}\,y + \frac{\sin\beta}{J_y}\,z = -\frac{\sigma_{x0}}{M_s}$, es ist eine Parallele zur Geraden Gl. (63).

Ist die Längskraft $N_s = 0$, so ist $\sigma_{x0} = 0$ und die Nullinie geht durch den Schwerpunkt des Querschnittes [Gerade Gl. (63)].

Ist der Querschnitt symmetrisch zur Ebene der Kräfte, so ist $\beta = \frac{\pi}{2}$ und

$$\sigma = \frac{N_s}{F} + \frac{M_s}{J_y}\,z. \tag{64}$$

Als Widerstandsmomente W_1 und W_2 werden bezeichnet:

$$W_1 = \frac{J_z}{\max y} \qquad W_2 = \frac{J_z}{\min y}. \tag{65}$$

Die größte bzw. kleinste Normalspannung ist dann:

$$\max\sigma = \frac{N_s}{F} + \frac{M_s}{W_1} \qquad \min\sigma = \frac{N_s}{F} - \frac{M_s}{W_2}. \tag{66}$$

Anmerkung. Die Gl. (62) gilt nur für die Hauptträgheitsachsen des Schwerpunktes. Dies ist besonders zu beachten bei der Berechnung von unsymmetrischen Querschnitten. Es kommt beispielsweise vor, daß man für die nebenstehend gezeichnete Querschnittsform das wirkende Moment M nach den Achsen $\eta\zeta$ zerlegt, die Spannungen σ_{xy}, σ_{zx} nach Gl. (62) errechnet, addiert und glaubt, die dort herrschende Spannung gefunden zu haben, da für die Spannungen das Überlagerungsgesetz gilt. Dieses gilt zwar, aber nur wenn die Teilspannungen richtig errechnet sind. Für zwei rechtwinklige Achsen $\eta\zeta$ im Schwerpunkt gelten die Bedingungen (c und d):

$$M = \int (a_0 + a_1\eta + a_2\zeta)(\eta\cos\beta + \zeta\sin\beta)\,dF \tag{c}$$

$$0 = \int (a_0 + a_1\eta + a_2\zeta)(\eta\sin\beta - \zeta\cos\beta)\,dF \tag{d}$$

wobei $\int \eta\zeta\,dF = J_{\eta\zeta} \neq 0$.

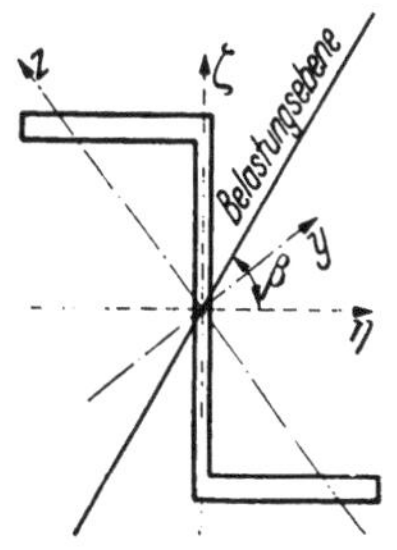

Bild 40.

Hieraus errechnen sich die Faktoren a_1 und a_2 zu:

$$a_1 = M\,\frac{\cos\beta \cdot J_\eta - \sin\beta \cdot J_{\eta\zeta}}{J_\eta J_\zeta - J_{\eta\zeta}^2} \tag{A}$$

$$a_2 = M\,\frac{\sin\beta \cdot J_\zeta - \cos\beta \cdot J_{\eta\zeta}}{J_\eta J_\zeta - J_{\eta\zeta}^2}. \tag{B}$$

Setzt man:

$$\frac{1}{J_v} = \frac{J_{\eta\zeta}}{J_\eta J_\zeta} \qquad n = 1 - \frac{J_{\eta\zeta}^2}{J_\eta J_\zeta}, \tag{C}$$

so ergibt sich:

$$\sigma_x = \frac{M}{n}\left(\frac{\cos\beta}{J_\zeta}\eta + \frac{\sin\beta}{J_\eta}\zeta\right) - \frac{M}{n \cdot J_v}(\eta\sin\beta + \zeta\cos\beta). \tag{D}$$

Für $J_{\eta\zeta} = 0$, $J_v = \infty$, $n = 1$ geht Gl. (D) in Gl. (62) über. Zerlegt man nun M in die beiden Teilmomente $M_\eta = M \cdot \sin\beta$, $M_\zeta = M \cdot \cos\beta$ in den Ebenen $\eta = 0$ bzw. $\zeta = 0$, so wird die eingangs erwähnte, durch irrtümliche Addition errechnete Spannung:

$$\sigma_x = M\left(\frac{\cos\beta}{J_\zeta}\eta + \frac{\sin\beta}{J_\eta}\zeta\right). \tag{E}$$

Da $n < 1$, kann σ_x nach Gl. (D) u. U. beträchtlich größer als σ_x nach Gl. (E) sein, so daß jedenfalls σ_x nicht nach Gl. (E) berechnet werden darf.

Anmerkung. Auf die ausgedehnte Theorie der Flächenmomente zweiter Ordnung kann hier ebensowenig eingegangen werden wie auf die Theorien über die Nullinie, die Zentralellipse und den Querschnittskern, welche sämtlich der Festigkeitslehre angehören.

58. Die Schubspannungen. Zur Berechnung der Schubspannungen bedient man sich allgemein einer Näherungslösung, da eine genaue Lösung des Problems zu schwierig und für zusammengesetzte Querschnitte (genietete oder geschweißte) nur von bedingtem Wert ist.

Angenommen werde ein Querschnitt, welcher zur z-Achse symmetrisch ist. Die Wirkungslinien der Kräfte N, Q liegen in der xz-Ebene. Durch eine Ebene $z =$ konst. wird ein Stück des Querschnittes von der Höhe $(h_1 - z)$ abgetrennt, dessen Breite in einer beliebigen Höhe z die Größe b_z hat. An einem Stabelement von der Länge dx schneidet die Ebene $z =$ konstant ein Rechteck von der Größe $b\,dx$ aus. Auf dieser Fläche wirken die Schubspannungen τ_{zx} parallel der x-Achse und τ_{yx} parallel der y-Achse. Der Wert der Schubspannungen τ_{yx} wird nicht berechnet, von den Spannungen τ_{zx} wird der *Mittelwert* τ über die gesamte Schnittfläche gebildet und als Schubspannung des Querschnittes in der Höhe z bezeichnet. An Gleichgewichtsbedingungen sollen erfüllt werden:

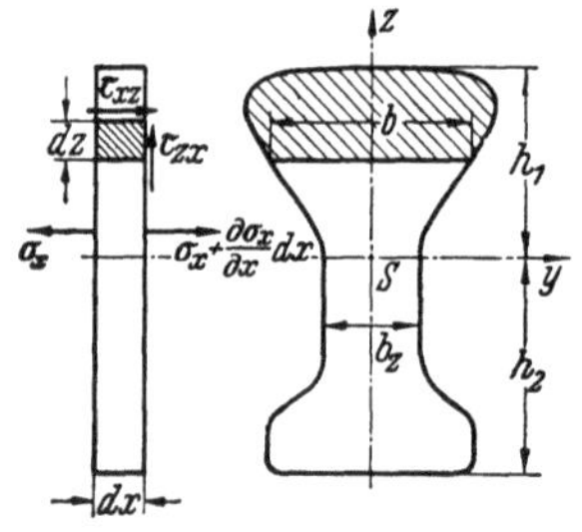

Bild 41.

a) Summe der Teilkräfte in x-Richtung an dem abgeschnittenen Stabteil $(h_1 - z)$ verschwindet:

$$dx\int_{-b/2}^{+b/2}\tau_{zx}\,dy + \int_z^{h_1}\sigma_x b_z\,dz - \int_z^{h_1}\left(\sigma_x + \frac{\partial\sigma_x}{\partial x}dx\right)b_z\,dz = 0$$

b) Summe der Kräfte am Elementarquader $b\,dz\,dx$ verschwindet:

$$\int_{-b/2}^{+b/2}\left(\frac{\partial\sigma_x}{\partial x} + \frac{\partial\tau_{yx}}{\partial y} + \frac{\partial\tau_{xz}}{\partial z}\right)dy = 0$$

c) Moment der Kräfte am Elementarquader $b\,dz\,dx$ verschwindet:

$$\tau\,b\,dz\,dx - dz\int_{-b/2}^{+b/2}\tau_{zx}\,dy\,dx = 0.$$

Aus Gl. 64 folgt: $\frac{\partial \sigma_x}{\partial x} = \frac{d M_s}{d x} \frac{z}{J_y} = \frac{Q z}{J_y}$. Damit ergeben a) und c):

$$\tau = \frac{Q_s}{b_z J_y} \int_z^{h_1} b_z z \, dz . \tag{67}$$

Setzt man

$$\mathfrak{S}_h = \int_0^{h_1} b_z z \, dz \qquad \mathfrak{S}_z = \int_0^{z} b_z z \, dz , \tag{68}$$

so wird

$$\tau = \frac{Q_s}{b_z J_y} (\mathfrak{S}_h - \mathfrak{S}_z) , \tag{69}$$

worin $\mathfrak{S}_h - \mathfrak{S}_z$ das statische Moment des abgeschnittenen Teiles des Querschnittes (von z bis h_1) um die y-Achse ist.

Die Bedingung b) wird $\int\limits_{-b/2}^{+b/2} \frac{\partial \sigma_x}{\partial x} dy + \left[\frac{\partial}{\partial z} \int \tau_{zx} dy \right]_{-b/2}^{+b/2} + \left[\tau_{yx} \right]_{-b/2}^{+b/2} = \int\limits_{-b/2}^{+b/2} \frac{\partial \sigma_x}{\partial x} dy$ $+ b \frac{d\tau}{dz} + (\tau''_{yx} - \tau'_{yx})$. Gl. (b) gibt lediglich das Gleichgewicht an dem Quader $b dz dx$, an den beiden Endprismen muß daher für sich Gleichgewicht herrschen. Die schrägen Flächen sind laut Voraussetzung spannungsfrei, somit $\tau d\left(\frac{b}{2}\right) dx + \tau'_{xy} dx dz + \tau d\left(\frac{b}{2}\right) dx - \tau''_{xy} dx dz = 0$, woraus $\tau''_{yx} - \tau'_{yx} = \tau \frac{db}{dz}$ folgt. Damit wird Gl. (b): $\int\limits_{-b/2}^{+b/2} \frac{\partial \sigma_x}{\partial x} dz + \frac{d b \tau}{dz} = 0$, was mit Gl. (67) identisch ist.

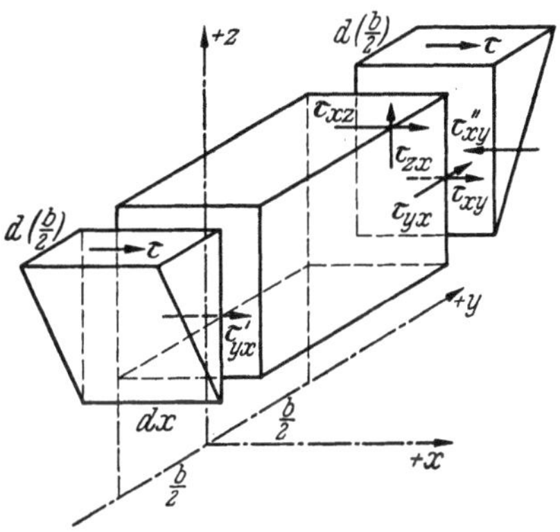

Bild 42.

Die Bedingung b) ist also erfüllt, und zwar unabhängig von der besonderen Verteilung der Schubspannungen τ_{xy}. Dagegen werden die Gleichgewichtsbedingungen an einem Elementarquader $dx dy dz$, ebenso die Verträglichkeitsbedingungen nicht erfüllt. Gl. (67) liefert jedoch brauchbare Durchschnittswerte der Schubspannungen.

Für ein Rechteck von der Höhe h und der Breite b wird:

$$\tau = \frac{Q}{2 J_y} \left(\frac{h^2}{4} - z^2 \right) \qquad \max \tau = \frac{3 Q}{2 F} . \tag{70}$$

Für einen Doppel-T-Querschnitt, dessen Steg die Dicke t hat, gilt für die Schubspannungen im Steg:

$$\tau = \frac{Q}{J_y} \left(\frac{S_0}{t} - \frac{1}{2} z^2 \right) , \tag{71}$$

worin S_0 das statische Moment des durch die y-Achse abgeschnittenen Querschnittsteiles ist. Diese Gleichung liefert sehr genaue Werte, gilt aber nicht für die Verteilung der Schubspannungen in den Flanschen, da hier die Spannungen τ_{yx} von Bedeutung sind. Jedoch sind die Schubspannungen in den Flanschen für die Berechnung der Festigkeit und der Formänderungen von untergeordneter Bedeutung.

Die Schubspannungen werden auch für Querschnitte, welche nicht symmetrisch zur z-Achse sind, gewöhnlich nach Gl. (70) berechnet, wenn nur der maßgebende Teil des Querschnittes den Voraussetzungen dieser Gleichungen entspricht (z. B.] und ⌉⌊-Querschnitte). Bei solchen Querschnitten treten jedoch zusätzliche Spannungen auf, welche im folgenden etwas näher betrachtet werden sollen. Für eine eingehende Betrachtung wird auf Lehrbücher der Festigkeitslehre verwiesen.

59. Der Schubmittelpunkt. Für Querschnitte, bei welchen die Lastebene (Ebene durch die Richtungslinien von Q_s und N_e) nicht auch Symmetrieebene des Querschnittes ist, gelten die eben entwickelten Formeln für die Schubspannungen nicht ohne weiteres. Gegeben seien zwei Lastebenen I, II, deren Lasten sich linear über den Querschnitt verteilen (nach Annahme XII). Ihr mit der Querschnittebene gemeinsamer Schnittpunkt sei T. Eine dritte Lastebene III, für deren Lasten dasselbe gilt, gehe nicht durch den Punkt T. Man zerlege nun die Last III in zwei Teillasten III', III'', wovon III'durch T geht, III'' parallel der Ebene I verläuft. Verlegt man nun III'' parallel zu sich durch T, so ergibt sich im Querschnitt eine Teillast III'' und ein zusätzliches Moment, welches Torsion erzeugt. Bei verhinderter Verwölbung entstehen hierdurch zusätzliche Normalspannungen, welche sich nicht linear über den Querschnitt verteilen. Soll also nur lineare Verteilung der Normalspannungen herrschen, so muß die Teillast III'' verschwinden. Es gilt also:

Sollen sich die Normalspannungen nach dem linearen Gesetz der Gl. (62) *über den Querschnitt verteilen, so muß die Lastebene durch einen für jeden Querschnitt eindeutig bestimmten Punkt, den Schubmittelpunkt, hindurchgehen.*

Für einen Querschnitt mit Symmetrieachse liegt der Schubmittelpunkt auf der Symmetrieachse, für Querschnitte mit zwei Symmetrieachsen fallen Schubmittelpunkt und Schwerpunkt zusammen.

Im ⊏-Querschnitt erzeugt eine Belastung in der zx-Ebene die Schubspannungen im Steg:

$$\tau = \frac{Q}{J_y}\left(\frac{b\,d_1 h}{2\,d} + \frac{h^2}{8} - \frac{z^2}{2}\right) \tag{a}$$

$$\max\tau = \frac{Q}{J_y}\left(\frac{b\,d_1 h}{2d} + \frac{h^2}{8}\right) \tag{b}$$

$$\min\tau = \frac{Q}{J_y}\,\frac{h\,b}{2}\,\frac{d_1}{d}\,. \tag{c}$$

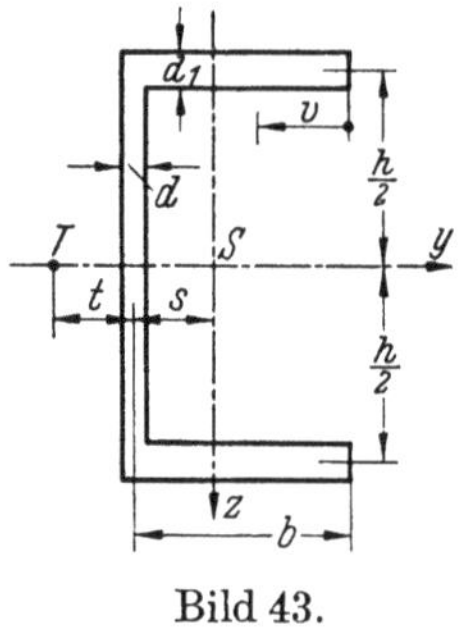

Bild 43.

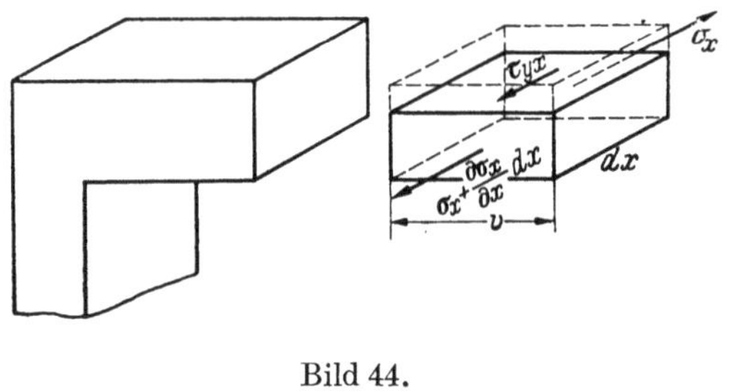

Bild 44.

Für die Schubspannungen in den Flanschen wird ebenfalls ein Mittelwert ermittelt, und zwar derart, daß für $v = 0$ $\tau_{yx} = 0$ ist. An dem abgeschnittenen Teil (Bild 43 u. 44) gilt die Gleichgewichtsbedingung

$$0 = \tau_{xy}\,d_1\,d\,x + \int\limits_0^{d_1} \frac{\partial\sigma_x}{\partial x}\,dz\cdot v\,dz = \tau_{xy}\,d_1 + \frac{\partial\sigma_x}{\partial_x}\,d_1\,v = \tau_{xy} + \frac{\partial\sigma_x}{\partial_x}\,v\,.$$

Nun ist:

$$\frac{\partial\sigma_x}{\partial_x} = \frac{Q}{J_y}\,z = \frac{Q}{J_y}\,\frac{h}{2}\,.$$

Die Größe der Schubspannung im Flansch ergibt sich daher im Mittel zu

$$\tau_{yx} = \frac{Q}{J_y}\frac{h}{2}v \qquad \max\tau = \frac{Q}{J}\frac{hb}{2} \text{ für } v = b. \tag{d}$$

Die gesamte Schubkraft in jedem Flansch ist: $H = \tau_{yx}\frac{b}{2}d$, somit:

$$H = \pm\frac{Q}{J_y}\frac{h\,b^2\,d}{4} \tag{e}$$

ihr Moment um den Punkt M ist $H \cdot h$. Geht die Querkraft durch einen Punkt T derart, daß $t \cdot Q = h \cdot H$ ist, so verschwindet das Torsionsmoment der zusätzlichen Schubspannungen, der Punkt T ist der Schubmittelpunkt, er ist bestimmt durch:

$$t = \frac{h^2\,b^2\,d_1}{4\,J} = \frac{b^2\,d_1}{\frac{d\,h}{3} + 2\,b\,d_1}. \tag{f}$$

Geht die Lastebene nicht durch T, so bleibt ein zusätzliches Torsionsmoment übrig. Ersetzt man dieses durch das Kräftepaar $H_1 \cdot h$, dessen Kräfte $+H_1$ in den Flanschen parallel zur y-Achse wirken, so erhält man durch die Querkräfte zusätzliche Biegungsspannungen in den Flanschen. Die Normalspannung verteilt sich dann nicht mehr linear über den Querschnitt.

Diese zusätzlichen Spannungen sind ziemlich klein und werden in der Statik der ebenen Tragwerke stets vernachlässigt. Auf ihre Theorie wird daher hier nicht weiter eingegangen.

60. Verzerrungen und Verschiebungen. Vorzeichen. Da die Querschnitte eben bleiben, so ist die Formänderung des Querschnittes vollständig beschrieben durch Angabe folgender vier Größen:

1. der Verschiebung $\Delta\,ds$ des Schwerpunktes in Richtung der Stabachse,
2. der Verschiebung dq des Schwerpunktes normal zur Stabachse,
3. der Drehung $\Delta\,d\varphi$ um die Schwerachse normal zur Lastebene (η-Achse),
4. der Drehung $\Delta\,d\Omega$ um die Schwerachse in der Lastebene (ζ-Achse).

Die Vorzeichen dieser Werte müssen noch festgelegt werden.

Die Richtung der x-Achse geht von links nach rechts, die $+z$-Achse und ihre Projektion, die $+\zeta$-Achse in der Lastebene zeigen nach unten.

Unter dem Querschnitt wird stets das linke Schnittufer des Schnittes verstanden, wenn nicht ausdrücklich anders bemerkt.

Als positive Richtungen der Spannungen sind jene angenommen, welche am Querschnitt als äußere Kräfte angreifen. Dann stimmen die Richtungen von $(+\sigma,\ +\varepsilon,\ +x)$ und $(+\tau,\ +\gamma,\ +\zeta)$ überein.

N ist die Gesamtkraft aus allen Normalspannungen im Querschnitt,
Q ist die Gesamtkraft aus allen Schubspannungen im Querschnitt parallel zur Lastebene,
M ist das Gesamtmoment aller Normalspannungen um die zur Lastebene normale η-Achse.

Die Verschiebung $\Delta\,ds$ ist als Dehnung positiv. Wird also der linke Endquerschnitt eines Stabstückes festgehalten, dann hat $+\Delta\,ds$ die Richtung der $+x$-Achse.

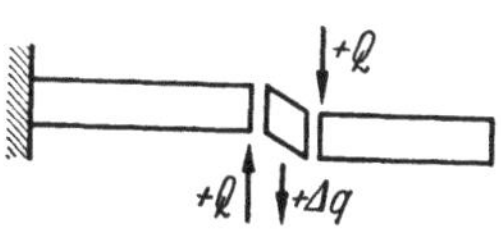

Bild 45.

In einem Punkt s eines Stabes wird ein Stabelement Δs herausgeschnitten, welches sich unter dem Einfluß der Querkraft Q verformt. Wird der linke Stabteil festgehalten, dann bewegt sich der rechte unter dem Einfluß der auf ihn wirkenden Querkraft nach unten, was als positive Richtung der Verschiebung $\Delta\,q$ gerechnet wird. Die Verschiebung $\Delta\,q$ ist daher positiv, im positiven Sinne der am *rechten* Schnittufer angreifenden Querkraft, d. h. in Richtung der $+\zeta$-Achse.

Wird der linke Endquerschnitt eines Stabteiles festgehalten, dann dreht ein positives Moment den rechten Endquerschnitt so, daß die $+\zeta$-Achse sich positiv dreht. Dies wird als positive Richtung des Winkels $\Delta\,d\varphi$ angenommen.

$+\Delta\,ds$ ist also eine Verschiebung des Querschnittes $s+ds$ gegen den Querschnitt s in Richtung $+s$, $+\Delta q$ eine Verschiebung des Querschnittes $s+ds$ gegen den Querschnitt s in Richtung $+\zeta$, $+\Delta\,d\varphi$ eine positive Drehung des Querschnittes $s+ds$ gegen den Querschnitt s. Kurz zusammengefaßt sind die Vorzeichen der Formänderungswerte also wie folgt festgelegt:

1. Die Verschiebung $\Delta\,ds$ ist positiv in der positiven Richtung der Stabachse ($+x$-Achse).
2. Die Verschiebung Δq ist positiv in Richtung der $+\zeta$-Achse.
3. Die Drehung $\Delta\,d\varphi$ ist positiv, wenn die positive ζ-Achse des Querschnittes in positiver Richtung gedreht wird.
4. Die Drehung $\Delta\,d\Omega$ ist positiv, wenn die positive η-Achse des Querschnittes in positiver Richtung gedreht wird.

Ein Punkt mit den Koordinaten (η, ζ) bezüglich der beiden Achsen (η, ζ) verschiebt sich durch die Winkeldrehungen $\Delta\,d\varphi$ und $\Delta\,d\Omega$ in Richtung der x-Achse um die Beträge $v\Delta\,d\varphi$ und $u\Delta\,d\Omega$. Ersetzt man η und ζ durch die Koordinaten bezüglich der Trägheitshauptachsen (y, z), dann ist die axiale Verzerrung $\varepsilon_x \equiv \varepsilon_s$ eines Punktes mit den Koordinaten (yz) gegeben durch

$$\varepsilon_s = \frac{\Delta\,ds}{ds} + \frac{\Delta\,d\varphi}{ds}(y\cos\beta + z\sin\beta) + \frac{\Delta\,d\Omega}{ds}(z\cos\beta - y\sin\beta). \tag{72}$$

Nun ist die Normalspannung $\sigma_s = E\,\varepsilon_s$. Führt man den Wert [Gl. (72)] in die Gl. (a, c, d) der Nr. 57 ein, dann ergibt sich mit Rücksicht auf Gl. (60 u. 61):

$$\frac{1}{E}N_s = \frac{\Delta\,ds}{ds}\int dF \tag{a}$$

$$\frac{1}{E}M_s = \frac{\Delta\,d\varphi}{ds}(J_z\cos^2\beta + J_y\sin^2\beta) + \frac{\Delta\,d\Omega}{ds}(J_y - J_z)\sin\beta\cos\beta \tag{b}$$

$$0 = \frac{\Delta\,d\varphi}{ds}(J_y - J_z)\sin\beta\cos\beta + \frac{\Delta\,d\Omega}{ds}(J_z\sin^2\beta + J_y\cos^2\beta). \tag{c}$$

Die Verschiebung dq setzt sich aus den Verschiebungen γ_{xz}, γ_{yx} zusammen und wird durch die Schubkräfte hervorgebracht, deren Summe über den Quer-

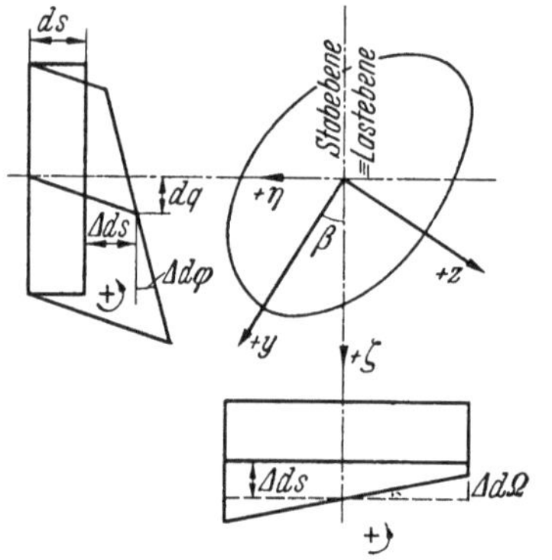

Bild 46.

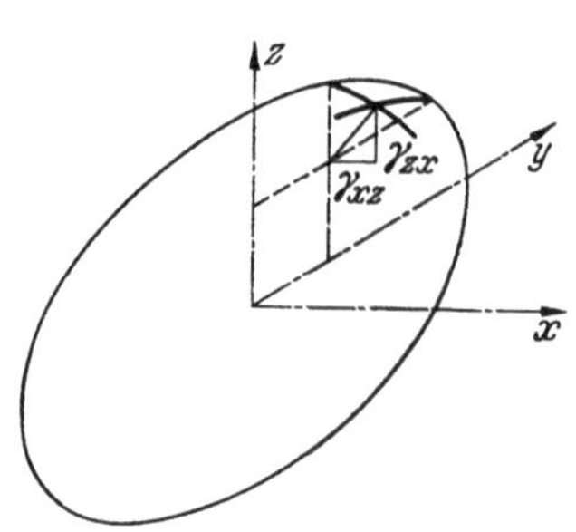

Bild 47.

schnitt die Querkraft ergibt. Ist der Rand des Querschnittes schubspannungsfrei, was immer angenommen werden kann und auch angenommen wird, so sind auf dem Rand $\gamma_{xz}, \gamma_{yx} = 0$. In einem Punkte (yz) des Querschnittes besteht eine Verschiebung $\gamma_{xz} = \gamma_{zx}$ sowie $\gamma_{yx} = \gamma_{xy}$, der Querschnitt muß sich daher unter dem Einfluß der Schubkräfte verwölben, er kann nicht eben bleiben. *Jedoch wird der Einfluß dieser Verwölbung vernachlässigt*, da er geringfügig ist und die Berechnung der Schubspannungen doch nur nach Mittelwerten geschieht. Sind $\gamma_{xz}^0, \gamma_{yx}^0$ die Verschiebungen des Schwerpunktes, so sind die Komponenten dq_z, dq_y der Verschiebung dq:

$$dq_z = \gamma_{zx}^0 ds = dq \sin\beta \qquad dq_y = \gamma_{yx}^0 ds = dq\cos\beta \qquad dq = dq_y\cos\beta + dq_z\sin\beta$$

$$\frac{dq}{ds} = \gamma_{xz}^0 \sin\beta + \gamma_{yx}^0\cos\beta\,. \tag{73}$$

Damit sind die Verzerrungen durch die Verschiebungen ausgedrückt.

Der Wert $\frac{dq}{ds}$ ist der Kontingenzwinkel der durch die Querkräfte erzeugten Biegungslinie, also die Krümmung dieser Kurve.

61. Der Schubquerschnitt. Die rechte Seite der Gl. (73) hängt von der Querkraft und der Querschnittsform ab, es wird also: $\frac{dq}{ds} = \frac{Q}{G}\frac{1}{kF}$. Den letzten Faktor faßt man in einen Wert $\frac{1}{F_q}$ zusammen und nennt $F_q = k\cdot F$ den *Schubquerschnitt*, so daß wird:

$$\frac{dq}{ds} = \frac{Q}{G\cdot F_q}\,. \tag{d}$$

Damit ist die Berechnung von dq von der Berechnung des Schubquerschnittes abhängig gemacht. Die Berechnung von F_q ist nicht eindeutig bestimmt, es können verschiedene Verfahren angewendet werden, welche voneinander abweichende Ergebnisse haben:

a) die Spannungen und Verschiebungen des Stabes werden nach der strengen Theorie berechnet und daraus der Wert von F_q abgeleitet. Dieser Weg wird seiner Schwierigkeit wegen nur ausnahmsweise benützt. Für den Kreisquerschnitt vom Halbmesser a, dessen Biegungsmoment durch $M_s = Qx$ gegeben ist (Kragträger mit Last am Ende), ist die strenge Lösung:

$$\sigma_x = \frac{Q}{J}xz \qquad \tau_{zx} = \frac{Q}{J}\frac{3m+2}{8(m+1)}\left[a^2 - z^2 - y^2 + \frac{2(m+2)}{3m+2}y^2\right] \qquad \tau_{yx} = -\frac{Q}{J}yz\frac{m+2}{4(m+1)},$$

was durch Einsetzen in die Gleichgewichts- und Verträglichkeitsbedingungen geprüft werden kann. Im Schwerpunkt (z, $y = 0$) entsteht: $\max\tau_{zx} = \frac{Q}{F}\frac{3m+2}{2(m+1)}$, was mit $m = 4$ ergibt: $\frac{Q}{F}\frac{7}{5}$, somit $F_q = \frac{5}{7}F$

$$\text{Kreisquerschnitt } F_q = \frac{5}{7}F\,. \tag{74}$$

Diese Lösung gilt streng genommen nur dann, wenn das Moment im Punkte x $M = Qx$ ist, kann aber als Näherungslösung auch für andere Spannungsverteilungen genommen werden.

b) Man benützt statt der genauen Lösung die Näherungslösung für τ. Dieser Weg ist verhältnismäßig einfach und liefert ein brauchbares Ergebnis. Für einen Rechteckquerschnitt, welcher zur z-Achse symmetrisch liegt, ist nach Nr. 58: $\gamma_{zx} = \gamma_{zx}^0(1 - 4z^2/h^2)$, woraus: $Q/G = \int\gamma_{zx}\,dF = \gamma_{zx}^0 F\left(1 - \frac{4J_y}{Fh^2}\right)$. Setzt man dies in Gl. (d) ein, so ergibt sich mit: $J = \frac{1}{12}bh^3 \quad F_q = F\left(1 - \frac{4J_y}{Fh^2}\right) = \frac{2}{3}F$

$$\text{Rechteckquerschnitt } F_q = \frac{2}{3}F\,. \tag{75}$$

Nach dieser Näherungslösung ergibt sich für den Kreisquerschnitt $\max\tau = \frac{Q}{\pi a^2}\frac{4}{3} = \frac{Q}{\frac{3}{4}F}$, also $F_q = \frac{3}{4}F = 0{,}75F$, während oben unter a) $F_q = 0{,}72F$ ermittelt wurde.

c) Man ermittelt einen Durchschnittswert von F_q aus der Arbeit $Q\,dq = \int \tau\gamma\, dF$. Für das Rechteck ergibt sich: $\int \tau\gamma\, dF = \frac{1}{G}\int \tau^2 dF = \frac{Q}{4J^2G}\int\left(\frac{h^2}{4} - z^2\right) dF$, wobei das Integral über die ganze Fläche zu erstrecken ist (also von $-\frac{b}{2}$ bis $+\frac{b}{2}$ und $-\frac{h}{2}$ bis $+\frac{h}{2}$); so daß $\int \tau\gamma\, dF = \frac{Q^2}{G}\frac{1}{\frac{5}{6}F}$, und $F_q = \frac{5}{6}F$. Hierbei ist, wie auch in Gl. (67) der Einfluß der τ_{yx} weggelassen. Wie man sieht, ergeben die Näherungslösungen nur ähnliche Werte, was zu erwarten ist.

62. Die Formänderung. Aus den Gl. (a, b, c, d) der Nr. 60 ergeben sich die Werte der Formänderungsgrößen des Querschnittes, wenn die Temperatur des Stabelementes sich während der Formänderung nicht ändert:

$$\Delta\, ds = \frac{N_s}{EF} ds = \varepsilon\, ds \tag{76}$$

$$\Delta\, d\varphi = \frac{M_s}{E J_0} ds = \varkappa\, ds \qquad J_0 = \frac{J_z J_y}{J_z \sin^2\beta + J_y \cos^2\beta} = \frac{J_z J_y}{J_\beta} \tag{77}$$

$$\Delta\, d\Omega = \frac{M_s}{E}\frac{J_z - J_y}{J_z J_y} \sin\beta \cos\beta \cdot ds \tag{78}$$

$$dq = \frac{Q}{G F_q} ds = \varkappa'\, ds \tag{79}$$

ε ist die auf die Längeneinheit bezogene Dehnung, $\varkappa, \varkappa'$ die Krümmungen der Stabachse infolge der Einwirkung des Momentes M_s bzw. der Querkraft Q_s. Über das *Vorzeichen der Krümmung* s. Nr. 65.

Ist die Kraftebene die xz-Ebene und bezeichnet man J_y einfach mit J, so ist $\Delta\, d\Omega = 0$ und

$$\Delta\, d\varphi = \frac{M_s}{EJ} ds. \tag{80}$$

Der Wert $\Delta\, d\varphi + dq$ werde mit $\Delta\, d\Phi$ bezeichnet, wobei $\Delta\, d\Phi$ der Drehwinkel infolge der Wirkung der Momente und der Querkräfte ist (s. Nr. 7):

$$\Delta\, d\Phi = \Delta\, d\varphi + dq = (\varkappa + \varkappa')\, ds. \tag{81}$$

Damit ist die Formänderung infolge der Wirkung M_s, Q_s, N_s eindeutig und vollständig bestimmt. Wie man aus Gl. (76 u. 77) ersieht, sind $\Delta\, ds$ und $\Delta\, d\varphi$ völlig unabhängig voneinander, was späterhin von Wichtigkeit ist.

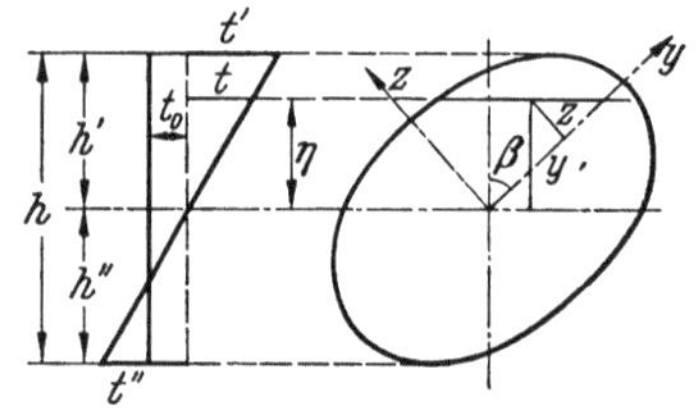

Bild 48.

Für den einfachen Stab, dessen Querschnitt auf die ganze Länge konstant ist, gilt:

$$\Delta s = \int \Delta\, ds = \int \frac{N_s}{EF} ds = \frac{N_s \cdot s}{EF} = \frac{S s}{EF}$$

$$\Delta s = \frac{S s}{EF}. \tag{82}$$

63. Wärmegradeinflüsse. Nach Nr. 19 sind die Dehnungen infolge Wärmeänderungen linear abhängig von den Wärmegradänderungen. Über die Wärmegradänderungen wird angenommen, daß sie sich linear über den Querschnitt verteilen. Es bezeichne t_0 die Wärmegradänderung im Schwerpunkt und in der Schwerachse u, welche normal zur Lastebene ist; $\eta = (y \cos\beta + z \sin\beta)$ ist der Abstand eines Punktes (yz) von dieser Schwerachse, $h'h''$ die beiden Extremwerte dieses Abstandes (= Abstand der zu dieser Schwerachse parallelen Tangenten von ihr), $h = h' + h''$, dann gilt für die Wärmegradänderung t im Punkte (yz) das Gesetz:

$$t = t_0 + \frac{t' - t''}{h}(y\cos\beta + z\sin\beta) = t_0 + \frac{\Delta t}{h}\eta. \tag{83}$$

Die Wärmegradänderung t_0 ruft eine gleichmäßige Dehnung des Stabes in Richtung der Stabachse hervor vom Betrage:

$$\varDelta\, ds_t = \Theta\, t_0\, ds\,, \tag{84}$$

der Wärmegradunterschied $\varDelta t$ zwischen den Randpunkten des Querschnittes erzeugt eine Krümmung des Stabes, welche durch den Kontingenzwinkel $\varDelta\, d\varphi_t$ gegeben ist:

$$\varDelta\, d\varphi_t = \Theta \frac{\varDelta t}{h}\, ds\,. \tag{85}$$

Damit ist die Formänderung des Stabes infolge Wärmegradänderungen, welche nach dem angenommenen Gesetze Gl. (83) vor sich gehen, vollständig und eindeutig beschrieben.

64. Die Formänderungsarbeit. Die Formänderungsarbeit an einem Stabelement von der Länge ds ist nach Gl. (27), mit Rücksicht auf Annahme XI:

$$dA = ds\int(\sigma_s\,\varepsilon_s + \tau_{yx}\,\gamma_{yx} + \tau_{zx}\,\gamma_{zx})\,dF\,,$$

wobei zu beachten ist, daß die Verzerrungen nur möglich, nicht aber durch Spannungen erzeugt sein müssen oder umgekehrt, die Spannungen nur ein mögliches Gleichgewichtssystem sein müssen, ohne zu den gegebenen Verzerrungen zu gehören. Nun werden die Werte der Gl. (62, 72 u. 76 bis 79) eingeführt, wodurch sich bei Integration über den Querschnitt mit Rücksicht auf Gl. (60 u. 61) ergibt:

$$dA = M_s\,\varDelta\, d\varphi + Q_s\,dq + N_s\,\varDelta\, ds + \left(\Theta\, N_s\, t_0 + \Theta\, M_s \frac{\varDelta t}{h}\right) ds\,.$$

Hierin können entweder die Kräfte oder die Verschiebungen ein mögliches System bilden. Die mögliche Formänderungsarbeit für ein mögliches Verschiebungs- bzw. Spannungssystem wird also, wenn die Überstreichung mögliche Größen kennzeichnet, für einen Stab von der Länge s:

$$\overline{A} = \int_0^s M_s\,\varDelta\,\overline{d\varphi} + \int_0^s Q_s\,\overline{dq} + \int_0^s N_s\,\varDelta\,\overline{ds} + \int_0^s \Theta\left(N_s\, t_0 + M_s \frac{\varDelta t}{h}\right) ds \tag{86}$$

$$\overline{A} = \int_0^s \overline{M}_s\,\varDelta\, d\varphi + \int_0^s \overline{Q}_s\,dq + \int_0^s \overline{N}_s\,\varDelta\, ds + \int_0^s \Theta\left(\overline{N}_s\, t_0 + \overline{M}_s \frac{\varDelta t}{h}\right) ds\,. \tag{87}$$

b) Der krumme Stab.

65. Der krumme Stab. Die Stabachse sei eine ebene, stetige Kurve. Dann liegen die Stabquerschnitte in den Normalebenen dieser Kurve, derart, daß die Kurvenpunkte ihre Schwerpunkte sind. Die Querschnittsform wird als stetige Funktion der Bogenlänge s der Stabachse angenommen.

Man legt in einem Kurvenpunkt das Koordinatensystem derart, daß die x-Achse in die Tangente der Stabachse fällt und die yz-Achsen die Hauptträgheitsachsen des Querschnittes sind. Es werden nur solche Stäbe betrachtet, bei welchen die Ebene der Stabachse, die xz-Ebene und die Lastebene zusammenfallen. Der Krümmungshalbmesser der Stabachse sei r, der Krümmungshalbmesser der neutralen Faser (Nullinie) sei r_0. Als positiv werde diejenige Krümmung bezeichnet, welche ein positives Moment, welches am rechten Stabende wirkt, erzeugt, wenn das linke Stabende undrehbar festgehalten wird. Dieselbe Festsetzung gilt für Krümmungsänderungen. Auf dieses Koordinatensystem werden die Spannungen im Querschnitt bezogen, es wechselt von Punkt zu Punkt der Stabachse. Für den ganzen Stab, bzw. für das Tragwerk wird ein anderes Koordinatensystem eingeführt, welches im Sonderfall bestimmt wird.

Die Annahme XI kann beim krummen Stab nicht aufrechterhalten werden. Um jedoch die Berechnung einfach zu gestalten, nimmt man zur Berechnung der axialen Normal- und Schubspannungen, sowie der Formänderungen an, daß die Querschnitte bei der Biegung eben bleiben und berechnet die Spannungen quer zur Stabachse als Zusatzspannungen. Bei den praktisch vorkommenden Krümmungshalbmessern ergeben sich durch dieses Verfahren brauchbare Ergebnisse. Ist ein Stab zu stark gekrümmt, so daß die Annahme XI nicht mehr gerechtfertigt ist, dann kann er immer noch durch Einschalten von Knotenpunkten für die Berechnung in mehrere Stäbe zerlegt werden, deren Stabachse genügend kleine Krümmung hat, so daß nach dem angegebenen Verfahren gerechnet werden kann, vorausgesetzt, daß für die so entstehenden Teilstäbe Annahme XII noch gilt.

66. Gleichgewichtsbedingungen. Wie in Nr. 56 werde ein Stück Stab herausgeschnitten und die Gleichgewichtsbedingungen des starren Körpers für dieses Teilstück aufgestellt. s bezeichnet die Länge der Stabachse, l die Länge der Stabsehne. Es wirken folgende Kräfte:

im Punkte i: die Längskraft N_{li} längs der Sehne is, die Querkraft Q_{li} normal zur Sehne is, das Moment M_i,

im Punkte s: die Längskraft N_{ls} längs der Sehne is, die Querkraft Q_{ls} normal zur Sehne is, das Moment M_s,

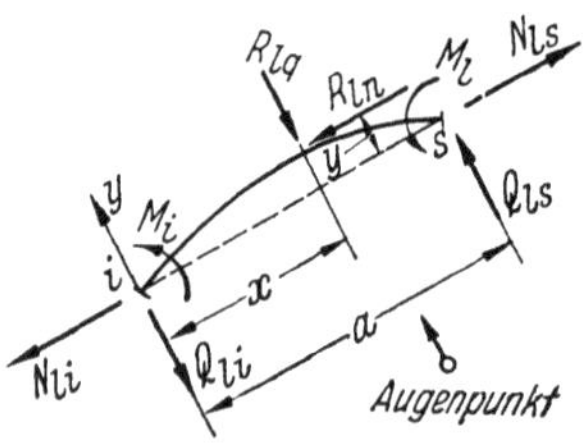

Bild 49.

am Stabteil is: Lasten, welche in eine Teilkraft R_{ln} längs und eine Teilkraft R_{lq} normal zur Sehne is zerlegt werden. Für diese Kräfte gelten die Gl. (58):

$$M_l = -\left[M_i + Q_{li}\cdot a + \sum R_{lq}(a-x)\right] + \sum R_{ln}\, y$$
$$Q_{ls} = Q_{li} + \sum R_{lq} \tag{88}$$
$$N_{ls} = N_{li} + \sum R_{ln}$$

oder entsprechend die Gl. (59).

Die Wirkungen N_s, Q_s längs bzw. quer zur Stabachse ergeben sich aus den Gleichgewichtsbedingungen an dem Keil $AA'SBB'$:

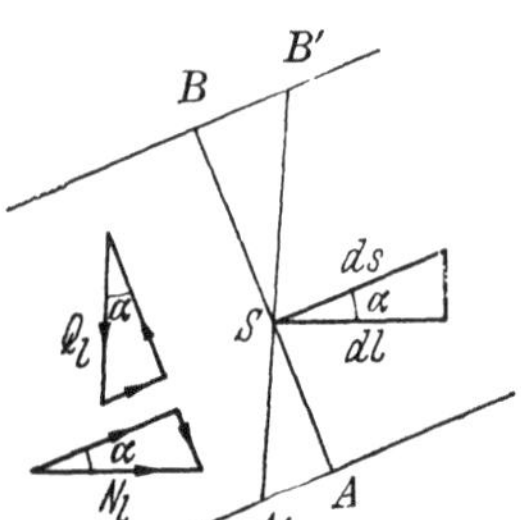

Bild 50.

$$M_s = M_l$$
$$Q_s = Q_{ls}\cos\alpha - N_{ls}\sin\alpha$$
$$N_s = Q_{ls}\sin\alpha + N_{ls}\cos\alpha \tag{89}$$
$$\frac{dl}{ds} = \cos\alpha\,.$$

Durch die Gl. (88 u. 89) sind die Gesamtkräfte M_s, Q_s, N_s eines beliebigen Stabquerschnittes durch die Gesamtkräfte im Knoten und die äußeren Lasten dargestellt.

67. Die Normalspannungen. Nach den gemachten Annahmen ist: $\Delta\, ds_z = a + bz$

$\varepsilon_s = \dfrac{\Delta\, ds_z}{ds_z} = \dfrac{a+bz}{ds_z} = (a+bz)\dfrac{r}{r-z}\dfrac{1}{ds}$ und die Normalspannung in Richtung der Stabachse: $\sigma_s = E\,\varepsilon_s = \dfrac{r}{r-z}\left(\dfrac{aE}{ds} + \dfrac{bE}{ds}z\right) = \dfrac{r}{r-z}(\alpha + \beta z)$. Die Gleichgewichtsbedingungen verlangen:

$$N_s = \int \sigma_s dF \qquad M_s = \int \sigma_s z\, dF.$$

Hierin wird der Wert von σ_s eingeführt:

$$N_s = \alpha\int\frac{r}{r-z}dF + \beta\int\frac{zr}{r-z}dF \qquad M_s = \alpha\int\frac{zr}{r-z}dF + \beta\int\frac{z^2 r}{r-z}dF.$$

Durch Division ergibt sich:

$$\int \frac{r}{r-z} F p = \int dF + \frac{1}{r} \int z\, dF + \frac{1}{r^2} \int \frac{z^2 r}{r-z} dF = F + \frac{J_k}{r^2}$$

$$\int \frac{z r}{r-z} dF = \int z\, dF + \frac{1}{r} \int \frac{z^2 r}{r-z} dF = \frac{J_k}{r}.$$

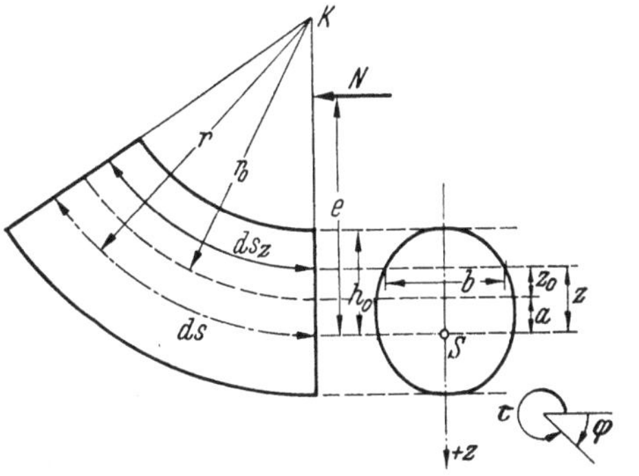

Bild 51.

Damit werden die beiden Gleichungen:

$$N_s = \alpha \left(F + \frac{J_k}{r^2}\right) + \beta \frac{J_k}{r}$$

$$M_s = \alpha \frac{J_k}{r} + \beta J_k.$$

Hieraus werden α und β berechnet und in die Gleichung für σ_s eingesetzt, wodurch sich ergibt:

$$\sigma_s = \frac{1}{F}\left(N_s - \frac{M_s}{r}\right) + \frac{M_s}{J_k} \frac{r z}{r-z}. \tag{90}$$

Wie ersichtlich, ist σ_s jetzt keine lineare Funktion des Abstandes z mehr.

Die Nullinie ist gegeben durch: $\sigma_s = 0$, wodurch bei reiner Biegung ($N_s = 0$) ihr Abstand von der Schwerachse y gegeben ist durch:

$$a = + \frac{r J_k}{J_k + r^2 F} \tag{91}$$

bei Biegung mit Axialkraft:

$$a_1 = \frac{e-r}{e} \frac{r J_k}{J_k + r^2 F - J_k r/e} = \left(1 - \frac{r}{e}\right) \frac{r J_k}{(1 - r/e) J_k + r^2 F}, \tag{92}$$

worin die Exzentrizität der Normalkraft $M = N e$ ist. Bezieht man den Querschnitt auf die Nullinie für reine Biegung als y_0-Achse, so wird $z = z_0 + a$, $r = r_0 + a$ und

$$\sigma_s = \frac{N_s}{F} + \frac{M_s}{J_k} \frac{r^2}{r_0^2} \frac{r_0 z_0}{r_0 - z_0} = \frac{1}{F}\left(N_s + \frac{M_s}{a} \frac{z_0}{r_0 - z_0}\right). \tag{93}$$

Der Wert

$$J_k = \int\limits_F \frac{z^2 r}{r-z} dF \sim J_y + \frac{1}{r^2} \int z^4\, dF \tag{94}$$

ist ein Flächenmoment höherer Ordnung, für genügend großes r geht er über in J_y, das Trägheitsmoment des Querschnittes. Die Integration ist, wie bei allen Flächenmomenten, über den ganzen Querschnitt zu erstrecken.

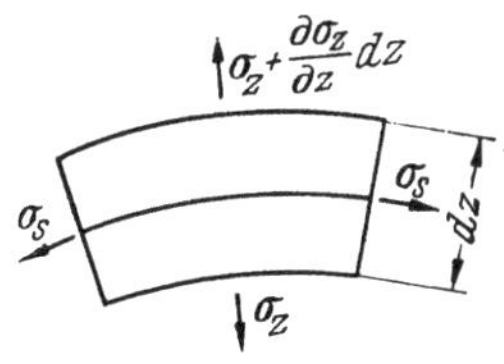

Bild 52.

Setzt man $\frac{J_k}{F} = k^2$, $\frac{J}{F} = i^2$, so wird:

$$a = \frac{k^2}{r + k^2/r} \sim \frac{i^2}{r + i^2/r}. \tag{95}$$

Die Querspannung σ_z in einer Fläche $z =$ konstant ergibt sich näherungsweise durch Aufstellen der Gleichgewichtsbedingung an einem Prisma von der Länge ds_z, der Breite b und der Höhe dz. Die Spannungen σ_s geben in Richtung des Krümmungshalbmessers r eine Teilkraft: $\sigma_s b\, dz \frac{ds_z}{r}$. In der Fläche $z =$ konst. wirkt die Kraft $\sigma_z b (r - z) \frac{ds_z}{r}$. Die Gleichgewichtsbedingung ergibt:

$$\frac{d\,(\sigma_z b\,(r-z))}{d z} + \sigma_s b = 0 \qquad \sigma_z b\,(r - z) = - \int \sigma_s b\, dz + C.$$

Die Konstante C bestimmt sich aus der Bedingung, daß $\sigma_z = 0$ für $z = h_0$ (Bild 51): $C = \int^{h_0} \sigma_s b\,dz$. Damit wird:

$$\sigma_z b\,(r - z) = \int_z^{h_0} \sigma_s\, b\, dz. \tag{96}$$

Führt man hierin den Wert von σ_s aus Gl. (93) ein und setzt man ferner $\frac{r_0}{r_0 - z_0} = 1 + \frac{z_0}{r_0} + \frac{z_0^2}{r_0^2} \sim 1 + \frac{z_0}{r_0}$, so wird

$$\sigma_z b\,(r - z) = \frac{M_s}{J_k} \frac{r^2}{r_0^2} \left[\int_{z_0}^{h_0} z_0\, b\, dz + \frac{1}{r_0} \int_{z_0}^{h_0} z_0^2\, b\, dz. \right. \tag{97}$$

Damit ist ein Näherungswert für die Querspannung gegeben. Diese Querspannung erreicht mitunter ganz ansehnliche Bruchteile von σ_s.

68. Die Schubspannungen. Die Schubspannungen werden unter denselben Voraussetzungen wie beim geraden Stab berechnet. Es ist: $b_z \tau = \int_z^{h_1} \frac{\partial \sigma_x}{\partial x} b_z dz = \int_z^{h_1} \frac{\partial \sigma_x}{\partial x} dF$, worin aus Gl. (90) $\frac{\partial \sigma_x}{\partial x} = Q\left(-\frac{1}{rF} + \frac{1}{J_k}\frac{r z}{r - z}\right)$ eingesetzt wird. Bezeichnet $F_z = \int_z^{h_1} dF$, so ist $b_z \tau = -\frac{Q}{F}\frac{F_z}{r} + \frac{Q}{J_k}\int_z^{h_1} \frac{r z}{r - z} dF$. Nach dem Mittelwertsatz der Integralrechnung wird letzteres Integral zu $\frac{r}{r - \bar{z}} \int_z^{h_1} z\, dF$, worin $\bar{z}$ einen Wert zwischen z und h_1 bedeutet. Da r groß gegenüber der Querschnittsfläche angenommen wird, kann $\bar{z}$ ohne merkbaren Einfluß mit z vertauscht werden, ferner ist $\int_z^{h_1} z\, dF = (\mathfrak{S}_h - \mathfrak{S}_z)$ womit sich ergibt:

$$\tau = -\frac{Q}{F}\frac{F_z}{b_z r} + \frac{Q}{b_z J_k}\frac{r}{r - z}(\mathfrak{S}_h - \mathfrak{S}_z). \tag{98}$$

Der Einfluß des ersten Bruches ist verhältnismäßig gering, es kann daher etwas zu groß angesetzt werden:

$$\tau = \frac{Q}{b_z J_k}\frac{r}{r - z}(\mathfrak{S}_h - \mathfrak{S}_z). \tag{99}$$

Dabei ist jedoch zu beachten, daß diese Gleichung nur bei sehr schwacher Krümmung des Stabes gilt. Bei stärkerer Krümmung kann man als erste Annäherung den größten Wert von τ, welcher sich aus den Gl. (99) oder (69) ergibt, wählen. Ferner ist zu beachten, daß die Querkraft hier normal zur Stabachse gerechnet ist, also nicht mit der Querkraft in Nr. 65 verwechselt werden darf.

69. Formänderung und Formänderungsarbeit. Bezeichnet τ den Kontingenzwinkel, so ist $ds_z = (r + z)d\tau = ds - z d\varphi$ (Bild 51), woraus sich ergibt: $\Delta ds = \Delta ds - z\Delta\, d\varphi - \Delta z d\varphi$. Zunächst soll der Wert $\Delta z \cdot d\varphi$ vernachlässigt werden, womit sich ergibt:

$$\varepsilon_s = \frac{\Delta\, ds_z}{ds_z} = \frac{\Delta\, ds - z\Delta\, d\varphi}{(r - z)\, d\varphi} = \frac{1}{r - z}\left(\frac{\Delta\, ds}{ds} r - \frac{\Delta\, d\varphi}{d\varphi} z\right) = \frac{\Delta\, ds}{ds} - \left(\frac{\Delta\, d\varphi}{d\varphi} - \frac{\Delta\, ds}{ds}\right)\frac{r}{r - z}.$$

Setzt man den daraus folgenden Wert von $\sigma_s = E\,\varepsilon_s$ in die Gleichgewichtsbedingungen $N_s = \int \sigma\, dF \quad M = \int \sigma z\, dF$ ein, so ergibt sich:

$$\frac{\Delta\, ds}{ds} - \frac{\Delta\, d\varphi}{d\varphi} = \frac{M \cdot r}{E\, J_k} \qquad \frac{\Delta\, ds}{ds} = \frac{1}{E F}\left(N_s - \frac{M}{r}\right).$$

Hieraus folgt:

$$\mathfrak{N}_s = N_s - \frac{M}{r} \tag{100}$$

$$\varDelta\, ds = \frac{\mathfrak{N}}{EF} ds = \varepsilon\, ds \tag{101}$$

$$\varDelta\, d\varphi = \left(\frac{\mathfrak{N}}{r\,E\,F} - \frac{M}{E\,J_k}\right) ds = \varkappa\, ds\,. \tag{102}$$

Hierbei ist angenommen, daß die Kraftebene Symmetrieebene (xz-Ebene), also $\varDelta\, d\Omega = 0$ ist. Für die Krümmungsänderung infolge des Einflusses der Querkräfte kann wieder gesetzt werden:

$$dq = \frac{Q_s}{G F_q} ds\,. \tag{103}$$

Der Einfluß von Wärmegradänderungen bleibt wie beim geraden Stab. Die *Formänderungsarbeit* behält den in den Gl. (86 u. 87) angegebenen Wert.

Zu beachten ist, daß in den Gleichungen Q_s und N_s, also Querkraft und Normalkraft bezüglich der Stabachse verwendet werden.

Bei der Ableitung der Gl. (101 u. 102) wurde der Wert $\varDelta\, z \cdot \varDelta\, \varphi$ vernachlässigt. Man kann Annäherungsrechnungen anstellen, welchen Einfluß diese Vernachlässigung hat, doch ist ihr Wert sehr zweifelhaft. Denn bei der Bemessung der Querdehnung ist auf alle Fälle auch die entstehende Querspannung σ_z zu berücksichtigen, doch liefert die Rechnung ganz unübersichtliche Formeln, deren Gebrauchswert nicht geklärt ist, so daß es richtiger ist, nicht über die obige Annäherung hinauszugehen.

Ebenso ergibt eine Untersuchung — zweckmäßig mit Zahlen —, daß man mit ausreichender Annäherung immer

$$J_k \sim J$$

setzen kann.

Träfe für einen einzelnen Stab eines Tragwerkes die hier entwickelte Theorie nicht mehr ausreichend zu, so wäre zu untersuchen, ob diese Abweichung als „örtliche Störung" (Annahme XII) zu behandeln wäre oder für die Berechnung des gesamten Tragwerkes Bedeutung hätte, was aber praktisch kaum vorkommen dürfte.

G. Die Hauptgleichung der Statik des ebenen Tragwerkes.

70. Zwei Formen der Hauptgleichung. Mit den in Abschnitt F entwickelten Beziehungen läßt sich nun die Hauptgleichung (39) aus der allgemeinen Form in die besondere Form, welche für das ebene Tragwerk gilt, überführen. Für einen einzelnen Stab ist die Umformung bereits in den Gl. (86 u. 87) durchgeführt. Es erübrigt sich nur noch, über sämtliche Glieder des Tragwerkes zu summieren.

Je nachdem man von möglichen Kräften oder möglichen Formänderungen ausgeht, erhält man jeweils eine besondere Form der Hauptgleichung. Zu einem möglichen Gleichgewichtszustand gehört die Hauptgleichung in der ersten Form, zu einem möglichen Verschiebungszustand die Hauptgleichung in der zweiten Form. Aus jeder der beiden Formen der Hauptgleichung läßt sich ein Lösungsverfahren der Aufgabe der Statik des ebenen Tragwerkes entwickeln, welches entsprechend der ersten Form das Kraft-, entsprechend der zweiten Form das Formänderungsverfahren heißt.

71. Die Hauptgleichung in der ersten Form (Kraftverfahren). Bezeichnet δ den Arbeitsweg einer Last P, wobei mögliche Größen wie immer durch Überstreichung gekennzeichnet werden, so ergibt sich aus der Gl. (37) zusammen mit der Gl. (87) nach Summierung über das gesamte Tragwerk:

$$\sum^m \bar{P}_m \delta_m - \left[\sum \int_0^s \bar{M}_s \Delta\, d\varphi + \sum \int_0^s \bar{Q}_s dq + \sum \int_0^s \bar{N}_s \Delta\, ds + \sum \bar{S} \Delta s\right]$$
$$- \Theta \left[\sum \int_0^s \bar{M}_s \frac{\Delta t}{h} ds + \sum \int_0^s \bar{N}_s t_0 ds + \sum \bar{S} t_0 s\right] = 0. \qquad (104)$$

Hierbei wird von einem möglichen Gleichgewichtszustand der Kräfte und den wirklichen Verschiebungen ausgegangen. Die Integrale erstrecken sich jeweils über die Längen der einzelnen Stäbe, die Summen erstrecken sich über sämtliche Stäbe des Tragwerkes, und zwar derart, daß die Summen mit M, N, Q sämtliche biegungsfesten, die Summen mit S sämtliche einfachen Stäbe umfassen.

In den Lasten $\bar{P}$ sind die Stützkräfte C mit enthalten, deren Arbeitswege mit c bezeichnet werden. Trennt man diese Größen und setzt in Gl. (104) die Werte der Gl. (76 bis 82) ein, so ergibt sich:

$$\sum^m \bar{P}_m \delta_m + \sum \bar{C} c - \left[\sum \int_0^s \frac{M \bar{M}}{EJ} ds + \sum \int_0^s \frac{Q \bar{Q}}{G F_q} ds + \sum \int_0^s \frac{N \bar{N}}{EF} ds + \sum S \bar{S} \frac{s}{EF}\right]$$
$$- \Theta \left[\sum \int_0^s \bar{M} \frac{\Delta t}{h} ds + \sum \int_0^s \bar{N} t_0 ds + \sum \bar{S} t_0 s\right] = 0. \qquad (105)$$

Die Integral- und Summengrenzen sind dieselben wie bei Gl. (104). Gl. (105) ist die Hauptgleichung in der ersten Form.

Die Lasten $\bar{P}$ können Kräfte oder Momente sein, die zugehörigen Verschiebungen δ sind dann Verschiebungen (im engeren Sinn) oder Drehungen.

Es ist bemerkenswert, daß die wirklichen und die möglichen statischen Werte in Gl. (105) vollständig symmetrisch auftreten.

72. Der mögliche Verschiebungszustand und seine Kraftwirkungen. Die möglichen Formänderungen an einem biegungsfesten Stab ik erzeugen in den Knoten i und k Kraftwirkungen. Umgekehrt kann man die negativen Werte dieser Wirkungen als die erzeugenden Kraftwirkungen der möglichen Formänderungen betrachten. Die Teilwirkungen dieser erzeugenden Wirkungen im Punkte i sind: das Moment $\bar{M}_i$, die Längskraft $\bar{N}$ längs der unverschobenen Stabsehne und die Querkraft Q quer zu dieser. Die Formänderungsarbeit dieses Momentes und dieser Kräfte ist durch Gl. (86) gegeben, welche durch die Einführung der Werte der Formänderungen aus Gl. (76 bis 79) noch umgeformt werden kann.

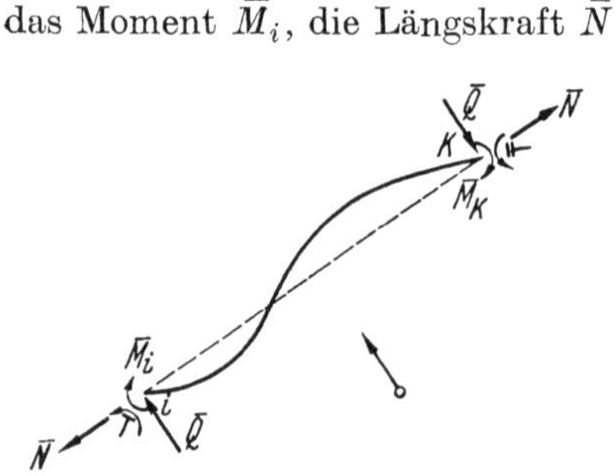

Bild 53.

Die Momente, welche am Stabe ik angreifen, sind in Bild 53 dargestellt. Das mögliche Moment in einem Punkt x des Stabes ist nach Gl. (59):

$$\bar{M} = \bar{M}_i \cdot \frac{s_0 - x}{s_0} - M_k \cdot \frac{x}{s_0}.$$

Die Vorzeichen sind denen von Gl. (59), entgegengesetzt gewählt, da die beiden am Knoten angreifenden Momente (M_i linkes Schnittufer in i, M_k rechtes Schnittufer in k) positiv angesetzt sind.

Mit $\bar{\varkappa} = \frac{\bar{M}}{EJ}$ wird: $\int M \bar{\varkappa}\, ds = \bar{M}_i \int \frac{M}{EJ} \cdot \frac{s_0 - x}{s_0} ds - \bar{M}_k \int \frac{M}{EJ} \cdot \frac{x}{s_0} ds.$

Nach Gl. (77) sind, wie in Nr. 194 noch ausführlich gezeigt wird, die beiden Integrale die Drehwinkel $\Delta\varphi_i$, $\Delta\varphi_k$ der Tangenten an die Stabachsen in den Punkten i, k infolge der Momente der gegebenen Belastung des Tragwerkes, also

$$\int M \bar{\varkappa}\, ds = \bar{M}_i \Delta\varphi_i + \bar{M}_k \Delta\varphi_k\,, \tag{I}$$

wobei, da Drehwinkel und drehendes Moment gleichgerichtet sind, die Arbeit positiv ist.

Die Kräfte $\bar{N}$ und $\bar{Q}$ sind nicht die Normal- und die Querkraft des Stabes, die Arbeit $\int Q\bar{\varkappa}'dl + \int N\bar{\varepsilon}\, dl$ darf daher nicht aus diesen Werten berechnet werden. Die gegebenen Lasten am Stab werden entsprechend in zwei Teillasten Q, N parallel zu $\bar{Q}$, $\bar{N}$ zerlegt und die Arbeiten $\int Q\cdot d\bar{q}$ und $\int N\cdot\Delta d\bar{l}$ berechnet.

Es ist: $\bar{Q} = \frac{\bar{M}_i + \bar{M}_k}{l}$ und $d\bar{q} = \frac{\bar{Q}}{GF'_q}\,dl = \bar{\varkappa}'\,dl$, wobei $F'_q = F_q/\cos\varphi$ ist, F normal zur Stabachse, F' normal zur Stabsehne gerechnet. Damit wird:

$$\int Q\bar{\varkappa}'\,dl = \int Q\,\overline{dq} = \bar{Q}\int Q\frac{dl}{GF'_q} = \bar{Q}\,\Delta q\,,$$

wobei Δq die Verschiebung der Punkte i, k gegeneinander und quer zur Stabsehne infolge der gegebenen Belastung des Tragwerkes ist.

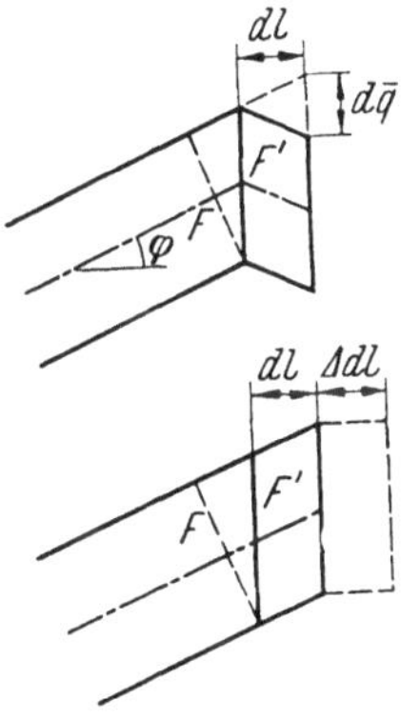

Bild 54.

Für $\bar{Q}$ kann noch sein Wert eingesetzt werden:

$$\int Q\bar{\varkappa}'\,dl = \int Q\,\overline{dq} = \bar{Q}\,\Delta q = (\bar{M}_i + \bar{M}_k)\frac{\Delta q}{l}\,. \tag{II}$$

Dieser Teil der Arbeit wird nach Gl. (81) zu der Arbeit der Momente gezogen, wonach $\Delta\varphi$ lediglich durch $\Delta\Phi$ zu ersetzen ist.

Die Arbeit der Längskraft ist $\int N\Delta\overline{dl}$, wobei

$$\Delta\,\overline{dl} = \frac{\bar{N}}{EF'}\,dl \qquad (F' = F/\cos\varphi)\,.$$

Damit ergibt sich:

$$\int N\,\Delta\,\overline{dl} = \int\frac{N\bar{N}}{EF'}\,dl = \bar{N}\,\Delta l\,, \tag{III}$$

wobei Δl die Längendehnung der Stabsehne infolge der gegebenen Belastung des Tragwerkes ist.

Bei einem *Formänderungszustand mit Wärmegradänderungen* gilt folgendes: Am frei herausgeschnittenen Stabe erzeugt eine Wärmegradänderung Δt im Knoten i den Tangentendrehwinkel $\Delta\varphi_{it}$, im Knoten k den Drehwinkel $\Delta\varphi_{kt}$. Beide Winkel sind durch Gl. (85) gegeben. Am Stab im Tragwerk entsteht als Widerstand gegen diese Drehung ein Moment M_t, welches den Winkel $\Delta\varphi_t$ zu verringern sucht. Das Moment M_t entsteht ohne äußere Lasten, es gehört also einem Eigenspannungszustand an, welcher ein möglicher Gleichgewichtszustand ist.

Wirken am Tragwerk noch Lasten, dann ist das Moment M_t ein Teil des wirklichen Momentes M. Wird das Moment aus den Lasten allein mit M_P bezeichnet, so ist $M = M_P + M_t$. Der wirkliche Tangentendrehwinkel entsteht durch Überlagern der Drehwinkel aus M_P, M_t und des Drehwinkels $\Delta\varphi_t$. Die Drehwinkel aus den Momenten im Knoten i sind, wie oben gezeigt: $\int\frac{M_P}{EJ}\frac{x'}{s_0}\,ds$ und $\int\frac{M_t}{EJ}\frac{x'}{s_0}\,ds$.

Der wirkliche Drehwinkel ist daher: $\Delta\varphi_i = \int\frac{M_P}{EJ}\frac{x'}{s_0}\,ds + \int\frac{M_t}{EJ}\frac{x'}{s_0}\,ds + \Delta\varphi_{it}$ oder

$\Delta\varphi_i - \Delta\varphi_{it} = \int \frac{M}{EJ}\frac{x'}{s_0}\,ds$ mit $x' = s_0 - x$. Ebenso wird $\Delta\varphi_k - \Delta\varphi_{kt} = -\int \frac{M}{EJ}\frac{x}{s_0}\,ds$.

Nun ist bei einem möglichen Verschiebungszustand, wie oben gezeigt:

$\int M\bar{\varkappa}\,ds = \int \frac{M}{EJ}\frac{x'}{s_0}\,ds - \int \frac{M}{EJ}\frac{x}{s_0}\,ds$, also:

$$\int M\bar{\varkappa}\,ds = \bar{M}_i(\Delta\varphi_i - \Delta\varphi_{it}) + \bar{M}_k(\Delta\varphi_k - \Delta\varphi_{kt}). \tag{IV}$$

Ganz entsprechend wird, wenn Δl_t die Längenänderung der Stabsehne des frei herausgeschnittenen Stabes r infolge der Wärmegradänderung ist:

$$\int N_r \Delta \overline{dl}_r = \bar{N}_r(\Delta l_r - \Delta l_{rt}). \tag{V}$$

Diese beiden Gleichungen geben die Formänderungsarbeit am Stab bei einem möglichen Verschiebungszustand unter der Wirkung von äußeren Lasten und Wärmegradänderungen. Führt man diese Werte in Gl. (86) ein, so folgt:

$$\bar{A} = \bar{M}_i(\Delta\Phi_i - \Delta\varphi_{it}) + \bar{M}_k(\Delta\Phi_k - \Delta\varphi_{kt}) + \bar{N}_r(\Delta l_r - \Delta l_{rt}). \tag{106}$$

Auf dieselbe Form kann man auch die Gl. (87) bringen. Die beiden Gleichungen unterscheiden sich aber durch die Entstehung des möglichen Gleichgewichtssystems. Im einen Fall ist dieses gegeben, im anderen Falle wird es aus den möglichen Verschiebungen errechnet.

73. Die Hauptgleichung in der zweiten Form (Formänderungsverfahren). Entsprechend wie in Nr. 71 ergibt sich für einen möglichen Verschiebungszustand aus Gl. (86):

$$\sum^m P_m\bar{\delta}_m - \left[\sum\int_0^s M\Delta\overline{d\varphi} + \sum\int_0^s Q\,d\bar{q} + \sum\int_0^s N\Delta\overline{ds} + \sum S\overline{\Delta s}\right]$$
$$-\Theta\left[\sum\int_0^s M\frac{\Delta t}{h}\,ds + \sum\int_0^s N\,t_0\,ds + \sum S\,t_0\,s\right] = 0. \tag{107}$$

Mit den Werten der Gl. (76 bis 82) wird hieraus, wenn wieder Lasten P und Stützkräfte C getrennt werden:

$$\sum^m P_m\bar{\delta}_m + \sum C\bar{c} - \left[\sum\int M\bar{\varkappa}\,ds + \sum\int Q\bar{\varkappa}'\,ds + \sum\int N\bar{\varepsilon}\,ds + \sum S\overline{\Delta s}\right]$$
$$-\Theta\left[\sum\int M\frac{\Delta t}{h}\,ds + \sum\int N\,t_0\,ds + \sum S\,t_0\,s\right] = 0. \tag{108}$$

Führt man in diese Gleichung die Werte I bis V der vorigen Nummer ein oder benützt von vornherein Gl. (106) statt Gl. (86), so folgt:

$$\sum^m P_m\bar{\delta}_m + \sum C\bar{c} - \sum\left(\bar{M}_i\Delta\Phi_i + \bar{M}_k\Delta\Phi_k + \bar{N}\Delta l\right) - \sum\bar{S}\Delta s$$
$$+\sum\left(\bar{M}_i\Delta\varphi_{it} + \bar{M}_k\Delta\varphi_{kt} + \bar{N}\Delta l_t\right) - \sum\bar{S}\Delta s_t = 0. \tag{109}$$

Hierbei wird von einem möglichen Verschiebungszustand [Gl. (107)] oder von den diesen erzeugenden Kraftwirkungen ausgegangen. Die Integrations- und Summengrenzen sind wie in Nr. 71, ebenso gilt hier die Bemerkung über die Lasten P und die Verschiebungen δ.

Die Gl. (107 bis 109) sind die Hauptgleichung in der zweiten Form.

74. Eigenspannungszustände. Greifen an einem n-fach überbestimmten Tragwerk keine Lasten an, so können trotzdem noch Kraftwirkungen im Tragwerk sein, welche Eigenspannungszustände des Tragwerkes sind und die Gleichgewichtsbedingungen am starren Körper erfüllen (stereostatische Gleichgewichtssysteme).

Diese Eigenspannungszustände sind auch mögliche Gleichgewichtszustände, die durch sie bewirkten Verschiebungen mögliche Verschiebungen.

Ein Eigenspannungszustand kann entstehen:

a) durch eine mögliche Kraftwirkung in einem Glied des Tragwerkes. Bei dem zugehörigen möglichen Gleichgewichtszustand dürfen keine Lasten wirken, da diese sonst als Erzeugende des Spannungszustandes aufgefaßt werden können, dieser also kein Eigenspannungszustand wäre.

b) durch eine mögliche Verschiebung im Tragwerk. Zu dem hierdurch entstehenden möglichen Verschiebungszustand gehört ein Gleichgewichtszustand ohne Lasten. Dieser Gleichgewichtszustand ist der Eigenspannungszustand. Da die mögliche Verschiebung unabhängig von den wirkenden Lasten ist, so ist der zugehörige mögliche Eigenspannungszustand ebenfalls unabhängig von diesen Lasten (abgesehen von dem Fall, wo der wirkliche Zustand als möglicher gewählt wird).

In der Hauptgleichung für Eigenspannungszustände treten daher bei Verwendung möglicher Gleichgewichtszustände (Gleichung in der ersten Form) keine Lasten P auf, wohl aber bei Verwendung möglicher Verschiebungszustände (Gleichung in der zweiten Form).

Die Anzahl der Eigenspannungszustände für ein n-fach überbestimmtes Tragwerk wird in Nr. 81 bestimmt.

75. Die Hauptgleichung für Eigenspannungszustände. Bezeichnet man die Werte der Eigenspannungszustände mit dem Zeiger e, so folgen aus den Gl. (105, 107, 108) die Hauptgleichungen für einen Eigenspannungszustand, wenn man diesen als möglichen Zustand wählt:

$$\sum C_e c - \left[\sum \int \frac{M M_e}{EJ} ds + \sum \frac{Q Q_e}{G F_q} ds + \sum \int \frac{N N_e}{EF} ds + \sum S S_e \frac{s}{EF}\right]$$
$$- \Theta \left[\sum \int M_e \frac{\Delta t}{h} ds + \sum \int N_e t_0 ds + \sum S_e t s\right] = 0. \quad (110)$$

Dies ist die Hauptgleichung in der ersten Form.

$$\sum P \delta_e + \sum C c_e - \left[\sum \int M \varkappa_e ds + \sum \int Q \varkappa_e' ds + \sum \int N \varepsilon_e ds + \sum S \varepsilon_e s\right]$$
$$- \Theta \left[\sum \int M \frac{\Delta t}{h} ds + \sum \int N t_0 ds + \sum S t s\right] = 0 \quad (111)$$

$$\sum P \delta_e + \sum C c_e - \sum (M_{ie} \Delta \Phi_i + M_{ke} \Delta \Phi_k + N_e \Delta l) - \sum S_e \Delta s$$
$$+ \sum (M_{ie} \Delta \varphi_{it} + M_{ke} \Delta \varphi_{kt} + N_e \Delta l_t) + \sum S_e \Delta s_t = 0\,. \quad (112)$$

Dies ist die Hauptgleichung in der zweiten Form, einmal mit möglichen Verschiebungen, das andere Mal mit den zugehörigen Kraftwirkungen.

Die Summen- und Integralgrenzen sind wie in Nr. 71, ebenso gilt die Bemerkung über die Lasten.

76. Sonderfälle der Hauptgleichung. Wird ein Tragwerk belastet, wachsen also die eingeprägten Kräfte von Null bis zu ihrem Endwert, so gilt für wärmegleiche Zustände der Satz von CLAPEYRON, (Gl. (55), Nr. 40. In der Hauptgleichung (105) ist als möglicher Zustand der wirkliche einzusetzen, sie lautet daher:

$$\sum^m P_m \delta_m + \sum C c - \frac{1}{2}\left[\sum \int \frac{M^2}{EJ} ds + \sum \int \frac{Q^2}{G F_q} ds + \sum \int \frac{N^2}{EF} ds + \sum S^2 \frac{s}{EF}\right] = 0 \quad (113)$$

(Grenzen und sonstige Bemerkungen wie in Nr. 71).
Differenziert man obige Gleichung nach P_m, so folgt:

$$1 \cdot \delta_m = \sum \int \frac{M}{EJ} \frac{\partial M}{\partial P_m} ds + \sum \int \frac{Q}{G F_q} \frac{\partial Q}{\partial P_m} ds + \sum \int \frac{N}{EF} \frac{\partial N}{\partial P_m} ds + \sum S \frac{\partial S}{\partial P_m} \frac{s}{EF}. \quad (114)$$

Dies ist aber $\delta_m = \frac{\partial A}{\partial P_m}$, die erste der Gl. (49), welche hier für den besonderen Fall wiederholt nachgewiesen ist. Ganz entsprechend kann man aus Gl. (108) auch die zweite Gl. (49) bilden.

Vergleicht man Gl. (109) mit Gl. (105), so sieht man, daß die Verschiebungen $\frac{\partial M}{\partial P_m}, \frac{\partial Q}{\partial P_m}, \frac{\partial N}{\partial P_m}, \frac{\partial S}{\partial P_m}$ ein besonderer möglicher Verschiebungszustand sind, oder daß die zugehörigen Kraftwirkungen $1 \cdot \frac{\partial M}{\partial P_m}$, $1 \cdot \frac{\partial Q}{\partial P_m}$, $1 \cdot \frac{\partial N}{\partial P_m}$, $1 \cdot \frac{\partial S}{\partial P_m}$ ein besonderer möglicher Gleichgewichtszustand sind, nämlich für den Belastungszustand $P_m = 1$, die übrigen $P = 0$. Der Einheitsfaktor hat dabei die Dimension Kraft/Verschiebung. Die CASTIGLIANOschen Gl. (49) bilden daher, wie an diesem Sonderfall besonders ersichtlich, nur einen Sonderfall der Hauptgleichung. Multipliziert man Gl. (113) mit P_m und summiert dann die Gleichungen für sämtliche P_m und C, dann erhält man wieder die allgemeine Hauptgleichung (105) in einer anderen Form. Doch wird diese Form nicht weiter benützt, während Gl. (113) die Grundlage für die Berechnung der Formänderung des Tragwerkes unter der wirklichen Belastung ist.

77. Die Hauptgleichung für krumme Stäbe. Nach den gemachten Annahmen stimmen die Formänderungswerte für Querkraft und Wärmegradunterschiede beim geraden und krummen Stab überein, während einfache Stäbe ohnehin immer gerade sind. Es ist daher nur nötig, den Einfluß der Normalkraft und des Momentes darzustellen. Nach Gl. (87) ist: $\bar{A} = \int \bar{M}_s \Delta\, d\varphi + \int \bar{N}_s \Delta\, ds$. Für $\Delta\, d\varphi$ und $\Delta\, ds$ werden die Werte der Gl. (101 u. 102), für N der Wert $\mathfrak{N}$ der Gl. (100) eingesetzt. Dabei ist zu berücksichtigen, daß ein positives Moment die Krümmung vergrößert, eine positive Normalkraft sie aber verkleinert, so daß die Arbeit beider entgegengesetztes Zeichen hat, wonach sich ergibt:

$$\bar{A} = \int \bar{N}_s \frac{\mathfrak{N}}{EF} ds - \int \bar{M} \left(\frac{\mathfrak{N}}{r\,E\,F} - \frac{M}{E\,J_k} \right) ds = \int \frac{\mathfrak{N}_s}{EF} \left(\bar{N}_s - \frac{\bar{M}}{r} \right) ds + \int \frac{\bar{M}\,M}{E\,J_k} ds = \int \frac{\bar{\mathfrak{N}}_s \mathfrak{N}_s}{E\,F} ds + \int \frac{\bar{M}\,M}{E\,J_k} d\,s$$

und

$$\sum_m P_m \delta_m + \sum \bar{C} c - \left[\sum \int \frac{\bar{M}\,M}{E\,J_k} d\,s + \sum \int \frac{\bar{\mathfrak{N}}_s \mathfrak{N}_s}{E\,F} d\,s + \sum \int \frac{\bar{Q}\,Q}{G\,F_q} d\,s + \sum \bar{S} S \frac{s}{EF} \right] = 0. \quad (115)$$

Dies ist die Hauptgleichung in der ersten Form für krumme Stäbe. Integrations- und Summengrenzen sind wie in Nr. 71, ebenso gilt die Bemerkung über P und δ. Gl. (115) unterscheidet sich von Gl. (105) lediglich durch die Werte J_k, $\bar{\mathfrak{N}}_s$, $\mathfrak{N}_s$ an Stelle von J, $\bar{N}_s$ und N_s. Die Glieder mit dem Einfluß der Wärmegradänderungen sind in beiden Gleichungen dieselben, sie sind in Gl. (115) nicht angeschrieben. Zu beachten ist, daß in Gl. (115) Normal- und Querkräfte auf die Stabachse, nicht auf die Stabsehne bezogen sind. Es muß also beide Male über die Stablänge, nicht über die Sehnenlänge integriert werden.

Eine Umformung der Hauptgleichung auf die Werte N_l, Q_l bezüglich der Stabsehne ist unzweckmäßig, da keine einfache Gleichung entsteht. Sind die Werte N_l, Q_l gegeben, so berechnen sich nach Gl. (89) die Werte N_s, Q_s, mit welchen dann weiter zu rechnen ist.

Aus der Gl. (106) ergibt sich wie in Nr. 73:

$$\sum^m P_m \bar{\delta}_m + \sum C \bar{c} - \sum (\bar{M}_i \Delta \Phi_i + \bar{M}_k \Delta \Phi_k + \bar{N} \Delta l) - \sum \bar{S}\, ds = 0. \quad (116)$$

Dies ist die Hauptgleichung in der zweiten Form für krumme Stäbe. Die Summengrenzen sind wie in Nr. 71, ebenso gilt die Bemerkung über P und δ. Gl. (116) unterscheidet sich von Gl. (109) formal nicht, lediglich sind bei der Berechnung der Werte $\Delta \Phi$ und Δl die Gl. (101 u. 102) statt der Gl. (76 u. 77) bzw. (81) zu verwenden. Zu beachten ist, daß in Gl. (116) Normal- und Querkräfte auf die Stabsehne, nicht auf die Stabachse bezogen sind (vgl. Nr. 72).

Wie in Nr. 69 bemerkt, kann an Stelle des Momentes J_k stets das Trägheitsmoment J gesetzt werden.

H. Die Aufgabe der Statik. Lösungsverfahren.

78. Die Aufgabe. Die gegebenen und die unbekannten Werte. Die Aufgabe der Statik des ebenen Tragwerkes ist es, zu einem gegebenen System von Belastungen und Stützenverschiebungen eines Tragwerkes die Stützkräfte und die Kraftwirkungen in den inneren Gliedern, sowie die Formänderungen zu berechnen, welche zu dem entstehenden Gleichgewichtszustande gehören. Statt Belastungen können auch eingeprägte Verschiebungen der Knotenpunkte gegeben sein.

a) *Die gegebenen Werte.* An gegebenen Werten sind vorhanden:

1. die geometrische Gestalt des Tragwerkes im spannungslosen Anfangszustand;

2a. die Lasten P, unter Umständen statt dieser

2b. die eingeprägten Verschiebungen δ der Knotenpunkte. Diese Verschiebungen müssen mögliche Verschiebungen sein und die Bedingung II erfüllen;

3. die Stützpunktverschiebungen und -drehungen c;

4. die Wärmegradänderungen in den inneren Gliedern.

b) *Die Unbekannten der Aufgabe.* Die Unbekannten sind:

1. an jedem Stab: die Momente M_i, M_k an den beiden Stabenden, sowie die Längskraft N_i, womit nach den Gl. (58 u. 59) sowie den weiteren Gleichungen des Abschnittes F sämtliche Kraftwirkungen der inneren Glieder gegeben sind;

2. die Stützkräfte und Einspannungsmomente;

3. die Verschiebungen der Knotenpunkte.

Die Berechnung der Unbekannten unter 1 und 2 wird als die „*Gleichgewichtsaufgabe*" des Tragwerkes bezeichnet, die Berechnung der Knotenpunktsverschiebungen als seine „*Formänderungsaufgabe*".

79. Beziehungen zwischen Stab- und Eckmomenten. In einem Knotenpunkte seien n biegungsfeste Stäbe durch $n-1$ steife Ecken miteinander verbunden, wobei die Stäbe 1 bis n in einer Umfahrungsrichtung gezählt werden. Die Momente in den Schnittflächen der Stäbe sind $M_1 \ldots M_n$. Das Eckmoment M_{er} kann gedeutet werden als das Moment der Spannungen in dem Querschnitt, in welchem die Stäbe r und $r+1$ zu der steifen Ecke r verbunden sind, dieses Moment wirkt auf beide Stäbe je in entgegengesetzter Richtung.

Die Eckmomente M_e sind dann bestimmt durch:

$$\begin{aligned} M_r &= M_{er} - M_{e,r-1} \\ M_1 &= M_{e1} \\ M_n &= -M_{e,n-1}\,. \end{aligned} \tag{117}$$

Greift in dem Knotenpunkt noch ein Moment $\mathfrak{M}$ als Last an, dann gilt:

$$M_r = M_{er} - M_{e,r-1} - \frac{\mathfrak{M}}{n}\,. \tag{118}$$

Die Anzahl der unbekannten Momente M_e ist gleich der Anzahl e der steifen Ecken.

Die Gleichungen $\sum M = \sum_1^n M_r = 0$ bzw. $\sum M = \sum_1^n M_r + \mathfrak{M} = 0$ werden von beliebigen Werten M_{er} erfüllt, durch die M_{er} sind die M_r eindeutig bestimmt und umgekehrt.

80. Abzählung der Unbekannten und der Gleichungen. Eindeutigkeit der Lösung. Nach den Gl. (62 u. 67) ist der Spannungszustand, nach den Gl. (76 bis 82) der Formänderungszustand eindeutig durch die Kraftwirkungen (M, N, S) bestimmt und umgekehrt. Die Gleichungen sind in den Spannungen, Formänderungen und Kraftwirkungen linear.

Nach den Gl. (58) sind die Kraftwirkungen in einem beliebigen Stabquerschnitt durch die Lasten und die Kraftwirkungen im Knoten bestimmt, die Gleichungen sind ebenfalls linear.

Die Aufgabe ist daher gelöst durch die Berechnung der Kraftwirkungen in den Knoten. Es erübrigt sich nun noch nachzuweisen, daß die Anzahl der Unbekannten gleich der Anzahl der vorhandenen Gleichungen ist.

Das Tragwerk wird durch Schnitte in Knotenpunkte und Stäbe zerlegt und die Stäbe wie in Nr. 9 bezeichnet. Die Momente und Kräfte in den zusammengehörigen Schnittufern der Knoten und Stäbe sind einander entgegengesetzt gleich. Im Falle des Gleichgewichts müssen nun an allen Knoten, allen Stützpunkten und allen Stäben die Gleichgewichtsbedingungen für starre Scheiben erfüllt sein. Das sind für die Knoten k_e, für die Stäbe r_b und die Stützpunkte a_e nach Nr. 33 jeweils zwei Gleichungen $\Sigma P = 0$ und eine Gleichung $\Sigma M = 0$, für die Knoten k_g und die Stützen a_s jeweils zwei Gleichungen $\Sigma P = 0$, da die Gleichung $\Sigma M = 0$ für die Gelenkpunkte ohne weiteres erfüllt ist.

Die Anzahl der unbekannten Längskräfte ist insgesamt $r_b + r_e = r$.

Die Anzahl der unbekannten Momente M_i, M_k wird vermindert, indem aus den Gleichgewichtsbedingungen $\Sigma M = 0$ für die Knoten k_e jeweils ein M_i oder M_k berechnet wird. Die übrigbleibenden unbekannten Momente werden nach Nr. 79 durch die Eckmomente ersetzt, deren Anzahl e ist.

An Unbekannten, Kräftewirkungen und Verschiebungen sind nun vorhanden:

$2k$ Verschiebungsgrößen Δx, Δy der Knoten
r Längskräfte der Stäbe
e Momente M_e der steifen Ecken
a_s Stützkräfte C_s
a_e Einspannungsmomente C_e zusammen:

$2k + r + e + a$ Unbekannte

nach deren Berechnung der Spannungs- und Formänderungszustand des Tragwerkes völlig bekannt ist.

Da die Gleichgewichtsbedingungen $\Sigma M = 0$ an den Knoten mit steifen Ecken zur Berechnung eines Momentes M_i oder M_k bereits benutzt wurden, sind nun für jeden Knoten noch zwei Gleichgewichtsbedingungen $\Sigma P = 0$ unverwendet, es stehen also noch $2k$ Gleichgewichtsbedingungen zur Verfügung.

Da die Werte Δl, $\Delta \psi$, $\Delta \varphi$ durch die Kraftwirkungen M_e, N ersetzt sind, so bestehen r Beziehungen nach Gl. (1) und e Beziehungen nach Gl. (2) zwischen den M_e, N und den Δx, Δy. Diese Gleichungen heißen Elastizitätsbedingungen. Ferner müssen a Auflagerbedingungen gegeben sein, so daß zur Berechnung der Unbekannten an Gleichungen vorhanden sind:

$2k$ Gleichgewichtsbedingungen ($P = 0$)
r Elastizitätsbedingungen der Stäbe (Δl)
e Elastizitätsbedingungen der steifen Ecken ($\Delta \psi$)
a Auflagerbedingungen, zusammen:

$2k + r + e + a$ Gleichungen

Die Zahl der Gleichungen ist daher ebenso groß als die Zahl der Unbekannten, das lineare Gleichungssystem ergibt daher immer eine und nur eine Lösung, sofern nicht der Ausnahmefall vorliegt (Nr. 11).

81. Einfach und mehrfach standfeste Tragwerke. Nach den Ausführungen der vorigen Nummer ist die Anzahl der Gleichgewichtsbedingungen $2k$, die Anzahl der unbekannten Kraftwirkungen $r + e + a$.

Für das einfach standfeste Tragwerk gilt nach Nr. 9: $2k = r + e + a$. Daher sind beim einfach standfesten Tragwerk die unbekannten Kraftwirkungen durch die $2k$ Gleichgewichtsbedingungen allein bestimmt, ohne Verwendung von Elastizitätsbedingungen. Diese Kraftwirkungen sind somit unabhängig von den Formänderungen des Tragwerkes und können so berechnet werden, als ob das Tragwerk ein starrer Körper sei. Die einfach standfesten Tragwerke werden daher auch stereostatisch bestimmte, oder kürzer aber ungenauer, statisch bestimmte genannt. Die Kraftwirkungen (statischen Werte) bei ihnen hängen nur von den Lasten ab, sie sind unabhängig von den Formänderungen, Stützenverschiebungen und Wärmegradänderungen. Sind alle Lasten $P = 0$, so verschwinden auch alle statischen Werte. Eigenspannungszustände (nach Nr. 74) sind in einfach standfesten Tragwerken daher unmöglich. Für die stereostatisch bestimmten Tragwerke kann die Gleichgewichtsaufgabe also unabhängig von der Formänderungsaufgabe gelöst werden. Nach der Lösung der Gleichgewichtsaufgabe können die Formänderungsgrößen Δs, $\Delta \psi$, c aus den $r + e + a = 2k$ Elastizitätsbedingungen berechnet werden. Da nur geradeso viele Gleichungen vorhanden sind wie Unbekannte, so sind die Formänderungen der einzelnen Glieder voneinander unabhängig, jede Formänderungsgröße eines Gliedes kann sich also ändern, ohne daß dadurch die anderen Glieder beeinflußt werden. Auch dies besagt, daß Eigenspannungszustände im einfach standfesten Tragwerk unmöglich sind.

Beim n-fach überbestimmten Tragwerk gilt: $r + e + a = 2k + n$, den $2k$ Gleichgewichtsbedingungen stehen $2k + n$ unbekannte Kraftwirkungen gegenüber. Die Gleichgewichtsaufgabe läßt sich daher mit den stereostatischen Gleichgewichtsbedingungen allein nicht lösen, es bleiben n Kraftwirkungen unbekannt, in einem solchen Tragwerk sind bei gegebener Belastung $n \cdot \infty$ stereostatische Gleichgewichtszustände möglich. Die geometrisch überbestimmten Tragwerke nennt man daher auch stereostatisch unbestimmte, oder kürzer aber ungenauer, statisch unbestimmte Tragwerke. Der Grad der Unbestimmtheit in der Gleichgewichtsaufgabe ist gleich dem Grad der geometrischen Überbestimmtheit oder gleich dem Grad der Überbestimmtheit in der Formänderungsaufgabe, da den $2k$ Formänderungsgrößen $2k + n$ Elastizitätsbedingungen der inneren Glieder gegenüberstehen.

Merzt man aus den Gl. (1 bis 5) die $2k$ Verschiebungsgrößen Δx, Δy aus, so bleiben von den $2k + n$ Gleichungen n unbenutzt, so daß noch n Beziehungen zwischen den Formänderungsgrößen bestehen, diese also nicht unabhängig voneinander sind. Im n-fach überbestimmten Tragwerk bedingt daher die Änderung von Abmessungen einer Anzahl Glieder die Änderung der Abmessungen anderer Glieder, wobei zu beachten ist, daß dies für alle Glieder gelten kann, aber nicht gelten muß. Es sind n voneinander verschiedene solcher Abhängigkeiten möglich, alle weiteren sind durch geeignete Überlagerung aus diesen ableitbar.

Durch die Änderung der Abmessungen eines Gliedes im n-fach überbestimmten Tragwerk entstehen also ohne äußere Belastung Formänderungs- und Spannungszustände in allen oder einigen Gliedern des Tragwerkes. Solche Spannungszustände sind aber Eigenspannungszustände. In einem n-fach überbestimmten Tragwerk sind also n und nur n voneinander unabhängige Eigenspannungszustände möglich, alle weiteren gehen durch Überlagerungen aus diesen n Zuständen hervor.

Da die Formänderungsgrößen eindeutig durch die statischen Werte und die Wärmegradänderungen ersetzt werden können, so ergeben sich n weitere Beziehungen zwischen den statischen Werten, welche zu den $2k$ stereostatischen Gleichungen hinzutreten, so daß $2k + n$ Bedingungsgleichungen zur Berechnung der $2k + n$ statischen Werte zur Verfügung stehen. Von den $n \cdot \infty$ stereostatisch möglichen Gleichgewichtszuständen erfüllt nur einer die Formänderungsbedingungen, er ist der einzige auch geometrisch mögliche.

Die statischen Werte des n-fach überbestimmten Tragwerkes sind daher außer von den Lasten abhängig von den Formänderungen der Glieder, von den Wärmegradänderungen und den Stützenverschiebungen und Stützendrehungen.

Nach der Lösung der Gleichgewichtsaufgabe können die Formänderungsgrößen aus den $2k$ Elastizitätsbedingungen berechnet werden; n von ihnen sind bereits bei Lösung der Gleichgewichtsaufgabe berechnet worden.

82. Kraft- und Formänderungsverfahren. Zur allgemeinen Lösung der Aufgabe der Statik wird die Hauptgleichung verwendet. Der Lösungsweg ist verschieden, je nachdem ein einfach oder mehrfach standfestes Tragwerk zu berechnen ist.

Ein weiterer Unterschied ergibt sich, je nachdem man von einem möglichen Gleichgewichtszustand oder einem möglichen Verschiebungszustand ausgeht, je nachdem man also die Hauptgleichung in ihrer ersten oder ihrer zweiten Form verwendet. Die beiden Verfahren heißen entsprechend das Kraft- und das Formänderungsverfahren, wie bereits bei der Ableitung der beiden Formen der Hauptgleichung erwähnt. Die allgemeine Lösung entspricht sich bei beiden Verfahren völlig, erst für die praktische Anwendung wird das Formänderungsverfahren so weitgehend umgeformt, daß diese Entsprechung nicht mehr in Erscheinung tritt.

Die Darstellung der verschiedenen Lösungsverfahren ist Aufgabe der folgenden Hauptstücke, wobei, wie einleitend bemerkt, die Berechnung der einfachen Tragwerke nur in den Grundzügen gegeben wird.

II. Das einfach standfeste Tragwerk.

A. Allgemeines.

83. Die Aufgabe. Die Grundaufgabe, welche auch bei der Berechnung der mehrfach standfesten Tragwerke wiederkehrt, ist die Gleichgewichtsaufgabe des einfach standfesten Tragwerkes. Zur Lösung dieser Aufgabe benützt man nicht die Hauptgleichung selbst, sondern die aus ihr abgeleiteten Gleichgewichtsbedingungen, und zwar meist in einer der Tragwerksform angepaßten besonderen Form. Um das systematische Verfahren jedoch vollständig zu zeigen, wird zuerst die Lösung mit der Hauptgleichung wiedergegeben.

Anschließend folgt eine kurze Übersicht der Berechnungsweisen einfach standfester Tragwerke, da der Raum zu einer ausführlichen Darstellung, welche anderwärts leicht zu finden ist, hier fehlt.

84. Die Teile des Tragwerkes. Die Teile des Tragwerkes, welche für die Standfestigkeit Bedeutung haben, sind bereits zu Anfang (Nr. 1—3) benannt und erläutert. Hier sollen noch einige oft gebrauchte Bezeichnungen aufgeführt werden.

Vollwandige Träger sind solche, deren Querschnitt über die Trägerlänge gleichmäßig durchgeht. Der Querschnitt ist gewöhnlich symmetrisch in der Tragwerksebene, er besteht aus den Steg- (oder Steh-) blechen in der Lastebene und den Flanschen oder Gurten, welche senkrecht zum Steg liegen.

Fachwerke erstrecken sich gewöhnlich in einer Richtung, der Spannweite, mehr als in der dazu senkrechten. Gewöhnlich liegen dann zwei Stabzüge vorzugsweise in jener Richtung, sie begrenzen den Träger oben und unten und heißen die Gurte; je nach Lage Ober- oder Untergurt. Die Stäbe, welche die Gurte miteinander verbinden, sind die Wandstäbe, welche je nach der Richtung Schrägen oder Streben und Pfosten (lotrechte Streben) heißen. Die Schrägen heißen rechts- oder linkssteigend, je nachdem sie vom Knotenpunkt des Untergurtes zu dem Knotenpunkt des Obergurtes führen, welcher rechts bzw. links der Parallelen zur Lastrichtung durch den Untergurtknoten liegt.

Knotenpunkte, in welchen Lasten angreifen, heißen Lastknoten; liegen die Lastknoten alle in einem Gurt, so heißt dieser Lastgurt.

Stützweite (Spannweite) heißt der Abstand der zwei Auflager eines Balkens. Bei Balken mit mehr als zwei Stützen nennt man den Abschnitt zwischen zwei Stützen mitunter Feld, die Länge des Feldes Feldweite. Feld heißt bei Dreiecksfachwerken auch der Abschnitt zwischen zwei Lastknoten. Feldweite ist bei parallelen Lasten der Abstand der Lastrichtungen durch die beiden das Feld begrenzenden Lastknoten.

In Rahmenwerken heißen die waagerechten Stäbe häufig Riegel, die senkrechten Stäbe Säulen oder Pfosten.

Die einzelnen Stäbe des Tragwerkes können vollwandig oder gegliedert sein.

85. Tragwerkssysteme. Ein Tragwerk ist ein einfacher Träger oder Balken, wenn er in zwei Auflagern (mit zusammen drei Stützbedingungen) an seinen Enden abgestützt ist. Liegen die Auflager nicht an den Trägerenden, steht der Balken vielmehr noch ein Stück über das Auflager hinaus, dann entsteht ein Kragträger; das frei hinausragende Stück heißt Kragarm.

Bild 55.

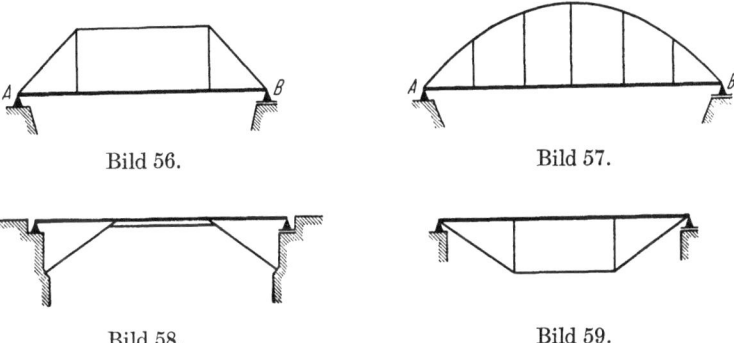

Bild 56.

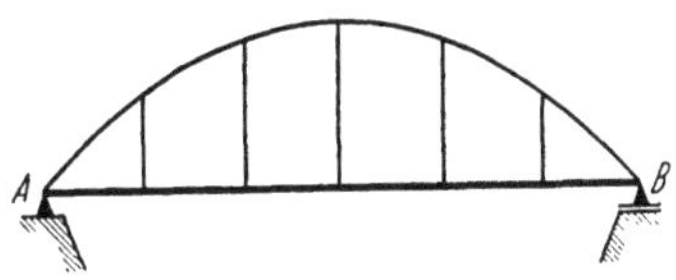

Bild 57.

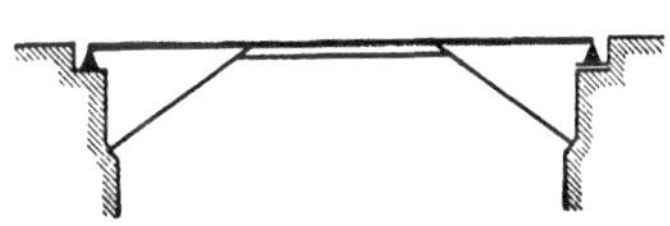

Bild 58.

Bild 59.

Hat ein Träger mehr als zwei Auflager, dann heißt er durchlaufender Träger. Besitzt ein solcher Träger innere Standfestigkeit, dann ist er im Ganzen mehrfach standfest. Will man dies aus bestimmten Gründen vermeiden, dann kann man im Träger Gelenke einschalten, wodurch Momentennullpunkte entstehen. Ein solcher Träger heißt nach seinem Erfinder Gerberscher Träger (Bild 55). Die Träger *CD* und *GH* des Tragwerkes heißen Einhänge- oder Koppelträger, *BC* ist ein Kragarm.

Ein biegungsfester Balken *AB*, welcher an einem Stabsystem, welches nur axiale Kräfte aufnimmt, angehängt ist, heißt Hängewerk (Bild 56). Ist das Hängesystem als Bogen ausgebildet, dann heißt das Tragwerk Stabbogen (Bild 57), der Bogen nimmt also nur axiale Spannungen auf. Die Stäbe, welche Balken und Bogen verbinden, heißen Hängestangen. Hängewerke haben kleine Spannweiten, Stabbögen größere.

Ein biegungsfester Balken, welcher durch ein Stabsystem unterstützt wird, welches nur Axialkräfte aufnimmt, heißt Sprengewerk (Bild 58 u. 59).

Ist das Tragwerk bogenförmig, wobei der Bogen Biegungsspannungen aufnehmen muß, dann heißt er Bogenträger. Ein vollwandiger Bogenträger wird auch Gewölbe genannt, vor allem, wenn es eine gewisse Breite quer zur Tragwerksebene aufweist. Das Gewölbe kann seine horizontale Stützkraft, den Gewölbeschub, unmittelbar in die Widerlager einleiten, der Schub kann aber auch durch eine Zugstange aufgenommen werden, so daß das Gewölbe nach außen hin keinen Schub aufweist. Besteht das Tragwerk aus mehreren aufeinanderfolgenden Gewölben, dann heißt es Gewölbereihe oder durchlaufender Bogenträger. Bei Brücken kann die Fahrbahn an das Gewölbe angehängt sein (Hängebogen) oder sie kann durch Pfosten oder Ständer auf den Bogen abgesetzt werden. Außerdem kann die Fahrbahn durch Längswände mit dem Bogen verbunden sein.

Ist ein biegungsfester Balken, der Versteifungsträger, an einer Kette aufgehängt, so entsteht eine Hängebrücke. Die Kette kann aus gelenkig verbundenen Zugstäben bestehen oder ein biegsames Kabel sein, sie kann an Land verankert oder mit dem Versteifungsträger gelenkig verbunden, also in sich verankert sein.

Bei Dächern liegt die Dachhaut auf Sparren, welche durch Pfetten (Längsträger) ihre Last auf das eigentliche Tragwerk, den Binder, übertragen.

Vieleckige, durch steife Ecken mitunter verbundene Stabzüge heißen Rahmen. Träger, welche aus Rahmen zusammengesetzt sind, heißen Rahmen- oder Pfostenträger.

Dies sind die hauptsächlichsten Tragwerkssysteme.

86. Bildungsgesetze einfacher Fachwerke. Das einfachste Fachwerk ist ein Dreieck. Hierfür ist $k = 3$, $r = 3$, das Dreieck ist innerlich einfach standfest und bildet eine starre Scheibe.

Schließt man an zwei Punkte A, B des Dreieckes durch zwei Stäbe einen weiteren Knoten an, welcher nicht auf der Geraden $A\,B$ liegt, so ist das entstehende Fachwerk ebenfalls innerlich standfest. Auf diese Weise können beliebig viele Knoten zu einer innerlich einfach standfesten Scheibe verbunden werden.

Liegen drei unmittelbar miteinander verbundene Knoten in einer Geraden, dann hat das Tragwerk unendlich kleine Beweglichkeit, es liegt der Ausnahmefall vor, welcher beim Aufbau von Tragwerken zu vermeiden ist.

Statt der Stäbe kann man auch innerlich einfach standfeste Fachwerkscheiben zum Aufbau von Tragwerken benützen.

Schließt man an drei Knotenpunkte einer innerlich einfach standfesten Scheibe eine zweite ebensolche durch drei Stäbe an, dann ist das hierdurch entstehende Tragwerk ebenfalls innerlich einfach standfest. Der Ausnahmefall liegt vor, wenn die drei Stäbe sich in einem Punkt schneiden. Fällt dieser Schnittpunkt ins Unendliche (parallele Stäbe), dann hat das Tragwerk sogar endliche Beweglichkeit.

A, B, C seien drei Knotenpunkte eines innerlich standfesten Fachwerkes von k Knoten und r Stäben, von welchem gilt: $2k = r + 3$. Die Knoten A, B seien durch einen Stab verbunden, während C mit A und B nicht unmittelbar verbunden sein braucht. Verbindet man einen Punkt D, welcher kein Knoten ist, mit den drei Knoten A, B, C durch Stäbe und entfernt den Stab AB, dann entsteht ein Fachwerk von $k + 1$ Knoten und $r + 2$ Stäben, welches ebenfalls innerlich standfest ist ($2k + 2 = r + 2 + 3$). Denn Knoten D ist zweistäbig an BC angeschlossen. Durch die Entfernung des Stabes AB erhält der Punkt A eine Beweglichkeit, welche durch den Stab AD aufgehoben wird, wodurch die Standfestigkeit wieder hergestellt wird. Bei dieser Bildung eines Fachwerkes von $k + 1$ Knoten aus einem solchen von k Knoten kann aber der Ausnahmefall eintreten, was zu vermeiden ist.

Umgekehrt kann man auf entsprechende Weise aus dem einfach standfesten Fachwerk mit $k + 1$ Knoten ein solches mit k Knoten bilden.

Dies sind die einfachsten Bildungsgesetze für Fachwerke. Weiter soll auf deren Theorie hier nicht eingegangen werden, da sie für die Praxis ohne große Bedeutung ist.

B. Allgemeine Berechnung mit der Hauptgleichung.

87. Das einfach standfeste Fachwerk. Da die Belastungen und die geometrische Form des Fachwerkes gegeben, die Stabkräfte gesucht sind, wird als Grundlage die Hauptgleichung (107) gewählt. Sie lautet für das Fachwerk:

$$\sum P_m \bar{\delta}_m + \sum C \cdot \bar{c} = \sum S \cdot \overline{\Delta s}\,. \tag{119}$$

Um nun eine Stabkraft S_i zu berechnen, wählt man folgendes mögliche Verschiebungssystem: $\overline{\Delta s_i} = 1$, alle übrigen $\overline{\Delta s} = 0$, $\bar{c} = 0$. Damit wird die Hauptgleichung: $S_i = \sum P \bar{\delta}$. Aus den r Gleichungen für Δs und den a Gleichungen für c berechnet man die $2k$ Werte u, w und aus ihnen die Arbeitswege $\bar{\delta}$ der Lasten P. Durch Berechnung der Summe $\sum P \bar{\delta}$ erhält man dann die Stabkraft S_i.

Entsprechend verfährt man zur Berechnung einer Auflagerkraft C_i. Das mögliche Verschiebungssystem ist: $\bar{c}_i = 1$, alle übrigen $\bar{c} = 0$, alle $\overline{\Delta s} = 0$. Der weitere Gang der Berechnung ist dann wie eben erläutert, die Auflagerkraft ergibt sich aus: $\sum P \bar{\delta} = -C$.

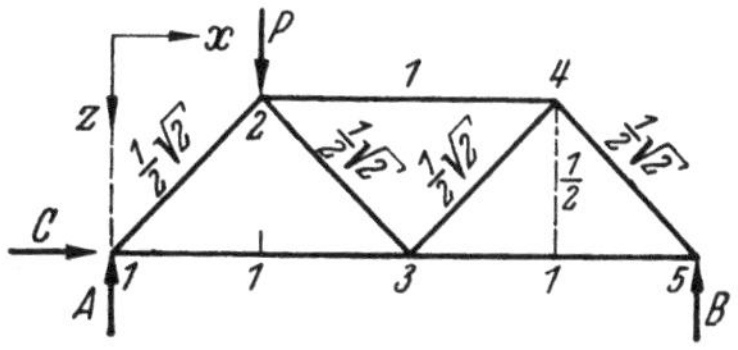

Bild 60.

Beispiel. Gegeben sei das in Bild 60 dargestellte Fachwerk. Die Stablängen sind an die Stäbe angeschrieben, belastet ist Knotenpunkt 2 durch eine lotrechte Last P. Das Auflager A ist ein festes Gelenk, das Auflager B eine Stütze mit Bewegungsfreiheit in Richtung $\overline{1,5}$. Es ist: $2k = 10$, $r = 7$, $a = 3$, $2k = r + a = 10$.

a) Zu berechnen ist die Stabkraft S_{23}. Es gelten die Gleichungen:

$$\Delta s_{23} = (u_3 - u_2)\frac{\sqrt{2}}{2} - (w_3 - w_2)\frac{\sqrt{2}}{2} \qquad \Delta s_{34} = 0 = (u_4 - u_3)\frac{\sqrt{2}}{2} + (w_4 - w_3)\frac{\sqrt{2}}{2}$$

$$\Delta s_{31} = 0 = u_3 - u_1 \qquad \Delta s_{45} = 0 = -(u_4 - u_5)\frac{\sqrt{2}}{2} + (w_4 - w_5)\frac{\sqrt{2}}{2}$$

$$\Delta s_{12} = 0 = (u_2 - u_1)\frac{\sqrt{2}}{2} + (w_2 - w_1)\frac{\sqrt{2}}{2} \qquad \Delta s_{35} = 0 = u_3 - u_5$$

$$\Delta s_{24} = 0 = u_2 - u_4 \qquad c_1 = u_1 = 0\,, \qquad c_2 = w_1 = 0\,, \qquad c_3 = w_5 = 0\,.$$

Dies ergibt:

$$u_1 = u_3 = u_5 = 0 \qquad u_2 = u_4 = -\frac{\sqrt{2}}{4}\Delta s_{23}$$

$$w_1 = w_5 = 0 \qquad w_2 = -u_4 = \frac{\sqrt{2}}{4}\Delta s_{23} \qquad w_3 = 2u_2$$

$$-\delta = w_2 \qquad S_{23} = P\delta\,, \quad \text{also} \quad \underline{S_{23} = -\frac{\sqrt{2}}{4}P\,.}$$

b) Zu berechnen ist der Auflagerdruck A. Es gelten die Gleichungen:

$$(u_3 - u_2) - (w_3 - w_2) = 0 \qquad -(u_4 - u_5) + (w_4 - w_5) = 0$$

$$(u_3 - u_1) = 0 \qquad u_3 - u_5 = 0 \qquad u_2 - u_4 = 0$$

$$(u_2 - u_1) + (w_2 - w_1) = 0 \qquad (u_4 - u_3) + (w_4 - w_3) = 0 \qquad c_1, c_3 = 0 \quad c_2 = w_1.$$

Dies ergibt:

$$u_1 = u_3 = u_5 = 0 \qquad u_2 = u_4 = \frac{c_1}{4}$$

$$w_1 = c_1 \qquad w_2 = \frac{3}{4}c_1 \qquad w_3 = \frac{c_1}{2} \qquad w_4 = \frac{c_1}{4} \qquad w_5 = 0$$

$$-\delta = w_2 = \frac{3c_1}{4} \qquad A c_1 = P \cdot \frac{3}{4}c_1 \quad \text{also} \quad \underline{A = +\frac{3}{4}P\,.}$$

Die Stabdehnung $\Delta s_{23} = 1$ ergibt eine Stabkraft $-\frac{\sqrt{2}}{4} P$, welche den Stab zu verkürzen sucht. S_{23} ist demnach Druckkraft.

Die Verschiebung c_1 ergibt eine Stützkraft $\frac{3}{4} P$, welche dieselbe Richtung wie c_1, aber entgegengesetzte Richtung wie P hat.

88. Das einfach standfeste Rahmenwerk. Die Hauptgleichung lautet:

$$\sum P_m \bar{\delta}_m + \sum C \bar{c} - \sum M_e \overline{\Delta \Phi} - \sum N \overline{\Delta l} - \sum S \cdot \overline{\Delta s} = 0 . \tag{120}$$

Um eine Auflagerkraft C_i zu berechnen, setzt man $\bar{c}_i = 1$, alle übrigen $\bar{c} = 0$, ebenso alle $\overline{\Delta \Phi}, \overline{\Delta l}, \overline{\Delta s} = 0$. Aus den so entstehenden $2k$ Gleichungen für die Verschiebungsgrößen u, w werden diese und die Verschiebungen $\bar{\delta}$ berechnet, worauf sich C_i aus $\sum P \bar{\delta} + C = 0$ ergibt.

Um ein Eckmoment M_{ei} zu erhalten, wird gesetzt: $\overline{\Delta \Phi_i} = 1$, alle übrigen $\overline{\Delta \Phi}, \bar{c}, \overline{\Delta l}, \overline{\Delta s} = 0$. Dann werden wieder die zugehörigen Verschiebungsgrößen u, w berechnet, aus ihnen die $\bar{\delta}$. Das Moment ist $M_e = \sum P \bar{\delta}$.

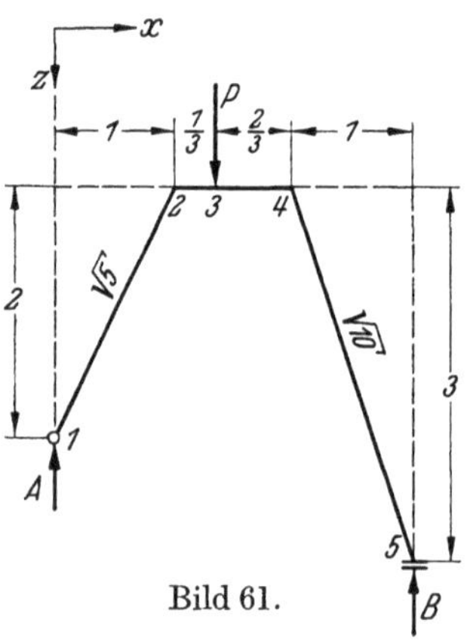

Bild 61.

Entsprechend wird für eine Normalkraft N oder S verfahren.

Beispiel. Das mit seinen Abmessungen in Bild 61 wiedergegebene Rahmenwerk werde im Drittelspunkt des waagerechten Riegels durch eine Last P belastet. Das Auflager A ist ein Gelenk, das Auflager B eine Stütze. Der Angriffspunkt der Last P werde als Knoten aufgefaßt, um den Lastweg unmittelbar zu erhalten. Das Rahmenwerk hat also fünf Knoten, darunter drei steife Ecken mit je zwei Stäben. Es ist $2k = 10$, $r = 4$, $e = 3$, $a = 3$, $2k = r + e + a = 10$. An Gleichungen für die Verschiebungsgrößen sind vorhanden: vier aus den Stabdehnungen Δl, drei aus den Auflagerverschiebungen c, drei aus den steifen Ecken. Die letzteren lauten nach Nr. 8: $\Delta \psi_j = \Delta \Phi_{jk} - \Delta \Phi_{ji}$:

$$\Delta l_{12} = (u_2 - u_1)\frac{1}{\sqrt{5}} - (w_2 - w_1)\frac{2}{\sqrt{5}} \qquad \Delta l_{45} = (u_5 - u_4)\frac{1}{\sqrt{10}} + (w_5 - w_4)\frac{3}{\sqrt{10}}$$

$$\Delta l_{23} = (u_3 - u_2) \qquad \Delta l_{34} = (u_4 - u_3) \qquad -c_1 = w_1 \qquad c_2 = u_1 \qquad -c_3 = w_5$$

$$\Delta \psi_2 = +(w_3 - w_2)\,3 + (u_1 - u_2)\frac{2}{5} + (w_1 - w_2)\frac{1}{5}$$

$$\Delta \psi_3 = +(w_4 - w_3)\frac{3}{2} + (w_2 - w_3)\,3$$

$$\Delta \psi_4 = -(u_5 - u_4)\frac{3}{10} + (w_5 - w_4)\frac{1}{10} + (w_3 - w_4)\frac{3}{2} .$$

Wegen der Vorzeichen vergleiche unten.

a) Berechnung des Auflagerdruckes A. Es ist zu setzen: $\bar{c}_1 = -w_1 = 1$, alle übrigen $\bar{c}, \overline{\Delta l}, \overline{\Delta \Phi} = 0$ und damit auch alle $\overline{\Delta \psi} = 0$. Dies ergibt:

$$w_3 = -\frac{5}{9} \qquad \delta = w_3 \qquad A = +\frac{5}{9} P .$$

b) Berechnung der Stabkraft N_{45}. Es ist zu setzen: $\overline{\Delta l_{45}} = 1$, alle übrigen $\bar{c}, \overline{\Delta l}, \overline{\Delta \Phi}, \overline{\Delta \psi} = 0$. Es ergibt sich:

$$w_3 = -\frac{2}{15}\sqrt{10} \cdot P \qquad \delta = w_3 \qquad N_{45} = -\frac{2}{15}\sqrt{10} \cdot P .$$

c) Berechnung des Momentes M_2 am Stab $\overline{23}$. Es ist zu setzen: $\overline{\Delta \psi_2} = 1$, alle übrigen $\bar{c}, \overline{\Delta l}, \overline{\Delta \Phi}, \overline{\Delta \psi} = 0$. Es ergibt sich:

$$w_3 = -\frac{5}{9} \qquad \delta = w_3 \qquad M_2 = -\frac{5}{9} \cdot P .$$

d) Berechnung des Momentes M_3. Es ist zu setzen: $\overline{\Delta \psi_3} = 1$, alle übrigen $\overline{c}$, $\overline{\Delta l}$, $\overline{\Delta \Phi}$, $\overline{\Delta \psi} = 0$. Es ergibt sich:

$$w_3 = -\frac{20}{27} \qquad \delta = w_3 \qquad \underline{M_3 = -\frac{20}{27} \cdot P}.$$

Vorzeichen. Wie die Berechnung zeigt, ist w_3 in allen Belastungsfällen negativ, während der Arbeitsweg der Kraft P in Richtung der Kraft positiv ist. Somit ist $\delta = w_3$ zu setzen.

Die Verschiebung $c_1 = -w_1 = 1$ ergibt einen Wert $A = +\frac{5}{9} \cdot P$, die Kraft A ist also mit c_1 gleichgerichtet, aber entgegengesetzt gerichtet wie P.

Die Stabdehnung $\Delta l_{45} = 1$ ergibt eine Normalkraft $-\frac{2}{15}\sqrt{10} \cdot P$, welche also Δl_{45} entgegenwirkt, den Stab zu verkürzen sucht, daher eine Druckkraft ist.

Die Drehung $\Delta \psi_2 = \Delta \Phi_{23} = 1$ ergibt ein negatives Moment M_2. Dieses Moment dreht am Stab $\overline{2, 3}$ im Punkt 2 also in Richtung des Uhrzeigersinnes.

Die Drehung $\Delta \psi_3 = \Delta \Phi_{34} = 1$ ergibt ein negatives Moment M_3. Dieses Moment dreht am Stab $\overline{3, 4}$ im Punkt 3 also in Richtung des Uhrzeigersinnes.

Wie man aus beiden Beispielen sieht, ist der Gebrauch der Hauptgleichung recht schwerfällig, da für jede unbekannte Kraftwirkung $2k$ lineare Gleichungen aufzulösen sind, um Ergebnisse zu erhalten, welche sich nach den Gleichgewichtsbedingungen mit einer Gleichung berechnen lassen.

C. Allgemeine Berechnung mit den Gleichgewichtsbedingungen der Knoten.

89. Das einfach standfeste Fachwerk. Zu berechnen sei ein einfach standfestes Fachwerk mit k Knotenpunkten. In den Knotenpunkten greifen Lasten P an, an den festen Knoten Auflagerkräfte A, die Kräfte in den r Stäben seien S. Das Fachwerk werde durch ein rechtwinkliges Koordinatensystem (xz) bestimmt, der Richtungswinkel eines Stabes gegen die $+x$-Achse sei α. Die $+z$-Achse liege dabei in der Richtung der als Belastung am häufigsten vorkommenden Kraft, der Schwerkraft. Die Lasten, Auflager- und Stabkräfte werden in Teilkräfte P_x, P_z, A_x, A_z, $S \cos \alpha$ und $S \sin \alpha$ parallel der x- bzw. z-Achse zerlegt.

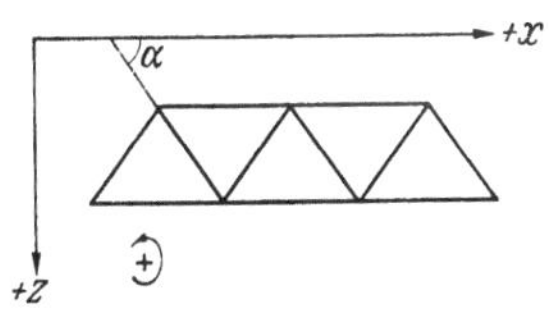

Bild 62.

Nun werden an einem Knoten i sämtliche Stäbe dicht neben dem Knoten abgeschnitten und ihre Wirkungen als Lasten angebracht, so daß das Gleichgewicht am herausgeschnittenen Knoten dasselbe ist wie an dem Knoten im Fachwerk. Der herausgeschnittene Knoten ist dann eine starre Scheibe unter der Einwirkung von Kräften, deren Richtungslinien sich sämtliche im Knoten schneiden. Das Moment der Kräfte um den Knoten ist Null, als Gleichgewichtsbedingungen bleiben daher zwei Gleichungen:

$$\begin{aligned} \sum P_x + \sum A_x + \sum S \cos \alpha &= 0 \\ \sum P_z + \sum A_z + \sum S \sin \alpha &= 0, \end{aligned} \qquad (121)$$

worin sich die erste Summe jeder Gleichung über sämtliche am Knoten angreifende Lasten, die zweite über sämtliche Auflagerkräfte, die dritte über sämtliche Stabkräfte, welche am Knoten angreifen, erstreckt. Für jeden Knoten bestehen zwei solcher Gleichungen, für das gesamte Fachwerk also $2k$ Bestimmungsgleichungen. Da $r + a = 2k$ ist, so sind gerade $r + a$ Gleichungen zur Berechnung der r Stabkräfte und der a Auflagerkräfte vorhanden.

Addiert und subtrahiert man obige zwei Gleichungen, so erhält man ein gleichwertiges Gleichungssystem, dessen Determinante D identisch ist mit der Determinante D der Nr. 11. Die Determinante des Gleichungssystemes (121) ist daher ebenfalls aus der Determinante D ableitbar. Die geometrische Bedingung für die

Standfestigkeit ist also identisch mit der statischen Bedingung für die Existenz eines Gleichgewichtssystems von Kräften.

Durch die Berechnung der $2k$ Gleichungen erhält man bei diesem Verfahren unmittelbar alle $2k$ Stabkräfte, das Verfahren ist daher wesentlich leistungsfähiger als die in Nr. 87 dargestellte unmittelbare Anwendung der Hauptgleichung.

Der hier dargestellte Lösungsweg führt bei den üblichen Fachwerken verhältnismäßig einfach zum Ziel, er läßt sich aber durch besondere Verfahren, welche später skizziert werden, noch wesentlich vereinfachen.

Beispiel. Berechnung des in dem Beispiel der Nr. 87 dargestellten Fachwerkes. Bei der Aufstellung der Gleichungen ist zu beachten, daß alle S mit demselben Vorzeichen eingesetzt werden, daß $S_{ik} = S_{ki}$ ist und daß für das Vorzeichen lediglich der Richtungswinkel maßgebend ist. Das Gleichungssystem lautet:

$$S_{12}\frac{\sqrt{2}}{2} + S_{13} + C = 0 \qquad S_{12}\frac{\sqrt{2}}{2} + A = 0$$

$$-S_{21}\frac{\sqrt{2}}{2} + S_{23}\frac{\sqrt{2}}{2} + S_{24} = 0 \qquad S_{21}\frac{\sqrt{2}}{2} + S_{23}\frac{\sqrt{2}}{2} - P = 0$$

$$-S_{23}\frac{\sqrt{2}}{2} + S_{34}\frac{\sqrt{2}}{2} - S_{31} + S_{35} = 0 \qquad S_{23}\frac{\sqrt{2}}{2} + S_{34}\frac{\sqrt{2}}{2} = 0$$

$$-S_{43}\frac{\sqrt{2}}{2} + S_{45}\frac{\sqrt{2}}{2} - S_{42} = 0 \qquad S_{34}\frac{\sqrt{2}}{2} + S_{45}\frac{\sqrt{2}}{2} = 0$$

$$+S_{45}\frac{\sqrt{2}}{2} + S_{35} = 0 \qquad +S_{45}\frac{\sqrt{2}}{2} + B = 0$$

Die Lösung ergibt:

$$A = -\frac{3}{4}\cdot P \qquad B = -\frac{1}{4}\cdot P \qquad C = 0$$

$$S_{12} = \frac{3}{4}\sqrt{2}\cdot P \qquad S_{23} = \frac{\sqrt{2}}{4}\cdot P \qquad S_{34} = -\frac{\sqrt{2}}{4}\cdot P \qquad S_{45} = \frac{\sqrt{2}}{4}\cdot P$$

$$S_{13} = -\frac{3}{4}\cdot P \qquad S_{24} = \frac{1}{2}\cdot P \qquad S_{35} = -\frac{1}{4}\cdot P\,.$$

Maßgebend für die Richtung ist die Kraft P. Um festzustellen, welches Vorzeichen Zug oder Druck in den Stäben bezeichnet, ist das Gleichgewicht an irgendeinem Knoten zu betrachten, beispielsweise an Knoten 1.

Die positive Richtung von P ist die Richtung $+z$, daher sind die positiven Richtungen aller Kräfte gleich den positiven Achsenrichtungen. P ist die am Fachwerk angreifende Last, folglich bestimmt sein Vorzeichen ebenfalls die Vorzeichen der an den Knoten angreifenden Stabkräfte. Die Stabkraft S_{12} hat nach der zweiten Gleichung eine mit P gleichgerichtete Teilkraft, sie ist gegen den Knoten 1 gerichtet. Die Gegenwirkung am Stab ist entgegengesetzt gerichtet, geht also vom Knoten in den Stab hinein und sucht diesen zu verkürzen, ist sonach eine Druckkraft. S_{13} hat die Richtung $+x$, geht also vom Knoten weg. Die Gegenwirkung am Stab geht dann gegen den Knoten, sie sucht den Stab zu verlängern, ist daher eine Zugkraft. Sämtliche Stabkräfte mit positivem Zeichen sind also Druckkräfte, die mit negativem Zeichen Zugkräfte. Dabei ist angenommen, daß das Fachwerk im ersten Quadranten des Koordinatensystems liegt.

90. Das einfach standfeste Rahmenwerk. Am Rahmenstab greift im Knotenquerschnitt nicht nur eine Längskraft, sondern noch eine Querkraft und ein Moment an.

Da im allgemeinen Falle die Lasten als Kräfte und Momente aber nicht nur in den Knoten, sondern auch an den Stäben zwischen den Knoten angreifen, genügen die Gleichgewichtsbedingungen an den Knoten i. a. nicht zur Berechnung der Kräftewirkungen im Rahmenwerk, sie sind zwar notwendige, aber keine ausreichende Bedingungen.

In diesem Falle muß man durch geeignete Schnitte weitere starre Scheiben aus dem Rahmenwerk herausschneiden und dafür ebenfalls die Gleichgewichtsbedingungen aufstellen. Aus diesen und aus den Bedingungen für einzelne Knoten lassen sich die Kräftewirkungen dann immer berechnen.

Beispiele. 1. Das Rahmenwerk der Nr. 88 ist zu berechnen. Der Punkt 3 sei dabei kein Knotenpunkt.

Die Gleichgewichtsbedingungen an den Knoten lauten:

$$\begin{array}{lll}
(1) & N_{12}\sin\alpha + Q_{12}\cos\alpha = 0 & N_{12}\cos\alpha + Q_{12}\sin\alpha + A = 0\\
(2) & -N_{21}\sin\alpha - Q_{21}\cos\alpha + N_{23} = 0 & -N_{21}\cos\alpha - Q_{21}\sin\alpha + Q_{23} = 0\\
(4) & -N_{45}\sin\alpha + Q_{45}\cos\alpha + N_{43} = 0 & N_{45}\cos\alpha - Q_{45}\sin\alpha + Q_{43} = 0\\
(5) & N_{54}\sin\alpha - Q_{54}\cos\alpha = 0 & -N_{54}\cos\alpha + Q_{54}\sin\alpha + B = 0\,.
\end{array}$$

Die Momentengleichungen $\sum M = 0$ lauten:

$$\begin{array}{llll}
(1) & M_{12} = 0 & (4) & M_{45} + M_{43} = 0\\
(2) & M_{21} + M_{23} = 0 & (5) & M_{54} = 0\,.
\end{array}$$

Wie man sieht, kommen in diesen Gleichungen die Lasten nicht vor, sie reichen daher nicht aus zur Berechnung der Kraftwirkungen. Aus dem Rahmen werden daher noch weitere starre Scheiben herausgeschnitten, deren Gleichgewichtsbedingungen die zusätzlichen Gleichungen ergeben.

Zuerst werde der Rahmen als Ganzes betrachtet und die Gleichung $\sum M = 0$ für den Punkt B aufgestellt. Dies ergibt:

$$3\cdot A + \frac{5}{3}\cdot P = 0 \qquad \text{also} \qquad A = -\frac{5}{9}\cdot P\,.$$

Ebenso ergibt die Momentengleichung um A:

$$3\cdot B + \frac{4}{3}\cdot P = 0 \qquad \text{also} \qquad B = -\frac{4}{9}\cdot P\,.$$

Bildet man für den Knoten 1 die Summen $\sum P = 0$ für die Richtung der Stabachse und die zu ihr normale Richtung, so ergibt sich unmittelbar:

$$N_{12} + A\sin\alpha = 0 \qquad \text{oder} \qquad N_{12} + \frac{2}{\sqrt{5}}\cdot\frac{5}{9}\cdot P = 0 \qquad N_{12} = -\frac{2}{9}\sqrt{5}\cdot P\,.$$

Entsprechend ergibt sich am Punkt 5:

$$N_{54} + B\sin\alpha = 0 \qquad N_{54} + \frac{3}{\sqrt{10}}\cdot\frac{4}{9}\cdot P = 0 \qquad N_{54} = -\frac{2}{15}\sqrt{10}\cdot P\,.$$

Da keine Kräfte an den Stäben $\overline{1,2}$ und $\overline{4,5}$ wirken, folgt:

$$N_{12} + N_{21} = 0 \qquad N_{45} + N_{54} = 0 \qquad Q_{12} + Q_{21} = 0 \qquad Q_{45} + Q_{54} = 0$$

und hiermit aus den Gleichgewichtsbedingungen an den Knoten: $N_{24} = N_{42} = 0$. Damit sind die Auflagerkräfte und die Längskräfte bestimmt. Nimmt man den Stab $\overline{1,2}$ als starre Scheibe und den Punkt 2 als Momentenpunkt, dann gilt: $1\cdot A + M_{21} = 0 \quad M_{21} = -\frac{5}{9}\cdot P$. Ebenso ergibt sich am Stab $\overline{4,5}$ das Moment M_{45} durch die Momentengleichung $M_{45} + B\cdot 1 = 0 \quad M_{45} = -\frac{4}{9}\cdot P$. Damit sind die Momente in den steifen Ecken bestimmt. Die übrigen Kraftwirkungen am Rahmen können nun einfach berechnet werden.

Das Moment im Angriffspunkt der Kraft P bestimmt sich aus der Betrachtung der Scheibe $\overline{1,2,3}$ zu: $M_3 + \frac{4}{3}\cdot A = 0 \quad M_3 = -\frac{20}{27}\cdot P$ oder aus der Betrachtung der Scheibe $\overline{3,4,5}$ zu $M_3 + \frac{5}{3}\cdot B = 0$. Momentenpunkt ist beide Male der Punkt 3.

Die Querkräfte ermitteln sich aus den Momenten oder den Gleichgewichtsbedingungen an den Knoten.

Die Richtungen der Kräfte ergeben sich nach denselben Überlegungen wie im Beispiel Nr. 88. Die Auflagerkräfte A und B sind der Last P entgegengesetzt gerichtet. N_{12} am Knoten ist der Auflagerkraft A entgegen gerichtet, N_{12} am Stab geht in den Stab hinein, sucht ihn zu verkürzen, ist also Druckkraft. Ebenso ist N_{54} Druckkraft. Das Moment M_{21} dreht dem Moment von A um den Punkt 2 entgegengesetzt, es ist ein positives Moment und erzeugt auf der Innenseite des Stabes Zug. Wenn der Augenpunkt im Rahmeninnern angenommen wird, dann können auch die Vorzeichen der Querkräfte bestimmt werden. Bezeichnet s einen Schnitt am Stabe $\overline{1, 2}$, so ist die Summenkraft am Stabteil $\overline{1, s}$ die Auflagerkraft A. Die Querkraft im Schnitt s verläuft in der Blickrichtung und ist daher positiv. Im Punkt 2 wechselt die Querkraft das Vorzeichen.

2. Der in Bild 63 dargestellte Dreigelenkrahmen unter der angegebenen Belastung ist zu berechnen ($P_1 = 12$, $P_2' = 20$, $P_2'' = 6$, $P_3 = 6$).

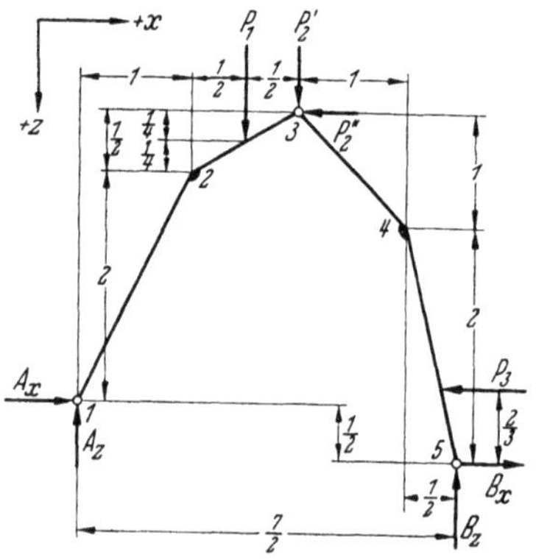

Bild 63.

Das Rahmenwerk hat 5 Knoten, wovon die Knoten 1, 3, 5 Gelenke, die Knoten 2 und 4 steife Ecken sind. Es ist $2\,k = 10 = r + e + a = 4 + 2 + 4$. Die Gleichgewichtsbedingungen an den herausgeschnittenen Knoten geben jeweils das Moment, die Normal- und die Querkraft des zweiten Stabes, wenn die des ersten bekannt sind. Daher ist ohne weiteres ersichtlich, daß diese Gleichgewichtsbedingungen nicht ausreichen, also weitere Bedingungen gefunden werden müssen.

Drei Bedingungen sind die Gleichgewichtsbedingungen der starren Scheibe, angewendet auf das Tragwerk als Ganzes. Im Knoten 3 als Gelenk ist das Moment Null. Schneidet man daher in diesem Knoten das Tragwerk auseinander, dann muß die Summe der Momente für jede der beiden entstehenden Scheiben verschwinden. Damit sind vier Gleichungen für die vier Stützkräfte A_x, A_z, B_x, B_z gegeben.

Als Gleichgewichtsbedingungen für die starre Scheibe werden gewählt: Moment um Punkt 1 und 5, Summe aller lotrechten Kräfte. Dies gibt:

$B_x + 7\,B_z = 84$ $\quad A_x + 7\,A_z = 152$ $\quad A_z + B_z = 0$. Hieraus folgt:

$B_x = 84 - 7\,B_z$ $\quad A_x = -72 + 7\,B_z$ $\quad A_z = 32 - B_z$.

Als Bedingung für die starre Scheibe 3, 4, 5 wird gewählt: Moment um den Punkt 3: $3\,B_z + 6\,B_x = 28$. Daraus ergibt sich:

$$A_x = \frac{524}{39} \qquad A_z = \frac{772}{39} \qquad B_x = -\frac{56}{39} \qquad B_z = \frac{476}{39}.$$

Als Kontrolle kann das Moment um Punkt 3 für Scheibe 1, 2, 3 aufgestellt werden: $5\,A_x - 4\,A_z = -12$.

Nachdem die Stützkräfte bekannt sind, stellt man für die Knotenpunkte und die Angriffspunkte der Kräfte die Gleichgewichtsbedingungen auf, wodurch man auf einfache Weise die statischen Werte der Stäbe erhält.

D. Die Stützkräfte.

Wie man aus dem zweiten Beispiel der vorigen Nummer ersieht, ist die Berechnung der Stützkräfte gewöhnlich der erste Teil der Berechnung eines Tragwerkes, weshalb sie gesondert betrachtet werden soll.

91. Das innerlich standfeste Tragwerk. Die einfachste Tragwerkform ist eine starre Scheibe, also ein einzelner Stab, ein biegungsfester Stabzug oder ein einfaches, innerlich standfestes Fachwerk, jeweils mit drei Stützen. Die Gleichgewichtsbedingungen hierfür sind in in Nr. 33 aufgestellt und die Auflagerbedingungen berechnet worden.

92. Das Tragwerk ohne innere Standfestigkeit. Tragwerke ohne innere Standfestigkeit sind häufig zu berechnen, teils zur Ausführung, teils als Zwischenberechnung bei der Berechnung mehrfach standfester Tragwerke.

Ein innerlich nicht standfestes Tragwerk habe r_1 Stäbe, k_1 Knotenpunkte und $a_1 + 3$ Stützen; dabei sei $r_1 + a_1 + 3 = 2k_1$, so daß das Tragwerk vollkommen standfest ist; der Ausnahmefall liege nicht vor. Die gegebene Belastung und die Stützkräfte bilden ein Gleichgewichtssystem von eingeprägten Kräften am Tragwerk. An Stelle von a_1 Stützkräften werden a_1 einfache Stäbe an das Tragwerk angefügt, welche durch a_1 Gelenke mit je zwei Stützkräften an die feste Ebene angeschlossen sind. Die Stäbe werden zum Tragwerk gerechnet, ebenso die Gelenke als Knoten. Die Spannkräfte in den a_1 Stäben sind die ersetzten a_1 Stützkräfte. Das neue Tragwerk hat dann $r = r_1 + a_1$ Stäbe, $a = 3 + 2a_1$ Stützkräfte und $k = k_1 + a_1$ Knoten und besitzt vollkommene Standfestigkeit. Es gilt also: $r + a = 2k$, mit den entsprechenden Werten: $r_1 + 3a_1 + 3 = 2k_1 + 2a_1$ oder $r_1 + a_1 + 3 = 2k_1$, was wieder die Zahlen des ursprünglichen Tragwerkes sind.

Es ist daher möglich, jedes innerlich nicht standfeste Tragwerk durch Ersetzung einer Anzahl Stützen durch Stäbe in ein innerlich standfestes zu verwandeln, wobei beide Tragwerke vollkommen standfest sind.

Grundsätzlich werden also beide Tragwerksarten auf dieselbe Weise berechnet, die Besonderheiten der Berechnung von Tragwerken ohne innere Standfestigkeit sollen jedoch noch kurz besonders erläutert werden.

Die Tragwerke ohne innere Standfestigkeit sind einfache oder mehrfache Scheibenzüge.

Ein einfacher Scheibenzug, im folgenden immer als Scheibenzug bezeichnet, ist eine Reihe von Scheiben, von welchen jede nur mit der vorhergehenden und der folgenden durch ein Gelenk verbunden ist. Jede Scheibe ist innerlich standfest.

Bei mehrfachen Scheibenzügen bestehen zwischen den einzelnen Scheiben mehrere Gelenkverbindungen. Praktisch kommen jedoch immer nur solche Systeme vor, bei welchen an einen einfachen Scheibenzug weitere Knoten durch einfache Stäbe angeschlossen sind.

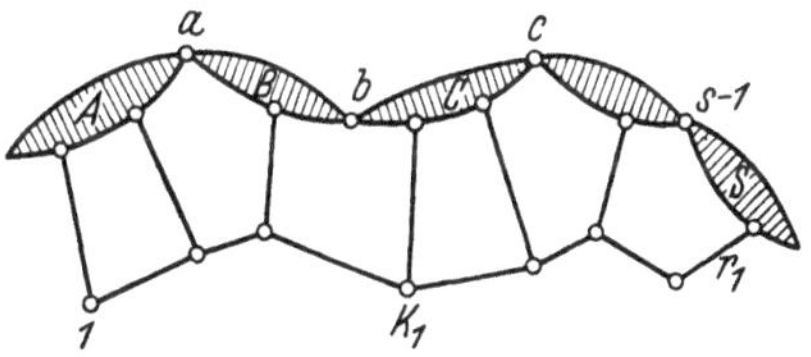

Bild 64.

An einen einfachen Scheibenzug $A, B, C \ldots S$ von s Scheiben seien k_1 Knoten durch r_1 Stäbe angeschlossen. Jede Scheibe besitze k Knotenpunkte, so daß die Anzahl ihrer inneren Glieder $r + e = 2k - 3$ ist und für s Scheiben $2\sum_s k - 3s$ innere Glieder vorhanden sind. Die Gesamtzahl der inneren Glieder des Tragwerkes ist also: $2\sum k - 3s + r_1$.

Die Anzahl der Knotenpunkte der Scheiben ist $\sum_s k - (s - 1)$, da das Gelenk zwischen zwei Scheiben bei jeder Scheibe, also zweimal, gezählt ist und die Anzahl der Knotenpunkte des Tragwerkes ist $\sum_s k - s + 1 + k_1$. Die Standfestigkeitsbedingung : Anzahl der inneren Glieder + Stützen = 2 · Anzahl der Knoten ergibt: $a = s + 2 + 2k_1 - r_1$. Um das Tragwerk vollkommen standfest zu machen, müssen diese a Stützen hinzugefügt werden. Die Stützkräfte können i. a. aber nur zusammen mit den Stabkräften r_1 berechnet werden, so daß $a + r_1 = s + 2 + 2k_1$ Unbekannte vorhanden sind und ebenso viele Bedingungen gefunden werden müssen.

93. Der Scheibenzug. Beim Scheibenzug ist die Anzahl der angeschlossenen Knoten k_1 sowie die Anzahl der Stäbe r_1 Null. Die Anzahl der unbekannten Stützkräfte ist daher:

$$a = s + 2 .$$

An Gleichgewichtsbedingungen sind vorhanden:

1. jene, bei denen der Scheibenzug als starre Scheibe betrachtet wird, das sind drei Gleichungen $\sum M = 0$ um drei beliebige, nicht in einer Geraden liegenden Punkte für alle am Scheibenzug angreifenden Kräfte.

2. In jedem Gelenk zwischen zwei Scheiben ist das Moment Null. Zerlegt man den Scheibenzug durch einen Schnitt durch das Gelenk g in einen linken und einen rechten Teil, so muß das Moment der am linken Teil angreifenden Lasten und Stützkräfte um das Gelenk g Null sein, ebenso das Moment der am rechten Teil angreifenden Lasten und Stützkräfte.

Insgesamt sind also vorhanden $3 + s - 1 = s + 2$ Gleichungen $\sum M = 0$, aus denen die $s + 2$ Stützkräfte berechnet werden können.

Man kann unter den vorhandenen $3 + s - 1 + s - 1 = 2s + 1$ Gleichungen (drei Gleichungen für den gesamten Scheibenzug, $s - 1$ Gleichungen für den Teil links von g, $s - 1$ Gleichungen für den Teil rechts von g) $s + 2$ willkürlich auswählen, die restlichen $s - 1$ Gleichungen sind dann von den $s + 2$ ausgewählten abhängig. Bei der Auswahl geht man davon aus, für die Rechnung bequeme Gleichungen zu erhalten. Die Gleichung benennt man zweckmäßig nach dem Momentenpunkt, auf welchen sie bezogen ist; (a) ist also die Momentengleichung um den Punkt a, (g_l) jene um das Gelenk g für den links von ihm liegenden Teil des Scheibenzuges.

Dasselbe Ergebnis muß man erhalten, wenn man nicht die Gleichgewichtsbedingungen der starren Scheibe, sondern die Hauptgleichung verwendet. Hierzu benötigt man ein System von $s + 2$ voneinander unabhängigen möglichen Verschiebungen. Als solche wählt man: 1. drei mögliche Verschiebungen des Scheibenzuges als starre Scheibe; 2. die Drehung der Scheiben A bis G (Bild 64) um das Gelenk g, wobei die Scheiben H bis S in Ruhe bleiben. Dies sind $s - 1$ mögliche Verschiebungen, so daß im ganzen $s + 2$ mögliche Verschiebungen gegeben sind. Die Anwendung der Hauptgleichung führt wieder auf $s + 2$ Gleichungen $\sum M = 0$.

Beispiele. 1. Der Dreigelenkbogen Bild 65 ist ein Scheibenzug mit zwei Scheiben, so daß vier Stützkräfte notwendig sind, um das Tragwerk vollkommen standfest zu machen. Die linke Scheibe werde mit der Last P belastet; als Richtungen der Stützkräfte werden gewählt: A und B der Kraft P entgegengesetzt gleich gerichtet, C und D entgegengesetzt gleich in Richtung $A\,B$.

Die Gleichungen zur Bestimmung der vier Kräfte sind:

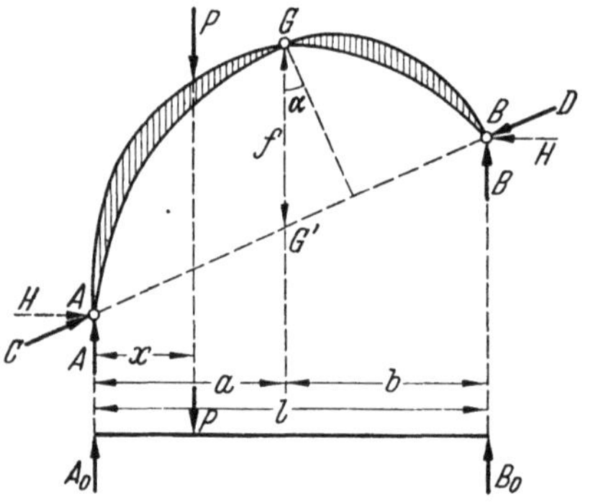

Bild 65.

$$(A) \quad -Px + Pl = 0$$

$$(B) \quad +P(l - x) - Al = 0$$

$$(G_l) \quad P(a - x) - Aa + Cf\cos\alpha = 0$$

$$(G_r) \quad Bb - Df\cos\alpha = 0$$

$$(G') \quad -Aa + Bb + P(a - x) = 0$$

$$(G) \quad P(a - x) - Aa + Bb + Cf\cos\alpha - Df\cos\alpha = 0.$$

Wie man sieht, ist $(G) = (G_l) + (G_r)$, diese Gleichungen sind also nicht unabhängig voneinander.

Aus (G_l) und (G) folgt $C = D$ (dies gilt nur, wenn die Kraftrichtung parallel den Stützkräften A, B ist). Es ist also:

$$B = P\frac{x}{l} \qquad A = P\frac{l - x}{l} \qquad H = C \cdot \cos\alpha = -B\frac{b}{f}.$$

Man führt nun einen frei aufliegenden Balken ein, den Vergleichsbalken $A_0 B_0$, dessen Stützweite l gleich derjenigen des Dreigelenkbogens ist und der normal zur Lastrichtung liegt. Seine Auflagerdrücke sind A_0, B_0, das Moment im Punkte G $(x = a)$ sei M_{0g}. Dann gilt:

$$A = A_0 \qquad B = B_0 \qquad H = \frac{M_{0g}}{f}.$$

Diese Beziehungen gelten für beliebig viele, zueinander parallele Lasten P und ermöglichen eine rasche Berechnung des Dreigelenkbogens.

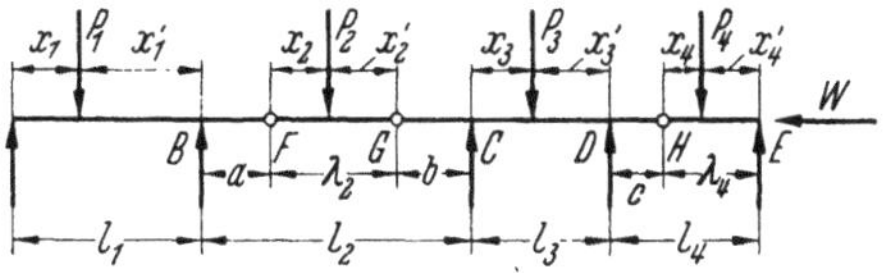

Bild 66.

2. Der Träger über vier Felder ist ein Scheibenzug mit vier Scheiben, er benötigt zur vollkommenen Standfestigkeit sechs Stützen. Sind sämtliche Lasten lotrecht, dann ist keine waagerechte Stütze W notwendig, es sind nur fünf lotrechte Stützkräfte vorhanden. In den Gelenken F, G, H sind die Momente Null, die zu diesen Punkten gehörigen Summen aller Kräfte rechts oder links vom Punkt gehen durch den Punkt selber.

$$(F_l) \qquad A(a + l_1) + Ba - P_1(a + x_1') = 0$$

$$(G_l) \qquad A(\lambda_2 + a + l_1) + B(\lambda_2 + a) - P_1(\lambda_2 + a + x_1') - P_2 x_2' = 0$$

$$(F_l - G_l) \qquad (A + B - P_1)\lambda_2 - P_2 x_2' = 0.$$

Die Summenkraft in G ist: $-A - B + P_1 + P_2 = Q_G$, was wegen der dritten Gleichung gibt: $\quad Q_G = P_2 \frac{x_2}{\lambda_2}$.

$$(H_r) \qquad E\lambda_4 - P_4 x_4 = 0 \qquad\qquad E = P_4 \frac{x_4}{\lambda_4}.$$

Die Summenkraft Q_H in H ist: $\quad Q_H = -E + P_4 = P_4 \frac{x_4'}{\lambda_4}$. Damit ist:

$$\text{(C)} \quad Q_G b - P_3 x_3 + D l_3 - Q_H(l_3 + c) = P_2 \frac{b}{\lambda_2} x_2 - P_3 x_3 + D_3 l_3 - P_4 \frac{l_3 + c}{\lambda_4} x_4' = 0.$$

$$\text{(D)} \quad Q_G(b + l_3) - Cl_3 + P_3 x_3' - Q_H c = P_2 \frac{b + l_3}{\lambda_2} - Cl_3 + P_3 x_3' - P_4 \frac{c}{\lambda_4} \cdot x_4' = 0.$$

Die Summenkraft Q_F in F ist: $-C - D - E + P_2 + P_3 + P_4 = Q_F$.

$$(F_r - G_r) \qquad -P_2 x_2 + \lambda_2(C + D + E - P_3 - P_4) = 0, \text{ also } Q_F = P_2 \frac{x_2'}{\lambda_2}.$$

Damit wird:

$$(A) \quad -P_1 x_1 + Bl_1 - P_2 \frac{l_1 + a}{\lambda_2} x_2' = 0 \qquad (B) \quad -Al_1 + P_1 x_1' - P_2 \frac{a}{\lambda_2} x_2' = 0.$$

Die Stützkräfte sind daher: $\qquad E = P_4 \frac{x_4}{\lambda_2}$

$$A = \frac{1}{l_1}\left(P_1 x_1' - P_2 \frac{a}{\lambda_2} x_2'\right) \qquad C = \frac{1}{l_3}\left(P_2 \frac{b + l_3}{\lambda_2} x_2 + P_3 x_3' - P_4 \frac{c}{\lambda_4} x_4'\right)$$

$$B = \frac{1}{l_1}\left(P_1 x_1 + P_2 \frac{l_1 + a}{\lambda_2} x_2'\right) \qquad D = \frac{1}{l_3}\left(-P_2 \frac{b}{\lambda_2} x_2 + P_3 x_3 + P_4 \frac{l_3 + c}{\lambda_4} x_4'\right).$$

Bei dieser Berechnung sind die Scheiben AF und GH für sich als starre Scheiben behandelt worden, wodurch die Berechnung stark abgekürzt wurde. Die Momentengleichungen für den ganzen Scheibenzug wären wesentlich umständlicher gewesen. Auch die Berechnung von A und B aus den Gleichungen (F_l) und (G_l) wäre nicht so einfach gewesen. Bei Berechnungen ist daher auf solche Abkürzungsmöglichkeiten sehr zu achten.

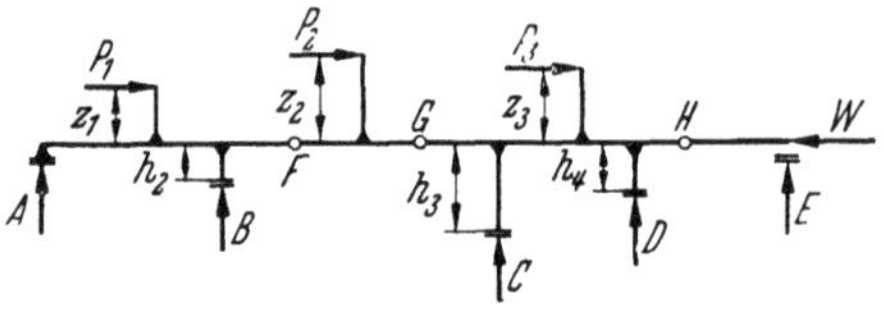

Bild 67.

3. Derselbe Träger ist durch waagerechte Kräfte belastet. Während bei der lotrechten Belastung die Höhenlage der Stützen gleichgültig war, ist sie nunmehr von wesentlicher Bedeutung, ebenso wie die Lage der Angriffspunkte der Kräfte. Beides ist in Bild 67 eingetragen. Als erste Stützkraft ergibt sich: $W = P_1 + P_2 + P_3$.

Da in H das Moment Null sein muß, folgt aus (H_r): $E = 0$, so daß nur noch vier Stützkräfte zu bestimmen sind. Es ist:

$$(F_r - G_r) \qquad (D + C)\,\lambda_2 - P_2 z_2 = 0\,.$$

Die waagerechte Summenkraft im Punkte F aus den Scheiben F bis E ist: P_1, die lotrechte Summenkraft: $C + D = \frac{z_2}{\lambda_2} P_2$. Damit wird an Scheibe AF:

$$(A) \qquad -P_1 z_1 + B_1 L_1 + P_2 \frac{l_1 + a}{\lambda_2} z_2 = 0$$

$$(B) \qquad -A_1 l_1 - P_1 (z_1 + h_2) + W h_2 + P_2 \frac{a}{\lambda_2} z_2 = 0\,.$$

Um den Wert $(C - D)$ zu berechnen, nimmt man als Momentenpunkt den Mittelpunkt M von CD und stellt das Moment für die Scheiben G bis E auf. Die waagerechte Summenkraft in G ist: $P_1 + P_2$, die lotrechte Summenkraft: $-(A + B)$. Da $A + B + C + D = 0$ ist, ist $-(A + B) = C + D = P_2 \frac{z_2}{\lambda_2}$.

$$(M) \qquad (-C + D)\frac{l_3}{2} + P_2 \frac{z_2}{\lambda_2}\left(\frac{l_3}{2} + b\right) - P_3 z_3 = 0\,.$$

Aus diesen vier Gleichungen ergeben sich die Werte der Stützkräfte A, B, C, D.

94. Der mehrfache Scheibenzug. Für den wichtigsten Fall des mehrfachen Scheibenzuges, nämlich den Scheibenzug mit einfachen Stäben, ist die Anzahl der Unbekannten:

$$a + r_1 = 2k_1 + s + 2\,.$$

An Gleichgewichtsbedingungen sind vorhanden:

1. $2k_1$ Gleichgewichtsbedingungen für die Knoten k_1 ($\sum P = 0$ oder $\sum M = 0$), aus welchen $2k_1$ Unbekannte als Funktionen der übrigen Unbekannten bestimmt werden;

2. 3 Gleichgewichtsbedingungen für das Tragwerk als starre Scheibe;

3. $s - 1$ Gleichgewichtsbedingungen für den Scheibenzug aus s Scheiben. Hierzu legt man durch ein Gelenk und die angegliederten Stäbe einen Schnitt, so daß das Tragwerk in zwei Teile zerlegt wird. Die Stabkräfte der durchschnittenen Stäbe werden als äußere Kräfte angebracht und die Momentengleichungen um das Gelenk für den einen oder den anderen Teil des Tragwerkes aufgestellt. Dies ergibt $s - 1$ voneinander unabhängige Gleichungen, so daß insgesamt $2k_1 + 3 + s - 1 = 2k_1 + s + 2$ Gleichgewichtsbedingungen vorhanden sind.

Im übrigen kann man wie beim Scheibenzug auch andere Momentengleichungen bilden, welche bequemes Rechnen gestatten.

Dasselbe Ergebnis ergibt sich bei der unmittelbaren Anwendung der Hauptgleichung.

Beispiele. 1. Die Stützkräfte der Kette mit Versteifungsbalken aus vier Scheiben sind zu berechnen. Die vier Scheiben *I*, *II*, *III*, *IV* sind durch die Gelenke *E*, *G*, *F* miteinander verbunden. Die Kette besitzt 18 Knoten, welche durch Hängestäbe mit dem Versteifungsbalken verbunden sind. Es ist: $k_1 = 18$, $s = 4$, $r_1 = 37$, $a = 36 + 4 + 2 - 37 = 5$. In den Punkten A, B, C, D werden je eine lotrechte Stütze, im Punkt *B* noch eine waagerechte Stütze angebracht, wodurch das Tragwerk vollkommen standfest ist. Die Kette ist in den Punkten *A* und *D* an den Versteifungsbalken angeschlossen, in den Punkten *B* und *C* liegt sie auf den Pendelstützen *B* 4 und *C* 15 auf. Für die 18 Knoten können 36 Gleichgewichtsbedingungen aufgestellt werden, welche für die Stabkräfte in den Kettenstäben, den Zugstangen und den Pendelstützen ergeben:

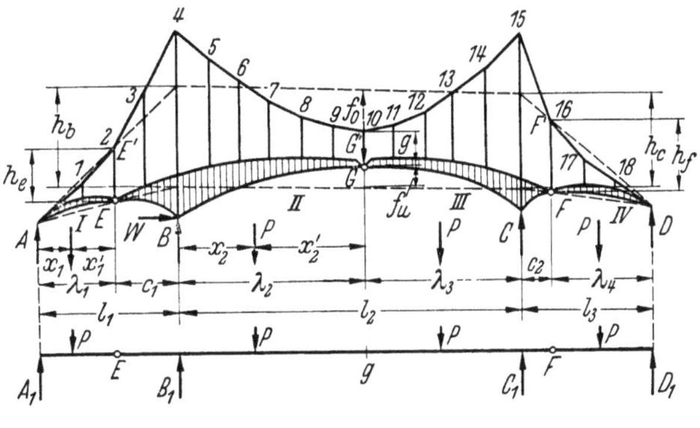

Bild 68.

$$K_n \cos \varphi = K_{n+1} \cos \varphi_{n+1} = H$$

$$Z_n = K_n \sin \varphi_n - K_{n+1} \sin \varphi_{n+1} = H\,(\operatorname{tg} \varphi_n - \operatorname{tg} \varphi_{n+1})\,.$$

φ_n ist dabei der spitze Winkel zwischen Kettenstab und Waagerechter, mit der Drehrichtung vom Stab zur Waagerechten. Damit sind 36 unbekannte Stabkräfte als Funktion der einen Kraft *H*, des Horizontalzuges, ausgedrückt, zu berechnen sind daher noch die Stützkräfte *A*, *B*, *C*, *D*, *W* und der Horizontalzug *H*, welcher als Zug in der Kette positiv ist. Solange keine waagerechten Lasten wirken, ist $W = 0$.

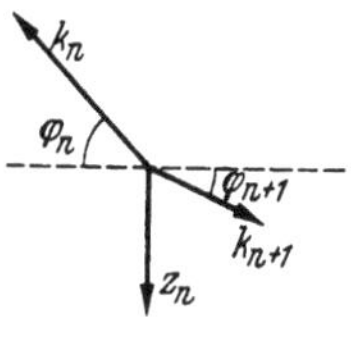

Bild 69.

In den Punkten *E*, *G*, *F* werden lotrechte Schnitte durch die Gelenke und die Kette gelegt und die Kräfte der durchschnittlichen Stäbe als Lasten angebracht. Die Momentengleichungen lauten:

$$(E_l)\quad -A_1 + P_1 x_1' - H h_e = 0$$

$$(F_r)\quad +D\lambda_4 - P_4 x_4 + H h_f = 0$$

$$(B)\quad -A l_1 + C l_2 + D(l_2 + l_3) + P_1(c_1 + x_1') - P_2 x_2 - P_3(\lambda_2 + x_3) - P_4(l_2 + l_3 - x_4') = 0$$

$$(C)\quad -A(l_1 + l_2) - B l_2 + D l_3 + P_1(l_1 + l_2 - x_1) + P_2(\lambda_3 + x_3') + P_3 x_3' - P_4(c_2 + x_4) = 0$$

$$(G_l)\quad -A(l_1 + \lambda_2) - B\lambda_2 + P_1(l_1 + \lambda_2 - x_1) + P_2 x_2' = 0\,.$$

Es werde wieder ein Vergleichsbalken eingeführt, ein auf den Stützen A_1, B_1, C_1, D_1 frei aufliegender Balken mit Gelenken in *E* und *F*, dessen Auflagerdrücke unter den gegebenen Lasten A_1, B_1, C_1, D_1 sind. Das Moment aus den gegebenen Lasten im Punkte *g* des Vergleichsbalkens ist M_{1g}. Ferner ist: $h_b : h_e = l_1 : \lambda_1$, $h_c : h_f = l_3 : \lambda_4$, $f = f_u + f_0$. Damit wird:

$$A + H\frac{h_l}{\lambda_1} = A_1 \qquad\qquad D + H\frac{h_f}{\lambda_4} = D_1$$

$$B - H\left(\frac{h_b - h_c}{l_2} + \frac{h_l}{\lambda_1}\right) = B_1 \qquad\qquad H = \frac{M_{1g}}{f}\,.$$

$$C + H\left(\frac{h_b - h_c}{l_2} - \frac{h_f}{\lambda_4}\right) = C_1$$

Rücken die Gelenke E und F in die Lotrechten durch B und C, so ist der Vergleichsbalken der frei aufliegende Träger BC, seine Auflagerdrücke sind B_0, C_0, das Moment durch die gegebenen Lasten im Punkte g ist M_{0g}. In diesem Falle wird $M_{1g} = M_{0g}$, der Horizontalzug also unabhängig von den Lasten in den Feldern AB und CD.

Die Kette mit Versteifungsträger wird durch Spiegelung an der Geraden AD zum Stabbogen mit Versteifungsträger. Wird der Horizontalschub im Stabbogen (Druckkraft) positiv gerechnet, dann gelten für diesen Stabbogen für die Auflagerkräfte und den Horizontalschub dieselben Gleichungen.

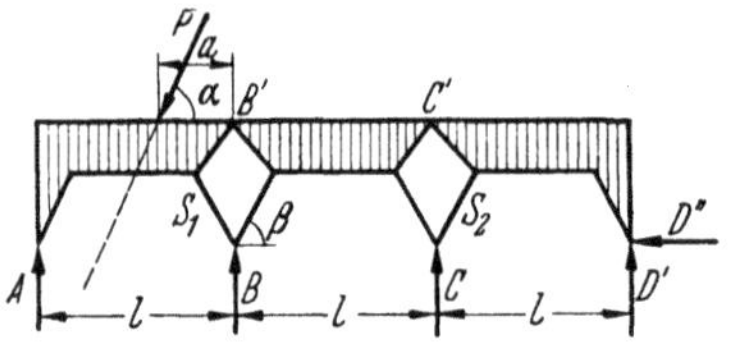

Bild 70.

2. Die Stützdrücke des Tragwerkes Bild 70 unter der angegebenen Belastung sind zu berechnen. Das Tragwerk besteht aus drei Scheiben, welche in A eine Stütze, in D ein festes Auflager haben und in den Punkten B und C durch je zwei einfache Stäbe abgestützt sind. Die spitzen Neigungswinkel dieser Stäbe gegen die Waagerechte sind alle gleich β. Die vier Momentengleichungen zur Bestimmung der Auflagerkräfte sind:

$$\begin{aligned}
&(A) && lB + 2lC + 3lD - (l-a)P = 0 \\
&(D) && -3lA - 2lB - lC + (2l+a)P = 0 \\
&(B'_l) && -lA + h\cos\beta \cdot S_1 + aP = 0 \\
&(C'_r) && lD' - D''h - h\cos\beta \cdot S_2 = 0 \\
& && P\cos\alpha + D'' = 0\,.
\end{aligned}$$

Ferner ist: $S_1 \cos\beta = \frac{B}{2}$, $\quad S_2 \cos\beta = \frac{C}{2}$.

Daraus ergibt sich für die Auflagerkräfte: $D'' = -P\frac{a}{l}\cos\beta = \lambda$

$$\begin{aligned}
B + 2C + 3D' &= (1-\lambda)P \\
3A + 2B + C &= -(2+\lambda)P \\
A - \frac{h}{2l}B &= \lambda P \\
+\frac{h}{2l}C - D' &= +Ph\cos\alpha\,.
\end{aligned}$$

woraus sich die Auflagerkräfte leicht berechnen lassen.

E. Die inneren Kräfte des Tragwerkes.

95. Momente, Normalkräfte, Querkräfte. Nach der Berechnung der Stützkräfte folgt die Ermittlung der Momente, Normalkräfte und Querkräfte an jeder Stelle der Stäbe des Tragwerkes. Wie in Nr. 56 Gl. (59) und Nr. 79 Gl. (117) gezeigt, ist diese Aufgabe gelöst, wenn die Werte für die Knoten bestimmt sind.

Durch geeignete Schnitte wird das Tragwerk in eine genügende Anzahl Scheiben zerlegt, welche entweder Knoten oder Stäbe oder Teile von Stäben sind. Die Wirkung der Teile aufeinander wird durch die Summenkräfte der Spannungen in den durchschnittenen Flächen, eben die Momente, Normalkräfte und Querkräfte ersetzt, welche nun als äußere Kräfte an der betreffenden Scheibe wirken. Nach Nr. 32 muß dann jede einzelne Scheibe die Gleichgewichtsbedingungen des starren Körpers erfüllen, was für jede Scheibe drei Gleichungen ergibt, aus welchen drei Unbekannte berechnet werden können.

Man beginnt die Berechnung an einer Scheibe, an welcher höchstens drei Unbekannte zu bestimmen sind und stellt dann schrittweise die Gleichungen für alle Unbekannten auf. Da wie nachgewiesen geradeso viele Bedingungen wie Unbekannte vorhanden sind, können auf diese Weise sämtliche unbekannten statischen Werte berechnet werden.

Bei den Scheibenzügen mußte dieses Verfahren bereits zur Berechnung der Stützkräfte verwendet werden, wobei sich auch eine Anzahl statischer Werte M, N, Q ergaben. Bei den Fachwerken vereinfacht sich die Aufgabe insofern, als an den Stäben nur Spannkräfte, keine Momente und Querkräfte angreifen.

Das Verfahren läuft auf die Berechnung aus den Gleichgewichtsbedingungen der Knoten hinaus, läßt sich aber bei den praktisch gegebenen Tragwerken meist sehr vereinfachen, da man zweckmäßig Schnitte sucht, welche eine Anzahl statischer Werte einfach zu berechnen gestatten, entweder aus Gleichungen mit nur einer Unbekannten oder aus Gleichungssystemen mit möglichst wenigen Unbekannten. Dies erreicht man, indem das Tragwerk nicht auf einmal in die notwendige Anzahl Scheiben zerlegt wird, sondern eine Anzahl Scheiben zusammenhängend belassen wird. Das Verfahren hängt von der Gliederung des Tragwerkes ab.

Hier sei als Beispiel ein mehrfach zusammenhängender Stabzug behandelt.

Der Stabzug hat 10 Knoten, 10 Stäbe, 6 steife Ecken und 4 Stützen, es ist also $r + e + a = 20 = 2k$, der Ausnahmefall liegt nicht vor. An einem Kragarm, welcher nicht als Stab mitgezählt wurde, greift eine Kraft P an. Das Tragwerk besitzt vier starre Scheiben I bis IV und vier Gelenkknoten k_g. Sämtliche statischen Wirkungen in den Knoten sind bekannt, wenn die Stützkräfte und die Kräfte in den Gelenken bekannt sind; dies sind $2k_g + a = 8 + 4 = 12$ Unbekannte. Da für jede starre Scheibe 3 Gleichungen vorhanden sind, sind $3s = 12$ Gleichungen gegeben, aus welchen die Unbekannten berechnet werden können. Durch eine geeignete Zusammenfassung der Scheiben kann jedoch die Auflösung des Systems von 12 Gleichungen vermieden werden.

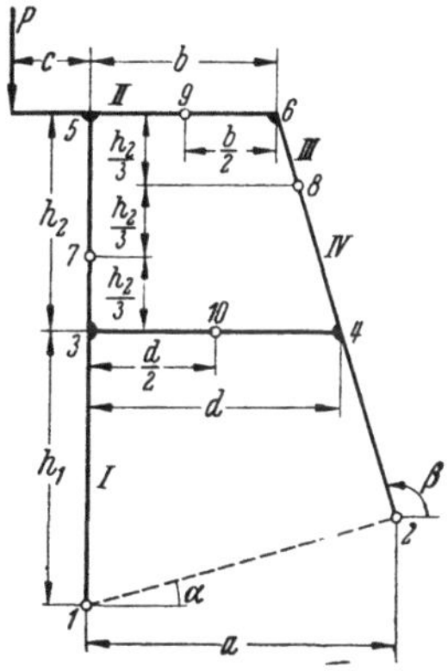

Bild 71.

In den Gelenken ist das Moment Null, die Summenkraft aller Spannungen rechts und links geht also durch das Gelenk. Diese Kraft wird in zwei Teilkräfte zerlegt, welche jeweils noch zu bestimmen sind.

Zunächst werden die Scheiben II und III zusammen herausgeschnitten. Die Kräfte in den Gelenken werden in zwei Teilkräfte zerlegt, eine in der Richtung der Stabachse, die andere in der Richtung $\overline{7, 8}$. Die Momentengleichungen um Punkt 7 und 8 ergeben:

$$(7) \qquad A_8\left(b \sin\beta - \frac{2}{3} h_2 \cos\beta\right) = -Pc$$

$$(8) \qquad A_7\left(b - \frac{1}{3} h_2 \operatorname{ctg}\beta\right) = P\left(c + b - \frac{1}{3} h_2 \operatorname{ctg}\beta\right).$$

Für das Tragwerk (Scheiben I bis IV) gilt:

$$(1) \qquad A_2 a\,(\sin\beta - \cos\beta \cdot \sin\alpha) = -Pc$$

$$(2) \qquad A_1 a = P(c + a)$$

Für die Scheibe II allein:

$$(9) \quad B_7\left(\frac{2}{3} h_2 \cos\gamma - \frac{b}{2} \sin\gamma\right) = -P\left(c + \frac{b}{2}\right) + A_7 \frac{b}{2}.$$

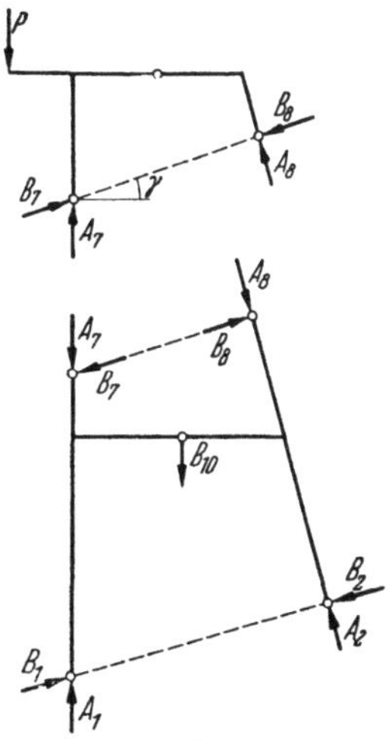

Bild 72.

Für die Scheibe *III* allein:

$$(9)\qquad B_8\left[\frac{b}{2}\sin\gamma + \frac{h_2}{3}(\cos\gamma - \sin\gamma\cdot\operatorname{ctg}\beta)\right] = A_8\cdot\frac{b}{2}\sin\beta\,.$$

Die Summenkraft in Knoten 10 werde in eine Teilkraft A_{10} in Richtung des Stabes und eine solche B_{10} normal dazu zerlegt. Der Schnitt 11 der Geraden $\overline{1,2}$ und $\overline{3,4}$ hat von dem Knoten 3 den Abstand $h_1\operatorname{ctg}\alpha$ und von 4: $h_1\operatorname{ctg}\alpha - l = m$. Für die Scheibe *IV* gilt:

$$(11)\qquad B_{10}\left(h_1\operatorname{ctg}\alpha - \frac{l}{2}\right) = A_8\left[\frac{h_2}{3}(\sin\beta + \cos\beta) - m\sin\beta\right] + A_2 m\sin\beta$$
$$+ B_8\left[\frac{h_2}{3}(\sin\beta\cdot\cos\gamma - \sin\gamma\cdot\operatorname{ctg}\beta) + m\sin\beta\right].$$

Die Teilkraft B_1 berechnet sich aus der Momentengleichung für Scheibe *I* um Knoten 10, die Teilkraft B_2 aus jener für Scheibe *IV* ebenfalls um Knoten 10. Die Teilkraft A_{10} ergibt sich aus der Momentengleichung für Scheibe *I* um Knoten 1. Die Kräfte A_9, B_9 können nun ebenfalls einfach gefunden werden. Damit sind durch stufenweise Berechnung alle Kräfte in den Gelenken ermittelt worden. Zu beachten ist, daß die Hebelarme der Kräfte A, B nur von den Abmessungen des Tragwerkes abhängen, also für sämtliche möglichen Belastungsfälle nur einmal berechnet werden brauchen.

Um die Momente der steifen Ecken zu finden, schneidet man die Stäbe als Scheiben heraus und nimmt als Momentenpunkte die Knoten. Es ergibt sich so z. B.:

$$M_6 = -B_8\cdot\frac{h_2}{3}(\sin\gamma\cdot\operatorname{ctg}\beta + \cos\gamma\cdot\operatorname{tg}\beta)\qquad M_{41} = B_{10}\cdot\frac{l}{2}\,.$$

Auf die Angabe der übrigen Momente wird verzichtet.

96. Die Spannungen. Als letzte Aufgabe bleibt noch die Berechnung der Spannungen übrig, welche das Maß für die Bruchsicherheit des Tragwerkes sind. Hierzu müssen für die einzelnen Stäbe die Stellen der größten Anstrengung festgestellt werden. Die Spannungen für krumme und gerade Stäbe errechnen sich dann nach Abschnitt I F. Umgekehrt kann man zu den Spannungen die Querschnittsabmessungen des Stabes bestimmen.

Da die Berechnung der Spannungen eigentlich eine Aufgabe der Festigkeitslehre ist, mag dieser kurze Hinweis genügen. Doch sei ausdrücklich darauf aufmerksam gemacht, daß außer dieser Spannungsberechnung u. U. noch eine Berechnung der Knick-, Beul- und Kippsicherheit des Tragwerkes notwendig ist. Außerdem muß die räumliche Standsicherheit des Tragwerkes gesichert sein.

F. Stabvertauschungsverfahren.

97. Die Stabzahl in einem Knoten (Stäbigkeit). Der Knoten eines Tragwerkes heißt n-stäbig, wenn in ihm n Stäbe zusammenstoßen.

Von einem einstäbigen Knoten geht ein Stab aus, der Knoten ist ein Auflager, der Stab ein Auflagerstab. Von einem zweistäbigen Knoten gehen zwei Stäbe aus, dieser Knoten heißt auch einfacher Knoten.

Ein innerlich einfach standfestes Fachwerk von k Knoten besitzt $2k - 3$ Stäbe. Hat ein solches Fachwerk keinen ein- oder zweistäbigen Knoten, so besitzt es mindestens einen dreistäbigen Knoten. Denn wären alle Knoten mindestens vierstäbig, so hätte das Fachwerk $4k/2 = 2k$ Stäbe. Hat ein Fachwerk mehr wie drei Stützen, ist es also innerlich nicht standfest, dann hat es weniger wie $2k - 3$ Stäbe, es sind dann mehr drei- (oder ein- und zwei-) stäbige Knoten vorhanden.

Für die Berechnung der Fachwerke hat die Stäbigkeitszahl des Knotens Bedeutung. Ist an einem dreistäbigen Knoten eine Stabkraft bekannt, dann können die beiden anderen Stabkräfte durch einfache Zerlegung der bekannten Stabkraft und der etwa angreifenden Last in deren Richtungen ermittelt werden. An einem zweistäbigen Knoten, an welchem eine Last angreift, können beide Stabkräfte durch einfache Zerlegung berechnet werden.

Die Stabkräfte eines Fachwerkes können unmittelbar aus linearen Gleichungen mit höchstens zwei Unbekannten berechnet werden, wenn es möglich ist, die Gleichgewichtsbedingungen für die Knoten in einer solchen Reihenfolge zu ordnen, daß an jedem folgenden Knoten nur zwei unbekannte Stabkräfte auftreten, während die übrigen bereits vorher berechnet wurden, wobei mit einem zweistäbigen Knoten zu beginnen ist. Dies ist von Wichtigkeit bei der Berechnung von Fachwerken mit Kräfteplänen, welche weiter unten behandelt wird. Hier sollen zunächst zwei allgemeine Verfahren dargestellt werden, welche die Berechnung beliebig gestalteter Fachwerke gestatten.

98. Das Stabvertauschungsverfahren von MÜLLER-BRESLAU. Gegeben ist ein einfach standfestes Fachwerk mit seiner Belastung. Die Berechnung nach den üblichen Verfahren bereite Schwierigkeiten infolge seines verwickelten Aufbaues.

Dann verwandle man das Fachwerk F_0 durch Beseitigung von Stäben und Hinzufügung von ebenso vielen neuen Stäben, welche Ersatzstäbe heißen sollen, in ein Fachwerk F_e, von dem feststeht, daß es einfach standfest ist und dessen Stab- und Stützkräfte möglichst einfach zu berechnen sind. Die Spannkräfte der beseitigten Stäbe bringe man an dem neuen Fachwerk F_e als äußere Kräfte an, sie seien $Z_a, Z_b, \ldots Z_n$. Die Stabkräfte des Fachwerkes F_e sind nach dem Überlagerungsgesetz lineare Funktionen der Lasten P und der vorläufig unbekannten Kräfte Z:

$$S = \mathfrak{S}_0 + \mathfrak{S}_a Z_a + \mathfrak{S}_b Z_b + \cdots \mathfrak{S}_n Z_n. \tag{122}$$

$\mathfrak{S}_0$ ist dabei die Stabkraft im Fachwerk F_e, wenn sämtliche Kräfte Z gleich Null gesetzt werden, also nur die Lasten P wirken. $\mathfrak{S}_a$ ist die Stabkraft im Fachwerk F_e, wenn keine Lasten P wirken und die Kräfte $Z_b, \ldots Z_n$ Null sind, während die beiden Kräfte Z_a die Größe 1 haben. Dieser Belastungszustand soll kurz der Zustand $Z_a = 1$ heißen. $\mathfrak{S}_0$ ist abhängig vom Belastungszustand P, die Werte $\mathfrak{S}_a, \mathfrak{S}_b, \ldots \mathfrak{S}_n$ sind dagegen von ihm und untereinander unabhängig.

Die Stabkraft im Ersatzstab i heiße Y_i, es ist:

$$Y_i = Y_{i0} + Y_{ia} Z_a + Y_{ib} Z_b + \cdots Y_{in} Z_n. \tag{123}$$

Die Werte $Y_{i0}, Y_{ia}, \ldots$ sind die Werte $\mathfrak{S}_0, \mathfrak{S}_a, \ldots$ für den Stab i, Y_i ist der Wert S für diesen Stab. Setzt man nun die Stabkräfte $Y_i = 0$, so erhält man ein System von n linearen Gleichungen:

$$Y_a = 0 \qquad Y_b = 0 \qquad \ldots \qquad Y_n = 0 \tag{124}$$

aus welchen die n Stabkräfte Z berechnet werden können. Das Fachwerk F_0 ist einfach standfest, wenn die Determinante D des Systems von Null verschieden ist:

$$D = \begin{vmatrix} Y_{aa} & Y_{ab} & Y_{ac} & \ldots & Y_{an} \\ Y_{ba} & Y_{bb} & Y_{bc} & \ldots & Y_{bn} \\ \vdots & \vdots & \vdots & & \vdots \\ Y_{na} & Y_{nb} & Y_{nc} & \ldots & Y_{nn} \end{vmatrix} \gtrless 0. \tag{125}$$

Zu beachten ist, daß i. a. Y_{ab} nicht gleich Y_{ba} ist.

Da das Fachwerk F_e nach Voraussetzung einfach standfest ist, ist sowohl für F_e wie für F_0 die Bedingung $r + a = 2k$ erfüllt. Ist die Determinante $D = 0$, dann liegt der Ausnahmefall (Nr. 11) vor. Da gewöhnlich nur sehr wenige Y-Stäbe notwendig sind, ist die Berechnung der Determinante (125) viel einfacher wie diejenige der in Nr. 11.

Die Verwandlung eines Fachwerkes F_0 in ein Fachwerk F_e ist auch in verwickelten Fällen verhältnismäßig leicht möglich.

99. Knotenpunkte mit zwei unbekannten Stabkräften. Gegeben ist ein einfach standfestes Fachwerk mit seiner Belastung. Die Stabkräfte sind ausschließlich dadurch zu bestimmen, daß eine gegebene Kraft nach zwei Richtungen zerlegt wird.

Die Berechnung muß schrittweise durchgeführt werden durch Aufstellen der Gleichgewichtsbedingungen für jeden Knoten. Dabei dürfen an einem Knotenpunkt nur zwei unbekannte Stabkräfte vorkommen, in welche die Summenkraft der übrigen, am Knotenpunkt angreifenden Kräfte zerlegt wird.

Man beginnt mit der Berechnung an einem zweistäbigen oder falls ein solcher nicht vorhanden ist an einem dreistäbigen Knoten (Nr. 97), an welchem ein Stab als Z-Stab bestimmt werden muß. Dann geht man von Knotenpunkt zu Knotenpunkt weiter. Stößt man auf Knotenpunkte mit mehr als zwei unbekannten Stabkräften, so beseitigt man die überzähligen Stäbe und führt ihre Kräfte Z als Lasten ein. Da das Fachwerk nur die erforderliche Anzahl Stäbe besitzt, gelangt man auch zu Knoten, an welchen weniger als zwei unbekannte Stabkräfte angreifen. An diesen Knoten werden die Ersatzstäbe angebracht, wobei ein Ersatzstab sowohl zwischen zwei Knoten (eigentlicher Fachwerkstab) als auch zwischen einem Knoten und einem festen Punkt der Fachwerksebene (Auflagerstab) eingezogen werden kann. Hierauf berechnet man die Werte $\mathfrak{S}$ und stellt das Gleichungssystem Y auf.

Je nachdem an welchem Knoten begonnen wird, ergeben sich verschiedene Lösungen der Aufgabe. Man hat dann vor Beginn der Rechnung die verschiedenen Wege miteinander zu vergleichen, um mit möglichst wenigen Z-Kräften auszukommen und die Zwischenrechnungen einfach zu gestalten. Führt man Auflagerstäbe als Z-Stäbe ein, so wähle man ihre Richtungen so, daß einfache Rechnungen und übersichtliche Kräftezerlegungen entstehen. Bei symmetrischen Fachwerken empfiehlt sich mitunter die Einführung von mehr Z-Stäben, um die aus der Symmetrie folgenden Vereinfachungen ausnützen zu können. Das Ersatzstabverfahren wird hauptsächlich bei der Berechnung räumlicher Fachwerke angewendet.

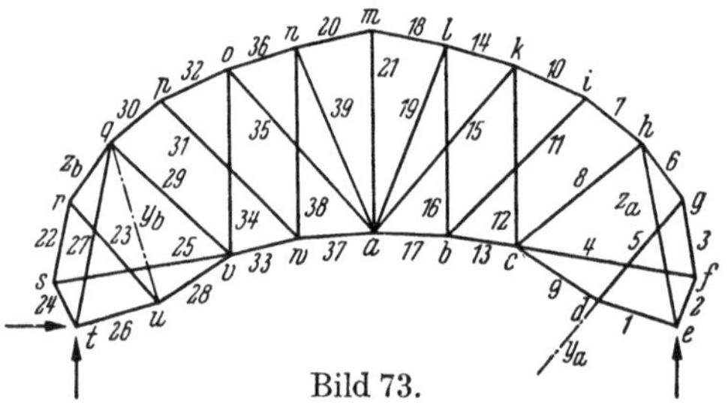

Bild 73.

Beispiele. 1. Das Fachwerk Bild 73 unter seiner gegebenen Belastung ist so zu berechnen, daß sämtliche unbekannten Stabkräfte durch Zerlegung nach zwei Richtungen gefunden werden.

Das Fachwerk hat 22 Knoten und 41 Stäbe, es gilt also $r + 3 = 2k$, das Fachwerk ist innerlich standfest, der Ausnahmefall liegt nicht vor. Stützen sind in den Knoten t und e, und zwar ist t ein festes Auflager, e eine einfache Stütze. Damit ist das Fachwerk vollkommen standfest. Die geringste Stabzahl an einem Knoten ist drei, die Berechnung durch einfache Kräftezerlegung kann danach nirgends begonnen werden.

Als Stab Z_a werde der Stab eh gewählt, wodurch das Stabsechseck c bis h eine Beweglichkeit erhält. Man entfernt den Stab Z_a und berechnet durch einfache Kräftezerlegung die Stabkräfte 1 bis 8. An Knoten d ist nur ein Stab zu berechnen, hier setzt man einen Stützstab Y_a an, wodurch das Sechseck wieder standfest wird. Dann berechnet man Y_a und Stab 9, anschließend die Stäbe

10 bis 21. Sowohl in Knoten a als auch in Knoten n sind jeweils drei unbekannte Stabkräfte vorhanden, so daß ein zweiter Z-Stab gewählt werden muß. Man fährt an der linken Trägerhälfte mit der Berechnung fort, wählt Stab qr als Stab Z_b und berechnet die Stäbe 22 bis 27. Am Knoten u ist nur eine unbekannte Stabkraft zu berechnen, hier wird der Stab Y_b eingezogen, zum Knoten q. Nach Berechnung von Stab 28 und Y_b ermittelt man die Stabkräfte 29 bis 39, womit sämtliche Stabkräfte bekannt sind. Der Stab 39 kann sowohl von Knoten n wie von Knoten a aus berechnet werden, was eine Rechenkontrolle ergibt.

Der Gang der Berechnung ist nun folgender. Das Fachwerk, in welchem die Stäbe Z_a und Z_b entfernt sind, wird folgenden Belastungen unterworfen:

1. der gegebenen Belastung. Die hierdurch entstehenden Stabkräfte sind
$$\mathfrak{S}_0, \quad Y_{a0}, \quad Y_{b0}.$$
2. der Belastung $Z_a = 1$. Die hierdurch entstehenden Stabkräfte sind
$$\mathfrak{S}_a, \quad Y_{aa}, \quad Y_{ab}.$$
3. der Belastung $Z_b = 1$. Die hierdurch entstehenden Stabkräfte sind
$$\mathfrak{S}_b, \quad Y_{ba}, \quad Y_{bb}.$$

Dann bildet man die Stabkräfte: $Y_a = Y_{a0} + Y_{aa} Z_a + Y_{ab} Z_b = 0$. $Y_b = Y_{b0} + Y_{ba} Z_a + Y_{bb} Z_b = 0$ und berechnet hieraus Z_a und Z_b. Die übrigen Stabkräfte ergeben sich dann aus der Gl. (122).

Bei dem symmetrischen Fachwerk hätte man zweckmäßig den dem Stab eh entsprechenden Stab tq als Stab Z_t gewählt, da dann die Stabkräfte für die Belastungsfälle 2 und 3 antimetrisch gleich geworden wären, ebenso $Y_{ba} = Y_{ab}$. Außerdem kann man Y_a für jeden Belastungsfall schon nach Berechnung der Stabkraft 1 berechnen, so daß man sehr wenig Rechenarbeit zur Ermittlung der Z_a und Z_b hat. Man wird dann auch nicht die ganze Berechnung mit Gl. (122) durchführen, sondern nur zwei Stabkräfte, etwa 1 und 26 berechnen, womit die übrigen dann zu berechnen sind. Solche Überlegungen müssen im Einzelfall immer angestellt werden, um Rechenarbeit zu sparen.

Der Stab Y_a wurde als Auflagerstab gewählt. Zweckmäßig legt man ihn in die Richtung der Stäbe, welche von Knoten d ausgehen. Hier wurde die Richtung des Stabes 5 gewählt. Der Kräfteplan für Knoten d liefert dann die Stabkräfte S_{cd} und $Y_a - S_{dg}$. Man braucht auch gar keinen Stab Y_a einführen, sondern berechnet den Stab 5 zum zweitenmal aus dem Kräfteplan für Knoten d. Diesen Wert setzt man demjenigen gleich, welcher am Knoten g gewonnen wurde und erhält damit ebenfalls eine Bedingung für Z_a, welche zu demselben Ergebnis führt wie vorher.

Die Kräftezerlegung kann auch rechnerisch vorgenommen werden, indem man auf zwei Richtungen projiziert und die Gleichgewichtsbedingungen aufstellt.

2. Für den Parallelträger Bild 74 ist nachzuweisen, daß er einfach standfest ist.

Der Träger hat parallele Gurten, einen nach rechts steigenden und einen nach rechts fallenden Strebenzug. Jede Strebe des einen Zuges wird durch die Strebe des anderen Zuges in vier gleiche Teile geteilt, das Fachwerk ist daher vierteilig. Die spitzen Neigungswinkel der Streben gegen die Gurten sind alle gleich β, die Schnittpunkte zweier Streben sind Knotenpunkte. Die Anzahl der Knoten ist 51, die Anzahl der Stäbe 99, die Anzahl der Stützen 3, also $r + 3 = 2k$. Da das Fachwerk aber nicht durch zweistäbigen Anschluß gebildet ist, muß seine Standfestigkeit noch nachgewiesen werden.

Es werden nach Bild 74b zwei Stäbe Z_a und Z_b aus dem Tragwerk entfernt und dafür zwei Stäbe Y_a und Y_b eingezogen. Hierdurch entsteht in Trägermitte ein einwandfrei einfach standfestes Dreiecksfachwerk, aus welchem das Tragwerk durch zweistäbigen Anschluß gebildet werden kann, so daß es ebenfalls einfach standfest ist. Zum Nachweis der Standfestigkeit des ursprünglichen Fachwerkes ist die Determinante (125) zu berechnen. Hierbei sind vier Fälle zu unterscheiden je nach der Anzahl n der Felder in einer Trägerhälfte, und zwar für $n = 4a + 1$, $n = 4a + 2$, $n = 4a + 3$, $n = 4a + 4$, wo a die natürliche Zahlenreihe 0, 1, 2, 3... durchlaufen kann. Wie man sich durch Verfolgen der Strebenzüge, an welchen die Kräfte $Z_a = 1$ angreifen, überzeugen kann, entstehen in dem mittleren Fachwerkskern für jedes a nur vier

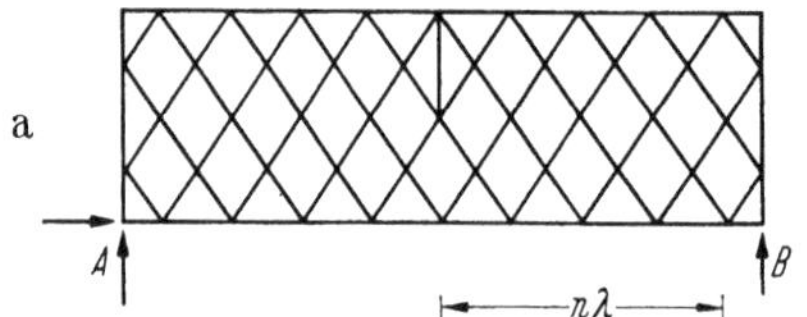

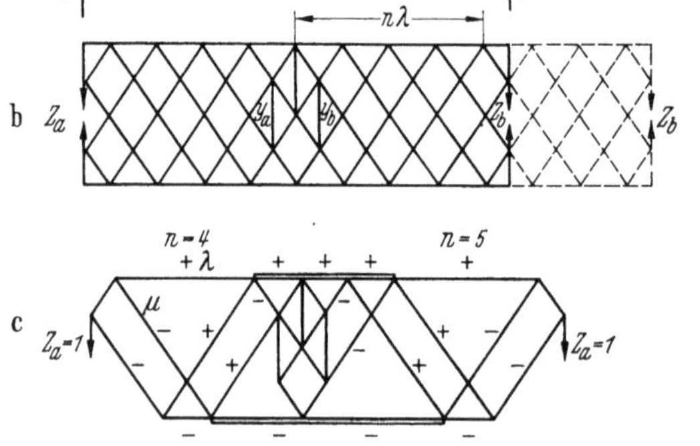

Bild 74a—c.

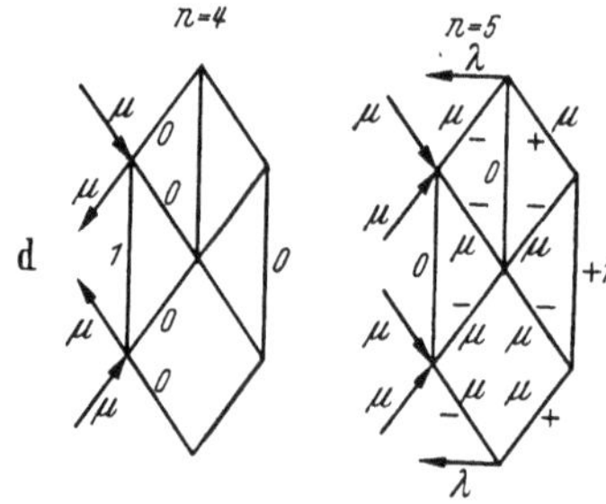

Bild 74d.

Belastungsfälle, von denen zwei die negativen Stabkräfte der anderen beiden ergeben. Es genügt daher die Untersuchung der beiden Fälle $n = 4$ und $n = 5$. In Bild 74c sind links die Stabkräfte für $n = 4$ und rechts für $n = 5$ für eine Teillast $Z_a = 1$ aufgetragen, spannungslose Stäbe sind weggelassen. Die Übereinanderlagerung der beiden zusammengehörigen Spannungszustände für die Vollbelastung $Z_a = 1$ ergibt die in Bild 74d und e dargestellten Belastungen des mittleren Fachwerkskernes. Hieraus folgt:

$$\text{für } n = 4 \quad Y_{aa} = 1, \quad Y_{ab} = 0; \qquad \text{für } n = 5 \quad Y_{aa} = 0, \quad Y_{ab} = 1.$$

In beiden Fällen ist wegen der Symmetrie $Y_{aa} = Y_{bb}$, $Y_{ab} = Y_{ba}$. Die Determinante wird also:

$$\text{für } n = 4: \quad D_4 = \begin{vmatrix} 1 & 0 \\ 0 & 1 \end{vmatrix} = 1, \qquad \text{für } n = 5: \quad D_5 = \begin{vmatrix} 0 & 1 \\ 1 & 0 \end{vmatrix} = -1.$$

Beide Fachwerkssysteme sind also brauchbar, damit aber sämtliche Fachwerke für beliebiges a.

Auf eine weitere Untersuchung des Fachwerkes wird hier verzichtet.

100. Das Ersatzstabverfahren von Henneberg. Gegeben ist ein innerlich standfestes Fachwerk F_0 mit k Knoten und $r = 2k - 3$ Stäben. Die Knoten des Fachwerkes seien mit Kräften belastet, in welchen die drei Stützkräfte inbegriffen seien, welche daher ein Gleichgewichtssystem bilden. Die Stabkraft im Stab ik sei S_{ik}, die Stabkräfte seien zu berechnen, und zwar durch die Gleichgewichtsbedingungen am einzelnen Knoten.

Das Fachwerk besitze keinen zweistäbigen Knoten, so daß sicher ein dreistäbiger vorhanden ist. Ein solcher sei der Knoten p, in welchem die drei Stäbe pa, pb, pc zusammenlaufen. Da die Schwierigkeit der Berechnung darin liegt, daß sich die Last P_p auf unendlich viele Arten in die drei Richtungen pa, pb, pc zerlegen läßt, muß eine Bedingung gefunden werden, welche eine eindeutige Zerlegung ermöglicht.

Aus dem Fachwerk F_0 bilde man durch Weglassen des Knotens p mit seinen drei Stäben das Fachwerk F'_e mit $k-1$ Knoten und $r-3$ Stäben. Für dieses gilt $r'_1 = 2k-2$, es ist innerlich nicht standfest und besitzt eine Beweglichkeit, welche aber nicht das ganze Fachwerk zu umfassen braucht. Doch seien die Punkte a, b gegeneinander verschieblich, was durch Einfügen eines Ersatzstabes ab aufgehoben wird. Das hierdurch entstehende innerlich standfeste Fachwerk heiße F_e.

Dieses Fachwerk werde nun mit den Lasten P und den Stabkräften S_{pa}, S_{pb}, S_{pc} belastet, wobei in seinen Stäben dieselben Stabkräfte S_{ik} entstehen wie im Fachwerk F_0 unter der gegebenen Belastung. Die Stabkraft S_{ab} im Ersatzstab ab muß dabei Null werden. Bestimmt man S_{ab} also als Funktion der Stabkräfte S_{pa}, S_{pb}, S_{pc} und setzt $S_{ab}=0$, dann hat man eine Bedingung, welche die drei Stabkräfte erfüllen müssen und welche genügt, um die Zerlegung der Last P'_p in die drei Richtungen pa, pb, pc eindeutig durchzuführen.

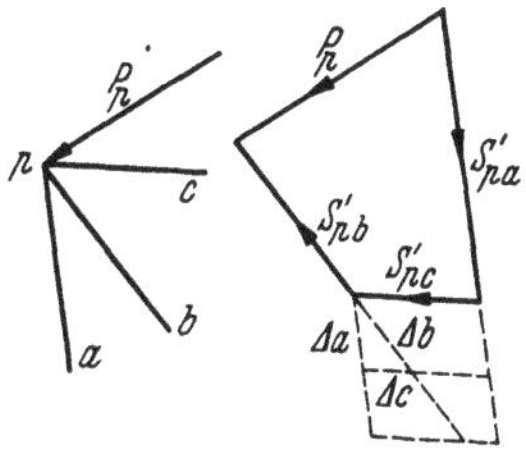

Bild 75.

Die Last P_p werde auf eine beliebige Art nach den drei Richtungen pa, pb, pc zerlegt, die drei Teilkräfte seien S'_{pa}, S'_{pb}, S'_{pc}. Ferner seien S''_{pa}, S''_{pb}, S''_{pc} drei Kräfte in den Stäben pa, pb, pc, welche unter sich im Gleichgewicht sind. Dann läßt sich jede weitere Zerlegung von P_p in die drei Stabrichtungen in der Form darstellen (Bild 75):

$$S_{pa} = S'_{pa} + \lambda S''_{pa} \qquad S_{pb} = S'_{pb} + \lambda S''_{pb} \qquad S_{pc} = S'_{pc} + \lambda S''_{pc},$$

da stets $\Delta a : \Delta b : \Delta c = S''_{pa} : S''_{pb} : S''_{pc}$.

Das Fachwerk F_e werde nun belastet:

1. mit den gegebenen Lasten P_i, wozu auch Lasten in den Knoten a, b, c gehören und den Lasten S'_{pa}, S'_{pb}, S'_{pc} in den Knoten a, b, c. Dies gibt im Fachwerk die Stabkräfte S'_{ik}.

2. mit den drei Kräften S''_{pa}, S''_{pb}, S''_{pc} in den Knoten a, b, c. Dies gibt im Fachwerk die Stabkräfte S''_{ik}.

3. mit den Lasten P_i, wozu auch Lasten in den Knoten a, b, c gehören und den Lasten S_{pa}, S_{pb}, S_{pc}. Dies gibt im Fachwerk die Stabkräfte:

$$S_{ik} = S'_{ik} + \lambda S''_{ik}. \tag{126}$$

Soll nun die dritte Belastung die Stabkräfte des Fachwerkes F_0 ergeben, dann muß sein:

$$S_{ab} = S'_{ab} + \lambda S''_{ab} = 0 \tag{127}$$

woraus der Faktor λ und die übrigen Stabkräfte berechnet werden können.

Ist das Fachwerk F_e einfach standfest, dann kann sein:

1. $S''_{ab} \lessgtr 0$. Dann gibt es einen und nur einen endlichen Wert λ, welcher der Gl. (127) genügt. Das Fachwerk F_0 ist ebenfalls einfach standfest.

2. $S''_{ab} = 0$. Dann ist $S'_{ab} = 0$ und es besteht diese zusätzliche Bedingung zwischen den Lasten P_i. Ist diese Bedingung erfüllt, dann hat λ unendlich viele endliche Werte, das Fachwerk F_0 ist mehrfach standfest.

Bei diesem Verfahren ist die Berechnung des Fachwerkes F_0 mit k Knoten auf jene eines Fachwerkes mit $k-1$ Knoten zurückgeführt. Kommt man bei der Berechnung des Fachwerkes F_e wieder an nur mindestens dreistäbige Knoten, dann muß man für das restliche Fachwerk das Verfahren wiederholen. Praktisch wird man den Rechnungsgang freilich umdrehen. Zunächst muß man dann die Fachwerke F_e bestimmen und das mit der niedersten Knotenzahl zuerst berechnen, dann die folgenden und zuletzt das Fachwerk F_0.

Beispiel. Das Fachwerk Bild 73 (Beispiel 1 von Nr. 99) ist mit dem Ersatzstabverfahren zu berechnen.

Dreistäbige Knoten sind: (d, u), (e, t), (f, s), (g, r), (i, p), m. Gewählt werde als erster Knoten e, so daß die drei Stäbe ed, eh, ef wegfallen und df als Ersatzstab eingezogen wird. Dann sind wieder nur dreistäbige Knoten vorhanden, so daß ein weiterer Knoten beseitigt werden muß. Dies sei der Knoten f mit den Stäben fd, fi, fg und dem Ersatzstab ki. Nun kann man an dem Knoten d mit der Berechnung beginnen (Stäbe dg, di) und kann bis zum Knoten n rechnen, wo wieder drei unbekannte Stabkräfte auftreten. Man wiederholt die Beseitigung zweier Knoten symmetrisch und kann das zweite Ersatzfachwerk fertig berechnen. Damit ist grundsätzlich die Lösung gefunden, man hat jetzt stufenweise die verschiedenen Fachwerke nach der oben gegebenen Vorschrift zu berechnen und die beiden Werte λ zu ermitteln, worauf die Stabkräfte des ursprünglichen Fachwerkes ermittelt werden können.

101. Vergleich zwischen dem Stabvertauschungs- und dem Ersatzstabverfahren. Beim Stabvertauschungsverfahren wird ein Stab gegen einen anderen ausgetauscht, das Fachwerk behält Knoten- und Stabzahl. Beim Ersatzstabverfahren wird ein Knoten durch einen Stab ersetzt, die Berechnung des Fachwerkes wird auf eine solche eines Fachwerkes mit geringerer Stabzahl zurückgeführt. Beide Verfahren sind ganz allgemein und führen stets zum Ziel. Doch bietet das Stabvertauschungsverfahren mehr Möglichkeiten zu bequemen Rechnungsgängen, während das Ersatzstabverfahren meistens eine umständlichere Berechnung ergibt. Die Beispiele geben hier eine kennzeichnendes Bild von beiden Verfahren.

HENNEBERG bemängelt an dem MÜLLER-BRESLAUschen Verfahren, daß keine allgemeine Regel angegeben ist, welche die Verwandlung des gegebenen Fachwerkes F_0 in ein solches, welches einwandfrei einfach standfest ist, bestimmt. Dieser Einwand ist richtig, hat aber nur theoretische Bedeutung. Eine solche allgemeine Regel würde außerordentlich verwickelt und in der praktischen Statik kaum angewendet, ganz ebenso wie die geometrische Untersuchung der Fachwerksformen den Praktikern meist ganz unbekannt ist. Im gegebenen Fall läßt sich die Aufgabe, zum gegebenen Fachwerk F_0 das Fachwerk F_e zu finden, immer verhältnismäßig einfach und zweckmäßig lösen.

G. Der einfache Träger.

102. Der einfache Träger. Der einfache Träger ist ein Stab auf zwei Auflagern A und B, wobei im Punkte A zwei Stützen A und W, im Punkte B eine Stütze B angebracht sind. Die Stabachse liege normal zur Hauptlastrichtung, die Stützkräfte A und B werden parallel dieser angenommen, die Stützkraft W liege in der Stabachse. Der Abstand der Stützen A, B, die Stützweite, sei l. Die Stabachse des Trägers sei die x-Achse, normal zu ihr in der Tragwerksebene sei die z-Achse, so daß die Drehrichtung $z - x$ positiv ist; für den Punkt A ist $x = 0$.

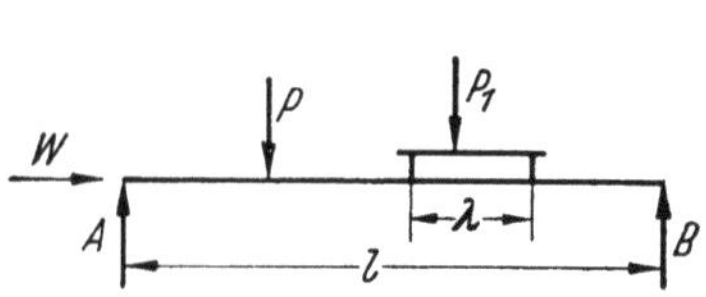

Bild 76.

Als Belastung des Trägers kommt in Betracht:

a) Lasten normal zur Trägerachse: stetige Belastung, Einzellast, Gruppe von Einzellasten, verschiebbares System von Einzellasten;

b) Lasten parallel zur Trägerachse: Last in der Trägerachse, Last außerhalb der Trägerachse (Moment und Normalkraft), reines Moment.

Ferner ist unmittelbare und mittelbare Belastung möglich. Bei unmittelbarer Belastung greift die Last am Träger selbst an, bei mittelbarer Belastung werden die Lasten durch Querträger vom Abstand λ auf den Träger abgesetzt.

Die technische Verwirklichung der Stützung und der Lastübertragung bleibe hier außer Betracht, für den Träger gelten auf alle Fälle die Annahmen der Nr. 55 für den geraden Stab. Der Einfluß der verschiedenen Lastarten wird getrennt untersucht.

103. Stetige Vollbelastung. Der Träger sei normal zur Stabachse durchgehend belastet, die Last auf die Längeneinheit sei p. Die Lastrichtung gehe von oben nach unten, an jeder Stelle des Trägers werde die dort wirkende Last p aufgetragen. Hierdurch entsteht eine Kurve $p = p(x)$, die *Belastungskurve* des Trägers. Die von der Belastungskurve, der Stabachse und den Endordinaten eingeschlossene Fläche heißt die *Belastungsfläche* des Trägers. Die Belastungskurve sei zunächst eine stetige Funktion der Abszisse x.

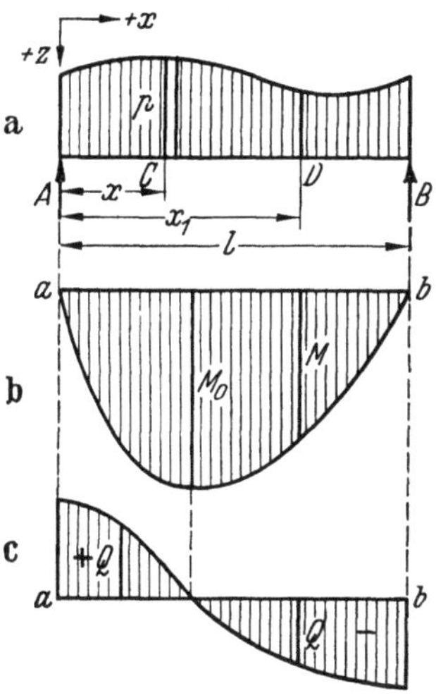

Bild 77.

a) *Stützkräfte.* Da nur senkrechte Lasten vorhanden sind, wirken nur die beiden Stützkräfte A und B. An einem Stabelement dx wirkt die Last $p \cdot dx$. Der Auflagerdruck A ergibt sich aus der Momentengleichung um B zu: $l \cdot dA = (l - x)p \cdot dx$, entsprechend ergibt sich B. Für die gesamte Belastung P ergibt sich also:

$$A = \frac{1}{l}\int_0^l p\,(l-x)\cdot dx \qquad B = \frac{1}{l}\int_0^l p\,x\cdot dx$$

$$P = \int_0^l p\cdot dx\,. \tag{128}$$

Die Summenkraft P habe von A den Abstand x_0, was gleich der Abszisse des Schwerpunktes der Belastungsfläche ist. Dann gilt:

$$x_0 P = B\cdot l \qquad (l - x_0)\cdot P = A\cdot l\,. \tag{129}$$

b) *Momente.* Um den Punkt D mit der Abszisse x_1 ist das Moment der äußeren Kräfte bei Belastung mit der Kraft $p\cdot dx$ im Punkte x: $dM' = -\,x_1\cdot dA + (x_1 - x)p\cdot dx$. Bei Vollbelastung des Trägers ergibt dies: $M' = -\,x_1 A + \int_0^{x_1}(x_1 - x)p\cdot dx$. Dieses Moment dreht das linke Schnittufer im Punkte D gegen das rechte Schnittufer in negativem Sinne.

Schneidet man den Stabteil AD heraus, so muß an ihm Gleichgewicht herrschen, am linken Schnittufer in D dreht also das Moment $M = -M'$ als äußere Belastung. Unter dem in einem Querschnitt wirkenden Moment werde nun immer das Moment am linken Schnittufer verstanden. Das positive Biegungsmoment des Querschnittes biegt den Träger nach unten durch, erzeugt also positive Verschiebungen w, der Krümmungshalbmesser der Biegungslinie zeigt von der Kurve nach oben, in der positiven Richtung der Querkräfte.

Zu beachten ist also: *Verfolgt man den Verlauf des Momentes längs des Trägers, dann wird immer das Schnittmoment am linken Ufer betrachtet. Stellt man Gleichgewichtsbedingungen auf, dann ist das an der betrachteten starren Scheibe angreifende Moment der äußeren Kräfte zu nehmen.*

Das Moment im Querschnitt D ist also:

$$M = +\,A\,x_1 - \int_0^{x_1}(x_1 - x)p\,dx\,. \tag{130}$$

In den Auflagerpunkten A und B ist das Moment Null, zwischen beiden hat es mindestens ein Maximum M_0, unter Umständen mehrere, sowie Wendepunkte, was von der Funktion p abhängt.

Der Wert von $+M$ wird über der Stabachse aufgetragen, und zwar auf der konvexen Seite der entstehenden Krümmung. Die entstehende Kurve heißt die *Momentenlinie* des Trägers unter der gegebenen Belastung, die Fläche zwischen der Kurve, der Abszissenachse und den Endordinaten die *Momentenfläche.*

c) *Querkraft.* Im Punkte D ist die Querkraft, die Summe aller am linken Trägerteil angreifenden Kräfte:

$$Q = A - \int_0^{x_1} p \cdot dx\,. \tag{131}$$

Wird die Stabachse als x-Achse genommen, so wird auf der $+z$-Seite ein Augenpunkt mit Blickrichtung gegen den Träger gewählt. Die positive Richtung der Querkraft ist dann in Blickrichtung, also in Richtung $-z$. Für die Querkräfte am rechten Trägerteil sind alle Vorzeichen umgekehrt. Für $x_1 = 0$ wird $Q = A$.

Die Querkraft wird wie das Moment und die Belastung von der Stabachse an aufgetragen, und zwar positiv in Richtung $-z$. Die entstehende Kurve heißt die *Querkraftlinie* des Trägers unter der gegebenen Belastung, die Fläche zwischen Kurve, Abszissenachse und Endordinaten die *Querkraftsfläche.* Wie aus Gl. (130) durch Differentiation nach x_1 folgt, ist:

$$\frac{dM}{dx} = Q \tag{132}$$

eine Beziehung, welche ganz allgemein für die Querkraft gilt, wie in Nr. 15 nachgewiesen.

Die Momentenlinie hat also da Extremwerte, wo die Querkraft Null ist. Momentenlinie und Querkraftlinie kennzeichnen den Spannungszustand des Trägers unter der gegebenen Belastung, man faßt sie daher auch unter dem Namen *Zustandslinien* zusammen.

Aus der Gl. (131) folgt durch Differentiation nach x:

$$\frac{dQ}{dx} = -p \tag{133}$$

und mit Gl. (132) zusammen:

$$\frac{d^2 M}{dx^2} = -p\,. \tag{134}$$

Dies ist die Differentialgleichung der Momentenlinie. Aus ihr geht hervor, daß die Momentenlinie Wendepunkte in den Nullpunkten der Belastungslinie hat. Ist die Belastung auf einer Strecke des Trägers Null, dann ist die Momentenlinie auf dieser Strecke eine Gerade.

Gl. (134) ist die Differentialgleichung einer Seilkurve. Wie früher nachgewiesen, ist das Moment die Ordinate eines Seileckes (Nr. 51, 52 u. 53) mit der Polweite 1 und den Lasten p als Kräften. Dieses Ergebnis wurde hier rechnerisch gefunden.

104. Stetige Teilbelastung. Der Träger sei auf einer Strecke λ mit der stetigen Belastung p belastet, auf den Strecken a und b sei die Belastung Null. Die Stützkräfte ergeben sich nach den Gl. (128), die Grenzen der Integrale sind a und $a + \lambda$. Das Moment auf der Strecke a ist: $M_a = -x \cdot A$, das Moment auf der Strecke λ läßt sich durch die Momente M_a, M_b und M_1 darstellen (Bild 78):

$$M = M_a \frac{\lambda - x'}{\lambda} + M_b \frac{x'}{\lambda} + M_1\,. \tag{135}$$

Der Träger mit der Stützweite λ unter derselben Belastung p habe die Auflagerkräfte A', B', sein Moment an der Stelle x' sei M_1'. Es ist

$A' = \frac{l - x_0 - b}{\lambda} P = \frac{1}{\lambda}(Al - Pb)$, $B' = \frac{x_0 - a}{\lambda} P$, $M_a = Aa$, $M_b = Bb$. Setzt man diese Werte ein, so wird $M = M_1 + Ax - A'x'$. Dabei werden immer die Momente am linken Schnittufer betrachtet.

Für das Moment M_1' ergibt sich aus Gl. (130) $M_1' = +A'x_1' - \int (x_1' - x')\, p \cdot dx = +A'x_1' - x_1' \int p \cdot dx + \int x' p \cdot dx$. Die Integrationsgrenzen sind 0 und x_1'. Dabei wird: $\int p \cdot dx = -Q \Big|_0^{x_1'} = -Q_1' + A'$; $\int x' p \cdot dx = -\int x'\, dQ = -x'Q' + \int Q'\, dx' = -x'Q' + \int dM'$. Setzt man hierin die Integrationsgrenzen ein, so wird dies: $-x_1' Q_1' + M_x' - M_0'$, womit: $M_1' = M_x' - M_0'$. Andererseits wird: $M = Ax - \int_0^{x_1} (x_1 - x)\, p \cdot dx = Ax - \int_a^{x_1} (x_1 - x)\, p \cdot dx$. Führt man hierin $x' = x - a$ ein, so wird dies: $M = Ax - x_1' \int p \cdot dx' + \int x' p \cdot dx'$ mit den Integrationsgrenzen 0 und x_1'.

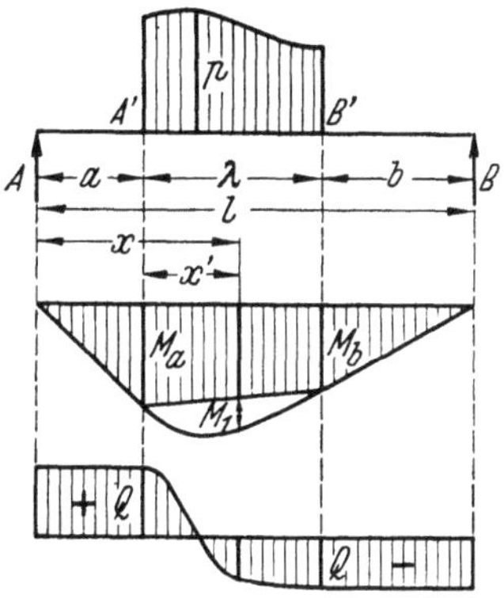

Bild 78.

Mit den bereits gefundenen Werten der Integrale gibt dies: $M = Ax - A'x_1' + M_x' - M_0' = Ax - A'x_1' + M_1$. Vergleich mit dem oben angegebenen Wert von M gibt $M_1 = M_1'$.

Das Moment M_1 ist daher das Moment des Balkens mit der Stützweite λ unter der Belastung p.

Damit ist die Berechnung des Trägers mit der Teilbelastung auf diejenige eines Trägers mit Vollbelastung zurückgeführt.

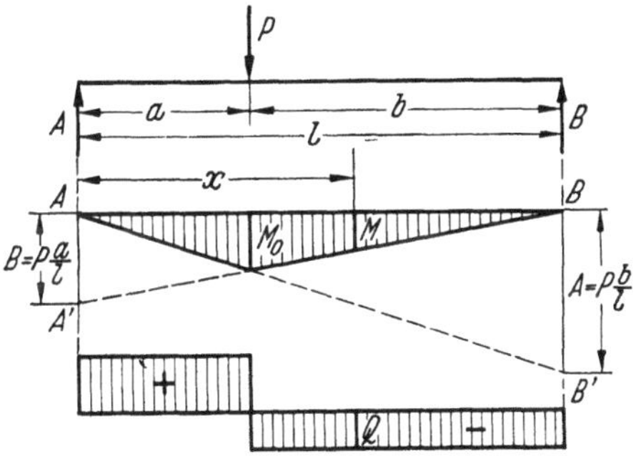

Bild 79.

105. Einzellast. Unmittelbare Belastung. An einer Stelle $x = a$ des Trägers wirke eine Einzellast P normal zur Stabachse. Die Auflagerkräfte A und B bestimmen sich zu:

$$A = P \cdot \frac{b}{l} \qquad B = P \cdot \frac{a}{l}. \tag{136}$$

Das Moment an irgendeiner Stelle x:

$$M = P\frac{b}{l}x \text{ für } x < a; \quad M = P\frac{a}{l}(l - x) \text{ für } x > a; \quad M = P\frac{ab}{l} \text{ für } x = a. \tag{137}$$

Über das Vorzeichen des Momentes s. Nr. 103.

Die Momentenlinie kann einfach gezeichnet werden, wenn auf der Ordinate im Punkte B der Auflagerdruck A aufgetragen und der Endpunkt B' mit dem Punkte A verbunden wird. Ebenso wird im Punkte A die Ordinate $B = Pb/l$ aufgetragen und der Endpunkt A' mit B verbunden. Beide Geraden zusammen ergeben die Momentenlinie, welche ein Dreieck mit der Spitze unter P ist.

Die Querkraft ist:

$$Q = P\frac{b}{l} \text{ für } x < a; \qquad Q = P\frac{a}{l} \text{ für } x > a. \tag{138}$$

Ihr Vorzeichen ist in Nr. 103 bestimmt. Unter der Einzellast macht die Querkraft einen Sprung vom Betrag P, im linken Schnittufer hat sie die Größe Pb/l, im rechten die Größe Pa/l.

106. Einzellast. Mittelbare Belastung. Auf einen Träger AB wirke die Last P durch Vermittlung zweier Querträger in den Punkten C, D. Die Last P greift unmittelbar an dem Längsträger CD an, welcher ebenfalls ein einfacher Träger ist. Auf den Träger AB wirken dann die negativen Auflagerdrücke C, D dieses Längsträgers. C und D berechnen sich nach Nr. 105 zu $C = P\frac{b_1}{\lambda}$, $\quad D = P\frac{a_1}{\lambda}$. Die Auflagerdrücke A, B ergeben sich aus:

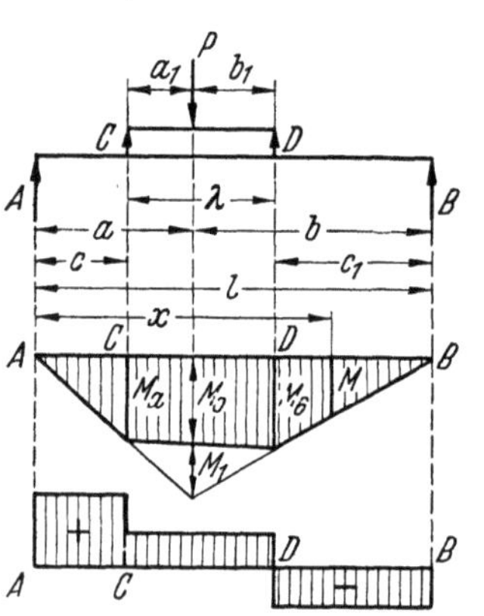

Bild 80.

(B) $\quad Al = P\frac{b_1}{\lambda}(c_1 + \lambda) + P\frac{a_1}{\lambda}\cdot c_1$

$= P\frac{1}{\lambda}(b_1 c_1 + b_1\lambda + a_1 c_1) = P(b_1 + c_1) = Pb$;

entsprechend $Bl = Pa$. Die Auflagerdrücke bestimmen sich also aus den Gl. (136), als ob die Last P unmittelbar angreife.

Bei der Berechnung der Momente sind drei Stabteile zu unterscheiden. Von A bis C ist das Moment: $M = Ax$ mit dem Grenzwert $M_a = Aa$ in C. Von B bis D ist das Moment: $M = B(l - x)$ mit dem Grenzwert $M_b = Bb$ in D. Von C bis P ist: $M = Ax - C(x - c) = A - M_1$, von D bis P: $M = B(l - x) - D(l - x - c_1)$. Ersetzt man in letzterem Wert B durch $P - A$, D durch $P - C$, so ergibt sich nach einiger Umformung: $B(l - x) - D(l - x - c_1) = Ax - C(x - c) = (A - C)x + Cc$.

Die Momentenlinie zwischen den Querträgern C und D ist eine Gerade, welche die Ordinatenendpunkte von M_a und M_b verbindet. Das Moment auf dieser Strecke ist $M = M_u - M_1$, wobei M_u das Moment durch unmittelbare Belastung und M_1 das Moment des Längsträgers CD an der Stelle x ist.

Für $x < a$ und $x > a + \lambda$ wird M daher nach Gl. (137) berechnet, für die Strecke CD ist:

$$M = P\left[\left(\frac{b}{l} - \frac{b_1}{\lambda}\right)x + \frac{b_1}{\lambda}c\right] \qquad a < x < a + \lambda. \tag{139}$$

Das Vorzeichen ist wie in Nr. 105. Die Momentenlinie besteht aus drei Geraden. Unter P ist das Moment:

$$M_0 = P\left(\frac{ab}{l} - \frac{a_1 b_1}{\lambda}\right).$$

107. Kraglast. An einer Stelle $x = a$ wirke eine waagerechte Kraft P im Abstande h von der Stabachse. Die Stützkräfte bestimmen sich aus den Momentengleichungen um A und B und aus der Bedingung $\sum P = 0$ zu:

$$W = -P \qquad A = P\frac{h}{l} \qquad B = -P\frac{h}{l}. \tag{140}$$

Das Moment an irgendeiner Stelle x des Stabes ist:

$$M = +P\frac{h}{l}x \quad x < a \qquad M = -P\frac{h}{l}(l - x) \quad x > a. \tag{141}$$

Unter der Einzellast macht die Momentenlinie einen Sprung von der Größe Ph, im linken Schnittufer hat sie die Ordinate $+P\frac{h}{l}a$, im rechten Schnittufer die Größe $-P\frac{h}{l}b$. Über das Vorzeichen des Momentes s. Nr. 103.

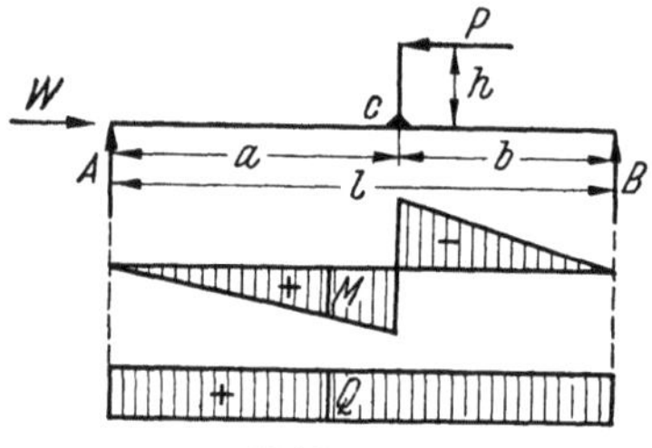

Bild 81.

Die Querkraft ist über die ganze Trägerlänge konstant:

$$Q = +P\frac{h}{l}. \tag{142}$$

Auf der Strecke AC wirkt im Träger eine Normalkraft N:

$$N = P \tag{143}$$

als Druckkraft, wenn $M = Ph$ positiv ist. In dem Stabteil CB wirkt keine Normalkraft.

108. Moment. Endmomente. An einer Stelle $x = a$ wirke ein Biegungsmoment M, entweder als reines Moment oder als ein Kräftepaar $Ph = M$. Auflagerkräfte, Moment und Querkraft bestimmen sich wie beim Moment aus Kraglast, dagegen ist die waagerechte Auflagerkraft $W = 0$ und im Stabe wirkt keine Normalkraft.

Ein Sonderfall liegt vor, wenn in den Endquerschnitten des Trägers je ein Moment M_a und M_b angreift (Bild 82c). Das Moment in A sei negativ, es wirkt am rechten Schnittufer (Endquerschnitt), das Moment in B sei positiv, es wirkt am linken Ufer. Die entstehenden Auflagerkräfte werden wie immer nach oben positiv gerechnet. Dann geben die Momentengleichungen um A und B:

für M_a allein: $Bl - M_a = 0 \qquad -Al - M_a = 0$

für M_b allein: $Bl + M_b = 0 \qquad -Al + M_b = 0$.

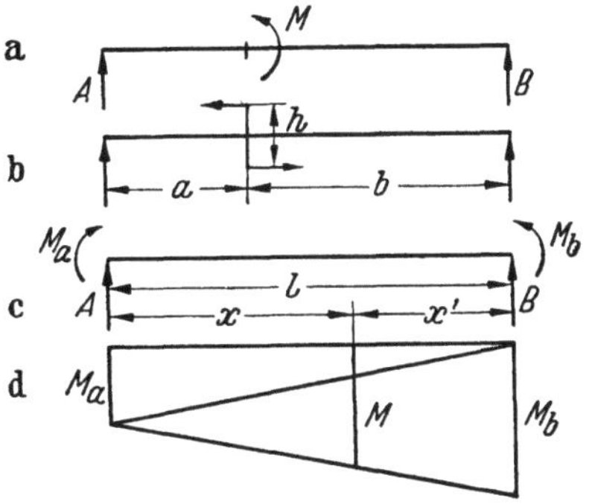

Bild 82.

Hieraus ergeben sich die Auflagerdrücke:

$$A = \frac{1}{l}(M_b - M_a) \qquad B = -\frac{1}{l}(M_b - M_a). \tag{144}$$

Das Moment am linken Schnittufer einer Stelle x des Balkens ist:
aus M_a: $+M_a + Ax$, aus M_b: $+M_b + Bx'$. Dies ergibt:

$$M = M_a \cdot \frac{x'}{l} + M_b \cdot \frac{x}{l}. \tag{145}$$

Die Querkraft wird:

$$Q = -\frac{1}{l}(M_a - M_b). \tag{146}$$

Dies ist wieder Gl. (17).

109. Mehrere Einzellasten. Der einfache Träger sei mit mehreren Einzellasten belastet. Der Abstand der Einzellast P_i vom Auflager A sei a_i und b_i vom Auflager B. Der Abstand der Einzellast P_n von der vorhergehenden Last P_{n-1} sei λ_n, so daß $\lambda_n = l - a_{n-1} - b_n$. Die Wirkung der Lastengruppe wird durch Überlagerung der Wirkungen der Einzellasten berechnet.

Die Auflagerdrücke werden:

$$A = \frac{1}{l}\sum P_i b_i \qquad B = \frac{1}{l}\sum P_i a_i.$$

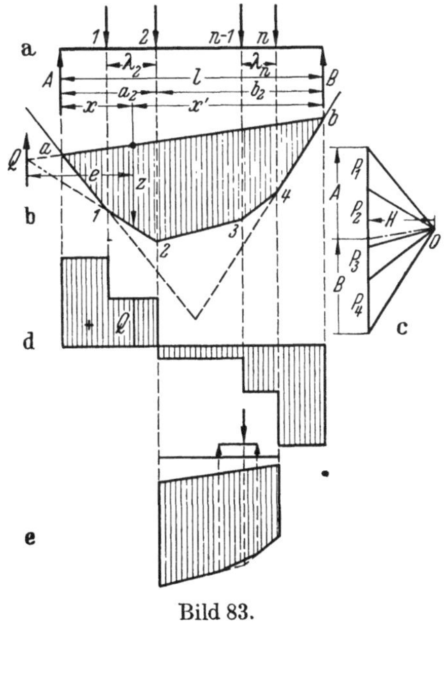

Bild 83.

Sie können ferner durch ein Seileck ermittelt werden. Man zeichnet das Krafteck der gegebenen Lasten (Bild 83c) und wählt einen Pol mit der Polweite H. Zu diesem Krafteck zeichnet man das Seileck, welches auf den Senkrechten durch die Auflager die Punkte a und b bestimmt. Die Verbindungsgerade ab heißt

Schlußlinie des Seileckes, der ihr parallele Polstrahl gibt im Krafteck die Auflagerdrücke A und B. Aus den äußersten Seilstrahlen ergibt sich auch die Lage der Summenkraft $R = \sum P$.

Das Moment in einem Punkt x ergibt sich aus Gl. (137) zu:

$$M = \frac{x'}{l} \sum_l P_i a_i + \frac{x}{l} \sum_r P_i b_i. \tag{147}$$

Die Summe $\sum_l$ erstreckt sich über alle Kräfte links, $\sum_r$ über alle Kräfte rechts des Querschnittes x.

Das Moment kann auch aus dem Seileck gefunden werden. Ist z die Ordinate zwischen Schlußlinie und Seileck im Punkt x, so ist: $M = Hz$.

Wird dabei H im Kräftemaßstab aufgetragen, so ist z eine Länge und muß im Längenmaßstab gemessen werden. Ist H als Länge aufgetragen, dann ist z als Kraft im Kräftemaßstab zu messen.

Wirken nicht alle Kräfte unmittelbar am Träger, sondern beispielsweise die Kraft P_{n-1} mittelbar, so ergibt sich der Verlauf der Momentenlinie zwischen den Querträgern nach Nr. 106 wie in Bild 83e gezeichnet.

Die Querkraft ist die Summe aller Kräfte links vom Querschnitt. Sie wird daher einfach aus dem Krafteck bestimmt. Ihre Lage ergibt sich aus dem Seileck, sie geht durch den Schnittpunkt der Schlußlinie mit der Seileckseite, welche zum Querschnitt x gehört. Der Abstand e der Querkraft vom Querschnitt x ergibt sich aus: $M_x = e \cdot Q_x$. Das Vorzeichen der Querkraft ist bereits früher festgelegt, am linken Auflager ist sie gleich dem Auflagerdruck A und positiv nach oben gerichtet wie dieser. Sie wechselt das Zeichen, wenn sie von der linken Seite auf die rechte Seite des Seilecks wechselt. Dies gibt die Regel:

Wachsen mit zunehmender Abszisse die Ordinaten z, so ist die Querkraft positiv, nimmt z ab, so ist die Querkraft negativ.

Rechnerisch ergibt sich die Querkraft aus:

$$Q_n = \frac{M_n - M_{n-1}}{\lambda_n} \tag{148}$$

wobei die Momente jeweils am rechten Schnittufer zu messen sind.

Unter jeder Einzellast hat die Querkraft einen Sprung vom Betrag dieser Last, also:

$$Q_{n+1} = Q_n - P. \tag{149}$$

Zusammen mit Gl. (148) ergibt dies eine Beziehung zwischen den Momenten unter drei aufeinanderfolgenden Kräften:

$$\frac{M_{n+1} - M_n}{\lambda_{n+1}} - \frac{M_n - M_{n-1}}{\lambda_n} = -P_n. \tag{150}$$

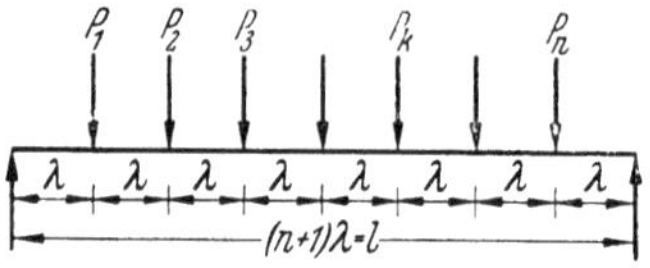

Bild 84.

Mit diesen Gleichungen können die Momente unter den Lasten berechnet werden. Besonders einfach wird die Berechnung, wenn alle Lasten gleichen Abstand voneinander haben, also $\lambda_{n+1} = \lambda_n = \lambda$ und die Abstände der ersten und letzten Last von den Auflagern ebenfalls λ sind. Unter der Last P_1 ist das Moment $M_1 = A\lambda$ $= Q_1 \lambda$. Ferner gilt: $Q_k + B = \sum_k^n P_r = b_k$ wo die Summe alle Kräfte rechts von P_k, diese eingeschlossen, umfaßt. Dann werde gesetzt: $\frac{M_1}{\lambda} + B = b_1 = a_1$, ferner $\frac{M_2}{\lambda} = \frac{M_1}{\lambda} + Q_2$, also: $\frac{M_2}{\lambda} + 2B = \frac{M_1}{\lambda} + Q_2 + 2B = a_1 + b_2 = a_2$, $\frac{M_k}{\lambda} + kB = a_{k-1} + b_k = a_k$; $\frac{M_{n+1}}{\lambda} + (n+1)B = a_n + b_{n+1} = a_{n+1}$. Wegen $M_{n+1} = 0$ ist: $B = \frac{a_{n+1}}{n+1}$ und: $\frac{M_k}{\lambda} = a_k - \frac{k}{n+1} a_{n+1}$.

Dies gibt folgendes Rechenschema, wobei die Berechnung der b bei P_n beginnt

P_k	b_k	a_k	$c_k = \frac{a_{n+1}}{n+1}\,k$	$M_k/\lambda =$
P_1	$b_2 + P_1 = b_1$	$0 \quad + b_1 \quad = a_1$	$\frac{a_{n+1}}{n+1} \cdot 1$	$a_1 - c_1$
P_2	$b_3 + P_2 = b_2$	$a_1 \quad + b_2 \quad = a_2$		
$\vdots$	$\vdots \quad \vdots$	$\vdots \quad \vdots \quad \vdots$	$\vdots$	$\vdots$
P_{k-1}	$b_k + P_{k-1} = b_{k-1}$	$a_{k-2} + b_{k-1} = a_{k-1}$	$\frac{a_{n+1}}{n+1}(k-1)$	$a_{k-1} - c_{k-1}$
$\vdots$	$\vdots \quad \vdots$	$\vdots \quad \vdots \quad \vdots$	$\vdots$	$\vdots$
P_{n-1}	$b_n + P_{n-1} = b_{n-1}$	$a_{n-2} + b_{n-1} = a_{n-1}$	$\frac{a_{n+1}}{n+1}(n-1)$	
P_n	$0 + P_n = b_n$	$a_{n-1} + b_n \quad = a_n$	$\frac{a_{n+1}}{n+1} \cdot n$	$a_n - c_n$
0	$b_{n+1} = 0$	$a_n \quad + 0 \quad = a_{n+1}$	a_{n+1}	$a_{n+1} - c_{n+1}$

Noch einfacher wird die Berechnung, wenn die Belastung symmetrisch zur Trägermitte ist. Dann gilt:

$$\frac{M_k}{\lambda} = \frac{M_{k-1}}{\lambda} + Q_k .$$

Mit der Berechnung wird in Trägermitte begonnen, wo der Wert der Querkraft bekannt ist.

110. Der Kragarm. Der Kragarm ist ein gerader Stab, welcher an einem Ende eingespannt, also dreifach gestützt ist, während das andere Ende kein Auflager hat. Für die Berechnung ist es gleichgültig, ob der Träger fest eingespannt ist oder ob unter Einfluß der Belastung eine gewisse Drehung im Auflager stattfindet; diese muß lediglich der Annahme II genügen. Ist die Belastung stetig und gleich p (Bild 85a), so ist das Moment:

im Punkte x': $$M = \int_0^{x'} p\,x'\,d\,x$$

im Punkte A: $$M = \int_0^{l} p\,x'\,d\,x$$

die Querkraft:

im Punkte x: $$Q = \int_0^{x} p \cdot d\,x$$

im Punkte A: $$Q = \int_0^{l} p \cdot d\,x = A .$$

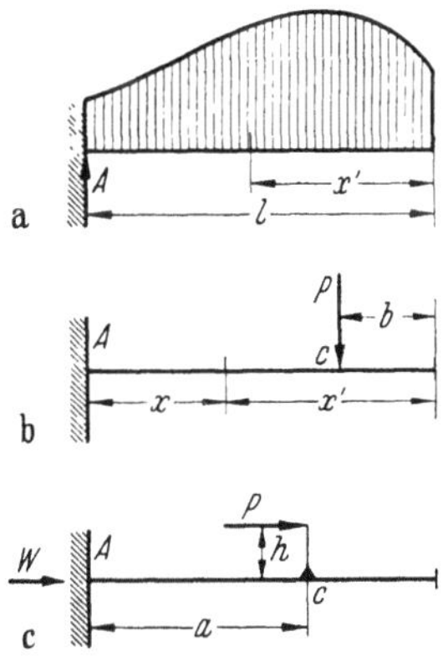

Bild 85.

Bei Belastung durch eine Einzellast P (Bild 85b) ist das Moment auf der Strecke b gleich Null, im Punkte x': $M = P(x' - b)$, im Punkte A: $M = P(l - b)$. Die Querkraft ist auf der Strecke AC konstant: $Q = P$.

Bei einer Kraglast mit dem Moment Ph ist das Moment auf der Strecke AC (Bild 85c): $M = Ph$, die Querkraft $Q = 0$, die Stützkraft $W = -P$, $A = 0$. Aus Wärmegradunterschieden entstehen keine Spannungen.

111. Der Gelenkträger unter senkrechter Belastung. Betrachtet werde ein Balken auf vier lotrechten Stützen unter dem Einfluß einer Anzahl lotrechter Einzellasten P. Die Stützen seien A, B, C, D; in den Feldern AB und CD seien im Träger je ein Gelenk G_1 und G_2 eingeschaltet. Der Träger ist ein Scheibenzug mit drei Scheiben, die Anzahl der Stützkräfte, welche zur vollkommenen Standfestigkeit erforderlich sind, sind $a = 3 + 2 = 5$. Um Standfestigkeit zu erhalten, ist also noch an einer Stelle eine waagerechte Stütze anzubringen. Da im folgenden nur die Wirkung lotrechter Lasten betrachtet wird, kann diese Stütze hier außer Ansatz bleiben.

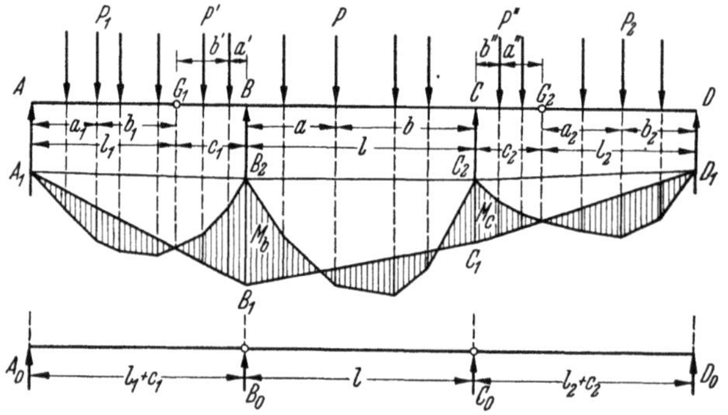

Bild 86.

Die Träger AG_1 und G_2D sind Träger auf zwei Stützen, ihre Momente und Querkräfte sind bereits in Nr. 105 (und folgende) berechnet, so daß nur noch Momente und Querkräfte des Trägers BC mit den beiden Kragarmen BG_1 und CG_2 zu ermitteln sind. Die Lasten auf dem Balken AG_1 seien P_1, jene auf den Kragarmen G_1B und CG_2 seien P' und P'', die Lasten auf dem Trägerteil BC seien P, die auf Balken G_2D schließlich P_2. Die Abszissen x im Trägerteil AB werden von A aus, jene im Trägerteil BC von B aus, die im Trägerteil CD von C aus gemessen, wie gewöhnlich sei $x' = l - x$.

Nun werde noch ein Vergleichsträger $A_0B_0C_0D_0$ eingeführt, welcher aus drei frei aufliegenden Trägern A_0B_0, B_0C_0, C_0D_0 besteht, deren Stützweiten $l_1 + c_1$, l, $l_2 + c_2$ sind. Das Moment dieser Träger aus den gegebenen Lasten sei M_0, das Kragmoment in den Punkten B und C sei M_B bzw. M_C. Ferner werden die Momente M' eingeführt: $(l_1 + c_1)M_1' = xM_B$, $lM_2' = x'M_B + xM_C$, $(l_2 + c_2)M_3' = x'M_C$. Dann läßt sich zeigen, daß die Momente M in den Abschnitten AB, BC, CD des Trägers sind: $M = M_0 + M'$. Dies folgt auch aus dem Seileck der Lasten, welches mit der Polweite 1 gezeichnet wird, doch soll der Nachweis rechnerisch geführt werden.

Der Auflagerdruck G_1 des Trägers AG_1 ist: $G_1 = \frac{1}{l_1}\sum P_1 a_1$. Das Kragmoment ist dann:

$$M_B = -\frac{c_1}{l_1}\sum P_1 a_1 - \sum_{c_1} P' a' \qquad M_C = -\frac{c_2}{l_2}\sum P_2 b_2 - \sum_{c_2} P'' b''. \quad (151)$$

Für den ersten Trägerteil ist: $M_0 + M' = A_0 x - \sum P_1(x - a_1) - \sum P'[x - (l + c_1 - a')] + \frac{x}{l_1 + c_1} M_B$. Für den Stabteil AG_1 erstreckt sich die erste Summe über alle Kräfte links vom Querschnitt x, die zweite Summe ist Null; für den Stabteil G_1B erstreckt sich die erste Summe über alle Kräfte P_1, die zweite über alle Kräfte P' links vom Querschnitt x. Es ist: $A_0 = \frac{1}{l_1 + c_1}\sum_{l_1} P_1(b_1 + c_1) + \frac{1}{l_1 + c_1}\sum_{c_1} P' a'$, wobei sich die Summen über sämtliche P_1 bzw. P' erstrecken. Damit wird: $M_0 + M'$

$$= \frac{x}{l_1 + c_1}\sum_{l_1} P_1(b_1 + c_1) + \frac{x}{l_1 + c_1}\sum_{c_1} P' a' - \sum P_1(x - a_1) - \sum P'[x - (l + c_1 - a')]$$

$$- \frac{x}{l_1 + c_1}\sum P_1 a_1 - \frac{x}{l_1 + c_1}\sum P' a' = \frac{x}{l_1}\sum_{l_1} P_1 b_1 - \sum_{l} P_1(x - a_1)$$

$$- \sum P'[x - (l + c_1 - a')] = A x - \sum P_1(x - a_1) - \sum P(x - l + c_1 - a).$$

Wie leicht ersichtlich, ist dies tatsächlich das Moment im Träger AG_1 bzw. G_1B.

Um das Moment im mittleren Teil zu berechnen, schneidet man über den Auflagern B und C durch und bringt die dort wirkenden statischen Werte als Lasten am frei aufliegenden Träger BC an. Dieser ist dann durch die Lasten P

und die beiden Endmomente M_b und M_c belastet, ein Belastungsfall, welcher bereits in Nr. 108 u. 109 behandelt wurde.

Diese Überlegungen gelten nicht nur für Einzellasten, sondern für jede Art der Belastung. Es gilt also im Mittelfeld BC:

$$M = M_0 + \frac{x'}{l} M_b + \frac{x}{l} M_c \qquad Q = Q_0 - \frac{1}{l}(M_b - M_c) \qquad (152)$$

im Endfeld AB:

$$M = M_0 + \frac{x}{l_1 + c_1} M_b \qquad Q = Q_0 + \frac{M_b}{l_1 + c_1}. \qquad (153)$$

M_0, Q_0 sind dabei die Werte für den Vergleichsbalken. Die statischen Werte des Gelenkträgers können daher nach Berechnung der Stützenmomente bequem aus den entsprechenden Werten des Vergleichsträgers berechnet werden.

H. Einflußlinien.

112. Die Einflußlinie. An einem frei aufliegenden Träger wirke die Last $P = 1$ normal zur Stabachse. Die Auflagerdrücke aus dieser Last sind $A = b/l$ $B = a/l$ (Bild 87). In einem Schnitt S rechts von P entsteht das Moment $M = Bx' = \frac{a}{l}x'$. Wandert nun P auf der Strecke AS, so nimmt das Moment in S alle Werte der linearen Funktion $\frac{a}{l}x'$ von Null bis $\frac{xx'}{l}$ an. Entsprechend durchläuft M die Werte der Funktion $\frac{b}{l}x$ von Null bis $\frac{x'x}{l}$, wenn P auf der Strecke BS wandert. Trägt man unter jedem Ort von P normal zur Stabachse den Wert M als Ordinate η auf, so erhält man für den Stabteil AS die Gerade $\eta = \frac{x'}{l}a$, für den Stabteil BS die Gerade $\eta = \frac{x}{l}b$. Der Schnittpunkt s beider Geraden liegt unter dem Schnitt S. Die erste Gerade wird erhalten, wenn man auf der Auflagernormalen in b die Strecke $bb' = x'$ aufträgt und b' mit a verbindet, die zweite Gerade entsprechend durch Auftragen von $aa' = x$ in a und Verbinden von a' mit b. Die Kurve asb heißt die *Einflußlinie* des Momentes M für den Schnitt S, die Fläche zwischen Einflußlinie, Abszissenachse und Endordinaten die *Einflußfläche*. Die Ordinate η der Einflußlinie gibt den Wert des Momentes M im Schnitte S an, wenn die das Moment erzeugende Last $P = 1$ über η steht.

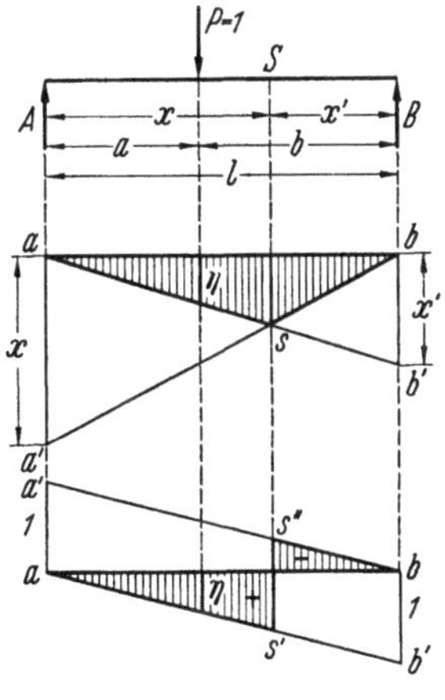

Bild 87.

Stehen mehrere Lasten P_i auf dem Träger und ist η_i die Ordinate der Einflußlinie unter der Last P_i, dann ist das Moment im Punkte S: $M = \sum P_i \eta_i$. Steht auf einer Strecke λ des Trägers die stetige Last p, so ist das Moment im Punkte S: $M = \sum p_i \eta_i \cdot \Delta x$. Ist p konstant, dann wird $M = p\,\mathfrak{F}_\lambda$, wo $\mathfrak{F}_\lambda$ die Fläche der Einflußlinie auf der Strecke bedeutet.

Für die Querkraft Q ergibt sich eine entsprechende Einflußlinie. Steht die Last $P = 1$ im Punkte $x = a$, so ist die Querkraft in S: $\eta = Q = A - 1 = \frac{b}{l} - 1 = \frac{a}{l}$. Wandert P von A nach S, so beschreibt η die Gerade $\frac{a}{l}$, welche auf der Auflagernormalen in b die Strecke $bb' = 1$ abschneidet. Wandert $P = 1$ von B nach S, so beschreibt η die Gerade $\frac{b}{l}$, welche auf der Auflagernormalen in A die Strecke

$aa' = 1$ abschneidet. Die Geraden ba' und ab' sind also parallel. Die Einflußlinie ist der Streckenzug $as's''b$, im Punkte S hat die Einflußlinie einen Sprung vom Betrag $P = 1$.

Stehen mehrere Lasten P_i auf dem Träger und ist η_i die Ordinate der Einflußlinie unter der Last P_i, dann ist die Querkraft im Punkte S: $Q = \sum P_i \eta_i$. Entsprechendes gilt für eine stetige Last.

Bei mittelbarer Belastung über dem Schnitt S wird die Spitze der Einflußlinie auf die Länge λ abgeschnitten, wie in Nr. 106 begründet. Bei der Einflußlinie der Querkraft ist der Wechsel nicht mehr ein Sprung im Querschnitt S, sondern er verläuft stetig auf die Länge λ, da die Querkraft $Q = \frac{b}{l} - \frac{b'}{\lambda}$ ist. Die Eigenschaften der Einflußlinien sind dieselben wie bei unmittelbarer Belastung.

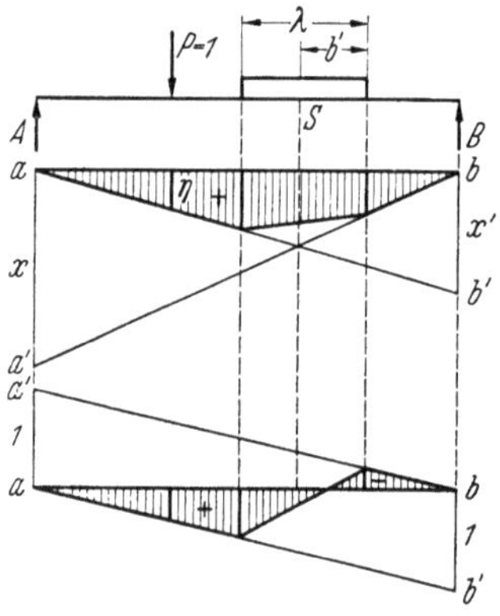

Bild 88.

Wie für Moment und Querkraft kann man für jeden statischen Wert, also auch Stützkraft, Stützmoment, Längskraft die Einflußlinie berechnen und zeichnen. Die Bedeutung der Einflußlinie zeigt sich vor allem bei der Berechnung des Einflusses beweglicher paralleler Lasten. Da für diesen Einfluß stets das Überlagerungsgesetz gilt, wird ein statischer Wert Z in einem bestimmten Querschnitt x stets:

$$Z = \sum P_i \eta_i . \tag{154}$$

Dabei ist P_i die Größe der Last, η_i die zur Laststellung gehörige Ordinate der Einflußlinie Die Einflußlinie wird dabei über der Stabsehne so aufgetragen, daß positive Ordinaten η auf der Seite liegen, nach welcher die positive Lastrichtung zeigt. Bei lotrechten Lasten liegen also die positiven Ordinaten unterhalb der Abszissenachse, in Richtung $+ z$. Bei mittelbarer Belastung verläuft die Einflußlinie geradlinig zwischen den Knotenpunkten der mittelbaren Belastung, wie sich einfach nachweisen läßt. Denn es ist (Bild 89): $P = P'\eta' + P''\eta''$, wobei $P' = P\frac{x'}{\lambda}$, $P'' = P\frac{x}{\lambda}$ ist, also $\eta = \eta'\frac{x'}{\lambda} + \eta''\frac{x}{\lambda} = \eta' + \frac{x}{\lambda}(\eta'' - \eta')$, was die Gleichung einer Geraden ist.

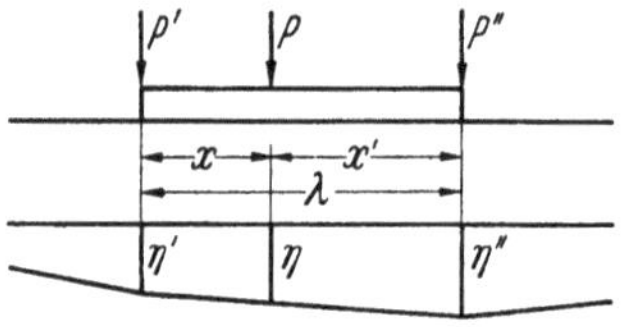

Bild 89.

Wechselt η das Vorzeichen, so nennt man diesen Nullpunkt der Einflußlinie *Lastscheide*, da der statische Wert Z sein Vorzeichen wechselt, wenn die Last P beim Wandern über den Träger von der einen auf die andere Seite des Nullpunktes gelangt. Bei einfachen Trägern und solchen Tragwerken, welche aus einfachen Trägern zusammengesetzt sind, setzen sich die Einflußlinien aus geraden Strecken zusammen, bei anderen Tragwerken können es auch Kurven sein. Bei stetiger Belastung ist:

$$Z = \int p\,\eta \cdot dx , \tag{155}$$

wobei das Integral über die Belastung zu erstrecken ist. Ist p konstant, also gleichmäßige stetige Belastung wirksam, dann ist:

$$Z = p \int \eta\, dx = p\,\mathfrak{F} , \tag{156}$$

wobei $\mathfrak{F}$ der über der Strecke p liegende Teil der Einflußfläche ist.

113. Gleichmäßige Belastung und Gruppe von Einzellasten. Gegeben sei die Einflußlinie eines statischen Wertes Z. Die Belastung bestehe aus einem gleichmäßig über den Träger verteilten Anteil, der ständigen Last g und einem veränderlichen Anteil, der Verkehrslast p. Die Einflußlinie besitze eine Lastscheide C, die positive Einflußfläche sei $\mathfrak{F}_p$, die negative $\mathfrak{F}_n$. Der Wert Z hat dann zwei Extremwerte, welche entstehen a) durch Vollbelastung mit g und Belastung von AC mit p; b) durch Vollbelastung mit g und Belastung von BC mit p. Die beiden Werte von Z sind:

$$\max Z = (g+p)\,\mathfrak{F}_p - g\,\mathfrak{F}_n \qquad \min Z = g\,\mathfrak{F}_p - (g+p)\,\mathfrak{F}_n\,.$$

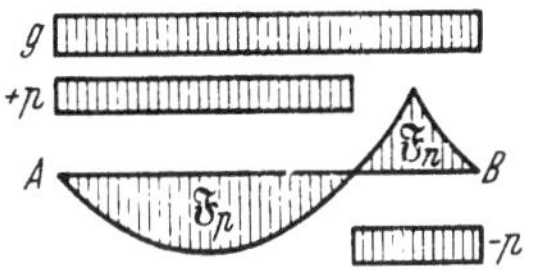

Bild 90.

Bewegt sich über den Träger eine Schar Einzellasten, so ist bei Ermittlung der Größtwerte von Z folgendes zu beachten. Die schwersten Lasten müssen in der Nähe der größten Ordinaten und eine Last muß stets über der Ecke der Einflußlinie stehen. Die gefährlichste Stellung des Zuges ist durch Probieren zu suchen, wobei man den Lastenzug zweckmäßig auf einen Streifen Papier aufzeichnet, um ihn bequem gegen die Einflußlinie verschieben zu können. Die Ordinaten addiert man mit dem Zirkel.

Ist die Einflußlinie ein Vieleck, dann kann man die gefährlichste Laststellung auf folgende Weise finden (Bild 91). AB sei die Abszissenachse, $AC_1C_2C_3C_4B$ die Einflußlinie, der Lastenzug bestehe aus den Lasten $P_1P_2\ldots$ Der Neigungswinkel der Seite der Einflußlinie gegen die x-Achse sei α, der statische Wert $Z = \sum P\eta$. Verschiebt man den Lastenzug um die Strecke Δx, wobei jede Lastengruppe auf demselben Geradenstück der Einflußlinie verbleibt, so ist:

$$\Delta Z = P\,\frac{\Delta\eta}{\Delta x}\cdot\Delta x = P\cdot\operatorname{tg}\alpha\cdot\Delta x\,.$$

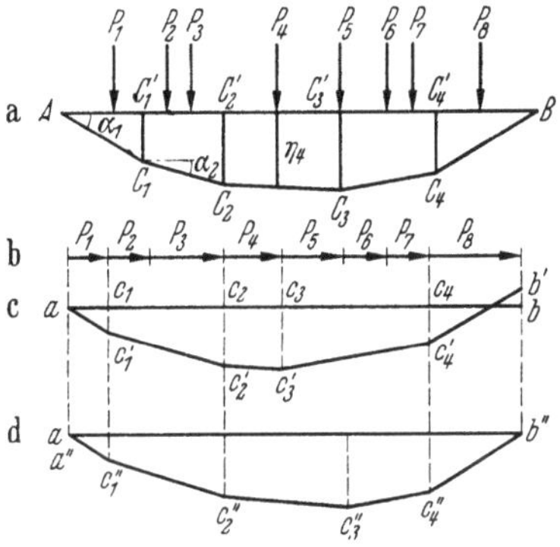

Bild 91.

Ist ΔZ positiv, dann wächst Z durch die Verschiebung, ist ΔZ negativ, dann vermindert sich Z. Im ersteren Falle muß der Lastenzug nach rechts, im zweiten Falle nach links verschoben werden, um die gefährlichste Laststellung zu erhalten. Der Wert von ΔZ kann einfach zeichnerisch bestimmt werden.

Man trägt die Lasten P auf einer Waagerechten hintereinander an (Bild 91b) und faßt die zu demselben Abschnitt der Einflußlinie gehörigen zusammen, wodurch man die Strecke $ac_1c_2c_3c_4b$ erhält. Über diesen Strecken zeichnet man den zur Einflußlinie parallelen Streckenzug $ac_1'c_2'c_3'c_4'$, welcher auf der Senkrechten in b die Strecke bb' abschneidet. Diese Strecke ist: $bb' = \frac{\Delta Z}{\Delta x} = \sum P\cdot\operatorname{tg}\alpha$.

In Bild 91c ist bb' negativ.

Die Last P_5 steht über der Ecke C_3 der Einflußlinie. Bei einer Verschiebung nach rechts muß sie der Strecke C_3C_4 zugewiesen werden, da sie in diese eintritt. Bei einer Verschiebung nach links ist sie der Strecke C_3C_2 zuzuweisen. Diese Verschiebung ist in Bild 91d gezeichnet, die gezeichnete Laststellung ist die gefährlichste.

Ist die Einflußlinie eine Kurve, dann kann man durch eine entsprechend geänderte Überlegung die gefährlichste Laststellung wenigstens angenähert erhalten.

114. Der einfache Träger. Da der einfache Träger sehr häufig vorkommt, werden die Einflußlinien im folgenden zusammengestellt (Bild 92a—i).

a) *Auflagerdruck.* Die Einflußlinie des Auflagerdruckes (A-Linie) $A = \frac{x'}{l}$ ist eine Gerade mit der Ordinate $\eta = 1$ in a und $\eta = 0$ in b. Die Einflußlinie des Auflagerdruckes B ist die zur Balkenmitte symmetrische Gerade (Bild 92b).

b) *Querkraft. Unmittelbare Belastung.* Die Einflußlinie für den Querschnitt C

ist links von ihm: $Q = A - P = \frac{x'}{l} - 1 = -\frac{x}{l}$, rechts von ihm ist: $Q = +\frac{x'}{l}$. Die Einflußlinie ist daher links des Querschnittes die negative B-Linie, rechts des Querschnittes die A-Linie. Im Querschnitt C selbst hat die Einflußlinie einen Sprung von der Höhe $P = 1$ (Bild 92c).

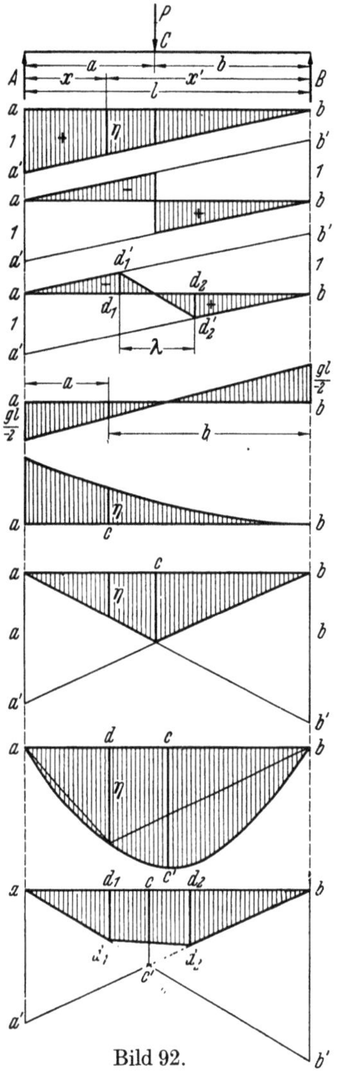

Bild 92.

Für *mittelbare Belastung* auf der Strecke $d_1 d_2 = \lambda$ wechselt die Einflußlinie von der A-Linie in d_1' geradlinig zur B-Linie in d_2' (Bild 92d).

Für *gleichmäßige unmittelbare Belastung* ist

$$\mathfrak{F}_p = \frac{b^2}{2l} \qquad \mathfrak{F}_n = \frac{a^2}{2l} \qquad \mathfrak{F}_p - \mathfrak{F}_n = \frac{l}{2} - a.$$

Ist der Träger auf der ganzen Länge mit der Last g belastet, so ist die Gerade $Q = g \cdot \left(\frac{l}{2} - a\right)$ die Zustandslinie der Querkraft für den Träger (Bild 92e). Die Ordinate η an einer Stelle $x = a$ gibt die Querkraft an dieser Stelle durch die Gesamtbelastung g an. Trägt man über der Strecke ab die Parabel $p \cdot \frac{b^2}{2l}$ auf, so gibt die Ordinate η im Punkte c die Querkraft in diesem Punkte, wenn die Strecke cb mit p belastet ist. Man kann diese Kurve der $\mathfrak{F}_p$ daher ebenfalls als Einflußlinie, und zwar für gleichmäßig verteilte Last bezeichnen (Bild 92f).

c) *Momente.* Die Einflußlinie des Momentes (Bild 92g) für den Querschnitt $x = a$ für eine links von ihm stehende Last ist $\eta = Bb = \frac{b}{l} x$, die Gerade durch a, welche auf der Senkrechten in b die Strecke $bb' = b$ abschneidet. Die Einflußlinie für eine rechts von c stehende Last ist $\eta = Aa = \frac{a}{l} x'$, die Gerade durch b mit dem Abschnitt $aa' = a$ auf der Senkrechten in a. Die beiden Einflußgeraden werden also einfach durch Auftragen der Strecken a und b in den Punkten a und b erhalten. Steht die Last im Querschnitt selbst, so ist das Moment $\eta = \frac{ab}{l}$. Für die Trägermitte wird dies: $\eta = \frac{l}{4}$. Trägt man über der Stützweite ab die Parabel mit der Ordinate $\eta = \frac{l}{4}$ in Trägermitte auf, so ist deren Gleichung mit a als Nullpunkt: $\eta = \frac{x(l-x)}{l}$. Die Ordinate η dieser Parabel gibt an der Stelle $x = a$ das Moment $M = \frac{ab}{l}$ an, sie ist also der geometrische Ort für die Spitzen c der Einflußlinien der Momente (Bild 92h).

Die Einflußfläche ist: $\mathfrak{F} = \frac{ab}{2}$. Das Moment an irgendeiner Stelle x infolge einer gleichmäßig verteilten Last p ist daher:

$$M = \frac{p}{2} x (l - x)$$

ein Ergebnis, welches auch einfach durch Aufstellen der Momentengleichung erhalten werden kann. Für die Trägermitte ist:

$$M = \frac{p\,l^2}{8}.$$

Für mittelbare Belastung auf der Strecke $d_1 d_2 = \lambda$ verläuft die Einflußlinie auf der Strecke $d_1' d_2'$ geradlinig, auf den Strecken $a d_1'$ und $d_2' b$ wie bei unmittelbarer Belastung (Bild 92i).

Für Kraglasten wird auf die Darstellung der Einflußlinien verzichtet, da solche Lasten selten verschieblich sind.

115. Der Gelenkträger. Für den Gelenkträger der Nr. 111 seien noch einige kennzeichnende Einflußlinien angegeben.

Auflagerdruck B. Für eine Laststellung $P = 1$ zwischen B und C (Bild 93a) ist die Einflußlinie des Auflagerdruckes B jene des frei aufliegenden Trägers BC, also die Gerade durch C mit der Ordinate 1 in b. Steht $P = 1$ auf dem Kragarm $G_1 B$, so ist $B = \frac{x}{l}$, die Einflußlinie ist also dieselbe Gerade mit der Ordinate $\frac{c_1 + l}{l}$ in g_1. Von G_1 bis A erzeugt P den Auflagerdruck $G_1 = \frac{x}{l_1}$ und $B = G_1 \frac{c_1 + l}{l} = \frac{c_1 + l}{l} \cdot \frac{x}{l_1}$. Die Einflußlinie ist die Gerade durch a mit der Ordinate $\frac{c_1 + l}{l}$ in G_1. Entsprechend verläuft die Einflußlinie für Laststellungen im Feld CD, die Auflagerdrücke B für diese sind negativ (Bild 93b).

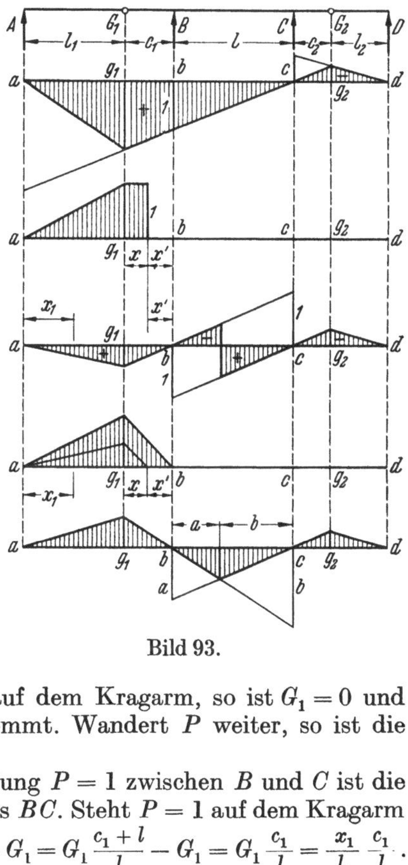

Bild 93.

Querkraft im Kragarm $G_1 B$. Steht die Last $P = 1$ im Feld $A G_1$, so ist die Querkraft im Abstand x von g_1 auf dem Kragarm gleich $- G_1$, die Einflußlinie ist also gleich jener von G_1. Steht $P = 1$ auf dem Kragarm, so ist $G_1 = 0$ und $Q = P$, bis $P = 1$ in den Querschnitt x kommt. Wandert P weiter, so ist die Querkraft in x gleich Null (Bild 93c).

Querkraft im Feld BC. Für eine Laststellung $P = 1$ zwischen B und C ist die Einflußlinie jene des frei aufliegenden Trägers BC. Steht $P = 1$ auf dem Kragarm BG_1, so ist $B = \frac{x' + l}{l} = 1 + \frac{x'}{l}$ und $Q = B - G_1 = G_1 \frac{c_1 + l}{l} - G_1 = G_1 \frac{c_1}{l} = \frac{x_1}{l_1} \frac{c_1}{l}$. Dies ist die Gerade durch a mit der Ordinate $\frac{c_1}{l}$ in g_1. Entsprechend ergibt sich die Einflußlinie im Feld CD (Bild 93d).

Moment im Kragarm $G_1 B$. Steht die Last auf dem Einhängträger $A G_1$, so ist das Moment $M = G_1 x = \frac{x_1}{l_1} x$, also die Gerade durch a mit der Ordinate $\eta = x$ in g_1. Steht $P = 1$ auf dem Kragarm, so ist das Moment $M = x$. Das Stützenmoment hat die entsprechende Einflußlinie mit $x = c_1$ (Bild 93e).

Moment im Feld BC. Steht die Last $P = 1$ zwischen B und C, so ist die Einflußlinie für den Querschnitt $x = a$ jene des frei aufliegenden Balkens BC. Steht die Last auf dem Kragarm BG_1, so ist der Auflagerdruck $B = \frac{x'}{l}$ und $M = \frac{x'}{l} b$, die Gerade durch b mit der Ordinate $\eta = \frac{c_1 b}{l}$ in g_1. Für eine Laststellung auf dem

Einhängerträger wird $B = \frac{x_1}{l_1}\frac{c_1}{l}$ und $M = \frac{x_1}{l_1}\frac{c_1}{l}b$, die Gerade durch a mit der Ordinate $\eta = \frac{c_1 b}{l}$ in g_1.

Damit sind die wichtigsten Einflußlinien des Gelenkträgers gegeben. Andere Trägerformen werden ähnlich behandelt. Für schwierige Tragwerkssysteme werden die Einflußlinien kinematisch ermittelt (Hauptstück III).

116. Der einfache Träger unter Belastung durch Endmomente. Bei der Berechnung mehrfach standfester Tragwerke ist häufig folgendeAufgabe zu lösen:

Für einen Stab AB sind die Einflußlinien für die Momente in den Querschnitten A und B gegeben. Gesucht sind die Einflußlinien für die Momente und die Querkräfte des Stabes. (Vgl. die Durchführung der Berechnung Nr. 231 e u. 298 e.)

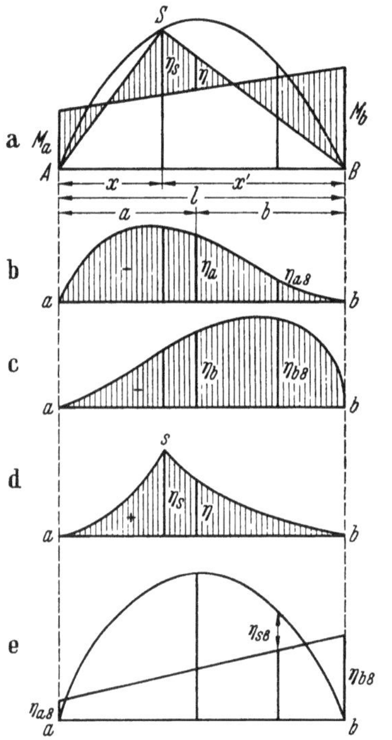

Bild 94.

a) *Moment.* Wie früher dargestellt, ist das Moment $M = M_0 + \frac{x'}{l} M_a + \frac{x}{l} M_b$, wobei M_0 das Moment im frei aufliegenden Balken AB ist. Steht die Last $P = 1$ im Querschnitt $x = a$, so ist im Querschnitt S das Moment:

$$\eta = \frac{b}{l} x + \frac{b}{l} M_a + \frac{a}{l} M_b,$$

steht die Last in S, so ist: $\eta_s = \frac{x x'}{l} + \frac{x'}{l} M_a + \frac{x}{l} M_b$. Wie in Nr. 114 dargelegt, liegen die Spitzen S auf einer Parabel über AB mit der Pfeilhöhe $\frac{l}{4}$. Bild 94a zeigt die Momentenlinie, wenn die Last P in S steht, die Einflußlinie für Punkt S ist in Bild 94d dargestellt.

Nun sollen die Einflußlinien für neun Zwischenpunkte von AB, welche denselben Abstand λ haben, gezeichnet werden. Zuerst wird aus den Einflußlinien der beiden Stützenmomente (Bild 94b, c) und der Spitzenparabel ASB der Ort s der Spitzen der Einflußlinien bestimmt. Hierzu trägt man die Spitzenparabel ASB auf (Bild 94e) und auf den Normalen zu AB in a und b die Ordinaten η_a und η_b. Für den Teilpunkt 8 verbindet man dann den Endpunkt von η_{a8} mit dem Endpunkt von η_{b8} und erhält so die gesuchte Spitzenordinate η_{s8}. Hat man auf diese Weise den Ort der Spitzen s gefunden, dann trägt man ihn mit der Einflußlinie η_a zusammen über der Abszissenachse auf, wobei das Vorzeichen zu beachten ist (gewöhnlich: $\eta_s > 0$, $\eta_a < 0$). Für den Schnitt a ist die Einflußlinie jene des Stützenmomentes $a c_1 c_2 \ldots c_9 b$. Steht nun die Last $P = 1$ im Teilpunkte 3, so ist für die ersten drei Teilstrecken $Q_1 = Q_2 = Q_3$ und wegen $\lambda Q_m = M_m - M_{m-1}$ folgt daraus: $M_1 - M_a = M_2 - M_1 = M_3 - M_2 = \eta_1 - \eta_a = \eta_2 - \eta_1 = \eta_3 - \eta_2$. Der Abstand $c_3 s_3$ wird durch den rechten Zweig sb der Einflußlinien für M_2, M_1 in drei gleiche Teile geteilt, entsprechend der Abstand $c_m s_m$ in m gleiche Teile. Hierdurch ist der rechte Ast sb der neun Einflußlinien bestimmt (Bild 95), ganz entsprechend wird der linke Ast as gefunden.

Sind die Abschnitte λ nicht gleich groß, so gilt: $(M_1 - M_a):(M_2 - M_1):(M_3 - M_2) = \lambda_1 : \lambda_2 : \lambda_3$, die Abschnitte $c_m s_m$ sind im Verhältnis $\lambda_1 : \lambda_2 : \lambda_3 \ldots \lambda_m$ zu teilen.

An b stoße ein weiteres Trägerfeld bc an, in welchem die Einflußlinien für M_a und M_b ebenfalls gegeben sind. Steht die Last $P = 1$ im Feld bc, dann ist im Feld ab die Querkraft konstant, es gilt also für jeden Teilpunkt im Feld bc:

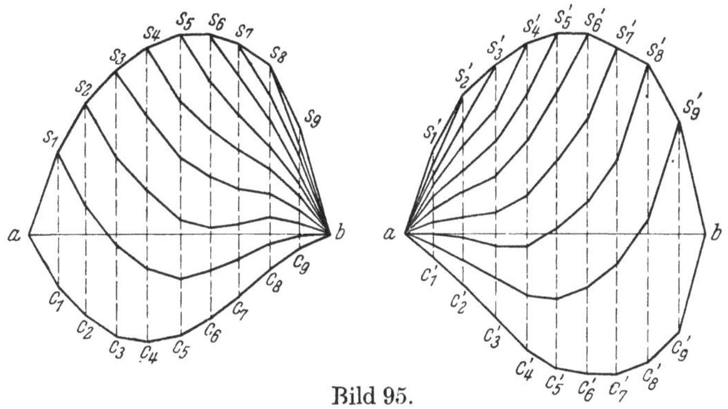

Bild 95.

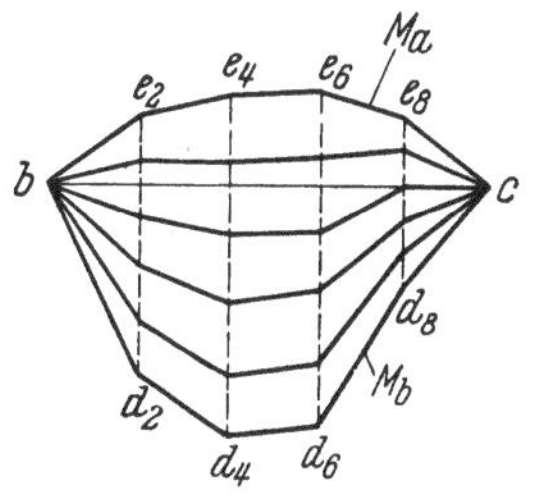

Bild 96.

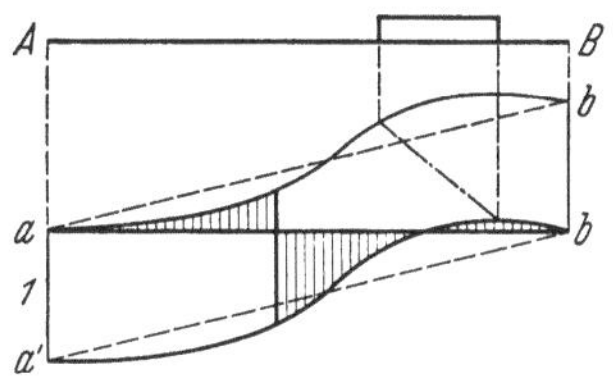

Bild 97.

$\eta_1 - \eta_a = \eta_2 - \eta_1 = \cdots = \eta_m - \eta_{m-1}$. Man teilt Feld bc in n gleichgroße Teile λ_1 (die Anzahl braucht nicht gleich der in Feld ab zu sein); die Einflußlinien für die Punkte $c_m s_m$ teilen dann die Ordinaten $de = \eta_a + \eta_b$ zwischen den beiden Einflußlinien für M_a und M_b im Feld bc in n gleiche Teile, wodurch die Fortsetzung der Einflußlinien in diesem Feld gegeben sind. In Bild 96 sind nur die Einflußlinien für die Teilpunkte c_2, c_4, c_6, c_8 gezeichnet.

Die Momente können auf die angegebene Weise auch eingerechnet werden.

b) *Querkraft.* Die Querkraft im Feld ist $Q = Q_0 + \frac{1}{l}(M_b - M_a)$. Man bildet den Wert $Q' = \frac{1}{l}(M_b - M_a)$ und fügt ihn zu der Einflußlinie des frei aufliegenden Trägers AB hinzu. Bei unmittelbarer Belastung hat die Einflußlinie im betrachteten Querschnitt einen Sprung von der Größe $P = 1$, bei mittelbarer Belastung ist ein linearer Übergang zwischen den zwei Knoten vorhanden (Bild 97, strichpunktiert).

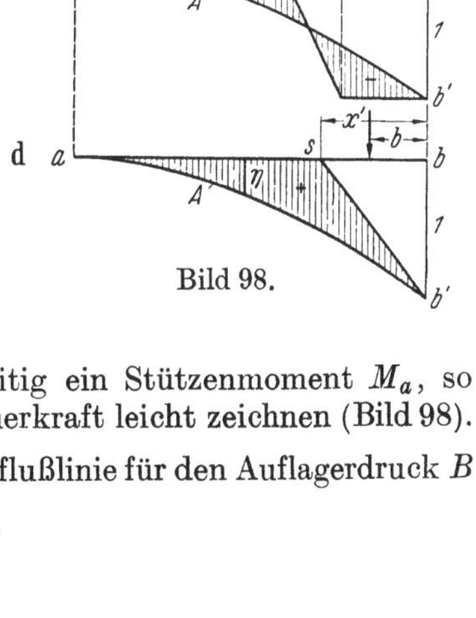

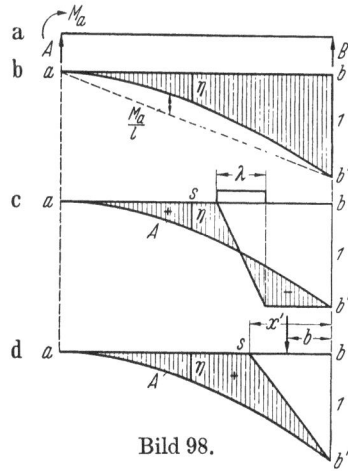

Bild 98.

c) *Stützenmoment* $M_b = 0$. Wirkt nur einseitig ein Stützenmoment M_a, so lassen sich die Einflußlinien für Moment und Querkraft leicht zeichnen (Bild 98). Es ist: $B = B_0 + \frac{M_a}{l}$. Daraus läßt sich die Einflußlinie für den Auflagerdruck B leicht zeichnen, die Strecke $bb' = 1$ (Bild 98b).

Aus der Einflußlinie für den Auflagerdruck geht jene für die Querkraft hervor. Links vom Schnitt s ist $Q = A$, im Schnitt s wird: $Q = A - 1$ für unmittelbare Belastung. Bei mittelbarer Belastung ist der Übergang geradlinig auf die Länge λ (Bild 98c).

Das Moment im Schnitte s ist für eine Laststellung links von s: $\eta = Bx'$, für eine Laststellung rechts von s: $\eta = Bx' - 1 \cdot (x' - b)$ (Bild 98d).

J. Der einfache Träger unter einem verschiebbaren System von Einzellasten.

117. Die Aufgabe. Bei der Berechnung von Brücken, namentlich Eisenbahnbrücken, besteht die Hauptbelastung aus einer Reihe von Einzellasten, welche mit unveränderlichem Abstand über die Brücke wandern. Außer diesem Lastenzuge wird die Brücke noch durch Eigengewicht belastet, welches bei einfachen Trägern gewöhnlich als gleichmäßig verteilte Last angenommen wird. Die Aufgabe ist nun, für jeden Querschnitt eines derart belasteten einfachen Trägers die größte Querkraft und das größte Moment zu ermitteln. Dabei ist zwischen mittelbarer und unmittelbarer Belastung zu unterscheiden.

Die Aufgabe kann durch die Anwendung von Einflußlinien gelöst werden, jedoch ist noch ein anderes Lösungsverfahren möglich, welches hier dargestellt werden soll.

118. Auflagerdrücke und Querkräfte. *a) Mittelbare Belastung* (Bild 99). Ein Träger AB von der Stützweite l werde durch den Lastenzug und eine gleichmäßig verteilte Last belastet. Die Lasten werden durch 11 Querträger von gleichem Abstand λ auf den Hauptträger übertragen. Gesucht ist die größte Querkraft in einem Schnitt $s - s$ im Querträgerfeld 4,5 (fünftes Feld). Die Einflüsse der gleichmäßig verteilten Last und der Verkehrslast sind getrennt zu ermitteln.

1. Lastenzug. Der Lastenzug fahre vom Auflager B auf den Träger auf. Ist die erste Achse bis zum Querträger m vorgefahren, so heißt diese Laststellung die *Grundstellung* für das m-te Feld. Der dazugehörige Auflagerdruck A heißt der Auflagerdruck A_m.

Man zeichnet nun normal zur Trägerachse in A das Krafteck des Lastenzuges, indem man die P in ihrer Reihenfolge übereinander aufträgt. Zu diesem Krafteck zeichnet man mit der Polweite l (der Stützweite) das Seileck, wobei der Pol O auf der Normalen durch den Anfangspunkt des Krafteckes liegt. Nach Nr. 52b) gilt dann für die Ordinate ab des Seileckes: das Moment M aller Kräfte rechts eines Schnittes in diesem Schnitt ist $M = l \cdot \overline{ab}$. Wird der Schnitt unmittelbar links vom Querträger m geführt und steht der Lastenzug in der Grundstellung m, dann ist $l \cdot A_m = \sum P_i b_i$, wenn b_i den Abstand der Achse P_i vom Auflager B bezeichnet und über alle Achsen der Grundstellung m summiert wird. Daraus folgt aber: $A_m = (\overline{ab})_m$:

Der Auflagerdruck A_m der Grundstellung m ist gleich der Ordinate $a\ b$ des Seileckes im Punkte m. Gleichzeitig ist A_m die Querkraft im Punkte m, wenn der Lastenzug in Grundstellung steht.

A_m ist die Querkraft auf der ganzen Strecke mA, wenn der Lastenzug in Grundstellung steht. Wird der Zug in Richtung auf A vorgeschoben, dann wächst der Auflagerdruck in A, ferner erhält der Querträger $m - 1$ Auflagerdruck, um welchen sich die Querkraft zwischen der ersten Achse und dem Knoten $m - 1$ verringert.

Es bezeichne e_k den Abstand der Achse P_k von der Achse P_{k-1}, ferner e_{kh} den Abstand der Achse P_h von der Achse P_k, so daß $e_{kh} = e_h + e_{h+1} + \cdots$

$+ e_{k-1} = \sum_{h}^{k-1} e_i$. Steht die Achse P_k in m, so ist der Auflagerdruck K_k des Querträgers $m-1$:

$k = 1 \qquad k = 2 \qquad\qquad k = 3$

$$K_1 = 0 \qquad K_2 = P_1 \cdot \frac{e_1}{\lambda_m} = P_1 \cdot \frac{e_{21}}{\lambda_m} \qquad K_3 = P_1 \cdot \frac{e_1 + e_2}{\lambda_m} + P_2 \cdot \frac{e_2}{\lambda_m} = P_1 \cdot \frac{e_{31}}{\lambda_m} + P_2 \cdot \frac{e_{32}}{\lambda_m}$$

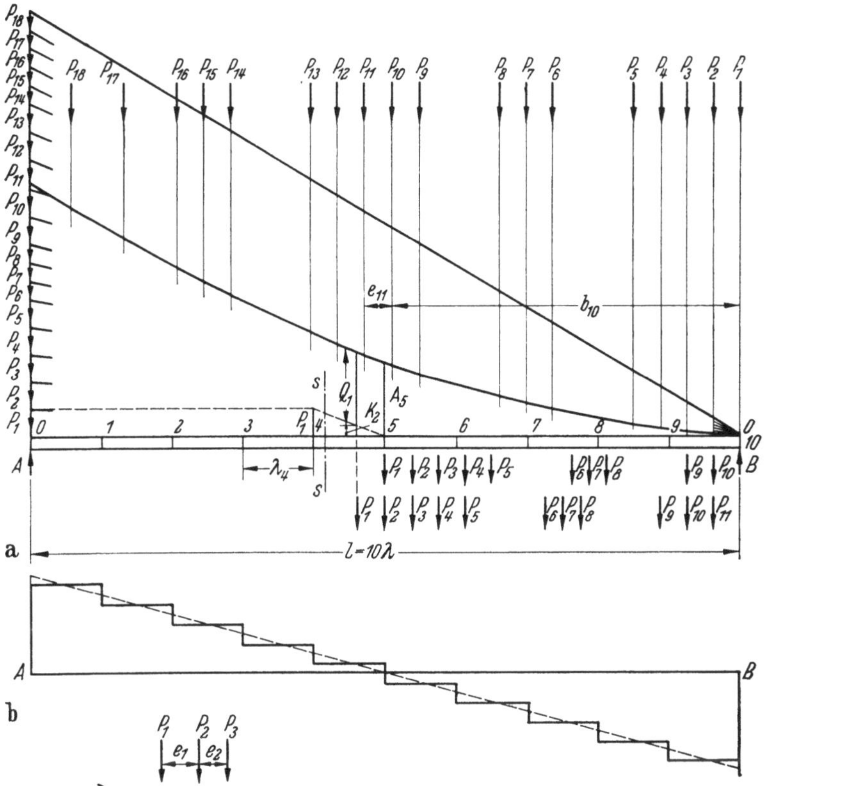

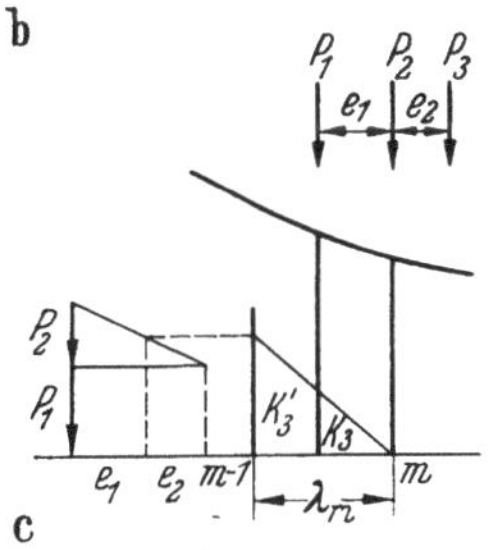

Bild 99.

allgemein:

$$K_k = \frac{1}{\lambda_m} \sum_{1}^{k-1} {}_h P_h \cdot e_{kh}\,.$$

Ist $Q_k = A_k - K_k$ größer als $Q_m = A_m$ im Schnitt $s-s$, dann ist dies die maßgebende Querkraft.

Bei dieser Laststellung stehen im Feld m $k-1$ Lasten P', auf dem Träger insgesamt n Lasten P. Der Abstand einer Last P vom Auflager B ist b, der Abstand einer Last P' von m ist b'. Dann ist im ganzen Feld m, da in ihm am Hauptträger keine Kraft mehr angreift:

$$Q = \frac{1}{l} \sum_{1}^{n} P b - \frac{1}{\lambda_m} \sum_{1}^{k-1} P' b'.$$

Rückt nun der Lastenzug um die Strecke $\Delta b = \Delta b'$ vor, dann ist die Änderung der Querkraft:

$$\Delta Q = \Delta b \left(\frac{1}{l} \sum_{1}^{n} P - \frac{1}{\lambda_m} \sum_{1}^{k-1} P' \right).$$

Ist dieser Wert positiv, dann wächst die Querkraft Q beim Vorschieben der Lasten. Gleichzeitig wird ΔQ am größten, wenn $\Delta b = e_{k-1}$ wird. Es gilt also:

Die größte Querkraft entsteht im Felde m, wenn eine Last im Knoten m steht. Die Grundstellung ergibt die größte Querkraft $\max Q_m = A_m$, *wenn* $\sum_1^n P < P_1 \cdot l/\lambda_m$ *ist. Im anderen Falle müssen so viele Achsen* P_i *in das Feld m gestellt werden, bis* $\sum_1^n P < \frac{l}{\lambda_m} \cdot \sum_1^{k-1} P_i$ *wird. Dann entsteht die größte Querkraft* $\max Q$ *im Feld m für diejenige Last* P_k *im Knoten m, für welche die Ungleichung gerade noch erfüllt ist. Die Querkraft ist dann:*

$$Q_k = A_k - K_k = \frac{1}{l} \sum_1^n Pb - \frac{1}{\lambda_m} \sum_1^{k-1} P_h e_{kh}.$$

Die erste Summe erstreckt sich über sämtliche Lasten, welche auf dem Träger stehen, die zweite Summe über sämtliche Lasten im Felde m (ohne die Last im Knoten m). Im Beispiel von Bild 99a sei P_1 bis P_5 und P_9 bis P_{13} je gleich P, die übrigen Lasten je $\frac{2}{3} P$. Dann ist für den Querschnitt m wegen $l/\lambda = 10$: $9\,P < 10\,P$. Wie man sich leicht überzeugt, gilt dies für die Felder 5 bis 10. Für Querschnitt 4 gilt für die Grundstellung: $11\,P > 10\,P$. Wird eine Achse ins Feld 4 vorgeschoben, dann gilt: $12\,P < 10 \cdot 2 \cdot P$. Für Feld 4 entsteht also die größte Querkraft, wenn die zweite Achse im Punkt 4 steht.

Die Auflagerdrücke K lassen sich leicht zeichnerisch darstellen. Zu diesem Zwecke schreibt man K_3 in der Form: $K_3 = \left(P_1 + P_2 \cdot \frac{e_2}{e_1 + e_2}\right) \frac{e_1 + e_2}{\lambda} = K_3' \cdot \frac{e_1 + e_2}{\lambda}$. Die Konstruktion von K_3' und K_3 ist in Bild 99c dargestellt, jene von K_2 in Bild 99a.

2. Die Querkräfte aus gleichmäßig verteilter Last sind in Bild 99b aufgetragen. Trägt man über jedem Querschnitt die größte in ihm mögliche Querkraft ab, dann erhält man die Linie der größten Querkräfte.

b) *Unmittelbare Belastung.* Die Querkräfte aus Eigengewicht bilden die in Bild 99b gestrichelt eingezeichnete Gerade.

Steht der Lastenzug für einen Querschnitt m in der Grundstellung, dann ist die Querkraft $Q_m = A_m = \frac{1}{l} \sum^n Pb$. Wird der Lastenzug um die Strecke e_1 vorgerückt, so daß die zweite Achse im Querschnitt m steht und die Achsen P' auf den Träger rücken, dann wird die Querkraft im Schnitte m:

$Q_m' = \frac{1}{l} \sum^n P(b + e_1) + \frac{1}{l} \sum P' b' - P_1$. Der Zuwachs der Querkraft ist:

$\Delta Q_m' = \frac{e_1}{l} \sum^n P + \frac{1}{l} \sum P' b' - P_1$. Rückt z. B. keine neue Achse auf den Träger, so ist:

$\Delta Q_m' = \frac{e_1}{l} \sum^n P - P_1$, rückt nur eine neue Achse auf den Träger, so ist:

$\Delta Q_m' = \frac{e_1}{l} \sum^n P - \frac{b'}{l} P' - P_1$. Ist $\Delta Q_m'$ positiv, dann entsteht die größte Querkraft im Schnitte m dann, wenn die zweite Achse im Schnitte m steht, vorausgesetzt, daß nicht die dritte oder eine weitere Achse nach m gestellt werden muß. Ist $\Delta Q_m' = 0$, dann ist A_m die größte Querkraft im Schnitte m.

Die Auflagerkraft ermittelt sich einfach aus dem Seileck wie die größte Querkraft für den Schnitt A.

119. Momente. An Stelle der Querkraft sind jetzt für den Schnitt $s - s$ die größten Momente aus dem Lastenzug und der gleichmäßig verteilten Last zu berechnen.

1. Lastenzug. Die Berechnung ist für mittelbare und unmittelbare Belastung dieselbe für die Knotenpunkte 1 bis 10. Da der Träger symmetrisch ist, genügt die Berechnung für die linke Trägerhälfte.

Man zeichnet zunächst das Seileck für eine genügende Anzahl Lasten (Bild 100a). Um nun das größte Moment für den Knoten 4 zu erhalten, schätzt man ab, durch welche Laststellung dieses Moment voraussichtlich erzeugt wird; angenommen es sei Last 9 in Querschnitt 4. Dann zeichnet man über dem Seileck den Träger AB so, daß Querschnitt 4 auf Last 9 zu liegen kommt und projiziert die Auflagerpunkte A_4, B_4 auf das Seileck, wodurch man die Schlußlinie $IV-IV$

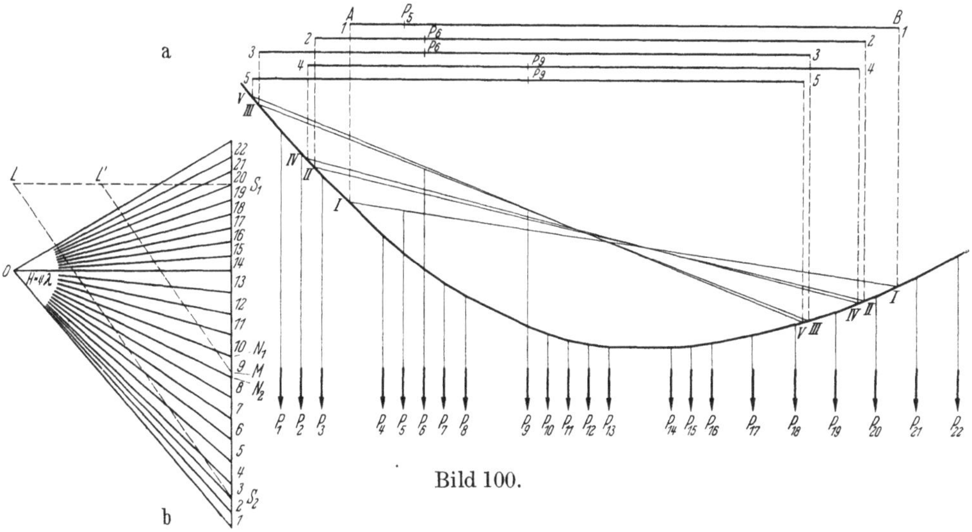

Bild 100.

erhält. Die Ordinate des Seileckes über der Last 9 sei y_4 gemessen als Kraft im Kräftemaßstab. Ist H die Polweite des Kraftecks, gemessen als Länge im Längenmaßstab, dann ist das Moment $M_4 = H \cdot y_4$. Die Polweite H wird zweckmäßig als einfacher Bruchteil der Stützweite l oder als Vielfaches der Feldweite λ eingeführt.

Nun ist noch zu prüfen, ob diese Laststellung auch das größte Moment im Knoten 4 ergibt. Man faßt die Lasten links des Knotens zu einer Summenkraft R_a (Bild 101) zusammen, welche vom Punkte A den Abstand a hat, ebenso die Lasten rechts des Knotens zur Summenkraft R_b mit dem Abstand b vom Auflager B. Im Knoten selbst stehe die Last P' mit den Abständen x und x' von A bzw. von B. Das Moment M im Knoten m ist gegeben durch: $l \cdot M = a x' R_a + b x R_b + x x' P'$. Verschiebt man den Zug um die Strecke Δa nach links, so wird das Moment im Punkte m: $l \cdot M = (a - \Delta a) x' R_a + (b + \Delta a) x R_b + (x - \Delta a) x' P'$, das Moment ändert sich um den Betrag ΔM: $l \cdot \frac{\Delta M}{\Delta a} = x R_b - x'(R_a + P')$.

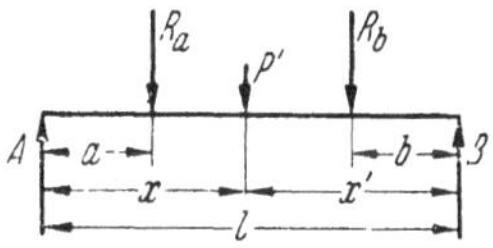

Bild 101.

Ist dieser Betrag negativ, so wird M kleiner, der Lastenzug darf nicht nach links verschoben werden. Entsprechendes gilt für eine Verschiebung nach rechts.

Für einen Querschnitt m mit den Abszissen x, x' ergibt jene Laststellung das größte Moment, für welche sowohl:

$$\frac{R_b}{R_a + P'} < \frac{x'}{x} \quad \textit{als auch} \quad \frac{R_b + P'}{R_a} > \frac{x'}{x}$$

ist. R_a ist dabei die Summe aller Lasten links, R_b jene aller Lasten rechts des Querschnittes m auf dem Träger, P' die Last im Querschnitt m selbst.

Dieses Kennzeichen läßt sich am Krafteck leicht zeichnerisch nachprüfen. Es sei $S_1 S_2 = R_a + R_b + P'$ die Summe aller auf dem Träger stehenden Lasten P, ferner sei $LS_1 = kl$, $L'S = kx' = k \cdot \overline{mB}$. Dann zieht man LS_2 und macht $L'M$

parallel LS_2. Liegt der Punkt M auf der Last P', welche über m steht, dann gibt diese Laststellung das größte Moment in m.

Denn es ist: $S_1M : MS_2 = x' : x$, also: $S_1N_1 : N_1S_2 < \frac{x'}{x}$ und $S_1N_2 : N_2S_2 > \frac{x'}{x}$. Dies ist aber identisch mit obigen beiden Ungleichungen.

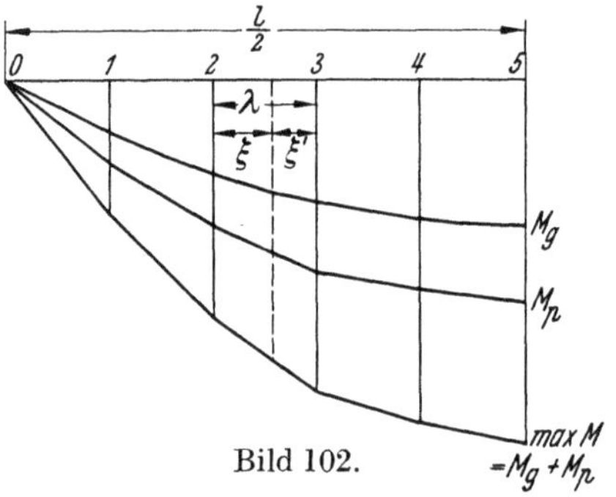

Bild 102.

Die Momente M_p werden über der Trägerachse als Abszissenachse als Ordinaten aufgetragen. Für Zwischenpunkte zwischen den Knoten schaltet man geradlinig ein, wodurch man etwas zu große Werte erhält. Denn für solch eine Einschaltung ist: $y = y_3 \frac{\xi'}{\lambda} + y_4 \frac{\xi}{\lambda}$ (Bild 102). Da y_3 und y_4 bei verschiedenen Laststellungen entstehen, so ist y etwas zu groß (zwischen den Knoten 2 und 3 des Beispiels nicht, da diese bei derselben Laststellung Größtwerte sind).

Den genauen Wert des Momentes zwischen zwei Knoten findet man aus dem Seileck, wenn zu der Schlußlinie für den Träger noch die Schlußlinie für das Feld eingetragen wird (Bild 103). Der Abschnitt zwischen beiden Schlußlinien ist die für das Moment maßgebende Ordinate y. Die Laststellung, welche das größte Moment für einen solchen Zwischenpunkt ergibt, erhält man am schnellsten durch Probieren.

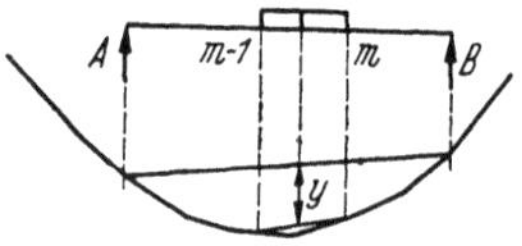

Bild 103.

Für unmittelbare Belastung untersucht man auf die angegebene Weise so viele Querschnitte, als zur genauen Ermittelung der M_p-Linie erforderlich ist.

2. Gleichmäßig verteilte Last. Für diese ist die Momentenlinie eine Parabel mit der Pfeilhöhe $M = \frac{1}{8} g l^2$ in Trägermitte. Diese Parabel wird ebenso über der Trägerachse abgetragen. Zwischenwerte zwischen den Knoten können auch geradlinig verbunden werden, wodurch der Fehler bei Auftragung der M_p-Linie wieder verringert wird.

3. Das Maximalmoment. Für das größte Moment ist nicht allein die bewegliche Last, sondern die gesamte Last auf dem Träger maßgebend. Um das Maximal-

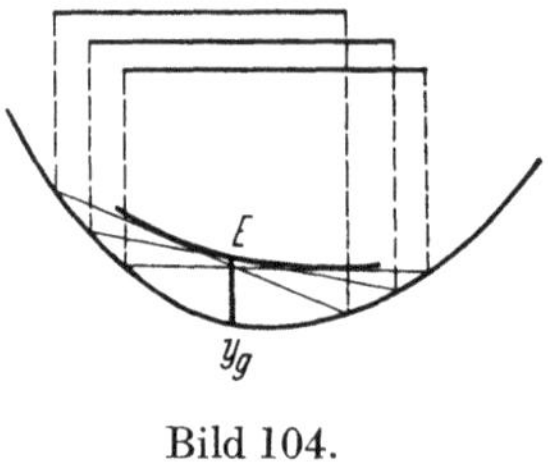

Bild 104.

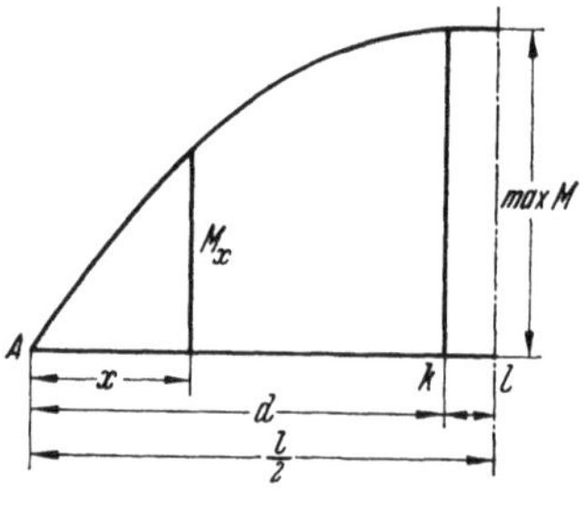

Bild 105.

moment nach Lage und Größe zu finden, schlägt man folgendes Verfahren ein. Man bildet aus der Verkehrslast P und der gleichmäßig verteilten Last g die Gesamtlast $Q = P + ge$, wo $e = \frac{e_i + e_{i+1}}{2}$ der mittlere Abstand der Lasten P_i und P_{i+1} ist. Mit diesen Lasten Q zeichnet man das Seileck wie in Bild 100. Für die Umgebung der Stelle, an welcher vermutlich das Maximalmoment liegt, zeichnet man eine Anzahl Schlußlinien und die sie einhüllende Kurve E. Der größte Abstand y_g zwischen E und dem Seileck gibt dann das Maximalmoment $\max M = H \cdot y_g$.

4. Angenäherte Berechnung des Balkens aus dem Maximalmoment. Ist das Maximalmoment bekannt, dann läßt sich annäherungsweise die Momentenlinie angeben, wenn man sie aus einer Parabel und einer Geraden zusammensetzt.

Auf ein Stück kl von Trägermitte setzt man das Moment konstant gleich $\max M$ (Bild 105). Auf der Strecke d setzt man: $M_x : \max M = x(2d - x) : d^2$ und hat damit das größte Moment für jeden Schnitt x gefunden. Das Verfahren ist in den meisten Fällen genügend, es liefert immer etwas zu große Werte. Für eine Anzahl Lastenzüge ist $k = 0{,}06$.

Bemerkung. Ähnliche Verfahren wie für den einfachen Balken können auch für den Gerberträger entwickelt werden, doch sei hier von einer Wiedergabe abgesehen.

K. Das Dreieckfachwerk.

120. Das Dreieckfachwerk. Ein einfaches Dreieckfachwerk, kurz Dreieckfachwerk genannt, entsteht durch Aneinanderreihung von Dreiecken, derart, daß jedes dieser Dreiecke mit dem vorangehenden und dem folgenden je nur einen Stab gemeinsam hat, sonst aber keine gemeinsamen Stäbe vorhanden sind. Der Umfang des Dreieckfachwerkes ist ein geschlossenes Vieleck, welches durch einen Stabzug, welcher jeden Knoten nur einmal berührt, in Dreiecke zerlegt wird. Bei Durchfahrung des Stabzuges treten in *jedem* Knotenpunkt nur zwei neue Stäbe hinzu. Durch dieses Fachwerk lassen sich Schnitte legen, welche jeweils nur drei Stäbe treffen, die beiden Scheiben, in welchen das Fachwerk durch einen solchen Schnitt zerfällt, besitzen innere Standfestigkeit. Das Dreieckfachwerk ist einfach standfest, zur vollkommenen Standfestigkeit benötigt es noch drei Stützen.

Für die folgenden Untersuchungen werden die Lasten und die Stützkräfte als bekannt vorausgesetzt. Die Aufgabe ist, die Spannkräfte der Stäbe zu bestimmen.

Im Dreieckfachwerk ist stets ein zweistäbiger Knoten vorhanden. Da ferner das Fachwerk stets so durchfahren werden kann, daß in jedem hinzukommenden Knotenpunkt nur zwei neue Stäbe hinzutreten, so kann man aus den zwei Gleichgewichtsbedingungen jedes Knotens, vom zweistäbigen ausgehend, die Stabkräfte paarweise nacheinander bestimmen. Durch geeignete Wahl der Schnitte läßt sich jede Stabkraft auch unabhängig von den anderen Spannkräften berechnen.

Es ist zu beachten, daß nicht jedes Fachwerk, welches aus aneinandergereihten Dreiecken besteht, ein Dreieckfachwerk ist.

121. Lasten zwischen den Knoten. Bei vielen Fachwerken, z. B. Dachbindern, kommt es vor, daß die Lasten nicht nur in den Knoten übertragen werden, sondern auch auf die Stäbe selbst wirken. In diesem Falle pflegt man den Stab als frei aufliegenden Träger aufzufassen und die Lasten als dessen Stützdrücke auf die Knoten zu verteilen. Der Stab muß dann als einfacher Balken auf Biegung berechnet werden, als Stab des Fachwerkes erhält er außerdem eine Spannkraft, so daß er insgesamt auf Biegung mit Normalkraft zu berechnen ist.

Diese Berechnungsweise ist streng genommen nicht richtig, da der Stab kein frei aufliegender Balken ist; die Ergebnisse, welche mit ihr erzielt werden, sind praktisch aber völlig ausreichend.

122. Die Stabkräfte des Dreieckfachwerkes. Man zerlegt das Fachwerk durch einen Schnitt, welcher die drei Stäbe eines Feldes trifft, in zwei Scheiben und ersetzt die Spannkräfte der geschnittenen Stäbe durch je zwei gleich große, entgegengesetzt gerichtete äußere Kräfte, welche in der Richtung der Stabachsen liegen. Dabei ist eine Zugkraft im Stabe positiv, als Knotenlast wirkt sie an der Scheibe vom Knoten weg in Richtung auf den anderen Knoten des

Stabes (Bild 106). Für jede Scheibe gelten die Gleichgewichtsbedingungen des starren Körpers, also drei Gleichungen $M = 0$, aus welchen die drei Spannkräfte berechnet werden können. Nimmt man als Momentenpunkt den Schnittpunkt zweier Stabkräfte, so erhält man eine Gleichung, in welcher als Unbekannte nur die dritte Stabkraft vorkommt. Der Momentenpunkt heißt dabei *Bezugspunkt* dieses dritten Stabes. Der Bezugspunkt des Untergurtstabes ist der gegenüberliegende Obergurtknoten, jener des Obergurtstabes der gegenüberliegende Untergurtknoten, der Bezugspunkt des Füllungsstabes der Schnittpunkt der beiden Gurtstäbe.

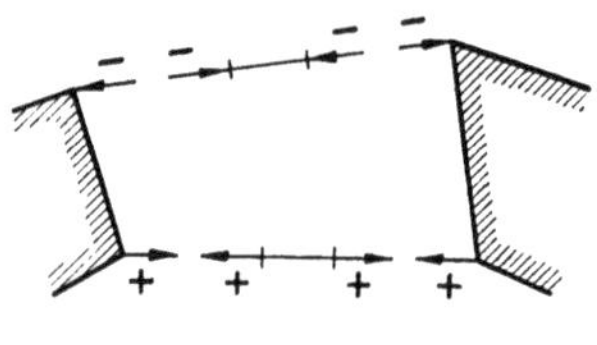
Bild 106.

Soweit zur Unterscheidung notwendig, erhalten die Stabkräfte als Zeiger die Bezeichnung ihres Bezugspunktes, der Füllungsstab diejenige seines rechten Knotens (Augenpunkt wie zur Bestimmung der Querkraft). Ebenso wird die Feldweite, welche gewöhnlich λ genannt wird, nach ihrem rechten Lastknoten bezeichnet. Als Koordinatensystem werden wie früher die Achsen x und z eingeführt, wobei die x-Achse waagerecht liegt, die z-Achse senkrecht nach unten zeigt. Der Neigungswinkel des Obergurtstabes gegen die $+x$-Achse sei β, jener des Untergurtstabes γ, derjenige der Strebe φ. Die Winkel werden in positiver Richtung von der $+x$-Achse gegen den Stab gerechnet, wobei der Scheitel der Knoten an der linken Scheibe l des auseinandergeschnittenen Fachwerkes ist.

Die Berechnungsweise durch einen Schnitt, welcher drei Stäbe trifft, wurde zuerst von A. RITTER angewendet, sie heißt daher *RITTERsches Verfahren*.

Die Gurtkräfte O und U folgen aus den Momentengleichungen um die beiden Knoten u und o (Bild 107):

$$O = -\frac{M_u}{r_u} = -\frac{M_u}{h_u}\sec\beta\,, \tag{157}$$

$$U = +\frac{M_o}{r_o} = +\frac{M_o}{h_o}\sec\gamma\,, \tag{158}$$

wobei r den normalen Abstand des Stabes von seinem Bezugspunkt, h den Abstand gemessen in Richtung der z-Achse bedeutet. M_u bezeichnet das Moment des einfachen Balkens unter der gegebenen Belastung im Knoten u, M_o jenes im Knoten o, beide Male am linken Schnittufer, an welchem ein positives Moment positive Durchbiegung erzeugt. Diese Gleichungen für die Stabkräfte gelten für jedes Dreieckfachwerk, gleichgültig ob mit links- oder rechtssteigenden Streben oder mit Pfosten, ebenso für beliebige Belastung.

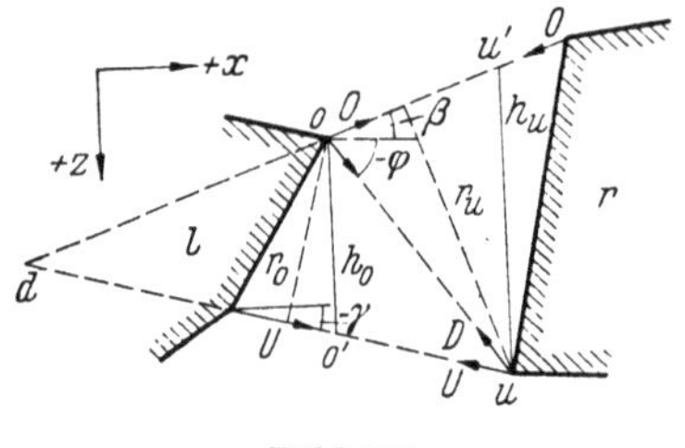

Bild 107.

Die Strebenkraft kann durch das Moment um den Schnittpunkt d bestimmt werden. Da jedoch der Hebelarm r_d umständlich zu berechnen ist, ist es zweckmäßig, die Momente um die Punkte o' oder u' zu bilden. Aus dem Moment um o' folgt:

$$D = \left(\frac{M_u}{h_u} - \frac{M'_o}{h_o}\right)\sec\varphi = \left(\frac{M'_u}{h_u} - \frac{M_o}{h_o}\right)\sec\varphi\,, \tag{159}$$

wobei M'_o und M'_u die Momente des einfachen Balkens unter der gegebenen Belastung in den Punkten o' bzw. u' bedeuten. Wirken nur Lasten parallel der z-Achse dann ist:

$$D = \left(\frac{M_u}{h_u} - \frac{M_o}{h_o}\right)\sec\varphi\,. \tag{160}$$

Für einen Pfosten gibt die Bedingung, daß die Summe aller senkrechten Teilkräfte an der Scheibe l im Schnitte $s - s$ Null sein muß:
$Q \pm V + O \sin\beta + U \sin\gamma = 0$, woraus folgt:

$$\pm V = Q - \frac{1}{h}(M_u \operatorname{tg}\beta - M_o \operatorname{tg}\gamma). \tag{161}$$

Die Gleichung gilt für beliebige Belastung, das obere Zeichen gilt für rechtssteigende (Bild 108a), das untere für linkssteigende Streben (Bild 108b). Als Querkraft ist dabei zu wählen:

Streben:	linkssteigend	rechtssteigend
Knoten u belastet, Knoten o unbelastet:	Q_{u+1}	Q_u
Knoten o belastet, Knoten u unbelastet:	Q_u	Q_{u+1}

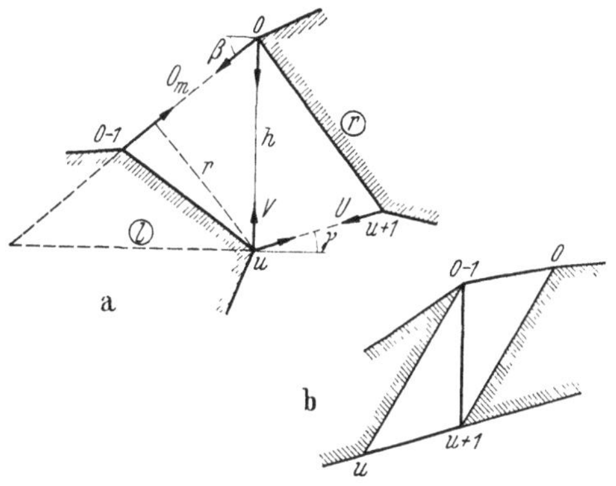

Bild 108.

wobei Q_u die Querkraft links, Q_{u+1} jene rechts des Pfostens ist. Sind beide Knoten gleichzeitig belastet, so ist die Pfostenkraft für jede Last getrennt zu ermitteln, die Gesamtkraft ist die Summe beider Einzelkräfte.

Für *senkrechte Lasten* wird $M_u = M_o$ und

$$\pm V = Q - \frac{M}{h}(\operatorname{tg}\beta - \operatorname{tg}\gamma). \tag{162}$$

Eine andere Form dieser Gleichungen erhält man, wenn man die Gleichgewichtsbedingung am Knoten u bzw. o aufstellt, wobei als Momentenpunkt der Knoten $o - 1$ bzw. $u + 1$ gewählt wird. Am Knoten u wirke die Last P_u. Die beiden Untergurtkräfte $U_u = \frac{M_{o-1}}{h_{o-1}} \sec\gamma_u$ und $U_{u+1} = \frac{M_o}{h_o} \sec\gamma_{u+1}$ werden bis zum Schnitt mit dem Pfosten $(o-1, u-1)$ verschoben, ihr Moment um den Knoten $o - 1$ ist dann: $\frac{M_{o-1}}{h_{o-1}} \cdot h_{o-1} = M_{o-1}$ und $\frac{M_o}{h_o} \cdot h_{ul}$.

Die Gleichgewichtsbedingung ergibt (Bild 109):

$$V\lambda_o - M_{o-1} + \frac{M_o}{h} \cdot h_l - P_u \lambda_o = 0 \text{ und}$$

$$\mp V = \frac{M_{o-1}}{\lambda_o} - \frac{M_o}{\lambda_o}\frac{h_l}{h} + P_u. \tag{163}$$

Wirkt am Obergurtknoten o die Last P_o, so gibt die Momentengleichung um Knoten $u + 1$:

$$\mp V = -\frac{M_{u+1}}{\lambda_{u+1}} + \frac{M_u}{\lambda_{u+1}}\frac{h_r}{h} - P_o. \tag{164}$$

Das obere Zeichen gilt für rechtssteigende, das untere für linkssteigende Streben. Die Gl. (163 u. 164) gehen in Gl. (161) über, wenn man Q durch die Momente ersetzt. Für h_l und h_r, deren Bedeutung aus Bild 109 hervorgeht, ist zu setzen:

$$h_l = h - \lambda_u(\operatorname{tg}\beta_u - \operatorname{tg}\gamma_{u+1}) \qquad h_r = h + \lambda_{u+1}(\operatorname{tg}\beta_u - \operatorname{tg}\gamma_{u+1}).$$

Häufig wechseln an demselben Fachwerk links- und rechtssteigende Streben, wobei ein Pfosten die Grenze zwischen beiden Fachwerksteilen bildet. Liegt

z. B. der Fall nach Bild 110 vor, dann gibt die Gleichgewichtsbedingung am Knoten o:

$$V = \frac{M_u}{h_u}(\operatorname{tg}\beta_u - \operatorname{tg}\beta_{u+1}) - P_o\,. \tag{165}$$

Entsprechend erhält man einen etwas umständlichen Ausdruck für V bei Belastung in u.

Einen besonders zweckmäßigen Ausdruck für die Spannkraft namentlich bei wandernden Lasten erhält man auf folgende Weise.

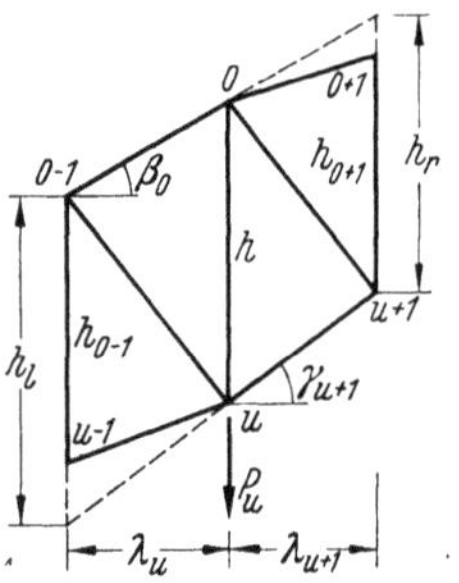

Bild 109.

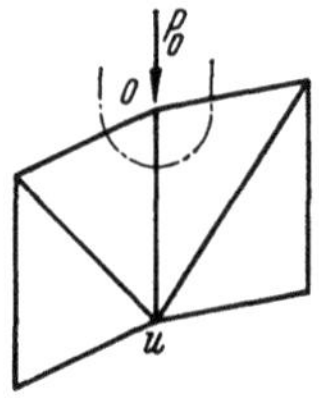

Bild 110.

Durch das Stabfeld werde ein dreistäbiger Schnitt gelegt, wodurch der Balken in eine linke und eine rechte Scheibe zerfällt. Durch eine Belastung der rechten Scheibe entsteht ein Auflagerdruck A_r links, so daß an der linken Scheibe nur die drei Stabkräfte S_n und die Stützkraft A_r angreifen, wobei jede der Spannkräfte S_n im Stabfeld proportional A_r ist. Ist $A_r = 1$, dann habe die Spannkraft im Stabfeld den Wert S_r, so daß für jeden anderen Wert A_r ist: $S = A_r S_r$. Ist nur die linke Scheibe belastet, so entsteht an der rechten Scheibe der Auflagerdruck B_l, welcher im Gleichgewicht mit den drei Stabkräften S_n ist. Ist $B_l = 1$, dann habe die Spannkraft im Stabfeld den Wert S_l, so daß für jeden anderen Wert B_l ist: $S = B_l S_l$.

Für beliebige parallele Belastung des gesamten Balkens gilt:

$$S = A_r S_r + B_l S_l\,. \tag{166}$$

Die Kräfte S_r und S_l sind unabhängig von der Belastung des Fachwerks, sie brauchen daher nur einmal berechnet werden und können dann für jeden Belastungsfall verwendet werden.

Die Werte S_r und S_l können aus den vorhergehenden Gleichungen abgeleitet werden. Für senkrechte Belastung ist:

$$\begin{aligned}
O_r &= -\frac{x}{h}\sec\beta & O_l &= -\frac{x'}{h}\sec\beta \\
U_r &= +\frac{x}{h}\sec\gamma & U_l &= +\frac{x'}{h}\sec\gamma \\
D_r &= \left(\frac{x_u}{h_u} - \frac{x_o}{h_o}\right)\sec\varphi & D_l &= \left(\frac{x'_u}{h_u} - \frac{x'_o}{h_o}\right)\sec\varphi \\
\pm V_l &= 1 - \frac{x}{h}(\operatorname{tg}\beta - \operatorname{tg}\gamma) & \pm V_r &= 1 + \frac{x'}{h}(\operatorname{tg}\beta - \operatorname{tg}\gamma)\,.
\end{aligned} \tag{167}$$

x ist dabei die Abszisse des Bezugspunktes, $x' = l - x$. Für die Gleichungen gelten die Bemerkungen zu den Gl. (157 bis 164).

Die Werte D_r, D_l und V_r, V_l können nach dem ZIMMERMANNschen Verfahren (Nr. 125) ermittelt werden, was besonders bei gleichen Feldweiten vorteilhaft ist. Es besteht noch ein weiteres Verfahren, welches ebenfalls eine einfache Berechnung der Streben- und Pfostenkräfte gestattet.

Man trägt die waagerechten Teilkräfte $O3'$, $O5'$ ... der Gurtstabkräfte U von einem Pol O aus an (Bild 111 b), wobei diese Teilkräfte gleich $U_r \cos\gamma = x_r/h$ sind und sich namentlich bei gleichen Feldweiten sehr einfach berechnen lassen. Zieht man durch O Parallele zu den Gurtstäben und macht die Strecken $O3$, $O5$, ...

so lang, daß ihre waagerechten Projektionen gleich $O3', O5' \ldots$ sind, dann ist: $\overline{O3} = U_3$, $\overline{O5} = U_5 \ldots$ und es kann für jeden Knoten ein Krafteck gezeichnet werden, aus welchem die Streben- und Pfostenkräfte hervorgehen. Für den Knoten 3 ist das Krafteck $O, 3, 5'', 5$, wobei $D_3 = \overline{3{,}5''}$, $V_4 = \overline{5'', 5}$ ist. Die Stabkraft U_1 folgt nicht aus einer Momentengleichung, sondern aus der Zerlegung des Auflagerdruckes in die Richtungen U_1 und O_1, dann ergibt sich V_2 aus dem Krafteck für den Knoten 1. Zu beachten sind die Vorzeichen und die Richtungen der Stäbe.

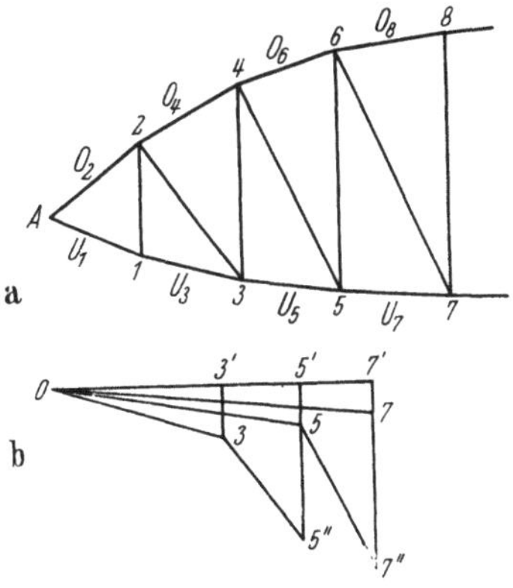

Bild 111.

Außer der hier dargestellten Berechnung der Stabkräfte gibt es noch zeichnerische Verfahren, von welchen hier nur ganz kurz die Grundlagen dargestellt werden sollen.

123. Das CULMANNsche Verfahren. Gegeben sei ein Dreieckfachwerk mit lotrechter Belastung und den Stützkräften. Gesucht sind die Spannkräfte in den Gurtstäben und der Strebe eines Feldes.

Man legt durch das Feld den dreistäbigen Schnitt $s - s$ und ersetzt die Stabkräfte durch entsprechende äußere Lasten in den Knoten. Dann müssen an der linken Scheibe, welche durch den Schnitt abgetrennt wurde, die drei Stabkräfte O, U, D mit den Lasten und der Auflagerkraft A im Gleichgewicht stehen.

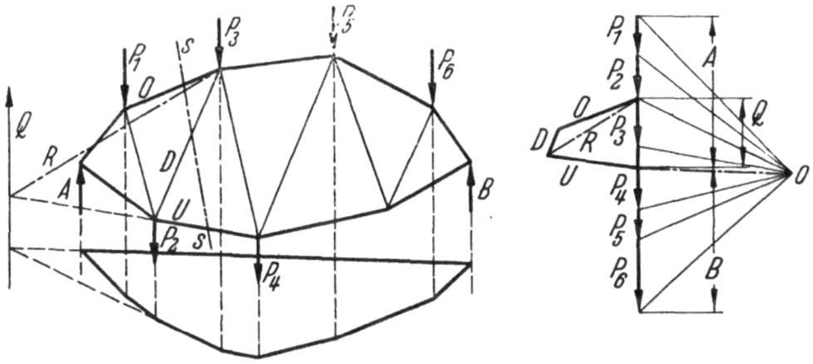

Bild 112.

Man trägt das Krafteck der Lasten und das dazugehörige Seileck auf und erhält durch die Schlußlinie im Krafteck die Stützkräfte A, B. Die Querkraft Q im betrachteten Feld ist $Q = A - P_1 - P_2$ (Bild 112). Die Lage dieser Querkraft ergibt sich im Seileck durch den Schnittpunkt des entsprechenden Seilstrahles mit der Schlußlinie. Nun ist noch die Querkraft Q als Summenkraft der an der linken Scheibe angreifenden Kräfte nach den drei Richtungen O, U, D zu zerlegen, was nach Nr. 49 vorgenommen wird: bringe U mit Q zum Schnitt und verbinde diesen Schnittpunkt mit jenem von D und O. Die so gefundene Richtung R gibt sowohl die Summenkraft von D und O als auch die von U und Q, womit die Aufgabe gelöst ist. Die Vorzeichen der Stabkräfte ergeben sich aus dem Krafteck $QUDO$ das einen stetigen Umfahrungssinn hat. Eine auf den Knoten zu gerichtete Kraft ist Zugkraft im betreffenden Stab.

124. Kräftepläne. Wie in Nr. 120 erläutert, können die Stabkräfte im Dreiecksfachwerk paarweise aus den Gleichgewichtsbedingungen jedes Knotens berechnet werden. Zeichnerisch geschieht dies durch Auftragung eines Kraftecks für jeden Knoten.

Man beginnt in dem zweistäbigen Knoten 1 (Bild 113a), wo man durch Zerlegen der Last P_1 in die beiden Stabrichtungen die Stabkräfte U_1 und O_2 findet (Bild 113b). Das Krafteck muß gleichsinnig umfahren werden, da die Summe der Kräfte Null sein muß, woraus sich die Vorzeichen der Stabkräfte ergeben. Eine vom Knoten weggerichtete Kraft (U_1) ist eine Zugkraft im Stab, eine gegen den Knoten gerichtete ist eine Druckkraft im Stab (Bild 106).

Nun geht man zum Knoten 2 über, an welchem die Kräfte P_2 und U_1 bekannt sind, deren Summenkraft also ohne weiteres in die beiden Richtungen U_3 und D_3 zerlegt werden kann, wodurch die Stabkräfte U_3 und D_3 gefunden werden (Bild 113c). Das Vorzeichen der Kräfte bestimmt sich wie am Knoten 1, wobei zu beachten ist, daß U_1 im Krafteck c) entgegengesetzte Richtung hat wie im Krafteck b). Dieses Verfahren wird am Knoten 3 (Bild 113d) und an den übrigen Knoten fortgesetzt, wodurch sämtliche Stabkräfte berechnet werden. Die Gesamtheit der Kraftecke heißt der Kräfteplan des Fachwerkes.

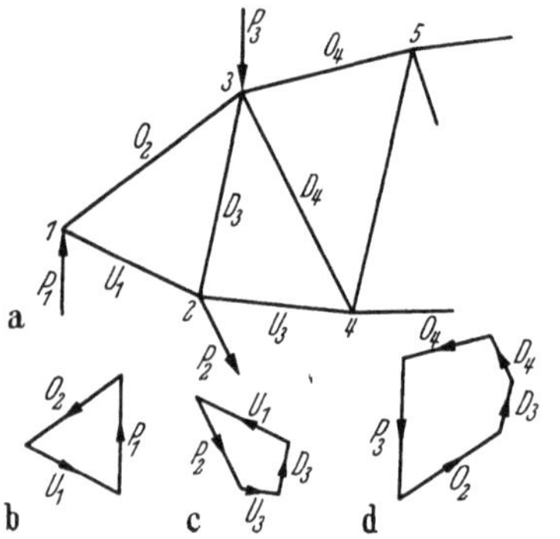

Bild 113.

Die Kraftecke für die Knoten wurden nebeneinander gezeichnet, so daß jede Kraft zweimal aufgetragen werden mußte. Dies kann man vermeiden, wenn die Kraftecke in geeigneter Weise aneinander gesetzt werden. Es ist möglich, den Kräfteplan durch ein Vieleck so darzustellen, daß jede innere und äußere Kraft nur einmal darin vorkommt. Dabei ist es zweckmäßig, die Bezeichnungsweise in bestimmter Art so zu wählen, daß ein übersichtlicher Arbeitsgang entsteht.

Man bezeichnet die Knoten, an einem zweistäbigen Knoten beginnend, fortlaufend mit Zahlen, wobei man zuerst einen Gurt, dann in demselben Umfahrungssinn fortfahrend, den anderen Gurt bezeichnet. Die äußeren Kräfte, welche an den Knoten angreifen, erhalten die Nummer ihres Knotens. Die Stäbe werden entsprechend fortlaufend gezählt, indem zuerst die Gurtstäbe, beim Knoten 1 mit s_1 beginnend, anschließend der Stabzug der Streben (und Pfosten) bezeichnet werden. Zuletzt werden die Dreiecke des Fachwerkes fortlaufend bezeichnet. Der Kräfteplan, welcher zu dem Fachwerk gezeichnet werden kann, hat folgende Eigenschaften:

1. *Jeder inneren und äußeren Kraft des Fachwerkes entspricht eine Parallele im Kräfteplan.*

2. *Die Kräfte, welche im Fachwerk an einem Knoten angreifen, bilden im Kräfteplan ein geschlossenes Vieleck. Die Kräfte in diesem Vieleck folgen in derselben Reihenfolge aufeinander wie die Kräfte an dem Knoten, wenn dieser in demselben Sinne umfahren wird.*

3. *Die Spannkräfte der Stäbe, welche im Fachwerk ein Dreieck bilden, gehen im Kräfteplan durch einen Punkt. Sie folgen bei Umkreisung des Punktes in derselben Reihenfolge aufeinander wie bei der Umfahrung des Dreieckes in demselben Sinne.*

4. *Die äußeren Kräfte des Fachwerkes bilden in der Reihenfolge, wie sie in den Gurten aufeinander folgen, im Kräfteplan ein geschlossenes Vieleck.*

5. *Die beiden äußeren Kräfte zweier durch einen Gurtstab verbundenen Knoten gehen mit der Spannkraft dieses Stabes durch einen Punkt.*

Im Beispiel Bild 114 trägt man zuerst das Krafteck der äußeren Kräfte auf, in der Reihenfolge, wie sie an den Gurten aufeinander folgen, wobei u. U. durch ein Seileck die Stützkräfte zu ermitteln sind. Dann beginnt man mit dem Kräfteplan im Knoten 1, geht über Knoten 8 zu 2 weiter und über Knoten 7, 3, 6, 4 schließlich zu 5. Dem Knoten 1 entspricht im Kräfteplan das Dreieck 1, dem Knoten 3 das Vieleck 3. Dem Dreieck *a* des Fachwerkes entspricht der Punkt *a* des Kräfteplanes usw. Die Kräfte P_3 und P_4 gehen mit dem Gurtstabe s_3 durch den Punkt (3, 4).

Die oben aufgeführten Eigenschaften sind in dem dargestellten Beispiel alle vorhanden. Da alle Dreieckfachwerke von derselben Bauart sind, gelten diese Eigenschaften daher für alle derartigen Fachwerke.

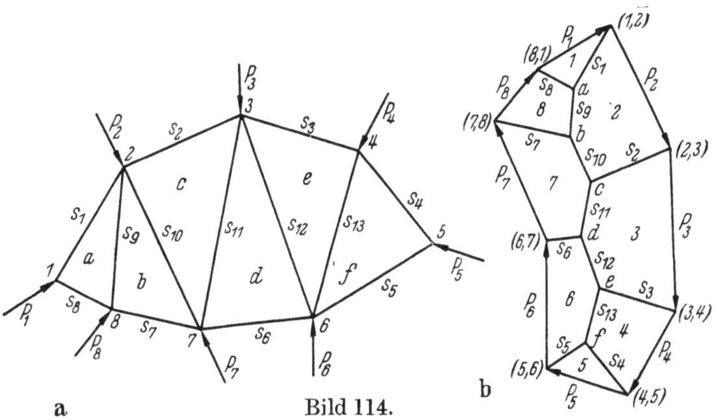

a Bild 114. b

Wie bereits erwähnt, ermittelt man bei Auftragung des Kräfteplanes meist auch die Stützkräfte durch Krafteck und Seileck. Zum Lageplan des Fachwerkes gehört dann noch das Seileck, zum Kräfteplan noch der Pol mit den Seilstrahlen und zu den Vielecken noch die Vierecke, welche aus zwei benachbarten äußeren Kräften, dem dazwischen liegenden Gurtstab und dem dazugehörigen Seilstrahl gebildet werden. Dann können die oben aufgeführten Eigenschaften kurz zusammengefaßt werden:

Zu jedem Dreieckfachwerk gibt es einen Kräfteplan, derart daß

1. *jeder Geraden im Lageplan eine Parallele im Kräfteplan eindeutig entspricht,*
2. *den Vielecken des einen Planes Eckpunkte im anderen Plane entsprechen.*

Pläne mit diesen Eigenschaften nennt man reziprok. Sie wurden zuerst von MAXWELL untersucht und in der Theorie der Fachwerke angewendet. Allgemeiner wurden sie jedoch erst durch die Veröffentlichungen von CREMONA bekannt, weshalb sie gewöhnlich CREMONAsche Pläne genannt werden. Auf ihre weitgehend entwickelte Theorie kann hier nicht eingegangen werden. Es sei nur auf folgendes hingewiesen.

Nicht zu allen Fachwerken ist ein reziproker Kräfteplan möglich. Allgemein läßt sich sagen, daß jedes Fachwerk, welches eine orthogonale Projektion eines EULERschen Polyeders ist, einen reziproken Kräfteplan besitzt. EULERsche Polyeder sind solche, welche von ebenen Vielecken begrenzt werden, welche sich nirgends gegenseitig durchdringen (also z. B. keine Sternpolyeder sind). Auf einen Beweis wird hier verzichtet.

125. Das Verfahren von ZIMMERMANN. Gegeben sei ein Dreieckfachwerk mit lotrechter Belastung und den Stützkräften, die Stabkräfte sind zu berechnen. Durch das Fachwerk wird ein dreistäbiger Schnitt gelegt, wodurch es in eine linke und eine rechte Scheibe zerfällt, von welcher jede im Gleichgewicht ist, wenn die Spannkräfte der durchschnittenen Stäbe als äußere Lasten angebracht werden. Die Querkraft Q_n, die Summenkraft aller an der linken Scheibe angreifenden äußeren Kräfte, wird in zwei parallele Teilkräfte R_1 und R_2 zerlegt, welche in den Knoten $n-1$ und n des geschnittenen Feldes angreifen und für welche gilt:

$$R_1 - R_2 = Q_n \qquad R_1 \lambda_n = Q_n a_n \qquad R_2 \lambda_n = Q_n a_{n-1}$$

(Kraftrichtung siehe Bild 115).

Nun ist $Q_n a_{n-1} = M_{n-1}$ das Moment der äußeren Lasten um den Knoten $n-1$, $Q_n a_n = M_n$ jenes um den Knoten n, also [mit Gl. (157, 158)]:

$$R_1 = \frac{M_n}{\lambda_n}, \quad R_2 = \frac{M_{n-1}}{\lambda_n}, \quad O_{n-1} = R_2 \frac{\lambda_n}{r_{n-1}}, \quad U_n = R_1 \frac{\lambda_n}{r_n}.$$

Trägt man R_1 und R_2 in das Fachwerknetz nach Bild 115 (a oder b) ein, so ergibt sich ein Krafteck, aus welchem die drei Stabkräfte U_n, O_{n-1}, D_n zu entnehmen sind. Das Vorzeichen der Stabkräfte ergibt sich aus der Richtung von Q_n, dabei wirkt O_{n-1} am Knoten $n-2$, D_n und U_n am Knoten $n-1$, wie aus der Lage des Schnittes hervorgeht.

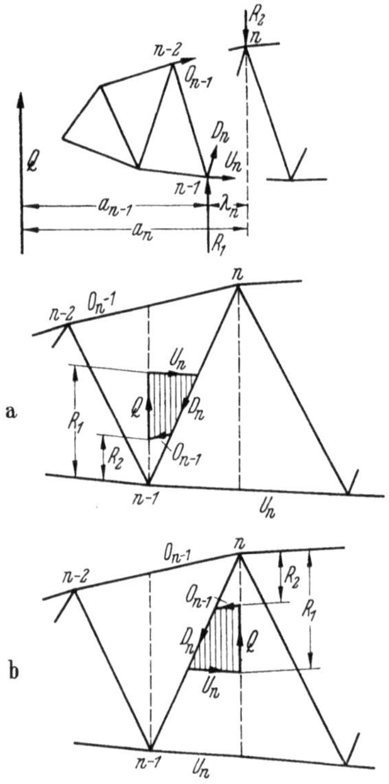

Bild 115.

Dieses Verfahren, welches ZIMMERMANN eingeführt hat, empfiehlt sich besonders bei gleich großen Feldweiten λ, da dann sämtliche R verhältnisgleich den Momenten sind, also durch einfache Maßstabänderung aus der Momentenlinie zu entnehmen sind.

126. Lastscheiden. Wie aus den Gl. (157 u. 158) hervorgeht, sind die Gurtkräfte proportional den Momenten des einfachen Balkens. Die Einflußlinie für eine Gurtkraft ist daher der Einflußlinie dieses Momentes für den Bezugspunkt des Stabes ähnlich und kann durch einfache Maßstabänderung aus ihr abgeleitet werden (lotrechte Belastung).

Die Spannkräfte der Gurtstäbe erreichen ihre Größtwerte bei voller Belastung des Balkens. Bei senkrechten Lasten ist der Obergurt stets gedrückt, der Untergurt stets gezogen.

Um eine entsprechende Regel für die Strebe D zu finden, werde ein dreistäbiger Schnitt durch diese Strebe gelegt. Links des Schnittes wirke keine Last, so daß die Querkraft gleich dem Auflagerdruck A ist. Die Stabkräfte U, O, D werden nach dem CULMANNschen Verfahren ermittelt (Bild 116), wobei vorausgesetzt wird, daß die beiden Gurtstäbe sich außerhalb der Stützweite schneiden. Die Betrachtung der verschiedenen möglichen Fälle ergibt dann folgende Regel:

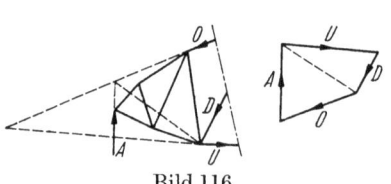

Bild 116.

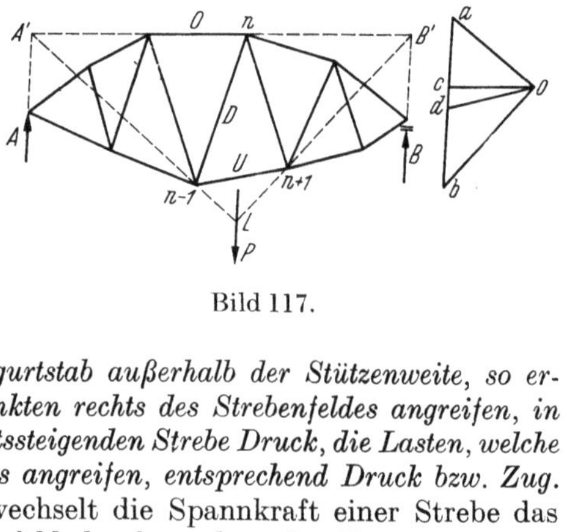
Bild 117.

Schneiden sich Obergurt- und Untergurtstab außerhalb der Stützenweite, so erzeugen alle Lasten, welche in Knotenpunkten rechts des Strebenfeldes angreifen, in der linkssteigenden Strebe Zug, in der rechtssteigenden Strebe Druck, die Lasten, welche in Knotenpunkten links des Strebenfeldes angreifen, entsprechend Druck bzw. Zug.

Wie aus dieser Regel hervorgeht, wechselt die Spannkraft einer Strebe das Vorzeichen, wenn die Last das Strebenfeld durchwandert. Im Feld der Strebe $(n-1, n)$ wirke eine Last P am Untergurt (Bild 117). Man verlängere den Obergurtstab des Strebenfeldes bis zum Schnitt mit den Stützkräften, was die Punkte A', B' ergibt. Diese werden wieder mit den beiden der Strebe benachbarten Untergurtknoten verbunden, der hierdurch sich ergebende Schnittpunkt heiße L. Nunmehr werde das Krafteck mit der Last P $(= ab)$ und den beiden zu $A'L$ und $B'L$ parallelen Polstrahlen Oa, Ob gezeichnet. Die zu $A'B'$ parallele Schlußlinie Oc gibt die Größe der beiden Stützkräfte A $(= ca)$, B $(= bc)$.

Geht die Kraft P durch L hindurch, dann wird sie in zwei Teilkräfte P_1 und P_2 zerlegt, welche in den Knoten $n - 1$ und n angreifen. Die Größe dieser beiden Kräfte ergibt sich im Krafteck, wenn man den Polstrahl Od parallel U zieht, wobei $P_1 = ad$, $P_2 = db$ wird. Legt man einen dreistäbigen Schnitt durch die Strebe D und die Stäbe U und O, so geht die Querkraft $Q = A - P_1 = cd$ durch den Schnittpunkt der beiden Seilstrahlen U und O, also durch den Schnittpunkt der beiden Gurtstäbe. Das Moment M_d um diesen Punkt ist Null, daher ist die Strebenkraft D ebenfalls Null.

Entsprechendes kann abgeleitet werden für eine Belastung des Obergurtes, wobei es in beiden Fällen gleichgültig ist, ob es sich um rechts- oder linkssteigende Streben handelt. Daher gilt:

Lastscheide einer Strebe ist derjenige Punkt, durch welchen eine Last hindurchgehen muß, so daß keine Spannkraft in der Strebe erzeugt wird. Für jede Strebe und jede Lastrichtung gibt es nur eine einzige Lastscheide, welche von der Größe der Last unabhängig ist.

Man verlängere den Gurtstab des unbelasteten Gurtes im Strebenfeld bis zu den Schnittpunkten A' und B' auf den Richtungslinien der Stützkräfte A und B und verbinde A' und B' mit den beiden Knoten $n - 1$ und $n + 1$ des belasteten Gurtes im Strebenfeld. Der Schnittpunkt der beiden Verbindungsgeraden $(A, n - 1)$ und $(B, n + 1)$ ist die Lastscheide L der Strebe D_n. Die Knoten werden dabei in Richtung $A \rightarrow B$ gezählt.

Eine weitere Bestimmung der Lastscheide siehe die nächste Nummer.

Die Sätze gelten auch noch, wenn die Lastrichtung nicht normal zur Strecke AB ist. Jedoch muß die Auflagerkraft am beweglichen Auflager parallel zur Lastrichtung sein, dieses Auflager also eine entsprechende Bewegungsrichtung haben.

127. Einflußlinien. Die Einflußlinien für Gurtkräfte sind den Einflußlinien für die Momente proportional, sie sind daher nach Nr. 114 aufzuzeichnen.

Die Einflußlinie für Strebenkräfte wird zweckmäßig aus Gl. (166) hergeleitet. Im Fachwerk Bild 118 sei die Einflußlinie der Strebe $(n - 1, n)$ zu zeichnen. Die Kraftrichtung sei lotrecht, Lastgurt sei der Untergurt. Man trägt im Stützpunkt A den Wert D_r auf, im Stützpunkt B den Wert D_l, und zwar den einen positiv, den anderen negativ, wobei D_r und D_l die Stabkräfte S_r und S_l in der Strebe bedeuten. Für eine Belastung der linken Scheibe durch eine Last $P = 1$ im Punkte x ist die Strebenkraft D' gegeben durch $D' = D_l B_l$, also $D' : D_l = B_l : 1 = x : l$; für eine Belastung der rechten Scheibe: $D'' : D_r = A_r : 1 = x' : l$ mit $x' = l - x$. Die Einflußlinie vom Punkte a bis zum Punkte $n - 1$ ist daher die Gerade ab', die Einflußlinie vom Punkte b bis zum Knoten $n + 1$ ist die Gerade ba'. Im Felde $(n - 1, n + 1)$ verläuft die Einflußlinie geradlinig vom Schnittpunkt der Geraden ab' mit der Lotrechten durch Knoten $n - 1$ zum Schnittpunkt von ba' mit der Lotrechten durch $n + 1$. Der Nullpunkt der Einflußlinie liegt in der nach Bild 118 ermittelten Lastscheide. Die Einflußlinie ist so zu zeichnen, daß sie gemäß der früher angegebenen Vorzeichenregel liegt.

K_1 und K_2 sind die Knoten des Lastgurtes im Feld der Strebe K_0K_2, K_0 der Obergurtknoten dieser Strebe (Bild 119). J_1 ist die senkrechte Projektion von K_1 auf den Obergurtstab K_0K_0' im Feld der Strebe, J_2 jene von K_2. C ist der Schnittpunkt der beiden Gurtstäbe K_0K_0' und K_1K_2, sein Abstand von der Strebe K_0K_2 sei r. A' ist der Schnittpunkt des Obergurtstabes K_0K_0' mit der Auflagersenkrechten durch A, B' derjenige des Untergurtstabes $K_1 K_2$ mit der Auflagersenkrechten durch B. Dann gilt:

1. *Die beiden Einflußgeraden ab' und $b'a$ schneiden sich im Punkte c auf der Senkrechten durch den Schnittpunkt C der beiden Gurtstäbe des Strebenfeldes.*

2. *Die Lastscheide l der Einflußlinie liegt auf der Senkrechten durch den Schnittpunkt L der beiden Geraden $A'B'$ und $J_1 K_2$.*

3. *Die Schnittpunkte M und m der Geraden $J_1 K_2$, $K_1 J_2$ und $i_1 k_2$, $k_1 i_2$ liegen senkrecht untereinander.*

4. *Für die Strecken D_l und D_r gelten die Proportionen:*

$$D_r = +1 \cdot \frac{x}{r} \qquad D_l = -1 \cdot \frac{x+l}{r}.$$

Die vierte Eigenschaft folgt, wenn man für die linke Scheibe, an welcher nur der Auflagerdruck $A = 1$ wirkt, bzw. für die rechte Scheibe mit dem Auflager-

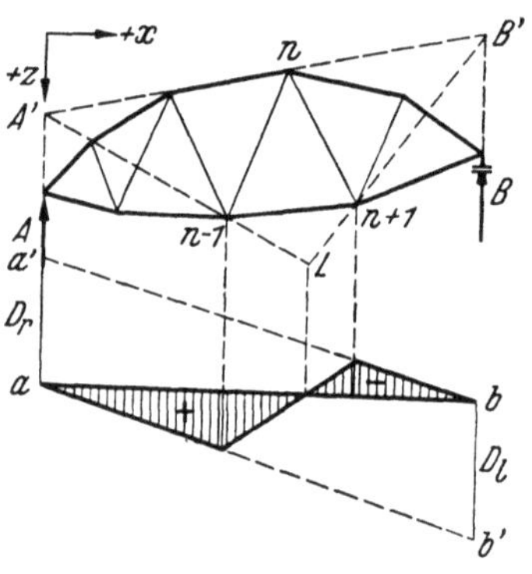

Bild 118.

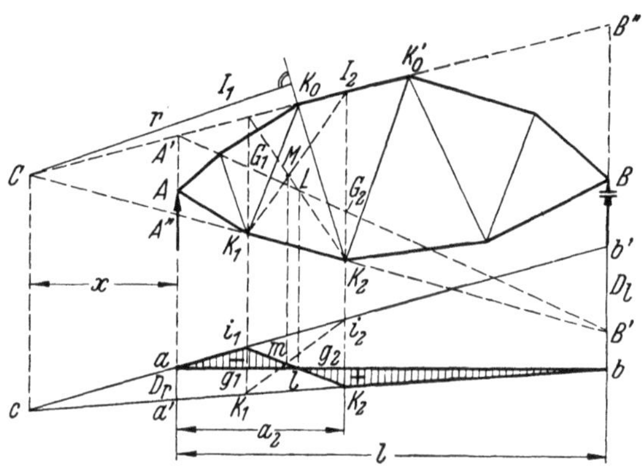

Bild 119.

druck $B = 1$ die Momentengleichung um den Punkt C aufstellt. Hieraus folgt auch die erste Eigenschaft, da $D_r : D_l = x : (l + x) = A'A'' : B'B''$.

In den Zweistrahlen CJ_2K_2, $A'J_2B'$, $B'A'C$ und den entsprechenden ci_2k_2, ai_2b, bac gelten die Verhältnisse: $g_2k_2 : D_r = G_2K_2 : A'A''$, $D_r : i_2k_2 = A'A'' : J_2K_2$, woraus: $g_2k_2 : i_2k_2 = G_2K_2 : J_2K_2$. Entsprechend folgt mit D_l: $i_1g_1 : i_1k_1 = J_1G_1 : J_1K_1$, ferner: $i_1k_1 : i_2k_2 = J_1K_1 : J_2K_2$, woraus: $i_1g_1 : g_2k_2 = J_1G_1 : G_2K_2$ folgt, was besagt, daß L dieselbe Abszisse hat wie die Lastscheide l.

Aus dem Verhältnis $i_1k_1 : i_2k_2 = J_1K_1 : J_2K_2$ folgt ferner, daß die Punkte M und m dieselbe Abszisse haben, womit auch die zweite und dritte Eigenschaft nachgewiesen sind.

Greift die Last $P = 1$ im Punkte K_2 an, dann kann man die zugehörige Ordinate der Einflußlinie getrennt ermitteln aus dem Einfluß des Auflagerdruckes B und dem der Kraft $P = 1$. Die Stabkraft D aus dem Auflagerdruck B ist: $D = B \cdot D_l = -a_2/l \cdot D = -i_2g_2 = -\zeta'$. Die an der rechten Scheibe K_2BK_0 allein angreifende Kraft $P = 1$ muß mit den beiden Stabkräften U und D im Gleichgewicht stehen, weshalb die Größe $i_2k_2 = +\zeta''$ von D aus einem Krafteck hervorgeht. Die Ordinate $g_2k_2 = \eta_2$ der Einflußlinie ist dann $\eta_2 = \zeta'' - \zeta'$.

Ist daher eine der Geraden ab' oder ba' bekannt, dann kann die Ordinate η_2 mit dieser Beziehung leicht gefunden werden, oder aber die Aufzeichnung des Kraftecks mit ζ'' gibt eine Rechenkontrolle.

Die vorstehenden Ableitungen sind für linkssteigende Streben und Belastung des Untergurtes gemacht, sie gelten jedoch unter sinngemäßer Abänderung auch für rechtssteigende Streben oder Belastung des Obergurtes.

Die ungünstigste Laststellung und die daraus herrührende Stabkraft kann aus der Einflußlinie leicht durch Probieren gefunden werden. Dabei muß eine der schwersten Lasten in der größten Ordinate des Einflußliniendreieckes stehen.

Jedoch können auch die Ergebnisse des Abschn. J verwendet werden. Die größten Gurtkräfte folgen einfach aus der Kurve der größten Momente zu:

$$\min O = -\frac{\max M}{h}\sec\beta \qquad \max U = +\frac{\max M}{h}\sec\gamma$$

die Strebenkräfte aus dem A-Seileck und Gl. (166) zu:

$$\max D_n = \max A_r D_{l\,n} \qquad \min D_n = \max B_l D_{l\,n}.$$

Dabei sind die Vorzeichenregeln zu beachten. Bei Überschreitung der Grundstellung ist zu beachten, daß beide Scheiben des Fachwerkes belastet sind, was eine geringe Abänderung des Verfahrens erfordert, doch genügen in den meisten Fällen die Grundstellungen zur Berechnung der Stäbe. Eine genaue Durchführung der Berechnung wird hier nicht gegeben, da das Probieren gewöhnlich bequemer und rascher zum Ziel führt.

128. Zusammengesetzte Dreieckfachwerke. Mit den bisherigen Verfahren lassen sich einfache Dreieckfachwerke berechnen, welche sowohl einfache Balken als auch Gerberträger, Dreigelenkbogen oder ähnliche Tragwerke sind. Wichtig ist nur, daß die einzelnen Tragwerksscheiben Dreieckfachwerke sind. Als Beispiel sei hier die Berechnung der Einflußlinien zweier Strebenstäbe des Gerberträgers Bild 120 gegeben.

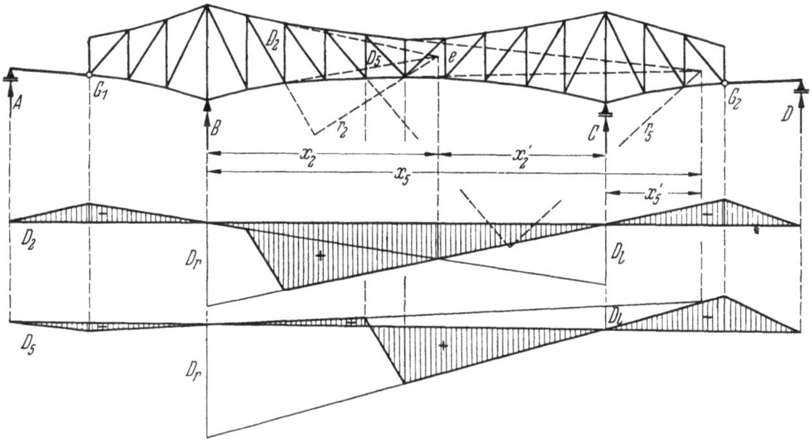

Bild 120.

Bei Belastung zwischen den Auflagern B und C ist dieser Teil des Tragwerkes ein einfacher Balken. Die Gurtstäbe der Strebe D_2 schneiden sich innerhalb der Stützweite BC im Punkte e, es ist daher keine Lastscheide vorhanden. Für einen Auflagerdruck $B = 1$ ist: $D_r = +\frac{x_2}{r_2}$, $D_l = +\frac{x_2'}{r_2}$. Damit kann die Einflußlinie aufgetragen werden. Der Verlauf außerhalb der Stützweite BC ergibt sich durch einfache Überlegung.

Die Gurtstäbe der Strebe D_5 schneiden sich außerhalb der Stützweite BC, die Einflußlinie ist mit den Werten $D_r = +\frac{x_5}{r_5}$, $\quad D_l = -\frac{x_5'}{r_5}$ leicht zu zeichnen.

Eine weitere Klasse von Tragwerken entsteht durch Zusammensetzen von Dreieckfachwerken oder was zu demselben Ergebnis führt: durch teilweises oder völliges Ersetzen der Stäbe eines Dreieckfachwerkes durch Dreieckfachwerke. Die Berechnung läßt sich immer einfach durchführen, da stets genügend Schnitte gelegt werden können, um Momentengleichungen aufzustellen. Als Beispiel werde der Dachbinder von Bild 121 berechnet, gleichzeitig ein Beispiel für einen Kräfteplan. Zweckmäßig zeichnet man die Aufgabe selbst auf, da die Lösung dann am besten verständlich wird.

Gegeben ist der Dachbinder mit seiner Belastung. Zunächst werden die Auflagerkräfte und die Summenkraft der Lasten durch Krafteck und Seileck ermittelt, dann im Punkt A mit dem Kräfteplan begonnen. Man stößt jedoch bald auf einen Knoten, in welchem noch mehr als zwei unbekannte Stabkräfte zu berechnen sind, so daß der Kräfteplan zunächst nicht weiter gezeichnet werden kann. Man legt einen Schnitt durch den Scheitelknoten s und den Stab S und bildet um s die Momentengleichung für die linke Scheibe. Ist M_l das Moment der Lasten der linken Scheibe um s, M_A dasjenige der Stützkraft A und M_S das Moment der Stabkraft S, dann gilt: $M_l - M_A + M_S = 0$, woraus S berechnet werden und im Kräfteplan als Kraft CD eingetragen werden kann.

S kann auch zeichnerisch bestimmt werden. Es sei R_l die Summenkraft aus dem Auflagerdruck A und den Lasten an der linken Scheibe (außer P_4), ferner R_r die Summenkraft aus P_4, den Lasten an der rechten Scheibe und B. Die Kräfte R_r, R_l und S bilden ein Gleichgewichtssystem, R_r geht daher durch den Schnittpunkt von R_l und S, ferner durch s hindurch, wodurch seine Richtung bestimmt ist. Damit kann das Kräftedreieck R_r, R_l, S gezeichnet werden, woraus die Größen von R_r und S folgen.

Da jedoch der Schnittpunkt von R_l und S häufig schlecht zu zeichnen ist, soll der Endpunkt D der Kraft $S = \overline{CD}$ noch auf andere Weise ermittelt werden.

Man beginne den Kräfteplan im Punkte a ($\equiv A$) und zeichne ihn für die Punkte a, b, c. Im Knoten d sind drei unbekannte Kräfte vorhanden, von welchen man der Kraft 7 zunächst einen beliebigen Wert 7′ erteilt. Mit diesem Wert zeichnet man den Kräfteplan für die Punkte f, g, e weiter und erhält einen Schnittpunkt D' der Kräfte 10′ und 13′. Dann nimmt man einen weiteren Wert 7″ an, welcher hier zu Null angesetzt wird, zeichnet den Kräfteplan für die Punkte f, g, e und erhält den Punkt D'' als Schnittpunkt der Kräfte 10″, 13″. Nun wandern die Eckpunkte III, V, VI des Viereckes (III, V, VI, D) jeweils auf einer Geraden, wenn die Größe von 7 geändert wird, folglich wandert auch der letzte Eckpunkt auf einer Geraden, nämlich $D'D''$. Über diese Eigenschaft eines Vielecks vergleiche Nr. 142. Der gesuchte Punkt D ist daher der Schnittpunkt von $D'D''$ mit der Parallelen zu S durch C.

Wird im Lageplan des Tragwerkes der Linienzug $edfs$ als Krafteck, der Punkt g als Pol hierzu aufgefaßt, dann entsprechen ihm im Kräfteplan die Geraden 10, 8, 11, 13 als die zugehörigen Seilstrahlen. Das Vieleck ($D'IV'V'VI'$) ist dann ein zugehöriges Seileck, ebenso das Vieleck ($D''IV''V''VI''$), so daß die Gerade $D'D''$ parallel der Summenkraft der Kräfte 7, 9, 12, das ist der Strecke se sein muß. Es genügt also einen Punkt D' zu zeichnen, womit D gefunden ist. Andererseits kann man zwei Punkte D', D'' benutzen und hat eine Zeichenkontrolle.

Um den Punkt D zu finden, kann noch eine andere Zerlegung gewählt werden. Die Stabkraft 7 werde wieder willkürlich angenommen zu III, IV', aus IV' auf der Richtungslinie von 9 der Punkt V' und auf der Waagerechten durch C mit der Richtungslinie 10′ der Punkt D_1 bestimmt (Bild 121c), was den Kraftecken für die Punkte d und e entspricht. Das dem Punkte g entsprechende Kräftevieleck ergibt dann den Punkt VI'. Einen zweiten Punkt VI'' erhält man durch Annahme eines zweiten Wertes $III\,IV''$ für die Kraft 7. In dem Viereck (D, IV, V, VI) wandern die drei Punkte D, IV, V jeweils auf einer Geraden, wenn die Größe der Kraft 7 sich ändert, weshalb auch Punkt VI auf einer Geraden, nämlich $VI'VI''$ wandert. Da der Punkt VI auf der Richtung 12 liegen muß, ist er damit

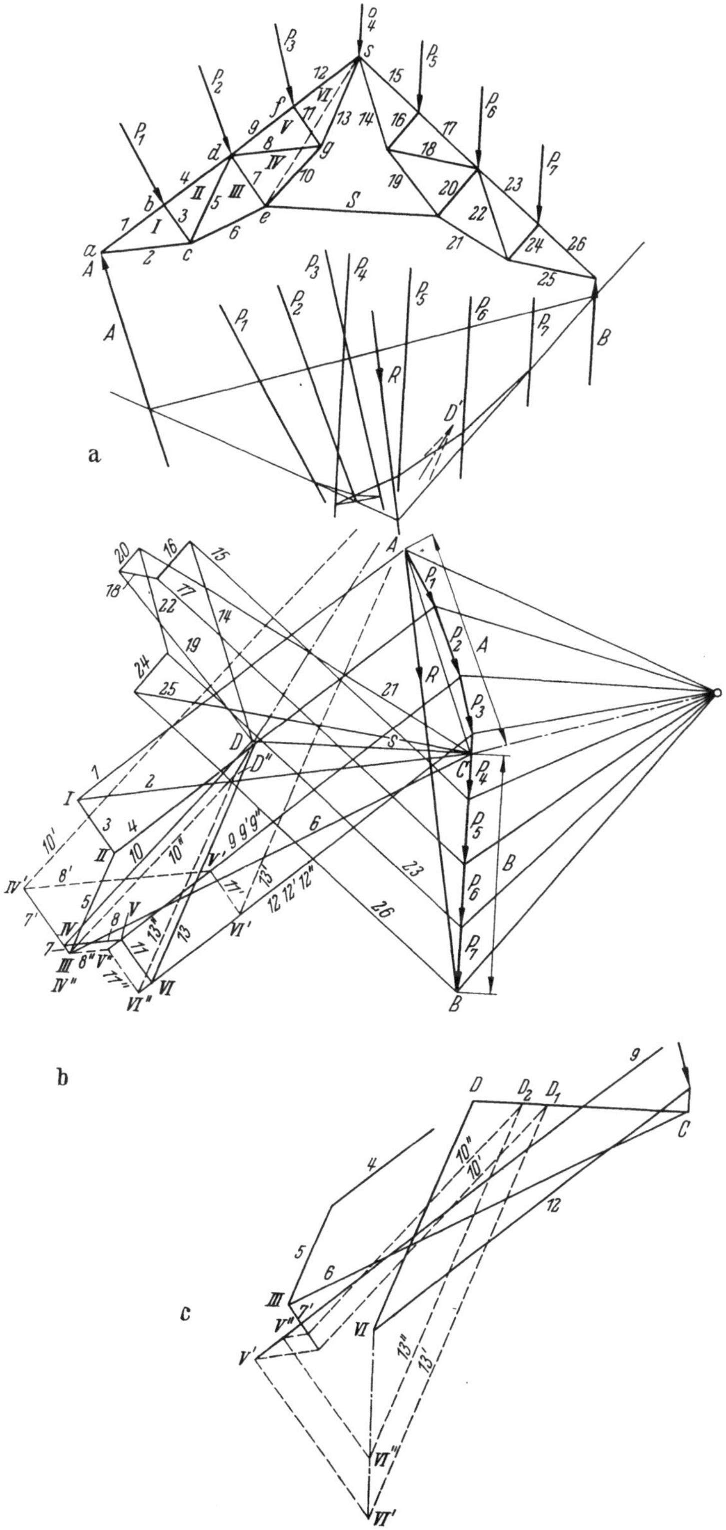

Bild 121.

als Schnittpunkt dieser Geraden mit $VI'VI''$ bestimmt. Aus VI folgt mit der Richtung 13 unmittelbar D.

Da die Kräfte 9 und 12 in einer Geraden (im Lageplan) liegen und der Unterschied der beiden Kräfte bekannt ist, kann die Spannkraft 11 durch ein Krafteck bestimmt werden. Lägen die Kräfte 13 und 10 in einer Geraden, so könnte auch 8 ermittelt werden, womit der Kräfteplan gezeichnet werden könnte, ohne daß Punkt D durch eine besondere Konstruktion bestimmt würde. Derartige Überlegungen sind in Einzelfällen anzustellen, um die Berechnung abzukürzen.

Nach Bestimmung des Punktes D kann der Kräfteplan leicht gezeichnet werden, die Reihenfolge ist c, e, d, f, s, g. Da der Schnitt zur Bestimmung von D' sehr streifend ist, ist die Zeichengenauigkeit nicht sehr groß. Hier ergibt sich eine Zeichenkontrolle dadurch, daß die Stabkraft 13 sowohl am Knoten g als auch am Knoten s als einzige Unbekannte auftritt und daher doppelt bestimmt ist. Geht die Parallele zu 13 durch Punkt VI nicht durch D, dann kann die richtige Lage von D gewöhnlich rasch durch Probieren gefunden werden.

Am Schluß erhält man eine weitere Kontrolle dadurch, daß an Punkt B die Stabkraft 25 (oder 26) die einzige Unbekannte ist.

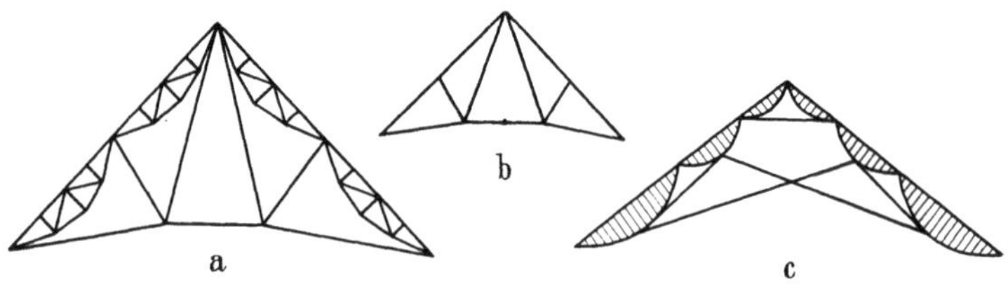

Bild 122.

Fachwerke, deren Berechnung auf solche einfacher Dreieckfachwerke zurückgeführt werden kann, zeigen die Bilder 122a bis c.

L. Mehrfache und mehrteilige Fachwerke.

129. Fachwerke mit Gegenstreben. Druckstäbe müssen nicht nur für die Druckspannungen, sondern auch auf Knickung berechnet werden. Hierdurch ist ein stärkerer Querschnitt bedingt, ferner aber eine erhebliche Mehrarbeit gegenüber einfachen Zugstäben. Um dies zu umgehen, hat man Pfostenfachwerken mit stark veränderlicher Belastung, also vor allem Brückenträgern, eine besondere Ausbildung durch den Einbau von Gegenstreben gegeben.

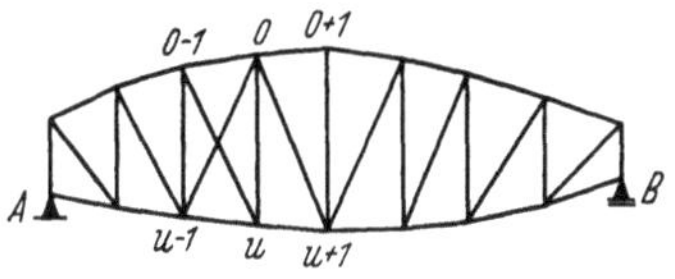

Bild 123.

In der Strebe $(o-1, u)$ des Fachwerkes Bild 123 erzeugen Lasten, welche rechts vom Knoten u stehen, Zug, solche welche links vom Knoten $u-1$ stehen, Druck. In der Strebe $(u-1, o)$ entsteht durch Lasten rechts vom Knoten u Druck, durch solche links vom Knoten $u-1$ Zug. Bildet man beide Streben so aus, daß sie nur Zugspannungen aufzunehmen vermögen, also als Seil oder Kette, dann wirkt für eine Last, welche von A nach B wandert, die Strebe $(u-1, o)$, wenn die Last die Strecke $A, u-1$ durchläuft; wandert sie auf der Strecke uB, dann wirkt die Strebe $(o-1, u)$. Bei Durchlaufen des Feldes $(u-1, u)$ wirkt teils die eine, teils die andere Strebe.

Am Brückentragwerk wirkt nicht nur die Verkehrslast, sondern auch ständige Belastung, welche allerdings meist wesentlich kleiner als die erstere ist, so daß die geschilderte Lastwirkung auch für die volle Belastung aus Eigengewicht und

Verkehr bestehen bleibt. Die Strebe eines Feldes, welche aus Eigengewicht Zugspannungen erhält, heißt die *Hauptstrebe*, die andere die *Gegenstrebe*. In der Praxis werden beide Streben aus Flacheisen ausgebildet, welche schon bei schwachen Kräften ausknicken, also ähnlich wie Seile wirken.

Die Berechnung der Stabkräfte für einzelne Lasten ist dieselbe wie bei gewöhnlichen Fachwerken, es wird je nach Erfordernis die Haupt- oder die Gegenstrebe als spannungslos angesehen. Dagegen ergeben sich für Lastzüge einige Abweichungen, da die Lastscheiden beider Streben nicht zusammenfallen. Häufig sind Gegenstreben nur in den mittleren Feldern eines Balkens vorhanden, da in den äußeren Feldern die gesamten Strebenkräfte Zugspannungen sind. Die Felder ohne Gegenstreben werden wie bei gewöhnlichen Fachwerken berechnet, bei den Feldern mit Gegenstreben ist folgendes zu beachten:

a) *Streben.* Die Strebe wird auf Zug so berechnet, als ob die zweite Strebe nicht vorhanden wäre.

b) *Gurtkräfte.* Es sei M_m das Moment im Knoten m, M_{m-1} jenes in $m-1$, die Pfostenhöhen in den Knoten entsprechend h_m und h_{m-1}. Ist dann in der linken Trägerhälfte: $\frac{\max M_m}{h_m} > \frac{\max M_{m-1}}{h_{m-1}}$, so ist auch $\frac{\max M_m}{h_m} > \frac{M_{m-1}}{h_{m-1}}$, wobei M_{m-1} das Moment ist, welches durch dieselbe Laststellung entsteht wie $\max M_m$. Bei dieser Laststellung ist im Feld $(m-1, m)$ die linkssteigende Strebe belastet und $\max O \cdot \cos\beta = -\frac{\max M_m}{h_m}$. Dagegen kann dabei $\frac{\max M_{m-1}}{h_{m-1}} > \frac{M_m}{h_m}$ werden, wobei M_m das Moment ist, welches durch dieselbe Laststellung wie $\max M_{m-1}$ entsteht. Bei dieser Laststellung hat aber im Felde $(m-1, m)$ die rechtssteigende Strebe Spannung und es wird: $\max U_m \cos\gamma < \frac{\max M_{m-1}}{h_{m-1}}$. Um keine umständliche Berechnung durchführen zu müssen, setzt man die größten Gurtkräfte nach folgender Regel an:

$$\frac{\max M_m}{h_m} > \frac{\max M_{m-1}}{h_{m-1}}: \quad O_m \cos\beta_m = -\frac{\max M_m}{h_m} \qquad U_m \cos\gamma_m = +\frac{\max M_{m-1}}{h_{m-1}}$$

$$\frac{\max M_m}{h_m} < \frac{\max M_{m-1}}{h_{m-1}}: \quad O_m \cos\beta_m = -\frac{\max M_{m-1}}{h_{m-1}} \qquad U_m \cos\gamma_m = +\frac{\max M_m}{h_m}.$$

c) *Pfosten.* Die Pfosten erhalten ebenso wie die Streben sowohl Zug- und Druckkräfte, wobei sich die Bestimmung der Größwerte aber voneinander unterscheidet.

α) *Druckkräfte.* Liegt die Fahrbahn unten, sind also die Untergurtknoten Lastknoten für die Verkehrslast, dann erhält man zwei Größtwerte $\min V_u$, wenn die Verkehrslast von A bis $u-1$ und von B bis $u+1$ vorgeschoben wird, wobei im ersten Falle in den beiden Feldern $(u-1, u+1)$ die rechtssteigenden, im zweiten Falle die linkssteigenden Streben Spannung haben (Bild 123). Die Pfostenkraft wird in beiden Fällen so berechnet, als ob nur die eine Strebe vorhanden sei, der ungünstigere der beiden Werte $\min V$ ist für die Querschnittsbemessung maßgebend.

Liegt die Fahrbahn oben, so sind die beiden Belastungen von A bis o und von B bis o vorzuschieben und die Pfostenkräfte zu berechnen.

β) *Zugkräfte. Fahrbahn unten.* (Untergurtknoten = Lastknoten der Verkehrslast.) Jede Last links von u erzeugt in dem Pfosten ou eine Zugkraft $+V_u$, jede Last rechts von $u+1$ erzeugt eine Druckkraft $-V_u$. Wird der Träger rechts entlastet, so wird $+V_u$ vergrößert. Umgekehrt erzeugt eine Last rechts von $u+1$ in der linkssteigenden Strebe $(o, u+1)$ eine Zugkraft $+D_{u+1}$, so daß bei einer Entlastung des Trägers bei B die Stabkraft $+D_{u+1}$ kleiner wird.

Der Balken werde nun mit der ständigen Last belastet sowie die Verkehrslast von A so weit gegen B vorgeschoben, daß $D_{u+1} = 0$ ist. Im Knoten o greifen dann die Stabkräfte V_u, O_u und O_{u+1} an, welche im Gleichgewicht miteinander stehen, also ein Kräftedreieck (Bild 124) miteinander bilden. V_u wird mit O_u und O_{u+1} größer; wird die Verkehrslast gegen A zurückgeschoben, so wird also V_u mit O_u und O_{u+1} wieder kleiner. Es gilt daher:

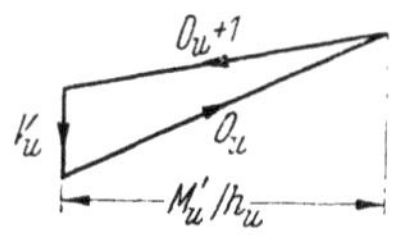

Bild 124.

Sind bei voller Belastung durch ständige Last und bei Belastung von A aus durch den Lastenzug die Streben des Feldes $u+1$ spannungslos, dann hat die Zugkraft V_u im Pfosten uo ihren größten Wert.

Ersetzt man den Lastenzug durch eine gleichmäßig verteilte Last p, welche dasselbe Maximalmoment hervorruft, dann ergibt sich eine einfache zeichnerische Berechnung der größten Zugkraft im Pfosten.

M_u, M_{u+1} seien die Momente durch volle Belastung in den Knoten u, $u+1$, M'_u, M'_{u+1} die Momente für jene Belastung, für welche $D_{u+1} = 0$ ist. Durch eine Verschiebung von p gegen A entsteht eine Änderung ΔA im Auflagerdruck A und eine Änderung ΔM der Momente, welche sich aus: $\Delta M_u = x_u \Delta A$, $\Delta M_{u+1} = x_{u+1} \Delta A$ ergibt, woraus: $\Delta M_u : \Delta M_{u+1} = x_u : x_{u+1}$ und $M'_u = M_u - \Delta M_u$ $M'_{u+1} = M_{u+1} - \Delta M_{u+1}$.

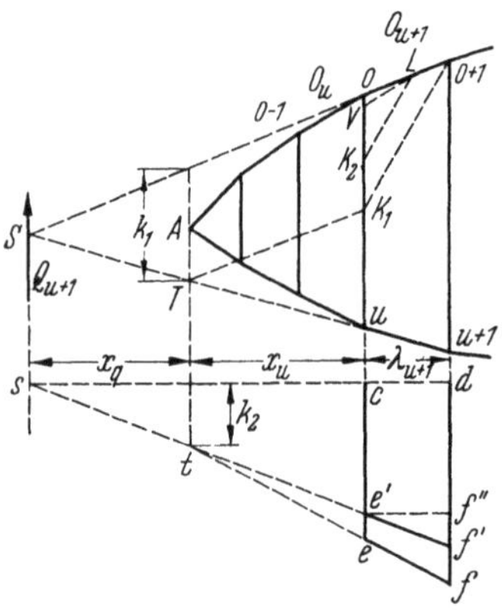

Bild 125.

Zur Abszisse x_u sei als Ordinate aufgetragen: $\overline{ce} = \frac{M_u}{\lambda_{u+1}}$, zu x_{u+1}: $\overline{df} = \frac{M_{u+1}}{\lambda_{u+1}}$, ferner sei $\overline{ee'} = \frac{\Delta M_u}{\lambda_{u+1}}$, $\overline{ff'} = \frac{\Delta M_{u+1}}{\lambda_{u+1}}$, woraus: $\overline{ce'} = \frac{M'_u}{\lambda_{u+1}}$, $\overline{df'} = \frac{M'_{u+1}}{\lambda_{u+1}}$. Dann schneiden sich ef und $e'f'$ im Punkte t auf der Auflagersenkrechten durch A und cd und $e'f'$ im Punkte s auf der Richtungslinie der Querkraft $Q_{u+1} = \frac{(M'_{u+1} - M'_u)}{\lambda_{u+1}}$, da $f'f'' = Q$ ist und $e'f''$ und $e'f'$ als Polstrahlen zu den Seilstrahlen sd, sf' aufgefaßt werden können.

Ist die Strebe D_{u+1} $(= o, u+1)$ spannungslos, dann bestimmt der Schnittpunkt S der Gurtstäbe O_{u+1} und U_{u+1} die Richtungslinie der Querkraft Q_{u+1}. Ist $(g+p)$ die Belastung auf der Strecke x_{u+1}, dann ist: $Q_{u+1} \cdot x_q = -\frac{1}{2}(g+p) \cdot x_{u+1}^2$, woraus Q_{u+1} berechnet werden kann. Damit ist die Richtung der Geraden sf' bekannt, ebenso der Wert $\frac{M'_u}{\lambda_{u+1}}$, ohne daß erst die Laststellung von p berechnet werden muß. Aus $\frac{M'_u}{\lambda_{u+1}}$ ergibt sich $\frac{M'_u}{h_u}$, womit das Kräftedreieck Bild 124 gezeichnet werden kann, wodurch V_u bestimmt ist.

Da der Schnittpunkt S meistens unbequem zu zeichnen ist, kann eine weitere Konstruktion unter Verwendung der Abschnitte k_1 und k_2, welche die beiden Gurtstäbe bzw. die Geraden sd und sf' auf der Auflagersenkrechten abschneiden, durchgeführt werden. Es ist: $ce' : h_u = k_2 : k_1$ und $M'_u = \frac{h_u k_2}{k_1}$,
$O_{u+1} = \frac{M'_u \sec \beta_{u+1}}{h_u} = \lambda_{u+1} \sec \beta_{u+1} \cdot \frac{k_2}{k_1} = s_{o+1} \cdot \frac{k_2}{k_1}$, worin s_{o+1} die Länge $(o, o+1)$ des Obergurtstabes $o+1$ ist. Macht man $uK_1 = k_1$, $oK_2 = k_2$, K_2L parallel $(K_1, o+1)$ und LV parallel O_u $(= o, o-1)$, dann ist OLV das Kräftedreieck Bild 124 und die Strecke oV gleich der Stabkraft max V_u.

γ) *Zugkräfte. Fahrbahn oben.* (Obergurtknoten = Lastknoten der Verkehrslast.) Die Berechnung der Stabkräfte max V_u ist sehr umständlich. MÜLLER-

Breslau empfiehlt hier, nach der Stabkraft min V zu bemessen. Das Verfahren ist am zweckmäßigsten im Sonderfall festzulegen.

130. Mehrfache Fachwerke. Trägerhöhe und Feldweite müssen in einem bestimmten Verhältnis zur Stützweite stehen, um wirtschaftliche Abmessungen zu erhalten. Bei Balkenbrücken mit großen Stützweiten könnte es dabei vorkommen,

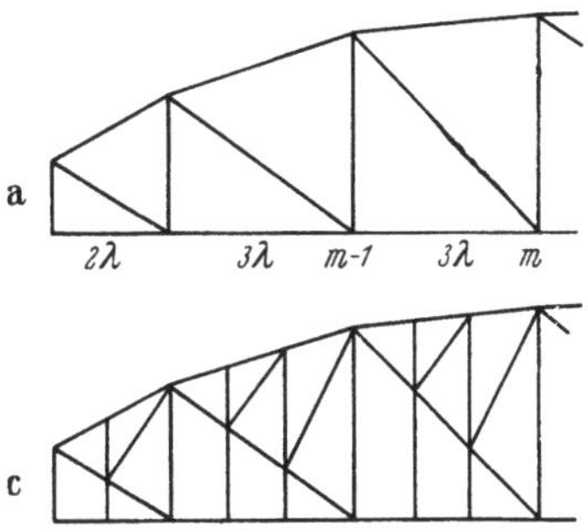

Bild 126 a und c.

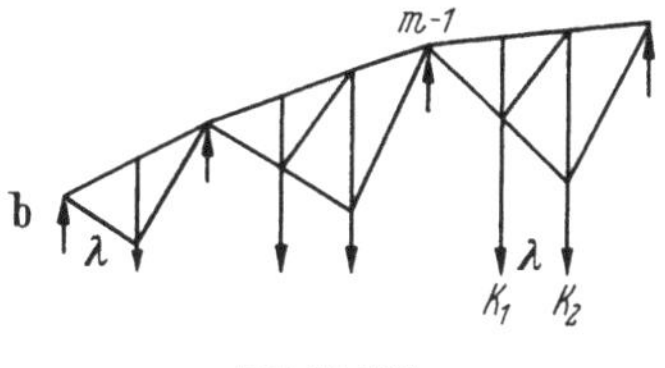

Bild 126 b.

daß durch eine solche Teilung schwere Längs- und Querträgerkonstruktionen entstehen, außerdem die Druckstäbe große Knicklängen aufweisen. Um dies zu vermeiden, unterteilt man die Feldweite durch Einschalten weiterer Stäbe, welche Dreieckfachwerke bilden. So wird dem weitmaschigen Fachwerk Bild 126a die Scheibenkette Bild 126b überlagert, wodurch das mehrfache Fachwerk Bild 126c entsteht, in welchem der Obergurt und die Streben unterteilt wurden. Entsprechend kann im Bedarfsfalle die Scheibenkette auch so eingelegt werden, daß der Untergurt unterteilt wird, wie Bild 127 zeigt, welche das Außenfeld eines Gerberträgers darstellt.

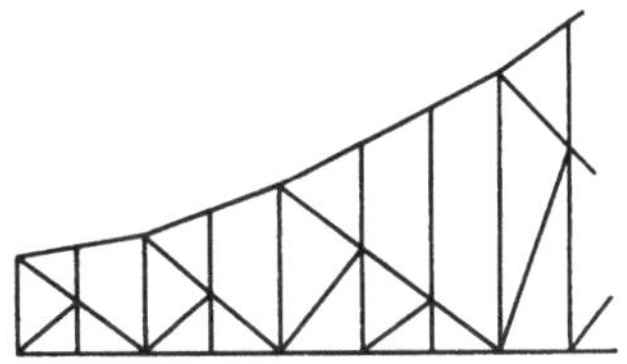

Bild 127.

Die Stabkräfte des mehrfachen Fachwerkes erhält man durch Überlagerung der Stabkräfte des Hauptnetzes und des Zwischennetzes. Man berechnet also zunächst das Hauptnetz, an welchem die Lasten in den Knoten $m-1$, m angreifen. Das Zwischennetz ist in den Knotenpunkten k_1, k_2 belastet und in den Knoten $m-1$ und m gelagert, es erhält daher nur Stabkräfte aus Belastungen im Feld $(m-1, m)$. Die Stabkräfte des Tragwerkes ergeben sich dann durch Zusammenzählen der beiden Stabkräfte für jeden Stab. Man kann das mehrfache Fachwerk natürlich auch unmittelbar berechnen, entweder durch Zerlegung durch Schnitte in zwei Scheiben oder durch die Gleichgewichtsbedingungen der einzelnen Knoten.

131. Mehrteilige Fachwerke. Ein n-teiliges Fachwerk entsteht, wenn die Gurten durch zwei einander kreuzende Scharen von Füllungsstäben verbunden werden und ein von Obergurt zum Untergurt reichender Stab durch Stäbe der anderen Schar in n Teile zerlegt wird. Solche Fachwerke können einfach oder mehrfach standfest sein.

Beim mehrteiligen Fachwerk, bei welchem jeder vom Obergurt zum Untergurt reichende Füllungsstab durch andere Füllungsstäbe getroffen wird, sind Schnitte, welche nur drei Stäbe treffen, nur ausnahmsweise möglich. Jeder Schnitt teilt das Fachwerk in zwei Scheiben, von welchen mindestens eine innerlich nicht standfest ist, da die über die Anzahl drei hinaus vorhandenen Stäbe des Schnittes in einer oder beiden Scheiben zur Standfestigkeit fehlen. Das Rittersche Schnittverfahren liefert daher nicht genügend Gleichgewichtsbedingungen, zur Berechnung müssen entweder die Hauptgleichung oder die Gleichgewichtsbedingungen für die Knoten herangezogen werden.

Mehrteilige Fachwerke werden am zweckmäßigsten mit Einflußlinien berechnet. Ein bequemes Verfahren kann mit den kinematischen Hilfsmitteln des Hauptstückes III entwickelt werden. Sonst ist es nicht möglich, allgemein gültige Gleichungen aufzustellen, jedes Fachwerk muß vielmehr für sich behandelt werden. Hier sollen drei öfters vorkommende Arten mehrteiliger Fachwerke als Beispiele berechnet werden.

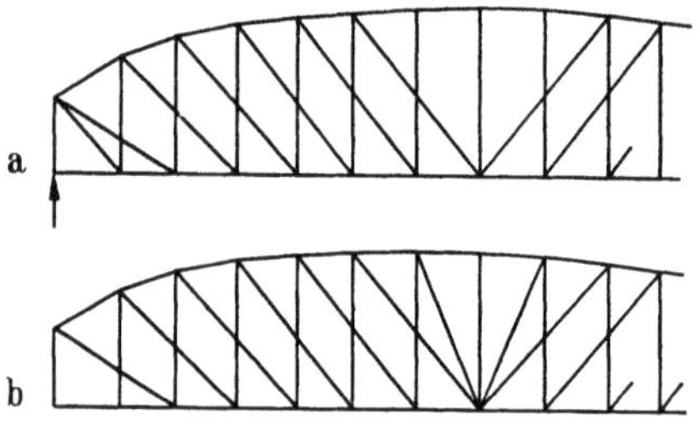

Bild 128.

a) *Das zweiteilige Pfostenfachwerk.* Die Füllstäbe bilden zwei Scharen von aufeinanderfolgenden Streben und Pfosten, von welchen jede Strebe der einen Schar den Pfosten der anderen Schar kreuzt. An den Kreuzungsstellen sind die Stäbe nicht miteinander verbunden. Lediglich im ersten Feld (Bild 128a) oder im Mittelfeld (Bild 128b) ist eine einfache Strebe angeordnet.

Lastgurt ist der Untergurt, es wirke nur senkrechte Belastung. Dann geben die Gleichgewichtsbedingung am Knoten u und die Momentengleichung um die Knoten $o-1$, o und u:

$$D_u \cos\varphi_u + U_u - U_{u+1} = 0$$

$$D_u \cos\varphi_u \cdot (h_{u-1} - k_{u-1}) + U_u h_{u-1} = M_{u-1}$$

$$D_{u+1} \cos\varphi_{u+1} \cdot (h_u - k_u) + U_{u+1} h_u = M_u$$

$$D_{u+1} \cos\varphi_{u+1} \cdot k_u + O_u \cos\beta_u \cdot h_u = -M_u,$$

woraus sich eine Beziehung zwischen den Stabkräften zweier aufeinanderfolgender Streben und je eine Gleichung für die Gurtkräfte ableiten läßt. Die Pfostenkraft ergibt sich aus der Knotengleichung u:

$$V_u + D_u \sin\varphi_u = P_u.$$

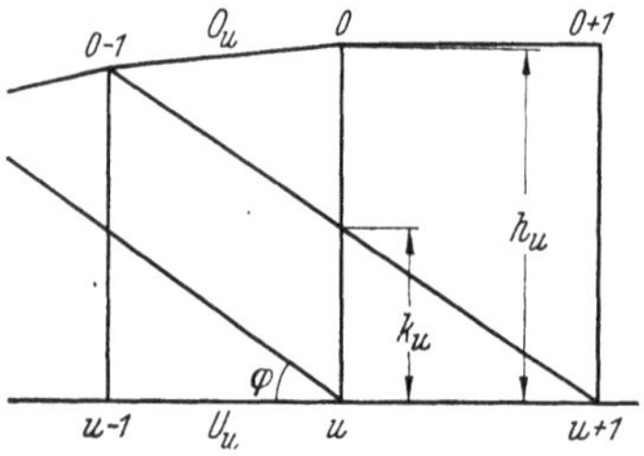

Bild 129.

Für das Fachwerk a gibt ein dreistäbiger Schnitt durch das Mittelfeld:

$$O_m \cos\beta_m \cdot h_m = -M_m$$

$$O_m \cos\beta_m \cdot h_{m-1} + D_m \cos\varphi_m \cdot k_{m-1} = -M_{m-1}$$

$$O_m \cos\beta_m \cdot (h_{m-1} - k_{m-1}) - U_m k_{m-1} = -M_{m-1}$$

woraus die Stabkräfte O_m, U_m, D_m berechnet werden können.

Für das Fachwerk b ergeben sich die Stabkräfte U_1, O_1, D_2 einfach aus dem Endfeld.

b) *Das zweiteilige Strebenfachwerk* (*Rautenfachwerk*) Bild **130.** Die Streben können in den Kreuzungspunkten verbunden sein oder nicht. Lastgurt sei der Untergurt für ausschließlich lotrechte Belastung.

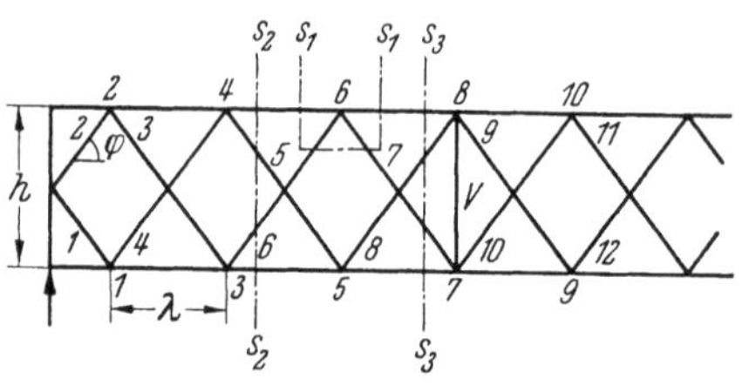

Bild 130.

Die Strebenkräfte D_1 und D_2 ergeben sich aus den Momentengleichungen um Knoten 1 und 2 zu:

$$-D_1 = D_2 = \frac{M_1}{h}\cos\varphi.$$

Ferner ist:

$$D_m = -D_{m+1} \qquad D_{m+2} = -D_{m+3}.$$

Durch die drei Schnitte s_1, s_2, s_3 erhält man drei Gleichungen zwischen D_m, D_{m+3} O_{m-2}, O_{m+2}, welche eine Beziehung zwischen D_m und D_{m+3} ergeben:

$$D_{m+3} \sin\varphi = D_m \sin\varphi + \frac{M_{m+1} - M_{m-1}}{\lambda}.$$

Die Gurtkräfte können aus den Knotengleichungen gefunden werden. Auf diese Weise werden die Stabkräfte berechnet bis auf jene des Mittelfeldes, bei welchem der Mittelpfosten in den Gleichungen zu berücksichtigen ist. Auf eine Angabe der Gleichungen wird verzichtet.

c) *Das K- oder Schuppenfachwerk.* Durch geeignete Kräfte- und Momentengleichungen ergeben sich für lotrechte Lasten die Stabkräfte, wenn der Untergurt Lastgurt ist:

$$-O_m = U_m = \frac{M_m}{h}$$

$$D_{mu} = -D_{mo} = (M_m - M_{m-1})\frac{\sec\varphi}{h}$$

$$V_{mu} = -D_{mu}\sin\varphi + P_m$$

$$V_{mo} = V_{mu} + D_{m+1,u}\cdot 2\,\mathrm{tg}\,\varphi\,.$$

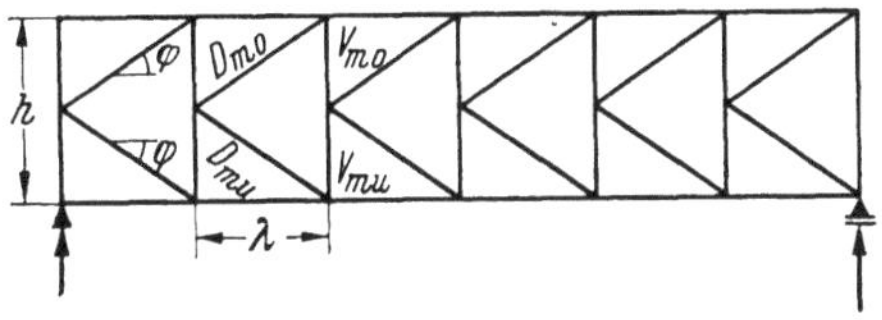

Bild 131.

Die zugehörigen Gleichgewichtsbedingungen sind leicht aufzustellen, was als Übung durchgeführt werden möge.

III. Kinematische Untersuchung des einfach standfesten Tragwerkes.

1. Zwangläufige Ketten.

A. Die zwangläufige Kette.

132. Die zwangläufige Kette. Werden eine Anzahl starrer Scheiben durch Gelenke verbunden, so entsteht eine Kette, wobei an eine einzelne Scheibe nicht nur eine, sondern mehrere andere Scheiben angeschlossen sein können. Die einzelnen Scheiben, die Glieder der Kette, haben dabei i. a. noch Bewegungsmöglichkeiten (Verschiebungen, Drehungen) gegeneinander, deren Größe und Richtung von der Art der Kette abhängt. Betrachtet werden im folgenden nur Ketten, deren Scheiben alle in einer Ebene liegen.

Die Kette sei durch eine Anzahl Gelenke, den Auflagern, an die Ebene angeschlossen. Hebt man nun sämtliche Bewegungsfreiheiten der Scheiben gegeneinander bis auf eine einzige auf, so daß nur die Größe dieser einen Bewegungsfreiheit noch frei bestimmt werden kann, während ihre Richtung durch den Aufbau der Kette festgelegt ist, so können sich sämtliche Scheiben der Kette nur nach eindeutig bestimmten Richtungen bewegen, es ist eine zwangläufige Kette entstanden.

Im folgenden sollen einige Eigenschaften zwangläufiger Ketten entwickelt werden, welche bei der Berechnung von Tragwerken benützt werden. Jedes Tragwerk kann nämlich durch Entfernung eines oder mehrerer Glieder in eine zwangläufige Kette verwandelt werden. Die Bezeichnungen für das Tragwerk gelten daher ebenso für die zwangläufige Kette, welche also auch Knotenpunkte und Stäbe besitzt.

Da die Verschiebungen am Tragwerk der Annahme II (Nr. 8) unterworfen, also sehr klein gegenüber den Abmessungen des Tragwerkes sind, brauchen auch nur solche zwangläufigen Ketten betrachtet werden, deren Bewegungen derselben Beschränkung unterworfen sind. Für die nachfolgenden Untersuchungen der Bewegung zwangläufiger Ketten gilt daher Annahme II.

Für die zeichnerische Darstellung wählt man jedoch einen solchen Maßstab, daß die kleinen Verschiebungen in praktisch geeigneter Größe aufgetragen werden können. Dies kann man erreichen durch Multiplikation mit einem entsprechend großen Faktor oder durch Division mit einem entsprechend kleinen Quotienten. Der letztere wird gewöhnlich als das Differential der Zeit gedeutet und die durch ihn geteilte Verschiebung dementsprechend als Geschwindigkeit bezeichnet, wonach die aufgetragenen Pläne Geschwindigkeitspläne genannt werden. Diese Bezeichnung soll auch hier verwendet werden, da sie die in der Kinematik übliche ist, vor allem aber weil hierdurch eine unterscheidende Bezeichnung gegen die in Nr. 149 beschriebenen Verschiebungspläne gewonnen wird. Für die Geschwindigkeit selbst wird, da kaum eine Verwechslung möglich ist, gewöhnlich der Ausdruck Verschiebung gebraucht.

133. Die Größe der Verschiebung. Die zwangläufige Kette kann als einfach standfestes Tragwerk aufgefaßt werden, welchem ein Glied zur Standfestigkeit fehlt. In den $2k$ Gl. (1, 3, 4, 5) sind daher in $2k - 1$ Gleichungen die Werte Δl, $\Delta\psi$, $c = 0$, während eine einzige dieser Größen den Wert w annimmt. Dies ist die Größe der Bewegungsmöglichkeit, welche die zwangläufige Kette besitzt.

w ist eine lineare Funktion der Verschiebungen u, v; umgekehrt ist jedes Paar (u, v) eine lineare Funktion von w, ebenso ist die Verschiebung $\Delta = \sqrt{u^2 + v^2}$ eine lineare Funktion von w. Da die Gl. (1, 3, 4, 5) keine von u, v freien Glieder besitzen, so haben die eben genannten linearen Funktionen ebenfalls keine absoluten Glieder, es ist also: $\Delta_i = a_i\, w$, $\Delta_k = a_k\, w$. Das Verhältnis der Größen zweier beliebiger Verschiebungen $\Delta_i : \Delta_k = a_i : a_k$ ist daher unabhängig von der gegebenen Verschiebung w. Ist die Größe einer beliebigen Verschiebung gegeben, so sind durch diese Verhältniszahlen alle Verschiebungsgrößen bestimmt, einschließlich der gegebenen Verschiebung w. Es ist also gleichgültig, welche Verschiebung als gegeben angenommen wird.

Zur Bestimmung der Verschiebungen u, v kann man daher von der gegebenen Größe w, z. B. $w = 1$, ausgehen, oder von einer beliebigen anderen Verschiebung, z. B. u_0. Mit dieser ergibt sich dann ein Wert w', sowie die übrigen Verschiebungen u', v'. Die Werte u, v für $w = 1$ erhält man durch Division mit w', also $u = u'/w'$, $v = v'/w'$, $w = w'/w' = 1$.

134. Die Kette mit zwei Bewegungsfreiheiten. Gibt man einer zwangläufigen Kette eine weitere Bewegungsmöglichkeit, so entsteht eine Kette mit zwei Be-

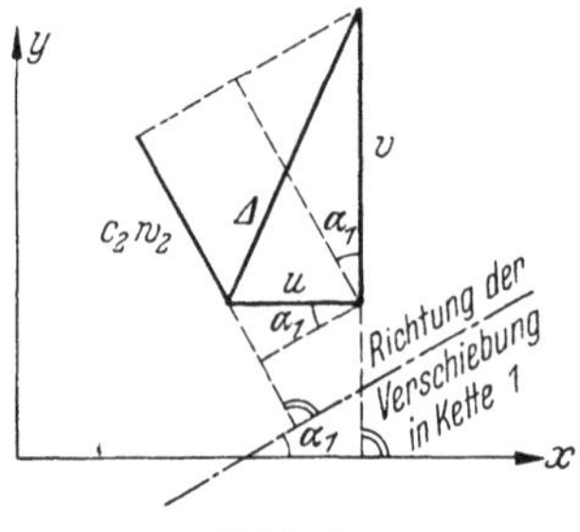

Bild 132.

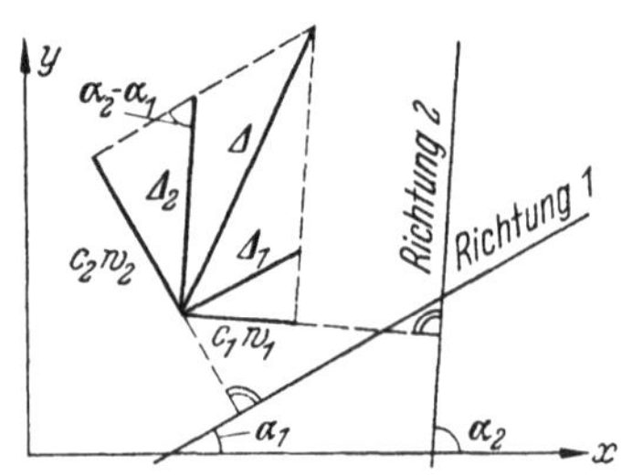

Bild 133.

wegungsfreiheiten, wie solche bei der Berechnung von Tragwerken ebenfalls benutzt werden. Von den $2k$ Werten Gl. (1, 3, 4, 5) verschwinden $(2k - 2)$, während zwei die Größen w_1, w_2 annehmen. Sämtliche u, v werden dann lineare Funktionen (ohne absolutes Glied) der Werte w_1, w_2: $u = a_1 w_1 + a_2 w_2$, $v = b_1 w_1 + b_2 w_2$. Setzt man $w_1 = 0$, so wird die Kette zur zwangläufigen, sie heiße Kette 2. Der Neigungswinkel α_2 der Verschiebung eines Punktes der Kette 2 gegen die x-Achse ist gegeben durch $\operatorname{tg} \alpha_2 = b_2/a_2$. Ebenso ist der Neigungswinkel an der mit $w_2 = 0$ gebildeten zwangläufigen Kette 1 gegen die x-Achse gegeben durch $\operatorname{tg} \alpha_1 = b_1/a_1$.

Stellt man u, v als Funktion von w_2 allein dar, so ergibt sich: $\frac{u}{a_1} - \frac{v}{b_1} = c_2' w_2$, woraus: $\frac{b_1}{a_1} u - v = c_2'' w_2 = u \operatorname{tg} \alpha_1 - v$ und: $-u \sin \alpha_1 + v \cos \alpha_1 = c_2 w_2$. Damit ist $c_2 w_2$ die Projektion der gesamten Verschiebung Δ auf die Normale zur Verschiebung in der Kette 1. Diese Projektion ist von w_1 unabhängig.

Entsprechendes gilt von der Projektion $c_1 w_1$ von Δ auf die Normale der Richtung 2.

Die Konstante c_2 ist: $c_2 = a_2 \frac{\sin(a_2 - a_1)}{\cos a_2}$. Die Verschiebung Δ_2 eines Punktes der Kette 2 ist: $\Delta_2 = \frac{u_2}{\cos a_2} = \frac{a_2 w_2}{\cos a_2}$. Damit ergibt sich $c_2 w_2 = \Delta_2 \sin(\alpha_2 - \alpha_1)$, woraus sich Δ_2 ergibt. Entsprechend ergibt sich Δ_1. Die gesamte Verschiebung Δ kann daher in die zwei Teilverschiebungen Δ_1, Δ_2 zerlegt werden.

Jede Verschiebung der Kette mit zwei Bewegungsfreiheiten setzt sich nach dem Satz vom Parallelogramm der Wege zusammen aus den Verschiebungen der beiden zwangläufigen Ketten, welche dadurch entstehen, daß jeweils eine Bewegungsfreiheit aufgehoben wird.

B. Der Polplan.

135. Die einzelne Scheibe. Der Pol. Eine einzelne Scheibe ist durch die Angabe zweier ihrer Punkte, A, B oder durch die Strecke AB bestimmt, ebenso jede Verschiebung durch die Verschiebung dieser Strecke. Die Scheibe AB werde nun in die neue Lage $A'B'$ verschoben. Auf den Strecken AA' und BB' werden die Mittelsenkrechten errichtet, welche sich im Punkte P schneiden. Die Drehung um den Punkt P ist dann gleichwertig mit der Verschiebung AA', wobei die Sehne AA' durch den Kreisbogen AA' mit P als Mittelpunkt ersetzt wird. Dasselbe gilt für die Verschiebung BB' mit demselben Drehpunkt P.

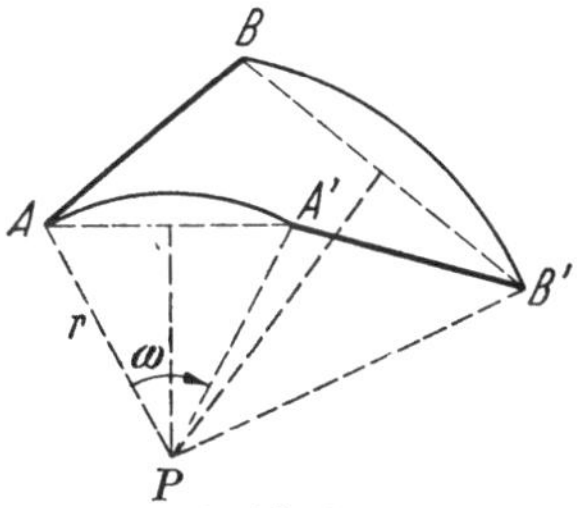

Bild 134.

Bei sehr kleinen Verschiebungen, wie sie hier ausschließlich betrachtet werden, kann die Mittelsenkrechte von AA' durch die Normale auf AA' in A ersetzt werden, entsprechend für BB'. Für lim $AA' \to 0$ wird dies streng richtig.

Eine beliebige Verschiebung der Scheibe AB läßt sich durch eine Reihenfolge von solchen Drehungen auffassen, deren Drehpunkte i. a. jeweils verschieden sind. Die einzelne Drehung heißt augenblickliche Drehung, der Punkt P der augenblickliche Drehpunkt oder *Pol* der Drehung. Der Winkel APA', welchen der Strahl PA bei der Drehung beschreibt, ist der *Drehwinkel* ω. Er ist für alle Punkte der Scheibe bei derselben augenblicklichen Drehung derselbe. Die Größe der Drehung eines Punktes A mit dem Abstand $PA = r$ vom Pol ist: $\Delta = r\omega$.

Durch Angabe des Drehpoles und des Drehwinkels ist die sehr kleine Verschiebung einer starren Scheibe eindeutig bestimmt.

Ebenso ist die Drehung nach Größe und Richtung bekannt, wenn die Verschiebungen zweier Punkte A, B der starren Scheibe bekannt sind. Der Drehpol ist der Schnittpunkt der Normalen zu den Verschiebungen der beiden Punkte A, B in diesen Punkten.

136. Der Nebenpol. Gegeben seien zwei starre Scheiben in einer Ebene. Die Scheibe I vollführe eine augenblickliche Drehung ω_I um den Pol (I), die andere eine solche ω_{II} um den Pol (II). Beide Scheiben sollen geometrische Punkte gemeinsam haben, ohne in ihnen jedoch zusammenzuhängen. (Die Scheiben können als aufeinanderliegende Ebenen gedacht werden.) Gesucht ist nun der Punkt, welcher auf beiden Scheiben dieselbe Drehung ausführt.

Dieser Punkt muß auf der Verbindungsgeraden der beiden Pole (I) und (II) liegen. Denn seine Bewegung muß normal zu seiner Verbindungsstrecke mit dem Pol stehen. Bei der Drehung um die beiden Pole können die Verschiebungen aber nur dann dieselbe Richtung haben, wenn die Verbindungsstrecken mit den Polen in eine Gerade fallen, eben die Gerade, auf welcher die Pole liegen.

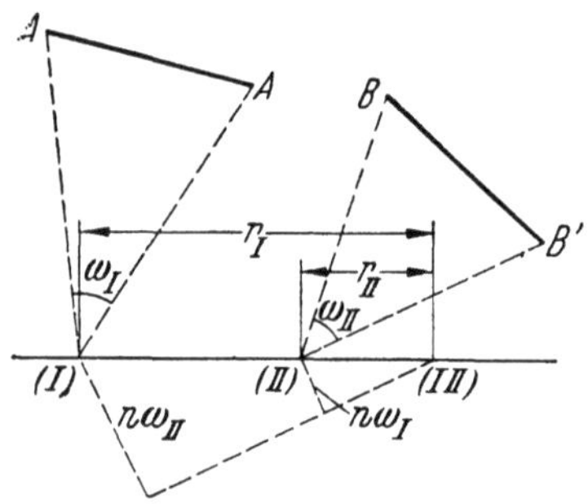

Bild 135.

Betrachtet werde nun ein Punkt $(I\,II)$ auf der Geraden (I) (II), dessen Abstände von (I) bzw. (II) r_I und r_{II} seien. Dieser Punkt sei so bestimmt, daß $r_I : r_{II} = \omega_{II} : \omega_I$ sei, also $r_I\,\omega_I = r_{II}\,\omega_{II}$. Nun ist $r_I\,\omega_I$ die Drehung Δ_I des Punktes $(I\,II)$ um den Pol (I), $r_{II}\,\omega_{II}$ seine Drehung Δ_{II} um den Pol (II). Folglich ist der Punkt $(I\,II)$ der Punkt, für welchen $\Delta_I = \Delta_{II}$ ist. Es gibt nur einen solchen Punkt, er heißt der augenblickliche *Nebenpol* der beiden Scheiben. Die Lage des Nebenpoles gegenüber den Polen (I) und (II) ergibt sich aus der Größe der Drehwinkel. Die Richtung von Pol (I) nach Pol (II) werde positiv gerechnet, Pol (II) liege rechts von Pol (I). Haben ω_I und ω_{II} gleichen Drehsinn und ist:

$\omega_{II} > \omega_I$ oder $r_I > r_{II}$, dann liegt $(I\,II)$ rechts von (II), $(r_I > 0)$;

$\omega_I > \omega_{II}$ oder $r_{II} > r_I$, dann liegt $(I\,II)$ links von (I), $(r_I < 0)$;

beide Male liegt $(I\,II)$ außerhalb der Strecke (I) (II). Haben ω_I und ω_{II} ungleichen Drehsinn, dann liegt $(I\,II)$ zwischen (I) und (II) und r_I und r_{II} haben verschiedenes Vorzeichen. Ist $\omega_I = \omega_{II}$, dann ist der Nebenpol der unendlich ferne Punkt der Geraden (I) (II). Es gilt also:

Für zwei beliebige Scheiben in einer Ebene, welche augenblickliche Drehungen ausführen, gibt es einen Punkt, in welchem die Verschiebungen beider Scheiben gleich groß und gleich gerichtet sind, die relative Verschiebung der Scheiben gegeneinander also verschwindet. Dieser Punkt heißt der Nebenpol der Scheiben.

Die beiden Pole der Scheiben und ihr Nebenpol liegen auf einer Geraden. Für die Abstände r_I, r_{II} des Nebenpoles $(I\,II)$ von den Polen (I) und (II) gilt:

$$r_I\,\omega_I = r_{II}\,\omega_{II}, \tag{168}$$

wenn ω_I und ω_{II} die Drehwinkel der Scheiben I und II sind.

137. Die Relativbewegung zweier Scheiben gegeneinander. Zwei Scheiben I und II vollführen Drehungen um die beiden Pole (I) und (II). Der Nebenpol der Drehung sei ebenfalls bekannt. Der Punkt B der Scheibe II werde dabei nach B' gedreht. B habe von den Polen und dem Nebenpol bzw. die Abstände r_1, r_2, r_{12}. Die Verschiebung $B\,B' = v$ werde nun in zwei Teilverschiebungen $v' = B\,B''$ und $v'' = B''\,B'$ zerlegt, welche normal zu r_1 bzw. r_{12} stehen. Die Verschiebung v' ist eine Drehung um den Pol (I), sie stimmt mit der Drehung der Scheibe I überein. Die Verschiebung v'' stellt dann die relative Drehung der Scheibe II gegen die Scheibe I dar.

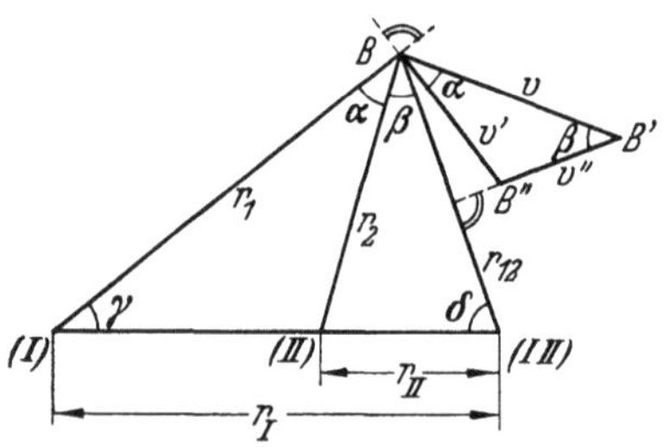

Bild 136.

Im Dreieck $B\,B'\,B''$ sind die Winkel $B'\,B\,B'' = I\,B\,II = \alpha$ und $B\,B'\,B'' = II\,B(I\,II) = \beta$. Es gelten nun die Beziehungen:

$$\frac{r_I - r_{II}}{r_2} = \frac{\sin\alpha}{\sin\gamma} \qquad \frac{r_{II}}{r_2} = \frac{\sin\beta}{\sin\delta} \qquad \frac{r_I}{r_1} = \frac{\sin(\alpha+\beta)}{\sin\delta} \qquad \frac{r_I}{r_{12}} = \frac{\sin(\alpha+\beta)}{\sin\gamma}$$

$$r_I\,\omega_I = r_{II}\,\omega_{II} \qquad (r_I - r_{II})\,\omega_{II} = r_I\,(\omega_{II} - \omega_I)$$

Damit können die Verschiebungen berechnet werden:

$$v' = v \frac{\sin\beta}{\sin(\alpha+\beta)} = r_2\,\omega_{II} \frac{\sin\beta}{\sin(\alpha+\beta)} = r_{II}\,\omega_{II} \frac{\sin\delta}{\sin(\alpha+\beta)} = r_1\,\omega_I$$

$$v'' = v \frac{\sin\alpha}{\sin(\alpha+\beta)} = r_2\,\omega_{II} \frac{\sin\alpha}{\sin(\alpha+\beta)} = (r_I - r_{II})\,\omega_{II} \frac{\sin\gamma}{\sin(\alpha+\beta)} = r_{12}\,(\omega_{II} - \omega_I)\,.$$

Die Größen der Verschiebungen sind also:

$$v = r_2\,\omega_{II} \qquad v' = r_1\,\omega_I \qquad v'' = r_{12}(\omega_{II} - \omega_I)\,. \tag{169}$$

Die Drehung der Scheibe II kann zerlegt werden in eine Drehung mit dem Drehwinkel ω_I *um den Pol (I) und eine Drehung mit dem Drehwinkel* $\omega_{II} - \omega_I$ *um den Nebenpol (I II). Letztere Drehung ist die Relativbewegung der Scheibe II gegen die Scheibe I.*

138. Der Nebenpol als Gelenk. Nach dem Vorstehenden kann die Bewegung der Scheibe *II* so aufgefaßt werden, als ob sie die Bewegung der Scheibe *I* mitmacht, dann aber noch eine zusätzliche Drehung um den Nebenpol ausführt. An der Bewegungsmöglichkeit ändert sich daher nichts, wenn man beide Scheiben im Nebenpol durch ein Gelenk verbunden denkt.

Da jedoch mit der Bewegung sich die Lage der Pole ändert, ist dieses Gelenk nur für den Augenblick der Drehung möglich.

139. Drei Scheiben. Drei Scheiben *I*, *II*, *III* drehen sich um drei Pole (*I*), (*II*), (*III*), die drei Nebenpole der Bewegung sind (*I*, *II*), (*I*, *III*), (*II*, *III*). Man zerlegt die Drehung von Scheibe *I* um Pol (*I*) in eine Drehung um den Pol (*III*) und eine solche um den Nebenpol (*I*, *III*), die der Scheibe *II* ebenfalls um eine Drehung um den Pol (*III*) und eine solche um den Nebenpol (*II*, *III*). Bei den ersten Teildrehungen drehen sich die drei Scheiben wie eine einzige um den Pol (*III*). Die relative Bewegung von Scheibe *I* gegen Scheibe *II* ist also dieselbe, wie wenn sich Scheibe *I* um Pol (*I*, *III*), Scheibe *II* um Pol (*II*, *III*) dreht. Der Nebenpol (*I*, *II*) ist dann auch Nebenpol dieser Relativdrehung, also:

Die drei Nebenpole (I, II), (II, III), (III, I) dreier Scheiben I, II, III liegen auf einer Geraden.

140. Vier Scheiben. Vier Scheiben *I*, *II*, *III*, *IV* besitzen zusammen sechs Nebenpole. Auf einer Geraden liegen jeweils:

1. (*I*, *II*) (*I*, *III*) (*II*, *III*)
2. (*I*, *IV*) (*I*, *III*) (*IV*, *III*)
3. (*II*, *III*) (*III*, *IV*) (*II*, *IV*)
4. (*I*, *II*) (*I*, *IV*) (*II*, *IV*)

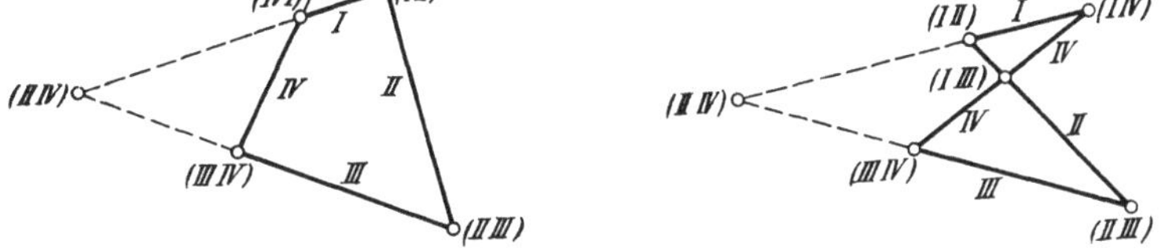

Bild 137 a u. b.

Der Schnittpunkt der Geraden 1 und 2 ist daher der Nebenpol (*I*, *III*), der Schnittpunkt der Geraden 3 und 4 der Nebenpol (*II*, *IV*).

Es soll hier noch darauf hingewiesen werden, daß die vier Scheiben auch anders liegen können, nämlich so, daß die Scheiben sich kreuzen. Die Nebenpole liegen dann entsprechend anders, die oben angegebenen Lagebeziehungen gelten aber unverändert.

141. Zwangläufige Ketten. In den bisherigen Untersuchungen wurde nur vorausgesetzt, daß die Scheiben eindeutig bestimmte Drehungen ausführen. Dies ist bei den Scheiben einer zwangläufigen Kette der Fall, für solche gelten daher die entwickelten Gesetze.

Jede Scheibe einer zwangläufigen Kette besitzt einen bestimmten Pol, je zwei Scheiben einen bestimmten Nebenpol. Kennt man alle Pole und Nebenpole, dann kennt man auch das Verhältnis der Drehwinkel der Scheiben zueinander. Der Lageplan der Kette mit Angabe der Pole und Nebenpole heißt der Polplan.

Jede zwangläufige Kette besitzt einen und nur einen Polplan.

142. Ketten mit zwei Bewegungsfreiheiten. Die Drehung einer Kette mit zwei Bewegungsfreiheiten setzt sich aus den Verschiebungen zusammen, welche dadurch entstehen, daß je eine Bewegungsfreiheit aufgehoben wird. Für jede der beiden Teilverschiebungen Δ_1, Δ_2 jeder Scheibe besteht ein bestimmter Pol P_1 bzw. P_2, welche beide zusammen eine Gerade $P_1 P_2 = g$ bestimmen. Dagegen liegt der Pol der Gesamtdrehung nicht fest, sondern seine Lage ist abhängig von der Größe der Drehung, wie aus dem Folgenden hervorgeht.

Für jeden Punkt der Geraden g ist die Bewegungsrichtung sowohl bei der Teildrehung Δ_1 als auch bei Δ_2 normal zu g, die Gesamtdrehung jedes dieser Punkte daher ebenfalls normal zu g, und zwar gleichgültig, wie groß das Verhältnis $\Delta_1 : \Delta_2$ ist. Dies besagt:

1. *Der Pol der aus den beiden Teilverschiebungen Δ_1 und Δ_2 zusammengesetzten Drehung jeder Scheibe einer Kette mit zwei Bewegungsfreiheiten liegt auf der Geraden g, welche durch die Pole der Teilverschiebungen Δ_1 und Δ_2 bestimmt sind. Er wandert auf dieser Geraden g, wenn das Verhältnis $\Delta_1 : \Delta_2$ sich ändert.*

Der Pol einer zweiten Scheibe wandert unter denselben Bedingungen auf einer zweiten Geraden. Haben beide Scheiben einen Nebenpol mit bestimmter Lage gemeinsam, dann liegen nach Nr. 136 die augenblicklichen Pole beider Scheiben auf einer Geraden durch den Nebenpol, welche sich bei der Verschiebung beider Pole um den Nebenpol dreht. Die beiden Pole wandern dabei, wie oben dargestellt, jeweils auf einer Geraden.

Eine Kette mit zwei Bewegungsfreiheiten hat danach unendlich viele Polpläne.

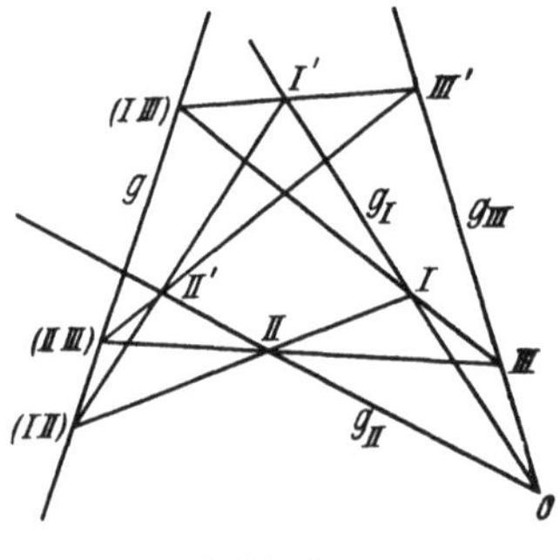

Bild 138.

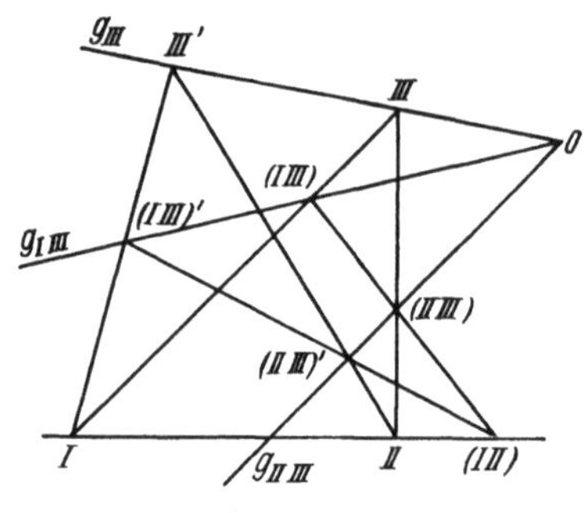

Bild 139.

Wird irgendein Pol (eine Verschiebung) bestimmt angenommen, so besteht für diesen Zustand ein bestimmter Polplan.

Es wird angenommen, daß bei der Drehung einer Kette mit zwei Bewegungsfreiheiten drei Scheiben *I*, *II*, *III* drei Nebenpole mit bestimmter Lage haben. Nach Nr. 139 liegen diese drei Nebenpole auf einer Geraden. Nach dem Vorhergehenden wandern die Pole der drei Scheiben jeweils auf den Geraden g_I, g_{II}, g_{III}.

Auf g_I werde ein beliebiger Pol $(I)'$ angenommen. Der Pol $(II)'$ liegt dann auf der Geraden g_{II} und der Geraden $(I)'$ (I, II), ferner ist $(III)'$ der Schnittpunkt von $(II)'$ (II, III) und $(I)'$ (I, III), liegt aber auch auf g_{III}. Bezeichnet O den Schnittpunkt von g_I und g_{II} und wird $(I)'$ nach O gelegt, so fallen auch $(II)'$ und $(III)'$ nach O. Daher müssen sich die drei Geraden in einem Punkt schneiden (Bild 138).

2. *Haben in einer Kette mit zwei Bewegungsfreiheiten drei Scheiben I, II, III drei bestimmte Nebenpole, so schneiden sich die drei Geraden* g_I, g_{II}, g_{III}, *auf welcher die Pole der Scheiben liegen, in einem Punkt.*

Bei der Drehung einer Kette mit zwei Bewegungsfreiheiten sollen zwei Scheiben *I, II* die bestimmten Pole (*I*), (*II*) haben. Ferner liegen die Nebenpole beider Scheiben gegen eine dritte Scheibe *III* auf zwei Geraden $g_{I,III}$, $g_{II,III}$. Es werde ein beliebiger Nebenpol (*I, III*)′ angenommen, welcher mit (*I, II*) zusammen (*II, III*)′ auf $g_{II,III}$ bestimmt. Der Pol (*III*)′ ist dann bestimmt durch (*I*) (*I, III*)′ und (*II*) (*II, III*)′, er liegt auf g_{III}. Rückt (*I, III*)′ nach *O*, dann rücken (*II, III*)′ und (*III*)′ ebenfalls nach *O*, d. h. g_{III} geht durch den Schnittpunkt von $g_{I,III}$ und $g_{II,III}$ (Bild 139). Also

3. *Haben in einer Kette mit zwei Bewegungsfreiheiten zwei Scheiben I, II zwei bestimmte Pole (I), (II) und wandern die Nebenpole der Scheiben I und II gegen eine dritte Scheibe III auf zwei Geraden* $g_{I,III}$, $g_{II,III}$, *so geht die Gerade* g_{III}, *auf welcher der Pol (III) wandert, durch den Schnittpunkt von* $g_{I,III}$ *und* $g_{II,III}$.

Ferner gilt der Satz:

4. *Liegen vier Nebenpole von vier Scheiben einer Kette mit zwei Bewegungsfreiheiten auf einer Geraden und wandern drei der Pole jeweils auf einer Geraden, dann wandert der vierte Pol ebenfalls auf einer Geraden.*

Die vier Pole bilden ein Viereck. Geometrisch ausgedrückt besagt Satz 4:

4a. *Gehen die Seiten eines Viereckes durch feste Punkte einer Geraden und wandern drei Eckpunkte jeweils auf einer Geraden, so bewegt sich auch der vierte Eckpunkt auf einer Geraden.*

Dieser Satz gilt für beliebige *n*-Ecke:

5. *Gehen n Seiten eines n-Eckes durch feste Punkte einer Geraden und wandern* $n - 1$ *Eckpunkte auf geraden Linien, dann bewegt sich auch der letzte Eckpunkt auf einer Geraden.*

Beim Dreieck schneiden sich die drei Geraden, auf welchen die Eckpunkte wandern, in einem Punkt.

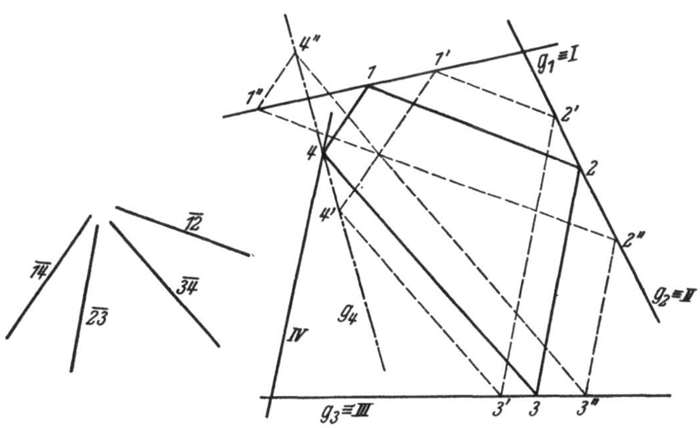

Bild 140.

Von einem Beweis dieses Satzes der projektiven Geometrie wird hier abgesehen.

Mit diesem Satz läßt sich die Aufgabe lösen:

6. *Ein n-Eck zu zeichnen, dessen Eckpunkte in gegebenen Geraden liegen und dessen Seiten gegebene Richtungen besitzen.*

Zur Lösung nimmt man die Gerade, auf welcher die Schnittpunkte der *n* Seiten liegen, als die unendlich ferne Gerade an. Die Aufgabe soll für ein Viereck gelöst werden.

Die vier Eckpunkte sollen auf den Geraden I, II, III, IV liegen, vier Seiten $\overline{1\,2}$, $\overline{2\,3}$, $\overline{3\,4}$, $\overline{1\,4}$ sind der Richtung nach gegeben. Man zeichnet mit den gegebenen Richtungen zwei Vierecke $1'2'3'4'$ und $1''2''3''4''$, deren Ecken $1'$ und $1''$ auf der Geraden $g_1 = I$, $2'$ und $2''$ auf der Geraden $g_2 = II$, $3'$ und $3''$ auf der Geraden $g_3 = III$ liegen. Die Eckpunkte $4'$ und $4''$ liegen auf der Geraden g_4, auf welcher auch der gesuchte Eckpunkt 4 liegen muß, welcher also der Schnittpunkt von g_4 und IV ist. Mit 4 beginnend kann nun das gesuchte Viereck 1234 gezeichnet werden.

Es ist zu beachten, daß die Richtungen $1'3'$, $1''3''$, 13 sich nicht in einem Punkte schneiden (auch nicht im unendlich fernen).

143. Der Polplan. Mit den bisher abgeleiteten Eigenschaften läßt sich der Polplan einer zwangläufigen Kette zeichnen. Zur Übersicht seien diese Eigenschaften hier noch einmal zusammengestellt.

1. Der Pol einer Scheibe liegt auf der Normalen zur Bahn irgendeines Punktes der Scheibe, errichtet in diesem Punkte.
2. Die Pole (I), (II) und der Nebenpol (I, II) liegen auf einer Geraden.
3. Die Nebenpole (I, II), (I, III), (II, III) liegen auf einer Geraden.
4. Der Nebenpol (I, III) ist der Schnittpunkt der Geraden (I, II) (II, III) und (I, IV) (III, IV).
5. Haben zwei Scheiben einer Kette mit zwei Bewegungsfreiheiten einen bestimmten Nebenpol und wandert der Pol der ersten Scheibe auf einer Geraden, dann beschreibt der Pol der zweiten Scheibe ebenfalls eine Gerade. Für drei Scheiben mit drei bestimmten Nebenpolen gilt Satz 2 der vorigen Nummer.

Weitere Eigenschaften, welche benutzt werden, folgen ohne weiteres:

6. Jedes Gelenk zwischen zwei Scheiben ist der Nebenpol beider Scheiben.
7. Ein Auflagergelenk ist der Pol der in ihm gestützten Scheibe.
8. Eine Stütze bestimmt durch die Normale zur Auflagerbahn eine Gerade für den Pol der gestützten Scheibe.

Da der Polplan durch lineare Beziehungen bestimmt ist, besteht für jede zwangläufige Kette ein und nur ein Polplan.

Man beginnt die Zeichnung des Polplanes von den gegebenen Polen und Nebenpolen aus, wobei man gleichmäßig von allen Stützpunkten aus beginnt. Wenn die einzelnen Teile des Polplanes sich zusammenschließen, ergeben sich Prüfungsmöglichkeiten für die Zeichengenauigkeit, da neue Pole sowohl aus den Polen wie aus den Nebenpolen mehrfach bestimmt sind.

Für die Zeichnung ist es zweckmäßig, eine Liste der vorhandenen sowie eine Liste der gesuchten Pole aufzustellen. Man übersieht dann leichter, welche Geraden als Örter für noch gesuchte Pole möglich sind. Dabei kann man die Geraden durch die Pole bezeichnen, etwa eine Gerade für den Pol (I, III) mit:

$$(I, III) = (I, V) - (III, V) \quad \text{oder} \quad (I, III) = \frac{(I, V)}{(III, V)}$$

$$(II, III) = (II) + (III)$$

den Schnittpunkt zweier Geraden etwa mit:

$$(I, III) = \frac{(I, II)}{(II, III)} + \frac{(I, V)}{(III, V)}.$$

Aus diesen formalen Gleichungen ist das Bekannte und das Gesuchte leicht abzulesen.

144. Beispiele. 1. Der einfachste Fall einer zwangläufigen Kette ist ein System von drei Scheiben, welche durch Gelenke miteinander und mit zwei festen Punkten A und B verbunden sind (Gelenkviereck. Bild 141). Die Pole (I) und (III) der Scheiben I und III sind die festen Auflager A und B. Die Gelenke zwischen den Scheiben *I* und *II* sowie *II* und *III* sind die Nebenpole (*I*, *II*) und (*II*, *III*). Der Pol (*II*) liegt auf den Geraden durch die Pole (*I*) (*I*, *II*) und (*III*) (*II*, *III*). Faßt man hierbei Stab *III* als Auflagerstab auf, dann bedeutet dies soviel, als wenn Punkt *D* auf einer Bahn, welche normal zu *BD* liegt, geführt wird. Der Polplan bleibt derselbe, es fällt lediglich die Scheibe *III* mit ihren Polen weg (Dreigelenkbogen. Bild 142).

Eine weitere Abänderung desselben Tragwerkssystems ergibt sich dadurch, daß das Gelenk durch zwei Stäbe ersetzt wird. Der Pol der beiden Stäbe ist der

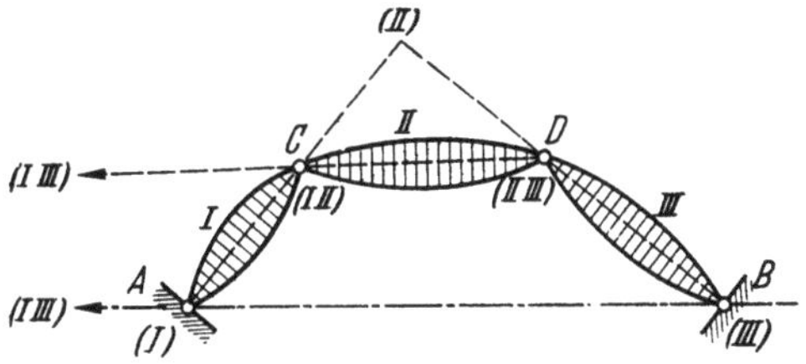

Bild 141.

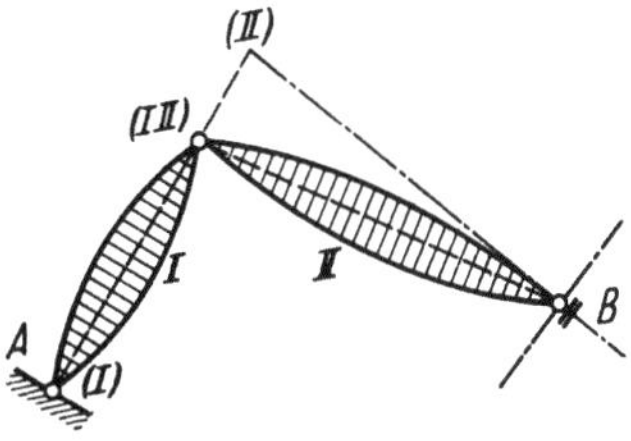

Bild 142.

Schnittpunkt ihrer Achsen, er ist gleichzeitig der Nebenpol (*I*, *II*) der beiden Scheiben *I* und *II*. Der Pol (*II*) wird dann wie im vorigen Fall gefunden (Bild 143).

2. Gegeben sei ein Tragwerk, bei welchem jeder weitere Knoten durch zwei Scheiben an das vorhandene System angeschlossen wird. Die Kette sei gegeben

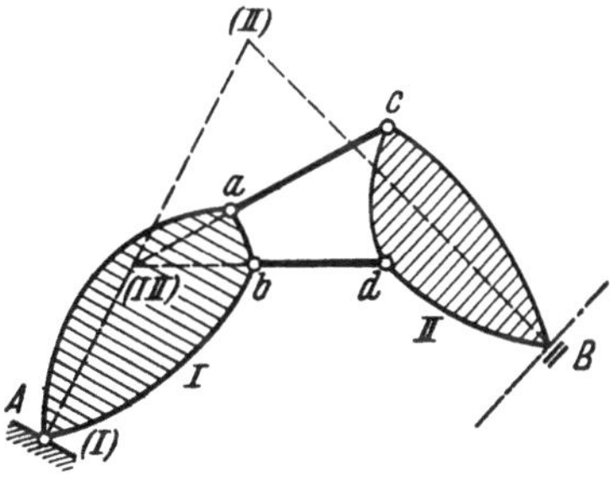

Bild 143.

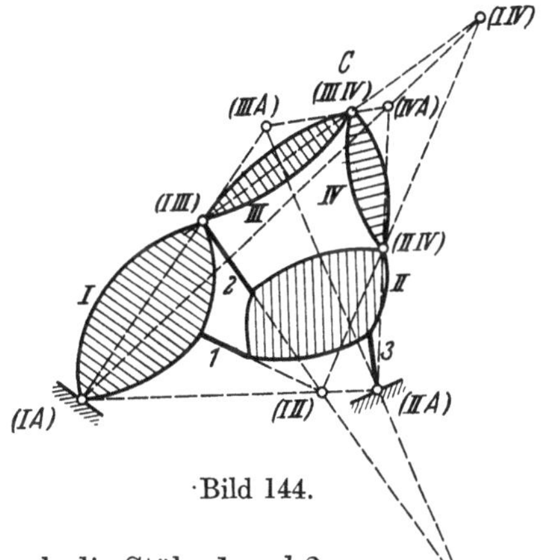

Bild 144.

durch die Scheiben *I* und *II*, welche durch die Stäbe 1 und 2 gelenkig miteinander verbunden sind. Die Scheibe *I* habe das Auflagergelenk *A* [Pol (*IA*)], die Scheibe *II* sei mit dem Widerlager durch den Stab 3 verbunden [Pol (*IIA*)]. Der gemeinsame Pol der Scheiben *I*, *II* ist der Schnittpunkt der beiden Stabachsen 1, 2, der Nebenpol (*I*, *II*). Die Pole (*IA*), (*IIA*) und (*I*, *II*) liegen auf einer Geraden.

An die Scheiben *I* und *II* ist der Punkt *C* durch die beiden Scheiben *III* und *IV* angeschlossen. Die Anschlußpunkte sowie Punkt *C* sind Gelenke. Nach Nr. 139 liegen die drei Nebenpole dreier Scheiben auf einer Geraden. Daraus ergeben sich die Nebenpole der zwangläufigen Kette

Pol (*I*, *III*) ist das Gelenk zwischen den Scheiben *I* und *III*
" (*II*, *IV*) " " " " " " *II* und *IV*
" (*III*, *IV*) " " " " " " *III* und *IV*
Pol (*I*, *IV*) ist der Schnittpunkt der Geraden (*I*, *II*) (*II*, *IV*)
und (*I*, *III*) (*III*, *IV*)
" (*II*, *III*) " " " " " (*I*, *II*) (*I*, *III*)
und (*II*, *IV*) (*III*, *IV*)

Pol (*III, A*) ist der Schnittpunkt der Geraden (*I, A*) (*I, III*)
und (*IV, A*) (*III, IV*)
„ (*IV, A*) „ „ „ „ „ (*I, A*) (*I, IV*)
und (*II, A*) (*II, IV*).

Ferner müssen (*II, III*), (*II A*) und (*III A*) auf einer Geraden liegen, was eine Prüfungsmöglichkeit ergibt. Damit sind die Pole der Scheiben gegeneinander und gegen das Widerlager gefunden.

3. Der Bogenträger mit Auslegern (Bild 145) ist ein einfach standfestes Tragwerk mit fünf Scheiben. Durch Einschaltung eines Gelenkes *g* in der Scheibe *II* wird er zu einer zwangläufigen Kette.

An Polen sind in dieser gegeben:

Pol (*IIa*) als festes Gelenk,

Pol (*V*) als unendlich ferner Punkt der Normalen in *A* und *B* zu *AB*,

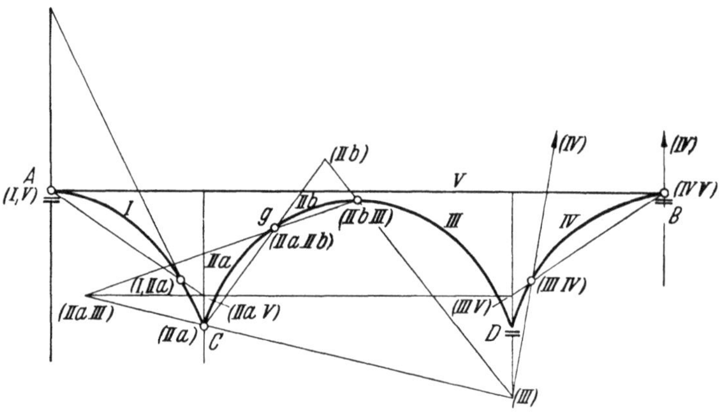

Bild 145.

die Pole (*I, V*), (*I, IIa*), (*IIa, IIb*), (*IIb, III*), (*III, IV*), (*IV, V*) als Gelenke zwischen den entsprechenden Scheiben,

Pol (*III*) liegt wegen der Führung in *D* auf der Normalen zu dieser Führung.
„ (*IV*) „ „ „ „ „ *B* „ „ „ „ „ „

Weitere Pole ergeben sich als Schnittpunkte folgender Geraden:

(*I*) = (*IIa*) (*I, IIa*) + (*I, V*) (*V*)
(*III, V*) = (*IV, V*) (*III, IV*) + Normale in *D*
(*IIa, V*) = (*I, IIa*) (*I, V*) + (*IIa*) (*V*)
(*IIa, III*) = (*IIa, IIb*) (*IIb, III*) + (*IIa, V*) (*III, V*)
(*III*) = (*IIa, III*) (*IIa*) + Normale in *D*
(*IV*) = (*III*) (*III, IV*) + Normale in *B*
(*IIb*) = (*IIa*) (*IIa, IIb*) + (*III*) (*IIb, III*) .

Damit sind sämtliche Pole gegeben. Die fehlenden Nebenpole können alle gezeichnet werden, zum Teil mehrfach, woran die Zeichengenauigkeit geprüft werden kann:

(*I, IIb*) = (*I*) (*IIb*) + (*I, IIa*) (*IIa, IIb*)
(*I, III*) = (*I*) (*III*) + (*I, V*) (*III, V*)
(*I, IV*) = (*I, V*) (*IV, V*) + (*I*) (*IV*)
(*IIa, IV*) = (*IIa, V*) (*IV, V*) + (*I, IIa*) (*I, IV*) oder + (*IIa*) (*IV*)
(*IIb, IV*) = (*IIb, III*) (*III, IV*) + (*I, IIb*) (*I, IV*) oder + (*IIb*) (*IV*)
(*IIb, V*) = (*IIa, IIb*) (*IIa, V*) + (*IIa*) (*V*) .

4. Der Polplan des Fachwerkträgers, welcher durch Entfernung einer Strebe zur zwangläufigen Kette gemacht wurde, ist zu zeichnen (Bild 95).

Die Pole (*II*, *III*), (*III*, *IV*), (*IV*, *V*), (*II*, *V*) sind die Gelenke zwischen den entsprechenden Scheiben, der Pol (*I*) ist das Auflagergelenk. Der Nebenpol (*I*, *II*) ist der Schnittpunkt der beiden Stäbe 1, 2, welche nicht als Scheiben mitgezählt sind. Die beiden Pole (*III*, *V*) und (*II*, *IV*) bestimmen sich einfach. Die Pole (*III*) und (*IV*) liegen auf der Normalen zur Bahn der Stütze *C*.

Der Pol (*V*) liegt auf der Stützennormalen g_V in *C*. Die Nebenpole (*II*, *V*) und (*IV*, *V*) sind fest gegeben. Durchläuft nun (*V*) die Stützennormale g_V, dann

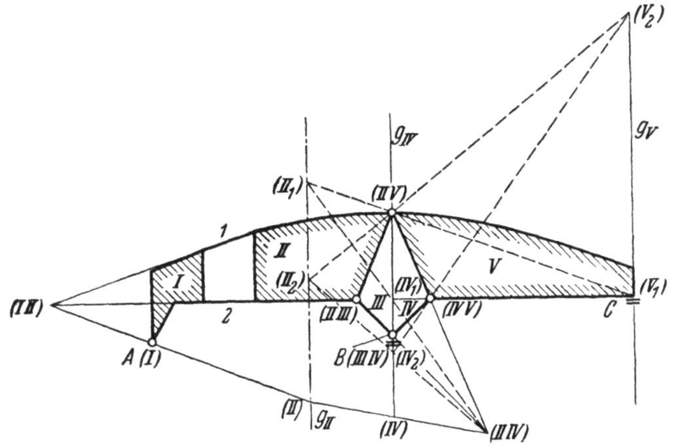

Bild 146.

wandert (*IV*) auf der Stützennormalen g_{IV} in *B*, ferner beschreibt (*II*) eine noch unbekannte Gerade g_{II}. Man nimmt nun zwei Pole (V_1) und (V_2) willkürlich an, bestimmt die zugehörigen Pole (IV_1) und (IV_2) sowie die Pole (II_1) und (II_2). Diese bestimmen die Gerade g_{II}, welche ferner durch den Schnittpunkt der beiden Geraden g_{IV} und g_V gehen muß, d. h. parallel den beiden Stützennormalen ist. Es genügt daher auch, einen Pol (II_1) zu bestimmen. Der Schnittpunkt von g_{II} mit der Geraden (*I*) (*I*, *II*) ergibt den Pol (*II*). Die übrigen Pole und Nebenpole sind nun leicht zu finden.

Weitere Beispiele für Polpläne in Nr. 161.

C. Der Geschwindigkeits- und Verschiebungsplan.

145. Der Geschwindigkeitsplan. Eine Scheibe drehe sich um einen Pol *P* um einen Winkel ω. Die Verschiebung eines Punktes *A* ist dann $AA'' = v_A = \omega \cdot \overline{PA}$, sie ist normal zum Strahl *PA*. Dreht man nun die Verschiebung im positiven Sinne (im Gegensinn des Uhrzeigers, Nr. 5) um einen rechten Winkel, so daß sie in den Strahl *PA* fällt und $AA' = v_A$ ist, so nennt man die Strecke AA' die *gedrehte Verschiebung* (gedrehte Geschwindigkeit) des Punktes *A*.

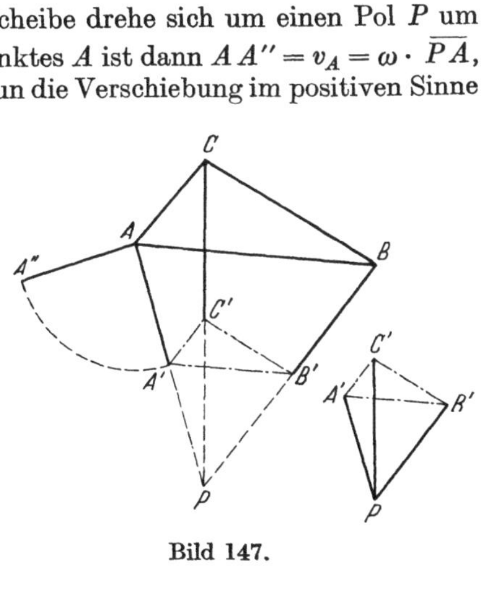

Bild 147.

Zeichnet man zu mehreren Punkten *A*, *B*, *C* die gedrehten Verschiebungen AA', BB', CC', so ist wegen $v_A : v_B : v_C = \overline{PA} : \overline{PB} : \overline{PC}$: $A'B' \parallel AB$, $A'C' \parallel AC$, $B'C' \parallel BC$, d. h. das Dreieck $A'B'C'$ ist dem Dreieck ABC ähnlich. Dies gilt auch für Vielecke mit beliebig vielen Punkten. Es gilt also:

Die Endpunkte $A'B'C'\ldots$ der gedrehten Verschiebungen der Punkte A, B, C bilden ein Vieleck, welches zu dem sich bewegenden Vieleck $ABC\ldots$ ähnlich ist und ähnlich liegt. Beide Vielecke liegen perspektiv mit dem Zentrum P (Ähnlichkeitspunkt) zueinander. Das Vieleck $A'B'C'\ldots$ heißt der Geschwindigkeitsplan F' des Vieleckes $ABC\ldots$, des Lageplanes F.

Die gedrehten Verschiebungen können auch vom Punkte P aus auf den Strahlen PA, $PB\ldots$ abgetragen werden. Hierdurch entsteht ebenfalls ein Geschwindigkeitsplan, welcher dem ersten und dem Lageplan wieder ähnlich ist, aber nicht mehr ähnlich zu liegen braucht.

146. Geschwindigkeitsplan einer zwangläufigen Kette. Verwendung des Polplanes. Von der Scheibe I einer zwangläufigen Kette seien die Punkte a, b, c, von der Scheibe II die Punkte e, f, g gegeben, ferner seien die Pole (I) und (II) bekannt. Die Scheiben I und II seien durch das Gelenk g verbunden, welches dann gleichzeitig der Nebenpol (I, II) ist.

Trägt man auf den Polstrahlen die gedrehten Verschiebungen auf, so erhält man die Geschwindigkeitspläne $a'b'c'$, $e'f'g'$ der zwei Scheiben. Da die Pole (I)

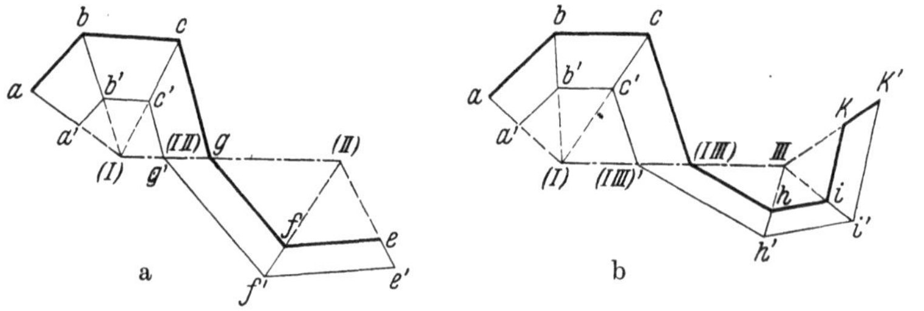

und (II) mit ihrem Nebenpol (I, II) auf einer Geraden liegen, ist die Verschiebung gg' für beide Scheiben I und II dieselbe, der Punkt g' gehört daher beiden Geschwindigkeitsplänen I und II an, beide Geschwindigkeitspläne bilden einen zusammenhängenden Linienzug (Bild 148a).

Sind von zwei Scheiben I und III die Pole (I) und (III) und der Nebenpol (I, III) gegeben, so liegt die gedrehte Verschiebung des Nebenpoles $(I, III) - (I, III)'$ auf der Geraden $\overline{I, III}$ und ist beiden Scheiben gemeinsam. Der Punkt $(I, III)'$ ist daher den Geschwindigkeitsplänen beider Scheiben gemeinsam, diese Geschwindigkeitspläne bilden einen geschlossenen Linienzug $a'b'c'(I,III)'h'i'k'$. Ist eine einzige gedrehte Verschiebung gegeben, dann sind dadurch beide Geschwindigkeitspläne bekannt (Bild 148b).

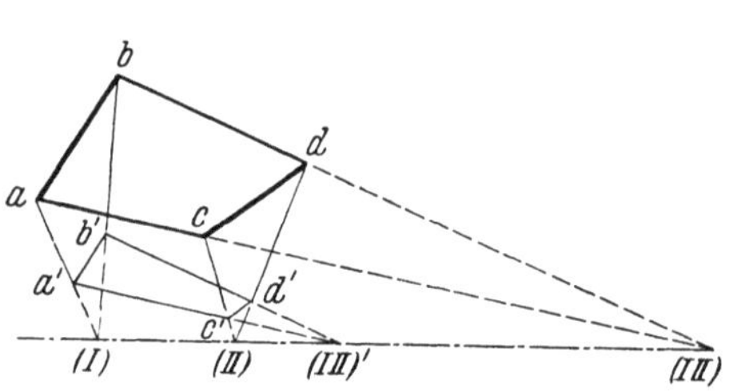

Bild 149.

Sind zwei Scheiben I und II, welche durch jeweils zwei Punkte (a, b) und (c, d) bestimmt sind, durch zwei Stäbe ac und bd gelenkig miteinander verbunden, dann ist der Schnittpunkt der beiden Stäbe der Nebenpol (I, II). Die Pole seien (I) und (II). Ist der Geschwindigkeitsplan der Scheibe I gegeben, dann ergibt sich der Punkt $(I, II)'$, welcher die gedrehte Verschiebung des Nebenpoles bestimmt, durch die Parallelen $a'(I, II)'$ oder $b'(I, II)'$. Damit ist auch der Geschwindigkeitsplan der Scheibe II bestimmt (Bild 149).

Der Geschwindigkeitsplan F' einer zwangläufigen Kette bildet einen zusammenhängenden Linienzug, dessen Seiten den entsprechenden Stäben der Kette parallel *sind und dessen Ecken auf den Polstrahlen der Knotenpunkte liegen. Jeder Scheibe der Kette entspricht im Geschwindigkeitsplan ein ähnliches und in bezug auf den Pol ähnlich liegendes Bild. Wird ein Punkt des Geschwindigkeitsplanes willkürlich gewählt, so kann bei bekanntem Polplan der gesamte Geschwindigkeitsplan gezeichnet werden.*

Zu beachten ist, daß der Geschwindigkeitsplan im ganzen dem Lageplan nicht ähnlich ist.

Auf zwei Ausnahmefälle ist noch besonders hinzuweisen. Sind a, b zwei Knotenpunkte einer zwangläufigen Kette, c ein dritter Punkt, welcher an a und b durch je einen Stab angeschlossen ist, so ergibt sich die Verschiebung von c einfach, wenn die Verschiebungen von a und b gegeben sind. Liegt aber c auf der Geraden ab, dann sind zwei Fälle möglich:

a) Die Gerade $a'b'$ des Geschwindigkeitsplanes ist nicht parallel ab. Dann wird c' der unendlich ferne Punkt von ab, d. h. die Verschiebung von c würde unendlich. Damit dies nicht der Fall ist, müssen die Verschiebungen aa' und bb' Null werden. Die Kette darf daher keine Verschiebungen haben, die Verschiebung des Punktes c ist zwangläufig. Eine solche Lage des Punktes c heißt Totlage (Bild 150).

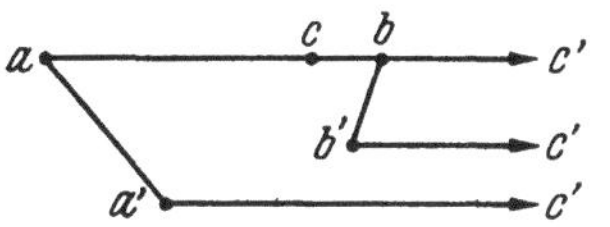

Bild 150.

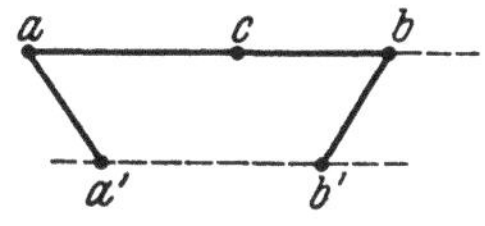

Bild 151.

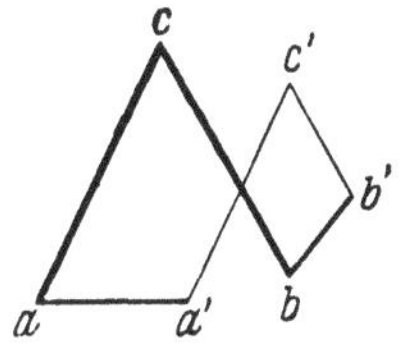

Bild 152.

b) Die Gerade $a'b'$ des Geschwindigkeitsplanes ist parallel ab. Dann ist der Punkt c' als Schnittpunkt der Parallelen $a'c'$ und $b'c'$ unbestimmt, er liegt beliebig auf der Geraden $a'b'$, die Kette abc hat zwei Bewegungsfreiheiten (Bild 151).

147. Geschwindigkeitsplan ohne Verwendung des Polplanes. Bei Ketten, welche dadurch entstehen, daß jeder weitere Knotenpunkt durch zwei Stäbe an zwei vorhergehende Knotenpunkte angeschlossen ist, kann der Geschwindigkeitsplan auch ohne Verwendung des Polplanes aufgezeichnet werden. Ein solcher Knoten sei c (Bild 152), welcher durch die Stäbe ac und bc an die Knoten a und b angeschlossen sei. Die gedrehten Verschiebungen von a und b seien $\Delta a = aa'$ und $\Delta b = bb'$. Zieht man durch a' die Parallele zu ac und durch b' jene zu bc, dann gibt der Schnittpunkt dieser Parallelen den Endpunkt c' der gedrehten Verschiebung von c (vgl. auch Bild 147).

Man wird dabei i. a. von zwei nicht gestützten Knotenpunkten ausgehen und diesen willkürliche Verschiebungen beilegen, etwa die Verschiebungen Null. Werden die Auflagerbedingungen der Kette dabei nicht erfüllt, dann kann man die gesamte Kette wie eine starre Scheibe zusätzlich so drehen, daß auch diese Auflagerbedingungen erfüllt sind. Verschiebt sich beispielsweise das Auflager f bei der ersten gedrehten Verschiebung nach f', während ihm durch die Auflagerbedingungen die gedrehte Verschiebung ff'' vorgeschrieben ist, so muß die Kette als starre Scheibe um einen Pol so gedreht werden, daß f' nach f'' überführt wird. Sämtliche Knoten k erleiden dabei gedrehte Verschiebungen $k'k''$, welche aus einem Geschwindigkeitsplan bestimmt werden und welche zu den Verschiebungen kk' hinzugefügt werden müssen (vgl. Beispiel Nr. 151).

Umgekehrt kann der Polplan gezeichnet werden, wenn der Geschwindigkeitsplan bekannt ist. Man zeichnet mit zwei willkürlichen, aber verschieden angenommenen Verschiebungen nach Nr. 145 zwei Geschwindigkeitspläne, welche ähnlich liegen. Die Ähnlichkeitspunkte der Geschwindigkeitspläne geben die Pole und Nebenpole der zwangläufigen Kette an.

148. Kette mit zwei Bewegungsfreiheiten. Bei der Untersuchung von Tragwerken kommen auch Ketten mit zwei Bewegungsfreiheiten vor, für welche ebenfalls Geschwindigkeitspläne gezeichnet werden können.

Gegeben sei eine zwangläufige Kette K, von welcher die Punkte a und b die gedrehten Verschiebungen $\Delta a = aa'$ und $\Delta b = bb'$ besitzen. Ein Stab cd werde durch die Stäbe ac und bd angeschlossen. Die Kette $acdb$ besitzt eine Bewegungsfreiheit, bildet mit K also eine Kette mit zwei Bewegungsfreiheiten.

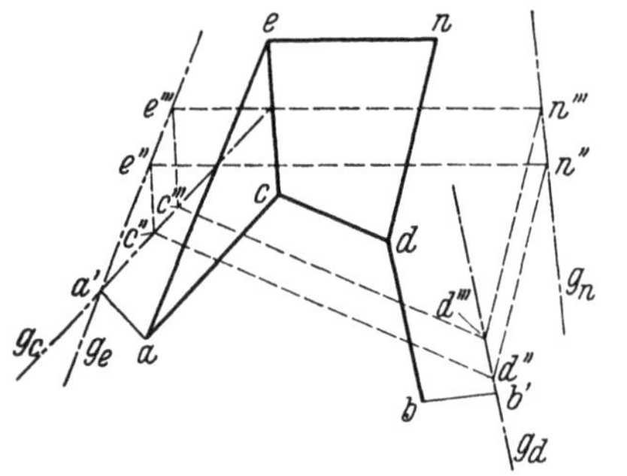

Bild 153.

Der Endpunkt c' der gedrehten Verschiebung von c muß auf der Parallelen g_c zu ab durch a' liegen, ebenso der Endpunkt d' der gedrehten Verschiebung von d auf der Parallelen g_d zu bd durch b'.

Zwei weitere Knoten e, n seien durch die Stäbe ae, ce, dn, en an die Kette angeschlossen. Nimmt man nun eine gedrehte Verschiebung cc'' willkürlich an, so kann der Geschwindigkeitsplan $c''e''$ $n''d''$ gezeichnet werden. e'' muß auf der Parallelen g_e zu ae durch a' liegen. Nimmt man eine weitere Verschiebung cc''' an, so kann man den Geschwindigkeitsplan $c'''e'''n'''d'''$ zeichnen, wobei e''' auf der Geraden g_e liegt. n''' bestimmt mit n'' die Gerade g_n, auf welcher n' wandert, wenn sich c' auf g_c bewegt.

Die Richtungen g_a, g_d, g_e hängen nur von den Richtungen der unverschobenen Stäbe ab, sind also unabhängig von der Größe der Verschiebungen aa' und bb'. Dann ist aber auch die Richtung g_n unabhängig von der Größe dieser Verschiebungen, d. h.:

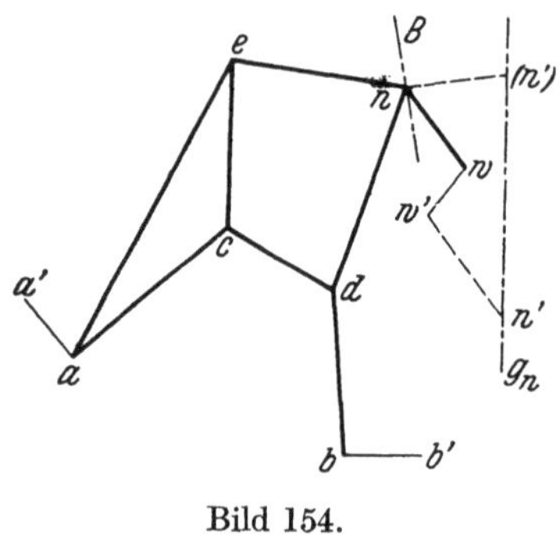

Bild 154.

Zu jedem Verschiebungspaar Δa, Δb gehört eine Gerade g_n, auf welcher der Endpunkt der Verschiebung Δn wandert, wenn der Endpunkt der Verschiebung Δc auf der Geraden g_c wandert.

Zur Bestimmung der Richtung g_n kann man also Δa und Δb willkürlich annehmen, z. B. auch Null setzen, wodurch die Zeichnung einfacher wird. Ändern Δa und Δb ihre Größen, so genügt ein einziger willkürlicher Geschwindigkeitsplan, um die neue Gerade g_n' parallel zu g_n zu bestimmen.

Soll nun die Kette zwangläufig werden, so muß eine weitere Bedingung hinzutreten. Der Punkt n muß z. B. durch einen Stab nw mit einem Knotenpunkt oder einem Widerlager der Kette K mit bekannter Verschiebung ww' verbunden werden. Die Parallele $w'n'$ zu wn durch w' ergibt mit der Geraden g_n den Schnittpunkt n', welcher die Verschiebung nn' bestimmt. Von n' aus kann rückwärts dann der richtige Geschwindigkeitsplan der zwangläufigen Kette gezeichnet werden.

Hierbei ist auf zwei Ausnahmefälle zu achten. Liegt g_n in der Geraden nw, so kann n' beliebig in ihr angenommen werden, die Kette ist also nicht zwangläufig geworden, sondern behält zwei Bewegungsfreiheiten. Ferner kann g_n parallel wn sein, wodurch n' ins Unendliche rückt. Dann muß Δa, $\Delta b = 0$ gesetzt werden, die Kette ist dann zwar zwangläufig, ein Teil befindet sich jedoch in einer Totlage.

Es kann auch festgelegt werden, daß der Knoten n bei der Bewegung die Bahn B beschreiben muß. Die gedrehte Verschiebung ist dann normal zu B, wodurch sich auf g_n der Punkt (n') ergibt (Bild 154).

Eine weitere Möglichkeit, die Kette *abcd*... zwangläufig zu machen, also die zweite Bewegungsfreiheit aufzuheben, besteht darin, in ihr einen Stab zwischen zwei Knotenpunkten einzuziehen. Seien dies die Knoten *c* und *n*, so können zunächst die beiden Geraden g_c, g_n bestimmt werden, dann die Endpunkte c', n' der gedrehten Verschiebungen von *c*, *n* auf g_c, g_n derart, daß $c'n'$ parallel *cn* wird. Diese Lösung wird unter Verwendung der Aufgabe 6 in Nr. 142 gelöst.

149. Verschiebungspläne elastischer Ketten. Ein einfach standfestes Tragwerk ist eine Kette ohne Bewegungsfreiheit. Erleiden die Stäbe durch die Belastungen jedoch Formänderungen, dann hat das Tragwerk ebenfalls eine gewisse Beweglichkeit, die Knotenpunkte erleiden Verschiebungen. Diese Verschiebungen können ebenfalls durch Verschiebungspläne bestimmt werden, wozu ein Polplan nicht notwendig ist. Das Verfahren wird bei der Berechnung von Fachwerken verwendet.

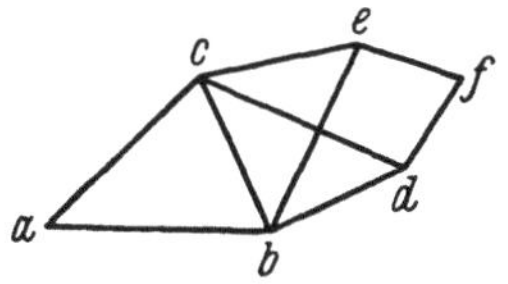

Bild 155.

Das Fachwerk werde dadurch gebildet, daß man an ein Stabdreieck *abc* einen weiteren Knoten *d* durch zwei Stäbe anschließt, an zwei beliebige Knoten dieses Fachwerkes wieder zwei Stäbe mit einem neuen Knoten usw. Auflagerbedingungen seien drei vorhanden, so daß zur Berechnung der Auflagerkräfte die Bedingungen für die starre Scheibe ausreichen. Die Grundaufgabe, welche dann zu lösen ist, ist folgende:

Die Knotenpunkte *a* und *b* erleiden die Verschiebungen $\Delta a = aa'$, $\Delta b = bb'$. Mit ihnen ist der Knoten durch die Stäbe 1 und 2 verbunden, deren elastische Längenänderungen $\Delta 1$ und $\Delta 2$ bekannt sind. Gesucht ist die durch die Verschiebungen Δa, Δb, $\Delta 1$, $\Delta 2$ erzeugte Verschiebung Δc des Knotens *c*. Vorausgesetzt ist dabei, daß die drei Knoten *a*, *b*, *c* nicht in einer Geraden liegen.

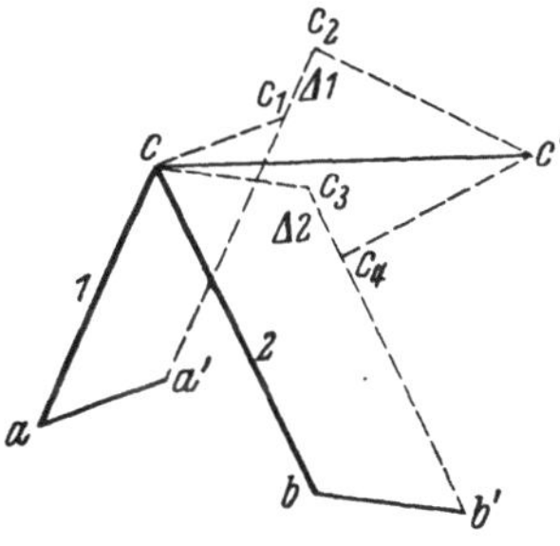

Bild 156.

Verschiebt man den Stab *ac* parallel zu sich selbst nach $a'c_1$, dann ist c_1 der Punkt, nach welchem *c* durch die Verschiebung Δa allein rückt. Ebenso erhält man c_3 als den Punkt, nach welchem *c* durch die Verschiebung Δb allein rückt. In c_1 fügt man an $a'c_1$ die Verschiebung $\Delta 1$ an und erhält Punkt c_2, den Punkt, nach welchem *c* durch die Verschiebungen Δa und $\Delta 1$ gelangt. Entsprechend erhält man c_4 durch Hinzufügen der Verschiebung $\Delta 2$ zur Verschiebung Δb.

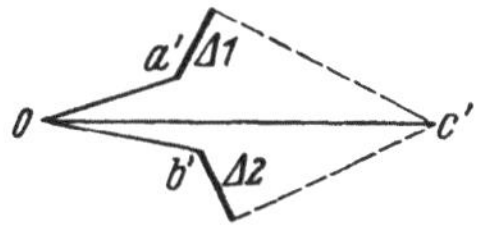

Bild 157.

Die neue Lage c' von *c* ergibt sich als der Schnittpunkt der Kreise um a' und b' mit den neuen Längen $a'c_2$ und $b'c_4$ der beiden Stäbe. Wegen der Kleinheit der Verschiebungen können statt der Kreise die Normalen auf die Richtungen $a'c_2$ und $b'c_4$ genommen werden.

Diese Lösung benützt den Lageplan der Knoten. Statt dessen kann auch ein Verschiebungsplan gezeichnet werden, welcher bequemer ist, da in ihm die Stablängen nicht vorkommen, die Verschiebungen also in einem brauchbaren Maßstab aufgetragen werden können.

Von einem Pol *O* aus trage man die gegebenen Verschiebungen Δa und Δb nach Größe und Richtung an, wodurch man die Punkte a' und b' erhält (Bild 157). In a' trage man die Längenänderung $\Delta 1$ nach Größe und Richtung an, in b' die Längenänderung $\Delta 2$. In deren Endpunkten zeichne man die Normalen, deren Schnittpunkt c' die Verschiebung Oc' des Punktes *c* nach Größe und Richtung gibt. Besonders ist darauf zu achten, daß der Richtungssinn der Verschiebungen und Längenänderungen richtig aufgetragen wird.

Für irgendein Fachwerk der vorausgesetzten Art wird diese Lösung wiederholt angewendet, wodurch sich die Verschiebungen sämtlicher Knoten ergeben. Der Plan, welcher hierbei entsteht, ist ebenfalls ein Verschiebungsplan, welcher jedoch nicht die gedrehten Verschiebungen wie der Geschwindigkeitsplan, sondern die wirklichen Verschiebungen enthält.

150. Ermittlung der Verschiebung in zwei Stufen. Bekannt sind vor Ermittlung des Verschiebungsplanes nur die Längenänderungen der Stäbe und die Auflagerverschiebungen. Beginnt man mit der Aufzeichnung des Verschiebungsplanes, indem man einen Knoten und eine Stabrichtung festhält, dann wird i. a. der Verschiebungsplan zwar die Formänderung richtig wiedergeben, nicht aber die Auflagerbedingungen erfüllen. Dies erreicht man dann, indem man das Fachwerk als starre Scheibe so dreht, bis den vorhandenen Auflagerbedingungen genügt ist.

Die Verschiebungen, welche die Knoten des Fachwerkes bei dieser Drehung ausführen, können durch einen zweiten Verschiebungsplan dargestellt werden, welcher die Eigenschaften des Geschwindigkeitsplanes hat, sich jedoch von ihm dadurch unterscheidet, daß er um einen rechten Winkel gedreht ist, da nicht die gedrehten, sondern die wirklichen Verschiebungen dargestellt sind.

Der zweite Verschiebungsplan ist daher dem Fachwerk ähnlich, liegt aber um einen rechten Winkel gedreht. Zwei seiner Punkte werden durch die gegebenen Auflagerbedingungen bestimmt.

151. Beispiele. 1. Von dem dargestellten einfachen Fachwerk sind die Längenänderungen der Stäbe (+ Dehnung, — Verkürzung) bekannt. Der Auflagerpunkt A ist festgehalten, der Punkt B auf einer vorgeschriebenen Bahn geführt. Die Verschiebungen der Knotenpunkte sind zu ermitteln (Bild 158).

Zur Aufzeichnung des ersten Verschiebungsplanes wurde zunächst der Punkt A und die Stabrichtung Aa festgehalten. Dann wurden schrittweise die Verschiebungen der Knoten ermittelt. Die Verschiebung $A'a'$ wird als Verkürzung im Sinne aA aufgetragen, die Verschiebung $A'b'$ als Dehnung im Sinne Ab. Hierdurch ergeben sich die Punkte $a', b', c' \ldots$, schließlich als letzter Punkt B'. Die Auflagerbedingung für A' ist zwar erfüllt, nicht aber die für B'. Es muß also noch ein zweiter Verschiebungsplan gezeichnet werden, welcher zusammen mit dem ersten die vollständigen Verschiebungen gibt. Dieser Plan, welcher die Drehung einer starren Scheibe wiedergibt, muß vier Bedingungen erfüllen:

a) der Pol A'' ist der Punkt A', welcher festgehalten wird,

b) die Strecke $A''B''$ ist normal zur Strecke AB als Darstellung der Drehung um A,

c) die Verschiebung $B'B''$ muß parallel der für B vorgeschriebenen Bahn sein,

d) der Verschiebungsplan ist dem Lageplan ähnlich.

Hieraus erhält man zunächst den Punkt B'' als Schnittpunkt der Normalen zu AB durch $A' = A''$ und der Parallelen zur Bahn von B. Anschließend wird über $A''B''$ der dem Fachwerk ähnliche zweite Verschiebungsplan $A''a''b''B''$ gezeichnet.

Die wirklichen Verschiebungen sind dann durch die Strecken $a''a'$, $b''b' \ldots$ nach Größe und Richtung gegeben.

Zur Bestimmung der Verschiebungen ist es keineswegs notwendig, mit dem Punkte A' zu beginnen, wie dies bei den Plänen A (Bild 158) der Fall war. In den Plänen B wurde der Punkt c' und die Richtung $c'd'$ festgehalten und damit der erste Verschiebungsplan $A'a'b' \ldots B'$ gezeichnet. Der zweite Verschiebungsplan $A''a'' \ldots B''$ wurde aus denselben Bedingungen wie im Falle A erhalten, die wirklichen Verschiebungen der Punkte sind wieder die Strecken $a''a'$, $b''b' \ldots$ Dieser Verschiebungsplan hat den Vorteil, daß er kleiner ist wie der im Falle A, die unvermeidlichen Zeichenfehler machen sich also weniger bemerkbar. Die

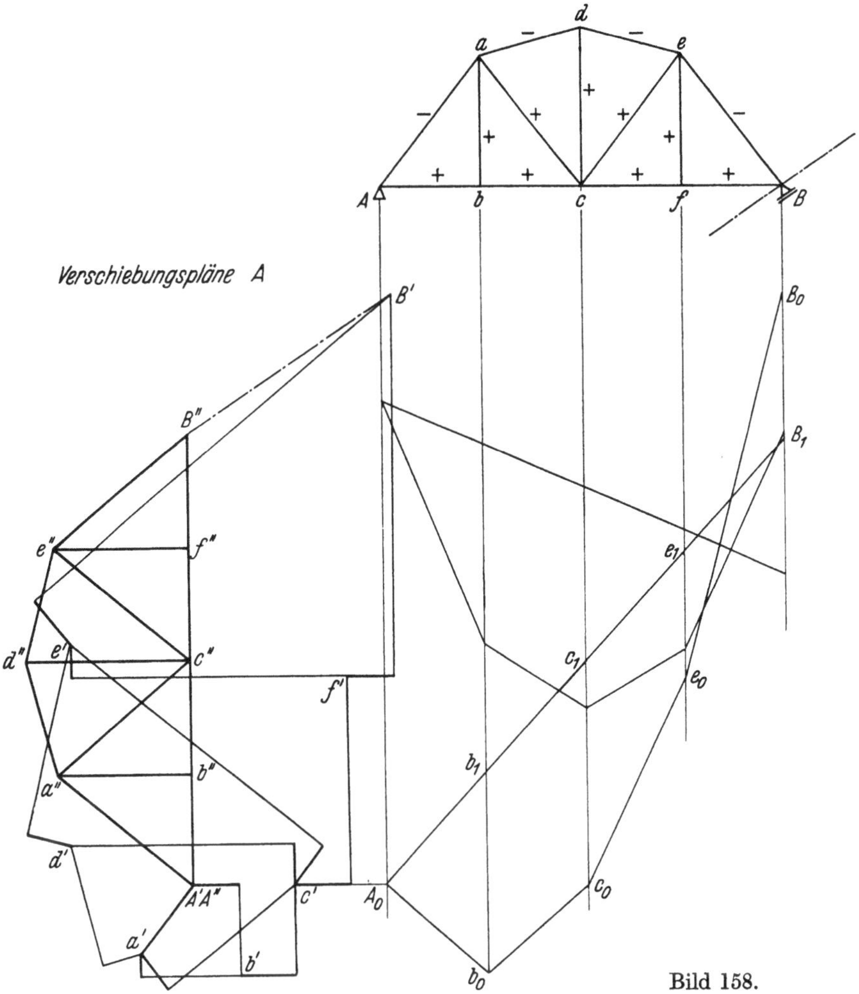

Bild 158.

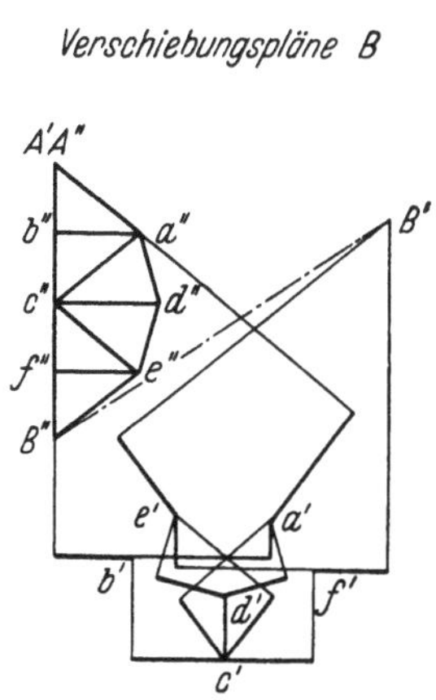

Genauigkeit der Ermittlung der Verschiebungen hängt daher wesentlich von der Wahl des Poles ab.

Bei statischen Berechnungen wird gewöhnlich nicht die vollständige Verschiebung gebraucht, sondern nur die Teilverschiebung der Knoten in Richtung der angreifenden Lasten, also gewöhnlich in lotrechter Richtung. Im vorliegenden Falle sei dies normal zum Untergurt AB. Man projiziert nun die Punkte $A'b' \ldots B'$ auf die Senkrechten durch die Punkte $Ab \ldots B$, wodurch man die Punkte $A_0 b_0 \ldots B_0$ erhält, ferner die Punkte $A''b'' \ldots B''$ auf dieselben Senkrechten, wodurch man die Gerade $A_0 B_1$ erhält. Die Ordinaten $b_1 b_0$, $c_1 c_0 \ldots B_1 B_0$ geben die lotrechten Teilverschiebungen der Knoten des Untergurtes an. Der Streckenzug $A_0 b_0 \ldots B_0$ heißt die *Biegungslinie* des Untergurtes, die Gerade $A_0 B_1$ ihre *Schlußlinie*, die Fläche $A_0 b_0 \ldots e_0 B_0 B_1 A_0$ die *Biegungsfläche*.

2. Die Aufzeichnung des ersten Verschiebungsplanes für ein Fachwerk geht immer ziemlich gleichförmig vor sich. Dagegen erfordert die Bestimmung der

zusätzlichen Drehung zusätzliche Überlegungen, namentlich wenn es sich um ein Tragwerk aus mehreren Fachwerkscheiben handelt. Als Beispiel werde der Verschiebungsplan eines Dreigelenkbogens behandelt. Die Gliederung der beiden Scheiben ist dabei gleichgültig, sie soll durch zwei krumme Stäbe angedeutet werden.

Gegeben sei die Formänderung der beiden Scheiben ac und bc, durch welche die Punkte $a'c'$ und $b'c'$ der ersten Verschiebungspläne bestimmt wurden. Dabei wurden die beiden Scheiben getrennt für sich behandelt. Zur Bestimmung der zweiten Verschiebungspläne stehen nun folgende Bedingungen zur Verfügung:

a) Da der Punkt a festgehalten ist, müssen a' und a'' zusammenfallen,

b) ebenso müssen b' und b'' zusammenfallen,

c) für die Scheibe (1) muß sein: $a''c_1''$ normal ac, für die Scheibe (2): $b''c_2''$ normal bc,

d) die Verschiebung $c'c''$ muß in beiden Plänen denselben Wert ergeben,

e) der Verschiebungsplan (1) muß ähnlich der Scheibe (1) sein, ebenso Plan (2) ähnlich der Scheibe (2).

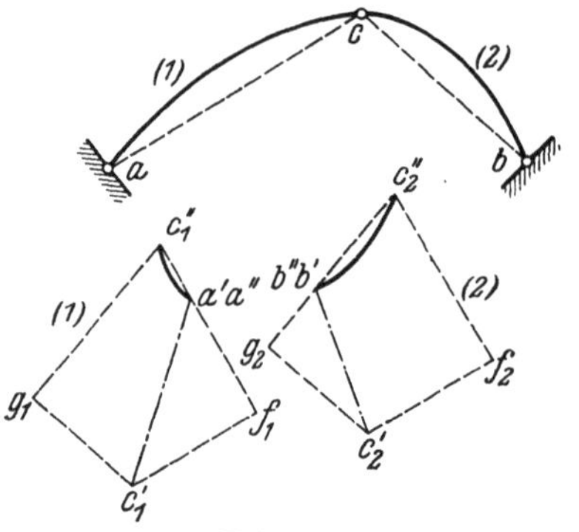

Bild 159.

Diese Bedingungen werden durch folgende Lösung befriedigt:

a) Gegeben der Lageplan a, b, c und die Punkte $a' \equiv a''$, $b' \equiv b''$ in den Plänen (1) und (2), sowie die Punkte c_1' und c_2';

b) ziehe in Plan (1) $a'f_1$ normal zu ac, $c_1'f_1$ normal zu $a'f_1$, was den Fußpunkt f_1 ergibt;

c) ziehe in (2) $c_2'f_2$ parallel ac und mache $c_2'f_2 = c_1'f_1$;

d) ziehe $b'c_2''$ normal zu bc, f_2c_2'' normal zu $c_2'f_2$, was den Punkt c_2'' ergibt;

e) ziehe in Plan (2) $c_2'g_2$ normal zu $b''c_2''$, was auf dieser Geraden den Fußpunkt g_2 ergibt;

f) ziehe in Plan (1) $c_1'g_1$ parallel bc und mache $c_1'g_1 = c_2'g_2$;

g) ziehe g_1c_1'' normal zu g_1c_1', was auf f_1a'' den Punkt c_1'' ergibt. f_1c_1'' ist dann auch gleich f_2c_2''.

Damit ist die Aufgabe gelöst, da nun nur noch die zu ac und bc ähnlichen Scheiben $a''c_1''$ und $b''c_2''$ gezeichnet werden müssen. Die Verschiebung von c ist dann $c''c'$, in beiden Plänen derselbe Wert. Verschiebungen weiterer Punkte ergeben sich einfach aus der bekannten Formänderung.

3. *Andere Tragwerksformen.* Das zweite Beispiel behandelt bereits nicht mehr ein einfaches Dreiecksfachwerk, sondern ein aus mehreren einfachen Scheiben zusammengesetztes Tragwerk.

Man kann eine Anzahl Fachwerke der in Nr. 120 beschriebenen Art durch Gelenke derart zusammensetzen, daß jedes weitere Gelenk durch zwei Scheiben an das entstehende Tragwerk angeschlossen wird, mit anderen Worten: man ersetzt jeden Stab eines Dreieckfachwerkes durch ein solches Fachwerk. Will man den Verschiebungsplan für ein solches Tragwerk ermitteln, dann kann man zunächst die Verschiebungspläne der einzelnen Fachwerke aufzeichnen. Hierdurch erhält man die gegenseitigen Verschiebungen der beiden Gelenke, an welchen das Fachwerk in das Tragwerk eingefügt ist. Nun kann man das einzelne Fachwerk wie einen Stab mit bekannter Längenänderung betrachten und für das Tragwerk ebenfalls den Verschiebungsplan zeichnen.

Für andersartig zusammengesetzte Fachwerke kann man ein Stabvertauschungsverfahren entwickeln, ähnlich dem zur Berechnung der Stabkräfte.

Da i. a. jedoch die analytische Berechnung der Verschiebungen kürzer und genauer ist, soll auf diese Aufgaben hier nicht weiter eingegangen werden.

2. Anwendungen.

D. Berechnung der Stabkräfte aus dem Geschwindigkeitsplan.

152. Die Grundgleichung. Gegeben sei ein einfach standfestes Tragwerk mit einer bestimmten Belastung. Um einen statischen Wert, also eine Stabkraft, ein Moment oder eine Querkraft an einer bestimmten Stelle des Tragwerkes zu berechnen, wird die Hauptgleichung in der Form der Gl. (108) herangezogen.

Der unbekannte statische Wert Z_a wirke am Glied a des Tragwerkes. Zu seiner Berechnung nimmt man eine mögliche Verschiebung $\overline{\Delta a}$ als Arbeitsweg von Z_a an, während man die Arbeitswege aller anderen unbekannten statischen Werte zu Null annimmt. Dann wird die Hauptgleichung:

$$\Sigma P \bar{\delta} + \Sigma C \bar{c} = Z_a \overline{\Delta a}. \tag{170}$$

Notwendig ist nun die Ermittlung der Arbeitswege $\bar{\delta}$ und $\bar{c}$. Hierzu wird das Glied a des Tragwerkes beseitigt, wodurch dieses zu einer zwangläufigen Kette wird. Dieser zwangläufigen Kette erteilt man die Verschiebung $\overline{\Delta a}$ und kann hierfür den Geschwindigkeitsplan zeichnen, aus welchem dann die Verschiebungen $\bar{\delta}$ und $\bar{c}$ entnommen werden können.

Um eine Stabkraft im Stabe a zu berechnen, setzt man $\overline{\Delta a}$ gleich der Dehnung $\overline{\Delta s}$ dieses Stabes, während alle anderen Stabdehnungen Null gesetzt werden. Zur Berechnung eines Momentes an einer Stelle a eines Stabes schneidet man ihn an dieser Stelle auf und erteilt den beiden Schnittflächen eine Drehung $\overline{\Delta \varphi} = \overline{\Delta a}$ gegeneinander, während sämtliche übrigen Formänderungen Null sind. Für eine Querkraft wird ebenfalls ein Schnitt gelegt und die beiden Schnittufer um den Betrag $\overline{\Delta q} = \overline{\Delta a}$ gegeneinander verschoben, während wieder alle übrigen Formänderungen Null gesetzt werden. Die rechten Seiten der Gl. (170) werden damit nacheinander: $S \cdot \overline{\Delta s}$, $M \cdot \overline{\Delta \varphi}$, $Q \cdot \overline{\Delta q}$.

153. Die möglichen Verschiebungen im Geschwindigkeitsplan. Zu bestimmen sind nun die Werte $\bar{\delta}$, $\bar{c}$, $\overline{\Delta s}$, $\overline{\Delta \varphi}$, $\overline{\Delta q}$ aus den im Geschwindigkeitsplan gegebenen Strecken.

a) *Der Arbeitsweg $\bar{\delta}$ der Kraft P.* Im Punkte m greift die Kraft P_m an. Der Punkt m werde durch die eingeprägte Verschiebung $\overline{\Delta a}$ nach m'' verschoben, wobei die Verschiebung mm'' mit der Kraftrichtung den Winkel φ bildet. Die gedrehte Verschiebung ist mm'. Der Arbeitsweg $\bar{\delta}_m$ von P_m ist: $\bar{\delta}_m = mm'' \cdot \cos\varphi = mm' \cdot \cos\varphi = e_m$. Dasselbe gilt für eine Stützkraft C_r, also:

Der Arbeitsweg der Kraft P_m ist gleich dem Abstand des Punktes m' von der Richtung der Kraft P_m.

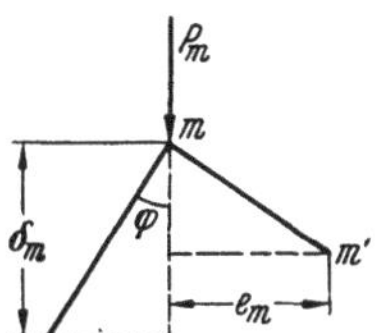

Bild 160.

$$\bar{\delta}_m = e_m \qquad \bar{c}_r = e_r. \tag{171}$$

Die Arbeit $P_m e_m$ ist positiv, wenn P_m um m' im positiven Sinne dreht, wenn also φ zwischen $-\pi/2$ und $+\pi/2$ liegt.

b) *Die Stabdehnung Δs.* Durch die eingeprägte Dehnung $\overline{\Delta a} = \overline{\Delta s}$ werden die Endpunkte i, k des Stabes nach i'', k'' verschoben. Die gedrehten Verschiebungen, welche aus dem Geschwindigkeitsplan abzulesen sind, sind: $i i'$, $k k'$. Es ist:

$\overline{\Delta s} = k k'' \cos\psi_k + i i'' \cos\psi_i = k k' \cos\psi_k + i i' \cos\psi_i$ (Bild 161), also:

Die Stabdehnung $\overline{\Delta s}$ des Stabes $i k$ ist gleich dem Abstand der Parallelen zur unverschobenen Stabachse durch die Punkte i', k'.

$$\overline{\Delta s} = \bar{d}. \tag{172}$$

Die Stabdehnung wird als Verlängerung positiv angenommen, die Richtung ki ist die Nullrichtung von ψ_i, die Richtung ik ist die Nullrichtung von ψ_k. Liegen dann die Winkel ψ zwischen $-\pi/2$ und $+\pi/2$, dann liefert jede Verschiebung einen positiven Beitrag zur Stabdehnung. Das Vorzeichen von d ist also positiv, wenn die Strecke $i'k'$ in positivem Sinne gegen ik gedreht ist.

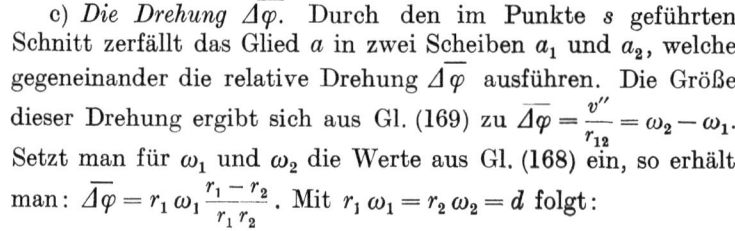

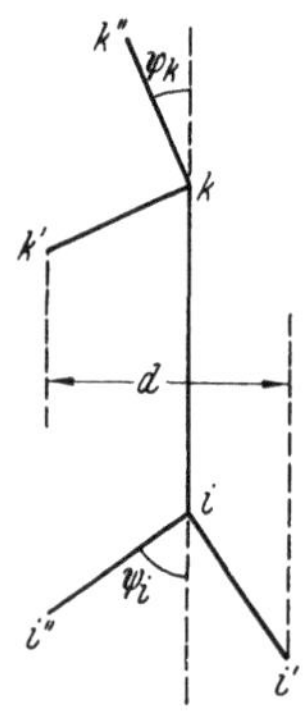

Bild 161.

c) *Die Drehung* $\overline{\Delta\varphi}$. Durch den im Punkte s geführten Schnitt zerfällt das Glied a in zwei Scheiben a_1 und a_2, welche gegeneinander die relative Drehung $\overline{\Delta\varphi}$ ausführen. Die Größe dieser Drehung ergibt sich aus Gl. (169) zu $\overline{\Delta\varphi} = \frac{v''}{r_{12}} = \omega_2 - \omega_1$. Setzt man für ω_1 und ω_2 die Werte aus Gl. (168) ein, so erhält man: $\overline{\Delta\varphi} = r_1\,\omega_1 \frac{r_1 - r_2}{r_1\, r_2}$. Mit $r_1\,\omega_1 = r_2\,\omega_2 = d$ folgt:

$$\overline{\Delta\varphi} = d\,\frac{r_1 - r_2}{r_1\, r_2}\,, \tag{173}$$

Die Pole der beiden Scheiben a_1 und a_2 seien (1) und (2). Liegt s zwischen (1) und (2), dann sind ω_2 und r_2 negativ.

d) *Die Verschiebung* $\overline{\Delta q}$ ist ein gegebener Wert.

154. Die statischen Werte. Durch Einsetzen der gefundenen Werte in die Hauptgleichung gewinnt man die Gleichungen für die statischen Werte.

a) Stabkraft S_a:

$$S_a = \sum P_m \frac{e_m}{d} + \sum C_r \frac{e_r}{d}\,. \tag{174}$$

Der Maßstab des Geschwindigkeitsplanes wird zweckmäßig so gewählt, daß $d = 1$ wird.

b) Stützkraft C_r:

$$C_r = -\sum P_m \frac{e_m}{e_r}\,. \tag{175}$$

c) Normalkraft im Punkte s eines biegungsfesten Stabes: $\overline{\Delta s} = d$ ist die gegenseitige Verschiebung der Ufer des durch s gelegten Schnittes in Richtung der Stabsehne. Die Gleichung für N_a ist dieselbe wie für eine Stabkraft S_a.

d) Moment im Punkte s eines biegungsfesten Stabes. Mit Gl. (173) wird:

$$M_s = +\frac{r_1\, r_2}{r_1 - r_2}\left(\sum P_m \frac{e_m}{d} + \sum C_r \frac{e_r}{d}\right). \tag{176}$$

e) Querkraft im Punkte s:

$$Q = \sum P_m \frac{e_m}{d}\,, \tag{177}$$

Wegen der Vorzeichen s. vorhergehende Nummer.

Wie die Gleichungen zeigen, müssen Tragwerksformen vermieden werden, bei welchen der Wert d oder e_r Null wird bei einem von Null verschiedenen Wert des Zählers, da sonst unendlich große statische Werte auftreten, das Tragwerk also praktisch unbrauchbar wird. Der Fall d, $e_r = 0$ tritt ein, wenn der Ausnahmefall (Nr. 11) vorliegt (vgl. auch Abschn. F). Es gilt daher:

Soll das Tragwerk standfest sein, so müssen die Werte d, e_r nicht nur von Null verschieden sein, sondern sie dürfen eine gewisse Grenze nicht unterschreiten, der Ausnahmefall darf auch nicht angenähert erreicht werden.

155. Beispiele. 1. Das abgebildete einfache Dreieckfachwerk sei durch eine schräge Kraft P belastet. Zu berechnen sind die Auflagerkräfte und die Stabkraft D der Strebe ab (Bild 162).

Die Auflagerkraft A des festen Auflagers wird in zwei Teilkräfte, eine senkrechte A_s und eine waagerechte A_w zerlegt, senkrecht und parallel zu AB. Zur Berechnung der Auflagerkraft A_s wird das Auflager in A auf eine Führung senkrecht AB beschränkt und dem Punkt A eine Verschiebung in dieser Richtung nach unten erteilt. Der Punkt B ist als Schnittpunkt der Normalen zu den Bahnen der Pol der starren Scheibe. Die gedrehte Verschiebung von A liegt in der Geraden AB, als ihre Größe AA' wurde willkürlich die halbe Stützweite AB gewählt. Der Geschwindigkeitsplan ist dann ein dem Fachwerk ähnlicher und ähnlich liegender Linienzug über der Strecke $A'B$. Der Auflagerdruck A_s ergibt sich aus $A_s = P \cdot \frac{e}{AA'}$, wobei e der Abstand des Punktes c' von P ist. Gewählt wurde $P = 4{,}0$, $AB = 6$, $A_s = 4{,}0 \cdot \frac{1{,}70}{6{,}00} = 2{,}27$.

Wählt man als willkürliche Verschiebung die Strecke $AB = AA'$, dann schrumpft der Geschwindigkeitsplan zum Punkt B zusammen und : $A_s = P \cdot \frac{e}{AB}$, wo e der Abstand des Punktes B von P ist. Dies ist aber die bekannte Berechnungsweise von A_s: Moment um B gleich Null. Wegen der Ähnlichkeit der Pläne ist das Ergebnis dasselbe.

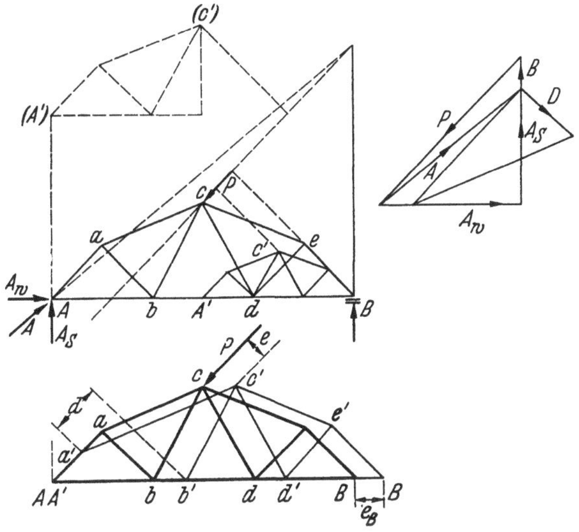

Bild 162.

Soll die Stützkraft A_w bestimmt werden, dann wird das Lager A auf die waagerechte Verschiebung beschränkt, der Pol für diese Bewegung liegt im Unendlichen auf der Normalen in A und B zu AB. Man wählt also eine gedrehte Verschiebung $A\,(A')$ willkürlich und verschiebt das Fachwerk parallel zu sich selbst, wodurch man den Punkt (c') erhält. Der Abstand AA' wurde zu 3,5 angenommen, der Abstand des Punktes (c') von P ist 2,45. Damit ergibt sich: $A_w = 4{,}0 \cdot \frac{2{,}45}{3{,}50} = +\,2{,}80$, wobei A_w in Richtung AB als positiv angenommen wurde. Die Auflagerkraft B ergibt sich entsprechend wie A_s zu $B = 0{,}65$.

Damit sind die Auflagerkräfte bekannt. Zur Berechnung der Stabkraft D in der Strebe ab wird diese entfernt und die Stabkraft D in den Punkten a und b als Last angebracht. Das Fachwerk ohne den Stab ab ist eine zwangläufige Kette, welchem eine Verschiebung zugeschrieben wird. Der Punkt a hat die gedrehte Verschiebung aa' (auf der Geraden Aa), b entsprechend bb' (auf der Geraden AB), die weiteren Größen des Geschwindigkeitsplanes ergeben sich dann einfach durch Ziehen von Parallelen. Die Strebenkraft D ergibt sich aus: $D \cdot d + P \cdot e - B \cdot e_b = 0 = D \cdot 1{,}05 + 4{,}0 \cdot 0{,}45 - 0{,}65 \cdot 0{,}60$ zu $D = 1{,}35$.

In solch einfachen Fällen ist die Berechnung der Stabkräfte durch einen Kräfteplan viel einfacher. Zweckmäßig wird das Verfahren dann, wenn ein Kräfteplan nicht ohne weiteres möglich ist, wie es z. B. bei einem Fachwerk mit nur dreistäbigen Knoten der Fall ist.

2. Gegeben ist das Fachwerk mit sechs Knotenpunkten und neun Stäben ($2k = 12$, $r = 9$, $a = 3$), an welchem in jedem Knotenpunkt eine Kraft P angreift. Die sechs Kräfte $P_1 \ldots P_6$ seien im Gleichgewicht miteinander, es können also

drei als Stützkräfte aufgefaßt werden, was jedoch hier belanglos ist. Gesucht ist die Stabkraft $S_{14} = S$ (Bild 163).

Durch Wegnahme des Stabes wird aus dem Fachwerk eine zwangläufige Kette gebildet. Die Stabkraft S wird in den Knoten 1 und 4 als Last angebracht. Da die Stützkräfte bereits bekannt sind, kann irgendein Glied, z. B. Stab 2 3 des Fachwerkes als unverschieblich angenommen werden. Die Verschiebung 1 1′ des Punktes 1 werde beliebig angenommen und der Geschwindigkeitsplan gezeichnet.

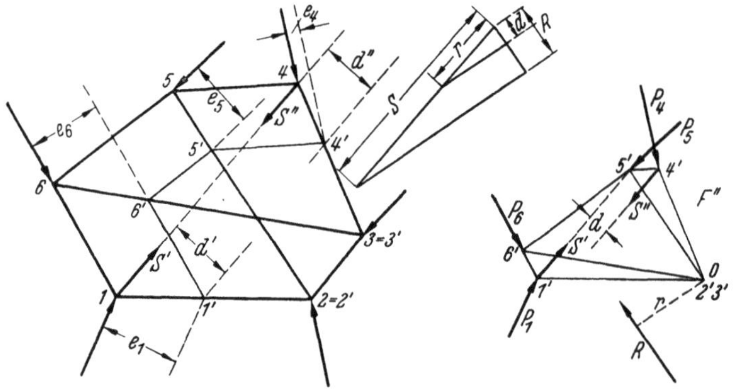

Bild 163.

Dieser liefert die Werte e_1, e_4, e_5, e_6, sowie die zwei Werte d' und d'' für die zwei Lasten $S' = -S''$. Die Gleichgewichtsbedingung lautet dann:

$$-P_1 \cdot e_1 + P_4 e_4 + P_5 e_5 + P_6 e_6 + S(-d' + d'') \doteq 0\,.$$

Hätte man Stab 1, 2 festgehalten, dann gäbe es nur einen einzigen Wert d.

Man kann auch den zweiten Geschwindigkeitsplan F'' (Nr. 145) benutzen, indem man die gedrehten Verschiebungen von einem Pol O aus aufträgt. Man erhält dann einen ähnlichen, aber nicht mehr ähnlich liegenden Geschwindigkeitsplan. Die Bedingung $\sum Pe = 0$ ist die Momentengleichung um den Pol O für die in den entsprechenden Punkten von F'' angreifenden Kräfte P und S. Greift man die Hebelarme aus dem Plan heraus, dann kann man wie oben die Gleichung $\sum Pe = 0$ bilden. Statt dessen kann man aber auch die Gesamtkraft R in eine Teilkraft durch O und eine zweite Teilkraft parallel S zerlegen; diese ist die gesuchte Stabkraft S. Um diese Zerlegung durchführen zu können, verschiebt man das Kräftepaar $S'S''$ soweit, bis eine der Kräfte S' oder S'' durch O geht.

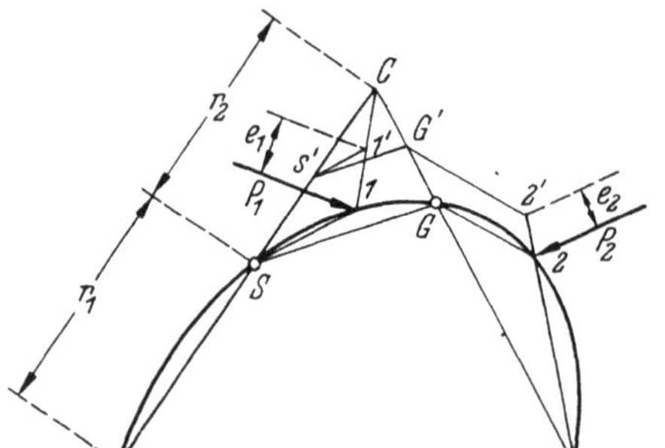

Bild 164.

3. Ein Dreigelenkbogen mit den Widerlagern in A und B und dem Gelenk G sei durch zwei Kräfte P_1 und P_2 in den Punkten 1 und 2 belastet. Gesucht ist das Moment im Schnitt S (Bild 164).

Durch Einschaltung eines Gelenkes in S wird das Tragwerk zur zwangläufigen Kette. Die Pole der Scheiben AS und BG sind die Gelenke A und B, der Pol der Scheibe SG ist der Schnittpunkt C der Geraden AS und BG. Gibt man dem Punkte S die gedrehte Verschiebung $SS' = 1$, dann erhält man den Geschwindigkeitsplan $AS'G'B$ durch Ziehen der Parallelen $S'G'$ zu SG. Den verschobenen Punkt 1′ erhält man durch die Parallele $S'1'$ auf $C1$, 2′ durch die Parallele $G'2'$

zu $G2$ auf $B2$. Damit sind die Abstände e_1 und e_2 der Punkte 1′ und 2′ von den Kraftlinien bekannt, ebenso die Abstände r_1 und r_2 des Schnittes S vom Pol C. Vorzeichen: $P_1 e_1 > 0$; $P_2 e_2 < 0$; $r_1 > 0$, $r_2 < 0$, da der Nebenpol S zwischen den Polen A und C liegt. Das Moment ist wegen $d = SS' = 1$:

$$M = \frac{r_1 r_2}{r_1 + r_2}(P_1 e_1 - P_2 e_2).$$

4. An demselben Dreigelenkbogen wie in Aufgabe 3 soll im Punkte S die Querkraft Q infolge der Belastung berechnet werden.

Der Stab AG wird im Punkte S quer zur Stabachse aufgeschnitten, die beiden Schnittufer heißen S_1 und S_2. Die zwangläufige Kette hat wieder drei Scheiben. Der Pol der Scheibe AS_1 ist das Gelenk A, der Pol der Scheibe BG das Gelenk B. Der Pol C der Scheibe S_2G liegt auf der Geraden BG und der Parallelen durch A zur Tangente an die Stabachse in S. Mit diesen Angaben kann der Geschwindigkeitsplan gezeichnet werden, wobei zu beachten ist, daß Punkt S_1 sich anders verschiebt als Punkt S_2. Eine der beiden Verschiebungen kann angenommen werden, die zweite ist dann bestimmt durch die Parallele zur Tangente an die Stabachse in S. Die Strecke $S_1' S_2'$ ist die gedrehte Verschiebung d der Schnittufer.

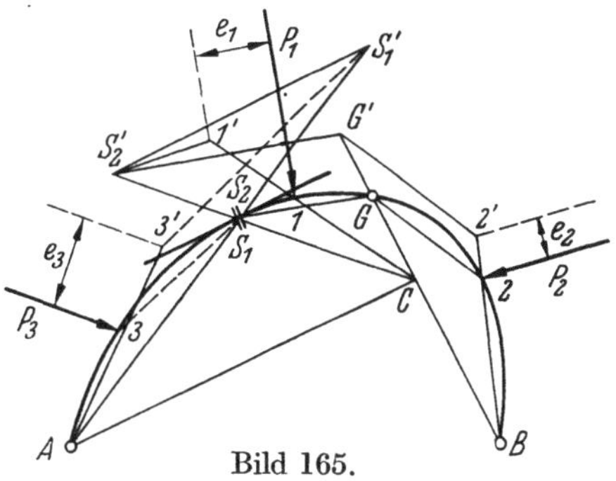

Bild 165.

Beim Geschwindigkeitsplan, welcher wie in Beispiel 3 gezeichnet wird, ist stets zu beachten, auf welchem Schnittufer der Punkt liegt, dessen gedrehte Verschiebung ermittelt werden soll, da je nachdem der Punkt S_1' oder S_2' benützt werden muß. Für drei Kräfte in den Punkten 1, 2, 3 wurden daher die Punkte 1′, 2′, 3′ gezeichnet und die Größen e angegeben. Die Querkraft selbst ist:

$$Q = \sum P \cdot \frac{e}{d}.$$

E. Kinematische Ermittlung der Einflußlinien.

156. Grundlagen. Die Einflußlinie gibt die Größe eines statischen Wertes für ein Glied des Tragwerkes an, wenn eine Last $P = 1$ parallel zu sich selbst über das Tragwerk oder über einzelne seiner Glieder wandert. Auf diesen Fall kann man Gl. (170) $Z_a \overline{\Delta a} = \sum P_m \bar{\delta}_m$ anwenden. Wählt man $\overline{\Delta a} = 1$ und bezeichnet die Ordinate der Einflußlinie mit η, so wird wegen $P = 1$, wenn man die Bezeichnung der möglichen Größe wegläßt: $\eta_m = 1 \cdot \delta_m$. Hierbei ist δ_m die Teilverschiebung (der Arbeitsweg) des Angriffspunktes m der Last in deren Richtung, wenn das Glied a eine Formänderung erleidet, welche für den statischen Wert Z_a einen Arbeitsweg $\overline{\Delta a} = 1$ erzeugt, während alle anderen Glieder starr bleiben. *Die Einflußlinie kann danach aufgefaßt werden als Darstellung der Verschiebungen einer zwangläufigen Kette.* Umgekehrt kann die Einflußlinie aus den Eigenschaften der zwangläufigen Kette ermittelt werden.

157. Einflußlinie und Polplan. Eine starre Scheibe p in einer zwangläufigen Kette drehe sich um den Winkel ω_p. Der Abstand der Last vom Pol sei x_p, dann ist die Verschiebung des Angriffspunktes der Last: $\delta_m = x_p \cdot \omega_p$. Jede starre Scheibe besitzt daher eine Gerade als Einflußlinie, deren Nullpunkt auf der Parallelen zur Lastrichtung durch den Pol liegt.

Zwei Scheiben einer zwangläufigen Kette seien p und q, die Pole seien (p), (q) und (pq). Die Abstände des Nebenpoles von den Polen, normal zur Lastrichtung gemessen, seien r_p und r_q, die Drehungen der Scheiben ω_p und ω_q.

Im Punkte m der Scheibe p ist $\delta_{mp} = \omega_p \cdot r_p \cdot \frac{x_p}{r_p}$,

im Punkte n der Scheibe q ist $\delta_{nq} = \omega_q \cdot r_q \cdot \frac{x_q}{r_q}$.

Nun ist $\omega_p r_p = \omega_q r_q$, also: $\delta_{mp} : \delta_{nq} = x_p r_q : x_q r_p$. Rücken beide Punkte in den Nebenpol, so wird die rechte Seite dieser Gleichung gleich 1. Die Einflußlinie der Scheibe p und diejenige der Scheibe q schneiden sich daher auf der Parallelen zur Lastrichtung durch den Nebenpol. Es ist dabei gleichgültig, ob die beiden Scheiben p und q im Nebenpol zusammenhängen oder ob sie durch andere Scheiben getrennt sind.

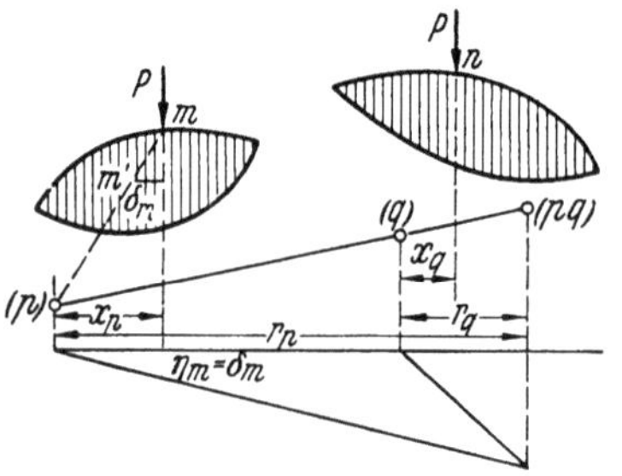

Bild 166.

Zusammengefaßt gilt also:

1. *Jede starre Scheibe einer zwangläufigen Kette besitzt eine Gerade als Einflußlinie.*

2. *Der Nullpunkt der Einflußlinie liegt auf der Parallelen zur Lastrichtung durch den Pol der Scheibe.*

3. *Die Einflußlinien zweier beliebiger Scheiben einer zwangläufigen Kette schneiden sich auf der Parallelen zur Lastrichtung durch den Nebenpol der Scheiben. Dadurch sind die Knickpunkte der Einflußlinien der zwangläufigen Kette gegeben.*

158. Die Größe der Ordinaten. Mit den soeben abgeleiteten Eigenschaften kann die Einflußlinie einer zwangläufigen Kette gezeichnet werden, wenn eine Ordinate willkürlich angenommen wird. Es bleibt daher noch die Aufgabe, eine Ordinate oder die Strecke einer Ordinate zwischen zwei Geraden der Einflußlinie festzustellen.

Die Lösung der Aufgabe ist verschieden für innere und äußere statische Werte. Im folgenden wird zuerst die theoretische Lösung angegeben, welche später (in Nr. 161) durch Beispiele anschaulich verdeutlicht wird.

a) *Stützkraft.* Die Bestimmung einer Ordinate der Einflußlinie einer Stützkraft ist verschieden, je nachdem die Stütze an einer belasteten Scheibe angreift oder die Scheibe nicht belastet ist.

1. *Belastete Scheibe.* Aus dem Tragwerk wird die zwangläufige Kette durch Beseitigung der Stütze gebildet. Die Stütze im Punkt A der starren Scheibe p mit dem Pol (p) sei durch den Stab AB (= Normale der vorgeschriebenen Bewegung) dargestellt. An der Scheibe p wirken als Lasten die Kraft P und die Stützkraft A des beseitigten Stabes AB, außerdem innere Kräfte in den Gelenken zu den benachbarten Scheiben, welche aber zur Einflußlinie nichts beitragen, da ihre möglichen Arbeitswege $\Delta a = 0$ gesetzt sind.

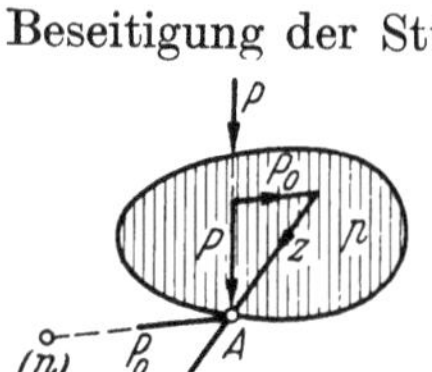

Bild 167.

Wirkt die Belastung P an der Scheibe p derart, daß der Stützpunkt A auf der Kraftlinie von P liegt, dann zerlegt man P in eine Teilkraft Z in Richtung der Stütze AB und eine zweite P_0 in Richtung $(p)A$, also durch den Pol der Scheibe. Die Teilkraft P_0 erzeugt keine Drehung der Scheibe, ihr Weg δ und damit ihr Beitrag zur Ordinate η der Einflußlinie ist daher Null. Die Teilkraft Z für die Last $P = 1$ ist also die Ordinate der Einflußlinie im Punkt A.

2. *Unbelastete Scheibe.* Man berechnet den Auflagerdruck nach Hauptstück *II* oder aus einem Geschwindigkeitsplan nach Abschn. D, wozu man eine Laststellung auswählt, welche eine möglichst einfache Berechnung gestattet.

b) *Inneres Glied. Allgemeines Verfahren.* Gegeben ist ein Tragwerk, an welchem die Einflußlinie des statischen Wertes Z eines inneren Gliedes z berechnet werden soll. Zunächst soll das Verfahren allgemein entwickelt, anschließend dann die Besonderheiten für Stabkräfte, Momente und Querkräfte angegeben werden.

Dieses innere Glied z gehört im Tragwerk zu einer starren Scheibe s. Beseitigt man z, dann wird das Tragwerk zu einer zwangläufigen Kette, wobei die Scheibe s in die Scheiben p, q, t mit den Polen (p), (q), (t) und den Nebenpolen (pq), (qt), (pt) zerfällt. Dabei können in s noch weitere Teilscheiben enthalten sein, welche hier aber außer Betracht bleiben können. (In Bild 168 ist nur der Polplan der Scheiben gezeichnet.)

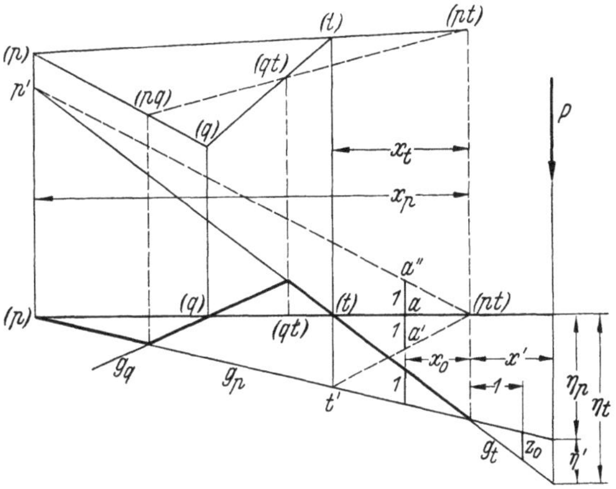

Bild 168.

Die Scheibe p werde durch die Last $+1$, die Scheibe t durch die Last -1 in derselben Kraftlinie belastet (wobei man sich die Scheiben wieder als übereinanderliegende Ebenen denken kann). Da beide Scheiben im Tragwerk derselben starren Scheibe angehören, erzeugt diese Belastung am Tragwerk keine Stützkräfte, sondern nur innere Kräfte. Die Art der Stützung des Tragwerkes ist daher gleichgültig, es kann ohne Änderung der inneren Kräfte angenommen werden, daß an der Scheibe p keine Stützkraft angreift und daß die Kraft -1 an der Scheibe t die Summenkraft der Stützkräfte ist, welche durch die an Scheibe p angreifende Last $+1$ entstehen. Wie sich die Summenkraft -1 auf die Stützen verteilt, ist dabei gleichgültig.

Die Einflußlinie der Scheibe p ist nach Nr. 157 die Gerade g_p mit der Ordinate η_p über einer Abszissenachse, welche normal zur Kraftrichtung liege. Entsprechend sind die Geraden g_q und g_t mit den Ordinaten η_q und η_t die Einflußlinien für die Scheiben q und t. Die Nullpunkte der Einflußlinien sind durch die Pole, die Schnittpunkte durch die Nebenpole bestimmt. Die Ordinate zwischen den Geraden g_p und g_t heiße η', es sei: $\eta'_p = \eta_p - \eta_t$, $\eta'_t = \eta_t - \eta_p$. $1 \cdot \eta_p$ ist der Wert von Z, wenn die Scheibe p mit $+1$ belastet wird, $-1 \cdot \eta_t$ ist der Wert von Z, wenn t mit -1 belastet ist. Dann ist $1 \cdot \eta'_p = 1 \cdot (\eta_p - \eta_t)$ die Größe des statischen Wertes Z, welche entsteht, wenn die Scheibe p durch die Lasteinheit belastet wird, wobei die Scheibe t standfest gestützt ist. Umgekehrt ist $1 \cdot \eta'_t$ die Größe von Z, wenn Scheibe p standfest gestützt ist und Scheibe t durch die Lasteinheit belastet wird.

Die Abszissen x' werden vom Nebenpol (pt), dem Schnittpunkt der Geraden g_p und g_t und damit dem Nullpunkt von η' aus gemessen, und zwar positiv in Richtung (p) (t). Nun bezeichne $1 \cdot z_0$ die vorläufig unbekannte Größe des Wertes Z, welche durch die Belastung $+1$ der Scheibe p im Punkte $x' = +1$ erzeugt wird, dann gilt für die Ordinaten η'_p die Proportion: $x' : \eta'_p = 1 : z_0$. Der Punkt mit der Ordinate $\eta'_p = +1$ habe die Abszisse x_0, welche also $x_0 = 1/z_0$ ist.

Mit diesem Wert x_0 und seiner Ordinate $\eta' = +1$ kann die Einflußlinie bestimmt werden. Man trägt von (pt) ab die Strecke $x_0 = (pt)a$ an und macht in ihrem Endpunkt die Ordinate $\eta' = aa' = +1$. Die Gerade $(pt)a'$ bestimmt dann auf der Ordinate in (t) den Punkt t', welcher mit (p) zusammen die Gerade g_p festlegt. Trägt man in a die Ordinate $aa'' = -1$ an und zieht $(pt)a''$, so bestimmt diese durch den Schnittpunkt p' auf der Ordinate in (p) die Gerade g_t. Die Richtigkeit dieser Konstruktion folgt aus den Verhältnissen: $x_0 : 1 = x_t : \eta'_{t0}$ und $x_0 : 1 = x_p : \eta'_{p0}$.

Nun ist noch der Wert z_0 zu berechnen. Auf die Scheibe p wirkt die Last $+1$ im Punkte $x' = +1$, der statische Wert Z an gegebener Stelle und im Nebenpol (pt) eine Wirkung, welche durch die Belastung -1 der Scheibe t erzeugt wird. Da Gleichgewicht herrscht, muß das Moment um den Nebenpol (pt) zu Null werden, wobei die Reaktionswirkung der Scheibe t auf p in der Momentengleichung nicht erscheint. Aus dieser Bedingung ergibt sich z_0.

Es ist gleichgültig, von welchem Nebenpol man zur Bestimmung einer Ordinate ausgeht, wobei jedoch die eingangs festgelegten Bedingungen zu beachten sind. Zweckmäßig wählt man einen solchen, bei welchem eine große Zeichengenauigkeit entsteht und bei welchem eine gute Bestimmung der Schnittpunkte möglich ist. Das Vorzeichen der Ordinate ergibt sich bei sorgfältiger Beachtung aller Richtungen eindeutig. Bequemer wird zu seiner Bestimmung allerdings die Vorzeichenregel der Nr. 159 verwendet.

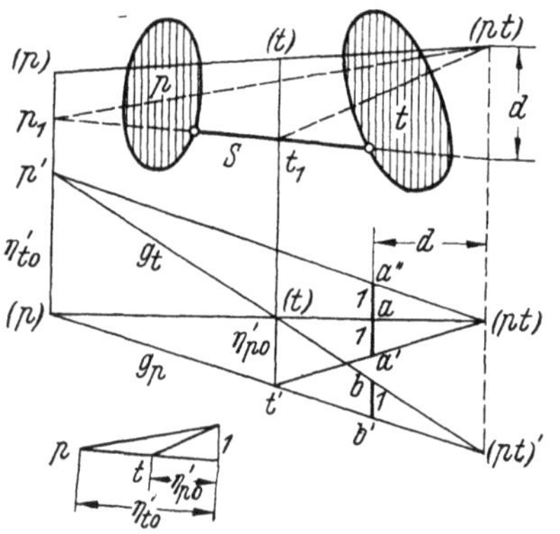

Bild 169.

c) *Stabkraft.* Die Kraft z_0 liegt in der Wirkungslinie der Stabkraft S, ihr Moment um den Nebenpol (pt) ist $z_0 d$, wenn d der Abstand des Nebenpoles von der Stabachse S ist. Das Moment der Last $+1$ ist $1 \cdot 1$, also: $z_0 d + 1 = 0$,

$$z_0 = -\frac{1}{d} \qquad x_0 = -d\,.$$

Man trägt daher $(pt)a = x_0 = -d$ an, und erhält dadurch die Punkte a' und a'', welche die Geraden g_p und g_t bestimmen.

Anmerkung. Für die Stabkraft allein läßt sich das Ergebnis auch einfacher ableiten. Die Scheibe t dreht sich gegen die Scheibe p um den Pol (pt) um den Winkel $(\omega_p - \omega_t) = \Delta\,\omega$. Dieser Winkel wird erzeugt durch die Längenänderung des Stabes s um den Betrag $\Delta\, s = \Delta\, a = 1$, er ist $\Delta\,\omega = \frac{\Delta a}{d} = \frac{1}{d}$. Die Ordinate η' zwischen den Geraden g_p und g_t ist die relative Verschiebung δ_m, es ist $\eta' = \frac{x}{d}$.

Zieht man daher durch $(pt)'$ eine beliebige Gerade g_p und trägt im Abstande $x' = d$ von der Kraftrichtung die Ordinate $1 = bb'$ an, dann ergibt $(pt)'b$ die Gerade g_t. Die Geraden g_p und g_t bestimmen auf den Parallelen zur Kraftrichtung durch die Pole die Punkte (p) und (t), welche die Nullinie $(p)\,(t)$ der Einflußlinie ergeben. Bei beliebiger Wahl von g_p ist diese Nullinie nicht normal zur Kraftrichtung, weshalb die andere Konstruktion vorzuziehen ist, da sie bequemeres Zeichnen gestattet.

Allgemein ist: $\eta' = x'/d$. Zieht man durch den Pol (pt) also eine beliebige Gerade bis zum Schnitt mit der Stabachse, z. B. $(pt)p_1$, dann kann man η'_{p0} aus einem Krafteck bestimmen. Dabei ist η'_{p0} die Größe der Stabkraft, welche bei Belastung der Scheibe p mit $P = 1$ und standfester Stützung der Scheibe t entsteht. Auch mit dieser Beziehung können die Geraden g_p und g_t gefunden werden.

d) *Moment.* Damit ein Moment zwischen zwei Scheiben wirken kann, müssen diese in einer steifen Ecke zusammenhängen. Die zwangläufige Kette wird durch Umwandlung der steifen Ecke in ein Gelenk erzeugt. Das Moment z_0 ist dann zu setzen:

$$z_0 = +1 \qquad x_0 = +1\,.$$

Danach ergibt sich die Zeichnung der beiden Geraden g_p und g_q sehr einfach (Bild 170).

e) *Querkraft.* Eine Querkraft wirkt an einem biegungssteifen Stabe des Tragwerkes, die beiden Scheiben entstehen also durch Zerlegung dieses Stabes durch eine Parallelführung im Querschnitt. Die Stabsehne bilde mit der Kraftrichtung den Winkel φ, dann ist der Winkel der Querkraft mit dieser Richtung $\pi/2 - \varphi$. Der Nebenpol beider Scheiben liegt im Unendlichen, die Geraden g_p und g_q werden Parallele mit dem Abstand $\frac{1}{\sin\varphi} = \operatorname{cosec}\varphi$. Welche Richtung dabei als Grundrichtung der Einflußlinie gewählt wird, ist gleichgültig, je nachdem wird man die Richtung der Stabsehne oder die Normale zur Kraftrichtung auswählen.

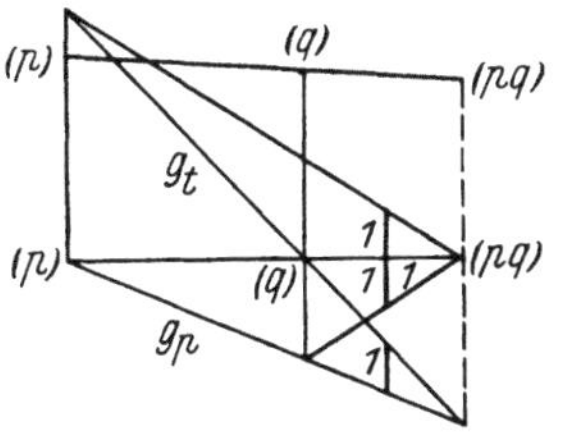

Bild 170.

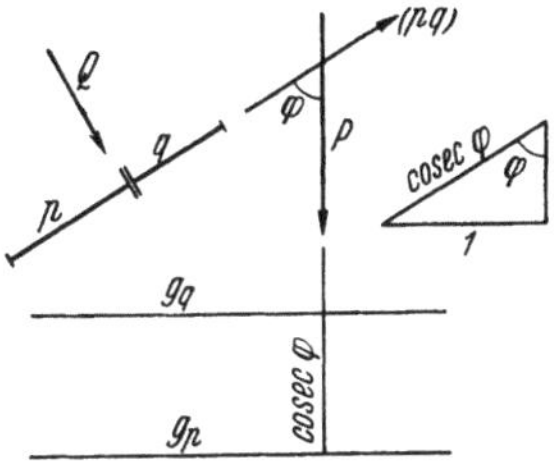

Bild 171.

159. Die Einflußlinie als Seileck. Vorzeichen. Jede starre Scheibe kann durch zwei Punkte festgelegt werden. Gehört die Scheibe einer zwangläufigen Kette an, dann werden als diese zwei Punkte die Nebenpole zu den benachbarten Scheiben gewählt und die Scheibe als die Strecke zwischen diesen Nebenpolen dargestellt. Auf diese Weise bildet die Kette einen fortlaufenden Stabzug.

Es ist möglich, daß an eine Scheibe mehrere andere anschließen, so daß die Kette ein mehrfach zusammenhängender Stabzug wird, was bei Tragwerken gewöhnlich der Fall ist. Es entsteht jedoch eine Vereinfachung dadurch, daß die Lasten am Tragwerk bestimmte einfache Bahnen durchlaufen, wobei nur ein fortlaufender Scheibenzug belastet wird, z. B. der Obergurt oder der Untergurt des Tragwerkes. Die Einflußlinie irgendeines Gliedes umfaßt dann nur die Geraden, welche zu dem belasteten Scheibenzug gehören. Betrachtet werde daher nur ein solcher Teil der Kette, welcher einen fortlaufenden Stabzug bildet, ohne daß dadurch die Allgemeinheit der Ableitungen beeinträchtigt wird.

Die Kette kann durch ein Gelenk der Scheibe o an die feste Ebene angeschlossen sein. Dieses Gelenk ist dann der Pol (o) der Scheibe o, er kann aber auch als Nebenpol $(o f)$ zwischen Scheibe o und fester Ebene angesehen werden. Dann ist die Strecke (o) (I, II) die Darstellung der Scheibe o.

Jedes Glied der Kette besitzt eine Gerade g als Einflußlinie. Die Schnittpunkte zweier Geraden g liegen auf der Parallelen zur Kraftrichtung durch den zugehörigen Nebenpol (Bild 172).

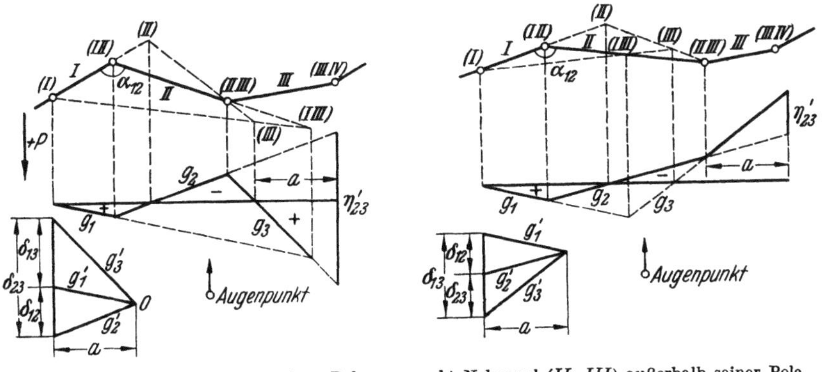

a) Nebenpol (II, III) zwischen seinen Polen. b) Nebenpol (II, III) außerhalb seiner Pole.

Bild 172.

Zeichnet man nun in einem Pol O mit den Polstrahlen $g'_1 \parallel g_1$, $g'_2 \parallel g_2$, $g'_3 \parallel g_3$ ein Krafteck mit der Polweite a, dann sind die Kräfte dieses Kraftecks die

Relativverschiebungen der Scheiben gegeneinander jeweils im Abstand a von der Kraftlinie durch den Nebenpol, da z. B. $\delta_{23} = \eta'_{23} = a\,\omega_{23}$, wobei $\omega_{23} = \omega_2 - \omega_3$ der relative Drehwinkel von Scheibe *II* gegen Scheibe *III* ist.

Umgekehrt ist die Einflußlinie das Seileck, welches entsteht, wenn der Stabzug in seinen Eckpunkten mit den zu den Lasten parallelen Kräften $a\omega_{12}, a\omega_{23}\ldots$ belastet wird und das Krafteck die Polweite a hat. Wird die Polweite $a = 1$ gewählt, dann ist die Einflußlinie eines Scheibenzuges das Seileck der Kräfte $\omega_{12}, \omega_{23}\ldots$, womit der Stabzug der Nebenpole des Scheibenzuges belastet wird. Die Schlußlinie der Einflußlinie kann allerdings erst festgelegt werden, wenn ein Pol bekannt ist.

Der Drehwinkel ω_{13} kann aus den beiden Drehungen ω_1 und ω_3 zusammengesetzt werden, er ist $\omega_{13} = \omega_{12} + \omega_{23}$. Rechnet man den Nebenpol (*I*, *III*) ebenfalls zum Stabzug, so muß er mit der Kraft $\omega_{13} = \omega_{12} + \omega_{23}$ belastet werden.

Nun sind noch die Vorzeichen zu bestimmen. Hierzu werde auf einer Seite des Stabzuges ein Augenpunkt gewählt, so daß die positive Kraftrichtung entgegengesetzt der Blickrichtung geht, welche gegen den Stabzug gerichtet ist. Der Winkel zwischen zwei Stäben des Stabzuges auf der Seite des Augenpunktes heiße α, seine Änderung bei der zwangläufigen Verschiebung ist $\Delta\alpha = \omega$. Die Knoten des Stabzuges werden von links nach rechts fortlaufend gezählt; die Abszissen werden von links nach rechts positiv gerechnet, die positive Richtung der Geraden des Stabzuges bestimmt sich daraus, daß die positive Richtung ihrer Projektion auf die Abszissenachse mit deren positiver Richtung übereinstimmt.

Die Drehrichtung für Winkel ist wie immer positiv im Gegensinne des Uhrzeigers, der Winkel α_{23} überführt daher den Stab 2 (= Strecke $\overline{2,1}$) durch eine positive Drehung um den Pol (2, 3) als Spitze in den Stab 3 (= Strecke $\overline{2,3}$). Der Winkel $\omega_{mn} = \Delta\alpha_{mn}$ überführt die positive Richtung der Geraden g_m der Einflußlinie in die positive Richtung der Geraden g_n, sein Vorzeichen bestimmt sich aus dem Sinn der Drehung. Der Polstrahl g'_m wird durch die Drehung ω_{mn} in den Polstrahl g'_n überführt. Die Polweite a ist so zu legen, daß das Dreieck $\delta_{mn} g'_n g'_m$ in demselben Sinne umfahren wird wie ω_{mn} dreht.

Aus der Drehrichtung, d. h. dem Vorzeichen von ω ergibt sich die Möglichkeit, das Vorzeichen der Ordinate der Einflußlinie zu bestimmen. Ist ω_{mn} positiv, dann zeigt der Knick der beiden Einflußgeraden g_m und g_n in der Kraftrichtung, ist ω_{mn} negativ, dann zeigt er gegen die Kraftrichtung. Da $\omega_{mn} = \Delta\alpha_{mn}$ ist, gibt dies folgende einfache

Vorzeichenregel: Wird der Winkel α in einem Knoten des Stabzuges infolge einer positiven Änderung Δs, $\Delta d\varphi$, Δq größer, dann zeigt die Einflußlinie unter diesem Knoten einen Knick in der Kraftrichtung, wird α kleiner, so weist der Knick gegen die Kraftrichtung.

Da die Einflußlinie ein einfacher Vieleckzug ist, ist das Vorzeichen sämtlicher Ordinaten bestimmt, wenn das Vorzeichen einer einzigen Ordinate bekannt ist. Ein solches kann aber immer mit der Vorzeichenregel bestimmt werden.

Die Änderung des Randwinkels ist gewöhnlich nur für die Nebenpole jener Scheiben einfach zu bestimmen, welche mit dem beseitigten Glied unmittelbar zusammenhängen.

Es ist zu beachten, daß die Ordinaten der Einflußlinie nicht einfach das Vorzeichen von $\Delta\alpha$ haben. $+\Delta\alpha$ bedeutet nur Zunahme von η, $-\Delta\alpha$ Abnahme. Das Vorzeichen von η hängt von der Lage der Schlußlinie ab, welche durch einen Pol bestimmt wird. Die $\Delta\alpha$ geben aber nur die relativen Drehungen der Stäbe gegeneinander an, also auch nur die relative Änderung von η.

Als positive Kraftrichtung wird gewöhnlich die Richtung der Schwerkraft angenommen, da dies die häufigste Belastungsart ist. Üblicherweise ist dies in der Zeichenebene die Richtung von oben nach unten. Die Ordinaten der Einflußlinien werden von der Abszissenachse in der Kraftrichtung positiv gezählt. Der Augenpunkt liegt dann unter dem Stabzug, der Winkel α ist der untere Winkel zwischen zwei Stäben.

160. Berechnung der Verschiebungen aus der Einflußlinie. Schräge Lasten. Gegeben sei ein Stabzug (Scheibenzug) mit der zugehörigen Einflußlinie, welche auf eine Abszissenachse bezogen ist, die normal zur Kraftrichtung ist. Die Ordinate η_n der Einflußlinie ist die Verschiebung δ_{nm} in Kraftrichtung, welche im Punkte n durch die im Punkte m wirkende Kraft $P = 1$ hervorgerufen wird. Damit ist von der gesamten Verschiebung eines Punktes des Stabzuges eine Teilverschiebung bekannt.

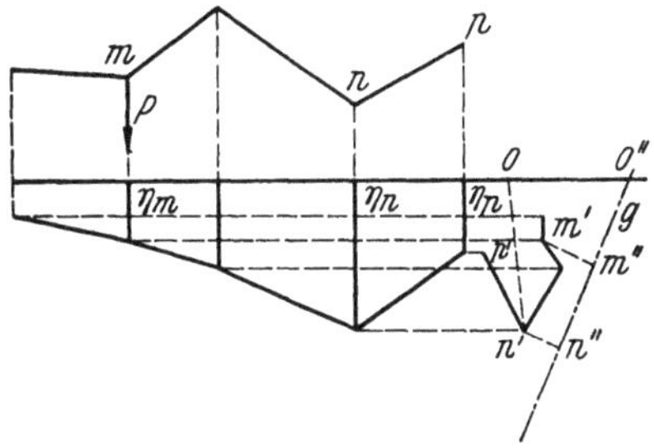

Bild 173.

Ist nun die gesamte Verschiebung On' des Punktes n bekannt, wobei O auf der Abszissenachse der Einflußlinie liegt, dann läßt sich der Verschiebungsplan des Stabzuges leicht aufzeichnen. Man zieht durch n' die Normale zur Stabachse np, welche die Richtung der Relativverschiebung von p gegen n angibt und erhält auf ihr den Punkt p', dessen Ordinate η_p ist. Entsprechend erhält man weitere Punkte des Verschiebungsplanes. Die Strecke $m'n'$ ist dann die gesamte Verschiebung des Punktes m gegen n, welche durch die im Punkte m wirkende Kraft $P = 1$ hervorgerufen wird.

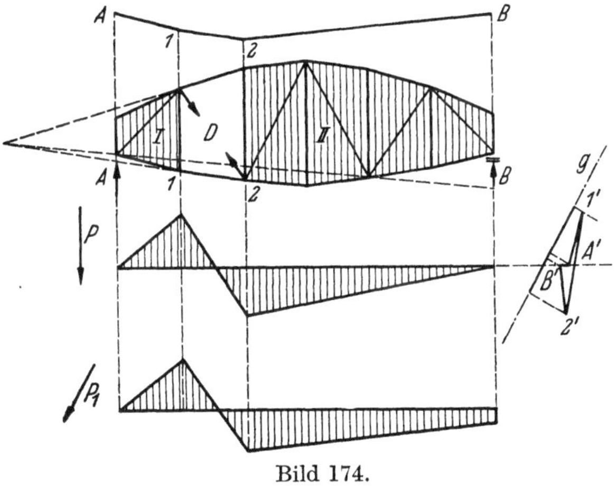

Bild 174.

Aus dem Verschiebungsplan läßt sich nun ohne weiteres die Teilverschiebung $m''n''$ in irgendeiner Richtung g entnehmen. Ist die Richtung g die Wirkungslinie einer Kraft, dann sind die Strecken $O''n''$ die Ordinaten der Einflußlinie für diese Kraft. Als Beispiel wurde für ein einfaches Dreiecksfachwerk die Einflußlinie einer Strebe für lotrechte Lasten (normal zu AB) und aus ihr der Verschiebungsplan des Stabzuges $A\,12\,B$ ermittelt. Schließlich wurde daraus die Einflußlinie für eine schräge Richtung P_1 gewonnen. Die unmittelbare Ermittlung der Einflußlinie hat dasselbe Ergebnis. Die Zeichengenauigkeit des Verschiebungsplans ist allerdings mitunter gering. (Im Beispiel sind die Ordinaten beider Einflußlinien in den Punkten 1 und 2 nahezu gleich, was zufällig ist.)

161. Beispiele. 1. Die Einflußlinie der Strebe D des Tragwerkes Bild 175 ist zu zeichnen.

Die Strebe wird entfernt, wodurch das Tragwerk zur zwangläufigen Kette mit drei Scheiben I, II, III wird. Das feste Auflager B der Scheibe III ist der Pol (III). Pol (I, III) liegt im Schnittpunkt der beiden Gurtstäbe O und U des Feldes der Strebe D. Die Nebenpole (I, II), (II, III) sind die Gelenke zwischen den Scheiben I, II und III. Der Pol (I) liegt auf der Geraden (III) (I, III) und der

Auflagernormalen im Auflager A; der Pol (II) auf den Geraden (III) (II, III) und (I, II) (I). Damit ist der Polplan gefunden.

Zur Bestimmung der Einflußlinie wird der Nebenpol (II, III) benutzt, dessen Abstand von der Strebe die Länge d hat. Wird die Strebe gedehnt, $(\Delta s > 0)$, dann wird der untere Randwinkel des Stabzuges A (I, II) (II, III) B im Punkt (II, III) kleiner, die Einflußlinie hat also unter (II, III) einen Knick nach oben. Entsprechend wurde d angetragen und die Einflußlinie bestimmt.

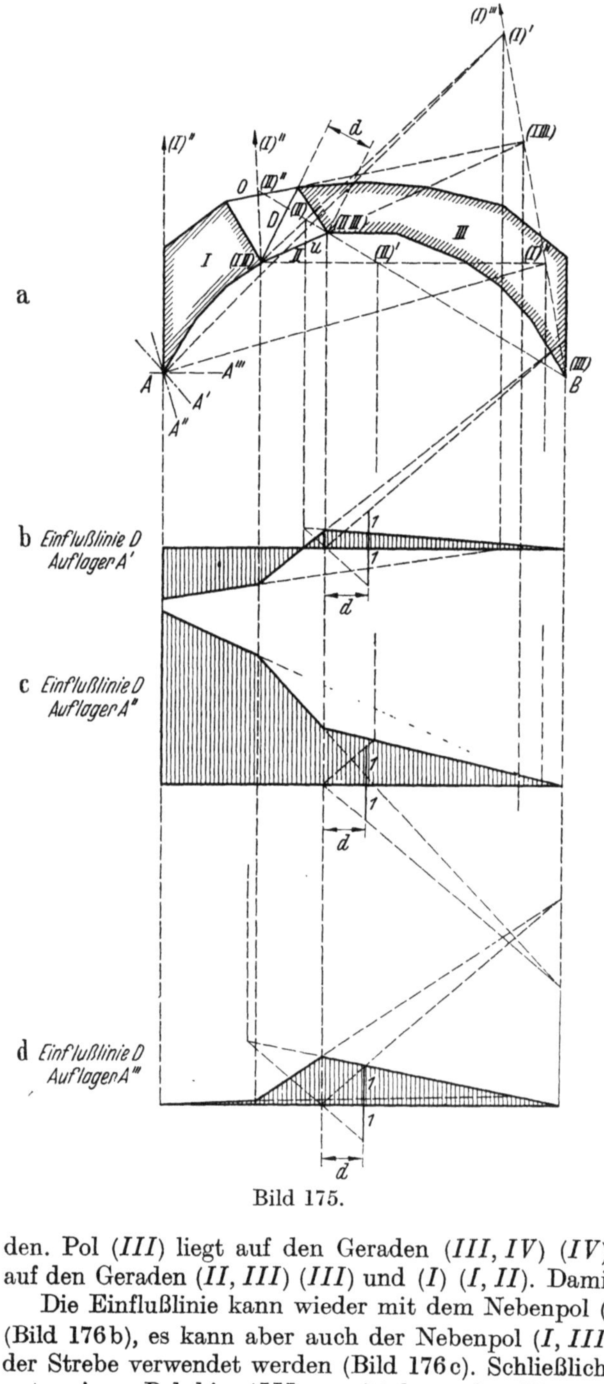

Bild 175.

In diesem Beispiel läßt sich sehr einfach die Wirkung der Auflagerschräge auf die Stabkraft D feststellen. Außer für die mittlere Schräge A' wurde für eine steilere A'' und die waagerechte Lage A''' der Auflagerfläche die Pole (I) und (II) sowie die Einflußlinien von D gezeichnet. In beiden Fällen ist die Strebe ein reiner Druckstab.

2. Dasselbe Tragwerk wird als Dreigelenkbogen mit Gelenk in Feldmitte angenommen und wieder die Einflußlinie desselben Strebenstabes gesucht (Bild 176).

Die Strebe wird entfernt und der Polplan der entstehenden zwangläufigen Kette mit vier Scheiben I, II, III, IV gezeichnet. Pol (I) und (IV) sind die Widerlagergelenke, die Nebenpole (I, II), (II, III) und (III, IV) die Gelenke zwischen den entsprechenden Scheiben. Nebenpol (I, III) ist der Schnittpunkt der Gelenkstäbe, welche Scheibe I und III verbinden. Pol (III) liegt auf den Geraden (III, IV) (IV) und (I) (I, III), Pol (II) auf den Geraden (II, III) (III) und (I) (I, II). Damit ist der Polplan gefunden.

Die Einflußlinie kann wieder mit dem Nebenpol (II, III) gezeichnet werden (Bild 176b), es kann aber auch der Nebenpol (I, III) mit dem Abstand d_1 von der Strebe verwendet werden (Bild 176c). Schließlich kann auch die Ordinate η unter einem Pol, hier (III), ermittelt werden. Hierzu verbindet man Pol (I, III) mit dem Schnittpunkt der Stabachse D mit der Normalen durch (III) und erhält damit die Gerade g. Die Kraft 1 wird nun in eine Teilkraft parallel g und parallel der Strebe D zerlegt, letztere Teilkraft gibt die Größe der Ordinate η unter Pol (III) an.

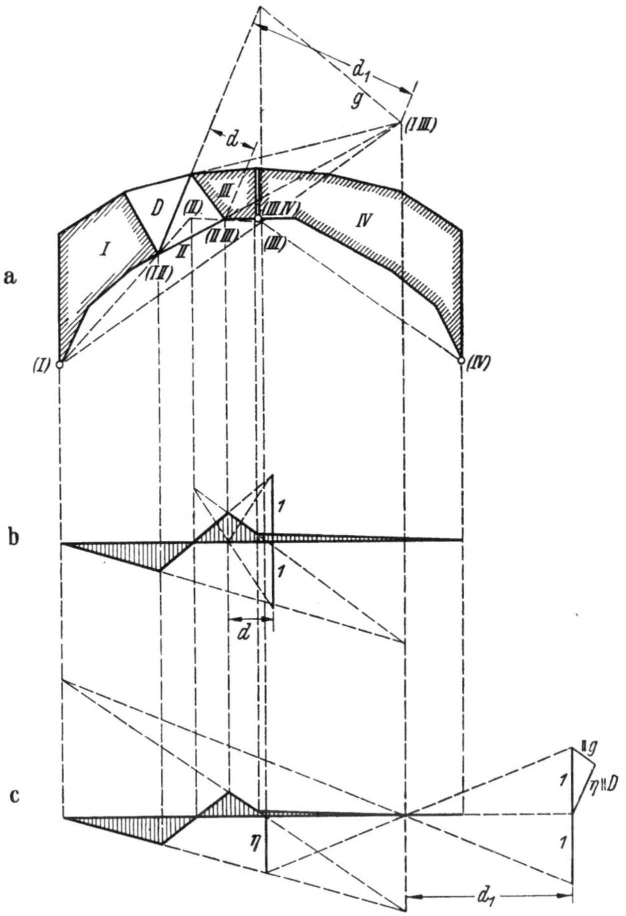

Bild 176.

3. Gegeben ist das Tragwerk Bild 177. Es besteht aus den drei Scheiben I, IV, VII und den vier Stäben II, III, V, VI, welche eine bewegliche Kette bilden und durch das Auflagergelenk D und die drei Stützen A, B, C zu einem einfach standfesten Tragwerk werden. Die Auflagerbahn der Stütze A läuft schräg, die Kraftrichtung ist lotrecht (Gerade $ABCD$ = waagerecht).

Gesucht sind die Einflußlinien der Stützdrücke A und B, je einer Strebe in den Feldern AB, CD, sowie eines Gurtstabes im Feld AB.

a) Einflußlinie der Auflagerkraft A (Bild 177). Die Stütze A wird beseitigt und der Polplan der entstehenden zwangläufigen Kette gezeichnet. Der Pol (I) sowie die Nebenpole aneinanderstoßender Scheiben sind ohne weiteres gegeben. Der Pol (II) liegt auf der Geraden (I) (I, II) und der Lotrechten in C, der Pol (II, IV) auf den Geraden (I, IV) (I, II) und (II, III) (III, IV), der Pol (IV) auf den Geraden (II) (II, IV) und (I) (I, IV), der Pol (V) auf der Geraden (IV) (IV, V) und der Lotrechten in B, der Pol $(V; VII)$ auf den Geraden

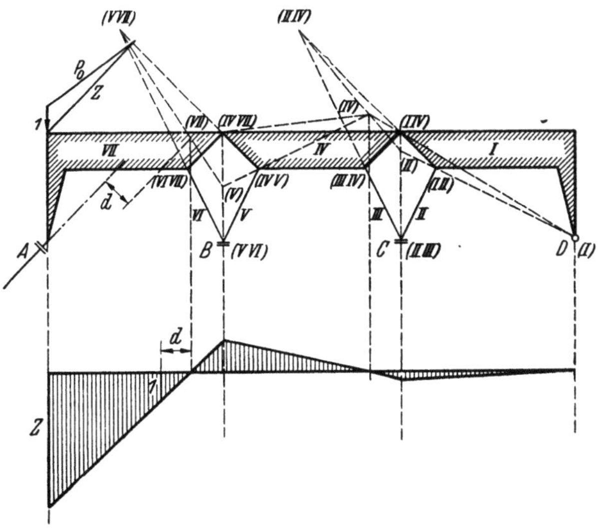

Bild 177.

(IV, V) (IV, VII) und (V, VI) (VI, VII), der Pol (VII) auf den Geraden (V) (V, VII) und (IV) (IV, VII). Damit ist der Polplan, soweit benötigt, gefunden. (Pol (*VII*) liegt nicht auf der Auflagernormalen von *A*, da dieses Auflager beseitigt ist.)

Nun wird die Kraft $P = 1$ über dem Auflager *A* in die Richtung (*VII*) *A* und parallel zur Auflagernormalen in *A* zerlegt, dies ergibt die Kraft *Z*, die Ordinate der gesuchten Einflußlinie in *A*. Aus der Momentengleichung um (*VII*) ergibt sich die zweite Konstruktion: der Pol (*VII*) hat von der Auflagernormalen den Abstand *d* (negativ, da das Moment von $+A$ um (*VII*) negativ ist). Wird dieser unter (*VII*) auf der Abszissenachse und im Endpunkt die Kraft 1 angetragen, dann ergibt dies ebenfalls einen Punkt der Einflußlinie.

Die Stützkraft *A* ist positiv, wenn die Last $P = 1$ über dem Auflager steht, die Ordinate in *A* ist daher positiv. Der belastete Stabzug besteht aus den Scheiben *VII*, *IV*, *I*, die Einflußlinie hat Nullpunkte unter den Polen (*VII*), (*IV*), (*I*) und Knickpunkte unter den Polen (*IV*, *VII*) und (*I*, *IV*).

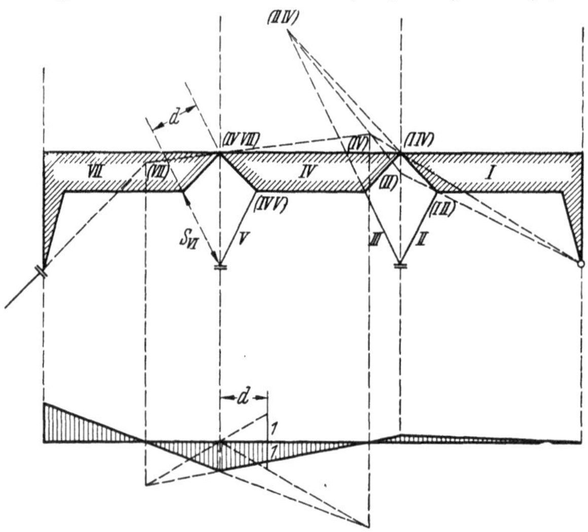

Bild 178.

b) Einflußlinie der Auflagerkraft *B* (Bild 178). Diese Auflagerkraft greift an nichtbelasteten Scheiben an, kann also nicht unmittelbar gezeichnet werden. Der Knoten im Punkt *B* ist jedoch zweistäbig, die Auflagerkraft *B* kann also in die zwei Stabkräfte S_V und S_{VI} zerlegt werden. Die Einflußlinie von *B* ist derjenigen des Stabes S_{VI} proportional, letztere kann gezeichnet werden.

Der Stab *VI* wird beseitigt und der Polplan der entstehenden zwangläufigen Kette gezeichnet. Bis Pol (*IV*) ist die Konstruktion des Polplanes wie unter a), Pol (*VII*) liegt auf der Geraden (*IV*) (*IV*, *VII*) und der Auflagernormalen in *A*. Nun wird die Einflußlinie unter Verwendung des Poles (*IV*, *VII*) gezeichnet. Eine Dehnung von S_{VI} vergrößert den unteren Randwinkel des Stabzuges *VII*, *IV*, der Knick der Einflußlinie unter (*IV*, *VII*) zeigt nach unten. Der belastete Stabzug ist wie unter a) *VII*, *IV*, *I*, die Nullpunkte und Knickpunkte der Einflußlinie liegen daher unter denselben Polen und Nebenpolen wie bei a) (wobei diese Pole zum Teil nicht dieselbe Lage haben).

c) Einflußlinie einer Strebe im Feld *AB* (Bild 179). Der Stab *D* wird beseitigt, wodurch eine zwangläufige Kette mit zehn Scheiben entsteht. (Die zehnte Scheibe wird im folgenden nicht gebraucht.) Der Polplan wird wieder im Auflagergelenk *D* begonnen, hier liegt Pol (*I*). Die Gelenke zwischen zwei Scheiben sind die entsprechenden Nebenpole. Pol (*II*) liegt auf der Geraden (*I*) (*I*, *II*) und der Auflagernormalen in *C*, Pol (*II*, *IV*) auf den Geraden (*I*, *IV*) (*I*, *II*) und (*II*, *III*) (*III*, *IV*), Pol (*IV*) auf den Geraden (*II*) (*II*, *IV*) und (*I*) (*I*, *IV*), Pol (*V*) auf der Geraden (*IV*) (*IV*, *V*) und der Stützennormalen in *B*, Pol (*V*, *VII*) auf den Geraden (*IV*, *VII*) (*IV*, *V*) und (*VI*, *VII*) (*V*, *VI*), Pol (*VII*) auf den Geraden (*IV*) (*IV*, *VII*) und (*V*) (*V*, *VII*), Pol (*VII*, *IX*) ist der unendlich ferne Punkt der beiden Gurtstäbe, Pol (*IX*) auf der Geraden (*VII*) (*VII*, *IX*) und der Stützennormalen in *A*, Pol (*VIII*) auf den Geraden (*IX*) (*VIII*, *IX*) und (*VII*) (*VII*, *VIII*). Damit ist der Polplan, soweit erforderlich, gefunden.

Der belastete Stabzug besteht aus den Scheiben *I, IV, VII, VIII* und *IX*. Eine Dehnung von *D* vergrößert den unteren Randwinkel in Nebenpol (*VII, VIII*), der Knick der Einflußlinie unter (*VII, VIII*) zeigt daher nach unten. In (*VIII, IX*) ist $\Delta\alpha$ negativ, wenn Δs positiv ist, der Knick der Einflußlinie zeigt nach oben, die Ordinate ist aber noch positiv. Eine Ordinate der Einflußlinie läßt sich mit Nebenpol (*IV, VII*) zeichnen, woraus sich die Einflußlinie leicht ergibt.

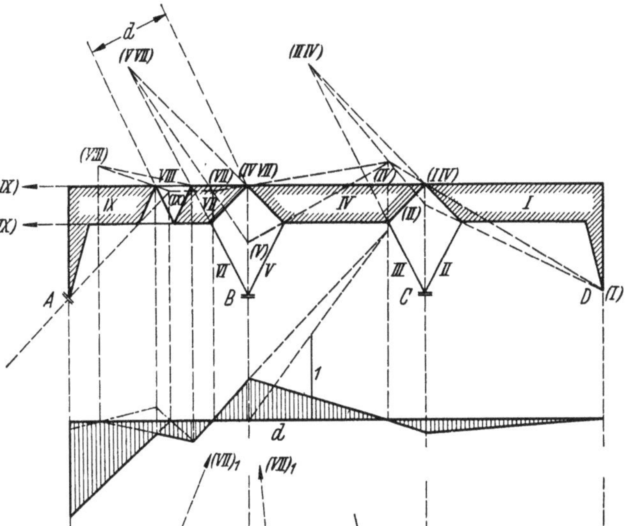

Bild 179.

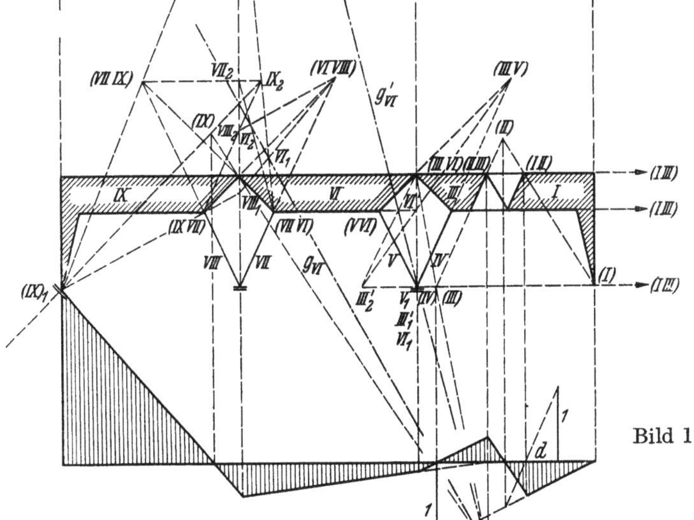

Bild 180.

Rückt der Stützpunkt *A* in die Höhe des Untergurtes, dann vertauschen die Pole (*VIII*) und *IX*) etwa ihre Plätze (zufällig) und die Einflußlinie im Feld *AB* hat etwa den strichpunktierten Verlauf.

d) Einflußlinie einer Strebe im Feld *CD* (Bild 180). Der Stab *D* wird beseitigt, wodurch eine zwangläufige Kette von zehn Scheiben entsteht (die zehnte Scheibe wird wieder nicht benötigt). Pol (*I*) ist das Auflagergelenk *A*, die Gelenke zwischen zwei Scheiben sind die entsprechenden Nebenpole. Die weiteren Pole und Nebenpole können jedoch nicht unmittelbar gezeichnet werden, da man auf Teilketten mit zwei Bewegungsfreiheiten stößt.

Zur Lösung wird Pol (*VI*) bestimmt, indem man einmal von Pol (*V*), das andere Mal von Pol (*IX*) ausgeht. Man nimmt einen Pol $(IX)_1$ willkürlich an, in Punkt *A*. Pol (*VII, IX*) liegt auf den Geraden (*VII, VIII*) (*VIII, IX*) und (*VI, VII*) (*VI, IX*), Pol $(VII)_1$ auf der Geraden $(IX)_1$ (*VII, IX*) und der Stützennormalen in *B*, Pol $(VIII)_1$ auf derselben Stützennormalen und der Geraden $(IX)_1$ (*VIII, IX*). Pol (*VI, VIII*) liegt auf den Geraden (*VIII, IX*) (*VI, IX*) und (*VII, VIII*) (*VI, VII*), Pol $(VI)_1$ auf den Geraden $(VIII)_1$ (*VI, VIII*) und $(VII)_1$ (*VI, VII*). Ganz entsprechend findet sich ein zweiter Pol $(VI)_2$ für einen willkürlich angenommenen Pol $(IX)_2$ [auf der Waagerechten durch (*VII, IX*)]. Die Pole $(VI)_1$ und $(VI)_2$ bestimmen die Gerade g_{VI}, auf welcher Pol (*VI*) wandert, wenn Pol (*IX*) die Stützennormale in *a* durchläuft.

Nun wird ein Pol $(V)_1$ willkürlich angenommen, im Nebenpol (*IV, V*). Pol (*I, III*) ist der unendlich ferne Schnittpunkt des Ober- und Untergurtstabes, daher liegt Pol $(III)_1$ ebenfalls in Pol $(V)_1$, da er auf den Geraden (*III, V*) $(V)_1$ und (*I*) (*I, III*) liegt; Pol (*III, V*) ist dabei der Schnittpunkt der Geraden (*IV, V*) (*IV, III*) und (*V, VI*) (*III, VI*). Pol $(VI)_1'$ liegt wieder im Pol $(V)_1$, als Schnittpunkt der Geraden $(V)_1$ (*V, VI*) und $(III)_1$ (*III, VI*). Nun wird ein zweiter Pol $(V)_2$ willkürlich angenommen (im Schnittpunkt der Auflagernormalen in *C* mit der Geraden (*V, VI*) (*III, IV*), der Untergurtachse). Mit ihm ergeben sich die Pole $(III)_2$ und $(VI)_2'$ ganz entsprechend. Die Pole $(VI)_1'$ und $(VI)_2'$ bestimmen die Gerade g'_{VI}, auf welcher Pol (*VI*) wandert, wenn Pol (*V*) die Stützennormale in *C* durchläuft.

Der Schnittpunkt der Geraden g_{VI} und g'_{VI} ist der Pol (*VI*). Pol (*III*) liegt nun auf den Geraden (*VI*) (*VI, III*) und (*I*) (*I, III*), Pol (*II*) auf den Geraden (*III*) (*II, III*) und (*I*) (*I, II*), Pol (*IX*) auf der Geraden (*VI*) (*VI, IX*) und der Stützennormalen in *A*. Damit ist der Polplan bestimmt.

Der belastete Scheibenzug ist *I, II, III, VI, IX*. Eine Dehnung der Strebe *D* verkleinert den unteren Randwinkel in (*II, III*), unter diesem Punkt hat die Einflußlinie einen Knick nach oben, entsprechend unter (*I, II*) nach unten. Eine Ordinate der Einflußlinie bestimmt sich unter dem Pol (*I, II*) auf die übliche Weise. Eine zweite Ordinate ergibt sich einfach mit Pol (*I, III*). Da dieser im Unendlichen liegt, schneidet die Gerade durch ihn und die Einheitsordinate im Endpunkt von *d* auf der Ordinate unter (*III*) ebenfalls die Strecke 1 ab, welche mit dem Abszissenpunkt unter (*I*) die erste Einflußgerade ergibt.

Damit ist die Einflußlinie bekannt.

e) Einflußlinie einer Strebe im Feld *BC* (Bild 181). Der Stab *D* wird beseitigt, wodurch wieder eine zwangläufige Kette von zehn Scheiben entsteht, deren zehnte Scheibe jedoch wieder nicht benötigt wird. Pol (*I*) ist das Auflagergelenk *D*, die Pole bis (*IV*) werden wie unter a) gefunden. Pol (*VI*) liegt auf der Horizontalen (*IV*) (*IV, VI*), ein zweiter Ort für ihn muß als eine Gerade g_{VI} gesucht werden. Ein Pol $(IX)_1$ werde willkürlich in *A* angenommen und wie im Fall d) ein Pol $(VI)_1$ gezeichnet. Es ergibt sich, daß dieser Pol $(VI)_1$ zufällig auf die Gerade (*IV*) (*IV, VI*) zu liegen kommt, also der Pol (*VI*) selbst ist. Daher erübrigt sich die Annahme eines zweiten Poles $(IX)_2$ und die Zeichnung eines zweiten Poles $(VI)_2$ und der Geraden g_{VI}. Mit Pol (*VI*) wird leicht Pol (*V*) gefunden, wodurch der Polplan genügend bekannt ist.

Der belastete Scheibenzug ist *I, IV, VI, IX*. Eine Dehnung des Stabes *D* verkleinert den unteren Randwinkel des Stabzuges in (*V, VI*), weshalb unter diesem Pol der Knick der Einflußlinie nach oben zeigt. Die Größe der Ordinate unter Pol (*IV, VI*) bestimmt sich wie in Fall d) aus der Ordinate 1 unter Pol (*IV*) und Pol (*VI*).

f) Einflußlinie des Obergurtstabes im Feld *BC* (Bild 182). Der Stab wird beseitigt, die entstehende zwangläufige Kette hat acht Scheiben. Pol (*I*) ist das Auflagergelenk in *D*, die Pole bis (*IV*) werden wie unter a) gefunden. Zur

Zeichnung von Pol (*V*) wird eine Kette mit zwei Bewegungsfreiheiten verwendet.

Man wählt willkürlich einen Pol $(VIII)_1$ auf der Auflagernormalen in *A*, bestimmt den Pol $(VII)_1$ auf der Stützennormalen in *B* und der Geraden $(VIII)_1$

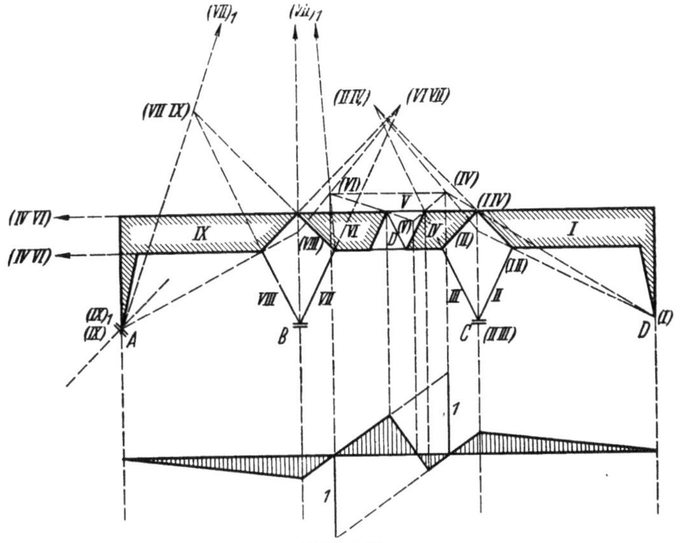

Bild 181.

(*VII*, *VIII*), den Pol (*V*, *VII*) auf (*VII*, *VIII*) (*V*, *VIII*) und (*V*, *VI*) (*VI*, *VII*), den Pol $(V)_1$ auf $(VIII)_1$ (*V*, *VIII*) und $(VII)_1$ (*V*, *VII*). Dann wird ein zweiter Pol $(VIII)_2$ gewählt, der Schnittpunkt der Stützennormalen in *A* und *B*. Er ist

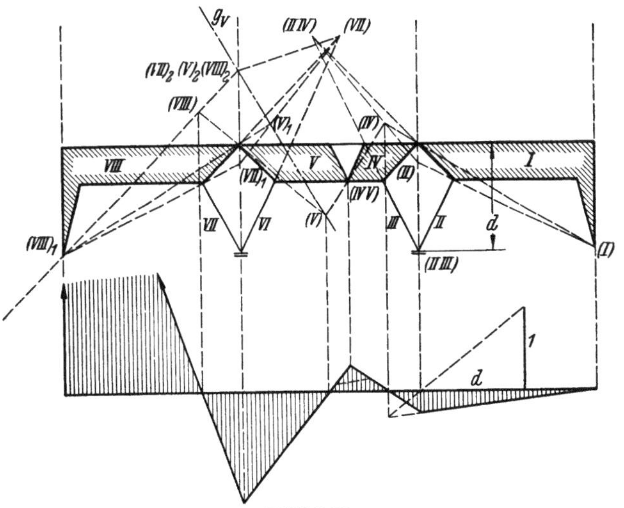

Bild 182.

gleichzeitig Pol $(VII)_2$ und $(V)_2$, wodurch die Gerade g_V bestimmt ist, auf welcher der Pol (*V*) wandert, wenn Pol (*VIII*) die Auflagernormale in *A* durchläuft. g_V schneidet die Gerade (*IV*) (*IV*, *V*) in Pol (*V*), womit Pol (*VIII*) gefunden wird und der Polplan genügend bekannt ist.

Der belastete Stabzug ist *I*, *IV*, *V*, *VIII*. Wird der Obergurtstab gedehnt, dann verkleinert sich der untere Randwinkel in Pol (*IV*, *V*), unter diesem Pol hat die Einflußlinie einen Knick nach oben. Eine Ordinate der Einflußlinie wird mit Nebenpol (I, IV) auf die übliche Weise gefunden. Die Einflußlinie ist für den Fall gezeichnet, daß der Untergurt belastet wird. Wird der Obergurt belastet, so fällt die Spitze der Einflußlinie im Feld des Stabes in der angegebenen Weise weg.

Dasselbe Tragwerk wird mit geringen Abweichungen von MÜLLER-BRESLAU[1] und GRÜNING[2] behandelt. Ein Vergleich der Einflußlinien ist aufschlußreich. Hier wurde eine Tragwerksform behandelt, wie sie praktisch kaum vorkommen wird. Die Einflußlinien zeigen auch die ungünstige Anstrengung der Stäbe.

Weitere Beispiele siehe Nr. 161 a im Nachtrag.

F. Das kinematische Kennzeichen der Standfestigkeit.

162. Kinematisches Kennzeichen des Ausnahmefalles. Ein Tragwerk ist dann vollkommen standfest, wenn die Anzahl seiner Glieder mindestens gleich der doppelten Anzahl seiner Knotenpunkte ist. Diese Bedingung ist zwar notwendig, aber nicht hinreichend. Der Ausnahmefall entsteht, wenn die grundlegende Annahme II nicht mehr erfüllt ist, wenn also im Tragwerk eine unendlich kleine Bewegung ohne Formänderung der Glieder möglich ist (Nr. 9 u. 11). Während das vollkommen standfeste Tragwerk keinen Polplan besitzt, ist es im Ausnahmefall eine zwangläufige Kette, wodurch sich auch ein Kennzeichen für den Ausnahmefall ergibt.

Gegeben sei ein Tragwerk mit drei Scheiben I, II, III, von denen die Scheiben II und III durch die Stäbe a, b gelenkig verbunden sind. In den Punkten A, B, C, D sei das Tragwerk durch die Stützen 1 bis 5 gegen die feste Ebene abgestützt. Jede Stütze sei durch einen Stützstab dargestellt, so daß die Bahn des gestützten Punktes normal zur Stabachse gerichtet ist. Die Stabachse ist daher die Bahnnormale, sie heiße n. Das Tragwerk ist ein einfach standfestes.

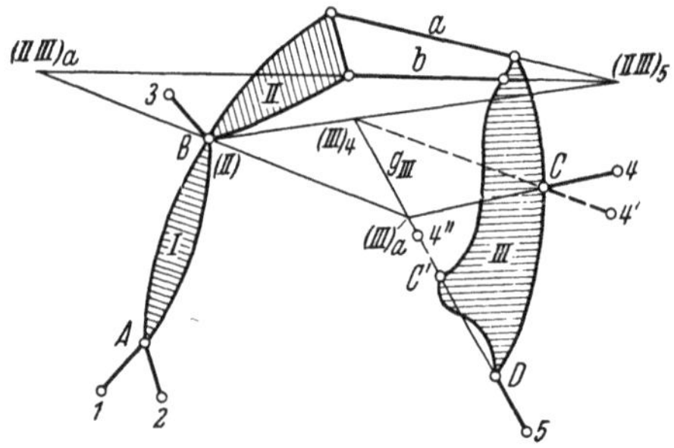

Bild 183.

Durch Beseitigung der Stütze 4 werde eine zwangläufige Kette K_4 gebildet. Der zugehörige Pol der Scheibe III liegt in $(III)_4$, auf der Normalen n_5 zur Auflagerbahn 5. Im allgemeinen wird Pol $(III)_4$ nicht auf der Normalen n_4 liegen, da seine Lage vom Auflager 4 ganz unabhängig ist; jedoch ist es möglich, daß er auf diese Normale zu liegen kommt, wenn Stütze 4 die Lage 4′ oder 4″ hat. Dann ist eine Verschiebung ohne Beseitigung der Stütze 4 möglich, da die zwangläufige Verschiebung von C normal zu n_4 ist. Da jedoch der Pol $(III)_4$ sofort aus der Normalen herausgedreht wird, kann die Verschiebung in der Kette K_4 nur sehr klein sein. In diesem Falle besitzt das Tragwerk ohne Beseitigung eines Gliedes unendlich kleine Beweglichkeit, was daran ersichtlich ist, daß ein Polplan gezeichnet werden kann.

Eine zweite zwangläufige Kette K_a läßt sich durch Beseitigung des Stabes a bilden. Der hierzu gehörige Pol der Scheibe III sei $(III)_a$, er liegt auf der Normalen n_4. Wird nun auch die Stütze 4 beseitigt, so entsteht eine Kette mit zwei Bewegungsfreiheiten. Der Pol der Scheibe III liegt dann stets auf der Geraden g_{III} durch die beiden Pole $(III)_4$ und $(III)_a$. Im Ausnahmefall kann Pol $(III)_4$ auf der Normalen n_4 liegen (Lage 4′ oder 4″ der Stütze 4), so daß also die Normale

[1] MÜLLER-BRESLAU: Graph. Statik, Bd. I, 1927, S. 548.

[2] GRÜNING: Statik des ebenen Tragwerkes 1925, S. 191.

n_4 die Gerade g_{III} in Pol $(III)_4$ schneidet oder aber beide Geraden g_{III} und n_4 zusammenfallen.

Im ersten Falle rücken die Pole $(III)_a$ und $(III)_4$ zusammen, ebenso fallen die entsprechenden Nebenpole zusammen. Die von Scheibe (III) unabhängigen Pole sind in beiden Ketten ohnehin dieselben, so daß in diesem Falle die Polpläne der Ketten K_4 und K_a identisch werden. Die Beseitigung eines weiteren Gliedes ergibt also keinen neuen Polplan für den Ausnahmefall.

Im zweiten Falle hat die Kette K_a zwei Bewegungsmöglichkeiten und unendlich viele Polpläne. Einer dieser Polpläne ist derjenige der Kette K_4, und zwar ist es der einzige, welcher den durch die Stütze 4 vorgeschriebenen geometrischen Bedingungen genügt.

Der Polplan, welcher die unendlich kleine Beweglichkeit anzeigt, ist also eindeutig bestimmt durch die geometrische Anordnung des Tragwerkes. Es ist dabei gleichgültig, ob die unendlich kleine Beweglichkeit das ganze Tragwerk erfaßt oder nicht (z. B. Scheibe I im Bild 183 ist für sich standfest, sie könnte sogar mehrfach standfest sein). Der Polplan muß lediglich die früher abgeleiteten Eigenschaften haben.

Die angestellten Überlegungen sind von dem als Beispiel gewählten Tragwerk (Bild 183) unabhängig, welches nur der Anschaulichkeit halber benutzt wurde. Sie sind auch unabhängig davon, ob das beseitigte Glied ein Stützstab oder ein inneres Glied des Tragwerkes ist. Entsprechende Überlegungen können nicht nur für einen Stab, sondern auch für eine steife Ecke angestellt werden. Das Ergebnis bleibt dasselbe.

Hat ein Tragwerk einen Polplan, so besitzt es auch einen Geschwindigkeitsplan. Zu jeder Geraden, welche zwei Punkte einer starren Scheibe im Tragwerk verbindet, besteht im Geschwindigkeitsplan eine parallele Gerade, ohne daß der Geschwindigkeitsplan aber dem Lageplan ähnlich ist.

Es ergibt sich also:

1. *Ein Tragwerk mit unendlich kleiner Beweglichkeit besitzt einen und nur einen eindeutig bestimmten Polplan.*

2. *Kann für ein Tragwerk oder für Teile davon ein Polplan gezeichnet werden, ohne daß ein Glied beseitigt wird, dann besitzt das Tragwerk unendlich kleine Beweglichkeit, es besteht der Ausnahmefall für die Standfestigkeit.*

3. *Ist es möglich, zum Lageplan F des Tragwerkes einen Geschwindigkeitsplan F' zu zeichnen, welcher dem Lageplan nicht ähnlich ist, dessen Gerade jedoch den entsprechenden Geraden des Lageplanes durchweg parallel sind, so hat das Tragwerk unendlich kleine Beweglichkeit.*

Daß beim Ausnahmefall ein Geschwindigkeitsplan ohne Beseitigung eines Gliedes möglich ist, bedeutet, daß für ein oder mehrere Glieder die Größe d oder e_r (Nr. 154) Null werden, also unendlich große statische Werte auftreten können.

163. Beispiele. 1. Eine Scheibe A sei durch drei Stäbe I, II, III gestützt. Schneiden sich die Stäbe I, II, III in einem Punkte P, dann ist dieser der Pol

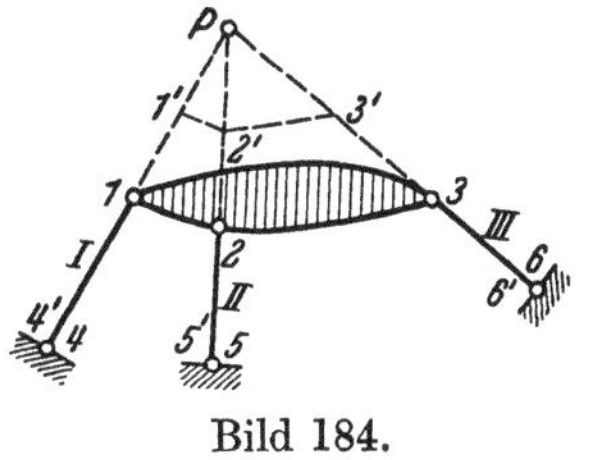

Bild 184.

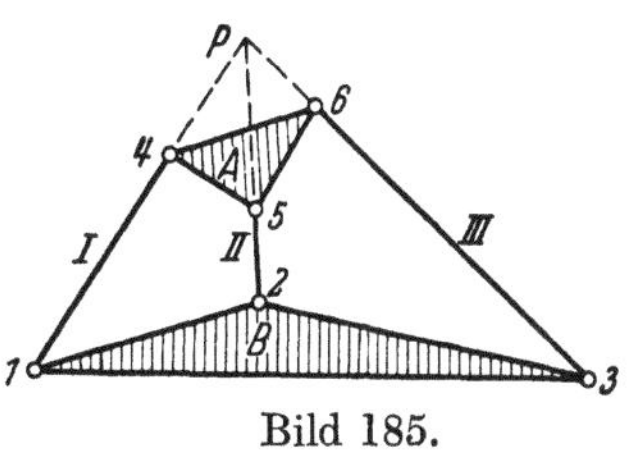

Bild 185.

der Scheibe A, es ist also ein Polplan ohne Entfernung eines Gliedes des Systems möglich, das Tragwerk ist also nicht standfest (Bild 184).

Nimmt man die Punkte 4, 5, 6 als fest an, dann kann man zu dem Zug 1, 2, 3 ohne weiteres einen parallelen Zug 1′ 2′ 3′ 4′ 5′ 6′ zeichnen, welcher dem Lageplan 1 2 3 4 5 6 nicht ähnlich, aber doch als Geschwindigkeitsplan anzusehen ist.

Die Punkte 4, 5, 6 brauchen nicht fest sein, sondern können einer zweiten Scheibe B angehören. P ist dann der Nebenpol (AB) und ist mit den sechs Gelenken 1 bis 6 der Polplan des Systems (Pole können erst angegeben werden, wenn eine Scheibe durch drei Auflagerbedingungen festgelegt wird). Da in dem Dreistrahl I, II, III durch P beliebig viele parallele Dreiecke sowohl zu Dreieck A als auch zu B gezeichnet werden können (Bild 185), sind auch Geschwindigkeitspläne möglich, welche dem Lageplan nicht ähnlich sind, das Scheibensystem besitzt also eine unendlich kleine Beweglichkeit.

Die Stäbe I, II, III in Bild 185 können zum Teil oder alle als Stützstäbe aufgefaßt werden (Bild 186), ihre Richtung gibt dann die Auflagernormale an.

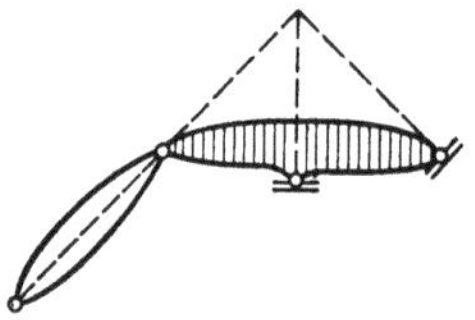

Bild 186.

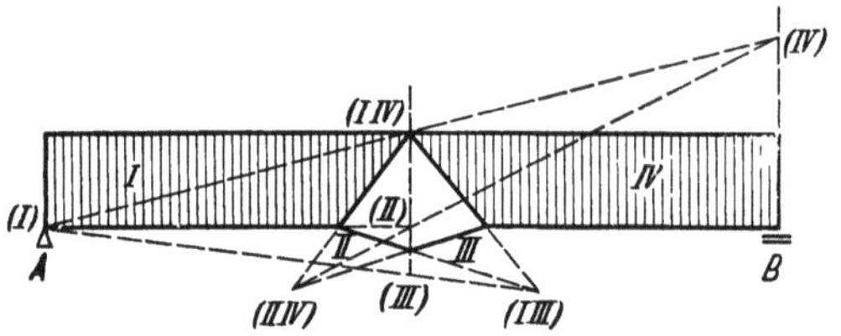

Bild 187.

2. Das Tragwerk (Bild 187) kann unter bestimmten Bedingungen ebenfalls ohne Beseitigung eines Stabes unendlich kleine Beweglichkeit haben. In Bild 187 ist ein solcher Fall dargestellt. Pol (IV) als Schnittpunkt der Geraden (I, IV) und (II, IV) fällt auf die Stützennormale in B, so daß ein Polplan ohne Entfernen eines Stabes vorhanden ist.

Ein weiteres Beispiel siehe Nr. 163a im Nachtrag.

IV. Die Formänderung des Tragwerkes.

1. Allgemeine Berechnung der Formänderung.

164. Die Aufgabe. Gegeben ist ein einfach oder mehrfach standfestes Tragwerk mit Belastung und unter Wärmegradänderungen. Die statischen Werte S, M, N, Q, C seien bereits berechnet, ebenso die Formänderungsgrößen Δs, $\Delta d\varphi$, dq, c der einzelnen Stäbe und Stützen. Zu berechnen sind nun die Verschiebungen, welche einzelne Teile des Tragwerkes gegeneinander oder gegen seine Ebene ausführen.

Die Lösung dieser Aufgabe läßt sich immer zurückführen auf folgende zwei Grundaufgaben:

1. Gesucht ist die Änderung des Abstandes zweier Punkte, also die gegenseitige Verschiebung dieser Punkte. Gehört einer der beiden Punkte der festen Tragwerksebene an, dann ist die Verschiebung eines Punktes in einer bestimmten Richtung gesucht, ein Sonderfall der allgemeinen Aufgabe.

2. Gesucht ist die Änderung des Winkels, welche zwei Geraden miteinander einschließen, also die gegenseitige Drehung zweier Geraden gegeneinander. Gehört eine der beiden Geraden der festen Tragwerksebene an, dann ist die Drehung einer Geraden gegen eine feste Richtung gesucht, ebenfalls ein Sonderfall der allgemeinen Aufgabe.

Da die Sonderfälle oft vorkommen, wird ihre Lösung für sich angegeben, so daß im ganzen vier Aufgaben zu behandeln sind.

165. Allgemeine Lösung. Zur Lösung der Aufgaben wird die Hauptgleichung verwendet, und zwar in der Form der Gl. (105):

$$\bar{P}_m \delta_m = -\sum \bar{C} \cdot c + \sum \bar{S} \cdot \Delta s + \sum \int \bar{M} \cdot \Delta d\varphi + \sum \bar{N} \cdot \Delta ds$$
$$+ \sum \int \bar{Q} \cdot dq + \Theta \left[\sum \int \bar{M} \frac{\Delta t}{h} ds + \sum \int \bar{N} t_0 ds + \sum \bar{S} t_0 s \right]. \tag{178}$$

δ_m ist hierbei die gesuchte Verschiebung. Die Elemente, deren Verschiebung gesucht wird, werden mit der möglichen Last $+1$ belastet, dann werden die zu dieser Belastung gehörigen möglichen Werte $\bar{C}$, $\bar{S}$, $\bar{M}$, $\bar{N}$, $\bar{Q}$ bestimmt und die mögliche Arbeit mit den wirklichen Arbeitswegen c, Δs, $\Delta d\varphi$, Δq gebildet. Der Wert $1 \cdot \delta_m$ dieser Arbeit gibt die gesuchte Verschiebung an.

Für krumme Stäbe tritt an Stelle der Gl. (105) die Gl. (115).

166. Belastungseinheiten. Je nach der Grundaufgabe, welche zu lösen ist, ist eine besondere Belastung $\bar{P}_m = 1$ zu wählen. Die vier Grundaufgaben erfordern also vier verschiedene Kraftwirkungen, welche Belastungseinheiten genannt werden.

1. *Belastungseinheit des Punktes.* Der Punkt m verschiebt sich gegen einen festen Punkt um die Strecke δ_m. Er wird mit der Kraft $P = +1$ belastet, deren Richtung die positive Richtung der Verschiebung δ_m ist. Die Arbeit der Belastungseinheit ist $+1 \cdot \delta_m$.

2. *Belastungseinheit des Punktpaares.* Die Punkte m und m_1 ändern ihren Abstand um den Betrag δ_m, wobei sich der Punkt m um die Strecke δ', der Punkt m_1 um die Strecke δ'' verschiebt, so daß $\delta_m = \delta' + \delta''$ ist. Die Richtung von δ_m wird positiv angenommen, wenn sich beide Punkte voneinander entfernen (entsprechend einer Stabdehnung). In Punkt m wird eine Kraft $P = +1$ angebracht, deren positive Richtung die Richtung $m_1 m$ ist, in Punkt m_1 die Kraft $P = +1$ mit der positiven Richtung $m m_1$. Die Arbeit dieser Kräfte ist $1 \cdot \delta' + 1 \cdot \delta'' = +1 \cdot \delta_m$.

3. *Belastungseinheit der Geraden.* Eine Gerade g, welche durch zwei Punkte mit dem Abstand a bestimmt ist, drehe sich um einen Winkel δ_m in positiver Drehrichtung. Die Gerade wird mit dem Moment $M = +1$ belastet. Die Arbeit des Momentes ist $+1 \cdot \delta_m$.

Der Drehwinkel wird im Bogenmaß gemessen, seine Dimension ist also Bogenlänge/Halbmesser = Länge/Länge = 1. Die Dimension des Momentes ist Kraft · Länge, die Dimension der Arbeit des Momentes also: Kraft · Länge.

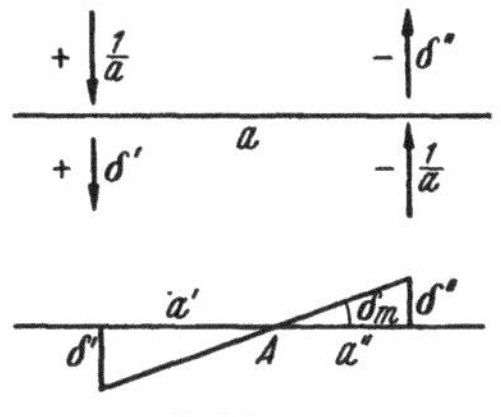

Bild 188.

Das Moment kann durch ein Kräftepaar ersetzt werden, welches aus den normal zur Geraden g wirkenden Einzelkräften $+1/a$ und $-1/a$ besteht, welche im Abstand a an der Geraden angreifen. Die Summe dieser Kräfte ist Null, ihr Moment $1/a \cdot a = 1$. Der Arbeitsweg der Kraft $+1/a$ sei δ', derjenige von $-1/a$ sei δ'', wobei Kräfte und Arbeitswege in derselben Richtung positiv gerechnet werden. Die Arbeit des Kräftepaares bei der Drehung ist dann $(\delta' + \delta'') \cdot 1/a$. Als Drehpunkt der Geraden werde irgendein Punkt A angenommen. Dann gilt für die sehr kleine Drehung δ_m: $a' \delta_m = \delta'$, $a'' \delta_m = \delta''$ und $\delta' + \delta'' = (a' + a'')\,\delta_m = a\,\delta_m$. Die Arbeit des Kräftepaares bei der Drehung ist dann: $1/a \cdot a\,\delta_m = 1\,\delta_m$. Die Dimension ist wieder Kraft · Länge.

Die *Arbeit eines Momentes M* bei einer Drehung $d\varphi$ ist also:

$$dA = M \cdot d\varphi\,, \tag{179}$$

ein Wert, welcher sich auch durch Vergleich aus Gl. (86) oder (87) ergibt.

Lage und Größe der Strecke a auf der Geraden ist gleichgültig. Ist die Gerade durch zwei Punkte in endlichem Abstand bestimmt, dann wählt man als Belastungseinheit zweckmäßig das Kräftepaar $M = 1$ mit den in den zwei gegebenen Punkten angreifenden Einzelkräften. Ist dagegen die Biegung der Stabachse eines biegungsfesten Stabes gesucht, dann wählt man als Belastungseinheit das Moment 1.

4. *Belastungseinheit des Geradenpaares.* Zwei Gerade g und g_1 drehen sich gegeneinander um den Winkel δ_m. Der Winkel α, welchen beide Gerade miteinander einschließen, ändert sich also um den Betrag δ_m. Die Gerade g dreht sich dabei gegen eine feste Richtung um den Winkel δ', die Gerade g_1 um den Winkel δ''. Jede Gerade wird mit dem Moment $M = +1$ belastet. Die Arbeit dieser Belastungseinheit ist dann $1 \cdot \delta' + 1 \cdot \delta'' = 1 \cdot \delta_m$.

An Stelle der Momente können wieder Kräftepaare eingeführt werden, wobei die Größe der Kräfte und der Hebelarme an den Geraden verschieden sein können.

167. Die Größe der Verschiebung. Soll nun die Größe einer der vier angenommenen Verschiebungen berechnet werden, so wird das Tragwerk mit der entsprechenden Belastungseinheit belastet und die entstehenden statischen Werte $\bar S$, $\bar M$, N, $\bar Q$, $\bar C$ ermittelt.

Dabei ist folgendes zu beachten. Der Gleichgewichtszustand, welcher durch die Werte S, M, $\bar N$, $\bar Q$, C wiedergegeben ist, ist irgendein möglicher, bei welchem nur die Bedingung besteht, daß die ihn erzeugende Belastung gleich der Belastungseinheit ist. Bei einem mehrfach standfesten Tragwerk kann man den möglichen Gleichgewichtszustand also so wählen, daß die statischen Werte in den überzähligen Gliedern und Auflagern gleich Null werden. Umgekehrt: aus einem n-fach standfesten Tragwerk kann man durch Ausschaltung von n Gliedern ein beliebiges einfach standfestes Tragwerk, das Hauptsystem bilden, dieses mit der Belastungseinheit belasten und die entstehenden statischen Werte S, $\bar M$, $\bar N$, $\bar Q$, $\bar C$ berechnen.

Diese Werte werden dann in die Hauptgleichung (178) eingesetzt:

$$1 \cdot \delta_m = -\sum \bar C \cdot c + \sum \bar S\, S \frac{s}{EF} + \sum \int \bar M\, M \frac{ds}{EJ} + \sum \int \bar Q\, Q \frac{ds}{GF_q}$$
$$+ \sum \int \bar N\, N \frac{ds}{FE} + \Theta \left[\sum \bar M \frac{\Delta t}{h} ds + \sum \int \bar N\, t_0\, ds + \sum \bar S\, t_0\, s \right], \qquad (180)$$

worin c, S, M, N, Q die durch die wirkliche Belastung am Tragwerk entstehenden statischen Werte sind.

Die Summen erstrecken sich über sämtliche Stützen, einfachen und biegungssteifen Stäbe des Hauptsystems, die Integrale erstrecken sich über die Längen der einzelnen Stäbe [vgl. Nr. 71, nach Gl. (104)].

Das Vorzeichen von δ_m bestimmt sich daraus, daß die Arbeit $1 \cdot \delta_m$ als positiv angesetzt wird, $+\delta_m$ also die Richtung der positiven Belastungseinheit hat.

Für krumme Stäbe wird die Hauptgleichung (115) verwendet, sie unterscheidet sich von Gl. (180) nur durch die Verwendung der Normalkräfte $\mathfrak{N}$ an Stelle von N. Über die Summengrenzen ist Nr. 77 zu beachten.

Damit ist die Größe einer einzelnen Verschiebung berechnet.

168. Die Gegenseitigkeit der Formänderungen. Auf die durch die Belastungseinheiten erzeugten Formänderungen kann man die Sätze von Betti und Maxwell (Nr. 39) anwenden. Diese Sätze behalten die dort angegebene Form. Sie können auch für die vorliegenden Sonderfälle des ebenen Tragwerkes aus Gl. (180) abgeleitet werden. Zu beachten ist, daß sie für Wärmegradänderungen nicht gelten. Ihre Anwendung ist bei der Durchführung von Berechnungen oft von großem Nutzen, Beispiele hierfür s. Nr. 170, Beispiel 2 und Nr. 186.

169. Der Anteil der statischen Werte an der Verschiebung. Die Verschiebung setzt sich aus Teilverschiebungen zusammen, welche durch die einzelnen statischen Werte erzeugt werden. Der Einfluß dieser statischen Werte ist nun nicht gleichmäßig. Im allgemeinen ist vielmehr der Einfluß der Querkräfte so klein, daß er bei der Berechnung der Verschiebung vernachlässigt werden kann. Auch der Einfluß der Normalkräfte ist bei den gebräuchlichen Tragwerksformen gegenüber dem Einfluß der Momente vernachlässigbar. Dagegen muß der Einfluß der Stabkräfte in einfachen Stäben, der Einfluß der Momente in biegungsfesten Stäben und der Einfluß von Stützenbewegungen immer berücksichtigt werden.

Die mögliche Arbeit der Auflagerwirkungen werde gesetzt:

$$\bar{L} = \sum \bar{C} \cdot c \qquad \bar{\bar{L}} = \sum C \cdot \bar{c}. \tag{181}$$

Für Fachwerke wird dann die Größe der Verschiebung:

$$1 \cdot \delta_m = -\bar{L} + \sum \bar{S} S \frac{s}{EF}. \tag{182}$$

Für Rahmenwerke ohne einfache Stäbe gilt in den meisten Fällen:

$$1 \cdot \delta_m = -\bar{L} + \sum \int \bar{M} M \frac{ds}{EJ}. \tag{183}$$

Auf alle Fälle genügt zunächst eine Berechnung der Verschiebung nach Gl. (183). Ergibt sich dann, daß der Einfluß der Normalkräfte N oder gar der Einfluß der Querkräfte zu berücksichtigen ist, dann geschieht dies zweckmäßig als nachträgliche Verbesserung.

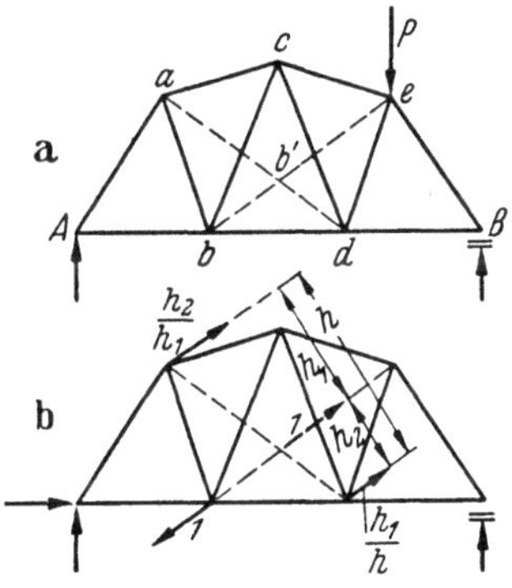

Bild 189.

170. Beispiele. 1. Das Dreieckfachwerk Bild 189a sei mit der Last P belastet. Die hierdurch entstehenden Stabkräfte seien S, die Stabdehnungen $\Delta s = \frac{S s}{EF}$. Stützenverschiebungen in A und B sollen hierbei nicht entstehen, also $c = 0$. Gesucht ist die Längenänderung der Strecke bb', wobei b' der Schnittpunkt der Strecken be und ad ist.

Da die gegenseitige Verschiebung des Punktepaares bb' gesucht ist, werden als Belastungseinheit zwei Kräfte 1 angenommen, von welchen die eine im Punkte b in Richtung $b'b$ angreift, die andere im Punkte b' in Richtung bb'. Diese Kraft wird in zwei Teilkräfte $1 \cdot \frac{h_1}{h}$ im Punkte d und $1 \cdot \frac{h_2}{h}$ im Punkte a zerlegt (Bild 189b). Nun werden die Stabkräfte $\bar{S}$ unter der Belastung dieser drei Kräfte 1, $\frac{h_1}{h}$, $\frac{h_2}{h}$ berechnet, worauf sich die gesuchte Längenänderung der Strecke bb' zu $\delta = \sum \bar{S} \cdot \Delta s$ ergibt.

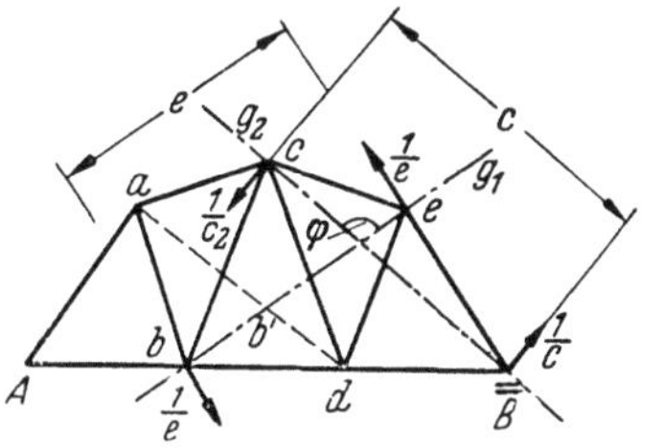

Bild 190.

2. An demselben Fachwerk bilden die Geraden $g_1 = be$ und $g_2 = Bc$ den Winkel φ. Das Fachwerk sei durch die in Bild 190 angegebene Belastung, welche Belastung g heiße, belastet, wodurch eine Längenänderung der Strecke bb' (Bild 189a) entsteht, welche δ_{eg} heiße. Durch die in Bild 189b angegebene Belastung, welche Belastung b heiße, entsteht eine Änderung des Winkels φ, welche $\delta_{\varphi b}$ genannt werde. Dann besagt der Maxwellsche Satz über reziproke Formänderungen: $\delta_{eg} = \delta_{\varphi b}$: Die Längenänderung der Strecke bb' durch die

Belastung g ist gerade so groß wie die Winkeländerung des Winkels φ infolge der Belastung b.

3. An demselben Fachwerk ist die Drehung der Geraden bm durch die Belastung P zu berechnen, wobei m der Mittelpunkt des Stabes cd ist. Die Gerade bm werde mit dem Moment $+1$ belastet, welches durch ein Kräftepaar in den Punkten b und m ersetzt wird, wobei jede Kraft die Größe $1/r$ hat ($r = \overline{bm}$) und normal zu bm gerichtet ist. Die Kraft $1/r$ im Punkte m wird nach dem Hebel-

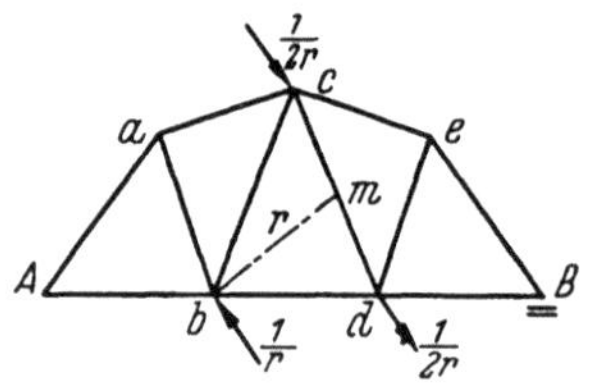

Bild 191.

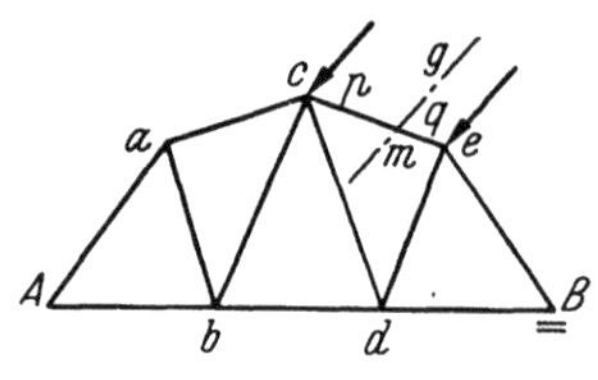

Bild 192.

gesetz auf die Knoten c und d verteilt. Da m der Mittelpunkt von cd ist, wirkt also in c und d je die Kraft $\frac{1}{2r}$. Zu dieser Belastung des Fachwerkes werden die Stützkräfte $\bar{A}$, $\bar{B}$ und die Stabkräfte $\bar{S}$ berechnet, die gesuchte Drehung ist dann $\delta_m = \sum \bar{S} \cdot \Delta s$.

4. An demselben Fachwerk ist die Verschiebung des Punktes m, welcher die Strecke ce im Verhältnis $p:q$ teilt, in Richtung g durch die Belastung P gesucht. Man belastet m mit der Kraft $+1$ in Richtung g, verteilt dann diese Last auf die Knoten c und e, so daß in c die Kraft $+q/r$, in e die Kraft $+p/r$ in Richtung g angreift. Zu dieser Belastung werden die Stabkräfte S berechnet, die gesuchte Verschiebung ist $\delta_m = \sum \bar{S} \cdot \Delta s$.

Diese Berechnung läuft darauf hinaus, daß man die Verschiebungen der Knoten c und e in Richtung g getrennt berechnet und dann die Verschiebung des Punktes m durch Zwischenschaltung ermittelt. Fällt g in die Richtung des Stabes ce selbst, dann entspricht die Verteilung nach dem Hebelgesetz der Verteilung der Dehnungen im Verhältnis der Längen p und q, die Berechnungsweise bleibt dieselbe.

5. Bei dem Dreigelenkbogen (Bild 193) ist die gegenseitige Verschiebung der Punkte $a_1 a_2$ durch irgendeine Belastung gesucht. Die Stabdehnungen Δs infolge der Belastung P seien bereits berechnet.

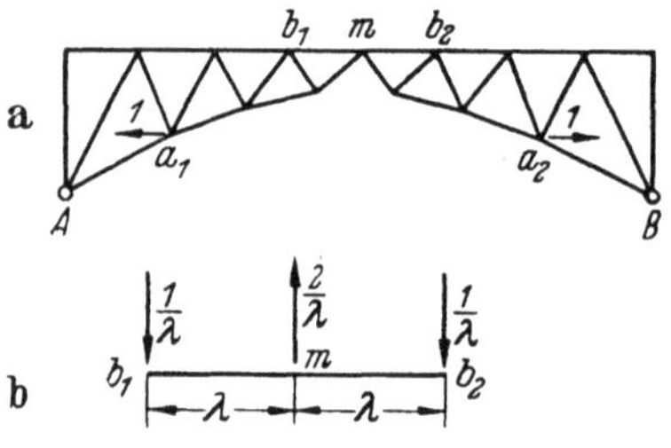

Bild 193.

Man bringt die Belastungseinheit $+1$ in den Punkten a_1 und a_2, an wie in Bild 193a angegeben und berechnet dazu die Stabkräfte S, worauf sich die Verschiebung δ_a zu $\delta_a = \sum \bar{S} \cdot \Delta s$ ergibt.

Wird die Drehung der beiden Stäbe mb_1 und mb_2 gegeneinander gesucht, dann belastet man diese beiden Stäbe mit der Belastungseinheit des Geradenpaares, also jeweils mit dem Moment 1. Diese Momente werden als Kräftepaare eingeführt, wie in Bild 193b dargestellt. Die zu dieser Belastung gehörigen Stabkräfte $\bar{S}$ werden berechnet, die Drehung ist dann: $\delta_m = \sum \bar{S} \cdot \Delta s$. Bei der Berechnung der Stabkräfte ist zu beachten, daß die Kraft $1/\lambda$ in b_2 im linken Bogenteil dieselben Stabkräfte erzeugt wie die Kraft $1/\lambda$ in b_1 im rechten Bogenteil, was die Berechnung vereinfacht.

6. Der Riegel des Rahmens Bild 194 ist gleichmäßig mit $p\ t/m$ belastet. Gesucht ist die Verschiebung des Stützpunktes B unter dem Einfluß der Momente.

Die Momentenlinie unter der Last p ist in Bild 194b dargestellt, der Pfeil der Momentenparabel ist $M_0 = \frac{1}{8} \cdot pl^2$. Die Momentenlinie unter der Belastungseinheit $P = 1$ ist in Bild 194c aufgetragen, das Moment in den Punkten C und D ist $M = 1 \cdot h$. Die Verschiebung des Punktes B ist: $\delta_B = \int\limits_0^l M \cdot h \cdot \frac{ds}{E J_r} = h \int\limits_0^l M \frac{ds}{E J_r}$.

Ist E und J_r von s unabhängig, so ist: $\delta_B = \frac{h}{E J_r} \int\limits_0^l M \cdot ds$. Das Integral läßt sich einfach auswerten, es ergibt sich: $\delta_B = \frac{1}{12} \cdot pl^2 \frac{hl}{E J_r}$.

7. Der Riegel des Rahmens Bild 195 ist durch eine Einzellast P belastet. Zu berechnen ist die Drehung δ_a des Pfostens AC.

Als Belastungseinheit wird das Moment $+1$ am Pfosten AC angebracht, hervorgerufen durch das Kräftepaar $\pm 1/h$ in den Punkten A und C, wie in Bild 195b

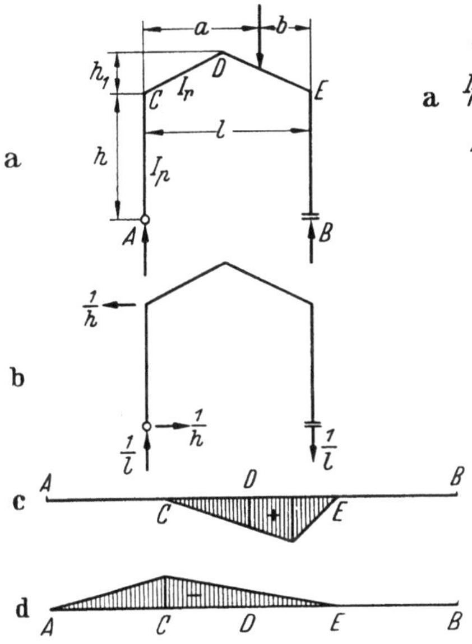

Bild 195.

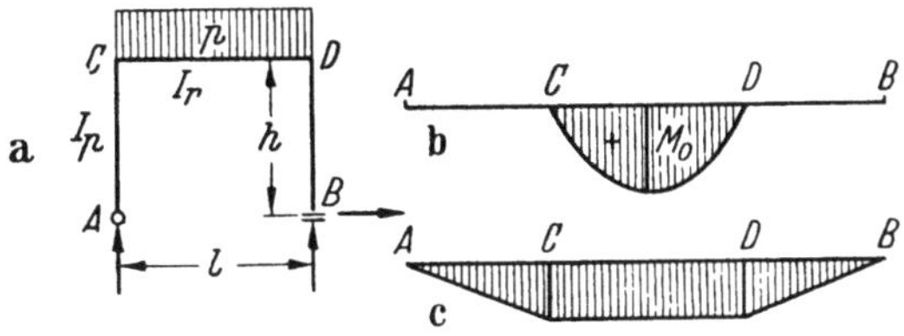

Bild 194.

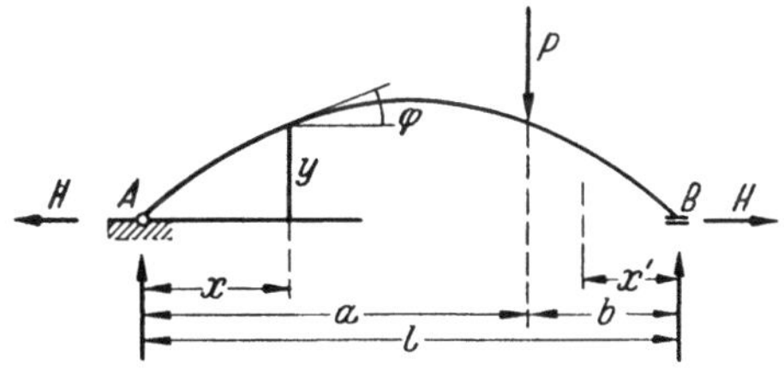

Bild 196.

dargestellt. Die Momente infolge der Belastung P und der Belastungseinheit sind in den Bildern 195c und d wiedergegeben.

Die Drehung ist gegeben durch: $E J_c \delta_a = \int \bar{M} M \frac{J_c}{J} ds$. Das Trägheitsmoment des Riegels sei von s unabhängig, es werde gewählt: $J_c = J_r$. Dann ist: $E J_r \delta_a$

$$= \int\limits_0^l \bar{M} M \cdot ds = \int\limits_0^a \bar{M} M \cdot ds + \int\limits_0^b \bar{M} M \cdot ds \quad \text{Es wird:}$$

$$-E J_r \delta_a = P \frac{ab}{l} \left(\frac{1 \cdot a \cdot a}{a \cdot 2 \cdot 3} + \frac{1 \cdot b \cdot a \cdot 2a}{a \cdot l \cdot 2 \cdot 3} + \frac{1 \cdot b \cdot b \cdot 2b}{b \cdot l \cdot 2 \cdot 3} \right) = P \frac{ab}{6l} (l + b).$$

Die Drehung ist also: $E J_r \delta_a = -P \frac{ab}{6l} (l + b)$.

8. Der Bogen Bild 196 sei mit den Kräften P und H belastet. Gesucht ist die gegenseitige Verschiebung der Punkte A und B. Der Einfluß der Lasten P und H ist getrennt zu ermitteln.

Belastungseinheit des Punktpaares A, B ist: Kraft 1 in A in Richtung BA,

Kraft 1 in B in Richtung AB. Moment und Normalkraft aus dieser Belastung sind: $M = +1 \cdot y$. $N = 1 \cdot \cos\varphi$. Die Last P erzeugt die Wirkungen:

$$M = +P\frac{b}{l} \cdot x \qquad N = -P\frac{b}{l} \cdot \sin\varphi \qquad \text{am Stabteil } AP,$$

$$M = +P\frac{a}{l} \cdot x' \qquad N = -P\frac{a}{l} \cdot \sin\varphi \qquad \text{am Stabteil } PB.$$

Die Last H erzeugt die Wirkungen:

$$M = +H \cdot y \qquad N = H \cdot \cos\varphi.$$

Die Verschiebung δ_l infolge der Last P wird:

$$EJ_c\delta_l = P \cdot \frac{b}{l}\int_0^a \frac{J_c}{J} \cdot \sec\varphi \cdot xy \cdot dx + P \cdot \frac{a}{l}\int_a^l \frac{J_c}{J} \cdot \sec\varphi \cdot x'y \cdot dx$$

$$- P \cdot \frac{b}{l}\int_0^a \frac{J_c}{F}\sin\varphi \cdot dx - P \cdot \frac{a}{l}\int_a^b \frac{J_c}{J}\sin\varphi \cdot dx.$$

Die Verschiebung δ_l infolge der Last H wird:

$\dfrac{EJ_c}{H} \cdot \delta_l = \displaystyle\int_0^s \frac{J_c}{J} \cdot y^2 ds + \int_0^s \frac{J_c}{F} \cdot \cos^2\varphi \cdot ds$ oder auf die x-Achse bezogen:

$\dfrac{EJ_c}{H} \cdot \delta_l = \displaystyle\int_0^l \frac{J_c}{J} \cdot y^2 \sec\varphi \cdot dx + \int_0^l \frac{J_c}{F} \cdot \cos\varphi \cdot dx.$ Zur weiteren Entwicklung der Gleichungen muß die Form der Bogenachse und das Gesetz für J und F gegeben sein. Man kann dann entweder die Integrationen durchführen oder die Bogenachse als Vieleck auffassen und die Integrale in Summen zerlegen.

2. Besondere Verfahren.

Mit dem eben dargelegten Verfahren kann die Formänderung eines Tragwerkes schrittweise völlig berechnet werden. Es besteht jedoch häufig die Notwendigkeit, die Verschiebungen einer ganzen Anzahl von Knotenpunkten zu berechnen, bei denen eine schrittweise Berechnung zu umständlich ist. Hierfür sind Berechnungsweisen vorhanden, welche im folgenden entwickelt werden sollen.

Gewöhnlich sind die Verschiebungen der Gurte von Tragwerken zu berechnen, welche man als Stabzüge bezeichnet. In Abschn. A werden die Biegungslinien von Fachwerkstabzügen untersucht, anschließend in Abschn. B die Biegungslinie als Momentenlinie nachgewiesen und darauf eine Berechnungsweise gegründet, das Verfahren der g-Gewichte. In Abschn. C wird die Formänderung des geraden Stabes unter verschiedenen Belastungen berechnet, was als Vorbereitung der Berechnung von Rahmenstabzügen erforderlich ist, welche in Abschn. D durchgeführt wird.

A. Fachwerkstabzüge.

171. Der Stabzug. Die Aufgabe. Eine Anzahl gerader Stäbe ist so durch Gelenke miteinander verbunden, daß jeder Stab nur mit dem vorhergehenden und dem nachfolgenden zusammenhängt. Belastungen greifen nur in den Knotenpunkten, den Gelenken an. Eine solche Kette von Stäben heißt Stabzug und da die Stäbe nur Längskräfte aufzunehmen brauchen, insbesondere Fachwerkstabzug. Ein solcher Stabzug ist beispielsweise der Untergurt, der Obergurt oder der Strebenzug eines Dreieckfachwerkes. Verwendet werden Fachwerkstabzüge im wesentlichen zur Darstellung der Formänderungen von Fachwerken, welche aus Dreiecken zusammengesetzt sind.

Die Knotenpunkte werden so, wie sie aufeinander folgen, durch Ziffern bezeichnet. Der Winkel, welchen der Stab s_m mit dem auf ihn folgenden Stab s_n bildet, heiße α_m, und zwar überführt die positive Drehung um den Winkel α_m den Stab s_m (Strecke $\overline{m, m-1}$) in den Stab s_n (Strecke $\overline{m, n}$). Sämtliche Winkel α liegen auf einer Seite des Stabzuges.

Der Stabzug ist ein Ausschnitt aus einem Fachwerk, dessen Stäbe s unter dem Einfluß der Belastung Längenänderungen Δs erleiden. Hierdurch entstehen Änderungen $\Delta \alpha$ der Winkel α und Knotenpunktverschiebungen. Die Änderungen Δs und $\Delta \alpha$ seien bekannt, die Aufgabe ist, die Verschiebungen der Knotenpunkte zu berechnen. Durch die im folgenden Abschnitt entwickelten Verfahren wird die gesonderte Berechnung der $\Delta \alpha$ umgangen.

172. Die Biegungslinie. Gegeben sind die Längenänderungen Δs und die Winkeländerungen $\Delta \alpha$ der Stäbe des Stabzuges. Der Winkel ω_m, um den sich der Stab m bei der Formänderung dreht, ist dann:

$$\omega_m = \omega_{m-1} + \Delta \alpha . \tag{184}$$

Bei dieser Gleichung ist zu beachten, daß für $\Delta \alpha$ sowohl $\Delta \alpha_{m-1}$ als auch $\Delta \alpha_m$ eingesetzt werden kann. Dies hängt davon ab, welcher Stab bei der Bestimmung des ersten Verschiebungsplanes undrehbar festgehalten wird. Zum richtigen ω muß sinngemäß das richtige $\Delta \alpha$ gewählt werden (vgl. Beispiel 1 u. 2 in Nr. 173).

Um die Verschiebung eines Knotens gegen den vorhergehenden zu ermitteln, wird wie in Nr. 149 (Bild 157) ein Verschiebungsplan gezeichnet. Die Verschiebung jedes Knotens setzt sich aus der Längenänderung Δs und der Drehung ϱ zusammen (Bild 197). Da jeder Knoten nur durch einen Stab bestimmt ist, muß die Drehung ϱ berechnet werden. Es ist:

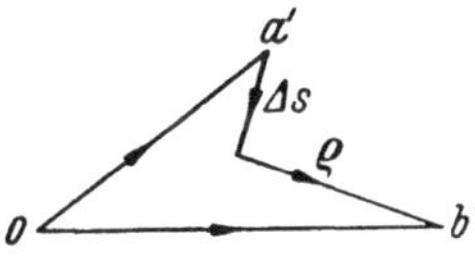

Bild 197.

$$\varrho_m = s_m \, \omega_m . \tag{185}$$

Dieser Wert läßt sich auch zeichnerisch durch ein Seileck ermitteln. Man streckt den Stabzug in eine Gerade und belastet die Knoten mit den Drehwinkeln $\Delta \alpha$. Dann gibt das mit der Polweite 1 gezeichnete Krafteck die Drehwinkel ω und das Seileck dazu die Drehungen ϱ (Bild 198).

Mit den Werten Δs und ϱ läßt sich nunmehr der Verschiebungsplan (Nr. 149) ermitteln. Der Plan wird wieder in zwei Stufen gezeichnet, indem zuerst ein beliebiger Stab festgehalten und hierzu der Verschiebungsplan bestimmt wird. Dann wird der Stabzug als starre Scheibe so gedreht, daß die Auflagerbedingungen erfüllt werden und hierzu der zweite Verschiebungsplan gezeichnet. Die Überlagerung beider Pläne gibt die wirkliche Verschiebung in der gesuchten Richtung. Aus dem Verschiebungsplan ergibt sich dann wieder die Biegungslinie und die Biegungsfläche des Stabzuges wie in Nr. 149 u. 150.

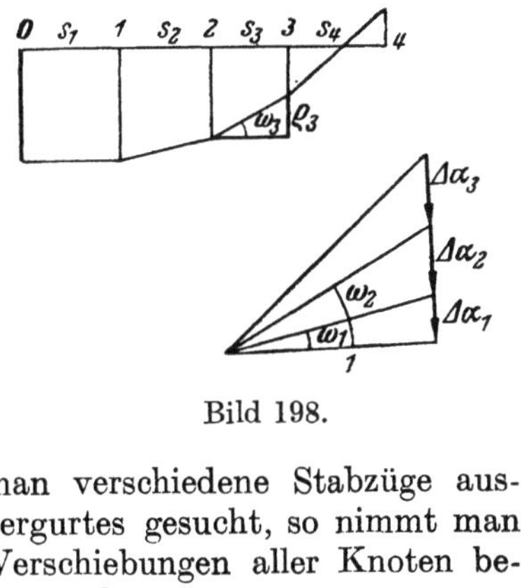

Bild 198.

Hat man die Formänderung eines Dreieckfachwerkes zu untersuchen, dann kann man verschiedene Stabzüge auswählen. Sind nur die Verschiebungen des Untergurtes gesucht, so nimmt man den Stabzug $AbdfhB$, werden dagegen die Verschiebungen aller Knoten benötigt, so benützt man den Stabzug $Aabcd\ldots B$ (Bild 199).

173. Beispiele. 1. Ein unsymmetrischer Stabzug sei im Punkte a durch ein Gelenk, im Punkte b durch eine einfache Stütze gelagert (Bild 200). Die Stabdehnungen $\varDelta s$ und die Drehungen ϱ seien bekannt, die hierdurch entstehenden Verschiebungen der Knoten sind zu bestimmen.

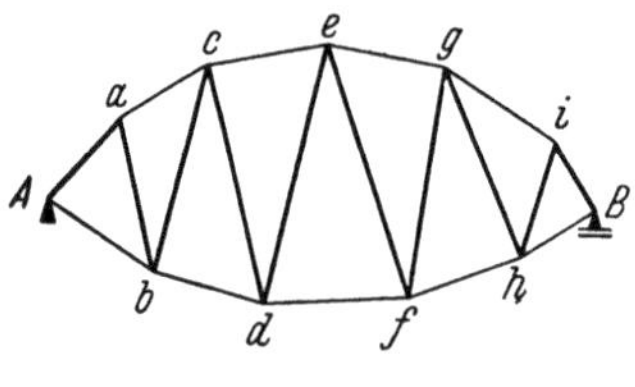

Bild 199.

Der Stabzug wird zunächst im Knoten a eingespannt gedacht, der Stab s_1 also undrehbar festgehalten, wodurch $\omega_1 = 0$ wird. Die Drehwinkel werden: $\omega_2 = \varDelta\alpha_1$, $\omega_3 = \omega_2 + \varDelta\alpha_2$ usw. Wäre z. B. der Stab s_3 festgehalten worden, dann wäre $\omega_3 = 0$ und $\omega_2 = \varDelta\alpha_2, \omega_1 = \omega_2 + \varDelta\alpha_1$, $\omega_4 = \varDelta\alpha_3$, $\omega_5 = \omega_4 + \varDelta\alpha_4$ usw. Gl. (184) ist also stets sinngemäß anzuwenden.

Aus den ω ergeben sich die $\varrho = \omega s$. Nun wird der Verschiebungsplan aufgetragen, indem vom Pol O' aus der Reihe nach die Strecken $\varDelta s_1, \varDelta s_2, \varrho_2, \varDelta s_3, \varrho_3$ usw. aneinandergereiht werden. Die Verschiebungen der Punkte 1, 2 ... für die angenommene Einspannung im Punkte a sind dann die Strecken $O'a'$, $O'1'$...

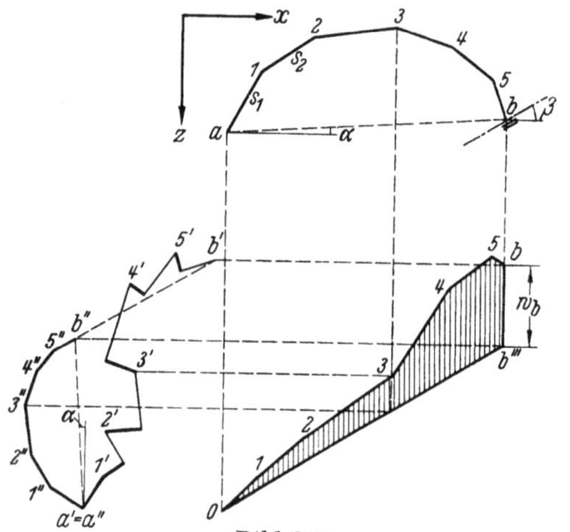

Bild 200.

Um die wirkliche Verschiebung zu erhalten, muß man den Stab s_1 und mit ihm den ganzen Stabzug als starre Scheibe in seine endgültige Lage drehen. Die zusätzlichen Verschiebungen werden in einem zweiten Verschiebungsplan ermittelt. Dabei sind folgende Bedingungen zu erfüllen:

1. der Punkt a ist unverschieblich: $O'a' = O'a'' = 0$,

2. der Punkt b verschiebt sich auf seiner Auflagerbahn,

3. die zusätzliche Verschiebung von b muß als Drehung um a normal zur Richtung ab sein. Daraus ergibt sich für den zweiten Verschiebungsplan: $a' = a''$, b'' ist der Schnittpunkt der Parallelen zur Auflagerbahn und der Normalen zur Richtung ab. Über der Strecke $a''b''$ wird der zweite Verschiebungsplan gezeichnet, welcher dem Stabzug ähnlich ist. Die Verschiebung eines Punktes m ist dann nach Größe und Richtung durch die Strecke $m''m'$ gegeben.

Ferner wurde in Bild 200 die Biegungslinie des Stabzuges in der z-Richtung aufgetragen.

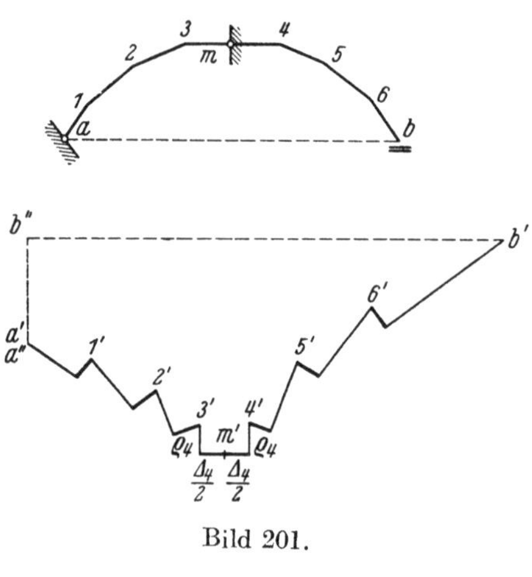

Bild 201.

2. Ein symmetrischer Stabzug (Bild 201) sei in den Punkten a und b gelagert, a ist ein Gelenk, b eine einfache Stütze. Die Stabdehnungen $\varDelta s$ und die Drehwinkel $\varDelta\alpha$ seien bekannt, gesucht ist die Verschiebung der Knotenpunkte.

Der Stabzug werde zunächst im Mittelpunkt m des Stabes 3, 4 eingespannt gedacht, wobei der Punkt m als Knoten eingeführt wird. Vom Punkte m' wird die Dehnung $\overline{m3} = \frac{\varDelta 4}{2}$ (als Verlängerung nach links) aufgetragen, ebenso die

Dehnung $\overline{m4}$ (als Verlängerung nach rechts). Die Winkel ω sind: $\omega'_4 = \Delta\alpha'_m$, $\omega_3 = \omega'_4 + \Delta\alpha_3$, $\omega_2 = \omega_3 + \Delta\alpha_2$, $\omega_1 = \omega_2 + \Delta\alpha_1$, entsprechend die nach der anderen Seite: $\omega''_4 = \Delta\alpha''_4$, $\omega_5 = \omega''_4 + \Delta\alpha_4$, $\omega_6 = \omega_5 + \Delta\alpha_5$, $\omega_7 = \omega_6 + \Delta\alpha_6$. Gl. (184) ist hier anders anzuwenden wie im ersten Beispiel, dagegen ist der weitere Verlauf der Bestimmung des Verschiebungsplanes wie dort. Die Winkel $\Delta\alpha'_m$ und $\Delta\alpha''_m$ sind beim Fachwerkstabzug Null, beim Rahmenstabzug gleich dem Drehwinkel τ' bzw. τ'' (vgl. Nr. 199, das Beispiel ist gleichzeitig für einen Rahmenstabzug).

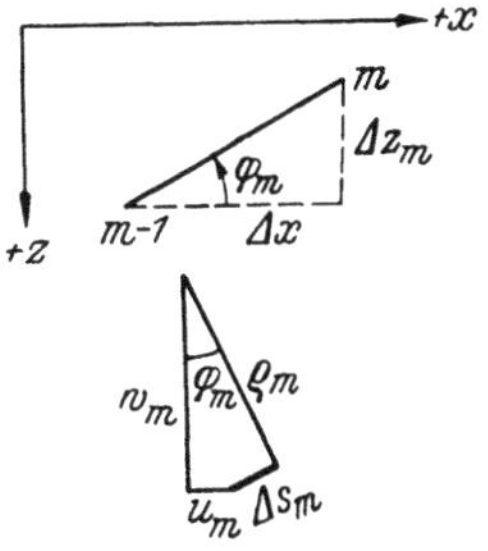

Bild 202.

174. Berechnung der Verschiebungen. Um die Verschiebungen zu berechnen, legt man ein Koordinatensystem derart, daß die $+z$-Achse in die Richtung der Verschiebungen $+w$ zeigt, wodurch auch die $+x$-Achse gegeben ist. Da vorwiegend die Wirkung von lotrechten, parallelen Kräften untersucht wird, wählt man die $+z$-Richtung von oben nach unten, die $+x$-Richtung geht dann von links nach rechts, die Knoten des Stabzuges werden von links nach rechts gezählt. Der Neigungswinkel φ_m der Stabachse des Stabes s_m ist der Winkel, welcher die $+x$-Achse durch eine positive Drehung in die Richtung $\overline{m-1, m}$ überführt. Es ist: $\Delta z = z_m - z_{m-1}$, Δs positiv, wenn Verlängerung, u, w positiv in Richtung der $+x$-, $+z$-Achse, $\operatorname{tg}\varphi = -\frac{\Delta z}{\Delta x}$, $\omega = \Delta\varphi$.

Dann ist: $w_m = \varrho_m \cdot \cos\varphi_m + \Delta s_m \cdot \sin\varphi_m$, $u_m = \varrho_m \cdot \sin\varphi_m - \Delta s_m \cdot \cos\varphi_m$ oder:

$$w_m = \omega_m \cdot \Delta x_m + \Delta s_m \cdot \sin\varphi_m \qquad u_m = \omega_m \cdot \Delta x_m - \Delta s_m \cdot \cos\varphi_m . \tag{186}$$

Dabei sind u_m, w_m die Verschiebungen des Punktes m gegen den Punkt $(m-1)$. Liegt ein Stabzug der in Bild 200 dargestellten Art vor, so ergibt sich die Verschiebung w_n, durch welche die Schlußlinie der Biegungslinie bestimmt ist, aus: $w_n \operatorname{ctg}\beta = U + (W - w_n)\operatorname{tg}\alpha$ (α und β aus Bild 200) zu:

$$w_n = \frac{U + W \cdot \operatorname{tg}\alpha}{\operatorname{tg}\alpha + \operatorname{tg}\beta} \qquad U = \sum_n u_m \qquad W = \sum_n w_m . \tag{187}$$

Zwischen u_m und w_m besteht die Beziehung:

$$u_m = w_m \operatorname{tg}\varphi_m - \Delta s_m \cdot \sec\varphi_m \tag{188}$$

175. Die Längenänderung der Stabzugsehne. Die Strecke, welche durch den ersten und den letzten Knoten eines Stabzuges bestimmt ist, heiße die Sehne des Stabzuges, ihre Länge sei l. Bei der Formänderung erleidet die Stabzugsehne eine Längenänderung Δl, welche durch die Verschiebungen u_m, w_m dargestellt werden kann.

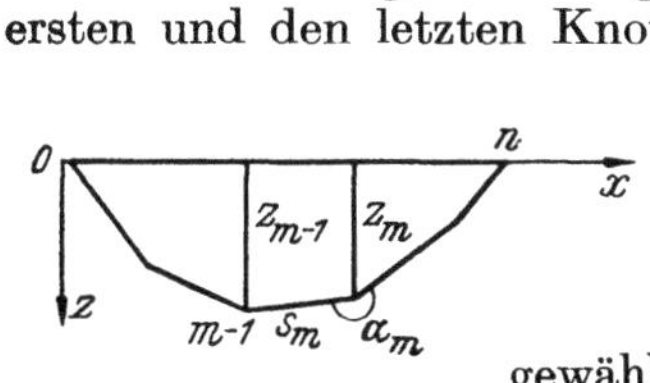

Bild 203.

Als x-Achse werde die Stabzugsehne selbst gewählt. Die Längenänderung Δs_m eines Stabes s_m gibt die Änderung $\Delta s_m \cdot \cos\varphi_m$ in Richtung der Sehne On. Die Drehung $\Delta\alpha_m$ gibt eine Verschiebung des Fußpunktes der Ordinate z um: $s \cdot \Delta\alpha \cdot \sin\alpha + (z + \Delta z)\operatorname{tg}\Delta\alpha = z \cdot \Delta\alpha$, da Produkte $(\Delta\alpha)^2$ und $\Delta z \cdot \Delta\alpha$ gegen $\Delta\alpha$ vernachlässigt werden können (Bild 204). Die Längenänderung der Stabzugsehne ist daher:

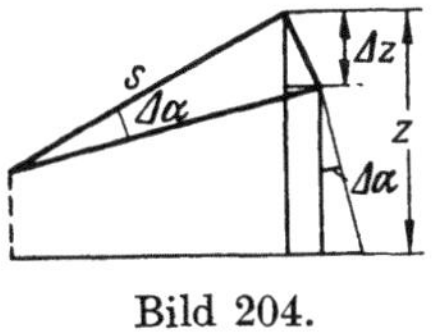

Bild 204.

$$\Delta l = \sum_1^{n-1} z_m \cdot \Delta\alpha_m + \sum_1^n \Delta s_m \cdot \cos\varphi_m . \tag{189}$$

176. Die Änderungen der Dreieckswinkel. Da die Fachwerkstabzüge hauptsächlich bei der Untersuchung von Dreieckfachwerken verwendet werden, ist häufig folgende Aufgabe zu lösen:

Gegeben sind die Längenänderungen $\varDelta s_1$, $\varDelta s_2$, $\varDelta s_3$ der Seiten s_1, s_2, s_3 eines Dreieckes 1, 2, 3, gesucht sind die hierdurch eintretenden Änderungen $\varDelta \alpha_1$, $\varDelta \alpha_2$, $\varDelta \alpha_3$ der Dreieckswinkel $\alpha_1, \alpha_2, \alpha_3$.

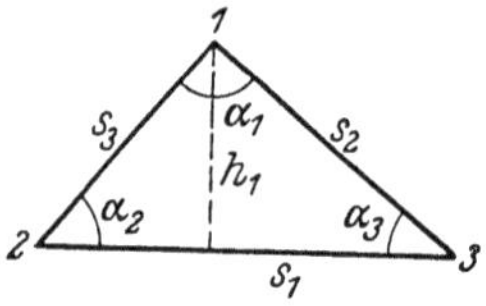

Bild 205.

Es ist: $s_1 = s_2 \cos \alpha_3 + s_3 \cos \alpha_2$, woraus: $\varDelta s_1 = \varDelta s_2 \cos \alpha_3 + \varDelta s_3 \cos \alpha_2 - s_2 \sin \alpha_3 \cdot \varDelta \alpha_3 - s_3 \sin \alpha_2 \cdot \varDelta \alpha_2$ und wegen: $\varDelta \alpha_1 + \varDelta \alpha_2 + \varDelta \alpha_3 = 0$: $\varDelta s_1 = \varDelta s_2 \cos \alpha_3 + \varDelta s_3 \cos \alpha_2 + h_1 \cdot \varDelta \alpha_1$.

Statt der Dehnungen werden nun die Stabspannungen eingeführt:

$\varDelta s_1 = \frac{\sigma_1}{E} \cdot s_1$, sowie die anderen entsprechend, womit sich ergibt:

$$\begin{aligned} E \cdot \varDelta \alpha_1 &= (\sigma_1 - \sigma_2) \operatorname{ctg} \alpha_3 + (\sigma_1 - \sigma_3) \operatorname{ctg} \alpha_2 \\ E \cdot \varDelta \alpha_2 &= (\sigma_2 - \sigma_3) \operatorname{ctg} \alpha_1 + (\sigma_2 - \sigma_1) \operatorname{ctg} \alpha_3 \qquad (190) \\ E \cdot \varDelta \alpha_3 &= (\sigma_3 - \sigma_1) \operatorname{ctg} \alpha_2 + (\sigma_3 - \sigma_2) \operatorname{ctg} \alpha_1 . \end{aligned}$$

Hierin können auch Wärmegradänderungen berücksichtigt werden. Dann ist: $\frac{\varDelta s}{s} = \frac{\sigma}{E} + \Theta t$ zu setzen oder in Gl. (190) ein erhöhter Spannungswert $\sigma = E \cdot \frac{\varDelta s}{s} + E \Theta t$ einzuführen.

B. Die Biegungslinie als Momentenlinie (Seileck).

177. Die Aufgabe. Betrachtet werde wieder eine Reihe gerader Stäbe, von welchen jeder nur mit dem vorhergehenden und dem nachfolgenden durch ein Gelenk oder eine steife Ecke verbunden ist. Die Stablängen und Winkel zwischen den Stäben erleiden unter einer gegebenen Belastung Formänderungen, welche Knotenpunktverschiebungen hervorrufen. Gesucht werden die Verschiebungen der Knotenpunkte in einer bestimmten Richtung oder mit anderen Worten: die Biegungslinie des Stabzuges für diese Richtung.

Um den Stabzug festzulegen, werde ein Koordinatensystem x, z gewählt (Bild 206), so daß die gewählte Richtung der Verschiebungen die $+z$-Richtung ist. Der Stabzug werde der bequemeren Darstellung halber ganz in den ersten Quadranten des Koordinatensystems gelegt. Ferner wird ein Augenpunkt auf der $+z$-Seite gewählt mit Blickrichtung gegen die $+x$-Achse, also in $-z$-Richtung. Die $+x$-Achse zieht dann von links nach rechts, die Knoten des Stabzuges werden von links beginnend fortlaufend gezählt.

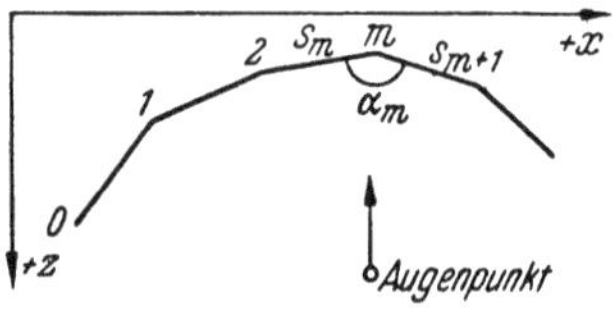

Bild 206.

Der Winkel zwischen zwei Stäben des Zuges heiße α, er liege stets auf derselben Seite des Stabzuges, gewöhnlich auf der der x-Achse abgewendeten Seite. Der Winkel $+\alpha_m$ überführt den Stab s_m durch eine positive Drehung um den Knoten m in den Stab s_{m+1}. Die Verschiebungen in der Richtung der $+x$- und der $+z$-Achse seien $+u$ und $+w$. Die Projektion der Stablänge s_m auf die x-Achse sei λ_m.

178. Die Biegungslinie als Seileck. Unter dem Stabzug sei seine Biegungslinie von einer beliebigen Schlußlinie AB aus angetragen. Diese Biegungslinie kann wie jeder Vieleckszug als Seileck zu einem Krafteck aufgefaßt werden, dessen Polstrahlen zu den Seilstrahlen parallel sind. Die Kräfte, welche in den Knoten des Stabzuges angreifen, können noch weitgehend beliebig angenommen werden, nur darf keine Kraftrichtung in die Richtung der ihr benachbarten Seilstrahlen fallen. Insbesondere werde die Biegungslinie als Seileck von Kräften g aufgefaßt, welche untereinander und zur Verschiebungsrichtung parallel sind. Zu dem Seileck wird das Krafteck mit der Polweite 1 gezeichnet, die Kraft zwischen den Polstrahlen m und $m+1$ ist g_m. Im Seileck werden durch die Punkte $m-1$ und m die Parallelen zur Schlußlinie gezogen und die Seileckseite m bis zum Schnitt mit der Ordinate w_{m+1} verlängert. Dann ergibt sich: $g_m = a_{m+1}/\lambda_{m+1}$ und $a_{m+1} = w_m - w_{m+1} + (w_m - w_{m-1}) \cdot \lambda_{m+1}/\lambda_m$. Bezeichnet Δw_m den Zuwachs der Verschiebung im Feld des Stabes s_m, dann gilt

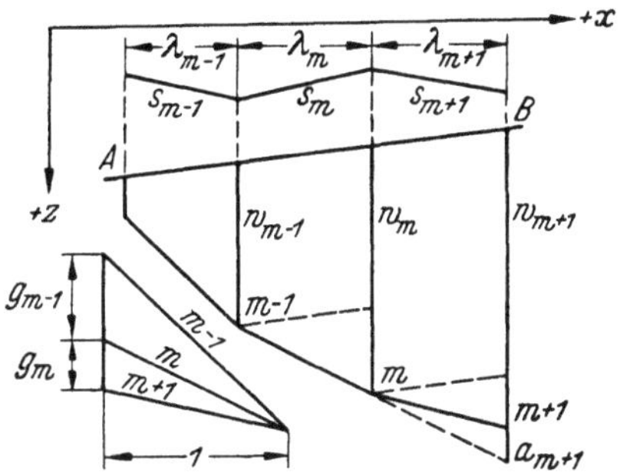

Bild 207.

$$g_m = \frac{a_{m+1}}{\lambda_{m+1}} = \frac{w_m - w_{m-1}}{\lambda_m} - \frac{w_{m+1} - w_m}{\lambda_{m+1}} = \frac{\Delta w_m}{\lambda_m} - \frac{\Delta w_{m+1}}{\lambda_{m+1}}. \qquad (191)$$

Mit dieser Kraft g_m, welche parallel zur Verschiebungsrichtung w_m ist, muß der Knoten m des Stabzuges belastet werden, damit das Seileck, dessen Krafteck die Polweite 1 hat, die Biegungslinie darstellt.

Die Kraft g_m heißt kurz *das g-Gewicht* (w-Gewicht bei MÜLLER-BRESLAU).

179. Der stellvertretende Stabzug. Zu dem gegebenen Stabzug werde nun ein weiterer hinzugefügt, derart, daß zwischen je zwei Knoten $m-1$ und m ein weiterer Knoten $m_0 - 1$ angenommen wird, welcher mit den beiden Knoten $m-1$ und m durch zwei starre Stäbe s'_m und s''_m verbunden wird. Diese Stäbe werden aneinander und an den gegebenen Stabzug durch Gelenke angeschlossen, der neue Stabzug heißt der stellvertretende Stabzug.

Die Innenwinkel des Dreiecks aus den Stäben s_m, s'_m, s''_m seien φ_m, ϑ_m, χ_m. Der Winkel zwischen zwei Stäben s_m und s_{m+1} ist wie oben angegeben α_m, der Winkel zwischen den Stäben s''_m und s'_{m+1} ist γ_m, er überführt den Stab s''_m durch positive Drehung um den Knoten m in den Stab s'_{m+1}.

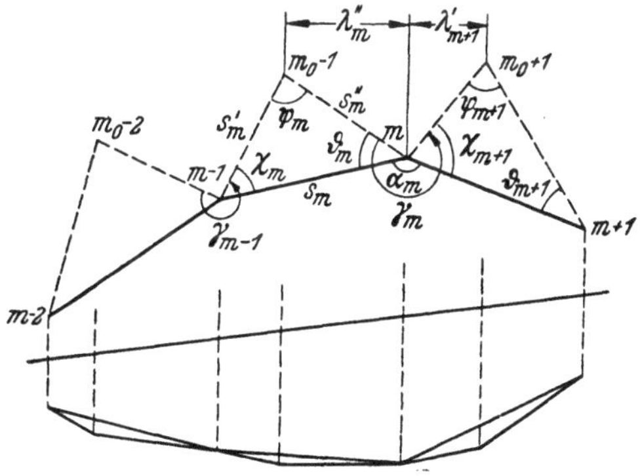

Bild 208.

Der Stabzug $m-2$, m_0-2, $m-1$, m_0-1, m, m_0+1, $m+1$ verschiebt sich mit dem Stabzug $m-2, m-1, m, m+1$, seine Biegungslinie ist der Biegungslinie des gegebenen Stabzuges umschrieben, diese ist also durch die Biegungslinie des stellvertretenden Stabzuges mitgegeben. Bei der Verschiebung ändert sich nur die Stablänge s_m, die Längen s'_m und s''_m bleiben unverändert.

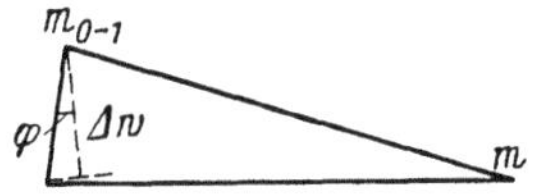

Bild 209.

Verschiebt sich der Punkt m_0-1 gegen den Punkt m um den positiven Betrag $\Delta w''_m$, dann ist die Verschiebung von m_0 normal zum Stab s''_m gleich $\Delta w''_m/\cos\varphi''_m$, wenn φ''_m der Neigungswinkel von s''_m gegen die x-Achse ist. Der Drehwinkel des Stabes s''_m ist dabei: $\dfrac{\Delta w''_m}{s''_m \cdot \cos\varphi''_m} = \dfrac{\Delta w''_m}{\lambda''_m}$. Entsprechend wird bei einer positiven Verschiebung $\Delta w'_{m+1}$ des Punktes m_0+1 gegen den Punkt m der Drehwinkel des Stabes (m, m_0+1): $-\frac{\Delta w'_{m+1}}{\lambda'_{m+1}}$. Verschieben sich beide Punkte gleichzeitig gegen m, dann ist die Summe ihrer Drehwinkel gleich der Änderung des Winkels γ, also:

$$\Delta\gamma = \frac{\Delta w''_m}{\lambda''_m} - \frac{\Delta w'_{m+1}}{\lambda'_{m+1}}.$$

Ist die Verschiebung von m bei den Relativverschiebungen $\Delta w''_m$ und $\Delta w'_{m+1}$ die Verschiebung w_m, dann ist der Wert $\Delta\gamma$ nach Gl. (191) die Kraft, welche in der Richtungslinie von w_m liegen muß, damit das Seileck zum stellvertretenden Stabzug dessen Biegungslinie darstellt, womit auch die Biegungslinie des Stabzuges gegeben ist. Es gilt also:

$$g_m = \Delta\gamma_m. \tag{192}$$

Damit ist die Berechnung des g-Gewichtes auf die Berechnung einer Winkeländerung zurückgeführt.

Es ist zu beachten, daß die Änderung $\Delta\alpha$ der Winkel α des Stabzuges nicht an Stelle der Änderung $\Delta\gamma$ gesetzt werden kann, da auf sie auch die Längenänderungen des Stabzuges von Einfluß sind. Die Winkeländerungen in dem Dreieck $(m-1, m_0-1, m)$ lassen sich mit den Gl. (190) der Nr. 176 berechnen.

Da die Längenänderungen der Stäbe $(m-1, m_0-1)$ und (m_0-1, m) Null sind, ergibt sich mit $\Delta\gamma_m = \Delta\alpha_m + \Delta\vartheta_m + \Delta\chi_{m+1}$:

$$\Delta\psi_m = \frac{\Delta s_m}{s_m}(\operatorname{ctg}\chi_m + \operatorname{ctg}\vartheta_m) \tag{193}$$

$$\Delta\gamma_m = \Delta\alpha_m - \frac{\Delta s_m}{s_m}\operatorname{ctg}\chi_m - \frac{\Delta s_{m+1}}{s_{m+1}}\operatorname{ctg}\vartheta_{m+1}. \tag{194}$$

Aus Gl. (194) kann g_m als Funktion von $\Delta\alpha_m$ ermittelt werden.

180. Die Größe der g-Gewichte. Die Winkeländerung $\Delta\gamma$, welche zu den wirklichen Teilverschiebungen gehört, entsteht an dem Tragwerk, von welchem der Stabzug ein Teil ist, unter dem Einfluß der gegebenen Belastung.

Zu dem gegebenen Tragwerk wird nun der stellvertretende Stabzug hinzugefügt. Da seine Knoten nur einfach angeschlossen sind, wird hierdurch an den statischen Werten, welche durch die wirkliche Belastung hervorgerufen werden, nichts geändert, ebenso bleibt die wirkliche Formänderung unbeeinflußt. Um nun die Winkeländerung $\Delta\gamma$ zwischen den Geraden (m, m_0-1) und (m, m_0+1) zu berechnen, wird in den Knoten m_0-1, m, m_0+1 die Belastungseinheit des Geradenpaares angebracht, im Knoten m_0-1 die Kraft $1/\lambda'_m$, nach oben, im Knoten m_0+1 die Kraft $1/\lambda'_{m+1}$ ebenfalls nach oben, im Knoten m die Kraft $1/\lambda'_m + 1/\lambda'_{m+1}$ nach unten (Bild 210). Hierauf werden die statischen Werte $\bar{Z}_a$ des gesamten Tragwerkes unter dieser Belastung ermittelt und aus ihnen und den Formänderungen Δa des Tragwerkes unter der wirklichen Belastung die mögliche Formänderungsarbeit $\bar{A}_\sigma$ gebildet. Da unter der Belastungseinheit keine Auflagerkräfte entstehen, ist $\bar{A}_\sigma = \sum \bar{Z}_a \cdot \Delta a$ und nach Gl. (180) $1\cdot\Delta\gamma = \bar{A}_\sigma$. Damit wird:

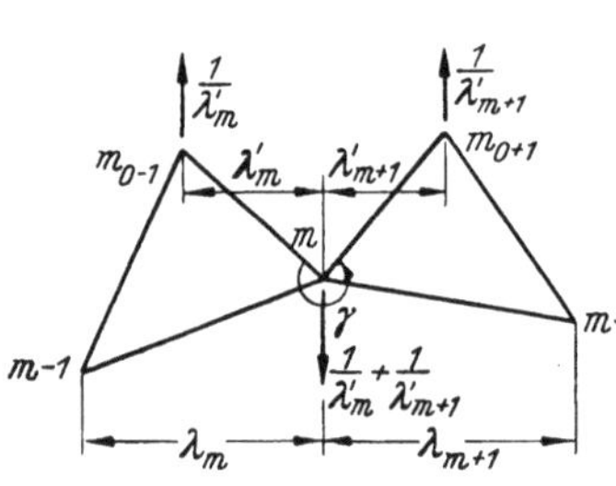

Bild 210.

$$g_m = \bar{A}_\sigma. \tag{195}$$

Das g-Gewicht ist gleich der möglichen Formänderungsarbeit. Da die Formänderungen der Stäbe des stellvertretenden Stabzuges Null sind, tragen diese Stäbe nichts zu $\bar{A}_\sigma$ bei.

Für Fachwerke gilt:

$$g_m = \sum \bar{S} \cdot \Delta s, \tag{196a}$$

wobei die Summe über sämtliche Stäbe des Fachwerkes, in welchen Stabkräfte $\bar{S}$ auftreten, zu erstrecken sind; für Rahmenwerke gilt, wenn der Einfluß der Querkräfte vernachlässigt wird:

$$g_m = \sum \int \bar{M}\, M \cdot \frac{ds}{EJ} + \sum \int \bar{N}\, N \cdot \frac{ds}{EF}. \tag{196b}$$

Die Summen erstrecken sich über sämtliche Stäbe des Rahmenwerkes, in welchen statische Werte $\bar{M}$ und $\bar{N}$ vorkommen, die Integrale über diese Stäbe.

Bei der Berechnung der möglichen Werte $\bar{M}$, $\bar{N}$ sind zwei Fälle zu unterscheiden:

a) Die mögliche Belastung (Bild 210) erzeugt nur in den Stäben s_m, s_{m+1} zwischen den drei aufeinanderfolgenden Knoten $m-1$, m, $m+1$ eines biegungsfesten Stabzuges Momente und Längskräfte. In diesem Fall können weitere Umformungen der Gl. (196b) vorgenommen werden, welche in Abschn. D entwickelt werden.

b) Der Knoten m sei ein Gelenk, so daß in den Knoten $m-1$, $m+1$ mögliche Momente entstehen können. In diesem Falle sind keine allgemeinen Umformungen möglich, vielmehr müssen sämtliche möglichen Belastungszustände durchgerechnet und ihre statischen Werte $\bar{M}$, $\bar{N}$ ermittelt werden, woraus dann nach Gl. (196b) die g-Gewichte folgen.

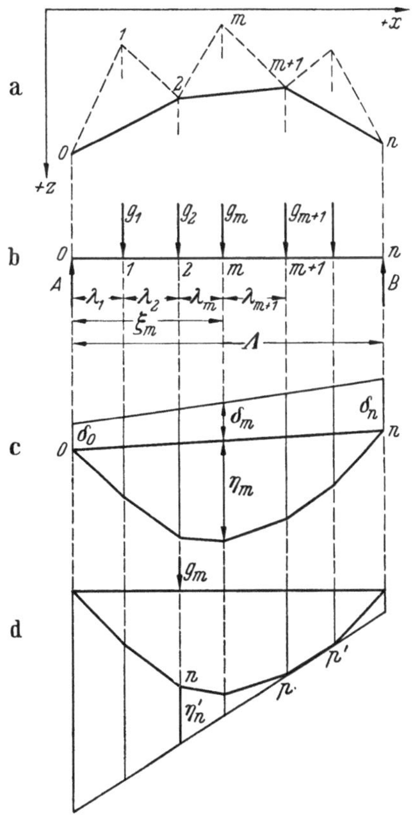

Bild 211.

181. Die Biegungslinie als Momentenlinie. Sind die g-Gewichte bekannt, dann lassen sich die Verschiebungen berechnen.

Der Stabzug wird als frei aufliegender Träger aufgefaßt, dessen bewegliches Auflager sich normal zur Durchbiegungsrichtung verschieben kann. Dieser Träger werde in den Richtungslinien der Knotenverschiebungen mit den g-Gewichten belastet, die Auflagerdrücke aus dieser Belastung seien A und B.

Die Ordinaten w der Biegungslinie werden in zwei Teile zerlegt: $w = \delta + \eta$, und zwar so, daß $\eta = 0$ ist für die beiden Knoten 0 und n. Die δ sind also der Anteil der Verschiebungen des ersten und des letzten Knotens des Stabzuges an der Verschiebung w. Da das Krafteck aus den g-Gewichten die Polweite 1 hat, ist dann η_m das Moment des einfachen Balkens unter der Belastung der g-Gewichte im Punkte m (s. Nr. 51).

Bezieht man die Momentenlinie auf eine beliebige Seileckseite pp' als Schlußlinie (Bild 211), dann ist die Ordinate η'_n das Moment aller g-Gewichte g_r ($r = p$ bis $r = n$) zwischen den Punkten p und n um den Punkt n.

Es gelten also die Gleichungen:

$$\eta_m = M_{m,g} \qquad w_m = \eta_m + (\delta_n - \delta_0)\frac{\xi_m}{\Lambda} \tag{197}$$

$$\eta'_m = M_{n,g}. \tag{198}$$

Als Stabzug ist hierbei der stellvertretende Stabzug einzuführen, für welchen die g-Gewichte berechnet wurden.

182. Besondere stellvertretende Stabzüge. Durch geeignete Wahl der stellvertretenden Stabzüge kann die Berechnung wesentlich vereinfacht werden.

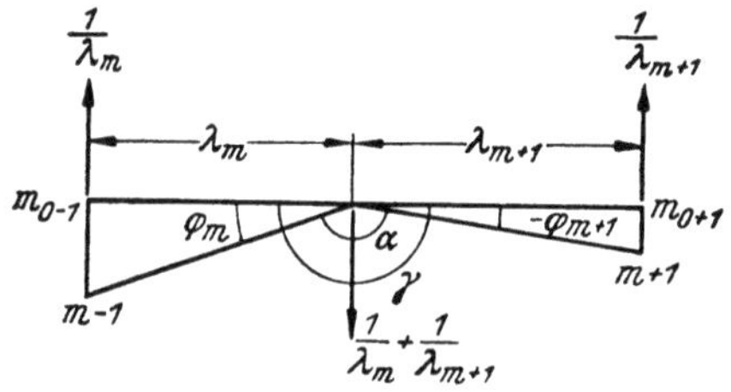

Bild 212.

a) Der wichtigste Sonderfall ist der, wenn $\gamma = \pi$, $\psi = \pi/2$ wird, die Gerade ($m_0 - 1$, $m_0 + 1$) die Richtung der x-Achse hat und die Punkte ($m_0 - 1$, $m - 1$) und ($m_0 + 1$, $m + 1$) jeweils dieselbe Abszisse haben.

Der Winkel ϑ_m wird dann zum Neigungswinkel φ_m des Stabes s_m gegen die $+x$-Achse, der Winkel χ_{m+1} zum negativen Neigungswinkel $-\varphi_{m+1}$ des Stabes s_{m+1} gegen die $+x$-Achse. Der Winkel χ_m ist $\chi_m = \frac{\pi}{2} - \varphi_m$, die Längen λ' werden gleich den Längen λ. Die Gl. (191, 194 bis 196b) bleiben formal unverändert, die Berechnung der Werte η jedoch wird wesentlich einfacher, da als Knoten des stellvertretenden Stabzuges nur die Knoten des wirklichen Stabzuges vorkommen. Auch die Berechnung der g-Gewichte vereinfacht sich, da weniger Belastungseinheiten zu berücksichtigen sind. Gl. (193 u. 194) werden:

$$\Delta\psi_m = \frac{\Delta s_m}{s_m}(\operatorname{tg}\varphi_m + \operatorname{ctg}\varphi_m)$$

$$\Delta\gamma_m = \Delta\alpha_m - \frac{\Delta s_m}{s_m}\cdot\operatorname{tg}\varphi_m + \frac{\Delta s_{m+1}}{s_{m+1}}\cdot\operatorname{tg}\varphi_{m+1}. \tag{199}$$

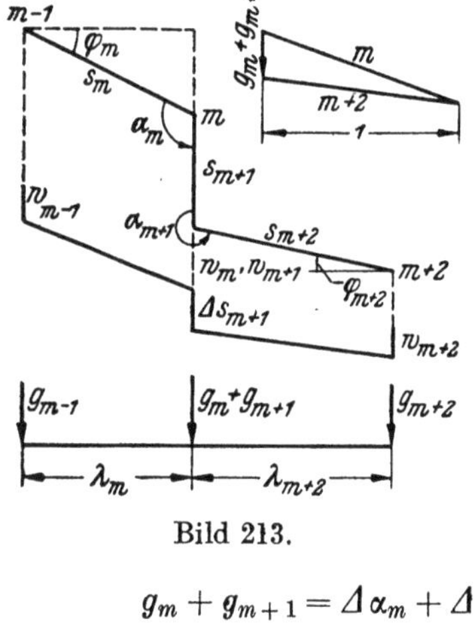

Bild 213.

Bei dieser günstigsten Art der Berechnung sind *zwei Ausnahmefälle* zu beachten: $\varphi = 0$ und $\varphi = \pi/2$. Im ersten Fall verschwindet der Einfluß des Stabes, der parallel zur x-Achse liegt [ctg χ_m oder ctg ϑ_m in Gl. (193 u. 194) werden unendlich], obwohl er durch seine Dehnung die Form der Biegelinie beeinflußt, im zweiten Fall wird in Gl. (199) $\Delta\gamma = \infty$. Für beide Fälle muß man andere stellvertretende Stabzüge wählen oder aber zwei Stäbe zu einem zusammenfassen, z. B. die Stäbe s_m und s_{m+1}. Die Verschiebung des Knotens $m+1$ ist: $w_{m+1} = w_m + \Delta s_{m+1}$. Die Polstrahlen m und $m+2$ bestimmen das g-Gewicht:

$$g_m + g_{m+1} = \Delta\alpha_m + \Delta\alpha_{m+1} - \frac{\Delta s_m}{s_m}\operatorname{tg}\varphi_m + \frac{\Delta s_{m+2}}{s_{m+2}}\operatorname{tg}\varphi_{m+2}.$$

Damit kann auch für den Ausnahmefall die Biegungslinie bestimmt werden. Werden zur Bestimmung der g-Gewichte jedoch die Gl. (194 bis 196b) verwendet, was im allgemeinen der Fall ist, dann tritt der Ausnahmefall nicht in Erscheinung. Die Berechnung wird in diesen Fällen aber umständlich (vgl. Beispiel c Nr. 232).

b) Weitere sehr einfache Werte erhält man, wenn man setzt:

1.
$$\chi = \vartheta = \frac{\pi}{4}, \qquad \psi = \frac{\pi}{2}$$

$$\varDelta \gamma_m = \varDelta \alpha_m - \frac{\varDelta s_m}{s_m} - \frac{\varDelta s_{m+1}}{s_{m+1}} \tag{200}$$

2.
$$\chi = \vartheta = -\frac{\pi}{4} \qquad \psi = \frac{\pi}{2}$$

$$\varDelta \gamma_m = \varDelta \alpha_m + \frac{\varDelta s_m}{s_m} + \frac{\varDelta s_{m+1}}{s_{m+1}}. \tag{201}$$

Welche Anordnung im Einzelfalle gewählt wird, hängt davon ab, was die größten Vereinfachungen in der Berechnung ergibt.

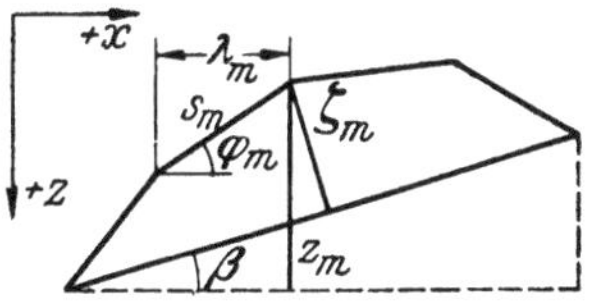

Bild 214.

183. Die Längenänderung der Stabzugsehne. Die in Nr. 175 gegebene Gleichung für die Längenänderung der Stabzugsehne kann unter Verwendung der g-Gewichte umgeformt werden.

In Gl. (189) wird der Wert von $\varDelta \alpha_m$ aus Gl. (194) eingeführt, was ergibt:

$$\varDelta l = \sum_1^{n-1} \zeta_m g_m + \sum_1^{n-1} \zeta_m \left(\frac{\varDelta s_m}{s_m} \operatorname{tg} \varphi_m - \frac{\varDelta s_{m+1}}{s_{m+1}} \operatorname{tg} \varphi_{m+1} \right) + \sum_1^{n} \varDelta s_m \cdot \cos \varphi_m' .$$

Dabei ist ζ_m die Ordinate senkrecht zur Stabzugsehne gemessen, $\zeta_m = z_m \cdot \cos \beta$ $\varphi_m' = \varphi_m - \beta$. In den zwei letzten Summen werden die Glieder mit $\varDelta s_m$ zusammengefaßt:

$$\frac{\varDelta s_m}{s_m} [(\zeta_m - \zeta_{m-1}) \operatorname{tg} \varphi_m + s_m \cos (\varphi_m - \beta)]$$

$$= \frac{\varDelta s_m}{s_m} [\lambda_m (\operatorname{tg} \varphi_m - \operatorname{tg} \beta) \operatorname{tg} \varphi_m \cdot \cos \beta + s_m \cos (\varphi_m - \beta)]$$

$$= \frac{\varDelta s_m}{s_m} [s_m \cdot \sin (\varphi_m - \beta) \cdot \operatorname{tg} \varphi_m + s_m \cos (\varphi_m - \beta)] = \varDelta s_m \cdot \frac{\cos \beta}{\cos \varphi_m},$$

womit:

$$\varDelta l \cdot \sec \beta = \sum_1^{n-1} z_m g_m + \sum_1^{n} \varDelta s_m \cdot \sec \varphi_m . \tag{202}$$

Bei dieser Gleichung ist ebenfalls der Ausnahmefall $\varphi_m = \pi/2$ zu beachten. Die Schwierigkeit wird durch Einführung eines stellvertretenden Stabzuges umgangen.

184. Die vollständigen Verschiebungen. Ist die Biegungslinie bekannt, so kann aus ihr auch die vollständige Verschiebung eines Punktes berechnet werden. Man kann zunächst die Biegungslinien für zwei verschiedene Richtungen ermitteln, wodurch man die Verschiebungen w' und w'' nach zwei Richtungen 1 und 2 erhält. Sind $m m_1$ und $m m_2$ diese Verschiebungen w' und w'', dann errichtet man in m_1 und m_2 die Normalen auf $m m_1$ und $m m_2$. Der Schnittpunkt m' dieser Normalen bestimmt die vollständige Verschiebung $m m'$ des Punktes m. Die eine der beiden Richtungen 1 und 2 ist gewöhnlich vorgeschrieben (Kraftrichtung), die andere kann dann so gewählt werden, daß kein Ausnahmefall (s. Nr. 182) eintritt (Bild 215).

Ist das Tragwerk ein Fachwerk, dann ermittelt man bei bekanntem w die zweite Teilverschiebung u aus Gl. (188).

Ebenfalls für Fachwerke kann man auch die Lösung benutzen, welche in Nr. 160 für diese Aufgabe gegeben wurde, dort allerdings nur für Stäbe ohne Längenänderung, was aber in der Lösung keine Änderung bedingt. Man zeichnet zu der Biegungslinie den Verschiebungsplan des Stabzuges nach dem Verfahren von Abschn. A und erhält hieraus die vollständigen Verschiebungen.

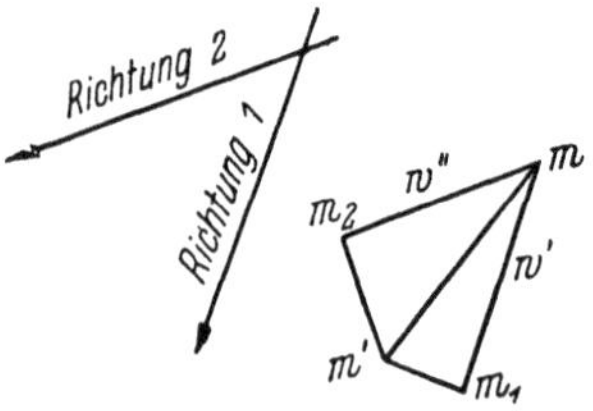

Bild 215.

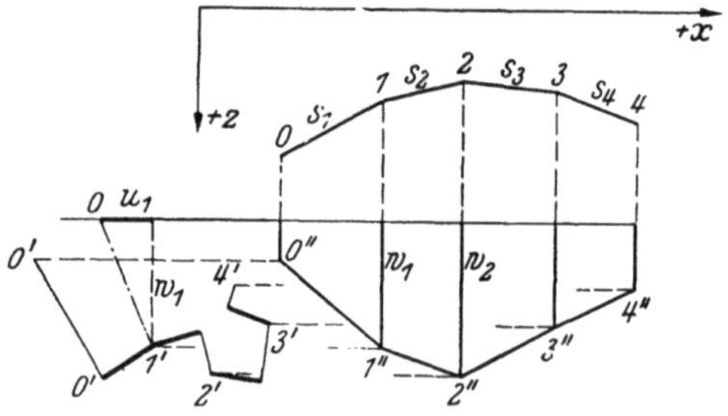

Bild 216.

Gegeben sei z. B. der Stabzug 0, 1, 2, 3, 4, dessen Biegungslinie 0″, 1″, 2″, 3″, 4″ bezogen auf die zur x-Achse parallele Schlußlinie bekannt sei. Ferner sei die Verschiebung u_1 des Punktes 1 bekannt. Man trägt von einem Pol O auf der Schlußlinie die Verschiebungen $u_1 w_1$ an und erhält den Punkt 1′. Die Strecke $O\,1'$ gibt nach Größe und Richtung die vollständige Verschiebung des Punktes 1 an. In 1′ trägt man nun nach Größe und Richtung die Längenänderung $\Delta\,2$ des Stabes s_2 an und errichtet im Endpunkt von $\Delta\,2$ die Normale, welche auf der Parallelen zur x-Achse durch 2″ den Punkt 2′ bestimmt. Der Verschiebungsplan wird auf diese Weise fortgesetzt bis zum Punkt 4′ und nach der anderen Seite bis 0′. Die Strecken Om' geben nach Größe und Richtung die vollständigen Verschiebungen der Knotenpunkte an.

Will man die vollständigen Verschiebungen eines Tragwerkes aus einer Biegungslinie eines Stabzuges ermitteln, dann müssen für die Stäbe des stellvertretenden Stabzuges, welche in die Richtung der Verschiebung der Biegungslinie fallen, noch die Werte ϱ nach Gl. (185) berechnet werden. Will man diese Rechenarbeit vermeiden, dann ist der stellvertretende Stabzug so zu wählen, daß er keine Stäbe in Richtung der Verschiebungen der Biegungslinie enthält.

Ferner ist zu beachten, daß bei Auftragung der Biegungslinien und Stabzüge immer die richtige Reihenfolge und das richtige Vorzeichen eingehalten wird.

185. Einflußlinien. Biegungslinien werden am häufigsten gebraucht bei der Berechnung mehrfach standfester Tragwerke und hier vor allem bei der Berechnung von Einflußlinien. Die Einflußlinie kann nämlich als Biegungslinie aufgefaßt werden, wie sich leicht zeigen läßt.

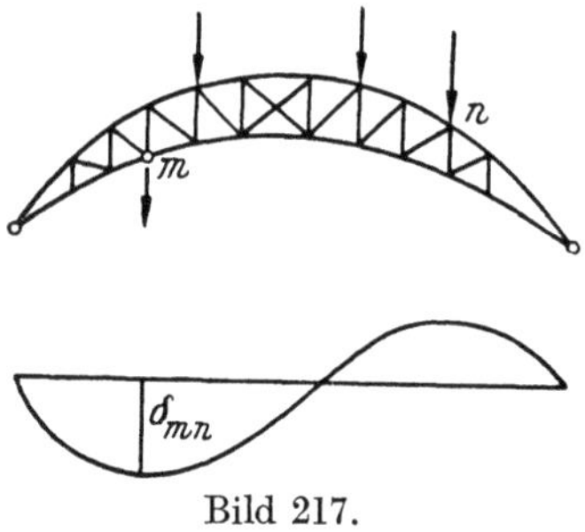

Bild 217.

Gegeben sei ein Fachwerk, an welchem eine Reihe paralleler Lasten im Obergurt angreifen. Gesucht ist die Verschiebung des Knotenpunktes m unter der Belastung.

Man belastet das Fachwerk im Knoten m mit der Last $P = +1$ und berechnet die Stabkräfte S und die zugehörigen Formänderungen Δs. Aus diesen Werten bestimmt man die Biegungslinie des Obergurtes. Die Ordinaten dieser Biegungslinie seien δ, und zwar ist δ_{nm} die Verschiebung im Punkte n durch die Last $P = +1$ im Punkte m. Nach dem Satz von Maxwell ist $\delta_{mn} = \delta_{nm}$, d. h. δ_{nm} ist auch die Verschiebung im Punkte m durch die Last $P = +1$ im Punkte n.

Das besagt aber, daß die Biegungslinie die Einflußlinie für die Verschiebung des Punktes m ist.

Diese Überlegung gilt ebenso für Rahmenwerke, es gilt also für *beliebige Tragwerke*:

Die Einflußlinie der Verschiebung eines Punktes m ist die Biegungslinie des Stabzuges, über welchen die Last wandert. Die Biegungslinie des Stabzuges wird dabei hervorgerufen durch die Last 1 *im Punkte m. Die Richtung der Verschiebungen und der Kräfte ist diejenige dieser Last* 1. *Die Last kann dabei eine Kraft oder ein Moment sein, die Verschiebung eine Parallelverschiebung oder eine Drehung.*

Ist δ_{rm} die Ordinate der Einflußlinie der Verschiebung im Punkte m, so ist die gesamte Verschiebung des Punktes m unter dem Einfluß von n parallelen Kräften P_r in deren Richtung: $\delta_m = \sum_1^n P_r \cdot \delta_{rm}$. Diese Gleichung gilt für beliebige Belastung, P kann auch ein Moment sein, die zugehörige Verschiebung eine Drehung.

186. Einflußzahlen. Sind die Lasten nicht parallel untereinander und zur Verschiebungsrichtung, dann wird die Biegungslinie zweckmäßig nicht mehr verwendet.

Gesucht werde beispielsweise die waagerechte Verschiebung δ_x des Knotens m infolge des Einflusses beliebig gerichteter Lasten. Man zeichnet mit der Last $P_m = +1$, welche die Richtung von δ_x hat, den Verschiebungsplan oder berechnet die Verschiebungen u, w der Knoten. Für den Knoten n ergebe sich dabei die Verschiebung $n''n'$, deren Teilverschiebung in Richtung der Kraft P_n gleich δ_{nm} ist. Nach dem MAXWELLschen Satz gilt wieder $\delta_{nm} = \delta_{mn}$, d. h. die Verschiebung des Punktes m in der Richtung w durch die Last $P_n = 1$ ist gerade so groß wie die Verschiebung des Punktes n in Richtung von P_n infolge der Kraft $P_m = 1$ in Richtung x. Der Verschiebungsplan ist hier zweckmäßiger als zwei Biegungslinien, da er die Zerlegung der Verschiebungen nach den Richtungen der Kräfte P_r bequemer gestattet.

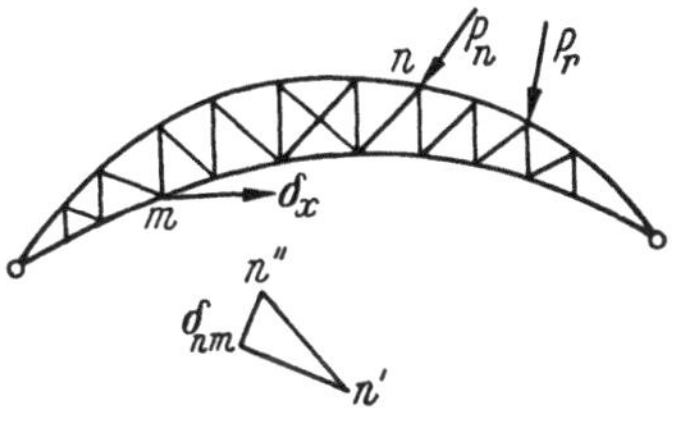

Bild 218.

Die Verschiebung δ_x infolge einer Reihe Kräfte P_r wird wieder:

$$\delta_x = \sum_1^n P_r \, \delta_{rm} \, .$$

Die Größen δ_{rm}, welche untereinander nicht parallel sind und daher nicht durch eine Einflußlinie dargestellt werden können, heißen *Einflußzahlen* der Lasten P_r bezüglich der Verschiebung δ_x.

Das Verfahren gilt für beliebige Tragwerke und beliebige Belastungen.

187. Beispiele. 1. Für ein Dreieckfachwerk mit fortlaufendem Strebenzug ($\cos \varphi_r \neq 1$) soll die Biegungslinie für beide Gurte bestimmt werden. Die zur Berechnung der g notwendigen Belastungseinheiten sind in Bild 219 eingetragen.

Es bezeichne: u_0 die Länge des dem Knoten o gegenüber liegenden Untergurtstabes, o_u jene des dem Knoten u gegenüber liegenden Obergurtstabes, d die Länge der Streben, h_r die parallel der z-Achse gemessene Höhe des Fachwerks im Punkte r, φ der Neigungswinkel der Strebe gegen die x-Achse, $\cos \varphi_r = \lambda_r / d_r$ (die übrigen Bezeichnungen Bild 219).

Die Längen u, o, d, h sind als Längen mit ihrem absoluten Wert, also stets positiv einzusetzen. Das Koordinatensystem ist so zu wählen, daß das gesamte Tragwerk im ersten Quadranten ($+x$, $+z$) liegt. Die Größe λ_r ist ein algebraischer Wert, also stets mit ihrem Vorzeichen einzuführen. Das Vorzeichen von β und γ

(beides stets der spitze Winkel) ist gleichgültig, da stets nur $\sec\beta$ und $\sec\gamma$ gebraucht wird. Das Vorzeichen von $\cos\varphi_r$ und $\sec\varphi_r$ ist gleich dem Vorzeichen von λ_r. Das Vorzeichen der Kräfte der Belastungseinheit $1/\lambda$ ist gleich dem Vorzeichen von λ. Die positive Richtung von $1/\lambda_r$ ist die $-z$-Richtung, die Richtung von $1/\lambda_r + 1/\lambda_{r+1}$ bestimmt sich aus der Gleichgewichtsbedingung. Unter Berücksichtigung dieser Vorzeichenregeln ist es gleichgültig, ob der Punkt $r-1$ rechts oder links vom Punkt r liegt. Zu beachten ist, daß die g-Gewichte stets in der richtigen Reihenfolge g_{r-1}, g_r, g_{r+1} aufeinander folgen, sowohl im Krafteck als auch im Seileck.

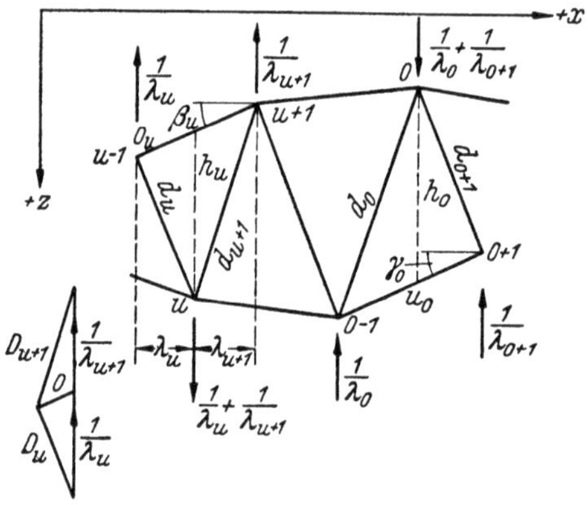

Bild 219.

Für ein g-Gewicht g_u im Punkte u des Untergurtes ergibt das Krafteck als einzige Stabkräfte:

$$\bar{O}_u = -\frac{\sec\beta_u}{h_u} \qquad \bar{D}_u = \frac{\sec\varphi_u}{h_u} \qquad \bar{D}_{u+1} = \frac{\sec\varphi_{u+1}}{h_u},$$

für ein g-Gewicht g_0 im Punkte o des Obergurtes:

$$\bar{U}_0 = +\frac{\sec\gamma_0}{h_0} \qquad \bar{D}_0 = -\frac{\sec\varphi_0}{h_0} \qquad \bar{D}_{0+1} = -\frac{\sec\varphi_{0+1}}{h_0}.$$

Die g-Gewichte werden damit:

$$g_u = \frac{1}{h_u}(-\Delta o_u \cdot \sec\beta_u + \Delta d_u \cdot \sec\varphi_u + \Delta d_{u+1} \cdot \sec\varphi_{u+1})$$

$$g_0 = \frac{1}{h_0}(+\Delta u_0 \cdot \sec\gamma_0 - \Delta d_0 \cdot \sec\varphi_0 - \Delta d_{0+1} \cdot \sec\varphi_{0+1}).$$

Die Werte Δo, Δu, Δd bestimmen sich aus der gegebenen Belastung, Wärmegradänderung, Stützenverschiebung, sie sind mit ihren Vorzeichen einzusetzen.

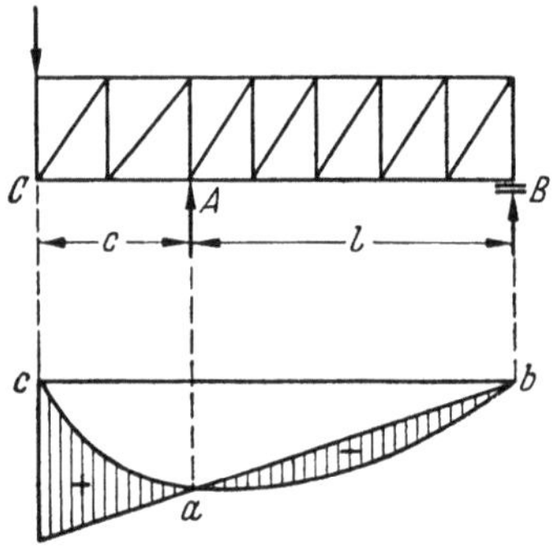

Bild 220.

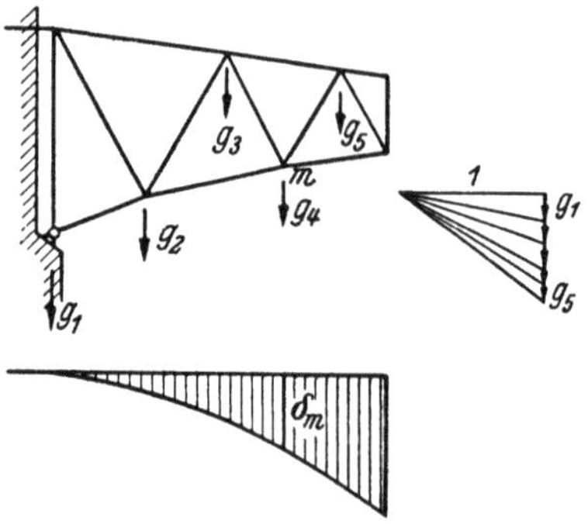

Bild 221.

2. Die Biegungslinie des Obergurtes des Fachwerkes Bild 220 unter der angegebenen Belastung ist zu zeichnen.

Man berechnet die Stabkräfte S und die Stabdehnungen Δs des Fachwerkes unter der angegebenen Belastung und berechnet nach Beispiel 1 die g-Gewichte. Dann belastet man den auf den Stützen C und B frei aufliegenden Träger mit diesen g-Gewichten und ermittelt die Momentenlinie cab zu dieser Belastung.

Der Punkt A wird festgehalten, ebenso Punkt B, daher geht die Schlußlinie durch die Schnittpunkte a, b der Momentenlinie mit den Auflagersenkrechten in A und B. Die gesuchte Biegungslinie ist damit gefunden.

3. In Beispiel 2 ist bereits ein Tragwerk mit Kragarm behandelt. Der Kragarm allein wird ganz entsprechend berechnet. Die zur gegebenen Belastung gehörigen g-Gewichte seien bereits berechnet. Hierauf zeichnet man zu dem Krafteck der g-Gewichte das Seileck mit der Polweite 1. Die Durchbiegung im Punkte m ist dann $\delta_m = M_{g,m}$. Zweckmäßig legt man die Schlußlinie des Seilecks waagerecht, wodurch sich die Biegungslinie besonders übersichtlich ergibt.

4. Erstreckt sich ein Balken über mehrere Felder und ist die Momentenlinie M aus den Belastungen bekannt, dann werden die Ordinaten der Biegungslinie wieder berechnet als Momente aus der Belastung g des frei aufliegenden Trägers AB. Die Schlußlinie der Biegungslinie muß aber die Auflagerbedingungen über

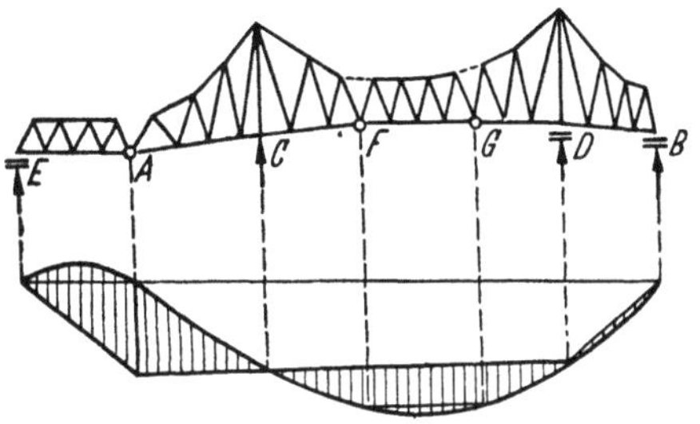

Bild 222.

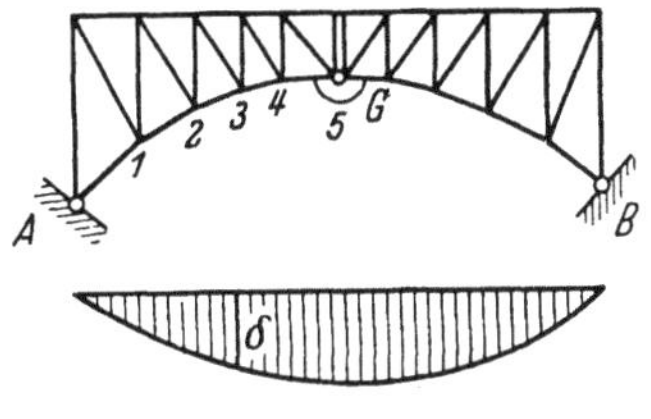

Bild 223.

den Auflagern C und D erfüllen, bei unverschieblichen Auflagern muß also $\delta_A = \delta_B = 0$ sein. Die Biegungslinien für die Einhängeträger EA und FG ergeben sich ganz entsprechend.

Man löst die Aufgabe zweckmäßig, wenn man zuerst den Träger AB mit den Momenten M_0 betrachtet und den Einfluß der Stützenmomente M_C, M_D gesondert berechnet.

5. Beim Dreigelenkbogen Bild 223 ergibt sich die Schwierigkeit, daß die Winkeländerung $\Delta\alpha_5$ gesondert berechnet werden muß. Dies geschieht mit Gl. (184), da für die Längenänderung der Sehne AB eine Bedingung vorgeschrieben ist, etwa $\Delta l = 0$. Ist dann $\Delta\alpha_5$ bekannt, dann kann die Biegungslinie des Untergurtes als Momentenlinie der g-Gewichte des frei aufliegenden Balkens AB gezeichnet werden. Die Biegungslinie des Obergurtes ergibt sich aus jener des Untergurtes, da beide sich um die Längenänderung Δh der Pfosten unterscheiden.

188. Dehnungs- und Drehungsgewichte. Ein Gegenstück zu den g-Gewichten sind die Dehnungs- und Drehungsgewichte der Stabzüge. Ist $\varepsilon = \frac{\Delta l}{l}$ die Dehnung eines Stabes, α der Winkel zwischen zwei Stäben des Stabzuges, das Koordinatensystem wie in Bild 200, dann gilt:

Das Dehnungsgewicht g_ε des Knotens k ist die Differenz $\varepsilon_k - \varepsilon_{k-1}$ der Dehnungen ε der in k zusammenstoßenden Stäbe des Stabzuges. Es wird als Kraft aufgefaßt, deren Richtung normal zur Tragwerksebene steht, wobei die positive Richtung vom Betrachter gegen diese Ebene geht.

Die Verschiebung des Knotens n gegen den Knoten 1 ist dann gegeben durch:

$$u = -\sum_1^n g_\varepsilon x \qquad w = -\sum_1^n g_\varepsilon z. \tag{203}$$

Nun ist $g_\varepsilon \cdot x$ das Moment des Dehnungsgewichtes um die x-Achse, die Verschiebungen sind also:

$$u = -M_{x\varepsilon} \qquad w = -M_{z\varepsilon}. \tag{204}$$

Die Winkeländerung $\Delta\alpha$ bezeichnet man als das Drehungsgewicht g_a:

Das Drehungsgewicht g_a des Knotens k ist die Änderung des Winkels α zwischen zwei aufeinanderfolgenden Stäben des Stabzuges. Es wird als Kraft aufgefaßt, deren Richtung normal zur Tragwerksebene steht, wobei die positive Richtung vom Betrachter gegen diese Ebene geht.

Die Drehung des Stabes $n-1$ gegen den Stab 1, wenn die Winkel α sich ändern, ist dann gegeben durch die Teilverschiebungen des Punktes n gegenüber Punkt 1:

$$u = +\sum_1^n g_a z \qquad w = -\sum_1^n g_a x \tag{205}$$

$g_a z$ ist das Moment des Gewichtes g_a um die z-Achse, es gilt also:

$$u = +M_{za} \qquad w = -M_{xa}. \tag{206}$$

Die Dehnungs- und Drehungsgewichte für die Einheit der Belastung sind nur von den Abmessungen des Tragwerks abhängig, behalten also für jeden Belastungsfall denselben Wert, während die g-Gewichte noch von der Belastung abhängig sind. Trotzdem wird die Berechnung von Tragwerken mit den Dehnungs- und Drehungsgewichten, welche mitunter auch als elastische Gewichte bezeichnet werden, rasch ziemlich umständlich, so daß sie nur wenig verwendet werden. Der Unterschied zwischen dem Verfahren der g-Gewichte und dem der elastischen Gewichte entspricht dem von Kraft- und Formänderungsverfahren. Die elastischen Gewichte werden vorteilhaft bei der Berechnung von Rahmenwerken verwendet, wo das Verfahren allerdings zum Formänderungsverfahren weiterentwickelt werden muß.

Das Verfahren der elastischen Gewichte wird daher hier nicht weiter behandelt.

C. Die Formänderung des geraden Stabes.

189. Die Grundgleichungen. Die Formänderung des geraden Stabes wurde bereits früher behandelt und die Grundgleichungen (76 bis 79) in Nr. 62 zusammengestellt. Danach ist:

die Krümmung infolge der Biegungsmomente: $\varkappa = \dfrac{M}{EJ}$

„ „ „ „ Querkraft: $\varkappa' = \dfrac{Q}{GF_q}$

die Dehnung: $\varepsilon = \dfrac{N}{EF}$

wobei vorausgesetzt ist, daß die Lastebene eine Symmetrieebene des Balkens ist. Ist dies nicht der Fall, so muß noch eine Verwindung $\Delta\Omega$ berücksichtigt werden.

Im folgenden soll die Formänderung des geraden frei aufliegenden Balkens näher betrachtet werden. Für den Kragträger gelten ganz ähnliche Entwicklungen.

190. Die Biegungslinie bei stetiger Belastung. Gegeben ist ein einfacher Balken mit stetiger lotrechter Belastung p. Die Stabachse des Balkens liege waagerecht, die Auflagerdrücke A und B sowie die Momentenlinie M seien bekannt. Dann ist die Krümmung der Stabachse an irgendeiner Stelle x durch die Momente allein: $\varkappa = \dfrac{M}{EJ}$. Der Neigungswinkel τ der Tangente gegen die x-Achse ist gegeben durch: $\operatorname{tg}\tau = -\operatorname{tg}\alpha = -\dfrac{dz}{dx}$. Bei positivem $d\tau$, also wachsendem τ, wird $\dfrac{dz}{dx}$ kleiner, daher ist $\dfrac{d^2z}{dx^2}$ negativ. Das Vorzeichen der Krümmung wurde in Nr. 65 als positiv festgesetzt, wenn ein positives Moment am rechten Endquerschnitt, also am linken Schnittufer bei festgehaltenem linken Ende konvex nach unten biegt. Die positive Krümmung $\varkappa = \frac{d\tau}{ds}$ ist daher in den Koordinaten x, z gegeben durch:

$$\varkappa = -\frac{z''}{(1+z'^2)^{3/2}} \qquad \left(z' = \frac{dz}{dx} \qquad z'' = \frac{d^2z}{dx^2}\right).$$

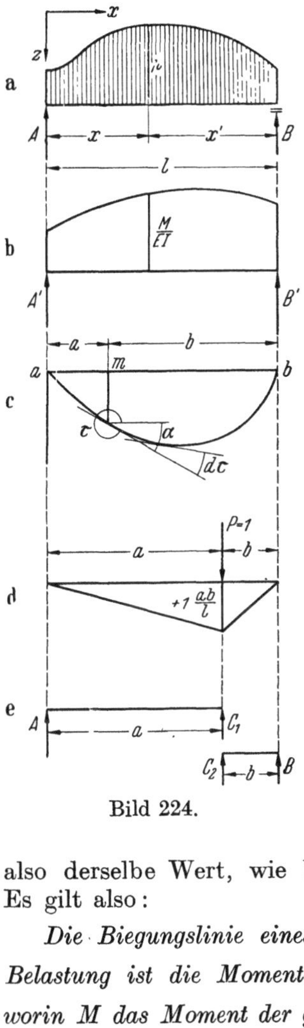

Bild 224.

Bei sehr schwachen Durchbiegungen, wie sie ausschließlich betrachtet werden, ist z' sehr klein, so daß z'^2 vernachlässigt werden kann. Es kann daher gesetzt werden: $\varkappa = -z''$. Dabei ist z die Ordinate der Biegungslinie des Balkens, so daß die Differentialgleichung dieser Kurve wird:

$$\frac{M}{EJ} = -z''. \tag{207}$$

Die Gleichung der Momentenlinie ist: $\frac{d^2M}{dx^2} = -p$. Man sieht hieraus, daß die Biegungslinie sich zur Momentenlinie verhält wie die Momentenlinie zur Belastungslinie.

Die Durchbiegung $z = \delta_m$ ergibt sich aus der Hauptgleichung. Das Moment aus der Belastungseinheit auf der Strecke am ist: $\frac{b}{l} \cdot x$ (Bild 224), das Moment auf der Strecke bm ist: $\frac{a}{l} \cdot x'$. Bezeichnet $M' = \frac{M}{EJ}$, so wird die Durchbiegung:

$$z_m = \delta_m = \frac{a}{l}\int_b^m M'\,x'\,dx + \frac{b}{l}\int_a^m M'\,x \cdot dx.$$

Es ist dabei gleichgültig, ob das Moment M aus stetig verteilter Last oder aus Einzellasten herrührt.

Wird der Balken mit $p_1 = -M' = -\frac{M}{EJ}$ belastet, dann ist das Moment hieraus im Punkte m:

$$\frac{a}{l}\int M'\,x'\,dx + \frac{b}{l}\int M'\,x \cdot dx,$$

also derselbe Wert, wie bereits aus der Differentialgleichung oben gefolgert. Es gilt also:

Die Biegungslinie eines einfachen frei aufliegenden Balkens unter gegebener Belastung ist die Momentenlinie des Balkens unter der Belastung $p_1 = -\frac{M}{EJ}$, *worin M das Moment der gegebenen Belastung bezeichnet.*

Dieser Satz kann auch unmittelbar mit den Drehungsgewichten abgeleitet werden.

Eine andere Deutung der Durchbiegung δ_m ist folgende. Der Balken AB wird in zwei einfach aufliegende Balken AC_1 und AC_2 zerlegt und diese mit p_1 belastet (Bild 224e). Die Auflagerdrücke C_1 und C_2 sind: $C_1 = \frac{1}{a}\int_0^a M'\,x \cdot dx$, $C_2 = \frac{1}{b}\int_0^b M'\,x'\,dx$. Die Durchbiegung δ_m ist dann: $\delta_m = \frac{a^2}{l} \cdot C_1 + \frac{b^2}{l} \cdot C_2$.

191. Die Biegungslinie bei Einzellasten. Gegeben ist ein frei aufliegender Balken, welcher durch eine Anzahl senkrechter Einzellasten P belastet ist. Die

Stabachse liegt waagerecht. Drei aufeinanderfolgende Einzellasten seien P_{m-1}, P_m, P_{m+1} mit den Abständen λ_m, λ_{m+1}. Die Momentenlinie des Balkens sei bekannt, es sei wieder: $M' = M/EJ$. Die Linie der M' verläuft geradlinig zwischen den Punkten $m-1$, m, $m+1$. Die Ordinaten der Biegungslinie seien in den Punkten $m-1$, m, $m+1$ bzw. z_{m-1}, z_m, z_{m+1}. Gesucht ist die relative Verschiebung des Punktes m gegen die Punkte $m-1$, $m+1$.

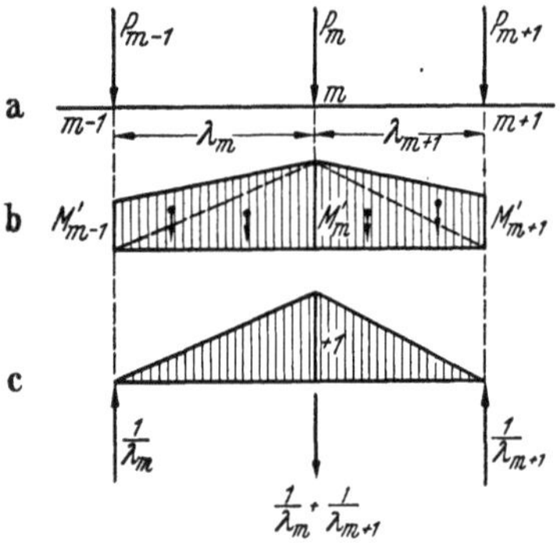

Bild 225.

Als Maß dieser relativen Verschiebung werde gesetzt:

$\tau = -\frac{z_{m-1}}{\lambda_m} + \frac{z_m}{\lambda_m} + \frac{z_m}{\lambda_{m+1}} - \frac{z_{m+1}}{\lambda_{m+1}}$. Der Wert $\frac{z_m - z_{m-1}}{\lambda_m}$ ist die Drehung der Strecke $\overline{m, m-1}$ gegen ihre ursprüngliche Lage, der Wert $\frac{z_m - z_{m+1}}{\lambda_{m+1}}$ die entsprechende Drehung der Strecke $\overline{m, m+1}$, der Gesamtwert τ die Drehung der Geraden $\overline{m, m-1}$ gegen die Gerade $\overline{m, m+1}$. Die Momente werden durch die in Bild 225c angegebenen Einzellasten gebildet, die Momentenlinie ist ebenfalls dort angegeben. Die Drehung ist nach der Hauptgleichung:

$$\tau = \int M' \overline{M} \cdot dx .$$

Es sei $\mathfrak{F}$ der Inhalt der M-Fläche, $\mathfrak{F}'$ jener der M'-Fläche, $\mathfrak{S}'_a$, $\mathfrak{S}'_m$, $\mathfrak{S}_b$ die statischen Momente der M'-Fläche bezüglich der Achsen $x = 0$, $l/2$, l (Bild 226), dann ist für den häufig vorkommenden Fall, daß $\overline{M}$ eine lineare Funktion von x ist: $\overline{M} = x' \cdot \frac{a}{l} + x \cdot \frac{b}{l}$:

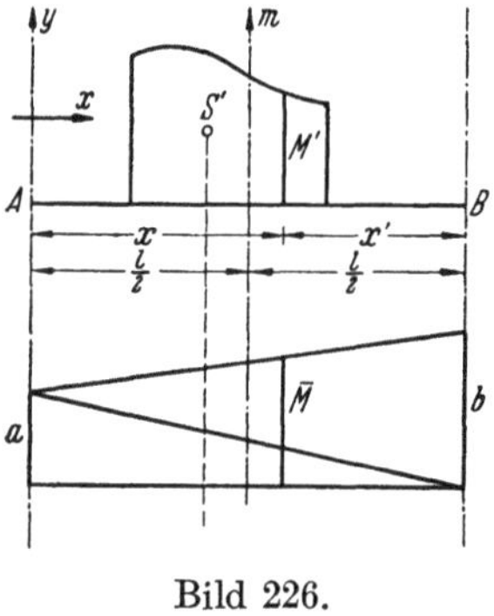

Bild 226.

$$\int M' \cdot \overline{M} \cdot dx = \frac{a}{l}\, \mathfrak{S}'_b + \frac{b}{l}\, \mathfrak{S}'_a \tag{208}$$

womit:

$$\tau' = \frac{\eta_a}{l}\, \mathfrak{S}'_b + \frac{\eta_b}{l}\, \mathfrak{S}'_a = \frac{1}{\lambda_m}\, \mathfrak{S}'_m + \frac{1}{\lambda_{m+1}}\, \mathfrak{S}'_{m+1} .$$

Durch Zerlegung der Trapeze in Dreiecke ergibt sich:

$$\tau' = \frac{1}{\lambda_m}\left(M'_{m-1}\frac{\lambda_m}{2}\frac{\lambda_m}{3} + M'_m \frac{\lambda_m}{2}\frac{2}{3}\lambda_m\right)$$
$$+ \frac{1}{\lambda_{m+1}}\left(M'_m \frac{\lambda_{m+1}}{2}\frac{2}{3}\lambda_{m+1} + M'_{m+1}\frac{\lambda_{m+1}}{2}\frac{\lambda_{m+1}}{3}\right)$$
$$= \frac{1}{6}\left[M'_{m-1}\lambda_m + 2\,M'_m(\lambda_m + \lambda_{m+1}) + M'_{m+1}\lambda_{m+1}\right]$$

und die gesuchte relative Verschiebung:

$$\frac{1}{\lambda_m} z_{m-1} - \left(\frac{1}{\lambda_m} + \frac{1}{\lambda_{m+1}}\right) z_m + \frac{1}{\lambda_{m+1}} z_{m+1}$$
$$= -\frac{1}{6\,E\,J_c}\left[\lambda_m M'_{m-1} + 2(\lambda_m + \lambda_{m+1})\, M'_m + \lambda_{m+1} M'_{m+1}\right] . \tag{209}$$

Wird $\lambda_m = \lambda_{m+1} = \lambda$, so vereinfacht sich die Gleichung zu:

$$-\tau = \frac{z_{m-1} - 2 z_m + z_{m+1}}{\lambda^2} = -\frac{1}{6\,E\,J_c}\left(M'_{m-1} + 4\,M'_m + M'_{m+1}\right) . \tag{210}$$

Mit lim $\lambda \to 0$ geht diese Gleichung in Gl. (207) über. Die Gl. (209 u. 210) können die Differenzengleichungen der Biegungslinie genannt werden.

192. Der Einfluß der Querkräfte. Die Verschiebung $q = z$ infolge der Querkraft ist gegeben durch:

$$\frac{dz}{dx} = \frac{Q}{GF_q}. \tag{211}$$

Hierbei ist zu beachten, daß die Krümmung $\varkappa'$ durch den Näherungswert $\frac{dq}{dx}$ gegeben ist, also nicht mehr durch den anderen Näherungswert z'' ersetzt werden darf.

Ist GF_q unabhängig von x, was gewöhnlich angenommen werden kann, da die Berechnung doch nur Durchschnittswerte liefert, dann kann z unmittelbar durch die Momente ausgedrückt werden. Soll die Verschiebung $z = \delta_m$ im Punkte $x = a$ berechnet werden, so ist für die Belastungseinheit links von $x = a$: $\bar{Q} = \bar{A} = \frac{b}{l} \cdot 1$, rechts von $x = a$: $\bar{Q} = \bar{A} - 1 = -\frac{a}{l} \cdot 1$. Damit wird:

$$GF_q \cdot \delta_m = \int Q\bar{Q} \cdot dx = \frac{b}{l}\int_0^a Q \cdot dx - \frac{a}{l}\int_a^l Q \cdot dx = M_a - \frac{a}{l} M_l - \frac{b}{l} M_0,$$ wobei M_a, M_l, M_0 die Werte für $x = a, l, 0$ bedeuten.

Schreibt man an Stelle von a wieder x, so ist also:

$$GF_q z = M_x - \frac{1}{l}(x' M_0 + x M_l). \tag{212}$$

Dies gilt für beliebige Belastung des Trägers. Wirkt kein Moment an den Auflagern, so gilt:

$$GF_q z = M_x. \tag{213}$$

Dasselbe Ergebnis erhält man aus Gl. (211). Damit ist der Einfluß der Querkraft auf die Biegungslinie bekannt. Bei Einzellasten kann man die Biegungslinie auch leicht durch Zusatzlasten bestimmen. Es seien drei Einzellasten in den Punkten $m-1$, m, $m+1$ gegeben, die Abstände seien λ_m, λ_{m+1} (Bild 225). Unter der Last P_m hat die Q-Linie einen Sprung von der Größe P_m, die Winkeländerung der Biegungslinie unter ihr ist $\tau_{m+1} - \tau_m = \Delta\tau = \frac{Q_{m+1}}{GF_{q,m+1}} - \frac{Q_m}{GF_{q,m}}$. Stellt man die Biegungslinie als Seileck mit der Polweite H dar, so ist $P'_m = H \cdot \Delta\tau$ und für $H = 1$:

$$P'_m = \frac{1}{G}\left(\frac{Q_{m+1}}{F_{q,m+1}} - \frac{Q_m}{F_{q,m}}\right). \tag{214}$$

Dabei sind $F_{q,m+1}$ und $F_{q,m}$ die Mittelwerte von F_q in den Feldern λ_{m+1} und λ_m. Wird F_q konstant über die Trägerlänge, so gilt:

$$P'_m = \frac{P_m}{GF_q}. \tag{215}$$

Die Momentenlinie aus dieser Last P'_m ergibt die Biegungslinie durch die Querkraft. Diese Biegungslinie hat Knicke, was in Wirklichkeit nicht vorkommt, aber eine rechnerische Folge der gemachten Annahmen ist.

193. Der Einfluß der Wärmegradänderungen. Die Krümmungsänderung durch Wärmegradunterschiede Δt im Träger bewirkt nach Nr. 63 eine Krümmungsänderung $\varkappa_\Theta = \Theta \frac{\Delta t}{h}$.

Die Durchbiegung aus dieser Ursache läßt sich ebenfalls als Ordinate einer Momentenlinie darstellen. Die zusätzliche Belastung p_Θ ist zu setzen

$$p_\Theta = -\Theta \frac{\Delta t}{h}, \tag{216}$$

womit der Einfluß von Wärmegradunterschieden leicht berechnet werden kann.

194. Die Drehwinkel. Gegeben ist ein frei aufliegender Balken auf zwei Stützen A, B. Die Belastung besteht aus einer stetigen Last $p = p(x)$ und aus Einzellasten P, beide normal zur Stabachse gerichtet. Außerdem greifen an den Endquerschnitten A, B zwei Momente M_a, M_b an. Die Vorzeichen der Momente werden wie in Nr. 103 gewählt.

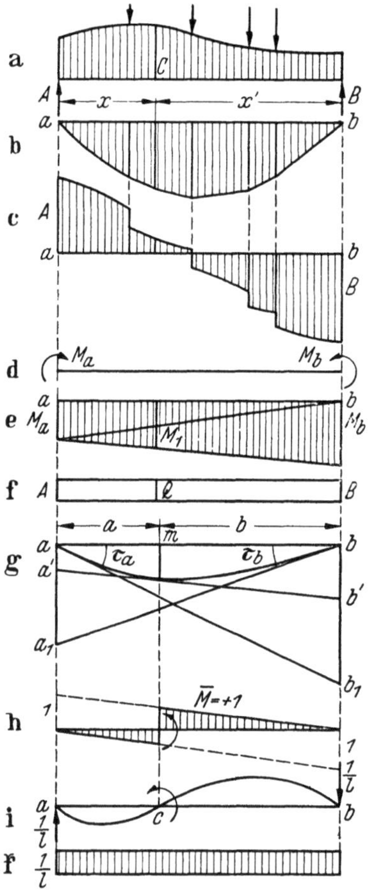

Bild 227.

Die Momente aus der stetigen Last und den Einzellasten seien M_0, die Querkräfte Q_0, die Auflagerdrücke A_0, B_0. Das Moment aus den Endmomenten an der Stelle x ist: $M_1 = M_a \frac{x'}{l} + M_b \frac{x}{l}$, so daß das gesamte Moment an dieser Stelle ist:

$$M = M_0 + M_a \frac{x'}{l} + M_b \frac{x}{l}.$$

Die Auflagerdrücke sind:

$$A = A_0 + \frac{1}{l}(M_b - M_a)$$

$$B = B_0 + \frac{1}{l}(M_b - M_a).$$

Die Querkraft ist:

$$Q = Q_0 + \frac{M_b - M_a}{l}.$$

In den Endpunkten a und b der Biegungslinie (Bild 227 g) werden an diese die Tangenten gezogen, welche auf den Auflagernormalen die Strecken aa_1, bb_1 abschneiden. Die Neigungswinkel der Tangenten gegen die x- bzw. x'-Achse seien τ_a und τ_b, wobei wegen der Kleinheit der Winkel $\operatorname{tg} \tau_a \sim \tau_a$, $\operatorname{tg} \tau_b \sim \tau_b$ gesetzt werden kann. Die Größe der Winkel ergibt sich aus der Hauptgleichung. Das Moment aus der Belastungseinheit $\bar{M} = +1$ im Punkte a ist: x'/l, woraus:

$$\tau_a = \frac{1}{l}\int_0^l M' x' \cdot dx \qquad \tau_b = \frac{1}{l}\int_0^l M' x \cdot dx. \tag{217}$$

Nun sind die Auflagerdrücke aus der Belastung $p_1 = \frac{M}{EJ}$:

$$A' = \frac{1}{l}\int M' x' \cdot dx \qquad B' = \frac{1}{l}\int M' x \cdot dx, \qquad \text{es ist also:}$$

$$\tau_a = A' \qquad \tau_b = B'. \tag{218}$$

Die Drehwinkel des einfachen Balkens in den Stützpunkten sind gleich den Auflagerdrücken des mit $p_1 = +\frac{M}{EJ}$ *belasteten Balkens, worin M das Moment aus der gegebenen Belastung ist.*

Die Neigung der Tangente an die Biegungslinie im Punkte C ergibt sich aus der Hauptgleichung. Die $\overline{M}$-Momentenlinie (Belastung des Balkens in Punkt C mit $M = +1$) ist in Bild 227h dargestellt, die Drehung der Stabachse in C wird:

$$\tau = \delta = \frac{1}{l}\int_0^a M' x\,dx - \frac{1}{l}\int_a^l M'(l-x)\,dx = \frac{1}{l}\int_0^l M' x\,dx - \int_a^l M'\,dx = \tau_b - \int_a^l M'\,dx.$$

Der Drehwinkel des einfachen Balkens in einem beliebigen Punkt ist gleich der Querkraft des mit $p_1 = +\frac{M}{EJ}$ *belasteten Balkens, worin M das Moment der gegebenen Belastung ist.*

Die Gleichungen für die Drehwinkel können auch auf eine andere, häufig gebrauchte Form gebracht werden. Als Auflagernormale wird die Normale zur Stabachse im Auflager bezeichnet, dann sei

$$\mathfrak{L} = \int_0^l M' x \cdot dx \qquad \mathfrak{R} = \int_0^l M' x' dx \tag{219}$$

das statische Moment der Momentenfläche M' um die Auflagernormale in A bzw in B. Damit wird:

$$l \cdot \tau_a = \mathfrak{R} \qquad l \cdot \tau_b = \mathfrak{L}. \tag{220}$$

Noch eine andere Darstellung der Drehwinkel sei vermerkt. Die Neigung der Tangente an die Biegungslinie im Punkte m ist gegeben durch die Abschnitte aa' und bb'. Aus Gl. (205) ergibt sich: $aa_1 = -\sum g_a x$. Wegen $g_a = -\frac{M \cdot dx}{EJ}$ ist $aa_1 = \int_a^m Mx \cdot \frac{dx}{EJ}$, $bb_1 = \int_b^m Mx' \cdot \frac{dx'}{EJ}$, da aa_1 die Verschiebung von a gegen die Tangente ma_1 im Punkte m ist. Werden wieder die beiden Träger AC_1 und BC_2 betrachtet (Bild 224e), so ist: $\overline{aa_1} = aC_1$, $bb_1 = bC_2$. Durch diese beiden Abschnitte ist die Tangente und ihre Neigung gegen die x-Achse bestimmt. Der Neigungswinkel selbst ist: $\tau = \frac{b \cdot C_2 - a \cdot C_1}{l}$, ein Wert, welcher sich auch aus der Hauptgleichung ergibt.

195. Der Einfluß der Querkräfte und Wärmegradunterschiede. Dieser Einfluß auf die Drehwinkel ergibt sich aus der Hauptgleichung: $GF_q\tau = \int Q\overline{Q} \cdot dx$, wobei die Querkraft aus der Belastungseinheit $\overline{M} = 1$ zu $\overline{Q} = \frac{1}{l}$ wird (Bild 227k). Damit wird: $GF_q\tau = \frac{1}{l}\int_0^l Q \cdot dx = \frac{\mathfrak{F}_q}{l}$. Der Drehwinkel aus der Querkraft ist also:

$$l \cdot GF_q\tau_a' = \mathfrak{F}_q \qquad l \cdot GF_q\tau_b' = -\mathfrak{F}_q \qquad \mathfrak{F}_q = \int_0^l Q \cdot dx. \tag{221}$$

Nun ist aber: $\int_0^l Q \cdot dx = \int_0^l dM = M_l - M_0 = M_b - M_a$, so daß auch wird:

$$l \cdot GF_q\tau_a' = -l \cdot GF_q\tau_b' = M_b - M_a. \tag{222}$$

Der Einfluß von Wärmegradunterschieden Δt im Trägerquerschnitt ist $l \cdot \tau = \Theta \frac{\Delta t}{h} \int_0^l \overline{M} \cdot dx = \Theta \frac{\Delta t}{h} \int_0^l x' dx = \frac{\Delta t}{h} \cdot \frac{l^2}{2}$, also:

$$\tau_\Theta = \Theta \frac{\Delta t}{h} \frac{l}{2}. \tag{223}$$

Damit sind sämtliche Einflüsse auf die Drehwinkel bekannt.

196. Der gerade Stab mit Endmomenten. Ein gerader Stab AB sei durch Momente M_a und M_b in den beiden Endpunkten belastet. Die Drehwinkel unter dem Einfluß der Momente und der Querkräfte sollen bestimmt werden.

Aus den oben angegebenen Gleichungen ergibt sich einfach:

$$\begin{aligned} \tau_a &= \frac{s}{6EJ}(2M_a + M_b) + \frac{1}{sGF_q}(M_b - M_a) + \Theta \frac{\Delta t}{h} \frac{s}{2} \\ \tau_b &= \frac{s}{6EJ}(M_a + 2M_b) - \frac{1}{sGF_q}(M_b - M_a) + \Theta \frac{\Delta t}{h} \frac{s}{2}. \end{aligned} \tag{224}$$

Sieht man vom Einfluß der Wärmegradunterschiede ab, so kann man sich diese Drehwinkel durch zwei Momente M_a', M_b' erzeugt denken, derart daß:

$$\tau_a = \frac{s}{6EJ}(2M_a' + M_b') \qquad \tau_b = \frac{s}{6EJ}(M_a' + 2M_b') \tag{225}$$

ist. Setzt man:

$$c = \frac{6}{s^2} \cdot \frac{E}{G} \cdot \frac{J}{F_q}, \tag{226}$$

so wird:

$$M_a' = M_a - c(M_b - M_a) \qquad M_b' = M_b + c(M_b - M_a). \tag{227}$$

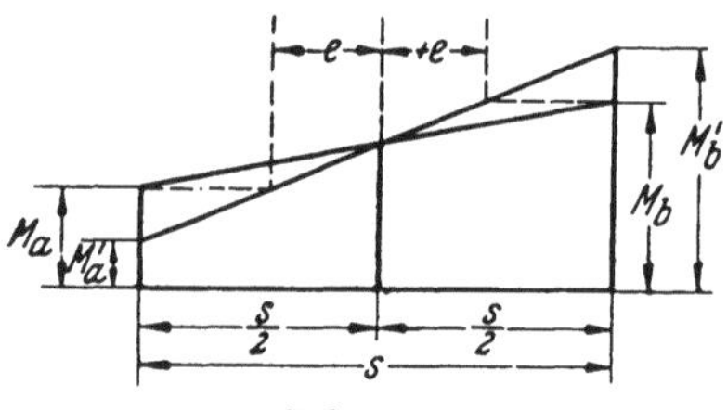

Bild 228.

Belastet man mit diesen Momenten den Stab AB, dann hat er dieselben Drehwinkel wie unter dem Einfluß der Momente M_a, M_b und der Querkraft Q. Diese Momente lassen sich leicht zeichnerisch finden. Es ist $M_a - M_a' = M_b' - M_b$, die M-Linie und die M'-Linie schneiden sich also in Stabmitte. Ferner ist die Ordinate der M'-Linie im Abstand $+\,e$ von Stabmitte gleich M_b, im Abstand $-\,e$ von Stabmitte gleich M_a (Bild 228), wobei

$$e = \frac{s}{2(1 + 2c)}. \tag{228}$$

Denn die Gleichung der M'-Linie ist: $M' = \frac{1}{2}(M_b' + M_a') + (M_b' - M_a') \cdot \frac{x}{s} = \frac{1}{2}(M_a + M_b) + (M_b - M_a)(1 + 2c)\frac{x}{s}$ und mit $M' = M_b$ folgt der Wert e. Der Abstand e ist von der Belastung unabhängig, daher für alle Belastungsfälle derselbe.

197. Beispiele. 1. Ist die Belastung p und das Trägheitsmoment über die Trägerlänge konstant, dann ist $M = \frac{1}{2} \cdot p \cdot x(l - x)$, die Gleichung der Biegungslinie wird: $EJ \cdot z = \frac{1}{24} \cdot p \cdot l^4 \left(\frac{x}{l} - 2 \cdot \frac{x^3}{l^3} + \frac{x^4}{l^4}\right)$. Die Durchbiegung in Trägermitte ergibt sich für $x = \frac{l}{2}$ zu: $EJ \cdot \delta_m = \frac{5}{384} \cdot p \cdot l^4$.

Die Drehwinkel an den Auflagern werden: $EJ \cdot \tau_a = EJ \cdot \tau_b = \frac{p \cdot l^3}{24}$.

2. Einzellast an beliebiger Stelle. Für eine Einzellast P an einer Stelle a des frei aufliegenden Balkens ist $M_x = P \frac{b}{l} \cdot x$ für $0 < x < a$ und $M_x = P \cdot \frac{a}{l} \cdot x'$ für $0 < x' < b$. Bei konstantem Trägheitsmoment wird die Gleichung der Biegungslinie:

$$z = \frac{P}{EJ} \cdot \frac{a\,b}{6\,l} \cdot x\left(2\,b + a - \frac{x^2}{a}\right) \quad \text{für} \quad 0 < x < a \quad \text{und}$$

$$z = \frac{P}{EJ} \cdot \frac{a\,b}{6\,l} \cdot x'\left(2\,a + b - \frac{x'^2}{b}\right) \quad \text{für} \quad 0 < x < b\,.$$

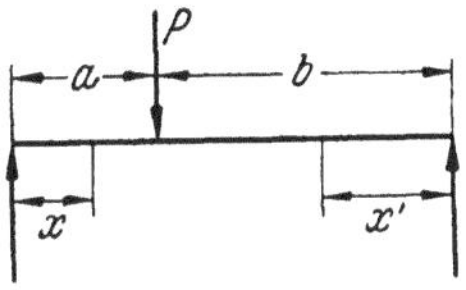

Bild 229.

Die Integrationskonstanten bestimmen sich dabei aus den Bedingungen, daß die Durchbiegung für $x = 0$ und $x = l$ verschwindet und daß unter der Einzellast die beiden Äste der Biegungslinie dieselbe Ordinate und Tangente haben.

Unter der Einzellast ist die Durchbiegung: $EJ \cdot \delta = P \cdot \frac{a^2\,b^2}{3\,l}$. Die größte Durchbiegung liegt aber nicht an dieser Stelle, sondern in dem größeren der beiden Abschnitte a und b. Steht die Einzellast in Feldmitte, so ist die Durchbiegung unter ihr: $EJ \cdot \delta = \frac{P \cdot l^3}{48}$.

3. Für gleichmäßig verteilte Last bei konstantem Trägheitsmoment ist die Biegungslinie aus dem Einfluß der Querkraft allein: $GF_q z = \frac{p}{2} \cdot x \cdot x'$ und in Feldmitte: $GF_q \delta_q = \frac{p \cdot l^2}{8}$.

4. Für eine Einzellast (Bild 229) ist die Gleichung der Biegungslinie infolge des Einflusses der Querkräfte allein: $GF_q z = \frac{P\,b}{l} \cdot x$ bzw. $GF_q\, z = \frac{P\,a}{l} \cdot x'$, was gleicherweise aus den Gl. (211 u. 213) folgt.

5. Der Träger wird mit einer Dreieckslast belastet. Es ist:

$$A = \frac{1}{6}\,q_b\,l \qquad B = \frac{1}{3}\,q_b\,l \qquad q_x = \frac{x}{l} \cdot q_b \qquad Q_x = \frac{q_b}{2\,l}\,x^2$$

$$M_x = \frac{1}{6}\,q_b\,l\,x\left(1 - \frac{x^2}{l^2}\right) \qquad E\,J \cdot \tau = \frac{1}{360}\,q_b\,l\left(7\,l^2 - 30\,x^2 + 15\,\frac{x^4}{l^4}\right)$$

$$E\,J \cdot z = \frac{1}{360}\,q_b\,l^3\,x\left(7 - 10\,\frac{x^2}{l^2} + 3\,\frac{x^4}{l^4}\right).$$

Die Enddrehwinkel sind: $E\,J \cdot \tau_a = \frac{7}{360}\,q_b\,l^3 \qquad E\,J \cdot \tau_b = \frac{8}{360}\,q_b\,l^3\,.$

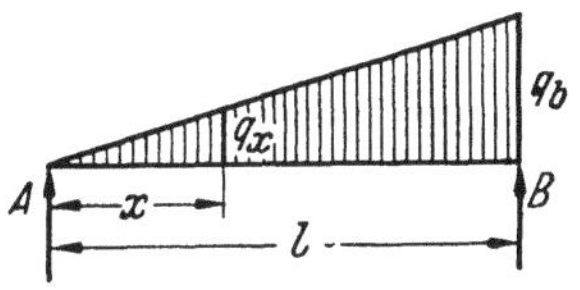

Bild 230.

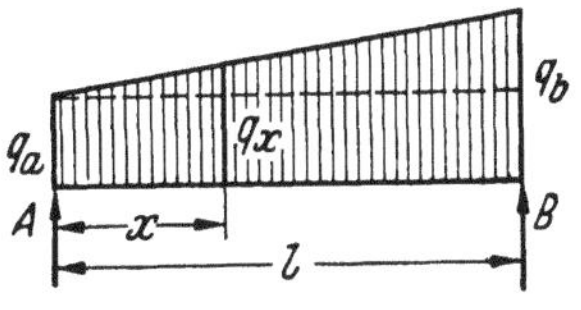

Bild 231.

6. Für eine Trapezlast wird die Lösung durch Überlagern der Lösungen der Aufgaben 1 und 5 gefunden. Die Enddrehwinkel sind:

$$E\,J \cdot \tau_a = \frac{l^3}{360}\,(8 \cdot q_a + 7\,q_b) \qquad E\,J \cdot \tau_b = \frac{l^3}{360}\,(7\,q_a + 8\,q_b)\,.$$

D. Rahmenstabzüge.

198. Der Stabzug. Die Aufgabe. Sind die Stäbe des in Nr. 171 beschriebenen Stabzuges durch steife Ecken miteinander verbunden, so ist der Stabzug ein Rahmenstabzug. Die Bezeichnungen und die Winkel werden wie beim Fachwerkstabzug angenommen. Jeder Stab ist gerade und hat auf die ganze Länge denselben Querschnitt, Belastungen greifen nur in den Knoten an. Damit dies erfüllt ist, wird, falls erforderlich, der Stab in entsprechend viele Stücke zerlegt, die Teilpunkte zählen als Knoten, ebenso die Angriffspunkte von Lasten. Stetige Lasten werden durch eine Verbesserung der für Einzellasten berechneten g-Gewichte berücksichtigt (vgl. Nr. 200).

Der Rahmenstabzug ist entsprechend wie ein Fachwerkstabzug ein Ausschnitt aus einem Tragwerk, dessen Stäbe s unter dem Einfluß der Belastung Längenänderungen Δs und Durchbiegungen erleiden, welche Drehwinkel $\Delta \Phi$ erzeugen. Die Ermittlung der Verschiebungen aus diesen Formänderungen Δs und ϱ unterscheidet sich nicht von jener des Fachwerkstabzuges, der Unterschied liegt lediglich in der Berechnung der Stabdrehwinkel $\Delta \Phi$ und der von ihnen abhängenden Drehungen ϱ.

199. Der Verschiebungsplan. Da an den Stäben selbst keine Lasten angreifen, ist die Momentenfläche ein Trapez und die Drehwinkel im Punkte m nach Gl. (224):

$$\tau'_m = \frac{s_m}{6\,E\,J_m}(M_{m-1} + 2\,M_m) + \frac{1}{s_m\,G\,F_{qm}}(M_m - M_{m-1}) + \Theta\frac{\Delta t}{h_m}\frac{s_m}{2} \qquad (229)$$

$$\tau''_m = \frac{s_{m+1}}{6\,E\,J_{m+1}}(2\,M_m + M_{m+1}) + \frac{1}{s_{m+1}\,G\,F_{q,m+1}}(M_m - M_{m+1}) + \Theta\frac{\Delta t_{m+1}}{h_m}\frac{s_{m+1}}{2}. \qquad (230)$$

Die Winkeländerung $\Delta\alpha$ ergibt sich damit aus:

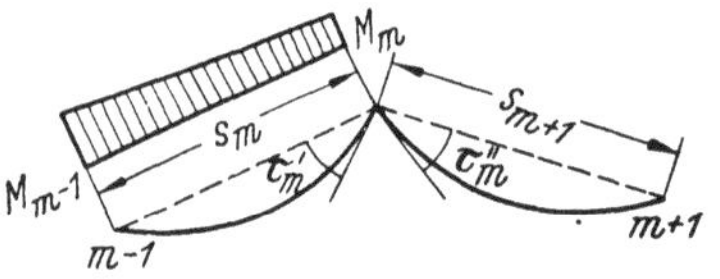

Bild 232.

$$\Delta\alpha_m = \tau'_m + \tau''_m. \qquad (231)$$

Die Längenänderung des Stabes ergibt sich aus:

$$\Delta s_m = \frac{s_m}{E\,F_m}N_m + \Theta\,t_{0m}\cdot s_m. \qquad (232)$$

Der Winkel ω_m, um welchen sich der Stab m bei der Formänderung dreht, ist:

$$\omega_m = \omega_{m-1} + \Delta\alpha. \qquad (233)$$

Bei dieser Gleichung ist zu beachten, daß für $\Delta\alpha$ sowohl $\Delta\alpha_{m-1}$ als auch $\Delta\alpha_m$ eingesetzt werden kann. Dies hängt davon ab, welcher Stab bei der Bestimmung des ersten Verschiebungsplanes als eingespannt angenommen wird. Zum richtigen ω muß sinngemäß das richtige $\Delta\alpha$ gewählt werden (vgl. Nr. 172 u. 173).

Die Verschiebung jedes Knotens m setzt sich aus der Längenänderung Δs_m und der Drehung ϱ_m zusammen, wobei

$$\varrho_m = s_m\,\omega_m \qquad (234)$$

ist. Mit diesen Angaben lassen sich die Verschiebungen berechnen und der Verschiebungsplan zeichnen (Nr. 149). Um die Verschiebungen zu bestimmen, nimmt man zuerst an, der Stabzug sei an einer beliebig gewählten Stelle fest eingespannt, zeichnet den ersten Verschiebungsplan und dreht dann den Stabzug als Ganzes so, daß die Auflagerbedingungen erfüllt sind. Dies ergibt den zweiten Verschiebungsplan, welcher dem Stabzug ähnlich ist. Beide Pläne zusammen ergeben dann die Verschiebungen.

Die Drehungen ϱ können wie in Nr. 172 zeichnerisch ermittelt werden, man kann sie jedoch auch auf folgende Weise bestimmen. Der Stabzug 0 1 2 3 sei im Knoten 3 eingespannt. Er wird nun zu einem geraden Stab 0′ 1′ 2′ 3′ gestreckt und als solcher mit den Momenten des Stabzuges belastet. Hieraus kann man nach Abschn. C die Biegungslinie 0″ 1″ 2″ 3″ des geraden Stabes bestimmen. Die Neigungswinkel dieser Biegungslinie gegen die Stabachse 0′ 3′ des geraden Stabzuges stimmen aber mit den Winkeln des Stabzuges 0 1 2 3 überein, so daß die Strecken ϱ die Unterschiede der Verschiebungen benachbarter Knoten sind. Dabei ist das Vorzeichen von ϱ zu beachten (in Bild 233 ist ϱ_1 negativ).

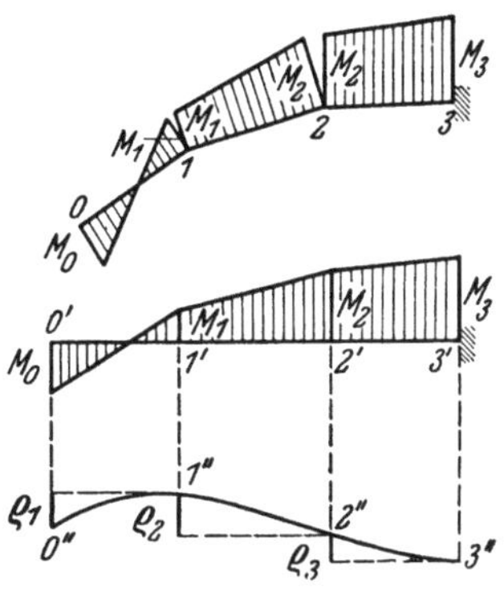

Bild 233.

200. Die Biegungslinie. Die Biegungslinie des Stabzuges ist in Abschn. B bestimmt. Danach ist sie das Seileck zu der Belastung Gl. (199):

$$g_m = \Delta\alpha_m - \frac{\Delta s_m}{s_m}\operatorname{tg}\varphi_m + \frac{\Delta s_{m+1}}{s_{m+1}}\operatorname{tg}\varphi_{m+1}.$$

In diese Gleichung werden die Werte der Gl. (229 bis 232) eingeführt, womit sich ergibt:

$$\begin{aligned} g_m = {} & \frac{s_m}{6EJ_m}(M_{m-1} + 2M_m) + \frac{s_{m+1}}{6EJ_{m+1}}(2M_m + M_{m+1}) \\ & + \frac{Q_m}{GF_{q,m}} - \frac{Q_{m+1}}{GF_{q,m+1}} - \frac{N_m}{EF_m}\operatorname{tg}\varphi_m + \frac{N_{m+1}}{EF_{m+1}}\operatorname{tg}\varphi_{m+1} \\ & + \Theta\left(\frac{\Delta t_m}{h_m}\frac{s_m}{2} + \frac{\Delta t_{m+1}}{h_{m+1}}\frac{s_{m+1}}{2} - t_{0m}\cdot\operatorname{tg}\varphi_m + t_{0,m+1}\operatorname{tg}\varphi_{m+1}\right). \end{aligned} \qquad (235)$$

Wirken am Stabzug außer den Knotenlasten noch stetig verteilte Kräfte, dann müssen die g-Gewichte noch verbessert werden.

$m-1$, m, $m+1$ seien wieder drei aufeinanderfolgende Knoten des Stabzugs, P_{m-1}, P_m, P_{m+1} in ihnen angreifende Einzellasten. Außerdem greife an den Stäben s_m und s_{m+1} noch die stetig verteilte Last p an, welche im Knoten $m-1$ den Wert p_{m-1}, in $m+1$ den Wert p_{m+1}, im Knoten m am Stab s_m den Wert p'_m, am Stab s_{m+1} den Wert p''_m hat. Zwischen den Knoten verändere sich p linear, in m mache p den Sprung von p'_m auf p''_m. Aus den Lasten P und p entstehen am Stabzug in den Knoten die Momente M_{m-1}, M_m, M_{m+1}, zu deren Berechnung die Last p auf die Knoten nach dem Hebelgesetz verteilt angenommen werden kann.

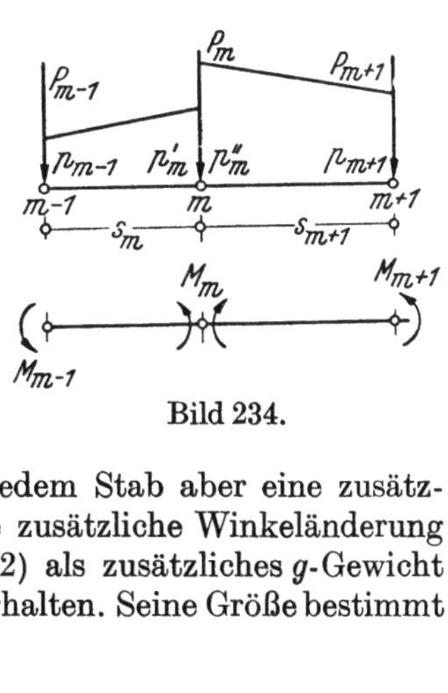

Bild 234.

Diese Momente ergeben eine Durchbiegung, welche durch die g-Gewichte nach Gl. (235) erzeugt werden. Die gleichmäßig verteilte Last p ruft in jedem Stab aber eine zusätzliche Durchbiegung hervor, welche im Knoten eine zusätzliche Winkeländerung $\Delta\gamma$ bewirkt. Diese Winkeländerung ist nach Gl. (192) als zusätzliches g-Gewicht aufzubringen, um die tatsächliche Durchbiegung zu erhalten. Seine Größe bestimmt sich nach Beispiel 6 in Nr. 197 zu:

$$\Delta g = \frac{s_m^3}{360\cdot EJ_m}(7p_{m-1} + 8p'_m) + \frac{s_{m+1}^3}{360\cdot EJ_{m+1}}(8p''_m + 7p_{m+1}). \qquad (236)$$

Dieses Δg ist bei stetiger Belastung dem g der Gl. (235) hinzuzufügen, was im folgenden nicht mehr besonders vermerkt wird.

Für eine stetige Belastung wird $s_m = s_{m+1} = ds$, $M_{m-1} = M_m = M_{m+1} = M$, also $dg = \frac{M}{EJ}\,ds - d\frac{Q}{GF_q} + d\frac{N\,\mathrm{tg}\,\varphi}{EF} + \Theta\left(\frac{\Delta t}{h}\,ds + dt_0\,\mathrm{tg}\,\varphi\right)$.

Die Biegungslinie wird als Momentenlinie des einfachen Balkens erhalten, dessen Stützweite gleich der Projektion des Stabzuges auf die x-Achse und dessen Belastung $g_x = \frac{dg}{dx}$ ist. Wegen $\frac{dg}{dx} = \frac{dg}{ds}\frac{ds}{dx} = \frac{dg}{ds}\sec\varphi$ ergibt sich der Wert von g_x zu:

$$g_x = \frac{M}{EJ\cos\varphi} - \frac{d}{dx}\frac{Q}{GF_q} + \frac{d}{dx}\frac{N\cdot\mathrm{tg}\,\varphi}{EF} + \Theta\left(\frac{\Delta t}{h\cos\varphi} + \frac{d\,t_0\,\mathrm{tg}\,\varphi}{dx}\right). \tag{237}$$

Da gewöhnlich F_q und t_0 unabhängig von s und x gesetzt werden können, kann gesetzt werden:

$$g_x = \frac{M}{EJ\cos\varphi} - \frac{1}{GF_q}\frac{d^2M}{dx^2} + \frac{d}{dx}\frac{N\,\mathrm{tg}\,\varphi}{EF} + \Theta\left(\frac{\Delta t}{h\cos\varphi} + t_0\frac{d^2y}{dx^2}\right). \tag{238}$$

Dabei ist vorausgesetzt, daß Q/F_q und N/F stetige Funktionen sind, also keine Einzellasten am Stab wirken (Bild 235).

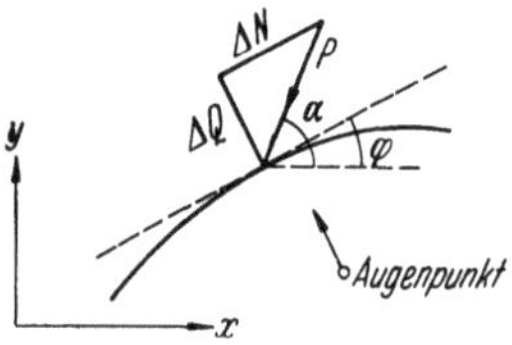

Bild 235.

Für die Ausführung der Berechnung ist zu beachten: g_x ist die Ordinate der Belastungslinie. Berechnet man die zugehörige Momentenlinie (Biegungslinie) als Seileck, dann besteht die Belastung aus den Einzelkräften $G_x = g_x \Delta x$, wobei Δx die Länge des Abschnittes ist, welcher durch G_x belastet wird.

Wirkt an einer Stelle *eine Einzellast* P, so daß Q und N an dieser Stelle einen Sprung besitzen, so legt man in diesen Punkt einen Knoten des Stabzuges oder es muß zur Belastung g_x noch eine Einzellast G hinzugefügt werden. Die Größe dieser Einzellast bestimmt sich aus:

$$G = -\frac{\Delta Q}{GF_q} + \frac{\Delta N\,\mathrm{tg}\,\varphi}{EF}. \tag{239}$$

Ist die Einzellast P unter dem Winkel α gegen die x-Achse gerichtet, so ist:

$$\begin{aligned} \Delta Q &= P_x\cdot\sin\varphi - P_y\cdot\cos\varphi \qquad & P_x &= P\cdot\cos\alpha \\ \Delta N &= P_x\cdot\cos\varphi - P_y\cdot\sin\varphi \qquad & P_y &= P\cdot\sin\alpha\,. \end{aligned} \tag{240}$$

Die Normal- und Querkraft ist auf die Stabachse bezogen. Unter diesen Einzellasten hat die Biegungslinie Ecken (zwei Tangenten), was wie früher schon bemerkt, darauf hinweist, daß die Berechnung nur eine Annäherung ist.

201. Der krumme Stab. Zwischengelenke. Durch den Übergang zu einer stetigen Belastung g_x kann die Biegungslinie eines krummen Stabes einfach berechnet werden. Doch können die Gewichte, durch welche die Biegungslinie ermittelt wird, noch auf eine zweite Art ausgedrückt werden.

Aus der Gleichung $dz = ds\cdot\sin\tau = -\,ds\cdot\sin\varphi$ (Bild 224c, Bild 51) ergibt sich durch unabhängige Differentiation: $-\Delta\,dz = \Delta\,ds\cdot\sin\varphi + ds\cdot\cos\varphi\cdot\Delta\varphi$ $= \frac{\Delta\,ds}{ds}\cdot dz + \Delta\varphi\,dx$ und $-\frac{d\Delta z}{dx} = \Delta\varphi + \frac{\Delta\,ds}{ds}\,\mathrm{tg}\,\varphi$, wobei allerdings $\varphi \neq \frac{\pi}{2}$ werden darf. Das Koordinatensystem ist dabei wie in Nr. 190 angenommen. Bezeichnet δ die Verschiebung in der Ordinatenrichtung z, so ergibt sich hieraus die Differentialgleichung der Biegungslinie:

$$-\frac{d^2\delta}{dx^2} = \frac{\Delta\,d\varphi}{dx} + \frac{d}{dx}\left(\frac{\Delta\,ds}{ds}\cdot\mathrm{tg}\,\varphi\right) = g\,. \tag{241}$$

Die Biegungslinie ist daher auch beim krummen Stab ein Seileck mit der Polweite 1 *zu der Belastung* g, *welche positiv in der Verschiebungsrichtung* $+\delta$ *ist.*

Führt man in Gl. (241) die Werte 101 und 102 ein, so ergibt sich:

$$-\frac{d^2\delta}{dx^2} = \left(\frac{M}{EJ_k} - \frac{\mathfrak{N}}{rEF}\right)\sec\varphi + \frac{d}{dx}\left(\frac{\mathfrak{N}}{EF}\cdot\operatorname{tg}\varphi\right) = g\,. \qquad (242)$$

Man kann damit die Biegungslinie auch durch Überlagerung zweier Seilecke berechnen, indem man den Einfluß der beiden Summanden von g getrennt ermittelt.

Zu betrachten ist nun noch der Fall, daß im Stab Gelenke vorkommen.

Unter dem Gelenk G des krummen Stabes AB (Bild 236) wird die Biegungslinie im allgemeinen einen Knick aufweisen, da die beiden Äste t_1, t_2 der in G an den Stab gelegten Tangente nach der Formänderung nicht mehr in einer Geraden liegen brauchen. Der Winkel $\alpha = \pi$ im Punkte G ändert sich dabei um den Betrag $\Delta\alpha$. Sind φ_1' und φ_2' die Neigungswinkel der Tangenten an die Biegungslinie im Punkte g, dann ist $\Delta\alpha = \varphi_1' - \varphi_2'$ oder wegen der Kleinheit der Winkel: $\Delta\alpha = \operatorname{tg}\varphi_1' - \operatorname{tg}\varphi_2'$. Wie sich aus dem Krafteck ergibt, wird die Biegungslinie des krummen Stabes als Momentenlinie zur Belastung g_x und einer zusätzlichen Einzellast vom Betrag $\Delta\alpha$ erhalten, welche im Punkt g angreift. Der Wert $\Delta\alpha$ muß durch zusätzliche Berechnung gefunden werden.

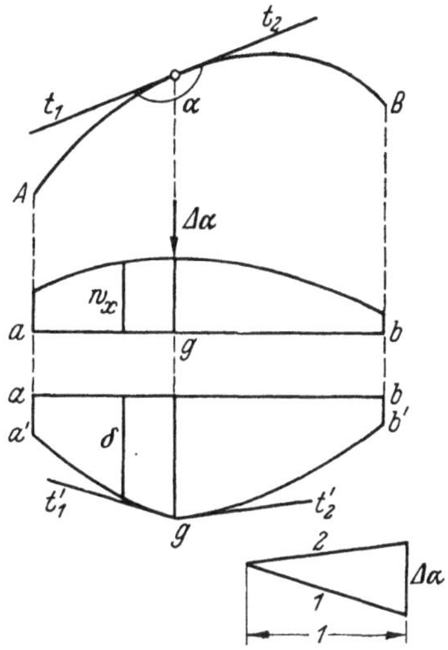

Bild 236.

Der Stab AB kann im Punkte G auch einen Knick haben. Hierdurch ändert sich an den obigen Überlegungen nichts, lediglich der Winkel α der beiden Tangenten t_1, t_2 ist von π verschieden.

Beispiel. Als Beispiel werde ein Dreigelenkbogen betrachtet. Die Aufgabe, die Winkeländerung $\Delta\alpha$ zu berechnen, ist dieselbe wie in Beispiel 5 Nr. 187, worin ein Fachwerk-Dreigelenkbogen betrachtet wurde.

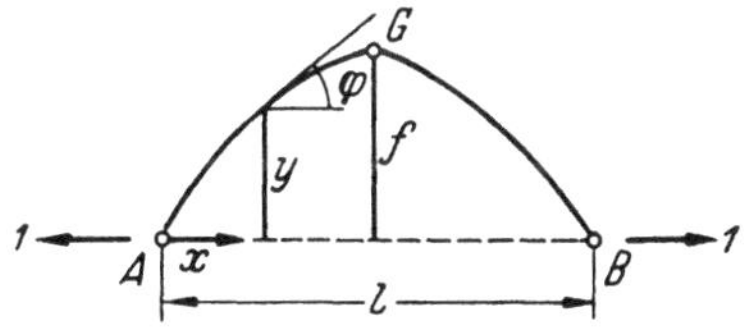

Bild 237.

Die Längenänderung Δl der Stabsehne ist durch die Auflagerbedingungen gegeben. Mit der Belastungseinheit des Punktpaares A, B ergibt sich: $\overline{M} = 1\cdot y$, $\overline{N} = 1\cdot\cos\varphi$. Die Längenänderung aus einer Winkeländerung $\Delta\alpha$ ist nach Nr. 175 $f\cdot\Delta\alpha$. Die gesamte Längenänderung der Stabsehne ist daher nach Gl. (178): $\Delta l = \int My\frac{ds}{EJ} + \int N\frac{dx}{EF} + f\cdot\Delta\alpha$. Aus dieser Gleichung läßt sich bei bekanntem Δl der Wert von $\Delta\alpha$ berechnen, worauf mit ihm und den g_x die Biegungslinie ermittelt werden kann.

202. Berücksichtigung des Einflusses der Stabkrümmung. Will man den Einfluß der Stabkrümmung auf die Biegungslinie berücksichtigen, so muß man zur Berechnung der Drehwinkel die Hauptgleichung für krumme Stäbe benützen. Dann tritt an Stelle von Gl. (237):

$$g_x = \left(\frac{M}{EJ} - \frac{\mathfrak{N}}{rEF}\right)\sec\varphi - \frac{d}{dx}\frac{Q}{GF_q} + \frac{d}{dx}\frac{\mathfrak{N}\operatorname{tg}\varphi}{EF} + \Theta\left(\frac{\Delta t}{h\cos\varphi} + t_0\cdot\frac{d^2y}{dx^2}\right). \qquad (243)$$

Bei Einzellasten ist wieder die Einzellast G der Gl. (239) zu berücksichtigen, bei Einschaltung von Gelenken das Gewicht $\Delta\alpha$ (Nr. 201).

203. Schräge Lasten. Bei schrägen Lasten, wie sie besonders bei Hochbauten vorkommen, wird häufig die Verschiebung in der Kraftrichtung gesucht. Die Aufgabe wird ganz entsprechend der in Nr. 160 behandelten gelöst.

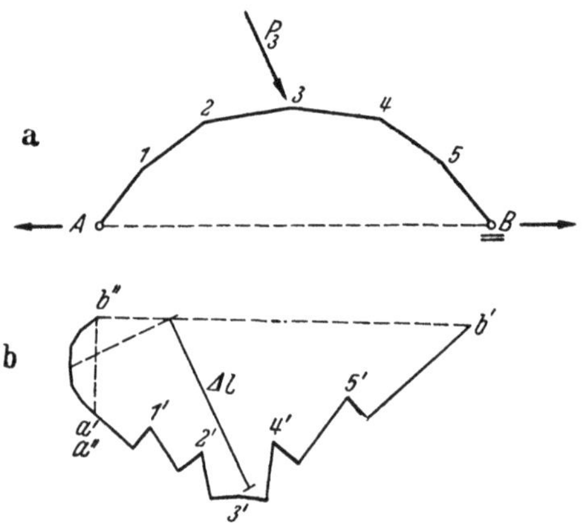

Bild 238.

Gegeben sei ein Stabzug AB mit einer schrägen Last P_3 im Knoten 3 (Bild 238). Gesucht ist die Längenänderung Δl der Stabsehne unter dieser Belastung.

Nach dem Satz von der Gegenseitigkeit der Formänderungen ist die Verschiebung δ_{b3} des Punktes B in Richtung AB durch die Kraft $P_3 = 1$ gerade so groß wie die Verschiebung δ_{3b} des Knotens 3 in Richtung der Kraft P_3 infolge der Last $P = 1$, welche in Richtung AB im Punkte B angreift, $\delta_{b3} = \delta_{3b}$.

Man zeichnet daher den Verschiebungsplan für die Belastungseinheit des Punktepaares AB (Bild 238b). Die gesamte Verschiebung des Knotens 3 ist nach Größe und Richtung die Strecke $3'' 3'$. Die Projektion dieser Strecke auf die Kraftrichtung ist die Verschiebung δ_{3b}. Damit ist die Längenänderung $\Delta l = \delta_{b3} = \delta_{3b}$ der Stabsehne gefunden. Für eine beliebig große Kraft P_3 ist die gesuchte Verschiebung des Punktes B: $\Delta l = P_3 \cdot \delta_{3b}$.

204. Schrittweise Berechnung. Gewöhnlich wird nicht die Gleichung der Biegelinie des Tragwerks verlangt, sondern die Durchbiegung in einzelnen Punkten. Diese Aufgabe läßt sich einfach lösen, wie an dem Beispiel eines Stabzugs mit sechs Knoten gezeigt werden soll.

AB sei die Projektion des Stabzugs auf die x-Achse. Die Knoten sind am Stabzug aus Zweckmäßigkeitsgründen bestimmt worden: Knoten des Tragwerks, Punkte, in welchen der Querschnitt (F, J) wechselt, Lastangriffspunkte und der Punkt, dessen Durchbiegung w bestimmt werden soll. Die g-Gewichte seien bereits berechnet.

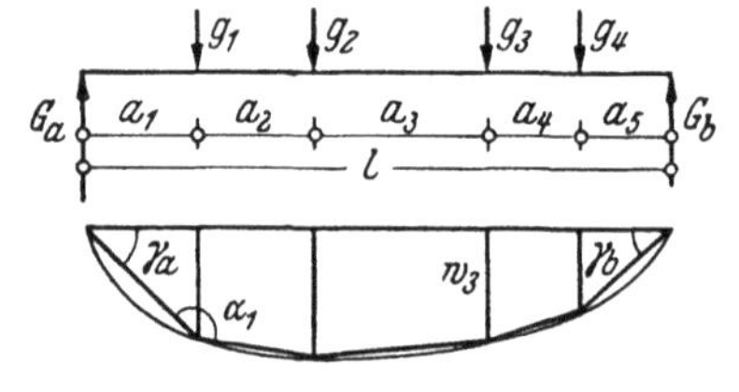

Bild 239.

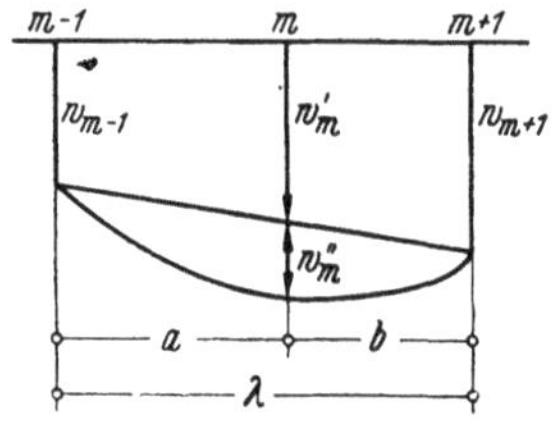

Bild 240.

Soll z. B. die Durchbiegung des Punktes 3 berechnet werden, so ist das Moment des einfachen Balkens AB unter den Lasten g die Durchbiegung w_3:

$$w_3 = a_1 (a_4 + a_5) \frac{g_1}{l} + (a_1 + a_2)(a_4 + a_5) \frac{g_2}{l} + (a_1 + a_2 + a_3)(a_4 + a_5) \frac{g_3}{l} + (a_1 + a_2 + a_3)\, a_5 \frac{g_4}{l}. \tag{244}$$

Für einen beliebigen Zwischenpunkt zwischen zwei Knoten findet man die Durchbiegung wie das Moment bei mittelbarer Belastung. Es ist (Bild 240)

$$w_m = w'_m + g_m \frac{a\,b}{\lambda}, \tag{245}$$

wobei das g-Gewicht in m noch zu berechnen ist.

Zwischen den Sehnendrehwinkeln γ_a und γ_b der Biegelinie (Bild 239) und den g-Gewichten besteht die aus der Winkelsumme des Biegepolygons folgende einfache Beziehung:

$$\gamma_a + \gamma_b = \sum_1^n g_i = \sum_1^n \Delta\alpha, \tag{246}$$

wobei n die Anzahl der Knoten, ohne die Auflager A und B ist.

205. Beispiele. 1. *Einfacher Balken unter Einzellast.* Das Beispiel ist bereits in Nr. 197 behandelt, hier soll der Stab als Stabzug aufgefaßt werden. Knoten werden in Punkt 1, dessen Durchbiegung bestimmt werden soll, und in Punkt 2, dem Lastangriffspunkt, angenommen. Momente am Balken: Strecke $\overline{A2}$: $M = \frac{Pb}{l}\cdot x$, Strecke $\overline{2B}$: $M = \frac{Pa}{l}\cdot x'$, $M_2 = P\cdot\frac{ab}{l}$, g-Gewichte nach Gl. (235):

$$g_1 = \frac{x}{3EJ}M_1 + \frac{a-x}{6EJ}(2M_1 + M_2) = P\cdot\frac{ab}{l}\frac{1}{6EJ}(x+a)$$

$$g_2 = \frac{a-x}{6EJ}(M_1 + 2M_2) + \frac{b}{3EJ}M_2 = P\cdot\frac{ab}{l}\frac{1}{6EJ}\left(2l - x - \frac{x^2}{a}\right).$$

Wie in Gl. (244) ergibt sich:

$$w = \frac{x(l-x)}{l}g_1 + \frac{xb}{l}g_2 = P\cdot\frac{ab}{l}\frac{1}{6EJ}x\left(l + a - \frac{x^2}{a}\right).$$

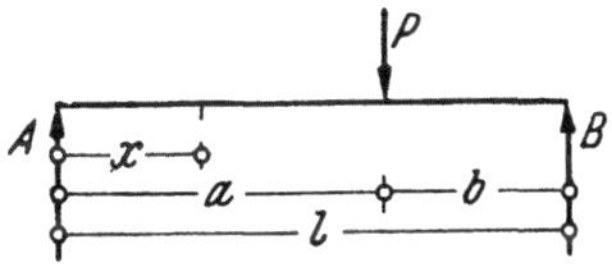

Bild 241.

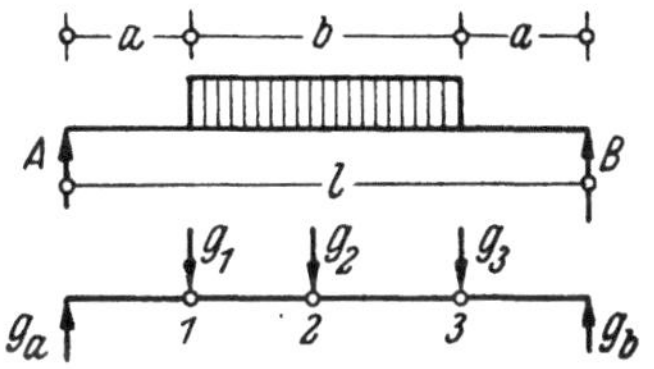

Bild 242.

2. *Einfacher Balken mit Streckenlast.* Derselbe Träger sei mit einer Streckenlast symmetrisch zur Trägermitte belastet. Die Durchbiegung in Trägermitte ist zu berechnen.

Es werden drei Knoten angenommen, je an den Enden der Belastung und in Trägermitte. Momente: $M_1 = M_3 = \frac{p}{2}ab$, $M_2 = \frac{pb}{2}\left(a + \frac{b}{4}\right)$. Da gleichmäßig verteilte Last vorhanden ist, sind neben den g-Gewichten noch die zusätzlichen Gewichte nach Gl. (236) zu berechnen.

Die g-Gewichte: $g_1 = g_3 = \frac{1}{6EJ}\left(2M_1 a + M_1 b + M_2\frac{b}{2}\right) = \frac{1}{6EJ}\left(M_1 l + M_2\cdot\frac{b}{2}\right)$

$$g_2 = \frac{b}{6EJ}(M_1 + 2M_2)$$

$$\Delta g_1 = \frac{1}{360EJ}\frac{b^3}{8}15p = \frac{b^3 p}{192EJ} \qquad \Delta g_2 = 2\cdot\Delta g_1 = \frac{b^3 p}{96EJ}.$$

Die Durchbiegung wird: $w_m = a g_1 + \frac{1}{4}\cdot l g_2 + a\Delta g_1 + \frac{1}{4}l\Delta g_2$ womit:

$$EJf = \frac{pb}{384}(8l^3 - 2lb^2 + b^3).$$

3. *Einfacher Balken mit Moment belastet.* Derselbe Träger sei durch ein Moment M belastet. Die Auflagerdrücke des Balkens sind $A = -B = \frac{M}{l}$, die Momente

$M_1 = \frac{M}{l}\,x$, $M_2' = \frac{M}{l}\cdot a$, $M_2'' = -\frac{M}{l}\cdot b$, wobei Knoten 1 an der Stelle der zu berechnenden Durchbiegung, 2 an der Lastangriffsstelle liegt. Die g-Gewichte:

$$6\,E\,J\,g_1 = 2\,x^2\cdot\frac{M}{l} + (a-x)\left(2\,x\cdot\frac{M}{l} + \frac{M}{l}\cdot a\right) = \frac{M}{l}\cdot a\,(x+a)$$

$$6\,E\,J\,g_2 = (a-x)\left(\frac{M}{l}\cdot x + 2\,\frac{M}{l}\cdot a\right) + (l-a)\left(-\frac{M}{l}\cdot 2\,b\right)$$

$$= -\frac{M}{l}\,(x^2 + a\,x + 2\,l^2 - 4\,a\,l)\,.$$

Die Durchbiegung:

$$w = \frac{l-x}{l}\cdot g_1\,x + \frac{l-a}{l}\cdot g_2\,x \quad \text{woraus:} \quad \frac{6\,E\,J\,l}{M}\cdot w = x\left(-x^2 - 2\,l^2 + 3\,a\,(2\,l-a)\right).$$

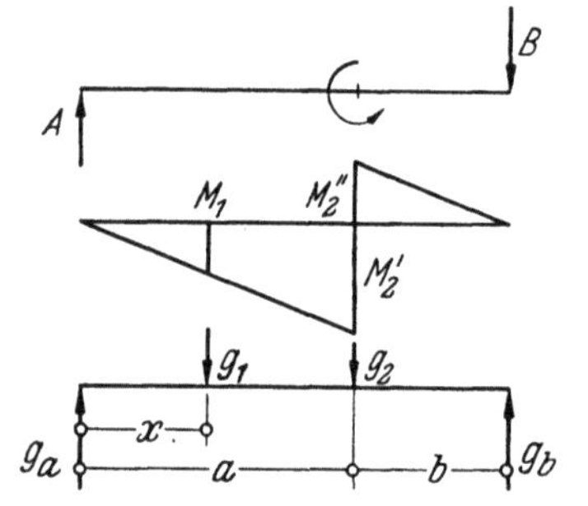

Bild 243.

4. *Der symmetrisch zur Mitte verstärkte Träger mit zwei Einzellasten.* Derselbe Träger sei symmetrisch zur Mitte ver-

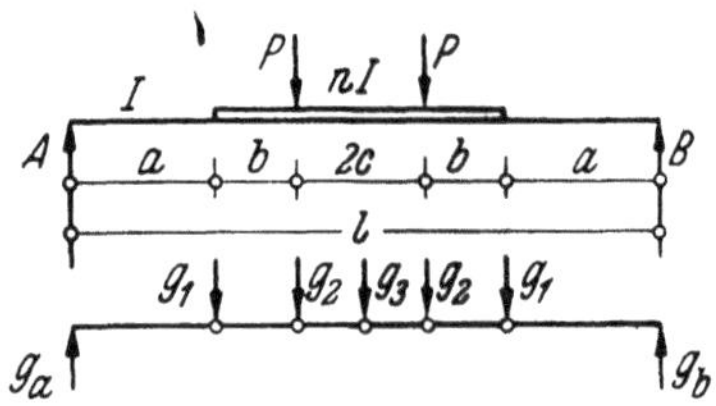

Bild 244.

stärkt, so daß sein Trägheitsmoment an den Auflagern J, in Feldmitte $J_1 = nJ$ sei. Belastet sei er durch zwei symmetrisch zur Feldmitte stehende Einzellasten, gesucht ist die Durchbiegung in Feldmitte. Angenommen werden fünf Knoten zwischen den Auflagern (Bild 244). Momente: $M_1 = M_5 = P\,a$. M_2, M_3, $M_4 = P(a+b)$. Die g-Gewichte:

$$E\,J\,g_1 = \frac{a}{6}\cdot 2\cdot P\,a + \frac{b}{6\,n}\left(2\,P\,a + P\,(a+b)\right) = \frac{P}{3}\left(a^2 + \frac{b}{n}\,(3\,a+b)\right)$$

$$E\,J\,g_2 = \frac{P\,b}{6\,n}\,(3\,a + 2\,b) + \frac{P\,c}{6\,n}\,(3\,a + 3\,b)$$

$$E\,J\,g_3 = \frac{P\,c}{n}\,(a+b)$$

Die Durchbiegung wird: $f = a g_1 + g_2(a+b) + g_3\cdot l/4$.

Ein weiteres Beispiel folgt in Nr. 232 c.

V. Das mehrfach standfeste Tragwerk. Kraftverfahren.

A. Das Kraftverfahren.

Die Aufgabe. Gegeben ist ein n-fach überbestimmtes ($n+1$-fach standfestes) Tragwerk mit seiner Belastung und bestimmten Stützenverschiebungen. Zu berechnen sind zunächst die statischen Werte seiner Glieder, es ist also die Gleichgewichtsaufgabe zu lösen.

206. Das Hauptnetz und seine Belastungen. Aus dem gegebenen $(n+1)$-fach standfesten Tragwerk, im folgenden kurz Tragwerk genannt, wird durch Ausschalten von n geeigneten Gliedern ein einfach standfestes Tragwerk gebildet, welches das *Hauptnetz* des gegebenen Tragwerkes heißt. An Stelle der ausgeschalteten Glieder werden Kräfte und Momente angebracht, derart, daß diese mit den Stützkräften und den gegebenen Lasten am Hauptnetz im Gleichgewicht sind. Diese Kräfte und Momente heißen die überzähligen Größen (kurz die Überzähligen), sie werden mit $X_a, \dots X_e, \dots X_n$ bezeichnet, ihre Anzahl ist n.

Das Hauptnetz wird nun nacheinander folgenden Belastungen unterworfen:

0) *Gegebene Lasten P, einschließlich der Wärmegradänderungen und der Stützenverschiebungen, sämtliche Überzähligen $X_a \dots X_n = 0$. Hierdurch entstehen in den Gliedern des Hauptnetzes die $2k$ statischen Werte C_0, M_0, Q_0, N_0, S_0. Dieser Belastungszustand heißt kurz: Zustand $X = 0$.*

a) Überzählige $X_a = +1$, alle übrigen Überzähligen $X = 0$, sonst wirken keine Lasten. Der Zustand heißt $X_a = +1$, die zugehörigen statischen Werte des Hauptnetzes sind C_a, M_a, Q_a, N_a, S_a.

. . . . . .

e) Überzählige $X_e = +1$, alle übrigen Überzähligen $X = 0$, Zustand $X_e = +1$ mit den statischen Werten C_e, M_e, Q_e, N_e, S_e des Hauptnetzes.

. . . . . .

n) Überzählige $X_n = +1$, alle übrigen Überzähligen $X = 0$, Zustand $X_n = +1$ mit den statischen Werten C_n, M_n, Q_n, N_n, S_n des Hauptnetzes.

Die Zustände 0 bis n sind Gleichgewichtszustände des Hauptnetzes, die Zustände a bis n Eigenspannungszustände des Tragwerkes. Das Hauptnetz hat $2k$, das Tragwerk $2k + n$ Glieder, jeder Eigenspannungszustand hat $2k + n$ statische Werte, nämlich $2k$ Werte am Hauptnetz, einen Wert $X_e = +1$ und $n - 1$ Werte $X_a \dots X_{e-1}$, $X_{e+1} \dots X_n = 0$. Die Werte X werden auf diese Weise also zu den statischen Werten des Tragwerkes gezählt, was berechtigt ist, da es die Werte der ausgeschalteten Glieder sind.

Das Vorzeichen der Belastung $X_e = +1$ zur Bestimmung der Zustände a bis n erklärt sich aus der Berechnung von Fachwerken.

X ist die Stabkraft des überzähligen Stabes, als Zugkraft positiv (Bild 245). Diese Stabkraft erzeugt eine Dehnung des Stabes, welcher eine Vergrößerung des Abstandes der beiden Stabknoten, der positive Arbeitsweg δ_e entspricht. Am Knoten wirkt die Kraft $-X$ als Belastung, um den positiven Arbeitsweg δ_e zu erhalten, muß man die Reaktionskraft $+X$ anbringen. Daher wurde die Belastungseinheit zu $X_e = +1$ gewählt. Die Vorzeichenwahl ist aber willkürlich, geradesogut hätte man auch $X_e = -1$ wählen können.

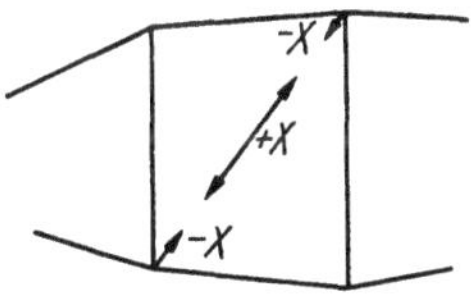

Bild 245 a.

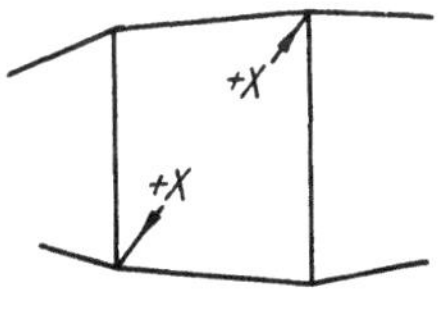

Bild 245 b.

Die statischen Werte des Tragwerkes unter der gegebenen Belastung lassen sich nach dem Überlagerungsgesetz durch die statischen Werte der Zustände 0, a bis n ausdrücken. Es gilt:

Stützenwiderstand $C = C_0 + C_a X_a \cdots + C_e X_e \cdots + C_n X_n$ (247a)

Moment $M = M_0 + M_a X_a \cdots + M_e X_e \cdots + M_n X_n$ (247b)

Querkraft $Q = Q_0 + Q_a X_a \cdots + Q_e X_e \cdots + Q_n X_n$ (247c)

Normalkraft $N = N_0 + N_a X_a \cdots + N_e X_e \cdots + N_n X_n$ (247d)

Spannkraft $S = S_0 + S_a X_a \cdots + S_e X_e \cdots + S_n X_n$ (247e)

Diese Werte C, M, Q, N, S erfüllen die $2k$ stereostatischen Gleichgewichtsbedingungen des Tragwerkes bei beliebigen Werten der X, sie stellen also ein mögliches Gleichgewichtssystem des Tragwerkes dar, ebenso wie jeder Eigenspannungszustand a bis n ein solches Gleichgewichtssystem ist.

207. Die Hauptgleichung und ihre Beiwerte. Um das wirkliche Gleichgewichtssystem des Tragwerkes unter der gegebenen Belastung zu bilden, müssen die $2k + n$ statischen Werte C, M, Q, N, S nicht nur die $2k$ stereostatischen Gleichgewichtsbedingungen, sondern noch n Formänderungsbedingungen erfüllen.

Der Arbeitsweg δ_e der Überzähligen X_e am Hauptnetz infolge der gesamten Belastungen 0, a bis n entsteht durch Überlagerung der Arbeitswege infolge der einzelnen Belastungen. Die positive Richtung von δ_e wird bestimmt als die positive Richtung der Überzähligen X_e, entsprechend ergeben sich die positiven Richtungen der Teil-Arbeitswege, welche in folgender Übersicht dargestellt sind:

Beim *Zustand*	0	c	a	h	n	
entsteht durch *Belastung* des Hauptnetzes mit:	Lasten Wärmegrad-änderungen	Stützpunkt-verschiebungen	$X_a = +1$	$X_h = +1$	$X_n = +1$	Wirkungen $0, a$ bis n zusammen
der *Arbeitsweg* von X_e am Hauptnetz positiv in Richtung $X_e = +1$	δ_{e0}	δ_{ec}	δ_{ea}	δ_{eh}	δ_{en}	δ_e

(248)

Damit wird:

$$\delta_e = \delta_{e0} + \delta_{ec} + \delta_{ea} X_a \cdots + \delta_{eh} X_h \cdots + \delta_{en} X_n. \tag{249}$$

Für beliebige Werte X ist δ_e eine mögliche Verschiebung am Tragwerk, sie wird zur wirklichen Verschiebung, wenn sie die Formänderungsbedingungen des Tragwerkes erfüllt.

Die Überzähligen X werden, wie in den Nr. 209 u. 210 im einzelnen gezeigt wird, stets so gewählt, daß:

$\delta_e = 0$, wenn X_e die Wirkung eines inneren Gliedes,

$\delta_e = +c$, wenn X_e die Wirkung eines äußeren Gliedes, welchem die Stützenverschiebung c vorgeschrieben ist, ersetzt. Das Vorzeichen von δ_e ergibt sich hierbei daraus, daß die positive Richtung der Verschiebung c und die positive Richtung von $C_e \equiv X_e$ zusammenfallen und die positive Richtung von δ_e gerade so festgesetzt wurde.

Wirkt am Hauptnetz nur die Belastung $X_e = +1$, welche die Stützenwiderstände C_e erzeugt, dann lautet die Bedingung für das stereostatische Gleichgewicht der äußeren Kräfte am Hauptnetz: $1 \cdot \delta_{ec} + \sum C_h \cdot c = 0$. Fügt man $\delta_e = 0$ bzw. $\delta_e = +c_e$ hinzu, so wird: $1 \cdot (\delta_{ec} - \delta_e) = -\sum C_h \cdot c$ oder $1 \cdot (\delta_{ec} - \delta_e) = -\sum C_h \cdot c - 1 \cdot c_e$, je nachdem X_e die Wirkung eines inneren oder eines äußeren Gliedes ersetzt und $1 \cdot (\delta_e - \delta_{ec})$ stellt stets die Arbeit L_e der Stützkräfte am Tragwerk für den Eigenspannungszustand $X_e = +1$ dar. Die Gl. (249) geht damit über in:

$$L_e - \delta_{e0} = \delta_{ea} \cdot X_a + \cdots + \delta_{eh} \cdot X_h \cdots + \delta_{en} \cdot X_n. \tag{250}$$

Die Beiwerte dieser Gleichung ergeben sich aus Gl. (180) (Nr. 167) zu:

$$\delta_{eh} = \sum \int \frac{M_e M_h}{EJ} ds + \sum \int \frac{Q_e Q_h}{G F_q} ds + \sum \int \frac{N_e N_h}{EF} ds + \sum S_e S_h \frac{s}{EF} \tag{251}$$

$$\delta_{e0} = \sum \int \frac{M_e M_0}{EJ} ds + \sum \int \frac{Q_e Q_0}{G F_q} ds + \sum \int \frac{N_e N_0}{EF} ds + \sum S_e S_0 \frac{s}{EF}$$
$$+ \Theta \left[\sum \int M_e \frac{\Delta t}{h} ds + \sum \int N_e t_0 ds + \sum S_e t s \right] \tag{252}$$

$L_e = \sum C_e \cdot c$ die Arbeit der Stützenwiderstände am Hauptnetz beim Belastungszustand $X_e = +1$ und den gegebenen Auflagerverschiebungen c. (253)

Die Summen erstrecken sich über sämtliche Stäbe und Auflager des Tragwerkes und zwar derart, daß die Summen mit M, Q, N sämtliche biegungsfesten, die Summen mit S sämtliche einfachen Stäbe umfassen. Da jedoch $n-1$ statische Größen jedes Eigenspannungszustandes verschwinden, so umfaßt jede Summe in Wirklichkeit nur $2k$ bzw. $2k+1$ Summanden; in den Summen von δ_{e0} sind immer nur $2k$ Summanden enthalten, da nur die $2k$ Werte C_0, M_0, Q_0, N_0, S_0 des Hauptnetzes von Null verschieden sind.

Durch die Belastung $X_h = +1$, alle übrigen $X = 0$ erfährt das Hauptnetz eine Formänderung. Auch der Angriffspunkt der Überzähligen X_e erleidet dabei eine Verschiebung in Richtung dieser Überzähligen, welche deren Arbeitsweg ist und den Wert δ_{eh} hat. Für diese Arbeitswege gilt das MAXWELLsche Gesetz:

$$\delta_{eh} = \delta_{he}\,. \tag{254}$$

Im allgemeinen Fall sind also $\frac{1}{2}\cdot n(n+1)$ verschiedene Werte δ_{eh} vorhanden, gewöhnlich ist jedoch eine ganze Anzahl dieser Verschiebungen Null.

Es bestehen nun n Gl. (250), welche die Berechnung der n Überzähligen X gestatten.

Für krumme Stäbe treten an die Stelle der Gl. (251 u. 252) jene für krumme Stäbe nach Hauptgleichung (115) (vgl. Nr. 167).

Anmerkung. Da, wie bereits bemerkt, $n-1$ statische Werte jedes Belastungszustandes a bis n verschwinden, können die Summen der Gl. (251 bis 253) auch nur über die Stäbe des Hauptnetzes ausgedehnt werden. Die Überzähligen werden dann nicht als statische Werte des Tragwerkes, sondern als Lasten oder Auflagerdrücke des Hauptnetzes aufgefaßt.

Wirkt X_e an einem inneren Glied, so erstrecken sich die Summen in δ_{eh} [Gl. (251)] nur über sämtliche Stäbe des Hauptnetzes, solange $e \neq h$. In δ_{ee} tritt zu den Summen, welche sich über sämtliche Stäbe des Hauptnetzes erstrecken, noch der Summand aus dem Glied, an welchem X_e wirkt. Verwendet man die Hauptgleichung in der Form Gl. (249), so ist dieser Summand gleich δ_e zu setzen, er wird je nachdem X_e ein Moment, eine Querkraft, eine Normalkraft oder eine Spannkraft ist:

$$\delta_e = X_e\int\frac{ds}{EJ} \qquad X_e\int\frac{ds}{GF_q} \qquad X_e\int\frac{ds}{EF} \qquad X_e\cdot\int\frac{s}{EF}\,.$$

Die Summen in δ_{e0} [Gl. (252)] erstrecken sich nur über sämtliche Stäbe des Hauptnetzes, da nur dessen statische Werte von Null verschieden sind, entsprechend die Summen in L_e [Gl. (253)] über sämtliche Stäbe des Hauptnetzes.

Ist X_e eine Auflagerwirkung, so erstrecken sich die Summen in δ_{eh} und δ_{e0} über sämtliche Stäbe des Hauptnetzes, die Summen in L_e über sämtliche Auflager des Hauptnetzes und über das Auflager, an welchem X_e wirkt.

Die Hauptgleichung erhält in beiden Fällen die Form: $\delta_{e0} - L_e + \delta_e = \Sigma X_h\cdot\delta_{eh}$. Die Summen in dieser Gleichung erstrecken sich sämtliche über die Stäbe bzw. Auflager des Hauptnetzes. Die Gleichung ist natürlich identisch mit Gl. (250).

208. Verschiedene Hauptnetze. Aus dem $(n+1)$fach standfesten Tragwerk können im allgemeinen mehrere einfach standfeste Tragwerke als Hauptnetz gebildet werden. Jedes Hauptnetz muß aber vollkommen standfest sein, es muß also nicht nur die notwendige Anzahl innerer und äußerer Glieder besitzen, sondern es darf auch keinen Ausnahmefall nach Nr. 11 darstellen, d. h. keine unendlich kleine Beweglichkeit besitzen.

Statisch sind die verschiedenen Hauptnetze eines Tragwerkes einander gleichwertig, da die Berechnung mit allen denselben Spannungszustand des Tragwerkes liefert. Mathematisch drückt sich die Gleichwertigkeit darin aus, daß die verschiedenen Gleichungssysteme zur Berechnung der Überzähligen voneinander abhängig sind, da sie sich durch lineare Substitutionen ineinander überführen lassen. Dagegen bestehen praktisch oft sehr große Unterschiede zwischen den Hauptnetzen. Durch geschickte Wahl der Überzähligen läßt sich nämlich gewöhnlich die Durchführung der Berechnung sehr vereinfachen. Auch ist die Fehlerfortpflanzung bei der zahlenmäßigen Ausrechnung in den verschiedenen Gleichungssystemen verschieden groß, durch geschickte Auswahl läßt sich mit denselben Mitteln eine größere Genauigkeit der Berechnung erzielen.

209. Innere Glieder als Überzählige. Ein inneres Glied kann ausgeschaltet werden durch Aufschneiden eines Stabes an beliebiger Stelle oder durch Einschalten eines Gelenkes an Stelle einer steifen Ecke.

Als Verfahren zur Ausschaltung von überzähligen inneren Gliedern stehen daher allgemein folgende zur Verfügung.

a) *Der einfache Stab* werde an beliebiger Stelle durchgeschnitten und jedes Schnittufer mit einer Kraft belastet, welche der Stabkraft gleich und gleichgerichtet ist (Bild 246a). Bei der Formänderung des Hauptnetzes erleiden die Schnittufer Verschiebungen δ_e' bzw. δ_e'' in Richtung der Kraft gegeneinander; die Formänderungsbedingung des Tragwerkes verlangt, daß keine gegenseitige Verschiebung eintritt: $\delta_e' + \delta_e'' = 0$.

Man kann die Ausschaltung eines einfachen Stabes auch so auffassen, daß der ganze Stab durch zwei Schnitte unmittelbar neben seinen Knoten heraus-

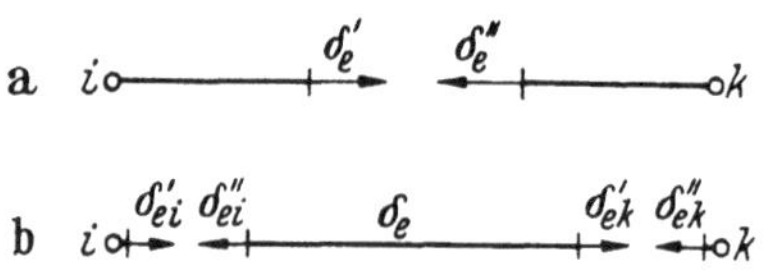

Bild 246.

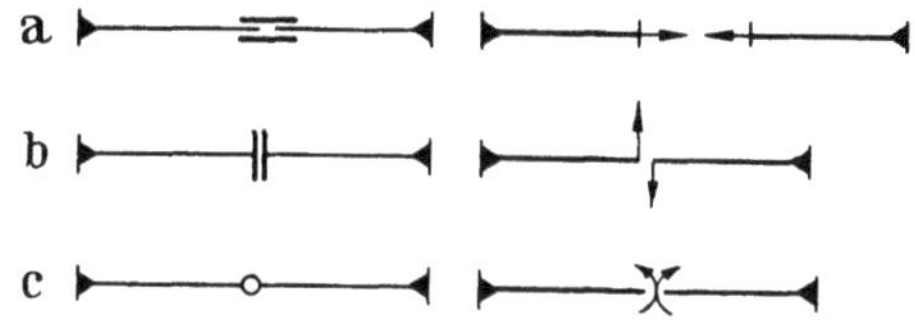

Bild 247.

geschnitten wird (Bild 246b). Die Verschiebung der beiden Knotenpunkte gegeneinander setzt sich zusammen aus den Verschiebungen $\delta_{ei} = \delta_{ei}' + \delta_{ei}'' = 0$, $\delta_{ek} = \delta_{ek}' + \delta_{ek}'' = 0$ der Schnittufer i und k gegeneinander und der Stabdehnung δ_e, deren Wert in der Anmerkung zu Nr. 207 angegeben und welche im Beiwert δ_{eh} [Gl. (251)] enthalten ist, so daß auch hierfür die Gl. (250) gilt (vgl. Nr. 231 Beispiel d).

b) *Der biegungsfeste Stab.* An diesem sind in einem Schnitte drei Bewegungsrichtungen und entsprechend drei Kraftwirkungen möglich, welche in Bild 247 dargestellt sind. Eine Parallelführung zur Stabachse erlaubt Verschiebungen der Schnittufer nur in Richtung der Stabachse gegeneinander, die ausgeschaltete Kraftwirkung ist eine Normalkraft. Eine Querführung normal zur Stabachse erlaubt nur Verschiebungen in dieser Richtung, die ausgeschaltete Kraftwirkung ist eine Querkraft. Ein Gelenk erlaubt Verdrehungen der Schnittufer gegeneinander, aber keine Verschiebungen, die ausgeschaltete Kraftwirkung ist ein Moment. Die ausgeschaltete Kraftwirkung wird in jedem Schnittufer als Belastung angebracht, welche nach Größe und Richtung jener gleich ist. Bei der Formänderung des Hauptnetzes erleiden die Schnittufer Verschiebungen δ_e' bzw. δ_e'' in Richtung der Kraftwirkung; die Formänderungsbedingung des Tragwerkes verlangt, daß keine gegenseitige Verschiebung der Schnittufer eintritt: $\delta_e = \delta_e' + \delta_e'' = 0$.

An einem Stab können an derselben Stelle nur eine, zwei oder alle drei dieser möglichen Ausschaltungen von Kraftwirkungen gleichzeitig vorgenommen werden.

c) *Die steife Ecke* wird durch Einfügen eines Gelenkes ausgeschaltet, was darauf hinausläuft, daß die Einfügung eines Gelenkes im biegungssteifen Stab unmittelbar neben dem Knoten vorgenommen wird.

210. Überzählige Auflagerwirkungen. Die äußeren Glieder des Tragwerkes können genau so wie seine inneren als Überzählige verwendet werden.

Eine *Stütze* wird weggenommen und der Stützpunkt durch eine Kraft belastet, welche der Stützkraft gleich und gleichgerichtet ist. Bei der Formänderung des Hauptnetzes erleidet der Stützpunkt eine Verschiebung in Richtung der Stützkraft, welcher durch die Auflagerbedingungen des Tragwerkes eine bestimmte Größe c vorgeschrieben ist. Eine *Einspannung* wird durch ein Gelenk ersetzt und der eingespannte Querschnitt durch ein Moment belastet, welches dem Einspannungsmoment gleich und gleichgerichtet ist. Bei der Formänderung des Hauptnetzes erleidet der eingespannte Querschnitt eine Drehung in Richtung des Einspannungsmomentes, welcher durch die Auflagerbedingungen des Tragwerkes eine bestimmte Größe c vorgeschrieben ist.

Der Einfluß der Auflager ist in Gl. (250) im Gliede L_e enthalten, gleichgültig ob die Wirkung C eine Überzählige ist oder nicht.

Eine überzählige Auflagerwirkung läßt sich jedoch durch Einführung von Ersatzstäben auch als inneres Glied behandeln (Nr. 3). Für eine Stütze $C_e = X_e$ führt man einen einfachen Stab ein, dessen Stabachse in der Stützrichtung liegt und dessen Dehnung unter dem Einfluß der Stützkraft $C_e = X_e$ gleich dem vorgeschriebenen Wert c wird. Für eine Einspannung in Verbindung mit einer oder zwei Stützen führt man einen oder zwei biegungssteife Stäbe mit einer steifen Ecke ein und bestimmt die Formänderungen so, daß sie gleich den bekannten Auflagerverschiebungen des Tragwerkes werden. Dies läuft rechnerisch darauf hinaus, daß man die überzähligen Auflagerwirkungen aus der Summe L_e herausnimmt und auf die andere Seite als $X_e \cdot c$ bringt.

211. Von den Überzähligen abhängige Abmessungen und Auflagerwirkungen. Wie aus den Gl. (250 bis 253) ersichtlich, sind die Überzähligen von den Querschnitten der Stäbe abhängig, welche vorläufig unbekannt sind. Die Querschnitte und ihre Trägheitsmomente müssen daher zunächst abgeschätzt werden, was zweckmäßig durch eine möglichst vereinfachte Vorberechnung geschieht. Bei Fachwerken kann man hierfür beispielsweise die Formänderungen der Wandglieder vernachlässigen und für die Gurte einen einheitlichen Querschnitt annehmen.

Mit den vorläufigen Querschnitten wird dann die Berechnung durchgeführt, was meistens zu einem brauchbaren Ergebnis führt. Weichen die endgültigen Werte von den vorläufigen erheblich ab, dann muß die Berechnung wiederholt werden.

Die Größe der Formänderungen der Auflager kann als Funktion der Größe der Auflagerkraft oder des Einspannungsmomentes gegeben sein. Eine einfache Annahme über diese Abhängigkeit ist die in der Theorie des Trägers auf elastischer Unterlage übliche, daß die Größe der Formänderung proportional der Größe der Kraftwirkung ist; durch sie wird die Gültigkeit des Überlagerungsgesetzes nicht eingeschränkt.

Im allgemeinen Fall jedoch wird der Zusammenhang zwischen Formänderung und Wirkung sehr verwickelt sein. Man wird dann die Größe c der Formänderung auf Grund von Erfahrung oder von Versuchen als bekannt ansehen und als unabhängig von der Auflagerwirkung in die Berechnung einführen. In der Mehrzahl der Fälle wird $c = 0$ gesetzt werden können. Es muß jedoch stets untersucht werden, welchen Einfluß ein von Null verschiedener Wert c auf die Spannungen im Tragwerk hat. Tragwerke, welche gegen solche Änderungen empfindlich sind, dürfen nur auf ganz sicherer Gründungssohle erstellt werden.

Ist eine Auflagerwirkung von einem überzähligen inneren Gliede X_e in bekannter Weise abhängig, dann erscheint der Wert X_e in Gl. (250) sowohl auf der rechten Seite als auch im Ausdruck für L_e. Die Rechnung kann durchgeführt werden, solange das Überlagerungsgesetz gilt; ist dies nicht mehr der Fall, dann müssen wie oben angedeutet vereinfachende Annahmen gemacht werden.

212. Allgemeinere Auffassung des Lösungsverfahrens. Bei der Darstellung des Lösungsverfahrens wurde von dem einfach standfesten Hauptnetz ausgegangen. Eine allgemeinere Auffassung ergibt sich auf folgende Weise.

Außer $2k$ stereostatischen Gleichgewichtsbedingungen müssen für das Tragwerk noch n Formänderungsbedingungen erfüllt sein. Man wählt nun n voneinander unabhängige Eigenspannungszustände des Tragwerkes, wobei man für jeden einzelnen Zustand n statische Werte des Tragwerkes willkürlich wählen kann, wonach sich die übrigen $2k$ nach den Verfahren des Hauptstückes *II* bestimmen lassen. Jeder Eigenspannungszustand ist nach Nr. 74 ein möglicher Gleichgewichtszustand, für welchen die Hauptgleichung (110) gilt. Damit sind n zusätzliche Gleichungen gewonnen, so daß jetzt $2k + n$ Gleichgewichtsbedingungen zur Berechnung der statischen Werte zur Verfügung stehen.

Nunmehr sind noch die Eigenspannungszustände zu bestimmen. Dies wird in der in Nr. 206 beschriebenen Weise ausgeführt, wodurch die Hauptgleichung (110) in leicht ersichtlicher Weise in die Gl. (250) übergeht.

Dieses Verfahren unterscheidet sich von dem zuerst dargestellten dadurch, daß es allgemeinere Eigenspannungszustände zugrunde legt und kein einfach standfestes Hauptnetz benötigt. Anwendungen hiervon werden in Abschn. D wiedergegeben.

213. Der Rechnungsgang. Die Formänderungsaufgabe. Zuerst werden die Überzähligen ausgewählt und damit das Hauptnetz bestimmt. Hierauf wird das Hauptnetz mit den gegebenen äußeren Kräften, einschließlich der Wärmegradänderungen belastet und für sämtliche Stäbe die statischen Werte C_0, M_0, Q_0, N_0, S_0 nach den Verfahren des Hauptstückes *II* berechnet. Dann wird das Hauptnetz mit der Überzähligen $X_e = +1$ $(e = a, b \ldots n)$ belastet und entsprechend die statischen Werte C_e, M_e, Q_e, N_e, S_e ermittelt. Mit den so bestimmten $n + 1$ Wertesystemen werden aus den Gl. (251 bis 253) die $n + 1$ Werte δ_{eh}, δ_{e0} berechnet.

Mit diesen Werten bildet man die n Gl. (250) zur Berechnung der Überzähligen und nach deren Berechnung erhält man aus den Gl. (247) die statischen Werte C, M, Q, N, S am Tragwerk.

Der Einfluß der Querkräfte Q in Gl. (251 u. 252) kann immer, derjenige der Normalkräfte N meistens vernachlässigt werden, wodurch sich diese Gleichungen erheblich vereinfachen. Die Berechnungen für Lasten, Wärmegradänderungen und Stützenverschiebungen werden zweckmäßig getrennt durchgeführt. Es ist dabei empfehlenswert, die Zustandslinien der M, Q, N, S für das Tragwerk für jeden Belastungszustand bildlich darzustellen, was die Übersicht bei der Berechnung wesentlich erleichtert.

Das Berechnungsverfahren gilt für gerade Stäbe. Für krumme Stäbe ist die Hauptgleichung (115) zu wählen (vgl. Nr. 77). Bei geringer Krümmung genügt u. U. die Berechnung für gerade Stäbe mindestens als Vorberechnung.

Nach der Berechnung der statischen Werte kann auch die Formänderungsaufgabe gelöst werden. Grundlage hierfür ist Gl. (180), Nr. 167. Zur Ermittlung des Eigenspannungssystems $\overline{M}$, $\overline{N}$, ... bestimmt man ein Hauptnetz, welches mit dem Hauptnetz zur Berechnung der Überzähligen aber nicht übereinstimmen braucht, sondern ganz aus Zweckmäßigkeitsgründen gewählt wird, um die Berechnung zu vereinfachen. Bei Tragwerken mit geraden Stäben wird die Anwendung der bei der Berechnung der Formänderung des geraden Stabes gefundenen Ergebnisse (s. IV C) meistens von Vorteil sein. Auch braucht das Hauptnetz zur Berechnung verschiedener Verschiebungen keineswegs dasselbe sein, für einen Drehwinkel z. B. kann ein anderes Hauptnetz zweckmäßiger sein als für eine gewöhnliche Verschiebung.

Nach Bestimmung des Eigenspannungszustandes $\overline{M}$, $\overline{N}$, ... ergeben sich die gesuchten Formänderungen nach Gl. (180).

214. Einflußlinien. Der Einfluß paralleler Lasten auf die Überzähligen wird zweckmäßig mit Einflußlinien untersucht.

Löst man die Gl. (250) nach den Überzähligen X auf, so erhält man:

$$X_e = (L_a - \delta_{a0}) \cdot \beta_{ae} + (L_b - \delta_{b0}) \cdot \beta_{be} + \cdots (L_e - \delta_{e0}) \cdot \beta_{ee} + \cdots (L_n - \delta_{n0}) \cdot \beta_{ne} \quad (255)$$

worin die Beiwerte β Funktionen der δ_{eh} sind. Ist D die Determinante

$$D = \begin{vmatrix} \delta_{aa} & \delta_{ab} & \dots & \delta_{an} \\ \delta_{ba} & \delta_{bb} & \dots & \delta_{bn} \\ \dots & \dots & \dots & \dots \\ \delta_{na} & \delta_{nb} & \dots & \delta_{nn} \end{vmatrix} \quad (256)$$

und D_{eh} die Unterdeterminante, welche durch Streichung der Zeile e und der Spalte h gebildet wird, so ist:

$$\beta_{eh} = (-1)^{e+h} \cdot \frac{D_{eh}}{D}. \quad (257)$$

Solange die Stützenverschiebungen unabhängig von den Überzähligen sind, wird ihr Einfluß unabhängig von jenem der wandernden Lasteinheiten ermittelt, deren Einflußlinienordinate sich daher aus Gl. (255) ergibt:

$$\eta_e = \sum_a^n {}^h \delta_{h0} \cdot \beta_{eh}. \quad (258)$$

δ_{h0} ist dabei der Arbeitsweg der Überzähligen X_h am Hauptnetz, welcher durch die wandernde Last $+1$ entsteht (positiv in Richtung $X_h = +1$). Nach Nr. 185 ist δ_{h0} die Ordinate der Biegungslinie des Stabzuges, über welchen die Last wandert. Die Ordinaten η_e kann man danach auf zweierlei Art berechnen:

a) man stellt die Einflußlinien mit den Ordinaten $\delta_{he} \cdot \beta_{eh}$ einzeln als Biegungslinien dar und bildet ihre Summe;

b) man belastet das Hauptnetz mit den Lasten $X_a = +\beta_{ah}$, $X_b = +\beta_{bh}$, ... $X_n = +\beta_{nh}$ und berechnet die Biegungslinie des Lastgurtes für diese Belastung, wodurch man die Einflußlinie unmittelbar erhält.

Im allgemeinen führen beide Verfahren gleich schnell zum Ziel, für eine einzelne Einflußlinie ist das zweite das einfachere.

Aus den Einflußlinien für die Überzähligen findet man jene für einen beliebigen statischen Wert Z aus den Gl. (247) zu:

$$\eta = \eta_0 + \sum_a^n {}^h \eta_h \cdot Z_h. \quad (259)$$

Damit ist die Berechnung der Einflußlinien erledigt, es sei jedoch noch einiges über mögliche Vereinfachungen bemerkt.

Bei einem Fachwerk bestehen Beziehungen zwischen den einzelnen Stabkräften eines Feldes, so daß sich jene der Füllstäbe durch die Gurtkräfte und diese wieder durch das Moment ausdrücken lassen. Sind daher die Einflußlinien der Momente bekannt, dann lassen sich aus ihnen die der Stabkräfte ziemlich einfach ableiten.

Es ist darauf zu achten, daß man eine bequeme Zeichnungsweise wählt. Häufig ist es dabei zweckmäßig, als Nullinie nicht die Waagerechte, sondern die Einflußlinie am Hauptnetz zu verwenden, wodurch sich die Konstruktion vereinfacht. Erst nachher wird die Einflußlinie dann zur Auswertung auf eine waagerechte Nullinie übertragen. Dabei geht man dann ganz gleichmäßig für alle statischen Werte vor und schreibt an den Einflußlinien alle notwendigen Daten ausführlich an.

215. Rechengenauigkeit. Das Ziel der Berechnung ist in den meisten Fällen die Ermittlung von Einflußlinien. Welche Genauigkeit diese haben müssen, ist aus den Bedingungen des Einzelfalles zu entnehmen, im allgemeinen daraus, daß die Spannungen mit Rechenschiebergenauigkeit bestimmt werden können. Da im Gange der Berechnung der Einflußlinien sowohl Additionen und Subtraktionen als auch Multiplikationen vorkommen, ist für die einzelnen Stufen der Berechnung noch die mitzuführende Stellenzahl, d. h. die Genauigkeit der Zwischenrechnungen zu bestimmen.

Ist y die zu bestimmende Funktion von x, wobei $y = f \cdot F$ oder $y = f/F$ sei (f und F Funktionen von x), so ergibt sich die Abweichung Δy von y bei Änderungen Δf und ΔF der Funktionen f und F aus:

$$\Delta y = F \cdot \Delta f + f \cdot \Delta F \quad \text{bzw.} \quad \Delta y = \frac{F \cdot \Delta f - f \cdot \Delta F}{F^2}.$$

Kennt man die Abweichungen Δf und ΔF, so kann man die Abweichung Δy bestimmen; umgekehrt, wenn man die Größe von Δy vorschreibt, kann man die höchstzulässige Größe der Änderungen Δf und ΔF errechnen. Für diese Größen sind mitunter noch Nebenbedingungen gegeben, welche berücksichtigt werden müssen.

Die Nachprüfung der erforderlichen Rechengenauigkeit hat erhebliche praktische Bedeutung, da einerseits vermieden werden muß, unnötig viele Stellen in der Berechnung mitzuschleppen, sich also die Arbeit zwecklos zu erschweren, andererseits eine gewisse Genauigkeit unbedingt eingehalten werden muß, um ein zuverlässiges Ergebnis zu erhalten. Wie die Entwicklung der Hauptgleichung gezeigt hat, werden hierbei schon eine ganze Reihe vereinfachender Annahmen gemacht. Weiterhin kommen hinzu vereinfachende Annahmen über die Stabquerschnitte und den räumlichen Zusammenhang der Stäbe, da jeder Bau räumlich ausgedehnt ist. Hierdurch entstehen Zusatz- und Nebenspannungen im Tragwerk, welche gegebenenfalls ebenfalls zu berechnen, mindestens aber zu schätzen sind. Durch alle diese Umstände weicht das Ergebnis der Berechnung von den wirklichen Verhältnissen im Tragwerk ab, wodurch man sich aber nicht verleiten lassen darf, die vermeidbaren Rechenfehler größer werden zu lassen als unbedingt notwendig ist. Die Sicherheit des Bauwerkes, der einzige Zweck der statischen Berechnung, ist erprobt bei Anwendung gewisser Rechenverfahren und der Größe der dabei erhaltenen Spannungen, welche im Stahlbetonbau ohnedies nur Rechengrößen sind. Jede Abweichung muß daher durch neue Erfahrungen geprüft werden, was auch gewöhnlich durch Versuche geschieht, wobei daran zu erinnern ist, daß solche Versuche oft durch schwere Bauunfälle erzwungen wurden. Bei gewöhnlichen Berechnungen, welche nicht durch Versuche bestätigt werden, muß man daher die Genauigkeit der Berechnung in dem Rahmen halten, welcher durch die Versuche und sonstige Erfahrung vorgeschrieben wird. Der Frage der Rechengenauigkeit muß daher eine gewisse Aufmerksamkeit geschenkt werden.

Von der eben behandelten Rechengenauigkeit zu unterscheiden ist die Genauigkeit des Rechenverfahrens als solches. Wie schon erwähnt, enthält das entwickelte Verfahren eine ganze Reihe Annahmen, bleibt aber trotzdem für viele praktische Fälle noch zu verwickelt. Hier kann man sich durch zusätzliche Annahmen helfen, welche den Rechnungsgang vereinfachen, deren Einfluß auf die Genauigkeit der Berechnung aber jeweils abgeschätzt werden muß. Dies kann der Berechner im Einzelfall auf Grund seiner Erfahrung durchführen, für häufiger angewandte Verfahren wird es zweckmäßig allgemein überprüft.

Die erstbehandelte Genauigkeit kann auch der Annäherungsgrad an das strenge Rechenergebnis genannt werden, während es sich im zweiten Falle um die Genauigkeit von Näherungsverfahren handelt.

B. Lastengruppen.

216. Die Lastengruppen. Zur Lösung der eingangs gestellten Aufgabe wurde das Hauptnetz bestimmt und den Belastungen 0, a bis n unterworfen. Diese Belastungszustände sind sehr spezialisiert, da immer nur eine Überzählige von Null verschieden ist. In der allgemeineren Auffassung der Nr. 213 besagt dies, daß sehr spezielle Eigenspannungszustände betrachtet werden. Für die Anschaulichkeit des Lösungsverfahrens ist dies zwar bequem, diese Beschränkung ist jedoch keineswegs notwendig. Allgemeinere Eigenspannungszustände erhält man durch folgenden Ansatz.

Das Hauptnetz wird nacheinander folgenden Belastungen unterworfen:

0) Gegebene Lasten P, einschließlich der Wärmegradänderungen und der Stützenverschiebungen; sämtliche Überzähligen X_a, X_b, ... $X_n = 0$.

A) $X_a = Y_{aa} \cdot Y_a$, $X_b = Y_{ba} \cdot Y_a$, ... $X_e = Y_{ea} \cdot Y_a$, ... $X_n = Y_{na} \cdot Y_a$

......

E) $X_a = Y_{ae} \cdot Y_e$, $X_b = Y_{be} \cdot Y_e$, ... $X_e = Y_{ee} \cdot Y_e$, ... $X_n = Y_{ne} \cdot Y_e$

......

N) $X_a = Y_{an} \cdot Y_n$, $X_b = Y_{bn} \cdot Y_n$, ... $X_e = Y_{en} \cdot Y_n$, ... $X_n = Y_{nn} \cdot Y_n$

Damit können folgende Belastungszustände des Hauptnetzes gebildet werden:

0) *Gegebene Lasten P, einschließlich der Wärmegradänderungen und der Stützenverschiebungen, sämtliche Überzählige $Y_a \ldots Y_n = 0$. Hierdurch entstehen in den Gliedern des Hauptnetzes die $2k$ statischen Werte C_0, M_0, Q_0, N_0, S_0. Dieser Belastungszustand heißt kurz: Zustand $Y = 0$.*

a) *Überzählige $Y_a = +1$, alle übrigen Überzähligen $Y = 0$, sonst wirken keine Lasten. Der Zustand heißt $Y_a = +1$, die zugehörigen statischen Werte des Hauptnetzes sind: C_a, M_a, Q_a, N_a, S_a.*

......

e) *Überzählige $Y_e = +1$, alle übrigen Überzähligen $Y = 0$, sonst keine Lasten. Zustand $Y_e = +1$ mit den statischen Werten C_e, M_e, Q_e, N_e, S_e.*

......

n) *Überzählige $Y_n = +1$, alle übrigen Überzähligen $Y = 0$, sonst keine Lasten. Zustand $Y_n = +1$ mit den statischen Werten C_n, M_n, Q_n, N_n, S_n.*

Der Belastungszustand $Y_e = +1$ besteht daher aus den Belastungen:

E') $X_a = +Y_{ae} \cdot 1$, $X_b = +Y_{be} \cdot 1$, ... $X_e = +Y_{ee} \cdot 1$, ... $X_n = +Y_{ne} \cdot 1$

des Hauptnetzes, es ist also ein zusammengesetzter Eigenspannungszustand. Statt der Einzellast $X_e = +1$ im Zustand e) der Nr. 206 wird das Hauptnetz jetzt mit der Lastengruppe E' belastet.

Die Werte $Y_{aa} \ldots Y_{he} \ldots Y_{nn}$ sind willkürlich wählbar, da die X voneinander unabhängig sind; sie sind zu Beginn der Berechnung festzulegen und daher bekannt. Die Werte X_e sind statische Werte (Kräfte oder Momente), die Werte Y_{he} sind Verhältniszahlen.

Die Zustände 0 bis n sind Gleichgewichtszustände des Hauptnetzes, die Zustände a bis n Eigenspannungszustände des Tragwerkes. Das Hauptnetz hat $2k$, das Tragwerk $2k + n$ Glieder, jeder Eigenspannungszustand hat $2k + n$ statische Werte, und zwar: $2k$ Werte (C_e, M_e, Q_e, N_e, S_e) am Hauptnetz und n Werte $X_e = +Y_{ae}$, ... $X_e = +Y_{ee}$, ... $X_h = +Y_{he}$ ... $X_n = +Y_{ne}$ für den Zustand $Y_e = +1$ in den überzähligen Gliedern. Diese Werte sind also Sonderfälle der Werte C_e, M_e, Q_e, N_e, S_e, je nachdem der Wert X ein Stützenwiderstand, ein Moment usw. ist.

Die statischen Werte des Tragwerkes unter der gegebenen Belastung lassen sich nach dem Überlagerungsgesetz durch die statischen Werte der Zustände 0, a bis n darstellen. Es gilt:

$$\text{Stützenwiderstand} \quad C = C_0 + C_a Y_a \cdots + C_e Y_e \cdots + C_n Y_n \qquad (260\text{a})$$

$$\text{Moment} \quad M = M_0 + M_a Y_a \cdots + M_e Y_e \cdots + M_n Y_n \qquad (260\text{b})$$

$$\text{Querkraft} \quad Q = Q_0 + Q_a Y_a \cdots + Q_e Y_e \cdots + Q_n Y_n \qquad (260\text{c})$$

$$\text{Normalkraft} \quad N = N_0 + N_a Y_a \cdots + N_e Y_e \cdots + N_n Y_n \qquad (260\text{d})$$

$$\text{Spannkraft} \quad S = S_0 + S_a Y_a \cdots + S_e Y_e \cdots + S_n Y_n , \qquad (260\text{e})$$

die überzähligen statischen Werte insbesondere sind:

$$X_e = Y_{ea} \cdot Y_a + Y_{eb} \cdot Y_b + \cdots + Y_{en} \cdot Y_n , \qquad (261)$$

es sind, wie oben bereits erwähnt, Sonderfälle der Werte Gl. (247).

Die Werte Y_e sind ebenso als Überzählige anzusehen wie die Werte X_e, doch entspricht ihnen kein einzelner statischer Wert im Tragwerk, sondern eine Gruppe. Der Zusammenhang zwischen den X und Y wird durch folgende Tafel der Beiwerte gegeben:

	Y_a	Y_b	...	Y_h	...	Y_n
X_a	Y_{aa}	Y_{ab}	...	Y_{ah}	...	Y_{an}
X_b	Y_{ba}	Y_{bb}	...	Y_{bh}	...	Y_{bn}
...	...	...	...	...	...	...
X_e	Y_{ea}	Y_{eb}	...	Y_{eh}	...	Y_{en}
...	...	...	...	...	...	...
X_n	Y_{na}	Y_{nb}	...	Y_{nh}	...	Y_{nn}

(262)

Im allgemeinen Falle sind n^2 Beiwerte Y_{eh} vorhanden. Die n Gleichungen (261) müssen voneinander unabhängig, die Determinante aus den Beiwerten (262) muß also von Null verschieden sein, was die einzige Bedingung ist, welche die Y_{eh} erfüllen müssen.

217. Die Hauptgleichung und ihre Beiwerte. Der weitere Gang des Verfahrens verläuft wie früher (Nr. 213). Die Werte Gl. (247) erfüllen die $2k$ stereostatischen Gleichgewichtsbedingungen des Tragwerkes bei beliebigen Werten der Y_e, sie stellen also ein mögliches Gleichgewichtssystem des Tragwerkes dar. Um das wirkliche Gleichgewichtssystem zu bilden, müssen sie noch n Formänderungsbedingungen genügen.

Für jeden Eigenspannungszustand gilt die Hauptgleichung (110) (Nr. 75), setzt man hierin die Werte (260) ein, so folgt:

$$+ L_e - \Delta_{e0} = \Delta_{ea} \cdot Y_a + \cdots + \Delta_{eh} \cdot Y_h + \cdots + \Delta_{en} \cdot Y_n . \qquad (263)$$

Die Beiwerte sind gegeben durch:

$$\Delta_{eh} = \sum \int \frac{M_e M_h}{EJ} ds + \sum \int \frac{Q_e Q_h}{G F_q} ds + \sum \int \frac{N_e N_h}{EF} ds + \sum S_e S_h \frac{s}{EF} . \qquad (264)$$

$$\Delta_{e0} = \sum \int \frac{M_e M_0}{EJ} ds + \sum \int \frac{Q_e Q_0}{G F_q} ds + \sum \int \frac{N_e N_0}{EF} ds + \sum S_e S_0 \frac{s}{EF}$$
$$+ \Theta \left[\sum \int M_e \cdot \frac{\Delta t}{h} ds + \sum \int N_e \cdot t_0 \cdot ds + \sum S_e \cdot t \cdot s \right] . \qquad (265)$$

$$L_e = \sum C_e \cdot c , \qquad (266)$$

die Arbeit der Stützenwiderstände am Tragwerk beim Eigenspannungszustand $Y_e = +1$ und den gegebenen Auflagerverschiebungen c.

Die Summen erstrecken sich über sämtliche Stäbe des Tragwerkes, und zwar derart, daß die Summen mit M, N, Q sämtliche biegungsfesten, die Summen mit S sämtliche einfachen Stäbe des Tragwerkes umfassen.

Die Gl. (263 bis 266) unterscheiden sich formal nicht von den Gl. (250 bis 253), die darin vorkommenden statischen Werte werden aber aus verschiedenen Belastungszuständen des Hauptnetzes gewonnen (dort Zustand $X_e = +1$, hier Zustand $Y_e = +1$). Gl. (250) geht durch die lineare Einsetzung (261) in Gl. (263) über.

218. Beziehungen zwischen den Beiwerten Δ, ϑ, δ. Es sei nun:

ϑ_{eh} *der Arbeitsweg der Überzähligen* $X_e = +1$ *am Hauptnetz, welcher durch die Belastung des Hauptnetzes mit der Lastengruppe* $Y_h = +1$ *entsteht, positiv gemessen in Richtung* $X_e = +1$;

ϑ_{he} *der Arbeitsweg der Überzähligen* $X_h = +1$ *am Hauptnetz, welcher durch die Belastung des Hauptnetzes mit der Lastengruppe* $Y_e = +1$ *entsteht, positiv gemessen in Richtung* $X_h = +1$;

ϑ_{e0} *der Arbeitsweg der Überzähligen* $X_e = +1$ *am Hauptnetz infolge der Belastung des Hauptnetzes mit den gegebenen Lasten und Wärmegradänderungen, positiv gemessen in Richtung* $X_e = +1$.

Der Arbeitsweg des Wertes $X_e = +1$ bei dem Belastungszustand $X_a = +1$ ist δ_{ea}, welcher nach Gl. (251) zu berechnen ist, bei der Belastung $X_a = Y_{ak}$ wird dieser Arbeitsweg $\delta_{ea} \cdot Y_{ak}$, bei der Belastung mit dem Zustand $Y_h = +1$ (H') wird der Arbeitsweg ϑ_{eh} des Wertes X_e daher:

$$\vartheta_{eh} = \delta_{ea} \cdot Y_{ah} + \delta_{eb} \cdot Y_{bh} + \cdots + \delta_{en} \cdot Y_{nh}\,. \tag{267}$$

Aus dieser Gleichung ist ohne weiteres ersichtlich, daß für die Arbeitswege ϑ der MAXWELLsche Satz nur mehr in Ausnahmefällen gilt, also

$$\vartheta_{eh} \gtreqless \vartheta_{he} \qquad \vartheta_{eh} \textit{ nur ausnahmsweise } = \vartheta_{he}\,. \tag{268}$$

Ferner ist wegen der Festsetzung des Wertes:

$$\vartheta_{e0} = \delta_{e0}\,. \tag{269}$$

Der Wert $1 \cdot \vartheta_{eh}$ stellt die Arbeit der inneren Kräfte und Momente des Eigenspannungszustandes $X_e = +1$ infolge der durch den Eigenspannungszustand $Y_h = +1$ erzeugten Formänderung dar. Ebenso stellt der Wert $1 \cdot \Delta_{eh}$ nach Gl. (264) die Arbeit der inneren Kräfte und Momente des Eigenspannungszustandes $Y_e = +1$ infolge der durch den Eigenspannungszustand $Y_h = +1$ erzeugten Formänderung dar. Nun geht der Zustand $Y_e = +1$ aus der Überlagerung der Zustände $X_a = +Y_{ae}$, ... $X_n = +Y_{ne}$ hervor, die Arbeit Δ_{eh} aus der Überlagerung der Arbeiten dieser Zustände, d. h. aus der Überlagerung der Arbeiten $Y_{ae} \cdot \vartheta_{ae}$ usw. Es gilt also allgemein:

$$\Delta_{eh} = \vartheta_{ah} \cdot Y_{ae} + \vartheta_{bh} \cdot Y_{be} + \cdots + \vartheta_{nh} \cdot Y_{ne} \tag{270}$$

$$\Delta_{ee} = \vartheta_{ae} \cdot Y_{ae} + \vartheta_{be} \cdot Y_{be} + \cdots + \vartheta_{ne} \cdot Y_{ne} \tag{271}$$

$$\Delta_{e0} = \sum_a^n{}^k \vartheta_{k0} \cdot Y_{ke} = \sum_a^n{}^k \delta_{k0} \cdot Y_{ke}\,. \tag{272}$$

Nach dem Satze von BETTI [Gl. (50), Nr. 39] ist: $\sum Y_{ae} \cdot \vartheta_{ah} = \sum Y_{ah} \cdot \vartheta_{ae}$, woraus

$$\Delta_{eh} = \Delta_{he}\,. \tag{273}$$

Für die Werte Δ gilt also der MAXWELLsche Satz. Aus dem Vorstehenden ergibt sich, daß die Δ ebenfalls Arbeitswege sind, es ist:

Δ_{eh} *der Arbeitsweg des Zustandes* $Y_e = +1$ *am Hauptnetz, welcher durch dessen Belastung mit der Lastengruppe* $Y_h = +1$ entsteht.

Δ_{e0} der Arbeitsweg des Zustandes $Y_e = +1$ am Hauptnetz, welcher durch dessen Belastung mit den gegebenen Lasten und Wärmegradänderungen entsteht.

Anmerkung. Es ist auch möglich, die Werte Y_{eh} als Kräfte zu deuten, wodurch die Y_e bloße Beiwerte werden. Doch ist die Deutung der Y_{eh} als Beiwerte mit Rücksicht auf die Gl. (270 bis 272) vorzuziehen. Für die Durchführung der Berechnung ist die statische Deutung der einzelnen Werte natürlich belanglos.

219. Elastizitätsgleichungen mit je einer Unbekannten. Der Wert der Lastengruppen liegt darin, daß man durch sie besonders einfache Formen des Gleichungssystems 263 erhalten kann.

Die wichtigste Anwendung ist die Aufstellung von Elastizitätsgleichungen mit je einer Unbekannten. Hierzu ist erforderlich, daß in Gl. (263) alle Δ_{eh} außer Δ_{ee} verschwinden, d. h. die Lastengruppen müssen so gewählt werden, daß der Arbeitsweg jeder einzelnen unabhängig von allen übrigen Lastengruppen ist. Dann ergibt sich:

$$Y_e = \frac{+L_e - \Delta_{e0}}{\Delta_{ee}}. \tag{274}$$

Das Verfahren empfiehlt sich besonders bei wechselnder Belastung, da dann aus den beiden Lastgliedern Δ_{e0} und L_e die Überzähligen Y_e ohne Auflösung eines Systems linearer Gleichungen berechnet werden.

Von den n^2 Beiwerten der Gl. (262) werden also $\frac{1}{2}\, n(n+1)$ willkürlich gewählt, die restlichen $\frac{1}{2} \cdot n(n-1)$ durch die Bedingungen $\Delta_{eh} = 0$ bestimmt.

220. Mehrfach standfeste Hauptnetze. Als Hauptnetz wurde bisher ein einfach standfestes Tragwerk angenommen, welches durch eine geeignete Auswahl von Gliedern aus dem gegebenen Tragwerk hervorgeht. Der Zweck dieser Auswahl ist der, die Berechnung des Tragwerkes auf jene eines solchen zurückzuführen, welches allein mit den stereostatischen Gleichgewichtsbedingungen, ohne Kenntnis der zunächst unbekannten Formänderungen berechnet werden kann.

Kann man aus dem Tragwerk durch Auswahl ein mehrfach standfestes Netz bilden, dessen Berechnung bekannt ist, dann kann man auch dieses als Hauptnetz einführen. An den Gleichungen und am Rechnungsgang ändert sich hierdurch nichts, der Zeiger 0 bezieht sich wie immer auf das Hauptnetz, die Überzähligen sind wieder die Glieder, welche das Hauptnetz zum gegebenen Tragwerk ergänzen. Statt des einfach standfesten Hauptnetzes ist lediglich ein mehrfach standfestes zu berechnen.

Ein n-fach überbestimmtes Tragwerk T_n kann so in mehreren Stufen berechnet werden. Aus T_n werde durch Ausschaltung von geeigneten Gliedern ein genügend einfaches, a-fach überbestimmtes Tragwerk T_a gebildet ($a < n$) und dieses mit Hilfe eines einfach standfesten Hauptnetzes T_0 berechnet, wenn die Berechnung nicht schon bekannt ist. Aus T_a werde durch Hinzufügen einiger der ausgeschalteten Glieder ein b-fach überbestimmtes Tragwerk gebildet ($a < b < n$) und dieses berechnet, wobei T_a als Hauptnetz dient. So können nach Belieben noch mehr Tragwerke zwischengeschaltet werden, von welchen immer das vorhergehende als Hauptnetz bei der Berechnung des folgenden dient.

Das Verfahren entspricht der Einführung von Lastengruppen. Wählt man den Grad der Standfestigkeit jedes folgenden Tragwerkes um 1 höher als den des vorhergehenden, dann erhält man ein Berechnungsverfahren mit Gleichungen mit je einer Unbekannten (vgl. folgende Nummer).

221. Der Rechnungsgang. a) *Der allgemeine Rechnungsgang* bei Einführung von Lastengruppen ist folgender.

Zuerst werden die Überzähligen X ausgewählt, die Lastengruppen durch geeignete Festsetzung der Beiwerte Y_{eh} bestimmt und die statischen Werte C_0, M_0, Q_0, N_0, S_0 und C_e, M_e, Q_e, N_e, S_e des Hauptnetzes bestimmt, und zwar infolge der Belastungen 0, a bis n der Nr. 206 als auch der Zustände a bis n der Nr. 216, wobei die letzteren durch Überlagerung der ersteren entstehen.

Mit diesen statischen Werten werden nach den Gl. (251 u. 267) die Verschiebungen ϑ_{eh}, ϑ_{e0} berechnet, aus ihnen nach den Gl. (270 bis 272) die Verschiebungen Δ_{eh}, Δ_{e0}, ferner nach Gl. (266) L_e. Nun können die Gl. (263) für die Unbekannten Y aufgestellt werden, nach deren Berechnung die statischen Werte des Tragwerkes sich aus der Gl. (260) ergeben.

Da der Rechnungsgang doch auf der Berechnung der Überzähligen X beruht, so gelten die Darlegungen des Abschn. A unverändert auch für das Verfahren mit Lastengruppen.

Die Gl. (264 u. 265) zur Berechnung der Δ_{eh} benützt man nur, wenn sie nicht zu umständlich aufzustellen sind. Für die Summen zur Berechnung der ϑ-Werte gelten die Bemerkungen nach Gl. (266).

b) *Die Elastizitätsgleichungen mit je einer Unbekannten* werden in n Stufen berechnet.

a) 1. Wähle die n Werte Y_{ea} $(e = a \dots n)$ der Reihe Y_a in Gl. (262) willkürlich.
2. Berechne die Werte ϑ_{ea} $(e = a \dots n)$ nach Nr. 218 durch Aufstellen der entsprechenden Belastungszustände $X_e = +1$, $Y_a = +1$ unmittelbar oder nach Gl. (267).

b) 1. Wähle $n - 1$ Werte Y_{eb} $(e = a \dots n)$ der Reihe Y_b in Gl. (262) willkürlich.
2. Berechne den fehlenden Wert dieser Reihe aus der Bedingung $\Delta_{ba} = 0$.
3. Die reziproke Beziehung $\Delta_{ab} = 0$, eine Bedingung für den Verschiebungszustand $Y_b = +1$, liefert eine Beziehung zwischen den Werten ϑ_{eb}.
4. Berechne die Werte ϑ_{eb} nach Gl. (267) und aus der Beziehung $\Delta_{ab} = 0$. Diese erspart die Berechnung einer Größe ϑ_{eb} nach *a*) 2.

c) 1. Wähle $n - 2$ Werte Y_{ec} $(e = a \dots n)$ der Reihe Y_c willkürlich.
2. Berechne die zwei fehlenden Werte dieser Reihe aus den Bedingungen Δ_{ca}, $\Delta_{cb} = 0$.
3. Die reziproken Beziehungen Δ_{ac}, $\Delta_{bc} = 0$ liefern zwei Gleichungen zwischen den Größen ϑ_{ec}.
4. Berechne die Werte ϑ_{ec}.

. . . .

h) 1. Wähle $n - 1 + h$ Werte Y_{eh} $(e = a \dots n)$ der Reihe Y_h willkürlich.
2. Berechne die $h - 1$ fehlenden Werte dieser Reihe aus den Bedingungen $\Delta_{hl} = 0$ $(l = a \dots h - 1)$.
3. Die reziproken Beziehungen $\Delta_{lh} = 0$ liefern $h - 1$ Gleichungen zwischen den Werten ϑ_{eh}.
4. Berechne die Werte ϑ_{eh}.

. . . .

n) 1. Wähle einen Wert Y_{en} $(e = a \dots n)$ der Reihe Y_n willkürlich.
2. Berechne die $n - 1$ fehlenden Werte dieser Reihe aus den Bedingungen $\Delta_{nl} = 0$ $(l = a \dots n - 1)$.
3. Die reziproken Beziehungen $\Delta_{ln} = 0$ liefern $n - 1$ Gleichungen zwischen den Werten ϑ_{ln}.
Damit ist die Tafel 262 bekannt.

Die reziproken Beziehungen $\Delta_{eh} = 0$ lassen sich statisch deuten. Nach der h-ten Stufe ist die Formänderung des Hauptnetzes $h - 1$ Beschränkungen $\Delta_{eh} = 0$ unterworfen, welche durch Anbringung von $h - 1$ entsprechend gewählten überzähligen Gliedern am Hauptnetz erzwungen werden können. Auf diese Weise entsteht ein $(h - 1)$fach überbestimmtes Tragwerk mit den Überzähligen X'_a, $X'_b, \dots X'_{h-1}$, denen $h - 1$ Lastengruppen Y_e $(e = a,\ b \dots h - 1)$ zugeordnet werden.

Das Hauptnetz werde nun mit den Lastengruppen $Y_h = 1$ belastet, also den Einzellasten Y_{ah}, $Y_{bh} \dots Y_{nh}$. Hierbei ist der Arbeitsweg Δ_{e0} des Wertes Y_e am

Hauptnetz gleich $+\Delta_{eh}$, womit nach Gl. (274): $+\Delta_{eh} = Y_e \cdot \Delta_{ee}$ und wegen $\Delta_{eh} = 0$ auch $Y_e = 0$ wird ($e = a, b, \ldots h - 1$). Damit ergibt sich am $(h-1)$fach überbestimmten Tragwerk aus Gl. (261) für die $h-1$ Überzähligen X'_e der Wert $X'_e = Y_{eh}$ ($e = a, b \ldots h - 1$), welches die auf der h-ten Stufe berechneten Beiwerte sind.

Auf der h-ten Stufe wird also ein $(h-1)$fach überbestimmtes Tragwerk berechnet, welches mit den willkürlich gewählten Gruppenlasten Y_{eh} ($e = h, h+1, \ldots n$) belastet wird und dessen Überzählige die Gruppenlasten Y_{eh} ($e = a, b, \ldots h-1$) sind, welche durch die Elastizitätsbedingungen $\Delta_{eh} = 0$ bestimmt werden.

Man umgeht daher auch bei diesem Verfahren nicht die Auflösung eines Systems von n linearen Gleichungen. Der Vorteil liegt jedoch darin, daß diese Gleichungen von den Lasten unabhängig sind und nur durch die Abmessungen des Tragwerkes bestimmt werden. Gewöhnlich gestaltet sich auch die Auflösung der Gleichungen ziemlich einfach.

Für die Anwendung empfehlen sich besonders zwei Anordnungen des Schemas 262:

a) bei unregelmäßiger Gliederung des Tragwerkes

	Y_a	Y_b	Y_c	Y_d	$\ldots$	Y_n
X_a	1	Y_{ab}	Y_{ac}	Y_{ad}	$\ldots$	Y_{an}
X_b	0	1	Y_{bc}	Y_{bd}	$\ldots$	Y_{bn}
X_c	0	0	1	Y_{cd}	$\ldots$	Y_{cn}
X_d	0	0	0	1	$\ldots$	Y_{dn}
$\ldots$	$\ldots$	$\ldots$	$\ldots$	$\ldots$	$\ldots$	$\ldots$
X_n	0	0	0	0	$\ldots$	1

worin also die Diagonalwerte alle 1 sind, die Beiwerte unter der Diagonale alle verschwinden und jene über der Diagonale noch bestimmt werden müssen.

b) bei Symmetrie oder Gliederung in mehrere leicht zu berechnende Teilnetze. Für folgende Sonderfälle wird das Schema:

dreifach überbestimmt

	Y_a	Y_b	Y_c
X_a	$+1$	Y_{ab}	0
X_b	0	$+1$	$+1$
X_c	0	$+1$	-1

fünffach überbestimmt

	Y_a	Y_b	Y_c	Y_d	Y_e
X_a	1	$+Y_{ab}$	0	$+Y_{ad}$	0
X_b	0	$+1$	-1	$+Y_{bd}$	$-Y_{be}$
X_c	0	$+1$	$+1$	$+Y_{bd}$	$+Y_{be}$
X_d	0	0	0	$+1$	-1
X_e	0	0	0	$+1$	$+1$

sechsfach überbestimmt

	Y_a	Y_b	Y_c	Y_d	Y_e	Y_f
X_a	1	$+Y_{ab}$	0	$+Y_{ad}$	$+Y_{ae}$	0
X_b	0	$+1$	-1	$+Y_{bd}$	$+Y_{be}$	$-Y_{cf}$
X_c	0	$+1$	$+1$	$+Y_{bd}$	$+Y_{be}$	$+Y_{cf}$
X_d	0	0	0	$+1$	$+Y_{de}$	0
X_e	0	0	0	0	$+1$	-1
X_f	0	0	0	0	$+1$	$+1$

Weitere Einzelheiten sind aus den Beispielen zu ersehen.

C. Das Festpunktverfahren.

222. Berechnung mit Festpunkten. Wie die nähere Untersuchung, insbesondere beim Formänderungsverfahren zeigt, sind gewisse Eigenschaften eines Tragwerkes unabhängig von der Belastung.

Hierdurch ist es möglich, bei einem über viele Felder durchlaufenden Träger, von welchem nur ein Feld belastet ist, die Stützenmomente dieses belasteten Feldes zu berechnen, ohne das System der Hauptgleichungen (Dreimomentengleichungen) zu benützen und auflösen zu müssen. Ferner ergeben sich die übrigen Stützenmomente dieses Belastungsfalles aus Eigenschaften, welche ganz unabhängig von der Belastung sind.

Diese Berechnungsweise verbindet daher das Kraftverfahren in besonderer Weise mit Methoden des Formänderungsverfahrens. Sie kann auf beliebige Tragwerke ausgedehnt werden, wobei diese jedoch in zwei Klassen zerfallen: solche mit unverschieblichen und solche mit verschieblichen Knotenpunkten, d. h. Tragwerken, deren Stabkette K (vgl. Nr. 248) keine Bewegungsfreiheit hat und solche mit Bewegungsfreiheiten.

Die Berechnung mit Festpunkten, wie die Berechnungsweise nach ihrem Hauptelement, den Festpunkten, heißt, ist vor allen Dingen beim durchlaufenden Träger zweckmäßig, wo sie rasch und sicher zum Ziel führt, weshalb sie hier ausführlich dargestellt werden soll. Dagegen ist sie bei allen anderen Tragwerksformen nicht zu empfehlen, da die Berechnung hierbei rasch unübersichtlich und schwer kontrollierbar, daher besser durch das reine Formänderungsverfahren ersetzt wird.

a) Unverschiebliche Knotenpunkte.

223. Die Festpunkte. Betrachtet werde der Stab AB eines Tragwerkes, welcher in den Knotenpunkten A und B durch steife Ecken angeschlossen ist. Da die Knoten A, B eine gewisse Drehbarkeit besitzen, ist der Stab nicht starr, sondern elastisch eingespannt, der Grad der Einspannung hängt von der Beschaffenheit des Tragwerkes ab, er ist aber, wie gezeigt wird, von der Belastung unabhängig.

Der Stab werde dicht neben den Knoten durch Schnitte aus dem Tragwerk herausgelöst und durch drei Stützen zu einem frei aufliegenden Balken gemacht. Wird nun der Stab in den Auflagern A und B durch Momente belastet, wobei die Drehrichtungen wie in Nr. 194 gewählt werden, dann entstehen folgende Drehwinkel:

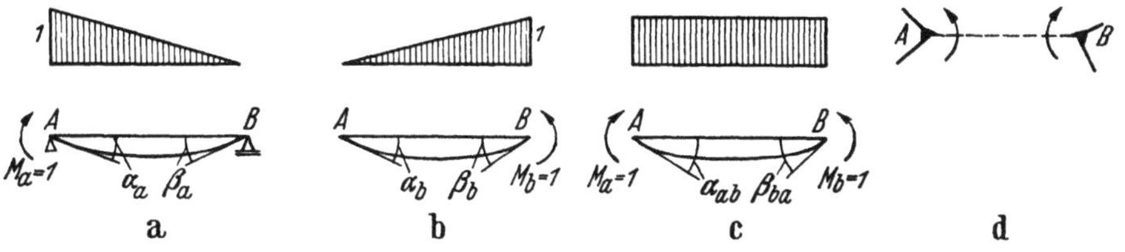

Bild 248.

Bei einem in A wirkenden Moment $M = +1$ entsteht in A der Drehwinkel α_a, in B der Drehwinkel β_a (Bild 248a).

Bei einem in B wirkenden Moment $M = +1$ entsteht in A der Drehwinkel α_b, in B der Drehwinkel β_b (Bild 248b).

Bei einem sowohl in A als auch in B wirkenden Moment $M = +1$ entsteht in A der Drehwinkel $\alpha_{ab} = \alpha_a + \alpha_b$

in B der Drehwinkel $\beta_{ba} = \beta_b + \beta_a$ (Bild 248c).

Nach dem Satz von der Gegenseitigkeit der Formänderungen ist

$$\beta_a = \alpha_b . \tag{275}$$

Wird der Knoten A, von welchem der Stab A abgetrennt ist, mit dem Moment $M = +1$ belastet, dann dreht er sich um den Winkel ε_a.

Wird der Knoten B mit dem Moment $M = +1$ belastet, dann dreht er sich entsprechend um den Winkel ε_b.

Wirkt an dem herausgeschnittenen Stab in A ein Moment M_a, dann dreht sich der Stabquerschnitt in B um den Winkel $M_a \beta_a$ (Bild 248a). Der Querschnitt des Stabes in B werde nun durch ein Moment M_b' in B so gedreht, daß er wieder parallel zu dem am Knoten B befindlichen Schnittufer wird. Der durch dieses Moment in B erzeugte Drehwinkel ist $M_b' \beta_b$. Soll nun im Tragwerk der Zusammenhang gewahrt bleiben, dann muß der Drehwinkel $M_a \beta_a + M_b' \beta_b$ des Stabquerschnittes in B gleich jenem sein, welcher vom Knoten B her auf ihn übertragen wird. Dieser Drehwinkel ist $-M_b' \varepsilon_b$ und es gilt: $M_a \beta_a + M_b' \beta_b = -M_b' \varepsilon_b$.

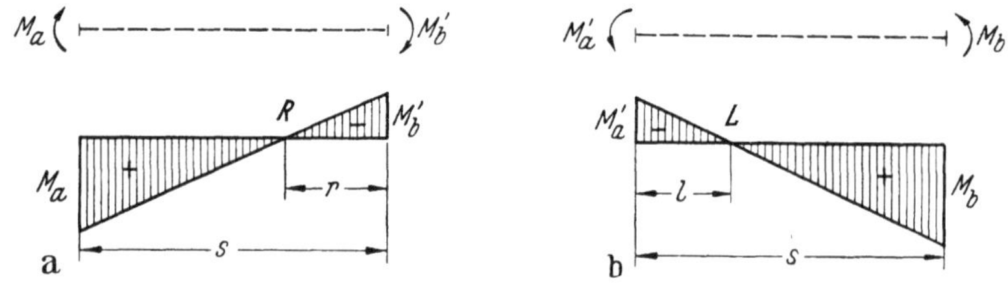

Bild 249.

Nach Nr. 107 u. 108 verteilen sich die Momente M_a, M_b' linear über die Stablänge s des Stabes AB (Bild 249a). Dabei gilt für den Verlauf der Momente am Stab: $M_a = -\frac{s-r}{r} M_b'$. Entsprechendes gilt für ein in B angreifendes Moment M_b und die Drehwinkel in A (Bild 249b).

Die Schnittpunkte der Momentenlinien mit der Stabachse seien R und L. Für ihre Abstände r und l von den Knoten B und A folgen aus den obigen zwei Beziehungen:

$$r = \frac{s\beta_a}{\beta_{ab} + \varepsilon_b} \qquad l = \frac{s\alpha_b}{\alpha_{ab} + \varepsilon_a}\,. \tag{276}$$

Die Werte r, l sind unabhängig von der Größe der Momente M_a und M_b und hängen nur von den Abmessungen des Stabes und seiner elastischen Einspannung ab, welche wiederum nur von der Beschaffenheit des Tragwerkes, nicht aber von dessen Belastung abhängt.

Die Punkte R und L heißen daher die *Festpunkte* des Stabes, ihre Abstände von den Knoten sind durch die Gl. (276) bestimmt. Die Drehwinkel α, β können nach Nr. 194 berechnet werden.

Hat der Stab konstanten Querschnitt, so ist $\alpha_{ab} = \beta_{ba}$ und nach Nr. 194: $\alpha_{ab} = 3 \cdot \beta_a = 3 \cdot \alpha_b$. In diesem Fall ist also:

$$r = \frac{s}{3 + \varepsilon_b/\alpha_b} \qquad l = \frac{s}{3 + \varepsilon_a/\alpha_b}\,, \tag{277}$$

ist der Stab im Knoten A fest eingespannt, so ist: $\varepsilon_a = 0$ und:

$$l = \frac{s}{3}\,. \tag{278}$$

An einem fest eingespannten Knoten liegt der Festpunkt also im Drittelspunkt der Stützweite.

Ist der Knoten B frei drehbar, dann ist $M_b = 0$ und $r = 0$. An einem gelenkig gelagerten Knoten fällt der Festpunkt mit dem Knoten zusammen.

224. Die Größe der Drehwinkel. Die Drehwinkel sind die Auflagerdrücke des mit $\frac{M}{EJ}$ belasteten einfachen Balkens. Für die Winkel α_{ab} und β_{ba} ist über die ganze Stablänge $M = 1$ (Bild 248c), so daß mit $w = \frac{\Delta x}{EJ}$

$$\alpha_{ab} = \frac{1}{s} \sum x' w \qquad \beta_{ba} = \frac{1}{s} \sum x w \qquad w = \frac{\Delta x}{EJ}. \tag{279}$$

Für den Winkel β_a ist $M = \frac{x'}{s}$, für α_b entsprechend $M = \frac{x}{s}$, so daß

$$\alpha_b = \beta_a = \frac{1}{s^2} \sum x x' w \tag{280}$$

wird. Nimmt man stetige Belastung an, dann gehen die Summen in Integrale über:

$$\alpha_{ab} = \frac{1}{s} \int \frac{x'\,dx}{EJ} \qquad \beta_{ba} = \frac{1}{s} \int \frac{x\,dx}{EJ} \qquad \alpha_b = \beta_a = \frac{1}{s^2} \int \frac{x x'\,dx}{EJ}. \tag{281}$$

Die Summen erstrecken sich, wie in dieser Nummer stets, wenn nicht ausdrücklich anders bemerkt, über die ganze Stablänge.

Für auf die ganze Stablänge s gleiches Trägheitsmoment wird:

$$\alpha_b = \beta_a = \frac{s}{6EJ} \qquad \alpha_{ab} = \beta_{ba} = \frac{s}{2EJ} = 3\,\alpha_b \tag{282}$$

Ein häufig vorkommender Sonderfall ist der, daß das Trägheitsmoment auf der Stablänge s gleich bleibt bis auf eine kurze Strecke a am Trägerende, wo es unendlich groß angesetzt werden kann. Dies entspricht der Einspannung eines schlanken Pfeilers in einen starken Träger. Die Momentenfläche für die Winkel α_{ab} und β_{ba} ist in Bild 250b gezeichnet und es wird:

$$\alpha_{ab} = \frac{1}{EJ} \cdot \frac{s^2 - a^2}{2s} \tag{283}$$

$$\beta_{ba} = \frac{1}{EJ} \cdot \frac{(s-a)^2}{2s}. \tag{284}$$

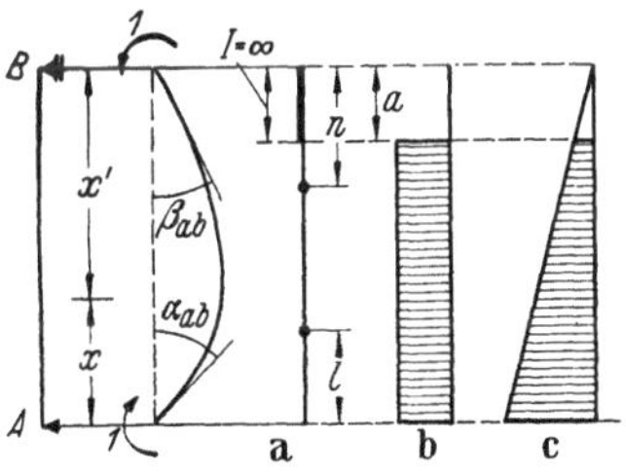

Bild 250.

Für konstantes Trägheitsmoment ($a = 0$) wird:

$$\alpha_{ab} = \beta_{ba} = \frac{s}{2EJ}. \tag{285}$$

Für den Winkel β_a gibt Bild 250c die Momentenfläche, es ist:

$$\beta_a = \alpha_b = \frac{1}{EJ} \cdot \frac{(s-a)^2 (s + 2a)}{6 s^2} \tag{286}$$

und für konstantes Trägheitsmoment:

$$\beta_a = \frac{s}{6EJ}. \tag{287}$$

Damit sind die Größen der Drehwinkel bestimmt.

225. Stabdrehwinkel und Verteilungsmaße. Der Stab AB sei im Knoten A elastisch eingespannt, im Knoten B gelenkig gelagert. Der Stabdrehwinkel im Knoten B durch ein am Stab in B wirkendes Moment $M_b = 1$ sei τ_b, wobei der Unterschied von τ_b und α_b in der Auflagerung in A liegt (freie Auflagerung — elastische Einspannung). Das Moment, welches den Stab dabei in A festhält, ist M_a', seine Größe ist $M_a' = -\frac{l}{s-l} \cdot M_b = -\frac{l}{s-l}$.

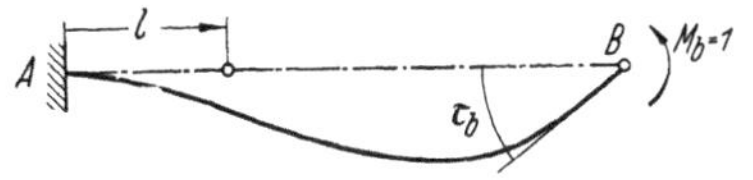

Bild 251.

Der Winkel $\tau_b = M_b\,\alpha_a + M'_a\,\beta_a = \alpha_a - \frac{l}{s-l}\cdot\beta_a$ und wegen $\beta_{ba} = \beta_b + \beta_a$:

$$\tau_b = \beta_{ba} - \frac{s}{s-l}\cdot\alpha_b \qquad \tau_a = \alpha_{ab} - \frac{s\,\cdot}{s-r}\cdot\beta_a\,. \tag{288}$$

Stoßen im Knoten B n Stäbe zusammen, so verteilt sich ein am Knoten insgesamt wirkendes Moment $M_b = 1$ auf diese Stäbe derart, daß am Stab k das Moment m_k wirkt. Dabei ist:

$$M_b = 1 = \sum_k^n m_k\,, \tag{289}$$

wobei die Summe über sämtliche n Stäbe zu erstrecken ist.

Der Drehwinkel eines Stabes k ist $m_k\,\tau_k$, gleichzeitig ist er gleich dem Knotendrehwinkel ν_b, so daß $m_k = \nu_b/\tau_k$ ist. Addiert man, so erhält man wegen $m = 1$:

$$\frac{1}{\nu_b} = \sum \frac{1}{\tau_k}\,. \tag{290}$$

Die Summe erstreckt sich über sämtliche n Stäbe des Knotens. Der Knotendrehwinkel ist durch die Stabdrehwinkel bestimmt. Aus der Gleichung $m\,\tau = 1\cdot\nu$ ergibt sich das Teilmoment m_k im Knoten b am Stabe k:

$$m_k = \frac{1}{\tau_k}\cdot\nu_b\,. \tag{291}$$

Da die Momente m_k angeben, wie sich das Moment $M_b = 1$ auf die einzelnen Stäbe verteilt, nennt man das Moment m_k auch das *Verteilungsmaß* des Knotenmomentes M_b.

In einem Knoten A seien $n+1$ Stäbe $0, 1, 2, \ldots n$ durch steife Ecken vereinigt. Am Stabe 0 wirke das Moment $-M_{a0}$, so daß vom Stabe 0 auf die n Stäbe $1, 2, \ldots n$ das Moment M_{a0} übertragen wird. Man kann den Stab 0 daher auch durch einen Schnitt vom Knoten A lostrennen und seine Wirkung durch das Moment M_{a0} ersetzen. Der Knotendrehwinkel $M_{a0}\cdot\nu_{an}$ der Stäbe 1 bis n unter der Einwirkung des Momentes kann nach Gl. (290) berechnet werden, wobei über die n Stäbe 1 bis n zu summieren ist, ebenso können die Verteilungsmaße m_k $(k = 1, 2, \ldots n)$ nach Gl. (291) berechnet werden. Das Moment, welches durch die Belastung M_{a0} im Stabe k entsteht, ist dann:

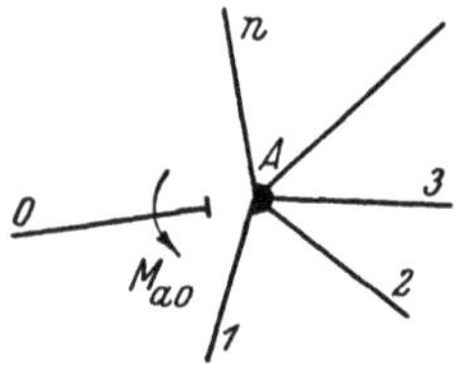

Bild 252.

$$M_k = m_k\,M_{a0}\,. \tag{292}$$

Die elastische Einspannung des Stabes 0 ist durch den Drehwinkel ε_{a0} bestimmt, welcher gleich dem Knotendrehwinkel ν_{an} der n Stäbe 1 bis n sein muß:

$$\varepsilon_{a0} = \nu_{an}\,. \tag{293}$$

Sind also die nicht an den Knoten A anstoßenden Festpunktabstände r der Stäbe gegeben, so ist auch die Momentenverteilung im Knoten bekannt.

226. Drittelslinien und verschränkte Drittelslinien. Gegeben seien zwei aneinanderstoßende Stäbe AB, BC eines Tragwerkes, welche in einer Geraden liegen (Bild 253). An den Knotenpunkten seien die Stäbe elastisch eingespannt, die Knotenpunkte selbst sind unverschieblich, im Knoten B greifen noch weitere Stäbe an, welche im Bild nicht dargestellt sind. Am Stabe AB sei der linke Festpunkt L_1 durch seinen Abstand l_1 vom Knoten A gegeben.

In den Stab AB werde im Knoten B das Moment 1 eingeleitet und die Momentenlinie $B'A'$ über dem Stab gezeichnet $(BB' = 1)$, welche durch den Momentennullpunkt L_1 bestimmt ist. Die Momentenfläche wird in zwei Teilflächen zerlegt: $\triangle AA'B' = F_1$ und $\triangle ABB' = F_2$ und der Stab mit den $1/EJ$-fachen Momenten belastet. Die beiden Gesamtlasten F_1' und F_2' sind dann gegeben durch:

$$F_1' = \frac{l_1}{s_1 - l_1} \cdot \frac{1}{s_1} \cdot \sum w\, x' = \frac{l_1}{s_1 - l_1} \cdot \alpha_{ab} \qquad F_2' = \frac{1}{s_1} \sum w\, x = \beta_{ba}\,. \tag{294}$$

Die Schwerlinien dieser Flächen normal zur Stabachse heißen die linke und die rechte *Drittelslinie* des Feldes AB, ihre Abstände von den Knoten A und B sind: d_{l1}, d_{r1}. Diese Abstände ergeben sich aus den Momentengleichungen um A und B zu:

$$d_l = \frac{\Sigma\, w\, x\, x'}{\Sigma\, w\, x'} = s \cdot \frac{\beta_a}{\alpha_{ab}} \qquad d_r = \frac{\Sigma\, w\, x\, x'}{\Sigma\, w\, x} = s \cdot \frac{\beta_a}{\beta_{ba}}, \tag{295}$$

sie sind also unabhängig von der Größe des belastenden Momentes BB'. Hat EJ über die ganze Stablänge denselben Wert, so ist:

$$d_l = d_r = \frac{1}{3} \cdot s, \tag{296}$$

Bild 253.

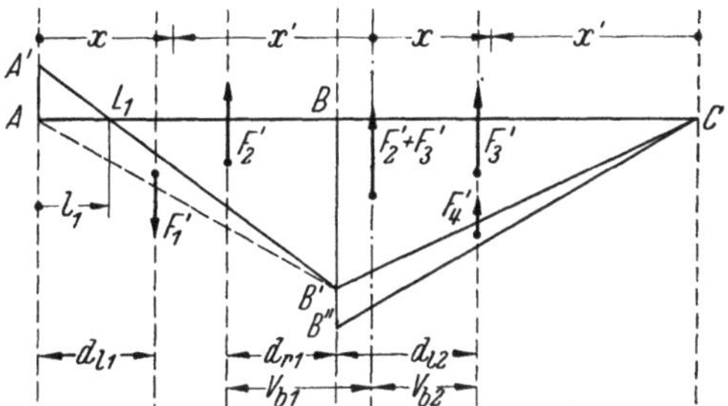

woraus sich der Name Drittelslinie erklärt.

Der Stab BC besitzt ebenfalls eine linke Drittelslinie als Schwerlinie der Fläche F_3'. Das Momentendreieck $AB'C$ ist die Summe der beiden Dreiecke F_2 und F_3, zu ihm gehört die Fläche $F_2' + F_3'$, deren Schwerlinie normal zur Stabachse die *verschränkte Drittelslinie* am Auflager B heißt. Ihr Abstand von der rechten Drittelslinie des Feldes 1 ist v_{b1}, jener von der linken Drittelslinie des Feldes 2: v_{b2}. Durch die Momentengleichungen um die Drittelslinien ergibt sich:

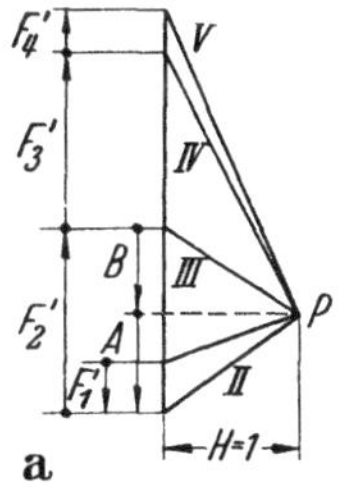

a

Bild 254a.

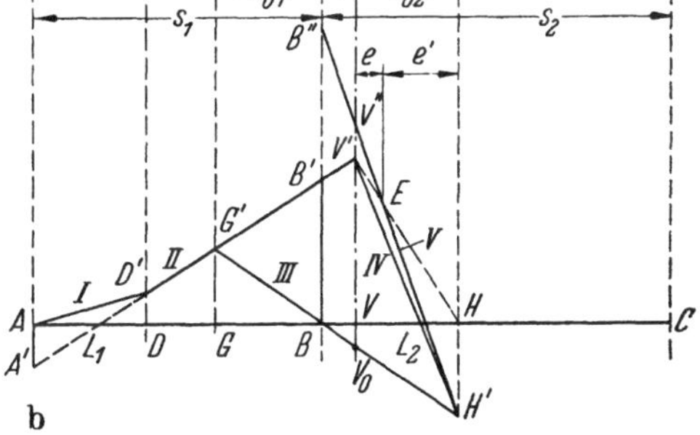

b

Bild 254b.

$$v_{b1} = \frac{F_3'}{F_2' + F_3'}\,(d_{r1} + d_{l2}) \qquad v_{b2} = \frac{F_2'}{F_2' + F_3'}\,(d_{r1} + d_{l2})\,. \tag{297}$$

Für konstantes Trägheitsmoment EJ in beiden Feldern ist:

$$v_{b1} = \frac{s_2}{3} \qquad v_{b2} = \frac{s_1}{3}, \tag{298}$$

dies sind die verschränkten Abstände der Drittelslinien, woraus sich der Name erklärt.

227. Bestimmung der Festpunkte. Man zeichnet mit den Kräften F_1', F_2' das Krafteck (Bild 254), wobei zu beachten ist, daß F_1' entgegengesetzt dreht wie F_2', und das zugehörige Seileck so, daß die erste Seileckseite durch den Knoten A, die letzte durch B geht, die Schlußlinie also die Stabachse ist. Die Polweite des Kraftteckes ist 1.

Die Auflagerdrücke A und B, die Drehwinkel des Stabes in den Knoten, errechnen sich mit der Beziehung: $\frac{d_r}{d_l} = \frac{F_1'}{F_2'} \cdot \frac{s - l}{l}$ zu: $A = -F_1' \cdot \frac{(d_{l1} - l_1)}{l_1}$,

$B = F'_1 \cdot \frac{d_{l1}}{l_1} - F'_2$, wodei die positive Richtung von A und B wie die von F'_2 von unten nach oben angenommen ist.

Aus ähnlichen Dreiecken in Bild 254a und b folgt: $A A' = F'_1 \cdot d_l$, $B B' = F'_2\, d_r$, woraus $\frac{A A'}{B B'} = \frac{F'_1}{F'_2} \cdot \frac{d_l}{d_r}$ folgt, was mit der obigen Beziehung ergibt: $\frac{A A'}{B B'} = \frac{l_1}{s_1 - l_1}$. Damit ist nachgewiesen, daß der Punkt L_1 in Bild 254b der Festpunkt L_1 des Bildes 253 ist, die Seilseite II geht daher durch den Festpunkt L_1.

Weiterhin folgt aus den ähnlichen Dreiecken BGG' und dem zugehörigen Krafteck: $\frac{GG'}{d_{r1}} =$ *Auflagerdruck* B. Dies ist der Stabdrehwinkel τ_{b1} unter der Belastung $M_b = 1$ am Stab 1. Der Tangentendrehwinkel in A ergibt sich aus $\frac{A A'}{l_1} =$ Auflagerdruck A als der Winkel $B L_1 B'$.

Das Moment $M_b = M_{b1}$ werde aus dem Stabe 2 in den Stab 1 eingeleitet, wobei am Stab 2 in B das Moment M_{b2} wirkt, welchem die Momentenlinie $C B''$ (Bild 253) entspricht. Das Teilmoment $\Delta M_b = M_{b2} - M_{b1}$ ist das Moment, welches am Knoten B wirkt, wenn die Stäbe 1 und 2 durch Schnitte abgetrennt sind, ihm entspricht die Momentenfläche $F_4 = \triangle\, C B' B''$ und die Belastung F'_4, welche entsprechend wie F'_1 berechnet wird. Das Teilmoment $\Delta M_b = 1$ erzeugt an den Restknoten (ohne die Stäbe 1, 2) den Drehwinkel ν'_{b1}, das beliebige Moment ΔM_b den Drehwinkel $\nu'_b = \Delta M_b \cdot \nu'_{b1}$. Wird in den Stab 1 das Moment $M_{b1} = 1$ eingeleitet, so ist für diesen Fall $\nu'_b = \tau_{b1}$.

Die Polstrahlen IV und V des Kraftecks ergeben die Seilstrahlen IV und V, welche auf der verschränkten Drittelslinie die Punkte V' und V'' bestimmen. Da die verschränkte Drittelslinie die Wirkungslinie der Belastung $F'_2 + F'_3$ ist, schneiden sich die Seilstrahlen II und IV in V' auf der verschränkten Drittelslinie, die Seilstrahlen III und V in H' auf der linken Drittelslinie des Feldes 2. Die Seilstrahlen IV und V schneiden sich im Punkte E, welcher den Abstand v_{b2} im Verhältnis $\frac{e}{e'}$ teilt, so daß: $\frac{e}{e'} = \frac{V'V''}{HH'}$. Aus ähnlichen Dreiecken folgt: $V'V'' = F'_4\, v_{b2}$ und $HH' : d_{l2} = GG' : d_{r1}$, also $HH' = d_{l2}\, \tau_{b1}$.

Da $F_4 = \frac{1}{2} \cdot \Delta M_b \cdot s_2$ ist, so folgt mit $F'_4 = k_2 F_4$ aus den vorstehend entwickelten Beziehungen:

$$\frac{e}{e'} = k_2 \frac{s_2}{2\,\nu'_{b1}} \frac{v_{b2}}{d_{l2}}, \tag{299}$$

in welcher Gleichung ΔM_b nicht mehr vorkommt, weshalb das Verhältnis e/e' ebenfalls nur von den Abmessungen des Tragwerkes abhängt. In dieser Gleichung ist nur noch der Wert ν'_{b1} zu bestimmen, denn bezeichnet δ die Strecke $B'B''$, so ist $F_4 = \frac{1}{2}\, s_2 \cdot \delta$ und $F'_4 = \frac{\delta}{s_2} \sum w x'$, so daß:

$$k_2 = \frac{2}{s_2^2} \sum w\, x' \tag{300}$$

wird, wobei die Summe über den Stab 2 zu erstrecken ist.

Für die wichtigsten Fälle sei der Wert ν'_{b1} angegeben. Die Berechnung mit Festpunkten wird hauptsächlich auf durchlaufende Träger angewendet, welche entweder frei drehbar gelagert oder in Stützen eingespannt sind. Es genügt daher letzteren Fall zu betrachten.

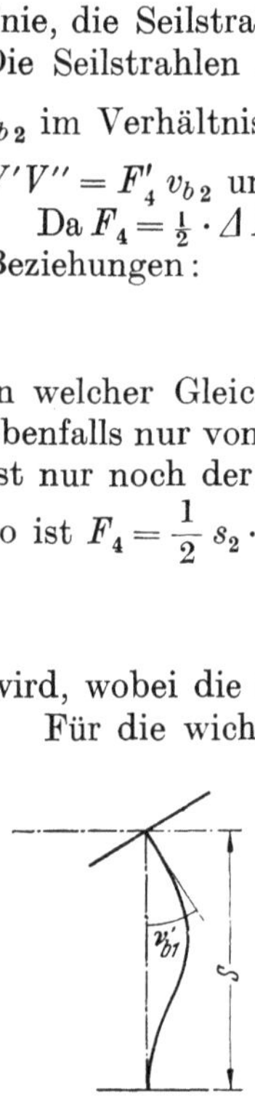

Bild 255.

Bei einer Stütze, welche am Fuß starr eingespannt ist und welche am Kopf auf der Strecke a unendlich großes Trägheitsmoment hat (Bild 255 u. 250), sind die Drehwinkel in Nr. 196 bestimmt. Der Knotendrehwinkel ν'_{b1} berechnet sich aus Gl. (288) und den Gl. (283—286) zu:

$$\nu'_{b1} = \frac{(s-a)^2}{6\,s} \frac{2\,(s-a) - 3\,l}{s - l} \frac{1}{E J} \qquad l = \frac{s-a}{3} \frac{s + 2\,a}{s + a} \tag{301}$$

und für konstantes Trägheitsmoment auf der ganzen Trägerlänge

$$v'_{b1} = \frac{1}{EJ}\frac{s}{4}\,. \tag{302}$$

Ist die Stütze am Fuße gelenkig angeschlossen, dann ist $l = 0$ und für den Stab mit der starren Strecke a:

$$v'_{b1} = \frac{(s-a)^3}{3\,s^2}\frac{1}{EJ} \tag{303}$$

und für $a = 0$

$$v'_{b1} = \frac{s}{3}\frac{1}{EJ}\,. \tag{304}$$

Damit sind alle Werte der Gl. (299) bekannt.

Ist der linke Festpunkt eines Feldes bekannt, dann ergibt sich nach Bild 254 der linke Festpunkt des rechts darauffolgenden Feldes durch folgende Konstruktion:

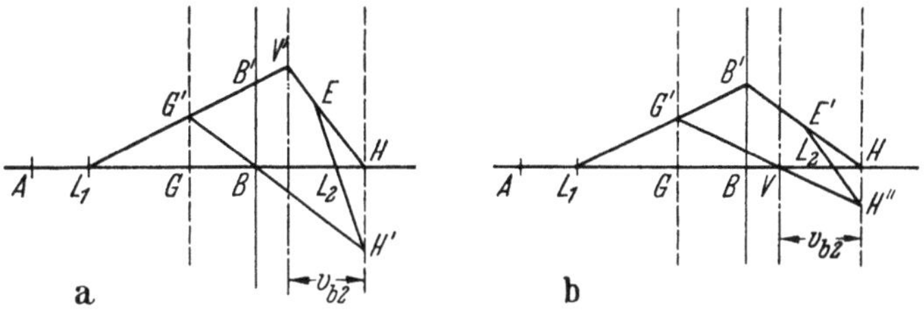

Bild 256.

Ziehe von L_1 in beliebiger Richtung einen Strahl, welcher die rechte Drittelslinie des ersten Feldes in G', die verschränkte Drittelslinie in V' schneidet, verbinde V' mit dem Schnittpunkt H der linken Drittelslinie des zweiten Feldes mit der Stabachse und bestimme auf $V'H$ den Punkt E derartig, daß er den Abstand v_{b2} im Verhältnis e/e' teilt. Der Schnittpunkt der Geraden EH' mit der Stabachse ist der linke Festpunkt L_2 des Feldes 2.

Statt der Punkte V', H' kann man auch die Punkte V, H'' benutzen, deren Bedeutung sich aus Bild 204 ergibt; der Punkt E' teilt v_{b2} ebenfalls im Verhältnis e/e'.

Für feldweise konstantes Trägheitsmoment und freie Auflagerung in den Stützpunkten ergibt sich folgende einfache Konstruktion der Festpunkte:

Die Abstände der Drittelslinien vom Auflager sind jeweils $s_1/3$ oder $s_2/3$, der Abstand $v_{b2} = s_1/3$. Der Punkt E rückt nach V', der linke Festpunkt L_2 liegt daher auf dem Schnittpunkt der Geraden $V'H'$ mit der Stabachse. Die Anwendung bei der Berechnung der frei aufliegenden Träger mit feldweise gleichbleibendem Trägheitsmoment ist daher das Hauptanwendungsgebiet der Berechnung mit Festpunkten. In allen übrigen Fällen ist die Berechnung mit der Hauptgleichung wegen der besseren Übersichtlichkeit vorzuziehen.

228. Das Verteilungsmaß. Aus ähnlichen Dreiecken ($H'V_0V'$ und $P\,II\,IV$ im Krafteck usw., Bild 254) folgt: $V_0V' : V_0V'' = F'_3 : (F'_3 + F'_4)$. Wie bei der Berechnung von k_2 ergibt sich (Bild 253): $F'_3 = \frac{BB'}{s_2}\sum wx'$, $F'_3 + F'_4 = \frac{BB''}{s_2}\sum wx'$, so daß $V_0V' : V_0V'' = BB' : BB''$ wird. Wie in Nr. 227 erläutert, stellt am Knoten B die Strecke BB'' das Moment im Stabe 2 dar, BB' das Moment, welches davon in den Stab 1 eingeht. Daher stellt das Verhältnis $BB' : BB''$ das Verteilungsmaß m_{21} dar: $M_{b1} = m_{21} \cdot M_{b2}$ und $m_{21} = V_0V' : V_0V''$. Durch den Festpunkt L_2 ist daher auch das Verteilungsmaß m_{21} gegeben.

229. Kreuzlinien und Kreuzlinienabschnitte. Bestimmung der Momentenlinie. An einem durchlaufenden Träger sei nur ein einziges Feld belastet, dessen Festpunkte L und R gegeben seien.

Wird dieses Feld als frei aufliegender Balken betrachtet, so entsteht an ihm durch die Belastung das Moment M_0, dessen Verlauf im Feld bekannt sei (M_0-Linie). Ebenso seien die beiden Stützenmomente $M_a = AA'$ und $M_b = BB'$ aus der Belastung bekannt, so daß $A'B'$ die Schlußlinie der Momentenlinie des durchlaufenden Trägers im Feld AB ist. Errichtet man in den Festpunkten die Normalen zur Stabachse, so treffen diese die Schlußlinie $A'B'$ in den Punkten L' und R'. Die Gerade $L'A$ schneidet die Auflagernormale in B im Punkte B'', $R'B$ die Auflagernormale A in A'', die beiden Geraden heißen die *Kreuzlinien* zur gegebenen Belastung im Feld AB, die Strecken $k_l = AA''$, $k_r = BB''$ heißen die *Kreuzlinienabschnitte*.

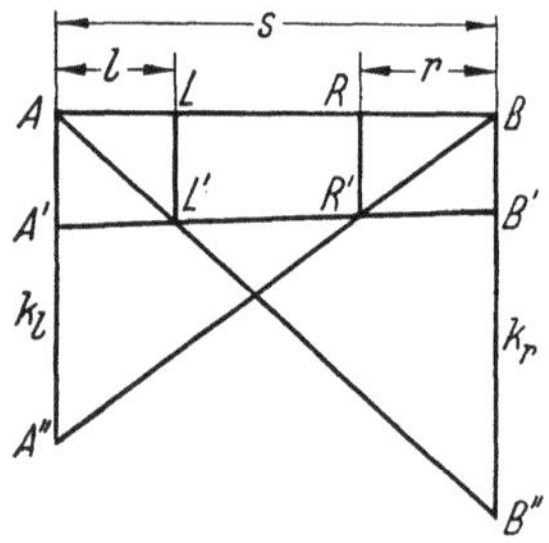

Bild 257.

Sind die Kreuzlinienabschnitte und die Festpunkte bekannt, dann kann man aus ihnen die Schlußlinie $A'B'$ bestimmen.

Trennt man den Stab AB durch Schnitte neben den Knoten A, B aus dem durchlaufenden Träger heraus und belastet ihn als frei aufliegenden Träger mit der gegebenen Belastung und den Momenten M_a und M_b in den Knoten A und B, so muß der Drehwinkel des Stabes in A gleich dem Knotendrehwinkel in A, der Drehwinkel des Stabes in B gleich dem Knotendrehwinkel in B sein, was ergibt:

$$\tau_{a0} + M_a\alpha_a + M_b\alpha_b + M_a\varepsilon_a = 0 \qquad \tau_{b0} + M_a\beta_a + M_b\beta_b + M_b\varepsilon_b = 0\,,$$

wobei τ_{a0} der Tangentendrehwinkel des frei aufliegenden Trägers im Auflager A unter der gegebenen Belastung, τ_{b0} der entsprechende Drehwinkel im Auflager B ist. Die beiden Gleichungen besagen, daß der Endquerschnitt des frei aufliegenden Trägers sich unter dem Einfluß der Belastung und der Momente M_a und M_b nicht gegen das am Knoten befindliche Schnittufer verdreht. Aus der ersten Gleichung folgt: $M_a\cdot\frac{\alpha_a+\varepsilon_a}{b} + M_b = -\frac{\tau_{a0}}{b}$. Aus der Ableitung von Gl. (276) ergibt sich aber: $\frac{\alpha_a+\varepsilon_a}{b} = \frac{s-l}{l}$, so daß wird: $M_a\cdot\frac{s-l}{l} + M_b = -\frac{\tau_{a0}}{b}$ und aus Bild 257: $B'B'' + BB' = -\frac{\tau_{a0}}{b} = -k_r$. Entsprechend ergibt sich der Wert von k_l:

$$k_l = -\frac{\tau_{b0}}{\alpha_b} \tag{305}$$

$$k_r = -\frac{\tau_{a0}}{\beta a}\,. \tag{306}$$

Damit können die Kreuzlinienabschnitte bequem berechnet werden. Für die beiden einfachsten Fälle: Einzellast und gleichmäßig verteilte Belastung bei konstantem Trägheitsmoment sei das Ergebnis wiedergegeben.

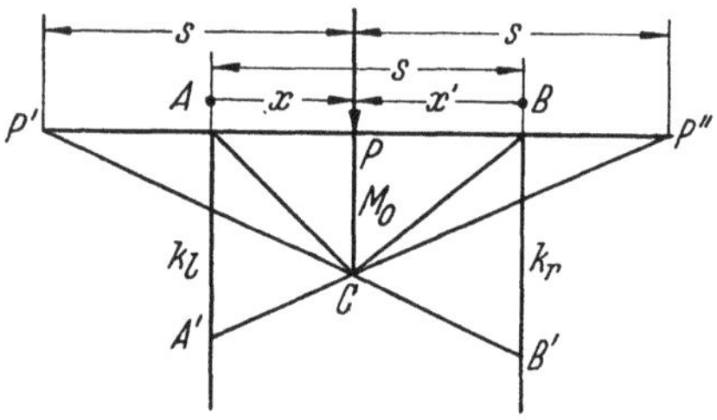

Bild 258.

a) Einzellast P im Punkte x:

$$\tau_{b0} = \frac{M_0}{s}\left(\frac{x}{2}\cdot\frac{2x}{3} + \frac{x'}{2}\left(x + \frac{x'}{3}\right)\right) = M_0\cdot\frac{s+x}{6}$$

$$\beta_a = \frac{s}{2}\cdot\frac{s}{3}\frac{1}{s} = \frac{s}{6} \qquad M_0 = P\cdot\frac{x\,x'}{s}.$$

$$k_l = -\frac{s+x}{s}\cdot M_0 \qquad k_r = -\frac{s+x'}{s}\cdot M_0\,. \tag{307}$$

Man trägt also vom Belastungspunkt P die Stützweite s nach rechts und links ab, wodurch man die Punkte P' und P'' erhält. Verbindet man P' mit der Spitze C des Momentendreieckes, dann schneidet die Gerade $P'C$ auf der Stützennormalen in B die Strecke $k_r = BB'$ ab, ebenso $P''C$ auf der Stützennormalen in A die Strecke $k_l = AA'$.

b) Gleichmäßig verteilte Gesamtbelastung p. Wegen der Symmetrie ist $k_l = k_r$. Ferner $\tau_0 = M_0 \cdot \frac{2s}{3}$ $\beta_{a0} = \frac{s}{6}$ $M_0 = \frac{pl^2}{8}$ also:

$$k_l = k_r = 2 \cdot M_0 \,. \tag{308}$$

Ist der Scheitel der Momentenparabel S, dann schneidet die Gerade BS auf der Stützennormalen in A den Kreuzlinienabschnitt $k_l = AA'$ ab, AS auf der Stützennormalen in B den Abschnitt $k_r = BB'$.

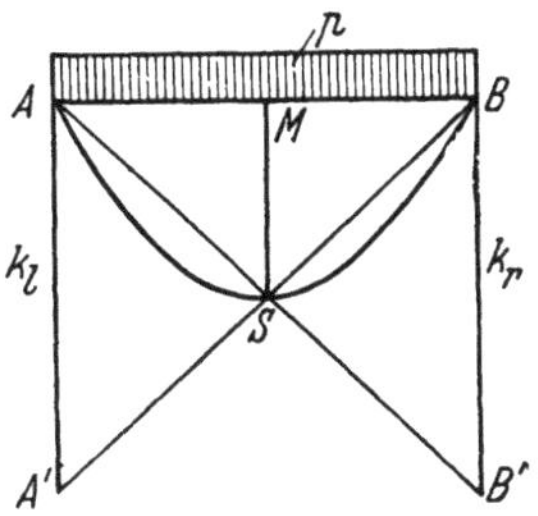

Bild 259.

Sind mit den Kreuzlinienabschnitten die Stützenmomente des belasteten Feldes gefunden, so ist die gesamte Momentenlinie des durchlaufenden Trägers für diesen Belastungsfall bekannt.

Man verbindet das linke Stützenmoment mit dem linken Festpunkt des anstoßenden Feldes und erhält auf der nächsten Stützennormalen das zugehörige Stützenmoment usw. Ebenso werden die Stützenmomente der rechts liegenden Felder erhalten.

Sind mehrere Felder belastet, so erhält man die gesamte Momentenlinie durch Überlagerung der Momentenlinien der einzelnen Feldbelastungen.

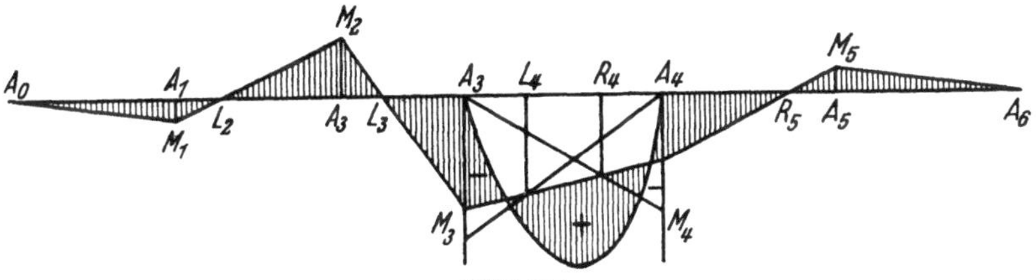

Bild 260.

Bemerkung. Es ist nicht notwendig, daß die Stäbe in einer Geraden liegen. An der Berechnungsweise ändert sich nichts, wenn ein beliebiger Stabzug aus geraden Stäben vorliegt, vorausgesetzt, daß die Knoten unverschieblich gelagert sind. Ist dies der Fall, dann können alle Stäbe zur Berechnung in eine Gerade gestreckt werden, was die Bequemlichkeit des Rechnungsganges erhöht.

b) Verschiebliche Knotenpunkte.

230. Verschiebliche Knotenpunkte. Bei den bisherigen Entwicklungen wurden von den durch die Belastung hervorgerufenen Formänderungen lediglich die Knotendrehungen betrachtet, während die Verschiebungen nicht berücksichtigt wurden. Durch diese Verschiebungen werden ebenfalls statische Werte M, Q, N hervorgerufen, welche zu den durch reine Knotendrehungen erzeugten hinzugefügt werden müssen. Die in Nr. 229 bestimmte Momentenlinie ist daher nur bei Tragwerken, deren Knotenpunkte unverschieblich gelagert sind, die endgültige, bei allen anderen Tragwerken muß sie durch eine Zusatzberechnung ergänzt werden.

Verschiebungen der Knotenpunkte können entstehen:

1. aus einer Beweglichkeit des Tragwerkes selbst. Bildet man aus ihm durch Aufhebung aller steifen Ecken und Einspannungen eine Stabkette K, dann kann

diese Bewegungsfreiheiten haben, deren Einfluß zu berücksichtigen ist. Diese Beweglichkeit ist dieselbe, wie sie später beim Formänderungsverfahren betrachtet wird (Grundwert μ);

2. aus Stützenverschiebungen c;
3. aus Dehnungen der Stäbe, welche verschiedene Ursachen haben können:
   α) Wärmegradänderungen,
   β) Dehnungen gerader Stäbe durch die Normalkräfte,
   γ) Dehnungen der Stabsehnen krummer Stäbe durch den Bogenschub.

Gleichgültig nun aus welcher Ursache die Verschiebung entsteht, so besteht sie für den einzelnen Stab im allgemeinen Fall aus einer Dehnung und einer Drehung, deren Einflüsse noch ermittelt werden müssen. Der Rechnungsgang werde an einem Beispiel erläutert.

Gegeben sei ein dreistöckiger Rahmen (Bild 261) mit gegebener Belastung. Die aus ihm gebildete Stabkette K hat drei voneinander unabhängige Bewegungs-

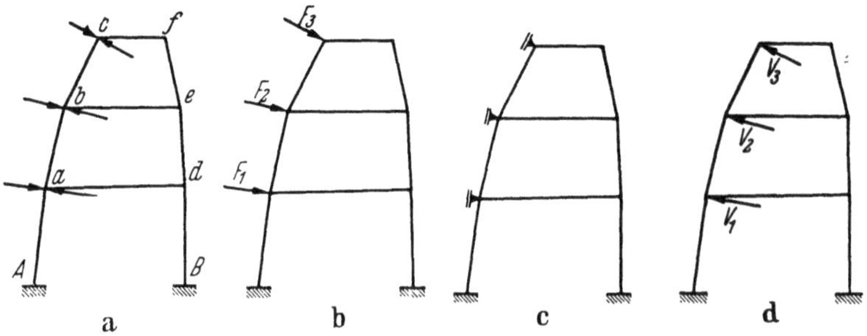

Bild 261.

möglichkeiten, entsprechend den drei Gelenkvierecken der drei Stockwerke. Dem wirklichen Belastungszustand des Tragwerkes wird nun ein weiterer überlagert, welcher aus drei Doppellasten in den Knoten a, b und c besteht. Da jede dieser Doppellasten in sich am Knotenpunkt im Gleichgewicht ist, ändert sie nichts am Spannungszustand des Tragwerkes unter der gegebenen Belastung.

Nunmehr wird dieser zusätzliche Belastungszustand aufgespalten in zwei Teilzustände, welche einander überlagert ihn wieder ergeben. Der erste Teilzustand besteht aus den Kräften F_1, F_2, F_3 am Tragwerk, welche normal zu den drei Stäben Aa, ab, bc gerichtet und so groß sind, daß sie die Drehbarkeit der Stäbe unter der gegebenen Belastung gerade aufheben. Dies entspricht der Anbringung dreier Stützen (Rollenlager) an diesen Knoten, welche die Drehung jedes Stockwerkes verhindern (Bild 261c). Da die Kräfte F die Knotenpunkte des Tragwerkes unverschieblich festhalten, werden sie *Festhaltekräfte* genannt.

Im Rechnungsgang I wird nun das festgehaltene Tragwerk (Bild 261c) unter der gegebenen Belastung berechnet, wobei auch die Größen der Festhaltekräfte F als Auflagerdrücke gefunden werden.

Im Rechnungsgang II wird das gegebene Tragwerk mit dem zweiten Teil des zusätzlichen Belastungszustandes belastet, den *Verschiebungskräften* V_1, V_2, V_3 und der entstehende Spannungszustand berechnet. Die Überlagerung der aus I und II gefundenen Spannungszustände ergibt den wirklichen, im gegebenen Tragwerk unter der gegebenen Belastung vorhandenen Spannungszustand.

Rechnungsgang I wird nach dem oben beschriebenen Verfahren durchgeführt: Berechnung der Festpunkte und Verteilungsmaße, M_0-Momente aus der Belastung an den frei aufgelagerten Stäben, Kreuzlinienabschnitte, Stützenmomente am belasteten Stab, Weiterleitung dieser Stützenmomente durch die Festpunkte über das gesamte Tragwerk.

Um das Festpunktverfahren auch auf den Rechnungsgang II anwenden zu können, wird folgender Weg eingeschlagen, welcher von der Formänderung ausgeht.

Im Tragwerk 261c wird die Stütze 1 entfernt und dem Knoten a durch eine Kraft Z_1 die Verschiebung $\delta_1 = 1$ in Richtung der Kraft V_1 erteilt (Bild 262a). Hierdurch werden i. a. alle Knoten des Tragwerkes verschoben. Man zeichnet den zugehörigen Verschiebungsplan der in b und c gestützten Kette K und erhält die Relativverschiebung Δ_{ik} der Knoten i und k eines Stabes ik gegeneinander, welche hier eine reine Drehung ist, also eine Verschiebung normal zur unverschobenen Stabsehne. Diese Relativdrehung des einzelnen Stabes ik ergibt in ihm die Knotenmomente M_{id}, M_{kd}, welche durch die steifen Ecken über das ganze Tragwerk weitergeleitet werden, was über die Festpunkte geschieht. So werden die Momente M_{id}, M_{kd} für die Drehung Δ_{ik} jedes Stabes ermittelt, über das Tragwerk weitergeleitet und zuletzt diese Spannungszustände einander über-

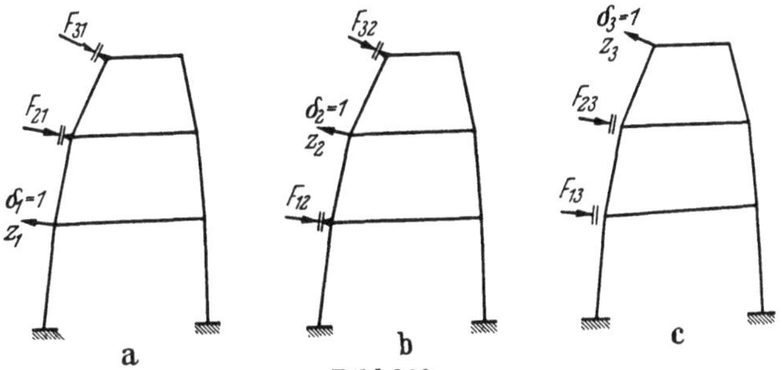

Bild 262.

lagert. Hierdurch erhält man beim Verschiebungszustand $\delta_1 = 1$ in jedem Knoten i an jedem Stab ein Moment $M_1' = \sum^{r} M_{id}$, wobei über alle Stäbe r des Tragwerkes zu summieren ist.

Im Knoten a ergibt die Summenkraft der Quer- und Normalkräfte der dort zusammentreffenden Stäbe in Richtung Z_1 die Größe der Verschiebungskraft Z_1, im Knoten b entsprechend die Stützkraft F_{21}, in c die Stützkraft F_{31}, also die zweite und dritte Festhaltekraft für den Verschiebungszustand $\delta_1 = 1$.

Entsprechend ergeben sich für den Zustand $\delta_2 = 1$ (Bild 262b) die Verschiebungskraft Z_2, die Festhaltekräfte F_{12}, F_{32} und die Momente M_2', für den Zustand $\delta_3 = 1$ die Kräfte Z_3, F_{13}, F_{23} und die Momente M_3'.

Nun bildet man drei weitere Verschiebungszustände:

Verschiebungskraft $X_{11}Z_1$ mit den Festhaltekräften $X_{11}F_{21}$, $X_{11}F_{31}$,
Verschiebungskraft $X_{12}Z_2$,, ,, ,, $X_{12}F_{12}$, $X_{12}F_{32}$,
Verschiebungskraft $X_{13}Z_3$,, ,, ,, $X_{13}F_{13}$, $X_{13}F_{23}$,

wobei die X noch zu bestimmende Beiwerte sind. Dann wirkt bei Überlagerung dieser Zustände am Knoten a die Kraft: $X_{11}Z_1 + X_{12}F_{12} + X_{13}F_{13} = R_{a1}$, am Knoten b: $X_{11}F_{21} + X_{12}Z_2 + X_{13}F_{23} = R_{b1}$, am Knoten c: $X_{11}F_{31} + X_{12}F_{32} + X_{13}Z_3 = R_{c1}$, während am Tragwerk bei diesem Zustand die Momente M_1^* wirken, welche durch Überlagerung der Momente $X M'$ entstehen: $M_1^* = X_{11}M_1' + X_{12}M_2' + X_{13}M_3'$.

Diese Zustände unterwirft man der Bedingung, daß die Summenkräfte $R_{a1} = 1$, $R_{b1} = 0$, $R_{c1} = 0$ werden, d. h. es soll nur am Knoten a die Kraft $Z_1 = 1$, sonst nirgends eine weitere Kraft wirken. Hierdurch erhält man drei Gleichungen zur Bestimmung der X und anschließend die Momente M_1^*, welche am Tragwerk vorhanden sind, wenn es nur durch die Kraft $V_1 = Z_1 = 1$ am Knoten a belastet wird.

Entsprechend bildet man durch Beiwerte X_{21}, X_{22}, X_{23} und X_{31}, X_{32}, X_{33} die Summenkräfte $R_{a2}=0$, $R_{b2}=1$, $R_{b3}=0$ und $R_{a3}=0$, $R_{b3}=0$, $R_{c3}=1$ und die Momente M_2^* und M_3^*. Das Gleichungssystem zur Berechnung der X und M^* lautet dann:

	für $e=$	1	2	3	
$X_{e1}Z_1 + X_{e2}F_{12} + X_{e3}F_{13} =$		1	0	0	
$X_{e1}F_{21} + X_{e2}Z_2 + X_{e3}F_{23} =$		0	1	0	(309)
$X_{e1}F_{31} + X_{e2}F_{32} + X_{e3}Z_3 =$		0	0	1	

$$M_e^* = X_{e1}M_1' + X_{e2}M_2' + X_{e3}M_3' \tag{310}$$

Da die Momente M_e^* die Momente für die Verschiebungskraft 1 sind, erhält man die Momente für die Verschiebungskräfte V_1, V_2, V_3 als die Produkte $V \cdot M^*$ und die gesamten Zusatzmomente M_{II} des Rechnungsganges II zu:

$$M_{II} = V_1 M_1^* + V_2 M_2^* + V_3 M_3^* \,. \tag{311}$$

Damit ergibt sich die Momentenverteilung am Tragwerk unter der gegebenen Belastung durch Überlagerung der Momentenverteilung der Rechnungsgänge I und II. Die Stützkräfte sind die Summenkräfte der Quer- und Normalkräfte an den Stützknoten.

Zu berechnen sind nun noch die Momente M_{id}, M_{kd} infolge der Drehung Δ_{ik}. Der Drehwinkel des Stabes und damit auch des Querschnittes in i infolge der Verschiebung Δ ist $+\Delta/s$, der Drehwinkel des Querschnittes in i infolge des am Stab angreifenden Momentes M_{id} ist $M_{id}\cdot\alpha_i$, infolge des am Stab angreifenden Momentes M_{kd}: $-M_{kd}\cdot\alpha_k$ (Bild 249). Die Drehung infolge der elastischen Einspannung im Knoten i ist: $M_{id}\cdot\varepsilon_i$, die gesamte Drehung des Querschnittes muß Null sein: $+M_{id}\alpha_i - M_{kd}\alpha_k + M_{id}\varepsilon_i + \frac{\Delta}{s} = 0$.

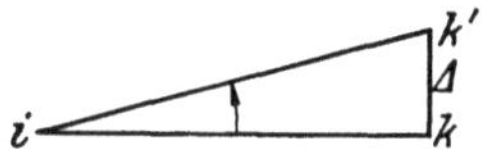

Bild 263.

Der Drehwinkel des Querschnittes in k infolge der Verschiebung Δ ist wieder Δ/s, infolge des Momentes M_{id}: $-M_{id}\beta_i$, infolge M_{kd}: $+M_{kd}\beta_k$, infolge der elastischen Einspannung $M_{kd}\varepsilon_k$, daher: $-M_{id}\beta_i + M_{kd}\beta_k + M_{kd}\varepsilon_k + \frac{\Delta}{s} = 0$. Aus diesen beiden Gleichungen bestimmen sich mit Gl. (277 u. 278) die Momente M_{id} und M_{kd}:

$$M_{id} = -\frac{1}{a_k}\cdot\frac{\Delta}{s}\cdot\frac{l}{s-l-r} \tag{312}$$

$$M_{kd} = -\frac{1}{a_k}\cdot\frac{\Delta}{s}\cdot\frac{r}{s-l-r}\,. \tag{313}$$

Damit ist der Berechnungsgang II für Verschiebungen aus der Beweglichkeit der Stabkette K vollständig dargestellt.

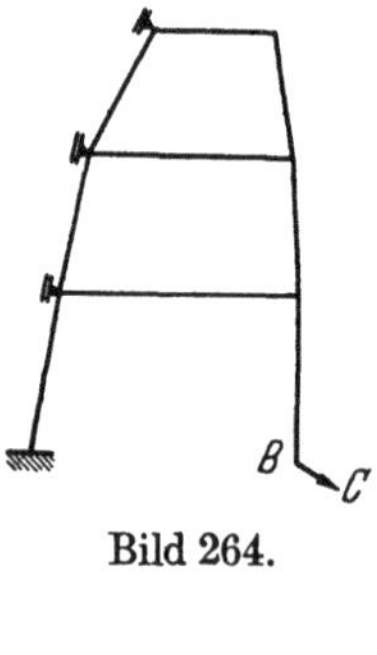

Bild 264.

Ist eine Stützenverschiebung c, beispielsweise des Auflagers B gegeben, so bestimmt man den Verschiebungsplan der in a, b und c gestützten Kette K (Bild 264) und entnimmt ihm die Relativverschiebungen Δ_{ik} der Knoten jedes Stabes. Der Rechnungsgang II wird dann genau so wie eben beschrieben durchgeführt.

Ändern die Stäbe ihre Länge infolge von Wärmegrad änderungen, dann zeichnet man wieder den Verschiebungs plan der in a, b und c gestützten Kette K. In diesem Verschiebungsplan sind jedoch Dehnungen Δs der Stäbe berücksichtigt, die Drehungen Δ sind die rechtwinklig zur unverschobenen Stabsehne gerichteten Teilverschiebungen, was bei ihrer Entnahme aus dem Plan zu beachten ist. Sonst bleibt Rechnungsgang II unverändert.

Längenänderungen aus den Normalkräften, welche in Rechnungsgang I bestimmt werden, werden wie solche aus Wärmegradänderungen behandelt. Eigentlich müßten hier die endgültigen Normalkräfte, welche sich erst aus der Überlagerung der beiden Rechnungsgänge ergeben, zur Bestimmung der Dehnungen verwendet werden. Da der Einfluß der Normalkräfte aber ohnehin nur geringfügig ist, genügen die Normalkräfte aus Berechnungsgang I.

Dagegen müssen die Dehnungen der Stabsehnen krummer Stäbe genau berücksichtigt werden, was aber schon durch den Berechnungsgang gefordert wird. Wäre im Rahmenwerk Bild 265 der Stab bc gerade, dann hätte die Stabkette K eine Beweglichkeit, im Rechnungsgang II wäre eine Festhaltekraft F einzuführen, welche an einem der vier Knoten a, b, c oder d anzubringen wäre. Ist der Stab bc jedoch bogenförmig und elastisch eingespannt, so kann er im Rechnungsgang I nicht berechnet werden, da die Sehnenverlängerung aus der elastischen Einspannung noch unbekannt ist. Zur Berechnung müssen vielmehr unverschiebliche Widerlager angenommen, also noch zusätzliche Lager angebracht werden. Am Rahmen Bild 265 müssen also zwei Stützen, in b und c, eingeführt werden, worauf der Rechnungsgang I durchgeführt werden kann.

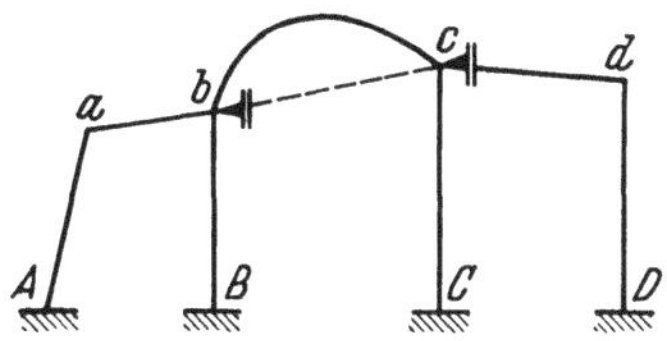

Bild 265.

Die Einführung eines jeden Bogenstabes im Rahmenwerk entspricht daher einer weiteren Beweglichkeit in der Stabkette K, für jeden Bogenstab muß eine zusätzliche Feststellung eingeführt werden. Ist dies geschehen, so wird Rechnungsgang I und II wie oben beschrieben durchgeführt.

Wie man sieht, gestaltet sich schon der systematische Gang der Berechnung von Tragwerken nach diesem Verfahren ziemlich verwickelt, was unter anderem auch aus der Mischung zwischen Kraft- und Formänderungsverfahren herrührt. Namentlich bei der Verwendung graphischer Rechenverfahren wird das Festpunktverfahren rasch sehr unübersichtlich und schlecht nachprüfbar, so daß es nicht zu empfehlen ist. Nur für den durchlaufenden Träger auf einfachen Stützen, für welchen es ja auch ursprünglich entwickelt wurde, bietet es wirkliche Vorteile, da dann rasch und übersichtlich brauchbare Ergebnisse erzielt werden, in allen anderen Fällen ist das Kraft- oder Formänderungsverfahren vorzuziehen, weshalb das Verfahren hier auch nicht eingehender betrachtet wird. Eine Vereinfachung des hier dargestellten Berechnungsganges ergibt sich durch Anwendung des Verfahrens der Hilfsstützpunkte, wie es in Nr. 295 dargestellt wird.

D. Beispiele.

231. Der durchlaufende Träger. a) *Die Dreimomentengleichung.* Gegeben sei ein waagerecht liegender Balken über n Felder mit lotrechten Lasten. Über den $n+1$ Stützen ist der Balken frei drehbar gelagert, eine waagerechte Stütze ist wegen der ausschließlich lotrechten Belastung nicht notwendig. Die lotrechten Verschiebungen der Stützpunkte unter dem Einfluß der Lasten seien bekannt, ihre Größe sei c.

Das Tragwerk ist n-fach standfest oder $(n-1)$fach überbestimmt ($r = n$, $e = n - 1$, $a = n + 2$ mit der waagerechten Stütze, $k = n + 1$, also $\bar{n} = n - 1$). Die Berechnung soll nach Nr. 212 mit Eigenspannungszuständen durchgeführt werden, ohne Bestimmung eines Hauptnetzes.

In Bild 266 sind zwei aufeinanderfolgende Felder dargestellt. Wird jedes Feld als frei aufliegender Balken auf zwei Stützen aufgefaßt, dann ergeben die Lasten Momente M_0 (Bild 266b), während die Stützenmomente die Momentenlinie Bild 266c ergeben. Die Größe der Stützenmomente M_{e-1}, M_e, M_{e+1} ist vorläufig noch unbekannt.

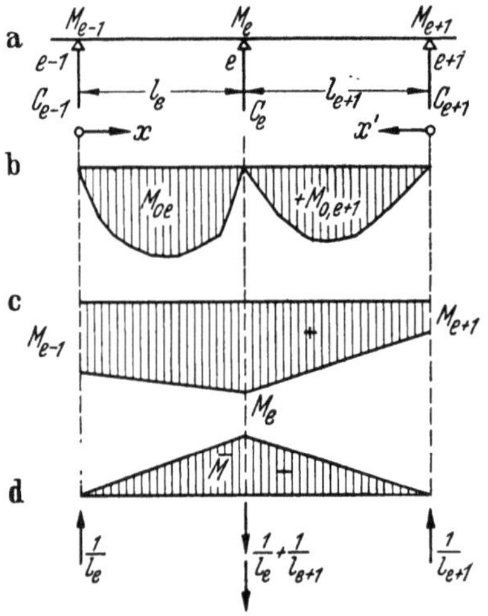

Bild 266.

Als Eigenspannungszustand am Stab l_e wählt man den Zustand $\overline{M} = -1$, alle übrigen Stützenmomente $M_h = 0$. Die Momentenlinie und die Auflagerdrücke dieses Zustandes zeigt Bild 266d. Die Größe der Auflagerdrücke des Eigenspannungszustandes sind:

$$\overline{C}_{e-1} = \frac{1}{l_e}, \quad \overline{C}_e = -\left(\frac{1}{l_e} + \frac{1}{l_{e+1}}\right), \quad \overline{C}_{e+1} = \frac{1}{l_{e+1}}$$

die Momente im Querschnitt x sind:

$$M = M_0 + \frac{M_e - M_{e-1}}{l_e} \cdot x + M_{e-1}, \quad \overline{M} = -\frac{x}{l_e}$$

im Querschnitt x'

$$M = M_0 + \frac{M_e - M_{e+1}}{l_{e+1}} \cdot x' + M_{e+1} \qquad \overline{M} = -\frac{x'}{l_{e+1}}.$$

Diese Werte werden in Gl. (110) eingesetzt, womit sich ergibt:

$$0 = +\frac{c_{e-1}}{l_e} - c_e\left(\frac{1}{l_e} + \frac{1}{l_{e+1}}\right) + \frac{c_{e+1}}{l_{e+1}} + \frac{1}{l_e}\int_0^{l_e} M_0 \cdot x \cdot \frac{dx}{EJ} + \frac{1}{l_{e+1}}\int_0^{l_{e+1}} M_0 \cdot x' \cdot \frac{dx'}{EJ}$$

$$+ \frac{M_e - M_{e-1}}{l_e^2}\int_0^{l_e} x^2 \cdot \frac{dx}{EJ} + \frac{M_e - M_{e+1}}{l_{e+1}^2}\int_0^{l_{e+1}} x'^2 \cdot \frac{dx'}{EJ} + \frac{M_{e-1}}{l_e}\int_0^{l_e} x \cdot \frac{dx}{EJ} + \frac{M_{e+1}}{l_{e+1}}\int_0^{l_{e+1}} x' \cdot \frac{dx'}{EJ}.$$

Es werde gesetzt

$$\int_0^{l_e} M_0 \cdot x \cdot \frac{dx}{EJ} = \mathfrak{S}_{e,e-1} \qquad \int_0^{l_{e+1}} M_0 \cdot x' \cdot \frac{dx'}{EJ} = \mathfrak{S}_{e+1,e+1}$$

$$\int_0^{l_e} \frac{x \cdot dx}{EJ} = \mathfrak{S}_{1,e-1} \qquad \int_0^{l_{e+1}} \frac{x' \cdot dx'}{EJ} = \mathfrak{S}_{1,e+1}$$

$$\int_0^{l_e} \frac{x^2 \cdot dx}{EJ} = \mathfrak{T}_{1,e-1} \qquad \int_0^{l_{e+1}} \frac{x'^2 \cdot dx'}{EJ} = \mathfrak{T}_{1,e+1}.$$

Wird der frei aufliegende Balken l_e (kurz Feld e) belastet, so ist seine reduzierte Momentenfläche M_0', deren statisches Moment um die Auflagernormale $e-1$ den Wert $\mathfrak{S}_{e,e-1}$ hat.

Wird das Feld $e+1$ belastet, so ist $\mathfrak{S}_{e+1,e+1}$ das statische Moment der zugehörigen M_0'-Fläche um die Auflagernormale $e+1$.

Wird das Feld e mit dem Moment 1 belastet, dann ist $\mathfrak{S}_{1,e-1}$ das statische Moment, $\mathfrak{T}_{1,e-1}$ das Trägheitsmoment der M_0'-Fläche um die Auflagernormale $e-1$.

Wird Feld $e+1$ mit dem Moment 1 belastet, dann ist $\mathfrak{S}_{1,e+1}$ das statische Moment, $\mathfrak{T}_{1,e+1}$ das Trägheitsmoment der M_0'-Fläche um die Auflagernormale in $e+1$.

Hiermit:

$$0=\frac{c_{e-1}}{l_e}-c_e\cdot\frac{l_e+l_{e+1}}{l_e\cdot l_{e+1}}+\frac{c_{e+1}}{l_{e+1}}+\frac{\mathfrak{S}_{e,e-1}}{l_e}+\frac{\mathfrak{S}_{e+1,e+1}}{l_{e+1}}+M_e\left(\frac{\mathfrak{T}_{1,e-1}}{l_e^2}+\frac{\mathfrak{T}_{1,e+1}}{l_{e+1}^2}\right)$$

$$+\frac{M_{e-1}}{l_e}\left(\mathfrak{S}_{1,e-1}-\frac{\mathfrak{T}_{1,e-1}}{l_e}\right)+\frac{M_{e+1}}{l_{e+1}}\left(\mathfrak{S}_{1,e+1}-\frac{\mathfrak{T}_{1,e+1}}{l_{e+2}}\right). \tag{314}$$

Ist EJ konstant über die Feldweite und bezeichnet:

$$\int_0^{l_e} M_0\cdot x\cdot dx=\mathfrak{S}'_{e,e-1}\qquad \int_0^{l_{e+1}} M_0\cdot x'\cdot dx'=\mathfrak{S}'_{e,e+1}\qquad \frac{l_e}{J_e}=l'_e\qquad \frac{l_{e+1}}{J_{e+1}}=l'_{e+1}$$

dann wird dies zu:

$$0=6E\left(\frac{c_{e-1}}{l_e}-c_e\cdot\frac{l_e+l_{e+1}}{l_e\cdot l_{e+1}}+\frac{c_{e+1}}{l_{e+1}}\right)+6\left(\frac{\mathfrak{S}_{e,e-1}}{l_eJ_e}+\frac{\mathfrak{S}'_{e+1,e+1}}{l_{e+1}J_{e+1}}\right)$$

$$+M_{e-1}\cdot l'_e+2M_e(l'_e+l'_{e+1})+M_{e+1}\cdot l'_{e+1}. \tag{315}$$

Dies ist die bekannte Dreimomentengleichung für den durchlaufenden Träger, welche für konstantes Trägheitsmoment zuerst von Mohr aufgestellt wurde.

Für je zwei aufeinanderfolgende Felder besteht eine solche Gleichung, für n Felder also $n-1$ Gleichungen, welche die unbekannten $n-1$ Stützenmomente zu berechnen gestatten.

Schaltet man über jeder Stütze ein Gelenk ein, wodurch ein Hauptnetz entsteht, und bezeichnet die unbekannten Stützenmomente als Überzählige X, dann erhält man dasselbe Ergebnis mit den Gl. (250 bis 253). In der Durchführung der Berechnung ist hier kein Unterschied der beiden Verfahren.

b) *Stützensenkungen.* Beim Träger sollen nun Stützensenkungen c auftreten, welche proportional den Stützendrücken sind.

Zur Lösung kann die Gl. (314) verwendet werden, welche gilt, da in ihr keine Annahmen über die Größe der Stützenverschiebungen c gemacht wurden. Nunmehr werde gesetzt:

$$c=c'C+c'', \tag{316}$$

worin c'' die vom Stützendruck unabhängige Verschiebung und $c_1=c'+c''$ die Verschiebung ist, welche beim Stützendruck $C=1$ entsteht. Bezeichnet $Q_{e,e}$ die Querkraft an der Stütze e im Feld e, $Q_{e,e+1}$ jene im Feld $e+1$, dann ist: $C_e=Q_{e,e}+Q_{e,e+1}$. Hierin wird Q durch die Stützenmomente ersetzt. Bezeichnet C'_e den Auflagerdruck aus der vorhandenen Belastung, wenn die Balkenfelder e und $e+1$ frei aufliegende Balken sind, so wird:

$$C_e=C'_e+\frac{M_{e-1}-M_e}{l_e}+\frac{M_{e+1}-M_e}{l_{e+1}}.$$

Hierin ist M als algebraischer Wert einzusetzen. Setzt man diesen Wert in die Gl. (314) ein, so erhält man:

$$0 = \frac{c'_{e-1} C'_{e-1} + c''_{e-1}}{l_e} - (c'_e C'_e + c''_e)\frac{l_e + l_{e+1}}{l_e l_{e+1}} + \frac{c'_{e+1} C'_{e+1} + c''_{e+1}}{l_{e+1}}$$
$$+ \frac{\mathfrak{S}_{e-1}}{l} + \frac{\mathfrak{S}_{e+1}}{l_{e+1}} + M_{e-2}\frac{c'_{e-1}}{l_{e-1}\cdot l_e} + M_{e+2}\frac{c'_{e+1}}{l_{e+1}\cdot l_{e+2}}$$
$$- \frac{M_{e-1}}{l_e}\left(c'_{e-1}\frac{l_{e-1}+l_e}{l_{e-1}\cdot l_e} + c'_e\frac{l_e+l_{e+1}}{l_e\cdot l_{e+1}} - \mathfrak{S}_{1,e-1} + \frac{\mathfrak{T}_{1,e-1}}{l_e}\right)$$
$$- \frac{M_{e+1}}{l_{e+1}}\left(c'_e\cdot\frac{l_e+l_{e+1}}{l_e l_{e+1}} + c'_{e+1}\frac{l_{e+1}+l_{e+2}}{l_{e+1}\cdot l_{e+2}} - \mathfrak{S}_{1,e+1} + \frac{\mathfrak{T}_{1,e+1}}{l_e}\right)$$
$$+ M_e\left(\frac{c'_{e-1}}{l_e^2} + c'_e\left(\frac{l_e+l_{e+1}}{l_e\cdot l_{e+1}}\right)^2 + \frac{c'_{e+1}}{l_{e+1}^2} + \frac{\mathfrak{T}_{1,e-1}}{l_e^2} + \frac{\mathfrak{T}_{1,e+1}}{l_{e+1}^2}\right). \qquad (317)$$

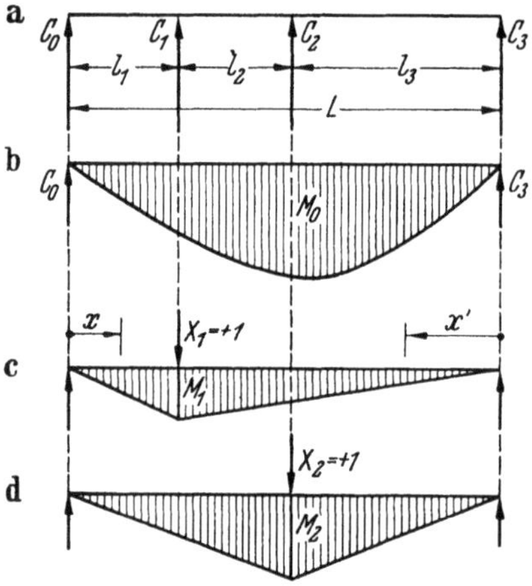

Bild 267.

Wie man aus diesem Beispiel ersieht, können die Überzähligen auch auf der linken Seite der Gl. (250) vorkommen.

c) *Der durchlaufende Träger. Zweite Berechnungsweise.* Das Stützenmoment ist der statische Wert eines inneren Gliedes, der steifen Ecke über der Stütze. Man kann aber auch den Auflagerdruck als Überzählige einführen, was am Beispiel des Dreifelderbalkens mit konstantem Trägheitsmoment durchgeführt werden soll. Stützenverschiebungen sollen dabei keine auftreten.

Durch Entfernen der Stützen C_1, C_2 entsteht das Hauptnetz, der Balken auf zwei Stützen mit den Momenten M_0 unter der gegebenen Belastung (Bild 267) (Zustand $X = 0$).

Dann wird die Belastung $X_1 = +1$ aufgebracht mit dem Moment:

$$M_1 = +1\cdot\frac{l_1(L-l_1)}{L} \quad \text{für } x = l_1 \qquad M' = M_1\cdot\frac{x}{l_1} \quad \text{für } x < l_1$$

$$M'' = M_1\cdot\frac{x'}{L-l_1} \quad \text{für } x' < L - l_1.$$

Entsprechendes gilt für den Zustand $X_2 = +1$:

$$M_2 = +1\cdot\frac{l_3(L-l_3)}{L} \quad \text{für } x = l_3 \qquad M' = M_2\cdot\frac{x}{L-l_3} \quad \text{für } x < L - l_3$$

$$M'' = M_2\cdot\frac{x'}{l_3} \quad \text{für } x' < l_3.$$

Mit diesen Werten wird:

$$E\,J\,L\,\delta_{10} = +(L-l_1)\,\mathfrak{S}_{10} + l_1\,\mathfrak{S}_{13} \qquad E\,J\,L\,\delta_{11} = \frac{1}{3}\cdot l_1^2\,(L-l_1)^2$$

$$E\,J\,L\,\delta_{20} = +l_3\,\mathfrak{S}_{20} + (L-l_3)\,\mathfrak{S}_{23} \qquad E\,J\,L\,\delta_{22} = \frac{1}{3}\cdot l_3^2\,(L-l_3)^2$$

$$E\,J\,L\,\delta_{21} = E\,J\,L\,\delta_{12} = \frac{1}{3}\cdot l_1\,l_3\left(l_1\,l_2 + l_2\,l_3 + l_3\,l_1 + \frac{l_2^2}{2}\right).$$

Hieraus kann man die Gl. (250) für die beiden Stützdrücke C_1 und C_2 ansetzen.

Bei der durchgeführten Berechnung wurde die Stütze durch einen Ersatzstab mit der Dehnung δ_{11} bzw. δ_{12} ersetzt. Will man unmittelbar mit den Stützensenkungen rechnen, so werden sämtliche $\delta_{eh} = 0$, dafür werden die Werte c rechnerisch gleich den Werten δ, die Berechnung bleibt daher genau dieselbe.

d) *Fachwerkbalken.* Gegeben sei ein Fachwerkbalken (Bild 268) über drei Felder. Das Tragwerk ist zweifach überbestimmt. Als Überzählige werden die Stabkräfte in den beiden Gurtstäben ab und cd gewählt. Das Hauptnetz ist in Bild 268 b dargestellt, die gegebene Belastung ruft in ihm die Stabkräfte S_0 hervor, wobei in den beiden Stäben ab, cd S_0 verschwindet.

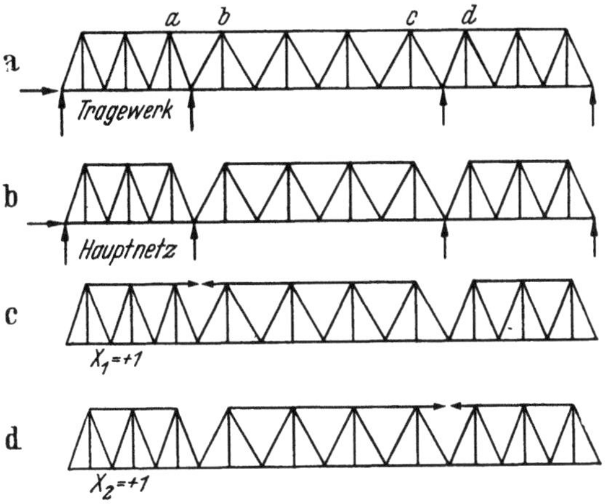

Bild 268.

Die Überzählige $X_1 = 1$ ist eine Zugkraft im Stab ab, die Belastung $X_1 = +1$ ist in Bild 268 c dargestellt. Diese Belastung erzeugt im Hauptnetz die Stabkräfte S_1, im Stab ab ist die Stabkraft $+1$, im Stab cd ist $S_1 = 0$.

Entsprechend ist die Belastung $X_2 = +1$ und die durch sie erzeugten Stabkräfte.

Die Gl. (251 bis 253) ergeben:

$$\delta_{10} = \sum S_0 S_1 \frac{s}{EF}, \quad \delta_{20} = \sum S_0 S_2 \frac{s}{EF}, \quad \delta_{11} = \sum S_1^2 \frac{s}{EF}, \quad \delta_{22} = \sum S_2^2 \frac{s}{EF}, \quad \delta_{12} = \sum S_1 S_2 \frac{s}{EF}.$$

Die Summen erstrecken sich über sämtliche Stäbe. Die Hauptgleichung (220) ergibt:

$$-\delta_{10} + C_{11} c_1 + C_{21} c_2 = \delta_{11} X_1 + \delta_{12} X_2$$
$$-\delta_{20} + C_{12} c_1 + C_{22} c_2 = \delta_{21} X_1 + \delta_{22} X_2 ,$$

woraus die Überzähligen berechnet werden können.

Aus diesem Beispiel läßt sich die Gleichwertigkeit der verschiedenen Auffassungen über die Summierung und die Führung der Schnitte an dem überzähligen Glied ersehen (vgl. Nr. 207 u. 209):

a) Nach dem oben dargestellten Rechnungsgang wird über sämtliche Stäbe des Tragwerkes summiert. Die Überzählige X_e, deren Belastungszustand $X = +1$ aufgestellt wird, gibt dabei die Stabkraft $S_e = +1$ im zugehörigen Stab.

b) Da in den überzähligen Gliedern sowohl die Stabkräfte S_0 im Hauptnetz wie auch die Stabkräfte S_{eh} verschwinden, wird tatsächlich nur über die Stäbe des Hauptnetzes summiert, wobei jedoch im Wert δ_{ee} zur Summe noch das Glied $\frac{s_e}{EF}$ hinzutritt. Dieses Glied kann aber auch als Wert δ_e aufgefaßt und als Hauptgleichung die Gl. (249) verwendet werden. Dann kann allgemein bestimmt werden, daß die Summen in den δ_{e0} und δ_{eh} nur über die Stäbe des Hauptnetzes zu erstrecken sind und daß der Wert δ_e gesondert zu berechnen ist.

Dabei wird angenommen, daß der überzählige Stab e ganz herausgeschnitten ist und die gegenseitige Verschiebung δ_e seiner Knoten berechnet wird (Nr. 209a). Führt man den Schnitt an einer beliebigen Stelle im Stab, dann muß man die andere Summierung über sämtliche Stäbe des Tragwerkes wählen und die beiden Teile des zerschnittenen Stabes mitzählen, deren Dehnung $\frac{s'}{EF} + \frac{s''}{EF} = \frac{s}{EF}$ ist.

Das Ergebnis ist immer dasselbe, am allgemeinsten ist jedoch die Auffassung, daß bei Verwendung von Gl. (251) über sämtliche Stäbe des Tragwerkes zu summieren ist, da dann gar keine Besonderheiten zu merken sind.

e) *Zahlenbeispiel. Der Dreifelderbalken.* Für den Balken über drei Felder sollen die Einflußlinien der Stützenmomente angegeben werden. Das Trägheitsmoment sei feldweise konstant, Stützensenkungen nicht vorhanden.

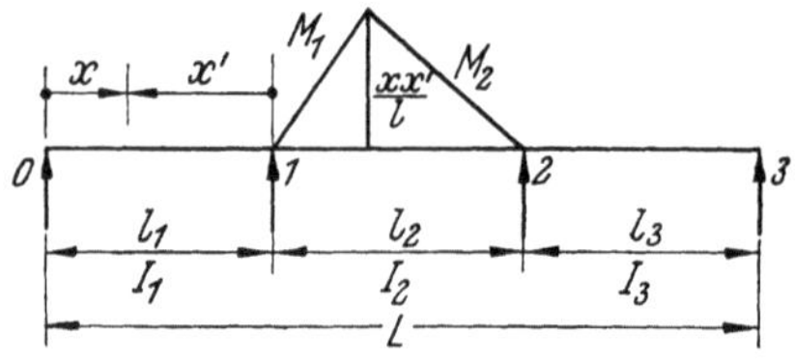

Bild 269.

Die Einflußlinie für das Stützenmoment M_1 zerfällt in drei Zweige, je nach dem Feld, in welchem die Lasteinheit wandert. Die Dreimomentengleichungen lauten:

$$2\,M_1\,(l'_1 + l'_2) + M_2 \cdot l'_2 = B_1 = -6\left(\frac{\mathfrak{S}'_{1,0}}{l_1 J_1} + \frac{\mathfrak{S}'_{1,2}}{l_2 J_2}\right)$$

$$M_1 \cdot l'_2 + 2\,M_2\,(l'_2 + l'_3) = B_2 = -6\left(\frac{\mathfrak{S}'_{2,1}}{l_2 J_2} + \frac{\mathfrak{S}'_{2,3}}{l_3 J_3}\right)$$

woraus durch Addition und Subtraktion:

$$M_1(2\,l'_1 + 3\,l'_2) + M_2(3\,l'_2 + 2\,l'_3) = B_1 + B_2$$

$$M_1(2\,l'_1 + l'_2) - M_2\,(l'_2 + 2\,l'_3) = B_1 - B_2 \quad \text{und}$$

$$N \cdot M_1 = (l'_2 + l'_3) \cdot B_1 - \frac{1}{2} \cdot l'_2 B_2 \quad \text{mit} \quad L' = l'_1 + l'_2 + l'_3 \quad \text{und}$$

$$N = L'^2 - l'^2_1 + \frac{1}{2} \cdot l'^2_2 - l'^2_3 = \frac{1}{4}\,[(2\,l'_1 + 3\,l'_2)(2\,l'_3 + l'_2) + (2\,l'_1 + l'_2)(2\,l'_3 + 3\,l'_2)].$$

Nunmehr sind die Werte der Belastungsglieder einzuführen.

a) Erstes Feld belastet:

$$B_1 = -\frac{6}{l_1} \cdot \frac{x\,x'}{l_1}\left(\frac{x}{2} \cdot \frac{2\,x}{3} + \frac{x'}{2}\left(x + \frac{x'}{3}\right)\right) = -\frac{l_1^2}{J_1}\,\mathfrak{x}\,(1 - \mathfrak{x}^2) = -\,l_1^2\,\mathfrak{w}_D \qquad B_2 = 0$$

b) Zweites Feld belastet:

$$B_1 = -\frac{6}{l_2} \cdot \frac{x\,x'}{l_2}\left(\frac{x'}{2} \cdot \frac{2\,x'}{3} + \frac{x}{2}\left(x' + \frac{x}{3}\right)\right) = -\,l_2^2\,\mathfrak{x}'\,(1 - \mathfrak{x}'^2) = -\,l_2^2\,\mathfrak{w}'_D$$

$$B_2 = -\,l_2^2\,\mathfrak{x}\,(1 - \mathfrak{x}^2) = -\,l_2^2\,\mathfrak{w}_D$$

c) Drittes Feld belastet:

$$B_1 = 0 \qquad B_2 = -\,l_3^2\,\mathfrak{x}'\,(1 - \mathfrak{x}'^2) = -\,l_3^2\,\mathfrak{w}'_D\,.$$

Hieraus berechnen sich die Ordinaten der Einflußlinie:

a) bei Belastung im ersten Feld: $N \cdot \eta = -\,l_1^2\,(l_2 + l_3)\,\mathfrak{w}_D$

b) bei Belastung im zweiten Feld: $N \cdot \eta = +\,\frac{1}{2}\,l_2^3\,\mathfrak{w}'_D - (l_2 + l_3)\,l_2^2\,\mathfrak{w}_D$

c) bei Belastung im dritten Feld: $N \cdot \eta = +\,\frac{1}{2}\,l_2\,l_3^2\,\mathfrak{w}'_D\,.$

Die Werte $\mathfrak{w}$, $\mathfrak{w}'$ können in Tafeln berechnet werden, worauf sich die Einflußlinien leicht ermitteln lassen.

Ist $l_1 = l_3 = l$ und $l_2 = m \cdot l$, dann vereinfachen sich die Gleichungen erheblich. Es wird: $N = \frac{1}{2} \cdot l^2(2 + 3\,m)(2 + m)$ und die Ordinaten der Einflußlinie:

a) erstes Feld belastet: $N \cdot \eta = -\,l^3\,(1 + m)\,\mathfrak{w}_D$

b) zweites Feld belastet: $N \cdot \eta = +\,m^2 l^3\left(\frac{m}{2}\,\mathfrak{w}_D - (1 + m)\,\mathfrak{w}'_D\right)$

c) drittes Feld belastet: $N \cdot \eta = +\,\frac{1}{2}\,m l^3\,\mathfrak{w}_D\,.$

Aus diesen Gleichungen lassen sich die Stützenmomente für verschiedene Stützweitenverhältnisse m einfach berechnen. Für $m = \frac{4}{3}$ ergeben sich folgende Ordinaten der Einflußlinien. $N = 10$. (Siehe Tabelle S. 232.)

Damit kann die Einflußlinie der Stützenmomente aufgezeichnet werden (Bild 270a). Um die Einflußlinien von Querschnitten in den Feldern zu finden, wird nach Nr. 116 vorgegangen. Die Pfeilhöhe der Spitzenparabel im Endfeld ist $f_1 = \frac{1}{4} = 0{,}25$, im Mittelfeld $f_2 = \frac{1}{4} \cdot \frac{4}{3} = 0{,}33$. Aus der Spitzenparabel wird die Spitzenkurve der Einflußordinaten konstruiert (Bild 270b).

Im Endfeld ist $M_a = M_0 = 0$, $M_b = M_1 = \eta_s$. Auf den Auflagernormalen im Knoten 1 wird die Ordinate η_{s6} aufgetragen, mit dem Punkt 0 verbunden und die Spitzenordinate η_6 abgegriffen. Durch Auftragen dieser Spitzenordinaten über der Stabachse ergibt sich die Spitzenkurve (Bild 270c, d). Hierauf trägt man die Einflußlinie des Momentes M_0 (Bild 270c) über der Stabachse (Vorzeichen!) auf und unterteilt die Ordinate zwischen den beiden Kurven im Teilpunkt 6 in sechs, die Ordinate im Punkte m in m gleiche Teile. Vom Knoten 1 ausgehend verbindet man die entsprechenden Teilpunkte zwischen Momentenkurve M_0 und der Spitzenkurve miteinander und erhält damit den rechten Ast der Einflußlinien in Feld 1.

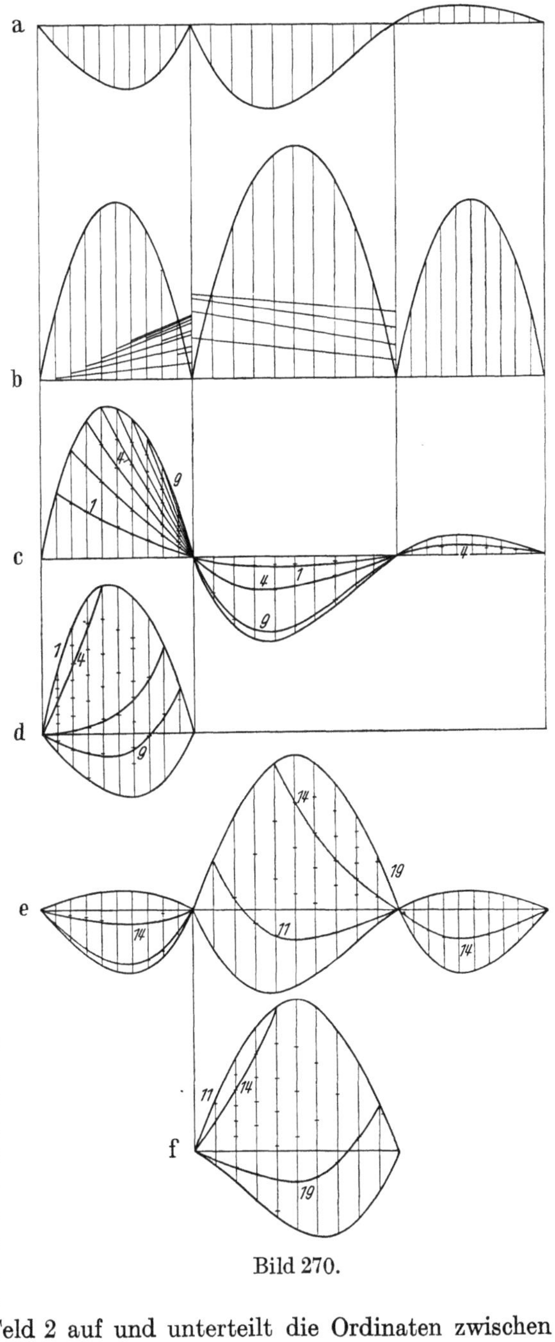

Bild 270.

Dann trägt man die Einflußlinie von M_1 über der Stabachse auf, unterteilt die Ordinate 6 in $10 - 6 = 4$ gleiche Teile, wobei die Ordinaten in 9 Zwischenpunkten (10 gleiche Teile der Stützweite) ermittelt werden sollen und verbindet wieder die entsprechenden Teilpunkte der Ordinaten miteinander. Dies ergibt den linken Ast der Einflußlinien in Feld 1.

Hierauf trägt man die Einflußlinien von M_0 und M_1 in Feld 2 auf und unterteilt die Ordinaten zwischen beiden Kurven in ebenso viel gleiche Teile, wie Feld 1 unterteilt wurde. Die Verbindung der m-ten Teilpunkte miteinander ergibt die Einflußlinie von Querschnitt m (Feld 1) in Feld 2. Entsprechend wird in Feld 3 verfahren (Bild 270c).

x	$\mathfrak{w}_D$	$\mathfrak{w}'_D$	$32/27\cdot\mathfrak{w}_D$	$112/27\cdot\mathfrak{w}'_D$	Feld 1 $N\cdot\eta=-7/3\cdot\mathfrak{w}$	Feld 2 $N\cdot\eta$	Feld 3 $N\cdot\eta=+2/3\cdot\mathfrak{w}$
0,10	0,099	0,171	0,117	0,710	− 0,231	− 0,593	+ 0,114
0,20	0,192	0,288	0,227	1,195	− 0,447	− 0,968	+ 0,192
0,30	0,273	0,357	0,323	1,480	− 0,638	− 1,157	+ 0,238
0,40	0,336	0,384	0,398	1,594	− 0,785	− 1,196	+ 0,256
0,50	0,375	0,375	0,444	1,555	− 0,875	− 1,111	+ 0,250
0,60	0,384	0,336	0,455	1,393	− 0,895	− 0,938	+ 0,224
0,70	0,357	0,273	0,423	1,130	− 0,835	− 0,707	+ 0,182
0,80	0,288	0,192	0,341	0,795	− 0,673	− 0,454	+ 0,128
0,90	0,171	0,099	0,205	0,410	− 0,398	− 0,205	+ 0,066

Um die Einflußlinien der Querschnitte im zweiten Feld zu bestimmen, zeichnet man die Spitzenparabel, trägt auf den Stützennormalen in Knoten 1 und 2 die beiden Stützenmomente η'_{s6}, η''_{s6} auf und bestimmt die Spitzenordinate η_6 als Abschnitt zwischen Parabel und Schlußlinie 6. Damit ist die Spitzenkurve bekannt, welche einmal zusammen mit der Einflußlinie von M_1, dann mit jener von M_2 über der Stabachse aufgetragen wird. Durch Teilung der Ordinaten zwischen beiden Kurven erhält man die Äste der Einflußlinie in Feld 2.

Die Einflußlinie in Feld 1 erhält man durch Auftragen der Einflußlinien von M_1 und M_2 in Feld 1 und Teilen der Ordinaten zwischen beiden Kurven in zehn gleiche Teile, entsprechend die Einflußlinie in Feld 3 (Bild 270e, f).

Die Einflußlinien werden dann zweckmäßig einzeln herausgetragen, was hier nicht mehr durchgeführt wurde.

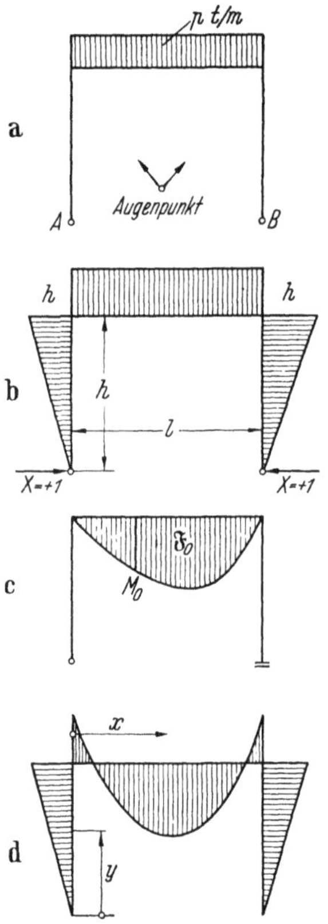

Bild 271.

232. Weitere Beispiele. a) *Gleichmäßige Wärmegradänderungen.* In einem Tragwerk ändere sich der Wärmegrad gleichmäßig über das ganze Netz. Für einen Eigenspannungszustand, in welchem ja keine äußeren Lasten außer den durch die Eigenspannungen erzeugten Stützkräften wirken, gilt Gl. (104):

$$\sum \bar{P}\delta - \Theta t_0\left[\sum \int N_e\,ds + \sum S_e s\right] = \sum C_e c - \delta_{e0} = 0,$$

worin gesetzt ist: $\bar{P} = C_e$, $\delta = c$. Zerlegt man nach zwei Koordinatenachsen x, y, so wird also:

$$1\cdot\delta_{e0} = \Theta\, t_0\left[\sum \int N_e\,ds + \sum S_e s\right] = \sum C_{ex} c_x + \sum C_{ey} c_y\,. \qquad (318)$$

In einem Tragwerk mit drei Stützen und beliebiger innerer Überbestimmtheit ist die rechte Seite dieser Gleichung stets Null, was besagt, daß in einem solchen Tragwerk durch gleichmäßige Wärmegradänderungen keine Spannungen entstehen.

b) *Zweigelenkrahmen.* Gegeben ist ein Zweigelenkrahmen mit gleichmäßiger Belastung des Riegels (Bild 271). Das Tragwerk ist einfach überbestimmt, als Überzählige wird die waagerechte Stützkraft gewählt. Der Augenpunkt zur Bestimmung der Vorzeichen liegt im Innern des Rahmens. Die Verschiebung δ_{B0} ist in Nr. 170, Beispiel 6 zu $\delta_{B0} = -\frac{1}{12}\cdot p l^2 \frac{h\,l}{E J_r}$ ermittelt. Die Verschiebung δ_{11} für den Zustand $X = +1$ ergibt sich zu: $\delta_{11} = \frac{2\,h^3}{3 E J_p} + \frac{l\,h^2}{E J_r}$. Die Hauptgleichung ergibt für starre Widerlager:

$$\frac{1}{12}\cdot p\,l^2\frac{h\,l}{E\,J_r}=\left(\frac{2\,h^3}{3\,E\,J_p}+\frac{l\,h^2}{E\,J_r}\right)X\,,\ \text{woraus}\ X=H=\frac{p\,l^2}{4}\cdot\frac{1}{h\,(2\,k+3)}\quad\text{mit}\quad k=\frac{J_r}{J_p}\cdot\frac{h}{l}\,.$$

Das Eckmoment ist $M=-H\cdot h$, womit sich die Momentenverteilung aus dem M_0-Moment leicht ergibt.

Folgt die Belastung des Riegels einem anderen Gesetz, so daß das Moment am Hauptnetz M_0 ist, und ist der Inhalt der Momentenkurve $\mathfrak{F}_0$, dann ist $\delta_{10}=\frac{\mathfrak{F}_0\,h}{E\,J_r}$ und $H=\frac{\delta_{10}}{\delta_{11}}$. Damit ist der Rahmen berechnet. Das Moment in irgendeinem Punkte des Rahmens ergibt sich durch Überlagerung des M_0-Momentes mit dem Moment aus H, entsprechend die Normal- und Querkräfte. Das Moment an irgendeiner Stelle des Riegels ist $M_x=M_0-H\cdot h$.

Entstehen Wärmegradunterschiede im Rahmen nach dem in Nr. 63 wiedergegebenen Gesetz, und zwar so, daß die Änderung des Wärmegrades für Pfosten und Riegel verschieden, jedoch auf die Stablänge konstant ist: $t=t_0+\frac{\Delta t}{d}$, dann ist: $\delta_{1t}=\Theta\,t_0\int\overline{N}\cdot ds+\Theta\,\frac{\Delta t}{d}\int\overline{M}\cdot ds$. Beim Zustand $X=+1$ ist die Normalkraft $\overline{N}$: im Pfosten $N=0$, im Riegel $\overline{N}=-1$, das Moment $\overline{M}$: im Pfosten $\overline{M}=-y$, im Riegel $\overline{M}=-1$. Daher wird:

$$\delta_{1t}=\Theta\left(-t_0\int_0^l\frac{dx}{E\,J_r}-\frac{\Delta t_r}{d_r}\int_0^l h\frac{dx}{E\,J_r}-\frac{2\,\Delta t_p}{d_p}\int_0^h\frac{y\,dy}{E\,J_p}\right)$$

$$\delta_{1t}=-\frac{\Theta}{E\,J_r}\,\frac{l}{h}\left(t_0\cdot h+\frac{\Delta t_r}{d_r}\cdot h^2+\frac{\Delta t_p}{d_p}\cdot k\right).$$

Der Horizontalschub aus der Wärmegradänderung ist:

$$H_t=+\frac{\Theta}{h^2 l}\,\frac{t_0 h+\frac{\Delta t_r}{d_r}h^2+\frac{\Delta t_p}{d_p}\cdot k}{1+2/3\cdot k}\,.$$

Verschiebt sich der Stützpunkt B gegen A um den Betrag Δl in Richtung AB, dann ist beim Zustand $X=+1$ die Arbeit dieser Stützenverschiebung: $L_1=+1\cdot\Delta l$ und $H=+\frac{\Delta l}{\delta_{11}}$.

Die Biegungslinie des Riegels unter einer beliebigen Last, deren Momentenlinie am Hauptnetz M_0 ist, bei Vernachlässigung des Einflusses der Längskräfte, ergibt sich aus: $\delta=\int M'\,\overline{M}\cdot dx$. Hierbei ist

$$\overline{M}=\frac{\mathfrak{x}\,x'}{l}\quad(x>\mathfrak{x})\,,\qquad\overline{M}=\frac{\mathfrak{x}'\,x}{l}\quad(x<\mathfrak{x})\qquad\text{und:}\quad\delta=\frac{\mathfrak{x}'}{l}\int_0^{\mathfrak{x}}\frac{M_x\,x}{E\,J_r}\,dx+\frac{\mathfrak{x}}{l}\int_0^{\mathfrak{x}'}\frac{M_x\,x'}{E\,J_r}\,dx'\,.$$

Dies ist das Moment des einfachen Balkens im Punkte $\mathfrak{x}$ unter der Belastung durch die Momentenlinie $\frac{M_x}{E\,J_r}$.

c) *Zweigelenkrahmen als Rahmenstabzug.* Für den Zweigelenkrahmen des Bildes 272 ist die Formänderung unter der angegebenen Belastung zu berechnen. Die Stäbe haben alle den gleichen Querschnitt F und das gleiche Trägheitsmoment J. Es wird angenommen: $F=24\cdot 50=1200\ \text{cm}^2$, $J=24\cdot 50^3/12=250\,000\ \text{cm}^4$, $E=210\,000\ \text{kp/cm}^2$, die Belastung auf

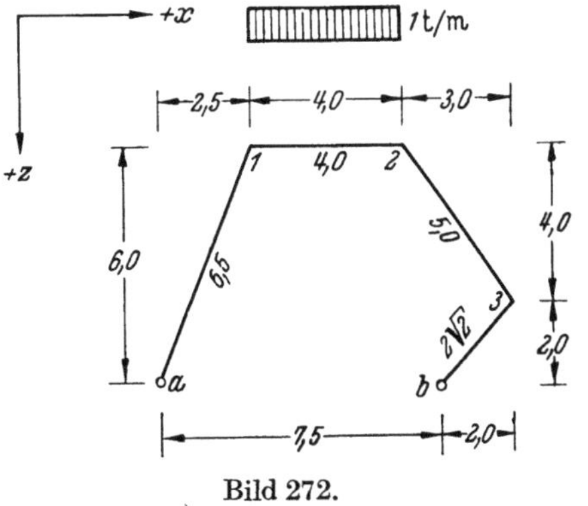

Bild 272.

Stab $\overline{12}$ lotrecht: 1 to/m. Die Formänderungen sollen am Stabzug mit den g-Gewichten und nach Gl. (180) berechnet werden.

Um die lotrechten Verschiebungen zu erhalten, wird der Stabzug als frei aufliegender Träger aufgefaßt und mit den g-Gewichten in der Richtung $+z$ belastet. Die Auflagerdrücke sind dabei τ_a, τ_b, die Sehnendrehwinkel der Stäbe $\overline{a1}$ und $\overline{b3}$ (Bild 273a). Die Momente in den Knoten 1, 2, 3 sind die Verschiebungen dieser Knoten.

Um die waagerechten Verschiebungen zu erhalten, wird der Stabzug durch die g-Gewichte in Richtung $+x$ belastet. g-Gewichte und Auflagerdrücke sind dieselben wie vorher, da die Schlußlinie des Kraftecks der g, welche durch die Verschiebungen der Punkte a, b bestimmt sind, dieselbe ist oder was dasselbe bedeutet, die Sehnendrehwinkel der Schlußstäbe dieselben sind. Für den Punkt 1, welcher insgesamt nach 1′ verschoben wird, folgt dies einfach aus Bild 273c. Ist δ die Verschiebung von 1, so ist $u = \delta \sin\varphi = r\,\tau_a \sin\varphi = \Delta z \cdot \tau_a$, $w = \delta \cos\varphi = r \cdot \tau_a \cos\varphi = \Delta x \cdot \tau_a$, so daß u das Moment in a bei waagerechtem g (τ_a), w jenes bei lotrechtem g (τ_a) ist.

Berechnet wird der Einfluß der Momente und der Längskräfte.

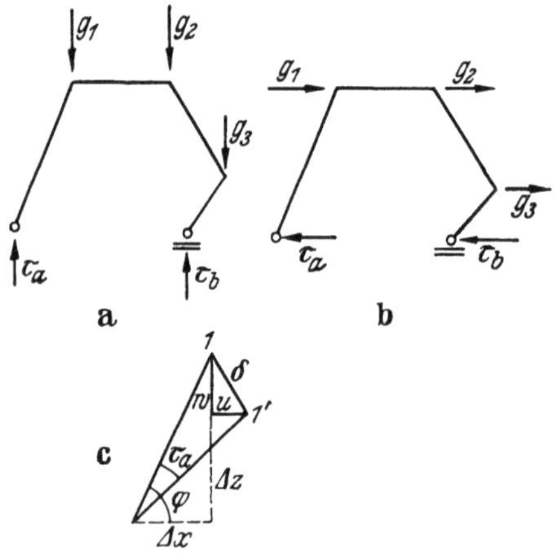

Bild 273.

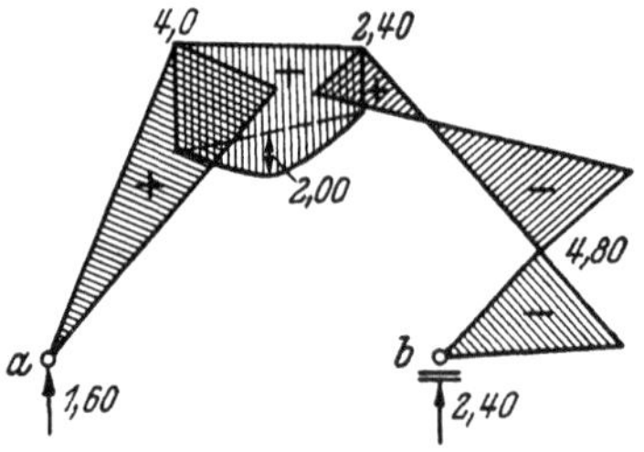

Bild 274a.

I. *Einfluß der Momente.* 1. Der Horizontalschub.

$$E\,J \cdot g_1 = +\frac{6{,}5}{6} \cdot 2 \cdot 4{,}0 + \frac{4{,}0}{6}(2 \cdot 4{,}0 + 2{,}4) = 15{,}6$$

$$E\,J \cdot g_2 = +\frac{4{,}0}{6}(4{,}0 + 2 \cdot 2{,}4) + \frac{5{,}0}{6}(2 \cdot 2{,}4 - 4{,}8) = 5{,}87$$

$$E\,J \cdot g_3 = +\frac{5{,}0}{6}(2{,}4 - 2 \cdot 4{,}8) - \frac{2\sqrt{2}}{6} \cdot 2 \cdot 4{,}8 = -10{,}52\,.$$

Die Längenänderung der Sehne ab hieraus ist:

$$EJ \cdot \Delta\, l_0' = 6{,}0 \cdot 15{,}6 + 6{,}0 \cdot 5{,}87 - 2{,}0 \cdot 10{,}52 = 107{,}7.$$

Aus der verteilten Last ergeben sich die zusätzlichen Gewichte:

$$E\,J \cdot g_1 = E\,J \cdot g_2 = \frac{4{,}0^3}{360} \cdot 15 \cdot 1{,}0 = 2{,}67 \qquad g_3 = 0\,.$$

Hieraus: $EJ \cdot \Delta\, l_0'' = 6{,}0 \cdot 2{,}67 \cdot 2 = 32{,}0.$

Die gesamte Längenänderung der Stabsehne ist: $EJ \cdot \Delta\, l_0 = 107{,}7 + 32{,}0 = 139{,}7.$
Für den Zustand $H = +1$ (Bild 274b) werden:

$$E\,J \cdot g_1 = -\frac{6.5}{6} \cdot 2 \cdot 6{,}0 - \frac{4{,}0}{6}(2 \cdot 6{,}0 + 6{,}0) = -25{,}0$$

$$E\,J \cdot g_2 = -\frac{4{,}0}{6} \cdot 3 \cdot 6{,}0 - \frac{5{,}0}{6}(2 \cdot 6{,}0 + 2{,}0) = -23{,}67$$

$$E\,J \cdot g_3 = -\frac{5{,}0}{6}(6{,}0 + 2 \cdot 2{,}0) - \frac{2\sqrt{2}}{6}\,2 \cdot 2{,}0 = -10{,}21\,.$$

Änderung der Sehnenlänge: $EJ \cdot \Delta l_1 = -6{,}0 \cdot 25 - 6{,}0 \cdot 23{,}67 - 2{,}0 \cdot 10{,}21 = -312{,}4$. Da bei starren Widerlagern $\Delta l_0 + \Delta l_1 \cdot H = 0$ ist, folgt: $H = \frac{139{,}7}{312{,}4} = 0{,}447$ to.

Aus den Momentenbildern 274a und c ergibt sich die Verteilung der Momente, Quer- und Längskräfte am Rahmen (Bild 274d).

Rechnet man nach dem üblichen Kraftverfahren, so ist:

$$\begin{aligned} E\,J \cdot \delta'_{10} = &-\frac{6{,}5}{3} \cdot 4{,}0 \cdot 6{,}0 \\ &-\frac{4{,}0}{6} \cdot 6{,}0 \cdot 3\,(4{,}0 + 2{,}4) \\ &+\frac{5{,}0}{6}[-6{,}0\,(2 \cdot 2{,}4 - 4{,}8) \\ &-2{,}0\,(2{,}4 - 2 \cdot 4{,}8)] \\ &+\frac{2\sqrt{2}}{3} \cdot 4{,}8 \cdot 2{,}0 = 107{,}7 \end{aligned}$$

$$E\,J \cdot \delta''_{10} = -\frac{4{,}0}{3} \cdot 2{,}0 \cdot 6{,}0 \cdot 2 = -32{,}0$$

$$E\,J \cdot \delta_{10} = -107{,}7 - 32{,}0 = -139{,}9$$

$$\begin{aligned} E\,J \cdot \delta_{11} = &\frac{6{,}5}{3} \cdot 6{,}0^2 + 4{,}0 \cdot 6{,}0^2 \\ &+\frac{5{,}0}{6}[6{,}0\,(2 \cdot 6{,}0 + 2{,}0) \\ &+ 2{,}0\,(6{,}0 + 2 \cdot 2{,}0)] \\ &+\frac{2\sqrt{2}}{3} \cdot 2{,}0^2 = 312{,}6 \end{aligned}$$

$$H = +\frac{139{,}9}{312{,}6} = +0{,}447\,.$$

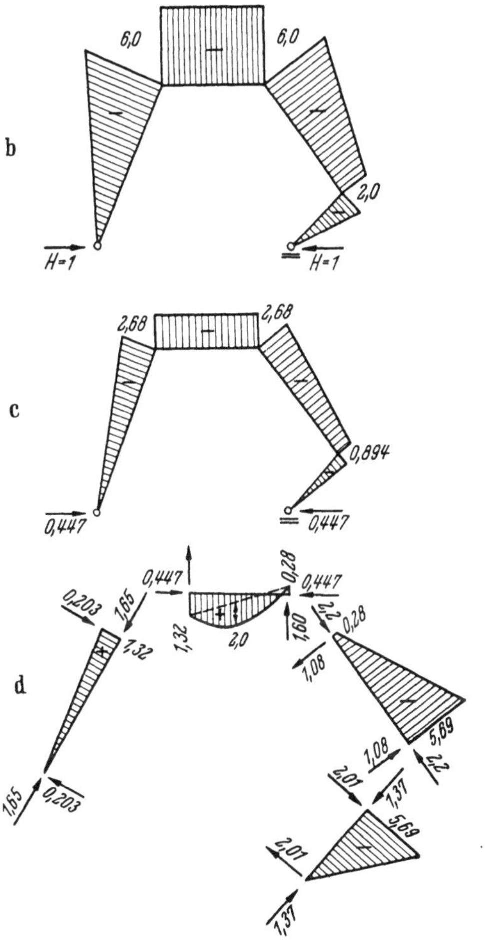

Bild 274b—d.

2. Berechnung der Verschiebungen mit den g-Gewichten. Für den gegebenen Belastungszustand des Rahmens werden die g-Gewichte:

$$E\,J \cdot g_1 = +\frac{6{,}5}{6} \cdot 2 \cdot 1{,}32 + \frac{4{,}0}{6}(2{,}64 - 0{,}28) + 2{,}67 = +4{,}43 + 2{,}67 = +7{,}10$$

$$E\,J \cdot g_2 = +\frac{4{,}0}{6}(1{,}32 - 2 \cdot 0{,}28) - \frac{5{,}0}{6}(2 \cdot 0{,}28 + 5{,}69) + 2{,}67 = -4{,}70 + 2{,}67 = -2{,}03$$

$$E\,J \cdot g_3 = -\frac{5{,}0}{6}(0{,}28 + 2 \cdot 5{,}69) - \frac{2\sqrt{2}}{6} \cdot 2 \cdot 5{,}69 = -15{,}08 \qquad E\,J \sum g = -10{,}03\,.$$

Hiermit die Längenänderung der Sehne ab als Rechenkontrolle:

$$EJ \cdot \Delta l = 6{,}00\,(7{,}10 - 2{,}03) - 2 \cdot 15{,}10 = +0{,}20 \sim 0\,.$$

Die Auflagerdrücke τ_a, τ_b (Bild 273a) werden:

$$E\,J \cdot \tau_a = \frac{1}{7{,}5}\,(5{,}0 \cdot 7{,}10 - 1{,}0 \cdot 2{,}03 + 2{,}0 \cdot 15{,}10) = \quad + 8{,}50$$

$$E\,J \cdot \tau_b = \frac{1}{7{,}5}\,(2{,}5 \cdot 7{,}10 - 6{,}5 \cdot 2{,}03 - 9{,}5 \cdot 15{,}10) = \underline{-\ 18{,}55}$$

$$\text{als Rechenkontrolle } E\,J \textstyle\sum \tau = -\ 10{,}05 = E\,J \sum g$$

Die lotrechten Verschiebungen w:

$$\text{Knoten } 1{:}\ EJ \cdot w_1 = +\ 8{,}50 \cdot 2{,}50 = +21{,}20$$

$$\text{,,}\quad 2{:}\ EJ \cdot w_2 = +\ 8{,}50 \cdot 6{,}50 - 4{,}0 \cdot 7{,}10 = +26{,}80$$

$$\text{,,}\quad 3{:}\ EJ \cdot w_3 = +18{,}55 \cdot 2{,}0 = +37{,}10$$

Die waagerechten Verschiebungen u:

$$\text{Knoten } 1{:}\ EJ \cdot u_1 = +\ 8{,}50 \cdot 6{,}00 = +51{,}0$$

$$\text{,,}\quad 2{:}\ EJ \cdot u_2 = +51{,}0$$

$$\text{,,}\quad 3{:}\ EJ \cdot u_3 = +18{,}55 \cdot 2{,}00 = +37{,}10$$

Die Gesamtverschiebungen werden durch Zusammensetzung der w und u erhalten. Die Dimension der rechten Seiten der Gleichungen der w und u ist m²to, wie aus Gl. (205) folgt. Die Dimension des g-Gewichtes selbst ist 1.

3. Berechnung der Verschiebungen nach Gl. (180). Für die Berechnung der w wird der Rahmen nacheinander den Belastungen Bild 275a bis c unterworfen,

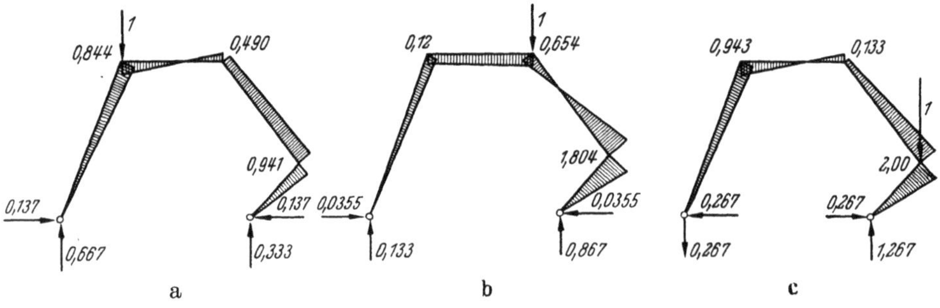

Bild 275.

der Horizontalschub und die Momente $\overline{M}$ berechnet. Die Berechnung ist der Kürze halber nicht wiedergegeben, das Ergebnis in Bild 275 dargestellt. Die Momente M sind in Bild 274d angegeben.

$$E\,J \cdot w_1 = \frac{6{,}5}{3} \cdot 0{,}844 \cdot 1{,}32 + \frac{4{,}0}{6}(0{,}844 \cdot 2{,}36 - 0{,}49 \cdot 0{,}76) + \frac{4{,}0}{3}2{,}0\,(0{,}844 - 0{,}49)$$

$$+ \frac{5{,}0}{6}\,(0{,}49 \cdot 6{,}25 + 0{,}941 \cdot 11{,}66) + \frac{2\sqrt{2}}{3} \cdot 0{,}941 \cdot 5{,}69 = 21{,}26\,,$$

$$E\,J \cdot w_2 = \frac{6{,}5}{3} \cdot 0{,}12 \cdot 1{,}32 + \frac{4{,}0}{6}(0{,}12 \cdot 2{,}36 + 0{,}654 \cdot 0{,}76) + \frac{4{,}0}{3} \cdot 2{,}0\,(0{,}12 + 0{,}654)$$

$$+ \frac{5{,}0}{6}\,(-\ 0{,}654 \cdot 6{,}25 + 1{,}804 \cdot 11{,}66) + \frac{2\sqrt{2}}{3} \cdot 1{,}804 \cdot 5{,}69 = +\ 26{,}92\,,$$

$$E\,J \cdot w_3 = \frac{6{,}5}{3} \cdot 1{,}32 \cdot 0{,}943 + \frac{4{,}0}{6}(0{,}943 \cdot 2{,}36 - 0{,}133 \cdot 0{,}76) + \frac{4{,}0}{3} \cdot 2{,}0\,(0{,}943 - 0{,}133)$$

$$+ \frac{5{,}0}{6}\,(0{,}123 \cdot 6{,}25 + 2{,}0 \cdot 11{,}66) + \frac{2\sqrt{2}}{3} \cdot 2{,}0 \cdot 5{,}69 = +\ 36{,}95\,.$$

Für die Berechnung der u wird der Rahmen nacheinander den Belastungen Bild 276a und b unterworfen und berechnet. Das Ergebnis der Berechnung, welche nicht wiedergegeben ist, ist in diesem Bild dargestellt. Dann wird entsprechend wie soeben bei w die Verschiebung u berechnet.

$$E\,J \cdot u_1 = E\,J \cdot u_2 = \frac{6{,}5}{3} \cdot 4{,}24 \cdot 1{,}32 + \frac{4{,}0}{6}\,(4{,}24 \cdot 2{,}36 + 1{,}04 \cdot 0{,}76) + \frac{4{,}0}{3} \cdot 2{,}0 \times$$

$$\times\,(4{,}24 + 1{,}04) + \frac{5{,}0}{6}(-1{,}04 \cdot 6{,}25 + 1{,}52 \cdot 11{,}66) + \frac{2\sqrt{2}}{3} \cdot 1{,}52 \cdot 5{,}69 = +51{,}0$$

$$E\,J \cdot u_3 = \frac{6{,}5}{3} \cdot 5{,}34 \cdot 1{,}32 + \frac{4{,}0}{6}\,(5{,}34 \cdot 2{,}36 + 4{,}28 \cdot 0{,}76) + \frac{4{,}0}{3} \cdot 2{,}0 \cdot (5{,}34 + 4{,}28)$$

$$+ \frac{5{,}0}{6}\,(-4{,}28 \cdot 6{,}25 + 0{,}52 \cdot 11{,}66) + \frac{2\sqrt{2}}{3} \cdot 0{,}52 \cdot 5{,}69 = +37{,}10\,.$$

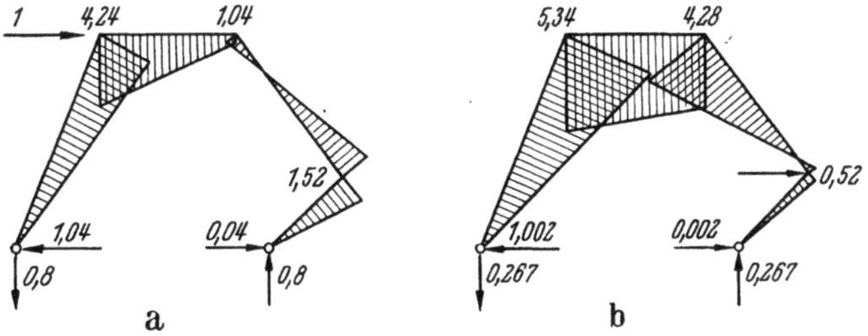

Bild 276.

Die entsprechenden Werte stimmen bis auf die Abrundungsfehler miteinander überein. Es ist aber auch ersichtlich, daß die Berechnung mit den g-Gewichten viel kürzer ist.

II. *Einfluß der Normalkräfte.* Der Einfluß der Querkräfte berechnet sich einfach durch die g-Gewichte, welche als Verbesserungen derjenigen aus den Momenten allein eingeführt werden können. Für die Normalkräfte liegt jedoch wegen des Stabes $\overline{12}$ ein Ausnahmefall vor, welcher die Berechnung sehr umständlich macht. Einfacher ist daher hier die Berechnung mit Gl. (180). Aus den Bildern 274 bis 276 lassen sich die Längskräfte der Stäbe durch die Kräftepläne an den einzelnen Knoten ermitteln. Das Ergebnis ist in der Tabelle zusammengestellt.

Belastungsfall / Stab	$P=1$ lotrecht in			$P=1$ waagerecht in			$q=1$ auf Stab $\overline{12}$	$\operatorname{tg}\varphi$
	Kn. 1	Kn. 2	Kn. 3	Kn. 1	Kn. 2	Kn. 3		
$\overline{a1}$	$-0{,}665$	$-0{,}137$	$+0{,}355$	$+1{,}14$	$+1{,}14$	$+0{,}635$	$-1{,}65$	$+2{,}40$
$\overline{12}$	$-0{,}137$	$-0{,}0355$	$+0{,}268$	$+0{,}04$	$+1{,}04$	$+1{,}040$	$-0{,}447$	0
$\overline{23}$	$-0{,}340$	$-0{,}720$	$-0{,}065$	$-0{,}61$	$-0{,}61$	$+0{,}39$	$-2{,}20$	$-1{,}333$
$\overline{3b}$	$-0{,}137$	$-0{,}585$	$-1{,}090$	$-0{,}61$	$-0{,}61$	$-0{,}19$	$-1{,}37$	$+1$

Damit ergibt sich nach Gl. (180):

Knoten 1: $EF \cdot w_1 = 1{,}65 \cdot 0{,}665 \cdot 6{,}5 + 0{,}447 \cdot 0{,}137 \cdot 4{,}0 + 2{,}2 \cdot 0{,}345 \cdot 5{,}0$

$$+ 1{,}37 \cdot 0{,}137 \cdot 2\sqrt{2} = +11{,}60 \text{ und entsprechend:}$$

$EF \cdot u_1 = -3{,}20 \qquad EF \cdot w_2 = +11{,}74 \qquad EF \cdot u_2 = -4{,}99 \qquad EF \cdot w_3 = +0{,}40$

$EF \cdot u_3 = -12{,}28\,.$

Die Dimensionen der rechten Seiten sind m · to.

Die Berechnung mit den g-Gewichten soll skizziert werden. Zugrunde gelegt wird der Stabzug Bild 211. Der Rahmen wird den drei in Bild 277 dargestellten Belastungsfällen unterworfen, wozu aus der Tabelle die Normalkräfte durch Multiplikation und Überlagerung leicht hervorgehen. Die g-Gewichte ergeben sich dann wiederum einfach aus $EF \cdot g = \sum N \cdot \overline{N} \cdot l$, das Ergebnis ist: $EF \cdot g_1 = 4{,}60$ $EF \cdot g_2 = +\,3{,}69$ $\quad EF \cdot g_3 = -\,3{,}85$.

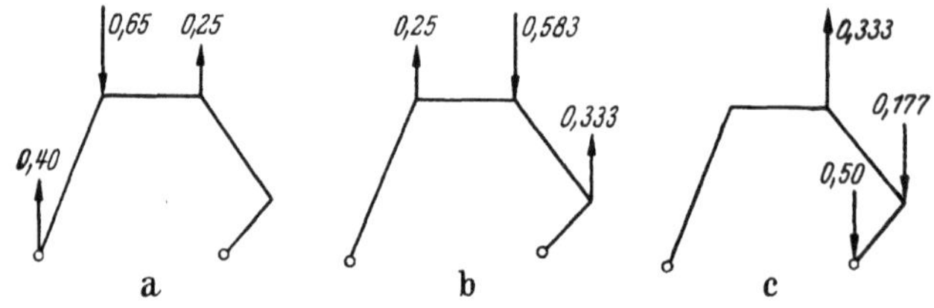

Bild 277.

Hierzu: $EF \cdot \tau_a = 4{,}60 \qquad EF \cdot \tau_b = -\,0{,}16$ und die lotrechten Verschiebungen:

$$EF \cdot w_1 = 11{,}5 \qquad EF \cdot w_2 = 11{,}5 \qquad EF \cdot w_3 = 0{,}32.$$

Die Berechnung ist also viel umständlicher als nach Gl. (180). Einen anderen stellvertretenden Stabzug zu finden, dürfte wegen der vorliegenden Sonderfälle nicht einfach sein.

Die waagerechten Verschiebungen werden am bequemsten mit Gl. (188) aus den lotrechten ermittelt.

Die Zahlenwerte der Verschiebungen erhält man durch Einsetzen der Werte von E, F und J. Es wird z. B.:

aus Biegung: $w_1 = \dfrac{21{,}20 \cdot 100 \cdot 100 \cdot 1000}{210000 \cdot 250000} = 0{,}4 \text{ cm} = 4 \text{ mm}$,

aus Normalkraft: $w_1 = \dfrac{11{,}60 \cdot 1000 \cdot 1000}{210000 \cdot 1200} = 0{,}045 \text{ mm}$.

233. Träger über drei Felder mit eingespannten Pfosten. Gegeben ist ein Träger über drei Felder, dessen mittlere Auflager zwei oben und unten eingespannte Pfosten sind. Die beiden äußeren Auflager sind einfache Stützen. Die Querschnitte seien über die Trägerlänge stetig oder sprungweise veränderlich, die Pfosten ungleich hoch. Die Berechnung soll mit Gruppenlasten durchgeführt werden, um die Berechnung der Beiwerte Y_{eh} zu zeigen.

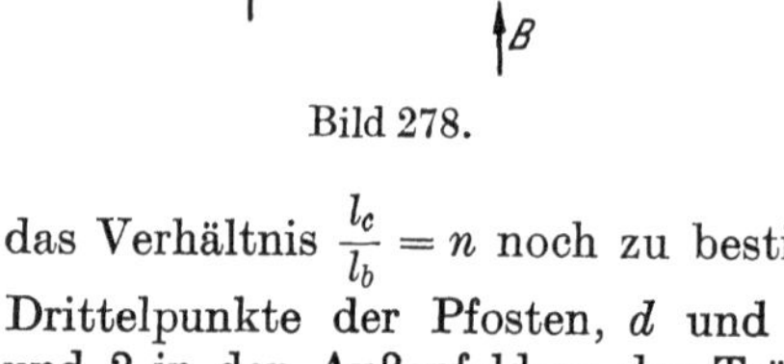

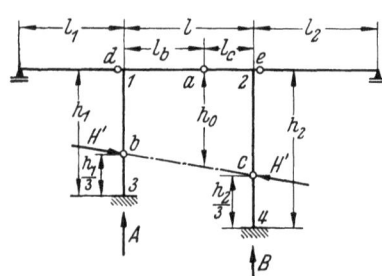

Bild 278.

Das Tragwerk ist fünffach überbestimmt, das Hauptnetz wird durch Einschalten von fünf Gelenken a, b, c, d, e gebildet, als Überzählige werden die Momentenpaare X_a, X_b, X_c, X_d, X_e in diesen Gelenken gewählt. Die Lage des Gelenkes a ist durch das Verhältnis $\frac{l_c}{l_b} = n$ noch zu bestimmen, die Gelenke b und c sind die unteren Drittelpunkte der Pfosten, d und e liegen unmittelbar neben den Knoten 1 und 2 in den Außenfeldern des Trägers.

Bei der Berechnung mit Gruppenlasten werden 14 Beiwerte willkürlich angenommen, so daß noch 11 Beiwerte zu berechnen sind. Die Gleichungen, welche X und Y verknüpfen, lauten:

$$Y_a = X_a \qquad Y_d = Y_{ad}X_a + Y_{bd}X_b + Y_{cd}X_c + Y_{dd}X_d + X_e$$

$$Y_b = Y_{ab}X_a + \frac{h_1}{h_2} \cdot X_b + X_c \qquad Y_e = Y_{ae}X_a + Y_{be}X_b + Y_{ce}X_c + Y_{de}X_d + X_e$$

$$Y_c = Y_{ac}X_a + Y_{bc}X_b + X_c$$

Von den Beiwerten kann noch einer willkürlich gewählt werden, während die restlichen 10 durch die Gleichungen $\Delta_{eh} = 0$ berechnet werden müssen. Die Berechnung wird nur so weit durchgeführt, daß der Rechnungsgang ersichtlich ist.

a) *Die Zustände* $X = +1$. Das Hauptnetz wird den Belastungen $X = +1$ unterworfen. Zur Bestimmung der entstehenden Momentenlinien muß der Dreigelenkbogen mit den Gelenken a, b, c berechnet werden. Die Eckmomente für die Zustände $X = +1$ sind mit m, jene für $Y = +1$ mit M bezeichnet.

Für den Zustand $X_a = +1$ gilt: mit

$$h_0 = \frac{2}{3}\frac{n h_1 + h_2}{n+1}:$$

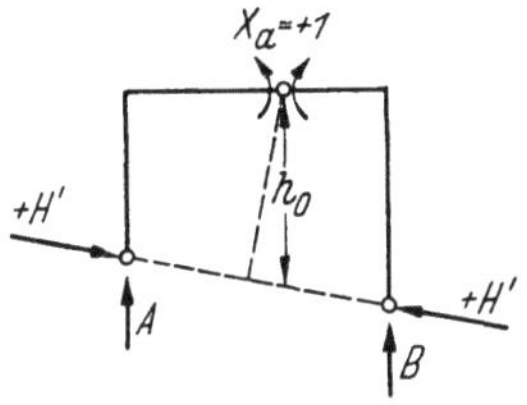

Bild 279.

Moment an Stab ba um a: $\quad H h_0 + 1 - A l_b = 0$

„ „ „ ac „ a: $\quad -H h_0 - 1 + B l_c = 0$.

Ferner $A + B = 0$, womit sich ergibt:

Belastungsfall $X_a = +1$:

$$H = -\frac{1}{h_0} = -\frac{3}{2}\frac{n+1}{n h_1 + h_2},$$

$$m_{1a} = -\frac{2}{3}\cdot\frac{h_1}{h_0},$$

$$m_{2a} = -\frac{2}{3}\frac{h_2}{h_0} = \frac{h_2}{h_1}\cdot m_{1a}.$$

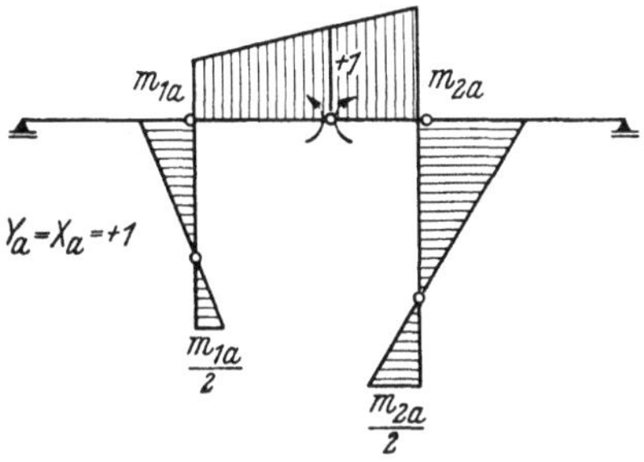

Bild 280.

Der Belastungsfall Y_a ist derselbe wie X_a.

Für die weiteren Belastungsfälle wird nur das Ergebnis angeschrieben:

Belastungsfall $X_b = +1$:

$$H = -\frac{3}{2}\cdot\frac{n}{n h_1 + h_2} = -\frac{n}{n+1}\cdot\frac{1}{h_0}$$

$$m_{1b} = -\frac{2}{3}\cdot\frac{1}{n+1}\cdot\frac{h_2}{h_0}$$

$$m_{2b} = +\frac{2}{3}\cdot\frac{n}{n+1}\cdot\frac{h_2}{h_0}$$

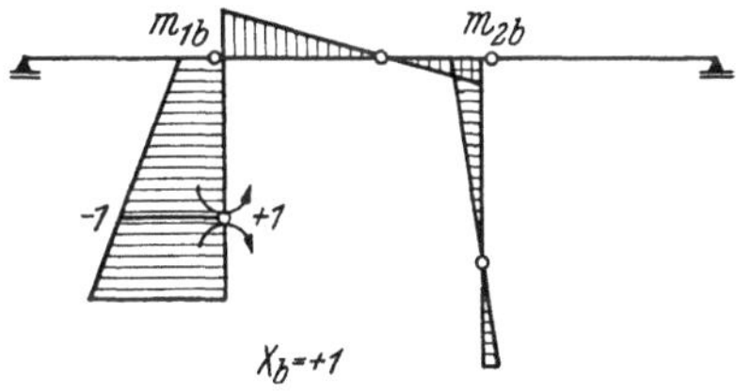

Bild 281.

Belastungsfall $X_c = +1$:

$$H = -\frac{n}{n+1}\cdot\frac{1}{h_0}$$

$$m_{1c} = +\frac{2}{3}\frac{1}{n+1}\cdot\frac{h_1}{h_0}$$

$$m_{2c} = -\frac{2}{3}\cdot\frac{n}{n+1}\cdot\frac{h_1}{h_0}$$

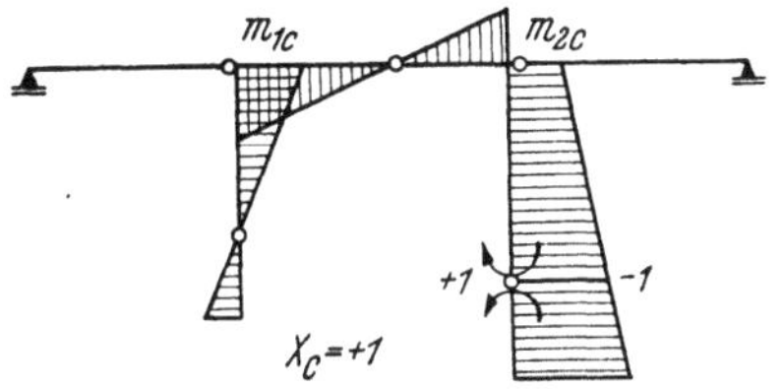

Bild 282.

Belastungsfall $X_d = +1$:

$$H = -\frac{n}{n+1}\cdot\frac{1}{h_0}$$

im Pfosten: $\quad m'_{1d} = -\frac{n}{n+1}\cdot m_{1a}$

$\quad m'_{2d} = -\frac{n}{n+1}\cdot m_{2a}$

im Riegel: $\quad m_{1d} = +m'_{1d} - 1$

$\quad m_{2d} = m'_{2d}$,

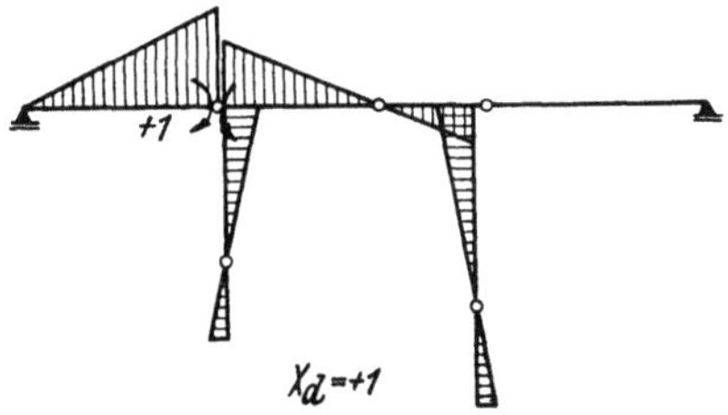

Bild 283.

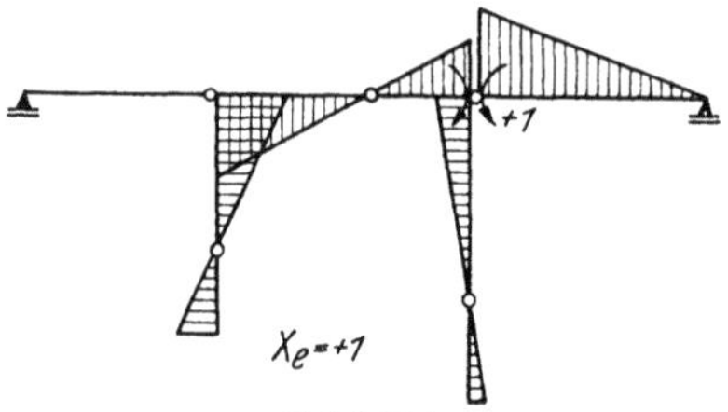

Bild 284.

Belastungsfall $X_e = +1$:

$$H = -\frac{1}{n+1} \cdot \frac{1}{h_0}$$

im Pfosten: $m'_{1e} = -\frac{1}{n+1} \cdot m_{1a}$

$$m'_{e2} = -\frac{1}{n+1} \cdot m_{2a}$$

im Riegel: $m_{1e} = m'_{1e}$,

$$m_{2e} = + m'_{2e} - 1 .$$

Ferner wurden die Momentenlinien gezeichnet für:

Belastungsfall $X_b = +\frac{h_1}{h_2}$, $X_c = +1$ (Bild 285)

Belastungsfall $X_b = -\frac{1}{n}$, $X_c = +1$, $m_1 = \frac{1}{n} = m_3$, $m_2 = -1 = m_4$ (Bild 286).

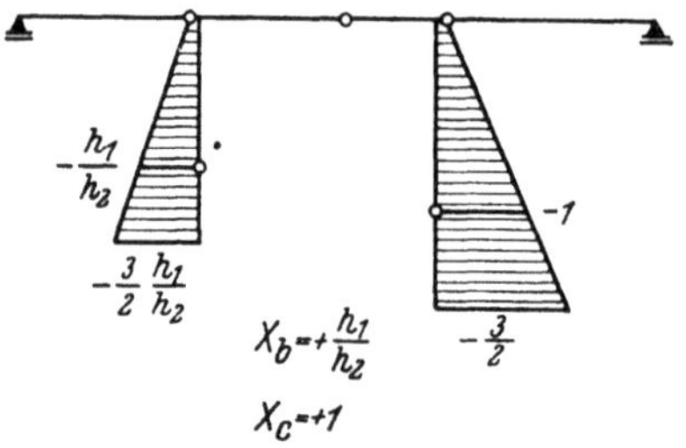

Bild 285.

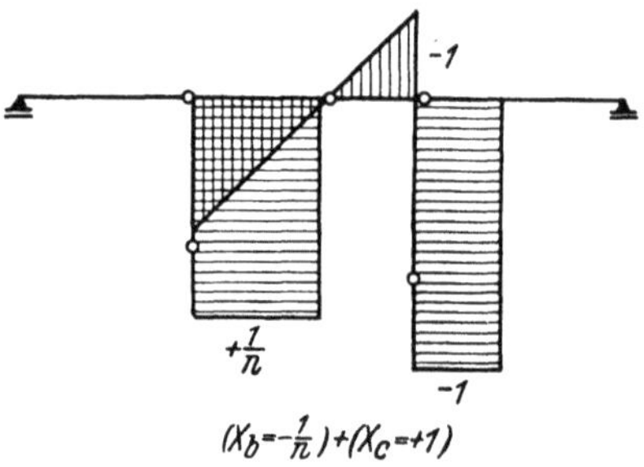

Bild 286.

Diese Momentenlinien werden später in der Berechnung gebraucht.

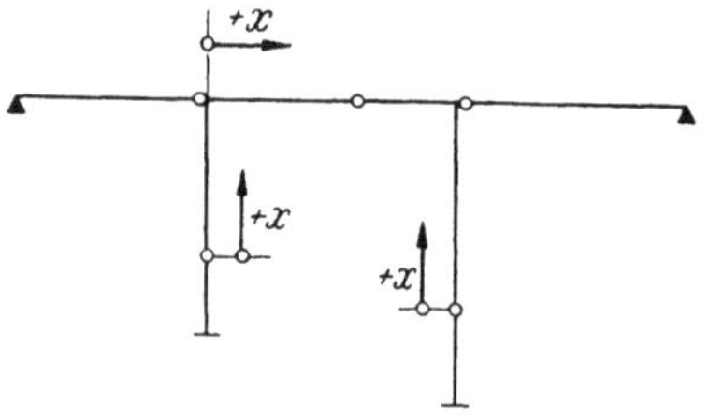

Bild 287.

b) *Die Bestimmung der Beiwerte.* Nunmehr müssen die Beiwerte Δ, ϑ, δ berechnet werden. Dies sind Integrale von der Form $\int M \overline{M} dx'$, wobei $dx' = \frac{dx}{EJ}$ ist. Die Koordinatensysteme für die einzelnen Stäbe zur Berechnung dieser Integrale sind in Bild 287 angegeben. Für die Momente müssen dazu die Gleichungen aufgestellt werden.

Belastung $X_a = +1$: Moment in Stab $\overline{13}$: $M = \frac{3 m_{1a}}{2 h_1} \cdot x$

Moment in Stab $\overline{24}$: $M = \frac{3 m_{2a}}{2 h_2} \cdot x$

Moment in Stab $\overline{12}$: $M = \frac{m_{2a} - m_{1a}}{l} \cdot x + m_{1a}$

Belastung $X_c = +1$: Moment in Stab $\overline{13}$: $M = \frac{3 m_{1c}}{2 h_1} \cdot x$

Moment in Stab $\overline{24}$: $M = -\frac{3 m_{2c}}{2 h} \cdot x + \frac{3 x}{2 h_2} - 1$

Moment in Stab $\overline{12}$: $M = \frac{m_{2c} - m_{1c}}{l} + m_{1c}$.

Die Momente für $X_b = +1$ ergeben sich aus denen für X_c durch spiegelbildliche Vertauschung und Ersetzung von c durch b. Damit ergeben sich folgende Werte:

$$\Delta_{aa} = \vartheta_{aa} = \delta_{aa} = \left(\frac{3\,m_{1a}}{2\,h_1}\right)^2 \int^{1} x^2\,dx' + \left(\frac{3\,m_{2a}}{2\,h_2}\right)^2 \int^{2} x^2\,dx'$$

$$+ \left(\frac{m_{2a}-m_{1a}}{l}\right)^2 \int_0^l x^2\,dx' + 2\,m_{1a}\frac{m_{2a}-m_{1a}}{l}\int_0^l x\,dx' + m_{1a}^2\int_0^l dx'.$$

$$\vartheta_{ca} = -\frac{3\,m_{1a}}{2\,h_1}\frac{3\,m_{1c}}{2\,h_1}\int^{1} x^2\,dx' - \frac{3\,m_{2a}}{2\,h_2}\frac{3\,m_{2c}}{2\,h_2}\int^{2} x^2\,dx' - \frac{3\,m_{2a}}{2\,h_2}\int^{2} x\,dx'$$

$$+ \left(\frac{3}{2\,h_2}\right)^2 m_{2a}\int^{2} x^2\,dx' + \frac{m_{2a}-m_{1a}}{l}\,\frac{m_{2c}-m_{1c}}{l}\int_0^l x^2\,dx'$$

$$+ \left(\frac{m_{2c}-m_{1c}}{l}\,m_{1a} + \frac{m_{2a}-m_{1a}}{l}\,m_{1c}\right)\int_0^l x\,dx' + m_{1c}\,m_{1a}\int_0^l dx'$$

$$\vartheta_{ba} = -\frac{3\,m_{1a}}{2\,h_1}\frac{3\,m_{1b}}{2\,h_1}\int^{1} x^2\,dx' + \frac{3\,m_{2a}}{2\,h_2}\frac{3\,m_{2b}}{2\,h_2}\int^{2} x^2\,dx' - \frac{3\,m_{1a}}{2\,h_1}\int^{1} x\,dx'$$

$$+ \left(\frac{3}{2\,h_2}\right)^2 m_{1a}\int^{1} x^2\,dx' + \frac{m_{2a}-m_{1a}}{l}\,\frac{m_{2b}-m_{1b}}{l}\int_0^l x^2\,dx'$$

$$+ \left(\frac{m_{2b}-m_{1b}}{l}\,m_{1a} + \frac{m_{2a}-m_{1a}}{l}\,m_{1b}\right)\int_0^l x\,dx' + m_{1b}\,m_{1a}\int_0^l dx'.$$

Bildet man $\vartheta_{ca} + \frac{h_1}{h_2}\vartheta_{ba}$, so ist zu beachten, daß $\frac{h_1}{h_2}m_{1b} = -m_{1c}$, $\frac{h_1}{h_2}m_{2b} = -m_{2c}$, womit folgt:

$$\vartheta_{ca} + \frac{h_1}{h_2}\vartheta_{ba} = \frac{3\,m_{2a}}{2\,h_2}\left\{\frac{3}{2\,h_2}\left(\int^{2} x^2\,dx' + \int^{1} x^2\,dx'\right) - \left(\int^{2} x\,dx' + \frac{h_1}{h_2}\int^{1} x\,dx'\right)\right\}.$$

Für konstantes Trägheitsmoment wird dies zu Null.
Für die weiteren Beiwerte wird die entsprechende Berechnung nicht mehr angeschrieben.

Es ist: $\Delta_{ba} = \vartheta_{ca} + \frac{h_1}{h_2}\cdot\vartheta_{ba} + Y_{ab}\cdot\vartheta_{aa} = 0$, woraus Y_{ab} berechnet und damit als Überlagerung von $Y_{ab}X_a$, $\frac{h_1}{h_2}\cdot X_b$ und X_c der Wert von Y_b bekannt ist. $\Delta_{bb} = Y_{ab}\vartheta_{ab} + \frac{h_1}{h_2}\vartheta_{bb} + \vartheta_{cb}$ kann nun berechnet werden. $\Delta_{ab} = \vartheta_{ab} = 0$. $\Delta_{cb} = +Y_{bc}\vartheta_{bb} + \vartheta_{cb} = 0$ gibt: $Y_{bc} = -\frac{\vartheta_{cb}}{\vartheta_{bb}}$. Der Wert n ist noch nicht näher bestimmt, er wird nunmehr zu: $\frac{1}{n} = -Y_{bc}$ angenommen. Diese Annahme gibt Vereinfachungen in der Berechnung, wenn die Trägheitsmomente jeweils über die Stablängen konstant sind.

$\Delta_{ca} = Y_{ac}\vartheta_{aa} - Y_{bc}\vartheta_{ba} + \vartheta_{ca}$ gibt Y_{ac}, womit $Y_c = +1$ gebildet werden kann. $\Delta_{bc} = Y_{ab}\vartheta_{ac} + \frac{h_1}{h_2}\vartheta_{bc} + \vartheta_{cc}$ gibt ϑ_{cc}: $\Delta_{ac} = \vartheta_{ac} = 0$ und: $\Delta_{cc} = \vartheta_{cc} + Y_{bc}\vartheta_{bc}$.

Der Arbeitsweg von X_a bei den Belastungen Y_b, $Y_c = 1$ ist Null, bei diesen beiden Belastungen wirkt das Gelenk in a also nicht. Zur Berechnung der Formänderungen infolge der Belastungen Y_b, $Y_c = +1$ kann daher ein beliebiges einfach standfestes Tragwerk verwendet werden, welches aus dem einfach überbestimmten Tragwerk, welches aus dem Hauptnetz durch die Weglassung des Gelenkes a entsteht, gebildet wird.

Ein solches, für die Rechnung bequemeres zweites Hauptnetz, welches Nebennetz n genannt werde, wird durch Einschalten eines zweiten Gelenkes in einem der Pfosten an Stelle des Gelenkes a im Riegel gewonnen. In diesem Nebennetz n entstehen durch die Belastungen X_d, X_e nur Momente im Riegel.

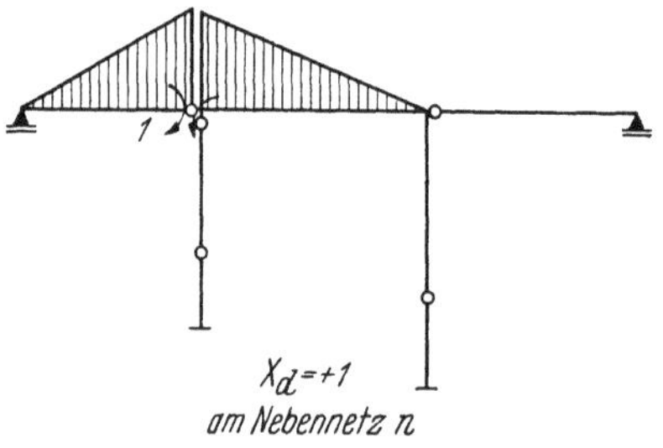

Bild 288.

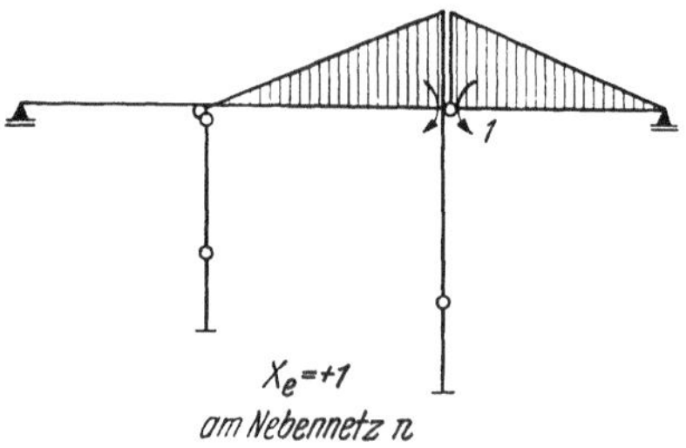

Bild 289.

Das Nebennetz n wird nun mit $X_d = +1$ und $X_e = +1$ belastet und mit $Y_c = +1$ am Hauptnetz kombiniert ergeben sich ϑ_{dc}, ϑ_{ec}, mit $Y_b = +1$ zusammen ϑ_{db} und ϑ_{eb}. Die Berechnung wird dadurch sehr einfach, da die Integrale nur über den Riegel zu bilden sind.

Über einen der Beiwerte kann noch verfügt werden. Jetzt wird Y_{dd} so gewählt, daß $\vartheta_{ec} + Y_{dd}\vartheta_{dc} = 0$ wird. Dann kann auch der Ausdruck $Y_{dd}\vartheta_{db} + \vartheta_{eb}$ berechnet werden und aus den beiden Werten:

$$\Delta_{dc} = Y_{bd}\vartheta_{bc} + Y_{cd}\vartheta_{cc} + Y_{dd}\vartheta_{dc} + \vartheta_{ec} = 0$$
$$\Delta_{db} = Y_{bd}\vartheta_{bb} + Y_{cd}\vartheta_{cb} + Y_{dd}\vartheta_{db} + \vartheta_{eb} = 0$$

ergeben sich die beiden Beiwerte Y_{bd}, Y_{cd} (für jeweils über die Stablängen konstantes Trägheitsmoment ist $Y_{ab} = 0$, $\vartheta_{eb} + Y_{dd}\vartheta_{db} = 0$ und Y_{bd}, $Y_{cd} = 0$, was bedeutende Vereinfachungen in der Berechnung ergibt).

Weitere Gleichungen:

$$0 = \Delta_{da} = Y_{ad}\vartheta_{aa} + Y_{bd}\vartheta_{ba} + Y_{cd}\vartheta_{ca} + Y_{dd}\vartheta_{da} + \vartheta_{ea}$$
$$0 = \Delta_{cd} = Y_{ac}\vartheta_{ad} - \frac{1}{n}\vartheta_{bd} + \vartheta_{cd}$$
$$0 = \Delta_{bd} = Y_{ab}\vartheta_{ad} + \frac{h_1}{h_2}\vartheta_{bd} + \vartheta_{cd} \qquad \text{woraus:} \qquad \vartheta_{ad}, \vartheta_{bd}, \vartheta_{cd} = 0.$$
$$0 = \Delta_{ad} = \vartheta_{ad}.$$

Für den Zustand $Y_d = +1$ verhält sich das Hauptnetz daher wie das dreifach überbestimmte Tragwerk ohne die Gelenke a, b, c. Zur Berechnung von Formänderungen kann also wieder das Nebennetz n angewendet werden.

$$\Delta_{dd} = Y_{dd}\vartheta_{dd} + \vartheta_{ed} \qquad 0 = \Delta_{ed} = Y_{de}\vartheta_{dd} + \vartheta_{ed} \qquad (\text{gibt } Y_{de})$$

wobei zur Berechnung von ϑ_{ad} und ϑ_{ed} die Zustände ($X_d = +1$, $X_e = +1$) am Nebennetz n, $Y_d = +1$ am Hauptnetz genommen werden.

$$0 = \Delta_{ec} = Y_{be}\vartheta_{bc} + Y_{ce}\vartheta_{cc} + Y_{de}\vartheta_{dc} + \vartheta_{ec}$$
$$0 = \Delta_{eb} = Y_{be}\vartheta_{bb} + Y_{ce}\vartheta_{cb} + Y_{de}\vartheta_{db} + \vartheta_{eb} \qquad (\text{hieraus } Y_{be}, Y_{ce})$$

wofür die Zustände ($X_d = +Y_{de}$, $X_e = +1$) am Netz n, die Zustände ($Y_b = +1$, $Y_c = +1$) am Hauptnetz angenommen werden.

$$0 = \Delta_{ea} = Y_{ae}\vartheta_{aa} + Y_{be}\vartheta_{ba} + Y_{ce}\vartheta_{ca} + Y_{de}\vartheta_{da} + \vartheta_{ea} \qquad \text{(gibt } Y_{ae}\text{)}$$

Damit kann $Y_e = +1$ berechnet werden.

Die reziproken Beziehungen:

$$0 = \Delta_{ce} = Y_{ac}\vartheta_{ae} - \frac{1}{n}\vartheta_{be} + \vartheta_{ce}$$

$$0 = \Delta_{be} = Y_{ab}\vartheta_{ae} + \frac{h_1}{h_2}\vartheta_{be} + \vartheta_{ce} \qquad \text{liefern: } \vartheta_{ae},\ \vartheta_{be},\ \vartheta_{ce} = 0$$

$$0 = \Delta_{ae} = \vartheta_{ae}$$

so daß beim Zustand $Y_e = +1$ das Hauptnetz sich wie das dreifach überbestimmte Tragwerk ohne die Gelenke a, b, c verhält, was zur Vereinfachung der Berechnung von $\Delta_{ee} = Y_{ae}\vartheta_{ae} + Y_{be}\vartheta_{be} + Y_{ce}\vartheta_{ce} + Y_{de}\vartheta_{de} + \vartheta_{ee}$ verwendet werden kann.

Damit sind sämtliche Beiwerte berechnet. Zur Berechnung des Tragwerkes sind nun Annahmen über die Belastung notwendig, damit die Δ_{e0} und aus ihnen mit der Gleichung $\Delta_{hh} \cdot Y_h = -\Delta_{h0}$ die Y_h berechnet werden können. Von dieser Berechnung wird hier abgesehen.

Hieraus geht jedoch hervor, daß die Berechnung mit Gruppenlasten i. a. eine sehr umfangreiche Vorberechnung erfordert. Der größte Teil des Anwendungsgebietes der Gruppenlasten wird nun durch das Formänderungsverfahren beherrscht. Das vorliegende Beispiel wird in Nr. 298 nach dem Formänderungsverfahren durchgerechnet. Ein Vergleich ergibt dessen Überlegenheit bei Rahmentragwerken.

234. Der eingespannte Stabzug. Ein vieleckiger Stabzug sei an seinen Enden starr eingespannt und mit beliebigen Kräften belastet. Das Tragwerk ist stets dreifach überbestimmt, als Überzählige werden gewählt: die beiden Einspannungsmomente X_a, X_b in den Auflagern sowie der Seitenschub X_c im Auflager B (Bild 290). Das Hauptnetz ist also der in A gelenkig gelagerte, in B in waagerechter Richtung frei geführte Stabzug. Der Stabzug wird auf ein Koordinatensystem x, z bezogen, dessen Lage noch näher zu bestimmen ist. Weitere Koordinaten ergibt das im Punkte A als Nullpunkt angenommene System $\mathfrak{x}$, $\mathfrak{z}$, bei welchem die Richtung von $\mathfrak{z}$ besonders zu beachten ist.

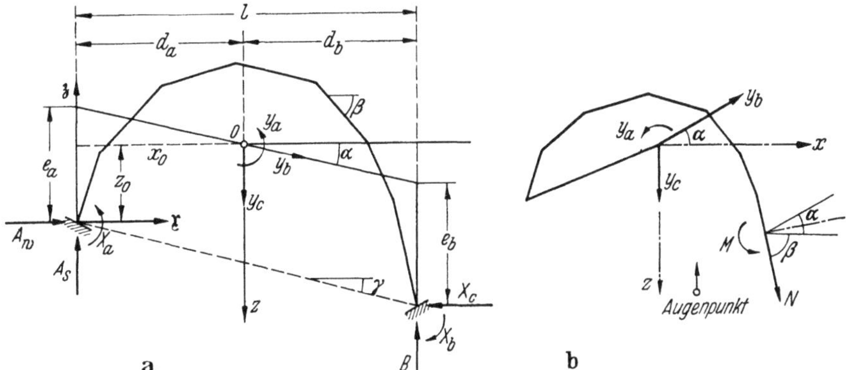

Bild 290.

Zur Berechnung werden Lastengruppen Y_a, Y_b, Y_c eingeführt, mit welchen Elastizitätsgleichungen mit einer Unbekannten gebildet werden sollen. Die Lastengruppen werden so bestimmt, daß sie sowohl mit den Kräften in A wie auch in B ein Gleichgewichtssystem bilden. Die positive Richtung von Y_b bildet mit der

x-Achse den Winkel α, durch welchen durch positive Drehung die $+x$-Achse in die Richtung $+Y_b$ überführt wird (in Bild 290 ist α negativ). Damit wird:

$$\begin{aligned} A_s &= A_{s0} + Y_b \sin\alpha + Y_c & A_w &= A_{w0} - Y_b \cos\alpha \\ B &= B_0 - Y_b \sin\alpha - Y_c & X_c &= - Y_b \cos\alpha \\ X_b &= - Y_a + Y_b e_b \cos\alpha - Y_c d_b & X_a &= - Y_a + Y_b e_a \cos\alpha + Y_c d_a \end{aligned} \qquad (319)$$

Das Schema der Beiwerte Y_{eh} ist:

	Y_a	Y_b	Y_c
X_a	-1	$+e_a \cos\alpha$	$+d_a$
X_b	-1	$+e_b \cos\alpha$	$-d_b$
X_c	0	-1	0

(320)

Darin ist wegen $d_a + d_b = l$ über $\frac{1}{2} \cdot n(n+1) = 6$ Werte verfügt, $\frac{1}{2} \cdot n(n-1) = 3$ Werte, nämlich e_a, e_b, d_a sind noch zu bestimmen, was durch die drei Gleichungen $\Delta_{ab}, \Delta_{ac}, \Delta_{bc} = 0$ geschieht. Dies hat hier eine anschauliche Bedeutung, da es besagt, daß der Ursprung O des Koordinatensystems der elastische Schwerpunkt des Tragwerkes ist.

Zur Berechnung der Konstanten e_a, e_b, d_a wird das Koordinatensystem $\mathfrak{x}, \mathfrak{z}$ mit dem Ursprung in A eingeführt, wobei gilt:

$$z = z_0 - \mathfrak{z} \qquad x = \mathfrak{x} - x_0\,. \qquad (321)$$

Wird der Einfluß der Normalkräfte vernachlässigt, so ist unter Verwendung der Gl. (323) mit $ds' = \frac{ds}{EJ}$:

$$\Delta_{ab} = -\int (z\cos\alpha + x\sin\alpha)\,ds', \qquad \Delta_{ac} = +\int x\,ds', \qquad \Delta_{bc} = -\int x(z\cos\alpha + x\sin\alpha)\,ds'.$$

Werden hierin die Werte 321 eingesetzt, durch $\cos\alpha$ dividiert und vereinfacht, so ergibt sich aus $\Delta_{eh} = 0$:

$$\begin{gathered} x_0 = + \frac{\int \mathfrak{x}\,ds'}{\int ds'} \qquad z_0 = + \frac{\int \mathfrak{z}\,ds'}{\int ds'} \\ \operatorname{tg}\alpha = + \frac{x_0 \int \mathfrak{z}\,ds' - \int \mathfrak{z}\,\mathfrak{x}\,ds'}{x_0 \int \mathfrak{x}\,ds' - \int \mathfrak{x}^2\,ds'} = \frac{\int \mathfrak{z}\,\mathfrak{x}\,ds' - x_0 z_0 \int ds'}{\int \mathfrak{x}^2\,ds' - x_0^2 \int ds'} \end{gathered} \qquad (322)$$

Die statischen Werte im Punkte x, z der Stabachse sind:

$$\begin{aligned} M &= M_0 + Y_a - Y_b (z \cdot \cos\alpha + x \cdot \sin\alpha) + Y_c \cdot x \\ N &= N_0 - Y_b \cos(\beta - \alpha) - Y_c \sin\beta \end{aligned} \qquad (323)$$

(Vorzeichen von β beachten), woraus sich die statischen Werte für die Belastungszustände $Y_a, Y_b, Y_c = +1$ ergeben. Wird berücksichtigt, daß $\int x^2 ds' + 2 \cdot \operatorname{ctg}\alpha \int xz \cdot ds' = -\int x^2 \cdot ds'$ ist, so erhält man:

$$\begin{aligned} \Delta_{aa} &= \int \frac{ds}{EJ} = L \\ \Delta_{bb} &= \int (z \cdot \cos\alpha + x \cdot \sin\alpha)^2 \frac{ds}{EJ} = T_x \cos^2\alpha - T_z \sin^2\alpha \\ \Delta_{cc} &= T_z \end{aligned} \qquad (324)$$

worin T_z, T_x die Trägheitsmomente der Gewichte $\frac{ds}{EJ}$ bezüglich der x- und der z-Achse sind. (Über die Berechnung der T vgl. nächste Nr.)

Die Gruppenlasten bestimmen sich aus den Gleichungen $Y_e = -\frac{\Delta_{e0}}{\Delta_{ee}}$ $(e = a, b, c)$. Bei beliebiger Belastung ist:

$$\begin{aligned} \Delta_{a0} &= +\int M_0 \, ds' = \mathfrak{F}'_0 \qquad ds' = \frac{ds}{EJ} \\ \Delta_{b0} &= -\int M_0 (z \cdot \cos\alpha + x \cdot \sin\alpha)\, ds' = -(\mathfrak{S}'_{0x} \cdot \cos\alpha + \mathfrak{S}'_{0z} \cdot \sin\alpha) \\ \Delta_{c0} &= +\int M_0 \, x \cdot ds' = +\mathfrak{S}'_{0z} \end{aligned} \tag{325}$$

womit sich allgemein ergibt:

$$Y_a = -\frac{\mathfrak{F}'_0}{L} \qquad Y_b = +\frac{\mathfrak{S}'_{0x}\cos\alpha + \mathfrak{S}'_{0z}\sin\alpha}{T_x\cos^2\alpha - T_z\sin^2\alpha} \qquad Y_c = -\frac{\mathfrak{S}'_{0z}}{T_z} \tag{326}$$

Ändert sich der Wärmegrad im Stabzug nach dem Gesetz von Nr. 63, dann ergeben sich die Δ_{et}:

$$\begin{aligned} \Delta_{at} &= \Theta \int \frac{\Delta t}{d} \cdot ds \\ \Delta_{bt} &= -\Theta \sum t_0 \cdot s \cdot \cos(\beta - \alpha) + \Theta \int \frac{\Delta t}{d} (z \cdot \cos\alpha + x \cdot \sin\alpha)\, ds \\ \Delta_{ct} &= -\Theta \sum t_0 \cdot s \cdot \sin\beta - \Theta \int \frac{\Delta t}{d} \cdot z \cdot ds\,. \end{aligned} \tag{327}$$

Zu summieren bzw. zu integrieren ist jeweils über den gesamten Stabzug.

235. Die Berechnung von Flächenmomenten. Die Berechnung der statischen Momente weicht von den bisher vorkommenden Fällen etwas ab, da die Lage der Achse, um welche das Moment aufgestellt werden soll, nicht mehr rechtwinklig zur Stabachse ist. Die Fläche der statischen Momente entsteht dadurch, daß die Größe des Momentes auf seiner Richtungslinie aufgetragen wird, sie steht also normal zur Zeichenebene, in welche sie der Darstellung halber herumgeklappt wird. Um das statische Moment der Fläche $\mathfrak{F}_0$, welche über dem Stab ab von der Länge s aufgetragen ist, um die Achsen x und z zu finden, projiziert man den Schwerpunkt S der Fläche $\mathfrak{F}_0$ normal auf die Stabachse ab und erhält so den Punkt S_0 mit den Koordinaten x_0, z_0 in der Tragwerksebene. Die gesuchten statischen Momente sind dann: $\mathfrak{S}_{0z} = \mathfrak{F}_0 \cdot x_0$, $\mathfrak{S}_{0x} = \mathfrak{F}_0 \cdot z_0$.

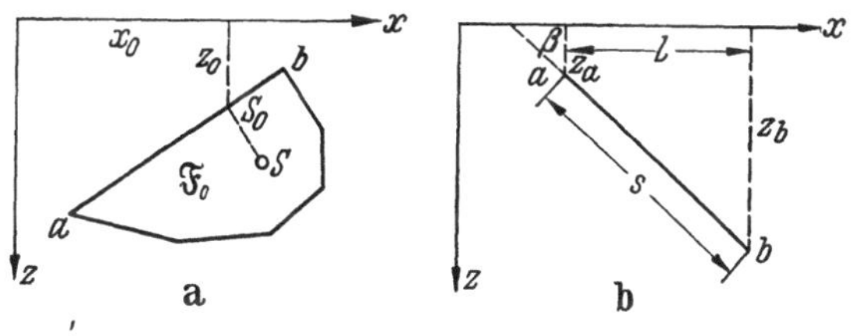

Bild 291.

Das Trägheitsmoment T_x für einen geraden Stab mit auf die Stablänge konstantem Querschnitt, welcher unter dem Winkel β zur x-Achse geneigt ist, ergibt sich zu: $T_x = \frac{J_c}{J} \cdot \int z^2\, ds = \frac{J_c}{J} \frac{1}{\sin\beta} \int z^2\, dz = \frac{s'}{3}(z_a^2 + z_a z_b + z_b^2)$.

Liegt der Stab im Abstand z_0 parallel zur x-Achse, so wird: $T_x = s' z_0^2$.

Die statischen und die Trägheitsmomente werden bei krummen Stäben zweckmäßig durch Unterteilung des Stabes in gerade Abschnitte berechnet. Kragarme an den Stäben werden als selbständige Stäbe behandelt, auch wenn sie mit dem Stab dieselbe Achsenrichtung gemeinsam haben.

236. Fachwerkbogen. Besteht der Stabzug nicht aus biegungssteifen Stäben, sondern ist er ein Fachwerk, dann ändert sich an der Berechnung des vorhergehenden Beispiels grundsätzlich nichts, lediglich die Ermittlung der einzelnen Werte Δ muß abgeändert werden.

Für den in Bild 292 dargestellten eingespannten Fachwerkbogen, welcher symmetrisch zur Mittelachse ist, soll die Berechnung durchgeführt werden. Als Überzählige des dreifach überbestimmten Systems werden die Spannkräfte X_1 X_2 der beiden einfachen Auflagerstäbe, sowie der Horizontalschub X_3, welcher vom Tragwerk auf das Widerlager ausgeübt wird, im Knoten **3** eingeführt, welche in der im Bild angegebenen Richtung als Lasten am Tragwerk angreifen.

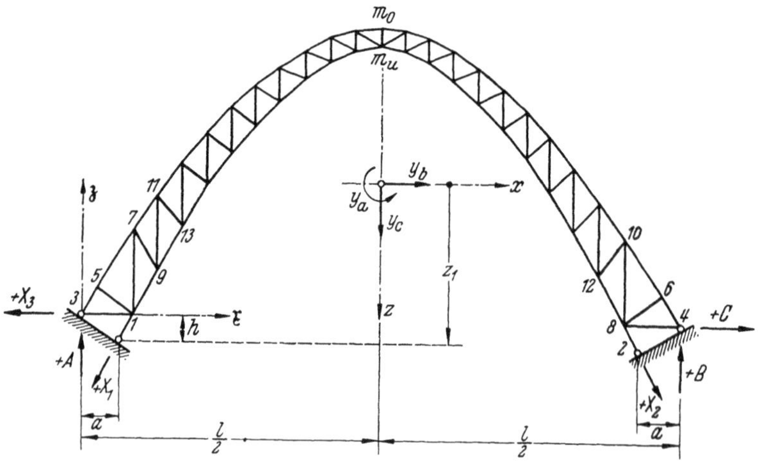

Bild 292.

Um Elastizitätsgleichungen mit einer Unbekannten zu erhalten, werden die Lastengruppen Y_a, Y_b, Y_c eingeführt, welche im elastischen Schwerpunkt angreifen und wie früher mit den Auflagerkräften ein Gleichgewichtssystem bilden.

Das Koordinatensystem mit dem elastischen Schwerpunkt als Ursprung ist x, z; das zweite System mit dem Ursprung im Knoten **3** ist $\mathfrak{x}$, $\mathfrak{z}$. Der Richtungswinkel β eines Stabes ist der spitze Winkel zwischen Stabrichtung und $\mathfrak{x}$- bzw. x-Achse, die Längen a, h sowie die Stablängen sind stets positiv. Der Abstand eines Stabes von seinem Bezugspunkt i (Nr. 122) sei r_i, wobei r_i als Länge ebenfalls stets mit seinem absoluten Wert eingesetzt wird. Die Vorzeichen der Stabkräfte bestimmen sich nach Nr. 122.

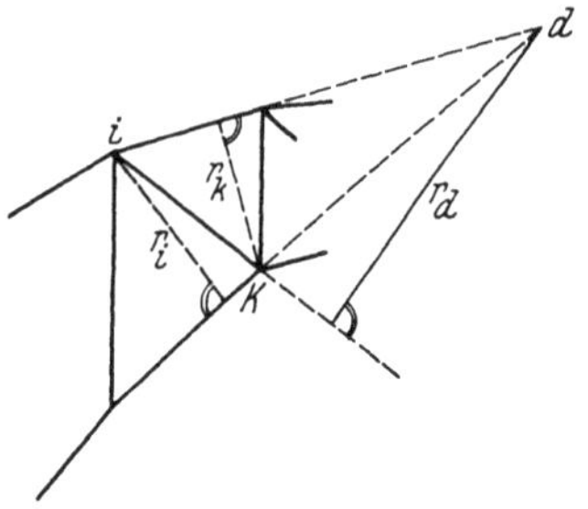

Bild 293.

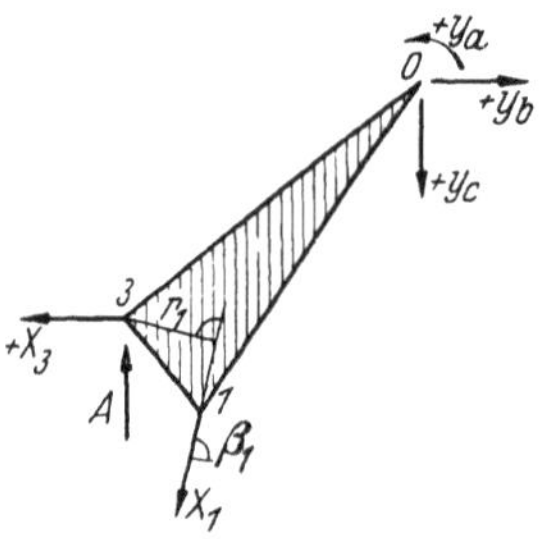

Bild 294.

Der Zusammenhang zwischen den Y, den X und den Auflagerkräften A, B, C geht aus den Gleichgewichtsbedingungen an der starren Scheibe 013 hervor (Bild 294), an welcher die Kräfte Y_a, Y_b, Y_c angreifen, sowie an der Scheibe 024 mit den angreifenden Kräften $-Y_a$, $-Y_b$, $-Y_c$. Daraus ergeben sich die Gleichungen:

$$
\left.\begin{aligned}
X_1 &= + Y_a \cdot \frac{1}{r_1} - Y_b \cdot \frac{z_3}{r_1} - Y_c \cdot \frac{l}{2\,r_1} \\
X_2 &= + Y_a \cdot \frac{1}{r_1} - Y_b \cdot \frac{z_3}{r_1} + Y_c \cdot \frac{l}{2\,r_1} \\
X_3 &= - Y_a \cdot \frac{\cos\beta_1}{r_1} + Y_b \cdot \left(\frac{z_3 \cos\beta_1}{r_1} + 1\right) + Y_c \cdot \frac{l \cdot \cos\beta_1}{2\,r_1} \\
A &= + Y_a \cdot \frac{\sin\beta_1}{r_1} - Y_b \cdot \frac{z_3 \sin\beta_1}{r_1} - Y_c \cdot \left(\frac{l \cdot \sin\beta_1}{2\,r_1} - 1\right) + A_0 \\
B &= + Y_a \cdot \frac{\sin\beta_1}{r_1} - Y_b \cdot \frac{z_3 \sin\beta_1}{r_1} + Y_c \cdot \left(\frac{l \cdot \sin\beta_1}{2\,r_1} - 1\right) + B_0 \\
C &= - Y_a \cdot \frac{\cos\beta_1}{r_1} + Y_b \cdot \left(\frac{z_3 \cos\beta_1}{r_1} + 1\right) - Y_c \cdot \frac{l \cdot \cos\beta_1}{2\,r_1} + C_0 .
\end{aligned}\right\} \qquad (328)
$$

Danach kann das Schema zwischen den X und Y angeschrieben werden, in welchem wegen der Symmetrie nur die eine Unbekannte z_3 zu bestimmen ist.

Durch die Belastungszustände X_1, X_2, $X_3 = +1$ werden im Hauptnetz die Stabkräfte S_1, S_2, S_3, durch die Belastungszustände Y_a, Y_b, $Y_c = +1$ die Stabkräfte S_a, S_b, S_c erzeugt, während durch die gegebenen äußeren Lasten die Stabkräfte S_0 entstehen. Die Stabkräfte im Tragwerk sind:

$$
S = S_0 + S_1 X_1 + S_2 X_2 + S_3 X_3 . \qquad (329)
$$

Für die Zustände $Y = +1$ werden die Stabkräfte:

$$
S_a = + \frac{1}{r_i} \qquad S_b = - \frac{1 \cdot z_i}{r_i} \qquad S_c = + \frac{1 \cdot x_i}{r_i} \qquad (330)
$$

wobei auf das Vorzeichen der Kräfte zu achten ist (Drehsinn des Momentes $S \cdot r$), ferner ist:

$$
S = S_0 + S_a Y_a + S_b Y_b + S_c Y_c . \qquad (331)
$$

Die Stabkräfte S_a, S_b, S_c und S_1, S_2, S_3 sind durch folgende Gleichungen verknüpft:

$$
\begin{aligned}
S_a &= + \frac{1}{r_1} (S_1 + S_2 - S_3 \cos\beta) \\
S_b &= - \frac{z_3}{r_1} (S_1 + S_2) + \left(\frac{z_3}{r_1} \cdot \cos\beta + 1\right) \cdot S_3 \\
S_c &= + \frac{l}{2\,r_1} (- S_1 + S_2 + S_3 \cos\beta)
\end{aligned}
$$

Es ist allerdings zweckmäßig, diese Stabkräfte unmittelbar und nicht auf dem Umweg über die X zu ermitteln.

Die Verschiebungen sind gegeben durch die Gleichungen:

$$
\left.\begin{aligned}
\delta_{eh} &= \sum S_e S_h \cdot \frac{s}{EF} \qquad \delta_{e0} = \sum S_e S_0 \cdot \frac{s}{EF} \qquad (e, h = 1, 2, 3) \\
\Delta_{eh} &= \sum S_e S_h \cdot \frac{s}{EF} \qquad \Delta_{e0} = \sum S_e S_0 \cdot \frac{s}{EF} \qquad (e, h = a, b, c)
\end{aligned}\right\} \qquad (332)
$$

Die Gl. (328) zeigen, daß für $Y_a = +1$ und $Y_b = +1$ ein symmetrischer, für $Y_c = +1$ ein antimetrischer Spannungszustand im Tragwerk entsteht, woraus folgt: Δ_{ac}, $\Delta_{bc} = 0$. Aus der Bedingung $\Delta_{ab} = 0$ folgt mit $z_i = z_0 - \mathfrak{z}_i$:

$$
z_3 = \frac{\sum \frac{\mathfrak{z}_i}{r_i^2} \cdot s_i'}{\sum \frac{1}{r_i^2} \cdot s_i'} \qquad s_i' = \frac{s_i}{EF_i} . \qquad (333)
$$

Damit ist die Lage des elastischen Schwerpunktes gegeben. Die Verschiebungen Δ_{ee} sind:

$$\Delta_{aa} = \sum \frac{s'_i}{r_i^2} = G \qquad \Delta_{bb} = \sum \frac{z_i^2}{r_i^2} \cdot s'_i = T_x \qquad \Delta_{cc} = \sum \frac{x_i^2}{r_i^2} \cdot s'_i = T_z \tag{334}$$

die Verschiebungen Δ_{e0}:

$$\Delta_{a0} = \sum M_{i0} \cdot \frac{s'_i}{r_i^2} = \mathfrak{F}'_0 \qquad \Delta_{b0} = -\sum M_{i0} \cdot \frac{z_i s'_i}{r_i^2} = -\mathfrak{S}'_{0x}$$

$$\Delta_{c0} = \sum M_{i0} \cdot \frac{x_i s'_i}{r_i^2} = \mathfrak{S}'_{0z} \tag{335}$$

die Lastengruppen Y:

$$Y_a = -\frac{\mathfrak{F}'_0}{G} \qquad Y_b = +\frac{\mathfrak{S}'_{0x}}{T_x} \qquad Y_c = -\frac{\mathfrak{S}'_{0z}}{T_z}. \tag{336}$$

Damit ist die Berechnung des eingespannten Fachwerkrahmens ganz auf die Berechnung des Hauptnetzes, eines einfachen Dreiecksfachwerkes, zurückgeführt. Wärmegradänderungen und Stützpunktverschiebungen werden entsprechend wie in Nr. 234 berücksichtigt.

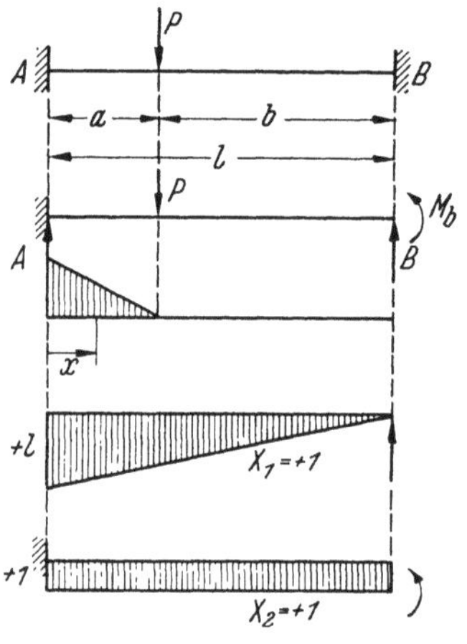

Bild 295.

E. Der eingespannte Stab.

237. Der beidseitig eingespannte gerade Stab (gleichbleibender Querschnitt). Gegeben ist ein beiderseits starr eingespannter Träger, dessen Querschnitt auf die ganze Länge derselbe ist und welcher durch eine Einzellast normal zur Stabachse belastet wird.

Dabei wird angenommen, daß der Stab an einem Auflager in Richtung seiner Achse beweglich geführt ist, so daß keine Längskräfte aus Formänderungen in ihm auftreten können. Dies kann immer angenommen werden, da der Einfluß dieser Längskräfte den anderen Wirkungen gegenüber klein ist.

Als Hauptnetz wird der Kragträger verwendet, welcher entsteht, wenn man die Einspannung bei B vollständig beseitigt.

Momente und Auflagerdrücke für die Zustände 0, $X_1 = +1$, $X_2 = +1$ sind:

Zustand:

0	$M_0 = -P(a - x)$	$A = -P$	$B = 0$
$X_1 = +1$	$M_1 = +1(l - x)$	$A = +1$	$B = 0$
$X_2 = +1$	$M_2 = +1$	$A = 0$	$B = 0.$

Damit werden die Verschiebungsbeiwerte:

$$\delta_{11} = +\frac{l^3}{3} \qquad \delta_{22} = +l \qquad \delta_{12} = +\frac{l^2}{2} \qquad \delta_{10} = -\frac{P a^2}{2}\left(l - \frac{a}{3}\right) \qquad \delta_{20} = -\frac{P a^2}{2}$$

und die Hauptgleichungen:

$$\frac{l^3}{3} X_1 + \frac{l^2}{2} X_2 = \frac{P a^2}{2}\left(l - \frac{a}{3}\right) \qquad \frac{l^2}{2} X_1 + l \cdot X_2 = +\frac{P a^2}{2}$$

woraus:

$$X_2 = -\frac{Pa^2 b}{l^2} \qquad X_1 = +\frac{Pa^2}{l^3}(l+2b) \qquad A = +P - P\frac{a^2}{l^3}(l+2b) = \frac{Pb^2}{l^3}(l+2a)$$

$$M_a = -Pa + \frac{Pa^2}{l^2}(l+2b) - P\frac{a^2 b}{l^2} = -P\frac{ab^2}{l^2}.$$

Damit wird:

$$M_a = -P\frac{ab^2}{l^2} \qquad M_b = -P\frac{a^2 b}{l^2} \tag{337}$$

$$A = +P\frac{b^2}{l^3}(l+2a) \qquad B = +P\frac{a^2}{l^3}(l+2b) \tag{338}$$

Die Momente M_a, M_b erzeugen auf der Oberseite des Trägers Zug, die Auflagerdrücke sind der Last P entgegengesetzt gerichtet, was in der Richtungsfestsetzung bereits berücksichtigt ist.

Beispielsweise soll dieses Ergebnis noch unter Verwendung eines anderen Hauptnetzes abgeleitet werden, als welches der frei aufliegende Träger gewählt wird.

Die Drehwinkel τ_a, τ_b der Endtangenten in A und B ergeben sich nach Nr. 194 aus den Momenten $\mathfrak{L}$ und $\mathfrak{R}$ der Momentenfläche M_0 um die Auflagernormalen in A und B, wobei:

$$\mathfrak{L}_0 = P\frac{ab}{l}\left(\frac{a^2}{3} + \frac{ab}{2} + \frac{b^2}{6}\right)$$

$$\mathfrak{R}_0 = P\frac{ab}{l}\left(\frac{a^2}{6} + \frac{ab}{2} + \frac{b^2}{3}\right).$$

Der Drehwinkel selbst ist:

$$J \cdot l\,\tau_a = \mathfrak{R}_0 \qquad J\,l\,\tau_b = \mathfrak{L}_0.$$

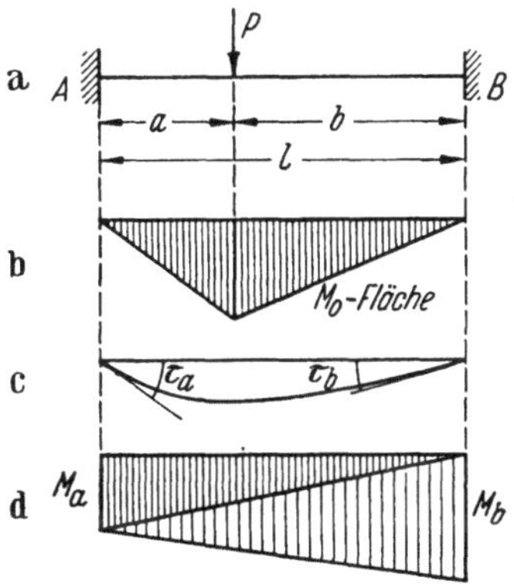

Bild 296.

Belastet man den Stab mit zwei Momenten M_a und M_b (Bild 296d), dann werden die Momente $\mathfrak{L}_1$, $\mathfrak{R}_1$:

$$\mathfrak{L}_1 = \frac{l^2}{6}(M_a + 2M_b) \qquad \mathfrak{R}_1 = \frac{l^2}{6}(2M_a + M_b) \qquad J\,l\,\tau_a = \mathfrak{R}_1 \qquad J\,l\,\tau_b = \mathfrak{L}_1.$$

Für die Vorzeichen gilt: Das Moment aus P biegt den frei aufliegenden Träger auf seiner ganzen Länge nach unten durch, ist nach Nr. 103 also positiv. Die Momente M_a und M_b biegen, wenn sie positiv angesetzt werden, den Träger ebenfalls nach unten durch (Schnittufer).

Die Summe der Drehwinkel aus den beiden Belastungen P und M_a, M_b muß bei starrer Einspannung verschwinden, also: $\mathfrak{R}_0 + \mathfrak{R}_1 = 0$, $\mathfrak{L}_0 + \mathfrak{L}_1 = 0$, woraus sich ergibt: $M_a = -P\frac{ab^2}{l^2}$ $M_b = -P\frac{a^2 b}{l^2}$, Momente, welche auf der Oberseite des Trägers Zug erzeugen.

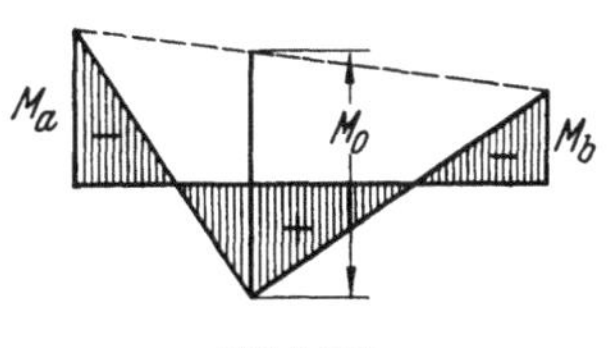

Bild 297.

Die Querkraft aus den Momenten M_a, M_b ist:

$$Q_1 = \frac{M_b - M_a}{l} = P\frac{ab}{l^3}(b-a).$$

Damit ergeben sich die Auflagerdrücke:

$$A = P\frac{b}{l} + Q_1 = P\frac{b^2}{l^3}(l+2a) \qquad B = P\frac{a}{l} - Q_1 = P\frac{a^2}{l^3}(l+2b).$$

Die Momentenlinie des eingespannten Trägers ergibt sich durch Überlagerung der M_0-Momentenlinie mit der Linie der M_a und M_b.

Die Gleichung der *Einflußlinie* für das Einspannungsmoment M_a ergibt sich aus der Gl. (337), wenn $P=1$ gesetzt wird. Wenn $\alpha=a/l$, $\beta=b/l$ gesetzt wird, so ist die Ordinate η der Einflußlinie:

$$\begin{aligned} \eta &= l\cdot\alpha(1-\alpha) = l\cdot\mathfrak{w}_1 \qquad && \alpha=\frac{a}{l} \\ \mathfrak{w}_1 &= \alpha(1-\alpha) && 0\leqq\alpha\leqq 1\,. \end{aligned} \tag{339}$$

Der Wert von $\mathfrak{w}_1$ kann aus Tafeln entnommen werden.

238. Stützenverschiebungen. Es werde angenommen, daß die Stütze B sich um die Strecke $+c$ normal zur Stabachse nach unten verschiebe und sich um einen Winkel α drehe. Die Einflüsse dieser Bewegungen auf die statischen Werte sollen getrennt ermittelt werden.

1. Stützensenkung. Die Hauptgleichungen lauten (Gl. (250)):

$$+\bar{C}c = X_1\delta_{11}+X_2\delta_{12} \qquad 0 = X_1\delta_{12}+X_2\delta_{22}\,,$$

wobei $\bar{C}=1$ für den Zustand $X_1=+1$ ist. Hier ist in den δ_{eh} der Faktor $\frac{1}{EJ}$ mitzuführen, da er auf der linken Seite fehlt, also nicht gekürzt werden kann.

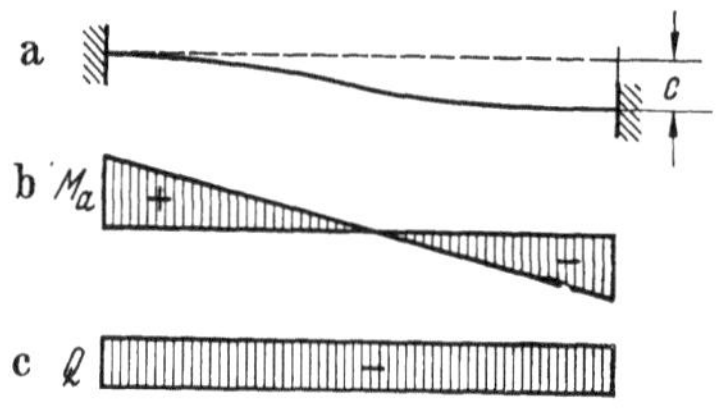

Bild 298.

Da keine Lasten wirken, entstehen zwei gleich große, aber entgegengesetzt drehende Einspannungsmomente und eine über die Trägerlänge konstante Querkraft Q. Für veränderliches Trägheitsmoment sind die δ nach Gl. (251) zu berechnen. Für über die Trägerlänge konstantes Trägheitsmoment folgt aus den Hauptgleichungen mit $X_1=Q$, $X_2=M_b$:

$$+c = Q\frac{l^3}{3EJ}-M_b\frac{l^2}{2EJ} \qquad 0=-Q\frac{l^2}{2EJ}+M_b\frac{l}{EJ},$$

woraus:
$$-M_a=M_b=+\frac{6EJ}{l^2}\cdot c \qquad Q=+\frac{12EJ}{l^3}\cdot c\,. \tag{340}$$

2. Stützendrehung. Die Hauptgleichungen lauten hierfür:

$$0=X_1\delta_{11}+X_2\delta_{12} \qquad \alpha=X_1\delta_{12}+X_2\delta_{22}\,.$$

Das Einspannungsmoment M_a ist wieder ein positives, M_b ein negatives Moment. Aus den Hauptgleichungen ergibt sich:

$$M_a=-\frac{2EJ}{l}\cdot\alpha \qquad M_b=+\frac{4EJ}{l}\cdot\alpha \qquad Q=-\frac{6EJ}{l^2}\cdot\alpha\,. \tag{341}$$

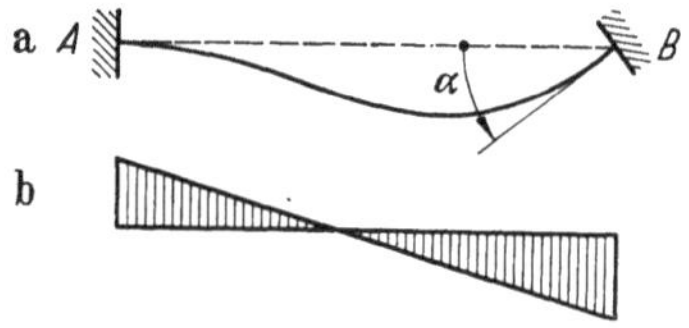

Bild 299.

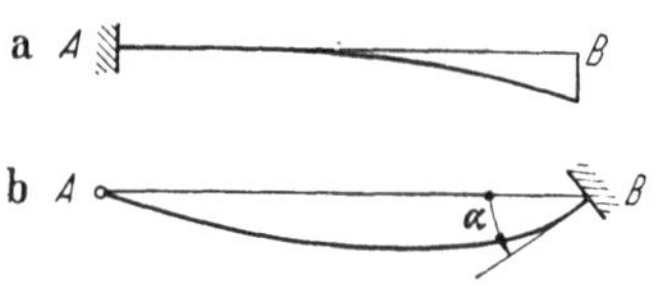

Bild 300.

Für den *einseitig in A eingespannten* Träger ist für eine Stützensenkung c des Knotens B das Moment $M_b=X_2=0$, womit folgt:

$$Q=\frac{3EJ}{l^3}\cdot c \qquad M_a=+\frac{3EJ}{l^2}\cdot c\,. \tag{342}$$

Wird das Stabende in B um den Winkel α gedreht, während in A ein Gelenk ist, so wird das Moment im Punkte B:

$$M_b=+\frac{3EJ}{l}\,\alpha\,. \tag{343}$$

Wärmegradänderungen rechnen sich nach Gl. (252 u. 250); für konstanten Stabquerschnitt ergibt sich:

$$M_a = -M_b = \pm \Theta \frac{\Delta t}{h} \cdot E J . \tag{344}$$

Für veränderliche Querschnitte bleibt die Berechnung dieselbe, es sind lediglich die Werte δ_{eh}, δ_{ee} für veränderliche Querschnitte nach Gl. (252) zu berechnen.

239. Beliebige Belastung. Tritt an die Stelle der Einzellast eine Streckenlast, welche nach irgendeinem Gesetz veränderlich ist, dann bleibt die Berechnungsweise dieselbe, es sind lediglich für M_0, δ_{10}, δ_{20} der Nr. 237 die entsprechenden Werte einzusetzen. Schneller kommt man jedoch zum Ziel, wenn man die Einflußlinie benützt und aus ihr die Einspannungsmomente für beliebige Belastung ermittelt. Es wird daher hier davon abgesehen, weitere Belastungsfälle anzugeben.

240. Veränderlicher Querschnitt. Gegeben ist ein beiderseits starr eingespannter Träger, dessen Querschnitt und Trägheitsmoment nach gegebenem Gesetz wechseln und welcher durch eine Einzellast normal zur Stabachse belastet wird.

Die Einspannungsmomente werden am schnellsten nach dem in Nr. 237 an zweiter Stelle dargestellten Verfahren berechnet. Nach Gl. (219) ist dabei zu setzen:

$$\begin{aligned}
\mathfrak{L}_0 &= \int_0^l \frac{M_0\, x\, d x}{E J} \qquad \mathfrak{R}_0 = \int_0^l \frac{M_0\,(l-x)\, d x}{E J} \\
\mathfrak{L}_1 &= M_a l^2 \int_0^1 \frac{(1-\mathfrak{x})\,\mathfrak{x}\, d \mathfrak{x}}{E J} + M_b l^2 \int_0^1 \frac{\mathfrak{x}^2\, d \mathfrak{x}}{E J} \\
\mathfrak{R}_1 &= M_a l^2 \int_0^1 \frac{(1-\mathfrak{x})^2\, d \mathfrak{x}}{E J} + M_b l^2 \int_0^1 \frac{(1-\mathfrak{x})\,\mathfrak{x}\, d \mathfrak{x}}{E J} .
\end{aligned} \tag{345}$$

Die beiden Bedingungen, aus welchen die Einspannungsmomente folgen, sind wieder:

$$\mathfrak{L}_0 + \mathfrak{L}_1 = 0 \qquad \mathfrak{R}_0 + \mathfrak{R}_1 = 0 . \tag{346}$$

Diese Gleichungen gelten für beliebige Belastung, nicht nur für die Einzellast. Für die weitere Auswertung müssen Annahmen über die Veränderlichkeit des Trägheitsmomentes gemacht werden. Die Berechnung wird aber am zweckmäßigsten mit Einflußlinien in Zahlen durchgeführt, wobei die Integrale durch Summen ersetzt werden.

241. Der einseitig eingespannte Stab. Für den einseitig im Auflager A eingespannten Stab ergibt sich das Einspannungsmoment M_a aus den in Nr. 240 angegebenen Gleichungen, wenn $M_b = 0$ und $\tau_b \neq 0$ gesetzt wird, aus:

$$\mathfrak{R}_0 + \mathfrak{R}_1 = 0 \qquad \mathfrak{R}_1 = M_a l^2 \int_0^1 \frac{(1-\mathfrak{x})^2\, d \mathfrak{x}}{E J} \qquad \mathfrak{R}_0 = \int_0^l \frac{M_0\,(l-x)\, d x}{E J} . \tag{347}$$

Für gleichbleibendes Trägheitsmoment lassen sich die entsprechenden Werte aus den Gleichungen der Nr. 237 einfach ableiten. In Nr. 238 ist der Einfluß von Stützensenkung und Stützendrehung behandelt.

242. Lastengruppen. Man kann auch ein Verfahren anwenden, welches jenem in Nr. 234 für den Bogenstab entwickelten entspricht. Das Auflager B des Stabes AC (Bild 301) wird durch einen starren Stab OB ($J = \infty$) ersetzt, welcher in der Stabachse selbst zu denken ist und an welchem die Auflagerwirkungen, das

Moment X_1 und die Querkraft X_2 angreifen. Das Hauptnetz ist der in A eingespannte Kragträger einschließlich des Stabes OB. Da für diesen Stab $J = \infty$ ist, verschwindet sein Anteil in den Integralen für die δ. Die Momentenlinien für die Zustände $X = 1$ und $P = 1$ zeigen die Bilder 301b bis c. Mit diesen Linien ergibt sich:

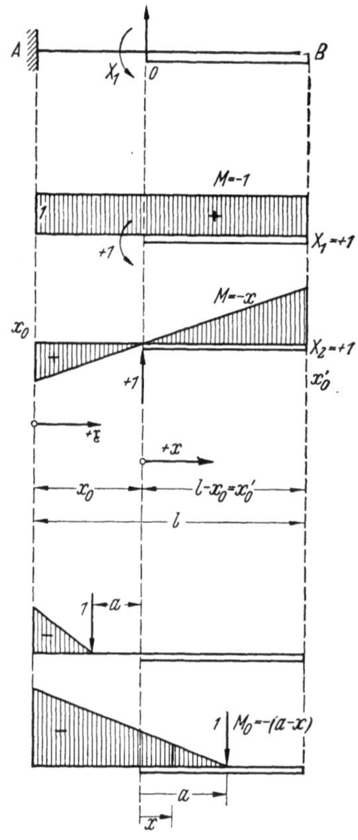

Bild 301.

$$\delta_{11} = \int_{x_0}^{x_0'} \frac{dx}{EJ} \qquad \delta_{22} = \int_{x_0}^{x_0'} x^2 \frac{dx}{EJ}$$

$$\delta_{12} = -\int_{x_0}^{x_0'} x \frac{dx}{EJ} = -\int_0^l (\mathfrak{x} + x_0) \frac{d\mathfrak{x}}{EJ} =$$

$$-\int_0^l \mathfrak{x} \frac{d\mathfrak{x}}{EJ} - x_0 \int_0^l \frac{d\mathfrak{x}}{EJ} .$$

Legt man den Nullpunkt so, daß $\delta_{12} = 0$ wird, dann bestimmt sich x_0 aus:

$$x_0 \int_0^l \frac{d\mathfrak{x}}{EJ} = -\int_0^l \mathfrak{x} \frac{d\mathfrak{x}}{EJ} .$$

Die beiden Unbekannten X_1, X_2 berechnen sich aus:

$$-\delta_{11} X_1 = \delta_{10} \qquad -\delta_{22} X_2 = \delta_{20}$$

$$\delta_{10} = -\int_{-l/2}^{a} (a - x) \frac{dx}{EJ} \qquad \delta_{20} = +\int_{-l/2}^{a} (a - x)\, x \frac{dx}{EJ} .$$

Das Einspannungsmoment in B wird:
$M_B = -(a - x_0) + X_1 - x_0 X_2$.

F. Der eingespannte Bogen.

243. Der symmetrische, beidseitig eingespannte Bogen. In Nr. 234 wurde der eingespannte Stabzug mit Lastengruppen behandelt. Im folgenden wird wegen seiner Wichtigkeit eine ausführliche Berechnung des eingespannten Bogens wiedergegeben, welche eine anschauliche Deutung der Lastengruppen durch Einführung starrer Auflagerstäbe gibt. Gegeben ist ein zur Stabmitte symmetrischer Bogenträger unter beliebiger Belastung, welcher in den beiden Widerlagern A und B starr eingespannt ist. Zu berechnen sind die Auflagerwirkungen und die Schnittkräfte in einem beliebigen Punkt.

Der Bogen ist dreifach überbestimmt, zu seiner Berechnung wird das Kraftverfahren verwendet. Wie beim geraden Stab können verschiedene Hauptnetze gewählt werden, von welchen hier zwei betrachtet werden sollen:

der einseitig im Widerlager B eingespannte Kragträger und

der im Punkt A einfach, in B gelenkig gelagerte Bogen, wobei die Auflagerkraft in A normal zur Bogensehne ist.

Das *Koordinatensystem* wird in den Ursprung O so gelegt, daß die x-Achse in der Richtung der Sehne AB liegt und die z-Achse die Symmetrieachse des Bogens ist. Ferner wird eine Ordinate $\mathfrak{z}$ von der Bogensehne aus gezählt, wobei zu beachten ist, daß der Bogen bei dieser Zählung negative Ordinaten hat. Der Neigungswinkel β der Stabachse gegen die $+x$-Achse entspricht dem Neigungswinkel φ in Nr. 174, es ist $\operatorname{tg}\beta = -\frac{dz}{dx}$, $\sin\beta = -\frac{dz}{ds}$, $\cos\beta = +\frac{dz}{ds}$.

a) *Die Überzähligen des Kragträgers* (Bild 302a). Das Auflager A wird durch einen starren Auflagerstab AO ersetzt, welcher in A biegungssteif mit dem Bogen verbunden wird und in O starr eingespannt ist. Die Auflagerwirkungen in O sind die beiden Kräfte X_q, positiv in der Richtung $+z$, und X_l, positiv in der Richtung $-x$, so daß $+X_l$ eine Dehnung der Stabsehne hervorruft, sowie das Einspannungsmoment X_m.

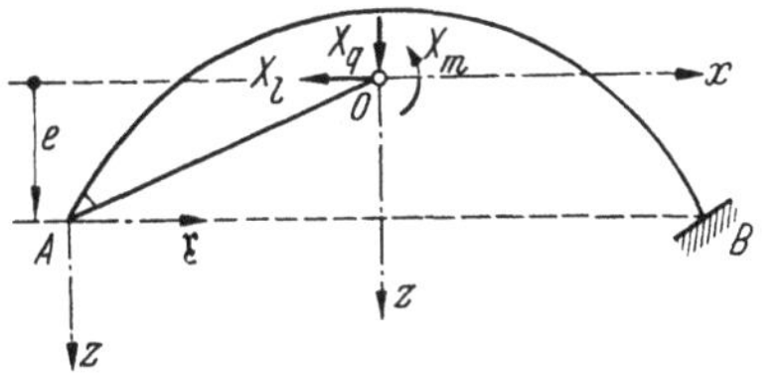

Bild 302a.

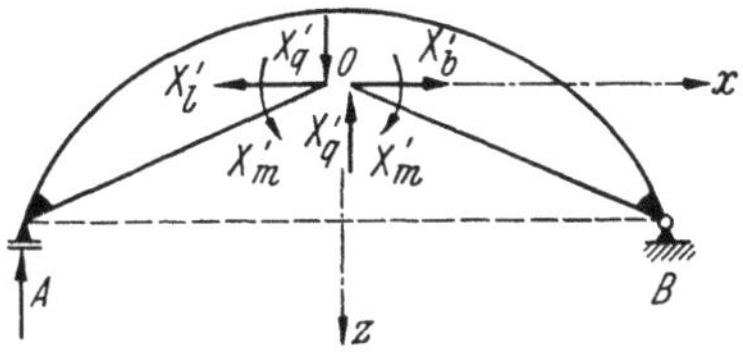

Bild 302b.

Löst man die Einspannung im Punkte O völlig, so wird der Bogen zum Hauptnetz, dem im Punkt B eingespannten Kragträger, an welchem die Kräfte X und äußere Lasten wirken.

b) *Die Überzähligen des frei aufliegenden Trägers* (Bild 302b). Die beiden Auflager A und B werden durch starre Auflagerstäbe AO, BO ersetzt, welche in A und B mit dem Bogen biegungssteif verbunden und in O starr eingespannt sind. In O wirken die den Auflagerkräften X entsprechenden Wirkungen X_l', X_q', X_m', und zwar so, daß die am Schnittufer des Stabes OA wirkenden Kräfte dieselben positiven Richtungen haben wie die entsprechenden X am Stabe OA des Kragträgers, während die Richtungen am Schnittufer von OB entgegengesetzt verlaufen.

Löst man die Einspannungen der Stäbe OA, OB in O völlig und fügt in B ein Gelenk ein, während in A ein einfaches Auflager mit Beweglichkeit in Richtung der Bogensehne angenommen wird, dann erhält man das Hauptnetz, an welchem die Kräfte X' und äußere Lasten wirken.

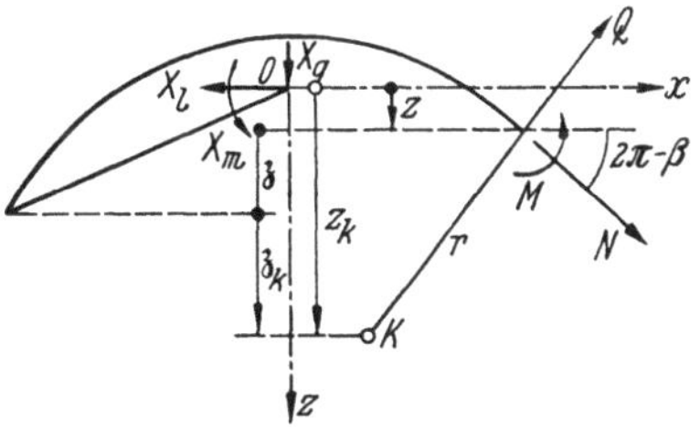

Bild 302c.

c) *Die Schnittkräfte in einem Punkte S.* Schneidet man den Stab in einem Querschnitt S auf und bringt in dessen Schwerpunkt die Summenkräfte M, N, Q an, welche auf den Stabteil AS wirken (Bild 302c, welches die positiven Richtungen darstellt), dann müssen diese mit den Kräften X und den Lasten am Stabteil AS ein Gleichgewichtssystem bilden. Ist K der Krümmungsmittelpunkt der Bogenachse im Punkte S, $r = KS$ der Krümmungshalbmesser, so geben die Momentengleichungen um die Punkte S und K, sowie die Gleichgewichtsbedingungen P für den Kragträger:

$$\begin{aligned}
M &= -(X_l z + X_q x + X_m + M_0) \\
\mathfrak{N} &= N - \frac{M}{r} = \frac{1}{r}(X_l z_k + X_q x_k + X_m + M_{ko}) \\
N &= X_l \cos\beta + X_q \sin\beta - N_0 \\
Q &= -X_l \sin\beta + X_q \cos\beta - Q_0 .
\end{aligned} \qquad (348)$$

Dabei sind: M_0 das Moment der Lasten am Bogenstück AS um S, M_{k0} das entsprechende Moment um K; N_0, Q_0 die Teilsummenkräfte dieser Lasten, positiv gemessen in Richtung von N und Q.

Für den frei aufliegenden Träger erhält man dieselben Gleichungen, nur sind die X durch X' zu ersetzen; M_0 bedeutet das Moment aus den Lasten am frei aufliegenden Balken im Punkte S, M_{k0} das entsprechende Moment im Krümmungsmittelpunkt K; N_0, Q_0 die entsprechenden Kräfte des frei aufliegenden Balkens.

Für die Belastungen $X = +1$ sind die statischen Werte:

Belastungszustand	M	$\mathfrak{N}$	Q	N	
$X_l = +1$	$-z$	$+\frac{z_k}{r}$	$-\sin\beta$	$+\cos\beta$	
$X_q = +1$	$-x$	$+\frac{x_k}{r}$	$+\cos\beta$	$+\sin\beta$	(349)
$X_m = +1$	-1	$+\frac{1}{r}$	0	0	
0	$-M_o$	$+\frac{M_{ko}}{r}$	$-Q_0$	$-N_0$.	

Diese Werte gelten auch für die X', lediglich M_0, M_{k0} haben die oben angegebene andere Bedeutung.

d) *Die Hauptgleichungen und die Verschiebungsbeiwerte.* Die Hauptgleichungen zur Berechnung der Überzähligen sind [Gl. (250)]:

$$-\delta_{10} = \delta_{11} X_l + \delta_{12} X_q + \delta_{13} X_m$$
$$-\delta_{20} = \delta_{12} X_l + \delta_{22} X_q + \delta_{23} X_m$$
$$-\delta_{30} = \delta_{13} X_l + \delta_{23} X_q + \delta_{33} X_m$$

wobei sich die Beiwerte aus den Gl. (251 u. 252) ergeben. Berücksichtigt man Wärmegradänderungen und setzt E für den ganzen Bogen konstant, dann wird:

$$\begin{aligned}
E\,\delta_{11} &= \int \frac{z^2\,ds}{J} + \int \frac{z_k^2}{r^2}\frac{ds}{F} + \int \frac{\sin^2\beta\,ds}{F_q} \\
E\,\delta_{22} &= \int \frac{x^2\,ds}{J} + \int \frac{x_k^2}{r^2}\frac{ds}{F} + \int \frac{\cos^2\beta\,ds}{F_q} \\
E\,\delta_{33} &= \int \frac{ds}{J} + \int \frac{1}{r^2}\frac{ds}{F} \\
E\,\delta_{12} &= \int \frac{z\,x\,ds}{J} + \int \frac{z_k\,x_k}{r^2}\frac{ds}{F} - \int \frac{\sin\beta\cos\beta\,ds}{F} \\
E\,\delta_{23} &= \int \frac{x\,ds}{J} + \int \frac{x_k}{r^2}\frac{ds}{F} \\
E\,\delta_{31} &= \int \frac{z\,ds}{J} + \int \frac{z_k}{r^2}\frac{ds}{F}.
\end{aligned} \qquad (350)$$

$$\begin{aligned}
E\,\delta_{10} &= +\int \frac{M_0\,z\,ds}{J} + \int \frac{M_{k0}\,z_k}{r^2}\frac{ds}{F} + \int \frac{Q_0 \sin\beta\,ds}{F_q} + E\,\Theta\left[\int \frac{z}{h}\Delta t\,ds - \int t_0 \cos\beta\,ds\right] \\
E\,\delta_{20} &= +\int \frac{M_0\,x\,ds}{J} + \int \frac{M_{k0}\,x_k}{r^2}\frac{ds}{F} - \int \frac{Q_0 \cos\beta\,ds}{F_q} + E\,\Theta\left[\int \frac{x}{h}\Delta t\,ds - \int t_0 \sin\beta\,ds\right] \\
E\,\delta_{30} &= +\int \frac{M_0\,ds}{J} + \int \frac{M_{k0}}{r^2}\frac{ds}{F} + E\,\Theta\int \frac{\Delta t}{h}\,ds.
\end{aligned} \qquad (351)$$

Sämtliche Integrale sind über den ganzen Bogen zu erstrecken. In diesen Werten ist der Einfluß der Krümmung, der Normal- und der Querkräfte berücksichtigt. Wird eine Genauigkeit der Berechnung angestrebt, derart daß der Einfluß der Normalkräfte berücksichtigt werden soll, dann ist auch der etwa gerade so große Einfluß der Krümmung mitzuberücksichtigen. Der Einfluß der Querkräfte kann in allen praktisch vorkommenden Fällen vernachlässigt werden. Die Gl. (351) gelten mit derselben Einschränkung wie Gl. (349) für beide Hauptnetze.

e) *Lage des Koordinatensystems.* Aus Symmetriegründen ist δ_{12}, $\delta_{23} = 0$. Ferner wird der Ursprung O so angenommen, daß auch $\delta_{13} = 0$ wird. Setzt man

$$z = e + \mathfrak{z} \qquad z_k = e + \mathfrak{z}_k\,, \tag{352}$$

so folgt aus $\delta_{13} = 0$ für den Abstand e für beide Hauptnetze:

$$e = -\frac{\int \mathfrak{z}\frac{ds}{EJ} + \int \frac{\mathfrak{z}_k}{r^2}\frac{ds}{EF}}{\int \frac{ds}{EJ} + \int \frac{1}{r^2}\frac{ds}{EF}}\,. \tag{353}$$

Damit werden die Hauptgleichungen für die Überzähligen X bei starrer Einspannung:

$$\delta_{10} = -\delta_{11} X_l \qquad \delta_{20} = -\delta_{22} X_q \qquad \delta_{30} = -\delta_{33} X_m\,, \tag{354}$$

womit die Überzähligen und anschließend nach Gl. (348) die statischen Werte M, N, Q für jeden Querschnitt des Bogens berechnet werden können.

In der Praxis werden die Integrale durch Summen ersetzt, der Bogen also als Stabzug aufgefaßt. Für die meisten Fälle ist die Berechnung mit Einflußlinien zweckmäßig.

244. Einflußlinien für den symmetrischen Bogen. Die Einflußlinien für lotrechte Belastung für die drei Überzähligen werden nach Nr. 185 als die Biegungslinien des Hauptnetzes berechnet. Dasselbe Ergebnis erhält man, wenn man als Belastung die Last $P = 1$ annimmt und ihre Momente M_0, M_{k0} berechnet.

a) *Beziehungen zwischen den Überzähligen X und X' der beiden Hauptnetze.* Zwischen den Überzähligen X und X' bestehen Beziehungen, so daß die einen leicht aus den anderen folgen. Vernachlässigt man den Einfluß der Querkräfte, so sieht man, daß in den Gl. (350 u. 351) die Werte δ_{11}, δ_{22}, δ_{33} und die Glieder in δ_{10}, δ_{20}, δ_{30}, welche den Einfluß der Wärmegradänderungen wiedergeben, vom Hauptnetz unabhängig sind. Zur Ableitung dieser Beziehungen brauchen daher nur die beiden ersten Glieder in δ_{10}, δ_{20}, δ_{30} betrachtet werden.

Steht die Last $P = 1$ in einem Punkt $x = a$, dann entstehen folgende Momente M_0 und M_{k0} (im rechten Schnittufer von S):

Laststellung		Hauptnetz Kragarm		Hauptnetz einfacher Balken	
von $x =$	bis $x =$	M_0	M_{k0}	M'_0	M'_{k0}
$-\frac{l}{2}$	a	0	0	$-\frac{1}{l}\left(\frac{l}{2}-a\right)\left(\frac{l}{2}+x\right)$	$-\frac{1}{l}\left(\frac{l}{2}-x_k\right)\left(\frac{l}{2}+x\right)$
a	$+\frac{l}{2}$	$+(x-a)$	$+(x_k-a)$	$-\frac{1}{l}\left(\frac{l}{2}+a\right)\left(\frac{l}{2}-x\right)$	$-\frac{1}{l}\left(\frac{l}{2}+x_k\right)\left(\frac{l}{2}-x\right)$
a				$-\frac{1}{l}\left(\frac{l}{2}+a\right)\left(\frac{l}{2}-a\right)$	$-\frac{1}{l}\left(\frac{l}{2}+x_k\right)\left(\frac{l}{2}-x_k\right)$

Ferner gelten wegen der Symmetrie des Tragwerkes Beziehungen wie:

$$\int_{-l/2}^{+l/2} x\,z\,dw = 0\,, \quad \int_{-l/2}^{+l/2} x\,dw = 0\,, \quad \int_{-l/2}^{a} x\,z\,dw = \int_{-l/2}^{-a} x\,z\,dw = -\int_{a}^{+l/2} x\,z\,dw\,, \quad \int_{-l/2}^{+l/2} z\,dw = 0$$

(wegen Gl. (353)). In δ_{10}, δ_{20}, δ_{30} sind die Glieder mit M_{k0} gerade so gebaut wie diejenigen mit M_0, nur tritt an Stelle von x der Wert x_k und $\frac{ds}{rF}$ für $\frac{ds}{J}$. Es genügt also, Beziehungen für die Glieder mit M_0 nachzuweisen.

$$E\,\delta_{10} = +\int_a^{+l/2} (x-a)\,z\,dw$$

$$-E\,\delta'_{10} = \frac{1}{2}\int_{-l/2}^{a}\left(\frac{l}{2}+x\right)z\,dw - \frac{a}{l}\int_{-l/2}^{a}\left(\frac{l}{2}+x\right)z\,dw$$
$$+\frac{1}{2}\int_a^{+l/2}\left(\frac{l}{2}-x\right)z\,dw + \frac{a}{l}\int_a^{+l/2}\left(\frac{l}{2}-x\right)z\,dw = -\int_a^{+l/2}(x-a)\,z\,dw$$

$$E\,\delta_{20} = +\int_a^{+l/2} (x-a)\,x\,dw$$

$$-E\,\delta'_{20} = \frac{1}{2}\int_{-l/2}^{a}\left(\frac{l}{2}+x\right)x\,dw - \frac{a}{l}\int_{-l/2}^{a}\left(\frac{l}{2}+x\right)x\,dw + \frac{1}{2}\int_a^{+l/2}\left(\frac{l}{2}-x\right)x\,dw$$
$$+\frac{a}{l}\int_a^{+l/2}\left(\frac{l}{2}-x\right)x\,dw = -\int_a^{+l/2}(x-a)\,x\,dw + \frac{1}{l}\left(\frac{l}{2}-a\right)\int_{-l/2}^{+l/2} x^2\,dw$$

$$E\,\delta_{30} = +\int_a^{+l/2} (x-a)\,dw$$

$$-E\,\delta'_{30} = \left(\frac{1}{2}-\frac{a}{l}\right)\int_{-l/2}^{a}\left(\frac{l}{2}+x\right)dw + \left(\frac{1}{2}+\frac{a}{l}\right)\int_a^{+l/2}\left(\frac{l}{2}-x\right)dw = \left(\frac{l}{4}-\frac{a}{2}\right)\int_{-l/2}^{+l/2} dw - \int_a^{+l/2}(x-a)\,dw$$

Vergleich ergibt nach Division mit δ_{kk}:

$$X_l = X'_l \qquad X_q = X'_q - \frac{1}{l}\left(\frac{l}{2}-x\right) \qquad X_m = X'_m - \frac{1}{2}\left(\frac{l}{2}-x\right). \tag{355}$$

Der Horizontalschub ergibt sich also bei beiden Hauptnetzen als derselbe, während Querkraft und Moment sich durch Überlagerung mit einer Geraden, $-\frac{1}{l}\left(\frac{l}{2}-x\right)$ bzw. $-\frac{1}{2}\left(\frac{l}{2}-x\right)$ auseinander ergeben. Diese Geraden bestimmen die Schlußlinien der Seilecke, welche die Biegungslinien jeweils darstellen.

b) *Symmetrieverhältnisse der Einflußlinien.* Die Einflußlinien von X'_l und X'_m sind symmetrisch, jene von X'_q antimetrisch zur z-Achse. Der Nachweis wird durch Aufstellen der Ausdrücke für δ'_{10}, δ'_{20}, δ'_{30} für die Laststellungen in $x = \pm a$ geführt. Hier soll jedoch der etwas einfachere Nachweis der Symmetrieverhältnisse der Einflußlinien der X geführt werden.

Ist η' die Ordinate der Einflußlinie von X im Punkte $x = +a$, η'' die Ordinate in $x = -a$, dann gilt:

$$\eta'_l = \eta''_l \qquad \eta'_q + \eta''_q = 1 \qquad \eta''_m - \eta'_m = a\,, \tag{356}$$

wobei die η und a als algebraische Werte einzuführen sind.

Es ist:

$$E\,\delta'_{10} = \int_{+a}^{+l/2} (x-a)\,z\,dw$$

$$E\,\delta''_{10} = \int_{-a}^{+l/2}(x+a)\,z\,dw = \int_{-a}^{+l/2} x\,z\,dw + a\int_{-a}^{+l/2} z\,dw = \int_{+a}^{+l/2} x\,z\,dw + a\int_{-l/2}^{+l/2} z\,dw - a\int_{-l/2}^{-a} z\,dw = E\,\delta'_{10}$$

$$E\,\delta'_{20} = \int_{+a}^{+l/2}(x-a)\,x\,dw$$

$$E\,\delta''_{20} = \int_{-a}^{+l/2} (x+a)\,x\,dw = \int_{-l/2}^{+l/2} x^2 dw - \int_{-l/2}^{-a} x^2 dw + a\int_{+a}^{+l/2} x\,d\,w = \int_{-l/2}^{+l/2} x^2\,d\,w - \int_{+a}^{+l/2} x^2 dw + a\int_{+a}^{+l/2} x\,dw$$

$$E\,\delta'_{30} = \int_{+a}^{+l/2} (x-a)\,dw$$

$$E\,\delta''_{30} = \int_{-a}^{+l/2} (x+a)\,dw = \int_{+a}^{+l/2} x\,dw + a\int_{-l/2}^{+l/2} dw - a\int_{-l/2}^{-a} dw = \int_{+a}^{+l/2} (x-a)\,dw + a\int_{-l/2}^{+l/2} dw\,.$$

Vergleich ergibt die Beziehungen 356.

c) *Die Einflußlinien als Biegelinien.* Die Ordinaten der Biegungslinien sind nach Gl. (242) ($\beta = \varphi$):

$$-\frac{d^2\delta}{dx^2} = \left(\frac{M}{EJ} - \frac{\mathfrak{N}}{rEF}\right)\sec\beta + \frac{d}{dx}\left(\frac{\mathfrak{N}}{rEF}\,tg\,\beta\right).$$

Danach kann die Einflußlinie durch Überlagerung dreier Biegungslinien mit den Ordinaten δ_1, δ_2, δ_3 gewonnen werden:

$$\delta = \delta_1 + \delta_2 + \delta_3\,, \tag{357}$$

woraus die Ordinaten der Einflußlinien:

$$X_l = c_l\,\delta_l \qquad X_q = c_q\,\delta_q \qquad X_m = c_m\,\delta_m\,. \tag{357a}$$

Die erste Teilordinate, welche den Einfluß der Biegemomente allein angibt, wird als Momentenlinie zu der Belastung $g_1 = \frac{M}{EJ}\cdot\sec\beta$ erhalten. Man faßt den Bogen als Stabzug auf und berechnet die Biegungslinie als Momentenlinie nach Nr. 181. Die Schlußlinie ergibt sich dabei entsprechend dem gewählten Hauptnetz.

Für den frei aufliegenden Träger als Hauptnetz ist in den Auflagern A und B, also für $x = \pm\, l/2$ die Durchbiegung $\delta = 0$, womit die Schlußlinie gegeben ist. In diesen Punkten hat die Einflußlinie Nullpunkte.

Für den Kragträger als Hauptnetz ist im Einspannungspunkt B, also für $x = +\,l/2$ die Verschiebung $\delta = 0$ und die Schlußlinie Tangente an die Seilkurve, also der äußere Seilstrahl in B. Die Durchbiegung in einem Knoten K ist dann das Moment aller rechts von diesem Knoten befindlichen Gewichte G_1 um den Knoten k.

Berücksichtigt man, daß $\sec\beta\cdot dx = ds$ ist, dann ergeben sich die Gewichte zur Bestimmung der ersten Teilordinate δ_1 zu:

$$G_1 = M\cdot\frac{\Delta s}{EJ} = Mw\,. \tag{358}$$

Für die zweite Teilordinate, der Momentenlinie zu der Belastungslinie $g_2 = -\frac{\mathfrak{N}}{rEF}\cdot\sec\beta$, gelten dieselben Überlegungen; die Gewichte zu ihrer Bestimmung sind:

$$G_2 = -\frac{\mathfrak{N}}{r}\cdot\frac{\Delta s}{EF}\,. \tag{359}$$

Die dritte Teilordinate kann ebenfalls als Momentenlinie ermittelt werden, doch ist hier die Berechnung durch zweimalige Integration einfacher. Damit erhält man:

$$\delta_3 = -\int_0^x \frac{\mathfrak{N}}{EF}\cdot tg\,\beta\cdot dx + C_1\,x + C_0\,, \tag{360}$$

wobei die Summanden $C_1 x + C_0$ die Schlußlinie des Seileckes bestimmen. Diese ist wieder durch dieselben Bedingungen wie bei den beiden anderen Teilordinaten, durch die Auflagerbedingungen in B bestimmt. Hier ist die Bestimmung für den frei aufliegenden Träger einfacher, für $x = \pm\, l/2$ ist $\delta_3 = 0$.

Bei der Bestimmung der Schlußlinie ist folgendes zu beachten.

Für $x = \pm \frac{l}{2}$ ist X'_q, $X'_m = 0$, daher ist:

$$\text{für } x = +\frac{l}{2}: \quad X_q, X_m = 0 \qquad \text{für } x = -\frac{l}{2}: \quad X_q = 1 \qquad X_m = \frac{l}{2}.$$

Der Wert von δ_1 ist nun immer erheblich größer als die beiden anderen Durchbiegungen δ_2, δ_3. Zweckmäßig wählt man daher die Schlußlinie von δ_1 so, daß die eben angegebenen Werte für X_q, X_m erhalten werden. Dann sind für die beiden Werte δ_2, δ_3 die Schlußlinien so zu wählen, daß für $x = \pm l/2$ beide verschwinden, sie sind also für den frei aufliegenden Träger als Hauptnetz zu berechnen.

d) *Besondere Werte der G und δ.* Die soeben angestellten Überlegungen gelten einschließlich der Gleichungen auch für unsymmetrische Träger. Für den symmetrischen Bogen können die G und δ mit den Werten der Gl. (349) weiter entwickelt werden. Hiermit werden die Gewichte G:

$$\begin{aligned} &\text{für } X_l: && G_1 = -zw && G_2 = \frac{z_k}{r^2} \cdot \frac{\Delta s}{EF} \\ &\text{für } X_q: && G_1 = -xw && G_2 = \frac{x_k}{r^2} \cdot \frac{\Delta s}{EF} \\ &\text{für } X_m: && G_1 = -w && G_2 = \frac{1}{r^2} \frac{\Delta s}{EF}. \end{aligned} \tag{361}$$

Zur Bestimmung der Konstanten C_1, C_0 ist zu beachten, daß $\operatorname{tg}\beta$ und x_k antimetrisch, z_k und r symmetrisch zur z-Achse sind. Es ist:

$$\text{für } X_l: \quad \delta_3 = -\int_0^x \frac{z_k}{r\,E\,F} \operatorname{tg}\beta\,dx + C_1 x + C_0$$

$$x = -\frac{l}{2}: \quad \delta_3 = -J_0^{-l/2} - C_1 \frac{l}{2} + C_0 \qquad C_1 = 0$$

$$x = +\frac{l}{2}: \quad \delta_3 = -J_0^{+l/2} + C_1 \frac{l}{2} + C_0 \qquad C_0 = +J_0^{-l/2} = -J_{l/2}^0$$

$$\delta_3 = -J_0^x - J_{-l/2}^0 = -J_{-l/2}^x$$

$$\text{für } X_q: \quad \delta_3 = -\int_0^x \frac{x_k}{r\,E\,F} \operatorname{tg}\beta\,dx + C_1 x + C_0$$

$$x = -\frac{l}{2}: \quad \delta_3 = -J_0^{-l/2} - C_1 \frac{l}{2} + C_0 \qquad 2C_0 = J_0^{+l/2} + J_0^{-l/2} = +0$$

$$x = +\frac{l}{2}: \quad \delta_3 = -J_0^{+l/2} + C_1 \frac{l}{2} + C_0 \qquad lC_1 = J_0^{+l/2} - J_0^{-l/2} = 2J_0^{+l/2}$$

$$\text{für } X_m: \quad \delta_3 = -\int_0^x \frac{1}{r\,E\,F} \operatorname{tg}\beta\,dx + C_1 x + C_0$$

$$x = -\frac{l}{2}: \quad \delta_3 = -J_0^{-l/2} - C_1 \frac{l}{2} + C_0 \qquad C_1 = 0$$

$$x = +\frac{l}{2}: \quad \delta_3 = -J_0^{+l/2} + C_1 \frac{l}{2} + C_0 \qquad C_0 = +J_0^{-l/2} = -J_{-l/2}^0$$

$$\delta_3 = -J_0^x - J_{-l/2}^0 = -J_{-l/2}^x.$$

Damit ergeben sich die Teilordinaten δ_3 für den frei aufliegenden Träger als Hauptnetz:

$$\text{für } X_l\text{:}\qquad \delta_3 = -\int_{-l/2}^{x} \frac{z_k}{r\,E\,F}\cdot \operatorname{tg}\beta\cdot dx$$

$$\text{für } X_q\text{:}\qquad \delta_3 = -\int_{-l/2}^{x} \frac{x_k}{r\,E\,F}\cdot \operatorname{tg}\beta\cdot dx + \frac{2\,x}{l}\int_{0}^{+l/2} \frac{x_k}{r\,E\,F}\cdot \operatorname{tg}\beta\cdot dx \qquad (362)$$

$$\text{für } X_m\text{:}\qquad \delta_3 = -\int_{-l/2}^{x} \frac{1}{r\,E\,F}\cdot \operatorname{tg}\beta\cdot dx\,.$$

Für die Zahlenrechnung werden die Integrale durch Summen ersetzt.

245. Der unsymmetrische, starr eingespannte Bogen. Ist der Bogen zur Mitte nicht symmetrisch, dann bleibt die Berechnungsweise dieselbe, doch erleiden die Gleichungen geringfügige Abweichungen.

Der Bogenstab wird wie in Nr. 234 auf ein schiefwinkliges Koordinatensystem $x z$ bezogen, dessen Lage noch näher bestimmt werden muß. Die schiefwinkligen Koordinaten eines Punktes S, gemessen auf den Koordinatenachsen, sind x' und z'. In der Berechnung werden jedoch nicht diese Werte verwendet, sondern der Abstand x des Punktes S von der z-Achse und der Abstand z von S von der x-Achse. Ein weiteres, rechtwinkliges Koordinatensystem $\mathfrak{x}$, $\mathfrak{z}$ wird in den Auflagerpunkt A als Ursprung gelegt, wobei die Achsen $\mathfrak{z}$ und z einander gleichgerichtet sind und $\mathfrak{x}$ normal zu z ist.

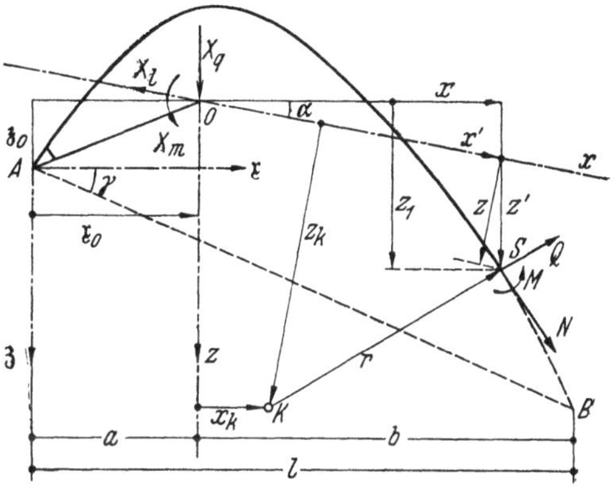

Bild 303.

Die Bogensehne AB wird durch eine positive Drehung γ, die x-Achse durch eine positive Drehung α jeweils in die $\mathfrak{x}$-Achse überführt. Zwischen den Koordinaten bestehen dann die Beziehungen:

$$\begin{aligned} x &= \mathfrak{x} - \mathfrak{x}_0 & x &= x' \cos\alpha \\ z &= (\mathfrak{z} - \mathfrak{z}_0)\cos\alpha - (\mathfrak{x} - \mathfrak{x}_0)\sin\alpha & z &= z' \cos\alpha \qquad (363) \\ z_1 &= \mathfrak{z} - \mathfrak{z}_0 & z &= z_1 \cos\alpha - x \sin\alpha\,, \end{aligned}$$

so daß das Koordinatensystem x, z durch die drei Werte $\mathfrak{x}_0$, $\mathfrak{z}_0$, α gegeben ist.

Durch die Wahl der Koordinaten x, z bleiben die Gl. (348) formal erhalten; M_0, M_{k0} behalten hier Bedeutung. Ebenso bleibt die Gl. (349) bestehen und damit auch formal die Gl. (350). Die Verschiebungen δ haben dabei die Richtungen x, z.

Das Koordinatensystem wird wieder so bestimmt, daß δ_{12}, δ_{23}, $\delta_{31} = 0$ werden. Mit diesen Bedingungen ergeben sich die Bestimmungsgleichungen für $\mathfrak{x}_0$, $\mathfrak{z}_0$, $\operatorname{tg}\alpha$, wobei der Einfluß der Querkräfte vernachlässigt wird:

$$\mathfrak{x}_0\left(\int\frac{ds}{EJ} + \int\frac{ds}{r^2 EF}\right) = \int \mathfrak{x}\,\frac{ds}{EJ} + \int \mathfrak{x}_k\,\frac{ds}{r^2 EF} \qquad (364)$$

$$\mathfrak{z}_0\left(\int\frac{ds}{EJ} + \int\frac{ds}{r^2 EF}\right) = \int \mathfrak{z}\,\frac{ds}{EJ} + \int \mathfrak{z}_k\,\frac{ds}{r^2 EF} \qquad (365)$$

$$\operatorname{tg}\alpha\left(\int x^2\frac{ds}{EJ} + \int x_k^2\frac{ds}{r^2 EF}\right) = \int x z_1\,\frac{ds}{EJ} + \int x_k z_{1k}\,\frac{ds}{r^2 EF}\,. \qquad (366)$$

Die Integrale sind über den ganzen Bogen zu erstrecken.

Die Hauptgleichungen sind dieselben wie beim symmetrischen Bogen.

Die Einflußlinien für lotrechte Belastung für die drei Überzähligen werden wie beim symmetrischen Bogen ermittelt. Zwischen den Überzähligen X' am frei aufliegenden Balken als Hauptnetz und X am Kragträger als Hauptnetz bestehen wieder Beziehungen wie beim symmetrischen Bogen. Der Nachweis wird für die Momente M_0 allein geführt.

Laststellung von $x =$	Laststellung bis $x =$	Hauptnetz Kragarm M_0	Hauptnetz einfacher Balken M_0
$-a$	c	0	$-\frac{1}{l}(a+x)(b-c)$
c	b	$+(x-c)$	$-\frac{1}{l}(a+c)(b-x)$
in c			$-\frac{1}{l}(a+c)(b-c)$

wobei c die Abszisse der Last, b die Abszisse von B und $a + b = l$ ist.

$$\delta_{10} = -\int\limits_{+c}^{b}(x-c)\,z\,dw$$

$$\delta'_{10} = \frac{b-c}{l}\int\limits_{-a}^{c}(a+x)\,z\,dw + \frac{a+c}{l}\int\limits_{c}^{b}(b-x)\,z\,dw = -\int\limits_{c}^{b}(x-c)\,z\,dw$$

$$\delta_{20} = -\int\limits_{c}^{b}(x-c)\,x\,dw$$

$$\delta'_{20} = \frac{b-c}{l}\int\limits_{-a}^{c}(a+x)\,x\,dw + \frac{a+c}{l}\int\limits_{c}^{b}(b-x)\,x\,dw = -\int\limits_{c}^{b}(x-c)\,x\,dw + \frac{b-c}{l}\int\limits_{-a}^{b}x^2\,dw$$

$$\delta_{30} = -\int\limits_{c}^{b}(x-c)\,dw$$

$$\delta'_{30} = \frac{b-c}{l}\int\limits_{-a}^{c}(a+x)\,dw + \frac{a+c}{l}\int\limits_{c}^{b}(b-x)\,dw = \left(\frac{ab}{l} + \frac{bc}{l} - c\right)\int\limits_{-a}^{b}dw - \int\limits_{c}^{b}(x-c)\,dw\,.$$

Vergleich ergibt:

$$X_l = X'_l \qquad X_q = X'_q - \frac{b-x}{l} \qquad X_m = X'_m + \frac{x_0}{l}(b-x)\,. \tag{367}$$

Die weiteren Beziehungen, welche aus der Symmetrie des Bogens folgen, gelten hier natürlich nicht oder nur zufällig teilweise.

Die Gl. (359 u. 360) gelten auch für den unsymmetrischen Bogen. Da die Gl. (349) ebenfalls gilt, tun dies auch die Gl. (361), dagegen nicht mehr die Gl. (362), da bei ihnen $\operatorname{tg}\beta$ als symmetrisch zur z-Achse vorausgesetzt ist. Für die Werte δ_3 ergibt sich entsprechend wie in Nr. 244:

$$\text{für } X_l\text{:}\quad \delta_3 = -\int\limits_{0}^{x}\frac{z_k}{r\,E\,F}\cdot\operatorname{tg}\beta\cdot dx + \frac{x+a}{l}\int\limits_{-a}^{b}\frac{z_k}{r\,E\,F}\cdot\operatorname{tg}\beta\cdot dx - \int\limits_{-a}^{0}\frac{z_k}{r\,E\,F}\cdot\operatorname{tg}\beta\cdot dx$$

$$\text{für } X_q\text{:}\quad \delta_3 = -\int\limits_{0}^{x}\frac{x_k}{r\,E\,F}\cdot\operatorname{tg}\beta\cdot dx + \frac{x+a}{l}\int\limits_{-a}^{b}\frac{x_k}{r\,E\,F}\cdot\operatorname{tg}\beta\cdot dx - \int\limits_{-a}^{0}\frac{x_k}{r\,E\,F}\cdot\operatorname{tg}\beta\cdot dx \tag{368}$$

$$\text{für } X_m\text{:}\quad \delta_3 = -\int\limits_{0}^{x}\frac{1}{r\,E\,F}\cdot\operatorname{tg}\beta\cdot dx + \frac{x+a}{l}\int\limits_{-a}^{b}\frac{1}{r\,E\,F}\cdot\operatorname{tg}\beta\cdot dx - \int\limits_{-a}^{0}\frac{1}{r\,E\,F}\cdot\operatorname{tg}\beta\cdot dx\,.$$

Abgesehen davon, daß die Tabellen etwas umfangreicher werden, verläuft die Berechnung ganz wie beim symmetrischen Bogen.

Eine weitere Berechnung des beid- und einseitig eingespannten Bogens sowie des Zweigelenkbogens wird in Nr. 257 gegeben.

VI. Das mehrfache standfeste Tragwerk. Formänderungsverfahren.

A. Die Grundwerte und die Hauptnetze.

Die Aufgabe. Es ist wieder dieselbe Aufgabe gestellt wie beim Kraftverfahren. Im Gegensatz zu diesem jedoch, in welchem die Hauptgleichung sofort in der endgültigen Form erhalten wird, wird beim Formänderungsverfahren die Hauptgleichung umgeformt, wobei die Beiwerte der Unbekannten sich ganz aus den Abmessungen des Tragwerkes bestimmen und unabhängig von der Belastung sind. Diese Umformung ist ziemlich umständlich und wurde erst auf Grund langwieriger Arbeit gefunden. Im folgenden wird die Entwicklung in allgemeinster Form unter Anwendung der Hauptgleichung angegeben. Dieser Weg bietet allerdings die Schwierigkeit, daß man den Zweck der einzelnen Schritte zunächst nicht ohne weiteres sieht, so daß erst nach vollendetem Studium der beiden ersten Abschnitte ein Überblick entsteht. Diese Schwierigkeit war auch der Grund für die späte Entwicklung des Formänderungsverfahrens, welches erst rund 50 Jahre nach dem Kraftverfahren seine Vollendung erfahren hat.

246. Die Grundwerte. Im mehrfach standfesten Tragwerk können eine Anzahl statischer Werte nicht durch die stereostatischen Gleichgewichtsbedingungen bestimmt werden, so daß zu ihrer Berechnung Formänderungsbedingungen verwendet werden müssen. Bei der Aufstellung dieser Bedingungen wird die gesamte Formänderung des Tragwerkes betrachtet, welche eindeutig und vollständig beschrieben ist durch folgende Werte:

die Dehnungen Δl_r der Stabsehnen ik,

die Stabdrehwinkel ψ_r,

die Tangentendrehwinkel $\Delta \Phi_i$, $\Delta \Phi_k$ des Stabes i, k in den Knoten i und k.

Es werden nun bestimmte Formänderungsgrößen ξ ausgewählt, durch welche jede weitere Formänderungsgröße δ nach dem Überlagerungsgesetz durch eine lineare Beziehung dargestellt werden kann:

$$\delta = \delta_0 + \delta_a \xi_a + \delta_b \xi_b + \cdots + \delta_n \xi_n\,. \tag{369}$$

Die Formänderungsgrößen ξ heißen die *Grundwerte*, sie werden so bestimmt, daß das Glied δ_0 verschwindet. Für die oben genannten Formänderungsgrößen lauten die Bestimmungsgleichungen daher:

$$\Delta l_r = \Delta l_{ra} \xi_a + \Delta l_{rb} \xi_b + \cdots + \Delta l_{rn} \xi_n \tag{370}$$

$$\psi_r = \psi_{ra} \xi_a + \psi_{rb} \xi_b + \cdots + \psi_{rn} \xi_n \tag{371}$$

$$\Delta \Phi_i = \Delta \Phi_{ia} \xi_a + \Delta \Phi_{ib} \xi_b + \cdots + \Delta \Phi_{in} \xi_n \tag{372}$$

$$\Delta \Phi_k = \Delta \Phi_{ka} \xi_a + \Delta \Phi_{kb} \xi_b + \cdots + \Delta \Phi_{kn} \xi_n\,. \tag{373}$$

Zu beachten ist, daß die Querverschiebung Δq_r der Knotenpunkte i, k im Drehwinkel $\Delta \Phi$ enthalten ist und daß insbesondere die Zahl n nicht den Grad der Standfestigkeit des Tragwerkes angibt.

Die Formänderung des Tragwerkes wird also dargestellt durch die Überlagerung von n Formänderungszuständen, für welche jeweils $\xi_e = 1$, alle übrigen $\xi = 0$ sind ($e = a, b, \ldots n$) (kurz Zustand $\xi_e = 1$ genannt).

247. Bestimmung der Grundwerte. Über die Grundwerte ξ ist noch zu verfügen, so daß n beliebige, aber voneinander unabhängige Formänderungsgrößen zu bestimmen sind. Als solche werden gewählt:

die Knotendrehwinkel ν,

die Stabdrehwinkel ψ,

die Stabdehnungen $\varDelta l$.

Durch die Drehung ν eines Knotens tritt keine Änderung der Sehnenlänge eines Stabes ein, ebenso bleibt der Stabdrehwinkel ψ unverändert.

Bei einem mehrfach standfesten Tragwerk sind nicht immer alle Dehnungen $\varDelta l$ voneinander unabhängig. Die von anderen Dehnungen abhängigen $\varDelta l$ werden nicht als Grundwerte verwendet, da sich sonst nur zuviel Gleichungen ergeben, zwischen welchen Abhängigkeiten bestehen. Die voneinander unabhängigen Dehnungen, welche als Grundwerte verwendet werden, werden mit λ bezeichnet, ihre Anzahl sei n_λ.

Die abhängigen $\varDelta l$ sind lineare Funktionen der λ, es kann also gesetzt werden:

$$\varDelta l_r = \sum_t \varDelta l_{rt} \lambda_t . \tag{374}$$

Die Dehnung $\varDelta l_{rt}$ ist die Dehnung der Stabsehne $\varDelta l_r$, welche durch die unabhängige Dehnung $\lambda_t = 1$, alle übrigen Grundwerte $\lambda = 0$ entsteht. Die Summe erstreckt sich über alle Werte λ, sie hat also im allgemeinen Falle n_λ Glieder.

Der Stabdrehwinkel ψ ist eine lineare Funktion der Differenzen u, v [Gl. (2)] und diese können getrennt werden in einen Anteil, welcher durch die Verschiebung der Knoten ohne Formänderung der Tragwerksglieder und einen solchen, welcher durch die Längenänderungen $\varDelta l$ allein erzeugt wird. Es kann daher gesetzt werden:

$$\psi_r = \chi_r + \theta_r , \tag{375}$$

wobei χ unabhängig von der Längenänderung $\varDelta l_r$, θ dagegen eine lineare Funktion von ihr ist.

Der Stabdrehwinkel χ entsteht durch das Zusammenwirken einer Reihe Einzelverschiebungen als deren lineare Funktion. Er kann daher gesetzt werden:

$$\chi_r = \sum_s \chi_{rs} \mu_s , \tag{376}$$

wobei die Werte μ_s als Grundwerte eingeführt werden. Die μ sind Verschiebungsbeiwerte, ihre Anzahl n_μ ist gegeben durch die mögliche Anzahl voneinander unabhängiger Verschiebungen der Knotenpunkte. Die Summe erstreckt sich über alle Werte μ, sie hat im allgemeinen Falle n_μ Glieder. Der Winkel χ_{rs} ist der Drehwinkel des Stabes r, welcher infolge des einzigen Verschiebungsbeiwertes $\mu_s = 1$, alle übrigen Grundwerte $\mu = 0$ entsteht.

Der Stabdrehwinkel θ entsteht infolge der Dehnungen λ allein, er kann daher gesetzt werden:

$$\theta_r = \sum_t \theta_{rt} \lambda_t . \tag{377}$$

Der Winkel θ_{rt} ist der Stabdrehwinkel des Stabes r, welcher durch die einzige Dehnung $\lambda_t = 1$, alle übrigen Grundwerte $\xi = 0$ entsteht. Die Summe erstreckt sich über sämtliche Dehnungen λ_t, sie hat im allgemeinen also n_λ Glieder.

Als Grundwerte sind daher bestimmt:

die Knotendrehwinkel ν (Anzahl n_ν)

die Verschiebungsbeiwerte μ (Anzahl n_μ)

die Dehnungen λ (Anzahl n_λ).

Die Formänderungsgrößen sind dann bestimmt durch:

$$\Delta l_r = \sum_t \Delta l_{rt} \lambda_t \tag{378}$$

$$\psi_r = \sum_s \chi_{rs} \mu_s + \sum_t \theta_{rt} \lambda_t \tag{379}$$

$$\begin{aligned} \Delta \Phi_i &= \nu_i - \psi_r \\ \Delta \Phi_k &= \nu_k - \psi_r \end{aligned} \tag{380}$$

Der Winkel ψ erscheint deshalb negativ, weil der Knotendrehwinkel ν die Summe des Tangenten- und des Stabdrehwinkels ist (vgl. Bild 3 bis 5).

248. Die Hauptnetze. Durch Hinzufügen bzw. Ausschalten von steifen Ecken, Einspannungen und Knotendrehbarkeiten werden aus dem gegebenen Tragwerk weitere Tragwerke gebildet, welche für die Zwischenrechnung gebraucht werden.

1. *Das Festpunktnetz* N entsteht, wenn sämtliche Knotenpunkte des Tragwerkes unverschiebbar und undrehbar festgehalten werden. Die Stäbe des Festpunktnetzes sind daher starr eingespannte Träger.

2. *Die Stabkette* K. Sämtliche steifen Ecken und Einspannungen des Tragwerkes werden durch Gelenke ersetzt, die Knoten sind drehbar und verschieblich. An Stützknoten, an welchen mehr wie ein Stab angeschlossen ist, wird jede Stütze durch einen Stab ersetzt, welcher durch ein Gelenk einerseits im Knoten, andererseits in der Tragwerksebene angeschlossen ist. Für jede Stütze a_s tritt also ein Stab r_s und ein Knoten k_s mit zwei Stützen a'_s ein. In den Bedingungen für die Standfestigkeit wird also für jede ausscheidende Stütze a_s hinzugefügt: auf der einen Seite $2k_s = 2$, auf der anderen Seite: $r_s + 2a'_s - a_s = 2$, am Grad der Standfestigkeit der Stabkette ändert sich also durch die Änderung der Stützung nichts.

Das entstehende Gebilde ist je nach der Anzahl der Knoten, Stäbe und Stützen:

a) eine zwangläufige Kette K_k mit p Bewegungsfreiheiten,

b) ein einfach standfestes Fachwerk K_e,

c) ein mehrfach standfestes Fachwerk K_m mit m überzähligen Gliedern (Stäben, Stützen).

Im allgemeinen Fall kann es vorkommen, daß in demselben Tragwerk Scheiben vorkommen, welche Teilketten K_k und Teilfachwerke K_e und K_m ergeben, wodurch sich jedoch grundsätzlich nichts ändert.

3. *Die Fachwerke* F. Aus der Stabkette K wird ein einfach standfestes Fachwerk auf folgende Weise gebildet:

a) an der Kette K_k werden p Stützen angebracht, welche gerade die p Bewegungsfreiheiten aufheben; das entstehende einfach standfeste Fachwerk heiße F_k;

b) die Kette K_e ist bereits das einfach standfeste Fachwerk F_e;

c) im Fachwerk K_m werden m geeignete Stäbe beseitigt, das entstehende einfache Fachwerk heiße F_m. Zu den Stäben von K_m gehören auch die oben beschriebenen fingierten Stützstäbe.

4. *Das Hauptnetz* H entsteht aus der Stabkette K, wenn darin jeder Stab an einem seiner beiden Knoten in Richtung der Stabsehne beweglich geführt wird.

Beispiele. Im folgenden sollen für die Bildung der Hauptnetze einige Beispiele gezeigt werden, welche ohne weitere Erläuterungen verständlich sind. (Siehe Bilder 304—308, S. 264.)

249. Die Anzahl der Grundwerte. Die Drehung der festen Knoten ist durch die Auflagerbedingungen gegeben. Als Knotendrehwinkel kommen daher nur diejenigen der freien Knoten in Betracht, womit die Anzahl n_ν gegeben ist als die Anzahl der freien Knoten:

$$n_\nu = k_f\,. \tag{381}$$

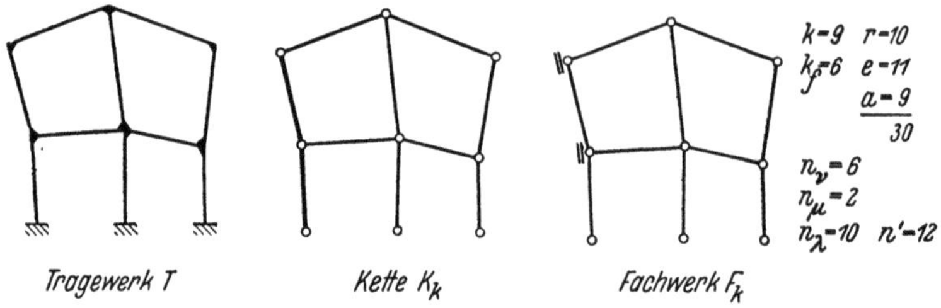

Bild 304.

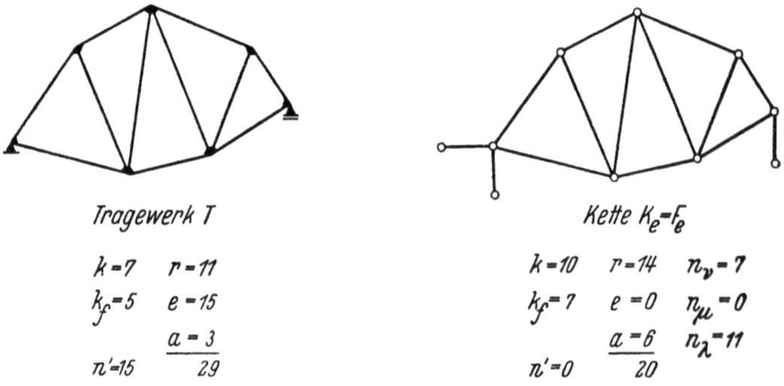

Bild 305.

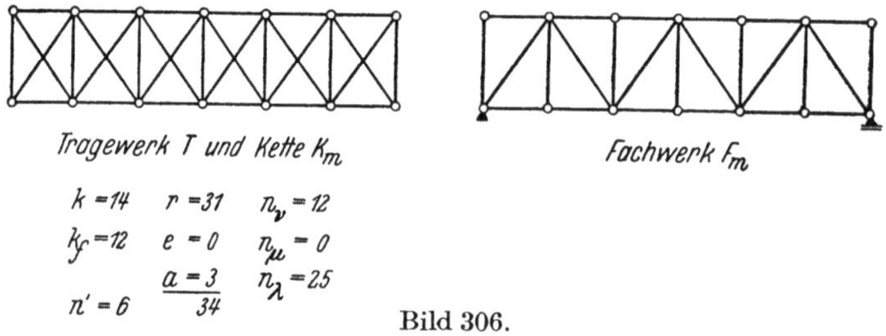

Bild 306.

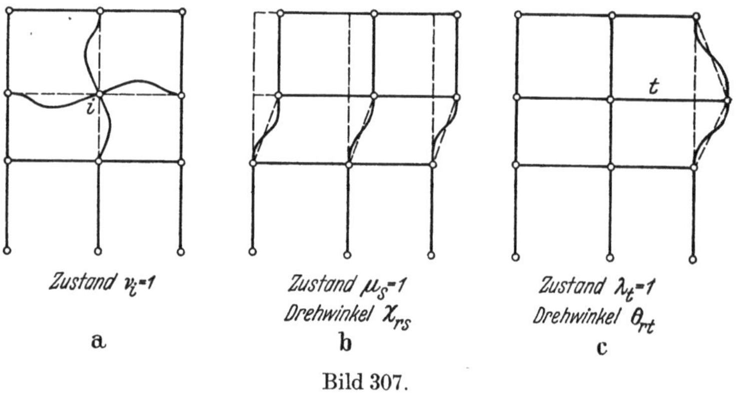

Bild 307.

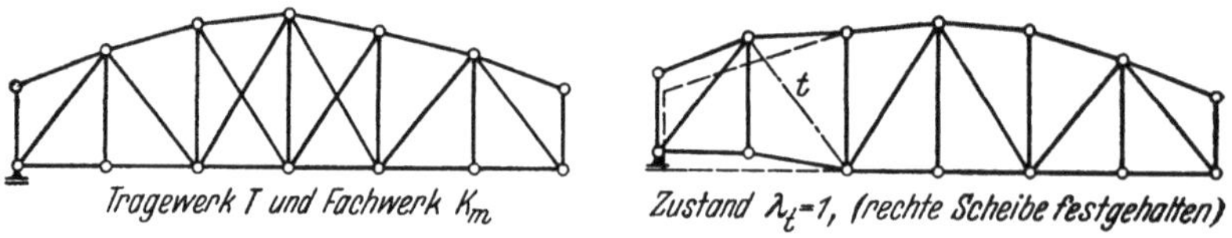

Bild 308.

Können sich die Knoten nur verschieben, aber nicht drehen ($\nu = 0$), dann entstehen die Verschiebungen, welche durch die Beiwerte μ gekennzeichnet sind. Es gibt so viele voneinander unabhängige Verschiebungen, als die Stabkette K_k Bewegungsfreiheiten hat, also

$$n_\mu = p\,. \tag{382}$$

Bei beiden Bewegungen, sowohl den Drehungen ν als auch den Verschiebungen μ bleiben die Längen der Stabsehnen unverändert. Die Anzahl der voneinander unabhängigen Dehnungen λ ist, wie leicht ersichtlich:

$$n_\lambda = r - m\,. \tag{383}$$

In den Fällen, in welchen die Kette K aus Teilketten K_k und K_m besteht, bezeichnet r die Gesamtzahl der Stäbe der Kette K, p die Anzahl der Bewegungsfreiheiten der Ketten K_k und m die Zahl der überzähligen Stäbe der Ketten K_m.

Die Anzahl k_f ergibt sich einfach durch Abzählen, die Größe p ergibt sich daraus, wieviele Stützen oder Stäbe man mindestens hinzufügen muß, um alle Bewegungsfreiheiten der Kette K_k aufzuheben. Ebenso ergibt sich die Größe m daraus, wieviele Stäbe man mindestens wegnehmen muß, um aus K_m ein einfaches Fachwerk zu erhalten.

250. Die Formänderungen der Hauptnetze. Die Formänderung des Tragwerkes kann aus Formänderungen der Hauptnetze zusammengesetzt werden. An Formänderungszuständen werden betrachtet:

1. die gesamte Formänderung des Tragwerkes unter den gegebenen Lasten. Dieser Zustand ist bekannt, wenn für jeden Stab ik die Formänderungsgrößen $\Delta\Phi_{is}$, $\Delta\Phi_{ks}$, Δl_{rs} bekannt sind, wobei der Zeiger s darauf hinweisen soll, daß es sich um die Summenwirkung aus Belastung und Formänderung handelt. Infolge der Belastung und der Formänderung übt der Stab eine Wirkung auf die Knoten i, k aus, deren Teilwirkungen Momente $-M_{is}$, $-M_{ks}$, Längskräfte $-N_{rs}$ parallel der unverschobenen Stabsehne und Querkräfte $-Q_{rs}$ normal zu ihr sind. Die Rückwirkung des Knotens auf den Stab ist jener Wirkung gleich groß, aber entgegengesetzt gerichtet, auf den Stab wirken also die Kräfte M_{is}, M_{ks}, N_{rs} und Q_{rs}.

Dieselben Kraftwirkungen M_{is}, M_{ks}, N_{rs}, Q_{rs} müssen am Knoten als äußere Lasten angreifen (Gleichgewichtsbedingungen am herausgeschnittenen Knoten). Man kann daher auch annehmen, daß die Formänderung $\Delta\Phi_{is}$, $\Delta\Phi_{ks}$, Δl_{rs} durch die Knotenbelastung erzeugt wird.

Wirken am Hauptnetz H die gegebenen Lasten, sowie an jedem Stab die Momente M_{is}, M_{ks} und die Kräfte N_{rs}, Q_{rs}, so ist die Verformung des Hauptnetzes dieselbe wie jene des Tragwerkes.

2. die Formänderung des Hauptnetzes H unter der gegebenen Belastung ohne Rücksicht auf den Zusammenhang des Netzes. Die Formänderungsgrößen des Stabes sind hierbei: $\Delta\Phi_{i0}$, $\Delta\Phi_{k0}$, Δl_{r0}. Die Wirkungen des Stabes auf die Knoten i, k sind die Summenkräfte $-R_i$, $-R_k$ der gegebenen Belastung des Stabes, die Rückwirkung der Knoten i, k auf den Stab sind die Auflagerdrücke $+R_i$, $+R_k$ des frei aufliegenden Stabes ik unter dieser Belastung (Bild 309a).

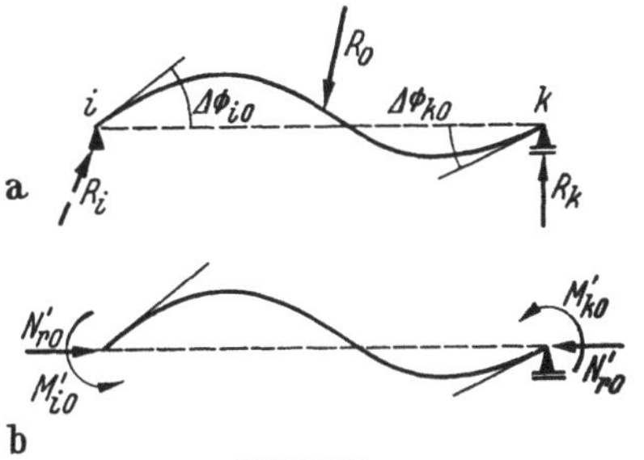

Bild 309.

Dieselben Drehwinkel und dieselbe Dehnung der Stabsehne können erzeugt werden durch Momente M'_{i0}, M'_{k0} und eine Längskraft N'_{r0}, deren Arbeit gleich jener der Kräfte R_0 bei derselben Verformung ist (Gleichgewichtsbedingung). Es ist aber zu beachten, daß die Formänderungen des Stabes unter der Belastung

R_0 und der der Momente M'_{i0}, M'_{k0} und der Längskraft N'_{r0} nur an den Knoten i, k miteinander übereinstimmen.

Die negativen Momente $M_{i0} = -M'_{i0}$, $M_{k0} = -M'_{k0}$ und die Längskraft $N_{r0} = -N'_{r0}$ machen die Drehungen $\Delta\Phi_{i0}$, $\Delta\Phi_{k0}$ und die Dehnung Δl_{r0} wieder rückgängig; dies sind also die Einspannungsmomente und die Längskraft, welche auf den Stab als starr eingespannten Träger unter der gegebenen Belastung einwirken.

3. diejenige Formänderung des Hauptnetzes H, welche die Formänderung 2 auf die Formänderung 1 zurückführt. Die Formänderungsgrößen sind dabei

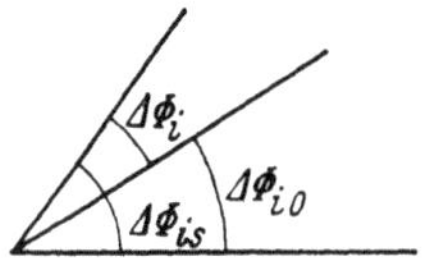

Bild 310.

$$\Delta\Phi_i = \Delta\Phi_{is} - \Delta\Phi_{i0} \qquad \Delta\Phi_k = \Delta\Phi_{ks} - \Delta\Phi_{k0}$$
$$\Delta l_r = \Delta l_{rs} - \Delta l_{r0}\,.$$

Diese Formänderung wird erhalten durch die Momente $M_i = M_{is} - M'_{i0}$, $M_k = M_{ks} - M'_{k0}$, die Längskraft $N_r = N_{rs} - N'_{r0}$ und die Querkraft $Q_r = Q_{rs} - Q'_{r0}$. Setzt man statt der Werte M'_{i0}, M'_{k0}, N'_{r0} die Auflagerwirkungen M_{i0}, M_{k0}, N_{r0} auf den starr eingespannten Stab ein, so werden

$$M_{is} = M_{i0} - M_i \qquad M_{ks} = M_{k0} - M_k \qquad N_{rs} = N_{r0} - N_r \qquad Q_{rs} = Q_{r0} - Q_r \tag{384}$$

die Wirkungen, welche im Tragwerk vom Knoten auf den Stab unter der gegebenen Belastung ausgeübt werden.

Während $\Delta\Phi_{i0}$ der Tangentendrehwinkel des frei aufliegenden Stabes bei festliegendem Knoten i ist, ist $\Delta\Phi_i$ der Drehwinkel, welcher durch die Drehung und Verschiebung des Knotens entsteht und sich nach Gl. (380) bestimmt. Das Moment M_i ist daher das Moment, welches zu den Knotendrehwinkeln ν und ψ als erzeugende Kraftwirkung gehört. Das Gesamtmoment M_{is} wird dann durch Herabminderung des Einspannungsmomentes M_{i0} um das Moment M_i berechnet, wodurch der elastischen Einspannung Rechnung getragen wird. Der Spannungsverlauf im Stab des Tragwerkes wird durch Überlagerung des Spannungszustandes M_{is}, M_{ks}, N_{rs}, Q_{rs} und jenem am frei aufliegenden Stab (Zustand 2) erhalten.

4. die n Formänderungszustände $\xi_e = 1$, alle übrigen $\xi = 0$ des Tragwerkes (Zustand $\xi_e = 1$). Die Formänderungsgrößen des Stabes ik bei diesem Zustand sind: $\Delta\Phi_{ie}$, $\Delta\Phi_{ke}$, Δl_{re}. Um diese Formänderungen zu erzeugen, müssen am Stabe in den Knoten i, k bzw. Momente M_{ie}, M_{ke} die Querkraft $Q_{re} = \dfrac{M_{ie} + M_{ke}}{l_r}$ und die Längskraft N_{re} als Belastung angreifen.

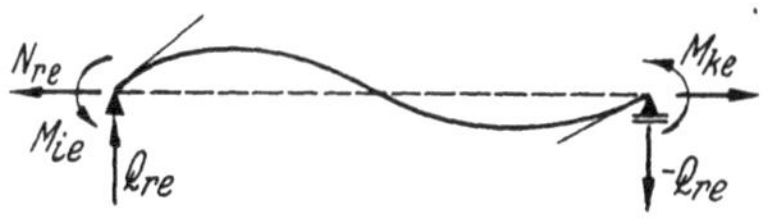

Bild 311.

Diese Wirkung ist gleich der Rückwirkung der Knoten i, k auf den Stab im Tragwerk beim Zustand $\xi_e = 1$, es ist aber auch, wie oben erläutert, die Belastung, welche am Knoten i bzw. k angreifen muß, um die Formänderung zu erzeugen.

Der Zustand $\xi_e = 1$ ist ein möglicher Formänderungszustand, bei welchem der geometrische Zusammenhang des Tragwerkes gewahrt bleiben muß. Unter derselben Bedingung kann man denselben Formänderungszustand am Hauptnetz H erzeugen, wobei dieselbe Knotenbelastung wirken muß. Dreht sich also bei einem Zustand $\xi_e = 1$ in einem Knoten eine Stabtangente, so müssen die Tangenten der übrigen Stäbe diese Drehung eingeprägt erhalten; verschiebt sich der beweglich geführte Endpunkt eines Stabes gegen den Knoten, so muß dieser die Verschiebung mitmachen. Der Zustand $\xi_e = 1$ ist also auch ein möglicher Formänderungszustand des Hauptnetzes H.

Für einfache Stäbe ist bei den Formänderungszuständen 1 bis 4 M, Q, $\Delta\Phi$, Null zu setzen, die Normalkraft N wird zur Spannkraft S, die Dehnung Δl_r der Stabsehne zur Stabdehnung Δs.

251. Die Formänderungszustände $\xi_e = 1$. Bei jedem Zustand $\xi_e = 1$ sind alle übrigen Grundwerte $\xi = 0$. Da es drei Gruppen Grundwerte gibt, ergeben sich hierdurch jeweils einige Besonderheiten.

a) Beim Zustand $\nu_i = 1$ wird der Knoten i um den Winkel $\nu = 1$ gedreht, um denselben Betrag drehen sich also die Endtangenten aller im Knoten i zusammenstoßenden Stäbe. Die mit dem Knoten i durch Stäbe verbundenen Stäbe k, die Nachbarknoten, werden hierbei nicht gedreht, ebenso verschwinden sämtliche übrigen Grundwerte ν, μ, λ.

Die Formänderung kann sowohl am Tragwerk wie auch am Hauptnetz H betrachtet werden. Zu beachten ist dabei, daß nur der Knoten i die Drehbarkeit $\nu_i = 1$ besitzt, alle übrigen Knoten aber undrehbar sind.

Um den Knoten i um den Winkel $\nu_i = 1$ zu drehen, muß an ihm das Moment M_{ii} angreifen. Am Stabe ik wirkt dabei im Knoten i das Moment M_{ik}, ferner ist $M_{ii} = +\sum M_{ik}$, wobei über sämtliche am Knoten i zusammenstoßenden Stäbe zu summieren ist. Das Moment M_{ik} kann auch als Wirkung des Knotens i auf den Stab ik bei der Drehung $\nu_i = 1$ aufgefaßt werden.

b) Bei den Zuständen $\mu_s = 1$ sind alle λ, $\nu = 0$. Die Verschiebungen μ können daher an der Stabkette K_k betrachtet werden statt am Hauptnetz H, welches sich von K_k nur durch die Möglichkeit von Dehnungen λ unterscheidet. Dabei ist aber zu beachten, daß die Knoten von K_k zwar frei verschieblich, aber wegen $\nu = 0$ nicht drehbar sind.

Man wählt also an der Stabkette K_k p Stäbe aus, welche sich unabhängig voneinander drehen können und die Grundstäbe der Kette heißen sollen. Nun erteilt man einem dieser Stäbe einen willkürlichen Drehwinkel, wodurch die ganze Kette eine zwangläufige Verschiebung erleidet, wobei die restlichen $p - 1$ Grundstäbe parallel zu sich selbst verschoben werden. Hierdurch wird der Zustand $\mu_s = 1$ des Hauptsystems H, welcher mit dem Zustand $\mu_s = 1$ der Stabkette K_k identisch ist, erzeugt.

Dadurch, daß bei dieser Formänderung der Knoten ungedreht bleiben muß, entstehen an ihm Festhaltungsmomente. Am Stabe r wirkt am Knoten i dabei das Moment M_{ri}, das die Rückwirkung des Knotens i auf den Stab r bei der Drehung $\mu_s = 1$ ist. Da dieses Moment die Drehung der Stabtangente rückgängig machen muß, dreht es in entgegengesetztem Sinne wie der Winkel ψ.

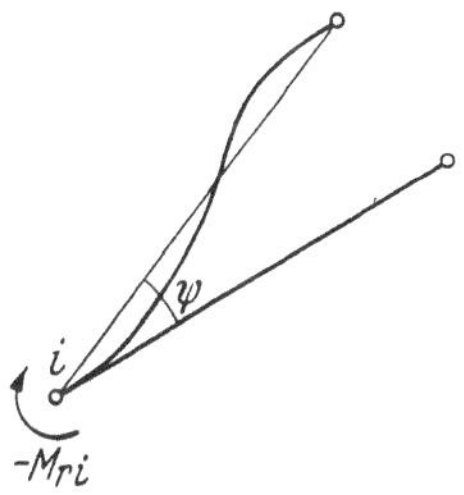

Bild 312.

c) Die Zustände $\lambda^t = 1$ können an den Fachwerken F betrachtet werden. Dabei ist bei der Bildung des Fachwerkes F_k zu beachten, daß die p Stützen, welche die p Bewegungsfreiheiten der Kette K_k aufheben sollen, so angebracht werden, daß je eine Stütze gerade die Drehbarkeit eines Grundstabes aufhebt.

Um die Dehnungen $\lambda_t = 1$ und die abhängigen Dehnungen Δl_{rt} zu erhalten, sind an den Stäben t und r jeweils die Belastungseinheiten der Punktpaare (Nr. 166, 2) anzubringen, welche die Dehnung $\lambda_t = 1$ bzw. die Dehnung Δl_{rt} erzeugen. Als Punktpaare gelten dabei die Knoten jedes Stabes. Diese Belastungseinheiten sind auch die Wirkungen der Knoten auf die betreffenden Stäbe.

Bei den durch die Längenänderungen λ erzeugten Drehungen θ_{rt} sind die Knoten undrehbar festgehalten, wodurch ebenfalls Festhaltungsmomente in den Knoten entstehen. Am Stabe r wirkt am Knoten i dabei wie unter b) ein Moment M_{ri}, das auch die Rückwirkung des Knotens i auf den Stab r bei der Drehung θ_{rt} ist und entgegengesetzt dreht wie der Winkel ψ.

Wie oben bereits dargelegt, können die Momente M_{ii} und M_{ri} sowie die Längskraft N_r auch als äußere Lasten am Knoten aufgefaßt werden, welche durch ihn auf die Stäbe übertragen werden.

252. Berechnung der Drehwinkel χ_{rs}. Der Winkel χ_{rs} ist der Drehwinkel des Stabes r beim Zustand $\mu_s = 1$.

Man gibt dem Grundstab s einen willkürlichen Drehwinkel χ_{ss}, z. B. $\chi_{ss} = 1$, während die übrigen $p-1$ Grundstäbe ungedreht bleiben, also nur parallel zu sich verschoben werden. Hierbei ist die Stabkette K_k eine zwangläufige Kette mit einer Bewegungsfreiheit, eben der Drehung χ_{ss}; die Verschiebungen der Knoten können durch einen Verschiebungsplan berechnet werden (Nr. 146 u. 149). Ist hierbei die Relativverschiebung der Knoten i, k des Stabes r gegeneinander normal zur Stabsehne q_r, sowie die Länge der Stabsehne l_r, dann ist der Drehwinkel $\chi_{rs} = \frac{q_r}{l_r}$.

253. Berechnung der Dehnungen Δl_{rt}. Die Stabdehnungen an den Fachwerken F_k und F_e (Nr. 249) sind sämtliche voneinander unabhängig, an diesen Fachwerken sind keine Dehnungen Δl, sondern nur die unabhängigen Dehnungen zu berücksichtigen.

Dagegen gibt es an der Stabkette F_m m Werte Δl der überzähligen Stäbe der Kette K_m. Man erteilt einem der unabhängigen Stäbe die Dehnung $\lambda_t = 1$ und zeichnet den Verschiebungsplan der zwangläufigen Kette F_m, welche nur eine Bewegungsfreiheit hat. Sind i, k die Knoten des überzähligen Stabes r der Kette K_m, dann ist die Relativverschiebung der Knoten i, k der Kette F_m in Richtung der Stabsehne l die Dehnung Δl_{rt}.

254. Berechnung der Drehwinkel θ_{rt}. Der Winkel θ_{rt} ist der Drehwinkel des Stabes r beim Zustand $\lambda_t = 1$.

Die Drehwinkel θ werden an den Fachwerken F bestimmt. Man erteilt einem der unabhängigen Stäbe die Dehnung $\lambda_t = 1$ und zeichnet wie in der vorigen Nummer den Verschiebungsplan der zwangläufigen Kette F, welche nur eine Bewegungsfreiheit hat. Sind i, k die Knoten eines Stabes r dieser Kette und ist q_r die Relativverschiebung beider Knoten normal zur Stabsehne, dann ist der Drehwinkel $\theta_{rt} = \frac{q_r}{l_r}$.

Bei einem Fachwerk F_m werden Δl_{rt} und θ_{rt} mit demselben Verschiebungsplan ermittelt.

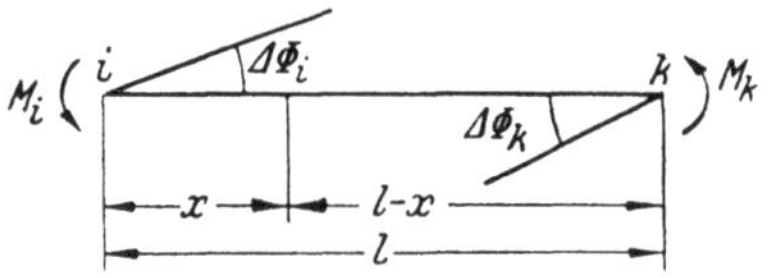

Bild 313.

255. Berechnung der Momente M_{ik}, M_{ri}. Auf einen geraden Stab ik wirken in den Knoten i, k die Momente M_i, M_k, sowie in der Richtung der Stabsehne die Längskraft N_r. Um den Drehwinkel $\Delta\Phi_i$ des Stabes im Punkte i unter dieser Belastung zu finden, werde die Arbeitsgleichung (180) aufgestellt, in welcher zu setzen ist:

$$M_r = M_i \cdot \frac{l-x}{l} - M_k \cdot \frac{x}{l} \qquad Q_r = \frac{M_i + M_k}{l} \qquad N = N_r;$$

$$\overline{M}_i = 1 \qquad \overline{M} = \frac{l-x}{l} \qquad \overline{Q} = \frac{1}{l} \qquad \overline{N} = 0;$$

$$\overline{M}_k = 1 \qquad \overline{M} = \frac{-x}{l} \qquad \overline{Q} = \frac{1}{l} \qquad \overline{N} = 0.$$

Zur Abkürzung werde gesetzt:

$$l^2 \cdot a_1 = \int_0^l \frac{x^2}{EJ} \cdot dx + \int_0^l \frac{dx}{GF_q} \tag{385}$$

$$l^2 \cdot a_2 = \int_0^l \frac{(l-x)^2}{EJ} \cdot dx + \int_0^l \frac{dx}{GF_q} \tag{386}$$

$$l^2 \cdot b = \int_0^l \frac{x(l-x)}{EJ} \cdot dx - \int_0^l \frac{dx}{GF_q} \qquad (387)$$

$$c^2 = a_1 a_2 - b^2 \qquad \mathfrak{S} = \frac{EJ}{l} = \frac{1}{\mathfrak{s}}. \qquad (388)$$

Bis auf seltene Ausnahmefälle können die Glieder, welche den Einfluß der Querkraft angeben, vernachlässigt werden. Will man statt mit x mit dem Verhältniswert $\mathfrak{x} = x\, l$ rechnen, so lassen sich die Werte leicht umrechnen, ebenso macht es keine Schwierigkeit, einen Vergleichswert $E_c J_c$ einzuführen. Für zur Stabmitte symmetrische Stäbe wird $a_1 = a_2 = a$.

Mit diesen Abkürzungen ergeben sich die Drehwinkel $\Delta\Phi$ zu:

$$\Delta\Phi_i = a_2 M_i - b \cdot M_k \qquad \Delta\Phi_k = a_1 M_k - b \cdot M_i$$

und hieraus folgt

$$M_i = \frac{a_1}{c^2} \cdot \Delta\Phi_i + \frac{b}{c^2} \cdot \Delta\Phi_k \qquad M_k = \frac{a_2}{c^2} \cdot \Delta\Phi_k + \frac{b}{c^2} \cdot \Delta\Phi_i. \qquad (389)$$

In diese Gleichungen werden die Werte der Gl. (380) eingesetzt:

$$M_i = \frac{a_1}{c^2} \nu_i + \frac{b}{c^2} \nu_k - \frac{a_1 + b}{c^2} \psi_r \qquad M_k = \frac{a_2}{c^2} \nu_k + \frac{b}{c^2} \nu_i - \frac{a_2 + b}{c^2} \psi_r.$$

Dabei ist steifer Anschluß des Stabes in i und k vorausgesetzt. Bei gelenkigem Anschluß in k ist $M_k = 0$, wodurch sich ν_k berechnen läßt. Dann ist: $M_i = \frac{1}{a^2}(\nu_i - \psi_r)$. Bei gelenkigem Anschluß in i wird entsprechend: $M_k = \frac{1}{a_1}(\nu_k - \psi_r)$. Die Gleichungen für M_i und M_k für diese verschiedenen Fälle lassen sich zusammenfassen in:

$$M_i = \mathfrak{k}_{ii} \nu_i + \mathfrak{k}_{ik} \nu_k + \mathfrak{g}_i \psi_r \qquad (390)$$

$$M_k = \mathfrak{k}_{kk} \nu_k + \mathfrak{k}_{ki} \nu_i + \mathfrak{g}_k \psi_r. \qquad (391)$$

Das Vorzeichen von $\mathfrak{g}$ wurde aus Symmetriegründen als positiv angenommen. Die Beiwerte ergeben sich aus folgender Tabelle.

Anschluß des Stabes ik durch:	steife Ecke in i und k	steife Ecke in i, Gelenk in k	steife Ecke in k, Gelenk in i	Gelenke in i und k
$\mathfrak{k}_{ii}$	$\frac{a_1}{c^2}$	$\frac{1}{a_2}$	0	0
$\mathfrak{k}_{ik} = \mathfrak{k}_{ki}$	$\frac{b}{c^2}$	0	0	0
$\mathfrak{k}_{kk}$	$\frac{a_2}{c^2}$	0	$\frac{1}{a_1}$	0
$\mathfrak{g}_i$	$-\frac{a_1 + b}{c^2}$	$-\frac{1}{a_2}$	0	0
$\mathfrak{g}_k$	$-\frac{a_2 + b}{c^2}$	0	$-\frac{1}{a_1}$	0
$\mathfrak{h}_r = -(\mathfrak{g}_i + \mathfrak{g}_k)$	$\frac{a_1 + a_2 + 2b}{c^2}$	$\frac{1}{a_2}$	$\frac{1}{a_1}$	0
$\mathfrak{j}$	$\frac{1}{l}\int_0^l EF\,dl$			

(392)

Sind E, G, J, F, F_q über die Stablänge konstant, so wird: $a = \frac{\mathfrak{s}}{3} + \frac{1}{GF_q}$, $b = \frac{\mathfrak{s}}{6} - \frac{1}{GF_q}$. Der Wert $\frac{1}{GF_q}$ kann immer vernachlässigt werden, so daß für Stäbe mit gleichem Querschnitt über die Stablänge gilt:

$$\frac{a}{c^2} = 4 \cdot \frac{EJ}{l} = 4\,\mathfrak{S} \qquad \frac{b}{c^2} = 2 \cdot \frac{EJ}{l} = 2\,\mathfrak{S} \qquad \frac{a+b}{c^2} = 6\,\mathfrak{S} \qquad \frac{1}{a} = 3\,\mathfrak{S}. \qquad (393)$$

Ein häufig vorkommender Fall ist der, in welchem der Stab von Länge l auf eine gewisse Länge l_1 ein konstantes Trägheitsmoment J hat, während auf dem Rest der Stablänge das Trägheitsmoment unendlich groß ist (z. B. in einen starken Träger eingespannte Stütze, Bild 250). Für einen solchen Stab wird:

$$J l^2 a_1 = \frac{l_1^3}{3} \qquad J l^2 a_2 = l^2 l_1 \left(1 - \frac{l_1}{l} + \frac{l_1^2}{3 l^2}\right) \qquad J l^2 b = l \cdot l_1^2 \left(\frac{1}{2} - \frac{l_1}{3 l}\right) \qquad J^2 l^4 c^2 = \frac{l^2 l_1^4}{12}$$

woraus sich ergibt:

$$\frac{l}{J}\frac{a_1}{c^2} = 4 \cdot \frac{l}{l_1} \qquad \frac{l}{J}\frac{a_2}{c^2} = 4 \cdot \frac{l}{l_1}\left(1 + 3 \cdot \frac{l}{l_1}\left(\frac{l}{l_1} - 1\right)\right) \qquad \frac{l}{J}\frac{b}{c^2} = 2 \cdot \frac{l}{l_1}\left(3 \cdot \frac{l}{l_1} - 2\right). \quad (394)$$

Aus den Gl. (390 u. 391) lassen sich die Momente M_{ik}, M_{ri} angeben.

Beim Zustand $\nu_i = 1$, alle übrigen λ, μ, $\nu = 0$ ist:

$$M_{ik} = \mathfrak{k}_{ii} \qquad M_{ki} = \mathfrak{k}_{ik} \qquad M_{ii} = \sum_i \mathfrak{k}_{ii} = \mathfrak{K}_{ii}.$$

Beim Zustand $\mu_s = 1$ mit den Drehwinkeln $\psi_r = \chi_{rs}$ ist:

$$M_{ri} = + \mathfrak{g}_i \chi_{rs} \qquad M_{rk} = + \mathfrak{g}_k \chi_{rs}.$$

Beim Zustand $\lambda_t = 1$ mit den Drehwinkeln θ_{rt} ist:

$$M_{ri} = + \mathfrak{g}_i \theta_{rt} \qquad M_{rk} = + \mathfrak{g}_k \theta_{rt}.$$

Damit sind die Momente M_{ik}, M_{ri} für gerade Stäbe berechnet. Wie man bemerkt, haben sie tatsächlich entgegengesetztes Zeichen wie χ und θ.

256. Krumme Stäbe. Sind im Tragwerk krumme Stäbe vorhanden, so bedeuten Δl_r, $\Delta \Phi_i$, $\Delta \Phi_k$ die Längenänderung der Stabsehne und die Drehwinkel der Stabtangenten bezüglich der Stabsehne. In den bisherigen Überlegungen tritt keine Änderung ein, dagegen kann die Berechnung der Momente M_{ik}, M_{ri} nach der vorigen Nummer nicht verwendet werden, da sie nur für gerade Stäbe gilt. Außerdem sind bei krummen Stäben stets die Längskräfte und die Längenänderungen der Bogensehnen zu berücksichtigen. An Stelle einer entsprechend durchgeführten Berechnung für krumme Stäbe wird zweckmäßig ein neues System von Grundwerten eingeführt, welche zum Unterschied von den bisher verwendeten Grundwerte zweiter Art heißen sollen.

257. Die Grundwerte zweiter Art (vgl. Nr. 245). An einem krummen Stab ik greifen die Momente M_i, M_k und die Längskraft N_r an (Formänderungszustand 3 der Nr. 250), wobei M_i am linken, M_k am rechten Endquerschnitt des Stabes wirkt und $+N_r$ eine Dehnung der Stabsehne erzeugt. Man denkt sich nun an dem Stab in den Knoten i und k zwei starre, also unverformbare Stäbe iO und kO durch steife Ecken in i und k angeschlossen. Dann wirken bei der Verformung durch die Werte M_i, M_k, N_r im Querschnitt O Schnittkräfte X_l, X_q und ein Moment X_m, deren positive Richtungen aus Bild 314a hervorgehen. Schneidet man den Querschnitt in O auf, so erleiden die beiden Schnittufer Relativverschiebungen ξ_l ξ_q in den Richtungen von X_l, X_q und eine Drehung ξ_m gegeneinander, positiv im selben Sinne gemessen wie X_l, X_q, X_m.

Die Richtung von X_l wird als x-Achse angenommen, welche gegen die Waagerechte um den Winkel α geneigt ist. Als z-Achse wird die Lotrechte durch O gewählt; Nullpunkt des Koordinatensystems ist der Punkt O, die Richtungen der Achsen gehen aus Bild 314a hervor. Die y-Achse steht normal auf der Stabebene, ihre positive Richtung bestimmt sich aus der positiven Drehung von $+y$ nach $+z$ von $+x$ aus gesehen. Für die Punkte i und k ist $z = e_i$, e_k, die waagerechten Abstände der Knoten i, k von der Lotrechten durch O sind d_i, d_k.

Für einen geraden Stab ist e_i, $e_k = 0$, α, $\gamma = 0$ zu setzen, sonst ändert sich nichts an den Beziehungen.

Die beiden Kraftsysteme M_i, M_k, N_r und X_l, X_q, X_m müssen am Stab iO und am Stab kO je ein Gleichgewichtssystem bilden, für welches sich die folgenden Gleichgewichtsbedingungen ergeben:

$$\begin{aligned} M_i &= X_l e_i \cdot \cos\alpha - X_q d_i + X_m \\ M_k &= -X_l e_k \cdot \cos\alpha - X_q d_k - X_m \\ N_r &= X_l \cdot \cos(\gamma - \alpha) - X_q \cdot \sin\gamma \, . \end{aligned} \tag{395}$$

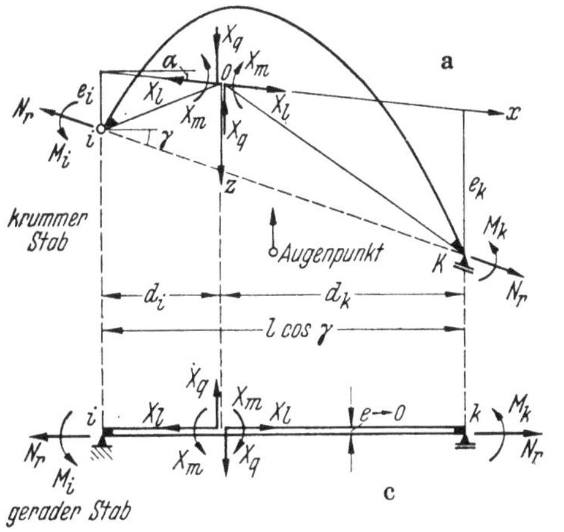

Bild 314 a u. c.

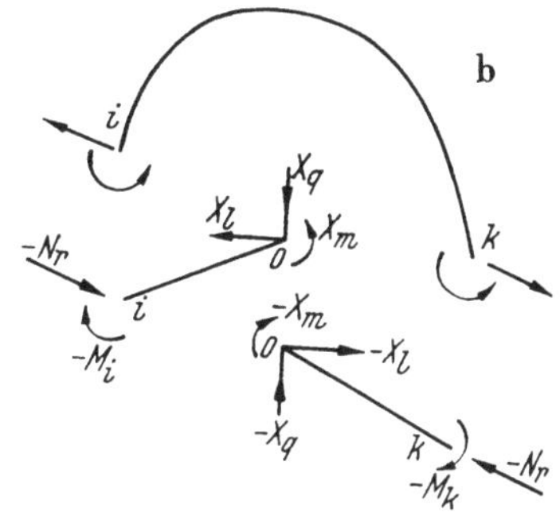

Bild 314 b.

Ferner muß die mögliche Arbeit der beiden Kraftsysteme bei möglichen Verschiebungen dieselbe sein:

$$M_i \Delta\Phi_i + M_k \Delta\Phi_k + N_r \Delta l_r = X_l \xi_l + X_q \xi_q + X_m \xi_m \, . \tag{396}$$

Setzt man hierin die Werte (395) ein, so folgt:

$$\begin{aligned} \xi_l &= (e_i \Delta\Phi_i - e_k \Delta\Phi_k) \cos\alpha + \Delta l_r \cos(\gamma - \alpha) \\ \xi_q &= -d_i \Delta\Phi_i - d_k \Delta\Phi_k - \Delta l_r \sin\gamma \\ \xi_m &= \Delta\Phi_i - \Delta\Phi_k \end{aligned} \tag{397}$$

und mit den Gl. (380):

$$\begin{aligned} \xi_l &= (e_i \nu_i - e_k \nu_k) \cos\alpha - (e_i - e_k) \psi_r \cos\alpha + \Delta l_r \cos(\gamma - \alpha) \\ \xi_q &= -(d_i \nu_i + d_k \nu_k) + l_r \psi_r \cos\gamma - \Delta l_r \sin\gamma \\ \xi_m &= \nu_i - \nu_k \, . \end{aligned} \tag{398}$$

Die Werte ξ_l, ξ_q, ξ_m, die Relativverschiebungen der beiden Stabquerschnitte in O, sind die Grundwerte zweiter Art, die zugeordneten Kraftwirkungen sind X_l, X_q, X_m.

Vertauscht man bei der Ableitung der obigen Gleichungen die Knoten i und k miteinander, dann ändern sich die Vorzeichen teilweise mit. Um daher Vorzeichenfehler beim Gebrauch der Gleichungen zu vermeiden, ist folgende *Vorzeichenregel* zu beachten:

Bei sämtlichen Bögen eines Tragwerkes ist die Zählung der Knoten i, k so vorzunehmen, daß man den Bogen ik vom Knoten k zum Knoten i im positiven Drehsinn durchfährt, so daß i der Knoten ist, an welchem X_m in positivem Sinne dreht. Die Dehnung ist bei sämtlichen Bögen positiv, wenn sie eine Verlängerung der Stabsehne ist.

Die Strecken d_i, d_k sind unabhängig vom Koordinatensystem positiv angenommen, wenn d_i vom Knoten i weg gegen den Knoten k, d_k vom Knoten k wegen gegen i gerichtet ist. Ob man den Knoten i oder k als beweglich annimmt, ist für die Gleichungen und die Vorzeichen gleichgültig, dies hat lediglich Einfluß auf die Winkel χ und θ.

Nach Gl. (180) bzw. (249) sind die Verschiebungen ξ_l, ξ_q, ξ_m bestimmt durch:

$$\xi_l = \delta_{10} + \delta_{11} X_l + \delta_{12} X_q + \delta_{13} X_m$$
$$\xi_q = \delta_{20} + \delta_{12} X_l + \delta_{22} X_q + \delta_{23} X_m$$
$$\xi_m = \delta_{30} + \delta_{13} X_l + \delta_{23} X_q + \delta_{33} X_m \,.$$

δ_{e0} ist hierbei die Verschiebung, welche am Hauptnetz Bild 314a unter einer gegebenen äußeren Belastung allein entsteht, δ_{11} die Verschiebung infolge der Belastung $X_l = +1$, δ_{22} jene infolge $X_q = +1$, δ_{33} jene infolge $X_m = +1$. Die Werte der δ_{ee} werden in den Gl. (350) bestimmt, in Gl. (351) die Werte $-\delta_{10}$, $-\delta_{20}$, $-\delta_{30}$. Dort wird weiterhin gezeigt, daß sich die Gleichungen durch geeignete Wahl des Koordinatensystems so bestimmen lassen, daß:

$$\begin{aligned} \xi_l &= \delta_{10} + \delta_{11} X_l = \delta_{10} + \frac{1}{c_l} X_l \\ \xi_q &= \delta_{20} + \delta_{22} X_q = \delta_{20} + \frac{1}{c_q} X_q \\ \xi_m &= \delta_{30} + \delta_{33} X_m = \delta_{30} + \frac{1}{c_m} X_m \end{aligned} \tag{399}$$

wird. Hierbei ergeben sich die Bedingungen, aus welchen die Werte e_i, e_k, d_i, d_k, welche die Lage des Koordinatensystems bestimmen, berechnet werden können. Umgekehrt ergeben sich die Werte der X aus:

$$\begin{aligned} X_l &= c_l\, \xi_l + X_{l0} \\ X_q &= c_q\, \xi_q + X_{q0} \\ X_m &= c_m\, \xi_m + X_{m0}\,, \end{aligned} \tag{400}$$

wobei die Werte X_{l0}, X_{q0}, X_{m0} die nach Gl. (354) bestimmten Werte der Überzähligen des beiderseits starr eingespannten Bogens unter der gegebenen Belastung sind.

Auch bei der Verwendung von Grundwerten zweiter Art werden mit den Hauptgleichungen zunächst die Grundwerte erster Art berechnet, mit diesen dann die Grundwerte zweiter Art nach der Gl. (398), woraus sich aus den Gl. (400) die Unbekannten X und aus den Gl. (395) die statischen Werte eines beliebigen Stabquerschnittes ergeben. Wie man sieht, wird der Einfluß der Längskräfte durch Berücksichtigung der X_l und X_q ohne weiteres in die Berechnung einbezogen.

Die oben abgeleiteten Beziehungen gelten, wenn der Stab ik in beiden Knoten steif angeschlossen ist. Ist in i oder k oder in beiden Knoten ein Gelenk, dann ändern sich die vorstehenden Gleichungen, was hier abgeleitet werden soll.

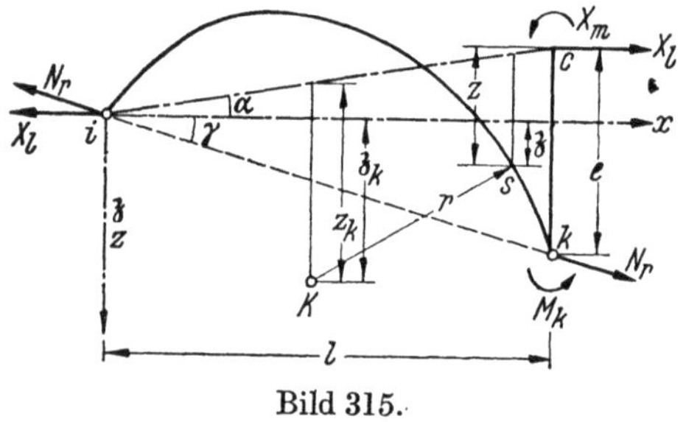

Bild 315.

a) *Gelenk in i.* Zur Berechnung des zweifach überbestimmten Trägers wird die Einspannung in k durch einen lotrechten Stützstab ck ersetzt, welcher völlig starr ist und in k an den Bogen durch eine steife Ecke angeschlossen ist. Außerdem wird der Knoten k durch ein einfaches Auflager mit waagerechter Führung gestützt. Im Punkt c wirken an dem Auflagerstab das Moment X_m und die waagerecht wirkende Kraft X_l. Der Stab ck habe die Länge e. In einem Schnitt s des Stabes ergeben sich die Schnittkräfte (vgl. Nr. 243 und die Bilder 302, 303) des linken Schnittufers zu:

$$M_s = -X_l z + X_m \cdot \frac{x}{l} \qquad \mathfrak{N}_s = N_s - \frac{M_s}{r} = \frac{1}{r}\left(X_l z_k - X_m \cdot \frac{x_k}{l}\right) \tag{401}$$

wobei die positiven Richtungen und die Koordinaten aus Bild 315 hervorgehen. Für $x = l$, $z = e$ folgen

$$M_k = -X_l e + X_m \qquad N_r \cos\gamma = X_l \tag{402}$$

die am Bogenstab in k angreifenden Kräfte.

Die Hauptgleichungen zur Bestimmung der beiden Überzähligen sind:

$$\delta_{10} = \delta_{11} X_l + \delta_{12} X_m \qquad \delta_{20} = \delta_{12} X_l + \delta_{22} X_m\,.$$

Mit den beiden Zuständen X_l, $X_m = +1$ ergeben sich für die δ:

$$\begin{aligned} E\,\delta_{11} &= \int z^2 \frac{ds}{J} + \int \frac{z_k^2}{r^2}\frac{ds}{F} + \int \sin^2\beta \frac{ds}{F_q} \\ l^2 E\,\delta_{22} &= \int x^2 \frac{ds}{J} + \int \frac{x_k^2}{r^2}\frac{ds}{F} \\ l E\,\delta_{12} &= +\int z\,x \frac{ds}{J} + \int \frac{z_k\,x_k}{r^2}\frac{ds}{F}\,. \end{aligned} \tag{403}$$

Die Koordinaten $\mathfrak{z}$ und z sind verbunden durch:

$$z = \mathfrak{z} + \frac{e}{l}\cdot x \tag{404}$$

mit welcher Beziehung die Bedingung $\delta_{12} = 0$ liefert:

$$\frac{e}{l}\left[\int x^2 \frac{ds}{J} + \int \frac{x_k^2}{r^2}\frac{ds}{F}\right] = -\left[\int \mathfrak{z}\,x \frac{ds}{J} + \int \frac{\mathfrak{z}_k\,x_k}{r^2}\frac{ds}{F}\right]. \tag{405}$$

Mit der Gl. (396) ergibt sich:

$$\xi_l = -e(\nu_k - \psi_r) + \frac{\Delta l}{\cos\gamma} \qquad \xi_m = \nu_k - \psi_r \tag{406}$$

und die Gleichungen zwischen den X und ξ:

$$X_l = c_l\,\xi_l \qquad X_m = c_m\,\xi_m \tag{407}$$

Bei einem geraden Stab ist: $e = 0$ $\qquad E\,\delta_{11} = \int \frac{ds}{F} \qquad l^2 E\,\delta_{22} = \int x^2 \frac{ds}{J}$.

b) *Gelenke in i und k.* Hierfür ist $e = 0$, die Unbekannte $X = N_r$ und es wird: $\mathfrak{z} \equiv z$

$$\begin{aligned} M_s &= X z \qquad \mathfrak{N} = -X\frac{z_k}{r} \\ E\,\delta_{11} &= \int z^2 \frac{ds}{J} + \int \frac{z_k^2}{r^2}\frac{ds}{F} \\ \xi &= +\Delta l_r \qquad X = c_l\,\xi\,. \end{aligned} \tag{408}$$

258. Näherungswerte für die Längenänderungen λ und Δl. Das Formänderungsverfahren wird dadurch wesentlich vereinfacht, daß die Längenänderungen λ und Δl bei geraden Stäben näherungsweise für sich berechnet werden können. Man kann dabei drei verschiedene Fälle unterscheiden:

a) die Längenänderungen haben keinen merklichen Einfluß auf das Ergebnis der Berechnung, sie können sämtliche vernachlässigt werden, also: λ, $\Delta l = 0$.

Dies ist der Fall bei Rahmenwerken mit geraden Stäben. Diese Vernachlässigung wird auch bei allen Rahmenberechnungen mit dem Kraftverfahren gemacht.

b) bei Fachwerken sind die λ, Δl von erheblicher Bedeutung; sie können hier unter Annahme von lauter Gelenkanschlüssen berechnet werden, da die steifen Ecken nur geringen Einfluß auf die Normalkräfte der Stäbe haben. Für die Berechnung der Momente sind die Δl dann bekannt, es ist $\chi = 0$ und $\psi = \theta$ ebenfalls bekannt. Diese Vernachlässigung bedeutet, daß die Berechnung des Einflusses der Knotensteifigkeit als Nebenspannungsberechnung durchgeführt wird.

c) Fälle, welche zwischen diesen Grenzwerten liegen, werden durch schrittweise Annäherung berechnet. In der ersten Berechnung setzt man $\Delta l = 0$ oder einen geschätzten Wert. Mit diesem wird die Berechnung durchgeführt und mit dem sich aus ihr ergebenden Δl eine Verbesserung berechnet.

Diese Vereinfachung bedeutet besonders bei Rahmenwerken eine bedeutende Erleichterung und gibt dem Formänderungsverfahren einen Vorsprung vor dem Kraftverfahren.

B. Die Hauptgleichung.

259. Die Hauptgleichung. Auf die in Nr. 250 beschriebenen Formänderungszustände 1 und 4 als möglichen Formänderungen des Hauptnetzes H wird die Hauptgleichung (112) angewandt, was ergibt:

$$\sum (M_{ie}\Delta\Phi_{is} + M_{ke}\Delta\Phi_{ks} + N_{re}\Delta l_{rs}) + \sum S_{re}\Delta l_{rs}$$
$$= + \sum (M_{ie}\Delta\varphi_{it} + M_{ke}\Delta\varphi_{kt} + N_{re}\Delta l_{rt}) + \sum S_{re}\Delta l_{rt} + \sum P\delta_e + \sum C c_e .$$

Die Arbeit der Auflagerwirkungen $\sum C c_e$ ist Null, da beim Hauptnetz H die Auflagerverschiebungen normal zu den Auflagerwirkungen sind. Im Gegensatz zur Hauptgleichung des Kraftverfahrens treten hier aber auch die Lasten auf, deren Arbeitswert $\sum P\delta_e$ in Nr. 265 berechnet wird.

In diese Gleichung werden für die $\Delta\Phi_{is}$, $\Delta\Phi_{ks}$, Δl_{rs} die Werte der Gl. (370 bis 373) eingeführt, womit sich ergibt:

$$A_e + A_t = \varrho_{ea}\xi_a + \varrho_{eb}\xi_b + \cdots + \varrho_{eh}\xi_h + \cdots + \varrho_{en}\xi_n \qquad e = a, b, \ldots n \tag{409}$$

$$\varrho_{eh} = \sum (M_{ie}\Delta\Phi_{ih} + M_{ke}\Delta\Phi_{kh} + N_{re}\Delta l_{rh}) + \sum S_{re}\Delta l_{rh} \tag{410}$$

$$\varrho_{eo} = \sum (M_{ie}\Delta\Phi_{io} + M_{ke}\Delta\Phi_{ko} + N_{re}\Delta l_{ro}) + \sum S_{re}\Delta l_{ro} \tag{411}$$

$$\varrho_{et} = \sum (M_{ie}\Delta\varphi_{it} + M_{ke}\Delta\varphi_{kt} + N_{re}\Delta l_{rt}) + \sum S_{re}\Delta l_{rt} \tag{412}$$

$$A_e = \sum P\delta_e \qquad A_t = 1\cdot\varrho_{et} . \tag{413}$$

Die Summen in den Gl. (409 bis 413) erstrecken sich über sämtliche Stäbe bzw. Knoten des Tragwerkes und zwar derart, daß die erste Summe jeweils sämtliche biegungsfesten Stäbe, die zweite jeweils sämtliche einfachen Stäbe des Tragwerkes umfaßt. In Gl. (413) umfaßt die Summe A_e sämtliche Lasten.

Die Gl. (409) zerfallen in drei Gruppen, je nachdem der Formänderungszustand $\xi_e = 1$ eine Knotendrehung ν, eine Kettenverschiebung μ oder eine Fachwerkverschiebung λ bedeutet. Die drei Gruppen Gleichungen heißen danach *Knotengleichungen, Kettengleichungen, Fachwerkgleichungen.* Entsprechend gibt es auch drei Gruppen Beiwerte ϱ_{eh}, welche noch näher bestimmt werden müssen. Wie später, durch die Berechnung der Belastungsglieder, noch deutlicher wird, ist die Knotengleichung für den Knoten i die Gleichgewichtsbedingung $\sum M = 0$, wobei die M sowohl die Einspannungsmomente der Stäbe als auch die Belastungsglieder, welche ebenfalls Momente sind, umfassen. Entsprechend sind die Ketten- und Fachwerksgleichungen die Gleichgewichtsbedingungen an den Ketten K (vgl. Nr. 271). Die Hauptgleichungen könnten auch aufgestellt werden, indem man die Gleichgewichtsbedingungen für Knoten und Ketten bildet, der hier eingeschlagene Weg gibt jedoch am einfachsten ihre allgemeine Fassung.

260. Die Wirkungen ϱ_{eh}. Werden dem Hauptnetz H die Verschiebungen ξ_h eingeprägt, so entstehen im allgemeinen auch Verschiebungen ξ_e. Am Hauptnetz müssen also Kraftwirkungen angreifen, welche diese Verschiebungen rückgängig machen, d. h. verhindern, wenn der Zustand $\xi_h = 1$, alle übrigen $\xi = 0$ entstehen soll.

Die Kraftwirkungen, welche den Zustand $\xi_e = 1$ als Knotenbelastung oder, was gleichbedeutend ist, als Belastung der Endquerschnitte an den Stäben des Hauptnetzes H erzeugen, sind M_{ie}, M_{ke}, N_{re}, die zugehörigen Formänderungswerte $\Delta \Phi_{ie}$, $\Delta \Phi_{ke}$, Δl_{re}. Die Formänderungswerte $\Delta \Phi_{ih}$, $\Delta \Phi_{kh}$, Δl_{rh} des Zustandes $\xi_h = 1$ werden durch die entsprechenden Belastungen M_{ih}, M_{kh}, N_{rh} erzeugt. Wendet man die Hauptgleichung (112) auf die beiden möglichen Zustände ξ_e, $\xi_h = 1$ an, so folgt:

Der Wert $1 \cdot \varrho_{eh}$ ist die mögliche Arbeit der Knotenlasten des Zustandes $\xi_e = 1$ auf den beim Zustand $\xi_h = 1$ entstehenden Wegen. Es gilt:

$$\varrho_{eh} = \varrho_{he}\,, \tag{414}$$

weshalb im allgemeinen Falle $\frac{1}{2} \cdot n(n+1)$ verschiedene Werte ϱ_{eh} vorhanden sind (n = Anzahl der Grundwerte, nicht Grad der Überzähligkeit). Gewöhnlich ist allerdings eine ganze Anzahl der Wirkungen ϱ_{eh} Null.

Man kann den Wert $-\varrho_{eh}$ als Rückwirkung der Knoten auf die Stäbe deuten, welche vorhanden sein muß, damit beim Formänderungszustand $\xi_h = 1$ kein Zustand $\xi_e = 1$ entsteht. Es ist jedoch zu beachten, daß der Wert ϱ_{eh} dabei i. a. keine einzelne Kraftwirkung ist, sondern eine ganze Gruppe $(e \neq h)$.

Nun müssen noch die Werte ϱ_{eh}, ϱ_e , ϱ_{et}, welche wir kurz als Rückwirkungen bezeichnen, bestimmt werden, je nachdem ob sie als Beiwerte in einer Knoten-, Ketten- oder Fachwerkgleichung auftreten.

261. Die Beiwerte der Knotengleichungen. Um die Beiwerte der Knotengleichung e zu erhalten, ist $\xi_e = \nu_e = 1$ zu setzen. Für den zugehörigen Zustand ξ_h ist der Reihe nach: $\xi_h = \nu_h$, μ_h, $\lambda_h = 1$.

Beim Zustand $\nu_e = 1$ wirkt im Knoten e am Stabe eh das Moment M_{eh}, im Knoten h am selben Stabe das Moment M_{he}. Solche Momente wirken nur an denjenigen Stäben, welche im Knoten e zusammenstoßen, die Knoten h sind also die Nachbarknoten des Knotens e.

Für den Zustand $\nu_h = 1$ sind: $\mu, \lambda = 0$, $\Delta l_r = 0$, $\Delta \Phi_{eh} = 0$, $\Delta \Phi_{hh} = 1$. Bei diesem Zustand wirkt im Knoten e das Moment M'_{eh}, im Knoten h das Moment M'_{he}. Nach dem Satze von Betti ist: $M'_{he} = M_{eh}$, $M'_{eh} = M_{he}$.

Mit diesen Werten ergibt Gl. (410): $\varrho_{eh} = M'_{eh} = M_{he}$. Für den Zustand $h = e$ wird: $\varrho_{ee} = \sum M_{eh} = M_{ee}$. Auf dieselbe Weise ergibt sich: $\varrho_{he} = M_{he}$, so daß die Beziehung $\varrho_{eh} = \varrho_{he}$ bestätigt ist.

Die Momente M_{eh}, M_{he}, M_{ee} sind in Nr. 255 berechnet, so daß sich für die Beiwerte ϱ_{eh} der Knotendrehwinkel ergibt:

$$\varrho_{eh} = M_{he} = \mathfrak{k}_{eh} \qquad M_{eh} = \mathfrak{k}_{ee} \qquad \varrho_{ee} = \mathfrak{K}_{ee}\,.$$

Für den Zustand $\mu_h = 1$ sind $\lambda, \nu = 0$, die Drehwinkel an den Stäben sind: $\Delta \Phi_{eh} = \Delta \Phi_{kh} = -\chi_{rh}$. Der Beiwert des Grundwertes μ_h wird demnach $\varrho_{eh} = -\sum (M_{eh} + M_{he})\chi_{rh}$, was mit den obigen Werten für die Momente zu $\varrho_{eh} = +\sum \mathfrak{g}_e \chi_{rh}$ wird. Die Summe erstreckt sich über sämtliche im Knoten e zusammentreffenden Stäbe.

Für den Zustand $\lambda_h = 1$ sind $\mu, \nu = 0$, die Drehwinkel sind: $\Delta \Phi_{eh} = \Delta \Phi_{kh} = -\theta_{rh}$, die Dehnung etwa im Knoten e vorhandener überzähliger Stäbe Δl_r. Da beim Zustand $\nu_e = 1$ die Längskraft $N_{re} = 0$ ist, wird der Beiwert des Grundwertes λ_h: $\varrho_{eh} = -\sum (M_{eh} + M_{he})\theta_{re}$ und mit dem Wert von M_{re}: $\varrho_{eh} = +\sum \mathfrak{g}_i \cdot \theta_{rh}$. Die Summe erstreckt sich über sämtliche im Punkte e zusammenstoßenden Stäbe.

262. Die Beiwerte der Kettengleichungen. Um die Beiwerte der Kettengleichungen zu erhalten, ist $\xi_e = \mu_e = 1$ zu setzen, für den zugehörigen Zustand ξ_h ist der Reihe nach: $\xi_h = \mu_h$, λ_h, $\nu_h = 1$.

Beim Zustand $\mu_e = 1$ wirken im Knoten i am Stab ik das Moment M_{ri}, im Knoten k an demselben Stabe das Moment M_{rk}. Da keine Stabdehnungen vorkommen, ist für gerade Stäbe, welche hier ausschließlich betrachtet werden, $N_{re} = 0$. Die beiden Momente M_{ri} und M_{rk} halten die Knoten ungedreht.

Für den Zustand $\mu_h = 1$ sind $\lambda, \nu = 0$, $\Delta l_r = 0$, $\Delta \Phi_{ih} = \Delta \Phi_{kh} = -\chi_{rh}$. Damit wird der Beiwert von μ_h: $\varrho_{eh} = -\sum (M_{ri} + M_{rk})\chi_{rh}$. Die Momente M_{ri}, M_{rk} sind in Nr. 255 berechnet, es ist $M_{ri} = -\mathfrak{g}_i \chi_{re}$, $M_{rk} = -\mathfrak{g}_k \chi_{rh}$, $\varrho_{eh} = +\sum \mathfrak{h}_r \chi_{re} \chi_{rh}$. Die Summe erstreckt sich über sämtliche Stäbe des Tragwerkes, jedoch erscheinen in ihr nur diejenigen Stäbe, welche bei den Drehungen μ_h, μ_e mitbewegt werden.

Für den Zustand $\lambda_h = 1$ ist $\Delta \Phi_{ih} = \Delta \Phi_{kh} = -\theta_{rh}$, der Beiwert von λ_h ist daher: $\varrho_{eh} = -\sum (M_{ri} + M_{rk})\theta_{rh}$. Setzt man für die Momente ihren Wert entsprechend wie vor ein, dann wird: $\varrho_{eh} = +\sum \mathfrak{h}_r \chi_{re} \theta_{rh}$. Die Summe erstreckt sich wie vor über sämtliche Stäbe des Tragwerkes.

Für krumme Stäbe muß auch ein Glied $N_{re} \Delta l_{rh}$ vorhanden sein, wie es sich auch bei der für diese Stäbe durchgeführten Berechnungsweise ergibt.

Der Beiwert des Grundwertes ν_h ergibt sich aus $\varrho_{eh} = \varrho_{he}$ zu: $\varrho_{eh} = +\sum \mathfrak{g}_i \chi_{re}$, die Summe erstreckt sich über sämtliche im Knoten h zusammenstoßenden Stäbe.

263. Die Beiwerte der Fachwerkgleichungen. Um die Beiwerte der Fachwerkgleichungen zu erhalten, ist $\xi_e = \lambda_e = 1$ zu setzen, für den zugehörigen Zustand $\xi_h = 1$ ist der Reihe nach $\xi_h = \lambda_h$, ν_h, $\mu_h = 1$.

Beim Zustand $\lambda_e = 1$ wirken im Knoten i am Stabe ik das Moment M_{ri}, im Knoten k am selben Stabe das Moment M_{rk}, außerdem wirken in den Stäben noch Längskräfte. Hat die Kette K Bewegungsfreiheiten μ oder ist sie ein einfaches Fachwerk K_e, dann entsteht nur im Stabe e die der Dehnung $\lambda_e = 1$ entsprechende Längskraft, ist sie jedoch ein mehrfach standfestes Fachwerk, dann entstehen auch in den überzähligen Stäben Längskräfte, welche den Dehnungen Δl_{re} entsprechen. Entsprechendes gilt für den Zustand $\lambda_h = 1$.

Für den Zustand $\lambda_h = 1$ sind $\nu, \mu = 0$, $\Delta l_r = \Delta l_{rh}$, $\Delta \Phi_{ih} = \Delta \Phi_{kh} = -\theta_{rh}$. Der Beiwert des Grundwertes λ_h wird also: $\varrho_{eh} = -\sum (M_{ri} + M_{rk})\theta_{rh} + \sum N_{re} \Delta l_{rh}$. Setzt man die Werte der Momente ein, wobei θ_{re} und θ_{rh} dasselbe Vorzeichen haben, so wird dies: $\varrho_{eh} = +\sum \mathfrak{h}_r \theta_{re} \theta_{rh} + \sum N_{re} \Delta l_{rh}$. Die Summen erstrecken sich über sämtliche Stäbe des Tragwerkes, wobei in den Δl die λ mitgerechnet sind. Doch ist zu berücksichtigen, daß die zweite Summe sich tatsächlich nur über die überzähligen Stäbe erstreckt, da für Stäbe mit unabhängiger Dehnung stets einer der beiden Faktoren N_{re}, Δl_{rh} Null ist. Man kann für N_{re} noch die entsprechende Dehnung Δl_{re} einführen, für welche gilt: $N_{re} = j_r \Delta l_{re} \Delta l_{rh}$, wobei j_r in Tabelle 392 angegeben ist. Für krumme Stäbe wird Δl durch die hierfür verwendete Berechnungsweise berücksichtigt.

Der Beiwert des Grundwertes ν_h ergibt sich aus $\varrho_{eh} = \varrho_{he}$ zu: $\varrho_{eh} = +\sum \mathfrak{g}_i \theta_{re}$, die Summe erstreckt sich über sämtliche im Knoten h zusammentreffenden Stäbe.

Der Beiwert des Grundwertes μ_h ergibt sich aus $\varrho_{eh} = \varrho_{he}$ zu: $\varrho_{eh} = +\sum \mathfrak{h}_r \chi_{rh} \theta_{re}$, die Summe erstreckt sich über sämtliche Stäbe des Tragwerkes.

264. Endgültige Form der Hauptgleichung. Die nunmehr berechneten Beiwerte werden in die Hauptgleichung (409) eingesetzt. Damit ergeben sich:

a) die *Knotengleichung* für den Knoten i (Hauptwert ν_i):

$$\mathfrak{K}_{ii} \nu_i + \sum_k \mathfrak{k}_{ik} \nu_k + \sum_\mu \varrho_{ie} \mu_e + \sum_\lambda \varrho_{ih} \lambda_h = B_i \tag{415}$$

$$\varrho_{ie} = \sum_r \mathfrak{g}_i \chi_{re} \qquad \varrho_{ih} = \sum_r \mathfrak{g}_i \theta_{rh},$$

wobei sich die Summen k über alle Nachbarknoten von i, die Summen μ über alle Werte μ, die Summen λ über alle Werte λ, die Summen r über alle im Knoten i zusammenstoßenden Stäbe erstrecken.

b) die *Kettengleichung* für die Verschiebung s (Hauptwert μ_s):

$$\sum_{\nu} \varrho_{sk} \nu_k + \sum_{\mu} \varrho_{se} \mu_e + \sum_{\lambda} \varrho_{sh} \lambda_h = B_s \tag{416}$$

$$\varrho_{sk} = \sum_{k} \mathfrak{g}_k \chi_{sr} \qquad \varrho_{se} = \sum_{e} \mathfrak{h}_r \chi_{rs} \chi_{re} \qquad \varrho_{sh} = \sum_{h} \mathfrak{h}_r \chi_{rs} \theta_{rh},$$

wobei sich die Summen ν über alle freien Knoten k, die Summen μ über alle Werte μ, die Summen λ über alle Werte λ, die Summen k über alle im Knoten k zusammenstoßenden Stäbe r erstrecken. Die Summen e erstrecken sich über alle bei der Verschiebung μ_e gedrehten Stäbe, wobei χ_{re} der Drehwinkel des Stabes r bei der Verschiebung $\mu_e = 1$, χ_{rs} jener bei $\mu_s = 1$ ist. Entsprechend erstrecken sich die Summen h über alle bei der Dehnung λ_h gedrehten Stäbe, wobei χ_{rs} der eben beschriebene Drehwinkel des Stabes r, θ_{rh} jener bei der Dehnung $\lambda_h = 1$ ist.

c) die *Fachwerksgleichung* für die Verschiebung t (Hauptwert λ_t):

$$\sum_{\nu} \varrho_{tk} \nu_k + \sum_{\mu} \varrho_{te} \mu_e + \sum_{\lambda} \varrho_{th} \lambda_h = B_t$$

$$\varrho_{tk} = \sum_{k} \mathfrak{g}_k \theta_{rt} \qquad \varrho_{te} = \sum_{e} \mathfrak{h}_r \theta_{rt} \chi_{re} \qquad \varrho_{th} = \sum_{h} \mathfrak{h}_r \theta_{rt} \theta_{rh} + \sum_{m} j_r \Delta l_{rt} \Delta l_{rh}. \tag{417}$$

Die Summen erstrecken sich entsprechend ihrem Summenzeichen über dieselben Bereiche wie in Gl. (416), ebenso sind die Winkel χ_{re}, θ_{rh} dieselben wie vor, θ_{rt} der Drehwinkel des Stabes r bei der Dehnung $\lambda_t = 1$. Die Summe m erstreckt sich über die überzähligen Stäbe des Tragwerkes, dieses Glied ist also nur vorhanden, wenn solche Stäbe in der Kette vorhanden sind (vgl. Nr. 263).

265. Die Belastungsglieder. Nunmehr sind noch die Belastungsglieder B, das sind die Arbeitswerte A nach den Gl. (411 bis 413) zu bestimmen. Von ihnen lassen sich einige allgemeine Eigenschaften angeben, worauf sie zur bequemen Berechnung noch umgeformt werden können.

Zunächst werde die Arbeit $\sum P \delta_e$ betrachtet. Dabei ist die Verschiebung δ_e der Arbeitsweg der Last P, welcher bei der Verschiebung $\xi_e = 1$ entsteht, sie wird nach dem Überlagerungsgesetz in zwei Teile zerlegt:

δ'_e ist der Verschiebungsanteil, wenn der Stab unverformt, als starres Element verschoben und gedreht wird;

δ''_e ist der Anteil der Formänderung an der Verschiebung.

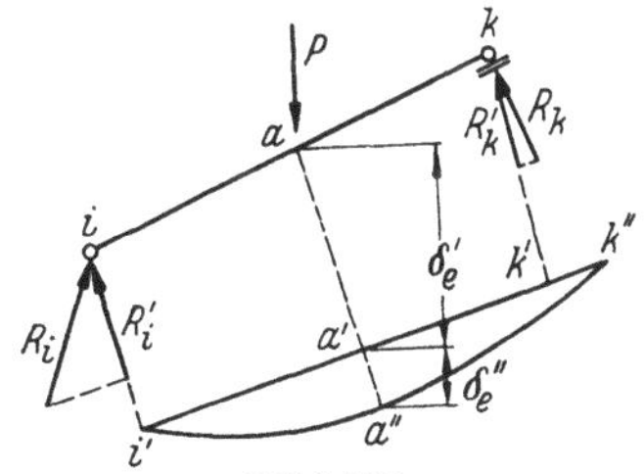

Bild 316.

Die Verschiebungen der Knoten i, k beim ersten Teil der Gesamtverschiebung sind $i i' = \delta'_i$, $k k' = \delta'_k$. Die Projektionen der Auflagerdrücke $R_i R_k$ (Bild 316) auf die Richtung der Verschiebungen δ'_i, δ'_k seien R'_i, R'_k. Dann ist: $\sum P \delta'_e - R'_i \delta'_i - R'_k \delta'_k = 0$ eine Gleichgewichtsbedingung am Stab ik, so daß $\sum P \delta_e = R'_i \delta'_i + R'_k \delta'_k + \sum P \delta''_e$ wird.

Der Arbeitsanteil $\sum P \delta''_e$ ist die Arbeit $1 \cdot \varrho_{0e}$ der Lasten P bei der beim Zustand $\xi_e = 1$ eintretenden Verformung. Sind M, N, Q die durch die Lasten P am Hauptnetz entstehenden statischen Werte (Zustand 2, Nr. 250), dann wird mit der Hauptgleichung:

$$\sum P \delta''_e = \sum \left[\int M \left(M_{ie} \cdot \frac{x}{l} - M_k \cdot \frac{x'}{l} \right) \frac{dx}{EJ} + \int N N_e \cdot \frac{dx}{EF} + \int Q Q_e \cdot \frac{dx}{GF_q} \right], \text{ was ergibt:}$$

$$\sum P \delta''_e = \sum [M_{ie} \Delta \varphi_{i0} + M_{ke} \Delta \varphi_{k0} + N_{re} \Delta l_{r0} + Q_{re} \Delta q_{r0}] =$$
$$= \sum (M_{i0} \Delta \varphi_{ie} + M_{k0} \Delta \varphi_{ke} + N_{r0} \Delta l_{re} + Q_{r0} \Delta q_{re}).$$

Diese Arbeit ist also auch gleich der Arbeit der Momente M_{i0}, $M_{\ 0}$, der Längskraft N_{r0} und der Querkraft $\frac{M_{i0} + M_{k0}}{l}$ beim Zustand $\xi_e = 1$.

Dies hätte auch unmittelbar aus dem Satz von BETTI gefolgert werden können: $\varrho_{e\,0} = \varrho_{0\,e}$, welcher für den vorliegenden Sonderfall wieder aus der Hauptgleichung nachgewiesen wurde, wobei $\varrho_{e\,0}$ nach Gl. (411) zu berechnen ist. Es ist aber zweckmäßig, hier $\Delta\,\Phi$ in seine Bestandteile $\Delta\,\varphi$ und $\Delta\,q$ aufzuspalten.

Die Kraftwirkungen R, M_0, N_0, Q_0 sind zusammen die Auflagerwirkungen am starr eingespannten Stab $i\,k$ infolge der Lasten P.

Die Arbeit A_e ist daher die Arbeit, welche die Auflagerwirkungen der starr eingespannten Stäbe bei den Verschiebungen des Zustandes $\xi_e = 1$ leisten.

Die vorstehenden Ausführungen gelten, wenn jeder Stab beiderseits durch steife Ecken angeschlossen ist. Tritt an Stelle einer steifen Ecke ein Gelenk, dann tritt an Stelle des beiderseits starr eingespannten Stabes der einseitig starr eingespannte Stab, bei beiderseitigen Gelenken der beidseitig gelenkig angeschlossene Stab. Bei geraden Stäben kann der Einfluß der Normalkräfte stets vernachlässigt werden. Zusammengefaßt gilt daher:

Zur Berechnung der Belastungsglieder wird jeder beiderseits durch steife Ecken angeschlossene Stab als in seinen Knotenpunkten starr eingespannt betrachtet und die Auflagerkräfte der gegebenen Belastung ermittelt. Die Arbeit dieser Auflagerkräfte zusammen mit der Arbeit der unmittelbaren Knotenbelastung bei den Knotenpunktsverschiebungen des Zustandes $\xi_e = 1$ ist das Belastungsglied A_e für die Gleichung mit dem Hauptglied ξ_e.

Bei einseitigem Gelenkanschluß ist der Stab als einseitig eingespannt, bei beidseitigem Gelenkanschluß als völlig gelenkig gelagert anzunehmen.

Damit ist ein einfacher Weg zur Berechnung der Belastungsglieder gegeben, welche jetzt für die Knoten-, Ketten- und Fachwerksgleichungen getrennt aufgestellt werden können.

Die Auflagerwirkungen des am Knoten eingespannten Stabes sind ein Moment sowie eine quer und eine längs zur Stabsehne gerichtete Kraft. Die Verschiebungen der Knotenpunkte sind eine Drehung und die zu den Werten μ und λ gehörigen Verschiebungen.

a) *Belastungswert der Knotengleichung.* Beim Zustand $\xi_e = \nu_i = 1$ ist die einzige von Null verschiedene Verschiebung die Knotendrehung $\Delta\,\varphi_i = \nu_i = 1$. Die Arbeit bei diesem Zustand am Stab r ist $1 \cdot M_{i\,0}$, wobei $M_{i\,0}$ das Einspannungsmoment des starr eingespannten Stabes unter der gegebenen Belastung ist. Damit wird:

$$B_i = \sum_i M_{i\,0}\,. \tag{418}$$

Die Summe erstreckt sich über alle im Knoten i zusammenstoßenden Stäbe und die unmittelbar im Knoten angreifenden Momente (bei gelenkigem Stabanschluß vgl. vor).

b) *Belastungswert B_s der Kettengleichung.* Der Stab r des Tragwerkes wird als starr eingespannter Träger behandelt und die Auflagerdrücke der an ihm angreifenden Lasten (Kräfte und Momente) ermittelt. Die Auflagerdrücke aller Stäbe, welche in einem Knoten i zusammenlaufen, werden mit den am Knoten selbst angreifenden Lasten zu einer Summenkraft R_i zusammengefaßt.

Beim Zustand $\mu_s = 1$ verschiebt sich der Knotenpunkt i um den Weg $\delta_{s\,i}$. Die Teilkraft von R_i in Richtung $\delta_{s\,i}$ sei R_{is}. Dann ist der Belastungswert der Kettengleichung s:

$$B_s = \sum_s R_{i\,s}\,\delta_{s\,i}\,. \tag{419}$$

Die Summe erstreckt sich über alle Knoten, welche bei der Bewegung $\mu_s = 1$ mitbewegt werden.

Da bei der Bewegung $\mu_s = 1$ keine Knotendrehungen und Längenänderungen stattfinden, ist hierbei $\varrho_{e\,0} = 0$.

c) *Belastungswert* B_t *der Fachwerkgleichung.* Wie unter b) wird wieder die Summenkraft R_i ermittelt.

Da keine Knotendrehungen stattfinden, geben die Einspannungsmomente keinen Beitrag zum Belastungswert.

Beim Zustand $\lambda_t = 1$ verschiebt sich der Knotenpunkt i um den Weg δ_{ti}, die Teilkraft von R_i in dieser Richtung ist R_{it}. In δ_{ti} ist sowohl der Anteil δ' der Verschiebung als starres Element, als auch der Anteil δ'' der elastischen Verschiebung, d. h. auch der Anteil von $\varrho_{e0} = \varrho_{0e}$ enthalten.

Der Anteil der Auflagerkräfte R_i wird damit zu $\sum R_{it}\delta_{it}$.

Der Belastungswert der Fachwerkgleichung t ist also:

$$B_t = \sum_t R_{it}\,\delta_{ti}\,. \tag{420}$$

Die Summe erstreckt sich über alle Knoten, welche bei der Bewegung $\lambda_t = 1$ mitbewegt werden.

Damit sind die Belastungswerte aus äußeren Lasten berechnet.

Anmerkung. Die Hauptgleichung kann auch für die Zustände 3 und 4 (Nr. 250) aufgestellt werden, womit sich ergibt:

$$\begin{aligned}\sum P\delta'_e + \sum C c_e + \sum (M_{ie}\Delta\varphi_{it} + M_{ke}\Delta\varphi_{kt} + N_{re}\Delta l_{rt}) + \sum S_{re}\Delta s_{rt}\\ = \sum (M_{ie}\Delta\Phi_i + M_{ke}\Delta\Phi_k + N_{re}\Delta l_r) + \sum S_{re}\Delta l_r\\ = \sum \{M_{ie}(\Delta\Phi_{is} - \Delta\Phi_{i0}) + M_{ke}(\Delta\Phi_{ks} - \Delta\Phi_{k0}) + N_{re}(\Delta l_{rs} - \Delta l_{r0})\}\\ + \sum S_{re}(\Delta l_{rs} - \Delta l_{r0})\,,\end{aligned}$$

was nach Trennung der rechten Seite der Gl. (409) entspricht. Der Arbeitsweg δ'_e ist dabei der Anteil der unelastischen Verschiebung (s. oben), da der Anteil der Formänderung bereits in Zustand 2 enthalten ist.

266. Wärmegradänderungen und Stützpunktverschiebungen. Diese Einflüsse werden zweckmäßig für sich ermittelt.

Zur Berechnung von ϱ_{et} werden die Längenänderungen der Stäbe infolge der Wärmegradänderungen berechnet und mit ihnen der Verschiebungsplan der Kette K_k gezeichnet, woraus man die Drehwinkel ψ_t findet. Ebenso werden die Krümmungen infolge ungleichmäßiger Wärmegradänderungen berechnet, womit man die $\Delta\varphi_t$ erhält.

Ähnlich wie die Wärmegradänderungen werden die Stützenverschiebungen berücksichtigt. Hierbei ist jedoch zu beachten, daß eine vorgeschriebene Stützenverschiebung in Richtung einer der Auflagerwirkungen (Moment, Normalkraft, Querkraft) eines Zustandes $\xi_e = 1$ liegen kann, weshalb die Arbeit dieser Auflagerwirkung in der Hauptgleichung auftritt, diese also entsprechend zu ergänzen ist (vgl. Beispiel 3, Nr. 296).

Die aus den Wärmegradänderungen sich ergebenden Verschiebungen sowie die Stützenverschiebungen sind die wirklichen Formänderungen des Tragwerkes (Zustand 1, Nr. 250). Aus den mit ihnen angesetzten Gleichungen ergeben sich daher unmittelbar die wirklichen statischen Werte des Tragwerkes [in Gl. (384) M_i, M_k, N_r, $Q_r = 0$, bzw. diese Gleichung braucht nicht angewendet zu werden].

267. Der Rechnungsgang. Zunächst werden die Grundwerte λ, μ, ν bestimmt, anschließend die Festwerte a, b, c, $\mathfrak{s}$, $\mathfrak{k}$, $\mathfrak{g}$, $\mathfrak{h}$ der einzelnen Stäbe nach den Gl. (385 bis 388) u. (392) berechnet sowie die Drehwinkel χ_{rs}, θ_{rt} und die Dehnungen Δl_{rt} nach den Nr. 252 bis 254 ermittelt. Damit sind die Beiwerte der Hauptgleichungen bekannt.

Hierauf werden die Auflagerwirkungen M_{i0}, R_i der einzelnen, beidseitig oder einseitig starr eingespannten Stäbe berechnet, womit die Belastungsglieder B nach den Gl. (418 bis 420) ermittelt werden können. Damit können die Hauptgleichungen (415 bis 417) aufgestellt werden, aus welchen sich die Grundwerte λ, μ, ν ergeben.

Aus den Gl. (378 bis 380) ergeben sich dann die Winkel ψ_r, $\Delta\Phi_i$, $\Delta\Phi_k$ sowie die Dehnungen Δl_r und dann nach den Gl. (390 u. 391) die Einspannungsmomente M_i, M_k und schließlich aus Gl. (384) die am Stab wirkenden Knotenmomente. Entsprechend werden die Längs- und die Querkräfte ermittelt.

Der Einfluß der Querkräfte Q in den Gl. (385 bis 387) kann immer vernachlässigt werden.

268. Vergleich zwischen Kraft- und Formänderungsverfahren. Kraft- und Formänderungsverfahren benützen zwar beide die Hauptgleichung und gleichen sich daher formal, weisen aber einige Unterschiede auf, welche hier zusammengefaßt dargestellt werden sollen.

Die Grundwerte des Kraftverfahrens sind die „überzähligen" statischen Werte (Kräfte, Momente), d. h. jene Werte, welche durch die stereostatischen Gleichgewichtsbedingungen allein nicht berechnet werden können. Ihre Anzahl ist durch den Grad der Standfestigkeit des Tragwerkes bestimmt.

Die Grundwerte des Formänderungsverfahrens sind Formänderungsgrößen, und zwar in einer Anzahl, derart, daß durch sie die gesamte Formänderung des Tragwerkes bestimmt ist. Diese Grundwerte sind also keine „Überzähligen", das System der Hauptgleichungen umfaßt auch die stereostatischen Gleichgewichtsbedingungen. Die Anzahl der Grundwerte kann geringer sein als die Anzahl der Überzähligen, dagegen vermindert sich bei Gelenkanschlüssen die Anzahl der Grundwerte im Gegensatz zu der Zahl der Überzähligen nicht.

Das Hauptnetz des Kraftverfahrens geht aus dem Tragwerk durch Unterdrückung „überzähliger" Glieder hervor, wogegen das Hauptnetz des Formänderungsverfahrens durch Einschalten von Bewegungsmöglichkeiten entsteht. Während aber beim Rechnungsgang des Kraftverfahrens die Berechnung des einfach standfesten Hauptnetzes die Grundlage bildet, spielt beim Formänderungsverfahren das Hauptnetz keine solche Rolle. Die Beiwerte der Grundwerte beim Kraftverfahren sind abhängig von der Berechnung des Hauptnetzes, also von der Belastung, während die Beiwerte beim Formänderungsverfahren nur von der geometrischen Beschaffenheit des Tragwerkes und nur die Belastungsglieder von den Lasten abhängen, was ein bedeutender Vorteil ist. Dafür ist zur Ermittlung dieser Belastungsglieder die Berechnung des starr eingespannten Stabes notwendig.

Ein weiterer großer Vorteil des Formänderungsverfahrens besteht darin, daß der Einfluß der Stabdehnungen bei der Berechnung als bekannt vorausgesetzt wird, wodurch die Anzahl der Grundwerte wesentlich kleiner wird als der Grad der Überbestimmtheit des Tragwerkes. Dieselbe Vernachlässigung wird zwar beim Kraftverfahren ebenfalls gemacht, wodurch sich die Zahl der Überzähligen aber nicht vermindert, sondern lediglich die Berechnung der Beiwerte vereinfacht wird.

269. Die Hauptgleichung mit den Grundwerten zweiter Art. Krumme Stäbe. Führt man für die statischen Werte M_i, M_k, N_r eines Stabes drei neue Werte X_l, X_q, X_m nach den Gl. (395) ein und ordnet ihnen Kraftwege $\xi_l\,\xi_q\,\xi_m$ nach Gl. (397) zu, so gilt für diese beiden Systeme, welche im Gleichgewicht sind, die Beziehung (396):

$$M_i\,\Delta\Phi_i + M_k\,\Delta\Phi_k + N_r\,\Delta l_r = X_l\,\xi_l + X_q\,\xi_q + X_m\,\xi_m\,.$$

Setzt man in der Hauptgleichung (409) statt der linken Seite von Gl. (396) die rechte Seite dieser Gleichung ein, so bleibt sie nach wie vor gültig, und zwar sowohl für gerade wie für krumme Stäbe. Die Hauptgleichung hat daher unabhängig von den Grundwerten die Form:

$$\sum \varrho_{eh}\,\xi_h = B_e\,. \tag{421}$$

In dieser Gleichung können Grundwerte der ersten und zweiten Art nebeneinander vorkommen. Bei der praktischen Durchführung der Rechnung wird dies aber dadurch umgangen, daß man durch die Gl. (395 u. 397) auf die Grundwerte der ersten Art zurückgeht.

Zur Berechnung der Grundwerte wird nach Nr. 265 nur Knotenbelastung des Tragwerkes angenommen. Zwischen den Grundwerten zweiter Art und den zugehörigen statischen Werten X bestehen dann die Beziehungen:

$$X_l = c_l\,\xi_l \qquad X_q = c_q\,\xi_q \qquad X_m = c_m\,\xi_m\,. \tag{422}$$

Die Werte c werden nach Nr. 245 berechnet, die Beziehungen Gl. (398) zwischen den Grundwerten erster und zweiter Art lassen sich in der Form schreiben:

$$\xi_l = \sum_e^n a_{le}\,\xi_e \qquad \xi_q = \sum_e^n a_{qe}\,\xi_e \qquad \xi_m = \sum_e^n a_{me}\,\xi_e\,. \tag{423}$$

Bei gelenkigem Anschluß im Knoten i oder k ist M_i oder M_k gleich Null zu setzen und die sich hierdurch ergebende Beziehung in die Hauptgleichung einzuführen, entsprechend bei beiderseitigem Gelenkanschluß.

Die Beiwerte a_{le}, a_{qe}, a_{me} ergeben sich aus den Gl. (398), wenn man darin $\xi_e (= \nu_e, \mu_e, \lambda_e) = 1$, alle übrigen $\xi_h = 0$ setzt.

Der Beiwert ϱ_{eh} ist die mögliche Arbeit der Knotenlasten des Zustandes $\xi_e = 1$ auf den beim Zustand $\xi_h = 1$ entstehenden Wegen oder, gemäß der Hauptgleichung die Formänderungsarbeit der Kraftwirkungen des Zustandes $\xi_e = 1$ bei den Formänderungen des Zustandes $\xi_h = 1$. Nach Gl. (396) ist diese Arbeit für einen einzelnen Stab: $X_{le}\,\xi_{lh} + X_{qe}\,\xi_{qh} + X_{me}\,\xi_{mh}$ oder mit Gl. (422): $c_l\,\xi_{le}\,\xi_{lh} + c_q\,\xi_{qe}\,\xi_{qh} + c_m\,\xi_{me}\,\xi_{mh}$. Die Werte $\xi_{le}\ldots$ sind aber die Werte $a_{le}\ldots$, so daß der Beiwert ϱ_{eh} wird:

$$\varrho_{eh} = \sum (c_l\,a_{le}\,a_{lh} + c_q\,a_{qe}\,a_{qh} + c_m\,a_{me}\,a_{mh}) \tag{424}$$

wobei sich die Summe über alle bei den Verschiebungen e und h mitbewegte Stäbe erstreckt.

Der Rechnungsgang bei Verwendung von Grundwerten zweiter Art ist daher folgender:

Für die Stäbe, welche mit den Grundwerten erster Art berechnet werden sollen, ist der Rechnungsgang zur Aufstellung der Hauptgleichungen derselbe wie in Nr. 267.

Für einen Stab, welcher mit den Grundwerten zweiter Art berechnet werden soll, werden aus den Gl. (399 u. 397) die Werte X_l, X_q, X_m durch λ, μ, ν ausgedrückt und hieraus die zu den Zuständen λ, μ, $\nu = 1$ gehörigen Werte X_{l1}, X_{q1}, X_{m1} berechnet. Aus der Gl. (396) ergibt sich dann in Verbindung mit Gl. (398) das zu dem Stab gehörige Glied der Hauptgleichung, ausgedrückt in den Unbekannten λ, μ, ν. Die Beiwerte dieser Unbekannten sind die Faktoren ϱ_{eh}, ausgedrückt in e_i, e_k, d_i, d_k, c_l, c_q, c_m. Bei der Berechnung ist darauf zu achten, daß der Umfahrungssinn der Stäbe: Knoten i, Sehne, Knoten k, Bogen; bei allen Stäben derselbe ist, was zur Vermeidung von Vorzeichenfehlern unbedingt eingehalten werden muß.

Es besteht aber auch die Möglichkeit, die Anteile der geraden und der krummen Stäbe unter Verwendung der Gl. (424) auf dieselbe Art zu bestimmen.

Damit ist das System der Hauptgleichungen bekannt, die Grundwerte λ, μ, ν können berechnet werden, wonach die Ermittlung der statischen Werte einfach ist. Für die Stäbe, welche mit den Grundwerten erster Art berechnet werden, wird wie in Nr. 267 verfahren, für die anderen Stäbe werden die Gleichungen von Nr. 257 verwendet.

C. Stockwerkrahmen.

270. Der Stockwerkrahmen. Als Stockwerkrahmen bezeichnet man ein Tragwerk, welches durch Aneinanderreihung von Stabrechtecken in waagerechter und lotrechter Richtung entsteht, wobei eine waagerechte Reihe dieser Vierecke Stockwerk heißt. Die Stabanschlüsse können dabei alle steife Ecken, aber auch zum Teil Gelenkanschlüsse sein.

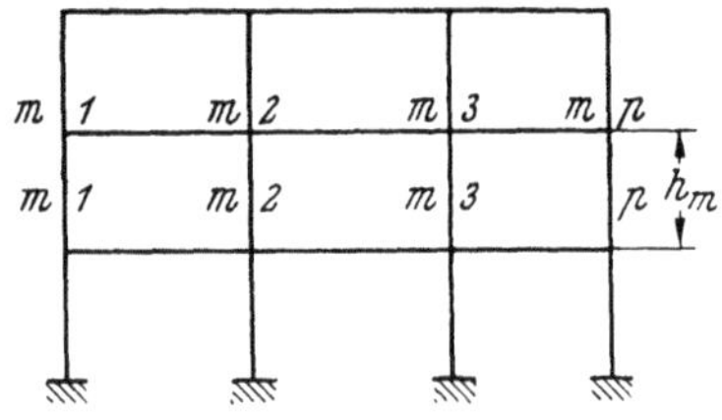

Bild 317.

In der Stabkette K ist jedes Stockwerk eine zwangläufige Kette mit einer Bewegungsfreiheit, so daß die Stabkette im ganzen so viele Bewegungsfreiheiten wie Stockwerke hat. Bei der Berechnung der statischen Werte wird der Einfluß der Stabdehnungen vernachlässigt, also alle Δl, $\lambda = 0$ gesetzt. Dies entspricht auch der üblichen Vernachlässigung beim Kraftverfahren und liefert praktisch gut ausreichende Ergebnisse. Der Einfluß der Querkräfte wird wie bei allen praktischen Rechnungen vernachlässigt.

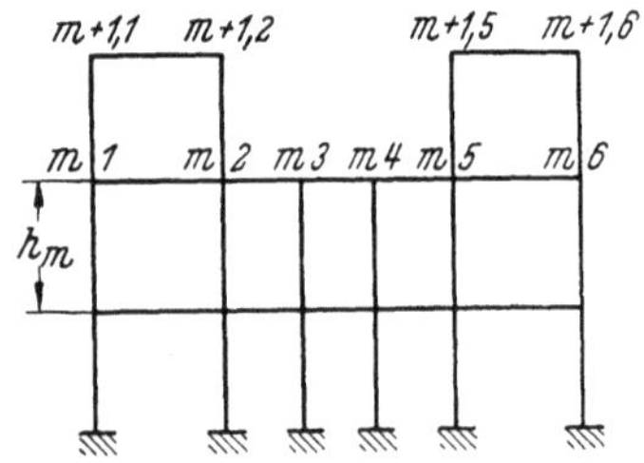

Bild 318.

Als Grundwerte werden daher gewählt: die Drehwinkel ν der freien Knoten und für jedes Stockwerk ein Verschiebungsbeiwert μ. Die Bezeichnung der Knoten und Stäbe werde so gewählt, daß im m-ten Stockwerk die Knoten von links nach rechts fortlaufend gezählt werden, ebenso die zu den Knoten führenden Stäbe (Bild 317). Übereinander liegende Elemente erhalten dieselbe Ordnungszahl, unterscheiden sich also nur durch die Stockwerkszahl, was dann zu beachten ist, wenn in den darüber folgenden Stockwerken Teile des Rahmens nicht mehr weitergeführt sind (Bild 318).

Die Belastung der Riegel und Pfosten sei beliebig.

271. Die Hauptgleichungen. Für die Stockwerkrahmen erhalten die Hauptgleichungen besonders einfache Gestalt. Für sämtliche Stockwerke wird nämlich $\chi_{rs} = \chi_{re} = 1$, weshalb die Beiwerte der Gleichungen nur noch von der geometrischen Gestalt der Stäbe abhängen.

Für den Knoten i im m-ten Stockwerk lautet damit die Knotengleichung:

$$\nu_{mi}\,\mathfrak{K}_{mii} + \nu_{m,i-1}\,\mathfrak{k}_{m,i,i-1} + \nu_{m,i+1}\,\mathfrak{k}_{m,i,i+1} \\ + \nu_{m-1,i}\,\mathfrak{k}_{m,m-1,i} + \nu_{m+1,i}\,\mathfrak{k}_{m,m+1,i} + \mathfrak{g}_{mi}\,\mu_m + \mathfrak{g}_{m+1,i}\,\mu_{m+1} = B_{im}\,. \quad (425)$$

Ist ein Knoten nicht vorhanden, dann fällt sein ν, ist ein Stab nicht vorhanden, dann fällt sein $\mathfrak{k}$ oder $\mathfrak{g}$ aus.

Für das m-te Stockwerk lautet die Kettengleichung, welche hier auch als *Stockwerksgleichung* bezeichnet werden könnte:

$$\sum_i \nu_{mi}\,\mathfrak{g}_{mip} + \sum_i \nu_{m+1,i}\,\mathfrak{g}_{m+1,ip} + \mu_m \sum_p \mathfrak{h}_p = B_{sm}\,. \quad (426)$$

Hierin ist $\mathfrak{g}_{mip}$ das $\mathfrak{g}$ des zum Knoten i gehörigen Pfostens im m-ten Stockwerk, die Summe $\sum\limits_i$ erstreckt sich über alle Knoten im m-ten Riegelzug, die Summe $\sum\limits_p$ über alle Pfosten im m-ten Stockwerk.

Die Belastungsglieder bestimmen sich nach Nr. 265. B_{im} ergibt sich aus Gl. (418), der Wert (419) für B_s kann noch näher bestimmt werden. Die Verschiebung sämtlicher Knoten im m-ten Stockwerk bei der Verschiebung $\mu_m = 1$

ist h_m, wenn h_m die Höhe des m-ten Stockwerkes bezeichnet. Gleichzeitig verschieben sich aber sämtliche über dem m-ten Stockwerk liegenden Knoten um denselben Betrag. Als waagerechte Lasten wirken am Rahmenwerk: die Auflagerdrücke A_{is} der ein- oder beidseitig eingespannten Pfosten sowie die an den Knoten unmittelbar eingeprägten waagerechten Lasten K_i. Bezeichnet man mit Q_m die Summe aller im m-ten und in den darüber liegenden Stockwerken angreifenden Kräfte A_i und K_i, dann wird:

$$B_{sm} = Q_m \cdot h_m \,. \tag{427}$$

Q_m kann dabei als Querkraft der waagerechten Kräfte im m-ten Stockwerk aufgefaßt werden.

Die Hauptgleichung (425) ist die Gleichgewichtsbedingung $\sum M = 0$ an jedem Knoten unter Einwirkung der Belastungsmomente B. Die Hauptgleichung (426) mit (427) ist die Gleichgewichtsbedingung bei der Bewegung des m-ten Stockwerks unter dem Einfluß der Belastungen Q.

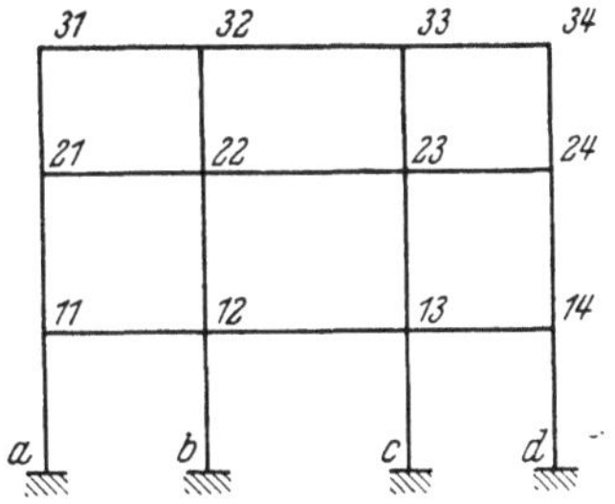

Bild 319.

272. Gleichbleibende Stabquerschnitte. Für einen Stockwerkrahmen mit gleichbleibenden Querschnitten sollen die Hauptgleichungen weiter entwickelt werden. Um die Gleichungen übersichtlicher zu halten, werde ein vierstöckiger Rahmen mit vier Feldern betrachtet (Bild 319). Sämtliche Stäbe seien durch steife Ecken oder Einspannungen beidseitig angeschlossen. Die Belastung bestehe an den Riegeln aus beliebigen lotrechten Lasten P, an den Pfosten aus ebensolchen, aber waagerecht wirkenden Lasten W. Das Einspannungsmoment der Lasten am starr eingespannten Stab ik sei M_{ik}, der Auflagerdruck am Knoten i sei A_{ik}, in welchem noch etwa wirkende Knotenlasten eingeschlossen sind.

Die Beiwerte $\mathfrak{k}$, $\mathfrak{g}$, $\mathfrak{h}$ werden im vorliegenden Falle:

$$\mathfrak{k}_{ii} = 4\mathfrak{S} \qquad \mathfrak{g} = -6\mathfrak{S} \qquad \mathfrak{h} = 12\mathfrak{S}$$

jeweils für den betrachteten Stab. Die Grundgleichungen sind dann:

	ν_{11}	ν_{12}	ν_{13}	ν_{14}	ν_{21}	ν_{22}	ν_{23}	ν_{24}	ν_{31}	ν_{32}	ν_{33}	ν_{34}	μ_1	μ_2	μ_3	B
11	Σ 11	11, 12			11, 21								a, 11	11, 21		M_{11}
12	11, 12	Σ 12	12, 13			12, 22							b, 12	12, 22		M_{12}
13		12, 13	Σ 13	13, 14			13, 23						c, 13	13, 23		M_{13}
14			13, 14	Σ 14				14, 24					d, 14	14, 24		M_{14}
21	21, 11				Σ 21	21, 22			21, 31					21, 11	21, 31	M_{21}
22		22, 12			22, 21	Σ 22	22, 23			22, 32				22, 12	22, 32	M_{22}
23			23, 13			23, 22	Σ 23	23, 24			23, 33			23, 13	23, 33	M_{23}
24				24, 14			24, 23	Σ 24				24, 34		24, 14	24, 34	M_{24}
31					31, 21				Σ 31	31, 32					31, 21	M_{31}
32						32, 22			32, 31	Σ 32	32, 33				32, 22	M_{32}
33							33, 23			33, 32	Σ 33	33, 34			33, 23	M_{33}
34								34, 24			34, 33	Σ 34			34, 24	M_{34}
I	a, 11	b, 12	c, 13	d, 14									H_1			S_I
II	21, 11	22, 12	23, 13	24, 14	11, 21	12, 22	13, 23	14, 24						H_2		S_{II}
III					21, 31	22, 32	23, 33	24, 34	31, 21	32, 22	33, 23	34, 24			H_3	S_{III}

Hierbei ist in den Beiwerten der ν in den Knotengleichungen nur der Zeiger des Wertes $\mathfrak{k}_{it} = 2\,\mathfrak{S}$ angeschrieben, in jenen der Kettengleichungen der Zeiger des Wertes $\mathfrak{g} = -6\,\mathfrak{S}$. In den Beiwerten der μ in den Knotengleichungen ist der Zeiger des Wertes $\mathfrak{g} = -6\,\mathfrak{S}$ angeschrieben. Ferner bedeutet $\sum 11$ den Wert $\mathfrak{K}_{11} = 4\sum\mathfrak{S}$ aller im Knoten 11 zusammenstoßenden Stäbe, entsprechend $\sum 12$ usw.; H_1 ist die Summe der $\mathfrak{h} = 12\,\mathfrak{S}$ aller Pfosten des ersten Stockwerkes. Die Werte von M und S gehen aus der vorigen Nummer hervor.

D. Formänderungsgruppen.

273. Formänderungsgruppen. Durch die Einführung von Lastengruppen ist es beim Kraftverfahren gelungen, Gleichungen mit einer einzigen Unbekannten zu erhalten, wodurch es möglich ist, den Einfluß wechselnder Belastungen rasch zu berechnen. Hierzu ist es jedoch notwendig, für die einzelnen Tragwerkstypen die Beiwerte durch eine Vorberechnung zu ermitteln.

Entsprechend kann auch beim Formänderungsverfahren vorgegangen werden, wobei jedoch einige kennzeichnende Unterschiede auftreten. Während beim Kraftverfahren sofort die zum Spannungsnachweis notwendigen statischen Werte M, Q, N erhalten werden, ergeben sich beim Formänderungsverfahren die Formänderungen $\xi = \nu$, μ, λ, aus welchen erst wieder die statischen Werte ermittelt werden müssen. Führt man nun Formänderungsgruppen η ein und berechnet zunächst diese, dann ist eine zweimalige Umrechnung notwendig, um die statischen Werte zu erhalten, wozu aber auch noch die Beiwerte, welche die Unbekannten ξ und η miteinander verknüpfen, für die einzelnen Tragwerkstypen berechnet werden müßten. Eine nähere Untersuchung ergibt, daß hierdurch die Berechnung so unübersichtlich wird, daß die unmittelbare Ermittlung der ξ weniger Rechenarbeit verursacht. Nur in wenigen Fällen ist die Berechnung von Formänderungsgruppen η, welche den Lastengruppen Y entsprechen, brauchbar, wenn nämlich der Zusammenhang zwischen den ξ und η ganz einfach angenommen werden kann.

Dagegen ist es möglich, Formänderungsgruppen η einzuführen, welche es erlauben, jede Formänderung ξ einzeln als lineare Funktion der Belastungsglieder B darzustellen. Mathematisch ist dies genau so wie die Einführung der Lastengruppen ein Verfahren zur Auflösung eines Systems linearer Gleichungen, und zwar das durch C. F. GAUSS in die Ausgleichungsrechnung eingeführte Berechnungsverfahren.

Die einfachste Form der Verwendung von Formänderungsgruppen ist gewöhnlich bei symmetrischen Tragwerken möglich, bei welchen sich das System der Hauptgleichungen häufig in mehrere, voneinander unabhängige Systeme linearer Gleichungen zerlegen läßt. Hierdurch wird die Rechenarbeit erheblich vermindert, da jedes der Teilsysteme erheblich weniger Unbekannte aufweist. Die dabei auftretenden Formänderungsgruppen sind gewöhnlich von der Art: $\eta_1 = \xi_1 + \xi_2$ $\eta_2 = \xi_1 - \xi_2$.

274. Die Formänderungsgruppen und ihre Knotenrückwirkungen. Die Formänderung des Tragwerkes ist durch die Werte ξ vollständig beschrieben. Sind eine Anzahl dieser ξ gleichzeitig am Tragwerk vorhanden, so werde diese gemeinsame Formänderung als Formänderungsgruppe η bezeichnet, welche also durch Überlagerung einer Reihe Formänderungen ξ entsteht. Umgekehrt kann jede Formänderung ξ durch Überlagerung einer Anzahl Formänderungsgruppen η dargestellt werden, also im allgemeinen Falle:

$$\xi_e = \eta_{ea}\,\eta_a + \eta_{eb}\,\eta_b + \cdots + \eta_{ee}\,\eta_e + \cdots + \eta_{eh}\,\eta_h + \cdots + \eta_{en}\,\eta_n\,. \qquad (428)$$

Der Zusammenhang zwischen den ξ und η ist durch nachstehendes Schema gegeben, wobei die Beiwerte η_{eh} noch willkürlich wählbar sind:

$$\begin{array}{c|cccc} & \eta_1 & \eta_2 & \eta_3 & \cdots\ \eta_n \\ \hline \xi_1 & \eta_{11} & \eta_{12} & \eta_{13} & \cdots\ \eta_{1n} \\ \xi_2 & \eta_{21} & \eta_{22} & \eta_{23} & \cdots\ \eta_{2n} \\ \xi_3 & \eta_{31} & \eta_{32} & \eta_{33} & \cdots\ \eta_{3n} \\ \cdots & \cdots & \cdots & \cdots & \cdots \\ \xi_n & \eta_{n1} & \eta_{n2} & \eta_{n3} & \cdots\ \eta_{nn} \end{array} \tag{429}$$

Die Formänderungsgruppe $\eta_e = 1$, alle übrigen $\eta = 0$ besteht aus den Formänderungen:

$$\xi_1 = \eta_{1e} \cdot 1 \quad \xi_2 = \eta_{2e} \cdot 1 \ldots \quad \xi_e = \eta_{ee} \cdot 1 \ldots \quad \xi_h = \eta_{he} \cdot 1 \ldots \quad \xi_n = \eta_{ne} \cdot 1 . \tag{430}$$

Wird dem Hauptnetz die Verschiebung $\xi_1 = 1$ eingeprägt, so entstehen i. a. auch Verschiebungen $\xi_e (e \neq 1)$. Damit diese Null werden, müssen am Hauptnetz Festhaltekräfte, das sind Rückwirkungen der Knoten auf die Stäbe, vorhanden sein. Die Arbeit dieser Kräfte ist, wie in Nr. 260 dargestellt, der Wert $1 \cdot \varrho_{eh}$, welchen wir kurz als Rückwirkung bezeichnen.

Wird dem Hauptnetz die Verschiebung $\xi_1 = \eta_{1h} \cdot 1$ eingeprägt, so ist diese Rückwirkung: $\varrho_{e1} \cdot \eta_{1h}$, wird die Verschiebungsgruppe $\eta_h = 1$ (Gl. 430) eingeprägt, dann wird die Rückwirkung der Verschiebung $\xi_e = 1$ $(e \neq h)$: (P lies *Rho*)

$$P_{eh} = \varrho_{e1} \cdot \eta_{1h} + \varrho_{e2} \eta_{2h} + \cdots + \varrho_{ee} \eta_{eh} + \cdots + \varrho_{eh} \eta_{hh} + \cdots + \varrho_{en} \eta_{nh} . \tag{431}$$

Prägt man dem Hauptnetz die Formänderungsgruppe $\eta_h = 1$ ein, dann ist die Rückwirkung der Formänderung $\xi_1 = \eta_{1e} \cdot 1$: $P_{1h} \cdot \eta_{1e}$, die Rückwirkung des Zustandes $\eta_e = 1$ ist dann:

$$P'_{eh} = P_{1h} \eta_{1e} + P_{2h} \eta_{2e} + \cdots + P_{eh} \eta_{ee} + \cdots + P_{hh} \eta_{he} + \cdots + P_{nh} \eta_{ne} . \tag{432}$$

Wie ohne weiteres ersichtlich, gilt:

$$P_{eh} \gtrless P_{he} \qquad P_{eh} \text{ nur ausnahmsweise } = P_{he} , \tag{433}$$

dagegen folgt aus dem Satz von Betti (Nr. 38):

$$P'_{eh} = P'_{he} . \tag{434}$$

Es sind also (vgl. Erläuterung Nr. 260):

$1 \cdot \varrho_{eh}$ die Arbeit der inneren Kräfte des möglichen Formänderungszustandes $\xi_e = 1$ infolge der durch den Formänderungszustand $\xi_h = 1$ erzeugten Wege,

$1 \cdot P_{eh}$ die Arbeit der inneren Kräfte des möglichen Formänderungszustandes $\xi_e = 1$ infolge der beim Formänderungszustand $\eta_h = 1$ vorhandenen Wege,

$1 \cdot P'_{eh}$ die Arbeit der inneren Kräfte des möglichen Formänderungszustandes $\eta_e = 1$ infolge der durch den Formänderungszustand $\eta_h = 1$ erzeugten Wege.

275. Die Hauptgleichungen. Der Anschaulichkeit halber wird der Rechnungsgang für $n = 4$ Formänderungswerte ξ durchgeführt, die Erweiterung auf beliebig viele Veränderliche ist einfach.

Die Hauptgleichungen lauten:

$$\begin{aligned} \varrho_{11} \xi_1 + \varrho_{12} \xi_2 + \varrho_{13} \xi_3 + \varrho_{14} \xi_4 &= B_1 \\ \varrho_{21} \xi_1 + \varrho_{22} \xi_2 + \varrho_{23} \xi_3 + \varrho_{24} \xi_4 &= B_2 \\ \varrho_{31} \xi_1 + \varrho_{32} \xi_2 + \varrho_{33} \xi_3 + \varrho_{34} \xi_4 &= B_3 \\ \varrho_{41} \xi_1 + \varrho_{42} \xi_2 + \varrho_{43} \xi_3 + \varrho_{44} \xi_4 &= B_4 , \end{aligned} \tag{435}$$

worin die ϱ nur von Abmessungen des Tragwerkes, die B von der Belastung abhängen. Man lagert nun die durch die Bedingungen Gl. (435) beschriebenen Gleichgewichtszustände übereinander, indem man die jeweils mit einem noch zu bestimmenden Beiwert η_{eh} multiplizierten Gleichungen zueinander addiert. Hierdurch erhält man neue Gleichgewichtsbedingungen, von welchen die erste lautet:

$$\begin{aligned} &\xi_1 (\eta_{11}\varrho_{11} + \eta_{21}\varrho_{12} + \eta_{31}\varrho_{13} + \eta_{41}\varrho_{14}) \\ + &\xi_2 (\eta_{11}\varrho_{21} + \eta_{21}\varrho_{22} + \eta_{31}\varrho_{23} + \eta_{41}\varrho_{24}) \\ + &\xi_3 (\eta_{11}\varrho_{31} + \eta_{21}\varrho_{32} + \eta_{31}\varrho_{33} + \eta_{41}\varrho_{34}) \\ + &\xi_4 (\eta_{11}\varrho_{41} + \eta_{21}\varrho_{42} + \eta_{31}\varrho_{43} + \eta_{41}\varrho_{44}) \\ &= \eta_{11} B_1 + \eta_{21} B_2 + \eta_{31} B_3 + \eta_{41} B_4 = A_1 \, . \end{aligned}$$

Vergleicht man die Beiwerte der ξ mit Gl (431), so ergibt sich:

$$P_{11}\xi_1 + P_{21}\xi_2 + P_{31}\xi_3 + P_{41}\xi_4 = A_1 \, .$$

Entsprechend erhält man drei weitere Gleichungen, so daß das neue Gleichgewichtssystem durch folgende Gleichungen beschrieben ist:

$$\begin{aligned} P_{11}\xi_1 + P_{21}\xi_2 + P_{31}\xi_3 + P_{41}\xi_4 &= A_1 \\ P_{12}\xi_1 + P_{22}\xi_2 + P_{32}\xi_3 + P_{42}\xi_4 &= A_2 \\ P_{13}\xi_1 + P_{23}\xi_2 + P_{33}\xi_3 + P_{43}\xi_4 &= A_3 \\ P_{14}\xi_1 + P_{24}\xi_2 + P_{34}\xi_3 + P_{44}\xi_4 &= A_4 \, . \end{aligned} \tag{436}$$

Die Formänderungen ξ werden hierbei durch Überlagerung von Formänderungsgruppen η erzeugt, deren Belastungsglieder durch die rechten Seiten und deren Rückwirkungen durch die Werte P_{eh} wiedergegeben werden, wobei auf die Beziehung 433 besonders hinzuweisen ist, welche sich auch durch Vergleich leicht bestätigt, z. B.:

$$\begin{aligned} P_{31} &= \eta_{11}\varrho_{31} + \eta_{21}\varrho_{32} + \eta_{31}\varrho_{33} + \eta_{41}\varrho_{34} \\ P_{13} &= \eta_{13}\varrho_{11} + \eta_{23}\varrho_{12} + \eta_{33}\varrho_{13} + \eta_{43}\varrho_{14} \, . \end{aligned}$$

Die Formänderungsgruppen und die Knotenrückwirkungen sind durch die n^2 Beiwerte η_{eh} des Schemas 429 bestimmt, welche vorläufig noch frei wählbar sind.

Um nun Gleichungen mit einer einzigen Unbekannten zu erhalten, wird über die Knotenrückwirkungen P so verfügt, daß

$$P_{ee} = 1 \qquad P_{eh} = 0 \qquad e, h = 1, 2, 3, 4 \; (h \neq e) \tag{437}$$

gesetzt wird. Damit ergeben sich $n^2 = 16$ Gleichungen zur Bestimmung der Unbekannten η_{eh}, die Grundgleichungen lauten dann:

$$\begin{aligned} \xi_1 &= \eta_{11} B_1 + \eta_{21} B_2 + \eta_{31} B_3 + \eta_{41} B_4 \\ \xi_2 &= \eta_{12} B_1 + \eta_{22} B_2 + \eta_{32} B_3 + \eta_{42} B_4 \\ \xi_3 &= \eta_{13} B_1 + \eta_{23} B_2 + \eta_{33} B_3 + \eta_{43} B_4 \\ \xi_4 &= \eta_{14} B_1 + \eta_{24} B_2 + \eta_{34} B_3 + \eta_{44} B_4 \, , \end{aligned} \tag{438}$$

womit die Unbekannten ξ unmittelbar durch die Belastungsglieder B bestimmt sind, welche aber in den den Formänderungsgruppen η beigeordneten Belastungsgruppen wirken.

276. Die Beiwerte η_{eh}. Nunmehr sind noch die Beiwerte η_{eh} zu berechnen. Hierbei wird für die Rückwirkungen ϱ die in der Ausgleichsrechnung übliche Bezeichnung $\varrho_{eh} = [eh]$ eingeführt.

a) *Die Gleichungssysteme.* Die Gleichungssysteme zur Berechnung der η_{eh} lauten:

$$\begin{aligned}
[11]\eta_{11}+[12]\eta_{21}+[13]\eta_{31}+[14]\eta_{41}&=1\\
[12]\eta_{11}+[22]\eta_{21}+[23]\eta_{31}+[24]\eta_{41}&=0\\
[13]\eta_{11}+[23]\eta_{21}+[33]\eta_{31}+[34]\eta_{41}&=0\\
[14]\eta_{11}+[24]\eta_{21}+[34]\eta_{31}+[44]\eta_{41}&=0\,.
\end{aligned}\tag{439, I}$$

$$\begin{aligned}
[11]\eta_{12}+[12]\eta_{22}+[13]\eta_{32}+[14]\eta_{42}&=0\\
[12]\eta_{12}+[22]\eta_{22}+[23]\eta_{32}+[24]\eta_{42}&=1\\
[13]\eta_{12}+[23]\eta_{22}+[33]\eta_{32}+[34]\eta_{42}&=0\\
[14]\eta_{12}+[24]\eta_{22}+[34]\eta_{32}+[44]\eta_{42}&=0\,.
\end{aligned}\tag{439, II}$$

$$\begin{aligned}
[11]\eta_{13}+[12]\eta_{23}+[13]\eta_{33}+[14]\eta_{43}&=0\\
[12]\eta_{13}+[22]\eta_{23}+[23]\eta_{33}+[24]\eta_{43}&=0\\
[13]\eta_{13}+[23]\eta_{23}+[33]\eta_{33}+[34]\eta_{43}&=1\\
[14]\eta_{13}+[24]\eta_{23}+[34]\eta_{33}+[44]\eta_{43}&=0\,.
\end{aligned}\tag{439, III}$$

$$\begin{aligned}
[11]\eta_{14}+[12]\eta_{24}+[13]\eta_{34}+[14]\eta_{44}&=0\\
[12]\eta_{14}+[22]\eta_{24}+[23]\eta_{34}+[24]\eta_{44}&=0\\
[13]\eta_{14}+[23]\eta_{24}+[33]\eta_{34}+[34]\eta_{44}&=0\\
[14]\eta_{14}+[24]\eta_{24}+[34]\eta_{34}+[44]\eta_{44}&=1\,.
\end{aligned}\tag{439, IV}$$

Zunächst sieht man, daß die Determinante sämtlicher vier Systeme dieselbe ist, ferner sind sämtliche Systeme zur Diagonale symmetrisch. Ein Lastglied ist jeweils nur in einer Gleichung vorhanden, die übrigen sind Null.

b) *Reziproke Beziehungen.* Die Determinanten D der Gl. (439 u. 435) sind dieselben, in (439) treten an Stelle der ξ die η_{eh} und bestimmte einfache Lastglieder. Der Wert η_{eh} ist daher gleich der Formänderung ξ_e für den Belastungsfall $B_h = 1$, alle übrigen $B = 0$. Da der Arbeitsweg ξ_e für den Belastungsfall $B_h = 1$ nach dem Satz von Betti gerade so groß sein muß wie der Arbeitsweg ξ_h für den Belastungsfall $B_e = 1$, so folgt hieraus:

$$\eta_{eh} = \eta_{he}\,. \tag{440}$$

Dies ergibt sich auch durch Anschreiben der Determinanten für η_{eh} und η_{he}, so daß statische und mathematische Deutung wie erforderlich übereinstimmen.

Die Anzahl der Unbekannten vermindert sich daher von n^2 auf $\frac{1}{2}\cdot n(n+1)$. Wegen der besonderen Form der Gleichungssysteme lassen sich jedoch noch weitere Beziehungen zwischen den Unbekannten aufstellen, so daß nur ein Gleichungssystem mit n Unbekannten aufzulösen ist.

c) *Berechnung der Unbekannten η_{nn} und η_{en} (η_{44}, η_{e4}).* Zur Bestimmung der η_{eh} wählt man das Gleichungssystem (439, IV), da in ihm erst in der letzten Gleichung ein Lastglied auftritt; die Unbekannten werden wie bereits bemerkt durch die von Gauss eingeführte Reduktion berechnet. Die Gl. (439, IV) heißen die Normalgleichungen und sollen hier als erste Reduktion bezeichnet werden. Die zweite Reduktion wird durch Ausmerzen der Unbekannten η_{14} gewonnen, die dritte durch Ausmerzen von η_{24} usw. Die hierdurch nacheinander gewonnenen Gleichungssysteme lauten:

$$\begin{aligned}
[11]\eta_{14}+[12]\eta_{24}+[13]\eta_{34}+[14]\eta_{44}&=0\\
[12]\eta_{14}+[22]\eta_{24}+[23]\eta_{34}+[24]\eta_{44}&=0\\
[13]\eta_{14}+[23]\eta_{24}+[33]\eta_{34}+[34]\eta_{44}&=0\\
[14]\eta_{14}+[24]\eta_{24}+[34]\eta_{34}+[44]\eta_{44}&=1\,.
\end{aligned}\tag{441, I}$$

$$\begin{aligned}[][22\cdot 2]\eta_{24}+[23\cdot 2]\eta_{34}+[24\cdot 2]\eta_{44}&=0\\ [23\cdot 2]\eta_{24}+[33\cdot 2]\eta_{34}+[34\cdot 2]\eta_{44}&=0\\ [24\cdot 2]\eta_{24}+[34\cdot 2]\eta_{34}+[44\cdot 2]\eta_{44}&=1\,.\end{aligned}\qquad (441,\ \mathrm{II})$$

$$\begin{aligned}[][33\cdot 3]\eta_{34}+[34\cdot 3]\eta_{44}&=0\\ [34\cdot 3]\eta_{34}+[44\cdot 3]\eta_{44}&=1\,.\end{aligned}\qquad (441,\ \mathrm{III})$$

$$[44\cdot 4]\eta_{44}=1\,.\qquad (441,\ \mathrm{IV})$$

Die Beiwerte bestimmen sich dabei aus den folgenden Gleichungen:

$$\begin{aligned}[][eh\cdot 1]&\equiv[eh]\\ [eh\cdot 2]&=[eh\cdot 1]-\frac{[e1\cdot 1]}{[11\cdot 1]}\cdot[1h\cdot 1]\\ [eh\cdot 3]&=[eh\cdot 2]-\frac{[e2\cdot 2]}{[22\cdot 2]}\cdot[2h\cdot 2]\\ [eh\cdot m+1]&=[eh,m]-\frac{[em\cdot m]}{[mm\cdot m]}\cdot[mh\cdot m]\,.\end{aligned}\qquad (442)$$

Die ersten Gleichungen jedes Satzes heißen die Endgleichungen, ihr System lautet:

$$\begin{aligned}[][11\cdot 1]\eta_{14}+[12\cdot 1]\eta_{24}+[13\cdot 1]\eta_{34}+[14\cdot 1]\eta_{44}&=0\\ [22\cdot 2]\eta_{24}+[23\cdot 2]\eta_{34}+[24\cdot 2]\eta_{44}&=0\\ [33\cdot 3]\eta_{34}+[34\cdot 3]\eta_{44}&=0\\ [44\cdot 4]\eta_{44}&=1\end{aligned}\qquad (443,\ \mathrm{I})$$

oder nach Division mit dem Beiwert des jeweiligen ersten Gliedes:

$$\begin{aligned}\eta_{14}+(12\cdot 1)\,\eta_{24}+(13\cdot 1)\,\eta_{34}+(14\cdot 1)\,\eta_{44}&=0\\ \eta_{24}+(23\cdot 2)\,\eta_{34}+(24\cdot 2)\,\eta_{44}&=0\\ \eta_{34}+(34\cdot 3)\,\eta_{44}&=0\\ \eta_{44}&=\frac{1}{[44,4]}\end{aligned}\qquad (443,\ \mathrm{II})$$

mit den Beiwerten:

$$(1e\cdot 1)=\frac{[1e\cdot 1]}{[11\cdot 1]}\quad (e=2,3,4)\qquad (2e\cdot 2)=\frac{[2e\cdot 2]}{[22\cdot 2]}\quad (e=3,4)$$
$$(34\cdot 3)=\frac{[34\cdot 3]}{[33\cdot 3]}\,.\qquad (444)$$

Damit ist die Unbekannte η_{44} bekannt; sie wird in die vorletzte Gleichung eingesetzt, woraus sich η_{34} ergibt, aus der vorhergehenden Gleichung folgt η_{24} usw., was ergibt:

$$\eta_{14}=-\frac{\{14\cdot 3\}}{[44\cdot 4]}\qquad \eta_{24}=-\frac{\{24\cdot 3\}}{[44\cdot 4]}\qquad \eta_{34}=-\frac{\{34\cdot 3\}}{[44\cdot 4]}\qquad \eta_{44}=-\frac{1}{[44\cdot 4]}\qquad (445)$$

wobei die Beiwerte $\{\ \}$ leicht zu berechnen sind, doch nicht angeschrieben werden brauchen, da die unmittelbare Rechnung mit den Gleichungen rascher ist und vor Schreibfehlern in den Formeln für die Beiwerte sichert.

Der Satz η_{e4} $(e=1,2,3,4)$ der Unbekannten ist damit berechnet, gleichzeitig aber auch der Satz η_{4e}.

d) *Berechnung der Unbekannten* η_{e3}. Die Normalgleichungen für diesen Fall sind unter (439, III) angegeben, die hieraus entwickelten Endgleichungen in der Gl. (443) entsprechenden Form lauten:

$$\begin{aligned} \eta_{13} + (12\cdot 1)\,\eta_{23} + (13\cdot 1)\,\eta_{33} + (14\cdot 1)\,\eta_{43} &= 0 \\ \eta_{23} + (23\cdot 2)\,\eta_{33} + (24\cdot 2)\,\eta_{43} &= 0 \\ \eta_{33} + (34\cdot 3)\,\eta_{43} &= 1 \\ (34\cdot 3)\,\eta_{33} + (44\cdot 4)\,\eta_{43} &= 0 \end{aligned} \tag{446}$$

Die letzte Gleichung ist nicht die Endgleichung, sondern die letzte Gleichung der dritten Reduktion, da sie wegen der anderen Stellung des Lastgliedes nicht mehr mit der vierten Gleichung von (443) übereinstimmt. Da η_{43} jedoch bereits bekannt ist, kann aus der vorletzten Gleichung η_{33} unmittelbar bestimmt werden, worauf die übrigen Unbekannten η_{e3} $(e = 1, 2)$ und damit auch η_{3e} berechnet werden können. Die vierte Gleichung braucht also gar nicht mehr benützt werden, wird sie es doch, so hat man eine Kontrollrechnung für η_{43}. Die Beiwerte des Gleichungssystemes sind gleich denen von Gl. (443).

e) *Berechnung der Unbekannten* η_{e2}, η_{e1}. Die Endgleichungen für die Unbekannten η_{e2} lauten:

$$\begin{aligned} \eta_{12} + (12\cdot 1)\,\eta_{22} + (13\cdot 1)\,\eta_{32} + (14\cdot 1)\,\eta_{42} &= 0 \\ \eta_{22} + (23\cdot 2)\,\eta_{33} + (24\cdot 2)\,\eta_{42} &= 1 \end{aligned} \tag{447}$$

Hierin sind die Werte η_{32}, η_{33}, η_{42} bekannt, die beiden letzten Gleichungen, welche zur Kontrollrechnung dienen können, sind nicht mehr angeschrieben, ebenso wie in der folgenden Gleichung nicht mehr.

Für η_{e1} gilt:

$$\eta_{11} + (12\cdot 1)\,\eta_{21} + (13\cdot 1)\,\eta_{31} + (14\cdot 1)\,\eta_{41} = 1 \tag{448}$$

Von der Aufstellung der allgemeinen, den Gl. (445) entsprechenden Beziehungen zwischen den Beiwerten und den Unbekannten wird wieder abgesehen. Trotz der symmetrischen Formeln, welche man hierbei erhält, ist es immer zweckmäßiger, von den Gleichungen selbst auszugehen, da hierbei weniger Fehlerquellen auftreten und die Berechnung auch nicht umfangreicher wird. Dazu ist zu beachten, daß die Gleichungen häufig nur einen Teil der Unbekannten enthalten, was die Rechnung erheblich abkürzt. Diese Abkürzungen bieten sich bei einiger Aufmerksamkeit von selbst an. Für die Berechnung selbst stellt man sich am besten ein Rechenschema auf, wie es in der Ausgleichungsrechnung üblich ist.

Nach der Berechnung der Beiwerte η_{eh} ergeben sich die Formänderungsgrößen ξ für die verschiedenen Belastungsfälle aus den Gl. (438).

E. Näherungsverfahren.

277. Allgemeines. Wie aus der vorhergehenden Darstellung hervorgeht, können die Hauptgleichungen verhältnismäßig leicht aufgestellt werden, während die Auflösung des Systemes linearer Gleichungen, welches sie bilden, namentlich bei vielen Unbekannten eine unangenehme und zeitraubende Arbeit ist.

Die Auflösung eines solchen Systems hängt von der Bildung von Summen und Produkten ab, die Fehlerfortpflanzung ist daher im allgemeinen Falle nicht leicht zu übersehen, so daß in der Rechnung erheblich mehr Stellen berücksichtigt werden müssen, als das Endergebnis, die Bestimmung der statischen Werte, verlangt.

Bei Tragwerken, welche nur Knotendrehbarkeiten besitzen, aber weder Verschiebungen μ noch Dehnungen λ aufweisen, ist aus den Gleichungen ersichtlich, daß infolge der Eigenart der praktisch vorkommenden Tragwerke das Diagonalglied ϱ_{ee} erheblich größer ist als die übrigen Beiwerte ϱ_{eh} $(e \neq h)$ und in den einzelnen Gleichungen jeweils verhältnismäßig wenige der Unbekannten vertreten sind. Dies vermindert die Rechenarbeit und die Fortpflanzung der durch Abrundung entstehenden Fehler erheblich, außerdem entsteht hieraus die Möglichkeit zur Einführung von Näherungsverfahren.

Bei Tragwerken allgemeiner Form, also mit Grundwerten ν, μ, λ zeigt eine genauere Betrachtung der Gleichungen, daß zwar das Diagonalglied der ν die übrigen Beiwerte dieser Unbekannten erheblich überragt, daß dies aber bei den μ und λ nicht in demselben Verhältnis der Fall ist. Bedingt ist dies dadurch, daß an den durch die μ und λ erzeugten Bewegungen die einzelnen Stäbe viel gleichmäßiger teilnehmen als an den Verformungen durch die Knotendrehungen. Hierdurch gliedern sich die Näherungsverfahren in zwei Gruppen, für welche die Näherungsverfahren sich erheblich unterscheiden:

a) Tragwerke mit festliegenden Knotenpunkten, bei welchen die Kette K keine Bewegungsfreiheit hat und in deren Hauptgleichungen nur die Grundwerte ν vorkommen, also nur Knotengleichungen vorhanden sind;

b) Tragwerke mit Verschiebungsmöglichkeiten der Knoten, also mit Bewegungsfreiheiten der Kette K und allen drei Grundwerten λ, μ, ν in den Hauptgleichungen, so daß neben den Knotengleichungen noch Ketten- oder Fachwerksgleichungen oder beide vorkommen.

Es sind zahlreiche Näherungsverfahren entwickelt worden, von welchen im folgenden die wichtigsten dargestellt werden sollen.

a) Unverschiebliche Knotenpunkte.

278. Entwicklung in Kettenbrüche. Um einen Überblick über die Abhängigkeit der Knotendrehungen voneinander zu erhalten, werde der in Bild 320 dargestellte Rahmen betrachtet.

Die Hauptgleichungen, hier nur Knotengleichungen, lauten mit der üblichen Bezeichnung

$$\begin{aligned}
\mathfrak{K}_{11}\nu_1 + \mathfrak{k}_{12}\nu_2 &= B_1\\
\mathfrak{k}_{12}\nu_1 + \mathfrak{K}_{22}\nu_2 + \mathfrak{k}_{23}\nu_3 &= B_2\\
\mathfrak{k}_{23}\nu_2 + \mathfrak{K}_{33}\nu_3 + \mathfrak{k}_{34}\nu_4 &= B_3\\
\mathfrak{k}_{34}\nu_3 + \mathfrak{K}_{44}\nu_4 + \mathfrak{k}_{45}\nu_5 &= B_4\\
\mathfrak{k}_{15}\nu_4 + \mathfrak{K}_{55}\nu_5 &= B_5
\end{aligned}$$

Die Endgleichungen dieses Systems lauten mit der Abkürzung $K_{eh} = \dfrac{\mathfrak{k}_{eh}^2}{\mathfrak{K}_{ee}\mathfrak{K}_{hh}}$.

$$\begin{aligned}
&\nu_1\mathfrak{K}_{11} && + \mathfrak{k}_{12}\nu_2 = B_1 && = B_{11}\\
&\nu_2\mathfrak{K}_{22}(1 - K_{12}) && + \mathfrak{k}_{23}\nu_3 = B_2 - \frac{B_{11}}{\mathfrak{K}_{11}}\cdot\mathfrak{k}_{12} && = B_{22}\\
&\nu_3\mathfrak{K}_{33}\left(1 - \frac{K_{23}}{1 - K_{12}}\right) && + \mathfrak{k}_{34}\nu_4 = B_3 - \frac{B_{22}}{\mathfrak{K}_{22}}\cdot\frac{\mathfrak{k}_{23}}{1 - K_{12}} && = B_{33}\\
&\nu_4\mathfrak{K}_{44}\left(1 - \cfrac{K_{34}}{1 - \cfrac{K_{23}}{1 - K_{12}}}\right) && + \mathfrak{k}_{45}\nu_5 = B_4 - \frac{B_{33}}{\mathfrak{K}_{33}}\cdot\cfrac{\mathfrak{k}_{34}}{1 - \cfrac{K_{23}}{1 - K_{12}}} && = B_{44}\\
&\nu_5\mathfrak{K}_{55}\left(1 - \cfrac{K_{45}}{1 - \cfrac{K_{34}}{1 - \cfrac{K_{23}}{1 - K_{12}}}}\right) && = B_5 - \frac{B_{44}}{\mathfrak{K}_{44}}\cdot\cfrac{\mathfrak{k}_{45}}{1 - \cfrac{K_{34}}{1 - \cfrac{K_{23}}{1 - K_{12}}}} && = B_{55}
\end{aligned}$$

Die Beiwerte sind hier durch Kettenbrüche dargestellt, wobei im Beiwert von ν_5 jedes Glied K_{eh} den Einfluß der Steifigkeit des Knotens e auf den Knoten 5 darstellt. Es ist ohne weiteres ersichtlich, daß der Einfluß der weiter entfernten Knoten rasch abnimmt, wenn man die durch die praktisch vorkommenden Werte der $\mathfrak{k}$ erhältlichen Näherungswerte der Kettenbrüche abschätzt.

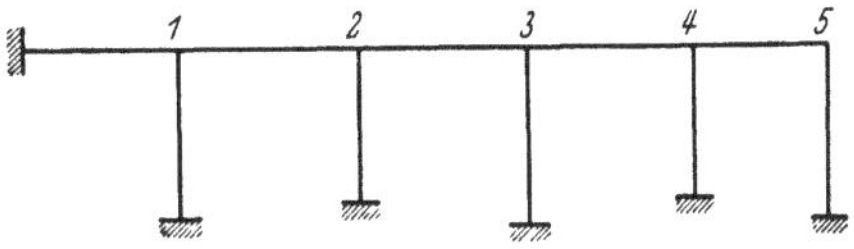

Bild 320.

Der klare und einfache Aufbau der Lösung ist hier durch das einfache Tragwerkssystem bestimmt, wodurch nur dreigliedrige Gleichungen vorhanden sind. Solche dreigliedrige Gleichungen können daher sehr rasch berechnet werden, da lediglich ein Näherungswert der Kettenbrüche eingesetzt werden braucht.

Für mehrgliedrige Gleichungen, wie sie z. B. bei mehrstöckigen Rahmen vorkommen, können entsprechende Ausdrücke aufgestellt werden. Jedoch werden die Ausdrücke nicht mehr so einfach, für solche Gleichungen sind daher Näherungsverfahren am Platz.

279. Das Iterationsverfahren. Ist etwa ein System von vier Hauptgleichungen gegeben:

$$\begin{aligned}
\mathfrak{K}_{11}\nu_1 + \mathfrak{k}_{12}\nu_2 + \mathfrak{k}_{13}\nu_3 + \mathfrak{k}_{14}\nu_4 &= B_1\\
\mathfrak{k}_{12}\nu_1 + \mathfrak{K}_{22}\nu_2 + \mathfrak{k}_{23}\nu_3 + \mathfrak{k}_{24}\nu_4 &= B_2\\
\mathfrak{k}_{13}\nu_1 + \mathfrak{k}_{23}\nu_2 + \mathfrak{K}_{33}\nu_3 + \mathfrak{k}_{34}\nu_4 &= B_3\\
\mathfrak{k}_{14}\nu_1 + \mathfrak{k}_{24}\nu_2 + \mathfrak{k}_{34}\nu_3 + \mathfrak{K}_{44}\nu_4 &= B_4,
\end{aligned}$$

dann setzt man in der ersten Gleichung alle ν gleich groß an, und zwar gleich dem ersten Näherungswert ν_1', welcher sonach wird:

$$\nu_1' = \frac{B_1}{\mathfrak{K}_{11} + \sum \mathfrak{k}_{1e}} \qquad e = 2, 3, 4\,.$$

In der zweiten Gleichung setzt man für ν_1 seinen Näherungswert ν_1', für die übrigen ν den ersten Näherungswert ν_2', so daß:

$$\nu_2' = \frac{B_2 - \mathfrak{k}_{12}\nu_1'}{\mathfrak{K}_{22} + \sum \mathfrak{k}_{2e}} \qquad e = 3, 4\,.$$

Entsprechend werden die ersten Näherungswerte ν_3' und ν_4':

$$\nu_3' = \frac{B_3 - \mathfrak{k}_{13}\nu_1' - \mathfrak{k}_{23}\nu_2'}{\mathfrak{K}_{33} + \sum \mathfrak{k}_{3e}} \qquad e = 4$$

$$\nu_4' = \frac{B_4 - \mathfrak{k}_{14}\nu_1' - \mathfrak{k}_{24}\nu_2' - \mathfrak{k}_{34}\nu_3'}{\mathfrak{K}_{44}}\,.$$

Mit den Näherungswerten ν_2', ν_3', ν_4' berechnet man aus der ersten Gleichung den zweiten Näherungswert ν_1'', mit diesem und ν_3', ν_4' den Wert ν_2'', mit ν_1'', ν_2'', ν_4' dann ν_3'' usw.

Konvergenz des Verfahrens. Das Verfahren ergibt erfahrungsgemäß meistens sehr rasch brauchbare Ergebnisse, es genügt meist schon der zweite oder dritte Näherungswert.

Dagegen muß es keineswegs immer konvergieren, es kann in besonderen Fällen oszillierende Werte ergeben oder sogar divergieren, ähnlich wie bei der regula falsi oder dem NEWTONschen Näherungsverfahren für Gleichungen. Sollte dieser Fall eintreten, was praktisch sehr selten sein dürfte, so ist dies aus dem Aufbau der Gleichungen oder aus der zweiten Näherung ersichtlich.

280. Nebenspannungen. Das wichtigste Anwendungsgebiet des Iterationsverfahrens ist die Berechnung von Nebenspannungen in Fachwerken.

Bei der Berechnung der Fachwerke wird vorausgesetzt, daß die Stäbe in den Knoten durch reibungslose Gelenke aneinander angeschlossen sind. Dies kann in der Praxis nicht ausgeführt werden, durch die Knotenbleche entstehen vielmehr steife Eckverbindungen, wodurch in den Stäben Biegungsspannungen hervorgerufen werden. Da diese bei den üblichen Fachwerken im Verhältnis zu den Normalkräften klein sind, werden sie als Nebenspannungen bezeichnet und bei der gewöhnlichen Berechnung vernachlässigt. Sie können jedoch mit dem Formänderungsverfahren ohne weiteres berechnet werden.

Die Ketten K von Fachwerken haben keine Beweglichkeiten μ, zu ihrer Berechnung sind Knoten- und Fachwerkgleichungen notwendig. Bei einfach standfesten Fachwerken kann die Länge jedes Stabes unabhängig von den anderen Stäben geändert werden, es sind also ebenso viele unabhängige Grundwerte λ vorhanden wie Stäbe. Bei mehrfach standfesten Fachwerken bildet man ein Fachwerk F_m nach Nr. 248, 3c, welches einem Hauptnetz für das Kraftverfahren nach Nr. 206 entspricht. Die Stäbe dieses Netzes haben die unabhängigen Dehnungen λ, während die ausgeschalteten Stäbe die abhängigen Dehnungen Δl_r besitzen.

Man setzt nun die Dehnung λ_h eines Stabes h gleich 1 und ermittelt mit einem Verschiebungsplan die Drehwinkel θ_{rh} sämtlicher Stäbe infolge dieser Dehnung. Mit diesen Winkeln und den Steifigkeitszahlen $\mathfrak{k}$ kann man dann die Knotengleichungen aufstellen.

Ferner berechnet man die Dehnungen der abhängigen Stäbe und die zugehörigen Normalkräfte, womit die Fachwerksgleichungen aufgestellt werden können. Aus dem System der Hauptgleichungen können dann die Grundwerte λ und ν berechnet werden, woraus wiederum die statischen Werte M, N, Q der einzelnen Stäbe folgen.

Dieses Verfahren, bei welchem die Dehnungen und Stabkräfte für die Zustände $\lambda = 1$ zu berechnen sind, ist recht umständlich und wird daher in der Praxis nie verwendet. Die Zahl der Grundwerte beträgt dabei $k_f + r - m$ (Nr. 249). Jedoch können mit diesem Verfahren die Einflußlinien der Stabkräfte einschließlich der Biegungsmomente (Nebenspannungen) am bequemsten gewonnen werden.

Sollen die Nebenspannungen nur für einen bestimmten Belastungszustand berechnet werden, dann wendet man zweckmäßig ein Näherungsverfahren nach Nr. 258 an. Man berechnet nämlich die Stabkräfte des Fachwerkes mit reibungsfreien Gelenken, hierzu die Dehnungen und die Stabdrehwinkel durch Verschiebungsplan oder Berechnung. Mit diesen Werten stellt man die Knotengleichungen auf, welche nun noch allein zur Ermittlung der statischen Werte notwendig sind.

Der Drehwinkel θ_{rh} ist der Drehwinkel des Stabes r bei der Dehnung $\lambda_h = 1$, $\theta_{rh}\lambda_h$ ist der Drehwinkel bei der Dehnung λ_h und $\sum \theta_{rh}\lambda_h$ endlich ist der Drehwinkel ψ_r des Stabes r bei gleichzeitiger Dehnung aller Stäbe. Damit wird die Knotengleichung für den Knoten i:

$$\mathfrak{K}_{ii}\nu_i + \sum_i \mathfrak{k}_{ik}\nu_k + \sum_i \mathfrak{g}_i \psi_r = 0\,. \qquad (449)$$

Da in Fachwerken die Stäbe in den meisten Fällen konstanten Querschnitt über die ganze Stablänge haben, wofür $\mathfrak{k}_{ii} = 4\mathfrak{S}$, $\mathfrak{k}_{ik} = 2\mathfrak{S}$, $\mathfrak{g}_i = -6\mathfrak{S}$, $\mathfrak{S} = \frac{EJ}{l}$ ist, so wird die Knotengleichung für Fachwerke für den Knoten i:

$$2\nu_i \sum_k \mathfrak{S}_{ik} + \sum_k \nu_k \mathfrak{S}_{ik} - 3\sum_k \psi_{ik}\mathfrak{S}_{ik} = 0\,, \qquad (450)$$

wobei die Summen über sämtliche Nachbarknoten von i zu erstrecken sind. Löst man diese Gleichungen nach dem Iterationsverfahren, so wird der erste Näherungswert: $\nu_i' = \frac{\Sigma \psi_{ik} \mathfrak{S}_{ik}}{\Sigma \mathfrak{S}_{ik}}$. Der zweite Näherungswert kann gesetzt werden zu: $\nu_i'' = \frac{3}{2}\nu_i' - \frac{\Sigma \nu_k' \mathfrak{S}_{ik}}{2\Sigma \mathfrak{S}_{ik}}$. Da in diesem Falle alle Unbekannten dieselbe Größenordnung haben, führt das Verfahren rasch zu genügend genauen Ergebnissen.

Sind die Stäbe in einzelnen oder allen Knoten exzentrisch aneinander angeschlossen, dann tritt in Gl. (449) noch ein Belastungsglied B_i auf, nämlich das Moment durch die exzentrischen Anschlüsse. Liegt die Stabschwerachse um den Betrag h außerhalb der Systemlinie und ist die Stabkraft S, dann ist für diesen Stab das Moment $M = S \cdot h = B_i$, wobei auf den Drehsinn zu achten ist.

α) Das Momentenausgleichverfahren.

281. Das Momentenausgleichverfahren. Ein besonderes Verfahren zur schrittweisen Auflösung der Hauptgleichungen — im vorliegenden Fall nur Knotengleichungen — ist das *Momentenausgleichverfahren.*

Bei ihm wird angenommen, daß sämtliche Knoten des Tragwerkes starr festgehalten werden, lediglich der Knoten i, dessen Gleichung aufgestellt werden soll, sei drehbar. An ihm wird das angreifende Moment B_i nach den Steifigkeiten auf die in ihm zusammenstoßenden Stäbe verteilt und der Anteil, welcher an die starr eingespannten Nachbarknoten weitergegeben wird, berechnet. Am Nachbarknoten k wird dieses weitergeleitete Moment mit dem angreifenden Moment überlagert und das gesamte Moment auf die in k zusammenstoßenden Stäbe verteilt. Dieses Verfahren wird für alle Knoten durchgeführt, so daß während einer Ausgleichstufe jeder Knoten einmal drehbar ist und von jedem Knoten Rückwirkungen auf die übrigen Knoten ausgehen.

Die Knotengleichung jedes Knotens wird auf diese Weise für sich allein behandelt ($\nu_i \neq 0$, alle übrigen $\nu = 0$), die Durchführung des Verfahrens gibt für jede Stufe eine Verbesserung der Einspannungsmomente der Stäbe. Dabei ist im Gegensatz zum Iterationsverfahren zu beachten, daß der erste Ausgleich den Näherungswert, die weiteren Ausgleichstufen Verbesserungen dieses Näherungswertes ergeben, während dort bei jedem Schritt neue Näherungswerte berechnet werden. Außerdem werden beim Ausgleich unmittelbar die Stabmomente berechnet.

Eine allgemeine Darstellung des Verfahrens ist recht schwerfällig, es wird daher zweckmäßig an Beispielen dargestellt, welche das Wesentliche klar erkennen lassen.

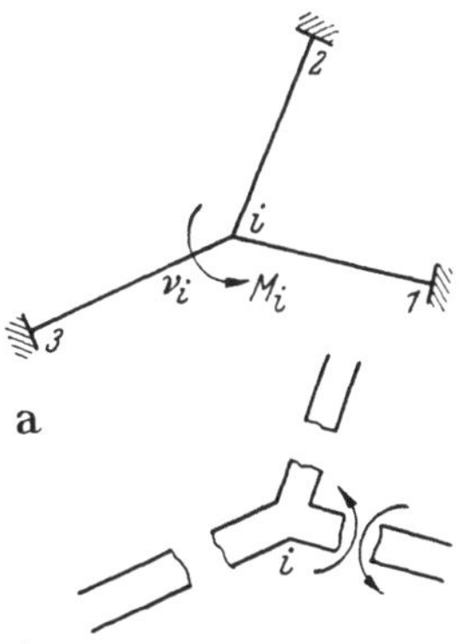

a b

Bild 321.

282. Verteilungs- und Übertragungszahl. Betrachtet werde ein Knoten i, in welchem einige Stäbe durch steife Ecken miteinander verbunden sind. Die anderen Enden dieser Stäbe seien starr eingespannt. Am Knoten i erzeuge ein Moment M_i den Knotendrehwinkel ν_i. Gl. (390) ergibt dann für die im Knoten i an den einzelnen Stäben angreifenden Momente:

$$M_{i1} = \mathfrak{k}_{ii1}\nu_i \qquad M_{i2} = \mathfrak{k}_{ii2}\nu_i \qquad M_{i3} = \mathfrak{k}_{ii3}\nu_i\,.$$

Die Summe dieser Momente muß M_i sein, also: $M_i = \mathfrak{K}_{ii}\nu_i$. Daraus ergibt sich für das am Stabe ik wirkende Moment:

$$M_{ik} = \frac{\mathfrak{k}_{iik}}{\mathfrak{K}_{ii}} \cdot M^i = m_{ik} M_i\,. \tag{451}$$

Die Zahl m_{ik} gibt an, wie sich das Moment M_i auf die einzelnen Stäbe verteilt, sie heißt daher die Verteilungszahl des Stabes ik am Knoten i.

Am Knoten k wirkt nach Gl. (391) das Moment: $M_{ki} = \mathfrak{k}_{ki} \nu_i$. Hieraus ergibt sich:

$$M_{ki} = \frac{\mathfrak{k}_{ki}}{\mathfrak{k}_{iik}} \cdot M_{ik} = f_{ik} \cdot M_{ik}. \tag{452}$$

Die Zahl f_{ik} gibt an, wie sich das Moment M_{ik} an den Knoten k überträgt, sie heißt daher Übertragungszahl. Es gilt auch:

$$M_{ki} = f_{ik} m_{ik} M_i. \tag{453}$$

Übertragungs- und Verteilungszahlen sind bereits beim Festpunktverfahren berechnet worden, die hier verwendeten sind besondere Fälle der dort angegebenen Werte.

Ist der Stab einseitig elastisch eingespannt, am anderen Ende durch ein Gelenk angeschlossen, dann ändert sich nichts an den Gleichungen, es sind lediglich die entsprechenden Werte $\mathfrak{k}$ aus Spalte 2 oder 3 der Übersicht 392 einzusetzen.

Ist der Stab in einem Knoten k starr eingespannt, dann ist dieser Knoten als einstäbig anzusehen, so daß $\mathfrak{K}_{kk} = \mathfrak{k}_{kk}$ und $m = 1$ wird. Das vom Knoten i nach k übertragene Moment addiert sich einfach zum Einspannungsmoment aus der Belastung. Da der Knoten k starr festgehalten wird, wird ihm während des Ausgleichs keine Drehbarkeit erteilt, von ihm werden daher auch keine Momente an die Nachbarknoten übertragen, d. h. an ihm ist die Übertragungszahl $f_{ki} = 0$.

283. Der über mehrere Felder durchlaufende Träger. Allgemeine Belastung. Wie schon oben erwähnt, besteht das Momentenausgleichsverfahren in einem fortgesetzten Verteilen und Übertragen der Einspannungsmomente auf Knoten und Nachbarknoten. Da es zweckmäßig an Beispielen erläutert wird, wird hierzu als einfachstes der über mehrere Felder durchlaufende Träger gewählt. Anschließend wird durch Nachweis der Konvergenz des Verfahrens gezeigt, daß die gewonnene Lösung die wahren Werte der Stabmomente darstellt.

Wegen der Anschaulichkeit der Darstellung werde ein Träger über fünf Felder betrachtet. Die Belastung der einzelnen Felder erzeuge an den Knoten die Einspannungsmomente M_{ik} des starr eingespannten Trägers, welche die Belastungsglieder B_i der Knotengleichungen sind, zuzüglich etwa vorhandener unmittelbar am Knoten wirkender Momente. Diese Momente ergeben in den normalen Belastungsfällen auf der Oberseite der Stäbe Zugspannungen, am linken Auflager des Feldes wirkt am Stab daher ein positives, am Knoten ein negatives Moment, am rechten Auflager sind die Vorzeichen umgekehrt. Berechnet werden die am Knoten wirkenden Momente.

Ist der Stab in einem Knoten durch ein Gelenk angeschlossen, dann ist er nach Nr. 241 als einseitig eingespannter Stab zu berechnen, an das Gelenk wird kein Moment weitergeleitet, wie sich aus der Übertragungszahl ergibt. Dies ist im Beispiel in Feld $\overline{45}$ der Fall.

Aus den Abmessungen des Trägers werden die Steifigkeitszahlen berechnet, aus diesen wieder die Verteilungs- und Übertragungszahlen nach den in Nr. 282 gegebenen Gleichungen.

In ein Trägerschema werden die Knotenmomente, die Verteilungs- und die Übertragungszahlen eingetragen, und zwar bezeichnen die Buchstaben M die absoluten Werte der belastenden Momente, so daß die Vorzeichen besonders angeschrieben wurden. Man beginnt mit dem Momentenausgleich beim größten Knotenmoment (Summe der am Knoten angreifenden Einzelmomente), dies sei im betrachteten Beispiel das Moment am Knoten 3.

Der Knoten 3 sei drehbar, die Nachbarknoten 2 und 4 fest eingespannt, so daß das in Nr. 282 dargestellte System hergestellt ist. Am Knoten 3 greift das Moment $+ M_{32} - M_{34} = \Delta_{31}$ an (Δ = algebraischer Wert); um Gleichgewicht herzustellen, muß also ein *Ausgleichmoment* $-\Delta_{31}$ am Knoten angesetzt werden.

Dieses Ausgleichmoment verteilt sich auf die Stabanschlüsse am Knoten, indem $-\Delta_{31}$ mit den Verteilungszahlen multipliziert wird, wobei unter den Stabanschlüssen die knotenseitigen Schnittufer der Stäbe zu verstehen sind (Bild 321). Von diesen verteilten Momenten übertragen sich auf die fest eingespannten Nachbarknoten Teilmomente, welche durch Multiplizieren mit den Übertragungszahlen f gewonnen werden. Die verteilten Momente werden zweckmäßig, etwa durch Unterstreichen kenntlich gemacht, da sie einen Abschnitt im Ausgleich bedeuten.

Am Knoten 2 wirkt nun das Moment $M_{21} - M_{23} - f_{32} m_{32} \Delta_{31} = \Delta_{21}$, welches durch das Moment $-\Delta_{21}$ ausgeglichen wird. Gibt man dem Knoten 2 Drehbarkeit, während die Nachbarknoten 1 und 3 fest eingespannt sind, dann kann man das Ausgleichmoment $-\Delta_{21}$ auf die Stabanschlüsse in 2 verteilen, außerdem übertragen sich auf die Knoten 1 und 3 Teilmomente.

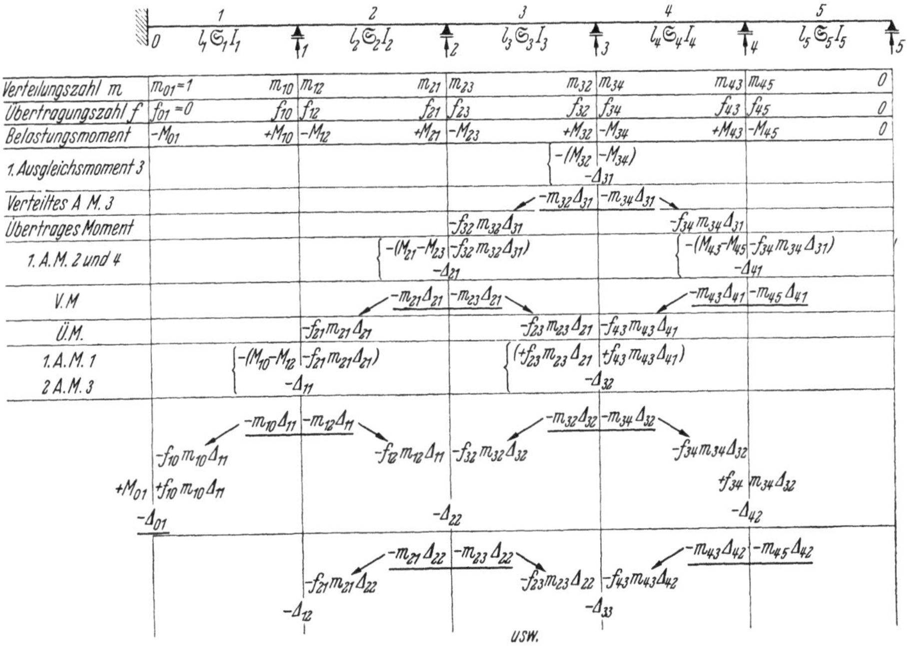

Dieses Verfahren:

Bilden der Summen Δ der am Knoten angreifenden Momente,
Ergänzen der Momentensumme durch das Ausgleichmoment $-\Delta$ zu Null,
Verteilen des Ausgleichmomentes auf die Stabanschlüsse,
Bildung der Übertragungsmomente an den Nachbarknoten

setzt man nun fort, indem man von Knoten zu Knoten fortschreitet, wie es das Schema zeigt.

Am Knoten 0 sei der Stab fest eingespannt, die Verteilungszahl an ihm ist $m_{01} = 1$, die Übertragungszahl bestimmt sich zu Null.

Am Knoten 5 sei eine einfache Stütze, die Übertragungs- und die Verteilungszahl sind Null.

Am Anschluß des Stabes 3 am Knoten 3 wirkt dann nach drei Verteilungen das Moment:

$$+ M_{32} - m_{32}\Delta_{31} - f_{23} m_{23}\Delta_{21} - m_{32}\Delta_{32} - f_{23} m_{23}\Delta_{22} - m_{32}\Delta_{33},$$

am Stab 4 am selben Knoten:

$$- M_{34} - m_{34}\Delta_{31} - f_{43} m_{43}\Delta_{41} - m_{34}\Delta_{32} - f_{43} m_{43}\Delta_{42} - m_{42}\Delta_{33}.$$

Die Summe beider Momente ist Null, da ja nach jedem Schritt durch Bildung des Ausgleichmomentes Gleichgewicht hergestellt wird.

Es ist dabei gleichgültig, ob man von einem Knoten ausgeht und zu den Nachbarknoten fortschreitet oder ob man an mehreren Knoten gleichzeitig beginnt.

Bei Zahlenrechnungen bricht man ab, wenn die übertragenen Momente unter die geforderte Genauigkeitsgrenze sinken (vgl. Zahlenbeispiel).

Die Schreibarbeit kann wesentlich vermindert werden, wenn das Schema in nachstehender Weise aufgestellt wird.

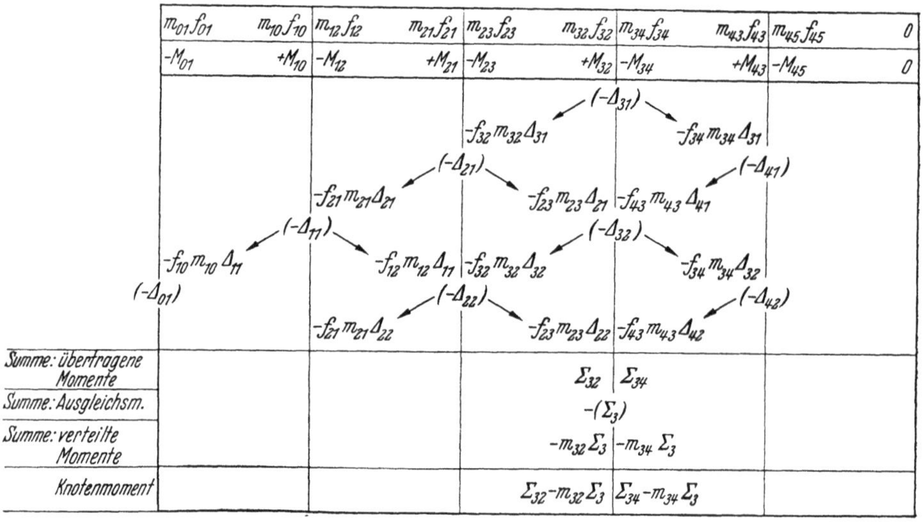

Man schreibt an den Knoten unmittelbar das Produkt mf aus der Verteilungs- und Übertragungszahl an und bildet aus dem Ausgleichmoment unmittelbar das übertragene Moment, schreibt also die verteilten Momente nicht mehr an. Nach Erreichen der Genauigkeitsgrenze addiert man die übertragenen Momente am Stabanschluß, bildet also am Knoten 3 die Summen:

$\Sigma_{32} = + M_{32} - f_{23} m_{23} \Delta_{21} - f_{23} m_{23} \Delta_{22}$ und

$\Sigma_{34} = - M_{34} - f_{43} m_{43} \Delta_{41} - f_{43} m_{43} \Delta_{42}$ ferner die Summe

$\Sigma_3 = \Sigma_{32} + \Sigma_{34}$. Aus dieser Summe erhält man durch Multiplizieren mit den Verteilungszahlen die Summe $-m_{32}\Sigma_3$ bzw. $-m_{34}\Sigma_3$ der verteilten Momente und am Schluß die Stützenmomente $\Sigma_{32} - m_{32}\Sigma_3$ und $\Sigma_{34} - m_{34}\Sigma_3$.

Da die Vorzeichen wechseln, kann man sich die Addition noch dadurch erleichtern, daß man die positiven und negativen übertragenen Momente jeweils für sich zusammen anschreibt.

284. Einflußzahlen. Um den Verlauf der Momentenverteilung übersichtlich verfolgen zu können, wird angenommen, daß am Stabanschluß 3 des Knotens 3 das Moment $M = +1 = \Delta_{31}$ angreife, sonst keine weiteren Momente. Verteilungs- und Übertragungszahlen werden durch die Werte $\mathfrak{k}$ ausgedrückt, wobei $\mathfrak{k}_{332}$ der Wert von $\mathfrak{k}_{33}$ am Stab 32 bedeutet. Die Zahlen werden im Schema durch die Zeiger allein angegeben, also $\mathfrak{k}_{332} = 33{,}2$. Ebenso ist jeweils nur das Ausgleichmoment, die negative Momentensumme Δ angeschrieben. (Siehe Schema nächste Seite.)

Die Aufstellung des Schemas bedarf nach dem Vorhergehenden keiner Erläuterung. Die Momente am Knoten 3 sind:

$$M_{32} = +1 - \frac{33{,}2}{\mathfrak{K}_{33}}(\Delta_{31} + \Delta_{32} + \Delta_{33} + \cdots) - \frac{32}{\mathfrak{K}_{22}}(\Delta_{21} + \Delta_{22} + \Delta_{23} + \cdots)$$

$$M_{34} = - \frac{33{,}4}{\mathfrak{K}_{33}}(\Delta_{31} + \Delta_{32} + \Delta_{33} + \cdots) - \frac{34}{\mathfrak{K}_{44}}(\Delta_{41} + \Delta_{42} + \Delta_{43} + \cdots).$$

Addiert man, so sieht man aus dem Schema, daß:

$$1 - \frac{33{,}2}{\mathfrak{K}_{33}} \cdot \Delta_{31} - \frac{33.4}{\mathfrak{K}_{33}} \cdot \Delta_{31} = 0 \qquad \frac{33{,}2 + 33{,}4}{\mathfrak{K}_{33}} \cdot \Delta_{32} + \frac{32}{\mathfrak{K}_{22}} \cdot \Delta_{22} + \frac{34}{\mathfrak{K}_{44}} \cdot \Delta_{42} = 0$$

usw., also $M_{32} + M_{34} = 0$.

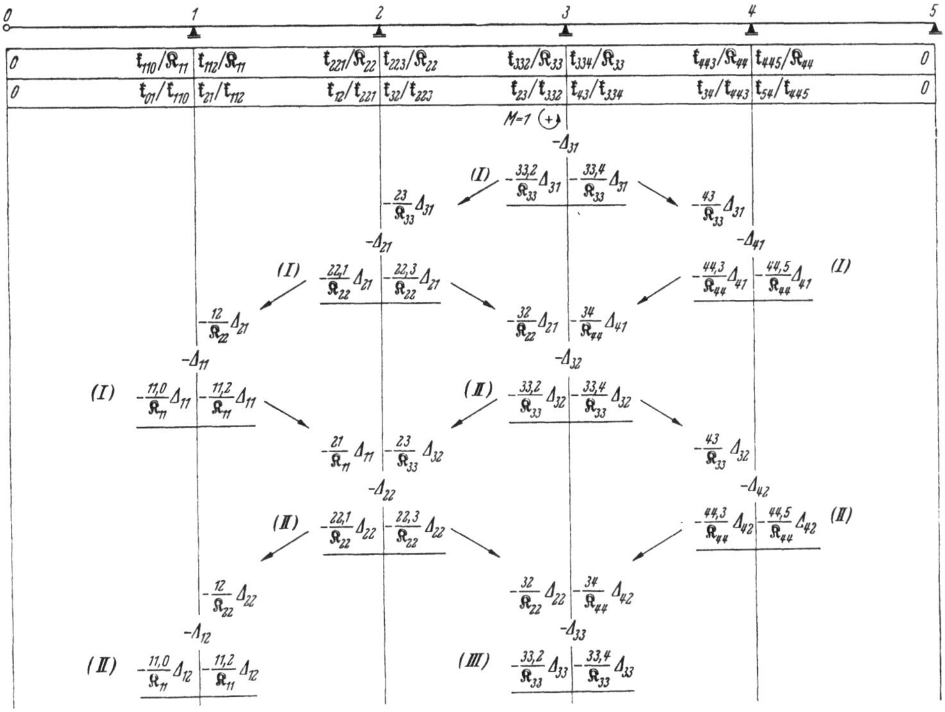

Die Ausgleichmomente sind hierbei:

$$\Delta_{31} = 1 \qquad -\Delta_{21} = \frac{23}{\mathfrak{K}_{33}} \cdot \Delta_{31} \qquad -\Delta_{41} = \frac{43}{\mathfrak{K}_{33}} \cdot \Delta_{31}$$

$$-\Delta_{32} = \frac{32}{\mathfrak{K}_{22}} \cdot \Delta_{21} + \frac{34}{\mathfrak{K}_{44}} \cdot \Delta_{41} \qquad -\Delta_{11} = \frac{12}{\mathfrak{K}_{22}} \cdot \Delta_{21}$$

$$-\Delta_{22} = \frac{23}{\mathfrak{K}_{33}} \cdot \Delta_{32} + \frac{21}{\mathfrak{K}_{11}} \cdot \Delta_{11} \qquad -\Delta_{42} = \frac{43}{\mathfrak{K}_{33}} \cdot \Delta_{32}$$

$$-\Delta_{33} = \frac{32}{\mathfrak{K}_{22}} \cdot \Delta_{22} + \frac{34}{\mathfrak{K}_{44}} \cdot \Delta_{42} \qquad -\Delta_{12} = \frac{12}{\mathfrak{K}_{22}} \cdot \Delta_{22}$$

$$-\Delta_{23} = \frac{23}{\mathfrak{K}_{33}} \cdot \Delta_{33} + \frac{21}{\mathfrak{K}_{11}} \cdot \Delta_{12} \qquad -\Delta_{43} = \frac{43}{\mathfrak{K}_{33}} \cdot \Delta_{33}$$

Das Bildungsgesetz ist leicht erkennbar.

285. Konvergenz des Verfahrens. Wie aus dem Vorhergehenden ersichtlich, ist die Gleichgewichtsbedingung $\sum M = 0$, die Knotengleichung, nach jedem Ausgleich erfüllt. Damit die Lösung brauchbar ist, muß nun noch nachgewiesen werden, daß die Reihen $\Delta_{31} + \Delta_{32} + \Delta_{33} + \cdots$ und $\Delta_{21} + \Delta_{22} + \Delta_{23} + \cdots$ konvergieren. Bildet man aus den angegebenen Werten der Ausgleichmomente diese Reihen, so sieht man, daß alle konvergieren, wenn eine von ihnen konvergiert. Es genügt daher der Nachweis für die zuerst genannte Reihe.

Zunächst ist zu bemerken, daß alle Verteilungs- und Übertragungszahlen echte Brüche sind. Dann ist in der ersten Ausgleichstufe $\frac{23}{\mathfrak{K}_{33}} \cdot \Delta_{31} + \frac{43}{\mathfrak{K}_{33}} \cdot \Delta_{31}$ kleiner als Δ_{31}, $\frac{22{,}3}{\mathfrak{K}_{22}} \cdot \Delta_{21} + \frac{44{,}3}{\mathfrak{K}_{44}} \cdot \Delta_{41}$ kleiner als der eben angegebene Wert, aber größer als $\frac{32}{\mathfrak{K}_{22}} \cdot \Delta_{21} + \frac{34}{\mathfrak{K}_{44}} \cdot \Delta_{41} = \Delta_{32}$.

Daher ist $\Delta_{32} < \Delta_{31}$. Diese Schlußweise kann fortgesetzt werden, es ist also stets $\Delta_{3,m+1} < \Delta_{3,m}$. Dies ist aber das Konvergenzkriterium von CAUCHY für die Reihe $\Delta_{31} + \Delta_{32} + \Delta_{33} + \cdots$. Da diese aus lauter positiven Gliedern besteht, ist sie absolut konvergent.

Die Momente M_{32} und M_{34} haben daher einen eindeutig bestimmten endlichen Wert und erfüllen die Gleichgewichtsbedingung am Knoten, welche in den Momenten linear ist, also nur eine einzige Lösung hat.

Für Balken mit mehr Feldern gelten entsprechende Überlegungen. Andere Belastungsfälle entstehen durch Überlagerung mehrerer Einzelbelastungen. Daher gibt das Momentenausgleichverfahren eine strenge Lösung zur Berechnung der Stützenmomente eines durchlaufenden Trägers durch unendliche Reihen. In der Praxis genügen meist die ersten drei oder vier Glieder dieser Reihen zur Erreichung eines genügend genauen Ergebnisses, so daß das Verfahren sehr bequem ist. Vor allen Dingen werden alle Zwischenglieder mit derselben Rechengenauigkeit ermittelt, was gegenüber der Auflösung eines Systems linearer Gleichungen vorteilhaft ist, da es die Rechenarbeit wesentlich herabmindert.

286. Andere Tragwerksformen. Der durchlaufende Träger ist die einfachste Tragwerksform, da bei ihm in jedem Knoten nur zwei Stäbe zusammenstoßen. Das Momentenausgleichverfahren ist hier daher besonders übersichtlich. Es wird bei anderen Tragwerksformen jedoch in genau derselben Weise angewendet, lediglich ist die Verteilung und Übertragung in mehr als zwei Richtungen vorzunehmen. Die Verteilungs- und Übertragungszahlen bestimmen sich hierbei nach Nr. 282.

Kommen im Tragwerk geschlossene Stabvielecke vor, dann entstehen theoretisch sehr komplizierte Ausdrücke für die Momente, da die Ausgleichung um die Vielecke herumläuft. Da die übertragenen Momente jedoch nach drei oder vier Schritten schon vernachlässigbar werden, wird die Zahlenrechnung hier immer noch verhältnismäßig übersichtlich.

Muß man viele Belastungsfälle berücksichtigen, dann rechnet man bequemerweise sofort mit Einflußzahlen.

287. Stützensenkungen und Wärmegradänderungen. Für diese Einflüsse werden die Einspannungsmomente nach der Nr. 266 berechnet. Der Ausgleich wird dann gerade so durchgeführt wie für Momente aus Belastungen.

β) Das Drehwinkelausgleichverfahren.

288. Das Drehwinkelausgleichverfahren. Anstatt die Einspannungsmomente auszugleichen, kann man auch die Knotendrehwinkel als Unbekannte einführen, wie es mehr dem Formänderungsverfahren entspricht. Das Verfahren braucht nur sinngemäß abgeändert zu werden.

Der Hauptunterschied ist der, daß nicht mehr vom starr eingespannten Träger ausgegangen wird, sondern vom frei aufliegenden Balken, dessen Tangentendrehwinkel dem Ausgleichverfahren als Grundlage dienen. Die Durchführung des Verfahrens ergibt sich aus den folgenden Abschnitten.

289. Verteilungs- und Übertragungszahl. Es wird wieder ein Knoten i betrachtet, in welchem einige Stäbe durch steife Ecken miteinander verbunden sind. Die andern Enden der Stäbe seien ebenfalls durch steife Ecken an ihre Knoten angeschlossen. Nun werden die steifen Ecken durch Gelenke und einfache Auflager ersetzt, so daß sämtliche Stäbe frei aufliegende Träger werden. Diese Träger werden durch die Belastung durchgebogen, die Stabachsen drehen sich in den Knotenpunkten a, b um bestimmte Tangentendrehwinkel τ, welche nach Nr. 194 als die Auflagerdrücke des mit $p_1 = + \frac{M}{EJ}$ belasteten einfachen Balkens berechnet werden, worin M dessen Moment aus der gegebenen Belastung ist, zu welcher auch unmittelbar am Knoten angreifende Momente gehören.

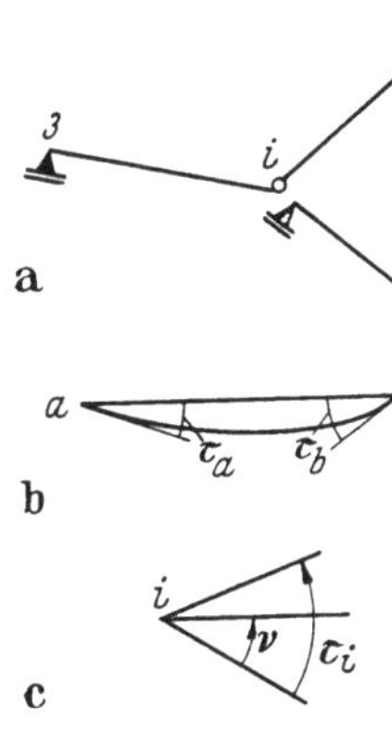

Bild 322.

Um die wirkliche Formänderung im Knoten i zu erhalten, müssen die Stäbe jeweils um einen bestimmten Winkel zurückgedreht werden, da sie sich infolge der elastischen Einspannungen weniger verformen wie als frei aufliegender Träger. Der Knoten dreht sich um den Winkel ν, so daß der Rückdrehwinkel des Stabes $-(\tau_i - \nu)$ beträgt (Bild 322c). Diese Rückdrehung muß durch ein Moment M_{ik} erzeugt werden, welches sich aus der oben genannten Bedingung bestimmt: $-(\tau_i - \nu) = \frac{M_{ik}}{l^2} \int_0^l (l-x)^2 \frac{dx}{EJ}$, woraus:

$$\mathfrak{k}_{ii}(\tau_i - \nu) = -M_{ik}, \tag{454}$$

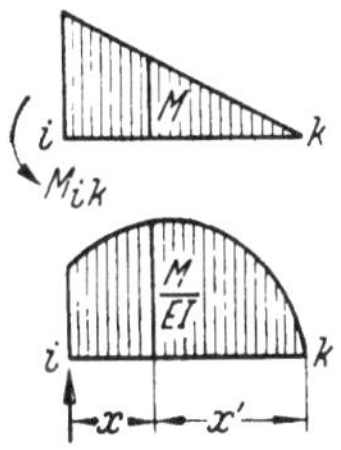

Bild 323.

wobei $\mathfrak{k}_{ii} = 1/a_2$ sich nach der Übersicht Gl. (392) (zweite Spalte) aus Gl. (386) berechnet.

M_{ik} ist das rückdrehende Moment, es dreht daher entgegengesetzt wie der Winkel $(\tau_i - \nu)$.

Für jeden Stab des Knotens gilt die Gl. (454). Die Summe der rückdrehenden Momente am Knoten ist wegen des Gleichgewichtes Null, so daß Addition über sämtliche Stäbe des Knotens ergibt:

$$\nu_i \mathfrak{K}_{ii} = \sum_i \tau_i \mathfrak{k}_{ii}. \tag{455}$$

Da die Tangentendrehwinkel τ_i und die Steifigkeitszahlen $\mathfrak{k}_{ii}$, $\mathfrak{K}_{ii}$ bekannt sind, kann hieraus der Knotendrehwinkel ν_i berechnet werden.

Der Knotendrehwinkel setzt sich aus den Anteilen $\tau_i \cdot \frac{\mathfrak{k}_{ii}}{\mathfrak{K}_{ii}}$ zusammen, so daß der Wert

$$m_i = \frac{\mathfrak{k}_{ii}}{\mathfrak{K}_{ii}} \tag{456}$$

wieder die Verteilungszahl ist. Es ist aber zu beachten, daß die Steifigkeitszahlen für denselben Träger andere sind wie beim Momentenausgleichverfahren.

Man berechnet zunächst für einen Stabanschluß den Tangentendrehwinkel τ_i, dann den Anteil $m_i \tau_i$, welchen er zum Knotendrehwinkel ν beiträgt und erhält diesen schließlich als Summe aller $m_i \tau_i$ am Knoten. Damit ist der Rückdrehwinkel $\nu - \tau$ bekannt.

Die Rückdrehung $(\nu_i - \tau_i)$ erzeugt auch im Knoten k eine Drehung der Stabachse, und zwar im entgegengesetzten Sinne ihrer eigenen Drehrichtung. Da die Drehwinkel proportional den erzeugenden Momenten sind, übertragen sie sich auch wie diese, so daß die Übertragungszahlen nach Gl. (452) ermittelt werden, wobei sich die $\mathfrak{k}_{ki}$, $\mathfrak{k}_{iik}$ nach Übersicht (392) (erste Spalte) berechnen.

Ist der Stab in dem Knoten k fest eingespannt, dann ist $\tau_k = 0$ und τ_i berechnet sich als Tangentendrehwinkel des einseitig eingespannten Trägers. Für einen solchen Stab ist $\mathfrak{k}_{ik} = \mathfrak{k}_{ki} = 0$, so daß die Übertragungszahlen $\mathfrak{f}_{ik} = \mathfrak{f}_{ki} = 0$ sind. Nach dem fest eingespannten Stabende überträgt sich also kein Drehwinkel, noch geht von ihm eine Übertragung aus, es nimmt an dem Ausgleich nicht teil. Da der Knoten k stets undrehbar ist, bei der Berechnung von m aber auch der Knoten i eingespannt angenommen wird, sind die Steifigkeitszahlen $\mathfrak{k}_{ii}$ hier für den beiderseits eingespannten Balken zu nehmen (Übersicht 392, erste Spalte). Das Einspannungsmoment im Knoten k wird allerdings durch den Winkelausgleich nicht gefunden, es muß besonders berechnet werden, etwa mit Hilfe der Kreuzlinienabschnitte.

290. Der durchlaufende Träger. Das Drehwinkelausgleichverfahren soll wie das Momentenausgleichverfahren am einfachsten Beispiel, dem über mehrere Felder durchlaufenden Träger erläutert werden, wozu derselbe Träger wie in Nr. 283 gewählt wird.

Als erstes werden die Verteilungszahlen m nach Gl. (456) berechnet, wobei als Steifigkeitszahl $\mathfrak{k}_{ii}$ jene des einseitig im Knoten i eingespannten Trägers zu nehmen ist, wie bereits oben bemerkt. Im Feld $\overline{01}$ ist der Stab im Knoten 0 fest eingespannt, hier sind die Steifigkeitszahlen $\mathfrak{k}_{ii}$, $\mathfrak{k}_{kk}$ des beidseitig eingespannten Trägers einzusetzen.

Die Verteilungszahlen f ermitteln sich wie beim Momentenausgleichverfahren.

Am Knoten 5, einem Gelenk, ist die Verteilungszahl $m_{54} = 1$, die Übertragungszahl $f_{54} = 0$, da hier der Drehwinkel durch keine Einspannung behindert ist.

Dann werden die Drehwinkel τ berechnet, welche durch die Belastung in den einzelnen Feldern entstehen, wenn diese als frei aufliegende Träger betrachtet werden. Im Feld 1, in welchem der Stab im Knoten 0 fest eingespannt ist, wird der Drehwinkel τ_{10} als Tangentendrehwinkel des einseitig eingespannten Trägers ermittelt. Die Vorzeichen sind so gewählt, daß lotrechte Belastung am rechten Knoten einen positiven, am linken einen negativen Drehwinkel erzeugt. Die angeschriebenen Zahlen τ sind dann Absolutwerte. Berechnet werden die Stabdrehwinkel, aus welchen wiederum die Momente am Stab folgen.

Mit der Berechnung der Rückdrehwinkel r werde im Knoten 3 begonnen. Der Anteil der Tangentendrehwinkel am Knotendrehwinkel ν ist $+m_{32}\tau_{32}$ und $-m_{34}\tau_{34}$, die Summe beider ist der erste Näherungswert ν_{31} des Knotendrehwinkels ν_3: $\nu_{31} = +m_{32}\tau_{32} - m_{34}\tau_{34}$. Mit ihm berechnen sich die ersten Rückdrehwinkel zu: $r'_{32} = \nu_{31} - \tau_{32}$ und $r'_{34} = \nu_{31} - \tau_{34}$. Diese Rückdrehwinkel werden auf die Nachbarknoten 2 und 4 übertragen, wobei zu beachten ist, daß die Übertragungswinkel entgegengesetzt drehen wie die Rückdrehwinkel. Dadurch wird der Tangentendrehwinkel des Stabes $\overline{23}$ im Knoten 2 zu: $-\tau_{23} - f_{32}r'_{32}$, der des Stabes $\overline{34}$ in 4 zu: $+\tau_{43} - f_{34}r'_{34}$.

Die Anteile der Tangentendrehwinkel im Knoten 2 am Knotendrehwinkel sind dann: $+m_{21}\tau_{21}$ und $-m_{23}(+\tau_{23} + f_{32}r'_{32})$, der erste Näherungswert ν_{21} des Knotendrehwinkels selbst: $\nu_{21} = +m_{21}\tau_{21} - m_{23}(+\tau_{23} + f_{32}r'_{32})$.

Die Rückdrehwinkel im Knoten 2 ergeben sich zu:

$$+r'_{21} = \nu_{21} - \tau_{21} \qquad r'_{23} = \nu_{21} + \tau_{23} + f_{32}r'_{32}.$$

Im Knoten 4 wird der Tangentendrehwinkel des Stabes $\overline{34}$: $+\tau_{43} - f_{34}r'_{34}$, so daß der erste Näherungswert ν_{41} wird: $\nu_{41} = +m_{43}(+\tau_{43} - f_{34}r'_{34}) - m_{45}\tau_{45}$.

Die Rückdrehwinkel sind:

$$r'_{43} = \nu_{41} - (\tau_{43} - f_{34}r'_{34}) \qquad r'_{45} = \nu_{41} + \tau_{45}.$$

Damit ergeben sich am Knoten 3 zwei übertragene Winkel, aus welchen sich der zweite Näherungswert ν_{32} des Knotendrehwinkels ν_3, welcher zu diesen übertragenen Winkeln gehört, ergibt:

$\nu_{32} = -m_{32}f_{23}r'_{23} - m_{34}f_{43}r'_{43}$ mit den Rückdrehwinkeln:

$$r''_{32} = \nu_{32} + f_{23}r'_{23} \qquad r''_{34} = \nu_{32} + f_{43}r'_{43}.$$

An den Knoten 0 wird wegen seiner Einspannung kein Drehwinkel übertragen, vom Knoten 5 wird wegen der gelenkigen Lagerung kein Drehwinkel auf den Knoten 4 zurückübertragen.

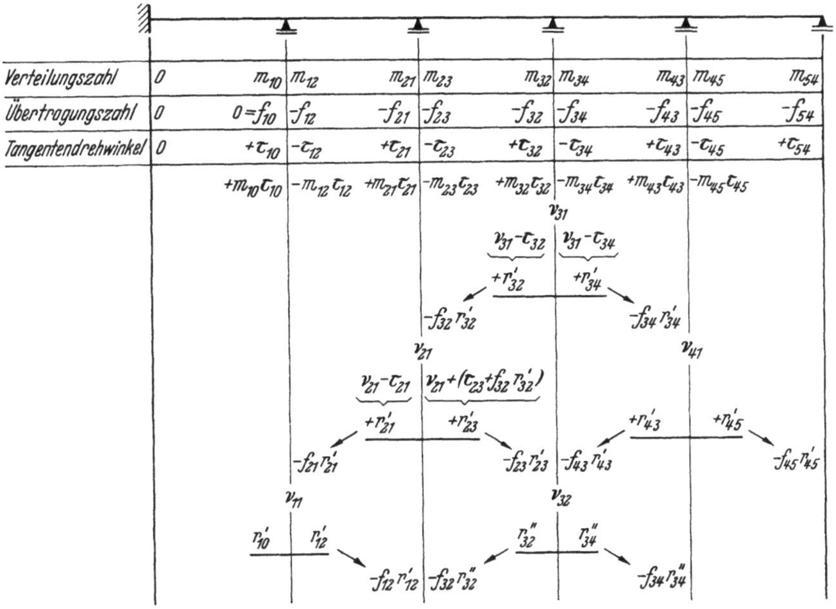

Es sind also nacheinander zu berechnen:

Tangentendrehwinkel infolge der Belastung,
Anteil der Tangentendrehwinkel am Knotendrehwinkel,
erster Näherungswert der Knotendrehwinkel,
erste Rückdrehwinkel,
Übertragung der Rückdrehwinkel, deren Anteile am Knotendrehwinkel,
erste Näherung der Knotendrehwinkel der Nachbarknoten,
zugehörige Rückdrehwinkel und der Verbesserungswert des Knotendrehwinkels.

Dieser Rechnungsgang wird solange fortgesetzt, bis die Werte der Rückdrehwinkel unter die Genauigkeitsgrenze der Rechnung sinken.

Der tatsächliche Rückdrehwinkel r_{32} ist die Summe der sämtlichen einzelnen Rückdrehwinkel:

$$(\nu_3 - \tau_{32}) = r'_{32} + r''_{32} + r'''_{32} + \cdots$$

woraus sich das Knotenmoment nach Gl. (454) ergibt.

Man kann wie beim Momentenausgleichverfahren eine abgekürzte Schreibweise einführen. Doch soll davon hier abgesehen werden, da alle Zahlen des ausführlichen Schemas doch berechnet werden müssen und zu Kontrollzwecken am besten auch niedergeschrieben werden.

291. Einflußzahlen und Konvergenz. Wie beim Momentenausgleichverfahren der Einfluß eines einzelnen Momentes kann auch hier der Einfluß eines einzelnen Drehwinkels verfolgt werden, wovon jedoch abgesehen werden soll, da sich nichts Neues dabei ergibt. Die Konvergenz des Verfahrens könnte ganz entsprechend wie beim Momentenausgleich nachgewiesen werden, doch ist dies nicht notwendig, da wegen der Proportionalität von Moment und Drehwinkel der Drehwinkelausgleich gerade so konvergieren muß wie der Momentenausgleich.

292. Zahlenbeispiel. Beide Verfahren sollen an einem einfachen Zahlenbeispiel erläutert werden. Der Träger, die Festwerte und die Belastung sind im nachstehenden Schema angegeben.

Die Einspannungsmomente berechnen sich zu:

Feld $\overline{01}$ $M_0 = \frac{4{,}0 \cdot 5{,}0}{8} = 2{,}50\,\text{mt}$

Feld $\overline{12}$ $M_{12} = \frac{9{,}0 \cdot 4{,}0 \cdot 2{,}0^2}{6{,}0^2} = 4{,}0\,\text{mt}$ $M_{21} = \frac{9{,}0 \cdot 4{,}0^2 \cdot 2{,}0}{6.0^2} = 8{,}0\,\text{mt}$

Feld $\overline{23}$ $M_{23} = \frac{8{,}1 \cdot 4{,}0 \cdot 5.0^2}{9{,}0^2} = 10{,}0\,\text{mt}$ $M_{32} = \frac{8{,}1 \cdot 5{,}0 \cdot 4{,}0^2}{9{,}0^2} = 8{,}0\,\text{mt}$

Feld $\overline{34}$ $M_{34} = 8{,}0\,\text{mt}$ $M_{43} = 4{,}0\,\text{mt}$

Feld $\overline{45}$ $M_{45} = \frac{3}{16} \cdot 4{,}0 \cdot 4{,}0 = 3{,}0\,\text{mt}$.

Mit diesen Werten wird das Schema des Momentenausgleiches aufgestellt. An seinem Kopf werden die Steifigkeitszahlen $\mathfrak{k}$, die Verteilungszahlen m und die Übertragungszahlen f eingetragen. Zu beachten sind die Zahlen am starren Knoten 0, sowie im Feld $\overline{45}$. Das Verfahren ergibt nach dreimaligem Ausgleich genügend genaue Momente, wie die Momentensumme an jedem Knoten zeigt.

Für den Drehwinkelausgleich sind zunächst die Drehwinkel zu berechnen:

$$\text{Feld } \overline{01} \quad \tau_{01} = 0 \qquad E\tau_{10} = + \frac{Pl^2}{32J} = \frac{4{,}0 \cdot 5{,}0^2}{32 \cdot 1{,}20} = 2{,}60\,.$$

Für den frei aufliegenden Träger unter der Einzellast P im Punkte (a, b) ist: $E\tau_a = \frac{P}{6Jl} \cdot ab(l+b)$, womit:

Feld $\overline{12}$ $E\tau_1 = \frac{9{,}0}{1{,}5}\,\frac{4{,}0 \cdot 2{,}0}{6 \cdot 6{,}0} \cdot 8{,}0 = 10{,}67$ $E\tau_2 = \frac{9{,}0}{1{,}5}\,\frac{4{,}0 \cdot 2{,}0}{6 \cdot 6{,}0} \cdot 10{,}0 = 13{,}33$

Feld $\overline{23}$ $E\tau_2 = \frac{8{,}1}{2{,}7}\,\frac{4{,}0 \cdot 5{,}0}{6 \cdot 9{,}0} \cdot 14{,}0 = 15{,}60$ $E\tau_3 = \frac{8{,}1}{2{,}7}\,\frac{4{,}0 \cdot 5{,}0}{6 \cdot 9{,}0} \cdot 13{,}0 = 14{,}50$

Feld $\overline{34}$ $E\tau_3 = \frac{9{,}0}{2{,}0}\,\frac{2{,}0 \cdot 4{,}0}{6 \cdot 6{,}0} \cdot 10{,}0 = 10{,}00$ $E\tau_4 = \frac{9{,}0}{2{,}0}\,\frac{2{,}0 \cdot 4{,}0}{6 \cdot 6{,}0} \cdot 8{,}0 = 8{,}00$

Feld $\overline{45}$ $E\tau_4 = E\tau_5 = \frac{4.0}{1{,}2}\,\frac{2{,}0 \cdot 2{,}0}{6 \cdot 4{,}0} \cdot 6{,}0 = 3{,}35$.

Mit diesen Werten und den Steifigkeitszahlen wird das Schema des Winkelausgleichs angeschrieben. Zu beachten sind die Unterschiede in den Werten der Zahlen $\mathfrak{k}$ gegenüber dem Momentenausgleich. Die erforderlichen Nebenrechnungen sind unter dem nebenstehenden Schema angeschrieben. Zum Schluß werden die Momente berechnet. Das Moment am Knoten 0 wird hierbei nicht gefunden.

Die Übereinstimmung der Ergebnisse ist bei dem angestrebten Genauigkeitsgrad gut. Das Vorzeichen der Momente ist dem beim Momentenausgleich entgegengesetzt, da einmal die Stab- das andere Mal die Knotenmomente berechnet werden.

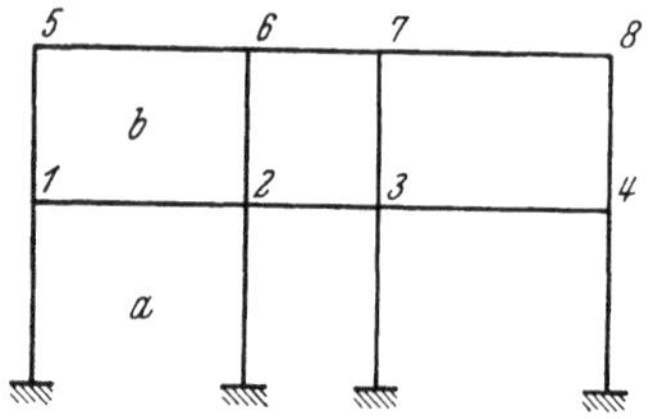

Bild 324.

b) Verschiebliche Knotenpunkte.

293. Das erweiterte Iterationsverfahren. Die einfachste Form des erweiterten Iterationsverfahrens ergibt sich bei Stockwerkrahmen (Abschnitt C). In den Kettengleichungen dieser Tragwerke kommt jeweils nur ein Grundwert vor,

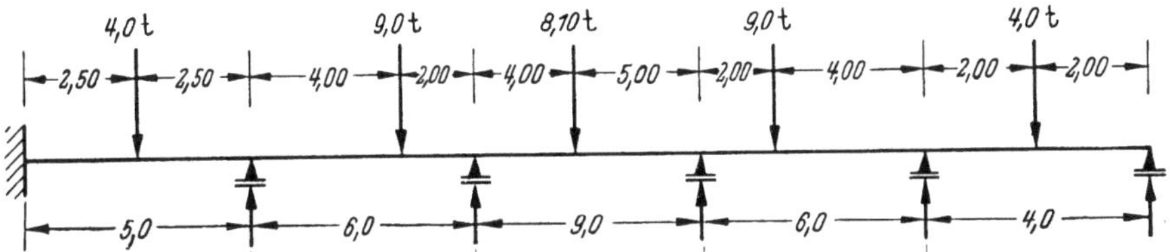

J	1,20	1,50	2,70	2,00	1,20
$\mathfrak{S}/E$	0,24	0,25	0,30	0,333	0,30

Momentenausgleich.

$\mathfrak{t}_{ii}/E$	0,96	0,96	1,00	1,00	1,20	1,20	1,333	1,333	0,90	0
$\mathfrak{t}_{ik}/E$	0,48	0,48	0,50	0,50	0,60	0,60	0,667	0,667	0,45	0
m	1	0,49	0,51	0,455	0,545	0,475	0,525	0,595	0,405	0
f	0	0,5	0,5	0,5	0,5	0,5	0,5	0,5	0	0
M_0	− 2,5	+ 2,5	− 4,0	+ 8,0	− 10,0	+ 8,0	− 8,0	+ 4,0	− 3,0	0
				(+ 2,0)						
			+ 0,46 ←	+ 0,91	+ 1,09 →	+ 0,54				
		(+ 1,04)				(− 0,54)				
	+ 0,26 ←	+ 0,51	+ 0,53 →	+ 0,26	− 0,13 ←	− 0,26	− 0,28 →	− 0,14		
				(− 0,13)				(− 0,86)		
			− 0,03 ←	− 0,06	− 0,07 →	− 0,03	− 0,25 ←	− 0,51	− 0,35	
		(+0, 03)				(+ 0,28)				
	0 ←	+ 0,01	+ 0,02 →	+ 0,01	+ 0,06 ←	+ 0,13	+ 0,15 →	+ 0,07		
				(− 0,07)				(− 0,07)		
		0	− 0,01 ←	− 0,03	− 0,04 →	− 0,02	− 0,02 ←	− 0,04	− 0,03	
Stützen-momente	− 2,24	+ 3,02	− 3,03	+ 9,09	− 9,09	+ 8,38	− 8,40	+ 3,38	− 3,38	

Drehwinkelausgleich.

$\mathfrak{t}_{ii}/E$	0,96	0,96	0,75	0,75	0,90	0,90	1,00	1,00	0,90	0,90
m	1	0,56	0,44	0,455	0,545	0,475	0,525	0,525	0,475	1
f	0	0	− 0,5	− 0,5	− 0,5	− 0,5	− 0,5	− 0,5	0	0
$E\tau$	0	+ 2,60	− 10,7	+ 13,3	− 15,60	+ 14,5	− 10,0	+ 8,0	− 3,35	+ 3,35
		+ 1,50	− 4,70			+ 6,9	− 5,3			
		(− 3,2)				(+ 1,6)				
		− 5,8	+ 7,5 →	− 3,8	+ 6,5 ←	− 12,9	+ 11,6 →	− 5,8		
				(− 0,7)				(− 0,5)		
			+ 5,5 ←	− 10,2	+ 8,4 →	− 4,2	+ 1,3 ←	− 2,7	+ 2,85 →	− 1,4
		(+ 2,4)				(− 1,30)				
		+ 2,4	− 3,1 →	+ 1,6	− 1,4 ←	+ 2,9	− 2,6 →	+ 1,3		
				(− 0,1)				(+ 0,7)		
			+ 0,8 ←	− 1,7	+ 1,3 →	− 0,6	+ 0,3 ←	− 0,6	+ 0,7 →	− 0,4
		(+ 0,3)				(− 0,1)				
		+ 0,3	− 0,5 →	+ 0,3	− 0,3 ←	+ 0,5	− 0,4 →	+ 0,2		
				(0)				(+ 0,1)		
			+ 0,1 ←	− 0,3	+ 0,3 →	− 0,1	+ 0,1 ←	− 0,1	+ 0,1 →	− 0,1
						(0)				
			− 0,1			+ 0,1	− 0,1			
Rückdrehwinkel		− 3,1	+ 3,8	− 12,2	+ 10,0	− 9,5	+ 8,5	− 3,4	+ 3,65	
$-\mathfrak{t}_{ii}\tau = M$		− 3,0	+ 3,0	− 9,1	+ 9,0	− 8,5	+ 8,5	− 3,4	+ 3,3	

$$0{,}455\,(13{,}3-3{,}8) + 0{,}545\,(-15{,}6 + 6{,}5) = 4{,}3-5{,}0 = -0{,}7$$

$$0{,}525\,(8{,}0-5{,}8) - 0{,}475 \cdot 3{,}35 = 1{,}1-1{,}6 = -0{,}5$$

$$-0{,}475 \cdot 4{,}2 + 0{,}525 \cdot 1{,}30 = -2{,}0 + 0{,}7 = -1{,}30$$

$$+0{,}455 \cdot 1{,}6 - 0{,}545 \cdot 1{,}40 = +0{,}7 - 0{,}8 = -0{,}10$$

$$-0{,}475 \cdot 0{,}6 + 0{,}525 \cdot 0{,}30 = -0{,}3 + 0{,}2 = -0{,}10$$

$$+0{,}455 \cdot 0{,}3 - 0{,}545 \cdot 0{,}30 = +0{,}14 - 0{,}16 = -0{,}02.$$

wodurch sich die Berechnung sehr vereinfacht. Für den Rahmen nach Bild 324 lauten die Grundgleichungen

ν_1	ν_2	ν_3	ν_4	ν_5	ν_6	ν_7	ν_8	μ_I	μ_{II}		
$\mathfrak{K}_{11}$	$\mathfrak{k}_{12}$			$\mathfrak{k}_{15}$				$\mathfrak{g}_{a1}$	$\mathfrak{g}_{15}$	=	B_1
$\mathfrak{k}_{12}$	$\mathfrak{K}_{22}$	$\mathfrak{k}_{23}$			$\mathfrak{k}_{26}$			$\mathfrak{g}_{b2}$	$\mathfrak{g}_{26}$	=	B_2
	$\mathfrak{k}_{23}$	$\mathfrak{K}_{33}$	$\mathfrak{k}_{34}$			$\mathfrak{k}_{37}$		$\mathfrak{g}_{c3}$	$\mathfrak{g}_{37}$	=	B_3
		$\mathfrak{k}_{31}$	$\mathfrak{K}_{14}$				$\mathfrak{k}_{48}$	$\mathfrak{g}_{d4}$	$\mathfrak{g}_{48}$	=	B_4
$\mathfrak{k}_{15}$				$\mathfrak{K}_{55}$	$\mathfrak{k}_{56}$				$\mathfrak{g}_{15}$	=	B_5
	$\mathfrak{k}_{26}$			$\mathfrak{k}_{56}$	$\mathfrak{K}_{66}$	$\mathfrak{k}_{67}$			$\mathfrak{g}_{26}$	=	B_6
		$\mathfrak{k}_{37}$			$\mathfrak{k}_{67}$	$\mathfrak{K}_{77}$	$\mathfrak{k}_{78}$		$\mathfrak{g}_{37}$	=	B_7
			$\mathfrak{k}_{48}$			$\mathfrak{k}_{78}$	$\mathfrak{K}_{88}$		$\mathfrak{g}_{48}$	=	B_8
$\mathfrak{g}_{a1}$	$\mathfrak{g}_{b2}$	$\mathfrak{g}_{c3}$	$\mathfrak{g}_{d4}$					$\mathfrak{H}_I$		=	B_I
$\mathfrak{g}_{15}$	$\mathfrak{g}_{26}$	$\mathfrak{g}_{37}$	$\mathfrak{g}_{48}$	$\mathfrak{g}_{15}$	$\mathfrak{g}_{26}$	$\mathfrak{g}_{37}$	$\mathfrak{g}_{48}$		$\mathfrak{H}_{II}$	=	B_{II}

Die Knotendrehwinkel sind i. a. von derselben Größenordnung, man setzt sie in erster Näherung alle gleich groß an, wodurch die beiden Kettengleichungen werden:

$$\nu_e \sum_I \mathfrak{g} + \mathfrak{H}_I \, \mu_I = B_I \qquad 2\nu_e \sum_{II} \mathfrak{g} + \mathfrak{H}_{II} \, \mu_{II} = B_{II} ,$$

wobei $\sum_I \mathfrak{g}$ die Summe der Steifigkeitszahlen $\mathfrak{g}$ der Pfosten des ersten Stockwerkes, $\sum_{II} \mathfrak{g}$ jene des zweiten Stockwerkes ist. Aus diesen beiden Gleichungen berechnet man die ersten Näherungswerte μ_I', μ_{II}' dieser Grundwerte als Funktion des Knotendrehwinkels ν_e $(e = 1, 2 \ldots 8)$. Diese ersten Näherungswerte setzt man in die Knotengleichung e ein, wobei der Wert ν_e zu benutzen ist. Die erste Knotengleichung lautet hiermit:

$$\nu_1 \left[\mathfrak{K}_{11} + \mathfrak{k}_{12} + \mathfrak{k}_{15} - \frac{\mathfrak{g}_{a1}}{\mathfrak{H}_I} \sum_I \mathfrak{g} - \frac{\mathfrak{g}_{15}}{\mathfrak{H}_{II}} \sum_{II} \mathfrak{g} \right] = B_1 - \frac{\mathfrak{g}_{a1}}{\mathfrak{H}_I} B_I - \frac{\mathfrak{g}_{15}}{\mathfrak{H}_{II}} B_{II} ,$$

woraus sich der erste Näherungswert ν_1' ergibt. Die zweite Knotengleichung lautet:

$$\nu_2 \left[\mathfrak{K}_{22} + \mathfrak{k}_{12} + \mathfrak{k}_{23} + \mathfrak{k}_{26} - \frac{\mathfrak{g}_{b2}}{\mathfrak{H}_I} \sum_I \mathfrak{g} - \frac{\mathfrak{g}_{26}}{\mathfrak{H}_{II}} \sum_{II} \mathfrak{g} \right] = B_2 - \frac{\mathfrak{g}_{b2}}{\mathfrak{H}_I} B_I - \frac{\mathfrak{g}_{26}}{\mathfrak{H}_{II}} B_{II}$$

mit dem Näherungswert ν_2' usw.

Mit den ersten Näherungswerten ν_e' wird aus den Kettengleichungen der zweite Näherungswert μ_I'', μ_{II}'' berechnet, mit diesen und den Werten $\nu_2', \nu_3', \ldots \nu_8'$ der zweite Näherungswert ν_1'' usw.

Die Berechnung wird bis zur Erreichung der geforderten Genauigkeit fortgesetzt.

Hat man einen einzigen bestimmten Belastungsfall zu berechnen, dann ist das Verfahren ziemlich einfach. Sollen dagegen mehrere Belastungsfälle berücksichtigt werden, dann wird die Berechnung rasch sehr unübersichtlich, da nach der ersten Näherung die Belastungsglieder B auch in den linken Seiten der Gleichungen auftreten. In diesem Falle rechnet man die Belastungsfälle entweder alle einzeln von vorne durch, oder man rechnet besser mit Formänderungsgruppen, berechnet also die η_{eh} nach den Gl. (439), bei denen die Näherung erheblich rascher erhalten wird. Doch bleibt die Berechnung immer sehr umfangreich.

Sind in den Kettengleichungen jeweils mehrere Grundwerte μ vertreten, dann wird die Berechnung des ersten Näherungswertes der μ umständlicher. Da die Konvergenz bei der Iteration nicht immer gesichert ist oder aber sehr langsam sein kann, verzichtet man am besten auf dieses Verfahren und wählt das Verfahren der *Hilfsstützpunkte*, welches nunmehr dargestellt werden soll.

294. Der Rahmenträger. Auch das *Verfahren der Hilfsstützpunkte* wird am einfachsten an einem Beispiel dargestellt. Hierzu wird der Rahmenträger Bild 325 genommen, für welchen jedoch zuerst die allgemeinen Hauptgleichungen aufgestellt werden sollen.

Der Rahmenträger hat eine Kette K mit vier Bewegungsfreiheiten. Zu seiner Berechnung wird das Auflagergelenk 0 durch einen im Knoten 0 gelenkig angeschlossenen Stab von der Steifigkeit 0, welcher eingespannt ist, das Auflager 8

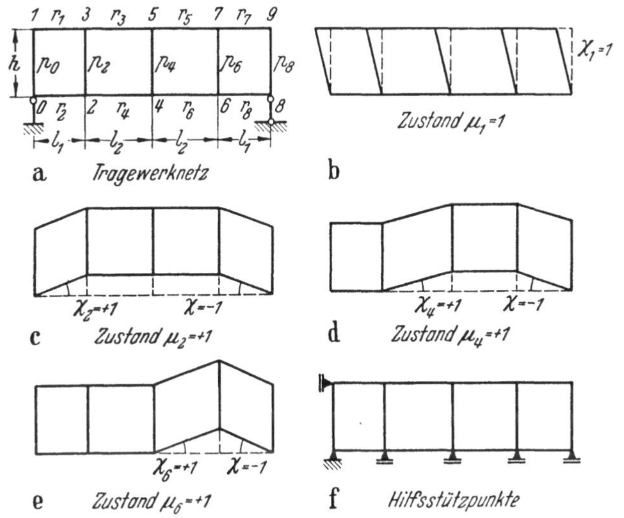

Bild 325.

durch einen beiderseits gelenkig angeschlossenen Stab ersetzt. Beide Stäbe gehen nicht in die Berechnung ein.

Zur Berechnung notwendig sind 10 Knotendrehwinkel ν und vier Grundwerte μ. Die Bezeichnung der Knoten und Stäbe ist in Bild 325 eingetragen. Die Stäbe haben über die ganze Länge gleichen Querschnitt. Als Grundstab für die Bewegung μ_1 dient der Pfosten p_0, der Zustand $\mu_1 = +1$ ist in Bild 325 dargestellt. Für die Bewegungen μ_2, μ_4, μ_6 werden die Stäbe r_2, r_4, r_6 als Grundstäbe gewählt, die entsprechenden Zustände $\mu = 1$ sind in den Bildern 325c bis e wiedergegeben.

Die Steifigkeiten und die Drehwinkel der Stäbe sind nachstehend zusammengestellt. Anschließend werden die vollständigen Hauptgleichungen aufgestellt, in welchen die Symmetrie des Tragwerkes berücksichtigt ist. Sollte das Tragwerk unsymmetrisch oder die Gurte gekrümmt sein, so bestehen grundsätzlich keine Unterschiede in der Berechnung, es treten im letzteren Falle nur mehr Drehwinkel χ auf.

Es bezeichnet:

$$\mathfrak{K}_0 = 4\,(r_2 + p_0) = \mathfrak{K}_8 \qquad \mathfrak{K}_1 = 4\,(r_1 + p_0)$$
$$\mathfrak{K}_2 = 4\,(r_2 + r_4 + p_2) = \mathfrak{K}_6 \qquad \mathfrak{K}_3 = 4\,(r_1 + r_3 + p_2)$$
$$\mathfrak{K}_4 = 4\,(r_4 + r_6 + p_4) \qquad \mathfrak{K}_5 = 4\,(r_3 + r_5 + p_4)$$
$$\mathfrak{H}_p = 12\,(2\,p_0 + 2\,p_2 + p_4)$$
$$\mathfrak{H}_r = 12\,(r_1 + r_2 + r_3 + r_4)\,.$$

Stab	Drehwinkel χ für $\mu_1 = +1$	$\mu_2 = +1$	$\mu_4 = +1$	$\mu_6 = +1$	$t_{ii} = t_{kk}$	t_{ik}	$\mathfrak{g}$	$\mathfrak{h}$
r_1	0	+1	0	0	$4r_1$	$2r_1$	$-6r_1$	$+12r_1$
r_2	0	+1	0	0	$4r_2$	$2r_2$	$-6r_2$	$+12r_2$
r_3	0	0	+1	0	$4r_3$	$2r_3$	$-6r_3$	$+12r_3$
r_4	0	0	+1	0	$4r_4$	$2r_4$	$-6r_4$	$+12r_4$
r_5	0	0	0	+1	$4r_3$	$2r_3$	$-6r_3$	$+12r_3$
r_6	0	0	0	+1	$4r_4$	$2r_4$	$-6r_4$	$+12r_4$
r_7	0	−1	−1	−1	$4r_1$	$2r_1$	$-6r_1$	$+12r_1$
r_8	0	−1	−1	−1	$4r_2$	$2r_2$	$-6r_2$	$+12r_2$
p_0	+1	0	0	0	$4p_0$	$2p_0$	$-6p_0$	$+12p_0$
p_2	+1	0	0	0	$4p_2$	$2p_2$	$-6p_2$	$+12p_2$
p_4	+1	0	0	0	$4p_4$	$2p_4$	$-6p_4$	$+12p_4$
p_6	+1	0	0	0	$4p_2$	$2p_2$	$-6p_2$	$+12p_2$
p_8	+1	0	0	0	$4p_0$	$2p_0$	$-6p_0$	$+12p_0$

Mit diesen Werten lauten die Hauptgleichungen:

$$\mathfrak{K}_0\nu_0 + 2p_0\nu_1 + 2r_2\nu_2 + 0 - 6p_0\mu_1 - 6r_2\mu_2 = B_0$$
$$\mathfrak{K}_1\nu_1 + 2p_0\nu_0 + 2r_1\nu_3 + 0 - 6p_0\mu_1 - 6r_1\mu_2 = B_1$$
$$\mathfrak{K}_2\nu_2 + 2r_2\nu_0 + 2p_2\nu_3 + 2r_4\nu_4 - 6p_2\mu_1 - 6r_2\mu_2 - 6r_4\mu_4 = B_2$$
$$\mathfrak{K}_3\nu_3 + 2r_1\nu_1 + 2p_2\nu_2 + 2r_3\nu_5 - 6p_2\mu_1 - 6r_1\mu_2 - 6r_3\mu_4 = B_3$$
$$\mathfrak{K}_4\nu_4 + 2r_4\nu_2 + 2p_4\nu_5 + 2r_4\nu_6 - 6p_4\mu_1 - 0 - 6r_4\mu_4 - 6r_4\mu_6 = B_4$$
$$\mathfrak{K}_5\nu_5 + 2r_3\nu_3 + 2p_4\nu_4 + 2r_3\nu_7 - 6p_4\mu_1 - 0 - 6r_3\mu_4 - 6r_3\mu_6 = B_5$$
$$\mathfrak{K}_2\nu_6 + 2r_4\nu_4 + 2p_2\nu_7 + 2r_2\nu_8 - 6p_2\mu_1 + 6r_2\mu_2 + 6r_2\mu_4 - 6(r_4 - r_2)\mu_6 = B_6$$
$$\mathfrak{K}_3\nu_7 + 2r_3\nu_5 + 2p_2\nu_6 + 2r_1\nu_9 - 6p_2\mu_1 + 6r_1\mu_2 + 6r_1\mu_4 - 6(r_3 - r_1)\mu_6 = B_7$$
$$\mathfrak{K}_0\nu_8 + 2r_2\nu_6 + 2p_0\nu_9 + 0 - 6p_0\mu_1 + 6r_2\mu_2 + 6r_2\mu_4 + 6r_2\mu_6 = B_8$$
$$\mathfrak{K}_1\nu_9 + 2r_1\nu_7 + 2p_0\nu_8 + 0 - 6p_0\mu_1 + 6r_1\mu_2 + 6r_1\mu_4 + 6r_1\mu_6 = B_9$$
$$-6p_0(\nu_0 + \nu_1 + \nu_8 + \nu_9) - 6p_2(\nu_2 + \nu_3 + \nu_6 + \nu_7) - 6p_4(\nu_4 + \nu_5) + \mathfrak{H}_p\mu_1 = A_1$$
$$-6r_2(\nu_0 + \nu_2 - \nu_6 - \nu_8) - 6r_1(\nu_1 + \nu_3 - \nu_7 - \nu_9) - 24(r_1 + r_2)(\mu_2 + \mu_4 + \mu_3) = A_2$$
$$-6r_4(\nu_2 + \nu_4) - 6r_3(\nu_3 + \nu_5) + 6r_2(\nu_6 + \nu_8) + 6r_1(\nu_7 + \nu_9) + 24(r_1 + r_2)(\mu_2 + \mu_6) + \mathfrak{H}_r\mu_4 = A_4$$
$$-6r_4(\nu_4 + \nu_6) - 6r_3(\nu_5 + \nu_7) + 6r_2(\nu_6 + \nu_8) + 6r_1(\nu_7 + \nu_9) + 24(r_1 + r_2)(\mu_2 + \mu_4) + \mathfrak{H}_r\mu_6 = A_6.$$

Durch Untereinanderschreiben derselben Grundwerte läßt sich leicht der Aufbau der Determinante erkennen.

Wie ersichtlich, kommen in den drei letzten Kettengleichungen jeweils drei Unbekannte μ vor. Dabei sind deren Beiwerte entweder genau oder angenähert gleich groß, so daß es schwierig ist, einen ersten Näherungswert für sie zu finden.

Auf eine weitere Behandlung des Beispiels nach dem allgemeinen Verfahren kann verzichtet werden.

295. Hilfsstützpunkte. Verfahren der unbestimmten Beiwerte. Zahlenbeispiel. Man nimmt in den Knoten 1, 2, 4, 6 des Rahmenträgers Bild 325f zusätzliche Stützen an und berechnet das Tragwerk so, als ob diese Knotenpunkte unverschieblich, also keine Bewegungen μ vorhanden seien. Die Berechnung kann entweder mit den Hauptgleichungen oder mit dem Momentenausgleichverfahren durchgeführt werden.

Als Summe der Längs- und Querkräfte der Stäbe entstehen in den Hilfsstützpunkten Auflagerkräfte A_1, A_2, A_4, A_6. Der Drehsinn der Querkräfte ist dabei gleich dem Drehsinn der Summe der vom Stab auf die Knoten übertragenen Momente, also gleich dem Drehsinn, welcher sich beim Momentenausgleichverfahren ergibt oder gleich dem negativen Drehsinn der Summe der auf die Stabenden wirkenden Momente.

Greift im gestützten Knoten eine Last P an, dann ist die Stützkraft der Hilfsstütze hieraus $A = -P$.

Man stellt nun einen Verschiebungszustand μ_1 her, indem man alle Hilfsstützen entfernt, dem Grundstab p_0 eine bestimmte Drehung erteilt und die übrigen Grundstäbe ungedreht läßt. Dabei verschieben sich die Endpunkte des Stabes normal zur Stabachse zueinander um den Betrag c_1, welchen man so wählt, daß das im Knoten 1 am Pfosten p_0 entstehende Moment nach Gl. (340) einen einfachen Zahlenwert, etwa 1, erhält. Dieses Moment wirkt am Stab an beiden Endpunkten, den Knoten 0 und 1, die Größe der Verschiebung c_1 ist dabei belanglos und braucht nicht berechnet werden. In den übrigen Stäben, welche bei der Verschiebung gedreht werden, entstehen ebenfalls Momente, welche sich im allgemeinen Fall nach Gl. (340) aus der relativen Querverschiebung der Stabenden gegeneinander bestimmen, welche aus einem Verschiebungsplan entnommen oder rechnerisch ermittelt wird.

Am Stab p_8 wirkt daher ebenfalls das Moment 1, an den Pfosten p_2, p_4, p_6 dagegen werden die Momente nach Gl. (340) umgerechnet, so daß für konstantes E gilt:

$$\frac{l_1^2}{J_1} \cdot M_1 = \frac{l_2^2}{J_2} \cdot M_2 \quad \text{oder} \quad M_2 = \frac{l_1}{l_2} \cdot \frac{\mathfrak{S}_2}{\mathfrak{S}_1} \cdot M_1 \tag{457}$$

entsprechend für die übrigen Momente. Für die Pfosten mit gleicher Stablänge gilt einfach: $M_2/M_1 = J_2/J_1$. Im vorliegenden Fall ist die Umrechnung besonders einfach, weil die Verschiebung für alle Pfosten denselben Betrag hat.

Als Belastung wirken am Tragwerk nun die Einspannungsmomente der bei der Bewegung μ_1 gedrehten Stäbe. Die gesamte Momentenverteilung wird anschließend entweder aus den Knotengleichungen, gegebenenfalls mit Iteration, oder durch Momentenausgleich ermittelt. Bei diesem Belastungszustand entstehen in den Knoten 1, 2, 4, 6 die Stützdrücke A_{11}, A_{21}, A_{41}, A_{61}.

Streng genommen dürfte die Momentenverteilung bei der Verschiebung nicht nach dem Momentenausgleichverfahren berechnet werden, da dieses nur für festgehaltene Knotenpunkte gilt. Bei sehr kleinen, d. h. möglichen Verschiebungen wird aber der Unterschied der Spannungsverteilung im verschobenen Tragwerk gegen jenen im unverschobenen wie bei sämtlichen hier behandelten Berechnungen vernachlässigt. Man kann also auch annehmen, daß nur die Belastungen, welche die Verschiebung μ_1 erzeugen, am unverschobenen Tragwerk wirken.

Dieselbe Berechnung wird für den Bewegungszustand μ_4 durchgeführt. Man erteilt dem Knoten 4 eine Verschiebung c_4 derart, daß im Stab r_4 an den Knoten das Moment 1 entsteht. An den übrigen mitbewegten Stäben r_3, r_7, r_8 entstehen dann die Momente:

$$\frac{\mathfrak{S}_4}{\mathfrak{S}_3} \cdot 1, \qquad \frac{l_1}{l_2} \cdot \frac{\mathfrak{S}_4}{\mathfrak{S}_1} \cdot 1, \qquad \frac{l_1}{l_2} \cdot \frac{\mathfrak{S}_4}{\mathfrak{S}_2} \cdot 1. \tag{458}$$

Mit der Belastung durch diese Momente wird das Tragwerk berechnet und die Auflagerkräfte A_{14}, A_{24}, A_{44}, A_{64} bestimmt.

Entsprechend wird die Berechnung für die Bewegungen μ_2 und μ_6, wobei sich die Auflagerkräfte A_{12}, A_{22}, A_{42}, A_{62} und A_{16}, A_{26}, A_{46}, A_{66} ergeben.

Nunmehr multipliziert man die Werte des Zustandes μ_1 mit einem vorläufig unbestimmten Faktor m_1, so daß die erzeugende Verschiebung $m_1 c_1$ wird, ebenso die Werte der Zustände μ_2, μ_4, μ_6 entsprechend mit m_2, m_4, m_6 und lagert diese

Zustände und den durch die Belastung erzeugten Zustand übereinander. Soll dieser Zustand dem wirklichen Spannungs- und Formänderungszustand des Tragwerkes entsprechen, so müssen die Stützdrücke der Hilfsstützen Null sein. Es gelten also die Bedingungen:

$$\begin{aligned} A_1 + m_1 A_{11} + m_2 A_{12} + m_4 A_{14} + m_6 A_{16} &= 0 \\ A_2 + m_1 A_{21} + m_2 A_{22} + m_4 A_{24} + m_6 A_{26} &= 0 \\ A_4 + m_1 A_{41} + m_2 A_{42} + m_4 A_{44} + m_6 A_{46} &= 0 \\ A_6 + m_1 A_{61} + m_2 A_{62} + m_4 A_{64} + m_6 A_{66} &= 0\,. \end{aligned} \tag{459}$$

Aus diesen Bedingungen können die Unbekannten m berechnet werden. Damit ist der Spannungszustand des Tragwerkes unter der gegebenen Belastung bekannt, denn ist irgendein statischer Wert W bei der Berechnung mit unverschieblichen Knotenpunkten unter der gegebenen Belastung W_0, beim Zustand $\mu_e : W_e$, so ist der endgültige Wert am Tragwerk:

$$W = W_0 + m_1 W_1 + m_2 W_2 + m_4 W_4 + m_6 W_6\,. \tag{460}$$

Das Verfahren entspricht dem in Nr. 230 wiedergegebenen Verfahren bei der Berechnung mit Festpunkten, nur ist es viel einfacher, da nur ein Satz unbestimmter Beiwerte zu berechnen ist. Es kann auch statt des dort wiedergegebenen Verfahrens verwendet werden.

Das Verfahren der Berechnung mit unbestimmten Beiwerten ist anwendbar:

a) zur Aufspaltung des Systems der Hauptgleichungen, wobei nur Knotengleichungen und die unbestimmten Beiwerte mit dem Gaussschen Algorithmus zu berechnen sind;

b) dasselbe, aber Verwendung der Iteration zur Berechnung der Gleichungen;

c) dasselbe, wobei die Berechnung der Gleichungen durch das Momentenausgleichverfahren ersetzt wird.

Welchen Weg man einschlägt, muß im Einzelfalle entschieden werden.

Sind viele Belastungsfälle zu untersuchen, z. B. Einflußlinien zu berechnen, dann empfiehlt sich, zu prüfen, ob man nicht doch die Hauptgleichungen mit dem Gaussschen Algorithmus auflösen will. Diese Berechnung verlangt mehr Aufmerksamkeit und die Berücksichtigung von mehr Stellen, sie ist also psychologisch ermüdender und langweiliger als die anderen, was bei Verwendung einer elektrischen Rechenmaschine aber sehr wesentlich gemildert wird. Ist sie jedoch einmal durchgeführt, sind die statischen Werte also unmittelbar als Funktionen der Belastungsglieder dargestellt, so ist die weitere Berechnung sehr bequem, da die statischen Werte jedes Stabquerschnittes für jeden Belastungsfall unabhängig für sich zu ermitteln sind, ein Vorteil, welcher die Mühe der Gleichungsauflösung reichlich belohnt. Man erspart sich dann sämtliche Überlegungen über die Fortpflanzung von Momenten und Formänderungen, welche insgesamt doch einen beträchtlichen Arbeitsaufwand erfordern.

Sind nur sehr wenige Belastungsfälle durchzurechnen, dann ist die Verwendung des Momentenausgleichverfahrens das bequemste. Wie oben bereits bemerkt, rechnet man damit rasch und für alle Zwischenglieder mit derselben Rechengenauigkeit, so daß nicht so viele Stellen mitgeführt werden müssen. Auch wirkt das Verfahren lange nicht so ermüdend wie der Gausssche Algorithmus. Bei vielen Belastungsfällen muß es aber für jeden Einzelfall wiederholt werden, was ebenfalls viel Arbeit macht, jedoch immerhin den Vorteil vieler Zwischenkontrollen bietet. Hierauf beruht anscheinend auch die immer wiederkehrende Behauptung von der größeren Anschaulichkeit mancher Verfahren, was aber im Grunde genommen eine Täuschung ist, da sie nicht anschaulicher, sondern nur rechnerisch bequemer sind, so daß derselbe Arbeitsaufwand nicht so stark gespürt wird.

Zahlenbeispiel. Zur Erläuterung des Rechnungsganges und einiger Einzelfragen soll der Rahmenträger Bild 326 berechnet werden. Die weiteren Bezeichnungen sind wie in Bild 325. Die Belastung am Stab 35 beträgt $q = 1{,}6$ t/m. Die Verteilungszahlen sind ebenfalls in Bild 326 eingetragen, sie errechnen sich aus:

Stab	$\mathfrak{k}_{ii}$		
p_0, p_8	$= 4{,}8$	$\mathfrak{K}_0 = 8{,}8$	
p_2, p_4, p_6	$= 4{,}0$	$\mathfrak{K}_1 = 9{,}6$	
r_2, r_8	$= 4{,}0$	$\mathfrak{K}_2 = 12{,}8$	Weiterleitungszahlen
r_4, r_6	$= 4{,}8$	$\mathfrak{K}_3 = 14{,}8$	$f = 0{,}5$
r_1, r_7	$= 4{,}8$	$\mathfrak{K}_4 = 13{,}6$	
r_3, r_5	$= 6{,}0$	$\mathfrak{K}_5 = 16{,}0$	

Das Einspannungsmoment aus der Belastung am Obergurtstab $\overline{35}$ wird: $M = \frac{1}{12} \cdot 1{,}6 \cdot 6{,}0^2 = 4{,}80$ mt. Die Momentenverteilung aus der Belastung und den Verschiebungen μ werden nach dem Momentenausgleichverfahren berechnet.

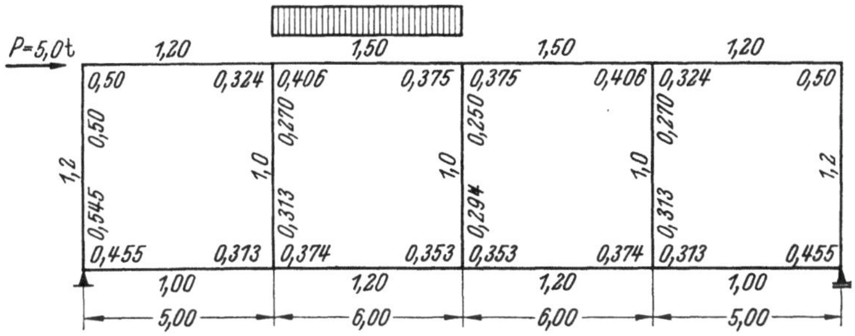

Bild 326.

Der Momentenausgleich für die Belastung am Tragwerk mit Hilfsstützpunkten (Bild 325f) wurde im Schema I a durchgeführt und im Schema I b das Ergebnis des Momentenausgleichs zusammengestellt. Für die einzelnen Belastungsfälle μ ist der Momentenausgleich und das Ergebnis in den Schemen II bis V dargestellt. Beim Momentenausgleich wird beim Knoten mit der größten Momentensumme begonnen, das Ausgleichmoment verteilt und übertragen. Man geht dann zweckmäßig zu dem Knoten mit dem jeweils größten Knotenmoment weiter, es sind gegen früher lediglich drei Stäbe zu berücksichtigen. Ist die erste Verteilung durchgeführt, so ergibt sich die Fortsetzung von selbst, da an jedem Knoten, an welchem ausgeglichen werden soll, drei übertragene Momente vorhanden sein müssen. Die belastenden Momente sind in den Schemen II bis V an den Stäben in Klammern angeschrieben, an den übrigen Stäben sind sie Null.

Für den Verschiebungszustand μ_1 wird ein Moment $M = -1{,}00$ mt an den Pfosten p_2 bis p_6 angenommen, was einer Belastung $M = +1{,}00$ mt an den Knoten 2 bis 7 entspricht. Die dabei entstehende Winkeldrehung ist positiv. An den Pfosten p_0 und p_8 errechnet sich das Moment, wie oben dargestellt, zu: $-\frac{1{,}2}{1{,}0} \cdot 1{,}0 = -1{,}2$ mt, an den Knoten 0, 1, 8, 9 also $+1{,}20$ mt. Mit dieser Knotenbelastung wird der Momentenausgleich vorgenommen, das Ergebnis besonders zusammengestellt (Schema II).

Für den Verschiebungszustand μ_2 wurde am Stab r_2 das Moment $M = -1{,}0$ mt angenommen, an den Knoten 0 und 2 daher: $+1{,}0$ mt. An den Knoten 1 und 3 sind die Momente: $\frac{1{,}2}{1{,}0} \cdot 1{,}0 = 1{,}20$ mt. Momentenverteilung Schema III.

Schema I.

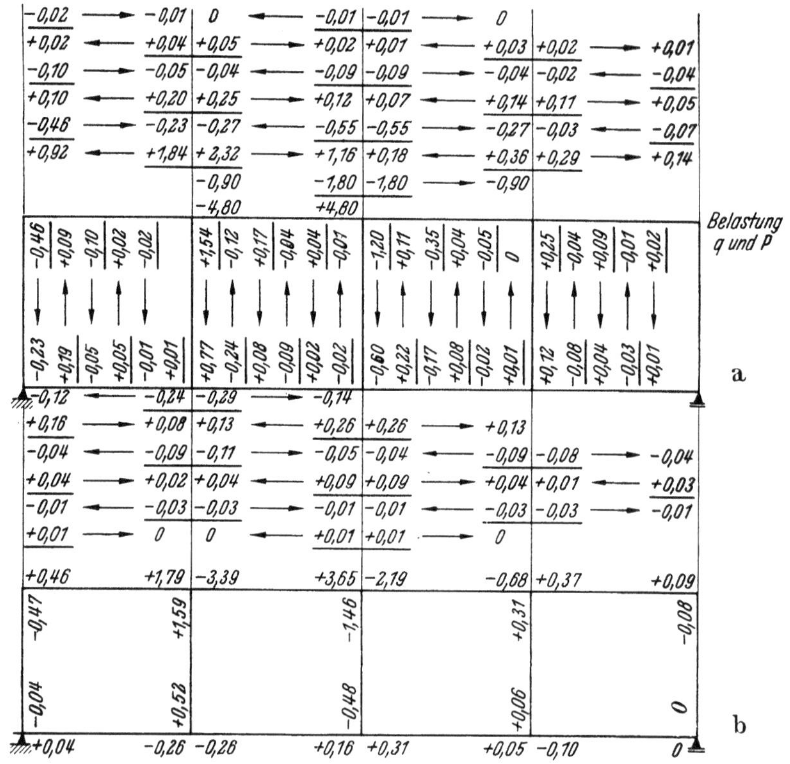

Schema II.

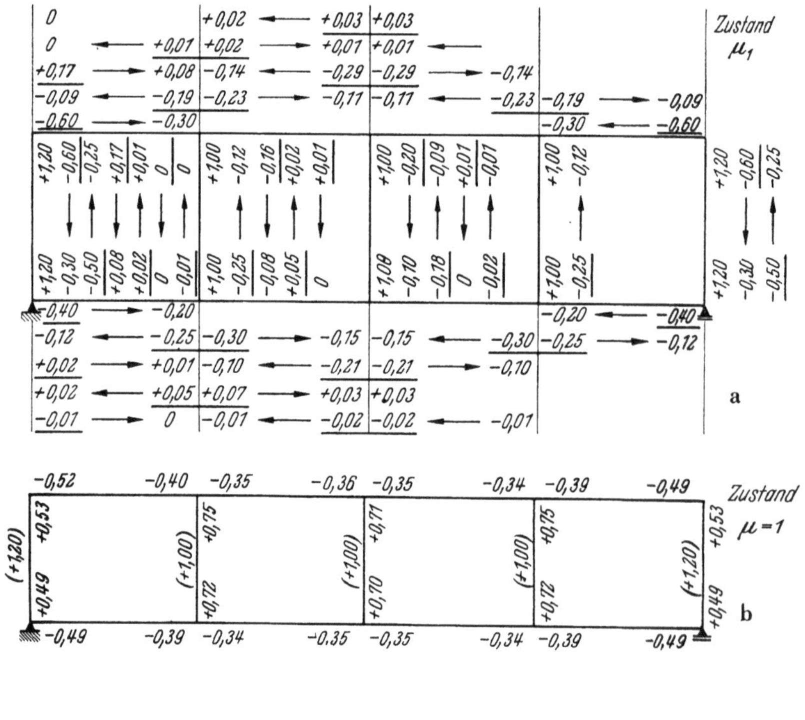

Schema III.

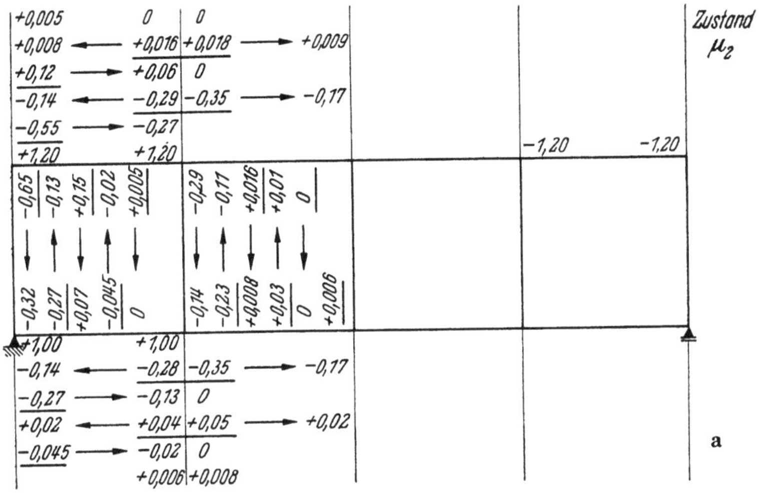

a

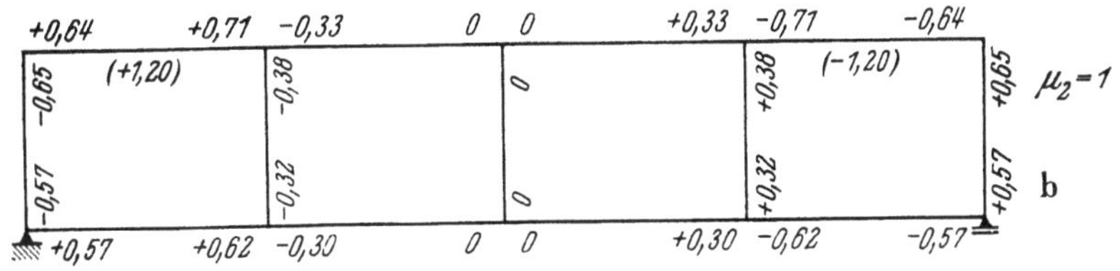

b

Schema IV.

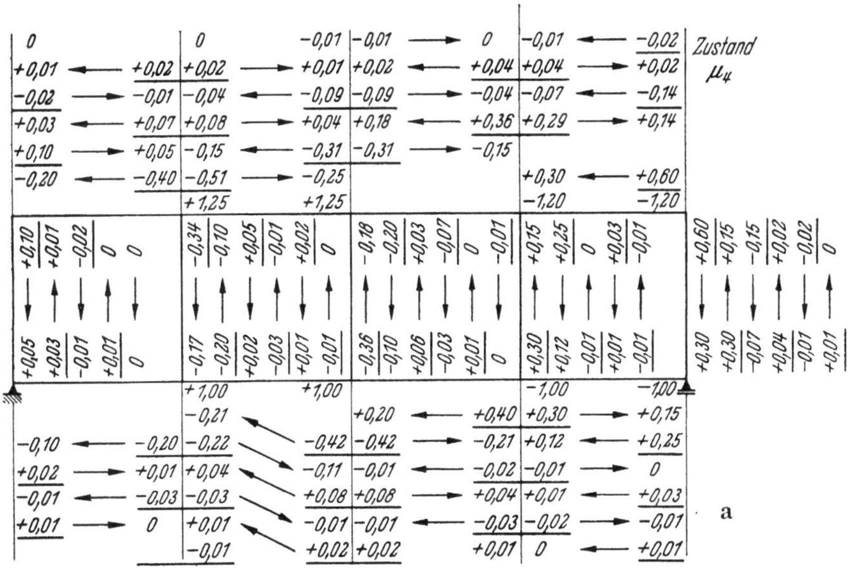

a

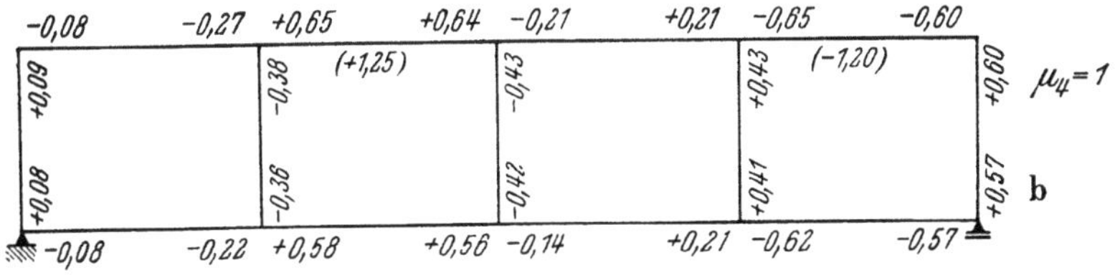

b

Schema V.

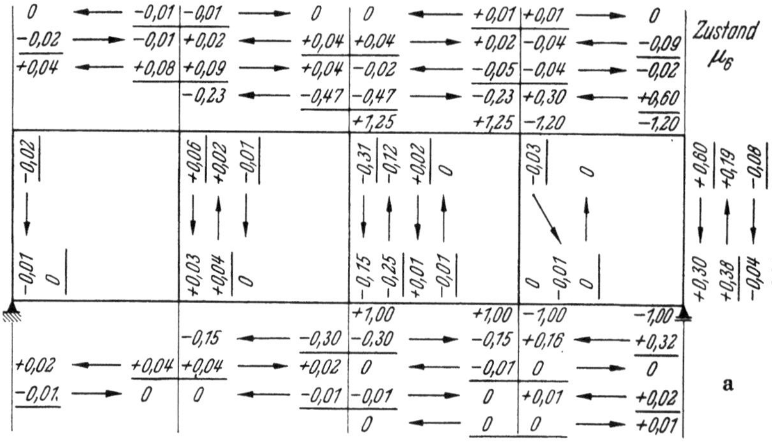

a

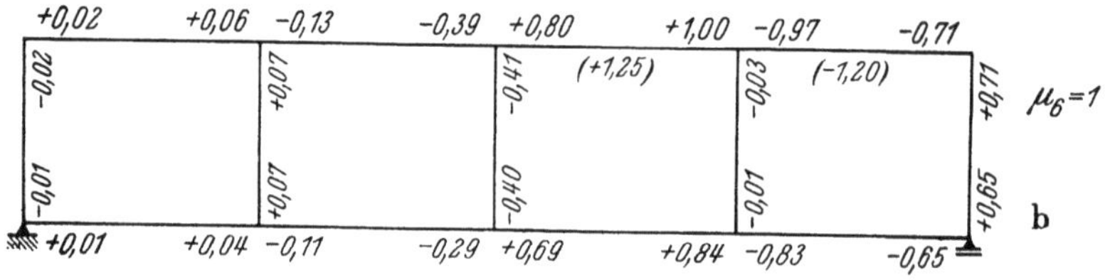

b

Schema VI.

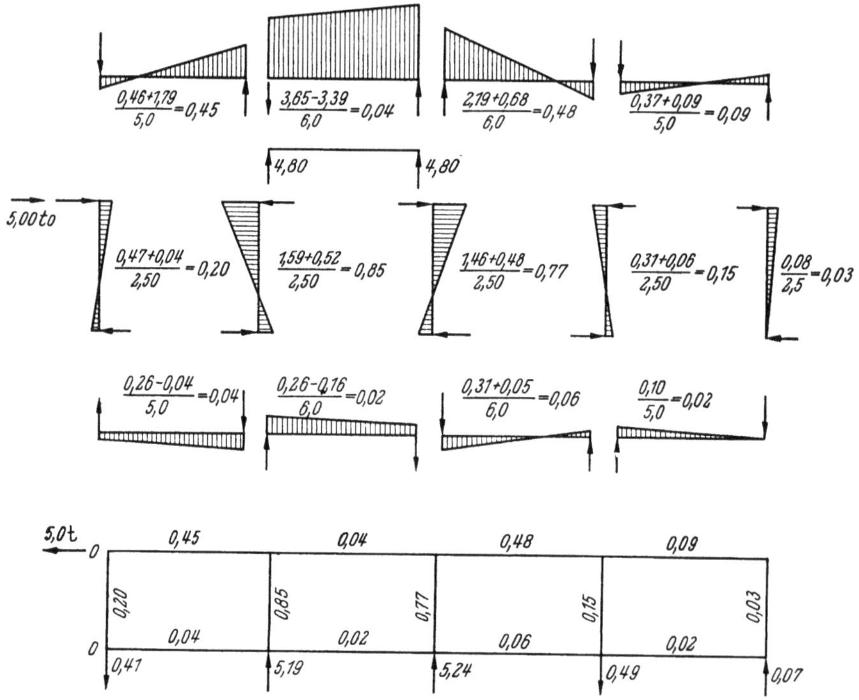

Schema VII.

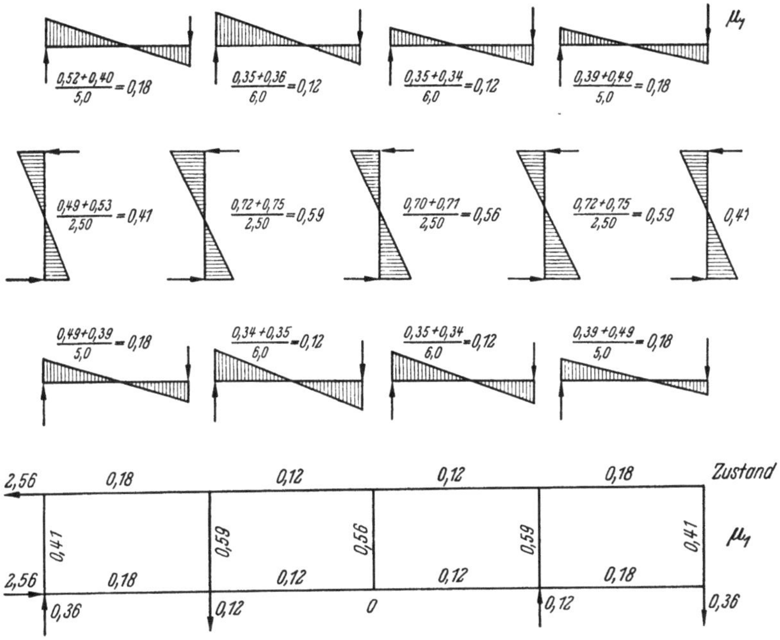

Schema VIII.

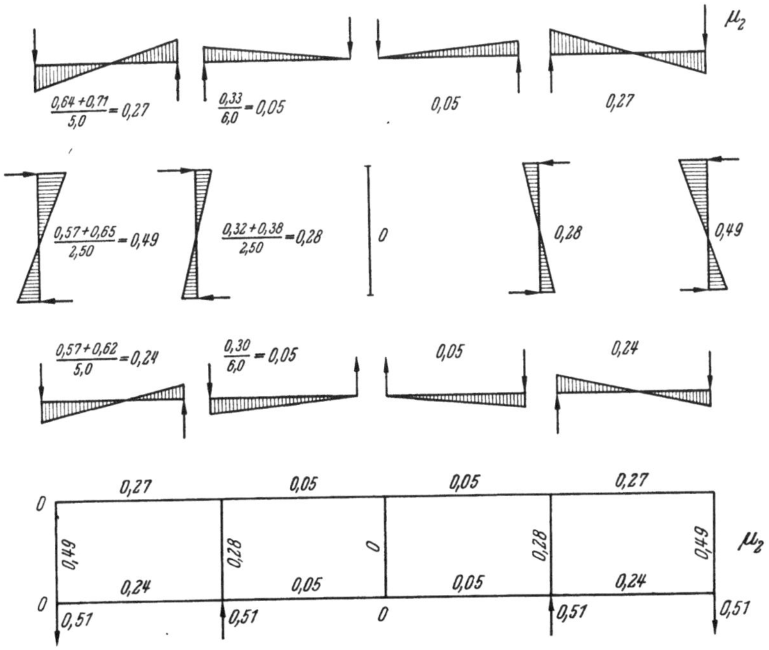

Schema IX.

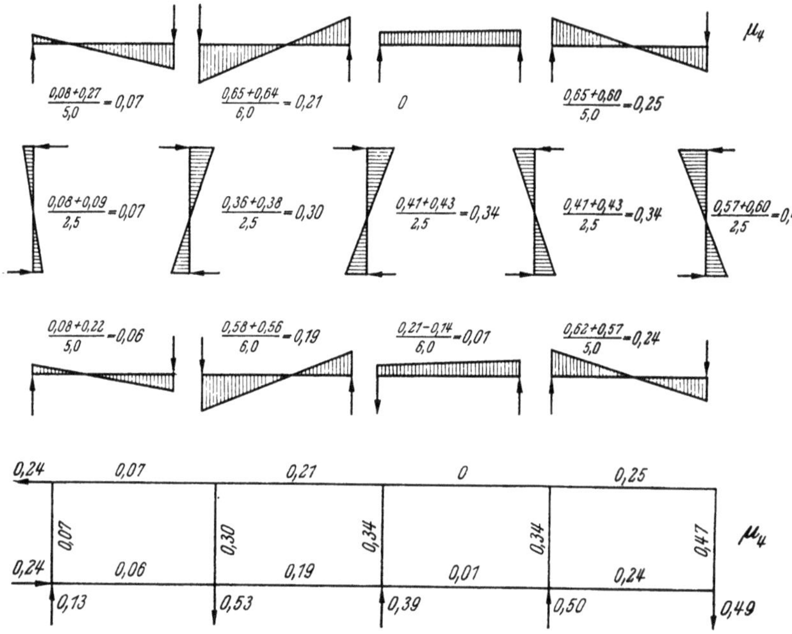

Schema X.

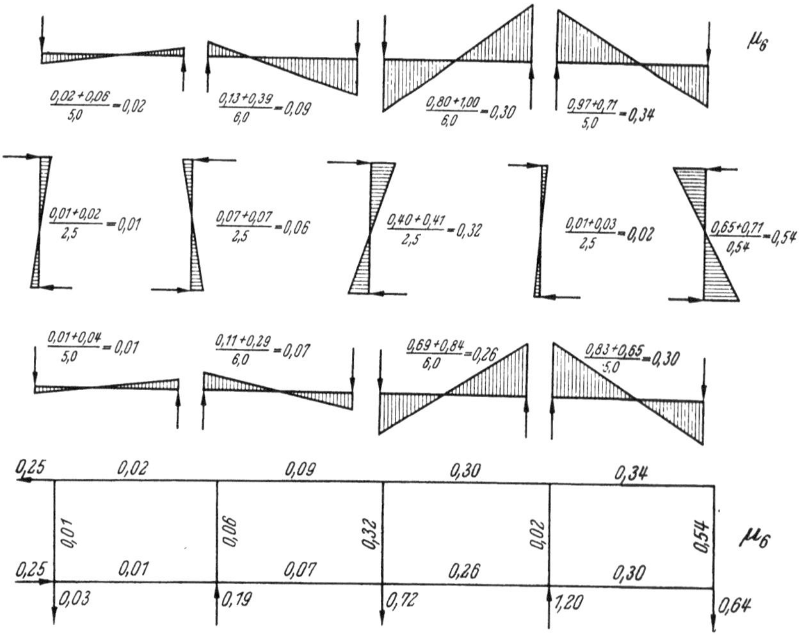

Für den Verschiebungszustand μ_4 ist das Moment an Stab r_4: $M = -1{,}0$ mt, das Moment an Stab r_3: $-\frac{1{,}5}{1{,}2} \cdot 1{,}0 = -1{,}25$ mt, an Stab r_8: $+\frac{1{,}0}{1{,}2} \cdot \frac{6{,}0}{5{,}0} = +1{,}0$ mt, an Stab r_7: $+\frac{1{,}2}{1{,}2} \cdot \frac{6{,}0}{5{,}0} = +1{,}20$ mt, entsprechend die Knotenmomente (Schema IV).

Für μ_6 endlich haben die Momente dieselbe Größe wie für μ_4, an Stelle der Stäbe r_3, r_4 treten lediglich die Stäbe r_5, r_6 (Schema V).

In den Schemen VI bis X sind die Momente, Querkräfte und Auflagerdrücke für die Belastung und die Bewegungszustände μ zusammengestellt. Der einzige Auflagerdruck für die Belastung $P = 5{,}0$ t ist in Schema VI ebenfalls eingetragen, er beträgt im Knoten 1 $A_1 = -5{,}0$ t. Momente treten bei dieser Belastung nicht auf. Damit lassen sich die Gleichungen für die unbestimmten Beiwerte m aufstellen:

$$5{,}0 + 2{,}56 \cdot m_1 + 0{,}24 \cdot m_4 + 0{,}25 \cdot m_6 = 0$$

$$5{,}19 - 0{,}12 \cdot m_1 + 0{,}51 \cdot m_2 - 0{,}53 \cdot m_4 + 0{,}19 \cdot m_6 = 0$$

$$5{,}24 + 0{,}39 \cdot m_4 - 0{,}72 \cdot m_6 = 0$$

$$-0{,}49 + 0{,}12 \cdot m_1 + 0{,}51 \cdot m_2 + 0{,}50 \cdot m_4 + 1{,}20 \cdot m_6 = 0$$

mit der Lösung:

$$m_1 = -2{,}50 \qquad m_2 = -14{,}00 \qquad m_4 = -0{,}70 \qquad m_6 = +6{,}90\,.$$

Mit diesen Beiwerten können durch Überlagerung die statischen Werte jedes Stabes gefunden werden. Beispielsweise sollen die Werte des belasteten Stabes r_3 angegeben werden:

$$M_3 = -3{,}39 + 0{,}35 \cdot 2{,}50 + 0{,}33 \cdot 14{,}0 - 0{,}65 \cdot 0{,}70 - 0{,}13 \cdot 6{,}90 = +0{,}75 \text{ mt}$$

$$M_4 = +3{,}65 + 0{,}36 \cdot 2{,}50 - 0{,}64 \cdot 0{,}70 - 0{,}39 \cdot 6{,}90 = +1{,}37 \text{ mt}$$

$$Q_3 = +4{,}80 - 0{,}04 - 0{,}12 \cdot 2{,}5 - 0{,}05 \cdot 14 + 0{,}21 \cdot 0{,}7 + 0{,}09 \cdot 6{,}9 = 4{,}53 \text{ t}$$

$$Q_4 = +4{,}80 + 0{,}04 + 0{,}12 \cdot 2{,}5 + 0{,}05 \cdot 14 - 0{,}21 \cdot 0{,}7 - 0{,}08 \cdot 6{,}9 = 5{,}07 \text{ t}\,.$$

Aus dem Momentenbild ergibt sich: $Q = +4{,}80 \pm \frac{1{,}37 - 0{,}75}{6{,}0} = \frac{+4{,}70 \text{ t}}{+4{,}90 \text{ t}}$. Diese Ungenauigkeit, ebenso wie die in der nachstehenden Berechnung der Längskräfte entsteht dadurch, daß bei der Berechnung abgekürzt nur mit zwei Stellen gerechnet wurde, was sich durch die Kontrolle eben als ungenügend erweist.

Die Längskräfte in den Stäben ergeben sich durch Überlagerung der Quer- und Längskräfte, wobei am belasteten Knoten 1 begonnen wird, an welchem nur zwei Stäbe zusammentreffen:

Stab r_1: $N_1 = -5{,}0 - 2{,}50 \cdot 2{,}56 - 0{,}24 \cdot 0{,}70 + 0{,}25 \cdot 6{,}9 = -9{,}85$ t

Stab r_3: $N_3 = -\;9{,}85 - 0{,}85 + 0{,}59 \cdot 2{,}50 - 0{,}28 \cdot 14{,}0 - 0{,}30 \cdot 0{,}7 - 0{,}06 \cdot 6{,}9$
$= -13{,}85$

Stab r_5: $N_5 = -13{,}85 + 0{,}77 + 0{,}56 \cdot 2{,}50 - 0{,}34 \cdot 0{,}70 + 0{,}32 \cdot 6{,}90 = -9{,}75$

Stab r_7: $N_7 = -\;9{,}75 - 0{,}15 + 0{,}59 \cdot 2{,}50 + 0{,}28 \cdot 14{,}0 + 0{,}34 \cdot 0{,}70 - 0{,}02 \cdot 6{,}9$
$= -4{,}45$

Stab p_8: $Q_8 = -0{,}03 + 0{,}41 \cdot 2{,}50 + 0{,}49 \cdot 14{,}0 + 0{,}47 \cdot 0{,}70 - 0{,}54 \cdot 6{,}90$
$= +4{,}50\,.$

N_7 und Q_8 müssen miteinander im Gleichgewicht sein (Ungenauigkeit siehe obige Bemerkung). Sämtliche Normalkräfte sind Druckkräfte.

Die Querkräfte in Stab r_3 sind:

$$Q_3 = -0{,}04 + 4{,}80 - 0{,}12 \cdot 2{,}50 - 0{,}05 \cdot 14{,}0 + 0{,}21 \cdot 0{,}70 + 0{,}09 \cdot 6{,}90 = 4{,}53 \text{ t}.$$

$$Q_5 = +0{,}04 + 4{,}80 + 0{,}12 \cdot 2{,}50 + 0{,}05 \cdot 14{,}0 - 0{,}21 \cdot 0{,}70 - 0.09 \cdot 6{,}90 = 5{,}07 \text{ t}.$$

Aus den Momenten errechnet sich: $Q = 4{,}80 \pm \frac{1{,}37 - 0{,}75}{6{,}0} = 4{,}80 \pm 0{,}11.$ Die erreichte Rechengenauigkeit reicht also nicht ganz aus. Die statischen Werte an Stab 3 sind in Bild 327 dargestellt.

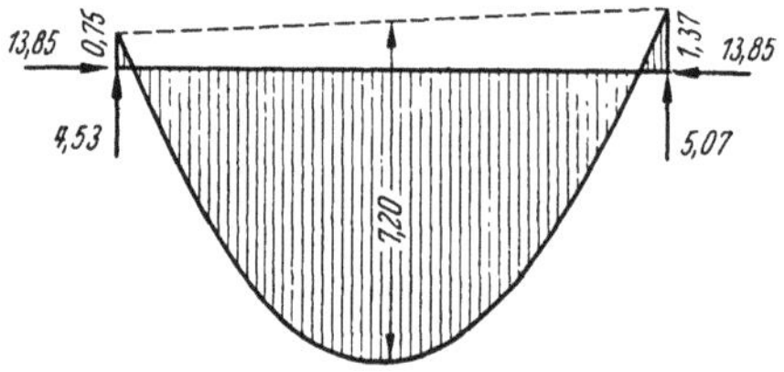

Bild 327.

Wie man sieht, ist die Berechnung schon für einen Belastungsfall recht umständlich, obwohl man einen großen Teil von ihr auch für andere Belastungsfälle verwenden kann. Kürzer wird hier das Iterationsverfahren zum Ziele führen, wobei man zweckmäßigerweise wieder mit Einflußzahlen rechnet.

F. Beispiele.

Vorbemerkung. In den nachfolgenden Beispielen ist der Text aus Raumgründen so knapp als möglich gehalten, was angeht, da der Rechnungsgang in Nr. 267 und 269 allgemein dargestellt wurde. Zwischenrechnungen sind gewöhnlich weggelassen.

296. Rahmen mit geraden Stäben (Bild 328). Die Knoten 1, 2 sind freie Knoten, ihre Drehwinkel ν_1, ν_2 sind die ersten beiden Grundwerte. Die Stabkette K_k

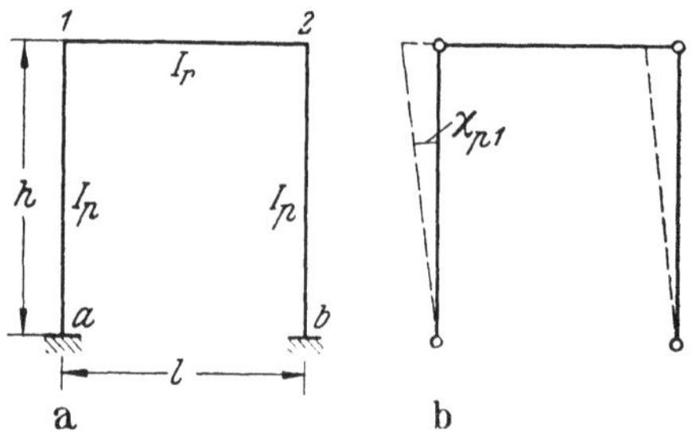

Bild 328.

nach Nr. 248 ist das Gelenkviereck, dessen Verschiebungsbeiwert μ der dritte zur Berechnung notwendige Grundwert ist. Zunächst seien die Pfosten in den Knoten a und b fest eingespannt.

1. *Rechteckrahmen.* a) *Festwerte und Grundgleichungen.* Die Querschnitte der Stäbe sind auf die Stablänge konstant, die der beiden Pfosten gleich.

Die Festwerte sind:

$$h' = \frac{h}{J_p} \qquad l' = \frac{l}{J_r} \qquad k = \frac{h'}{l'}$$

Pfosten: $\mathfrak{k}_{aa} = \mathfrak{k}_{11} = \frac{4}{h'}$ $\quad \mathfrak{k}_{1a} = \mathfrak{k}_{a1} = \frac{2}{h'}$ $\quad \mathfrak{g}_p = -\frac{6}{h'}$ $\quad \mathfrak{h}_p = +\frac{12}{h'}$

Riegel: $\mathfrak{k}_{11} = \mathfrak{k}_{22} = \frac{4}{l'}$ $\quad \mathfrak{k}_{12} = \mathfrak{k}_{21} = \frac{2}{l'}$ $\quad \mathfrak{g}_r = -\frac{6}{l'}$ $\quad \mathfrak{h}_r = +\frac{12}{l'}$

Drehwinkel: $\chi_{p1} = 1 \qquad \chi_{r1} = 0$

Stabdrehwinkel: Pfosten $\psi = +\mu$ $\qquad$ Riegel $\psi = 0$

Knotengleichungen:

$$\nu_1 \cdot 4(1+k) + \nu_2 \cdot 2k - 6\mu = B_1 h'$$

$$\nu_1 \cdot 2k + \nu_2 \cdot 4(1+k) - 6\mu = B_2 h'$$

Kettengleichung

$$-6\nu_1 - 6\nu_2 + 24\mu = B_3 h'.$$

Addition und Subtraktion der Knotengleichungen ergibt:

$$(\nu_1 + \nu_2)\, 2(2 + 3k) - 12\mu = (B_1 + B_2)\, h'$$

$$(\nu_1 - \nu_2)\, 2(2 + k) = (B_1 - B_2)\, h' \qquad \nu_1 + \nu_2 - 4\mu = -\frac{1}{6} B_3 h'$$

und hieraus:

$$\frac{2\nu_1}{h'} = \frac{B_1 + B_2}{1 + 6k} + \frac{B_1 - B_2}{2(2+k)} + \frac{B_3}{2(1+6k)}$$

$$\frac{2\nu_2}{h'} = \frac{B_1 + B_2}{1 + 6k} - \frac{B_1 - B_2}{2(2+k)} + \frac{B_3}{2(1+6k)}$$

$$\frac{4\mu}{h'} = \frac{B_1 + B_2}{1 + 6k} + \frac{2 + 3k}{3(1+6k)} \cdot B_3 .$$

b) *Gleichmäßige Belastung des Riegels mit* p t/m.

Belastungsglieder: $\quad B_1 = p\frac{l^2}{12} = -B_2 \qquad B_3 = 0 .$

Diese Werte werden in die unter a) gefundenen Gleichungen für die Werte ν_1, ν_2 eingesetzt.

Knotendrehwinkel: $\quad 2\nu_1 = -2\nu_2 = \frac{B_1}{2+k} = \frac{pl^2}{12} \cdot \frac{h'}{2+k}$

Verschiebungswert: $\mu = 0$ $\qquad$ Stabdrehwinkel: $\psi = 0$.

Moment am Riegel:

aus der Formänderung: $\quad M_1' = \frac{4}{l'}\nu_1 + \frac{2}{l'}\nu_2 = \frac{2}{l'}\nu_1 = \frac{pl^2}{12}\frac{k}{2+k}$

aus der Einspannung: $\quad M_{10} = +\frac{pl^2}{12}$

Gesamtmoment: $\quad M_1 = M_{10} - M_1' = +\frac{pl^2}{6} \cdot \frac{1}{2+k}$

Moment am Pfosten: $\quad -M_1 = M_1' = \frac{4}{h'}\nu_1 + \frac{2}{h'}\nu_a = \frac{4}{h'}\nu_1 = \frac{pl^2}{6} \cdot \frac{1}{2+k}$

$$-M_a = M_a' = \frac{2}{h'}\nu_1 = \frac{pl^2}{12} \cdot \frac{1}{2+k} .$$

Daraus läßt sich die Momentenlinie zeichnen.

c) *Zweigelenkrahmen.* Ist der Rahmen ein Zweigelenkrahmen, also einfach überbestimmt, dann benötigt man zur Berechnung dieselben drei Grundwerte, da die Hauptnetze dieselben geblieben sind.

Die Festwerte werden:

Pfosten: $\mathfrak{k}_{aa} = 0 \qquad \mathfrak{k}_{11} = \frac{3}{h'} \qquad \mathfrak{k}_{a1} = 0 \qquad \mathfrak{g}_p = -\frac{3}{h'} \qquad \mathfrak{h}_p = +\frac{3}{h'}$

Riegel: $\mathfrak{k}_{11} = \mathfrak{k}_{22} = \frac{4}{l'} \qquad \mathfrak{k}_{12} = \frac{2}{l'} \qquad \mathfrak{g}_r = -\frac{6}{l'} \qquad \mathfrak{h}_r = +\frac{12}{l'}$

Winkeldrehung: Pfosten: $\chi_{p1} = 1$ Riegel: $\chi_{r1} = 0$

Knotengleichungen:

$$\nu_1\left(\frac{3}{h'} + \frac{4}{l'}\right) + \nu_2 \cdot \frac{2}{l'} - \mu\frac{3}{h'} = B_1$$

$$\nu_1\frac{2}{l'} + \nu_2\left(\frac{3}{h'} + \frac{4}{l'}\right) - \mu\frac{3}{h'} = B_2$$

Kettengleichung:

$$-\frac{3}{h'}\cdot\nu_1 - \frac{3}{h'}\cdot\nu_2 + \frac{6}{h'}\mu = B_3$$

woraus:

$$\frac{2\nu_1}{h'} = \frac{B_1 + B_2 + B_3}{6k} + \frac{B_1 - B_2}{3+2k}$$

$$\frac{2\nu_2}{h'} = \frac{B_1 + B_2 + B_3}{6k} - \frac{B_1 - B_2}{3+2k}$$

$$\frac{2\mu}{h'} = \frac{B_1 + B_2 + B_3}{6k} + \frac{1}{3}\cdot B_3\,.$$

Für gleichmäßige Belastung des Riegels wird:

$$B_1 = \frac{pl^2}{12} = -B_2 \qquad B_3 = 0 \qquad 2\nu_1 = -2\nu_2 = \frac{pl^2}{6}\cdot\frac{h'}{3+2k}$$

Verschiebungsbeiwert $\mu = 0$ $\nu_a = 0$ wegen $\mu = 0$

Moment am Pfosten: $-M_1 = \mathfrak{k}_{11}\cdot\nu_1 = \frac{pl^2}{4}\cdot\frac{1}{3+2k}$

Moment am Riegel:

aus der Formänderung: $M_1' = \frac{2}{l'}\nu_1 = \frac{pl^2}{6}\,\frac{k}{3+2k}$

aus der Einspannung: $M_{10} = +\frac{pl^2}{12}$

Gesamtmoment: $M_1 = +\frac{pl^2}{4}\,\frac{1}{3+2k}\,.$

d) *Waagerechte Last P* am Pfosten des eingespannten Rahmens (Bild 329c). Belastungsglieder: Das Einspannungsmoment im Knoten 1 am Pfosten dreht negativ, die Arbeit B_1 ist daher ebenfalls negativ. Dagegen hat der Stützdruck in 1 dieselbe Richtung wie die Verschiebung μ in 1, die Arbeit B_3 ist daher positiv.

$$B_1 = -P\cdot\frac{ab^2}{h^2} \qquad B_2 = 0 \qquad B_3 = +P\cdot\frac{b^2}{h^3}(h+2a)\cdot h = +P\cdot\frac{b^2}{h^2}(h+2a)\,.$$

Diese Werte werden in die unter a) gefundenen Gleichungen für die ν_1, ν_2 eingesetzt.

Momente am belasteten Pfosten:

Pfostenfuß $M_a' = \frac{1}{h'}(2\nu_1 - 6\mu) = -P\cdot\frac{ab^2}{2h^2}\,\frac{3+k}{2+k} - P\cdot\frac{b^2}{2h}\,\frac{1+3k}{1+6k}$

$$M_{a0} = +P\cdot\frac{a^2b}{h^2}$$

$$M_a = M_{a0} - M_a' = P\cdot\frac{b^2}{2h}\left(2\cdot\frac{a}{b}\,\frac{a}{h} + \frac{a}{h}\,\frac{3+k}{2+k} + \frac{1+3k}{1+6k}\right)$$

Oberes Ende $M_1' = \frac{1}{h'}(4\nu_1 - 6\mu) = -P \cdot \frac{b^2}{2h}\left(\frac{a}{h}\frac{4+k}{2+k} + \frac{3k}{1+6k}\right)$

$$M_{10} = -P \cdot \frac{a b^2}{h^2}$$

$$M_1 = M_{10} - M_1' = +P \cdot \frac{b^2}{2h}\left(\frac{3k}{1+6k} - \frac{a}{h}\frac{k}{2+k}\right)$$

Momente am Riegel:

$$M_1' = \frac{1}{l'}(4\nu_1 + 2\nu_2) = +P \cdot \frac{b^2}{2h}\left(\frac{3k}{1+6k} - \frac{a}{h}\frac{k}{2+k}\right)$$

$$M_2' = \frac{1}{l'}(2\nu_1 + 4\nu_2) = +P \cdot \frac{b^2}{2h}\left(\frac{3k}{1+6k} + \frac{a}{h}\frac{k}{2+k}\right)$$

Momente am unbelasteten Pfosten:

$$M_2' = \frac{1}{h'}(4\nu_2 - 6\mu) = -P \cdot \frac{b^2}{2h}\left(\frac{3k}{1+6k} + \frac{a}{h}\frac{k}{2+k}\right)$$

$$M_b' = \frac{1}{h'}(2\nu_2 - 6\mu) = -P \cdot \frac{b^2}{2h}\left(\frac{1+3k}{1+6k} + \frac{a}{h}\frac{1+k}{2+k}\right)$$

Der Horizontalschub ergibt sich aus:

$h \cdot H_b = M_b + M_2 = -P \cdot \frac{b^2}{2h}\left(1 + \frac{a}{h}\frac{1+2k}{2+k}\right)$, er ist der Last P entgegengesetzt gerichtet. Der Horizontalschub im Widerlager a ergibt sich aus: $H_a + H_b = P$.

e) *Die Momentenlinien.* Bei gleichmäßiger Belastung des Riegels dreht M_1 am Riegel positiv, erzeugt also auf der Außenseite des Riegels Zug. Am Pfosten ist M_1 negativ, was ebenfalls auf der Außenseite Zug ergibt; M_a ist ebenfalls negativ, wodurch auf der Innenseite Zug entsteht. Entsprechend sind die Momente am Zweigelenkrahmen.

Bei Belastung durch eine Einzellast am Pfosten verfolgt man den Verlauf der Momente M und M_0 am besten getrennt. Die Richtung der Momente ergibt sich aus folgender Übersicht:

am belasteten Pfosten:	M_a	positiv, Außenseite Zug
	$-M_1$	positiv, Innenseite Zug
	M_{10}	negativ, Außenseite Zug
am Riegel:	$-M_1$	dasselbe Vorzeichen wie M_1 am Pfosten
	$-M_2$	negativ, Oberseite Zug
am unbelasteten Pfosten:	$-M_2$	positiv, Außenseite Zug
	$-M_b$	positiv, Innenseite Zug.

Damit ergeben sich die Momentenlinien von Bild 329a bis c. In Bild c ist der am häufigsten vorkommende Fall der Momentenverteilung wiedergegeben.

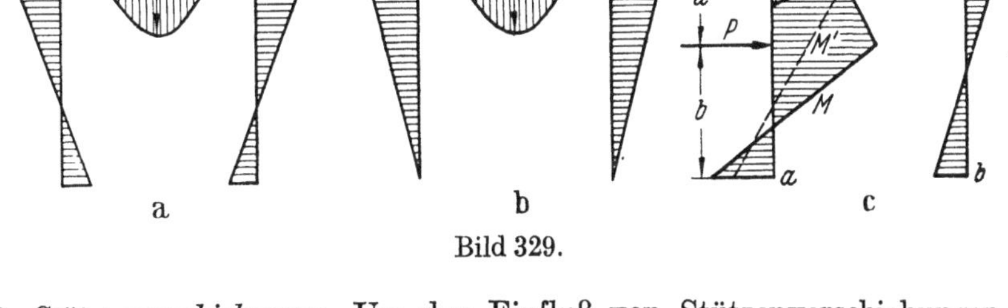

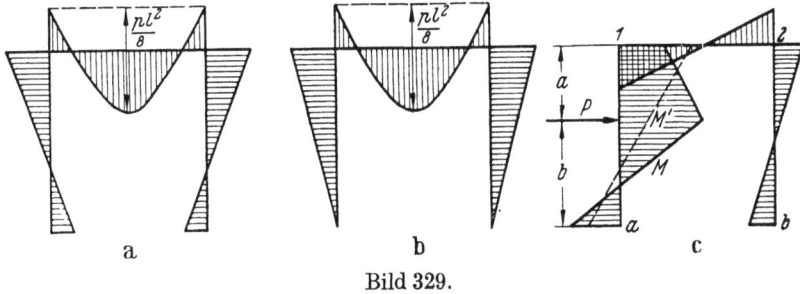

Bild 329.

2. *Stützenverschiebungen.* Um den Einfluß von Stützenverschiebungen c zu berechnen, werden die Hauptgleichungen wie immer aufgestellt, wobei für das

Auflager, welches sich verschiebt, fingierte Stützstäbe eingeführt werden. Das Verfahren soll am eingespannten zweistieligen Rahmen erläutert werden.

An dem unsymmetrischen Rahmen (Bild 330a) wird das Auflager b durch die zwei Stützstäbe b' und b'' mit unendlich großem Trägheitsmoment ersetzt, von welchen Stab b'' mit dem Pfosten 2 durch eine steife Ecke verbunden ist.

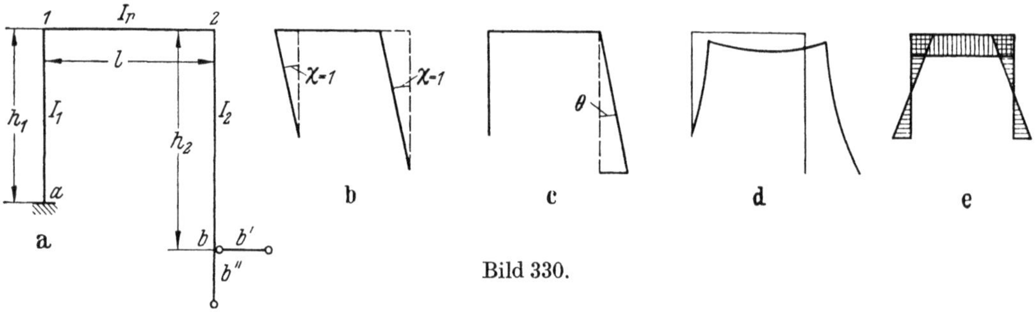

Bild 330.

Bei einer waagerechten Verschiebung $c = w$ der Stütze b in Richtung ab wird dem Stab b' eine Dehnung $\lambda = -w$ zugeschrieben und deren Einfluß in den Knoten- und Kettengleichungen berücksichtigt. Die Festwerte der Stäbe sind:

linker Pfosten: $\mathfrak{k}_{aa} = \mathfrak{k}_{11} = \frac{4}{h_1'}$ $\quad \mathfrak{k}_{1a} = \mathfrak{k}_{a1} = \frac{2}{h_1'}$ $\quad \mathfrak{g}_1 = -\frac{6}{h_1'}$ $\quad \mathfrak{h}_1 = +\frac{12}{h_1'}$

rechter Pfosten: $\mathfrak{k}_{bb} = \mathfrak{k}_{22} = \frac{4}{h_2'}$ $\quad \mathfrak{k}_{2b} = \mathfrak{k}_{b2} = \frac{2}{h_2'}$ $\quad \mathfrak{g}_2 = -\frac{6}{h_2'}$ $\quad \mathfrak{h}_2 = +\frac{12}{h_2'}$

Riegel: $\mathfrak{k}_{11} = \mathfrak{k}_{22} = \frac{4}{l'}$ $\quad \mathfrak{k}_{12} = \mathfrak{k}_{21} = \frac{2}{l'}$ $\quad \mathfrak{g} = -\frac{6}{l'}$ $\quad \mathfrak{h} = +\frac{12}{l'}$

$k_1 = \frac{h_1'}{l'} \qquad k_2 = \frac{h_2'}{l'} \qquad k_3 = \frac{h_2'}{h_1'} \qquad \mathfrak{K}_{11} = \frac{4}{h_1'}(1 + k_1) \qquad \mathfrak{K}_{22} = \frac{4}{h_2'}(1 + k_2)$

Drehwinkel für $\mu = 1$: linker Pfosten $\chi = +1$ rechter Pfosten $\chi = +1$

$\Delta b' = 1$: $\theta = 0$ $\qquad \theta = \frac{1}{h_2}$

$\Delta b' = w$ $\qquad \theta = \frac{w}{h_2}$

Bei den Verschiebungen $\mu = 1$ und $\Delta l = 1$ wird Arbeit nur als Formänderungsarbeit geleistet, da nur Kräftepaare bzw. Momente wirken. Statt eine Verschiebung $\Delta l = 1$ einzuführen, könnte man als Drehwinkel der Pfosten $a1$ bzw. $b2$ beim Zustand μ auch $\mu\chi$ und $\mu\chi + w\theta$ einführen, was zu demselben Ergebnis führt. Die Hauptgleichungen werden daher:

$$\frac{4}{h_1'}(1 + k_1)\,\nu_1 + \frac{2}{h_1'} \cdot k_1 \nu_2 - \frac{6}{h_1'}\,\mu = 0$$

$$\frac{2}{h_2'} \cdot k_2 \nu_1 + \frac{4}{h_2'}(1 + k_2)\,\nu_2 - \frac{6}{h_2'}\,\mu - \frac{6}{h_2'} \cdot \frac{w}{h_2} = 0$$

$$-\frac{6}{h_1'}\nu_1 - \frac{6}{h_2'}\nu_2 + 12\left(\frac{1}{h_1'} + \frac{1}{h_2'}\right)\mu + \frac{12}{h_2'}\,\frac{w}{h_2} = 0$$

oder vereinfacht:

$$2(1 + k_1)\,\nu_1 + k_1 \nu_2 - 3\mu = 0$$

$$k_2 \nu_1 + 2(1 + k_2)\,\nu_2 - 3\mu - 3 \cdot \frac{w}{h_2} = 0$$

$$k_3 \nu_1 + \nu_2 - 2(1 + k_3)\,\mu - 2 \cdot \frac{w}{h_2} = 0$$

Für den symmetrischen Rahmen: $h_1 = h_2 = h$, $k_3 = 1$ wird die Berechnung weitergeführt: $\nu_1 + \nu_2 = 0 \qquad \mu = -\frac{w}{2h} \qquad \nu_1 = -\nu_2 = -\frac{3}{2+k}\frac{w}{2h}$.

Die Drehwinkel werden: $\psi_1 = -\frac{w}{2h} \qquad \psi_2 = -\frac{w}{2h} + \frac{w}{h} = +\frac{w}{2h}, \qquad \psi_r = 0$

und die Momente:

Eckmoment: $$M_1 = -\frac{1}{2+k}\frac{3EJ_r}{l}\frac{w}{h}$$

Einspannungsmoment: $$M_a = +\frac{1+k}{2+k}\frac{3EJ_p}{h}\frac{w}{h}.$$

Die Momentenlinie ist im Bild 330e aufgezeichnet.

Bei einer Stützenverschiebung um den Betrag $\Delta b'' = +1$ bleiben die Drehwinkel χ dieselben, die Drehwinkel θ der Pfosten werden Null, jener des Riegels $\theta = +1$ (Bild 331). Die Querkraft im Punkte 2 ist $Q = \frac{12}{ll'}$, sie wirkt als Normalkraft am Pfosten $b2$, ihre Arbeit bei der Stützensenkung v ist daher $+\frac{12v}{ll'}$. Die Hauptgleichungen werden für $\Delta b'' = -v$:

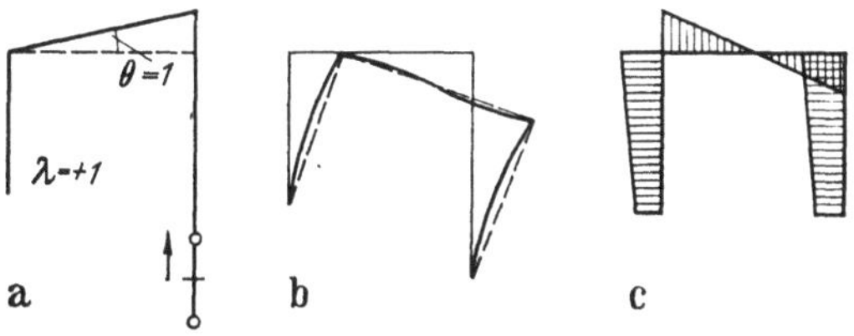

Bild 331.

$$\frac{4}{h_1'}(1+k_1)\nu_1 + \frac{2}{h_1'}\cdot k_1\nu_2 - \frac{6}{h_1'}\mu + \frac{6}{l'}\frac{v}{l} = 0$$

$$\frac{2}{h_2'}\cdot k_2\nu_1 + \frac{4}{h_2'}(1+k_2)\nu_2 - \frac{6}{h_2'}\mu + \frac{6}{h_2'}\cdot k_2\frac{v}{l} = 0$$

$$-\frac{6}{h_1'}\nu_1 - \frac{6}{h_2'}\nu_2 + \frac{12}{h_2'}(1+k_3)\mu - \frac{12}{l'}\frac{v}{l} + \frac{12}{ll'}\cdot v = 0$$

oder nach Vereinfachung:

$$2(1+k_1)\nu_1 + k_1\nu_2 - 3\mu + 3k_1\cdot\frac{v}{l} = 0$$

$$k_2\nu_1 + 2(1+k_2)\nu_2 - 3\mu + 3k_2\cdot\frac{v}{l} = 0$$

$$k_3\nu_1 + \nu_2 - 2(1+k_3)\mu = 0.$$

Für den symmetrischen Rahmen $h_1 = h_2 = h \quad k_3 = 1$ wird:

$$\mu = -\frac{3k}{1+6k}\frac{v}{l} \qquad \nu_1 = \nu_2 = -\frac{6k}{1+6k}\frac{v}{l} \qquad M_1 = +\frac{6}{1+6k}\frac{EJ_r}{l}\cdot\frac{v}{l}.$$

Momentenverteilung und Formänderung sind in Bild 331b und c dargestellt.

Dreht sich das Widerlager b um einen Winkel ν_3, so ist dieser wie ein freier Knoten zu behandeln, für ihn ist also ebenfalls eine Knotengleichung aufzustellen. Die Drehwinkel des Zustandes $\mu = 1$ sind: für den Pfosten 1: $\chi_1 = 1/h_1$, für den Pfosten 2: $\chi_2 = 1/h_2$, für den Riegel: $\chi = 0$ (dies gilt auch noch, wenn der Riegel nicht waagerecht, sondern geneigt liegt). Die dritte Knotengleichung gibt den Wert des Einspannungsmomentes M_b an, in der Kettengleichung tritt wegen

$\psi = 0$ nur das Glied mit ν_3 hinzu, ebenso in der Knotengleichung für Punkt 2. Die Belastungsglieder sind null, so daß die Hauptgleichungen lauten:

$$\frac{4}{h_1'}(1+k_1)\nu_1 + \frac{2}{h_1'}\cdot k_1\nu_2 - \frac{6}{h_1 h_1'}\mu = 0$$

$$\frac{2}{h_2'}\cdot k_2\nu_1 + \frac{4}{h_2'}(1+k_2)\nu_2 + \frac{2}{h_2'}\nu_3 - \frac{6}{h_2 h_2'}\mu = 0$$

$$\frac{2}{h_2'}\nu_2 + \frac{4}{h_2'}\nu_3 - \frac{6}{h_2 h_2'}\mu = M_b$$

$$-\frac{6}{h_1'}\nu_1 - \frac{6}{h_2'}\nu_2 - \frac{6}{h_2'}\nu_3 + 12\left(\frac{1}{h_1 h_1'} + \frac{1}{h_2 h_2'}\right)\mu = 0\,,$$

was für eine Drehung $\nu_3 = -\alpha$ des Widerlagers b ergibt:

$$2(1+k_1)\nu_1 + k_1\nu_2 - \frac{3}{h_1}\mu = 0$$

$$k_2\nu_1 + 2(1+k_2)\nu_2 - \frac{3}{h_2}\mu - \alpha = 0$$

$$k_3\nu_1 + \nu_2 - 2\left(\frac{k_3}{h_1} + \frac{1}{h_2}\right)\mu - \alpha = 0\,.$$

Für den symmetrischen Rahmen ergibt sich (vgl. Bild 332):

$$\mu = -\frac{\alpha}{2}\,\frac{1+3k}{1+6k} \qquad \nu_1 = -\frac{\alpha}{2}\left(\frac{1}{1+6k} + \frac{1}{2+k}\right) \qquad \nu_2 = -\frac{\alpha}{2}\left(\frac{1}{1+6k} - \frac{1}{2+k}\right)$$

$$M_1 = -\frac{k}{2}\left(\frac{1}{2+k} + \frac{3}{1+6k}\right)\frac{EJ_p}{h}\cdot\alpha \qquad M_2 = -\frac{k}{2}\left(\frac{1}{2+k} - \frac{3}{1+6k}\right)\frac{EJ_p}{h}\cdot\alpha$$

$$M_a = -\frac{1}{2}\left(-\frac{3+2k}{2+k} + \frac{3k}{1+6k}\right)\frac{EJ_p}{h}\cdot\alpha \qquad M_b = -\frac{1}{2}\left(-\frac{3+2k}{2+k} - \frac{3k}{1+6k}\right)\frac{EJ_p}{h}\cdot\alpha\,.$$

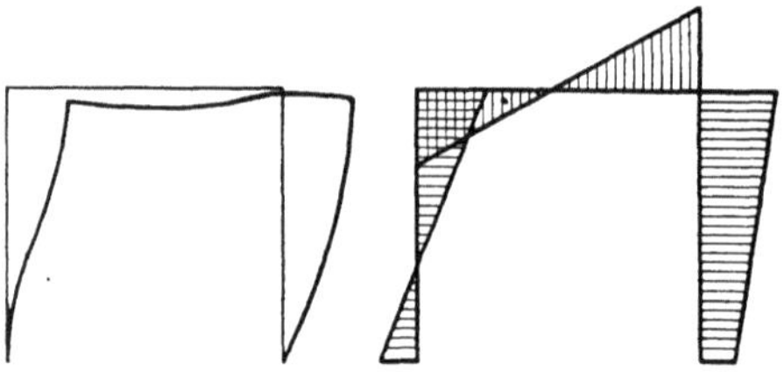

a b

Bild 332.

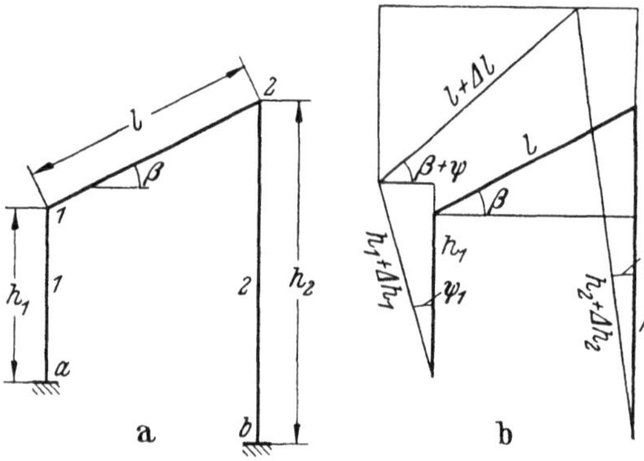

a b

Bild 333.

3. *Wärmegradänderungen.* Der Riegel des unsymmetrischen Rahmens (Bild 333) werde durch eine Wärmegradänderung von t^0 um $\Delta l = \Theta t l$ gedehnt, der Pfosten 1 durch eine solche von t_1^0 um $\Delta h_1 = \Theta t_1 h_1$, der Pfosten 2 durch t_2^0 um $\Delta h_2 = \Theta t_2 h_2$. Hierdurch entstehen die Stabdrehwinkel ψ_1, ψ_2, ψ der Pfosten 1, 2 und des Riegels, zwischen welchen aber wegen des Zusammenhanges Beziehungen bestehen.

Projektion auf die Lotrechte ergibt:

$$h_2 - h_1 - l\cdot\sin\beta = (h_2 + \Delta h_2)\cos\psi_2 - (h_1 + \Delta h_1)\cos\psi_1 - (l + \Delta l)\sin(\beta + \psi),$$

woraus mit Rücksicht auf die Kleinheit der Winkel und Längenänderungen:

$$\psi l\cdot\cos\beta = \Delta h_2 - \Delta h_1 - \Delta l\cdot\sin\beta\,.$$

Projektion auf die Waagerechte:

$$(h_1 + \Delta h_1)\sin\psi_1 + l\cdot\cos\beta = (l + \Delta l)\cos(\beta + \psi) + (h_2 + \Delta h_2)\sin\psi_2,$$

woraus wie oben: $h_2 \psi_2 - h_1 \psi_1 = \psi l \cdot \sin\beta - \Delta l \cdot \cos\beta$ und mit dem Wert von $\psi l \cdot \cos\beta$:

$$h_2 \psi_2 - h_1 \psi_1 = (\Delta h_2 - \Delta h_1)\operatorname{tg}\beta - \frac{\Delta l}{\cos\beta}.$$

Damit sind nur ein einziger Drehwinkel und die zwei Knotendrehwinkel zu berechnen, für welche die Hauptgleichungen in üblicher Weise angeschrieben werden (Bezeichnungen wie unter 2):

$$2(1 + k_1)\nu_1 + k_2 \nu_2 - 3\psi_1 - 3k_1 \psi = 0$$

$$k_2 \nu_1 + 2(1 + k_2)\nu_2 - 3\psi_2 - 3k_2 \psi = 0$$

$$-\frac{6}{h_1'}\nu_1 - \frac{6}{h_2'}\nu_2 + 12\left(\frac{\psi_1}{h_1'} + \frac{\psi_2}{h_2'}\right) + 12\frac{\psi}{l'} = 0.$$

Für einen symmetrischen Rahmen ($h_1 = h_2 = h$, $\Delta h_1 = \Delta h_2 = \Delta h$, $\beta = 0$) ergibt sich: $\psi = 0$

$$2(1 + k)\nu_1 + k\nu_2 - 3\psi_1 = 0 \qquad k\nu_1 + 2(1 + k)\nu_2 - 3\psi_2 = 0$$

$$\nu_1 + \nu_2 - 2(\psi_1 + \psi_2) = 0.$$

Hieraus folgt zunächst $\psi_1 + \psi_2 = 0$ $\nu_1 + \nu_2 = 0$, was wegen der Symmetrie zu erwarten ist, ferner $\nu_1 = -\nu_2 = \frac{3\psi_1}{2+k}$ und aus der Gleichung zwischen ψ_1 und ψ_2, $\psi_1 = \frac{\Delta l}{2h}$. Die Eckmomente werden: $M_1 = +\frac{3k}{2+k}\frac{\Delta l}{hh'}$ $M_a = -3\cdot\frac{1+k}{2+}\,\Delta$. Momentenverteilung und Formänderungsbild sind in Bild 334 a und b dargestellt. Wie man sieht, sind die Momente hier unabhängig von der Wärmegradänderung der Pfosten.

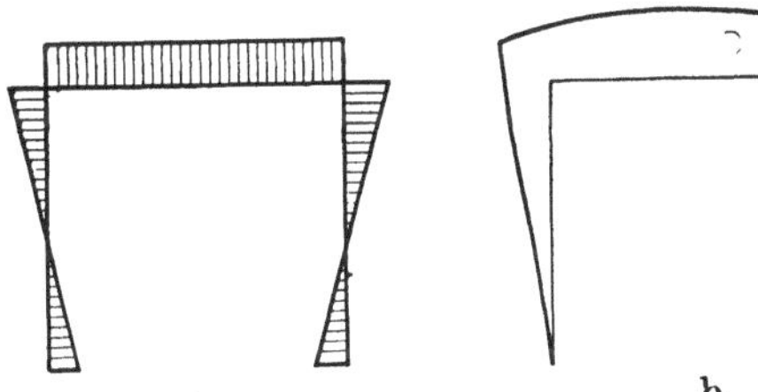

a b

Bild 334.

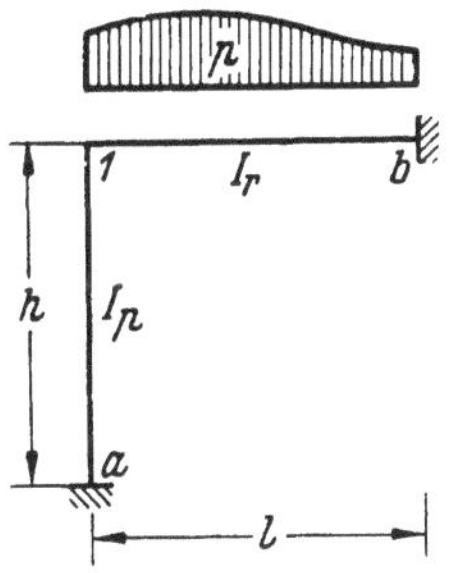

Bild 335.

Eine ungleichmäßige Erwärmung des Riegels des symmetrischen Rahmens um Δt^0 nach Nr. 74 ergibt bei zur Nullinie symmetrischem Querschnitt eine Verlängerung der obersten Fasern um $\Delta l = \Theta l \Delta t$ und eine gerade so große Verkürzung der untersten Fasern, während die Stabachse ungedehnt bleibt. Der Riegel biegt sich zu einem Kreisbogen mit dem Zentriwinkel $\alpha = \frac{2\Delta l}{d}$, wenn d die Trägerhöhe ist. Hierdurch verkürzt sich der Abstand der Knoten 1, 2 auf die Sehnenlänge. Ist $R = \frac{l}{a}$ der Halbmesser des Kreisbogens, so ist die Sehnenlänge $s = R \sin\frac{a}{2}$ und die Verkürzung des Abstandes der Knoten 1 und 2 wird: $\Delta = R\alpha - 2R\sin\frac{a}{2} = l\left(1 - \frac{2}{a}\cdot\sin\frac{a}{2}\right)$. Der Drehwinkel des Pfostens 1 wird: $\psi = -\frac{\Delta}{2h}$, der des Pfostens 2: $\psi = +\frac{\Delta}{2h}$. Aus den Hauptgleichungen ergibt sich wie vor $\nu_1 + \nu_2 = 0$, $\nu_1 = \frac{3\psi}{2+k}$ womit die Momente berechnet werden können. Da die Verschiebung Δ sehr klein ist, kann der Einfluß einer ungleichmäßigen Wärmegradänderung immer vernachlässigt werden.

4. *Der einhüftige Rahmen.* Der einhüftige, beiderseits eingespannte Rahmen Bild 335 ist dreifach überbestimmt. Zu seiner Berechnung ist, wie aus der Be-

trachtung der Hauptnetze hervorgeht, jedoch nur der Drehwinkel ν des freien Knotens 1 erforderlich, also nur eine Gleichung mit einer Unbekannten. Die Festwerte sind:

$$k = \frac{h'}{l'} \qquad \mathfrak{K}_{11} = \frac{4}{h'}(1+k) \qquad \mathfrak{k}_{1a} = \mathfrak{k}_{a1} = \frac{2}{h'}(1+k)$$

$$\mathfrak{k}_{1b} = \mathfrak{k}_{b1} = \frac{2}{l'}(1+k) \qquad \nu_a, \nu_b = 0 \qquad \mu = 0\,.$$

Ist M_{r0} das Einspannungsmoment aus der lotrechten Belastung des Riegels, so ergibt sich der Knotendrehwinkel ν aus der Gleichung:

$$\mathfrak{K}_{11}\,\nu = M_{r0} \qquad \nu = \frac{M_0}{4}\,\frac{h'}{1+k}\,.$$

Das Eckmoment im Riegel wird: $M_1 = M_0 - M' = M_0 - \frac{4}{l'}\,\frac{M_0}{4}\,\frac{h'}{1+k} = \frac{M_0}{1+k}$ (Oberseite Zug), im Pfosten: $M_1 = -M_{1a} = -\frac{4}{h'}\,\frac{M_0}{4}\,\frac{h'}{1+k} = -\frac{M_0}{1+k}$ (Außenseite Zug). Das Einspannungsmoment im Riegel bei b wird:

$M_b = M_0 - M' = -M_0 - \frac{2}{l'}\,\nu = -\frac{M_0}{2}\,\frac{2+3k}{1+k}$ (Oberseite Zug), im Pfosten bei a:

$M_a = -M_{a1} = -\frac{2}{h'}\,\frac{M_0}{4}\,\frac{h'}{1+k} = -\frac{M_0}{2}\,\frac{1}{1+k}$ (Innenseite Zug). Damit ist die Berechnung auf die des Einspannungsmomentes $M_0 = M_{r0}$ zurückgeführt, welche als bekannt vorausgesetzt wird.

297. Rahmen mit Bogenstäben. 1. Für den Rahmen mit Bogenstäben nach Bild 336 sollen die Hauptgleichungen aufgestellt werden. Die Stäbe sind in den Knoten 0, 1, 2 starr eingespannt, in den Knoten 3, 4, 5 durch steife Ecken verbunden. Die Knoten 3, 4, 5 liegen auf einer Waagerechten, die Pfosten 3, 4, 5 stehen lotrecht. Die Querschnitte der Pfosten sind auf die Stablänge konstant, unter sich aber verschieden.

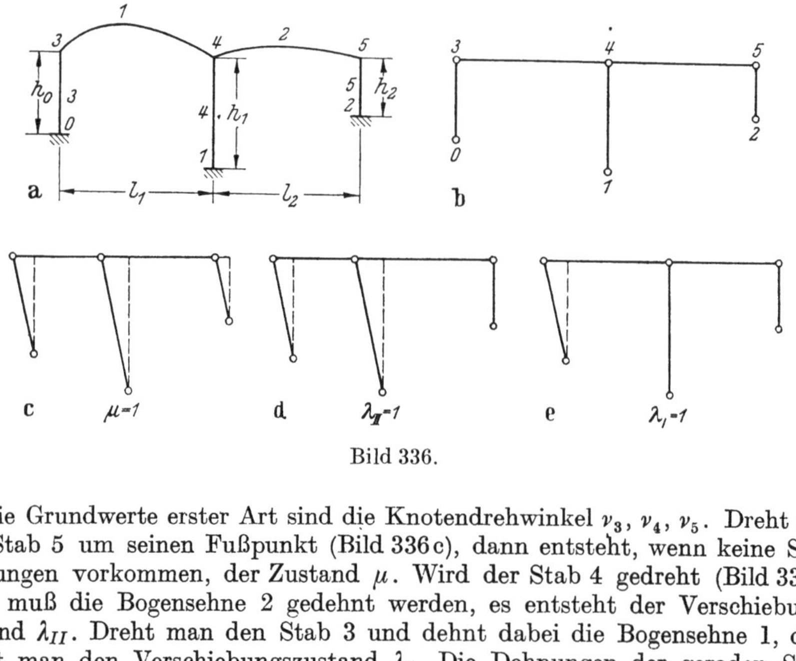

Bild 336.

Die Grundwerte erster Art sind die Knotendrehwinkel ν_3, ν_4, ν_5. Dreht man den Stab 5 um seinen Fußpunkt (Bild 336c), dann entsteht, wenn keine Stabdehnungen vorkommen, der Zustand μ. Wird der Stab 4 gedreht (Bild 336d), dann muß die Bogensehne 2 gedehnt werden, es entsteht der Verschiebungszustand λ_{II}. Dreht man den Stab 3 und dehnt dabei die Bogensehne 1, dann erhält man den Verschiebungszustand λ_I. Die Dehnungen der geraden Stäbe werden vernachlässigt. Damit sind die Bewegungsmöglichkeiten der Kette K erschöpft, alle anderen Verschiebungen lassen sich durch Überlagerungen der angegebenen Zustände darstellen. Für die Berechnung hat man daher einen Verschiebungsbeiwert μ und zwei unabhängige Dehnungen λ_I, λ_{II}, so daß also drei Knotengleichungen, eine Kettengleichung und zwei Fachwerksgleichungen aufzustellen sind.

Da die Pfosten normal zu den Bogensehnen stehen, ist für beide Bögen $\psi = 0$. Für die übrigen Stäbe sind die Drehwinkel:

	Zustand $\mu = 1$	Zustand $\lambda_I = 1$	Zustand $\lambda_{II} = 1$
	χ	$\theta_{e\,1}$	$\theta_{e\,2}$
Stab 3	$\frac{1}{h_0}$	$\frac{1}{h_0}$	$\frac{1}{h_0}$
Stab 4	$\frac{1}{h_1}$	0	$\frac{1}{h_1}$
Stab 5	$\frac{1}{h_2}$	0	0

Für die Bogenstäbe folgt aus Gl. (398):

Stab 1:

$$\xi_{l\,1} = e_1(\nu_3 - \nu_4) + \lambda_I$$

$$\xi_{q\,1} = \frac{1}{2}\, l_1(\nu_3 + \nu_4)$$

$$\xi_{m\,1} = \nu_3 - \nu_4$$

Stab 2:

$$\xi_{l\,2} = e_2(\nu_4 - \nu_5) + \lambda_{II}$$

$$\xi_{q\,2} = \frac{1}{2}\, l_2(\nu_4 + \nu_5)$$

$$\xi_{m\,2} = \nu_4 - \nu_5\,.$$

Aus diesen Gleichungen und Gl. (399) ergeben sich die Werte der X für die Zustände $\xi = 1$:

Zustand	$X_{l\,1}$	$X_{q\,1}$	$X_{m\,1}$	$X_{l\,1}$	$X_{q\,2}$	$X_{m\,2}$
$\nu_3 = 1$	$+c_{l\,1}\,e_1$	$+\frac{1}{2}\cdot c_{q\,1}\,l_1$	$+c_{m\,1}$	0	0	0
$\nu_4 = 1$	$-c_{l\,1}\,e_1$	$+\frac{1}{2}\cdot c_{q\,1}\,l_1$	$-c_{m\,1}$	$+c_{l\,2}\,e_2$	$+\frac{1}{2}\cdot c_{q\,2}\,l_2$	$+c_{m\,2}$
$\nu_5 = 1$	0	0	0	$-c_{l\,2}\,e_2$	$+\frac{1}{2}\cdot c_{q\,2}\,l_2$	$-c_{m\,2}$
$\mu = 1$	0	0	0	0	0	0
$\lambda_I = 1$	$c_{l\,1}$	0	0	0	0	0
$\lambda_{II} = 1$	0	0	0	$c_{l\,2}$	0	0

Der Anteil der geraden Stäbe an den Hauptgleichungen ergibt sich zu:

Kn. Gl. 3: $\frac{4}{h_0'}\nu_3 - \frac{6}{h_0 h_0'}\mu - \frac{6}{h_0 h_0'}(\lambda_I + \lambda_{II})$

Kn. Gl. 4: $\frac{4}{h_1'}\nu_4 - \frac{6}{h_1 h_1'}(\mu + \lambda_{II})$

Kn. Gl. 5: $\frac{4}{h_2'}\nu_5 - \frac{6}{h_2 h_2'}\mu$

K. Gl.: $-\frac{6}{h_0 h_0'}\nu_3 - \frac{6}{h_1 h_1'}\nu_4 - \frac{6}{h_2 h_2'}\nu_5 + 12\mu\left(\frac{1}{h_0^2 h_0'} + \frac{1}{h_1^2 h_1'} + \frac{1}{h_2^2 h_2'}\right) + \lambda_I\frac{12}{h_0^2 h_0'} + \lambda_{II}\left(\frac{12}{h_0^2 h_0'} + \frac{12}{h_1^2 h_1'}\right)$

F. Gl. I: $-\frac{6}{h_0 h_0'}\nu_3 + \frac{12}{h_0^2 h_0'}\mu + \frac{12}{h_0^2 h_0'}(\lambda_I + \lambda_{II})$

F. Gl. II: $-\frac{6}{h_0 h_0'}\nu_3 - \frac{6}{h_1 h_1'}\nu_4 + \left(\frac{12}{h_0^2 h_0'} + \frac{12}{h_1^2 h_1'}\right)(\mu + \lambda_{II}) + \frac{12}{h_0^2 h_0'}\lambda_I\,.$

Der Anteil der Bögen ergibt sich aus den obigen Werten der ξ und der X durch Einsetzen in Gl. (396):

Kn. Gl. 3: $c_{l1}\,e_1^2(\nu_3-\nu_4)+c_{l1}\,e_1\,\lambda_I+\frac{1}{4}\cdot c_{q1}\,l_1^2\,(\nu_3+\nu_4)+c_{m1}\,(\nu_3-\nu_4)$

Kn. Gl. 4: $-c_{l1}\,e_1^2(\nu_3-\nu_4)-c_{l1}\,e_1\,\lambda_I+\frac{1}{4}\cdot c_{q1}\,l_1^2(\nu_3+\nu_4)-c_{m1}\,(\nu_3-\nu_4)$

$+c_{l2}\,e_2^2(\nu_4-\nu_5)+c_{l2}\,e_2\,\lambda_{II}+\frac{1}{4}\cdot c_{q2}\,l_2^2(\nu_4+\nu_5)+c_{m2}\,(\nu_4-\nu_5)$

Kn. Gl. 5: $-c_{l2}\,e_2^2(\nu_4-\nu_5)-c_{l2}\,e_2\,\lambda_{II}+\frac{1}{4}\cdot c_{q2}\,l_2^2(\nu_4+\nu_5)-c_{m2}\,(\nu_4-\nu_5)$

K. Gl. fehlen

F. Gl. I: $c_{l1}\,e_1(\nu_3-\nu_4)+c_{l1}\,\lambda_I$

F. Gl. II: $c_{l2}\,e_2(\nu_4-\nu_5)+c_{l2}\,\lambda_{II}$.

Addition der beiden Anteile und Ordnung nach den Grundwerten ergibt die Hauptgleichungen:

Kn. Gl. 3: $\varrho_{33}\nu_3+\varrho_{34}\,\nu_4+0\cdot\nu_5+\varrho_{3\mu}\,\mu+\varrho_{3I}\,\lambda_I+\varrho_{3II}\lambda_{II}=B_3$

Kn. Gl. 4: $\varrho_{43}\nu_3+\varrho_{44}\,\nu_4+\varrho_{45}\,\nu_5+\varrho_{4\mu}\,\mu+\varrho_{4I}\,\lambda_I+\varrho_{4II}\lambda_{II}=B_4$

Kn. Gl. 5: $0\cdot\nu_3+\varrho_{54}\,\nu_4+\varrho_{55}\,\nu_5+\varrho_{5\mu}\,\mu+0\cdot\lambda_I+0\cdot\lambda_{II}=B_5$

K. Gl.: $\varrho_{\mu3}\nu_3+\varrho_{\mu4}\,\nu_4+\varrho_{\mu5}\,\nu_5+\varrho_{\mu\mu}\,\mu+\varrho_{\mu I}\,\lambda_I+\varrho_{\mu II}\,\lambda_{II}=B_\mu$

F. Gl. I: $\varrho_{I3}\nu_3+\varrho_{I4}\,\nu_4+0\cdot\nu_5+\varrho_{I\mu}\,\mu+\varrho_{I,I}\,\lambda_I+\varrho_{I,II}\,\lambda_{II}=B_I$

F. Gl. II: $\varrho_{II3}\nu_3+\varrho_{II4}\nu_4+0\cdot\nu_5+\varrho_{II\mu}\mu+\varrho_{II,I}\lambda_I+\varrho_{II,II}\lambda_{II}=B_{II}$

mit den Beiwerten:

$$\varrho_{33}=c_{l1}\,e_1^2+\frac{1}{4}\cdot c_{q1}\,l_1^2+c_{m1}+\frac{4}{h_0'}$$

$$\varrho_{44}=c_{l1}\,e_1^2+\frac{1}{4}\cdot c_{q1}\,l_1^2+c_{m1}+c_{l2}\,e_2^2+\frac{1}{4}\cdot c_{q2}\,l_2^2+c_{m2}+\frac{4}{h_1'}$$

$$\varrho_{55}=c_{l2}\,e_2^2+\frac{1}{4}\cdot c_{q2}\,l_2^2+c_{m2}+\frac{4}{h_2'}$$

$$\varrho_{\mu\mu}=12\left(\frac{1}{h_0^2\,h_0'}+\frac{1}{h_1^2\,h_1'}+\frac{1}{h_2^2\,h_2'}\right)\qquad \varrho_{I,I}=+c_{l1}+\frac{12}{h_0^2\,h_0'}$$

$$\varrho_{II,II}=c_{l2}+\frac{12}{h_0^2\,h_0'}+\frac{12}{h_1^2\,h_1'}$$

$$\varrho_{34}=\varrho_{43}=-c_{l1}\,e_1^2+\frac{1}{4}\cdot c_{q1}\,l_1^2-c_{m1}$$

$$\varrho_{45}=\varrho_{54}=-c_{l2}\,e_2^2+\frac{1}{4}\cdot c_{q2}\,l_2^2-c_{m2}$$

$$\varrho_{3\mu}=\varrho_{\mu3}=-\frac{6}{h_0\,h'}\qquad \varrho_{4\mu}=\varrho_{\mu4}=-\frac{6}{h_1\,h'}\qquad \varrho_{5\mu}=\varrho_{\mu5}=-\frac{6}{h_2\,h_2'}$$

$$\varrho_{3I}=\varrho_{I3}=+c_{l1}\,e_1-\frac{6}{h_0\,h_0'}$$

$$\varrho_{3II}=\varrho_{II3}=-\frac{6}{h_0\,h_0'}\qquad \varrho_{I,II}=\varrho_{II,I}=+\frac{12}{h_0^2\,h_0'}$$

$$\varrho_{4I}=\varrho_{I4}=-c_{l1}\,e_1\qquad \varrho_{4II}=\varrho_{II4}=+c_{l2}\,e_2-\frac{6}{h_1\,h_1'}$$

$$\varrho_{\mu I}=\varrho_{I\mu}=+\frac{12}{h_0^2\,h_0'}\qquad \varrho_{\mu II}=\varrho_{II\mu}=\frac{12}{h_0^2\,h_0'}+\frac{12}{h_1^2\,h_1'}\,.$$

Nach der Berechnung der Grundwerte λ, μ, ν ergeben sich die ψ aus den Gl. (379) und die statischen Werte aus den Gl. (390 u. 391).

2. Fallen die Knoten 0 und 3 bzw. 2 und 5 zusammen ($h_0, h_2 = 0$, Bild 337), dann ändert sich die Berechnung des vorigen Beispieles. Die Kette K_k hat keine Bewegungsfreiheit, ein Grundwert μ wird daher nicht mehr gebraucht. Dehnt sich der Stab 1 um den Betrag λ, so muß sich der Stab 2 um den Betrag $\Delta l = -\lambda$ dehnen, der Grundwert λ_{II} des vorhergehenden Beispieles wird also eine abhängige Dehnung. Erforderlich ist daher eine Knoten- und eine Fachwerkgleichung.

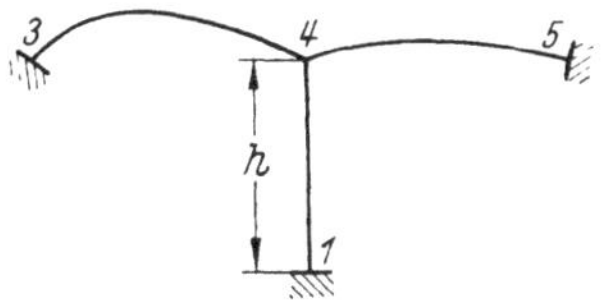

Bild 337.

Als Drehwinkel entsteht für den Zustand $\lambda = 1$ am Stab 4: $\theta = -1/h$. Die Werte ξ der Bogenstäbe sind:

$$\xi_{l1} = e_1(\nu_3 - \nu_4) + \lambda \qquad \xi_{l2} = e_2(\nu_4 - \nu_5) - \lambda,$$

während die übrigen Werte dieselben bleiben. In der Tabelle der X ändert sich nur die Zeile für λ:

$$\text{für } \lambda = 1: \quad X_{l1} = +c_{l1} \qquad X_{l2} = -c_{l2},$$

die übrigen Werte bleiben unverändert.

Der Anteil der geraden Stäbe an den Hauptgleichungen wird:

Knotengleichung: $\frac{4}{h'}\nu + \frac{6}{hh'}\lambda$

Fachwerkgleichung: $+\frac{6}{hh'}\nu + \frac{12}{h^2h'}\lambda$

der Anteil der Bogenstäbe:

Kn. Gl.: $\nu\left(+c_{l1}e_1^2 + \frac{1}{4}\cdot c_{q1}l_1^2 + c_{m1} + c_{l2}e_2^2 + \frac{1}{4}\cdot c_{q2}l_2^2 + c_{m2}\right) - \lambda(c_{l1}e_1 + c_{l2}e_2)$

F. Gl.: $-(c_{l1}e_1 + c_{l2}e_2)\nu + (c_{l1}e_1 + c_{l2}e_2)\lambda.$

Addition der beiden Anteile und Ordnung ergibt:

$$\varrho_{\nu\nu}\nu + \varrho_{\nu\lambda}\lambda = B_\nu \qquad \varrho_{\lambda\nu}\nu + \varrho_{\lambda\lambda}\lambda = B_\lambda$$

$$\varrho_{\nu\nu} = c_{l1}e_1^2 + \frac{1}{4}c_{q1}l_1^2 + c_{m1} + c_{l2}e_2^2 + \frac{1}{4}c_{q2}l_2^2 + c_{m2} + \frac{4}{h'}$$

$$\varrho_{\lambda\lambda} = c_{l1} + c_{l2} + \frac{12}{h^2h'}$$

$$\varrho_{\nu\lambda} = \varrho_{\lambda\nu} = -(c_{l1}e_1 + c_{l2}e_2) + \frac{6}{hh'}.$$

Damit ist auch hierfür die Lösung gegeben, welche nicht unmittelbar aus dem vorhergehenden Beispiel abgeleitet werden kann.

3. *Dreischiffiger Rahmen mit Bogenstab.* Der symmetrische Rahmen (Bild 338) hat vier freie Knoten und einen Bogenstab, die Kette K_k zwei Bewegungsfreiheiten, nämlich je eine für die Rahmen $ab13$ und $cd24$. Die Dehnung der Sehne des Bogens ist dann aber nicht mehr beliebig, was sofort ersichtlich wird, wenn die Stäbe $b3$ und $c4$ als Grundstäbe der Kette K_k gewählt werden, vielmehr wird $\Delta l = \mu_I - \mu_{II}$, wenn μ_I, μ_{II} die beiden Grundwerte für die Kette K_k bezeichnen. Außer diesen sind noch die vier Knotendrehwinkel $\nu_1, \nu_2, \nu_3, \nu_4$ als Grundwerte erforderlich.

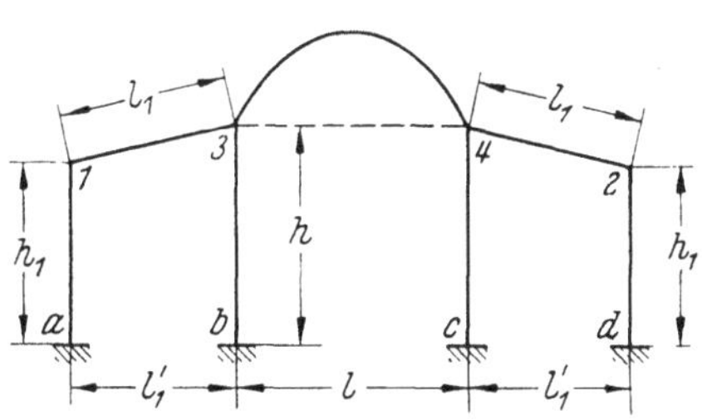

Bild 338.

Für den Bogenstab ist $\psi = 0$, da die Bogensehne normal zu den Pfosten ist. Daher gilt für den Bogenstab:

$$\xi_l = e(\nu_3 - \nu_4) + \Delta l \qquad \xi_q = \frac{1}{2} \cdot l(\nu_3 + \nu_4) \qquad \xi_m = \nu_3 - \nu_4 .$$

Damit ergibt sich für:

Zustand	$\nu_1 = 1$	$\nu_2 = 1$	$\nu_3 = 1$	$\nu_4 = 1$	$\mu_I = 1$	$\mu_{II} = 1$
X_l	0	0	$c_l e$	$-c_l e$	c_l	$-c_l$
X_q	0	0	$\frac{1}{2} \cdot c_q l$	$\frac{1}{2} \cdot c_q l$	0	0
X_m	0	0	c_m	$-c_m$	0	0

Der Anteil des Bogenstabes an den Hauptgleichungen ergibt sich nach Gl. (396):

Kn. Gl. 3: $\quad c_l e^2 (\nu_3 - \nu_4) + c_l e (\mu_I - \mu_{II}) + \frac{1}{4} \cdot c_q l^2 (\nu_3 + \nu_4) + c_m (\nu_3 - \nu_4)$

Kn. Gl. 4: $\quad -c_l e^2 (\nu_3 - \nu_4) - c_l e (\mu_I - \mu_{II}) + \frac{1}{4} \cdot c_q l^2 (\nu_3 + \nu_4) - c_m (\nu_3 - \nu_4)$

K. Gl. I: $\quad c_l e (\nu_3 - \nu_4) + c_l (\mu_I - \mu_{II})$

K. Gl. II: $\quad -c_l e (\nu_3 - \nu_4) - c_l (\mu_I - \mu_{II})$.

Ist der Drehwinkel des Stabes 3: $\chi_3 = 1/h$, so ergibt sich der Drehwinkel des Stabes 1 daraus, daß die Verschiebung des Punktes 1 gleich der des Punktes 3 ist, also: $h \chi_3 = h_1 \chi_1 = \mu$. Die Drehwinkel χ ergeben sich danach aus folgender Zusammenstellung:

Zustand		Pfosten				Riegel	
		a 1	b 3	c 4	d 2	13	42
$\mu_I = 1$	$\chi =$	$\frac{1}{h_1}$	$\frac{1}{h}$	0	0	0	0
$\mu_{II} = 1$	$\chi =$	0	0	$\frac{1}{h}$	$\frac{1}{h_1}$	0	0

Damit ergibt sich das System der Hauptgleichungen zu:

	ν_1	ν_2	ν_3	ν_4	μ_I	μ_{II}	=
Kn. Gl. 1:	ϱ_{11}	0	ϱ_{13}	0	ϱ_{1I}	0	B_1
2:	0	ϱ_{22}	0	ϱ_{24}	0	ϱ_{2II}	B_2
3:	ϱ_{31}	0	ϱ_{33}	ϱ_{34}	ϱ_{3I}	ϱ_{3II}	B_3
4:	0	ϱ_{42}	ϱ_{43}	ϱ_{44}	ϱ_{4I}	ϱ_{4II}	B_4
K. Gl. I:	ϱ_{I1}	0	ϱ_{I3}	0	$\varrho_{I,I}$	$\varrho_{I,II}$	B_I
II:	0	ϱ_{II2}	ϱ_{II3}	ϱ_{II4}	$\varrho_{I,II}$	$\varrho_{II,II}$	B_{II}

mit den Beiwerten:

$$\varrho_{11},\ \varrho_{22} = 4\left(\frac{1}{h_1'} + \frac{1}{l_1'}\right) \qquad \varrho_{33},\ \varrho_{44} = 4\left(\frac{1}{h'} + \frac{1}{l'}\right) + c_l e^2 + \frac{1}{4} \cdot c_q l^2 + c_m$$

$$\varrho_{I,I},\ \varrho_{II,II} = 12\left(\frac{1}{h_1^2 h_1'} + \frac{1}{h^2 h'}\right) + c_l$$

$$\varrho_{13},\ \varrho_{31},\ \varrho_{24},\ \varrho_{42} = \frac{2}{l_1'} \qquad \varrho_{34},\ \varrho_{43} = -c_l e^2 + \frac{1}{4} \cdot c_q l^2 - c_m$$

$\varrho_{1I},\ \varrho_{I1},\ \varrho_{2II},\ \varrho_{II2} = -\frac{6}{h_1 h_1'}$ $\quad \varrho_{3I},\ \varrho_{I3},\ \varrho_{4II},\ \varrho_{II4} = -\frac{6}{h h'} + c_l e$

$\varrho_{4I},\ \varrho_{I4},\ \varrho_{3II},\ \varrho_{II3} = -c_l e$ $\quad \varrho_{I,II},\ \varrho_{II,I} = -c_l.$

Die Belastungsglieder ergeben sich nach Nr. 265. Bei ihrer Aufstellung ist das Vorzeichen zu beachten: $\nu_1, \nu_2, \nu_3, \nu_4 = 1$ haben dasselbe Vorzeichen, B_1, B_2, B_3, B_4 erhalten das Vorzeichen der Summe der Einspannungsmomente. Die Verschiebung $\mu_I = 1$ gibt eine Dehnung, $\mu_{II} = 1$ eine Verkürzung der Bogensehne, wonach sich die Vorzeichen von B_I, B_{II} richten.

Man kann die Berechnung auch mit einer unabhängigen Dehnung durchführen, wenn man der Kette K_k eine einzige Bewegungsfreiheit gibt, dafür aber der Bogensehne die Dehnung λ. Als Grundstab der Kette wird Stab 3 angenommen, welcher beim Zustand $\lambda = 1$ undrehbar festgehalten wird. Die Gleichungen für den Bogen-

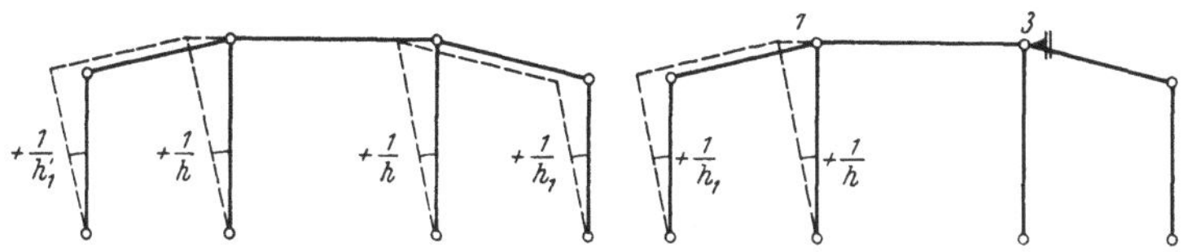

Bild 339.

stab bleiben, in der Tabelle für die Zustände $\xi = 1$ wird für $\mu_I = 1$: $X_l = 0$, für $\lambda = 1$: $X_l = c_l$, die Spalte für μ_{II} entfällt. Der Anteil des Bogenstabes an den Hauptgleichungen wird

Kn. Gl. 3: $\quad c_l e^2 (\nu_3 - \nu_4) + c_l e \lambda + \frac{1}{4} \cdot c_q l^2 (\nu_3 + \nu_4) + c_m (\nu_3 - \nu_4)$

Kn. Gl. 4: $\quad -c_l e^2 (\nu_3 - \nu_4) - c_l e \lambda + \frac{1}{4} \cdot c_q l^2 (\nu_3 + \nu_4) - c_m (\nu_3 - \nu_4)$

K. Gl. $\quad$ fehlt

F. Gl. $\quad c_l e (\nu_3 - \nu_4) + c_l \lambda$

Die Hauptgleichungen lauten:

	ν_1	ν_2	ν_3	ν_4	μ	λ	=
Kn. Gl. 1:	ϱ_{11}	0	ϱ_{13}	0	$\varrho_{1\mu}$	$\varrho_{1\lambda}$	B_1
Kn. Gl. 2:	0	ϱ_{22}	0	ϱ_{24}	$\varrho_{2\mu}$	0	B_2
Kn. Gl. 3:	ϱ_{31}	0	ϱ_{33}	ϱ_{34}	$\varrho_{3\mu}$	$\varrho_{3\lambda}$	B_3
Kn. Gl. 4:	0	ϱ_{42}	ϱ_{43}	ϱ_{44}	$\varrho_{4\mu}$	$\varrho_{4\lambda}$	B_4
K. Gl.:	$\varrho_{\mu 1}$	$\varrho_{\mu 2}$	$\varrho_{\mu 3}$	$\varrho_{\mu 4}$	$\varrho_{\mu\mu}$	$\varrho_{\mu\lambda}$	B_μ
F. Gl.:	$\varrho_{\lambda 1}$	0	$\varrho_{\lambda 3}$	$\varrho_{\lambda 4}$	$\varrho_{\lambda\mu}$	$\varrho_{\lambda\lambda}$	B_λ

mit den Beiwerten:

$\varrho_{11},\ \varrho_{22} = 4\left(\frac{1}{h_1'} + \frac{1}{l_1'}\right)$ $\quad \varrho_{33},\ \varrho_{44} = 4\left(\frac{1}{h'} + \frac{1}{l'}\right) + c_l e^2 + \frac{1}{4} \cdot c_q l^2 + c_m$

$\varrho_{\mu\mu} = 2 \cdot 12\left(\frac{1}{h_1^2 h_1'} + \frac{1}{h^2 h'}\right)$ $\quad \varrho_{\lambda\lambda} = 12\left(\frac{1}{h_1^2 h_1'} + \frac{1}{h^2 h'}\right) + c_l$

$\varrho_{13},\ \varrho_{31},\ \varrho_{24},\ \varrho_{42} = \frac{2}{l_1'}$ $\quad \varrho_{34},\ \varrho_{43} = -c_l e^2 + \frac{1}{4} \cdot c_q l^2 - c_m$

$\varrho_{1\mu},\ \varrho_{\mu 1},\ \varrho_{2\mu},\ \varrho_{\mu 2} = -\frac{6}{h_1 h_1'}$ $\quad \varrho_{3\mu},\ \varrho_{\mu 3},\ \varrho_{4\mu},\ \varrho_{\mu 4} = -\frac{6}{h h'}$

$\varrho_{1\lambda},\ \varrho_{\lambda 1} = -\frac{6}{h_1 h_1'}$ $\quad \varrho_{3\lambda},\ \varrho_{\lambda 3} = -\frac{6}{h h'} + c_l e$

$\varrho_{4\lambda},\ \varrho_{\lambda 4} = -c_l e$ $\quad \varrho_{\mu\lambda},\ \varrho_{\lambda\mu} = +12\left(\frac{1}{h_1^2 h_1'} + \frac{1}{h^2 h'}\right).$

Zum Nachweis, daß beide Lösungen dieselben statischen Werte liefern, benützt man die Determinanten. Dabei wird der Gang der Berechnung nur angegeben, da die ausführliche Wiedergabe mehrere Seiten in Anspruch nehmen würde.

In der Determinante D_1 der ersten Lösung addiert man Spalte μ_{II} zu Spalte μ_I, dann Zeile μ_{II} zu Zeile μ_I und erhält auf diese Weise die Determinante D_1', deren Wert gleich D_1 ist.

In der Determinante D_2 der zweiten Lösung wird Spalte λ mit -1 multipliziert und zu ihr die Spalte μ addiert, hierauf Zeile λ mit -1 multipliziert und zu ihr Zeile μ addiert. Hierdurch erhält man die Determinante D_2'. Vergleich ergibt: $D_2' = D_1'$, d. h. die Determinanten beider Gleichungssysteme sind einander gleich.

Zur Berechnung der Unbekannten bildet man die Determinanten A, indem man die Spalte der zu berechnenden Unbekannten durch die Lastglieder ersetzt. Einfache Umformung und Vergleich ergibt, daß die ν in beiden Lösungen denselben Wert haben.

Zur Berechnung der Werte μ_I, μ_{II}, λ, μ bildet man die Determinanten A aus den Determinanten D_1, D_2 und formt um. Da die Nennerdeterminante D in allen vier Fällen dieselben sind, braucht nur der Zähler umgeformt werden. Bezeichnet

$$H_1 = \frac{6}{h_1 h_1'} \qquad H = \frac{6}{h h'} \qquad K = 12\left(\frac{1}{h_1^2 h_1'} + \frac{1}{h^2 h'}\right) \qquad c_l = c\text{, dann ist:}$$

$$A_\lambda = \left|\begin{array}{cccc:cc|c}
 & & & & A' & A'' & \\
 & & & & -H_1 & +0 & B_1 \\
 \multicolumn{4}{c:}{\text{Beiwerte der Knoten-}} & 0 & -H_1 & B_2 \\
 \multicolumn{4}{c:}{\text{gleichungen}} & -H_1 + ce & -ce & B_3 \\
 & & & & -ce & -H + ce & B_4 \\
\hdashline
 -H & -H_1 & -H & -H & +K & +K & B_\mu \\
 -H_1 & 0 & -H + ce & -ce & K + c & -c & B_\lambda
\end{array}\right|$$

wodurch A_λ in zwei Determinanten $A_\lambda' + A_\lambda'' = A_\lambda$ zerlegt werden kann. Während A_λ'' nicht mehr umgeformt wird, wird in A_λ' die Zeile μ von der Zeile λ subtrahiert und die neue Zeile λ mit -1 multipliziert, wobei A_λ'' ebenfalls das Zeichen wechselt.

In der Determinante A_μ subtrahiert man die Zeile λ von der Zeile μ, addiert die neue Zeile μ zur Zeile λ und vertauscht dann die Spalten μ und λ sowie die Zeilen μ und λ miteinander. In der Determinante A_I für den Wert μ_I addiert man Zeile μ zu Zeile λ und vertauscht die Spalten λ und μ, dann die Zeilen λ und μ. Schließlich addiert man in der Determinante A_{II} für μ_{II} Zeile λ zu Zeile μ.

Damit hat man die vier Werte λ, μ, μ_I, μ_{II} durch ihre Zählerdeterminanten A ausgedrückt. Vergleich ergibt, daß von den Absolutgliedern B abgesehen, nur zwei Determinanten A vorkommen.

Überlagerung der Zustände μ_I, μ_{II} ergibt den Zustand μ, während Zustand μ_I dieselbe Formänderung wie Zustand λ zeigt. Daher ist: $B_I + B_{II} = B_\mu$; $B_{II} = B_\lambda$. Setzt man diese Werte in die Determinanten ein und vergleicht, so ergibt sich:

$$\lambda = \mu_I - \mu_{II} \qquad\qquad \mu_I = \mu + \lambda$$

$$\mu = \mu_{II} \qquad\qquad \mu_{II} = \mu\,.$$

Dies kann an den statischen Werten der Stäbe nachgeprüft werden. Durch Vergleich erhält man die Beziehung: $\chi_I \mu_I + \chi_{II} \mu_{II} = \chi \mu + \theta \lambda$.

Für Stab 1 ist: $\chi_I = \chi = \theta \qquad \chi_{II} = 0: \qquad \chi \mu_I = \chi(\mu + \lambda)$

Für Stab 2: $\chi_I = 0 \qquad \chi_{II} = \chi \qquad \theta = 0 \qquad \chi_{II} \mu_{II} = \chi \mu$.

Damit ist die Gleichwertigkeit der beiden Lösungen nachgewiesen.

Zur Weiterbehandlung der Aufgabe wird das erste Gleichungssystem gewählt. Wie häufig bei symmetrischen Tragwerken können zwei voneinander unabhängige Gleichungssysteme mit je drei Unbekannten gebildet werden, wodurch die Rechenarbeit sehr vermindert, die Rechengenauigkeit aber bedeutend erhöht wird. Setzt man

$$\begin{aligned} \nu_1 + \nu_2 &= \eta_1 & \qquad \nu_1 - \nu_2 &= \eta_4 \\ \nu_3 + \nu_4 &= \eta_2 & \qquad \nu_3 - \nu_4 &= \eta_5 \\ \mu_I + \mu_{II} &= \eta_3 & \qquad \mu_I - \mu_{II} &= \eta_6 \end{aligned}$$

so werden die Gleichungen für die Unbekannten η:

$$\begin{aligned} \varrho_{11}\,\eta_1 &+ \varrho_{13}\,\eta_2 &+ \varrho_{1I}\,\eta_3 &= B_1 + B_2 \\ \varrho_{13}\,\eta_1 &+ (\varrho_{33} + \varrho_{34})\,\eta_2 &+ (\varrho_{3I} + \varrho_{3II})\,\eta_3 &= B_3 + B_4 \\ \varrho_{1I}\,\eta_1 &+ (\varrho_{3I} + \varrho_{3II})\,\eta_2 &+ (\varrho_{I,I} + \varrho_{I,II})\,\eta_3 &= B_5 + B_6 \end{aligned}$$

$$\begin{aligned} \varrho_{11}\,\eta_4 &+ \varrho_{13}\,\eta_5 &+ \varrho_{1I}\,\eta_6 &= B_1 - B_2 \\ \varrho_{13}\,\eta_4 &+ (\varrho_{33} - \varrho_{34})\,\eta_5 &+ (\varrho_{3I} - \varrho_{3II})\,\eta_6 &= B_3 - B_4 \\ \varrho_{1I}\,\eta_4 &+ (\varrho_{3I} - \varrho_{3II})\,\eta_5 &+ (\varrho_{I,I} - \varrho_{I,II})\,\eta_6 &= B_5 - B_6\,. \end{aligned}$$

Diese Reduktion ist sehr einfach vorzunehmen, ebenso wie die Berechnung der Unbekannten.

298. Rahmenträger auf zwei Pfosten (Rahmenbrücke). (Die Abmessungen des Rahmenträgers [frühere Altstädter Brücke in Pforzheim] sind dieselben wie in Beispiel 3, S. 400 bei: Suter, Methode der Festpunkte, Berlin 1923, um einen Vergleich der Rechenverfahren zu ermöglichen). Der über drei Felder durchlaufende Träger *ABCD* (Bild 340) ist mit den beiden Pfosten *BE* und *CF* durch

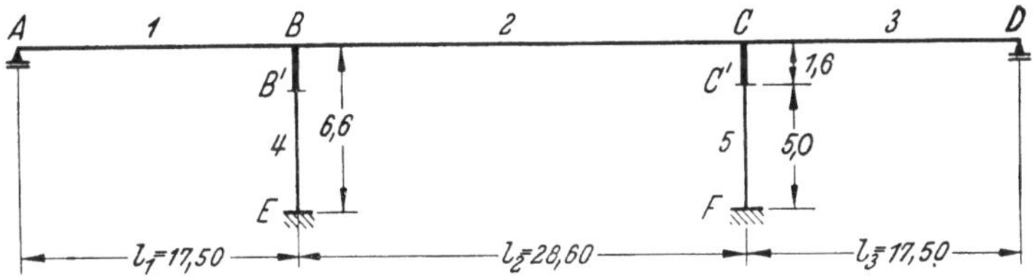

Bild 340.

steife Ecken verbunden, während die Auflager *A* und *D* waagerecht verschieblich und die Pfosten in den Punkten *E* und *F* starr eingespannt sind. Das Tragwerk ist zur Mittelachse symmetrisch, das Trägheitsmoment des Trägers veränderlich. Die Pfosten haben auf einer Höhe von $EB' = FC' = 5{,}00$ m konstantes Trägheitsmoment, während auf der Strecke $BB' = CC' = 1{,}60$ m, auf welcher die Pfostenachse innerhalb des Trägers liegt, das Trägheitsmoment unendlich groß angesetzt wird.

Die Summen werden, wie in statischen Berechnungen meist üblich, einfach nach der Trapezformel, nicht nach der Simpsonschen Regel bestimmt. Für empfindliche Rechnungen ist der hierbei auftretende Fehler allerdings unter Umständen zu groß, doch genügt hier die Genauigkeit ausreichend.

Das Tragwerk ist fünffach überbestimmt, beim Kraftverfahren sind daher für jeden Belastungsfall fünf Gleichungen mit fünf Unbekannten zu lösen. Die Betrachtung der Kette *K* zeigt, daß beim Formänderungsverfahren drei Grundwerte genügen.

a) *Festwerte der Stäbe.* Als erstes sind die Festwerte a, b, c^2, $\mathfrak{k}$ der Stäbe zu bestimmen. Hierzu wird der Stab 1 und 3 in 12, der Stab 2 in 20 gleichlange Abschnitte zerlegt und dann nach den Gl. (385 bis 388 und 392) die Festwerte berechnet. Der Einfluß des Gliedes mit $1/GF_q$ wird vernachlässigt, als Querschnitt wird jener in Abschnittsmitte gewählt. Die Längen sind in m, die Trägheitsmomente in m^4 angegeben. Der Wert E ist für das ganze Tragwerk konstant und wird in der Berechnung nicht mitgeführt. Die errechneten Konstanten $\mathfrak{k}$ sind dann das $1/E$-fache der wahren Beiwerte $\mathfrak{k}'$, die errechneten Drehwinkel ν, ψ die E-fachen der wahren ν', ψ'. Die Momente der starr eingespannten Träger sind richtig berechnet, da auf beiden Seiten der Hauptgleichungen mit E gekürzt ist. Die Ordinaten der Einflußlinien der Momente sind dann: $M = (\mathfrak{k}'\nu') = \left(E\,\mathfrak{k}\cdot\frac{\nu}{E}\right) = (\mathfrak{k}\,\nu)$, es sind also ebenfalls die wahren Werte. Der Wert von E ist: $E = 2100000$ kg/cm^2 $= 2{,}10 \cdot 10^6$ t/m^2.

Bei Berechnung des Einflusses von Stützenverschiebungen sind die Drehwinkel ν, θ aus der Stützenverschiebung 1 mit ihrem E-fachen Wert in die Gleichung einzusetzen. Für die Momente erhält man dann wie oben die wahren Werte. Zu beachten ist auch, daß wie in Nr. 250 bemerkt, die mit den wahren Drehwinkeln und Verschiebungen ermittelten statischen Werte auch bereits das endgültige Vorzeichen haben.

Stab 1 und 3. Die Summen sind in Tabelle 1 ermittelt, es ist:

$$a_1 = \frac{4889{,}1}{306{,}25} \qquad \mathfrak{k}_{kk} = \frac{1}{a_1} = 0{,}06264\,.$$

Stab 2. Die Summen sind ebenfalls in der Tabelle 1 berechnet:

$$a = \frac{15\,613{,}4}{817{,}96} = 19{,}0882 \qquad b = \frac{8586{,}0}{817{,}96} = 10{,}4967$$

$$c^2 = 29{,}5849 \cdot 8{,}5915 \qquad \frac{a}{c^2} = 0{,}0751 \qquad \frac{b}{c^2} = 0{,}0413\,.$$

Stab 4 und 5. Das Trägheitsmoment auf der Strecke $E\,B'$ beträgt $J = 0{,}0704\,\mathrm{m}^4$.

$$l^2 J a_1 = \frac{5{,}00^3}{3} = 41{,}6667 \qquad l^2 J a_2 = l^2 \cdot 5{,}0 - l \cdot 5{,}0^2 + \frac{5{,}0^3}{3} = 94{,}4667$$

$$l^2 J b = \frac{1}{2} \cdot l \cdot 5{,}0^2 - \frac{5{,}0^3}{3} = 40{,}8333$$

$$l^4 J^2 c^2 = 41{,}6667 \cdot 94{,}4667 - 40{,}8333^2 = 2272{,}40$$

$$\mathfrak{k}_{EE} = \frac{a_1}{c^2} = 0{,}05623 \qquad \mathfrak{k}_{BB} = \frac{a_2}{c^2} = 0{,}12\,748 \qquad \mathfrak{k}_{EB} = 0{,}05\,515$$

$$\mathfrak{g}_E = -0{,}11\,138 \qquad \mathfrak{g}_B = -\,0{,}18\,263 \qquad \mathfrak{h} = 0{,}29\,401\,.$$

b) *Grundwerte und Hauptgleichungen.* Als Grundwerte werden gewählt die Knotendrehwinkel ν_1, ν_2 der beiden freien Knoten B, C und der Verschiebungsbeiwert μ der Kette K_k.

Für eine Verschiebung $\mu = 1$ ist der Drehwinkel der Pfosten: $\chi = 1$, der Drehwinkel der Stäbe 1, 2, 3: $\chi = 0$. Die Verschiebung der Pfostenköpfe beim Zustand $\mu = 1$ ist daher $1 \cdot 6{,}60$ in Richtung BA. Die Hauptgleichungen werden mit $\mathfrak{K}_{11} = 0{,}06264 + 0{,}0751 + 0{,}12748 = 0{,}2652$:

$$0{,}2652\,\nu_1 + 0{,}0413\,\nu_2 - 0{,}1826\,\mu = B_1$$

$$0{,}0413\,\nu_1 + 0{,}2652\,\nu_2 - 0{,}1826\,\mu = B_2$$

$$-0{,}1826\,\nu_1 - 0{,}1826\,\nu_2 + 0{,}5880\,\mu = B_3$$

Tabelle 1.

Ab-schnitt	$\varDelta x$	J	$\frac{\varDelta x}{J}$	x	$l-x$	$(l-x)x$	x^2	$(l-x)^2$	$(l-x)^2\frac{\varDelta x}{J}$	$x^2\frac{\varDelta x}{J}$	$(l-x)x\frac{\varDelta x}{J}$
					Stab 1.						
1	1,556	0,173	8,994	0,776	16,724	12,978	0,6022	279,692	2515,6	5,4	116,7
2	1,556	0,188	8,276	2,332	15,168	35,372	5,4382	230,070	1904,0	45,0	292,7
3	1,556	0,205	7,590	3,888	13,612	52,923	15,1165	185,284	1404,8	114,7	401,7
4	1,556	0,222	7,009	5,444	12,056	65,633	29,6371	145,344	1018,7	207,7	460,0
5	1,556	0,240	6,483	7,000	10,500	73,500	49,0000	110,250	714,8	317,7	476,5
6	1,556	0,259	6,007	8,556	8,944	76,525	73,2051	79,995	480,5	439,7	459,7
7	1,556	0,278	5,597	10,112	7,388	74,707	102,214	54,582	305,5	572,1	418,1
8	1,556	0,298	5,221	11,668	5,832	68,048	136,144	34,012	177,6	710,8	355,3
9	1,556	0,319	4,878	13,224	4,276	56,546	174,874	18,284	89,2	853,0	275,8
10	1,166	0,369	3,160	14,585	2,915	42,515	212,725	8,497	26,9	672,2	134,3
11	1,166	0,457	2,552	15,751	1,749	27,548	248,092	3,059	7,8	633,1	70,3
12	1,166	1,050	1,110	16,917	0,583	9,863	286,188	0,340	0,4	317,7	11,0
Σ	17,502		66,877	17,500		$l^2 = 306,25$			8645,8	4889,1	3472,2
					Stab 2.						
13	1,136	1,080	1,052	0,568	28,032	15,922	0,323	785,793	826,7	0,3	16,750
14	1,136	0,590	1,925	1,704	26,896	45,831	2,904	723,395	1392,5	5,6	88,225
15	1,136	0,507	2,241	2,840	25,760	73,158	8,066	663,578	1487,1	18,1	163,947
16	1,556	0,447	3,481	4,186	24,414	102,197	17,523	596,043	2074,8	61,0	355,738
17	1,556	0,447	3,481	5,742	22,858	131,250	32,971	522,488	1818,8	114,8	456,881
18	1,556	0,447	3,481	7,298	21,302	155,462	53,261	453,775	1579,6	185,4	541,163
19	1,556	0,447	3,481	8,854	19,746	174,831	78,393	389,905	1357,3	272,9	608,587
20	1,556	0,447	3,481	10,410	18,190	189,358	108,370	330,876	1151,8	377,2	659,155
21	1,556	0,447	3,481	11,966	16,634	199,032	143,184	276,690	963,2	498,4	692,830
22	1,556	0,447	3,481	13,522	15,078	203,885	182,844	227,346	791,4	636,5	709,724
23	1,556	0,447	3,481	15,078	13,522	203,885	227,346	182,844	636,5	791,4	709,724
24	1,556	0,447	3,481	16,634	11,966	199,032	276,690	143,184	498,4	963,2	692,830
25	1,556	0,447	3,481	18,190	10,410	189,358	330,876	108,370	377,2	1151,8	659,155
26	1,556	0,447	3,481	19,746	8,854	174,831	389,905	78,393	272,9	1357,3	608,587
27	1,556	0,447	3,481	21,302	7,298	155,462	453,775	53,261	185,4	1579,6	541,163
28	1,556	0,447	3,481	22,858	5,742	131,250	522,488	32,971	114,8	1818,8	456,881
29	1,556	0,447	3,481	24,414	4,186	102,197	546,043	17,523	61,0	2074,8	355,738
30	1,136	0,507	2,241	25,760	2,840	73,158	663,578	8,066	18,1	1487,1	163,947
31	1,136	0,590	1,925	26,896	1,704	45,831	723,395	2,904	5,6	1392,5	88,225
32	1,136	1,080	1,052	28,032	0,568	15,922	785,793	0,323	0,3	826,7	16,750
Σ	28,600		59,170	28,600		$l^2 = 817,96$			15613,4	15613,4	8586,000

$$\nu_1 = 4{,}8225\ B_1 + 0{,}3562\ B_2 + 1{,}6082\ B_3$$

$$\nu_2 = 0{,}3562\ B_1 + 4{,}8225\ B_2 + 1{,}6082\ B_3$$

$$\mu = 1{,}6082\ (B_1 + B_2) + 2{,}6996\ B_3$$

(Der Faktor von $B_1 + B_2$ in μ muß wegen der Symmetrie der Gleichungen gleich dem Faktor von B_3 in ν_1 und ν_2 sein).

Für die Stäbe 1, 2, 3 ist wegen $\chi = 0$ auch $\psi = 0$, für Stab 4 und 5 ist wegen $\chi = 1$ der Drehwinkel $\psi = \mu$. Damit ergeben sich die Momente der Stäbe an den Knoten aus dem Formänderungszustand:

$$M'_{B1} = 0{,}06264\ \nu_1 \qquad M'_{B2} = 0{,}0751\ \nu_1 + 0{,}0413\ \nu_2$$

$$M'_{B4} = 0{,}12748\ \nu_1 - 0{,}18263\ \mu \qquad M'_E = 0{,}05515\ \nu_1 - 0{,}11138\ \mu\,.$$

Setzt man die Werte der ν und μ ein, so ergibt sich:

$$M'_{B1} = 0{,}3021\, B_1 + 0{,}0223\, B_2 + 0{,}1007\, B_3$$
$$M'_{B2} = 0{,}3769\, B_1 + 0{,}2260\, B_2 + 0{,}1872\, B_3$$
$$M'_{B4} = 0{,}3211\, B_1 - 0{,}2483\, B_2 - 0{,}2880\, B_3$$
$$M'_E = 0{,}0869\, B_1 - 0{,}1595\, B_2 - 0{,}2120\, B_3$$

Dies sind die Momente zu Formänderungszustand 3, welchen noch die Momente nach Zustand 2 überlagert werden müssen (Nr. 250). Ist

M'_B	das Einspannungsmoment des einseitig in B eingespannten			Trägers	1
M_B	„	„ in B des beidseitig	„	„	2
M_C	„	„ in C des beidseitig	„	„	2
M'_C	„	„ des einseitig in C	„	„	3

dann ist:

für Einzellast in Feld AB:	$B_1 = M'_B$	$B_2,\ B_3 = 0$	
„ „ „ „ BC:	$B_1 = M_B$	$B_2 = M_C$	$B_3 = 0$
„ „ „ „ CD:	$B_1,\ B_3 = 0$	$B_2 = M'_C$.	

Setzt man diese Werte ein, dann erhält man die Gleichungen der Einflußlinien:

Last im Feld 1:

$$M_{B1} = M'_B\,(1 - 0{,}3021) = 0{,}6979\, M'_B$$
$$M_{B2} = -\,0{,}3769\, M'_B \qquad M_{B4} = -\,0{,}3211\, M'_B \qquad M_E = -\,0{,}0869\, M'_B\,.$$

Last im Feld 2:

$$M_{B1} = -\,0{,}3021\, M_B - 0{,}0223\, M_C$$
$$M_{B2} = (1 - 0{,}3769)\, M_B - 0{,}2260\, M_C = 0{,}6231\, M_B - 0{,}2260\, M_C$$
$$M_{B4} = -\,0{,}3211\, M_B + 0{,}2483\, M_C$$
$$M_E = -\,0{,}0869\, M_B + 0{,}1595\, M_C\,.$$

Last im Feld 3:

$$M_{B1} = -\,0{,}0223\, M'_C \qquad M_{B4} = +\,0{,}2483\, M'_C$$
$$M_{B2} = -\,0{,}2260\, M'_C \qquad M_E = +\,0{,}1595\, M'_C\,.$$

Die Einspannungsmomente sind nunmehr zu berechnen.

c) *Einspannungsmomente.*

α) Träger 2. Die Einflußlinie des Einspannungsmomentes wird nach den Gl. (345 u. 346) berechnet.

Aus den genannten Gleichungen ergeben sich die Grundgleichungen:

$$8586\, M_B + 15613\, M_C = -\,l\int_0^l M_0\, x\,\frac{dx}{J} = -\,m_1$$

$$15613\, M_B + 8586\, M_C = -\,l\int_0^l M_0\,(l - x)\,\frac{dx}{J} = -\,m_2$$

$$M_B = \alpha\, m_1 - \beta\, m_2 \qquad M_C = -\,\beta\, m_1 + \alpha\, m_2$$

$$\alpha = \frac{8586}{24199 \cdot 7027} \qquad \beta = \frac{15613}{24199 \cdot 7027}$$

Für eine im Punkte (a, b) wirkende Last $P = 1$ wird

$$m_1 = b\int_0^a x^2 \frac{dx}{J} + a\int_a^l (l-x)\, x \frac{dx}{J} \qquad m_2 = b\int_0^a (l-x)\, x \frac{dx}{J} + a\int_a^l (l-x)^2 \frac{dx}{J}.$$

Die zahlenmäßige Berechnung ist unter Berücksichtigung der sich aus der Symmetrie ergebenden Vereinfachungen in Tab. 2 durchgeführt. Bei der Bildung der Summen in Spalte 5 und 6 ist zu beachten, daß jeweils nur bis zur Mitte des Abschnittes summiert werden darf. Der Kürze halber sind die Tabellen im folgenden nicht ausführlich wiedergegeben, sondern nur ihr Kopf und das Ergebnis.

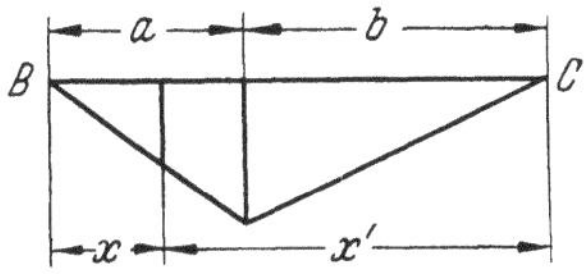

Bild 341.

Tabelle 2.

1	2	3	4	5	6	7	8	9	10	11	12	13	14
Abschnitt	$x^2 \frac{\Delta x}{J}$	$\sum_0^a$	b	a	$\sum_a^l$	$(l-x)\, x \frac{\Delta x}{J}$	$a \sum_a^l (l-x)\, x \frac{\Delta x}{J}$	$b \sum_0^a x^2 \frac{\Delta x}{J}$	m_1	m_2	$a\, m_1$	$\beta\, m_2$	M_B

(*Spalte 14 obiger Tabelle*).

Tp.	13	14	15	16	17	18	19	20	21	22
$-M_B$	0,5680	1,6173	2,5172	3,3918	4,0887	4,5052	4,6761	4,6345	4,4161	4,0542
$-(M_B)$		1,3596	2,5347	3,4329	4,0700	4,4644	4,6483	4,6483	4,4909	4,2030

Tp.	23	24	25	26	27	28	29	30	31	32
$-M_B$	3,5841	3,0395	2,4549	1,8637	1,3027	0,8037	0,4021	0,1681	0,0464	0
$-(M_B)$	3,8155	3,3507	2,8328	2,2907	1,7514	1,2412	0,7869	0,4177	0,1577	0,0273

β) Träger 1 und 3. Das Einspannungsmoment des einseitig eingespannten Trägers 1 wird ebenso berechnet. Nach Gl. (347) ergibt sich:

$$8646\, M_B = -\, b \sum_0^a x^2 \frac{\Delta x}{J} - a \sum_a^l (l-x)\, x \frac{\Delta x}{J}$$

was in Tab. 3 berechnet wurde. Die ersten 9 Spalten in Tab. 3 sind dieselben wie in Tab. 2. Die Spalten 10 und 11 enthalten die Werte 8646 M_B und M_B; das Ergebnis ist:

Tabelle 3 (Spalte 14 von Tabelle 2).

Tp.	1	2	3	4	5	6
$-M_B$	0,3116	0,9145	1,4566	1,9053	2,2347	2,4208
$-(M_B)$	0,5798	1,1248	1,6052	1,9960	2,2761	2,4270

Tp.	7	8	9	10	11	12
$-M_B$	2,4449	2,2909	1,9539	1,4649	0,9448	0,3297
$-(M_B)$	2,4330	2,2814	1,9618	1,4652	0,7996	

Für die weitere Rechnung wurden die Momente auf eine gleiche Teilung der Stützweite, und zwar der Träger 1 und 3 in zwölf, des Trägers 2 in 20 gleichlange Teile umgerechnet. Diese Momente sind in den Tab. 2 und 3 in der dritten Zeile, als (M_B) wiedergegeben, wobei noch zu beachten ist, daß die Teilpunkte für M_B und (M_B) nur gleiche Nummer, nicht aber gleiche Lage haben.

Die Momente (M_B) wurden nach der SIMPSONschen Regel ermittelt, wobei sich ergab, daß die Trapezformel praktisch dasselbe Ergebnis lieferte.

Die Vorzeichen der Einspannungsmomente sind folgende:

Last im ersten Feld:	M'_B negativ	
„ „ zweiten „	M_B positiv	M_C negativ
„ „ dritten „		M'_C positiv

d) Einflußlinien der Stützenmomente. Mit den Gleichungen unter b) werden die Ordinaten der Einflußlinien der Stützenmomente berechnet. Für Belastung im ersten und dritten Feld ist das Ergebnis in Tab. 4, für Belastung im zweiten Feld in Tab. 5 zusammengestellt.

(Für die Wiedergabe der Tabellen gilt dasselbe wie für Tab. 2 und 3, gerechnet wurde mit (M_B), die Klammer aber nicht mehr geschrieben.)

Tabelle 4.

Last $P = 1$ im ersten Feld					
Punkt	M'_B	M_{B1} $= 0{,}6979\, M'_B$	M_{B2} $= -0{,}3769\, M'_B$	M_{B4} $= -0{,}3211\, M'_B$	M_E $= -0{,}0869\, M'_B$
2	− 1,1248	− 0,7850	+ 0,4240	+ 0,3612	+ 0,0977
4	− 1,9960	− 1,3930	+ 0,7523	+ 0,6409	+ 0,1735
6	− 2,4270	− 1,6938	+ 0,9147	+ 0,7793	+ 0,2109
8	− 2,2814	− 1,5922	+ 0,8599	+ 0,7326	+ 0,1983
10	− 1,4652	− 1,0226	+ 0,5522	+ 0,4705	+ 0,1273
Last $P = 1$ im dritten Feld					
Punkt	M'_C	M_{B1} $= -0{,}0223\, M'_C$	M_{B2} $= -0{,}2260\, M'_C$	M_{B4} $= +0{,}2483\, M'_C$	M_E $= +0{,}1595\, M'_C$
34	+ 1,4652	− 0,0327	− 0,3311	+ 0,3638	+ 0,2337
36	+ 2,2814	− 0,0509	− 0,5156	+ 0,5665	+ 0,3639
38	+ 2,4270	− 0,0541	− 0,5485	+ 0,6026	+ 0,3871
40	+ 1,9960	− 0,0445	− 0,4511	+ 0,4956	+ 0,3184
42	+ 1,1248	− 0,0251	− 0,2542	+ 0,2793	+ 0,1794

Tabelle 5.

Punkt	M_B	M_C	M_{B1}	M_{B2}	M_{B4}	M_E
14	+ 2,5347	− 0,1577	− 0,7622	+ 1,6150	− 0,8531	− 0,2455
16	+ 4,0700	− 0,7869	− 1,2120	+ 2,7138	− 1,5023	− 0,4792
18	+ 4,6483	− 1,7514	− 1,3652	+ 3,2922	− 1,9275	− 0,6833
20	+ 4,4909	− 2,8328	− 1,2935	+ 3,4385	− 2,1454	− 0,8421
22	+ 3,8155	− 3,8155	− 1,0676	+ 3,2397	− 2,1725	− 0,9402
24	+ 2,8328	− 4,4909	− 0,7557	+ 2,7802	− 2,0247	− 0,9625
26	+ 1,7514	− 4,6483	− 0,4255	+ 2,1418	− 1,7166	− 0,8936
28	+ 0,7869	− 4,0700	− 0,1469	+ 1,4101	− 1,2633	− 0,7176
30	+ 0,1577	− 2,5347	+ 0,0089	+ 0,6711	− 0,6800	− 0,4180

(Die eigentlichen Berechnungsspalten, z. B. $-0{,}3021\, M_B$, $-0{,}0223\, M_C$ für M_{B1}, sind in Tab. 5 weggelassen, werden aber in der Berechnung zweckmäßigerweise angeschrieben.)

e) Einflußlinien der Feldmomente. Aus den Stützenmomenten ergeben sich die Einflußlinien der Feldmomente nach Nr. 116, wie in Nr. 231e ausführlich dargestellt wurde. Hier sollen die Ordinaten jedoch eingerechnet werden, um diese Berechnungsweise zu zeigen, und zwar sollen in den Außenfeldern 5, im Mittelfeld 9 Zwischenordinaten für gleiche Teilung ermittelt werden.

Die Einflußlinie des frei aufliegenden Trägers, die Spitzenparabel, hat die Pfeilhöhe $f = \frac{l}{4} = \frac{17{,}50}{4}$. Auf den Auflagernormalen werden nun für einen Teilpunkt, z. B. 2, die Stützenmomente, nämlich die Ordinaten der Einflußlinie aufgetragen (für A null) und die Endpunkte miteinander verbunden (Bild 342a). Ist η_P die Ordinate der Spitzenparabel und sind η_A, η_B die Stützenmomente, dann ist die Ordinate η_s der Spitzenkurve:

$$\eta_s = \eta_P - \eta_A - \frac{n'}{n}(M_B - M_A)$$

wobei n' die Nummer des Teilpunktes (für A gleich 0, für B gleich $n_B = n$) bedeutet. Die Spitzenkurve ist in Bild 342b für sich dargestellt, ihre Ordinaten sind im vorliegenden Fall alle positiv. Nun wird in Bild 342c zu der Spitzenkurve die Einflußlinie η_B hinzugefügt, wodurch die Ordinate η_{sb} entsteht: $\eta_{sb} = \eta_s - \eta_B$ (algebraische Werte). Die Ordinate des Teilpunktes n' wird in $n - n'$ gleiche Teile eingeteilt, die Teilpunkte ergeben die Ordinaten der Einflußlinien der Feldmomente. Ist z. B. η_{s2} die Ordinate der Spitzenkurve im Teilpunkt 2, so ist die Ordinate der Einflußlinie des Feldmomentes für den fünften Teilpunkt: $\eta_{s2} - \frac{3}{4}\eta_{sb2}$. Damit sind die linken Äste der Einflußlinien der Feldmomente berechnet. Die Ordinaten der rechten Äste ergeben sich ganz entsprechend, wenn zur Spitzenkurve die Einflußlinie η_A hinzugefügt wird, welche im Endfeld hier null ist, so daß $\eta_{sa} = \eta_s$ wird. Die Ordinate des Teilpunktes n' wird nun in n' gleiche Teile geteilt, wodurch sich die Ordinaten der Einflußlinien der Feldmomente ergeben.

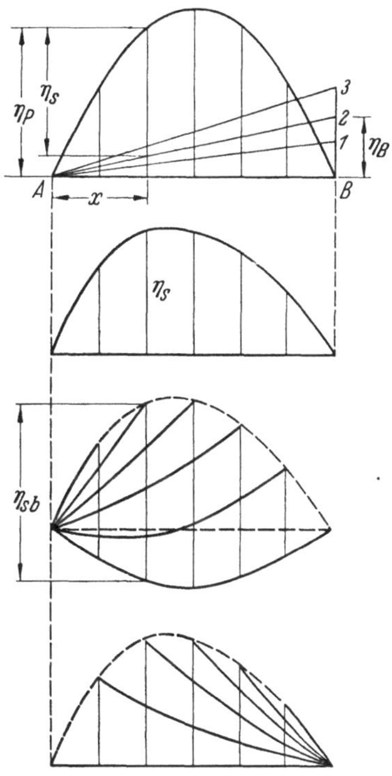

Bild 342.

Für das Mittelfeld wird ganz entsprechend dieselbe Berechnung durchgeführt, sie unterscheidet sich nur dadurch, daß hierbei beide Stützenmomente von null verschieden sind.

Die Tab. 6 bis 9 wurden nicht mehr vollständig wiedergegeben, sondern der Platzersparnis halber nur so weit, daß der Rechnungsgang ersichtlich ist.

Für das Endfeld ist die Berechnung in Tab. 6, für das Mittelfeld in Tab. 7 wiedergegeben. In Tab. 7 ist nur der linke Ast der Einflußlinie berechnet, der rechte ergibt sich aus der Symmetrie zu Teilpunkt 22. Es ist zu beachten, daß in diesen Tabellen die Vorzeichen der Momente so gewählt wurden, daß negative Momente auf der Oberseite des Trägers Zug erzeugen.

Die Einflußlinien in den belasteten Trägern sind damit bekannt, es bleiben noch die Einflußlinien in den unbelasteten Feldern zu berechnen.

Um die Einflußlinie von M_{B2} zu berechnen, wenn die Last $P = 1$ im Feld 1 steht, zeichnet man die Einflußlinien von M_{B1} und M_{C2} in diesem Feld und teilt die Ordinaten zwischen beiden Linien in soviel gleiche Teile als Teilpunkte im Feld 2 vorhanden sind, im vorliegenden Falle zehn. Die Einflußlinien der Feldmomente sind die Verbindungskurven entsprechender Teilpunkte (Tab. 8 u. 9).

Die Vorzeichen sind wieder so angeschrieben, daß ein negatives Moment auf der Oberseite des Trägers Zug erzeugt.

Tabelle 6.

	$\mathfrak{x}$	1/6	2/6
	$\mathfrak{x}(1-\mathfrak{x})$	5/36	2/9
	Ordinate der Spitzenparabel $17{,}5\,\mathfrak{x}(1-\mathfrak{x})$	2,4300	3,8889
	$n'/n\ M_{B1}$	− 0,1308	− 0,4483
	Ordinate der Spitzenkurve η_s	2,2992	3,4406
	Stützenmoment M_{B1}	− 0,7850	− 1,3930
Last im Feld 1, Linker Ast	$\eta_s - \eta_B = \eta_{sb}$	3,0842	4,8336
	$\eta_{sb}/(n-n')$	0,6168	1,2084
	Einflußlinie Teilpunkt 2	2,2992	—
	„ „ 4	1,6824	3,4406
	„ „ 6	1,0656	2,2322
	„ „ 8	0,4488	1,0238
	„ „ 10	− 0,1680	− 0,1846
Last im Feld 1, Rechter Ast	$\eta_s - \eta_A = \eta_{sa}$	2,2992	3,4406
	η_{sa}/n'	2,2992	1,7203
	Einflußlinie Teilpunkt 2	2,2992	1,7203
	„ „ 4	—	3,4406
	„ „ 6	—	—
	„ „ 8	—	—
	„ „ 10	—	—

Tabelle 7.

	$\mathfrak{x}$	1/10	2/10
	$\mathfrak{x}(1-\mathfrak{x})$	9/100	16/100
	Ordinate der Spitzenparabel $28{,}6\,\mathfrak{x}(1-\mathfrak{x})$	2,5740	4,5760
	$M_C - M_B$	− 0,9439	− 1,3037
	$n'/n\,(M_C - M_B)$	− 0,0944	− 0,2607
	$\eta_P - \eta_B$	0,9590	1,8622
	Ordinate der Spitzenkurve η_s	1,0534	2,1229
	Stützenmoment M_{B2}	1,6150	2,7138
	„ M_{C2}	0,6711	1,4101
Last in Feld 2, Linker Ast	$\eta_s - \eta_C = \eta_{sC}$	1,7245	3,5330
	$\eta_{sC}/(n-n')$	0,1916	0,4416
	Einflußlinie Teilpunkt 14	1,0534	—
	„ „ 16	0,8618	2,1229
	„ „ 18	0,6702	1,6813
	„ „ 20	0,4786	1,2397
	„ „ 22	0,2870	0,7981
	„ „ 24	0,0954	0,3565
	„ „ 26	− 0,0962	− 0,0851
	„ „ 28	− 0,2878	− 0,5267
	„ „ 30	− 0,4794	− 0,9683
	Kontrolle „ 32	− 0,6710	− 1,4099

Tabelle 8.

Einflußlinien im Mittelfeld	Last in Feld 1		Last in Feld 3	
	2	4	34	36
M_{B2}	− 0,4240	− 0,7523	+ 0,3311	+ 0,5156
M_{C2}	+ 0,2542	+ 0,4511	− 0,5522	− 0,8599
$M_B - M_C$	− 0,6782	− 1,2034	+ 0,8833	+ 1,3755
$(M_B - M_C)/10$	− 0,0678	− 0,1203	+ 0,0883	+ 0,1375
Einflußlinie für Teilpunkt 14	− 0,3562	− 0,6320	+ 0,2428	+ 0,3781
„ „ „ 16	− 0,2884	− 0,5117	+ 0,1545	+ 0,2405
„ „ „ 18	− 0,2205	− 0,3913	+ 0,0661	+ 0,1030
„ „ „ 20	− 0,1527	− 0,2710	− 0,0222	− 0,0345
„ „ „ 22	− 0,0849	− 0,1507	− 0,1105	− 0,1722
„ „ „ 24	− 0,0170	− 0,0303	− 0,1989	− 0,3097
„ „ „ 26	+ 0,0508	+ 0,0900	− 0,2871	− 0,4473
„ „ „ 28	+ 0,1186	+ 0,2103	− 0,3755	− 0,5847
„ „ „ 30	+ 0,1864	+ 0,3307	− 0,4639	− 0,7222
Kontrolle „ 32	+ 0,2543	+ 0,4510	− 0,5522	− 0,8597

f) Querkräfte. Die Querkraft Q_A ergibt sich im ersten Feld durch Überlagerung der Q_0-Linie mit der Kurve M_{B1}/l_1. Die Q_0-Linie ist die Gerade vom Punkte $x = 0$, $Q_0 = 1$ zum Punkte $x = l_1$, $Q_0 = 0$. Das Vorzeichen der Querkraft ist positiv, wenn sie von unten nach oben gerichtet ist, sie wird dann von der Abszissenachse nach unten aufgetragen. Im Feld 2 und 3 ist $Q_A = M_{B1}/l_2$ bzw. M_{B1}/l_3.

Die Querkraft Q_{B1} ergibt sich im ersten Feld durch Überlagerung der Q_0-Linie der Geraden zwischen den Punkten $x = 0$, $Q_0 = 0$ und $x = l_1$, $Q_0 = -1$ mit der Kurve M_{B1}/l_1, in den beiden anderen Feldern ist $Q_{B1} = Q_A$.

Tabelle 9.

Einflußlinien des 1. Feldes	Belastung im 2. Feld 14	16	Belastung im 3. Feld 34	36
M_{B1}	– 0,7622	– 1,2120	– 0,0327	– 0,0509
M_{B1}/n	– 0,1270	– 0,2020	– 0,0055	– 0,0085
Einflußlinie für Teilpunkt 2....	– 0,1270	– 0,2020	– 0,0055	– 0,0085
,, ,, ,, 4....	– 0,2541	– 0,4040	– 0,0109	– 0,0170
,, ,, ,, 6....	– 0,3811	– 0,6060	– 0,0164	– 0,0254
,, ,, ,, 8....	– 0,5081	– 0,8080	– 0,0218	– 0,0339
,, ,, ,, 10....	– 0,6352	– 1,0100	– 0,0283	– 0,0424

Die Querkraft Q_{B2} im zweiten Feld entsteht durch Überlagerung der Kurve $\frac{M_{B2} - M_{C2}}{l_2}$ mit der Geraden zwischen den Punkten $x = 0$, $Q_0 = +1$ und $x = l_2$, $Q_0 = 0$. In den beiden anderen Feldern ist $Q_{B2} = \frac{M_{B2} - M_{C2}}{l_1}$. M_{C2} ergibt sich dabei aus M_{B2} durch Spiegelung an der Mittelachse des Tragwerkes.

Die Querkraft Q_{B4} ergibt sich aus: $Q_{B4} = \frac{M_{B4} - M_E}{l}$. Das Vorzeichen von M_{B4} und M_E ist dabei dann als positiv anzusetzen, wenn das Moment auf der Innenseite (gegen Stab 5) Zug erzeugt. Zur Bestimmung des Vorzeichens der Querkraft wird im Innern des Rahmens $EBCF$ ein Augenpunkt gewählt (Bild 343a), die Momentenlinie ist in Bild 343b mit den Auflagerdrücken dargestellt. Die Querkraft in B (linkes Schnittufer) hat bei Belastung im ersten Feld die Richtung BA (positiv), bei Belastung im zweiten Feld die Richtung BC (negativ), bei Belastung im dritten Feld die Richtung BA.

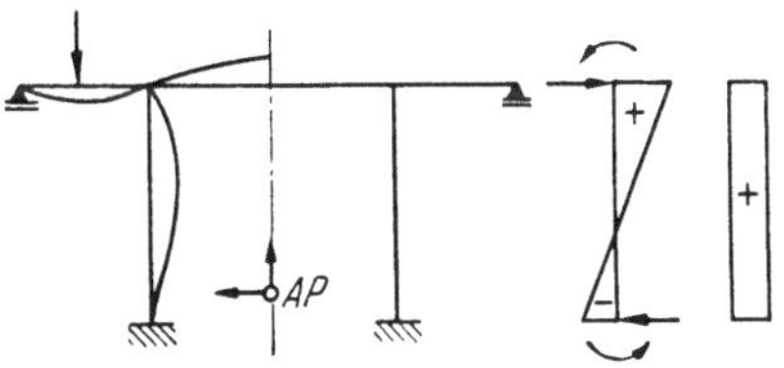

a b c

Bild 343.

Die Berechnung ist in Tab. 10 durchgeführt, welche ebenfalls nur teilweise wiedergegeben ist.

Die Querkraft am Pfosten im Punkte B ist Normalkraft im Stab 2.

g) Bremskräfte. Im Abstand h über der Achse des Trägers wirke eine Kraft H in Richtung der Stabachse. Sie wird zerlegt in eine ihr gleiche und gleichgerichtete Kraft H in der Stabachse und ein Moment $M_H = H \cdot h$ (Bild 344b).

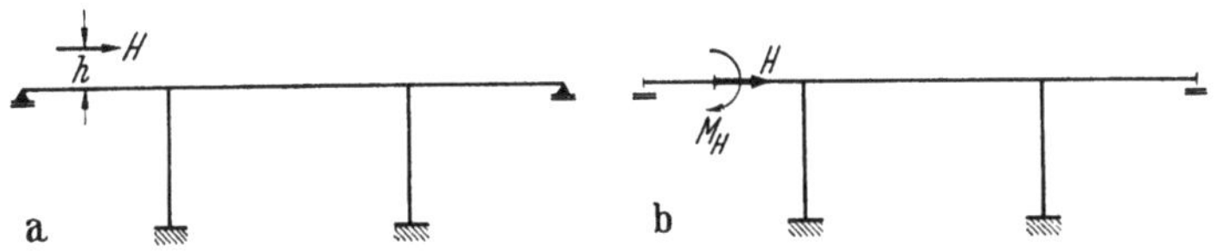

Bild 344.

Die Bremskraft beträgt $H = 7{,}0$ t, das Bremsmoment $M_H = 7{,}0$ mt. Während es belanglos ist, an welcher Stelle die Bremskraft H angreift, erzeugt das Bremsmoment je nach seinem Angriffspunkt ganz verschiedene Momentenverteilungen. Es ist daher zweckmäßig, für das Bremsmoment die Einflußlinie der Stützenmomente zu berechnen, falls es von beträchtlichem Einfluß sein sollte.

α) Einfluß der Kraft H. Für eine in Richtung AB wirkende Kraft $H = 1$ wird: B_1, $B_2 = 0$; $B_3 = -6{,}60$, die Hauptgleichungen ergeben:

$$\nu_1 = \nu_2 = \nu: \quad 0{,}3065\,\nu - 0{,}1826\,\mu = 0 \qquad -2 \cdot 0{,}1826\,\nu + 0{,}5880\,\mu = -6{,}6,$$

woraus: $\mu = -17{,}818 \qquad \nu = -10{,}616$ folgt.

Die Stützenmomente werden:

$$M_{B1} = -0{,}06264 \cdot 10{,}616 = -0{,}6650 \text{ mt}$$

$$M_{B2} = -0{,}1164 \cdot 10{,}616 = -1{,}2357 \text{ mt}$$

$$M_{B4} = -0{,}12748 \cdot 10{,}616 + 0{,}18263 \cdot 17{,}818 = +1{,}901 \text{ mt}$$

$$M_E = -0{,}05515 \cdot 10{,}616 + 0{,}11138 \cdot 17{,}818 = +1{,}35 \text{ mt}.$$

Für die Last $H = 7{,}0$ t sind diese Werte mit 7,0 zu vervielfachen. Quer- und Normalkräfte dieses Belastungsfalles sind leicht zu berechnen.

Tabelle 10.

	$A=0$	2	4	$B=12$	14	16	$C=32$	34	36
M_{B1}	0	−0,7850	−1,3930	0	−0,7622	−1,2120	0	−0,0327	−0,0509
M_{B1}/l_1	0	−0,0448	−0,0796	0	−0,0435	−0,0693	0	−0,00187	−0,00290
x'/l_1	1	0,8333	0,6667	0	—	—	—	—	—
$A = Q_A$	1	+0,7885	+0,5871	0	−0,0435	−0,0693	0	−0,00187	−0,00290
x/l_1	0	−0,1667	−0,3333	0	—	—	—	—	—
Q_{B1}	0	−0,2115	−0,4129	−1	−0,0435	−0,0693	0	−0,00187	−0,00290
$M_{B2} - M_{C2}$	0	+0,6782	+1,2034	0	+0,9439	+1,0337	0	−0,8833	−1,3755
$\frac{M_{B1} - M_{C1}}{l}$	0	+0,0237	+0,0421	0	+0,0330	+0,0457	0	−0,0309	−0,0481
x'/l	—	—	—	1	0,9	0,8	0	—	—
Q_{B2}	0	+0,0237	+0,0421	1	+0,9330	+0,8457	0	−0,0309	−0,0481
B	0	+0,2352	+0,4550	—	+0,9765	+0,9150	0	−0,02903	−0,0452
$M_{B4} - M_E$.	0	0,4589	0,8144	0	1,0986	1,9815	0	0,5975	0,9304
Q_E	0	0,0695	0,1222	0	0,1665	0,3000	0	0,0905	0,1410

β) Einfluß des Momentes M_H. Für die hier verfolgten Zwecke ist die Berechnung der Einflußlinie infolge eines Momentes M_H zu weitgehend. Es soll lediglich durch Abschätzung der größte Einfluß des Bremsmomentes untersucht werden.

Wirkt an einer Stelle $x = a$ des eingespannten Trägers BC ein Moment, dann sind die Einspannungsmomente:

$$M_B = M\,(1 - \alpha)\,(1 - 3\,\alpha) \qquad M_C = M\,\alpha\,(2 - 3\,\alpha) \qquad \alpha = \frac{a}{l}.$$

Der Größtwert von M_B tritt ein, wenn $\alpha = \frac{2}{3}$, hierfür ist $M_B = \frac{2}{3}\,M$, $M_C = 0$ Das größte Einspannungsmoment am Tragwerk wird hiermit:

$$M_{B2} = 0{,}3769 \cdot \frac{2}{3} \cdot 7{,}00 = \text{rd. } 0{,}25 \cdot 7{,}0 = 1{,}75 \text{ mt}.$$

Das Bremsmoment hat also einen geringen Einfluß auf die Stützenmomente. Dazu wird dieser Einfluß noch dadurch herabgesetzt, daß die Bremskraft H nicht in einem Punkt angreift, sondern auf eine längere Strecke (etwa $l_2/2$) verteilt ist. Im vorliegenden Fall genügt die Abschätzung daher völlig.

h) Stützenbewegungen. Bewegungen der Rahmenstützen E oder F können in drei Teilbewegungen zerlegt werden: waagerechte und senkrechte Verschiebungen und Drehung. Dazu kommt noch die senkrechte Verschiebung eines der Auflager A oder D.

α) Waagerechte Verschiebung des Stützenfußes F. Der Stützenfuß F verschiebe sich um den Betrag w waagerecht in Richtung AD. Durch die Verschiebung $\Delta l = +1$ entsteht der Drehwinkel $\theta = +\frac{1}{6{,}60}$ am Pfosten 5, durch die Verschiebung $\Delta l = +w$ der Drehwinkel $\theta = +\frac{w}{6{,}60}$. (Der Rahmen im Beispiel 1 Nr. 296 unterscheidet sich vom vorliegenden nur durch das Fehlen der Stäbe 1 und 3, welche bei der Verschiebung θ keinen Beitrag zur Formänderungsarbeit leisten).

Da äußere Lasten nicht auftreten, sind alle Belastungsglieder null, die Hauptgleichungen werden:

$$0{,}2652\,\nu_1 + 0{,}0413\,\nu_2 - 0{,}1826\,\mu = 0$$

$$0{,}0413\,\nu_1 + 0{,}2652\,\nu_2 - 0{,}1826\,\mu - 0{,}1826\,\frac{E\,w}{6{,}60} = 0$$

$$-\,0{,}1826\,\nu_1 - 0{,}1826\,\nu_2 + 0{,}5880\,\mu + 0{,}2940\,\frac{E\,w}{6{,}60} = 0\,.$$

Hieraus $\nu_1 + \nu_2 = 0$, $\mu = -\,0{,}0757\,E\,w = -\,160\cdot 10^3\,w$. Der Drehwinkel des Pfostens 4 ist demnach $\psi = -\,160\cdot 10^3\,w$, jener des Pfostens 5:

$$\psi = \frac{w}{6{,}60} - 160\cdot 10^3\,w = +\,160\cdot 10^3\,w;\quad \nu_1 = -\,\nu_2 = -\,0{,}0619\,E\,w = -\,130\cdot 10^3\,w,$$

woraus die Stützenmomente folgen:

$$M_{B1} = -\,0{,}06264\cdot 130\cdot 10^3\,w = -\,8{,}13\cdot 10^3\,w$$

$$M_{B2} = -\,0{,}0338\cdot 1300\cdot 10^3\,w = -\,4{,}38\cdot 10^3\,w$$

$$M_{B4} = +\,(-\,0{,}12748\cdot 130 + 0{,}18263\cdot 160)\,10^3\,w = +\,12{,}60\cdot 10^3\,w$$

$$M_E = +\left(-\,0{,}05623\cdot 130 + 0{,}18263\cdot 160\cdot\frac{1}{6{,}60}\right)10^3\,w = -\,2{,}90\cdot 10^3\,w\,.$$

w ist dabei in m zu messen, worauf sich die Momente in mt ergeben.

β) Senkrechte Verschiebung des Stützenfußes F. Der Stützenfuß F verschiebe sich um den Betrag v nach unten (Bild 345). Infolge der Dehnung $\lambda = +1$ des senkrechten Auflagerstabes entstehen die Drehwinkel:

$$\theta_2 = -\frac{1}{l_2} = -\frac{1}{28{,}6}\quad\text{am Stab 2}$$

$$\theta_3 = +\frac{1}{l_3} = +\frac{1}{17{,}5}\quad\text{am Stab 3}$$

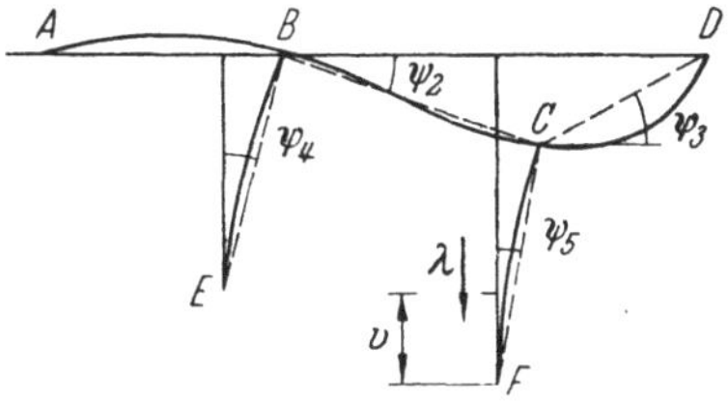

Bild 345.

die übrigen sind null. Bei der Stützensenkung $\lambda = v$ entstehen die Drehwinkel:

$$\lambda\,\theta_2 = -\frac{v}{28{,}6}\quad\text{und}\quad \lambda\,\theta_3 = +\frac{v}{17{,}5}\,.$$

Die Querkraft im Punkte B am Stab 1 beim Zustand $\mu = 1$ ist $\frac{\mathfrak{g}}{l_1} = -\frac{0{,}06264}{17{,}5}$ (Auflagerdruck Richtung EB), am Stab 2: $\frac{2\,\mathfrak{g}}{l_2} = +\frac{0{,}2328}{28{,}6}$ (Auflagerdruck Richtung BE), die Arbeit dieser Querkräfte bei der Verschiebung v:

$\sum C_e c = \left(-\frac{0,06264}{17,5} + \frac{0,2328}{28,6}\right) \cdot 2,10 \cdot 10^3 v$, so daß die Hauptgleichungen werden:

$$0,2652\,\nu_1 + 0,0413\,\nu_2 - 0,1826\,\mu + 0,1164\,\frac{E\,v}{28,6} = 0$$

$$0,0413\,\nu_1 + 0,2652\,\nu_2 - 0,1826\,\mu + 0,1164\,\frac{E\,v}{28,6} - 0,06264\,\frac{E\,v}{17,5} = 0$$

$$-\,0,1826\,\nu_1 - 0,1826\,\nu_2 + 0,2940 \cdot 2\,\mu - 0,2328\,\frac{E\,v}{28,6} + 0,06264\,\frac{E\,v}{17,5}$$
$$+\,0,2328\,\frac{E\,v}{28,6} - 0,06264\,\frac{E\,v}{17,5} = 0\,.$$

$$\mu = -\,15,25 \cdot 10^3\,v \qquad \nu_1 = -\,41,3 \cdot 10^3\,v \qquad \nu_2 = -\,7,8 \cdot 10^3\,v\,.$$

Die Drehwinkel der einzelnen Stäbe werden:

Stab 1: $\psi_1 = 0$ Stab 2: $\psi_2 = -\frac{E\,v}{28.6} = -\,73,5 \cdot 10^3\,v$

Stab 3: $\psi_3 = +\frac{E\,v}{17,5} = +\,120 \cdot 10^3\,v$ Stab 4 und 5: $\psi_4 = \psi_5 = +\,10,5 \cdot 10^3\,v$.

Damit werden die Momente:

$$M_{B1} = -\,0,06264 \cdot 41,7 \cdot 10^3\,v = -\,2,60 \cdot 10^3\,v$$
$$M_{B2} = +\,(-\,0,0751 \cdot 41,7 - 0,0413 \cdot 8,2 + 0,1164 \cdot 73,5)\,10^3\,v = +\,5,10 \cdot 10^3\,v$$
$$M_{B4} = -\,(-\,0,12748 \cdot 41,7 + 0,18263 \cdot 15,5)\,10^3\,v = -\,2,55 \cdot 10^3\,v$$
$$M_{C2} = +\,(-\,0,0413 \cdot 41,7 - 0,0751 \cdot 8,2 + 0,1164 \cdot 73,5)\,10^3\,v = +\,6,20 \cdot 10^3\,v$$
$$M_{C3} = 0,06264\,(-\,8,2 - 120)\,10^3\,v = -\,8,02 \cdot 10^3\,v$$
$$M_{C5} = +\,(-\,0,12748 \cdot 8,2 + 0,1826 \cdot 15,5)\,10^3\,v = +\,1,82 \cdot 10^3\,v$$
$$M_E = +\,(-\,0,05515 \cdot 41,7 + 0,11138 \cdot 15,5)\,10^3\,v = -\,0,60 \cdot 10^3\,v$$
$$M_F = +\,(-\,0,05515 \cdot 8,2 + 0,11138 \cdot 15,5)\,10^3\,v = +\,1,25 \cdot 10^3\,v$$

v ist in m zu messen, worauf sich die Momente in mt ergeben.

γ) Drehung des Stützenfußes F. Der Stützenfuß F drehe sich um den Winkel α. In diesem Falle ist der Knotendrehwinkel dieses Knotens nicht mehr null, sondern ν_3, was in den Hauptgleichungen zu berücksichtigen ist. Die Drehwinkel der Balken beim Zustand $\mu = 1$ sind null, die der Pfosten $\chi = 1$, so daß die Hauptgleichungen lauten:

$$0,2652\,\nu_1 + 0,0413\,\nu_2 - 0,1826\,\mu = 0$$
$$0,0413\,\nu_1 + 0,2652\,\nu_2 + 0,05515\,\nu_3 - 0,1826\,\mu = 0$$
$$0,05515\,\nu_2 + 0,05623\,\nu_3 - 0,11138\,\mu = M_F$$
$$-\,0,1826\,\nu_1 - 0,1826\,\nu_2 - 0,11138\,\nu_3 + 0,5880\,\mu = 0\,.$$

Hierin ist ν_3 gleich dem angenommenen Knotendrehwinkel α zu setzen, wobei dieser noch mit E zu multiplizieren ist. Damit ergibt sich:

$$\mu = +\,0,212 \cdot E\,\alpha = 445 \cdot 10^3\,\alpha$$
$$\nu_1 = +\,0,159 \cdot E\,\alpha = 334 \cdot 10^3\,\alpha \qquad \nu_2 = -\,183 \cdot 10^3\,\alpha$$

$$M_{C3} = M_{B1} = 0,06264 \cdot 334 \cdot 10^3\,\alpha = 20,9 \cdot 10^3\,\alpha$$
$$M_{C2} = M_{B2} = (0,0751 \cdot 334 - 0,0413 \cdot 183)\,10^3\,\alpha = 17,6 \cdot 10^3\,\alpha$$
$$M_{C5} = M_{B4} = (0,12748 \cdot 334 - 0,1826 \cdot 445)\,10^3\,\alpha = -\,38,8 \cdot 10^3\,\alpha$$
$$M_E = (0,05515 \cdot 334 - 0,11138 \cdot 445)\,10^3\,\alpha = -\,31,0 \cdot 10^3\,\alpha$$
$$M_F = (-\,0,05515 \cdot 183 + 0,05623 \cdot 2100 - 0,11138 \cdot 445)\,10^3\,\alpha$$
$$= +\,58,5 \cdot 10^3\,\alpha.$$

Setzt man die Verschiebung w, $v = 1$ mm, dann entspricht dem im vorliegenden Beispiel etwa eine Winkeldrehung $\alpha = 0{,}5 \cdot 10^{-3}$. Gegen Drehungen des Auflagers ist das Tragwerk daher empfindlicher als gegen Verschiebungen. Sämtliche Verschiebungen und Drehungen können positiv und negativ sein.

i) Wärmegradänderungen. Das Tragwerk erleide eine gleichmäßige Wärmegradänderung von $t = \pm\, 15^\circ$. Die Längenänderung von Balken 2 beträgt hierbei $\Delta l_2 = 12 \cdot 10^{-6} \cdot 15 \cdot 28{,}60 = 5{,}15 \cdot 10^{-3}$ m, die Längenänderung der Pfosten $\Delta h = 12 \cdot 10^{-6} \cdot 15 \cdot 6{,}6 = 1{,}19 \cdot 10^{-3}$ m. Die E-fachen Drehwinkel der Stäbe bei diesen Längenänderungen sind:

	Dehnung des Stabes 2	Dehnung der Stäbe 4, 5
Stab 1 (3)	0	$+\dfrac{1{,}19 \cdot 2{,}1 \cdot 10^3}{17{,}5} = +\,0{,}143 \cdot 10^3$
Stab 2	0	0
Stab 4 (5)	$+\dfrac{5{,}15 \cdot 2{,}1 \cdot 10^3}{2 \cdot 6{,}6} = +\,0{,}82 \cdot 10^3$	0

Die Einflüsse der Balken und Pfosten werden getrennt ermittelt. Die Hauptgleichungen werden wie in Nr. 296 aufgestellt, für die Dehnung der Balken lauten sie:

$$0{,}2652\, \nu_1 + 0{,}0413\, \nu_2 - 0{,}1826 \cdot 0{,}82 \cdot 10^3 = 0,$$

woraus mit $\nu_1 = -\,\nu_2$ folgt: $\nu_1 = 0{,}669 \cdot 10^3$ für $t = +\,15^0$.

Die Momente werden:

$$M_{B\,1} = 0{,}06264 \cdot 0{,}669 \cdot 10^3 = 41{,}80 \text{ mt} \qquad M_{B\,2} = 0{,}0338 \cdot 0{,}669 \cdot 10^3 = 22{,}55 \text{ mt}$$

$$M_{B\,4} = (0{,}12748 \cdot 0{,}669 - 0{,}1826 \cdot 0{,}82)\,10^3 = -\,64{,}40 \text{ mt}$$

$$M_E = (0{,}05515 \cdot 0{,}669 - 0{,}11138 \cdot 0{,}82)\,10^3 = -\,54{,}60 \text{ mt}.$$

Für die Dehnung der Pfosten wird: $(0{,}2652 - 0{,}0413)\,\nu_1 - 0{,}06264 \cdot 0{,}143 \cdot 10^3 = 0$ $\nu_1 = +\,0{,}040 \cdot 10^3$. Die Momente werden:

$$M_{B\,1} = 0{,}06264\,(0{,}040 - 0{,}143)\,10^3 = -\,6{,}45 \text{ mt}$$

$$M_{B\,2} = 0{,}0338 \cdot 0{,}04 \cdot 10^3 = +\,1{,}35 \text{ mt}$$

$$M_{B\,4} = 0{,}12748 \cdot 0{,}04 \cdot 10^3 = +\,5{,}10 \text{ mt}$$

$$M_E = 0{,}05515 \cdot 0{,}04 \cdot 10^3 = +\,2{,}20 \text{ mt}.$$

Ungleichmäßige Erwärmungen brauchen nicht berücksichtigt werden.

Dasselbe Beispiel wurde in Nr. 233 behandelt. Ein eingehender Vergleich zeigt die Überlegenheit des Formänderungsverfahrens, da nur wesentlich umfangreichere Rechnungen im Kraftverfahren die Einflußlinien liefern.

299. Eingespannter Bogen. (Die Abmessungen des Bogens sowie der Gewölbereihe in Nr. 300 sind dieselben wie in Beispiel 20, S. 697 bei: Suter, Methode der Festpunkte, Berlin 1923, um wie oben in Nr. 298 die Rechenverfahren bequem vergleichen zu können). Für einen symmetrischen Kreisbogen von 25,0 m Stützweite sollen die Einflußlinien einer Anzahl Querschnitte und der Einfluß der Wärmegradänderungen berechnet werden. Der Bogen hat einen Halbmesser von 13,7656 m und eine Länge von 31,34 m. Die Abszissen, Ordinaten und Querschnittabmessungen gehen aus Bild 346 und Tab. 1 hervor. Zur Berechnung nach den Nr. 243 u. 244 wird der Bogen in 16 gleichlange Teile eingeteilt, die Angaben in Tab. 1 beziehen sich auf den Schwerpunkt des Teilstückes.

Der elastische Schwerpunkt ergibt sich aus: $e = +\frac{2881}{482} = +5,98$ m.

Die Festwerte des Bogens sind:

$$\delta_{11} = 2 \cdot 2302 \qquad c_l = \frac{1}{\delta_{11}} = 0,000\,217\,20$$

$$\delta_{22} = 2 \cdot 22530 \qquad c_q = \frac{1}{\delta_{22}} = 0,000\,022\,2$$

$$\delta_{33} = 2 \cdot 481,7 \qquad c_m = \frac{1}{\delta_{33}} = 0,001\,038\,.$$

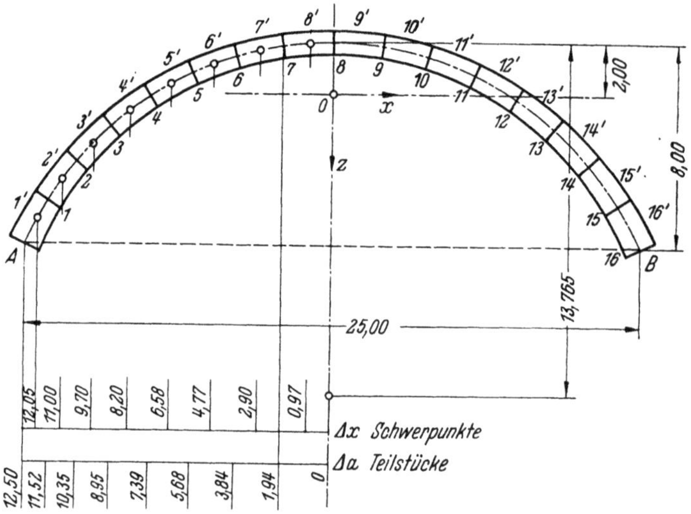

Bild 346.

Tabelle 1.

Schwerpunkt	h m	$10^3 J$ m^4	Δs	$w = \frac{\Delta s}{J}$	$\mathfrak{z}$	$\mathfrak{z} w$	$z = e + \mathfrak{z}$	$z w$	$z^2 w$	x	$x w$	$x^2 w$	$x z w$	Teilstücksgrenze a
1′	0,88	56,79	1,95	34,34	−0,87	− 30	+5,11	+175,5	900	−12,05	−413	4990	−2115	
2′	0,84	49,39	1,95	39,48	−2,53	−100	+3,45	+136,0	470	−11,00	−435	4780	−1500	−11,52
3′	0,80	42,67	1,95	45,70	−4,00	−183	+1,98	+ 90,5	179	− 9,70	−443	4300	− 880	−10,35
4′	0,77	38,04	1,95	51,26	−5,27	−270	+0,71	+ 36,4	27	− 8,20	−420	3450	− 298	− 8,95
5′	0,73	32,42	1,95	60,15	−6,33	−381	−0,35	− 21,1	6,6	− 6,58	−396	2610	+ 138,5	− 7,39
6′	0,69	27,38	1,95	71,22	−7,13	−508	−1,15	− 82,0	94,5	− 4,77	−340	1620	+ 392	− 5,68
7′	0,66	23,96	1,95	81,37	−7,70	−627	−1,72	−140,0	240	− 2,90	−236	685	+ 406	− 3,84
8′	0,62	19,86	1,95	98,19	−7,96	−782	−1,98	−195,0	385	− 0,97	− 95	92	+ 188,5	− 1,94
Σ				481,71		−2881		+ 0,3	2302		−2778	22530	−3668	0

a) *Die Einflußlinien der Überzähligen X aus den Momenten allein.* Die Berechnung wird nach Nr. 243 u. 244 durchgeführt, Hauptnetz ist der in B eingespannte Kragträger. Zur Bestimmung der Einflußlinie von X_l werden die Schwerpunkte mit den Gewichten $G_1 = zw$ belastet: $E\delta_{10} = wz(a-x)$, wobei vom Einspannungspunkt B bis zur Abszisse der gesuchten Durchbiegung zu summieren ist. Für den Punkt 12 z. B. ist $E\delta_{10}$ das Moment der Gewichte wz in den Schwerpunkten zwischen 12 und B. Entsprechend für X_q und X_m.

Tabelle 2.

Einflußordinate in	Last in	$a-x$	Δa	$(Q) = \sum zw$	$(Q)\Delta a$	$wz \times (a-x)$	$-(\Delta M)$	$-\delta_l$	$X_l = c_l\delta_l$	$(Q) = \sum xw$	$(Q)\Delta a$	$wx \times (a-x)$	$-(\Delta M)$	$-\delta_q$	$X_q = c_q\delta_q$	$(Q) = \sum w$	$(Q)\Delta a$	$w(a-x)$	$-(\Delta M)$	$-\delta_m$	$X_m = c_m\delta_m$	Ordinate in	X_q	X_m
16																					0	0	−1,000	−12,50
	16′	−0,53	−0,98			− 93,0	93,0					−218	218						18,2					
15								93,0	−0,0202					218	−0,00485					18,2	−0,0189	1	−0,995	−11,54
	15′	−0,65	−1,17	175,5	−206	− 88,5	294,5			413	− 484	−283	767			34,34	− 40,1	−25,7	65,8					
14								387,5	−0,0840					985	−0,0218					84,0	−0,0875	2	−0,978	−10,438
	14′	−0,75	−1,40	311,5	−437	− 67,9	504,9			848	−1188	−333	1521			73,82	−103,5	−34,3	137,8					
13								892,4	−0,1940					2506	−0,0556					221,8	−0,231	3	−0,944	− 9,182
	13′	−0,81	−1,56	402,0	−628	− 29,5	657,5			1291	−2020	−340	2360			119,52	−186,5	−41,5	228,0					
12								1549,9	−0,337					4866	−0,108					449,8	−0,467	4	−0,892	− 7,859
	12′	−0,90	−1,71	438,4	−750	+ 19,0	731,0			1711	−2920	−355	3275			170,78	−291,5	−54,1	345,6					
11								2280,9	−0,495					8141	−0,181					795,4	−0,829	5	−0,819	− 6,507
	11′	−0,93	−1,84	417,3	−770	+ 76,3	693,7			2107	−3882	−317	4199			230,93	−425,0	−66,2	491,2					
10								2974,6	−0,645					12340	−0,274					1286,6	−1,340	6	−0,726	− 5,18
	10′	−0,96	−1,90	335,3	−638	+134,5	503,5			2447	−4660	−226	4886			302,15	−575,0	−77,9	652,9					
9								3478,1	−0,755					17226	−0,383					1939,5	−2,020	7	−0,617	− 3,96
	9′	−0,97	−1,94	195,3	−379	+189,0	190,0			2683	−5210	− 92	5302			383,52	−744,0	−95,2	839,2					
8								3668,1	−0,797					22528	−0,500					2778,7	−2,890	8	−0,500	− 2,885

Tabelle 3.

	Einflußlinie für Querschnitt					A			I				II				III				
Ordinate in	x	z	$X_l = H$	X_q	X_m	eX_l	$-\frac{l}{2}X_q$	M_A	$z_I X_l$	$+x_I X_q$	M_0	M_I	$z_{II} X_l$	$+x_{II} X_q$	M_0	M_{II}	$z_{III} X_l$	$x_{III} X_q$	M_0	M_{III}	Ordinate in
A	−12,500	+5,982	0	−1,000	−12,500	0	12,500	0	0	8,3333	+4,1667	0	0	4,1667	+8,3333	0	0	0	12,500	0	A
I	− 8,333	+0,791	−0,2483	−0,9259	−8,6452	−1,4852	11,5733	+1,4429	−0,1964	7,7152	0	−1,1264	0,3406	3,8581	+4,1667	−0,3798	0,5010	0	8,333	+0,1891	I
II	− 4,167	−1,372	−0,6246	−0,7439	−5,3986	−3,7363	9,2985	+0,1636	−0,4940	6,1988	0	+0,3062	0,8569	3,1000	0	−1,4417	1,2604	0	4,167	−0,0285	II
III	0	−2,018	−0,8019	−0,5000	−2,8767	−4,7970	6,250	−1,4237	−0,6343	4,1667	0	+0,6557	1,1002	2,0835	0	+0,3070	1,6183	0	0	−1,2584	III
IV	+ 4,167	−1,372	−0,6246	−0,2561	−1,2320	−3,7363	3,2015	−1,7668	−0,4940	2,1342	0	+0,4082	0,8569	1,0672	0	+0,6921	1,2604	0	0	−0,0284	IV
V	+ 8,333	+0,791	−0,2483	−0,0741	−0,3119	−1,4852	0,9255	−0,8716	−0,1964	0,6178	0	+0,1095	0,3406	0,3089	0	+0,3376	0,5010	0	0	+0,1891	V
B	+12,50	+5,982	0	0	0	0	0	0	0	0	0	0	0	0	0	0	0	0	0	0	0

Danach wurden in Tab. 2 die Ordinaten der Einflußlinien von X_l, X_q, X_m für die Teilpunkte 15 bis 8 berechnet, so daß aus jeder vorhergehenden Ordinate die nächstfolgende sich ergibt. Die Ordinatien der Punkte 8 bis A ergeben sich aus denen von 15 bis 8 nach den Beziehungen Gl. (356).

Will man die Ordinaten in den Schwerpunkten selbst berechnen, was bei geeigneter Teilung meist genügt, dann ist die Berechnung einfacher, da a und x für denselben Punkt zusammenfallen.

Die Einflußlinien der Schnittmomente M werden nach Gl. (348) ermittelt. Die Berechnung wurde für die Teilpunkte I bis V, welche den Bogen in 6 gleiche Teile zerlegen, in Tab. 3 durchgeführt. Die Werte der X_l, X_q, X_m für diese Punkte wurden interpoliert.

Sollen die Werte M für einen beliebigen Punkt des Querschnittes, z. B. einen Kernpunkt, berechnet werden, so sind statt der Koordinaten z, x des Schwerpunktes die Koordinaten $z'x'$ dieses Punktes in Tab. 3 einzusetzen.

Zu beachten ist, daß die Summen von xzw, x^2w, xw der Tab. 1 die Werte der δ_l, δ_q, δ_m für Ordinate 8 in Tab. 2 sind, daß hierdurch also eine Rechenkontrolle gegeben ist.

Wie man sieht, ist $X_q = -1$ und $X_m = -12{,}50$ für $x = -l/2$. Nach Gl. (355) sind daher die X bereits auf die Gesamtschlußlinie bezogen, die Verbesserungen aus den Normalkräften und der Krümmung müssen daher für den frei aufliegenden Träger als Hauptnetz berechnet werden.

b) Der Einfluß der Normalkräfte und der Krümmung. Zunächst werden in Tab. 4 einige Festwerte des Bogens zusammengestellt, welche anschließend gebraucht werden.

Tabelle 4.

Teil-punkt	$\operatorname{tg}\beta$	$\sin\beta$	$\cos\beta$	$\frac{\Delta s}{h} = \frac{\Delta s}{F}$	$\frac{z\,\Delta s}{h}$	$\frac{x\,\Delta s}{h}$	$\cos\beta\cdot\Delta s$	$\sin\beta\cdot\Delta s$	Δa	Δx	Teil-punkt
	−2,169	−0,908	+0,419								
										0,45	16
16′	−1,811	−0,875	+0,483	2,22	+11,35	+ 26,70	+ 0,943	−1,705	0,98		
										0,55	15
15′	−1,329	−0,799	+0,601	2,32	+ 8,07	+ 25,60	+ 1,173	−1,557	1,17		
										1,30	14
14′	−0,993	−0,705	+0,710	2,44	+ 4,88	+ 23,70	+ 1,380	−1,375	1,40		
										1,50	13
13′	−0,742	−0,596	+0,803	2,54	+ 1,85	+ 20,80	+ 1,566	−1,160	1,56		
										1,62	12
12′	−0,544	−0,478	+0,878	2,67	− 0,88	+ 17,60	+ 1,710	−0,932	1,71		
										1,81	11
11′	−0,369	−0,346	+0,938	2,83	− 3,19	+ 13,50	+ 1,830	−0,675	1,84		
										1,87	10
10′	−0,215	−0,211	+0,978	2,96	− 5,03	+ 8,60	+ 1,905	−0,410	1,90		
										1,93	9
9′	−0,071	−0,070	+0,998	3,15	− 6,18	+ 3,00	+ 1,945	−0,137	1,94		
										0,97	8
Σ				21,13	+13,87	+139,50	+12,452	−7,951			

Da die Bogenachse kreisförmig ist, vereinfacht sich die weitere Berechnung erheblich, da für alle Bogenpunkte $z_k = 11{,}765$ m, $x_k = 0$, $r = 13{,}765$ m, $r^2 = 189{,}475$ ist. Die Gewichte G_2 für X_q sind daher sämtliche Null, jene für X_l und X_m einander proportional, so daß die Berechnung der zugehörigen δ, welche in Tab. 5 durchgeführt wird, sehr vereinfacht ist.

Die Ordinate δ_3 wird nach Gl. (360) berechnet; für X_q ist $\delta_3 = 0$, für X_l und X_m muß die Summe $\sum\limits_{-l/2}^{x} \frac{\operatorname{tg}\beta}{F}\cdot\Delta x$ berechnet werden, woraus sich durch Multiplikation mit $-\frac{z_k}{r}$ bzw. $-\frac{1}{r}$ die Durchbiegungen δ ergeben. Die Berechnung ist in Tab. 6 zusammengestellt.

Tabelle 5.

Lastpunkt	$(P)=\frac{\Delta s}{F}$	(Q)	$(Q)\,\Delta x$	(M)	$\delta_l'=\frac{z_k}{r^2}(M)$	$10^3\eta_l'$	$\delta_m'=\frac{1}{r^2}(M)$	$10^3\eta_m'$
16′	2,22	21,13	− 9,50	− 9,50	− 0,587	− 0,128	− 0,050	− 0,052
15′	2,32	18,91	− 10,40	− 19,90	− 1,235	− 0,269	− 0,105	− 0,109
14′	2,44	16,59	− 21,55	− 41,45	− 2,575	− 0,560	− 0,219	− 0,227
13′	2,54	14,15	− 21,20	− 62,65	− 3,880	− 0,845	− 0,330	− 0,343
12′	2,67	11,61	− 18,80	− 81,45	− 5,050	− 1,100	− 0,430	− 0,436
11′	2,83	8,94	− 16,20	− 97,65	− 6,050	− 1,316	− 0,515	− 0,535
10′	2,96	6,11	− 11,30	− 108,95	− 6,750	− 1,470	− 0,575	− 0,596
9′	3,15	3,15	− 6,08	− 115,03	− 7,150	− 1,555	− 0,608	− 0,630
8′		3,15	− 3,05	− 118,08	− 7,33	− 1,595	− 0,624	− 0,647
Σ	21,13							

Tabelle 6.

Teilpunkt	$\frac{\Delta a}{F}$	$\frac{\Delta a}{F}\operatorname{tg}\beta$	$\sum\limits_{-l/2}^{x}$	δ_l''	$10^3\eta_l''$	δ_m''	$10^3\eta_m''$
16′	− 1,115	+ 2,020	+ 2,020	− 1,810	− 0,394	− 0,154	− 0,160
15′	− 1,390	+ 1,850	+ 3,870	− 3,315	− 0,721	− 0,282	− 0,293
14′	− 1,750	+ 1,735	+ 5,605	− 4,780	− 1,040	− 0,407	− 0,422
13′	− 2,025	+ 1,500	+ 7,105	− 6,06	− 1,320	− 0,516	− 0,536
12′	− 2,340	+ 1,272	+ 8,377	− 7,16	− 1,556	− 0,609	− 0,632
11′	− 2,670	+ 0,985	+ 9,362	− 8,00	− 1,742	− 0,680	− 0,706
10′	− 2,880	+ 0,620	+ 9,982	− 8,52	− 1,850	− 0,725	− 0,752
9′	− 3,130	+ 0,221	+ 10,203	− 8,75	− 1,900	− 0,744	− 0,774
Σ		+ 10,203					

Tabelle 7.

Teilpunkt	X_{l1}	X_l'	X_l''	X_l	X_{m1}	X_m'	X_m''	X_m
A	0	0	0	0	−12,50	0	0	−12,50
1′		−0,00013	−0,00039			05	16	
2′	−0,0403	27	72	−0,04129	−11,374	11	29	−11,374
3′	−0,1285	56	−0,00104	−0,13110	− 9,837	21	42	− 9,8376
4′	−0,261	−0,00085	132	−0,2632	− 8,523	34	54	− 8,5239
5′	−0,416	−0,00110	156	−0,4187	− 7,190	44	63	− 7,1910
6′	−0,582	132	174	−0,5851	− 5,815	54	71	− 5,8162
7′	−0,720	147	185	−0,7233	− 4,530	60	75	− 4,5314
8′	−0,808	156	190	−0,8115	− 3,370	63	77	− 3,3714
8	−0,810	−0,00160	−0,00191	−0,8135	− 2,885	−0,00065	−0,00078	− 2,8864
9′	−0,808	156	190	−0,8115	− 2,400	− 63	− 77	− 2,4014
10′	−0,720	147	185	−0,7233	− 1,630	− 60	− 75	− 1,6314
11′	−0,582	132	174	−0,5851	− 1,045	− 54	− 71	− 1,0462
12′	−0,416	−0,00110	156	−0,4187	− 0,610	− 44	− 63	− 0,6110
13′	−0,261	−0,00085	132	−0,2632	− 0,323	− 34	− 54	− 0,3239
14′	−0,1285	56	−0,00104	−0,1310	− 0,1370	− 21	− 42	− 0,1371
15′	−0,0403	27	72	−0,04129	− 0,0374	− 11	− 29	− 0,0378
16′		−0,00013	−0,00039			− 05	− 16	
B	0	0	0	0	0	0	0	0

Die Werte der Einflußordinaten sind in Tab. 7 zusammengestellt. Wie ersichtlich ist der Einfluß der Normalkräfte und der Krümmung sehr klein, so daß er i. a. vernachlässigt werden kann.

c) *Der Einfluß der Wärmegradänderung.* Für eine gleichmäßige, über den ganzen Bogen verteilte Wärmegradänderung der Bogenachse um t° und einen Wärmegradunterschied von Δt° der Oberseite gegen die Unterseite wird mit den Werten der Tab. 4:

$$E\delta_{10} = 2 \cdot \Theta E\,(13{,}87 \cdot \Delta t - 12{,}50 \cdot t_0)$$

$$E\delta_{30} = 2 \cdot \Theta E \cdot 21{,}13\,.$$

Daraus ergeben sich die Überzähligen:

$$X_l = \pm E\Theta\,(0{,}006 \cdot \Delta t - 0{,}0054 \cdot t_0) \qquad X_m = \pm\, 0{,}044 \cdot \Theta E \cdot \Delta t\,.$$

Die Überzählige $X_q = 0$.

300. Bogenreihe. Drei symmetrische Bogen von je 25 m Stützweite sind in 20 m hohe Stützen eingespannt (Bild 347), welche ihrerseits wieder am Fuße starr eingespannt sind. Zu berechnen sind die statischen Werte eines beliebigen Querschnittes des Tragwerkes. Der Bogen hat die Abmessungen des in Nr. 299 berechneten starr eingespannten Kreisbogens, die Berechnung seiner Festwerte ist dort bereits durchgeführt. Die Pfeiler haben eine Stärke von 1,0 m, das Trägheitsmoment ist: $J = 0{,}0833$ m⁴.

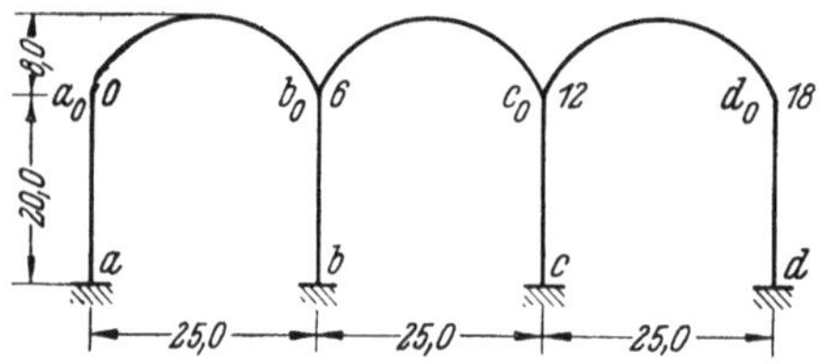

Bild 347.

a) *Die Festwerte* sind also:

Bogen: $\delta_{11} = 2 \cdot 2281 \qquad c_l = 0{,}0002192 \qquad e = 5{,}98$ m

$\delta_{22} = 2 \cdot 22530 \qquad c_q = 0{,}0000222 \qquad d = 12{,}50$ m

$\delta_{33} = 2 \cdot 481{,}7 \qquad c_m = 0{,}001038$

$$e^2 c_l = 5{,}98^2 \cdot 0{,}2192 \cdot 10^{-3} = 7{,}8386 \cdot 10^{-3}$$

$$\frac{l^2}{4} \cdot c_q = 12{,}5^2 \cdot 0{,}02222 \cdot 10^{-3} = 3{,}4687 \cdot 10^{-3}$$

$$e c_l = 1{,}3108 \cdot 10^{-3} \qquad \frac{l}{2} \cdot l\,\theta' c_q = 0{,}0069 \cdot 10^{-3} \qquad l^2 \theta'^2 c_q = 0\,.$$

Pfosten: $h = 20{,}0$ m $\qquad J = 0{,}0833$ m⁴ $\qquad h' = \frac{h}{J} = 240 \qquad \mathfrak{S} = \frac{1}{240}$

$$\mathfrak{k}_{00} = \mathfrak{k}_{aa} = \frac{4}{h'} = 16{,}6667 \cdot 10^{-3} \qquad \mathfrak{k}_{0a} = \frac{2}{h'} = 8{,}3333 \cdot 10^{-3}$$

$$\mathfrak{g} = -\frac{6}{h'} = -\,0{,}025 \qquad \mathfrak{h} = +\frac{12}{h'} = +\,0{,}0500$$

$$\frac{12}{h^2 h'} = 0{,}125 \cdot 10^{-3} \qquad \frac{24}{h^2 h'} = 0{,}250 \cdot 10^{-3} \qquad \frac{6}{h h'} = 1{,}25 \cdot 10^{-3}$$

b) *Die statischen Werte des eingespannten Bogens* werden der Berechnung in Nr. 299 entnommen und sind dort in Tab. 3 zusammengestellt. Das Moment M_0 ist das Moment M_A der Tabelle, das Moment M_6 wird aus M_0 durch Spiegelung an der Symmetrieachse des Bogens gewonnen. Dabei erhält man aber das Moment am linken Schnittufer, muß daher für das Moment am rechten Schnittufer das Vorzeichen herumdrehen. Der Horizontalschub sucht die Bogensehne zu verkleinern, ist also negativ.

Aus den Schnittkräften am Bogen ergeben sich die Wirkungen am Knoten: das Knotenmoment M_l ist das Schnittmoment des linken, das Knotenmoment M_r das des rechten Schnittufers; die waagerechte Kraft wirkt am Knoten 0 in Richtung 60, am Knoten 6 in Richtung 06; die Auflagerkraft A an beiden Knoten in Richtung der wirkenden Last $P = 1$. Es ist also: $M_l = -M_0$, $M_r = +M_6$, entsprechend in den übrigen Feldern. Diese Richtungsbestimmungen sind bei der Aufstellung der Belastungsglieder der Hauptgleichungen zu beachten.

Ferner sind in Tab. 3 die Überzähligen X sowohl für das Hauptnetz I (im rechten Widerlager eingespannter Kragarm) als auch für das Hauptnetz II (frei aufliegender Balken) aufgeführt, da bei der Berechnung nach dem Formänderungsverfahren das Hauptnetz II verwendet wird. Die Werte X gelten für den mit dem Knoten i verbundenen Auflagerstab.

c) *Wahl der Grundwerte.* Das Tragwerk hat vier freie Knoten, deren Drehwinkel $\nu_1, \nu_2, \nu_3, \nu_4$ zu den Grundwerten gehören. Die Kette K hat vier unabhängige Beweglichkeiten, welche teils durch die Gelenke, teils durch die Dehnungen der Bogensehnen bedingt sind. Um der Symmetrie des Tragwerkes Rechnung zu tragen, werden die zugehörigen Grundwerte antimetrisch zur Symmetrieachse gewählt.

Nimmt man den Stab aa_0 als Grundstab und dreht ihn um den Knoten a um den Winkel χ_{15}, wobei die Bogensehne l_1 ungedehnt bleiben soll, so wird die entstehende Verschiebung durch den Beiwert μ_5 beschrieben. Dabei wird die Stabsehne l_2 um den Betrag $\Delta l'_3 = \mu_5$ gedehnt. Ist der Stab dd_0 der Grundstab und wird er um d um den Winkel χ_{46} gedreht, wobei die Bogensehne l_3 ungedehnt bleibt, dann wird die entstehende Verschiebung durch den Beiwert μ_6 beschrieben. Die Stabsehne l_2 wird dabei um den Betrag $\Delta l''_2 = \mu_6$ gedehnt (Bild 349a, b). Die Drehwinkel der Pfosten sind dabei einander numerisch gleich: $\chi = \pm 1/h = \pm \frac{1}{20} = \pm 0{,}05$, die Drehwinkel der Bogensehne Null.

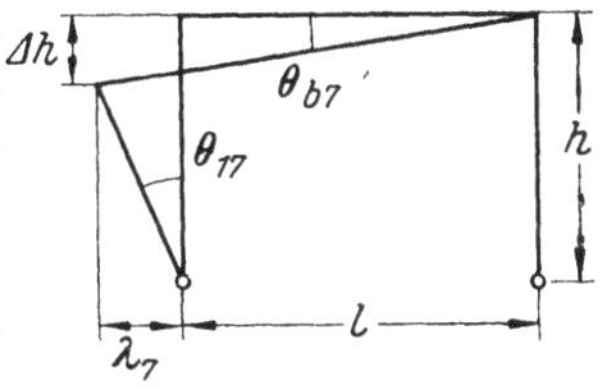

Bild 348.

Dehnt man die Bogensehne l_1 um den Betrag λ_7, dann dreht sich der Stab aa_0 um den Winkel θ_{17}, die Bogensehne l_1 um den Winkel θ_{b7}. Es ist: $\theta_{17} = \frac{\lambda_7}{h}$, ferner

$\Delta h = h - h \cdot \cos\theta_{17} = h \cdot 2 \cdot \sin^2\frac{\theta_{17}}{2} \sim h \cdot \frac{\theta_{17}^2}{2} = \frac{\lambda_7^2}{2h}$. Der Winkel θ_{b7} ist dann: $\theta_{b7} = \frac{\lambda_7^2}{2hl}$. Für $\lambda_7 = 1$ wird: $\theta_{17} = +0{,}05 = \theta$ $\quad \theta_{b7} = \frac{1}{2 \cdot 20 \cdot 25} = +0{,}001 = \theta'$
$l \cdot \theta_{b7} = +0{,}025$.

Mit θ_{b7} werden eigentlich bereits die Verschiebungen der nächstkleineren Ordnung berücksichtigt, doch haben diese hier noch merklichen Einfluß auf das

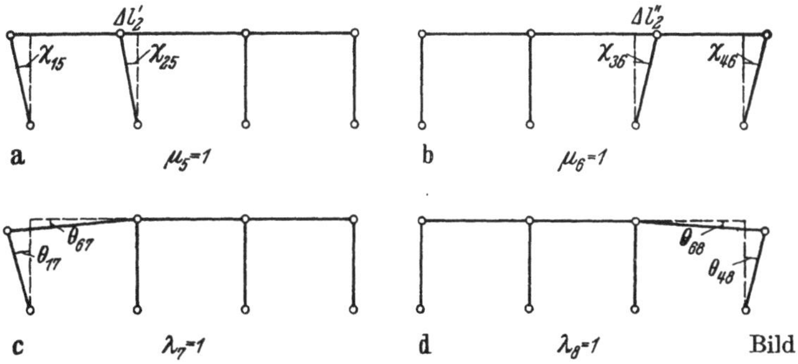

Bild 349.

Ergebnis. Die Bogensehne l_2 bleibt bei dieser Bewegung ungedehnt. Entsprechendes gilt für die symmetrische Dehnung λ_8 der Bogensehne l_3 (Bild 349c, d). Die

Drehwinkel der Stäbe und der Bogensehnen sind nachstehend zusammengestellt, die Dehnung der mittleren Bogensehne ist:

$$\Delta l_2 = \mu_5 + \mu_6 .$$

		Pfosten				Bögen		
		$a\,a_0$	$b\,b_0$	$c\,c_0$	$d\,d_0$	0,6	6,12	12,18
$\mu_5 = 1$	χ_{l5}	+ 0,05	+ 0,05	0	0	0	0	0
$\mu_6 = 1$	χ_{l6}	0	0	– 0,05	– 0,05	0	0	0
$\lambda_7 = 1$	θ_{l7}	+ 0,05	0	0	0	+ 0,001	0	0
$\lambda_8 = 1$	θ_{l8}	0	0	0	– 0,05	0	0	– 0,001

Weitere unabhängige Bewegungen gibt es nicht, jedes andere System von acht Grundwerten läßt sich durch lineare Überlagerung der acht beschriebenen darstellen. Dagegen können auch unsymmetrische Systeme gewählt werden, was jedoch nur die Berechnung erschwert, am Endergebnis, den statischen Werten, aber nichts ändert.

d) *Die Hauptgleichungen.* Die Beiwerte der Hauptgleichungen sollen nach beiden in Nr. 269 angegebenen Verfahren aufgestellt werden.

Die Grundwerte zweiter Art bestimmen sich aus den Gl. (398) u. (399), die Einspannungsmomente aus den Gl. (395), die statischen Werte aus Gl. (348), wobei darauf zu achten ist, daß für die X jeweils die Werte des richtigen Hauptnetzes, des frei aufliegenden Trägers (Hauptnetz II) eingesetzt werden.

Für die geraden Stäbe ist:

$$\frac{1}{c_m} = 2\int_0^{h/2} \frac{ds}{J} = \frac{h}{J} \qquad c_m = \frac{1}{h'} \qquad \frac{1}{c_q} = 2\int_0^{h/2} x^2 \frac{ds}{J} = 2\,\frac{h^3}{24J}$$

$$h^2 c_q = \frac{12}{h'} \qquad \frac{h^2}{4} c_q + c_m = \frac{4}{h'} = \mathfrak{k}_{aa} ,$$

womit die Zahlenwerte unter a) errechnet sind. Der Wert c_l wird beim geraden Stab nicht gebraucht.

Die Grundwerte der einzelnen Stäbe sind in der folgenden Übersicht zusammengestellt. Als Knoten i der Pfosten ist dabei der obere Knoten angenommen, am Bogen ist es der linke Knoten.

Stab	$\xi_l =$	$\xi_q =$	$\xi_m =$
$a\,a_0$	0	$-\frac{h}{2}\nu_1 + \mu_5 + \lambda_7$	ν_1
$b\,b_0$	0	$-\frac{h}{2}\nu_2 + \mu_5$	ν_2
$c\,c_0$	0	$-\frac{h}{2}\nu_3 - \mu_6$	ν_3
$d\,d_0$	0	$-\frac{h}{2}\nu_4 - \mu_6 - \lambda_8$	ν_4
$a_0 b_0$	$e(\nu_1 - \nu_2) + \lambda_7$	$-\frac{l}{2}(\nu_1 + \nu_2) + l\,\theta'\lambda_7$	$\nu_1 - \nu_2$
$b_0 c_0$	$e(\nu_2 - \nu_3) + \mu_5 + \mu_6$	$-\frac{l}{2}(\nu_2 + \nu_3)$	$\nu_2 - \nu_3$
$c_0 d_0$	$e(\nu_3 - \nu_4) + \lambda_8$	$-\frac{l}{2}(\nu_3 + \nu_4) - l\,\theta'\lambda_8$	$\nu_3 - \nu_4$

Die Beiwerte ϱ werden nun nach Gl. (424) bestimmt. An der Bewegung ν_1 nehmen die Stäbe $a\,a_0$ und $a_0 b_0$ teil. Es ist: $a_{l1} = 0$, $a_{q1} = -\frac{h}{2}$, $a_{m1} = 1$ für den

Pfosten, $a_{l1} = e$, $a_{q1} = -\frac{l}{2}$, $a_{m1} = 1$ für den Bogen, demnach

$$\varrho_{11} = \frac{h^2}{4} \cdot c_q + c_m + \left(e^2 c_l + \frac{l^2}{4} \cdot c_q + c_m\right).$$

An den Bewegungen ν_1 und ν_2 nimmt nur der Stab $a_0\, b_0$ gemeinsam teil. Es ist: $a_{l1} = e$, $a_{l2} = -e$, $a_{q1} = -\frac{l}{2}$, $a_{q2} = -\frac{l}{2}$, $a_{m1} = 1$, $a_{m2} = -1$, so daß: $\varrho_{12} = \left(-e^2 c_l + \frac{l^2}{4} \cdot c_q - c_m\right)$. Entsprechend werden die übrigen Werte berechnet, welche im folgenden zusammengestellt sind. Die Ausdrücke in Klammern beziehen sich auf den Bogen, die anderen auf den Pfosten.

$$\varrho_{11} = \frac{h^2}{4} \cdot c_q + c_m + \left(e^2 c_l + \frac{l^2}{4} \cdot c_q + c_m\right) = \frac{4}{h'} + \left(e^2 c_l + \frac{l^2}{4} \cdot c_q + c_m\right) = \varrho_{44}$$

$$\varrho_{22} = \frac{h^2}{4} \cdot c_q + c_m + 2\left(e^2 c_l + \frac{l^2}{4} \cdot c_q + c_m\right) = \frac{4}{h'} + 2\left(e^2 c_l + \frac{l^2}{4} \cdot c_q + c_m\right) = \varrho_{33}$$

$$\varrho_{55} = 2\, c_q + (c_l) = \frac{24}{h^2 h'} + (c_l) = \varrho_{66}$$

$$\varrho_{77} = c_q + (c_l + l^2 \theta'^2 c_q) = \frac{12}{h^2 h'} + (c_l + l^2 \theta'^2 c_q) = \varrho_{88}$$

$$\varrho_{12} = \left(-e^2 c_l + \frac{l^2}{4} \cdot c_q - c_m\right) = \varrho_{23} = \varrho_{34}$$

$$\varrho_{13} = \varrho_{14} = \varrho_{24} = 0 \qquad \varrho_{16} = \varrho_{45} = \varrho_{18} = \varrho_{47} = 0$$

$$\varrho_{15} = -\frac{h}{2} \cdot c_q = -\frac{6}{h\,h'} = -\varrho_{46}$$

$$\varrho_{17} = -\frac{h}{2} \cdot c_q + \left(e\, c_l - \frac{l^2}{2}\,\theta' c_q\right) = -\frac{6}{h\,h'} + \left(e\, c_l - \frac{l^2}{2}\,\theta' c_q\right) = -\varrho_{48}$$

$$\varrho_{25} = -\frac{h}{2} \cdot c_l + (e\, c_l) = -\frac{6}{h\,h'} + (e\, c_l) = -\varrho_{36}$$

$$\varrho_{26} = (e\, c_l) = -\varrho_{35} \qquad \varrho_{27} = \left(-e\, c_l - \frac{l^2}{2}\,\theta' c_q\right) = -\varrho_{38} \qquad \varrho_{28} = \varrho_{37} = 0$$

$$\varrho_{56} = (c_l) \qquad \varrho_{57} = c_q = \frac{12}{h^2 h'} = \varrho_{68} \qquad \varrho_{58} = \varrho_{67} = \varrho_{78} = 0\,.$$

Damit sind sämtliche Beiwerte berechnet. Werden die Anteile der Pfosten und Bögen getrennt ermittelt, so ergeben sich die Anteile der geraden Stäbe zu:

Kn. 1: $\frac{4}{h'}\,\nu_1 - \frac{6}{h\,h'}\,(\mu_5 + \lambda_7)$ Kn. 3: $\frac{4}{h'}\,\nu_3 + \frac{6}{h\,h'}\,\mu_6$

Kn. 2: $\frac{4}{h'}\,\nu_2 - \frac{6}{h\,h'}\,\mu_5$ Kn. 4: $\frac{4}{h'}\,\nu_4 + \frac{6}{h\,h'}\,(\mu_6 + \lambda_8)$

K. 1: $-\frac{6}{h\,h'}\,(\nu_1 + \nu_2) + \frac{24}{h^2 h'}\,\mu_5 + \frac{12}{h^2 h'}\,\lambda_7$

K. 2: $-\frac{6}{h\,h'}\,(\nu_3 + \nu_4) + \frac{24}{h^2 h'}\,\mu_6 + \frac{12}{h^2 h'}\,\lambda_8$

F. 1: $-\frac{6}{h\,h'}\,\nu_1 + \frac{12}{h^2 h'}\,\mu_5 + \frac{12}{h^2 h'}\,\lambda_7$

F. 2: $+\frac{6}{h\,h'}\,\nu_4 + \frac{12}{h^2 h'}\,\mu_6 + \frac{12}{h^2 h'}\,\lambda_8\,.$

Vergleich zeigt die Übereinstimmung mit den oben berechneten Beiwerten. Die Anteile der Bogenstäbe werden wie vorher ermittelt.

Nach Einsetzen der Zahlenwerte erhält man die Hauptgleichungen:

	ν_1	ν_2	ν_3	ν_4	μ_5	μ_6	λ_8	λ_8		B
Kn. 1	+29,012	− 5,408	0	0	−1,25	0	+0,0539	0	=	1000 A_1
Kn. 2	− 5,408	+41,357	− 5,408	0	+0,0608	+1,3108	−1,3177	0	=	1000 A_2
Kn. 3	0	− 5,408	+41,357	− 5,408	−1,3108	+0,0608	0	+1,3177	=	1000 A_3
Kn. 4	0	0	− 5,408	+29,012	0	+1,25	0	−0,0539	=	1000 A_4
K. 1	− 1,25	+ 0,0608	− 1,3108	0	+0,4692	+0,2192	+0,125	0	=	1000 B_1
K. 2	0	+ 1,3108	− 0,0608	+ 1,25	+0,2192	+0,4692	0	+0,125	=	1000 B_2
F. 1	+ 0,0539	− 1,3177	0	0	+0,125	0	+0,3442	0	=	1000 C_1
F. 2	0	0	+ 1,3177	− 0,0539	0	+0,125	0	+0,3442	=	1000 C_2

mit der Lösung:

		A_1	A_2	A_3	A_4	B_1	B_2	C_1	C_2
ν_1	=	+ 47,4	+ 10,95	+ 9,35	+ 9,60	+ 250	− 181	− 56	+ 31
ν_2	=	+ 10,95	+ 35,20	+ 7,85	+ 9,35	+ 108,5	− 186,5	+ 94,6	+ 37,9
ν_3	=	+ 9,35	+ 7,85	+ 35,20	+ 10,95	+ 186,5	− 108,5	− 37,9	− 94,6
ν_4	=	+ 9,60	+ 9,35	+ 10,95	+ 47,4	− 181	+ 250	− 31	+ 56
μ_5	=	+250	+106,4	+182,6	+180	+5280	−3370	−1546	+ 553
μ_6	=	−180	−182,6	−106,4	−250	−3370	+5280	+ 553	−1546
λ_7	=	− 56,8	+ 94,7	− 37,8	− 31,1	−1548	+ 552	+3835	− 65
λ_3	=	+ 31,1	+ 37,8	− 94,7	+ 56,8	+ 552	−1548	− 65	+3835

Zur Ausrechnung wurde gesetzt:

$$\nu_1 + \nu_4 = x_1 \qquad \nu_2 + \nu_3 = x_3 \qquad \mu_5 + \mu_6 = x_5 \qquad \lambda_7 + \lambda_8 = x_7$$

$$\nu_1 - \nu_4 = x_2 \qquad \nu_2 - \nu_3 = x_4 \qquad \mu_5 - \mu_6 = x_6 \qquad \lambda_7 - \lambda_8 = x_8$$

womit das Gleichungssystem in zwei voneinander unabhängige Systeme von je vier Unbekannten (x_1, x_3, x_6, x_8) und (x_2, x_4, x_5, x_7) zerfällt, wodurch die Berechnung wesentlich vereinfacht wird. Die Auflösung des Gleichungssystems durch Zwischenschaltung der Unbekannten x läßt sich statisch als die Einführung von Formänderungsgruppen deuten. Die Berechnung, welche mit dem Rechenschieber durchgeführt wurde, erfordert etwa drei Stunden Zeit, was auch für die Berechnung mit mehr Stellen mit Hilfe einer Rechenmaschine zutrifft. Näherungsverfahren führen hier nicht rascher zum Ziel, namentlich da nach Ermittlung der Grundwerte die statischen Werte jedes Querschnittes für jeden Belastungsfall rasch und unabhängig von denen anderer Querschnitte berechnet werden können, ein wesentlicher Vorteil des Formänderungsverfahrens.

Die Genauigkeit der Berechnung mit dem Rechenschieber reicht allerdings kaum aus, wie die Rechenkontrollen am Schluß zeigen. Eine weitere Kontrollmöglichkeit bieten die in der Lösung auftretenden Symmetrien, an welchen man die Genauigkeit der Rechnung wenigstens abschätzen kann.

e) *Die Belastungsglieder.* Wird der starr eingespannte Bogen durch eine Einzellast belastet, so wirkt am linken Auflager (Knoten) das Moment M_l, am rechten das Moment M_r, außerdem der Horizontalschub $-H$, da $+H$ der auf den Bogen wirkende Schub ist (positiv, wenn er die Stabsehne verlängert). Die Vorzeichen von M_l und M_r wurden unter b) bestimmt.

Das Belastungsglied A_1 der Knotengleichung 1 ist die Arbeit des Knotenmomentes M_l bei der Drehung $\nu_1 = +1$ des Knotens, zahlenmäßig also $A_1 = M_l$. Entsprechend wird das Belastungsglied A_2 der Knotengleichung 2:

$$A_2 = M_{l2} + M_{r1}.$$

Das Belastungsglied B_1 der Kettengleichung 1 ist die Arbeit der Knotenlasten bei der Bewegung $\mu_1 = 1$. Am Knoten 1 wirkt bei Belastung des ersten Bogens ein Schub $-H$ in Richtung der Bewegung, die Arbeit ist also $-H$, wobei $+H$ der Wert in Tab. 3, Nr. 299 ist. Am Knoten 2 wirkt bei dieser Belastung ein entgegengesetzt gerichteter Schub, während die Bewegung dieselbe Richtung wie am Knoten 1 hat, so daß die Arbeit $+H$ wird. Die gesamte Arbeit bei Belastung des Feldes 1 ist daher $-H + H = 0$.

Das Belastungsglied C_1 der Fachwerkgleichung 1 ist $+H$, wie aus dem vorigen hervorgeht. Entsprechend ergeben sich die übrigen Belastungsglieder, so daß sich für diese die nachstehende Tafel ergibt:

Lastglied	A_1	A_2	A_3	A_4	B_1	B_2	C_1	C_2
Last in								
Feld 1	M_l	M_r	0	0	0	0	$-H$	0
Feld 2	0	M_l	M_r	0	$-H$	$-H$	0	0
Feld 3	0	0	M_l	M_r	0	0	0	$-H$

Das Vorzeichen wird daran kontrolliert, daß das Lastglied positiv ist, wenn Kraftwirkung und Verschiebung gleichsinnig verlaufen.

f) Die Grundwerte. Nunmehr können die Grundwerte berechnet werden. Beachtet man, daß die Einflußlinien von M_l und M_r antimetrisch zur Bogenmitte sind, so ergibt sich durch die Symmetrie der Beiwerte A, B, C, daß ν_4 und ν_1 sowie ν_3 und ν_2, μ_6 und μ_5, λ_8 und λ_7 ebenfalls zur Tragwerksmitte antimetrische Einflußlinien besitzen, wie aus Symmetriegründen zu erwarten ist. Daher genügt die Berechnung von ν_1, ν_2, μ_5, λ_7, wobei sich die Rechenarbeit noch dadurch wesentlich vereinfacht, daß fast die Hälfte der Produkte zweimal vorkommt. Angegeben werden als Beispiele nur wenige Werte:

Last im Feld $a_0 b_0$: $\nu_1 = +47{,}4\, M_l + 10{,}95 \cdot M_r + 56 \cdot H$.

$$\nu_2 = +10{,}95 \cdot M_l + 35{,}20 \cdot M_r - 94{,}6 \cdot H$$

$$\mu_5 = +250 \cdot M_l + 106{,}4 \cdot M_r + 1546 \cdot H$$

$$\lambda_7 = -56{,}8 \cdot M_l + 94{,}7 \cdot M_r - 3835 \cdot H\,.$$

g) Die statischen Werte. Die Drehwinkel ψ werden:

Stab aa_0: $\psi = +0{,}05\,(\mu_5 + \lambda_7)$ Stab $a_0 b_0$: $\psi = +0{,}001\,\lambda_7$

,, bb_0: $\psi = +0{,}05\,\mu_5$,, $b_0 c_0$: $\psi = 0$

,, cc_0: $\psi = -0{,}05\,\mu_6$,, $c_0 d_0$: $\psi = -0{,}001\,\lambda_8$

,, dd_0: $\psi = -0{,}05\,(\mu_6 + \lambda_8)$

Die Einflußlinien der Momente an den Pfeilerköpfen folgen aus Gl. (390) zu:

Stab aa_0: $M_{a0} = 0{,}01667\,\nu_1 - 0{,}00125\,(\mu_5 + \lambda_7)$

,, bb_0: $M_{b0} = 0{,}01667\,\nu_2 - 0{,}00125\,\mu_5$

entsprechend die Momente an den Pfeilerfüßen:

Stab aa_0: $M_a = 0{,}00833\,\nu_1 - 0{,}00125\,(\mu_5 + \lambda_7)$.

,, bb_0: $M_b = 0{,}00833\,\nu_2 - 0{,}00125\,\mu_5$

Die Einflußlinien für die Grundwerte der Bögen ergeben sich aus den Gl. (398) u. (400):

$$\text{Bogen } a_0 b_0\colon\ X_l = +\,0{,}001038\,(\nu_1 - \nu_2) + 0{,}0002192\,\lambda_7 + X_{l0}$$
$$X_q = -\,0{,}0002775\,(\nu_1 + \nu_2) + 0{,}000555\,\psi_r + X_{q0}$$
$$X_m = +\,0{,}001038\,(\nu_1 - \nu_2)$$
$$\text{Bogen } b_0 c_0\colon\ X_l = +\,0{,}001038\,(\nu_2 - \nu_3) + 0{,}0002192\,(\mu_5 + \mu_6) + X_{l0}$$
$$X_q = -\,0{,}0002775\,(\nu_2 + \nu_3) + 0{,}000555\,\psi_r + X_{q0}$$
$$X_m = +\,0{,}001038\,(\nu_2 - \nu_3)$$

Bogen $c_0 d_0$ aus Bogen $a_0 b_0$ durch zyklische Vertauschung von Zeiger 1, 2, 7 mit 3, 4, 8.

Aus den Gl. (395) ergeben sich die an den Bögen angreifenden Auflagerwirkungen:

$$M_0 = +\,5{,}98\,X_l - 12{,}5\,X_q + X_m - M_l$$
$$M_k = -\,5{,}98\,X_l - 12{,}5\,X_q - X_m - M_r$$
$$H = X_l \qquad A = A_0 + X_q\,.$$

Die Momentensumme an jedem Knoten muß Null sein, da die Knotengleichung lediglich die Gleichgewichtsbedingung am Knoten ist. Durch Anschreiben der Werte für M läßt sich dies leicht zeigen.

Aus den Auflagerwirkungen ergeben sich die statischen Werte eines beliebigen Querschnittes nach den Gl. (348).

Wie man aus der Behandlung dieses Beispiels sieht, gestattet das Formänderungsverfahren eine verhältnismäßig einfache Berechnung von Rahmenwerken mit bogenförmigen Stäben, welche mit dem Kraftverfahren nur sehr umständlich zu behandeln sind.

301. Stockwerkrahmen. Der Stockwerkrahmen Bild 350 ist zweistöckig; das untere Stockwerk hat drei gleichhohe Pfosten $p\,1$, $p\,2$, $p\,3$ und zwei ungleich lange Riegel $r\,1$, $r\,2$; der obere Stock hat zwei ungleich hohe Pfosten $p\,4$ und $p\,5$ und zwei schräg liegende Riegel $r\,3$, $r\,4$. Die Abmessungen gehen aus Bild 350 hervor. Die Pfosten $p\,1$, $p\,2$, $p\,3$ sind an ihren unteren Knoten gelenkig angeschlossen, sämtliche übrigen Stabanschlüsse sind steife Ecken.

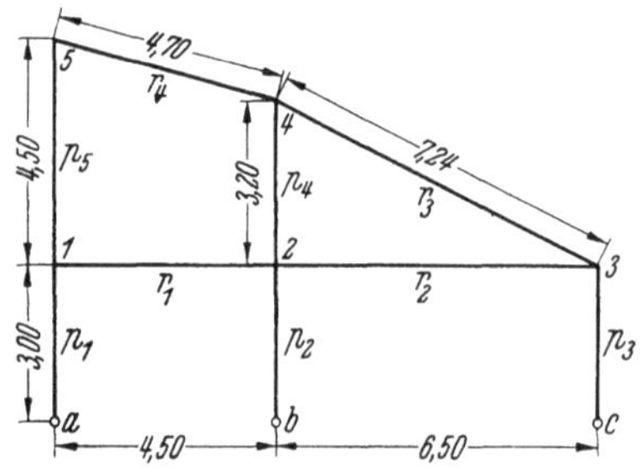

Bild 350.

Der Rahmen soll für die unter 5. angegebenen Belastungen berechnet werden. Als Unbekannte werden die Drehwinkel ν der freien Knoten 1 bis 5 und der Verschiebungsbeiwert μ des unteren Stockwerkes eingeführt. Die Berechnung wird nach dem Schema für Stockwerkrahmen Abschnitt C durchgeführt.

Der Rahmen ist neunfach statisch überbestimmt, zu seiner Berechnung sind 5 Knotendrehwinkel ν und 1 Verschiebungsbeiwert μ, also 6 Unbekannte, notwendig.

1. *Die Festwerte der Stäbe.* Außer dem Pfosten $p\,5$ und dem Riegel $r\,4$ haben sämtliche Stäbe konstanten Querschnitt über die gesamte Stablänge. Der geringe Einfluß der Endschrägen, welche an den Riegeln zur besseren Führung der Bewehrung ausgebildet werden, wird in der Berechnung vernachlässigt. Bei den Stäben $p\,5$ und $r\,4$ wird das veränderliche Trägheitsmoment berücksichtigt.

Die Längen der Riegel werden mit l, die der Pfosten mit h bezeichnet, das Trägheitsmoment der Riegel mit J, das der Pfosten mit J'. Die Breite sämtlicher Stäbe beträgt 0,30 m.

Abmessungen und Trägheitsmomente.

Stab		$p\,1$	$p\,2, p\,3$	$p\,4$	$r\,1$	$r\,2$	$r\,3$
Höhe	m	0,90	0,60	0,60	0,70	0,70	0,70
$J\ (J')$	m^4	0,0182	0,0054	0,0054	0,00858	0,00858	0,00858
$l\,(h)$	m	3,0	3,0	3,2	4,5	6,5	7,24
$\frac{l}{J}\left(\frac{h}{J'}\right)$	$\frac{1}{m^3}$	165,00	555,00	593,00	525,00	758,00	844,00
$\frac{J}{l}\left(\frac{J'}{h}\right)$	m^3	0,00607	0,0018	0,00169	0,00191	0,00132	0,00119

Stab p 5. Die Abmessungen des Stabes $p\,5$ gehen aus der Skizze hervor. Die Berechnung der Festwerte k ist in der Tabelle durchgeführt.

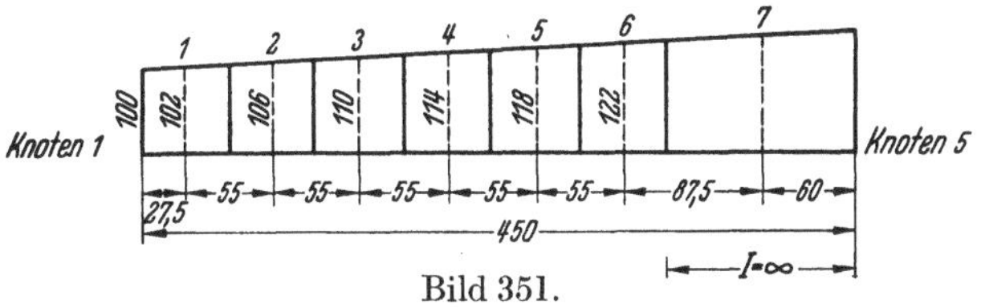

Bild 351.

Ab-schnitt	h m	J m^4	dx	$dw = \frac{dx}{J}$	x m	x^2	$l-x$	$(l-x)^2$	$x(l-x)$	$x^2\,dw$	$(l-x)^2 \times dw$	$x(l-x) \times dw$
1	1,02	0,0266	0,55	20,7	0,275	0,0756	4,225	17,85	1,16	1,6	370,0	24,0
2	1,06	0,0298	0,55	18,4	0,825	0,681	3,675	13,51	3,03	12,5	249,0	55,7
3	1,10	0,0333	0,55	16,5	1,375	1,891	3,125	9,76	4,30	31,2	161,0	71,0
4	1,14	0,0371	0,55	14,8	1,925	3,710	2,575	6,63	4,95	54,9	98,0	73,3
5	1,18	0,0411	0,55	13,4	2,475	6,126	2,025	4,10	5,02	82,1	55,0	67,3
6	1,22	0,0454	0,55	12,1	3,025	9,151	1,475	2,18	4,45	110,5	26,4	54,0
7		∞	1,20				0,600			0	0	0
Σ										292,8	959,4	345,3

Damit wird: $l^2\,a_1 = 292{,}8 \qquad l^2\,a_2 = 959{,}4 \qquad l^2\,b = 345{,}3$

$$l^4\,c^2 = l^4\,a_1\,a_2 - l^4\,b^2 = 281000 - 119000 = 162000$$

$$l^2\,c^2 = 8000$$

Stab r 4. Die Abmessungen des Stabes $r\,4$ gehen aus der Skizze hervor, die folgende Tabelle enthält die Berechnung der Festwerte.

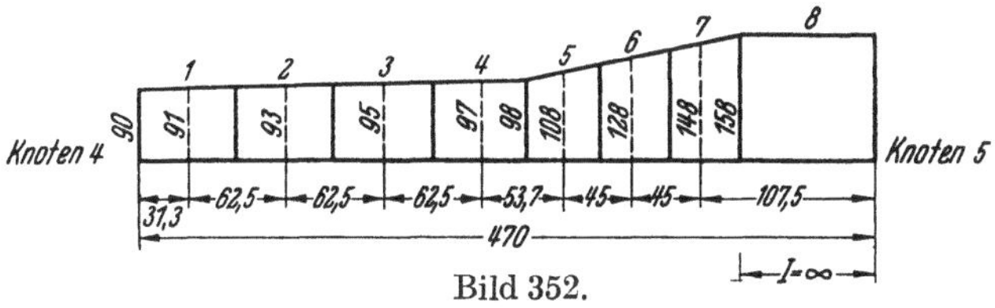

Bild 352.

Abschnitt	h m	J m⁴	dx m	$dw = \frac{dx}{J}$	x	x^2	$l-x$	$(l-x)^2$	$x(l-x)$	$x^2\,dw$	$(l-x)^2 \times dw$	$x(l-x) \times dw$
1	0,91	0,0189	0,625	33,0	0,313	0,098	4,387	19,246	1,37	3,2	635,0	45,2
2	0,93	0,0201	0,625	31,1	0,938	0,880	3,762	14,153	3,53	27,4	440,0	109,0
3	0,95	0,0215	0,625	29,1	1,563	2,443	3,137	9,841	4,90	71,0	286,0	142,5
4	0,97	0,0228	0,625	27,4	2,188	4,787	2,512	6,310	5,50	173,0	131,0	151,0
5	1,08	0,0315	0,45	14,3	2,725	7,426	1,975	3,900	5,38	106,0	55,8	77,0
6	1,28	0,0525	0,45	8,58	3,175	10,081	1,525	2,326	4,83	86,5	20,0	41,4
7	1,48	0,0810	0,45	5,55	3,625	13,141	1,075	1,156	3,90	72,9	6,4	21,6
Σ										498,0	1616,2	587,7

Damit ist: $l^2 a_1 = 498{,}0 \qquad l^2 a_2 = 1616{,}2 \qquad l^2 b = 587{,}7$

$l^4 c^2 = 806000 - 346000 = 460000 \qquad l^2 c^2 = 20800$

Festwerte der Stäbe:

Stab $p\,1$: $\mathfrak{k}_{aa} = 0 \qquad \mathfrak{k}_{11} = 0{,}01821 \qquad \mathfrak{k}_{1a} = 0$

$\mathfrak{g}_a = 0 \qquad \mathfrak{g}_1 = -0{,}01821 \qquad \mathfrak{h} = +0{,}01821$

Stäbe $p\,2$: $\mathfrak{k}_{bb},\ \mathfrak{k}_{cc} = 0 \qquad \mathfrak{k}_{22},\ \mathfrak{k}_{33} = 0{,}0054 \qquad \mathfrak{k}_{2b},\ \mathfrak{k}_{3c} = 0$

$p\,3$: $\mathfrak{g}_b,\ \mathfrak{g}_c = 0 \qquad \mathfrak{g}_2,\ \mathfrak{g}_3 = -0{,}0054 \qquad \mathfrak{h} = +0{,}0054$

Stab $p\,4$: $\mathfrak{k}_{22} = 0{,}00676 = \mathfrak{k}_{44} \qquad \mathfrak{k}_{24} = 0{,}00338$

$\mathfrak{g}_2 = -0{,}01014 = \mathfrak{g}_4 \qquad \mathfrak{h} = +0{,}02028$

Stab $p\,5$: $\mathfrak{k}_{11} = 0{,}0366 \qquad \mathfrak{k}_{55} = 0{,}1200 \qquad \mathfrak{k}_{15} = 0{,}0431$

$\mathfrak{g}_1 = -0{,}0797 \qquad \mathfrak{g}_5 = -0{,}1631 \qquad \mathfrak{h} = +0{,}2428$

Stab $r\,1$: $\mathfrak{k}_{11} = 0{,}00764 = \mathfrak{k}_{22} \qquad \mathfrak{k}_{12} = 0{,}00382$

$\mathfrak{g}_1 = -0{,}01146 = \mathfrak{g}_2 \qquad \mathfrak{h} = +0{,}02292$

Stab $r\,2$: $\mathfrak{k}_{22} = 0{,}00528 = \mathfrak{k}_{33} \qquad \mathfrak{k}_{23} = 0{,}00264$

$\mathfrak{g}_2 = -0{,}00792 = \mathfrak{g}_3 \qquad \mathfrak{h} = 0{,}01584$

Stab $r\,3$: $\mathfrak{k}_{33} = 0{,}00476 = \mathfrak{k}_{44} \qquad \mathfrak{k}_{34} = 0{,}00238$

$\mathfrak{g}_3 = -0{,}00714 = \mathfrak{g}_4 \qquad \mathfrak{h} = 0{,}01428$

Stab $r\,4$: $\mathfrak{k}_{44} = 0{,}0240 \qquad \mathfrak{k}_{55} = 0{,}0777 \qquad \mathfrak{k}_{45} = 0{,}0283$

$\mathfrak{g}_4 = -0{,}0523 \qquad \mathfrak{g}_5 = -0{,}1060 \qquad \mathfrak{h} = +0{,}1583$

Die *Knotensteifkeiten* werden:

$$\mathfrak{K}_{11} = 0{,}01821 + 0{,}03660 + 0{,}00764 = 0{,}06245$$
$$\mathfrak{K}_{22} = 0{,}00540 + 0{,}00676 + 0{,}00764 + 0{,}00528 = 0{,}02508$$
$$\mathfrak{K}_{33} = 0{,}00540 + 0{,}00528 + 0{,}00476 = 0{,}01544$$
$$\mathfrak{K}_{44} = 0{,}00676 + 0{,}00476 + 0{,}02400 = 0{,}03552$$
$$\mathfrak{K}_{55} = 0{,}1200 + 0{,}0777 = 0{,}1977$$

Stabdrehwinkel. Für $\mu = 1$ sind die Stabdrehwinkel:

$$\text{für } p\,1, p\,2, p\,3: \qquad \chi = \frac{1}{3{,}0}, \quad \text{alle übrigen} \quad \chi = 0.$$

Die Beiwerte von μ in den Knotengleichungen sind dann:

$$\text{Gl. (1)}: \quad -\frac{0{,}01821}{3{,}0} = -0{,}0607 \qquad \text{Gl. (2) und (3)}: \quad -\frac{0{,}0054}{3{,}0} = -0{,}0018.$$

Der Beiwert von μ in der Kettengleichung wird:

$$(0{,}01821 + 0{,}0054 + 0{,}0054)\,\frac{1}{3{,}0^2} = 0{,}00213.$$

2. *Die Hauptgleichungen.* Mit den errechneten Festwerten werden die Hauptgleichungen zur Berechnung der ν und μ:

	ν_1	ν_2	ν_3	ν_4	ν_5	μ		
1	0,06245	0,00382	0	0	0,0431	− 0,00607	=	B_1
2	0,00382	0,02508	0,00264	0,00338	0	− 0,00180	=	B_2
3	0	0,00264	0,01544	0,00238	0	− 0,00180	=	B_3
4	0	0,00338	0,00238	0,03552	0,0283	0	=	B_4
5	0,0431	0	0	0,0283	0,1977	0	=	B_5
μ	− 0,00607	− 0,00180	− 0,00180	0	0	+ 0,00322	=	B_μ

Die Belastungsglieder B werden nachher berechnet. Die Auflösung des Gleichungssystemes ergibt die Unbekannten ν und μ als Funktionen der Belastungsglieder B.

		B_1	B_2	B_3	B_4	B_5	B_μ
ν_1	=	+ 25,20	− 1,45	+ 5,37	+ 4,70	− 6,11	+ 49,70
ν_2	=	− 1,50	+ 42,30	− 4,60	− 4,75	+ 0,90	+ 18,40
ν_3	=	+ 5,32	− 4,40	+ 71,70	− 3,83	− 0,60	+ 47,90
ν_4	=	+ 4,70	− 4,49	− 3,90	+ 33,30	− 5,79	+ 4,20
ν_5	=	− 6,19	+ 0,96	− 0,61	− 5,80	+ 7,22	− 11,50
μ	=	+ 49,50	+ 18,50	+ 47,80	+ 4,18	− 11,40	+ 442,0

Die Werte wurden mit dem Rechenschieber berechnet, was im vorliegenden Fall genau genug ist, insbesondere da keine Einflußlinien berechnet werden.

3. *Die Momente aus der Formänderung.* Mit den Werten ν und μ lassen sich die Momente aus der Formänderung des Rahmens darstellen. Es ergibt:

Knoten 5.

Stab $r\,4$: $M'_5 = 0{,}0777\,\nu_5 + 0{,}0283\,\nu_4$

$$= -0{,}348\,B_1 - 0{,}0525\,B_2 - 0{,}1575\,B_3 + 0{,}493\,B_4 + 0{,}396\,B_5 - 0{,}775\,B$$

Stab $p\,5$: $M'_5 = 0{,}1200\,\nu_5 + 0{,}0431\,\nu_1$

$$= 0{,}344\,B_1 + 0{,}0525\,B_2 + 0{,}1585\,B_3 - 0{,}493\,B_4 + 0{,}604\,B_5 + 0{,}760\,B_\mu$$

Knoten 4.

Stab $r4$: $M'_4 = 0{,}0240\,\nu_4 + 0{,}0283\,\nu_5$

$= -0{,}062\,B_1 - 0{,}081\,B_2 - 0{,}111\,B_3 + 0{,}636\,B_4 + 0{,}065\,B_5 - 0{,}225\,B_\mu$

Stab $r3$: $M'_4 = 0{,}00238\,(2\,\nu_4 + \nu_3)$

$= +0{,}0351\,B_1 - 0{,}0318\,B_2 + 0{,}152\,B_3 + 0{,}149\,B_4 - 0{,}029\,B_5 + 0{,}134\,B_\mu$

Stab $p4$: $M'_4 = 0{,}00338\,(2\,\nu_4 + \nu_2)$

$= +0{,}0267\,B_1 + 0{,}113\,B_2 - 0{,}0427\,B_3 + 0{,}209\,B_4 - 0{,}0361\,B_5 + 0{,}091\,B_\mu$

Knoten 3.

Stab $r3$: $M'_3 = 0{,}00238\,(2\,\nu_3 + \nu_4)$

$= +0{,}0365\,B_1 - 0{,}0316\,B_2 + 0{,}332\,B_3 + 0{,}061\,B_4 - 0{,}0166\,B_5 + 0{,}238\,B_\mu$

Stab $r2$: $M'_3 = 0{,}00264\,(2\,\nu_3 + \nu_2)$

$= +0{,}0241\,B_1 + 0{,}0885\,B_2 + 0{,}365\,B_3 - 0{,}0328\,B_4 - 0{,}0008\,B_5 + 0{,}3\,B_\mu$

Stab $p3$: $M'_3 = 0{,}0054\left(\nu_3 - \frac{\mu}{3{,}0}\right)$

$= -0{,}0602\,B_1 - 0{,}057\,B_2 + 0{,}301\,B_3 - 0{,}0282\,B_4 + 0{,}0173\,B_5 - 0{,}537\,B_\mu$

Knoten 2.

Stab $r2$: $M'_2 = 0{,}00264\,(2\,\nu_2 + \nu_3)$

$= +0{,}0061\,B_1 + 0{,}212\,B_2 + 0{,}165\,B_3 - 0{,}0352\,B_4 + 0{,}0032\,B_5 + 0{,}224\,B_\mu$

Stab $r1$: $M'_2 = 0{,}00382\,(2\,\nu_2 + \nu_1)$

$= +0{,}0848\,B_1 + 0{,}318\,B_2 - 0{,}0147\,B_3 - 0{,}0183\,B_4 - 0{,}0165\,B_5 + 0{,}33\,B_\mu$

Stab $p4$: $M'_2 = 0{,}00338\,(2\,\nu_2 + \nu_4)$

$= +0{,}00575\,B_1 + 0{,}271\,B_2 - 0{,}044\,B_3 + 0{,}080\,B_4 - 0{,}0135\,B_5 + 0{,}1385\,B_\mu$

Stab $p2$: $M'_2 = 0{,}0054\left(\nu_2 - \frac{\mu}{3{,}0}\right)$

$= -0{,}0972\,B_1 + 0{,}195\,B_2 - 0{,}111\,B_3 - 0{,}0322\,B_4 + 0{,}0254\,B_5 - 0{,}695\,B_\mu$

Knoten 1.

Stab $r1$: $M'_1 = 0{,}00382\,(2\,\nu_1 + \nu_2)$

$= +0{,}187\,B_1 + 0{,}151\,B_2 + 0{,}0224\,B_3 + 0{,}0178\,B_4 - 0{,}0432\,B_5 + 0{,}45\,B_\mu$

Stab $p5$: $M'_1 = 0{,}0366\,\nu_1 + 0{,}0431\,\nu_5$

$= +0{,}657\,B_1 - 0{,}0117\,B_2 + 0{,}1707\,B_3 - 0{,}078\,B_4 + 0{,}087\,B_5 + 1{,}324\,B_\mu$

Stab $p1$: $M'_1 = 0{,}01821\left(\nu_1 - \frac{\mu}{3{,}0}\right)$

$= +0{,}158\,B_1 - 0{,}139\,B_2 - 0{,}192\,B_3 + 0{,}0603\,B_4 - 0{,}042\,B_5 - 1{,}78\,B_\mu$

4. *Die Belastungsglieder.* Die Werte B_1 bis B_5 sind die Momente aus der Belastung, welche an den Knoten 1 bis 5 angreifen, wenn die Stäbe in diesen Knoten als starr eingespannt betrachtet werden. B_μ ist die Arbeit der waagerecht angreifenden Knotenlasten und der Auflagerdrücke der waagerechten Belastung am starr eingespannten Stab bei der Verschiebung $\mu = 1$.

Die Einwirkung der verschiedenen Belastungen wird zweckmäßig getrennt berechnet, sowohl wegen der bequemeren Prüfungsmöglichkeit, als auch vor allem wegen der einfacheren Berechnung der Größtwerte.

Die verschiedenen Belastungsfälle sind unter 5. zusammengestellt. Die Stäbe $r1$ bis $r3$ haben konstantes Trägheitsmoment, das Einspannungsmoment aus gleichmäßig verteilter Last an ihnen ist daher: $M = \frac{1}{24}\, p l^2$. Dagegen ist für den Riegel $r4$ das Trägheitsmoment so veränderlich, daß es bei der Berechnung der Einspannungsmomente berücksichtigt werden muß.

Die beiden Einspannungsmomente M_4 und M_5 des Riegels $r4$ ergeben sich aus den Hauptgleichungen:

$$345{,}3\, M_4 + 292{,}8\, M_5 + 4{,}70 \sum M_0\, x\, dw = 0$$

$$959{,}4\, M_4 + 345{,}3\, M_5 + 4{,}70 \sum M_0\, (l - x)\, dw = 0\,,$$

wobei die Festwerte aus 1. entnommen werden und die Summen über den ganzen Stab zu erstrecken sind. Für gleichmäßig verteilte Belastung $p = 1$ t/m ist:

$$M_0 = \frac{1}{2}\, x\, (l - x), \text{ so daß noch die beiden Summen}$$

$$\frac{4{,}70}{2} \sum x^2\, (l - x)\, dw \quad \text{und} \quad \frac{4{,}70}{2} \sum x\, (l - x)^2\, dw$$

zu berechnen sind, was in nachstehender Tabelle geschieht.

Schnitt	dw	x	$x(l-x)$	$x^2(l-x)$	$x^2(l-x)\,dw$	$(l-x)$	$x(l-x)^2$	$x(l-x)^2\,dw$
1	33,0	0,313	1,37	0,43	14,2	4,387	6,00	198
2	31,1	0,938	3,53	3,31	103,0	3,762	13,30	414
3	29,1	1,563	4,90	7,66	223,0	3,137	15,35	447
4	27,4	2,188	5,50	12,05	330,0	2,512	13,80	378
5	14,3	2,725	5,38	14,65	209,0	1,975	10,60	151,5
6	8,58	3,175	4,83	15,35	132,0	1,525	7,37	63,2
7	5,55	3,625	3,90	14,10	78,0	1,075	4,19	23,1
Σ					1089,2			1674,9

Damit werden die beiden Gleichungen:

$$345{,}3\, M_4 + 292{,}8\, M_5 + 2560 = 0$$

$$959{,}4\, M_4 + 345{,}3\, M_5 + 3940 = 0$$

woraus für die Einspannungsmomente folgt:

$$M_4 = -\,1{,}67\, p \qquad M_5 = -\,6{,}75\, p$$

wenn p t/m die gleichförmig verteilte Belastung ist $\left(\text{bei gleichbleibendem Trägheitsmoment: } M_4 = M_5 = -\,\frac{4{,}70^2}{12} = -\,1{,}85\right)$.

5. *Belastung und Belastungsglieder.* Am Knoten 5 greift aus einem Kragarm ein Moment von $M = -105{,}4$ mt an. Auf die waagerechte Projektion der Riegel wirken die lotrechten Lasten:

Riegel $r4$:	$p = 2{,}30$ t/m	Riegel $r2$:	$p = 1{,}40$ t/m
Riegel $r3$:	$p = 2{,}00$ t/m	Riegel $r1$:	$p = 1{,}40$ t/m

Aus Wind greift am Knoten 5 eine waagerechte Last von 1,55 t, am Knoten 4 eine solche von 1,15 t an.

Am Knoten 5 wirkt aus dem Kragarm eine lotrechte Last von 23,00 t.

Dies sind die Belastungen des Rahmens aus ständiger Last. Weitere Belastungsfälle werden hier nicht betrachtet.

Wirkt auf 1 m Breite waagerecht die Last p t/m, dann wirkt normal zum Träger die Last $p \cos\alpha$ auf eine Breite von $\frac{1}{\cos\alpha}$ oder eine Belastung $p' = p\cos^2\alpha$ auf 1 m Breite schräg gemessen. Ist s die Stablänge, l ihre waagerechte Projektion, so ist das Einspannungsmoment aus der normalen Belastung p':
$M = \frac{1}{12} p' s^2 = \frac{1}{12} p l^2$.

Die *Einspannungsmomente* (Wirkung des Stabes auf die Knoten) sind:

Knoten 5:	Kragarm:	$M = -105{,}4$ mt
	Riegel $r4$:	$M = -6{,}75 \cdot 2{,}30 = -15{,}50$ mt
Knoten 4:	Riegel $r4$:	$M = +1{,}67 \cdot 2{,}30 = +3{,}85$ mt
	Riegel $r3$:	$M = -\frac{1}{12} \cdot 2{,}00 \cdot 6{,}50^2 = -7{,}10$ mt
Knoten 3:	Riegel $r3$:	$M = +7{,}10$ mt
	Riegel $r2$:	$M = +\frac{1}{12} \cdot 1{,}40 \cdot 6{,}50^2 = +4{,}95$ mt
Knoten 2:	Riegel $r2$:	$M = -4{,}95$ mt
	Riegel $r1$:	$M = +\frac{1}{12} \cdot 1{,}40 \cdot 4{,}50^2 = +2{,}35$ mt
Knoten 1:	Riegel $r1$:	$M = -2{,}35$ mt

Die *Belastungsglieder* aus lotrechter Belastung sind:

Knoten 1:	$B_1 = -2{,}35$ mt
Knoten 2:	$B_2 = +2{,}35 - 4{,}95 = -2{,}60$ mt
Knoten 3:	$B_3 = +4{,}95 + 7{,}10 = +12{,}05$ mt
Knoten 4:	$B_4 = -7{,}10 + 3{,}85 = -3{,}25$ mt
Knoten 5:	$B_5 = -15{,}50 - 105{,}4 = -120{,}90$ mt

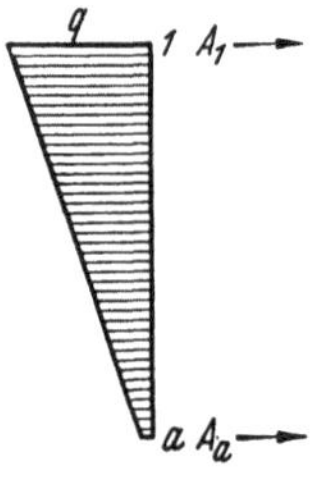

Bild 353.

Aus lotrechter Belastung ergibt sich kein Belastungsglied B_μ, wie für die beschriebene waagerechte Belastung die Werte B_1 und B_5 verschwinden. Das einzige Belastungsglied aus dieser waagerechten Last ist $B_\mu = -1{,}15 - 1{,}55$ mt.

Wenn beispielsweise auf den Pfosten p_1 eine waagerechte Dreieckslast von q t/m Höchstwert (s. Skizze) wirkte, dann wäre das Einspannungsmoment $M_1 = -\frac{q h^2}{10}$, der Auflagerdruck $A_1 = \frac{7}{20} q h^2$, die hieraus entstehenden Belastungsglieder:
$B_1 = +\frac{1}{10} q h^2, \qquad B_\mu = -\frac{7}{20} q h^2.$

Doch wird der Einfluß einer solchen Belastung nicht weiter untersucht.

6. *Die Momente.* Mit den Belastungsgliedern ergeben sich die Einspannungsmomente;

a) aus lotrechter Belastung.

Stab	
$r4$	$M_5 = +0{,}348 \cdot 2{,}35 + 0{,}0525 \cdot 2{,}60 - 0{,}1575 \cdot 12{,}05 - 0{,}493 \cdot 3{,}25 - 0{,}396 \cdot 120{,}9 + 15{,}50 = -34{,}95$ mt
$p5$	$M_5 = -0{,}344 \cdot 2{,}35 - 0{,}0525 \cdot 2{,}60 + 0{,}1585 \cdot 12{,}05 + 0{,}493 \cdot 3{,}25 - 0{,}604 \cdot 120{,}9 = -70{,}15$ mt
$r4$	$M_4 = +0{,}062 \cdot 2{,}35 + 0{,}081 \cdot 2{,}60 - 0{,}111 \cdot 12{,}05 - 0{,}636 \cdot 3{,}25 - 0{,}065 \cdot 120{,}9 - 3{,}85 = -14{,}75$ mt
$r3$	$M_4 = -0{,}035 \cdot 2{,}35 + 0{,}0318 \cdot 2{,}60 + 0{,}152 \cdot 12{,}05 - 0{,}149 \cdot 3{,}25 + 0{,}029 \cdot 120{,}9 + 7{,}10 = +11{,}95$ mt
$p4$	$M_4 = -0{,}0267 \cdot 2{,}35 - 0{,}113 \cdot 2{,}60 - 0{,}0427 \cdot 12{,}05 - 0{,}209 \cdot 3{,}25 + 0{,}0361 \cdot 120{,}9 = +2{,}81$ mt
$r3$	$M_3 = -0{,}0365 \cdot 2{,}35 + 0{,}0316 \cdot 2{,}60 + 0{,}332 \cdot 12{,}05 - 0{,}061 \cdot 3{,}25 + 0{,}0166 \cdot 120{,}9 - 7{,}10 = -1{,}303$ mt
$r2$	$M_3 = -0{,}0241 \cdot 2{,}35 - 0{,}0885 \cdot 2{,}60 + 0{,}365 \cdot 12{,}05 + 0{,}0328 \cdot 3{,}25 + 0{,}0008 \cdot 120{,}9 - 4{,}95 = -0{,}593$ mt
$p3$	$M_3 = +0{,}0602 \cdot 2{,}35 + 0{,}057 \cdot 2{,}60 + 0{,}301 \cdot 12{,}05 + 0{,}0282 \cdot 3{,}25 - 0{,}0173 \cdot 120{,}9 = +1{,}900$ mt
$r2$	$M_2 = -0{,}0061 \cdot 2{,}35 - 0{,}212 \cdot 2{,}60 + 0{,}165 \cdot 12{,}05 + 0{,}0352 \cdot 3{,}25 - 0{,}0032 \cdot 120{,}9 + 4{,}95 = +6{,}10$ mt
$r1$	$M_2 = -0{,}0848 \cdot 2{,}35 - 0{,}318 \cdot 2{,}60 - 0{,}0147 \cdot 12{,}05 + 0{,}0183 \cdot 3{,}25 + 0{,}0165 \cdot 120{,}9 - 2{,}35 = -1{,}35$ mt
$p4$	$M_2 = -0{,}00575 \cdot 2{,}35 - 0{,}271 \cdot 2{,}60 - 0{,}044 \cdot 12{,}05 - 0{,}080 \cdot 3{,}25 + 0{,}0135 \cdot 120{,}9 = +0{,}11$ mt
$p2$	$M_2 = +0{,}0972 \cdot 2{,}35 - 0{,}195 \cdot 2{,}60 - 0{,}111 \cdot 12{,}05 + 0{,}0332 \cdot 3{,}25 - 0{,}0254 \cdot 120{,}9 = -4{,}58$ mt
$r1$	$M_1 = -0{,}187 \cdot 2{,}35 - 0{,}151 \cdot 2{,}60 + 0{,}0224 \cdot 12{,}05 - 0{,}0178 \cdot 3{,}25 + 0{,}0432 \cdot 120{,}9 + 2{,}35 = +7{,}05$ mt
$p5$	$M_1 = -0{,}657 \cdot 2{,}35 - 0{,}0117 \cdot 2{,}60 + 0{,}1707 \cdot 12{,}05 + 0{,}078 \cdot 3{,}25 - 0{,}087 \cdot 120{,}9 = -9{,}43$ mt
$p1$	$M_1 = -0{,}158 \cdot 2{,}35 + 0{,}139 \cdot 2{,}60 - 0{,}192 \cdot 12{,}05 - 0{,}0603 \cdot 3{,}25 + 0{,}042 \cdot 120{,}9 = +2{,}43$ mt

Die Bedingungen $\sum M = 0$ für jeden Knoten bilden eine Rechenprobe für die Richtigkeit der Berechnung der Hauptgleichungen.

Die M_0-Momente für die Trägermitte sind:

$$\text{Stab } r4: \quad M_0 = \frac{1}{8} \cdot 2{,}30 \cdot 4{,}50^2 = 5{,}80 \text{ mt}$$

$$\text{Stab } r3: \quad M_0 = \frac{1}{8} \cdot 2{,}00 \cdot 6{,}50^2 = 10{,}60 \text{ mt}$$

$$\text{Stab } r2: \quad M_0 = \frac{1}{8} \cdot 1{,}40 \cdot 6{,}50^2 = 7{,}40 \text{ mt}$$

$$\text{Stab } r1: \quad M_0 = \frac{1}{8} \cdot 1{,}40 \cdot 4{,}50^2 = 3{,}55 \text{ mt.}$$

Die Überlagerung der Momentenparabel mit den Stützenmomenten ergibt den Momentenverlauf aus der lotrechten Belastung, wie er in Bild 354 dargestellt ist (Momente normal zur Stabachse aufgetragen).

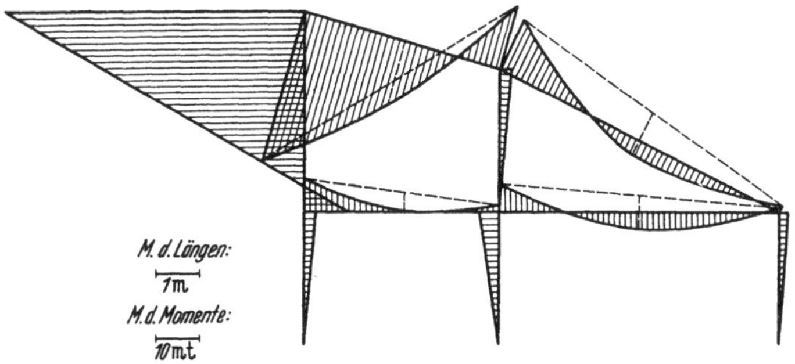

Bild 354.

Auf eine Berechnung der Momente aus waagerechter Last kann hier verzichtet werden, es ist z. B. am Stab $r4$: $M_5 = +2{,}70 \cdot 0{,}775 = +2{,}09$ mt.

7. *Quer- und Längskräfte.* Der Augenpunkt zur Bestimmung des Vorzeichens der Querkräfte wird jeweils im Innern des Rahmenvierecks angenommen, zu welchem der Stab gehört. Die Quer- und Längskräfte werden durch die Gleich-

gewichtsbedingungen an den einzelnen Knoten ermittelt. Dabei wird an einem Knoten begonnen, an welchem die Zerlegung möglich ist, an welchem also höchstens zwei unbekannte Kräfte wirken, und die Berechnung über das Tragwerk fortschreitend fortgesetzt.

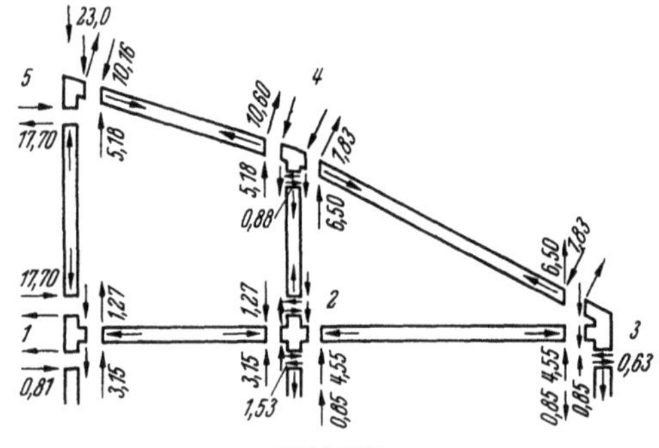

Bild 355.

Die an den Stäben und den Knoten angreifenden bekannten Kräfte zeigt Bild 355. Die Querkräfte werden im folgenden im einzelnen nachgewiesen.

Knoten 5. Am Stab $r\,4$ wirkt die Kraft

$$L_{40} = -\frac{1}{2}\cdot 2{,}30\cdot 4{,}50 = -5{,}18\,\text{t}$$

lotrecht, ferner die Querkraft

$$Q_5' = +\frac{34{,}95 + 14{,}75}{4{,}70} = +10{,}60\,\text{t},$$

und zwar so, daß das Moment aus dem Querkräftepaar entgegengesetzt dreht wie das am Stab wirkende Gesamtmoment; das Moment der Querkräfte ist also positiv, woraus sich das Vorzeichen der Querkraft ergibt.

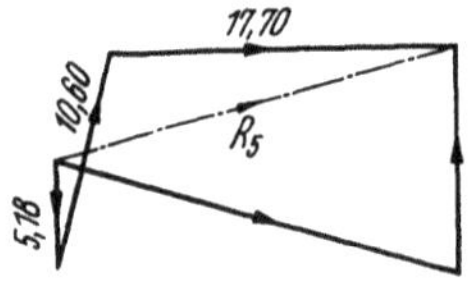

Bild 356.

Am Stab $p\,5$ wirkt nur die Querkraft

$$Q_5' = +\frac{70{,}15 + 9{,}43}{4{,}50} = +17{,}70\,\text{t},$$

deren Vorzeichen sich wie vor bestimmt. Aus dem Krafteck am Knoten ergeben sich die beiden unbekannten Längskräfte der Stäbe, ferner durch einfache Zerlegung und Addition die Querkraft am Stab $r4$:

Stab $r\,4$: $$Q_5 = -10{,}60 + 5{,}18\cdot\frac{4{,}50}{4{,}70} = -5{,}25\,\text{t}.$$

$$N_5 = -\left(17{,}70 + 10{,}60\cdot\frac{1{,}30}{4{,}70}\right)\frac{4{,}70}{4{,}50} = -21{,}60\,\text{t Druckkraft.}$$

Stab $p\,5$: $$N_5' = -5{,}18 + 10{,}60\cdot\frac{4{,}50}{4{,}70} + 21{,}60\cdot\frac{1{,}30}{4{,}70} = +11{,}00\,\text{t Zugkraft}.$$

Die Vorzeichen der beiden Längskräfte ergeben sich aus dem Krafteck, der Knoten drückt gegen den Riegel und zieht am Pfosten. Eine Kontrolle bietet die Betrachtung des Tragwerkes als (lotrechter) Kragarm, an welchem die Knotenlast 5 als Kraglast wirkt. In diesem Falle ist der Pfosten der gezogene Obergurt.

Am Stab $p\,5$ greift ferner die lotrechte Last $P = 23{,}0$ t an, so daß die gesamte Längskraft $N_5 = +11{,}0 - 23{,}0 = -12{,}0$ t (Druck) wird.

Für die übrigen Knoten werden die Kräfte kurzerhand angeschrieben, das Krafteck kann leicht konstruiert werden.

Knoten 4. Augenpunkt im Dreieck 2, 3, 4,

am Stab $r\,4$: $Q_4' = +10{,}60\,\text{t}$ $\qquad L_{40} = +5{,}18\,\text{t}$

am Stab $r\,3$: $Q_4' = -\frac{11{,}95 + 1{,}3}{7{,}24} = -1{,}83\,\text{t}$ $\qquad L_{30} = -\frac{1}{2}\cdot 2{,}00\cdot 6{,}50 = -6{,}50\,\text{t}.$

am Stab $p\,4$: $Q_4' = -\frac{2{,}81 + 0{,}11}{3{,}20} = -0{,}88\,\text{t}.$

am Stab $r\,4$ wirken:

$$Q_4 = 10{,}60 + 5{,}18\cdot\frac{4{,}50}{4{,}70} = +15{,}55\,\text{t} \qquad N_4 = -21{,}60\,\text{t (Druck)}$$

am Stab $r\,3$:

$$Q_4 = -1{,}83 - 6{,}50 \cdot \frac{6{,}50}{7{,}24} = -7{,}65\,\mathrm{t}.$$

$$N_4 = -\left(21{,}60\,\frac{4{,}50}{4{,}70} - 10{,}60 \cdot \frac{1{,}30}{4{,}70} - 1{,}83 \cdot \frac{3{,}20}{7{,}24} - 0{,}88\right) \cdot \frac{7{,}24}{6{,}50} = -17{,}90\,\mathrm{t} \quad \text{(Druck)}.$$

am Stab $p\,4$:

$$Q_4 = -0{,}88\,\mathrm{t}.$$

$$N_4 = -\left(5{,}18 + 10{,}60 \cdot \frac{4{,}50}{4{,}70} + 6{,}50 + 1{,}83 \cdot \frac{6{,}50}{7{,}24} + 21{,}60 \cdot \frac{1{,}30}{4{,}70} - 17{,}90 \cdot \frac{3{,}20}{7{,}24}\right)$$

$$= -21{,}6\,\mathrm{t} \quad \text{Druck}.$$

Knoten 3, Augenpunkt im Viereck $b\,c\,23$,

am Stab $r\,3$: $Q_3' = -1{,}83\,\mathrm{t}$ $\qquad L_{30} = +6{,}50\,\mathrm{t}$

am Stab $r\,2$: $Q_3' = -\dfrac{6{,}10 + 0{,}593}{6{,}50} = -0{,}85\,\mathrm{t}$ $\qquad L_{20} = \dfrac{1}{2} \cdot 1{,}40 \cdot 6{,}50 = +4{,}55\,\mathrm{t}$

am Stab $p\,3$: $Q_3' = -\dfrac{1{,}90}{3{,}00} = -0{,}63\,\mathrm{t}$

am Stab $r\,3$ wirken: $Q_3 = -1{,}83 + 6{,}50 \cdot \dfrac{6{,}50}{7{,}24} = +4{,}00\,\mathrm{t}.$ $\qquad N_3 = -17{,}90\,\mathrm{t}.$

am Stab $r\,2$ wirken: $Q_3 = -0{,}85 + 4{,}55 = +3{,}70\,\mathrm{t}.$

$$N_3 = 1{,}83 \cdot \frac{3{,}20}{7{,}24} - 0{,}63 + 17{,}90 \cdot \frac{6{,}50}{7{,}24} = +16{,}20\,\mathrm{t} \quad \text{(Zug)}.$$

am Stab $p\,3$ wirken: $Q_3 = -0{,}63\,\mathrm{t}.$

$$N_3 = -\left(-1{,}83 \cdot \frac{6{,}50}{7{,}24} + 6{,}50 - 0{,}85 + 4{,}55 + 17{,}90 \cdot \frac{3{,}20}{7{,}24}\right) = -16{,}35\,\mathrm{t} \quad \text{(Druck)}.$$

Knoten 2. Augenpunkt im Viereck $b\,c\,23$.

am Stab $r\,2$: $Q_2' = -0{,}85$ to $\qquad L_{20} = -4{,}55\,\mathrm{t}$

am Stab $r\,1$: $Q_2' = -\dfrac{7{,}05 - 1{,}35}{4{,}50} = -1{,}27\,\mathrm{t}$ $\qquad L_{20} = \dfrac{1}{2} \cdot 1{,}40 \cdot 4{,}50 = +3{,}15\,\mathrm{t}$

am Stab $p\,4$: $Q_2' = -0{,}88\,\mathrm{t}$

am Stab $p\,2$: $Q_2' = +\dfrac{4{,}58}{3{,}00} = +1{,}53\,\mathrm{t}$

am Stab $r\,2$ wirken: $Q_2 = -(4{,}55 + 0{,}85) = -5{,}40\,\mathrm{t}$ $\qquad N_2 = 16{,}20\,\mathrm{t}$ (Zug)

am Stab $r\,1$ wirken: $Q_2 = +3{,}15 - 1{,}27 = +1{,}88\,\mathrm{t}$

$N_2 = 16{,}20 + 1{,}53 + 0{,}88 = +18{,}61\,\mathrm{t}$ (Zug)

am Stab $p\,4$ wirken: $Q_2 = -0{,}88\,\mathrm{t}$ $\qquad N_2 = 21{,}60\,\mathrm{t}$ (Druck)

am Stab $p\,2$ wirken: $Q_2 = +1{,}53\,\mathrm{t}$

$N_2 = 21{,}60 + 5{,}40 + 1{,}88 = 29{,}88\,\mathrm{t}$ (Druck).

Knoten 1. Augenpunkt im Viereck $a\,b\,12$.

am Stab $r\,1$: $Q_1 = -(3{,}15 + 1{,}27) = -4{,}42\,\mathrm{t}$ $\qquad N = 18{,}61\,\mathrm{t}$

am Stab $p\,5$: $Q_1 = +17{,}70\,\mathrm{t}$ $\qquad N_1' = 11{,}00\,\mathrm{t}$ (Zug)

am Stab $p\,1$: $Q_1 = -\dfrac{2{,}43}{3{,}00} = -0{,}81\,\mathrm{t}$ $\qquad N_1' = 11{,}00 - 3{,}15 - 3{,}15 - 1{,}27$

$= 6{,}58\,\mathrm{t}$ (Zug).

Zu den Lasten N'_1 der Pfosten $p5$ und $p1$ ist noch die Knotenlast 23,0 t hinzuzufügen, so daß deren Längskraft beträgt:

$$p5: \quad N_1 = 11{,}00 - 23{,}00 = -12{,}0 \text{ t Druck}$$

$$p1: \quad N_1 = 6{,}58 - 23{,}00 = -16{,}42 \text{ t Druck.}$$

Eine Rechenkontrolle ergibt sich hierbei nicht, da die Pfosten $p1$ und $p5$ gleich gerichtet sind.

Auf die Berechnung der Quer- und Längskraft aus den waagerechten Lasten kann hier verzichtet werden.

Nachtrag: Weitere Beispiele.

161a. Mehrteilige Fachwerke. Der Polplan von mehrteiligen Fachwerken ist nicht immer einfach zu zeichnen. Mitunter ist es bequemer, den Geschwindigkeitsplan zu benützen, in manchen Fällen führen auch Kräftepläne schneller zum Ziel. Im Einzelfall ist daher immer zu überlegen, welches Verfahren zu wählen ist, wobei es durchaus möglich ist, daß man an demselben Tragewerk mehrere Verfahren anwendet. Beispiele hierfür bietet die Berechnung mehrteiliger Fachwerke, von welchen einige behandelt werden sollen.

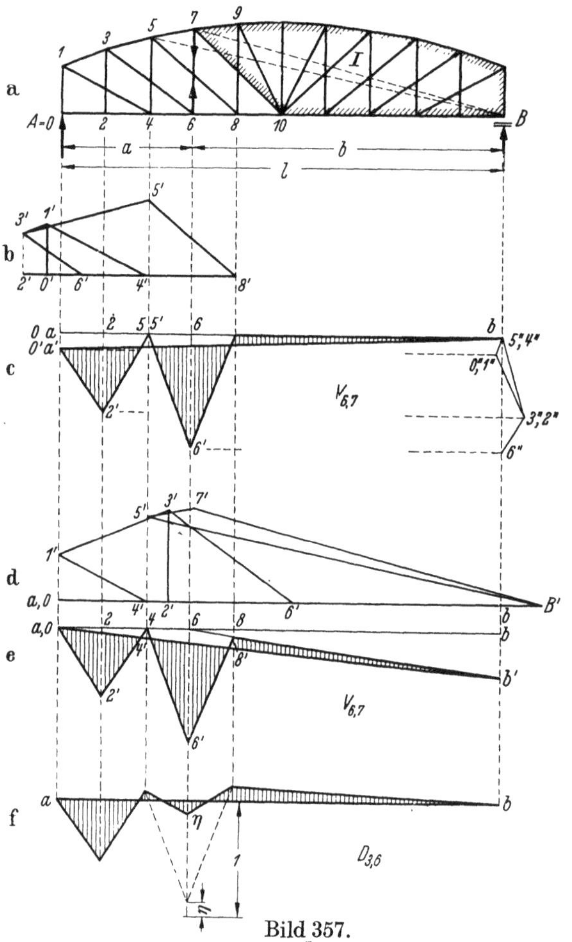

Bild 357.

1. Die Einflußlinien des mehrteiligen Fachwerkes Bild 357a für senkrechte Belastung sind zu bestimmen. Lastgurt ist der Untergurt.

Zuerst soll die Einflußlinie des Pfostens 6,7 gezeichnet werden. Durch Entfernen dieses Stabes wird das Fachwerk zur zwangläufigen Kette, wobei der Teil rechts des Stabes 5,8 die starre Scheibe I bildet, im Teil links davon ist jeder Stab zwangläufig beweglich. Hier führt die Aufzeichnung eines Geschwindigkeitsplanes am schnellsten zum Ziel, wobei mehrere Möglichkeiten vorhanden sind, je nachdem welche Scheibe als ruhend angesehen wird und je nachdem, ob man die Geschwindigkeiten oder die gedrehten Geschwindigkeiten verwendet.

Hält man die starre Scheibe I fest und erteilt dem Knoten 6 die Verschiebung $\delta_6 = 1$ in Richtung 6,7 (positive Stabkraft), also senkrecht zu AB, dann erhält man den Geschwindigkeitsplan Bild 357b mit gedrehten Geschwindigkeiten.

Die Punkte 5 und 8 erleiden keine Verschiebungen, die Punkte 5′ und 8′ liegen daher senkrecht unter 5 und 8. Hierauf wird die gedrehte Verschiebung $\delta_6 = 1$ auf der Waagerechten durch 8 nach links (positive Drehung) angetragen und durch Ziehen von Parallelen der Geschwindigkeitsplan gezeichnet. Die waagerechten Strecken 6,6′, 4,4′, 2,2′, 0,0′ geben die Verschiebungen δ_6, δ_4, δ_2, δ_0 nach Größe und Richtung an, wobei $\delta_4 = 0$ ist. Diese Verschiebungen trägt man als Ordinaten unter den Punkten 6, 4, 2, 0 von der Achse ab aus auf, die Verschiebung δ_0 sei aa'. Die Endpunkte der δ werden miteinander verbunden, sie bilden mit der Strecke $a'b$ als Abszissenachse die Einflußlinie der Stabkraft V (Bild 357c).

Denn steht z. B. die Last $P = 1$ im Punkt 2, so lautet die Hauptgleichung:

$$P\delta_2 - V\delta_6 - A\delta_0 = 0, \quad \text{also:} \quad V = \delta_2 - \frac{b_2}{l}\delta_0, \text{ was wie leicht ersichtlich zutrifft.}$$

Das Vorzeichen der Verschiebung ist dabei von rechts nach links, jenes der Kraft von oben nach unten positiv angenommen. Für die übrigen Punkte wird der Nachweis in gleicher Weise geführt.

Hält man den Stab 0,1 fest, dann muß man die Verschiebung δ_2 des Punktes 2 annehmen und kann damit den Geschwindigkeitsplan zeichnen (Bild 357d). Hat man den Punkt 5′ als Punkt der starren Scheibe I gefunden, so muß man von ihm aus Punkt B' zeichnen, worauf man 7′ ermitteln kann. Dann kann man dem Geschwindigkeitsplan die Verschiebungen δ_2, δ_4, δ_6, δ_8 und δ_B entnehmen, welche man auf den Senkrechten durch die Knoten 2, 4, 6, 8 und B über der Achse a, b (Bild 357e) aufträgt und die Endpunkte miteinander verbindet. Der entstehende Streckenzug bildet mit der Abszissenachse ab' zusammen die Einflußfläche des Wertes $V(\delta_6 + \delta_7)$.

Denn es ist, wenn die Last wieder im Knoten 2 steht:

$$\delta_2 - V\delta_6 + V\delta_7 - B\delta_B = 0, \text{ woraus: } V(\delta_6 - \delta_7) = \delta_2 - \frac{a_2}{l}\cdot\delta_B. \quad \text{Wählt man}$$

$\delta_6 - \delta_7 = 1$, dann hat man die Einflußfläche der Stabkraft V. Dies ist von vornherein nicht möglich, da die Verschiebungen δ_6 und δ_7 anfänglich nicht bekannt sind. Das Vorzeichen der Verschiebung wurde von links nach rechts, jenes der Kraft von oben nach unten positiv angenommen. Durch die Lage von 7′ ergibt sich $V\delta_7$ als negativ.

Der erste Geschwindigkeitsplan hat den Vorteil, daß die Einflußlinie sofort im gewünschten Maßstab aufgetragen werden kann. Dagegen kann der zweite Geschwindigkeitsplan teilweise auch zur Bestimmung der Einflußlinien der Stäbe V_2 und V_4 benutzt werden.

Ein weiterer Geschwindigkeitsplan mit den wirklichen Verschiebungen ist in Bild 357c rechts gezeichnet.

Die Einflußlinien der Streben lassen sich leicht aus jenen der Pfosten herleiten. Wirkt keine Last im Knoten, dann ist: $D\cdot\sin\varphi = -V$, wirkt eine Last P im Knoten, so ist: $D\cdot\sin\varphi = -V + P$. Daraus ergibt sich die in Bild 357f gezeichnete Einflußlinie für die Strebenkraft $D\cdot\sin\varphi$.

Um die Einflußlinie einer Gurtkraft zu erhalten, stellt man nach Nr. 122 die Beziehungen zwischen Gurt- und Strebenkräften auf und kann dann die Einflußlinien der Unter- und Obergurtstäbe auseinander ableiten.

2. Hat das Fachwerk des ersten Beispiels parallele Gurten, dann vereinfacht sich die Berechnung dadurch, daß der Geschwindigkeitsplan in das Fachwerk eingezeichnet werden kann, man kann daher den Lageplan als Geschwindigkeitsplan benutzen und muß lediglich dessen Bezeichnungen anschreiben.

Zur Bestimmung der Einflußlinie der Strebe 7,10 wird dieser Stab entfernt und der Geschwindigkeitsplan der entstehenden zwangläufigen Kette gezeichnet (Bild 358a). Die starre Scheibe I wird dabei als ruhend angenommen. Dem Punkt 6 wird die gedrehte Geschwindigkeit $6{,}6' = \lambda$ erteilt, worauf der Geschwindigkeitsplan leicht anzuschreiben ist. Die Hauptgleichung für die Strebe 7,10 lautet für Belastung im Knoten 2: $D_{7,10} \sin\varphi + P = 0$, im Knoten 4: $D_{7,10} \sin\varphi = 0$. Daraus ergibt sich die in Bild 358c gezeichnete Einflußlinie. Für die Strebe 5,6 gilt der Geschwindigkeitsplan mit den eingeklammerten Zahlen, die Hauptgleichung für Belastung im Knoten 2 lautet: $D_{5,6} \sin\varphi - A = 0$, für Belastung in Knoten 4: $D_{5,6} \sin\varphi - A + P = 0$, was die Einflußlinie Bild 358b ergibt.

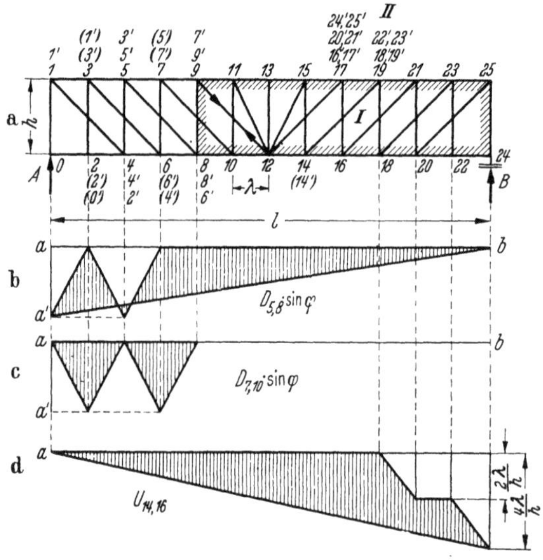

Bild 358.

Für den von Knoten 1 ausgehenden Strebenzug ergeben sich die Einflußlinien von der Art Bild 358b, für die von Knoten 3 ausgehenden Streben jene der Art Bild 358c.

Für den Gurtstab 14,16 nimmt man die Scheibe II als unbeweglich an und erteilt dem Punkte 16 die gedrehte Verschiebung $16,16' = h$, womit der Geschwindigkeitsplan gezeichnet werden kann (Bild 358a rechts). Für Laststellung in Knoten 22 lautet die Hauptgleichung: $-U \cdot h - P \cdot 2\lambda + B \cdot 4\lambda = 0$, woraus: $U = B \cdot \frac{4\lambda}{h} - \frac{2\lambda}{h}$. Man trägt die mit $\frac{4\lambda}{h}$ multiplizierte B-Linie auf und addiert die Werte $-P \cdot 2\lambda$, wodurch man die Einflußlinie Bild 358d erhält. Die Einflußlinien der übrigen Gurtstäbe erhält man entsprechend.

Die Einflußlinien der Pfosten sind denen der Streben proportional.

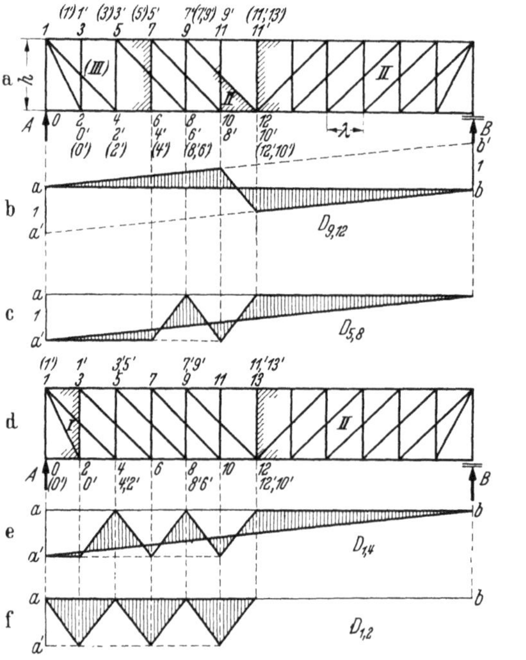

Bild 359.

3. Anders werden die Einflußlinien bei dem Fachwerk Bild 359. Lastgurt sei der Untergurt für ausschließlich lotrechte Lasten.

Die Einflußlinie der Strebe 9,12 sei zu zeichnen. Die durch Entfernen dieses Stabes gebildete zwangläufige Kette besteht aus zwei starren Scheiben I und II. Wird Scheibe II festgehalten und dem Punkte 10 die gedrehte Verschiebung $10,10' = \lambda$ erteilt, dann ergibt sich der Geschwindigkeitsplan Bild 359a (nicht eingeklammerte Zahlen). Die Arbeitsgleichung für Laststellung in Knoten lautet: $\lambda D \cdot \sin\varphi + P\lambda - A\lambda = 0$, $D \cdot \sin\varphi = A - 1$, woraus die Einflußlinie einfach folgt (Bild 359b).

Die Einflußlinie des Stabes 5,8 ist mit dem zugehörigen Geschwindigkeitsplan in Bild 359c und a (eingeklammerte Zahlen) aufgetragen, jene für die Stäbe 1,4 und 1,2 in den Bildern 359d bis f (für Bild e gelten die nicht eingeklammerten Zahlen, für Bild f die eingeklammerten, soweit sie von jenen von Bild e abweichen).

Für den Untergurtstab 6,8 ist der Geschwindigkeitsplan und die Einflußlinie in Bild 360 gezeichnet.

Für Laststellung in Knoten 6 und 8 gilt: $-U\cdot h + B\cdot 8\lambda = 0$, in Knoten 10 und 12: $-U\cdot h + B\cdot 8\lambda - P\cdot 2\lambda = 0$, in Knoten 16: $-U\cdot h + B\cdot 8\lambda - P\cdot 4\lambda = 0$, in Knoten 20: $-U\cdot h + B\cdot 8\lambda - P\cdot 6\lambda = 0$, womit die Einflußlinie gezeichnet werden kann.

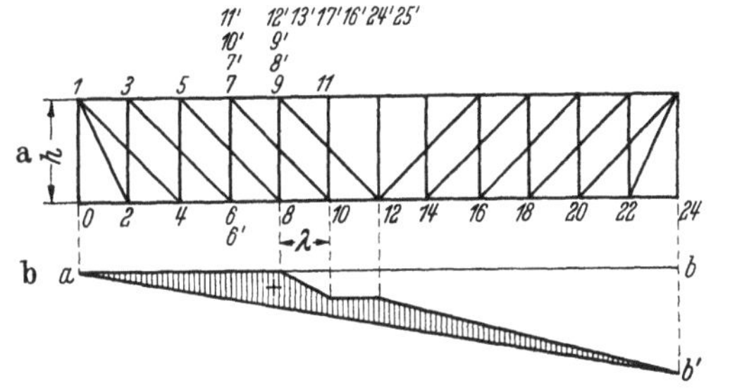

Bild 360.

4. Für das Rautenfachwerk Bild 361 sind eine Anzahl Einflußlinien gezeichnet, auf deren Ableitung verzichtet werden kann (Lastgurt unten).

Zu der Einflußlinie des Mittelpfostens ist zu bemerken: Erteilt man den Knoten 14,15 nach Entfernen des Pfostens die gegenseitige Verschiebung h und zeichnet den Verschiebungsplan (mit ungedrehten Verschiebungen), dann ergibt sich, daß der Einflußlinienzug dem einen Strebenzug des Fachwerkes ähnlich ist. Dies gilt auch für derartige Rautenfachwerke mit beliebig gestalteten Gurten. Ist der Obergurt Lastgurt, dann ist der Einflußlinienzug dem zweiten Strebenzug ähnlich.

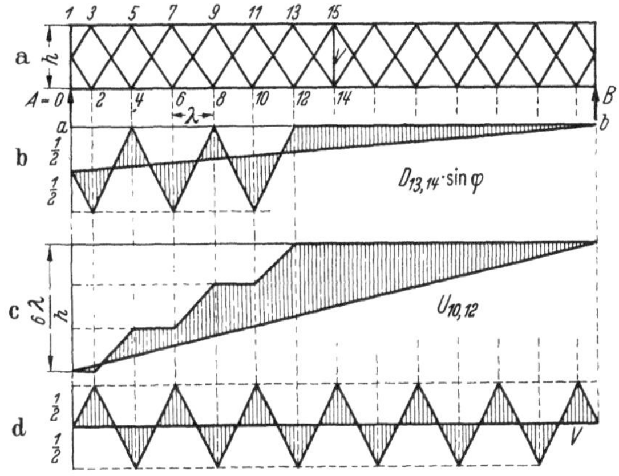

Bild 361.

5. Für den Untergurtstab 4,6 des Schuppenfachwerkes Bild 362 ist der Geschwindigkeitsplan in das Fachwerk eingezeichnet, wobei die Verschiebung des Knotens 4 gleich $4,4' = h$ ist. Die Einflußlinie ergibt sich aus den zwei Hauptgleichungen für Last und Knoten 2 und 4: $-A2\lambda + P\lambda + U\cdot h = 0$ und $-A2\lambda + U\cdot h = 0$.

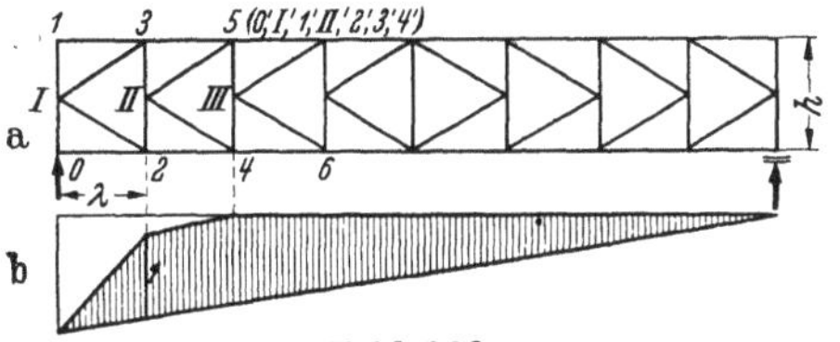

Bild 362.

163a. Weiteres Beispiel. Das Sechseck. Sechs Punkte bestimmen ein vollständiges Sechseck. Die sechs Punkte sind die Ecken, die Verbindungsgeraden je zweier Ecken die Seiten, von denen es fünfzehn gibt. Betrachtet werde ein Sechseck, dessen sechs Ecken 1 bis 6 auf sechs Seiten im selben Drehsinn umlaufen werden. Von den weiteren Seiten werden diejenigen ausgeschlossen, welche einen Punkt mit dem übernächsten folgenden verbinden. Dann bleiben noch neun Seiten übrig, welche als Stäbe gedacht werden, welche in den Ecken (Knoten) gelenkig miteinander verbunden sind. In jedem Knoten schneiden sich drei Stäbe. Je zwei Stäbe, welche sich nicht in einem Knoten schneiden, haben einen Schnittpunkt, welcher Nebenknoten (Nebenecke) heißt. Es sind 15 Nebenknoten vorhanden. Zwei Seiten, welche einen Nebenknoten gemeinsam haben, heißen Gegenseiten.

Die neun Stäbe bilden ein Fachwerk. Man zeichnet nun zu dem Viereck 1,2,3,4 ein Viereck 1′2′3′4′, welches lauter parallele Seiten hat, ohne ähnlich zu sein. Dann schließt man hieran Punkt 5′ durch 4′5′ || 45 und 2′5′ || 25 an, ferner Punkt 6′ durch 5′6′ || 56 und 3′6′ || 36. Ist die neunte Seite 1′6′ nun parallel 16, dann kann das Sechseck 1′ . . . 6′ als Geschwindigkeitsplan des Sechseckes 1 . . . 6 aufgefaßt werden, welches dann eine unendlich kleine Beweglichkeit hat. Das Sechseck in Bild 363 ist innerlich standfest, das Sechseck in Bild 364 dagegen nicht.

Faßt man die Stäbe $\overline{23} = I$, $\overline{14} = II$, $\overline{56} = III$ als Scheiben auf, welche durch die Stäbe ($\overline{12}$, $\overline{34}$), ($\overline{45}$, $\overline{61}$), ($\overline{25}$, $\overline{36}$) verbunden sind, dann ist der Nebenknoten (*I*, *II*) als Schnittpunkt der Stäbe 12, $\overline{34}$ der Nebenpol der Scheiben *I*, *II*, entsprechend ist Nebenknoten (*II*, *III*) Nebenpol der Stäbe *II*, *III* und Nebenknoten (*I*, *III*) Nebenpol der Stäbe *I*, *III*. Liegen diese drei Nebenknoten auf

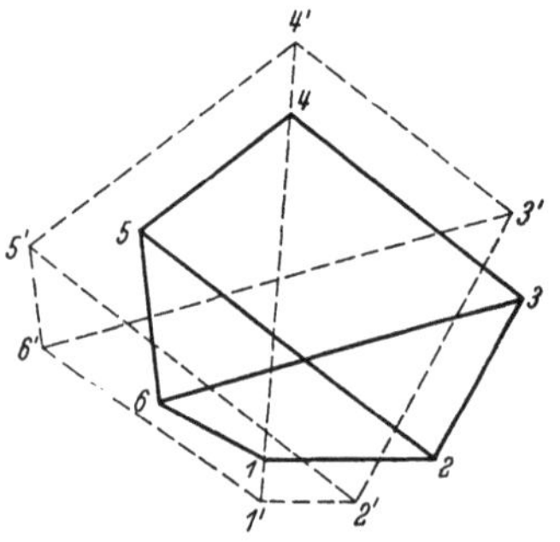

Bild 363.

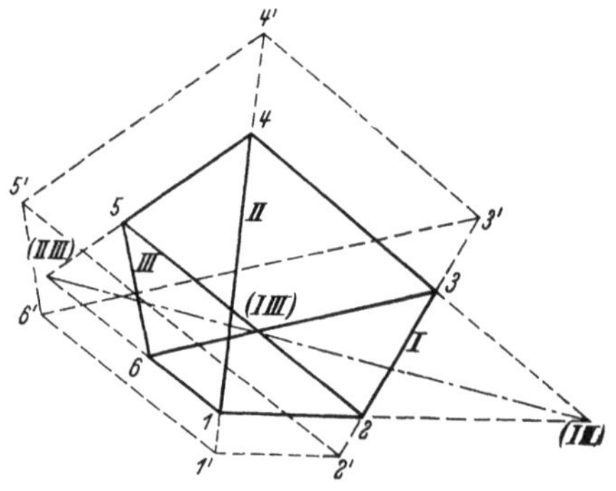

Bild 364.

einer Geraden, dann gehören sie einem Polplan an, das Fachwerk besitzt mindestens unendlich kleine Beweglichkeit. Ein Sechseck, bei welchem drei Gegenknoten auf einer Geraden liegen, ist ein Sehnensechseck, welches einem Kegelschnitt einbeschrieben ist. Für ein solches Sechseck gilt der *Satz von* Pascal: Die drei Schnittpunkte zweier Gegenseiten eines Sehnensechseckes liegen in einer Geraden.

Liegen also die drei Nebenknoten für drei Stabpaare auf je einer Geraden, dann ist dies auch der Fall für alle weiteren möglichen Zusammenstellungen von drei Stabpaaren, es gibt also noch vier weitere Geraden, auf welcher je drei Nebenknoten liegen. Weiter kann hier nicht auf die Eigenschaften dieser Sechsecke eingegangen werden.

Aus dem Sechseck lassen sich leicht Grundformen für Fachwerke mit zweistäbigem Bildungsgesetz ableiten. Ein solches ist in Bild 365 wiedergegeben. Die stärker gezeichnete Stabverbindung kann als Sechseck angesehen werden.

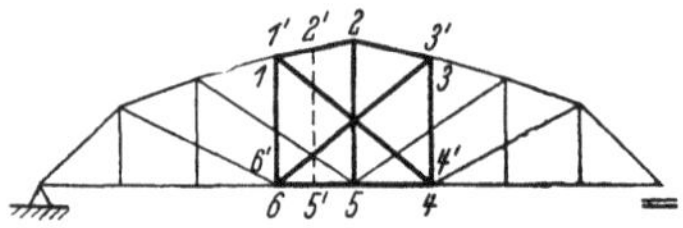

Bild 365.

Die Nebenpole der beiden äußeren lotrechten Stäbe gegen den mittleren sind die unendlich fernen Punkte der beiden waagerechten Gurten, der Nebenpol der beiden äußeren lotrechten Stäbe gegeneinander der Schnittpunkt der mittleren Streben. Diese drei Pole liegen auf einer Geraden, es ist also ein Polplan vorhanden, ohne daß ein Stab beseitigt wird. Auch ein Geschwindigkeitsplan kann ohne Beseitigung eines Stabes gezeichnet werden. Ein solcher ist das Sechseck 1′2′3′ 4′5′6′ zum Lageplan 123456. Wie man ohne weiteres sieht, sind alle einander entsprechenden Seiten im Lage- und Geschwindigkeitsplan einander parallel.

MIX
Papier aus verantwortungsvollen Quellen
Paper from responsible sources
FSC® C105338

If you have any concerns about our products,
you can contact us on
ProductSafety@springernature.com

In case Publisher is established outside the EU,
the EU authorized representative is:
Springer Nature Customer Service Center GmbH
Europaplatz 3, 69115 Heidelberg, Germany

Printed by Libri Plureos GmbH
in Hamburg, Germany